T0224581

Ergebnisse der
ALLGEMEINEN PATHOLOGIE
UND PATHOLOGISCHEN ANATOMIE
DES MENSCHEN UND DER TIERE

HERAUSGEGEBEN VON

O. LUBARSCH
BERLIN

R. VON OSTERTAG
STUTTGART

W. FREI
ZÜRICH

VIERUNDZWANZIGSTER BAND

BEARBEITET VON

H. CHIARI-WIEN · L. LOEFFLER-BERLIN
W. LOELE-DRESDEN · A. POSSELT-INNSBRUCK
O. SEIFRIED-GIESSEN · W. H. STEFKO-MOSKAU
G. WALLBACH-BERLIN

MIT 101 ABBILDUNGEN

SPRINGER-VERLAG BERLIN HEIDELBERG GMBH 1931

ISBN 978-3-662-31715-0   ISBN 978-3-662-32541-4 (eBook)
DOI 10.1007/978-3-662-32541-4

Inhaltsverzeichnis.

1. Oxone der Zelle und Indophenolblaureaktion.

Von

WALTER LOELE, Dresden.

Mit 11 Abbildungen.

Schrifttum.

1. ADLER, H. M.: A note on the nature of oxyphile granulation. Proc. Soc. exper. Biol. a. Med. **1911**, 8.
2. ADLER, O. u. R.: Über das Verhalten gewisser organischer Verbindungen gegenüber Blut mit besonderer Berücksichtigung des Nachweises von Blut. Z. exper. Chem. **41**, 59 (1904).
3. ADLER, O.: Beitrag zur Kenntnis der Pigmentanomalien des Stoffwechsels. Z. Krebsforschg. **11,**, 1 (1911).
3a. ARNETH: Qualitative Blutlehre 1904.
4. ARNOLD, I.: Über Siderosis und siderofere Zellen, zugleich ein Beitrag zur Granulalehre. Virchows Arch. **161**, 284 (1900).
5. — Enthalten die Zellen des Knochenmarkes, die eosinophilen insbesondere Glykogen. Zbl. Path. **21**, 1 (1910).
6. BACH. A.: Neuere Arbeiten auf dem Gebiete der Oxydasen und Peroxydasen. Biochem. Zbl. Path. **1909**, H. 1/2, 3.
7. — Eine Methode zur schnellen Verarbeitung von Pflanzenextrakten auf Oxydationsfermente. Chem. Ber. **1910**, Nr 41, 362.
8. — Über den gegenwärtigen Stand der Lehre von den pflanzlichen Oxydationsfermenten. Biochem. Zbl. **1**, 417 (1903).
9. BACH u. KULTJUGIN: Über die Peroxydasenfunktion des Hämoglobins. Biochem. Z. **167**, 227 (1925).
10. BARKER, L. F.: On the presence of iron in the granules of the eosinophiles leucocytes. Hopkins Hosp. Bull. **5**, 93 u. 121 (1894).
11. BATTELLI u. STERN: Über die Peroxydasen der Tiergewebe. Biochem. Z. **13**, 44 (1908).
12. — Die Oxydationsfermente. Erg. Physiol. **12**, 96 (1912).
13. — Untersuchung über die Atmung zerriebener Insekten. Biochem. Z. **56**, 35 (1913).
14. — Die Tyrosinoxydase und die Oxydone bei Insekten. Biochem. Z. **56**, 59 (1913).
15. — Nature des ferments oxydants et des ferments réducteurs. C. r. Soc. Biol. Paris **83**, 1544 (1920).
16. BERTRAND, G.: Sur l'intervention du manganèse dans les oxydations provoquées par la laccase. C. r. Soc. Biol. Paris **124**, 1032 (1897).
17. — C. r. Soc. Biol. Paris **124**, 1355 (1897). (Constitution chimique des oxydases). — Sur l'oxydation au guacacol par la laccase. C. r. Soc. Biol. Paris **137**, 1269 (1903).
18. BÉTANCÈS, L. M.: Les granulations nécrotiques ou mélanoides des éosinophiles C. r. Soc. Biol. Paris **94**, 422 (1926).
19. BIELING: Eine Methode zur quantitativen Bestimmung der Atmung von Mikroorganismen und Zellen. Zbl. Bakter. I. Orig. **90** (1923).
20. BJÖRLING: Weitere Beiträge zur Kentnis der Prostatakörper. Z. Urol. **30**, 6 (1912).
21. BLOCH u. SCHAAF: Pigmentstudien. Biochem. Z. **162**, 181 (1925).
22. BLOCH: Z. physik. Chem. **1917**, 226. (Dopa Oxydase.)
23. — Arch. Dermat. **12**, 4 (1917). (Dopa Oxydase.)
24. BLOCH u. RYHINER: Z. exper. Med. **5** (1917). (Dopa Oxydase.)
25. BOAS: Über die Diagnose des Ulcus ventriculi mittels Nachweises okkulter Blutanwesenheit in den Faeces. Dtsch. med. Wschr. **1903**, 865.
26. BOAS: Die Phenolphtalinproben als Reagens auf okkulte Blutungen des Magendarmkanals. Dtsch. med. Wschr. **1911**, 1481.

27. BOURQUELOT: Sur le rôle des ferments oxydants et des substances oxydantes dans la pratique pharmaceutique. J. Pharmacie 6, 425 (1898).

28. BOYCE u. HERDMANN: On a green Leucocytosis in oysters associated with the presence of copper in oysters. Proc. roy. Soc. 62, 30 (1898).

28a. BRANDT: Beitrag zur Kenntnis der Morphologie oxydierender Bakterienfermente. Zbl. Bakter. I. Orig. 72, 1.

29. BRANDENBURG: Über die Reaktion der Leukocyten auf die Guajakreaktion. Münch. med. Wschr. 1900, 183.

30. CHODAT, R.: Darstellung von Oxydasen und Katalasen tierischer und pflanzlicher Herkunft. Abderhaldens Arbeitsmethoden. Bd. 4, 1/2.

31. CIACCIO CARMELO: Sui lipoidi dei leukocyti. Fol. clin. chim. microsc. (Bologna) 2, 224 (1910).

32. COMMESSATI GIUSEPPE: Über die sudanophilen Leukocyten des Blutes im Verlauf von Infektionskrankheiten. Fol. haemat. (Leipzig). 1907, 4. Suppl.

33. DIETRICH: Naphtholblausynthse und Lipoidfärbung. Zbl. Path. 19, Nr. 3, 52 (1908).

34. DIETRICH u. LIEBERMEISTER: Sauerstoffübertragende Körnchen in Milzbrandbacillen. Zbl. Bakter. I. Orig. 32, 858 (1902).

35. DIXON, MALCOLM u. THURLOW SYLVIA: Studies on Xanthin oxydase. Biochemic. J. 19, 175, 507, 672 (1925).

36. DOWNEY, H.: The origin and the development of eosinophil leukocytes and of hematogenous mast-cells in the bone marrow of adult guinea pig. Fol. haemat. Arch. 19, 148 (1915).

37. DUNN: The oxydase reaction in myeloid tissues. J. of Path. 15, 20 (1910).

38. DURHAM: On the presence of the tyrosinase in the skin of some pigmented vertebrates. Proc. Roy. Soc. Lond. 74, 390 (1904/1905).

39. DÜRING: Die Oxydasereaktion der Ganglienzellen des zentralen Nervensystems und ihre Bedeutung für die Pathologie. Frankf. Z. Path. 18, H. 3 (1916).

40. EHRLICH: Das Sauerstoffbedürfnis des Organismus. Berlin 1885.

41. — Über den jetzigen Stand der Lehre von den eosinophilen Zellen. 76. Verh. dtsch. Naturforsch. Breslau. Ref. Münch. med. Wschr. 1904, 1981.

42. EISENBERG: Über Fetteinschlüsse in Bakterien. Zbl. Bakter. I. Orig. 48 (1909).

43. ELLENBERGER: Über die eosinophilen Körnchen der Darmschleimhaut. Arch. Wiss. u. path. Tierheilk. 11, 269 (1885).

44. ENGLER u. HERZOG: Zur chemischen Erkenntnis biologischer Oxydationsreaktionen HOPPE-SEYLERS Z. 59, 327 (1904).

45. ENGLER u. WEISSBERG: Kritische Studien über die Vorgänge der Autoxydation. Braunschweig 1904.

46. EPSTEIN: Beitrag zur Methodik der Oxydasefärbung. Zbl. Bakter. I. Orig. 103, 329.

47. EULER: Chemie der Enzyme. München 1920.

48. FEDOR, A., A. REIFENBERG u. GOLDBERG: Über die Atmungserscheinungen während der Trocknung der Tabaksblätter und über das Wesen der sog. Tabaksfermentation. HOPPE-SEYLERS Z. 162, 1 (1927).

49. FIESSINGER, NOEL: L'indice hématimétrique des peroxydases en pathologie. C. r. Soc. Biol. Paris 84, 9.

50. — Les ferments des leukocytes. Paris 1923.

51. — RUDOWSKA, A. S.: La reaction oxydante des leukocytes. C. r. Soc. Biol. Paris 23 (1911).

52. — Reaktion microchemique des leukocytes avec la benzidine ib. Tome 72, p. 21, 1912.

53. — Reaction microchimique des oxydases dans les tissues humains. Arch. Med. expér. Anat. path. Paris 1912, Nr 5, 585.

54. FISCHEL, R.: Der mikrochemische Nachweis der Peroxydasen und Pseudoperoxydasen im tierischen Gewebe. Arch. mikrosk. Anat. 83, 130 (1913).

54a. FODOR: Das Fermentproblem. Dresden-Leipzig: Theoder Steinkopff. 1929.

54b. FORTI, C.: Über die amyloytische Fähigkeit der Tränenflüssigkeit. Bull. Biol. sper. 2, 145—147 (1927).

55. FREUDENBERG, V., BLÜMEL, F. u. B. FRANK: Zur Kenntnis der Tannase. HOPPE-SEYLERS Z. 164, 202 (1927).

55a. FREIFELD und GINSBURG: Über die Herkunft der Oxydasesubstanzträger in den Mononucleären. Arch. exper. Zellforschg 7, 4 (1928).

56. FRÄNKEL: Allgemeine Darstellungsmethoden der Fermente. Abderhaldens Arbeitsmethoden. Bd. 4, H. 1.

56a. FRIESE: Über die Mineralbestandteile von Pilzen. Z. Unters. Lebensmitt. **57**, 604 (1929).

57. FÜRTH, OTTO VON: Physiologische und chemische Untersuchungen über melanotische Pigmente. Zbl. Path. **15**, 617.

58. FÜRTH, OTTO VON u. JERUSALEM: Zur Kenntnis der melanotischen Pigmente und der fermentativen Melaninbildung. Beitr. chem. Physiol. u. Path. **10**, 131 (1907).

59. FÜRTH, OTTO u. SCHNEIDER: Über tierische Tyrosinasen und ihre Beziehung zur Pigmentbildung. Beitr. chem. Physiol. u. Path. **1**, 229 (1901).

60. FUJIWAVA: Beitrag zur Kenntnis der Indophenolreaktion, Kokkeigakukwai zashi (Katsunuma) **1913**, Nr 134.

61. FURSENKO: Über die Granulafärbung mit α-Naphthol-Dimethyl-Phenylendiam. Zbl. path. Anat. **22**, 97 (1911).

62. v. GIERKE: Die oxydierenden Zellfermente. Münch. med. Wschr. **1911**, H. 44.

62a. GLASER, E. u. F. PRINZ: Über die bakterienfeindliche Wirksamkeit der Fermente. Fermentforschg. **9**, 64—73 (1926).

63. GOLODETZ, L. u. P. UNNA: Über Peroxydasen und Katalasen innerhalb der Zellen. Berl. klin. Wschr. **1912**, 1134.

63a. GOLDMANN: Über die Lipoidfärbung mit Sudan (Scharlach R.) — α-Naphtol. Zbl. Bakter. **46**, 289 (vgl. Nr 248).

63b. — Beitrag zur Färbung der Lipoidgranula der Leukocyten etc. Zbl. Bakter. **112**, (1929).

63c. GOLDMANN, I.: Oxydase der Leukocyten und deren Widerstandsfähigkeit in verschiedenen Leukocytenarten. J. exper. Biol. Med. **1928**, 532—58 (Ref. Chem. Zbl.).

64. GRAEFF, G.: Die Naphtholblauoxydaseraktion der Gewebszellen nach Untersuchungen am unfixierten Präparat. Frankf. Z. Path. **11**, 258 (1912).

65. — Herstellung und Bestimmung der H. Ionenkonzentration mit Nadigemisch. Z. Physiol. **1922**, Nr 20.

66. — Die physikalischen und chemischen Grundlagen des Mi-Effektes der Nadireaktion. Zbl. Path. **32**, Nr 13 (1922).

67. — Der colorimetrische Nachweis von Zelloxydasen mit optimalen Bedingungen. Zbl. Path. **35**, Nr 16 (1925).

68. — Mikromorphologische Methode der Fermentforschung in tierischen und pflanzlichen Organen. Abderhalden Bd. 4, Abt. I, H. 1.

69. GRAHAM: The oxydizing ferments of the myelocyte series of cells and its demonstration by an α-Naphthol pyronin method. J. of R. **35**, H. 44, (1916).

70. GRÜSS, I.: Über Oxydasen und die Guajareaktion. Ber. dtsch. bot. Ges. Wiesbaden **16**, 129 (1898).

71. GRÜSS: Die Capillarisation zur Unterstützung mikrochemischer Arbeiten. Abderhalden Abt. IV, Teil 1, H 1.

72. GRUNERT: Augensymptome bei Vergiftung mit Paraphenylendiamin. Ber. ophthalm. Ges. Wiesbaden **1904**.

73. HATIGEAN, H. A.: Die klinische Bedeutung der WINKLER-SCHULTZEschen Oxydasereaktion. Wien. klin. Wschr. **1913**, Nr 14.

73a. HENZE: Untersuchungen über das Blut der Aszidien. Z. physiol. Chem. **72**, 494; **79**, 215; **86**, 340 u. 345.

74. HUECK: Pigmentstudien. Beitr. path. Anat. **54**, 68.

75. HEYDENHAIN: Plasma und Zelle. Jena: Gustav Fischer.

76. HIRSCHFELD: Erfahrungen mit der Oxydase- und Peroxydasreaktion. Med. Klin. **1924**, H. 8.

77. — Zur mikroskopischen Diagnose der Leukocyten usw. Dtsch. med. Wschr. **1917**, Nr 26.

78. HIRSCH, G. H.: Über Faktorenanalyse der Sekretion. Verh. dtsch. zool. Ges. 32. Jber.

79. — Die Nahrungsaufnahme, intraplasmatische Verdauung und Ausscheidung bei Balantidium giganteum. Z. vergl. Physiol. **1928**, 826.

80. HIRSCH, G. H. u. W. JACOB: Der Arbeitsrhythmus der Mitteldarmdrüse von Astacus leptodactylus. Z. vgl. Phys. **6**, H. 3, 4.

80a. HIRSCH, S. H.: Dynamik organischer Struktur. Roux' Arch. **117**, 511.

80b. HIRSCH und BUCHMANN: Beiträge zur Analyse der Rongalitweißreaktion. Z. Zellforschg **1930**.

81. HOLLANDE: Coloration des Granulations dites „oxydasiques" des cellules, obtenue par synthese de l'indophénol et de l'oxybenzidine. C. r. **178**, 1215 (1924).
82. HÄCHNER, H. u. A. PILZ: Über ein neues Oxydationssystem und seine chemische Bedeutung. Chemie der Zelle und Gewebe I, Bd. 12. 1927.
83. HEIDUSCHKA u. PYRIKI: Die Weine des sächsischen Elbtales. Dresden-Leipzig: Theodor Steinkopff.
84. HERZOG: Oxydase und ähnliche Reaktionen bei entzündlichen Prozessen. Münch. med. Wschr. **1922**, 1300.
85. HERXHEIMER: Histologische Technik. Abderhalden Bd. 8, H. 1.
86. IKEDA: Über Oxydasereaktion an Gewebsschnitten. Mitt. med. Fak. Tokyo. **1914** (Katsunuma).
87. ISHISHASHI: Mitt. med. Fak. Tokyo **17** (1918).
88. KATSUNUMA: Intracelläre Oxydation und Indophenolsynthese. Jena: Gustav Fischer 1924 (dort Ref. der Arbeiten des Autors und der japanischen Literatur).
89. KEILIN: Le cytochrome pigment respiratoire intracellulaire aux microorganismes aux plantes et aux animaux. C. r. **1927**, 97. Beih. 39.
90. KJÖLLENFELDT: Benzidinoxydation. Pflügers Arch. **171**, 318.
91. KLEIN, A.: Über die Reaktion der Leukocyten auf die Guajaktinktur. Fol. haemat. (Lpz.) **1**, 71 (1904).
92. KLOPFER, A.: Experimentelle Untersuchungen über die W. H. Schultzesche oxydasereaktion. Z..exper. Path. **1912**, 467.
93. KLUNGE: Die Aloereation. Schweiz. Wschr. Chem. u. Pharmaz. **1868**, 125.
93a. KOBER, P. A.: Über die Phenolphthalin Blutprobe. Dtsch. med. Wschr. **1911**, 1481.
94. KÖNIG, P.: Untersuchungen am Abnützungspigment des Herzens und der Leber. Beitr. path. Anat. **75**, 181.
94a. KRAMER: Beiträge zum sofortigen Nachweis von Oxydations- und Reduktionswirkungen der Bakterien auf Grund der neuen Methode von W. H. SCHULTZE. Zbl. Bakter. I. Orig. **1912**, 62.
95. KREIBICH: Leukocytendarstellung im Gewebe durch Adrenalin. Wien. klin. Wschr. **1910**, 701.
96. — Über Oxydasen und Peroxydasen. Wien. klin. Wschr. **1910**, 1443.
97. KRUMBIEGEL: Versuche über das Abfärben der Musophagiden. Biol. Zbl. **1925**, 735.
98. KÜSTER: Über den Nachweis oxydierender Fermente. Z. wiss. Mikrosk. **44**, 31 (1927).
99. LAETT, B.: Die Reaktionen des Paraphenylendiamin mit Aldehyd und Wasserstoffsuperoxyd. Fermentforschg. **1925**, 359.
99a. LEHMANN: Atlas und Grundriß der Bakteriologie. München: J. F. Lehmann.
100. LIEBREICH: Beitrag zur Kenntnis der Leukocytengranula im strömenden Blute des Menschen. Die säurefesten oder alpha[1] Granula. Beitr. path. Anat. **62**, 71 (1916).
101. LINOSSIER, M.: Contribution à l'etude des ferments oxydants. Sur la per oxydase du pus. C. r. **50**, 373 (1898).
102. LOELE, W.: Kurze Mitteilung einiger Methoden zum Nachweis oxydierender und reduzierender Substanzen des Körpers. Münch. med. Wschr. **1910**, 1394.
103. — Über den farbchemischen Nachweis einiger oxydierender Substanzen des Körpers. Münch. med. Wschr. **1910**, Nr 46.
104. — Zur Methodik isolierter Granulafärbung. Zbl. Path. **10**, 433 (1911).
105. — Über die phenolophilen (Oxydasegranula der Milz). Frankf. Z. Path. **1912**, 436.
106. — Beitrag zur Morphologie der Phenole bindenden Substanzen der Zelle. Virchows Arch. **1914**, 34.
107. — Zur Theorie der Oxydasefärbung. Fol. haemat. (Lpz.) **14**, 26.
108. — Die Anwendung der EHRLICHschen Diazoreaktion zur Darstellung histologischer Strukturen und weitere Mitteilungen über Phenolreaktionen. Fol. haemat. (Lpz.) **13**, 3311.
109. LOELE, W.: Über vitale Granulafärbung mit sauren Farbstoffen. Fol. haemat. (Lpz.) **14**, 310.
110. — Histologischer Nachweis und biochemische Bedeutung oxydierender und reduzierender Substanzen innerhalb der Zelle. Erg. Path. 760.
111. — Über primäre und sekundäre Phenolreaktion. Zbl. Path. **30**, 614 (1920).
112. — Zur sekundären Naphtholreaktion. Zbl. Path. **31**, 449 (1921).
113. — Die Phenolreaktion. Leipzig: W. Klinkhardt 1920.
114. — Die sekundäre Naphtolreaktion. Fol. haemat. (Lpz.) **27**, 181 (1922).

115. LOELE, W.: Die Naphtholperoxydasereaktion der Blutzellen und Einteilung der naphtholpositiven Substanzen. Zbl. Path. **34**, 225 (1924).
116. — Struktur und Seele. Arch. f. Psychiatr. **64**, 140 (1921).
117. — Naphtholreaktion und Nervenzelle. Neur. Zbl. **1921**, 148.
118. — Das Problem der Blutzellen. Virchows Arch. **240**, 1.
119. — Das Problem der Blutzelle. Zweite Mitteilung. Virchows Arch. **256**, 9.
120. — Untersuchungen über die Naphthol-Peroxydase des Blutes. Virchows Arch. **250**, 677.
121. — Zur Naphtholreaktion der roten Blutkörperchen. Virchows Arch. **251**, 156.
122. — Über den Einfluß von aktivem Sauerstoff auf Zellmembranen und Granula. Virchows Arch. **252**, 570 (1924).
123. — Die naphtholpositiven Substanzen der Auster und Miesmuschel. Zbl. Path. **1925**, 8.
124. — Über die Brauchbarkeit der GRÜSSschen Capillarisation bei der Untersuchung von oxydierenden Substanzen. Zbl. Path. **1926**, 72.
125. — Über oxydierende Substanzen in tierischen Zellen (zoologische Station Neapel). Virchows Arch. **1926**, 484.
126. — Untersuchungen über intracelluläre oxydierende Substanzen. Virchows Arch. **1926**, 39.
127. — Über einige Beziehungen oxydierender Substanzen. **1927**, 809.
128. — Beziehungen zwischen Oxydasen, Vitalfärbung, Postmortalfärbung und Morphologie der Zelle. Virchows Arch. **1927**, 827.
129. — Über Beziehungen oxydierender Stoffe in Bakterien und Hefen zu den zelligen Oxydasen. Virchows Arch. **1928**, 733.
130. — Über die Verwendbarkeit von Oxydationsreaktionen mit Paraphenxylendiamin in der Bakteriologie. Zbl. Bakt. I Orig. **1929**, 325.
130a. — Über Oxonenausscheidung in die quergestreifte Muskulatur. Virchows Arch. **277**, 847.
130b. — Faktoreneinflüsse auf lytische und oxydative Systeme. Virchows Arch. **279**.
131. MACALLUM: On the demonstration of the presence of iron in chromatin by mikrochemical methods. Proc. roy. Soc. **55**, 277 (1892).
132. — On the detection and localisation of phosphorus in animal and vegetables tissues **63**, 476 (1898).
133. — Die Methoden und Ergebnisse der Mikrochemie in der histologischen Technik. Erg. Physiol. **VII**, 552 (1908).
134. MACKENZIE: On the mikrochemistry of oxyphile granules. Brit. Assoc. Rep. **1900**, 451.
135. MARFAN, MENARD, ST. GIRARD: Bull. Soc. méd. Hop. 22. Juli **1912**. (Guajakol als Peroxydasereagens).
136. MARINESCO: Nouvelle contribution a l'étude du rôle des ferments oxydants dans les phénomènes de la vie du neurone. Schweiz. Arch. Neur. **15**, 3 (1924).
137. MARTINI: Zur Kenntnis der Melanosarkome. Z. Krebsforschg. **1910**, 240.
138. MAXIMOW: Der Lymphocyt als gemeine Stammzelle... Fol. haemat. (Lpz.) **1909**.
139. MEIROWSKY: Zur Kenntnis der Fermente der Haut. Zbl. Path. **20**.
140. MEYER: Naphtholblau als Reagens auf Bakterienfett. Zbl. Bakter. I. Orig. **34**, 578 (1908).
141. MEYER u. REINHOLD: Untersuchungen über die Gewebsatmung am Lebenden. Klin. Wschr. **1926**, 1692.
142. MEYERHOF: Über ein neues autooxydables System der Zelle. Pflügers Arch. **199**, 531 (1923).
143. MICHAELIS: Bestimmung der Wasserstoffzahl der Indikatoren. Dtsch. med. Wschr. Nr 48 u. **1921**, Nr 17 u. 24.
143a. MICHLIN, D., KOPELOWITZSCH: Zur Kenntnis der Peroxydasen in Phanerogamen. Biochem. Z. **208**, 288—294 u. **202**, 329—336 (Oxydoredukasen).
144. MIRTO: Le ossidasi nei globuli del sangue nell'asfissia. Arch. Farm. acol. sper. **13**, 119 (1911).
145. MÖLLENDORF, W.: Untersuchungen zur Theorie der Färbung fixierter Präparate. Erg. Anat. **1924**, 25.
146. MOLISCH: Mikrochemie der Pflanze. Jena: Gustav Fischer 1921.
147. MOULIN: Arch. Zellforschg **17**, 397 u. 418 (Theorie der Färbung).
148. MONTUORI, A.: Sul mecanismo delle ossidazioni organiche Mem. Soc. ital. Ser 3a **16**, 237.

148a. MOSCHKOWSKI: Zur Vereinfachung der Oxydasedarstellung in Blut. Münch. med. Wschr. **1929**, 1800.
149. MÜLLER: Über proteolytische Fermentwirkungen der Leukocyten. Münch. med. **1906**, Wschr. 1507 u. 1552.
150. NALLI VITANGELO: Sulla sede intracellulare del fermento ossidante. Clin. med. ital. **48**, 24.
151. NÄGELI, O.: Blutkrankheiten und Blutdiagnostik. 4. Aufl. Berlin: Julius Springer 1923.
152. NAGAYO: Die heutigen Kenntnisse der histologischen Oxydasereaktion Nissin-igaku (Katsunuma).
153. NAKANO: Beiträge zur Kenntnis der histologischen Oxydasereaktionen, der Supravital- und Vitalfärbung. Fol. haemat. (Lpz.) **15** (1913).
153a. NARUTOWICZ, J.: Untersuchungen über die Verteilung der Oxydationsfermente in der Champignonzelle. Ref. Chem. Zbl. **1929**, 2543.
154. NEUBERG: Zur Frage der Pigmentbildung. Z. Krebsforschg. **8**, (1909).
155. NEUBERG u. C. OPPENHEIMER: Zur Nomenclatur der Gärungsfermente und Oxydasen. Biochem. Z. **266** (1925).
156. NEUMANN, A.: Wien. klin. Wschr. **1922**, 948 u. **1923**, 437. Klin. Wschr. **1923**, 1756. Nachprüfung der Versuche von LIEBREICH. Arch. inn. Med. **7**, 507 (1924).
157. — Über die Wirkung der Röntgenstrahlen auf die Leukocyten in vitro und in vivo. Strahlenther. **18**, 74 (1924).
158. — Die eosinophile Granulasubstanz des Blutes und ihre Darstellung. Untersuchungen über ihre Beschaffenheit und ihre Eigenschaften. Biochem. Z. **148**, 524 u. **180**, 256 (1924); Fol. haemat. (Lpz.) **32**, 166 (1926).
159. — Über die Gewinnung eines wirksamen Bestandteils aus den leukocytären Elementen des roten Knochenmarks. Kongr. dtsch. Ges. inn. Med. **1926**, 260.
160. — Zur Lipoidnatur der eosinophilen Granulasubstanz. Klin. Wschr. **4**, Nr 32.
161. — Über makrochemische Untersuchungen der eosinophilen Granulasubstanzen der Leukocyten. Z. Zellforschg. **1925**, 46.
162. — Über einige bisher unbekannte Eigenschaften der eosinophilen Granula. Klin. Wschr. **3**, Nr 2v.
163. — Über die amöboide Bewegung der eosinophilen Zellen, zugleich ein Beitrag zur Clasmatocytenfrage. Z. Zellforschg. **180** (Lpz.) 624 (1924).
164. — Zur Oxydasenatur der Leukocytengranula. Fol. haemat. **32**, 95.
165. — Zur Darstellung und Kenntnis biologisch wirksamer Leukocytenkörper. Wien. klin. Wschr. **1926**, 166.
166. — Die eosinophile Granulasubstanz des Blutes und ihre Darstellung. Fol. haemat. (Lpz.) **1926**, 166.
167. — Die nicht an Hämoglobin gebundenen Oxydasen und Peroxydasen (Oxone) des roten Knochenmarkes und ihre Eigenschaften. Fol. haemat. (Lpz.) **1927**, 30.
168. — Weitere Untersuchungen über das oxydative Prinzip (Oxone) des Blutes und Knochenmarkes. Verh. dtsch. Kongr. inn. Med. Wiesbaden **1928**, 370.
169. — Über den Einfluß der Oxone (Oxydasen und Peroxydasen) der Leukocyten und des Knochenmarkes auf Bakterien in vitro und in vivo. Zbl. Bakter. I. Orig. 266.
170. — Über den gegenwärtigen Stand unserer Kenntnisse über die chemische Beschaffenheit der Leukocytengranula. Fol. haemat. (Lpz.) **36**, 96 (1928).
171. NEUMANN, A. u. E. GRATZEL: Die nicht an Hämoglobin gebundenen Oxydasen und Peroxydasen des roten Knochenmarkes und ihre Eigenschaften. Fol. haemat. (Lpz.) **23**, 38 (1927).
171a. NISHIBE: The Tokyo Imp. Un. Ref. Zbl. Chir. **39**, 34.
172. OELZE, F. W.: Über die färberische Darstellung der Reduktionsorte und Oxydationsorte im Gewebe und Zellen. Arch. mikrosk. Anat. **84**, 1, 1 (1904).
173. OPPENHEIMER, O.: Die Fermente und ihre Wirkungen. Leipzig: Georg Thieme 1926.
174. OSTWALD, W.: Über das Vorkommen von oxydativen Fermenten in den reifen Geschlechtszellen von Amphibien. Biochem. Z. **6**, 409 (1907).
175. PALLADIN: Die Atmungspigmente der Pflanzen. Z. physik. Chem. **55**, 207 (1908).
176. PAPPENHEIM: (Übersichtsreferat über Leukocyten). Ergeb. inn. Med. **183** (1912).
177. — Supravitalfärbung und Oxydasen Fol. haemat. (Lpz.) **14**, (1912).
177a. PELUFFO, A.: Lipasewirkung des Speichels C. r. **100**, 115—116.
178. PETRY: Zur Chemie der Zellgranula. Die Zusammensetzung der eosinophilen Granula des Pferdeknochenmarkes. Biochem. Z. **38**, 92 (1912).

179. PORTIER: Les oxydases dans la série animale, leur rôle phys. Thèse de Paris.
180. PRENANT, A.: Methods et resultats de la microchemie. J. Anat. et Physiol. **1910**, 46.
181. — Les peroxydases animales sont elles diffuses ou figurées? C. r. **1925**, 1499.
181a. — Recherches sur les rhabdites des Turbellariés. Mem. Fac. Sci. Paris **1919**.
182. — Le reactif des granulations oxybenzodinophiles est il exempt d'eau oxygenée C. r. **95**, 1235 (1926).
183. RACIBORSKY, M.: Ein Inhaltskörper des Leptom. Ber. bot. Ges. **16**, 52 (1898).
184. — Weitere Mitteilungen über Oxydasereaktionen das Leptomin. ib. 119.
184a. RAVENDAMM, W.: Neue Versuche über die Lebensdauer holzzerstörender Pilze. Zbl. Bakt. II. Abt. **2**, 76.
184b. RHEIN, M.: Die diagnostische Verwertung der durch Bakterien hervorgerufenen Indophenolreaktion. Dtsch. med. Wschr. **1917**, Nr. 28.
185. RÖHMANN u. SPITZER: Über Oxydationswirkungen tierischer Gewebe. Chem. Ber. **28**, 585 (1895).
186. ROMIEU: Essais microchimique sur les granulations des leukocytes eosinophiles de l'homme. C. r. **179**, 579 (1924).
187. — Sur les reactions histochimiques des granulations eosinophiles de l'homme. C. r. **95**, 491 (1926).
188. ROSKIN, F. u. L. LEWINSOHN: Die Oxydasen bei Protozooen. Arch. Protistenkde. **1926**, 145.
189. SAPEGNO, M.: A proposito della reazione del WINKLER-SCHULTZE. Soc. ital. Path. **1909**.
190. SARTORY, A.: Sur les propriétés oxydasiques d'une eau minerale. C. r. **70**, 522 (1911).
191. — Action des quelques sels sur la teinture de guaiac. C. r. **70**, 700 (1911).
192. — Quelques reactions données par le reactif à la benzidine acétique avec ou sans addition d'eau oxygenée. Ibidem 993.
193. SAVINI, E.: Sur les lipoides des leucocytes C. r. **74**, 325 (1921). Arch. méd. belges **74**, 325 (1921).
193a. SCHEER, v.: Über Lipase im Speichel. Klin. Wschr. **7**, 163—165 (1928).
193b. SCHILLING: Das Blut als klinischer Spiegel somatischer Vorgänge. 38. Kongr. dtsch. Gesellsch. inn. Med. **1926**, 160.
194. SCHLENNER, F.: Über Technik der Oxydasereaktion und ihr Verhalten an Monocyten. Dtsch. med. Wschr. **1921**, 6.
195. SCHMORL: Untersuchungsmethoden 1926.
196. SCHÖNBEIN: Über chemische Berührungswirkungen. Verh. Naturforsch.-Ges. Basel **1856**.
197. SCHÖNN: Über die Anwendung von Guajaktinktur als Reagens. Z. analyt. Chem. **9**, 210 (1870).
198. SCHULTZE, W. H.: Die Oxydasereaktion an Gewebsschnitten und ihre Bedeutung. für die Pathologie. Beitr. path. Anat. **1909**, 127.
199. — Über die Oxydasereaktion der Speichel- und Tränendrüse der Säugetiere. Verh. dtsch. path. Ges. **1909**, 235.
200. — Weitere Mitteilungen über Oxydasreaktionen am Gewebsschnitt. Münch. med. Wschr. **1910**, 2171.
201. — Über eine neue Methode zum Nachweis von Reduktions- und Oxydationswirkungen an Bakt. Zbl. Bakter. I. Orig. **56**, 544.
202. — Die Sauerstofforte der Zelle. Verh. dtsch. path. Ges. 17 Tagg. Marburg **1913**.
203. — Zur Technik der Oxydasereaktion. Zbl. Path. **1917**, 8.
204. — Die mikroskopische Methode der Fermentforschung in tierischem und pflanzlichem Gewebe. Zbl. Path. **33**.
205. SCHWARZ, E.: Die Lehre von der allgemeinen und örtlichen Eosinophilie. Erg. Path. **17**, 137 (1914).
206. SEHRT: Die histologische Darstellung der Lipoide der weißen Blutzellen und ihre Beziehung zur Oxydasereaktion. Münch. med. Wschr. **1927**, 139.
207. — Histologie und Chemie der weißen Blutzellen und ihrer Beziehung zur Oxydasereaktion, sowie über den Stand der modernen Histologie der Zellipoide. Leipzig: Georg Thieme 1927.
208. — Fermentwirkung des tausendjährigen Mumienmuskels. Klin. Wschr. **1929**, 1172.
208a. — Sauerstoffbestimmung des Blutes bei Carcinom. Z. Krebsfschg. **30**, 260 u. Dtsch. med. Wschr. **1929**, H. 40.
209. SERENI, E.: Ricerche sulle ossidasi. Arch. di Fisiol. **22**, 185 u. 191 (1924).

210. SPANIER, HERFORD, R.: Vergleichende Untersuchungen mit der Indophenoloxydase-Reaktion an Speichel und Tränendrüsen der Säugetiere. Virchows Arch. **205**, 276 (1911).

211. SPITZER: Die Bedeutung gewisser Nucleoproteide für die Oxydation der Zellen. Pflügers Arch. **67**, 615 (1897).

212. STÄMMLER: Oxydasereaktion und Zellstoffwechsel. Virchows Arch. **264**, 618 (1927). — Die Gewebsoxydasen in krankhaft veränderten Organen. Arch. exper. Path. **135**, 294 (1926).

213. STÄMMLER u. W. SANDERS: Eine Methode zur Bestimmung der Indophenolsynthese. Virchows Arch. **256**, 595.

214. — Weitere Untersuchungen über die quantitative Methode. Virchows Arch. **259**, 336.

215. STEPHAN, R.: Über die Entstehung melanotischer Tumoren und des melanotischen Pigmentes. Inaug.-Diss. Leipzig **1910**.

216. STEUDEL: Über Oxydationsfermente. Dtsch. med. Wschr. **1900**, 372.

217. STRASSMANN: Beitrag zur Technik der Oxydasereaktion in Gewebsschnitten. Zbl. Path. **1909**, 572.

218. SZENT GYÖRGYI, A.: Über den Mechanismus der Succin- und Paraphenylendiaminreaktion. Biol. Z. **150**, 195 (1924).

219. — Über den Oxydationsmechanismus der Kartoffel. Biochem. Z. **162**, 122 u. 393 (1925).

220. TORSTEN THUNBERG: Die biologische Bedeutung der Sulfhydrylgruppe. Erg. Physiol. **11**, 329.

221. TRESPE: Ein Beitrag zur Anilinvergiftung. Münch. med. Wschr. **1911**, 1721.

222. TRAUBE: Über die Aktivierung des Sauerstoffes. Ber. chem. Ges. **15**, 659, 2421 u. 2534 (1882).

223. UNNA: Die Sauerstofforte. Arch. mikrosk. Anat. **78**, (1911); Med. Klin. **23**, 951 (1912).

224. VERNON: Intracelluläre Fermente. Erg. Physiol. **9**, 158 (1910).

225. — The qualitative estimation of the indophenoloxydase. J. of Physiol. **42** (1911).

226. — The relation between oxydase and tissue respiration. J. of Physiol. **44**.

227. — Die Abhängigkeit der Oxydasewirkung von Lipoiden. Biochem. Z. **47** (1912).

228. VITALI: Guajakharz als Reagens auf Eiter. L'orosi **10**, 325 (1887); Chem. Zbl. **1887**.

229. WARBURG: Untersuchungen über die Oxydationsprozesse in Zellen. Münch. med. Wschr. **1911**, Nr. 289.

230. — Ergeb. Physiol. **14** (1914).

231. — Festschrift der Kaiser-Wilhelm-Akademie, Berlin **1921**.

232. — Biochem. Z. **1921**, 119; **1923**, 142 u. **1924**, 152.

234. WEISS: Das Vorkommen und die Bedeutung der eosinophilen Zellen in ihren Beziehungen zur Bioblastentheorie ALTMANNS. Wien med. Presse **29**, 722 u. 1535 (1891).

235. — Eine neue mikrochemische Reaktion der eosinophilen Zellen. Zbl. med. Wiss. **29**, 722 (1891).

236. WIELAND: Über den Mechanismus der Oxydationsvorgänge. Erg. Physiol. **20**, 477 (1922).

236a. WIELAND, K.: SUTTER, E., Einiges über Oxydase. Peroxydasemethoden. Ber. chem. Ges. **61**, 1060—68.

237. WILLSTÄTTER: Über Peroxydase. Liebigs Ann. **422**, 47 (1921).

238. — Über Sauerstoffübertragung in den lebenden Zellen. Erg. chem. Ges. **59**, 1871 (1926).

239. — Über neue Methoden der Enzymforschung. Naturwiss. **14**, 937 (1926).

240. — Probleme und Methoden der Enzymforschung. Naturwiss. **1927**, 585.

241. WILLSTÄTTER u. POLLINGER: Über Peroxydasen. III. Liebigs Ann. **430**, 269.

242. — Über die peroxydatische Wirkung des Hämoglobin. HOPPE-SEYLER s. Z. **130**, 281 (1923).

243. WILLSTÄTTER u. A. STOLL: Über Peroxydase. Liebigs Ann. **416**, 21 (1918).

243a. WILLSTÄTTER, BAMANN u. ROHDEWASSER: Über die Enzyme der Speicheldrüse. Z. physik. Chem. **186**.

244. WERTHEIMER: Fermentforschg. **1925** (Blausäurewirkung auf Indophenolreaktion).

245. WHELDALE, M.: On the guajakum reaction given by Plant extracts. Proc. roy. Soc. **84** (1911).

246. WINKLER, F.: Der Nachweis der Oxydase in den Leukocyten mit Dimethyl p-phenylendiamin α-Naphtholreaktion. Fol. haemat. (Lpz.) **4**, 323 (1907).
247. — Die Oxydasereaktion im gonorrhoischen Eiter Bd. 5, S. 17 (1908).
248. — Die Färbung der Leukocytengranula mit Sudan und α-Naphthol. Ibid Bd. 14,
S. 23 (1912).
249. WOKER, GERTRUD: Zur Theorie der Oxydationsfermente. Z. allg. Physiol. **16**, 341
(1914).
250. — Ein Beitrag zur Theorie der Oxydationsfermente. Ber. dtsch. chem. Ges. **47**,
1024 (1914).
251. — Die Theorie der Benzidinreaktion und ihre Bedeutung für Peroxydaseunter-
suchungen. Ber. dtsch. chem. Ges. **49**, 2319 (1916).
252. WOLFF, A.: Oxydasereaktion in der Placenta. Mschr. Geburtsh. **1913**, 37.
253. WOLFF: Die eosinophilen Zellen, ihr Vorkommen und ihre Bedeutung. Beitr. path.
Anat. **28**, 150.
254. WURSTER: Über einige empfindliche Reagenzien zum Nachweis minimaler Mengen
aktive Sauerstoffes. Arfh. f. Physiol. **1886—1887**, 179.
255. ZIETSCHMANN, O.: Über die acidophilen Leukocyten des Pferdes. Internat. Mh.
Anat. u. Physiol. **22**, 5 (1905).

A. Tatsachenmaterial.

I. Die Reagenzien der Indophenolblausynthese und ihre Autoxydation.

Das Bestreben der biologischen Forschung ist es, die Vorgänge und Erscheinungen des Lebens, als Systeme aufzufassen und in eine Reihe gesetzmäßig zusammenhängender Glieder zu zerlegen. Nach den Lehren der Kolloidchemie sind wir berechtigt, die meisten Zellstrukturen als Kolloidfällungen zu betrachten, die sich in eine Reihe von Einzelvor-gängen (Phasen) zerlegen lassen. Bei der Zerlegung der Strukturen und der zu ihrer Bildung führenden Vorgänge stößt man vielfach auf Stoffe, welche die Oxydation beschleunigen, die man als Oxydasen und Per-oxydasen bezeichnet hat. Es erwächst somit die Aufgabe, diese Stoffe als Glieder in die entsprechenden Systeme einzureihen und ihren Chemis-mus zu untersuchen. Unter den Reaktionen, die den Nachweis oxydie-render, von A. NEUMANN kurz als Oxone bezeichneter Stoffe in Zellen gestatten, steht die Indophenolreaktion an erster Stelle. Zunächst nur angewandt, um in Organen und Organauszügen oxydierende Fermente nachzuweisen [EHRLICH 1885 (40), RÖHMANN und SPITZER 1895 (185)], wurde sie von DIETRICH und LIEBERMEISTER 1902 (34)] zur Darstellung sich blau färbender Körnchen in Milzbrandbacillen benutzt. 1907 wies F. WINKLER (246) in Ausstrichen von Trippereiter die gleiche Farb-reaktion an den Granula der menschlichen polymorphkernigen weißen Blutzellen nach, 1909 führte W. H. SCHULTZE (198) die Reaktion in die menschliche Pathologie ein und gab dadurch den Anstoß zu zahlreichen Arbeiten. Die Abänderung der Methodik durch v. GIERKE (62) und GRAEFF (64) hat das Anwendungsgebiet der Reaktion stark erweitert. Eine für die gesamte Biologie wichtige Zusammenstellung des Vorkommens und der Bedeutung der Indophenolreaktion ist von KATSUNUMA 1924 (88) gegeben worden.

Die folgende Zusammenstellung gibt das Ergebnis der wichtigsten Arbeiten über diese Reaktion wieder, soweit sie im Orginal und in Referaten zugänglich waren. Andere auf Oxydation beruhende Färbungen sind nur soweit berücksichtigt, als sie zum Verständnis der Indophenolreaktion dienen oder auf ähnlicher Grundlage beruhen.

Trotz zahlreicher Arbeiten ist das Wesen der Indophenolreaktion auch heute nicht geklärt.

Nach der Formel von RÖHMANN und SPITZER verläuft die Farbreaktion in der folgenden Weise:

$$C_6H_8N_2 + C_{10}H_7(OH) + O \rightarrow NH \genfrac{}{}{0pt}{}{C_6H_4NH_2}{C_{10}H_6OH} \quad + O \rightarrow N \genfrac{}{}{0pt}{}{C_6H_4NH_2}{C_{10}H_6O}$$

Paraphenylendiamin   α-Naphthol   Indo-
                                                     phenol

Dagegen geht nach der Formel von MÖHLAU [B. LÄTT (99)] das Paraphenylendiamin zunächst in Chinondiimin über

Indophenol

Verwendet man die Dimethylverbindung des Paraphenylendiamin,

$$H_2N \langle \rangle N(CH_3)_2$$

so dürfte die erste Formel gelten. Der entstehende blaue Farbstoff wurde früher als Naphtholblau bezeichnet. Nach PAPPENHEIM (177) hat Naphtholblau jedoch die Formel:

$$N \genfrac{}{}{0pt}{}{C_6H_3N(CH_3)_2}{C_{10}H_6} O$$

und ist ein basischer Farbstoff, während Indophenolblau amphoteren Charakter hat. Jetzt bezeichnet man den Farbstoff meist als Indophenolblau.

Ein ähnlicher blauer Farbstoff entsteht auch bei Verwendung von Carbolsäure an Stelle von α-Naphthol. [B. LÄTT (99)].

Der Färbeprozeß in den Zellen ist indessen nicht immer der gleiche. Sowohl das α-Naphthol wie das Paraphenylendiamin sind autoxydable Verbindungen, deren Oxydation durch die Einwirkung zelliger Bestandteile beschleunigt werden kann. Das Naphtholoxon ist aber nach seinen Eigenschaften vom Paraphenylendiaminoxon nachweisbar zu unterscheiden. Wenn daher einmal durch Vermittlung des α-Naphthol als Beize das Paraphenylendiamin unter Bildung von Indophenol an eine Struktur gebunden wird, das andere Mal durch Vermittlung des Paraphenylendiamin das α-Naphthol, so handelt es sich trotz scheinbarer Einheitlichkeit der Farbreaktion tatsächlich um zwei verschiedene Vorgänge.

Auch entstehen bei der Oxydation des Paraphenylendiamin und des α-Naphthol nicht allein die einfachen chinoiden Umwandlungen, sondern komplexe Verbindungen verschiedener Natur. Die Oxydation des Paraphenylendiamin hat B. LÄTT (99) eingehend behandelt. Das chinoide Oxydationsprodukt, das Chinondiimin verbindet sich mit dem benzoiden

Paraphenylendiamin in verschiedenen Mengenverhältnissen und geht unter gelegentlicher Bildung eines Zwischenproduktes, eines grünen Farbstoffes, in die sog. BANDROWSKISCHE Base über

Der grüne Farbstoff entsteht nach ERDMANN auch in stark verdünnten Paraphenylenlösungen bei Gegenwart von Säure [B. LÄTT (99)].

Für die Beurteilung der cellulären Farbreaktionen mit der Indophenolreaktion sind die Hinweise von BACH und WOKER besonders beachtenswert. „Viele von den Aktivierungen und Paralysierungen durch Säuren, Basen und andere Zusätze zum Reaktionsgemisch, die man auf Rechnung einer Beeinflussung des Oxydationsfermentes zu setzen gewohnt ist, besitzen in einer Beeinflussung des Reagens ihre wirkliche Ursache" (WOKER). Es ist daher notwendig, diesen Einfluß der Zusatzmittel zu kennen [LÄTT (99)].

E. WERTHEIMER (244) hat gezeigt, daß die Autoxydation des Naphthol-Paraphenylengemisches bereits durch Spuren von Blausäure ($1/_{25000}$N) gehemmt wird, daher an sich ein katalytischer Vorgang ist. Zugabe von Schwermetallen brachte die Oxydation wieder in Gang.

Das Optimum der Autoxydation liegt nach WERTHEIMER zwischen p(H) = 8 u. 9 und geht bis p(H) = 4.

a) Einflüsse auf die Autoxydation.

Den Einfluß der OH-Ionen auf den Verlauf der intracellulären Indophenolreaktion hat GRÄFF durch systematische Untersuchungen festgestellt.

Für tierisches Gewebe ist das Optimum p(H) = 8—9, für Pflanzen 3—6, geht demnach nach der sauren Seite noch über die für die Autoxydation festgestellte Grenze hinaus.

Nach LÄTT äußert sich der Einfluß von Basen auf die Autoxydation des P-Phenylendiamin zunächst in einer Hemmung, später in einer Beschleunigung des Oxydationsvorganges, höhere Konzentrationen hemmen. Die Ausflockung des Farbstoffes wird beschleunigt, der ausgeflockte Farbstoff kann durch Säuren gelöst werden.

α-Naphthol wird bei Gegenwart von Laugen schnell oxydiert, der sich bildende Farbstoff ist braun, bei Überschuß von α-Naphthol grün, wahrscheinlich durch Bildung komplexer Verbindungen.

Säuren wirken in nicht neutralisierenden Mengen auf Paraphenylendiaminlösungen beschleunigend auf die Oxydation, nach der Neutralisation hemmend in jeder Konzentration (LÄTT). So erklärt es sich, daß die Oxydation einer p-Phenylenlösung beschleunigt wird durch Einleiten von Kohlensäure in die Lösung, durch Zusatz der Chlorhydratverbindung des Dimethyl-p-phenylendiamin, durch Lecithinlösung und ähnliche Stoffe.

Salze wirken auf die Oxydation des Paraphenylendiamin in hohen Konzentrationen hemmend, in kleinen haben sie auf die Farbstoffbildung keinen Einfluß — wirken aber stark ausflockend (LÄTT).

α-Naphthollösungen mit Zusatz von 0,85% Kochsalz flocken den Farbstoff aus und bleiben farblos; wenn Naphthol zur Nachlösung vorhanden ist, bleiben sie wochenlang verwendbar (Loele).

Nach B. Lätt soll Alkoholzusatz von 10% ab die Autoxydation des P-Phenylendiamin hemmen. Im Gegensatz hierzu fand ich bei 20% eine optimale Oxydationsreaktion auch bei alkoholischen Bakterien- und Zellaufschwemmungen.

Alkoholische Naphthollösungen oxydieren schneller als wässerige. Der hierbei gebildete Farbstoff ist rötlich.

Formaldehyd ist auf den Oxydationsverlauf der Indophenolreaktion von großem Einfluß. Nach Woker (249, 250) wirkt Formaldehyd + H_2O_2 durch Bildung sekundärer Peroxyde bei Gegenwart von Chromogenen wie eine Peroxydase

$$RC\overset{\displaystyle O}{\underset{\displaystyle H}{\diagup}} + HOOH \rightarrow RC\overset{\displaystyle OH}{\underset{\displaystyle H}{\diagdown}}OH.$$

Nach Wieland vermag Formaldehyd auch ohne H_2O_2 oxydierend zu wirken durch Übergang in die Alkoholgruppe CH_2OH.

Alkalische Naphthollösungen verfärben sich bei Gegenwart von Formol durch Luftoxydation dunkelgrün. Bei Säurezusatz schlägt die Farbe in Rot um (Loele).

Über den Einfluß anderer Aldehyde auf P-Phenylenlösungen findet man Beobachtungen bei Lätt. Propyl- und Butylaldehyd begünstigen die Oxydation, Benzaldehyd kaum.

b) Einteilung der Oxone.
Primäre und sekundäre Oxone.

Mit den Reagenzien der Indophenolreaktion lassen sich 6 verschiedene oxydierende Substanzen nachweisen.

I. Gruppe.

Die Oxydation des Gemisches der Lösungen des α-Naphthol und des Paraphenylendiamin tritt erst nach Zusatz von H_2O_2 ein.

W. H. Schultze, der diese Reaktion bei roten Blutkörperchen beobachtete, will sie als eine Katalasereaktion auffassen. Da es indessen Katalasen gibt, die mit dem Indophenolgemisch, das Gräff kurz als Nadigemisch bezeichnet, nicht reagieren, trennt man besser das Oxon von der Katalase und bezeichnet ersteres als Peroxydase (Nadiperoxydase).

II. Gruppe.

Die Oxydation des Gemisches tritt bei Anwesenheit von Luftsauerstoff ein, Indophenoloxydasen (Nadioxydasen).

III. Gruppe.

Die Oxydation von Naphthollösungen allein wird durch die Oxone bei Gegenwart von H_2O_2 beschleunigt. α-Naphtholperoxydasen.

IV. Gruppe.

Die Beschleunigung tritt bereits bei Anwesenheit von Luftsauerstoff ein (α-Naphtholoxydasen).

V. Gruppe.

Die Oxydation von Paraphenylendiaminlösungen wird beschleunigt bei Anwesenheit von H_2O_2. Paraphenylendiaminperoxydasen.

VI. Gruppe.

Die Oxydationsbeschleunigung tritt ein bei Gegenwart von Luftsauerstoff. Paraphenylendiaminoxydasen.

Sekundäre Oxone.

LOELE hat in zahlreichen Arbeiten darauf aufmerksam gemacht, daß
die Zelloxydasen und Peroxydasen, wenn sie gelöst werden, die Fähigkeit
haben, sich an manchen Zellstrukturen niederzuschlagen, die an sich
keine Oxydase- oder Peroxydasereaktion geben. Aus diesen Beobachtungen folgt, daß man bei der Feststellung von Oxydasen in einem unbekannten Gewebe dieses nicht gemeinschaftlich mit anderem oxonhaltigen
Material fixieren darf, da unter Umständen durch Übertragung der
Oxydasen auf an sich negative Strukturen Täuschungen möglich sind.
LOELE bezeichnet derartig übertragene Oxydasen und Peroxydasen als
sekundäre Oxydasen und Peroxydasen, allgemein als sekundäre Oxone,
im Gegensatz zu den eigentlichen Oxonen, den primären Oxydasen und
Peroxydasen.

II. Untersuchungsmethoden.

a) Zell- und Schnittfärbungen mit den Oxonreagenzien.

1. Indophenolblauoxydase.

Stabile Oxydasen (Myelooxydasen), (thermostabil, alkali- und formolfest).

M. Nadi-Oxydase-Reaktion nach GRÄFF.

Meist bedient man sich jetzt zu ihrer Darstellung der von W. H.
SCHULTZE angegebenen Methode, die zum Lösen des α-Naphthols statt
Soda, die F. WINKLER verwendete, Kalilauge nimmt. W. H. SCHULTZE
gibt folgende Vorschrift an: (KRAUSE, Mikroskopische Technik). Verwendet werden zwei Lösungen.

1. Alkalische Naphthollösung. 1 g α-Naphthol wird mit 100 ccm
destilliertem Wasser im Erlenmeyerkolben direkt über der Flamme (Draht-
netz) zum Kochen erhitzt. Dabei schmilzt das krystallisierte α-Naphthol
und sammelt sich als tropfige Masse auf dem Boden des Gefäßes an.
Dann wird tropfenweise soviel reine Kalilauge zugesetzt, bis sich das
geschmolzene α-Naphthol vollständig gelöst hat. Beim Erkalten fällt
manchmal wieder etwas α-Naphthol aus. Die überstehende Flüssigkeit
wird verwandt, sie ist leicht gelblich gefärbt, wird aber allmählich gelb-
braun.

2. 1 %ige Lösung von Dimethyl p-phenylendiaminbase (E. MERCK)
in destilliertem Wasser kalt hergestellt. Die Lösung kommt leicht zustande
und ist erst meist nach einigen Tagen brauchbar. Die Gebrauchsfähigkeit
der in dunklen Flaschen aufzubewahrenden Lösungen ist eine begrenzte.
Lösung 2 ist meist nach 4 Wochen unwirksam.

Während sich α-Naphthol in Subtanz lange wirksam erhält, zersetzt
sich das Dimethyl-paraphenylendiamin bei Aufbewahrung in gewöhnlichen
Glastöpfelflaschen sehr leicht. E. MERCK hat es deshalb in braunen Glas-
röhrchen in Mengen zu $1/2$ g eingeschmolzen in den Handel gebracht.
In dieser Weise hält sich die Substanz unbegrenzt.

Zur Reaktion verwendet man Gefrierschnitte von in Formol oder
in Müller-Formol gehärteten Organen. Die möglichst dünnen Schnitte

werden entweder nacheinander ohne dazwischen abzuspülen in die Lösungen 1 und 2 gebracht (1. Angabe von W. H. SCHULTZE) oder einfacher in ein Gemisch beider Lösungen etwa zu gleichen Teilen, das sorgfältig filtriert wird. Die Schnitte verbleiben in dem Gemisch kurze Zeit, höchstens einige Minuten, bis die Leukocyten blau gefärbt sind (Kontrolle unter dem Mikroskop), werden dann in Wasser abgespült und in Wasser, Glyceringelatine, Kal. aceticum, Wasserglas usw. betrachtet. In Alkohol, Xylol usw. wird der Farbstoff sofort ausgezogen, so daß eine Einbettung in Canadabalsam unmöglich ist. Die Haltbarkeit der Färbung ist eine begrenzte. Im Brunnenwasser ist die Färbung schon nach wenigen Stunden verschwunden und das Präparat mit spießigen blauen Krystallen bedeckt. In konzentrierten Salzlösungen, z. B. Soda, hält sich die Färbung länger.

Modifikation B nach W. H. SCHULTZE:

Verwendet werden 1. 2%ige Lösung von α-Naphtholnatrium (Mikrocidin E. MERCK); 2. 1%ige Lösung von Dimethyl-p-phenylenchlorhydrat.

Es werden gleiche Teile beider Lösungen im Reagensglase gemischt, wobei ein grauweißer Niederschlag entsteht. Filtriert erhält man eine graue, kaum getrübte Flüssigkeit, in der sich nun alle Granula nach kurzer Zeit besonders nach Hin- und Herschwenken des Schälchens intensiv grau färben. Im Brunnenwasser geht die Farbe allmählich in ein Dunkelviolettschwarz über, das sehr intensiv ist. Die Haltbarkeit entspricht der ursprünglichen Oxydasereaktion.

Zur Darstellung der stabilen Indophenoloxydasen sind auch die Methoden brauchbar, die zur Darstellung der labilen Oxydasen verwendet werden und jeden Zusatz von Alkali vermeiden. W. G. SCHULTZE und KATSUNUMA ziehen auf Grund ihrer Erfahrungen den Zusatz von Alkali zum Naphthol vor, KATSUNUMA bei manchen Oxydasen (Monocyten) den von Soda.

Labile Oxydasen (Gewebsoxydasen).

1. Herstellung der alkalifreien Naphthollösung. Da Naphthol in Wasser nur wenig gelöst wird, nimmt man meist gesättigte wässerige Lösungen (v. GIERKE, KATSUNUMA). KATSUNUMA hat bei seinen Untersuchungen folgende Vorschrift befolgt:

0,5 Naphthol wird mit 300 ccm destilliertem Wasser durch Kochen zur Lösung gebracht, in braune Flaschen gefüllt und abgekühlt, wobei ein Überschuß von α-Naphthol in Nadeln ausfällt. Anfangs ist die Lösung farblos, leicht getrübt, wird aber mit der Zeit mehr und mehr braun und ist, im Dunkeln aufbewahrt, für einen Monat brauchbar.

Klare Naphthollösungen erhält man nach LOELE, wenn man das α-Naphthol in physiologischer Kochsalzlösung (löst 0,85%) Man gibt einen gehäuften Teelöffel Naphthol in einen Liter Kochsalzlösung, schüttelt und läßt die Lösung stehen. Vor Verwendung Filtration.

GRÄFF hat bei seinen Versuchen das Naphthol in der folgenden Weise gelöst:

Naphthol 1,0.
Alkohol abs. 10,0.
Aqua dest. ad 1000,0.

2. Dimethylparaphenylendiaminlösung. v. GIERKE verwandte 1%ige, KATSUNUMA 0,2%ige Lösungen der Base. Das destillierte Wasser ist vor

Zusatz des P. phenylendiamin auszukochen, um den Sauerstoff zu vertreiben. Nach HIRSCHFELD gab ein Präparat der Firma Schuchhart in Görlitz in manchen Fällen bessere Ergebnisse als die von MERCK bezogene Base.

Um die leicht zersetzliche Base zu vermeiden, hat GRÄFF die Chlorhydratverbindung genommen, von der er 0,6 g in 500,0 ccm Aqua dest. löst (1,2⁰/₀₀). GRÄFF vermischt die von ihm angegebene Naphthollösung mit dieser Lösung zu gleichen Teilen (Nadigemisch) und versetzt sie zur Erzielung eines bestimmten p(H) Gehaltes mit Pufferlösungen, die er zum Vergleich mit Dauerreihen von Indikatoren im WALPOLEschen Comparator eingestellt hat.

Als Indikatoren dienen die von MICHAELIS eingeführten Farblösungen
1. α-Dinitrophenol 0,1 gr: 200,0 Aqua dest. . . .p(H) = 2,8—4,4.
2. γ-Dinitrophenol 0,1 : 400,0   ,,   . . .p(H) = 4,0—5,4.
3. p-Nitrophenol 0,1 : 100,0   ,,   . . .(p)H = 5,4—7,0.
4. M. Nitrophenol 0,3 : 100,0   ,,   . . .p(H) = 6,8—8,4.
5. Phenolphthalein 0,1 : 100,0   ,,   . . .p(H) = 8,45–10,0.
    Frisch bereitet in 96⁰/₀igem Alkohol + 100,0 Aqua dest.
6. Alizaringelb GGO, 1 : 100,0 Aqua dest. p(H) = 10,0—12,0.

Durch Zusatz von N/10 Soda werden die entsprechenden Zwischenstufen hergestellt. Als Puffer werden dem Nadigemisch, 10fach verdünnt, zugesetzt:

Normalnatronlauge,
Soda cryst. 14,3 : 100,0 Aqua dest.
Glykokoll 7,5 : 100,0 Aqua dest.
Sek. Natriumphosphat 1,5 mol. 11,9 : 1000,0 Aqua dest.
Prim. Kaliumphosphat 1,5 mol. 9,1 : 1000,0 Aqua dest.
Natriumacetat 13,6 : 100,0 Aqua dest.
Normalessigsäure.

GRÄFF hat 2 Reihen angesetzt für verschiedene Wasserstoffzahlen, die hier wiedergegeben sind.

p(H)	N. NaOH	Soda	Glykokoll	II Phosph.	I Phosph.	Na acetat	N. Essigs.
12,0	10,0	—	—	—	—	—	—
11,6	6,5	3,5	—	—	—	—	—
11,0	8,0	—	2,0	—	—	—	—
10,8	5,0	5,0	—	—	—	—	—
9,5	2,5	7,5	—	—	—	—	—
9,2	5,0	—	5,0	—	—	—	—
9,0	1,5	8,5	—	—	—	—	—
8,2	4,0	—	6,0	—	—	—	—
7,8	3,0	—	—	7,0	—	—	—
7,4	2,0	—	—	8,0	—	—	—
7,0	—	—	—	10,0	—	—	—
6,5	2,0	—	—	—	—	8,0	—
6,5	—	—	—	5,0	5,0	—	—
5,9	1,0	—	—	—	—	9,0	—
5,4	—	—	—	—	—	10,0	—
4,5	—	—	—	—	—	5,0	5,0
4,0	—	—	—	—	—	3,0	7,0
3,4	—	—	—	—	—	1,0	9,0
3,0	—	—	—	—	—	—	—
3,0	Nadi ohne Puffer	—	—	—	—	10,0

Man verwendet diese Lösungen, die auf 50,0 Nadigemisch jedes mal 10,0 Pufferlösung enthalten, wenn man mit konzentrierten Nadigemisch arbeiten will, die zweite Reihe, die auf 5,0 Nadigemisch 20,0 Puffer enthält dann, wenn man mit schwächeren Nadilösungen arbeitet.

p(H)	N. NaOH	Soda	Glykokoll	II Phosph.	I Phosph.	Na acetat	N. Essigs.
12,0	2,0	18,0	—	—	—	—	—
11,5	1,0	19,0	—	—	—	—	—
10,7	—	20,0	—	—	—	—	—
10,6	10,0	—	10,0	—	—	—	—
9,1	4,0	—	16,0	—	—	—	—
8,1	—	—	—	20,0	—	—	—
7,2	—	—	—	16,0	4,0	—	—
6,8	—	—	—	10,0	10,0	—	—
6,4	—	—	—	—	—	20,0	—
5,8	10,0	—	—	—	—	—	10,0
4,6	—	—	—	—	—	10,0	10,0
4,0	—	—	—	—	—	4,0	16,0
3,6	Nadi 6,0 + 20,0 Aqua dest.			—	—	—	—

Zur Bestimmung der p(H) Konzentration im Comparator werden für die Werte 2,8—8,4 6,0 Nadipuffergemisch mit 1 ccm Indikator gemischt für die Werte 8,45—12,0 10 Puffergemisch mit 1 ccm Indikator.

Nach KATSUNUMA ist es bei manchen Indophenoloxydasen nötig, das Nadigemisch sehr stark zu verdünnen, um die Oxydasen nicht zu zerstören.

Bei der Untersuchung auf labile Oxydasen ist möglichst lebensfrisches Material zu verwenden, von dem man auch Gefrierschnitte anfertigen kann. Nach KATSUNUMA (201) ist es vorteilhaft, die Schnitte sofort auf den von SCHULTZE angegebenen Oxydaseagar zu bringen.

Man setzt einen Teil des Nadigemisches auf 3 Teile flüssigen Agar, läßt ihn in Petrischalen erstarren und breitet die Schnitte auf den Agar aus. Man vermeidet hierdurch das Ausziehen der Oxydase im Wasser und Farbstoffniederschläge. Um die lästigen Farbstoffniederschläge zu vermeiden, hat BRANDT (258) nach Vorschlag von v. GIERKE die Dämpfe von Naphthol und Paraphenylendiamin auf das Untersuchungsmaterial einwirken lassen und besonders bei Bakterien gute Resultate erhalten.

2. Indophenolperoxydasen.

Man bedient sich der gleichen Lösungen wie bei der Indophenolreaktion, denen man H_2O_2 zusetzt oder man behandelt Schnitte einige Zeit mit der H_2O_2-Lösung [KÖNIG-HERXHEIMER (94)], ehe man sie in das Oxydasereagens bringt.

3. Naphtholoxydasen.

Das Untersuchungsmaterial ist unfixiert oder nach Formolhärtung mit der alkalischen Naphthollösung zu behandeln. Die Formollösung muß säurefrei sein, was man durch Einlegen von Marmorstückchen erreicht. Für Seetiere verwendet man Seewasser mit Zusatz von $10^0/_0$ Formol, für anderes Material Wasserleitungswasser oder destilliertes Wasser mit Zusatz von Karlsbader Salz ($5^0/_0$). Da durch das Formol die Oxydasen beeinflußt werden, ist das Untersuchungsmaterial zu verschiedenen Zeiten zu untersuchen.

Als Naphthollösung nimmt man die gleiche Lösung wie bei der stabilen Oxydasereaktion, wie sie WINKLER und W. H. SCHULTZE herstellen oder man löst das Naphthol kalt in konzentrierter Lauge und verdünnt zu dem gewünschten Prozentsatz (meist 1%, LOELE) mit Wasser.

Für Schnitte von lebenden Pflanzen ist die Verdünnung stärker zu nehmen (1 : 30 000—1 : 1,1000,000). Die Einwirkungszeit ist dann entsprechend länger.

Für alkalifeste Naphtholoxydasen hat LOELE (104) die folgende Vorschrift gegeben:

> Glyzerin 2%.
> Kalilauge (25%) 1,0.
> α-Naphthol: kleine Messerspitze.
> Wasser ad 100,0.

Auch ammoniakalische Naphthollösungen sind verwendbar. PAPPENHEIM löst das Naphthol auf folgende Weise:

> α-Naphthol 1,0.
> Alc. abs. 30,0.
> Aqua 100,0.
> Liquor ammon. caust. gutt. III.

Alkalische α-Naphthollösungen werden mit der Zeit braun und unbrauchbar, am besten sind Lösungen von schwach gelblicher Farbe. Frische Lösungen sind oft nicht zu verwenden, da das Alkali die Oxydase zerstört, ehe die Farbreaktion eintritt. Die oxydierenden Substanzen der Zelle färben sich schwarz bis blauviolett bei stärkerer Reaktion, bei schwacher Reaktion hell-violett. Die Färbung ist alkohol- und xylolfest, so daß Einbettung in Balsam möglich ist; doch blaßt die Färbung mit der Zeit ab.

4. Naphtholperoxydasen.

Zur Darstellung der als Leptomine bezeichneten pflanzlichen Peroxydasen verwendete RACIBORSKY (183, 184) eine Lösung von α-Naphthol in 15%igem Alkohol, der er Wasser bis zur Ausscheidung des Naphthols zusetzt. Durch Hinzufügen von Alkohol werden die Krystalle wieder zur Lösung gebracht.

Sehr zweckmäßig, weil immer wasserklare Lösungen sofort zur Verfügung stehen, sind Lösungen des Naphthol in 0,85%iger Kochsalzlösung. Man gibt einen Teelöffel auf ½ bis 1 Liter Kochsalzlösung und filtriert vor der Verwendung. Die Lösung ist dann zu erneuern, wenn sich rote Blutkörperchen nach Zusatz von H_2O_2 in genügender Menge nicht mehr violett färben. (Kontrolle mit dem Mikroskop). Meist ist dies erst nach mehreren Monaten der Fall.

Die Zusatzmenge von H_2O_2 ergibt sich von Fall zu Fall.

5. Paraphenylendiaminoxydasen.

Da das Dimethyl-p-phenylendiamin leicht zersetzlich ist, verwendet man besser das Paraphenylendiamin (als Base) in 0,5—1%igen Lösungen (dest. Wasser).

Die Lösung ist stets frisch zu bereiten. Für praktische Zwecke genügt es, wenn man eine Messerspitze der Substanz in einem Reagensglas mit destilliertem Wasser einige Male schüttelt und nach Absetzen der Krystalle die überstehende Flüssigkeit filtriert.

6. Phenylendiaminperoxydasen.

Man setzt der Paraphenylendiaminlösung Wasserstoffsuperoxyd zu. Wie bei allen Peroxydasereaktionen sind die nötigen Mengen verschieden. Meist genügen 0,5 ccm einer $3^0/_0$igen Lösung Perhydrol Merck auf 1 Reagensglas.

b) Dauerpräparate.

Labile Indophenoloxydasen.

Eine Dauerfärbung der labilen Oxydasen gibt es bisher noch nicht.

Stabile Indophenoloxydasen.

Die durch die Indophenolreaktion hervorgerufene Blaufärbung der oxydierenden Substanzen hält nicht lange vor und wird schon durch verdünnten Alkohol ausgezogen.

Bereits Strassmann (217) hatte gefunden, daß Salzlösungen die Nadioxydasen konservierten und Fursenko (61) hat auf Grund dieser Beobachtung eine Schnellfärbung angegeben, die die Darstellung der Oxydasegranula in Paraffinschnitten gestattete und die Färbung erhielt. Kleine Gewebsstückchen wurden in Bonner Lösung (Karlsbader Salz 50,0, Formol ($40^0/_0$) 125,0 Aqua dest. 1000,0) gehärtet und bei 37° schnell durch Alkohol, Xylolparaffin, Paraffin gebracht. Die lufttrockenen Schnitte werden in neutralem rektifizierten Kanadabalsam eingebettet.

Diese Methode, die unvollkommene und nicht auf die Dauer haltbare Ergebnisse hatte, ist jetzt verlassen und an ihre Stelle ist die von v. Gierke und Gräff angegebene Dauermethode getreten (Schmorl (195)], die darauf beruht, daß der empfindliche Indophenolfarbstoff durch Jodierung (Chromierung, Osmiumbehandlung nach Katsunuma) in eine stabile Verbindung gebracht wird. Nach Katsunuma (88) gibt die Methode besonders brauchbare Ergebnisse, wenn die Jodierung (Einwirkung von Lugolscher Lösung auf die Schnitte mindestens 10 Minuten) bei stärkerer Hitze (50—55 Grad) vorgenommen wird.

Katsunuma gelang es, auf diese Weise auch Blockfärbungen zu erzielen. Die gefärbten Präparate schließt man in Glyzerin oder in Wasserglas ein. Schmorl (195) verwendet statt der Lugolschen Lösung eine konzentrierte wässerige Lösung von Ammonium molybdaenicum.

Nach ihm ist die beste Methode die von Gräff angegebene:

Fixieren des Gewebes in $4—10^0/_0$igem Formol mit Zusatz von primärem und sekundärem Natriumphosphat.

I. Phosphat: 9,0 : 1000,0 Leitungswasser unter Erwärmen gelöst.

II. Phosphat 11,9 : 1000,0.

1 Teil I + 6 Teile II, bei saurer Reaktion + 9 Teile II, Wechseln der Flüssigkeit.

Gefrierschnitte.

Nadigemisch 10,0 + 10,0 + 4,0 sek. Phosphat.

Lugolsche Lösung:

Um die Schnitte zu färben, kann man sie vorher mit Hämatoxylin oder nachher mit Lithiumcarmin behandeln.

Im Gegensatz zu den zelligen Indophenoloxydasen sind manche granuläre Oxydasen bei Hefen auch ohne Jodierung haltbar und alkoholecht. Gelegentlich findet man auch in Formolgefrierschnitten von Organen Nadireaktionen, die ohne Nachbehandlung sich jahrelang halten. So fand Loele (125) in der Milz des Katzenhaies Granula in Pulpazellen, die mit dem Nadigemisch behandelt, nicht abblaßten. Wahrscheinlich liegen hier chemische Umsetzungen vor.

Wird statt Naphthol ein mehrwertiges Phenol genommen, so bleibt eine eintretende Oxydasefärbung auch nach Alkohol- und Xylolbehandlung bestehen.

1. Dauerpräparate von Naphtholoxydasen.

Loele (104) hat zuerst darauf hingewiesen, daß es möglich ist, Substanzen, die die Naphtholreaktionen geben, dadurch dauerhaft mit basischen Farbstoffen zu färben, daß man gleichzeitig oder nach der Naphtholbehandlung einen basischen Farbstoff einwirken läßt. Das α-Naphthol verbindet sich einmal mit der Oxydase, sodann mit dem basischen Farbstoff, so daß es gewissermaßen einen Amboceptor oder eine Beize darstellt. Folgende basischen Farbstoffe wurden von Loele verwendet: Methylenblau, Gentianaviolett, Methylviolett, Malachitgrün, Safranin, Toluidinblau, Eisenhämatoxylin (Vermittlung des basischen Eisens).

Für die Oxydasen gibt Loele (104, 110, 113, 125) folgende Färbung an:

Man löst eine Messerspitze α-Naphthol in Natron- oder Kalilauge (10—25%ig, 1—2 ccm), gibt die doppelte Menge Glycerin oder Glykol (als Schutzkolloid) hinzu und verdünnt 10fach mit Wasser. Hierzu gibt man 1 ccm einer gesättigten wässerigen Lösung eines der oben genannten basischen Farbstoffe, am besten Gentiana- oder Methylviolett und filtriert die Flüssigkeit in Schälchen, in denen man die Formolgefrierschnitte oder bei Pflanzen auch unfixierte Rasiermesserschnitte 6—24 Stunden liegen läßt. Unter dem Mikroskop überprüft man den Eintritt der Färbung. Man bringt dann die Schnitte durch Alkohol (der Niederschläge löst) und Xylol in Balsam. Kernfärbungen erreicht man am besten mit Eosin, da durch die Laugenbehandlung eine Inversion eingetreten ist.

Flockt der basische Farbstoff zu stark aus, so kann man durch Verwendung zweier Farbstoffe noch gute Erfolge erzielen. Man setzt erst eine $^1/_{1000}$ige Toluidinblaulösung, dann die Gentianaviolettlösung zu.

Man kann die Färbung auch zweizeitig vornehmen. Man läßt die Schnitte in der alkalischen α-Naphthollösung bis zum Eintritt der Naphtholreaktion (violette Färbung der Oxydasen), spült ab, behandelt sie mit dem basischen Farbstoff, den man mit Alkohol evtl. nach Jodierung oder Anilinbehandlung auszieht.

Blockfärbung.

Kleine formolfixierte Gewebsstückchen werden gewässert und bleiben einige Tage in einer wässerigen Methylviolettlösung. Nach Wässerung bringt man sie 1—2 Tage in die alkalische Naphthollösung. Danach

Einbettung in Paraffin (Alkohol-Xylol), Paraffinschnitte. Nachfärbung der Kerne mit Eosin.

Die Färbung ist nur in den obersten Schichten gut.

2. Naphtholperoxydasen.

Auf die gleiche Weise lassen sich auch die Naphtholperoxydasen im Dauerpräparate darstellen. In jedem Falle sind die Schnitte darauf zu prüfen, ob durch das Naphthol eine Färbung eingetreten ist. Es gibt Substanzen, die nach der Naphtholbehandlung den basischen Farbstoff annehmen, ohne eine Naphtholreaktion zu geben. Das gilt auch für die Methode von Graham.

Methode von Epstein [1927 (46)].

Epstein hat für die Darstellung der Peroxydasen der Blutzellen die folgende Methode angegeben.

1. Fixation des Blutausstriches in Formol-Alkohol (evtl. unter vorherigem Einwirken von Osmiumdämpfen, $1^0/_0$ige Osmiumsäure).

Alkohol $95^0/_0$ 90,0.
Formol $(40,0^0/_0)$ 10,0.

2. Abspülen mit dest. Wasser.

3. Alkohol $40^0/_0$ 100,0.
α-Naphthol 1,0.
$3^0/_0$ige H_2O_2-Lösung 0,2 (wie bei der Methode Graham).
Einwirkungszeit 3 Minuten.

4. Dest. Wasser. Lithiumcitrat-Toluidinblaulösung 15 Minuten bis 24 Stunden.

Toluidinblau 1,0.
Lithium citr. 1,0.
Aqua dest. ad 100,0.
Trocknen.

Methode von Graham (69) für Gefrierschnitte.

1. Formolfixation.

2. Gefrierschnitte mit Alaunhämatoxylin-Lithiumcarbonat vorbehandelt.

3. 10 Minuten Aufenthalt in
α-Naphthol 1,0.
Alkohol $(40^0/_0)$ 100,0.
H_2O_2 $3^0/_0$ Perhydrol Merck.
Zu 10,0 der Lösung 5 Tropfen einer $2^0/_0$igen wässerigen Pyroninlösung.

Methode von Loele (125).

a) Schnittfärbung. Man gibt in Schälchen α-Naphtholkochsalzlösung, der man nur so viel H_2O_2 zusetzt, daß keine Peroxydasereaktion der roten Blutkörperchen eintritt. Meist genügt 1 Tropfen einer 1 bis $3^0/_0$igen H_2O_2-Lösung auf ein Reagensglas Naphthollösung. Formol-Gefrierschnitte oder unfixierte Rasiermesserschnitte werden in die Lösung gebracht, bis mit dem Mikroskop eine maximale Violettfärbung der Peroxydasen zu erkennen ist. Man muß öfters nachprüfen (meist genügt es, die Schälchen auf einen weißen Untergrund zu setzen, um schon mit bloßem Auge die Reaktion zu erkennen), da manche Peroxydasen nur kurze Zeit sichtbar werden, weil sie sich zersetzen.

Die herausgenommenen Schnitte spült man ab, fängt sie mit einem Objektträger auf und übergießt sie mit einer α-Naphthol-Gentianaviolettlösung, die man sich auf folgende Weise herstellt.

Zu der Naphtholkochsalzlösung gibt man soviel gesättigte alkoholische Gentianaviolettlösung, bis eine Schwebefällung eintritt und löst die Fällung durch Zusatz von Alkohol. Filtrieren. Oder man verdünnt die alkoholische Gentianaviolettlösung durch Zusatz von Naphthollösung, bis sie anfängt, durchsichtig zu werden und setzt etwas Alkohol zu.

Die blau gefärbten Schnitte entfärbt man mit 80%igem Alkohol und bettet sie nach Abwaschen der Schnitte in Glyzerin, Glyzeringelatine oder in Balsam oder Cedernöl ein.

Statt der Gentiananaphthollösung kann man auch Anilin-Gentianaviolettlösungen verwenden, doch muß man sie vorher an geeignetem Material auf Brauchbarkeit prüfen.

b) Methode für Blutausstriche.

1. Lufttrockene Blutausstriche werden mit 80%igem Alkohol fixiert. Behandlung wie bei 1 oder

2. Übergießen des fixierten Ausstriches mit der α-Naphtholgentianaviolett-Lösung, bis der Ausstrich gleichmäßig blau aussieht. Abspülen. Behandlung während einiger Minuten mit einer nur Spuren H_2O_2 haltigen Naphthollösung.

3. Ausziehen mit verdünntem Alkohol. Nachfärbung mit einer verdünnten Carbolfuchsinlösung. Nur die Peroxydasen bleiben blau gefärbt.

c) Blockfärbung. Kleine Gewebsstückchen kommen erst in die Farblösung, dann in die Naphthollösung mit Zusatz von H_2O_2 und werden dann in Paraffin eingebettet.

Auch hier sind, da das Gentianaviolett die oberen Schichten färbt, nur diese im Schnitt verwertbar. Man muß demnach möglichst dünne Gewebsstückchen einlegen.

An Stelle von Gentianaviolett sind auch andere basische Farbstoffe verwendbar.

c) Quantitative Methoden.

1. Methode von VERNON [angeführt nach STÄMMLER (213)].

Man nimmt ein Gemisch von α-Naphthol, Dimethyl p-phenylendiamin und Soda, und zwar in einem Mengenverhältnis, daß in 5 ccm der Versuchsflüssigkeit $^1/_{150}$ mol Naphthol und Dimethyl p-phenylendiamin + 0,17% ($^1/_{62}$ mol) Natriumcarbonat enthalten sind, 5 ccm von diesem Reagens werden in einer Petrischale von 8,8 cm Durchmesser mit 0,5 g zerkleinertem Gewebe zusammengebracht, gründlich durchmischt und bei 17° 1 Stunde lang der Oxydation überlassen. Durch Hinzufügen von 10,0 96%igen Alkohols wird diese unterbrochen. Dabei wird gleichzeitig das in unlöslicher Form auf dem Organbrei angesammelte Indophenol ausgezogen. Nachdem der Alkohol eine halbe Stunde eingewirkt hat, wird das Gemisch filtriert und der Indophenolgehalt des Auszugs colorimetrisch durch Vergleich mit einer Testlösung bestimmt. Zur Herstellung dieser Standardflüssigkeit nimmt man 1,5 Teile des oben angegebenen Reagens und verdünnt sie mit 200 Teilen Alkohol (50%). Die Lösung bleibt, bis das Höchstmaß an Farbe durch vollständige Umwandlung in Indophenolblau erreicht ist, offen stehen. Erst nach einigen Tagen wird das Testrohr fest verschlossen. Allwöchentlich muß die Normallösung erneuert werden, da das Indophenolblau nicht sehr haltbar ist und nach ungefähr 14 Tagen verblaßt. Im übrigen wird sie nur so lange benutzt, wie sie unbedingt einwandfrei erscheint. Zum colorimetrischen Vergleich gibt man eine gemessene Menge des Filtrates in ein anderes Testrohr von genau demselben Durchmesser und verdünnt, bis die gleiche Farbstärke wie die der Standardlösung erreicht ist. Als Verdünnungsflüssigkeit dient Alkohol, Wasser oder ein Gemisch von beiden. Die Farbe schwankt zwischen rötlichblau und violett. Eine geeignete Veränderung der Verdünnungsflüssigkeit gleicht diese Farbschattierungen aus. Und zwar erhält man durch Zugabe von Alkohol ein „dünnes" Violett, durch Wasser ein „rötliches Rosa". Mischungen der beiden ergeben die Zwischenfarbe. Der Farbvergleich zwischen Testlösung und verdünntem Filtrat findet über einem Blatt Papier bei wiederholter Vertauschung der Stellung statt.

M. STÄMMLER und W. SANDERS haben dieses Verfahren, mit dem sie keine einwandfreien Ergebnisse bei Verarbeitung tierischen Gewebes erhielten, in der folgenden Weise abgeändert.

2. Methode von STÄMMLER und SANDERS (213).

Als Reagens wurden verwendet:

1%ige Lösungen von α-Naphthol und Paraphenlyendiamin und 1,7%ige Sodalösung.

Naphthol + P-phenylendiamin āā + $^1/_{10}$ Soda.

Auszugsmaterial ist Xylol.

STÄMMLER erläutert seine Versuchsanordnung an folgendem Beispiel.

Zu untersuchen sind 0,2 g Gewebe. Ist das Organ sehr blutreich, so wird es zuvor mit Fließpapier abgetrocknet und von Blutgerinnseln befreit. Dann wird es gewogen und mittels Schere und Gefriermikrotom zerkleinert. Dabei hat es sich herausgestellt, daß ein nicht allzulanges Gefrierenlassen des Gewebes ohne schädigenden Einfluß auf die Oxydasen ist. Nun filtriert man 2 ccm Naphthol in 1%iger Lösung und 2 ccm Diamin, mischt beide und setzt 0,4 ccm von der 1,7%igen Sodalösung zu. 2 ccm dieses Gemisches werden in einem Glasschälchen von 6,5 cm Durchmesser mit den zu untersuchenden 2 ccm Gewebe vermischt. In eine zweite gleich große Schale kommen zum Vergleich gleichfalls 2 ccm des Nadigemisches mit Soda, aber ohne Gewebe.

Beide bleiben 10 Minuten der Oxydation überlassen. Die Flüssigkeit der Schale ohne Gewebe wird dann blaßblau, die mit dem Gewebe stark dunkelblau. Um nun noch das im Gewebe enthaltene Indophenolblau herauszubekommen, zerreibt man Gewebe und Reagens 3 Minuten in einem Mörser, gießt es in ein Reagensglas und bringt die doppelte Menge Xylol, in diesem Falle also 4 ccm hinzu. Desgleichen wird die Flüssigkeit ohne Gewebe in ein Reagensröhrchen gebracht und noch mit 4 ccm Xylol gemischt. Jetzt werden die beiden Röhrchen 3 Minuten mit der Hand geschüttelt. Nach dieser Zeit erscheint der Bodensatz der Kontrolle trüb und farblos. Sämtliches Indophenolblau ist in das Xylol übergegangen. Jetzt vergleicht man beide Flüssigkeiten in einem Hämatometer nach SAHLI. Dabei wird die dunklere Gewebslösung solange mit Xylol verdünnt, bis sie dieselbe Farbe zeigt wie die jeweilige hellere gewebsfreie Vergleichslösung. Der so gefundene Verdünnungsquotient gibt an, wieviel mal soviel Indophenolblau durch das Gewebe als spontan an der Luft gebildet ist. Man bekommt also die Fermentwirkung in einem Dezimalbruch ausgedrückt. Muß man z. B. in dem ersten Röhrchen die Indophenollösung von Teilstrich 20 auf 95 verdünnen, damit die Farbe gleich der der Kontrolle wird, so ist der Verdünnungsquotient 95 : 25 = 3,8. Der Farbvergleich findet vor einer mattierten elektrischen Birne statt. Im allgemeinen erhält man ohne weiteres die gleiche Farbe. Manchmal treten aber doch gewisse Farbunterschiede auf. Meist lassen sie sich aber vermeiden durch sauberes Arbeiten und gute Lösungen. Wichtig scheint zu sein, daß die Lösungen von α-Naphthol und Diamin gleichalterig sind und nicht länger als 3 Tage aufgehoben werden. Treten aber trotzdem kleine Unterschiede in der Farbe auf, so läßt sich die mehr rote Farbe der blauen dadurch angleichen, daß man eine Spur Carbolxylol zufügt.

Zu achten ist weiterhin auf das Verhältnis zwischen Glasschalengröße und Menge des gebrauchten Reagens. Es muß immer so sein, daß die Gewebsteilchen der Luft ausgesetzt sind und mit einer dünnen Flüssigkeitsschicht umgeben sind. Wichtig ist vor allem, daß bei Reihenuntersuchungen, bei denen Ergebnisse miteinander verglichen werden sollen, immer gleich große Schalen und dieselben Flüssigkeitsmengen benutzt werden.

3. Methode von C. H. HIRSCH und W. JACOBS (80).

Wenn auch HIRSCH und JACOBS als Oxonreagens Guajakol verwenden zur Bestimmung der Peroxydasen des Verdauungssaftes von Astacus leptodactylus, so ist die Methode auch auf andere Oxonreagenzien anwendbar.

Die beiden Autoren verdünnen das Magensaftfiltrat fortschreitend von 1/4,5 bis zu 1/2304 und setzen ein Gemisch von 0,1 Extrakt + 0,8 Guajakollösung (0,1% 10 : 60 Wasser) + 0,1 1% H_2O_2 MERCK bei 27° 1 Stunde in den Thermostaten.

Das Prinzip ihres Verfahrens besteht demnach in der Feststellung, bis zu welcher Verdünnung ein Extrakt noch Peroxydasereaktion gibt (Titerbestimmung).

4. Methoden von GRÜSS (71) und Modifikation nach LOELE (124).

Auch die Capillarisationsmethode von GRÜSS kann zum Vergleich des Oxongehaltes verschiedener Extrakte verwendet werden.

Methode von Grüss (71).

Auf Filtrierpapier, das im Capillarisator (zwei übereinandergeschobene Messingreifen, die das Papier spannen) ausgespannt ist, läßt man auf die Mitte 1—2 Tropfen Wasser auffallen und fügt, nachdem sie sich ausgebreitet haben, 2—3 Tropfen des zu untersuchenden Extraktes hinzu. Um den Luftzutritt zu verhindern, führt man die Capillarisation in einem mit

Wasserstoff angefüllten Raume aus, in den reichlich Toluol oder Thymol als Antisepticum gegeben ist.

Wenn nach einigen Stunden die capilläre Bewegung zur Ruhe gekommen ist, zerschneidet man das Feld in Sectoren.

Die Sectoren werden mit dem Oxonreagens benetzt.

Modifikation von Loele (124).

LOELE legt eine Anzahl Filtrierpapierblätter übereinander, stellt in die Mitte des obersten Blattes ein zylindrisches Glasrohr, gibt in dieses eine bestimmte Menge von dem zu untersuchenden Extrakt und beschwert den Zylinder mit einem Gewicht. Die Blätter werden numeriert und an ihnen die Oxonreaktionen so vorgenommen, daß man sie auf ein feuchtes, mit dem Oxonreagens getränktes Polster drückt (Abb. 11).

Mit dem GRÜSSschen Capillarisationsverfahren, das eine Verbindung von Capillarisation, Filtration und Adsorption darstellt, ist es möglich, verschiedene Oxone voneinander zu trennen, wenn diese verschieden geschwind und verschieden weit wandern.

GRÜSS hat ein Verfahren ausgearbeitet, um auf dem Wege der Capillarisation die wichtigsten Fermente zu bestimmen.

d) Verwandte Reaktionen.

Außer den Reagenzien der Indophenolreaktion sind noch folgende Verbindungen der aromatische Reihe verwendet worden.

1. Reine Phenole.

Carbolsäure: $C_6H_5(OH)$.

Zweiwertige Phenole: Brenzkatechin . . . . $C_6H_4(OH)_2$ 1. 2.

Resorcin . . . . . . $C_6H_4(OH)_2$ 1. 3.

Hydrochinon . . . . $C_6H_4(OH)_2$ 1. 4.

Dreiwertige Phenole: Pyrogallol . . . . . $C_6H_3(OH)_3$ 1. 2. 3.

Phloroglucin . . . . $C_6H_3(OH)_3$ 1. 3. 5.

β-Naphthol

2. Phenol- oder Benzolderivate ohne N-Gruppen.

Guajakol $C_6H_4(OH)OCH_3$ 1. 2. Kresol $CH_3C_6H_4OH$, Orcin $CH_3C_6H_3(OH)_2$ u. $(CH_3)_2$ $C_6H_2(OH)_2$, Phenolphthalin, aus Pthenolphthalein durch Reduktion mit Zinkstaub gewonnen. Nach dem Lehrbuch für organische Chemie von HOLLEMANN ist die Formel von Phenolphthalein, aus seiner Herstellungsweise abgeleitet:

$$(1)\ C_6H_4 \begin{cases} C \begin{cases} C_6H_4OH\ (4) \\ C_6H_4(OH)_4 \\ O \end{cases} \\ CO \end{cases}$$

P. A. KOBER gibt die folgenden Formeln.

Phenolphthalin   →   Phenolphthalein   =   bei Überschuß von Alkali

TANNIN wahrscheinlich Pentadigallolglukose nach FISCHER-FREUDENBERG $C_6H_4O_6[(C_6H_2OH_3)\cdot CO\cdot OC_6\cdot O\cdot C_6H_2(OH)_2\cdot CO]_5$.

3. Benzol- und Phenolderivate mit N-Gruppen.

Adrenalin $\quad$ [Benzolring mit OH und Seitenkette $\underset{\text{CH}-\text{CH}_2\text{OH}}{\overset{\text{NH}\cdot\text{CH}_2}{}}$] $\quad$ oder $\quad$ [Benzolring] $\text{CH(OH)}-\text{CH}_3-\text{NH(CH}_3)$

(Mannich)

Tyrosin $\quad C_6H_4 \underset{\text{CH}_2\text{CH(NH}_2)\cdot\text{COOH}}{\overset{\text{OH}}{<}}$

Dioxyphenylalanin
(Dopa Reagens von Bloch) $\quad$ OH [Benzolring] $\underset{\text{CH}_3\cdot\text{CH(NH}_2)\cdot\text{COOH}}{\overset{\text{OH}}{}}$

Benzidin $\quad \text{NH}_2$[Benzolring]$-$[Benzolring]NH_2

Tolidin $\quad \text{NH}_2$[Benzolring]$-$[Benzolring]NH_2
$\qquad\qquad\quad \text{CH}_3 \qquad\quad \text{CH}_3\cdot$

Anilinoel $C_6H_5(NH_2)$.

α-Naphthylamin $C_{10}H_7(NH_2)$.

Amidophenol $C_6H_4(OH)NH_2$, $\quad$ Pyramidon $\quad C_6H_5N \underset{\text{CO}\underline{\quad\quad}\text{C}\cdot\text{N(CH}_3)_2}{\overset{\text{N(CH}_3)\cdot\text{CH}_3}{<}}$

Tetramethylparaphenylendiamin $\quad$ [Benzolring mit $\overset{\text{N(CH}_3)_2}{}$ oben und $\underset{\text{N(CH}_3)_2}{}$ unten]

4. Pflanzliche Farbstoffbildner.

Guajakharz $C_{20}H_{24}O_5$ oxydiert in $C_{20}H_{22}O_6$.

Aloin nach Boas seiner Konstitution nach dem Guajakharz verwandt.

Hämatoxylin $C_{16}H_{14}O_6$.

Pflanzensäfte (Pilze) zum Nachweis von Laccasen.

Die angegebenen Reagenzien werden in wässerigen oder alkoholisch wässerigen Lösungen zum Nachweis von Oxydasen (wenn nötig nach Zusatz von Alkali) und zum Nachweis der Peroxydasen nach Zusatz von H_2O_2 verwendet. Auf die mit ihnen darstellbaren Oxone wird in Abschnitt III näher eingegangen. Benzidin wird außer in Wasser, Alkohol und in Eisessig in Aceton (153a) gelöst.

e) Sekundäre Oxonreaktionen. Technik.

Loele (111, 112, 113, 114) hat nachgewiesen, daß es gelingt, mit Extrakten aus oxonhaltigem Gewebe nicht oxonhaltiges Gewebe so zu beeinflussen, daß manche Strukturen nunmehr Oxonreaktion geben. Das Prinzip der Darstellung dieser als sekundäre Oxone bezeichneten Oxydasen beruht darauf, daß man zahlreiche Gefrierschnitte oder einen Brei aus oxonhaltigem Material auf das Gewebe einwirken läßt, in dem man die sekundären Oxone erwartet. Besonders gleichmäßige Ergebnisse erhielt Loele mit folgenden Methoden.

1. Übertragung von Naphtholoxydasen auf Granula, granulaähnliche oder aus Granula hervorgehenden Bildungen.

Exemplare von Limax cinereus (Egelschnecke) oder Arion rufus (braune Wegschnecke) werden in Formol gehärtet, mit dem Mikrotom in Gefrierschnitte geschnitten und Gefrierschnitte des zu untersuchenden

Gewebes zwischen die Schnitte gelegt. Zu verschiedenen Zeiten nimmt man sie dann heraus und bringt sie in eine alkalische α-Naphthollösung. Unter dem Mikroskop beobachtet man das Eintreten der sekundären Reaktionen.

2. Übertragung von Naphtholoxydasen auf Kernkörperchen.

Exemplare der gleichen Schnecken werden in Formol gehärtet und zwar Limax mindestens 14 Tage, Arion mindestens 6 Wochen. Man fertigt dann Gefrierschnitte und stellt fest, ob in alkalischen Naphthollösungen sich die Kernkörperchen schwarz färben. Ist dies der Fall, dann treten auch aus den aufgefangenen Gefrierschnitten die Oxone heraus und wandern in die Kernkörperchen anderer Schnitte, die man zwischen die Schneckenschnitte gelegt hat. Tierische Gewebe müssen vor Anstellung der sekundären Reaktion einige Zeit 'in Formol fixiert gewesen sein (8 Tage). Bei pflanzlichem Gewebe gelingt die Reaktion auch an unfixiertem Material.

Ist eine Schnecke im Formol einmal angeschnitten, so tritt die sekundäre Reaktion sehr schnell ein und verschwindet auch schnell, so daß die Ergebnisse unsicher werden. Bei der oben angegebenen Methode erhält man besonders bei Limax gleichmäßige Ergebnisse.

Ist die Reaktion gelungen, so erscheinen sämtliche Kernkörperchen als schwarze Gebilde, die oft auch nach dem Abblassen der Färbung als lichtbrechende. gelbliche Körnchen noch zu sehen sind. Es liegt demnach noch eine chemische Veränderung vor neben der Oxonbindung.

III. Vorkommen der Oxone bei Bakterien, Pflanzen und Tieren.

a) Vorkommen von Oxonen bei den einzelnen Spaltpilzarten.

Zur Technik.

Folgende Methoden sind im Gebrauch.

1. Die Bakterien werden mit der Ose im Oxydasereagens verrieben und im hängenden Tropfen betrachtet.

2. Objektträgerausstriche werden mit dem Reagens behandelt.

3. Kulturen werden mit dem Reagens betropft.

4. W. H. SCHULTZES Plattenverfahren.

3 Teile Agar, 1 Teil Nadigemisch in Petrischalen zum Erstarren gebracht. Ausstreichen der Bakterien auf dem Agar. Beobachtung nach einigen Minuten.

5. Kulturen oder hängende Tropfen werden den Dämpfen des Nadigemisches ausgesetzt (BRANDT).

6. Zu Bakterienaufschwemmungen wird das Oxonreagens hinzugesetzt. Auf diese Weise sind nach dem Verfahren von VERNON oder STÄMMLER auch quantitative Unterschiede festzustellen.

1. Sarcine.

Die Sarcinen gelten wie alle nach der GRAMschen Methode entfärbbaren Kokken [GRÄFF (68)] als oxydasenegativ. Das ist jedoch ohne Einschränkung nicht der Fall. Durch wiederholte Untersuchungen konnte ich feststellen, daß ältere Kulturen zuweilen sowohl Paraphenylendiamin-oxydasen wie Nadioxydasen enthalten. Besonders häufig wurde das bei Sarcina lutea beobachtet. Während junge Kolonien noch negativ waren, zeigten mehrere Tage alte beim Betropfen der Plattenkulturen mit P-Phenylendiamin und Nadigemisch deutliche Oxydationsreaktionen. Das gleiche tritt ein, wenn die Agarplatten 1 Stunde lang auf ein Wasser-bad von 55 Grad gesetzt werden. Auch Sarcina rosea und, wenn auch schwächer, flava zeigte die gleiche Erscheinung.

Demnach sind in den Sarcinen latente Oxydasen vorhanden, die erst bei Schädigung der Keime nachweisbar werden.

Untersucht wurden folgende Sarcinen:

Sarcina flava,
,,　　lutea,
,,　　tetragena,
,,　　aurantiaca,
,,　　rosea.

Die Naphtholoxonreaktionen waren bei allen Sarcinen negativ.

2. Mikrokokken.

Im Gegensatz zu den nach der GRAMschen Methode darstellbaren Kokken geben die Kokken der Katarrhalisgruppe positive Indophenol- und Paraphenylendiaminreaktionen.

Untersucht wurden folgende Kokken:

Diplococcus catarrhalis: Nadi und P (Paraphenylendiaminreaktion) + (LOELE).

WEICHSELBAUM: Nadi und PR + [LOELE (130)].

NEISSER: Nadi und P R + [LOELE (130)].

Streptococcus pyogenes: Negativ.
,,　　　　equi　　　　　　,,　　[KRAMER (260)].
,,　　　　agalactiae　　　,,　　(KRAMER).
,,　　　　lanceolatus　　,,
,,　　　　acidi lactici　　,,
Micrococcus ascoformans　　Negativ (KRAMER).
,,　　　　pyogenes　　　　　,,
,,　　　　mastidis gangr. ovis ,,　　(KRAMER).
,,　　　　roseus　　　　　　,,
,,　　　　ruber　　　　　　,,
,,　　　　flavus　　　　　　,,

Micrococcus roseus gab nach Erwärmung auf 55⁰ schwache Nadi und P-Reaktionen. Naphtholreaktionen immer negativ.

3. Bakterien.

Bact. influenzae: N. KRAMER und NISHIBE (261) ist die Indophenol-reaktion stets negativ.

Bact. pertussis: Indophenolreaktion nach NISHIBE positiv.

Bact. suicidum: Nadi R. + (KRAMER).

Bact. avicidum: Nadi R. + (KRAMER).

Bact. multicidum: Nadi R. + (KRAMER).

Bact. pseudotuberculosis rod.: Nadi R. + (KRAMER).

Pneumoniae Nadi: — P-Peroxydase: +

Typhusbacillen: Nach DIETRICH und LIEBERMEISTER sowie nach KRAMER geben die Typhusbacillen positive Indophenolreaktion. Verwendet wurden alkalische Naphthollösungen bei Ansetzen der Nadireaktion. LOELE fand bei Verwendung alkalifreier Nadilösung keine Reaktion. Die P-Peroxydasereaktion ist positiv.

Bact. Coli, Bact. acidi lactici wie Typhusbacillen.

Bact. alcaligenes: LOELE fand bei typischen Alkaligenesstämmen positive Oxydasreaktionen. Demnach besteht eine größere Verwandtschaft dieses Keimes zur Fluorescenzgruppe als zur Typhusgruppe.

Bact. paratyphi A Oxydasereaktion negativ, P-Peroxydasereaktion +.

Bact. paratyphi B Nadi und P Reaktion negativ.

Typus Breslau: Peroxydase R. nach einigen Tagen +.

Parat. enteritidis Gärtner: wie Typus Breslau.

Parat. typhi murium: Wie Typhusbacillen.

Parat. vitulinorum: Nadi R. neg. (KRAMER).

Parat. cholerae suum: Nadi R. + (KRAMER).

Bact. dysenteriae Y: Oxydase neg., P-Peroxydase +.

Shiga Kruse: Oxydase und Peroxydase negativ.

FLEXNER: wie Y Ruhr.

Bact. acetici HANSEN: Nadi R. + (KRAMER).

Bact. vulgare: Oxydase negativ, P-Peroxyd +.

Bact. 19, wie vulgare, PR. stärker.

murisepticum: Nadi R. + (KRAMER).

erysipelatos suum: Nadi + (KRAMER).

Abortbacillus Bang ⎱ Nadi R., PR. +.
B. melitense ⎰

B. prodigiosum: alkalische Nadireaktion: + (KRAMER).

alkalifreie R.: Negativ (LOELE).

Violaceum alcal. Nadi R.: Negativ.

alcalifreie R. +.

syncyaneum: Nadi R. (KRAMER) +.

Bact. pyocyaneum: Nadi und P-Reaktion +.

Bact. fluorescens liquefaciens: Positiv.

Bact. non liquefaciens: Positiv.

Bact. flavum: Negativ.

Bei allen Bakterien sind die Naphthol-Oxydase- und Peroxydasereaktionen negativ.

4. Bacillen.

Alle Aerobier geben positive Oxydasereaktionen, manche allerdings erst in mehrtägigen Kulturen. Die anaeroben Bacillen sind nach KRAMER immer negativ. KRAMER fand, daß bei Luftabschluß auch die aeroben Bacillen, Bac. anthracis und vulgaris keine Nadioxydasen bildeten.

Untersucht sind folgende Bacillen:

Bac. mycoides, Bac. subtilis, Bac. megatherium, Bac. mesentericus, Bac. anthracis, Bac. vulgatus.

Aus Käse und aus Halsabstrichen gezüchtete Bacillen mit endständigen Sporen.

Bac. tetani, Bac. botulinus, Bac. oedematis maligni, Bac. Chauvoei, Bac. Bradsot (KRAMER).

5. Vibrionen.

Vibrio cholerae: Nadi und P-Reaktion +.

Metschnikoffii: positiv.

Finkler Prior: negativ.

Albensis: negativ.

Aquatilis: negativ, P-Peroxydasereaktion: + schwach.

Naphtholreaktionen: negativ.

6. Spirillen.

Spirillum rubrum: Nadi R. nach KRAMER negativ. Nach LOELE mit alkalifreien Lösungen Nadi- und P-Oxydase R.: positiv.

Sp. undula: positiv.

Volutans: positiv.

Sp. undula zeigt bei Behandlung mit Paraphenylendiamin und H_2O_2 große braune Granula. Die Naphtholreaktionen waren negativ.

7. Corynebakterien.

C. mallei: Nadi R. + (KRAMER).

Diphtheriae: Nadi R. + (KRAMER). LOELE fand bei Behandlung mit alkalifreien Nadilösungen nur selten positive Reaktion im hängenden Tropfen, nicht in der Kultur.

C. der Pyelonephrose der Rinder: Nadi R. + (KRAMER).

C. pseudotuberculosis ovis: Nadi + (KRAMER).

C. diphtheriae vitulorum: Nadi R. negativ (KRAMER).

C. tuberculosis, typ. hum:
Typ bovinus: } Nadi R. +.

gallinarum: Nadi + (KRAMER).

C. actinomyces bovis: Nadi + (KRAMER) mit alkalifreier Nadilösung negativ, P-Peroxydase +.

C. Actim. Lignières: Nadi + (KRAMER).

8. Hefen.

Oidium albicans: Nadi R. + P-Oxydase erst nach einigen Tagen gebildet.

Oidium lactis: wie albicans.

Rosa Hefe: Nadi R. in älteren Kulturen positiv, P-Oxydase desgl.

Johannisberger Weinhefe: Nadi R. +, P-Oxydase negativ, Peroxydase +.

Bierhefe: Desgl.

Sacharomyces ellipsoides
            albus
            farcinicus } Nadi R + (KRAMER).

Naphtholreaktionen negativ.

9. Entsprechende Reaktionen bei Bakterien.

RHEIN (184b) erhielt mit der Modifikation B von W. H. SCHULTZE positive Reaktionen bei folgenden Keimen: Meningokokken, Gonokokken, Maltafieberkokken, Rotzbazillen, Pyocyanneusbazillen, Choleravibrionen, Milzbrandbazillen.

Eine Oxydationsbeschleunigung erhält man bei Verwendung von Brenzcatechin, Hydrochinon und Pyrogallol, nicht mit Carbolsäure, Resorcin und Phloroglucin. Diese Oxone sind kochbeständig.

Für manche Fälle gut zu quantitativen Messungen verwendbar ist eine Mischung von Brenzcatechin und Phloroglucinlösung, die sich nach Oxydation grün färbt, entweder 0,5%ige Lösungen zu gleichen Teilen, wenn man das Gemisch einige Tage stehen läßt — oder 1 Teil Phloroglucinlösung auf 4 Teile Brenzcatechin, wenn man die Mischung frisch verwenden will.

Brenzcatechin + P-Phenylendiaminlösungen geben schwärzliche, Phloroglucin und P.-Lösungen citronengelbe Oxydationsreaktionen mit Bakterien.

Tyrosinasen haben SENARD, LEHMANN; SANO bei mehreren Spaltpilzen nachgewiesen [LEHMANN (99a)].

Mit wässerigen Benzidinlösungen erhielt LOELE nur Peroxydasereaktionen bei Hefen, mit dem ADLERschen Blutreagens (Lösung des Benzidin in Eisessig, bei allen Bakterien je nach der Zusatzmenge von H_2O_2.

Schimmelpilze und Schwämme.

KRAMER hat eine Anzahl Schimmelpilze auf Nadioxydasen untersucht. Die Befunde sind nicht einheitlich, beweisen aber, daß diese Stoffe bei Schimmelpilzen vorkommen.

Analoge Reaktionen: RAVENDAMM (262), FREUDENBERG (55), BLÜMMEL und FRANKE haben in Pilzen der Schimmelgruppe Tannasen festgestellt.

Bei Schwämmen scheint die Naphtholreaktion als Oxydasereaktion negativ zu sein. Peroxydasereaktionen kommen vor. Dagegen erhält man Paraphenylen-Indophenolreaktionen in regelmäßiger Verteilung. Besonders die Mittelschicht des Stieles und die den Lamellen benachbarte Schicht geben starke Reaktion. Die Reaktion ist bei verschiedenen Pilzen ungleich. Starke Reaktion geben z. B. Russula foedens, Agaricus crassifolius, schwache Armillaria robusta. Die stark oxydierende Stellen reduzieren nach einigen Minuten den Farbstoff wieder[1]. NARUTOWICZ (153a) erhielt bei Champignons Benzidinperoxydasereaktionen (Benzidin + H_2O_2 + Aceton). Pilzextrakte zum Nachweis von Laccase und Tyrosinasen sind seit BERTRAND wiederholt untersucht.

b) Pflanzen.

1. Paraphenylendiaminreaktionen.

Oxadasereaktion: Einzelne Teile der Wurzeln keimender Pflanzen geben meist nur schwache Reaktion (Braunfärbung), noch seltener färben sich Zellen der Gefäße und des Parenchyms.

Peroxydase: Sehr starke Reaktionen mit diffuser Verbreitung. Die Gegend der Wurzelhaube erscheint manchmal vorübergehend smaragdgrün.

2. α-Naphtholoxydase und Peroxydase.

Die Leptomine RACIBORSKYS, die dieser selbst für Peroxydasen erklärte, sollen nach MOLISCH Oxydasen sein, weil die Reaktion auch ohne

---

[1] Ich verdanke die Pilze der Liebenswürdigkeit von Herrn Dr. FRIESE.

H_2O_2 einträte. Dies ist indessen für fixierte Pflanzenteile nicht immer zutreffend, sondern nur teilweise für lebende oder überlebende. Auch zeigen Versuche mit alkalischen Naphthollösungen, daß Oxydasen und Peroxydasen keineswegs dasselbe sind, denn die Oxydasereaktion ist viel seltener. Selbstverständlich geben die Oxydasen auch die Peroxydasereaktion. Zum Teil sind sie daher sicher den Peroxydasen teilweise gleich oder besitzen eine gemeinschaftliche Gruppe.

LOELE (126—128) hat das Auftreten der Naphtholoxone in den Keimblättern verschiedener Pflanzen untersucht (Kürbis, Johannisbrot, Mandel, Sonnenblume, Bohne, Mais) und gefunden, daß die Keimblätter

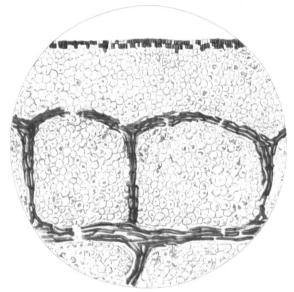

Abb. 1. Keimblatt Johannisbrot. α-Naphtholoxydase — Gentianaviolett.

zunächst kein Oxon enthalten, daß die ersten Reaktionen in den Zellen des Randes und in den Gefäßen eintreten, wobei die dort liegenden Reservevorräte aufgebraucht werden. Mit der Zeit geben auch die zwischen den Gefäßen liegenden Zellen Oxonreaktion. Wird das Keimblatt durchstochen, so bildet sich in der Umgebung einer negativen Zone eine Ringzone um den Stichkanal, die Oxone enthält. Diese Reaktion bleibt aber aus, wenn man die Samen unter Wasser hält. Der Oxongehalt der Keime nimmt von der Wurzel zum Blatte ab. Meist enthält die Wurzel die meisten Oxone, besonders Peroxydasen, der Stengel bereits weniger, in den Blättern sind meist nur die Schließzellen und Gefäße positiv. Die Blüten sind meist negativ. Peroxydasereaktionen erhält man mitunter in weißen Blüten. Bei der Umwandlung der Reservevorräte in Gefäßzellen treten vorübergehend Naphtholoxone auf (Abb. 2).

Bei Spirogyraarten fand LOELE positive Oxydasereaktion, wenn er die Algen in alkalische Naphthollösung brachte. Sie trat allmählich ein, aber bei den einzelnen Gliedern verschieden stark. Manche Glieder blieben negativ. Das läßt auf eine weitgehende Verschiedenheit des Plasmas der einzelnen Zelle schließen.

Die Indophenolreaktion ist von W. H. SCHULTZE, V. GIERKE, GRÄFF, RAUBITSCHEK, KATSUNUMA (88), KÜSTER (98) untersucht worden. Nach KATSUNUMA kommen in jungen chlorophylhaltigen Blättern Nadioxydasen vor, die mit Zunahme des Chlorophylls verschwinden.

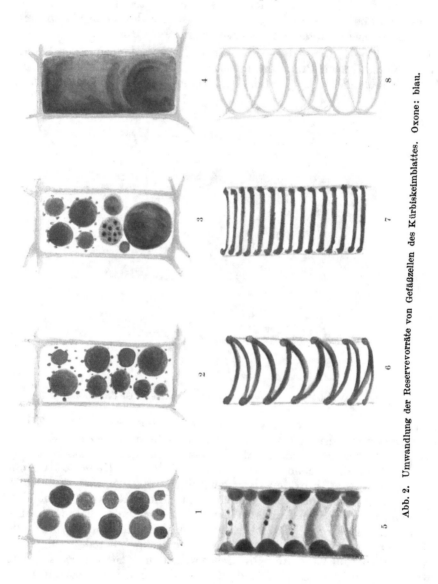

Abb. 2. Umwandlung der Reservevorräte von Gefäßzellen des Kürbiskeimblattes. Oxone: blau.

3. Entsprechende Reaktionen.

Von entsprechenden Reaktionen sind besonders die Benzidinreaktion mit wässerigen oder alkoholisch wässerigen Lösungen untersucht worden. Benzidin- und Naphtholreaktion gehen oft parallel, ohne sich zu decken.

Von den Botanikern verwendet werden auch die Guajakreaktion und die Reaktion mit Tetramethyl-p-phenylendiamin nach WURSTER (SCHNEIDER in KRAUSE, Mikr. Technik).

c) Tiere.

Urtiere.

1. Paraphenylendiaminreaktionen.

Paramäcien und Vorticellen werden in verdünnten p-Phenylendiaminlösungen leicht violett gefärbt, einzelne Granula und Nahrungsvakuolen auch dunkelbraun und indigoblau. Letztere Färbung läßt auf die Anwesenheit phenolartiger Körper schließen, wofür auch die gelegentliche Rotfärbung in H_2O_2 haltigen Benzidinlösungen spricht. Meist sterben die Infusorien in der Lösung, aber der Gehalt an Granula und Vakuolen bei den einzelnen Individuen ist bei den abgestorbenen Exemplaren verschieden.

H_2O_2 beschleunigt die Reaktionen, ohne wesentlich mehr zu bringen.

2. Naphtholreaktionen.

LOELE fand bei Paramäcien, die in verdünnten alkalischen Naphthollösungen langsam abstarben, eine diffuse Violettfärbung. Dagegen hält er den gelegentlichen Befund einer dunkelvioletten Färbung von Nahrungsvakuolen bei in lebhafter Bewegung begriffenen Infusorien für eine sekundäre Reaktion, verursacht durch Adsorption pflanzlicher Oxydasen.

3. Indophenoloxydasen.

Sie sind von GRÄFF, KATSUNUMA, LOELE und W. H. SCHULTZE beschrieben, in letzter Zeit von ROSKIN und LEVINSOHN (188) bestätigt worden. Meist handelt es sich um das Auftreten blauer Körnchen oder Nahrungsvakuolen oder um diffuse Blaufärbung. KATSUNUMA fand bei Noctiluca miliaris besonders reichlich Nadioxydasen granulärer Natur an der Basis der Cilien.

Bei Amöben unterschied er ein oxydasearmes Exoplasma von einem oxydasereichen Endoplasma und hält auf Grund dieser Beobachtung das Endoplasma für den Sitz der Bewegung und Nahrungsaufnahme.

4. Entsprechende Reaktionen.

ROSKIN und LEVINSOHN (188) haben die Benzidinreaktion und Dopareaktion an Infusorien untersucht und dieselbe positiv gefunden. Erstere ist auch bereits von LOELE und W. H. SCHULTZE verwendet worden.

Metazoen: Cölenteraten.

Bei der Qualle ‚Cotylorhiza tuberculata' konnte LOELE (125) an formolfixierten Exemplaren nur eine diffuse Nadireaktion nachweisen, dagegen fand er bei Seeanemonen (Anemone sulcata) positive Naphtholreaktionen (Oxydase und Peroxydase) in den Epithelien der Oberfläche (Cylinder- und Becherzellen) in leukocytoiden Zellen des Leibes und in freiliegenden Granula. Wurden lebende Exemplare in eine alkoholische a-Naphthollösung mit Zusatz von H_2O_2 geworfen, so färbte sich die Oberfläche des Stieles violett.

Schwämme.

Bei Suberites domuncula, einem Kieselschwamm, fand LOELE besonders dicht an der Oberfläche, spärlicher im Innern nach Formolfixation granulierte Zellen und frei liegende Granula, die sich mit der Indophenol-

reaktion darstellen ließen. Die Naphthol-Oxydase- und Peroxydasereaktion war negativ, doch ließen sich die Granula nach Behandlung mit
Naphthol $+ H_2O_2$ mit Naphtholgentianaviolett im Dauerpräparate darstellen.

Stachelhäuter.

Untersucht wurden von LOELE (125) Asterias gibbosa und Holothuria
tubulosa. Im Oberflächenepithel des Seesternes finden sich Cylinder-
und Becherzellen, die eine positive Naphtholperoxydase- und eine stabile
Indophenolreaktion geben. Naphtholoxydase fehlte. Gefrierschnitte der
formolfixierten Seegurke (Holothuria) zeigten die gleichen Reaktionen
in großen Eiweißzellen des Leibes und in Schleimzellen der Oberfläche,
die schlauchartig in die Tiefe gingen.

Würmer.

Nach PRENANT (181a) sind bei Plathelminthen in leukocytären Zellen
thermolabile Benzidinperoxydasen nachweisbar. Die stabile Indophenolreaktion ist nach KATSUNUMA stets negativ.

Arthropoden.

LOELE fand im Gewebe des formolfixierten Flußkrebses spärlich grobgranulierte Zellen mit positiver Naphtholreaktion. Bei Daphnien beschreibt er unter der Schale und in den Gliedern liegende granulierte
Zellen und freie Granula, die mit Naphthol $+ H_2O_2$ sich violett färben.
Die gleiche Reaktion fand sich in der Gegend der Schalendrüse bei
Bosmina diffus. Auch bei Copepoden fanden sich granuläre Naphthol-
oxydasen- und Peroxydasen.

Bei Insekten sind bisher nur labile Indophenolreaktionen festgestellt
worden.

Mollusken.

Zur Darstellung der verschiedenen Arten oxydierender Substanzen
sind Mollusken das geeignetste Untersuchungsmaterial.

1. Naphtholoxydasen.

A. Farbreaktion schwarz. Nach Formolfixation werden mit der Zeit
alle Kernkörperchen zu Orten, wo die Naphtholoxydasereaktion positiv
ausfällt.

B. Farbreaktion hell- bis schwarz- oder blauviolett.

Gruppe A.

In diese Gruppe gehören nach den Feststellungen von LOELE bisher
drei Molluskenarten.

    α) Arion rufus, fuscus, ater.

    β) Limax cinereus.

    γ) Anodonta.

Um die Kernkörperchenfärbung regelmäßig zu erhalten, ist es nötig,
die Mollusken im ganzen in 10%igem säurefreien Formol zu härten.
Aus angeschnittenen Exemplaren diffundieren die Oxydasen schnell und
gehen bald zugrunde.

Am schnellsten tritt die Kernkörperchenreaktion bei Limax ein.
Schneidet man die Schnecken nach etwa 14 Tagen und bringt Gefrier-

schnitte in eine alkalische Naphthollösung, so treten nach einiger Zeit unter dem Mikroskop die Kernkörperchen als außerordentlich scharfe, wie gestochen aussehende Gebilde zutage, die ihre Färbung auch in Balsampräparaten eingebettet einige Zeit lang erhalten. Bei Arion fuscus ist die Zeit, nach der die Kernkörperchenreaktion eintritt, länger, in der Regel 6 Wochen mindestens. Bei Anodonta tritt sie erst nach mehreren Monaten ein, ist aber gerade hier besonders gleichmäßig.

Schneidet man nach kurzer Formolfixation die Exemplare an, so tritt die Reaktion viel schneller ein. Bei Arion lassen sich bereits nach einer Stunde die Kernkörperchen mit Naphthol schwarz färben. Die Reaktion ist aber unsicherer und ungleichmäßiger.

Im einzelnen ist zu der Oxydasereaktion der drei Mollusken noch folgendes zu bemerken.

a) Arion rufus und Limax.

Der Schleim von Limax gibt Indophenolreaktion, der von Arion nicht.

Nach Formolfixation gibt der Schleim von Limax eine violette Naphtholperoxydasereaktion. In beiden Schnecken finden sich innerhalb des Gewebes, bei Limax überall sehr reichlich, bei Arion besonders am Übergang zur Sohle grobgranulierte Zellen, deren Körner lichtbrechend sind, auch zum Teil außerhalb der Zellen liegen.

Die Körner haben folgende Eigenschaften:

In Laugenlösungen färben sie sich gelb bis braun.

In alkalischen Naphthollösungen schwarz.

In wässrigen Hämatoxylinlösungen färben sich die Granula und meist die nächste Umgebung schwärzlich blau, obwohl mit Schwefelammonium Eisen nicht nachweisbar ist.

Sie haben die Fähigkeit, den durch alkalisches Wasser ausgezogenen roten Federfarbstoff (Turacin) des Pisangfressers zu adsorbieren (s. KRUMBIEGEL (97)].

In $1^0/_0$igen Silbernitratlösungen schwärzen sie sich.

Mit Osmium tritt selbst nach Alkohol-Xylolbehandlung eine Schwarzfärbung ein.

Sie besitzen große Neigung zur Autolyse.

Meist sind sie mit den gewöhnlichen Färbungen nicht darzustellen.

Die Naphtholperoxydasereaktion ist meist negativ, doch kommen granulierte Zellen vor, besonders an der Oberfläche, die sich sowohl violett wie schwarz färben (Arion).

Arion ater enthält weniger Eiweißzellen und ist zu Versuchen nicht so geeignet wie rufus.

β) Anodonta.

Der Schleim der Teichmuschel gibt auch ohne Formolfixation Naphtholoxydasereaktion (schwache Violettfärbung). Durch Formolfixation wird diese Reaktion wesentlich stärker und fast schwarz bis schwärzlichviolett. Die Oberflächenepithelien sind granuliert und geben nicht gleichmäßig nach Formolfixation Naphtholoxydasereaktion. Innerhalb der Kiemen liegen massenhaft große Granula, die sich in alkalischer α-Naphthollösung schwarz färben. Wahrscheinlich hängt die nach einigen Monaten auftretende sekundäre Kernkörperchenreaktion hauptsächlich von der Ausscheidung dieser Granula ab.

Gruppe B.

α-Naphtholreaktion violett blau oder schwarzviolett.

1. Vorkommen von Naphtholoxydasen in Oberflächenepithelien.

(Die gleichen Granula geben auch Naphtholperoxydase- und Indophenol-blaureaktion sowie Benzidinperoxydasereaktion.)

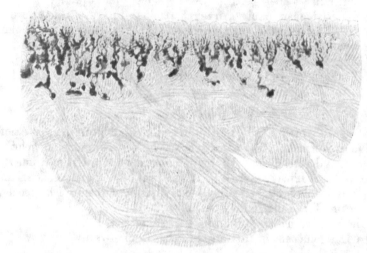

Abb. 3. Tellina exigua.

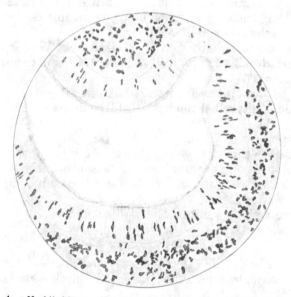

Abb. 4. α-Naphthol-Peroxydase-Gentianaviolettfärbung. Ostrea edulis.

Cardita sulcata, Cardium tuberculatum, Chiton discrepans, Dolium galea, Dosinia obsoleta, Lithodomus dactylus, Lucinia lactea, Meretrix chione, Pecten Jacobaeus, Planorbis corneus (spärlich), Psammobia vespertina, Tabes decussatus, Teredo navalis, Tellina exigua, Tritonium nodosum, Trochus turbinatus, Venus gallina.

Oxydasereaktion von Becherzellen (Granula oder Schleim).

Cardium tuberculatum, Chiton discrepans, Dolium galea, Doris verrucosa, Euthria cornea, Lima hians, Limnaea stagnalis, Littorina coerulea.

Oxydasereaktion korkzieherartiger, oft verzweigter Schleimzellen.

Bulla striata, Euthria cornea, Helix, verschiedene Arten, Littorina coerulea, Lucinia lactea, Murex brandaris, Tellina exigua (Abb. 3).

Große Zellen innerhalb des Leibes mit großen Körnchen, als Eiweißzellen bezeichnet.

Bulla striata, Capsa fragilis, Cardita ulcata, Helix vermicularis, Lima hians, Lithodomus dactylus, Lucinia lactea, Ostrea edulis (Nordsee), Patella lusitanica.

Leukocytoide Zellen
Limnaea stagnalis.

Freiliegende Granula.
Capsa fragilis (trächtige Exemplare).
Lima hians.

2. α-Naphthol-Peroxydasen.

Alle Naphtholoxydasen geben gleichzeitig die Peroxydasereaktion, doch zeigt diese keineswegs gleichstarken Ausfall.

Die Peroxydasen geben sämtlich Indophenolreaktion.

Epithelien: Venus verrucosa.
Becherzellen: Venus verrucosa.
Zellschläuche: Natica hebroea.
Eiweißzellen: Mytilus galloprovincialis (Abb. 5).
Leukocytoide Zellen: Pedunculus violaceus, Ostrea edulis (Nordsee, Abb. 4).

Positiver Ausfall der α-Naphthol-Gentianaviolettfärbung ohne Naphtholreaktion.

Epithelien: Cardium oblongum (Abb. 5).
          Cerithium vulgatum.
          Solenocurtus strigilatus.
Schleimzellen: Mytilus galloprovincialis.
          Nassa reticulata.
Leukocyten: Ostrea edulis (Mittelmeer).

3. Indophenoloxydasen (stabile).

Zu den vorhergehenden Mollusken mit positiver Naphtholreaktion kommen noch hinzu:

Epithelien: Conus mediterraneus.
          Gibbula ardea.
          Solenocurtus strigillatus.
          Trochus magus.
Schleimzellen: Conus mediterraneus.
          Mytilus galloprovincialis.
          Nassa mutabilis.
          Nassa reticulata.

Eiweißzellen: Aplysia limacina.
          Arce Noae.
          Mytilus galloprovincialis.

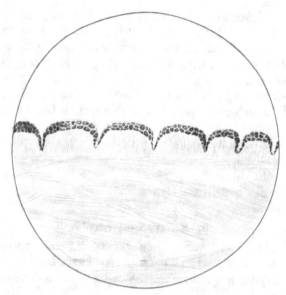

Abb. 5. Cardium oblongum.   α-Naphtholperoxydase-Naphthol-Gentianaviolett.
          Nachfärbung mit verdünnter Carbolfuchsinlösung.

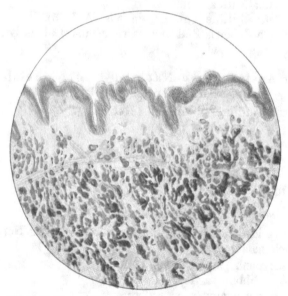

Abb. 6. Mytilus edulis. Eiweißzellen. (Naphtholperoxydase.)

Leukocyten: Ostrea edulis (Mittelmeer).
    Scheibenförmige Gebilde. Gastrophoron Meckelii.
    Diffuse Färbung: Bänderung der Schale bei wachsenden Embryonen
von Limnaea ovata [VAN HERWERDEN, Biol. Zbl. **432**. 119 (1923)].

Tintenfische.

Loele fand in den untersuchten Arten (Eledone, Octopus, Sepia) keine positiven Reaktionen, auch nicht in den leukocytoiden Zellen.

Tunicaten.

Loele fand in den amöboiden Zellen des Mantelgewebes, das aus Tunicin, einer celluloseartigen Substanz besteht, positive Indophenolreaktion der Granula auch nach Formolhärtung.

Wirbeltiere.

Acrania.

In alkoholischen α-Naphthollösungen mit Zusatz von H_2O_2 färben sich Exemplare von Amphioxus lanceolatus verschieden stark violett. Die Peroxydasereaktion ist an die Granula der Cylinderzellen der Haut gebunden [Loele (110)].

An formolfixierten Exemplaren wird die Reaktion zunächst stärker, verschwindet aber nach kurzer Zeit (bis zu 14 Tagen). Die Indophenolreaktion hält sich länger als die der Peroxydase. Blutzellen gaben keine Reaktion.

Fische.

Die Knorpelfische unterscheiden sich von den Knochenfischen dadurch, daß die Leukocyten des Blutes mit Ausnahme der Mononucleären des Rochens keine Oxydasereaktion geben (Katsunuma). Loele konnte diese Beobachtung am Hundshai (Scyllium canicula) bestätigen. Dagegen geben die roten Blutzellen mit der Indophenolreaktion (in isotonischen Lösungen) eine starke Oxydasereaktion. Besonders um den Kern liegen große sich blau färbende Granula.

Mit α-Naphthollösung, die H_2O_2 enthielt, bekommt man dagegen keine granulösen Reaktionen, sondern nur eine diffuse Violettfärbung. Nach Formolfixation ist auch die Naphtholoxydasereaktion positiv. An formolfixierten Milzen des Hundshaies beobachtet man manchmal ein Schwinden der Oxone aus den roten Blutkörperchen mit Auftreten positiver Reaktion in granulierten Pulpazellen (sekundäre Reaktion). Bei den Knochenfischen treten Leukocyten mit positiver Oxydase- und Peroxydasereaktion auf (Hecht, Karpfen, Forelle, Roßmakrele, Knurrhahn, Syngnathus, Siphonostomum, Hippocampus). Auch die roten Blutkörperchen geben positive granuläre Indophenolreaktion und diffuse Naphtholperoxydasereaktion.

Loele fand, daß nach kurzer Formolfixierung die Kernkörperchen der Magenepithelien von Hippocampus guttulatus eine α-Naphtholreaktion gaben, während mit der Indophenolreaktion nur im Protoplasma sich Granula blau färbten, die bei der Naphtholreaktion nicht nachzuweisen waren (sekundäre Überwanderung auf die Nucleolen).

Außer den roten und weißen Blutzellen finden sich bei Fischen noch Naphthol- und Indophenoloxone in den Epithelien des Magens und der Leber [Loele (110)].

Auf Grund dieser Reaktion kann man 6 verschiedene Formen des Auftretens der Oxone im Magen aufstellen.

1. Die Magenepithelien sind immer negativ.

2. Sie geben manchmal Reaktionen (sekundär), wenn die Leukocyten stark vermehrt sind und sezernieren.

3. Einzelne Epithelien sind positiv.

4. Zusammenhängende Epithelreihen sind positiv und wechseln mit negativen Reihen ab.

5. Alle Epithelien sind positiv in den oberen Teilen der Krypten.

6. Die Epithelien sind sämtlich positiv, auch in der Tiefe der Krypten.

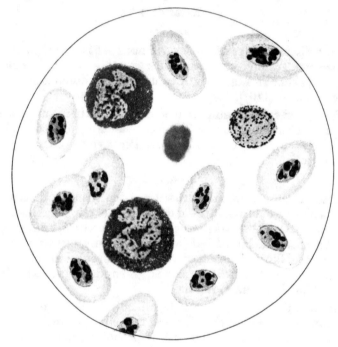

Abb. 7. Blut von Salamander. 1 Monocyt, 2 polymorphkernige Leukocyten. 1 Lymphocyt.

Beispiele für 1. Forelle.
            2. Roßmakrele.
            3. Karpfen.
            4. Hecht.
            5. Scorpaena ustulata.
            6. Trigla corax, Syngnathus.

Diese Einteilung erfolgt zunächst nur auf Grund kasuistischer Befunde. Wieweit Übergänge bestehen zwischen den einzelnen Gruppen, festzustellen, ist eine lohnende Aufgabe.

Lurche (Amphibien).

KATSUNUMA beschreibt bei Amphibien eine auf Granula beschränkte Indophenolreaktion der roten Blutkörperchen, die eosinophilen Granulocyten geben stabile Indophenolreaktion, andere granulierte Blutzellen waren negativ. LOELE konnte bei manchen Salamanderarten im Blute mit den Naphtholreaktionen sämtliche, den myeloischen Zellen der Säugetiere entsprechenden, granulierten Blutzellen darstellen (Abb. 7).

W. Ostwald (174) hat oxydative Fermente in den reifen Geschlechtszellen von Amphibien festgestellt.

Reptilien.

Katsunuma fand bei Reptilien im Gewebe Zellanhäufungen, in denen einzelne granulierte Zellen eine stabile Indophenoloxydasereaktion gaben, er macht auf die außerordentliche Empfindlichkeit der Granula in frischen Blutausstrichen aufmerksam.

Vögel.

Katsunuma machte die interessante Beobachtung, daß die stäbchenförmige Granula der Vogelleukocyten nach Behandlung mit dem Nadireagens rund wurden, wenn die Oxydasereaktion positiv ausfiel. Loele fand bei einigen untersuchten Vögeln positive Naphtholreaktionen in den Leukocyten. Bei einem jungen Sperling gab der verhornende Magenschleim eine Naphtholoxydasereaktion in einzelnen Schichten. Die roten Blutkörperchen gaben diffuse Naphtholperoxydasereaktion. Katsunuma hat das Auftreten der Indophenoloxydasen am bebrüteten Hühnerei studiert und fand, daß die Entstehung der myeloischen Zellen in der gleichen Weise verlief wie beim Säugetier.

Säugetiere.

1. α-Naphtholoxydasen und Peroxydasen.

Starke Naphtholoxydasereaktion geben die menschlichen eosinophilen Granula der Leukocyten, schwache Reaktion die des Pferdes.

Die granulierten myeloischen Zellen des menschlichen Blutes und des Blutes vieler Säugetiere geben im formolfixierten Präparate die Oxydasereaktion meist schwach, unfixiert, z. B. im Eiter, überhaupt nicht.

Dagegen ist die Naphtholreaktion als Peroxydasereaktion deutlich, auch im Eiter. Speichel gibt Naphtholperoxydasereaktion, die zum Teil auf die Ausscheidungen der Speicheldrüse, zum Teil auf die Sekretion der Speichelkörperchen, die größtenteils gequollene Eiterzellen sind, zurückzuführen ist.

Die Epithelien der Parotis und Sublingualdrüse geben bei Menschen schwache α-Naphtholoxydase und -Peroxydasereaktion (teils Zellgranula, teils Schleim). Stärker sind diese Reaktionen in der Speicheldrüse des Schweines. Positive α-Naphtholperoxydasereaktion geben die roten Blutkörperchen.

Loele (120, 121) hat folgende Feststellungen gemacht:

1. Die H_2O_2-Menge, die zur Darstellung der Peroxydasereaktion nötig ist, ist bei verschiedenen Tieren verschieden, so daß es möglich ist, frisches Blut auf Grund dieser Verschiedenheit zu unterscheiden.

2. Die H_2O_2-Menge ist abhängig von der gleichzeitigen Anwesenheit anderer Faktoren.

Sie wird z. B. durch die Anwesenheit von Formalin verringert (menschliches Blut).

3. Durch Autolyse des Blutes verändert sich die H_2O_2-Menge.

4. Durch die Bindung des Naphtholfarbstoffes werden die roten Blutkörperchen in bezug auf ihre Löslichkeit gegenüber destilliertem Wasser, Säuren und Alkalien verändert, bei genügendem Zusatz von H_2O_2 werden sie fast unzerstörbar.

Von Sekreten des Körpers gibt die Milch ungleichmäßige Naphthol- und Benzidinperoxydasereaktion. Durch Duodenalsondierung entnommene Galle (von Herrn Dr. REINECKE zur Verfügung gestellt) gab ungleichmäßig

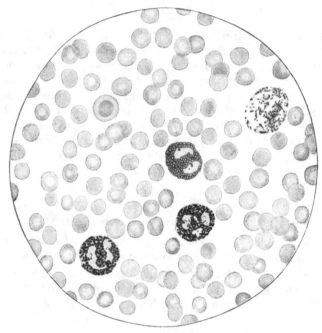

Abb. 8. Menschenblut. Kerne und rote Blutkörperchen im Original rot. Härtung des lufttrockenen Ausstriches mit 80%igem Alkohol. Färbung: Naphtholgentianaviolett, α-Naphthollösung mit H_2O_2-Alkohol. Nachfärbung mit verdünntem Carbolfuchsin. [Virchows Arch. **261**, 386 (1926)]. 1 Monocyt, 1 eosinophiler, 2 neutrophile Leukocyten und 1 Lymphocyt.

Paraphenylendianinperoxydasereaktion, Reizgalle erst nach einigen Minuten (Säurereaktion?). Rindergalle gibt schwächere Reaktion als Kälbergalle (Säurereaktion).

Paraphenylendiaminreaktionen. GRUNERT (72) fand Vital-färbungen in der Tränendrüse von Hunden. Für histologische Zwecke sind die Paraphenylenreaktionen, wie schon W. H. SCHULTZE fand, nicht besonders verwendbar, eher für Sekrete und Zellaufschwemmungen.

Speichel gibt starke Peroxydasereaktion. In zerriebenem Gewebe gestattet die Paraphenylendiaminoxydasereaktion quantitive Unter-schiede zu machen.

2. Indophenoloxydasen.

Nach den Untersuchungen von W. H. SCHULTZE geben eine stabile Indophenolreaktion:

1. Die granulierten Leukocyten (α-, ε-, γ-Granula).
2. Die Granula der Speichel und Tränendrüsen.
3. Die Granula der syncytialen Auskleidung der Placenta.

3. Labile Indophenoloxydasen.

Die folgende Zusammenstellung gibt die Ergebnisse der von KATSUNUMA vorgenommenen Untersuchungen und berücksichtigt die Befunde von v. GIERKE (62), GRÄFF (64—68), KLOPFER (92), DÜRING (39), WOLFF (252) u. a.

Organ	Befund	Bemerkungen
Haut- u. Schleimhaut		
Horn	—	
Untere Epithelschichten .	zahlreiche Granula	
Flimmerepithel: Cilien .	—	
Basis .	+ +	
Magen		
Hauptzellen	+	
Belegzellen	+ +	Vom Hungerzustand abhängend
BRUNNERsche Drüsen. .	—	
Helle Zellen	schwache Reaktion	
Eosinophil gekörnte . .	schwach	Granula negativ
Darmschleimhaut	+	
Becherzellen	—	
PANETHsche Zellen . . .	+	Granula —
Plexus myentericus . .	+ + +	
Muskulatur	spärlich	sehr feine Granula
Gallenblase	spärlich	
Pankreas		
Zellen	+	Granula um den Kern gelagert
Schaltstücke	spärlich	
Ausführungsgänge . . .	+	Granula um den Kern gelagert
LANGERHANSSche Inseln.	—	ungranulierte runde Flecke
Nebenniere		
Rindenzellen	—	Nur im Hungerzustand
		Methode B. von W. H. SCHULTZE gibt gute Bilder (Katsunuma)
Markzellen.	spärlich	bes. im Protoplasma der Ganglienzellen sehr empfindlich gegen Autolyse
Niere		Nierenrinde und die Hälfte des Markes makroskopisch blau, Kegelspitze blaß.
Malpighische Körperchen	—	
BOWMANsche Kapsel . .	—	
Gewundene Harn- kanälchen	+ + +	
HENLEsche Schleife. . .	—	
Abst. Ast	—	
Aufst. Ast	+ + +	
Schaltstück	+ +	
Sammelröhre	spärlich	
Nierenbecken	—	
Ureter	spärlich	
Harnblase		
Blase contrahiert . . .	+ + +	
Blase gefüllt	—	
Hoden		
Samenkanälchen	selten +	
Zwischenzellen	+	
Samenfäden	—	
Nebenhoden	—	
Duktus	+ + +	
Samenblase	+ + +	
Samenstrang	—	
Samenfäden im ductus .	+	Mittelstück enthält sehr feine Granula

Organ	Befund	Bemerkungen
Prostata Muskulatur	Spärlich +++	
Ovarium Keimepithel	++	
Primordialei	++	
Follikelepithel	++	
Interstitielle Zellen . . .	Schwankend	abhängig vom Fettgehalt
Luteinzellen	junge —	—
Ei	+	bes. in der Umgebung d. Keimbläschens
Eileiter	+++	
Uterus (Drüsen)	++	Feine Granula im Cervix spärlicher
Muskel	—	
Muskel in der Gravidität	+++	
Scheide	spärlich	reichlich in der Schwangerschaft
Placenta	+	Syncytium und LANGHANSsche Zellen
Leber	+	um den Kern angeordnet
	+++	bei Hungerzustand
Sternzellen	spärlich	

Fett- und Oxydasegehalt umgekehrt proportional. Peripherie enthält konstant
Indophenoloxydasen, Zentrum spärlich, Mitte wechselnd.

Bronchien u. Lunge Flimmerepithel	+++	
Bronchialdrüsen	+	
Alveolarepithel	—	beim Fetus +

Nach KATSUNAMA schädigt die Reserveluft die labilen Oxydasen.

(Kiemen bei Fischen . .	+	Deck und Lacunenepithel)
Herz	—	
Muskulatur	+	
Reizleitung	+++	
Epi- u. Endokard . . .	spärlich	
Blutgefäße Endothelien	spärlich	
Venen	schwankend	
Arterie	spärlicher als Venen	
Lymphgefäße		
Quergestreifter Muskel .	++	in Höhe der anisotropen Scheiben
Roter Muskel	+++	
Weißer Muskel	++	leichtere Ermüdung
Schilddrüse	++	bei Basedow +++
Nebenschilddrüse . . .	+	2 Reihen Granula um den Kern
Speicheldrüse	+	EBNERs Halbmonde: stabile, Gianuzzis labile Oxydasen
Tränendrüsen	+	beim Hund labil beim Kaninchen labil bes. Epithel der Ausführungsgänge i. kleine Randzellen
Thymus Mark	+	staubfeine Granula
Rinde	+	
Knorpel Hyalin	—	
Knorpelzellen	+	sehr empfindlich
Knochen Osteoblasten ⎱ . . . . Osteoklasten ⎰	schwankend	
Knochenkörperchen . . .	spärlich	nur um den Kern herum

Organ	Befund	Bemerkungen
Nervensystem	—	
Hirnrinde (Ganglienzellen)	$+++$	
Mark	—	
Hypophyse	$++$	
Plexus chor.	$+$	
Zirbeldrüse	$+$	
Ependym	$+$	peripher angeordnet
Blut		
Monocyten	schwankend	n. SCHILLING (264) u. SCHLENN (194) —, nach HIRSCHFELD z. T. $+$ (76, 77)
Blutplättchen	—	
Reizzellen	$+$	nur labile Oxydasen)
Lymphocyten	—	im Gewebe vereinzelte $+$ (KATSUNUMA)
Plasmazellen	—	
eosinophile Zellen . . .	$+$	
neutrophile	stabile Oxydasen	
Blutmastzellen		
Gewebsmastzellen . . .	—	
Tumorzellen		
Carcinom	$++$	empfindlich
Sarkom	—	
Gliom	—	

Indophenol-Peroxydasereaktion.

Auch die roten Blutkörperchen, die keine labile Indophenolreaktion besitzen, geben die Indophenolreaktion nach Zusatz von H_2O_2. KÖNIG (94) fand positive Reaktion im Lipofuscin verschiedener Organe.

Reaktionen mit entsprechenden Reagenzien.

LOELE hat zuerst nachgewiesen, daß viele Phenole in alkalischer Lösung mit den Granula der menschlichen eosinophilen Zellen eine Farbreaktion geben und nennt daher diese Oxydasereaktion auch Phenolreaktion.

Zur Darstellung von Peroxydasen in granulierten Leukocyten sind nur Brenzcatechin und Pyrogallol gut zu verwenden. In Brenzcatechinlösungen mit Zusatz von H_2O_2 gibt auch die Umgebung der eosinophilen Körner Oxydationsreaktion.

Keine Reaktion gaben Hydrochinon- und Phloroglucinlösungen, doch gab letzteres mit Brenzkatechin gemischt auch ohne H_2O_2 eine unscharfe grüne Verfärbung der eosinophilen Granula.

β-Naphthol ist von W. H. SCHULTZE bei seiner Modifikation B als Natriumsalz verwandt.

Guajacol als Peroxydasereagens nahmen FIESSINGER und RUDOWSKA (51) (1%), ferner MARFAN, MÉNARD und M. GIRON (135). HIRSCH und JACOBS (80) bestimmten mit diesem Reagens die Peroxydasen in Gewebsextrakten quantitativ.

TANNIN ist bereits bei den Schimmelpilzen erwähnt.

Phenolphthalein ist besonders von BOAS (25) und KOBER (265) (dort Schrifttum) zum Nachweis von Blutspuren im Stuhl verwendet worden, wo es den Nachweis noch in Verdünnungen von 1 : mehrere Millionen gestatten soll. Bei Anwesenheit von Blut bildet sich durch Oxydation

Phenolphthalein, das in alkalischer Lösung den bekannten roten Farbstoff bildet.

Adrenalin hat KREIBICH (95, 96) zum Nachweis von Oxydasen in Leukocyten verwendet Tyrosin und Dioxyphenylalanin, zwei der Konstitution nach dem Adrenalin verwandte Stoffe, spielen in der Literatur bei der Beantwortung der Frage der Pigmententstehung eine große Rolle (BERTRAND, BIEDERMANN, BATTELLI und STERN (11–15), BLOCH, MARTINI, FÜRTH-JERUSALEM, DURHAM, FÜRTH-SCHNEIDER, ADLER, NEUBERG, A. MEIROWSKY [Lit. s. LOELE (110)].

Benzidinlösungen sind von den Botanikern bereits früher verwendet worden (SCHNEIDER in KRAUSE, Mikroskopische Technik).

Mit Benzidin, in Eisessig gelöst, hat ADLER (2) Blutspuren im Stuhl nachgewiesen. (Blaufärbung nach Zusatz von H_2O_2).

Diese Reaktion ist indessen nicht gleichzusetzen der Peroxydasereaktion mit wässerigen Benzidinlösungen, die LOELE (109) zuerst in der menschlichen Pathologie zum Nachweis von Leukocytenperoxydasen verwendete etwa gleichzeitig mit FISCHEL (54), der zu diesem Zwecke alkoholische Lösungen nahm. (NARNTOWICZ (153a) empfiehlt als Lösungsmittel Aceton.

Die Vorgänge bei der Benzidinoxydation sind von KJÖLLENFELDT (90) und WOKER (251) bearbeitet worden.

SEGLOFF verwendet statt Benzidin bei der Blutreaktion Pyramidon (SCHUGL: Z. Pharmakol. **1930,** 118, Blaufärbung).

Tolidin hat FISCHEL an Stelle von Benzidin vorgeschlagen.

Amidophenol, Naphthylamin und Anilinöl hat LOELE zur Darstellung von cellulären Peroxydasen genommen.

Guajactinktur, 1856 von SCHÖNBEIN zum Nachweis chemischer Berührungsreaktionen verwendet, ist früher ein wichtiges diagnostisches Mittel zum Nachweis von roten zerfallenen Blutkörperchen gewesen, das jetzt durch bessere Reagenzien ersetzt ist. VITALI (228) hat 1870 gezeigt, daß auch Eiter die Guajakreaktion ergibt.

Der positive Ausfall der Guajacreaktion bei Pflanzen wird von einigen Forschern nicht als Oxydase- oder Peroxydasereaktion aufgefaßt, sondern als nicht fermentative Reaktion, auf der Anwesenheit von Brenzcatechin beruhend [WHELDALE (245), SZENT GYÖRGYI (219)].

BOAS (25) und KLUNGE (93) haben Aloin zum Nachweis von Blutperoxydasen verwendet.

Hämatoxylinlösungen werden in der Histologie zum Nachweis ionisierten Eisens gebraucht. Die Befunde von LOELE an Mollusken sprechen dafür, daß auch nicht metallische Verbindungen gibt, die Oxydation dieser Lösung bewirken. LOELE fand blaue oder schwärzliche Verfärbungen der Hämatoxylinlösung, wo die Eisenreaktion negativ ausfiel (Granula bei Arion fuscus und Kernkörperchen bei Tieren und Pflanzen, die allerdings teilweise auch Eisenreaktion gaben).

IV. Eigenschaften der Oxone.

Untersuchungen über die Eigenschaften der Oxone und ihr Verhalten gegenüber physikalischen und chemischen Einflüssen sind deshalb so schwierig und sich oft widersprechend, weil innerhalb der Zellen die Oxone

nicht reine Verbindungen sind, sondern gemischt und adsorbiert an andere
Stoffe, die ganz verschiedener Natur sein können. Spezifische Granula,
die allein Oxydaseträger sind, gibt es nicht. Indessen darf man die Oxydaseträger wenigstens unter normalen Verhältnissen dann als gleichwertig und vergleichbar ansehen, wenn sie in den gleichen Zellen vorkommen. Aber bereits bei verschiedenen Tieren oder Pflanzen sind möglicherweise die Oxydaseträger und damit die oxydativen Systeme in
analogen Zellen verschieden.

a) Verhalten gegen Blausäure.

Nach den Angaben der meisten Forscher zerstört Blausäure die Oxydasen der Indophenolreaktion und deren Reagenzien. Es ist jedoch bei
diesen Untersuchungen die Feststellung WERTHEIMERS (144) nicht genügend
berücksichtigt, daß Blausäure an sich die Indophenolsynthese hemmt.

b) Säuren.

Labile und stabile Indophenoloxydasen werden durch Säure zerstört.
Die Naphtholoxydasen sind säureempfindlich, die Peroxydasen widerstandsfähiger, besonders die pflanzlichen Peroxydasen, nach Formolfixation wird die Widerstandsfähigkeit größer. Die Phenylendiamin-
oxydasen und -Peroxydasen werden durch Säure ebenfalls zerstört.

c) Alkalien.

Die labilen Indophenoloxydasen werden durch Alkali zerstört, die
stabilen Nadioxydasen und die Naphtholoxone werden durch verdünnte
Laugen erst nach längererer Zeit zerstört, durch koncentrierte Laugen
schnell. Bei den oxydasepositiven Granula der Eiweißzellen von Arion
und Limax findet durch den Einfluß der Lauge ein Abbau der oxydasehaltigen Substanz statt, indem sich Chromogene abspalten.

d) Salze.

Nach Untersuchungen von STRASSMANN und FURSENKO konservierten
Salze die stabilen Indophenoloxydasen. Der Einfluß von Salzen auf die
Stärke der Reaktion hängt von der Konzentration der Salzlösung ab,
ist aber nicht erheblich.

e) Autolyse.

Die labilen Indophenoloxydasen sind gegen Autolyse sehr empfind-
lich, doch halten sie sich in den Organen einige Tage (GRÄFF, KATSUNUMA).
Im Widerspruch zu diesen Beobachtungen stehen die Befunde von
SEHRT (208) über Oxydasenachweis im Mumienmuskel. Besonders leicht
zersetzen sich die Oxydasen des Gehirnes. Gewebe junger Tiere oder
Feten sind gegen Autolyse empfindlicher als Gewebe alter Tiere. In
Organen lebhafter Tätigkeit werden die Oxydasen schneller geschädigt
als in ruhenden Organen, in Krebszellen schneller als in den Matrixzellen
(KATSUNUMA).

Die stabilen Indophenoloxydasen und die Naphtholoxone sind gegen
Zersetzung, ja gegen Fäulnis widerstandsfähiger, doch verschwindet mit
der Zeit die Oxydaseeigenschaft oder wird abgeschwächt. Aus den Gefäßen

austretende Leukocyten geben in ihren Granula keine Naphtholoxydasereaktion mehr, wenn sie in größeren Mengen sich angehäuft haben (Eiter).

Sehr empfindlich sind die sekundären Kernkörperchenoxydasen von
Arion und Limax, sie büßen ihre sauerstoffübertragende Eigenschaft
an der Luft in wenigen Stunden ein. Andererseits behält in destilliertem
Wasser aufgelöstes Blut monatelang die Wirksamkeit seiner Naphtholperoxydasen.

Viele Oxydaseträger neigen zu autolytischem Zerfall und verändern
dabei ihre Gestalt, indem sie außerordentlich quellen. Häufig geschieht
das im lebenden Gewebe bei Gewebsreaktionen, z. B. Entzündungen.
Auf diese Veränderung wird bei den Beziehungen der Oxone zur
Strukturbildung noch eingegangen.

f) Wärme.

Nach ihrem Verhalten gegenüber Wärme sind die Oxone in drei
Gruppen zu unterscheiden:

1. Kochbeständige Oxone (Pseudoperoxydasen).
2. Kochempfindliche Oxone.
3. Wärmeempfindliche Oxone (55—60° C.).

1. In die erste Gruppe gehören die Peroxydasen des Blutes gegenüber
Guajac und Benzidin, nicht aber die Naphtholperoxydasen, die koch-
empfindlich sind. Weiter sind kochbeständig die Oxone der mehrwertigen
Phenole bei Bakterien.

Auch die Granula der Eiweißzellen bei Arion und Limax vertragen
nach Formolhärtung das Kochen einige Minuten, werden aber durch
längeres Kochen zerstört.

2. Durch Kochen werden zerstört: die Indophenoloxydasen, die
Naphtholoxydasen und -Peroxydasen und die Paraphenylendiaminoxone.

3. Bereits bei 55—60° werden zerstört: die labilen Nadioxydasen
(KATSUNUMA), die Paraphenylendiaminoxydasen und Peroxydasen der
nicht sporenhaltigen Keime (LOELE), auch manche pflanzlichen Naphtholoxydasen und Peroxydasen. Zwischen den Gruppen und innerhalb
der Gruppen gibt es gleitende Übergänge, was die Erwärmungszeit anlangt,
auch ist die Hitzeempfindlichkeit abhängig von der Methode, vor allem
davon, ob die Zellen im Zusammenhang oder einzeln untersucht werden.
Offenbar gibt es schützende Faktoren, wenn die Zellen in Zusammenhang
sind.

g) Kälte.

Bei den temperaturempfindlichsten Nadioxydasen hat KATSUNUMA
nachgewiesen, daß sie Temperaturen bis 22° Kälte ohne Schaden aus-
halten.

h) Alkohol.

Absoluter Alkohol zerstört die Oxone der Indophenolsynthese. Die
Widerstandsfähigkeit ist aber recht verschieden und hängt wohl von der
Art der Verbindung des Oxons in der Zelle ab. Sehr widerstandsfähig
sind die eosinophilen Granula der menschlichen Leukocyten und die Granula der Eiweißzellen von manchen Mollusken (Arion, Limax), die

sich einige Monate lang in absolutem Alkohol halten. Die Granula der Leukocyten vertragen noch Alkohol bis zu 80%. Die labilen Indophenoloxydasen sind auch empfindlich gegen verdünnten Alkohol. Durch verdünnten Alkohol können die Oxydasen ausgezogen werden und sich an anderen Orten niederschlagen, besonders gern an Kernoberflächen, bisweilen auch an Kernkörperchen (Pflanzen).

i) Formaldehyd.

Labile Indophenoloxadasen werden in Formalinlösungen zerstört, doch meint LOELE, daß es Übergänge zu den stabilen Nadioxydasen gäbe, weil er fand, daß die Epithelien im Darm des Hundshaies auch nach kürzerer Formolbehandlung noch die Nadireaktion gaben, während sie im Magen stabil waren. Bei den Naphtholoxonen wird in der Regel durch Einwirkung nicht zu konzentrierter Formalinlösungen (über 10%ige Lösungen schädigen und zerstören die Oxone) zunächst der Grad der Reaktion wesentlich verstärkt. Andererseits gehen die Oxone auch in schwächeren Formollösungen mit der Zeit zugrunde, besonders wenn die Luft Zutritt hat und die eingelegten Gewebsstückchen klein sind.

Für die Darstellung der sekundären Naphtholreaktionen der Kernkörperchen ist Formolhärtung überhaupt notwendig. Hier spielt wohl die reduzierende Wirkung des Formols die Hauptrolle.

Bei der Beurteilung der Einwirkung des Formaldehyds ist zu berücksichtigen, daß Formaldehyd in vielen Oxydationssystemen eine wichtige Rolle spielt (WOKER (249), LÄTT (99), HACKNER, H. u. PILZ, ALBERT (82))].

k) Strahlen.

Nach KATSUNUMA (88) verhindert direktes Sonnenlicht das Auftreten der labilen Nadireaktion in Schnitten völlig. Gegen Röntgen- und Radiumstrahlen sind die labilen Indophenoloxydasen ebenfalls sehr empfindlich. Die stabilen Nadioxydasen bleiben erhalten. Diese Befunde sind von OFFERMANN bestätigt worden und sprechen nach KATSUNUMA dafür, daß bei der Indophenolsynthese eine Fermentreaktion nicht vorliegt. GOLDMANN (69) bestätigt die Widerstandsfähigkeit der Leukocytenoxydasen gegen Röntgenstrahlen.

V. Darstellung der Oxone.

In bezug auf die Gewinnung von Oxydasen und Peroxydasen ist hinzuweisen auf die Zusammenstellungen von CHODAT (30) und FRÄNKEL (56) in ABDERHALDENS Arbeitsmethoden. Die Reindarstellung von Oxonen ist bisher noch nicht gelungen. A. NEUMANN (170), der die Arbeiten von PETRY über die chemische Zusammensetzung der eosinophilen Leukocytengranula des Pferdes weiter verfolgte, fand eine Benzidinperoxydase mit einem phosphorhaltigen Anteil, die durch Blausäure nicht beeinflußt wurde. A. NEUMANN kommt zu der Überzeugung, daß auch, wenn die Analyse der Oxone gelingt, doch vor einer Überschätzung der chemischen Forschung gewarnt werden müsse, daß aber die chemische Forschung wertvolle Bausteine nachweisen könne. Weiteres Schrifttum bei FODOR (256).

VI. Oxone und Funktion der Zelle.

Die stabilen Indophenoloxone und die Naphtholoxone der myeloischen Zellen fehlen den Stammzellen, aus denen die oxonhaltigen Zellen hervorgegangen sind. Der Gehalt der Oxone in den Zellen ist ferner Schwankungen unterworfen.

Es ist demnach einerseits der Oxongehalt der Zelle eine Funktion des Zellstoffwechsels, andererseits die Bildung oxonhaltiger Zellen eine Funktion des Körpers und seiner Organe.

Die Abhängigkeit der labilen Indophenoloxydasen vom Stoffwechsel nachzuweisen haben sich besonders KATSUNUMA (88) und STÄMMLER (212) zur Aufgabe gestellt, nachdem vorher bereits GRÄFF (64) einige wichtige Feststellungen gemacht hatte.

KATSUNUMA unterscheidet eine Hyperoxydatose von einer Hypoxydatose (A- oder Dysoxydatose).

Eine Hyperoxydatose fand er in der Bestätigung der Befunde von GRÄFF im Uterus und in der Brustdrüse während der Geburtsperiode, in der Umgebung von Krankheitsherden als Ausgleich, eine Hypoxydatose in der Muskulatur von Winterschläfern während des Schlafes, ferner bei alten Leuten in dem Parenchym und den Zwischenzellen des Hodens, in der Muskulatur von Typhuskranken.

Ob der Oxydaseschwund bei Eclampsie, akuter Miliartukerlose, Gastroenteritis acuta endemica, schwerem Diabetes mellitus bei Leichen immer zu beobachten ist, müssen noch weitere Untersuchungen ergeben.

STÄMMLER fand, daß nach Curare- und Strychninvergiftungen der Oxydasegehalt sich in einzelnen Fällen verdoppelte und vervierfachte, und daß bei Einverleibung von Lecithin konstant eine, wenn auch geringe Erhöhung eintrat. Ob im Hungerzustand in Niere und Leber der Oxydasegehalt sich veränderte, zeigten seine Versuche nicht eindeutig.

Daß Beziehungen bestehen zwischen Fett- und Oxydasegehalt von Organen (im umgekehrten Verhältnis) hatte schon GRÄFF gefunden.

In der Klinik bildet die Feststellung der Hyper- und Hypoleukocytose ein wichtiges diagnostisches Hilfsmittel (SCHILLING 263), ARNETH (266), NÄGELI (151), DOMARUS. Wenn auch die gekörnten Leukocyten des Blutes unter gewöhnlichen Verhältnissen immer positive Oxydasereaktion in ihren Granula geben — nur bei Krankheiten findet man gelegentlich Oxydaseschwund) — es sich hier demnach nicht um eine veränderliche Funktion der Zellen selbst handelt, so ist doch der Gehalt des Körpers an Leukocyten und somit an Oxonen veränderlich und eine Funktion des gesamten Körpers, und die Untersuchung der Ursachen einer Vermehrung oder Verminderung ist nicht weniger wichtig als die Feststellung, warum in der Zelle selbst die Oxonmenge schwankt.

Es würde zu weit führen, hier auf die Ursachen der Leukocytose und Leukopenie einzugehen, besonders erwähnenswert erscheint nur, daß nach Einführung von Anilinöl Leukocytenvermehrung [TRESPE (221)], nach Vergiftung mit Benzol Leukocytenschwund beobachtet wird [NÄGELI (151) Literatur].

Besonderes Interesse hat von jeher das Verhalten der eosinophilen Leukocyten hervorgerufen, deren Vermehrung bei tierischen Parasiten (Trichinose, Ankylostomum, Botriocephalus), bei nervösen Reizzuständen (Asthma) und Anaphylaxie und als Folgezustand einer Lymphocytose des Blutes beobachtet wird. Manchmal kommt es dabei zu einer förmlichen Ausstreuung der Granula (Essaimage von BONNE und ANDIBERT) im Gewebe (chronisch entzündeter Wurmfortsätze, pseudoleukämische Lymphknoten). Auffälligerweise sind die Keimzentren der Lymphknötchen trotz Anhäufung der Eosinophilenzellen der Umgebung frei von ihnen, es muß demnach in ihnen entweder ein Stoff vorhanden sein, der die Zuwanderung der Leukocyten hemmt oder die Zellen, wenn sie eingewandert sind, zur Auflösung bringt.

Daß auch bei Pflanzen der Oxongehalt eine Funktion der Zellen und des Gewebes ist, beweisen die Versuche von LOELE, der fand, daß nach Stichverletzungen die weitere Umgebung oxonhaltig wird, und daß ohne Schädigung der Keimblätter die Bildung der Oxone auf bestimmte Zellen beschränkt ist und in einer gesetzmäßigen Reihenfolge geschieht. Weiter fand LOELE, daß der Gehalt an Naphtholoxonen im Dunkeln keimender Pflanzen größer war, und daß er nach kräftiger Belichtung besonders zunahm, wenn die Keime ins Dunkle gebracht wurden. Nach Behandlung keimender Pflanzen mit sehr stark verdünnten Säuren, Phenolen und mit Kohlensäure stieg der Oxongehalt. Von Metallen steigern Eisen und Kupfer in nicht zu großen Gaben den Oxongehalt, Blei setzt ihn herab. (Keimende Kresse und Hefen.) Bei manchen Bakterien wirkt Zusatz von Glykokoll zum Nährboden steigernd. So bildete Bacterium fluorescens bei Zusatz von $1/2\%$ Glykokoll vierfach so viel Paraphenylendiaminoxydasen wie unter gewöhnlichen Verhältnissen.

Bei Arion fand LOELE eine Zunahme der Eiweißzellen, wenn die Tiere mit Gasen leicht gereizt oder wenn Bakterien eingespritzt werden, jedoch keine örtliche Vermehrung etwa wie bei der Leukocytose. Auch geben die Granula zum Teil stärkere Reaktionen. Einspritzung von Typhusbacillen hatte keinen Einfluß auf die Vermehrung. Indessen bedürfen diese Versuche noch einer ausgedehnteren Nachprüfung, da der Gehalt an Eiweißzellen bei den einzelnen Tieren schwankt. Zu weiteren Untersuchungen regen die gelegentlichen Befunde von LOELE an, der im Magen des Karpfens starke Oxydasereaktion der Epithelien bei verhältnismäßiger Leukocytenarmut des retikulären Gewebes fand und umgekehrt zahlreiche Leukocyten im Stroma, wenn die Oxydasen als Schleim ausgeschieden waren, ferner die wechselnden Befunde bei Amphioxus in den Epithelien der Haut.

Wie man mit Hilfe quantitativer Peroxydasebestimmungen einen Einblick in das rhythmische Arbeiten eines Organes erhält, haben HIRSCH und JACOBS gezeigt. Sie untersuchten den Magensaft und den Saft der Verdauungsdrüse von Astacus leptodactylus und stellten gleichzeitig im histologischen Bilde durch Zählung die Mengen der verschiedenen Zellarten fest. Sie konnten zeigen, daß einer Mindestmenge von Peroxydasen eine Höchstzahl von Blasenzellen entsprach, so daß ein Schluß auf die Zellart, die als Quelle der Fermente in Frage kamen, möglich war. Der Rhythmus der Arbeitsleistung der Verdauungsdrüse geht aus der folgenden gekürzt wiedergegebenen Tabelle hervor.

4*

	Mittelwerte der Guajacolperoxydase	
	Drüsenextrakt	Magensaft
	Sommer u. Herbst	Sommer u. Herbst
Hungerzustand	0,16	48,9
¹/₂ Stunde nach Nahrungsaufnahme . .	646	152,8
1 „ „ „ . .	652	177
1¹/₂ „ „ „ . .	472	153
2 „ „ „ . .	124	489
2¹/₂ „ „ „ . .	78,7	847
3 „ „ „ . .	16,2	864
3¹/₂ „ „ „ . .	46,1	305
4 „ „ „ . .	334	133
4¹/₂ „ „ „ . .	380	625
5 „ „ „ . .	19,6	554
5¹/₂ „ „ „ . .	29,5	70,0
6 „ „ „ . .	171	200
6¹/₂ „ „ „ . .	277	208

VII. Gleichzeitiges Vorkommen von Oxonen mit anderen Stoffen.

a) Oxongemische.

Beispiele dafür, daß in einer Zelle oder an einer Struktur ganz verschiedene Oxone vorkommen, gibt es eine ganze Reihe. Die untere Schicht der Epidermiszellen gibt sowohl eine labile Oxydasereaktion wie die Dopareaktion von Bloch. Die Leukocytengranula, besonders stark die menschlichen eosinophilen Granula, enthalten Naphtholoxydasen und Peroxydasen, Benzidinperoxydasen, Indophenoloxydasen, Dopaoxydasen und Paraphenylendiaminperoxydasen. Diese verschiedenen Stoffe sind, wie man denken könnte, keineswegs miteinander identisch, da sich nachweisen läßt, daß sie jeder für sich vorkommen. So gibt Milch eine Indophenolreaktion, aufgelöstes menschliches Blut aber nicht, sondern erst nach Zusatz von H_2O_2. Milch und Blut geben Paraphenylendiaminperoxydasereaktion, nicht mit Paraphenylendiamin allein, während die Reaktion mit Bakterien oder Zellaufschwemmungen des Muskels oder der Niere positiv ausfällt. Aus den Befunden von Mollusken geht hervor, daß Naphtholoxydase, Peroxydase und Indophenoloxydase voneinander verschieden sein müssen. Loele hat festgestellt, daß der Komplex verschiedener Oxone sich bei Pflanzen und Tieren meist in derselben Reihenfolge zersetzt. Zuerst wird die Naphtholreaktion negativ, und zwar die Peroxydasereaktion später als die der Oxydase, dann folgt die Indophenolreaktion. Weiter zeigen die Untersuchungen an Bakterien, Lebewesen, die hauptsächlich aus Kernsubstanzen bestehen, daß zwar die Paraphenylendiaminreaktion sehr stark ausfallen kann, daß aber die Naphtholreaktion immer negativ ist. Dies spricht dafür, daß die Naphtholoxone im Protoplasma gebildet werden, wo eine stärkere Loslösung von der Kerntätigkeit möglich ist. Brenzcatechin wird sowohl von Bakterien wie von den eosinophilen Granula, besonders bei Gegenwart von H_2O_2 oxydiert, aber nicht oxydiert das Oxon der Bakterien Phenole mit einer Hydroxylgruppe; es muß demnach auch das Brenzcatechinoxon verschieden sein von dem Naphtholoxon, was auch aus seiner Kochbeständigkeit bei Bakterien hervorgeht.

Die gleiche Reihenfolge in der Zusammensetzung der Naphthol- und Indophenoloxone ergibt sich auch aus den Untersuchungen von Pflanzen. Bei keimenden Pflanzen sind es zuerst die Zellen des Randes und der Gefäße, die Oxone enthalten, und es gibt Keime, die nur Indophenoloxydasen (normalerweise) bilden. Bei Schädigungen der Zellen treten auch in diesen Zellen Naphtholoxone auf.

Dieses gleichzeitige Vorkommen von Oxonen ist sicherlich nicht zufällig, sondern läßt auf gesetzmäßige Zusammenhänge schließen.

Zuweilen geben die Oxydationsorte UNNAS auch Oxydationsreaktionen mit der Indophenolmethode. HIRSCH und BUCHMANN stellten fest, daß Nadioxydase und Oxydoredukase L. M. (Leukomethylenblau) nicht dasselbe sind (80b).

b) Gleichzeitiges Vorkommen von Oxon und Pigment.

Da durch Vermittlung von oxydierenden Fermenten Phenole und phenolartige Verbindungen in Farbstoffe umgewandelt werden, ist die Entstehung von Pigmenten im Körper da auf ihre Anwesenheit zurückzuführen, wo Chromogene nachweisbar sind. Als Chromogenbildner kommen in Zellen hauptsächlich in Betracht Tyrosin, Adrenalin und Diphenylalanin. In der Tat wird die Melaninbildung bei Insekten und Säugetieren auf diese Weise von zahlreichen Forschern zurückgeführt (ADLER, BLOCH, BERTRAND, BIEDERMANN, FÜRTH, MEIROWSKY u. a.).

Die Frage, ob in der Zelle noch Beziehungen zwischen fertigem Pigment selbst und Oxon bestehen, wird meist verneint, doch findet sich in bezug auf die Indophenoloxone die Beobachtung bei KATSUNUMA, daß die chlorophyllhaltigen Zellen der Pflanzen ihre Oxydasen verlieren, und zwar mit Zunahme des Chlorophyllgehaltes.

LOELE hat das gleichzeitige Vorkommen von Naphtholoxonen und Pigmenten besonders beachtet. Er fand, daß die Granula von Arion und Limax, die teils zerstreut im Leibe der Schnecke liegen, teils an Zellen gebunden sind, wenn man sie mit Laugen behandelt, einen dunkelbraunen Farbstoff bilden, der manchmal auch in Form eines Schleimes die Umgebung der Granula durchdringt. In der Regel scheint hier die Oxonreaktion erst einzutreten, wenn gleichzeitig durch Alkali die Spaltung eingeleitet wird, doch finden sich auch Ausnahmen insofern, als bisweilen die Oxydasekörner eine schwarze oder violette Naphtholreaktion geben, auch wenn Alkali nicht anwesend ist (Peroxydasereaktion). Dies spricht dafür, daß auch im lebenden Gewebe die Spaltung im Pigment und Peroxydase möglich ist. Gefärbte Schleime geben in der Regel bei Mollusken keine Oxonreaktion, doch ist der Zusammenhang zwischen Oxon und Farbstoff deutlich in dem ungefärbten Schleim von Limax cinereus, der sowohl Indophenolreaktion wie Naphtholreaktion gibt. In eine alkalische Formollösung gebracht, färbt sich der Schleim vorübergehend grünlich, zeigt demnach die gleiche Erscheinung wie manche Pflanzenkeime, die in Schnitten da eine vorübergehende grünliche Färbung mit Alkali behandelt annehmen, wo auch die Naphtholreaktion positiv ausfällt. Diese Erscheinung läßt sich gut beobachten an jungen Maispflanzen, die man halbiert und deren Hälften man in eine schwache Laugenlösung und in eine Naphthol-H_2O_2-Lösung bringt. Zellen, die

Pigment enthalten, sind aber in der Regel frei von Oxonen. Diese Erscheinung läßt sich besonders an Mollusken mit pigmentierten Oberflächenepithelien feststellen (s. auch Abb. 5).

LOELE hat weiter den Oxongehalt junger Pflanzen festgestellt in Hinsicht auf das Auftreten von Farbstoffen und fand bei jungen Maispflanzen in der oxonreichen Wurzel vorherrschend das Auftreten gelber Pigmente, im oxonärmeren Stiel rote Farbstoffe, in den oxonarmen Blättern grüne Farbstoffe, nur da auch rote Farbstoffe, wo die Oxonreaktion, wenn sie auftrat, am stärksten war. Die Pflanzenblüten, in denen auch blaue Farben häufig vorkommen, sind meist ganz oxonfrei.

Diesem Zusammenhang zwischen Oxon und Farbbeschaffenheit begegnete er auch bei Bakterien bei der Ausführung der Paraphenylendiaminreaktion; die gelben Farbstoff bildenden Bakterien waren negativ, die roten zum Teil negativ, die grünen und blauen positiv. Auf die mögliche Deutung dieser Beobachtungen wird im theoretischen Teil eingegangen.

c) Oxon und Verdauung.

In Infusorien sind die Nahrungsvakuolen der Ort, wo Verdauungsvorgänge sich abspielen. Die Vakuolen sind aber auch diejenigen Zellorte, wo man Oxonreaktionen findet (Indophenolreaktion, Benzidinreaktion, Paraphenylendiaminreaktion). Die menschlichen polymorphkernigen Leukocyten enthalten ein tryptisches Verdauungsferment und, wie bereits bemerkt, fast alle wichtigen Oxone. Die Epithelien der Speicheldrüsen enthalten eine Diastase (Amylase) neben einer Lipase und geben Oxonreaktion mit dem Nadigemisch und Naphthol. Speichel gibt starke Paraphenylendiaminreaktion bei Gegenwart von H_2O_2. Neuerdings haben WILLSTÄTTER und seine Mitarbeiter eine Tryptase in der Speicheldrüse entdeckt. Die den Speicheldrüsen verwandte Tränendrüse gab nach GRUNERT eine vitale Reaktion mit Paraphenylendiamin, sie enthält eine Amylase. Die oxydasenegativen Lymphocyten enthalten nach BERGEL Lipasen; gleichzeitig geht aus ihrer Bildung hervor, daß Protoplasma verflüssigt ist, daß sich demnach ein peptischer Prozeß in ihnen abgespielt hat.

Die Wirkung der Oxydasen der Granula von Limax und Arion auf Kernkörperchen ist derart, daß man das gleichzeitige Vorhandensein von Stoffen annehmen muß, die die Substanz des Kernkörperchens verändern; denn die Kernkörperchen erscheinen nach der Naphtholschwärzung erkennbar als scharf umrandete Körnchen, wenn die Färbung längst abgeblaßt ist.

LOELE konnte ferner an diesen Oxydasen noch feststellen, daß bei ihrer Gegenwart meist die Träger von Naphtholoxonen in einen löslichen Zustand überführt, während andere Strukturen im Gegenteil gehärtet wurden. Es ist demnach hier eine Verbindung teils mit strukturlösenden, teils mit strukturbildenden Stoffen vorhanden.

Auch die Untersuchungen von HIRSCH und JACOBS sprechen dafür, daß die oxydierenden Substanzen bei der Verdauung eine gewisse, noch nicht näher bekannte Rolle spielen, da das Maximum ihrer Bildung vor dem Auftreten der Proteasen liegt.

In der Physiologie der Verdauung spielt die sog. Verdauungsleukocytose eine gewisse Rolle, die besonders nach Fleischnahrung eintreten soll. Nach NAEGELI ist dieselbe indessen nicht bewiesen.

Notwendiger als Bestimmungen der Leukocytenzahl in dem Blute
erscheinen Leukocytenbestimmungen in den Verdauungsorganen während
der verschiedenen Phasen der Verdauung.

d) Oxon und Zellstruktur.

Eine spezifische Struktur als Träger der Oxone gibt es nicht. Bei Wirbeltieren sind die Oxone meist an lipoide Strukturen gebunden, bei Mollusken häufig an Schleime und schleimgebende Granula. Bei Pflanzen
ist die Bindung an Strukturen seltener, am ehesten noch in Samen,
wo die Oxone an lipoidhaltige granuläre Reservevorräte gebunden sind
und oft nur vorübergehend frei und nachweisbar werden. Meist sind sie
in den Pflanzenzellen mit Schleim vermengt. Bei Bakterien und Hefen
sind sie teils an oft lipoide Granula absorbiert, die ganz verschiedener Natur
sein können, teils sind sie diffus in Plasma verbreitet.

Die oxonhaltigen Granula neigen sehr zu autolytischem Zerfall,
wobei durch Quellungen oft die merkwürdigsten Bildungen auftreten,
die eine gewisse regelmäßige Anordnung zeigen und ihren Ausgang
schwer vermuten lassen würden, wenn man ihn nicht beobachtet hat.

LOELE (122) konnte bei eosinophilen menschlichen Leukocytengranula
des Blutes sowohl wie in Exsudaten beobachten, daß unter der Einwirkung von H_2O_2 sich manche Granula fast augenblicklich lösten und aus-
einanderflossen, aber bei Gegenwart von Benzidinlösung zu großen
Spindeln, Kugeln und wurstartigen Bildungen aufquollen. A. NEUMANN
hält diese Quellung für eine Katalasewirkung, doch genügt diese allein
nicht, es müßten sonst alle katalasehaltigen Granula das gleiche Verhalten zeigen, es gehört noch ein Auflösungsfaktor dazu.

Den gleichen Vorgang konnte LOELE gelegentlich finden bei den großen
Granula, die im Kiemen der Teichmuschel liegen und hier riesige schlauch-
artige Bildungen hervorrufen. Derartige Bildungen finden sich auch
ohne vorherige Behandlung mit H_2O_2 und Naphthol, und machen es
wahrscheinlich, daß gewisse perlenartige Gebilde, die an der Stelle von bei
Anodonta sehr häufig vorkommenden Parasiten liegen, auch durch Zerfall dieser Granula hervorgegangen sind. Bei der Teller- und Napf-
schnecke nehmen diese Bildungen Scheibengestalt an und zeigen eine
außerordentlich regelmäßige Schichtung. Sie sind so groß, daß man sie
oft mit bloßem Auge erkennen kann. Übergangsbilder zu großen granulierten Zellen finden sich nicht selten besonders bei Limnaea. Bei der
Weinbergschnecke bilden diese wurstähnlichen, manchmal gegliederten
Bildungen eine Art Bauchpanzer (Abb. 9). Bei Gastrophoron Meckelii liegen
unter der Oberfläche zahlreiche Scheiben, die eine stabile Indophenolreaktion geben. Bei Doris verrucosa nehmen sie die Form von gegliederten
Stacheln an und geben zum Teil noch Benzidin- und Naphtholoxydase-
und Peroxydasereaktion. Bei Paramäcien beobachtet man mitunter,
daß die Nahrungsvakuolen nicht rund sind, sondern festwandig von
spindeliger, schlauchartiger oder keulenförmigen Gestalt. Sie erinnern
an die Figuren, die HIRSCH (79) bei Balantidium giganteum während
der Bildung der Verdauungsvakuolen gezeichnet hat.

Bei Hefen konnte LOELE [130 (Oidium lactis)] dann die Bildung eigen-artiger hirschgeweih-, dorn- und spiralförmiger Strukturen beobachten, wenn er auf die Plattenkultur ein Gemisch von α-Naphthol und Para-phenylendiaminlösung einwirken ließ (Betropfen der Kultur).

Die gleichen Strukturveränderungen treten auch bei Darstellung der sekundären Oxone der Kernkörperchen auf, die insofern Beziehungen zu primären Oxonen verraten, als sie ein besonders starkes Adsorptions-vermögen gegenüber den Oxonen der Eiweißzellen von Limax und Arion besitzen.

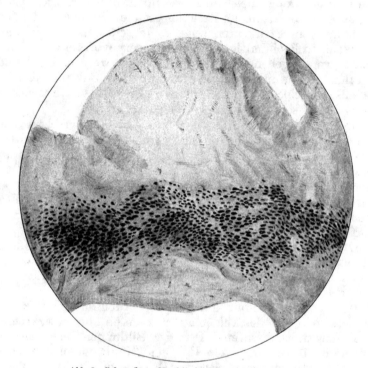

Abb. 9. Sekundäre Naphtholreaktion (Helix pomatia).

e) Oxon und Katalase.

Viele der Strukturen, die eine Oxonreaktion geben, zersetzen Wasser-stoffsuperoxyd gasförmig. Hierdurch ist eine gewisse Verwirrung in die Nomenklatur gebracht worden, insofern als man die Peroxydasen als Katalasen bezeichnete. W. H. SCHULTZE sieht in der Peroxydasereaktion der roten Blutkörperchen auch heute noch eine Katalasereaktion. Sicher ist, daß Katalasen bestehen, ohne daß eine Oxonreaktion positiv aus-fällt. Eine Identität von Katalase und Oxon darf erst dann angenommen werden, wenn der Beweis erbracht ist, daß beide voneinander nicht zu trennen sind.

f) Oxon und Reduktase.

Alle Oxone, die zu den Oxydoredukasen im Sinne von NEUBERG und OPPENHEIMER gehören, besitzen gleichzeitig reduzierende Eigen-schaften.

VIII. Oxon und Färbung.

a) Vitalfärbung.

Genau genommen kann man nur dann von einer Vitalfärbung sprechen, wenn das zu untersuchende Gewebe nicht geschädigt wird über die Grenzen seiner gewöhnlichen Lebensbedingungen hinaus. Es ist zweifellos, daß geschädigte Zellen anders reagieren den Oxonreagenzien (die an sich meist Zellgifte sind) gegenüber, als ungeschädigte. Stämmler geht so weit, daß er den positiven Ausfall der Indophenolreaktion an lebenden Zellen als eine Absterbereaktion bezeichnet. Diese Auffassung ist sicherlich für viele Zellen zutreffend, darf indessen nicht verallgemeinert werden, da die Ausnahmen zu zahlreich sind, als daß man eine Regel aufstellen könnte. Lebende Pflanzen geben ohne die geringsten Wachstumsstörungen alle Oxonreaktionen der Indophenolreihe und sezernieren beständig Oxone in die Umgebung der Wurzel. Viele Organe und Zellen sondern Sekrete und Schleime ab, die Oxonreaktion geben. Die Bakterien geben Paraphenylendiaminreaktionen, ohne in ihrem Wachstum geschädigt zu sein. Allerdings ist mit der Fähigkeit der lebenden Zell-Phenolfarbstoffe zu binden noch nicht gesagt, daß auch andere Farbstoffe adsorbiert werden. Doch ist das nicht selten der Fall.

Noch schwieriger wird die Entscheidung der Frage, ob eine einzelne Zellstrukturen als lebend aufzufassen sei; hier beginnt der Boden der Spekulation.

Im einzelnen liegen folgende Beobachtungen vor.

1. Pflanzen.

Küster (98) fand an den Triebspitzen von Solanumarten nur vitale Benzidin- und Pyrogallolreaktionen, nicht aber positive Naphthol- und Indophenolreaktion. Loele konnte Maispflanzen in Nährlösungen mit Zusatz von Naphthol bis zur Blüte bringen, beobachtete allerdings gelegentlich Störungen in der Blütenbildung. Teile der Wurzel färbten sich violett. Auch gelang es ihm, die Schließzellen und die Gefäße der Blätter von keimender Wasserkresse dann vital mit α-Naphthol zu färben, wenn er die Keimlinge nach vorheriger längerer Belichtung unter einer elektrischen Birne 24 Stunden im Dunkeln stehen ließ und dann mit H_2O_2-haltiger Naphthollösung übergoß. Äußerlich war an den Pflanzen eine Schädigung nicht zu erkennen. Blattzellen geben die Naphtholreaktionen erst, wenn sie gequetscht, d. h. geschädigt sind.

Die Wurzeln keimender Pflanzen färben sich in ihren äußeren Zellschichten da, wo die Oxonreaktionen positiv sind mit sauren und basischen Farbstoffen. Mit sauren Farben erhält man auch ohne Zellschädigung gelegentlich Kernfärbungen, während Kernkörperchenfärbungen mit basischen Farbstoffen nur beobachtet wurden, wenn gleichzeitig das Pflanzenwachstum geschädigt war (junge Maispflanzen).

2. Bakterien.

Bereits W. H. Schultze beobachtete, daß bei Verwendung seiner Plattenmethode sich in den Bakterien Körnchen blau färbten, obwohl das spätere Wachstum nicht hierdurch geschädigt war. Das Gleiche gilt für die Paraphenylendiaminoxydasen, wenn die Paraphenylenlösungen nicht zu konzentriert genommen werden und kurze Zeit einwirken (Loele).

3. Tierische Zellen.

Die Nahrungsvakuolen von Paramäcien, die Indophenol- und Benzidinreaktionen geben, färben sich vital schnell mit basischen Farbstoffen, die auf die Dauer allerdings toxisch wirken. Saure Sufofarbstoffe dagegen begünstigen eher die Vermehrung der Infusorien, die Vitalfärbung tritt aber meist erst nach mehreren Tagen ein [Loele (109)].

Bei vorsichtiger Dosierung des Nadigemisches kann man bei Daphnien die Muskelgranula des Antennenmuskels als blaue Granula darstellen, ohne daß die Bewegung aufhört.

b) Postmortale Färbung.

Die durch Naphthol darstellbaren oxonhaltigen Granula werden durch gleichzeitige Einwirkung des Phenols und eines basischen Farbstoffes basophil, wo ohne den Oxydationsvorgang keine Basophilie vorhanden war. Auch tritt nach der Naphtholbindung Säurebeständigkeit ein. Dieser Vorgang hat möglicherweise eine gewisse Bedeutung für die Entstehung der säurefesten α-Körner in den Liebreichschen (100) eosinophilen Leukocyten.

Zusammenfassend kann man sagen, daß überall, wo Oxonreaktionen positiv sind, auch Neigung zur Vitalfärbung mit Farbstoffen besteht, daß aber nicht umgekehrt da, wo Vitalfärbungen beobachtet werden, auch Oxone nachweisbar sind.

IX. Wanderung der Oxone. Sekundäre Oxonreaktionen.

Daß Oxone seziert werden, ist eine leicht nachweisbare Erscheinung. Man sollte nun meinen, daß man im Gewebe häufiger diese Ausscheidung beobachten könne. Das ist indessen nicht der Fall, weil die ausgeschiedenen Oxone außerordentlich zersetzlich sind, vorausgesetzt, daß sie nicht irgendwo absorbiert werden, wo sie sich länger halten. Die Feststellung, wo dies geschieht, ist deshalb außerordentlich wichtig, weil sie uns einen Anhalt dafür geben kann, aus welchem Grunde sich die Oxone an den oxonhaltigen Strukturen länger halten, ohne zersetzt zu werden. Auch wenn nach Fodor zur Erhaltung von Fermenten eine gewisse Menge kolloider Stoffe nötig ist, da die aktiven Bestandteile der Fermentsysteme ohne Träger nicht beständig, d. h. als fermentaktive Stoffe nicht existenzfähig sind, es demnach verständlich ist, warum die Oxone an irgendwelche Kolloide niedergeschlagen werden, spricht doch die Tatsache, daß die ausgeschiedenen Oxone nicht an jeder Struktur sich aktiv erhalten dafür, daß die Träger der Oxone besondere Eigenschaften besitzen.

Freilich scheint die Frage, ob die oxydasehaltigen Granula, z .B. der Leukocyten wirklich die Oxydase enthalten und nicht lediglich den durch Oxydation gebildeten Farbstoff binden, noch nicht in jedem Falle endgültig gelöst. Für den Oxongehalt sind besonders gegenüber Dietrich und Hollande, W. H. Schultze u. A. Neumann eingetreten, denen sich auch Loele anschließt. Dieser, der sich viel mit dem Schicksal der ausgeschiedenen Oxone beschäftigt hat, gibt eine Reihe von Beobachtungen an, die sehr dafür sprechen, daß die Granula meist auch Sitz der Oxone sind, ohne indessen eine Verallgemeinerung dieses Satzes zu befürworten.

Bereits W. H. SCHULTZE hatte gefunden, daß in dem Thymus sehr häufig die HASSALschen Körperchen eine stabile Indophenolreaktion geben, ein Befund, den LOELE auch hinsichtlich der Naphthol- und Benzidinreaktion bestätigen konnte.

SCHULTZE erklärte den Befund als Adsorption gelöster Leukocytenoxydasen, da sich häufig zwischen den Plattenepithelien Eiterzellen finden. FREIFELD und GINSBERG (55a) beobachteten Adsorption von Oxydasen durch mononukleäre Blutzellen.

Weitere Beobachtungen bringt LOELE. Behandelt man frische Blutausstriche mit Alkohol über 80 %, so werden die Oxydasen bzw. Peroxydasen ausgezogen und überziehen den Kern der Leukocyten. Bei der färberischen Darstellung nach der Methode von LOELE zur Darstellung der Peroxydasen findet man dann eine ungleichmäßige Blaufärbung der Leukocytenkerne, während Lymphocyten — oft auch Monocytenkerne, deren Granula blaugefärbt sind, ungefärbt bleiben. Selbst bei Anwendung von absolutem Alkohol oder Steigerung des H_2O_2-Zusatzes, der ähnlich wirkt, bleiben dagegen die Granula und Kerne der eosinophilen Leukocyten unverändert, jene geben starke Peroxydasereaktion, diese bleiben ungefärbt. Dagegen findet man in formolfixierten Gewebsschnitten gelegentlich bei Anstellung der Benzidinperoxydasereaktion mit wässerigen Benzidinlösungen eine Gelbfärbung der Granula bei einer Blaufärbung des Kernes, die darauf zurückzuführen ist, daß Spuren der Peroxydase am Kern sich niedergeschlagen haben, aber an der sauren Kernmembran sich das Oxybenzidin nicht in den braunen Farbstoff oxidiert.

Einen Niederschlag der Phenoloxydasen am Kern findet man in Leukocyten bei Krankheitsvorgängen nicht selten. Die Kernoberfläche ist demnach ein Ort, wo das Oxon eine Zeit aktiv bleibt.

Dieses Verhalten der Kerne fand LOELE auch an anderen Zellen bei einigen Krankheiten. So fand er positive Oxydase (Naphtholreaktion) in den Kernen einiger Lungenalveolarepithelien bei Erstickung jugendlicher Kinder durch Verstopfung der Bronchien mit diphtherischen Membranen, neben dem Vorkommen vereinzelter Oxydasegranula um den Kern von Epithelien, weiter positive Kern- und Granulareaktion in den Epithelien der tubuli contorti 1. Ordnung der Niere in einem Falle sehr verlangsamt verlaufender Pyämie mit Nierenabscessen, in den Epithelien veränderter atrophischer Drüsen einer chronisch entzündeten Prostata, eine Kernadsorption in lymphoiden Zellen im adventitiellen Gewebe, eines pseudoleukämischen Lymphknotens, in Ganglienzellen in der Nachbarschaft eines Hirnabscesses und in Muskelkernen bei HEPPscher Pseudotrichinose.

Weiter wurde die Adsorption von Naphtholoxydasen beobachtet an Hornlamellen von Carcinomen der Haut, in Zylindern bei eitriger Nephritis, in Prostatakonkrementen, bei eitrigen Erkrankungen, auch an Bindegewebsfasern und elastischen Fasern, auffallenderweise fast niemals an Fibrinfasern.

Entsprechende Befunde konnte LOELE bei Pflanzen erheben, wo die Adsorption nicht nur an Kernen, sondern auch an Kernkörperchen, an Holzstrukturen besonders bei der Bildung von Schraubentracheiden, an manchen lipoiden Reservevorräten, manchmal an Stärkekörnern beobachtet wird.

Auch an sich negative Granula können durch Adsorption positiv erscheinen, z. B. die Granula der Blutplättchen, die in Gefrierschnitten nach der Methode von LOELE für Dauerpräparate zur Darstellung von Oxydasen häufig positiv werden. Auch in Blutausstrichen können sie, wenn auch selten, eine Peroxydasereaktion mit Naphthol geben; auch SAPEGNO (189) hatte Indophenolreaktion gefunden, die vielleicht auf diese Weise zu erklären ist.

Pflanzliche Peroxydasen und Oxydasen lassen sich auf diese Weise auf tierisches Gewebe übertragen; so konnte LOELE die Oxydasen der Kartoffel auf Knochenbalken einer Epulis, die Oxydase der Sumpfwurz (Lathraea) auf das Kolloid von Schilddrüsen übertragen.

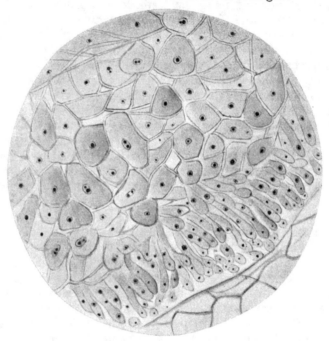

Abb. 10. Sekundäre Naphtholreaktion. Keimblatt vom Mais. (Kerngrenzen im Präparat undeutlicher als in der Zeichnung.)

Alle diese Beobachtungen stehen indessen noch einzeln da, wichtiger erscheinen Versuche, beständig mit Hilfe derartiger Oxone ganz bestimmte Strukturen nachzuweisen, so daß sich gesetzliche Vorgänge daraus ableiten lassen.

Hierfür sind besonders geeignet die Extrakte, die man aus den Naphtholoxydasen von Limax und Arion gewinnen kann.

LOELE unterscheidet hier zwei wirksame Extrakte, die er Granula- und Kernkörperchenextrakte nennt.

Mit dem ersteren konnte er mit Hilfe der Naphtholoxydasereaktion alle Granula darstellen, welche etwa der Eiweißzellgranula der beiden Schnecken analog waren und die eigenartigen Bildungen, die entweder nachweisbar aus Granula hervorgegangen sind, oder deren Entstehung wahrscheinlich auf Sekretion dieser Granula mit autolytischem Zerfall derselben zurückzuführen ist (Abb. 9).

Es sind dies die Scheiben und schlauchartigen Bildungen von Planorbis, Ankylus, Limnaea, Helix pomatia, Doris; auch die roten Blutkörperchen des Menschen gehen mitunter diese Reaktion.

Mit dem Kernkörperchenextrakt, dessen Herstellung bereits besprochen wurde, konnte LOELE alle Kernkörperchen von Tier und Pflanze, gewisse Gebilde in Hefen und bei Kernteilungen die Schleifen darstellen.

In der folgenden Tabelle ist das Bild der Kernkörperchen, wie es sich im menschlichen Gewebe darstellt, niedergelegt.

Zellart	Kernkörperchenbild und Bemerkungen
Haut	
Horn	Diffuse starke Reaktion, auch Chitin und Cellulose geben zuweilen starke Reaktion.
Stratum germinativum	1—2 Kernkörperchen regelmäßig.
Obere Schichten	Mehrere Kernkörperchen, Auflösung und unregelmäßige Formen.
Haar	Haarscheide: diffuse Reaktion.
Cylinderepithel.	2—3 regelmäßige Kernkörperchen.
Flimmerepithel	Meist 1—2 KK.
Becherzellen	Unregelmäßige, oft vermehrte Kernkörperchen.
Pankreas	2—3 KK.
Nebenniere	Meist 2 KK.
Nierenepithel	2—3 Kernkörperchen.
tubuli contorti	Starke Reaktion der ALTMANNschen Granula.
Hoden	Hodenzellen meist 1—2 KK. Spermienköpfe +. Kernteilungen positiv.
Nebenhoden	
Samenblase	1—2 KK.
Prostata	Schleim +
Epithel	1—2 KK.
Muskel	1—2 KK.
Ovarium	Keimfleck +. In großen Eiern im Kern und Protoplasma positive Granula.
Placenta	1—2 regelmäßig. Hyalin +.
Mamma	1—3 regelmäßige KK.
Leber	2—4 unregelmäßig.
Endothelien	1—3 KK.
Schilddrüse	1—2 regelmäßig bei BASEDOWscher Krankheit unregelmäßiger und zahlreicher.
Speicheldrüse	2—3 regelmäßig.
Lymphdrüse	Meist nur 1 KK.
Keimzentren.	Sehr unregelmäßige und vermehrte Kernkörperchen.
Knorpel	Hyalin diffuse Färbung. Knorpelzellen 1—3 KK., bei Bildung von Hyalin zerfließend.
Knochen	Knochenbälkchen starke Reaktion.
Ganglienzellen	Meist 1, sehr regelmäßiges KK. Bei Geisteskrankheiten vermehrte Granula, auch diffuse Kernreaktionen (Katatonie).
Zirbeldrüse	1—3 KK, Hyalin stark +.
Hypophyse	Vermehrte, unregelmäßige KK.
Ependym	1—3 regelmäßig.
Blutzellen	
Lymphocyt	1—2 KK.
Neutrophile Leukocyten . . .	Fehlen.
Eosinophile Leukocyten . . .	Fehlen.
Monocyten	2—3 unregelmäßig.
Myelocyt	Unregelmäßige KK.
Plasmazelle	Meist 1 KK. } regelmäßig rund
Mastzelle des Gewebes	1 KK.
Endothel	1—3 KK ist unregelmäßig.
Elastische Fasern	Positive Reaktion, wenn Eisenreaktion positiv.

Zellart	Kernkörperchenbild und Bemerkungen
Gutartige Geschwülste	1—2 regelmäßig.
Fibroadenom	1—2 KK.
Myom	Neigung der Kernkörperchen am Rand des Kernes
Struma	zu zerfließen und unregelmäßig zu werden.
	1—3 KK., Knochenbälkchen stark +.
Epulis	
Bösartige Geschwülste	
Magencarcinom	Kerne der Geschwulstzellen mit Körnchen übersät.
Mastdarmcarcinom	Das gleiche Bild.
Hautcarcinom	Bis 7 Körnchen, dünne Faden.
Kehlkopfcarcinom	Große unregelmäßige KK.
Melanosarkom	Abenteuerliche Formen.
Mischgewächs	der Speicheldrüse, nagelartige Formen.
Hypernephroidom	Große runde KK.
Gliom	Rundliche und kommaartige Formen.
Sarkom des Eierstocks	2—4 große runde KK.
Sarkom der Brustdrüse	Zugespitzt oft fadenförmig, seltener breit, blattförmig.
Russelkörper	Zuweilen +.
Pigmente	Anscheinend positiv, wenn eisenhaltig.
Substantia coerulea	Negativ.
Der Arachnoidea	Negativ.
Abnützungspigment	Zuweilen +, meist negativ.
Schleime	Oft positiv, zuweilen bereits die Granulareaktion +.
Pflanzen	
Kleinere Kerne	1—2—3 KK.
Große Kerne	In regelmäßigen Abständen, gleichgroße KK.-Ergebnisse.
Plasmastrukturen	Sehr ungleiche Ergebnisse, wahrscheinlich abhängig von der Menge zersetzter primärer Oxydasen.

X. Bedeutung der Oxonforschung für die Wissenschaft.

Die Bedeutung der Oxydasen für die Klinik hat zuerst W H. SCHULTZE erkannt. Am Krankenbett gestatten die Oxonreaktionen die Unterscheidung der Leukämieformen, am Leichenmaterial die Erkennung selbst der kleinsten Entzündungsherde durch den leichten Nachweis der Leukocytengranula. So gaben zum Beispiel die Organe an Psittakose verstorbener Personen, die ich Herrn Dr. REINECK verdanke, Leukocytenbilder, die eine auffällige Übereinstimmung besaßen: bei Leukopenie der Capillaren eine Hyperleukocytose in der Milz, den MALPIGHISCHEN Körperchen der Niere, in den Lungenalveolen, den Bronchialwänden und in den zentralen Capillaren der Leber. In der Dickdarmwand außerdem grobgranulierte Naphtholzellen, bei Fehlen von eosinophilen, ähnlich wie bei Typhus abdominalis. Die Befunde von KATSUNUMA und STÄMMLER lassen erhoffen, daß durch die Oxonforschung auf die Stoffwechselvorgänge im Körper bei verschiedenen Krankheiten ein Licht fällt. Für die Physiologie bedeutungsvolle Wege eröffnen die Versuche von HIRSCH und JACOBS. Die gerichtliche Medizin hat Interesse für das verschiedene Verhalten des Blutes den Oxonreaktionen gegenüber, das die Erkennung von Blutspuren unter bestimmten Umständen erleichtert.

Die Beobachtungen SEHRTS bei Carcinom eröffnen weitere Perspektiven (208). Die Nahrungsmittelchemie bedient sich bereits länger (STORCH) der Paraphenylenreaktion, um gekochte Milch von ungekochter zu unterscheiden. Die zoologische und bakteriologische Systematik, vielleicht auch die Botanik (Pilzkunde) können .aus den positiven oder negativen Befunden Nutzen ziehen. Besonders in der Bakteriologie erleichtern die Oxonreaktionen die Erkennung mancher Bakterien. Auch die Botaniker scheinen sich in größerem Maßstab wieder der Oxonreaktionen zu bedienen. In der Biologie gestattet der Nachweis der Oxone, die oxydativen Systeme vom Standpunkte der Keimes- und Stammesgeschichte aus zu untersuchen und so manche Vorgänge, deren Verlauf in einer Zelle undurchsichtig ist, zu analysieren durch Zerlegung in Einzelvorgänge bei verwandten Tieren. Somit kann man sagen, daß die gesamte Naturwissenschaft durch die Oxonforschung bereichert worden ist.

Freilich gibt es kaum auf einem Gebiete der Wissenschaft derartige Widersprüche, so daß hier ein großes aussichtsvolles Arbeitsgebiet vorliegt.

B. Theorie der Oxone.

I. Chemische Beschaffenheit. Bezeichnung der Oxone.

Geht der Sauerstoff in molekularer Form von einem leicht oxydablen (Autooxydator) auf einen schwerer oxydierbaren Körper (Acceptor) über, so wird er aktiviert. Dieser Vorgang spielt sich nach TRAUBE (222) folgendermaßen ab.

$$A + O_2 = AO_2$$
$$AO_2 + B = AO + BO$$
$$AO + B = A + BO.$$

A spielt hier die Rolle eines Katalysators, da es sich nicht verändert. Aus dieser von TRAUBE bereits vor etwa 70 Jahren aufgestellten Formel geht hervor, daß der Vorgang einer zelligen Oxydasereaktion allein nichts über die Natur der oxydierenden Substanz aussagen kann.

Für die Phenolasen, zunächst für die pflanzlichen Phenoloxone ist dieser Oxydationsvorgang durch die Arbeiten von PALLADIN und WIELAND klargelegt worden. PALLADIN (175) stellte die Formel auf:

WIELAND (236) ergänzte diese Theorie, indem er zeigte, daß bei diesem Vorgang die Entziehung von Wasserstoff das wichtigste sei, ein Dehydrierungsvorgang, dem Wasseranlagerung vorausgehe.

BENECKE und JOST haben, auf diese Vorstellungen sich stützend, folgende Formeln für die pflanzliche Atmung aufgestellt.

$$\langle \rangle {=O \atop =O} + H_2 \rightarrow \langle \rangle {OH \atop OH} + O_2 \rightarrow \langle \rangle {=O \atop =O} + H_2O_2$$

$$\langle \rangle {OH \atop OH} + H_2O_2 + \text{Peroxydase} \rightarrow \langle \rangle {=O \atop =O} + 2\,H_2O.$$

Es sind demnach für diesen Oxydationsvorgang zwei Fermente nötig, eine Dehydrase und eine Peroxydase.

Auch nach der Anschauung von BACH und CHODAT sind zur Erklärung der Oxydasewirkung zwei Fermente nötig, eine Oxygenase, die durch Anlagerung von O ein Peroxyd bildet und eine Peroxydase, die das Peroxyd unter Aktivierung des Sauerstoffs in $H_2O + O$ zerlegt. Aber BACH und CHODAT stellten bereits fest, daß an Stelle der Oxygenase ein Peroxyd, an Stelle der Peroxydase ein Metalloxydulsalz treten könne.

Es sind demnach bei dem Vorgang der Phenoloxydation auch andere Oxydationsmöglichkeiten vorhanden und die Anwesenheit von Fermenten ist nicht durch den positiven Ausfall der Oxydationsreaktion allein bewiesen.

Diese kurze Übersicht erklärt zur Genüge, wie es kommt, daß zur Erklärung der Oxonreaktionen die verschiedensten Hypothesen aufstellt sind, von denen die wichtigsten hier besprochen werden sollen.

a) Die Fermenttheorie.

Sie ist wohl die älteste der Oxydationstheorien und hat den Anlaß zur Bezeichnung der oxydierenden Substanzen als „Oxydasen", „Peroxydasen", „Oxydoredukasen", gegeben. Die älteste Blutreaktion, die Guajacreaktion ist bereits als eine Oxydasereaktion bezeichnet worden, ebenso sah BERTRAND (16) in pflanzlichen Oxonen, den Laccasen, Oxydationsfermente. RÖHMANN und SPITZER betrachten die Indophenolsynthese als eine Oxydasereaktion, RACIBORSKY (183) sah in seinen Leptominen Peroxydasen.

Für die Fermentnatur sind herangezogen worden die Empfindlichkeit der Oxydasen gegen Blausäure, die aber allen Katalysatoren eigen ist, die Empfindlichkeit gegen Säuren und Laugen, vor allem die Zerstörbarkeit durch Wärme und Kochen. Die Kochbeständigkeit mancher Peroxydasen hat zur Bezeichnung Pseudoperoxydasen geführt. W. H. SCHULTZE, der früher für die Fermentnatur der Indophenoloxydasen eintrat, sagt in seinem Artikel über Oxydasen (in der mikroskopischen Technik von KRAUSE), daß die Entscheidung darüber, ob ein Ferment oder ein anorganischer Katalysator vorliege, den Chemikern vorbehalten bleiben müsse. A. NEUMANN, der die Bezeichnung von OPPENHEIMER und NEUBERG Oxydoredukase zwar angenommen hat, wendet sich doch dagegen, daß aus der Endung -ase der Schluß gezogen werden dürfe, daß die Oxone auch Fermente seien. KATSUNUMA lehnt die Fermentnatur der Indophenoloxydasen überhaupt ab.

Wenn schon bei dieser Reaktion, die noch am ehesten die Bedingungen erfüllt, die für Fermente aufgestellt sind, Bedenken gegen die Fermentnatur erhoben werden, so sind diese bei der Naphtholoxonreaktion noch mehr berechtigt, da nach den Untersuchungen von LOELE nach der

Phenolbindung Veränderungen in der Substanz vorgegangen sind, die auch chemische Umsetzungen verraten. Gegen die Fermentnatur von Paraphenyldiaminoxonen bei Hefen, die HARDEN und SILVA behauptet hatten, wendet sich BACH [s. LOELE (129)]. Zur Zeit kann die Fermentnatur der Oxone somit noch nicht als bewiesen angesehen werden.

b) Die Ionentheorie.

Unter den Kationen, die als Ursache der Oxydationsreaktion angesehen werden, steht in der ersten Reihe das Eisen. Bereits SPITZER vermutete, daß an dem Zustandekommen der zelligen Indophenolreaktion eisenhaltige Nucleoproteide sich beteiligten. Gestützt auf die Arbeiten von WARBURG (229—282), daß die Atmung der Zelle auf der Eigenschaft des Eisens beruht, aus dem Ferrosalz in das Ferrisalz und umgekehrt überzugehen, demnach das Eisen die Sauerstoffübertragung zu vermitteln vermag, hat GRÄFF und nach ihm KATSUNUMA die Indophenolreaktion als eine katalytische Eisenwirkung bezeichnet. KATSUNUMA stützt sich besonders auf die Tatsache, daß der Eisengehalt der Zellen der Indophenolreaktion parallel gehe und sieht demnach in den Indophenoloxonen Atmungskatalysatoren.

Gegen diese Auffassung wendet STÄMMLER ein, daß bei Blausäurevergiftungen, wo nachweisbar die Nadioxydasen nicht geschädigt seien, trotzdem die Atmung der Zelle aufgehoben sei.

LOELE erklärt den auffälligen Zusammenhang des Eisengehaltes mit dem Oxongehalt auf andere Weise. Er hatte gefunden, daß eisenhaltige Strukturen sich besonders leicht mit der sekundären Naphtholreaktion darstellen lassen, also zersetzte Oxydasen absorbieren und meint, daß, da bei der Zersetzung der Naphtholoxydasen auch labile Nadioxydasen gebildet würden, wenn Eisen in der Zelle vorhanden ist, dieses adsorbiert werden könne. Als Beispiel führt er die eosinophilen Granula an, die mit Eisenhämatoxylin zu färben seien, wenn entsprechende Chromogene vorhanden sind, die die Eisenbindung vermitteln. Daß in den lebenden Zellen derartige Vorgänge vorkämen, dafür spricht das Vorhandensein der α'-Granula von LIEBREICH, die säurefest sind, also sich so verhalten wie die Granula nach Phenolbindung.

Auffällig und für die Bedeutung des Eisens bei diesen Vorgängen sprechend ist die Feststellung, daß nach Zusatz von Eisen zu Nährlösungen Pflanzen, Hefen und Bakterien stärkere Oxonreaktion geben (LOELE, NISHIBE). H. WIELAND und H. SUTTER kommen auf Grund ihrer Versuche zu dem Schluß, daß diese eher gegen als für die Beteiligung von Schwermetallen sprechen. Die Vermehrung der Oxydasen, wie sie nach Eisenzusatz erfolgt, ist auch bei Zusatz anderer Verbindungen zu beobachten, und LOELE konnte verstärkte Reaktionen bei Pflanzen und Kleinlebewesen auch erhalten durch Zusatz von Kupfer, bei Hefen, ja selbst von Blei in entsprechenden Verdünnungen der Salzlösung, ferner durch Glykokoll und durch stark verdünnte Säuren und Phenole. Aus den Untersuchungen geht jedenfalls hervor, daß Eisen ein unterstützender Faktor, aber nicht der einzige Faktor der Oxonreaktion ist. Nach den Befunden von FRIESE (56a) enthalten die oxonnegativen Hutoberhäute von Schwämmen mehr Eisen und Mangan als die oxonpositiven Teile.

Die Rolle des Mangan für die Wirkung der Laccasen, pflanzlicher Oxydasen ist besonders von BERTRAND (16) behauptet, aber von BACH angezweifelt worden.

HENZE (267) fand als wirksame sauerstoffübertragende Substanz bei Phallusia mamillaria, einer Tunicate, Vanadium, das hier die Rolle des Eisens bei der Farbstoffbildung spielt.

Von Anionen kommt besonders die Phosphorsäuregruppe in Betracht, bei den Versuchen von SEHRT auch die Ölsäure. LOELE fand, daß die Naphtholperoxydase der Hammelblutkörperchen stärker ausfiel, wenn $^1/_{1000}$ N-Salzsäure zugesetzt wurde, während bereits $^1/_{100}$ N-Lösungen die Reaktion verhinderten.

Die Einwirkung von Salzen auf den Oxydationsvorgang der Indophenol-synthese haben besonders SARTORY (190) und NEUMANN (170) beobachtet. Interessant ist die Feststellung, daß Guajaclösungen in der Kälte nur bei Gegenwart von H_2O_2, in der Wärme durch Luftsauerstoff gebläut wurden, demnach die Salzlösung wie eine Peroxydase und wie eine Oxydase wirkte, ein Beweis dafür, wie die Oxydationswirkung von der Beschaffenheit des Oxydationssystems abhängt. BIEDERMANN will hieraus die Einheitlichkeit von Oxydase und Peroxydase ableiten. KIONKA hält die Oxydasereaktion ebenfalls für eine Ionenwirkung. Über die oxydierenden Eigenschaften von Mineralquellen haben GARRIGOU, TIXIER, SARTORY, BAUDISCH und WELS gearbeitet [Lit. bei NEUMANN (170)]. Die ersteren betrachten den positiven Ausfall der Benzidinreaktion als eine Salzwirkung, letztere führen sie auf die Anwesenheit von magnetischem Eisen zurück. A. NEUMANN fand besonders die Jodsalze und Nitrite wirksam und macht darauf aufmerksam, daß schon SCHÖNBEIN (196) diese Wirkung der Nitrite auf Guajaclösungen kannte.

Faßt man das über die Ionenwirkung Gesagte zusammen, so kommt man zu dem Schlusse, daß Ionen zweifellos auf den Verlauf der Oxydase und Peroxydasereaktionen gewissen Einfluß ausüben, daß sie aber zur Erklärung der Kinetik der Oxydationsvorgänge allein nicht genügen.

c) Lipoidtheorie.

Das Gleiche gilt für die Lipoidtheorie von SEHRT. Während allgemein den Lipoiden bei den Oxydasereaktionen nur insofern eine Rolle zuerkannt wurde, daß sie als fettartige Stoffe den bei der Oxydation von Reagenzien der Indophenolsynthese entstehenden Fettfarbstoff adsorbieren, faßt SEHRT die labilen Indophenoloxydasen als ungesättigte Phosphatide, die stabilen Oxydasen als Phosphatide und Cerebroside auf. Auch die ölsauren Salze des Cholesterins wirken nach ihm wie Oxydasen. Es ist demnach die Theorie von SEHRT eine Unterart der Ionentheorie, denn das maßgebende bei dem positiven Ausfall der Indophenolreaktion sind wohl die Säuregruppen der Lipoide. A. NEUMANN wendet gegen diese Theorie ein, daß die Kinetik der Oxydationsvorgänge nicht genügend berücksichtigt würde.

Die Mitwirkung der Lipoide kann jedenfalls nicht geleugnet werden, zur Erklärung sämtlicher Oxydationsvorgänge der Indophenolreagenzien genügt die Lipoidtheorie aber nicht, besonders die Naphtholreaktionen werden durch sie nicht geklärt. Die Beteiligung mehrerer Faktoren bewies der folgende Versuch. Stellt man an Eiter die Paraphenylen-diaminperoxydasereaktion an, so tritt sofort eine dunkelbraune Verfärbung ein; kocht man den Eiter und gibt dann das Peroxydasereagens zu, so bleibt er einige Minuten ungefärbt, dann aber färbt er sich noch intensiver. Die erste Reaktion ist die Folge der Wirkung einer kochempfindlichen Oxydoredukase, die zweite ist nur eine Lipoid-Säurereaktion.

d) Aldehydtheorie.

LOELE hat 1912 zuerst die Vermutung ausgesprochen, daß die Naphtholoxydasen (die Indophenoloxydasen nur insoweit sie Naphtholreaktion geben) Aldehydamidobasen seien, die er später kurz als ringförmige Aldamine bezeichnet hat. Er will mit dieser Bezeichnung nicht ausdrücken, daß eine einheitliche Verbindung vorliegt, sondern daß da, wo die Reaktion positiv ausfällt, in der Zelle wirksame Aldehyd- und Amidogruppen neben Chromogenen vorhanden sind. Er stützt sich dabei auf den Befund von WEISS (235), der in den eosinophilen Leukocytengranula, wo auch ohne Formolfixierung die Naphtholoxydasereaktion positiv ausfällt, eine Aldehydgruppe nachgewiesen hat und auf folgende Tatsachen:

Der Ausfall der Naphtholoxydasereaktion ist derart (schwarze, blauschwarze, dunkel- und hellviolette Reaktionen), daß man eine Bindung des Naphtholfarbstoffes mit gleichzeitiger Beeinflussung der Farbreaktion annehmen darf, mindestens eine Adsorption des Farbstoffes. Es ist wahrscheinlich, daß die Oberfläche, die den Naphtholfarbstoff adsorbiert oder bindet, eine basische Stickstoffgruppe besitzt, da in der alkalischen Naphthollösung nur gelbe Farbstoffe sich bilden, demnach auch als solche an die Granula gebunden werden müßten, wie bei der Färbung von Fett oder roten Blutkörperchen. Es ist demnach in den Granula ein Faktor vorhanden, der die Umwandlung des violetten in den braunen Farbstoff verhindert. Nach den Versuchen von LOELE mit roten Blutkörperchen kann dies Aldehyd sein. Die Leukocytengranula reagieren so, als wenn sie NH_2- und COH-Gruppen enthielten.

Weiter scheint die Tatsache auffällig, daß durch die Einwirkung von Aldehyden die Naphtholreaktion verstärkt und bei den sekundären Reaktionen erst ermöglicht wird und spricht dafür, daß da, wo ohne Formolhärtung starke Reaktion vorhanden ist, ebenfalls in der Zelle eine Reduktion durch Aldehyde eingetreten ist. Nach LOELE ist es denkbar, daß das notwendige Aldehyd in gewissen Zellen durch Reduktion von CO_2 entstanden ist.

Auch die Wärmeempfindlichkeit konnte LOELE nachahmen. Stellte er Benzidin-Formollösungen so ein, daß Zusatz von H_2O_2 eine Verfärbung (Blau-gelb) bewirkte, so konnte durch Erwärmen die Reaktion verhindert werden.

Endlich konnte LOELE eine künstliche Naphtholoxydase herstellen, indem er Gelatinewürfel in einer Mischung von Formol, Glykokoll und Eisenchlorid fixierte.

1914 haben GERTRUD WOKER (249) und 1925 BERTHA LÄTT (99) genauer das Oxydationssystem Formaldehyd $+ H_2O_2$ untersucht und die

Vermutung ausgesprochen, daß auch in lebenden Zellen derartige Oxydationssysteme vorkommen. Auch HECHNER und PILZ (82) sehen in den Aldehyden einen mächtigen Oxydationsfaktor.

e) Andere Theorien.

DIXON, MALCOLM und THURLOW (35) fanden eine eisenfreie Xanthinoxydase. Die Sulfhydrylgruppe ist als Erklärung oxydativer Vorgänge von TOSTEN THUNBERG (220) herangezogen worden. Die Oxydation von Guajaclösungen wurde auf die Anwesenheit von Brenzcatechin zurückgeführt. [WHELDALE (245), SZENT GYÖRGYI (218)], das dabei in Diketochinon übergeht. Nach MICHLIN und WOPELOWITZSCH kann der O-Chinon die Oxydase nicht immer ersetzen. EULER und BOLIN nehmen das Vorhandensein von organischen sauren Kalksalzen an. WILLSTÄTTER hält die Meerrettigperoxydase für ein Glykosid [FODOR (256)].

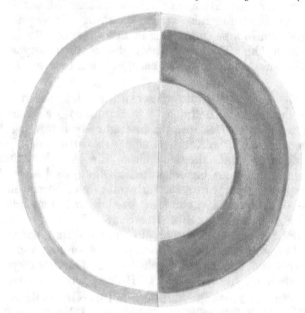

Abb. 11. Links Benzidinperoxdase, rechts Kaliumpermanganatreduktion.
(Methode GRÜSS-LOELE.)

Tatsächlich wissen wir über die Natur der oxydierenden Stoffe trotz einer Fülle von Hypothesen noch nichts, über die mögliche Konstitution ist natürlich erst recht nichts bekannt.

f) Bezeichnung.

Die fermentartigen Eigenschaften der oxydierenden Substanzen rechtfertigen die Bezeichnung Oxydasen, bzw. „Peroxydasen". Mit NEUBERG und OPPENHEIMER (155) bezeichnet man die Zelloxydasen heute als Oxydoredukasen, weil in den Zellen nicht der Luftsauerstoff(Ärooxydasen), sondern der in Wasser vorhandene Sauerstoff aktiviert wird. Hierbei wird gleichzeitig Wasserstoff aktiviert, der reduzierend wirkt und gleichzeitig den Sauerstoff weitergeben kann als Donator (Donation). Die beifolgende Zeichnung zeigt die reduzierende Wirkung pflanzlicher Peroxydasen auf eine Lösung in hypermangansaurem Kali. Der Oxydationszone entspricht quantitativ die Reduktionszone (Abb. 11). In der älteren französischen Bezeichnung „oxydoréducteur", ist die Fermenteigenschaft nicht ausgedrückt. Die Beteiligung vieler Faktoren an dem Oxydationsprozeß macht es nötig, denselben als Oxydationssystem aufzufassen mit einem „Oxydativen Prinzip" (A. NEUMANN). Soweit durch die Oxydasen Phenole oxydiert werden, spricht man von Phenolasen und Polyphenolasen. LOELE nennt die Oxydasereaktion mit Naphthol eine Phenolreaktion, weil die gleichen Granula auch mit anderen Phenolen Farbreaktionen geben, die Stoffe selbst „phenolophile Substanzen". Als eine kurze Übersichtsbezeichnung hat A. NEUMANN (169) für die nicht an Hämoglobin gebundenen Oxydasen das Wort Oxon vorgeschlagen. Es erscheint nicht nötig, die Oxydasen der roten Blutkörperchen auszunehmen und eine getrennte Gruppe von Oxonen zu schaffen. Der von BATTELLI und STERN (14) geprägte Ausdruck „Oxydon" faßt die nicht in Wasser löslichen Oxydasen der Zelle.

Die Bezeichnung Oxon für alle zelligen oxydierenden Stoffe würde eine Lücke ausfüllen. UNNA spricht da, wo in der Zelle Oxydationswirkungen nachzuweisen sind, von Oxydationsorten, etwas Ähnliches drückt das französische Wort pivot d'oxydation- (FIESSINGER und RUDOWSKA) aus. Gelegentlich trifft man noch auf die Bezeichnung Katalase für solche fermentartige Stoffe, die außer der Sauerstoffaktivierung noch H_2O_2 gasförmig zerlegen.

II. Oxone in Keim- und Stammesgeschichte.

Wie die Oxone in den Zellen entstehen, ist unbekannt. Da bei Tieren mit Verdauungsorganen die empfindlichen Oxone meist zerstört werden, wenn sie Magen- und Darm durchlaufen, ist die Aufsaugung von Oxonen unwahrscheinlich, wahrscheinlich bauen sich die Oxone aus einzelnen Teilstücken der eingeführten oxonhaltigen Nahrung auf. Im menschlichen Körper ist wohl jede Zelle imstande, labile Nadioxydasen zu bilden, selbst negative Zellen enthalten unter Umständen spärlich Oxydasegranula wie die Lymphocyten des Gewebes (KATSUNUMA), nicht aber Naphtholoxone, deren Bildung besonderen Zellen überlassen ist. In den a- und ε-Leukocyten, die hier besonders reichlich Oxone enthalten, spricht der Abbau des Kernkörperchens dafür, daß dieses sich an der Bildung der Naphtholoxone und der stabilen Indophenoloxydase beteiligt.

Unterstützt wird diese Annahme durch Befunde bei den oft erwähnten Mollusken Limax und Arion. Auch hier findet man oft Kernzerfall und manchmal sogar positive Oxydase-Naphtholreaktion einzelner Kernkörperchen und kann beobachten, wie diese entweder sich vergrößern und zerfallen oder sich abschnüren oder durch starke Sekretion in den Kern und das Protoplasma Anlaß zu Kolloidfällungen geben, wobei sich die Oxydase an der Oberfläche der Körnchen niederschlägt.

Durch die Untersuchungen von KLOPFER (92) und KATSUNUMA (88) wissen wir, daß bei Stauung der Nierenvenen die Menge der labilen Oxydasen in den Zellen zunimmt, daß aber Unterbindung der Arterie eine Verminderung der Oxydasen zur Folge hat. Es spricht dies dafür, daß Schädigungen nur dann eine Steigerung der Oxonbildung herbeiführen, wenn gleichzeitig Sauerstoff vorhanden ist, bei Stauung von Kohlensäure,

also bei einem asphyktischem Prozesse. Diese Beobachtung stimmt zu
der Theorie von MIRTO, der in der Asphyxie eine der Ursachen verstärkter
Oxydasereaktion bei Leukocyten sieht. Hierfür spricht auch die Tatsache, daß in der Nachbarschaft von Abscessen die Leukocyten in den
Capillaren besonders starke Naphtholoxydasereaktion geben, während
in der Mitte der Abscesse diese bereits negativ ist. LOELE sieht in der
Bildung der roten kernlosen Blutkörperchen die Folge eines asphyk-
tischen Vorganges, der neben der Oxonbildung gleichzeitig das Freiwerden
tryptischer Fermente zur Folge hat.

Bei keimenden Pflanzen sind die folgenden Beobachtungen wichtig.
Sticht man einen Keim an (Johannisbrot, Bohne, Kürbis) zu einer Zeit,
wo die Oxydasen noch spärlich sind und auf die Gefäße und Randzellen
sich beschränken, dann bildet sich, sobald Luft Zutritt hat, meist ein
innerer oxydasefreier, oft gelblich pigmentierter Ring um den Stichkanal,
dem eine breitere Zone folgt, innerhalb derer die Zellen reichlich Oxydasen
enthalten. Geht dieser Vorgang unter Wasser vor sich, so bleiben diese
Reaktionserscheinungen aus. Es sind demnach die erhöhte Sauerstoffzufuhr und die Verdunstungserscheinungen, bei denen Sauerstoff aktiviert
wird, die Ursache des Auftretens der vermehrten Oxonbildung, die unter
Wasser ausbleibt. Die Notwendigkeit des Sauerstoffes für das Auftreten
von Oxydasen ist auch bei Bakterien beobachtet. KRAMER stellte fest,
daß die anaeroben Bakterien niemals Oxydase enthalten, die aeroben
nur bei Luftzutritt. Es enthalten zwar nicht alle Bakterien Indophenoloxydasen, aber einige Beobachtungen lassen darauf schließen, daß latent
die Fähigkeit Oxone zu bilden, auch in ihnen vorhanden ist und bei
älteren Kulturen oder nach Schädigung durch Temperaturen offenbar
wird, wie z. B. durch Erwärmung auf 55° bei Sarcina rosea.

Diese Eigenschaft der Latenz darf nicht wundernehmen. Man sieht
ja auch bei Epithelien, die fakultativ Naphtholreaktionen geben, daß
die Zahl der positiven Zellen großen Schwankungen unterworfen ist.
So sind auch die Pulpazellen der menschlichen Milz normalerweise negativ,
können aber bei Krankheiten fast gesetzmäßig positiv werden und geben
in einem oft recht erheblichen Prozentsatz Naphtholoxydasereaktion.

Die Kohlensäure spielt bei der Steigerung der Oxonmenge nach
Erstickung vermutlich eine gewisse Rolle. Ist die Theorie richtig,
wonach die Oxone Aldehydcharakter besitzen, dann ist bei Pflanzen
wenigstens der Einbau intermediär bei der Assimilation auftretender
Aldehyde denkbar und auch im tierischen Gewebe für die naphtholpositiven Granula nicht unmöglich.

Das Auftreten der Oxone, nach entwicklungsgeschichtlichen Gesichtspunkten betrachtet, spricht dafür, daß auch die Bildung der Naphtholoxone, die auf wenige Zellarten beschränkt ist, eine latente Eigenschaft
aller Zellen ist.

Die niedrigsten und einfachsten Lebewesen geben nur Indophenolreaktion und zum Teil Paraphenylendiaminreaktion, das Auftreten der
Naphtholoxone beobachtet man, wenn man von den Absterbereaktionen
bei Infusorien absieht, zuerst bei den Cölenteraten und dann besonders
bei den empfindlichen Mollusken sehr häufig in Epithelien, die zur Schleimbildung neigen. Bei Wirbeltieren ist die Naphtholreaktion der Oberflächen-
zellen positiv nur bei Amphioxus, die aber keine Naphtholoxydasen,

sondern nur Peroxydasen bilden. Oxydasezellen im Blute fehlen hier noch völlig, sie treten zuerst bei Knorpelfischen auf, wo nur monocytäre Zellen Indophenoloxydasen enthalten (Rochen, KATSUNUMA). Bei den Knochenfischen und von da ab aufwärts bei allen Wirbeltieren treffen wir die verschiedenen Oxonreaktionen in Blutzellen, bei den unteren Tieren auch in den roten Blutkörperchen, die von allen Blutzellen allein beim Katzenhai eine Naphtholoxydasereaktion geben. Bei Säugetieren trifft man dann noch meist schwächere Reaktionen in den Speichel- und Tränendrüsenepithelien, die entwicklungsgeschichtlich auf eine Stufe gesetzt werden können mit den Oberflächenepithelien des Amphioxus. Außer den Speichel- und Schleimdrüsen findet man noch bei Fischen positive Reaktion in Magenepithelien und in Zellen der Lebergänge, und zwar scheinen auch diese an der Schleimbildung des Magens sich zu beteiligen und die gleiche Funktion zu haben wie die Oberflächenepithelien, nämlich dem verwundbaren Magen durch Schleimausscheidung einen physikalischen und gleichzeitig wahrscheinlich chemischen Schutz zu verleihen.

Bei der Beobachtung der verschiedenen Tierformen ist weiter festzustellen, daß Tiere mit harten Panzern und Chitinoberflächen meist keine Oxydasen außer labilen Indophenoloxydasen bilden.

Im Gegensatz zu den Naphtholoxonen zeigen die Paraphenylendiaminoxone keine aufsteigende Entwicklung, sie kommen, besonders die Peroxydasen, überall gelegentlich vor. Auch Pflanzen zeigen eine gewisse stammesgeschichtliche Entwicklung der Oxone. Bakterien enthalten nur Indophenoloxydasen, höhere Pflanzen den Gesamtkomplex.

Die Erfahrungen der Keim- wie der Stammesgeschichte sprechen, wie bereits erwähnt, mit einer genauen Wahrscheinlichkeit dafür, daß die Fähigkeit, auch die Naphtholoxydase zu bilden, allen Zellen zukommt. Daß in den Zellen diese Reaktion nicht nachweisbar wird, hängt mit dem Zell- und Gesamtstoffwechsel des Körpers zusammen, der infolge Arbeitsteilung in den negativen Zellen nicht das Auftreten der Oxone gestattet.

Der Oxonträger.

Die neuere Fermentforschung hat gezeigt, daß Fermente chemisch rein nicht wirken, daß immer Beimengungen verschiedener Art vorhanden sein müssen. Es ist klar, daß diese Beimengungen auf den Verlauf der Reaktion und auf die Widerstandsfähigkeit der Fermente Einfluß besitzen. Da, wo in den Zellen oxonhaltige Schleime oder Zellsekrete vorhanden sind, ist in ihnen auch das Oxon enthalten. Etwas anderes ist es, wenn abgegrenzte Strukturen die Oxonreaktion geben. Hier ist der Beweis, daß die Strukturen selbst oxonhaltig sind, nicht immer leicht, denn es kann, wie seinerzeit DIETRICH für Bakterien behauptete, möglich sein, daß lediglich der durch Oxydation gebildete Farbstoff gebunden wird. Dafür, daß die Granula selbst die Oxydase enthalten, sprechen einmal der Nachweis, daß auch an gut isolierten Granula die Reaktion positiv ausfällt und weiter die Feststellung, daß die Granula selbst nach ihrer Beschaffenheit geeignet sind, die Oxydasen zu adsorbieren, weil sie sekundäre Fermentreaktionen geben. Im Grunde ist nämlich die primäre Reaktion auch nur eine sekundäre und beruht auf der Fähigkeit der Grundsubstanz das gelöste Fermentzu adsorbieren und vor Zersetzung zu schützen.

Der Behauptung von MOULIN, daß die Granula Kunstprodukte sind, weil man sie bei geeigneter Behandlung nicht sieht, hat A. NEUMANN widersprochen.

Er meint, daß abgesehen davon, daß es unzweifelhafte echte vorgebildete Granula gebe, das Verschwinden der Granula eine optische Erscheinung sein könne, und daß die Darstellung von Granula beweise, daß eine bestimmte örtliche Grundlage für das Auftreten der Granula vorhanden gewesen sein müsse. Er erinnert an die Unsichtbarkeit von Kernen, die erst durch chemische Eingriffe erkennbar seien und trotzdem unzweifelhaft existieren. Auch die Kernkörperchen, die, bei einer Schnittfärbung mit den gebräuchlichen Methoden gefärbt, zu fehlen scheinen, aber mit der sekundären Naphtholmethode behandelt, deutlich hervortreten, beweisen, daß auch unsichtbare und scheinbar unfärbbare Strukturen eine scharfe Abgrenzung in der Zelle haben. Aber MOULIN hat in vielen Fällen ebenfalls recht, wenn er die granuläre Oxydasereaktion als Kunstprodukt auffaßt, denn zweifellos werden in manchen Zellen die Oxydasegranula erst künstlich gebildet. Der Wert dieser Feststellungen ist aber nicht geringer, wenn gezeigt werden kann, daß andere Zellen die gleichen Reaktionen nicht geben. Denn es ist durch die Reaktion ein wichtiger Unterschied festgestellt, der auf eine Verschiedenheit der Plasmabeschaffenheit hinweist.

So konnte LOELE bei manchen Spirogryraarten nachweisen, daß bei Behandlung mit verdünnten alkalischen Naphthollösungen in einzelnen Zellen starke granuläre Oxydasereaktion eintrat, während andere ganz negativ blieben.

Zu den unzweifelhaft vorgebildeten und nicht künstlich entstehenden Granula gehören die Granula der Leukocyten von Mensch und Pferd, die man als eosinophile bezeichnet. Um die Kenntnis ihrer Zusammensetzung haben sich PETRY (178), A. NEUMANN (170) und ROMIEU (186) bemüht. Weiter liegen von PRENANT (181a) Untersuchungen von stäbchenartigen Gebilden bei Strudelwürmern vor, deren Analyse eine auffallende Ähnlichkeit mit der Beschaffenheit der eosinophilen Zellen zeigt.

A. NEUMANN fand in den eosinophilen Granula des Pferdes, die allerdings schwächere Naphtholreaktionen geben als die des Menschen, folgende Bestandteile: einen spezifischen Farbstoff, der „wohl nicht Hämoglobin ist", einen stickstoffhaltigen Anteil, der höchstwahrscheinlich, wenn nicht sicher, eiweißartiger Natur ist und vielleicht Tyrosin und Leucin enthält und ein Lipoid, das nach der Vermutung von OPPENHEIMER vielleicht ein Stearin- oder Carotinkörper ist. Der Eisengehalt war schwankend. NEUMANN hält das Eisen nicht für einen unentbehrlichen Bestandteil. Im Gegensatz zu PETRY fanden NEUMANN und ROMIEU auch Phosphor und zwar nicht an Lipoide gebunden, ferner Schwefel und Calcium. A. NEUMANN macht besonders auf die Ähnlichkeit der Analysen von PRENANT, der mit ganz andersartigen Stoffen zu tun hatte, mit den Rhabditen von Turbellarien aufmerksam. Allerdings enthalten diese Stäbchen keine Oxydoredukasen, was aber nicht viel sagen will, da auch eosinophile Granula ohne Oxydasen vorkommen.

A. NEUMANN fand ferner in den eosinophilen Granula des Pferdes noch eine blausäurefeste Benzidinperoxydase an einen eisenfreien Kern gebunden, der phosphorhaltig war, neben den oxydierenden Fermenten, die bei der Analyse anscheinend zum Teil zugrunde gingen, — wenigstens erwähnt NEUMANN nichts von dem Ausfall der Naphtholreaktionen, ferner eine Katalase, die mit der Peroxydase verbunden zu sein schien.

Die verwickelte Zusammensetzung der eosinophilen Granula, besonders des Menschen geht auch aus der Betrachtung der verschiedenen Oxone hervor, die hier vereinigt sind. Positiv sind die folgenden Reaktionen: Naphtholoxydase, N-Peroxydase, Benzidinperoxydase-Dopareaktion. Brenzcatechinperoxydase der Umgebung (gelöste Stoffe) Paraphenylendiaminperoxydasereaktion. Wie die folgenden Befunde zeigen, kann jede dieser Reaktionen getrennt für sich vorkommen.

Indophenolperoxydase: rote Blutkörperchen.

Indophenoloxydase: Gewebszellen.

Stabile Indophenoloxydase: Arce Noae.

Naphtholperoxydase: Amphioxus (neben Nadioxydase).

Naphtholoxydase: eosinophile Granula (neben Naphtholperoxydase: Nadioxydase).

Paraphenylendiaminperoxydase: Bakterien (Proteus X 19).

Paraphenylendiaminoxydasen: Bakterien (Diplococcus catarrhalis).

Benzidinperoxydase: Marsinia spuria.

Dopaoxydase: melaninbildende Epithelien.

Wenn daher auch Gemische vorkommen derart, daß gewisse Oxone gleichzeitig die anderen Oxone mitenthalten, so liegt sicherlich keine einheitliche Verbindung vor, sondern nur die Anwesenheit verschiedener Faktoren in einer Zelle. Welcher Art diese sind, kann man nur vermuten. Wenn eine Zelle positive Oxydase, die andere nur die Peroxydasereaktion gibt, so muß jene die Fähigkeit haben, Sauerstoff als Peroxyd zu binden (wenn beide Oxone gleich sein sollen). Wenn eine Zelle die Naphtholreaktionen gibt, verwandte Zellen aber nur eine stabile Indophenolreaktion zeigen, so besitzen vielleicht die ersteren Stickstoffgruppen, die den verwandten Zellen fehlen. Wenn eine Zelle Naphtholperoxydasereaktion gibt, die verwandte Zelle nicht, dagegen sich noch bei einer Nachfärbung mit α-Naphthol-Gentianaviolett im Gegensatz zu anderen Zellen blau färbt, so besitzt die letztere vielleicht noch gewisse Lipoide, die nicht das oxydierte Naphthol, sondern eine Zwischenstufe der Oxydation aufziehen, so daß diese als Beize wirkt. Irgendeine Verschiedenheit ist unbedingt vorhanden, es muß also bei den eosinophilen Granula eine ganze Reihe von Faktoren vorhanden sein, damit die Naphtholreaktion als Oxydasereaktion zustande kommt.

Außerordentlich verwickelt ist die Zusammensetzung der Oxydasegranula bei Limax und Arion. Da die Granula sich nicht färben, dürften sie aus einer fettartigen Substanz bestehen, was dadurch bestätigt wird, daß sie sich noch nach Alkohol- und Xylolbehandlung durch Osmiumsäure schwärzt. Sicher ist das keine Ölsäurereaktion, sondern es liegt ein Lipoideiweißkörper vor. Die Substanz hat ringförmige Beimengungen, da nach Alkalibehandlung sich ein brauner Farbstoff, mitunter ein brauner Schleim abspaltet. Die Schwarzfärbung der Granula in einer α-Naphthollösung auch ohne Zusatz von Alkali spricht dafür, daß in der Substanz der Granula eine Farbstoffsynthese vor sich geht (N-Gruppen?). Weiter spalten die Granula einen löslichen Stoff ab, der die Nucleolen angreift, eine Nucleolase, die sehr empfindlich ist und nur durch Adsorption konserviert werden kann. Die Granula adsorbieren weiter das Turacin, jenen eigenartigen, aus Hämatoporphyrin bestehenden Farbstoff (Fischer) der Schwungfedern des Pisangfressers, der wie schon der alte Brehm wußte, aus der Feder mit Seife- und Ammoniaklösung abwaschbar war (Schrifttum bei Krumbiegel). Dieser Befund ist für die Bindung giftiger Stoffe nicht ohne Bedeutung (spezifische Adsorption). Die Granula oxydieren Hämatoxylinlösung und reduzieren Silbernitratlösung, enthalten demnach ein ganzes Arsenal wichtiger Stoffe, die im Stoffwechsel die Bildung aller denkbaren Strukturen ermöglichen.

Einen Schluß auf die Zusammensetzung der Granula läßt auch die Art und Weise zu, wie die Oxone aus der Zelle allmählich verschwinden. Loele fand, daß zuerst die Naphtholoxydase verloren ging, dann die Peroxydase, der die Indophenoloxydase folgte und weiter, daß auch die Benzidinperoxydase vor der Indophenoloxydase verschwand. Die gleiche Reihenfolge im Auftreten der Oxone konnte er umgekehrt feststellen an Pflanzenkeimen, die geschädigt wurden. In Übereinstimmung mit dieser Beobachtung steht, daß Pyriki (83) bei der Untersuchung von Weinen und Mosten nur in letzteren positive Benzidinreaktion fand neben starker Indophenolreaktion, während in Weinen die Benzidinreaktion negativ, die Indophenolreaktion schwächer war; nur in Weinen, die von erkrankten Trauben gekeltert waren, fand er die Oxydasereaktion stärker. Daß durch Schädigungen der Oxongehalt zunehmen kann, beweisen die Versuche von Loele.

III. Oxon und Zellstoffwechsel.

a) Oxon als Atmungsferment.

Die Frage, ob die Oxone der Indophenolsynthese etwas mit der Atmung zu tun haben, ist noch keineswegs gelöst. Katsunuma ist zwar der Meinung, daß der Parallelismus zwischen Nadioxydase- und Eisengehalt der Zelle für die Beteiligung der Oxydasen an der Atmung spräche, aber Stämmler macht mit Recht darauf aufmerksam, daß bei Blausäurevergiftungen die Indophenoloxydasen nicht zerstört würden, obwohl nachweisbar die Atmung aufhört. Möglich wäre, daß die Anwesenheit der Oxone lediglich den Eisengehalt beeinflußte, wie Loele annimmt. Nach der Ansicht von Katsunuma wäre der Zweck der Oxone durch katalytische, auf der Anwesenheit von Eisen (Warburg) beruhenden Sauerstoffübertragung die Atmung der Zellen zu ermöglichen. Dieser „Zweck" der Oxydase erscheint aber ganz unverständlich, wenn man die Häufigkeit der Oxone in Sekreten und Schleimen feststellt, nicht nur bei Tieren, sondern auch bei Pflanzen. Die Oxone würden hier völlig zwecklos erscheinen. Natürlich bleibt die Tatsache bestehen, daß in der Zelle bei Anwesenheit von Phenolen und Dehydrasen auch Sauerstoff aktiviert in den Stoffwechsel eingreift, die Zellatmung leistet und beeinflußt, aber es erscheint nicht angängig, den einzigen Zweck der Oxone in der Sauerstoffübertragung zu sehen, soweit sie lediglich für Verbrennungsvorgänge nötig ist, vielmehr haben die Oxone wahrscheinlich noch andere Aufgaben, die für den Bau der Zelle von Wichtigkeit sind.

Noch mehr wie für die Indophenoloxydasen gilt das Gesagte für die Naphtholoxydasen, wo im Versuch der Einfluß der durch die Oxone eingeleiteten Oxydationsvorgänge beobachtet werden kann. Während für die Indophenoloxone feststeht, daß sie sich bei der Sauerstoffübertragung wenig verändern, also tatsächlich wie Katalysatoren wirken, gilt das nicht für die Naphtholoxydasen und Peroxydasen. Hier läßt sich nachweisen, daß nach Eintritt der Oxydasereaktion die oxydasehaltigen Strukturen sich chemisch verändert haben, somit ihre frühere Eigenschaft als Oxon verloren.

b) Oxone als Aufbau- und Abbaustoffe.

Besonders die Beobachtung der Naphtholoxone hat gezeigt, daß die Träger der Oxone zu autolytischem Zerfall neigen. Ob hierbei die Oxone sich direkt irgendwie beteiligen, läßt sich zunächst nicht sagen. Es gibt aber Beobachtungen im Reagensglas, die für ihre Beteiligung sprechen. Loele fand, daß unter gewissen, noch nicht geklärten Umständen die naphtholpositiven Granula durch aktiven Sauerstoff sofort, unter dem Mikroskop verfolgbar, sich in einen Schleim auflösten, der, sobald Benzidin oder α-Naphthol anwesend war, zu großen kugeligen oder spindeligen Gebilden erstarrte. Hier ist demnach die Peroxydase für den Verlauf des autolytischen Prozesses bestimmend, denn bei Abwesenheit von Chromogenen entstehen Schleime, bei Anwesenheit von Chromogenen aber granulaähnliche Gebilde.

Desgleichen fand Loele, daß die diffundierenden Nucleolasen von Arion die naphtholpositiven Granula so zu beeinflußten, daß sie sich nach Behandlung mit alkalischen Naphthollösungen sehr schnell lösten, wobei die Oxydasereaktion schwand; hier ist freilich die Rolle des Oxons nicht so deutlich, es könnte sich auch um andere, nebenbei auftretende Stoffe handeln.

Dagegen ist die Bedeutung der Peroxydasen wieder sehr deutlich bei der Beeinflussung roter Blutkörperchen. Phenole wirken auf rote Blutkörperchen verschieden in isotonischen Lösungen. Phenol und α-Naphthol z.B. lösen sie ziemlich schnell auf. Allen Phenolen gemeinsam ist aber, daß bei Gegenwart von H_2O_2 das rote Blutkörperchen in destilliertem Wasser unlöslich ist (Verschwinden der Permeabilität) und daß es bei Verwendung von α-Naphthol von der H_2O_2Menge abhängt, ob die Blutkörperchen säurefest werden für verdünnte anorganische Säure). Diese Veränderung der roten Blutzellen, die dabei den Phenolfarbstoff binden, ist eine direkte Folge der Peroxydasewirkung.

Es ist somit zweifellos bewiesen, daß oxydierende Substanzen einen strukturbildenden Einfluß haben.

Auch bei der Indophenolreaktion ist diese Erscheinung beobachtet. Loele (130) fand, daß wenn er eine Mischung von α-Naphthol- und Paraphenylendiaminlösung auf Oidium lactis einwirken ließ, daß dann in den Hefen eigenartige Strukturbildungen auftraten, allerdings nur auf der Platte, nicht im hängenden Tropfen, was dafür spricht, daß die beteiligten Stoffe außerordentlich empfindlich seien müssen und sofort abgebaut werden, wenn die Hefen nicht wie in der Kultur dicht aneinander liegen, sondern wie im hängenden Tropfen rings von Flüssigkeit umspült sind (Vergleich mit angestochenen Pflanzenkeimen, an der Luft und unter Wasser).

Die Tatsache, daß alle Naphtholoxydasen gleichzeitig die Indophenoloxydasereaktion geben, läßt vielleicht darauf schließen, daß die letztere die Grundlage auch der höheren Oxydase ist, somit würde die Indophenoloxydase gewissermaßen einen für den Aufbau der Zellen wichtigen Baustein darstellen.

c) Oxon und Pigment.

Wo in den Zellen Oxone und Chromogene vorkommen, sind die Bedingungen der Pigmentbildung erfüllt, wobei zu berücksichtigen ist, daß der durch die Dehydrase befreite Wasserstoff unter Umständen reduzierend auf das Pigment wirkt. Nach PALLADIN sind die Pigmente H_2-Spender, wobei Luftsauerstoff aktiviert wird. PALLADIN spricht daher von Atmungspigmenten, als welche er Glykosidverbindungen der Polyphenole ansieht. Es sind demnach auf diese Weise Beziehungen der Oxone zur Zellatmung feststellbar.

Da zur Bildung der Oxone anscheinend Sauerstoff nötig ist, demnach ein Teil des Sauerstoffes möglicherweise für diesen Zweck verbraucht wird, erscheint es verständlich, daß oxonhaltige Zellen meist pigmentfrei sind.

Eine Ausnahme scheinen Bakterien zu machen, gegenüber der Paraphenylendiaminoxydasereaktion, doch ist hier zu berücksichtigen, daß nicht saure Phenolfarbstoffe an basische Zellbestandteile, sondern ein basischer Farbstoff an saure Zellbestandteile adsorbiert wird, der Vorgang ist demnach ein anderer wie in den Zellen mit positiver α-Naphtholreaktion. Auch kommen bei Tieren und Pflanzen Oxon und Pigment in einer Zelle gelegentlich vor, da sich beide Stoffe gegenseitig nicht ausschließen, sondern nur bis zu einem gewissen Grade beeinflussen.

Besteht demnach zwischen Chromogen und Oxon ein gewisser Gleichgewichtszustand, so ist der Gedanke naheliegend, ob nicht die Oxone zum Teil selbst Chromogene enthalten. Wie sind nun die Beobachtungen von LOELE zu erklären, wonach das Auftreten verschiedener Farbstoffe bei Pflanzen mit dem Gehalt an α-Naphtholoxydasen zusammenhängt. Offenbar nur so, daß der Zellstoffwechsel in den verschiedenen Bezirken verschieden ist, daß vor allem die Oxydations- und Reduktionsvorgänge anders verlaufen, da die Naphtholoxone durch gesteigerte Oxydation zerstört werden. Für die Farbstoffbildung sind aber Oxydationsvorgänge von größter Bedeutung, denn es ist bekannt, daß durch Reduktion blauer Farbstoffe verschiedener Art vor der Entfärbung gelbe Farbstoffe auftreten. Die Reduktion ist in den naphtholoxydasereichen Wurzeln größer als in den Blüten, die nach den Feststellungen der Botaniker eine gesteigerte Oxydation zeigen. Die Bedingungen für das Auftreten von Pigmenten sind in den einzelnen Abschnitten der Pflanze verschieden. Ähnliche Überlegungen gelten auch für die Bildung farbiger Schleime bei Mollusken. Wie bei manchen Pflanzen ist die Verbindung Oxon + Chromogen nachweisbar. Bei der Spaltung können demnach pigmentierte und farblose Granula und hieraus wieder farbige und nicht farbige Schleime entstehen. Auch hier hängt die Farbe somit ab von der Größe der Oxydationreduktion, und es ist sicher nicht zufällig, daß gelbrote Schleime zäher sind als blaue, weil bei letzteren die oxydative Zersetzung stärker ist.

Für gesetzmäßige Vorgänge bei der Pigmentbildung spricht auch das Verhalten der verschiedenen Pigmente in dem Überzug der Innenseite des Panzers bei Flußkrebsen. Man findet hier gelbe und braune Pigmentzellen, die am kleinsten sind, größere Zellen mit rötlichen Pigmenten und weit verzweigte Zellen mit blauem Farbstoff. Je weiter aber sich Chromogene vom Kern der Zelle entfernen, um so unabhängiger wird der Stoffwechsel der Zelle, so daß eine erhöhte Oxydation mit Bildung des blauen Farbstoffes ermöglicht ist.

Die gleichen Erscheinungen sind auch bei Daphnien und Copepoden besonders zur Zeit des Blätterfalles und in eisenhaltigen Wässern zu beobachten. Hier findet man oft die buntesten Farben an großen kugeligen Gebilden, die offenbar bei der Nahrungsverdauung entstehen und an den Schalen der Krebschen, und findet zwischen Größe der Kugeln und Farbe gesetzmäßige Beziehungen. Die dem Zellstoffwechsel am meisten entzogenen Schalen nehmen eine himmelblaue Farbe an. Kleine Kugeln sind gelb, größere rot gefärbt.

Bei gewissen Fischen wird durch optische Reize die Färbung der Haut beeinflußt, so daß sie sich der Umgebung anpaßt. Diese optischen, auf die Haut indirekt übertragenen Reize beeinflussen in erster Linie das Oxydations-Reduktionsvermögen der Pigmentzellen und indirekt die Färbung.

Die Wirkung des Eisens in den Zellen ist als eine die Oxydation steigernde anzusehen. Es ist demnach das Eisen gerade für Pigmentbildung ein wichtiger Faktor, man braucht nur an den Blutfarbstoff und bei Pflanzen an die Chlorophyllbildung zu denken. Sehr gut war dieser Einfluß auf farbige Bakterien festzustellen, die auf Nährböden mit Zusatz von Eisen und Glykokoll gezüchtet wurden, von diesen, um die Oxonbildung anzuregen. Die beobachteten Bakterien, Bact. prodigiosum, pyocyaneum, violaceum, Sarcina rosea und Micrococcus ruber zeigten eine wesentlich kräftigere Färbung, zum Teil mit Veränderung des Farbencharakters, als die Vergleichsstämme.

Auch konnte nachgewiesen werden, daß die Paraphenylendiaminoxone enthaltenden Keime mehr Oxone bildeten, und die oxonnegativen Stämme mehr Brenzcatechin-Phlorogluzin Oxone.

Man sieht wieder die Beziehungen: Eisen-Oxon-Pigment.

d) Verdauungsfermente.

Die Tatsache, daß es Zellen gibt, die nebeneinander Oxone und Verdauungsfermente enthalten, legt den Gedanken nahe, daß ähnlich wie bei der Pigmentbildung gesetzmäßige Beziehungen vorhanden sind und daß, ebenso wie verschiedene Farbstoffe nur gebildet werden können, wo die Oxydations-Reduktionsverhältnisse es gestatten, auch die verschiedenen Verdauungsfermente nur in Zellen mit einem besonders gearteten Stoffwechsel möglich sind, obwohl latent die Fähigkeit zur Fermentbildung jeder Zelle innewohnt, ferner daß diese Vorgänge bei Pflanzen und Tier vergleichbar sein müssen, weil nicht nur bei den fleischfressenden Pflanzen Verdauungsvorgänge beobachtet werden, sondern weil in jeder Pflanze die Vorgänge des Kernkörperchenschwundes, der Kern- und Protoplasmalösung sich abspielen, demnach sich, wenn auch nicht die Fermente, wohl aber die entsprechenden fermentativen Systeme sich bilden.

Welchen Einfluß auf die Bildung der Verdauungsfermente die Oxone haben, läßt sich aus der Beobachtung der oxonhaltigen Zellen schließen, die gleichzeitig Verdauungsfermente bilden.

Die trypsinhaltigen mehrkernigen Leukocyten enthalten von oxydierenden Fermenten eine schwache, leicht zersetzbare Naphtholoxydase, eine Peroxydase, eine stabile Indophenoloxydase und eine Paraphenylendiaminperoxydase. Außer dem tryptischen Verdauungsferment sind noch Diastasen gefunden worden.

Die Epithelien der Speicheldrüsen sondern eine Diastase (Amylase) ab, sie geben die Naphtholreaktionen schwächer als die Leukocyten, besitzen auch stabile Indophenolenoxydasen. Lipasen sind gefunden worden von SCHEER und PELUFFO, eine Tryptase von WILLSTÄTTER. In der Tränenflüssigkeit fand C. FORTI ein amylolytisches Ferment.

Die Magenepithelien, die bei einigen Fischen noch positive Naphtholreaktion geben, bei höheren Wirbeltieren aber nur labile Indophenolreaktion, scheiden eine Peptase, Lipase und Tryptase (WILLSTÄTTER) aus. Die Pankreaszellen mit labiler Indophenolreaktion eine Tryptase, Diastase und Lipase.

Die oxonnegativen Lymphocyten bilden nach BERGEL eine Lipase.

Es ist demnach die Speicherung von Tryptase und Diastase da festzustellen, wo gleichzeitig die Naphtholoxydasereaktion positiv ausfällt, während der Oxonkomplex zersetzt ist, wenn eine Lipase und Peptase frei wird, ebenso da, wo die Tryptase ausgeschieden und nicht gespeichert wird.

Nicht miteinander vertragen sich Lipase und eine granuläre, an Lipoide adsorbierte Naphtholoxydase.

Wie in bezug auf die Oxydationsvorgänge in den Zellen eine gewisse Reihenfolge aufgestellt werden konnte mit zunehmender Oxydation und Zersetzung der Oxydasen, so ist dieses auch möglich in bezug auf die Verdauungsfermente.

Diese Reihe aus den Eigenschaften der Zellen abgeleitet ist: Tryptase, Diastase, Lipase, Peptase, wobei die Zelloxydation bei Bildung der Peptase am stärksten ist.

Aus den Versuchen von HIRSCH und JACOBS geht hervor, daß bei Astacus ein Höchstwert von Peroxydase dem Höchstwert von Protease und Amylase vorausgeht. Es ist wohl kaum zu bezweifeln, daß die Oxone auch auf den Verlauf von Verdauungsvorgängen, insbesondere auf die Bildung von Verdauungsfermenten von Einfluß sind.

Auf Grund der Betrachtungen über das Auftreten von Fermenten nimmt LOELE an, daß das sog. peptische Magengeschwür in Wirklichkeit ein tryptisches Geschwür ist, dadurch herbeigeführt, daß durch eine lokale Asphyxie die Bildung des peptischen Fermentes verzögert und gehemmt wird, so daß in den Zellen tryptische zellzerstörende Systeme entstehen. Diese Gefahr muß besonders dann groß sein, wenn Hyperacidität im Magen vorhanden ist, weil hier auch eine Vermehrung der Ausgangssubstanzen der Fermente vorhanden ist.

IV. Stoffwechsel und oxonhaltige Zelle.

Sieht man von den labilen Indophenoloxydasen ab, die anscheinend auch, wenn man ihre Entstehung mit STÄMMLER als Absterbeerscheinung auffaßt, in den meisten Zellen vorkommen, so muß man die Naphtholoxone und die stabilen Indophenoloxydasen als Reservestoffe betrachten, da ihr Vorkommen für die Stoffwechselvorgänge nicht nötig ist, wie ihr Fehlen bei vielen Tieren beweist. Wahrscheinlich ist dies auch für die labilen Indophenoloxydasen der Fall, die, wenn sie erst nach Zellschädigung auftreten, doch in irgendeiner Vorstufe vorhanden gewesen sein müssen.

Besonders mit Rücksicht auf die Naphtholoxone kann man kurz folgende Beziehung zum Zellstoffwechsel aufstellen.

1. Die Oxone sind Reservevorräte.

2. Sie sind Schutzkolloide da, wo sie Strukturen überziehen.

3. Sie sind in gewissem Sinne Schutzstoffe (z. B. dadurch, daß sie selbst Sauerstoff entziehen) oder, daß sie bactericid wirken (s. die Arbeit von GLASER und PRINZ über die bakterienfeindliche Wirksamkeit der Fermente (vgl. auch A. NEUMANN und PORTIER).

4. Sie sind in bestimmten Systemen Sauerstoffaktivatoren.

5. Als solche sind sie Pigmentbildner.

6. Sie haben die Fähigkeit, unter gewissen Bedingungen Lösungs- und Fällungserscheinungen in der Zelle hervorzurufen (Strukturbildner).

Betrachtet man nun unter Berücksichtigung dieser Eigenschaften ihr Vorkommen in den Zellen des Blutes, so ergeben sich einige wichtige Vorstellungen.

1. Die Bildung der roten Blutkörperchen.

Die roten Blutkörperchen der höheren Wirbeltiere enthalten nur Peroxydasen (Indophenol-, Naphthol- Benzidinperoxydasen), die der niederen Wirbeltiere (Fische) auch Indophenoloxydasen, beim Hundshai hat das rote Blutkörperchen sogar die Rolle der weißen in bezug auf die Oxone übernommen, da allerdings erst nach Formolhärtung eine Naphtholoxydase beobachtet wurde. Vom stammesgeschichtlichen Standpunkt ist also im roten Blutkörperchen der gesamte Oxonkomplex zu erwarten.

Auch keimgeschichtlich ist das wahrscheinlich, weil bei Krankheitsvorgängen in kernhaltigen, menschlichen und tierischen Blutkörperchen Naphtholoxydasen beobachtet wurden (LOELE).

Auch die roten Blutkörperchen in den ersten Wochen der Embryonalentwicklung des Menschen zeigten in pyknotischen Formen zuweilen noch diese Reaktion (LOELE).

Ist demnach hier die Möglichkeit zum Auftreten des gesamten Oxonkomplexes gegeben, so besteht auch die Wahrscheinlichkeit, daß der in den Leukocyten beobachtete Komplex von Verdauungsfermenten gebildet wird, daß demnach, wenn in der Zelle ein tryptisches System entsteht, Kernlösung und gleichzeitig wie in den Leukocyten Bildung einer lipoiden Struktur eintritt.

Ist hierbei der Kern exzentrisch gelegen, so muß die lipoide Umbildung in den entfernten Teilen etwas anders verlaufen als in der Umgebung des Kernes, jedenfalls wird sie nicht ganz gleichmäßig sein. Als Ausdruck dieser ungleichmäßigen Lipoidumbildung ist die Neigung der roten Blutkörperchen zur Napfbildung anzusehen. Die Kernseite ist weicher und nachgiebiger. Es kommt, da das tryptische Ferment nicht granulär niedergeschlagen wird, nicht zur Bildung von Lipoidgranula, die gleichzeitig die Oxone an sich niederschlagen, sondern zur Bildung einer Lipoidkugel, deren Inneres die Oxone aufnimmt. Die lipoide Membran der roten Blutkörperchen besitzt die wichtige Eigenschaft, durchlässig für alle Lösungen zu sein, aber bei Beladung mit Kohlensäure nur Anionen durchzulassen (HAMBURGER, HÖBER). Diese Erscheinung ist für die Atmung von großer Bedeutung, aber auch sonst wichtig, weil hier die Möglichkeit der Bildung derartiger Membranen auch in anderen Zellen gezeigt wird. Die Salzsäurebildung in den Belegzellen des Magens könnte auf diese Weise (Ionenaustausch [Cl gegen CO_2] zu erklären sein.

LOELE nimmt an, daß die Ursache dieses autolytischen Vorganges, der zur Bildung kernloser Zellen führt, in Asphyxie und Ernährungsstörungen des wachsenden embryonalen Körpers zu suchen sei.

Entsprechende Vorgänge, wenn auch mit anderem Ausgang sind nicht selten zu beobachten. Bei der Eientwicklung im Gewebe von Anodonta, wo ein Teil der Zellen sich zu lipoiden, als Ernährungsmaterial für die wachsenden Eizellen dienenden Kugeln umwandelt, ferner bei der Bildung placentarer Wanderzellen in Mäuseembryonen, bei dem autolytischen Zellzerfall der Darmepithelien nach Bildung der Verdauungsfermente bei Insekten, schließlich auch bei der Bildung vieler Bindesubstanzen, die als Stützsubstanzen dienen, wo ebenfalls der Kern gelöst wird. Die Bildung der roten Blutkörperchen ist nur eine Unterart der kernlösenden Prozesse.

2. Bildung der eosinophilen Zelle.

Die eosinophile Zelle des menschlichen Blutes ist ausgezeichnet dadurch, daß sie sämtliche Oxonreaktionen von allen Blutzellen am stärksten gibt. Dagegen scheint das tryptische Ferment nicht mehr vorhanden zu sein, das in den neutrophilen Zellen nachweisbar ist.

Die Entstehung der großen runden Granula findet nach der Ansicht von LOELE mit einem Schlage statt. A. NEUMANN glaubt im Knochenmarke des Pferdes Übergangsbilder zwischen kleinen und großen Granula zu sehen, die auf ein allmähliches Wachsen hindeuten würden. Einen Beweis für die Möglichkeit der schnellen Entstehung der eosinophilen Körner sieht LOELE in den gelegentlichen Befunden, wo unter dem Einfluß von Wasserstoffsuperoxyd und Phenolen die Granula zu großen Kugeln aufquellen und weiter in gelegentlichen Beobachtungen, wo derartige Quellungen auch in den Granula neutrophiler Leukocyten eintraten, die dabei sich stärker als gewöhnlich mit Eosin färbten, ohne deshalb etwa wirkliche eosinophile Granula zu werden.

Der Kern der eosinophilen Leukocyten ist stark abgebaut, das Kernkörperchen fehlt. Wie in den roten Blutzellen haben sich in der Zelle tryptische Vorgänge abgespielt, denen peptische vorausgegangen sein müssen, wenn es zur Lösung des Kernkörperchens gekommen sein soll.

3. Der neutrophile Leukocyt.

Die dritte Zelle, der neutrophile Leukocyt, zeigt die Oxonreaktionen etwas schwächer, enthält dagegen zwei Verdauungsfermente, eine Tryptase und eine Diastase. Auch hier ist das Kernkörperchen gelöst, der Kern zeigt besonders im Eiter und bei der Autolyse stärkeren tryptischen Abbau.

4. Der Monocyt.

Die vierte oxonhaltige Zelle ist der Monocyt, in dem der Kern weniger verändert erscheint, allerdings leicht zur Ausstoßung und Quellung neigt und auch noch Kernkörperchen in unregelmäßigen Formen enthält.

5. Blutmastzelle.

Endlich die fünfte Zelle, die Blutmastzelle, deren Granula wasserlöslich sind und meist nur schwache und unregelmäßige Oxonreaktionen geben.

6. Lymphocyt.

Diesen normalen myeloischen Zellen steht eine oxonnegative Lymphzelle gegenüber, die als kleiner Lymphocyt, als großer Lymphocyt und als Plasmazelle erscheint.

Die charakteristischen Zeichen des kleinen Lymphocyten sind Vorhandensein eines im Verhältnis zur Zelle großen Kernkörperchens, das in den myeloischen Zellen abgebaut oder verschwunden ist, ein Mindestmaß von Protoplasma, dessen Abbau nur durch einen Prozeß peptischer Natur erfolgt sein kann. Als Verdauungsferment treffen wir eine Lipase, die auch im Magensaft und in dem Speicheldrüsensaft nicht fehlt.

Im Protoplasma fehlen die Oxone völlig, was nach LOELE auf die Tätigkeit der Nucleolen zurückzuführen ist, da die sekundären Oxydationsorte antagonistisch auf die primären einwirken.

Stellt man nun nach Art des Kern- und Kernkörperchenabbaues die Zellen untereinander, so erhält man folgende Reihe, die eine Unterlage für das Vorkommen und die Bedingungen, unter welchen Strukturen und Fermente entstehen, gibt.

Rotes Blutkörperchen: Kernlösung, Lipoidstruktur, Pigment, Peroxydasen.

Eosinophile Zelle: Kernfragmentierung, Lipoidgranula, Pigment, Oxydasen und Peroxydasen.

Neutrophile Zelle: Kernfragmentierung, Lipoidgranula, Verdauungsfermente, Oxydasen und Peroxydasen schwächer (Phagocyten).

Mastzelle: Löslichkeit der Granula, Kernfragmentierung. Wechselnde Oxydationsreaktionen.

Monocyt: Neigung zur Kernquellung und Protoplasmaabstoßung, (Makrophagen). Schwache Oxonreaktionen, Kernkörperchenreste.

Lymphocyt: Protoplasmalösung, Lipasen, Pyknose des Kernes mit großem Kernkörperchen.

In dieser Reihe finden sich keine Übergänge, aber jede Zelle stellt eine Zwischenstufe dar zwischen den benachbarten Zellen, und die Grenzen werden durch zwei Zellen gebildet, die die Erscheinungen der Kern- und Protoplasmalösung zeigen.

Als Ursache für diese Verschiedenheit nimmt LOELE an, daß die Entstehung der einen Zelle stets eine nach der entgegengesetzten Seite gerichtete Zellbildung verursachen müsse und meint, daß die entstehenden Zellen mehr oder weniger irreversible Bildungen seien, und daß bei Krankheiten alle möglichen Zwischenstufen aufträten.

Daher sei auch die Bildung der Blutzellen im normalen Körper nur an besonderen Orten möglich, die der myeloischen Zellen im roten Knochenmark (im erwachsenen Körper), die der Lymphocyten in den Lymphknoten, bei Krankheiten aber überall, wo die Bedingungen zu ihrer Entstehung erfüllt sind [z. B. im adventitiellen Gewebe, HERZOG (81).]

Diese Anschauung steht vermittelnd zwischen der monistischen und dualistischen bzw. trialistischen und gestattet die Bedingungen abzuleiten, welcher Faktorenkomplex nötig ist, damit eine Zelle sich im Bau der anderen Zellart nähert. Wirklich nachahmen lassen sich die Vorgänge, wie sie im lebenden Körper verlaufen, mit der Gewebskultur wohl kaum. MAXIMOW will zwar mit der Zellzüchtung Übergänge zwischen Lymphzellen und myeloischen Zellen gesehen haben, doch wird dieser Befund durch KATSUNUMA und SHIOMI nicht bestätigt.

Als eine wichtige Feststellung lehrt die Beobachtung der Blutzellen, daß ein tryptolytischer Vorgang sich verträgt mit einem lipostatischen, ein lipolytischer mit einem amylostatischen, denn die lipasehaltigen Lymphzellen können im Gewebe (nicht im Blute) zu Mastzellen werden, deren Granula als eine schleimgebende Kohlehydratverbindung aufzufassen sind.

Weiter lehrt die Beobachtung der Blutzellen, daß die beiden wichtigsten Formen der gekörnte Leukocyt und der Lymphocyt zu seiner Entstehung entgegengesetzte Bedingungen erfordern, die Bildung der Leukocyten verminderte Sauerstoffzufuhr, die des Lymphocyten gesteigerte Sauerstoffzufuhr, daß demnach auch hier in bezug auf die Oxydation-Reduktion eine bestimmte Reihenfolge vorliegt, die ihren Ausdruck in der der angeführten Gruppierung findet.

Es kann wohl keinem Zweifel unterliegen, daß bei der Bildung der Blutzellen dem Kernkörperchen eine große Bedeutung zukommt. In der Tat sprechen auch die Untersuchungen über die sekundären Oxonreaktionen der Kernkörperchen für diese Beteiligung.

Mit der Bildung der Kernkörperchen verhält es sich ähnlich wie mit der Bildung des Kernes. Während bei den Bakterien die Kernsubstanzen im Protoplasma verteilt sind und nur gelegentlich örtlich begrenzt erscheinen, so daß man von einem Kern sprechen kann, ist bei den Metazooen der Kern völlig abgetrennt. In der gleichen Weise ist innerhalb der Kerne bei manchen Zellen die Kernkörnchensubstanz unregelmäßig über den Kern verteilt, bei anderen Zellen in regelmäßige Abstände angeordnet und endlich in solchen Zellen, wo eine gewisse Ruhe vorhanden ist, auf ein einzelnes Korn beschränkt von regelmäßiger runder Form, ein wirklicher kleiner Kern im Kern. Besonders schön zeigen die Untersuchungen an pflanzlichen Zellen mit der sekundären Kernkörperchenreaktion die quantitativen Beziehungen zwischen Zellgröße, Zelleistung und Kernkörperchengröße und Zahl.

Eine Veränderung der Kernkörperchen sieht man bei verschiedenen Gelegenheiten. Bei der Tätigkeit oder bei Schädigungen der Zelle scheint das Kernkörperchen zu verschwinden und abgebaut zu werden. Tatsächlich sprechen aber die Befunde nach Ausführung der sekundären Naphtholreaktion dafür, daß nur ein Teil der Kernkörperchen abgebaut wird, und daß die Grundlage der Kernkörperchen, die nicht färbbar ist, erhalten bleibt.

Ein wirkliches Verschwinden der Kernkörperchen ist zu beobachten nur in zwei Fällen, nämlich bei der Teilung des Kernes, wo aber die Oberflächensubstanz der Kernkörperchen zum Teil an den Schleifen niedergeschlagen wird und bei der Bildung der roten Blutkörperchen und polymorphkernigen Leukocyten, wo sie verändert bei den ersteren auf den Leib der roten Blutkörperchen verteilt, bei den letzteren, wo sie in Form von Granula ausgefällt wird. Bei dieser Lösung der Kernkörperchen kommt es zu Umsetzungen und zum Auftreten von Stoffen, die im Kernkörperchen selbst zunächst nicht nachweisbar sind.

Die Veränderungen der Kernkörperchen gehen auf zweierlei Weise vor sich, entweder indem Kernkörperchensubstanz wächst, etwa ähnlich den Bakterien, sich in die Länge zieht und dann zerfallend in regelmäßige Stücke oder, indem Kernkörperchensubstanz in Form eines Schleimes ausgeschieden wird, der, auch in das Protoplasma durchtretend, hier Anlaß zu Fällungen wird.

Berücksichtigt man nun, daß diese ausgeschiedenen Nucleolarsubstanzen die Neigung haben, primäre Oxone an sich niederzuschlagen und zu erhalten, so ist hier eine Bildungsmöglichkeit für Oxydasegranula gegeben, wobei gleichzeitig noch andere Stoffe niedergeschlagen werden können, die bei den oft gleichzeitig vorhandenen peptischen und tryptischen Prozessen auftreten.

Was aus den zersetzten Nucleolarsubstanzen entsteht, ist im wesentlichen abhängig davon, ob im Protoplasma gesteigerte oder verminderte Sauerstoffzufuhr vorhanden ist.

Daß in den Nucleolen Gemenge verschiedener zum Teil fermentartiger Stoffe verborgen sind, zeigen die eigenartigen Nucleolen von Arion und Limax, die Anlaß zu der Bildung der vielseitigen Naphtholoxydasegranula geben.

Betrachtet man eine Zelle als eine geschäftliche Unternehmung, so stellen die Nucleolen gewissermaßen die Großbanken dar, die Filialen in Kern und Protoplasma errichten (Granula). Bei der Teilung der Gesellschaft werden die Banken aufgelöst und die Kapitalien gleichmäßig an die Unternehmer verteilt. Das Kapital sind die für den Stoffwechsel der Zelle nötigen spezifischen oder allgemein wirksamen Katalysatoren für Abbau und Aufbau.

Sehr unregelmäßig werden die Kernkörperchenbilder in Zellen mit besonders starker Sekretion und besonders da, wo unter Auflösung des Kernes sich Strukturen bilden. Hier findet man oft die unfertigen Strukturen noch von Nucleolarsubstanzen durchtränkt. Besonders unregelmäßig sind die Kernkörperchen in Keimzentren der Lymphknötchen, in denen die Reste unvollkommen gelöster, bei der Bildung von Lymphocyten zurückbleibender Protoplasmateile verarbeitet werden. Keimzentren verraten stets eine überstürzte unvollkommene Lymphocytenbildung. Die sonderbarsten Kernkörperchenbilder findet man in schnellwachsenden bösartigen Geschwülsten. Die Kernkörperchen bleiben hier im Kern und machen durch ihre vermehrte Bildung die Zellen zugleich selbständig, da in ihnen mehr Ab- und Aufbaukatalysatoren vorhanden sind als in normalen Zellen. Das unbekannte Etwas in den Zellkernen, das die vermehrte Nucleolarsubstanzbildung veranlaßt, ist der eigentliche Krebserreger und die Feststellung, auf welche Weise es in den Kern eindringt, ist von größter Wichtigkeit.

Ein weiteres Gebiet, in das die Untersuchung der Oxone etwas Licht bringt, ist die Knochenbildung.

Die Stützsubstanzen des Körpers entstehen meist aus granulären Vorstufen durch Auflösung und Zusammenfließen der gelösten Massen. Die Granula entstehen ebenfalls erst durch einen kolloidchemischen Fällungsprozeß. Nicht die Granula sind, wie Altmann meint, präformiert, sondern nur die Anlagen und Bedingungen ihrer Entstehung; wo diese gleich sind, entstehen auch gleiche Granula, wo sie ungleich sind, sind auch Unterschiede vorhanden.

Wie wichtig auch die Morphologie ist, bleibt sie immer nur das Skelet der Biologie.

Über die Knochenbildung sagt Katsunuma an einer Stelle seiner Monographie: „Die vergleichenden ontogenetischen und phylogenetischen Untersuchungen haben merkwürdigerweise eine zufällige Übereinstimmung zwischen dem Auftreten der stabilen Oxydasen und der beginnenden Ossification ergeben. Das Auftreten der stabilen Oxydase fällt fast gleichzeitig mit dem Erscheinen des neugebildeten Knorpelgewebes zusammen, und zwar entweder kurz oder bald nach der beginnenden Ossification (Hühnerei, Mensch, Kaninchenembryo)."

Diese Übereinstimmung ist sicher nicht zufällig, sondern hängt zusammen mit der Oxonbildung und Oxoneigenschaft.

Im embryonalem Knorpel der Schädelknochen von Mäusen findet man, daß die erste Bälkchenbildung so vor sich geht, daß die Nucleolen aus den Knorpelzellen austreten, sich lösen und zusammenfließend ein Netzwerk bilden, in dem sich Kalk niederschlägt. Hier ist die direkte Umwandlung von Nucleolarsubstanzen erkennbar. Indirekt beobachtet man diese Bildung von homogenen Massen, die leicht verkalken, ungemein häufig bei Mollusken, deren Körper dadurch an manchen Stellen Halt und Schutz erhält. Sie entstehen in vielen Fällen durch Auflösung oxonhaltiger Granula oder verraten ihre Entstehung noch dadurch, daß sie die oben erwähnten sekundären Granulareaktionen geben, die auch an menschlichen Blutkörperchen gefunden worden ist.

Diese Beobachtungen erklären den Zusammenhang zwischen Nucleolen, Oxongranula und Knochenbälkchenbildung.

Die zweite Frage lautet: Warum werden die roten Blutkörperchen und Leukocyten normalerweise bei höheren Tieren nur im Knochen gebildet? Die Frage kann auch so gestellt werden: Wie kommt es, daß wenn nach der Theorie die Oxone in allen Zellen gebildet werden können, diese nur in den granulierten Blutzellen und in Speichelzellen erhalten bleiben und warum wird im Knochen Zelle und Zellkern abgebaut, bleibt aber in den Schleimzellen erhalten?

Die Antwort kann nur in der Verschiedenheit der Oxydations-Reduktionsverhältnisse gesucht werden, wie sie in der Reihenfolge der Bildung der strukturlösenden Fermente deutlich wurde. Die Auflösung der Nucleolen ist ein peptischer, die des Kernes ein tryptischer Vorgang. Da zur Bildung der roten und weißen Blutzellen beide Vorgänge hintereinander ablaufen, muß an der Stelle der Zellbildung die Umgebung der Zellen so beschaffen sein, daß die Oxydation in den Zellen bald gesteigert, bald herabgesetzt wird, d. h. die Zellumgebung muß die Fähigkeit haben, in den Zellen diejenige Asphyxie herbeizuführen, die zur Bildung der Oxone und ihrer Erhaltung notwendig ist. Diese Fähigkeit erhalten die Knochenbälkchen dadurch, daß sie gelöste Oxone niederschlagen, die den Zellen den Sauerstoff entziehen.

Nimmt man weiter an, daß bei der Bildung der Leukocyten in den Zellen CO_2 in Aldehyd reduziert wird, so wird dem Gewebe Kohlensäure, die den Kalk löst, entzogen.

Es ist deshalb die Bildung von Lymphzellen im Knochenmark auch so lange unmöglich, als die Bildung der Knochenbälkchen ungestört ist; eine Störung verrät sich in der Unfähigkeit Kalk niederzuschlagen. Bei Rachitis findet man nicht selten im Knochenmark Lymphknötchen, die man als eine Selbsthilfe des Körpers bezeichnen kann, der versucht, granuläre Oxone in Lösung zu bringen.

Daß im Gegensatz zu den Zellen des Knochenmarkes in den Speichel- und Schleimzellen die Kerne nicht angegriffen werden, hat seinen Grund darin, daß durch Wiederansteigen der Oxydation die Oxongranula sich zu Schleim lösen, somit die Bedingungen zur Entstehung der tryptischen Systeme nicht erfüllt sind. Bei starker Becherzellbildung zeigen auch die Kernkörperchen unregelmäßige Formen als Folge des Abbaues.

V. Oxon und Theorie der Zelle.

Für den Abbau des Fermentkomplexes läßt sich die folgende theoretische Formel ableiten, die für die einzelnen Zellarten natürlich verschieden ist.

Schleifenoberfläche
↓
Kernkörperchen
|
Zymogen — Chromogenkomplex
|

Oxone	lytische Fermente	Chromogene
Zelloxydation	Zelloxydation	Zelloxydation

herabgesetzt	gesteigert	herabgesetzt	gesteigert	herabgesetzt	gesteigert
Naphtholoxydase	Peroxydase	Trypsin	Lipase	rot	blau
Paraphenylendiamin.	P-Oxydase	Diastase	Peptase	gelb	grün
peroxydase					

oder nach den Oxydations-Reduktionsverhältnissen angeordnet

verminderte Oxydation		gesteigerte Oxydation	
Kernabbau		Protoplasmaabbau	
gelb	rot	grün	blau
Tryptase	Diastase (Katalase)	Lipase	Peptase

und wenn man die Naphtholoxydasen als „Aldamine" betrachtet

Carboxylreduktase	Aldehydoxydase

Diese theoretische Aufstellung hat nur dann Berechtigung, wenn mit einiger Wahrscheinlichkeit bewiesen werden kann, daß der oben angegebene Komplex auch in allen Zellen gebildet wird.

Für die Möglichkeit dieses Komplexes sprechen folgende Überlegungen. Alle Zellen stammen letzten Endes von einer Zelle ab. Alle Zellen haben die Fähigkeit der Kern- und Kernkörperchenbildung sowie der Lösung. Es muß demnach auch in allen Zellen die Möglichkeit bestehen, daß wenn die entsprechenden lytischen Systeme sich bilden, sie entsprechend der Zusammensetzung ihrer Strukturen alle Fermente umfassen.

Tiere mit vollkommenem Fehlen des Fermentkomplexes reagieren nicht anders wie verwandte Arten, in denen dieser Komplex vorhanden ist, man darf daher diesen Komplex als einen Reservevorrat auffassen, der nicht unbedingt nachweisbar zu sein braucht, weil seine Glieder nach Bedarf in jeder Zelle zusammentreten können. In der Tat läßt sich unter Beobachtung der Keimes- und Stammesgeschichte nachweisen, daß diese Möglichkeit für das Auftreten des Gesamtkomplexes für manche Zellen vorhanden ist.

Als ein Beispiel seien die Zellen der Epidermis gewählt, die in ihren oberen Schichten oxonnegativ sind.

Die Riffel- und Stachelzellen der Epidermis sind spezifische Zellen, die niemals in Cylinderzellen übergehen, obwohl ihre Keimschicht aus zylindrischen Zellen besteht, aber die Cylinderzellen der Schleimhäute können metaplasierend in echte verhornende Epidermiszellen übergehen. LUBARSCH hat einen Fall von Magencarcinom beschrieben, in dem der primäre Tumor ein adenomatöses Carcinom war, die Lymphdrüsenmetastase dagegen Nester von verhornenden Plattenepithelien zeigte. Noch beweisender sind Befunde, die man gelegentlich an Nasen- und Nebenhöhlengeschwülsten beobachtet. Hier findet man zwischen den Plattenepithelien nicht selten typische Becherzellen, deren Schleim sich metachromatisch färbt und mitunter Zellen, in den beide Arten der Degeneration die hornige und die schleimige nebeneinander vorkommen. Nun stoßen wir in Schleimen nicht selten auf den gesamten Oxonkomplex. Daß dieser auch bei der Verhornung gewissermaßen hinter den Kulissen steckt, beweisen Befunde am Magen des neugeborenen Sperlings, wo in den verhornenden Schleimschichten der Magenschleimhaut selbst die Naphtholoxydasereaktion noch schichtenweise positiv ausfällt. Weiter geben gerade hornige und chitinige Massen meist sehr stark die sekundäre Naphtholkörperchenreaktion, enthalten demnach gewisse, von den Nucleolen stämmige Stoffe. Und endlich sind vom stammesgeschichtlichen Standpunkte die Befunde an Amphioxus bemerkenswert, wo in den Zellen der Oberhaut Naphtholperoxydasen gefunden werden.

In den unteren Schichten der Epidermiszellen findet sich außer der labilen Indophenoloxydäse noch die Dopaoxydase, die auch in den Leukocytengranula vorhanden ist. Die Auflösungsvorgänge des Kernes des Kernkörperchens und des Plasmas beweisen, daß peptisch-tryptische und lipolytische Systeme in der Zelle sich bilden, daß demnach der ganze Fermentkomplex in der Zelle auftritt.

Peptische und tryptische Systeme setzen der Zelle zwei Grenzen. Das Ergebnis der letzteren sind kernlose Strukturen, die oft Lipoide enthalten, an der Grenze der ersteren stehen protoplasmaarme Zellen mit verdichtetem Kern, weil auch aus dem Kern Stoffe entfernt sind. Bei den Zellen der Blutkörperchenreihe liegt an der tryptischen Grenze das kernlose Blutkörperchen, an der peptischen Grenze der kleine

Lymphocyt, zwischen den beiden Grenzen liegen sämtliche möglichen sog. Übergangsbilder. In Wirklichkeit gibt es keine Übergänge einer Zellart in die andere, weil jede Zellart für ihre Entstehung verschiedene Bedingungen hat und nach Ablauf ihrer Bildung auch diese Bedingungen für die Weiterentwicklung verändert sind. Der kleine Lymphocyt, der sich nach der tryptischen Seite bewegt, wird großer Lymphocyt, Plasma- und Mastzelle, aber nicht Leukocyt, der neutrophile Leukocyt, der sich nach der peptischen Seite bewegt, zerfällt, weil sich in ihm ein tryptisches System bildet.

Wenn demnach bei den Epidermiszellen das tryptische System zur Kernlosigkeit und Verhornung führt, wobei eine Lipoidausscheidung in Form einer Cholesteatose oft beobachtet wird, muß auch die andere Seite zu beobachten sein, nämlich die peptische Grenze, die zur Bildung von Zellen führt, in denen dem Kern die größte Masse zukommt. In der Tat gibt es derartige Zellen bei Carcinomen der Haut; besonders in der Gegend des Augenwinkels kommen Carcinome vor mit echten Verhornungen, in denen andere Epidermiszellen fast die Form von Lymphocyten annehmen. und am Cervix uteri Carcinome, wo die Zellen protoplasma- armen Spindelzellen gleichen. Auch kann an die Theorie erinnert werden, wonach die Zellen des Thymus nicht Lymphocyten, sondern Epidermis- zellen sind. Histologisch ist ja von Wichtigkeit, daß die labilen Oxydasen in den Thymuszellen sehr reichlich vorkommen, während sie in den Lymphocyten fehlen oder höchst selten beobachtet werden (KATSUNUMA).

Überträgt man diesen Gedankengang der Zellbewegung zwischen zwei Grenzen auf die Zellen des Gehirnes, so muß einleuchten, daß die Bewußtseinsvorgänge durch diese Zellbewegungen beeinflußt werden, und daß auch die Oxone sich an den Veränderungen der Hirnzellen beteiligen. LOELE hat die Beziehungen der Veränderungen der Ganglienzellen zu den psychischen Erscheinungen auf eine gewisse einheitliche Formel zu bringen versucht, die in der folgenden Tabelle ihren Ausdruck findet, zu deren Verständnis einige Worte nötig sind.

Ein Vorgang der Außenwelt wird durch Vermittlung der Sinnesorgane auf die Hirnzellen übertragen und löst dort einen Abbauprozeß aus, der psychisch als ein Bewußtseinsvorgang, eine Empfindung gewertet wird. Wie diese Umwandlung eines körperlichen Zustandes in einen psy- chischen Vorgang möglich ist, zu untersuchen, ist nicht Sache der Natur- wissenschaft, die nur die Aufgabe hat, den dabei sich abspielenden Zell- vorgang in Phasen oder Partiale zu zerlegen.

Ist der Zellzustand vor Einwirkung der Sinnesreize als A bezeichnet, so ist er während der Dauer des Reizes A + B. Die Größe B ist der Ausdruck der Veränderung des Protoplasmas und Kernes, ein physi- kalisch chemischer Vorgang und histologisch zum Teil erfaßbar. Ist der Reiz abgelaufen, so ist der Zellzustand als A + B + C zu bezeichnen, wobei die Größe C alle Aufbauveränderungen umfaßt. Es entspricht somit die Formel A + B dem psychischen Vorgang. Die Formel A + B + C dem Engramm oder dem Unterbewußtsein, das nun ständig in den Stoffwechsel der Zelle und somit in das psychische Erleben eingreift.

Die einzelnen Phasen der Zellvorgänge lassen sich nicht direkt fest- stellen, sondern nur aus Analogien erschließen.

Wichtig nun für die Beurteilung und die Beeinflussung psychischer Vorgänge ist, daß die Größe C veränderlich ist, daß sie abgeschwächt oder verstärkt sein kann, und daß auch durch den Stoffwechsel allein, also ohne Sinneseindrücke die Größe A + B wieder hergestellt werden kann. Es gibt somit vier Möglichkeiten, die materiellen Unterlagen geistiger Vorgänge in der Zelle zu beeinflussen

1. Durch äußere Sinneseindrücke;

2. durch Symbole der Sinneseindrücke, Zeichen unter Vermittlung der Sinne;

3. durch Vorstellungen;

4. durch Beeinflussung des Stoffwechsels.

Therapeutisch heißt 1. Veränderung der Umgebung; 2. und 3. Suggestion auf optischem und akustischem Wege, durch hierdurch erweckte Vorstellungen; 3. Arznei.

Da die ersten Sinneseindrücke nicht auf ein leeres Feld stoßen, sondern auf ein Organ, das eine ererbte Struktur und eine ererbte Konstitution seiner Zellen hat, ergibt sich bei den einzelnen Menschen eine Verschiedenheit der Eindrücke und somit des Ablaufes der psychischen Vorgänge.

In den Ganglienzellen werden die beiden Grenzen für die Zelle nicht erreicht, das würde Untergang der Strukturen und somit den Tod der seelischen Vorgänge bedeuten. Es ist im Gegenteil ein äußerst komplizierter Zellapparat geschaffen, der die Erhaltung der Engramme gewährleistet.

Daß Unlustgefühle auf der Abbauseite liegen, ist daraus zu schließen, daß bei starker Ermüdung des Gehirns Unlustgefühle eintreten. Abbau an sich kann, wenn genügend Reservevorräte im Protoplasma der Ganglienzellen und der Glia vorhanden sind, auch Lustgefühle verursachen. Die Reihenfolge der Farben ergibt sich aus der Beobachtung, daß nach Blendung der Augen die Farben als Reizerscheinung der Zapfen in der Reihenfolge: Gelb, Rot, Grün, Blau auftreten. Da die Reihenfolge abhängig ist vom Aufbau der Zapfen, entspricht dem stärksten Abbau die Farbe Gelb.

Alle heftigen und unregelmäßigen Sinneseindrücke haben stärkeren Abbau zur Folge. Daß Charakter und Temperament in der ererbten Zellbeschaffenheit ihre Grundlagen haben, ist selbstverständlich, ebenso wie die Notwendigkeit, daß durch die Beschaffenheit des Plasmas (leichte oder schwerere Löslichkeit der Reservevorräte) auch das psychische Geschehen beeinflußt wird.

Daß es durch eine verfeinerte Histologie und durch physiologische Versuche möglich sein wird, diese Veränderungen der Hirnzellen nachzuweisen, die im gesamten Gehirn, nicht in den Ganglienzellen allein zu suchen sind, ist wenigstens da, wo grobe Veränderungen des Gehirns vorliegen, zu erwarten, und es ist eine Aufgabe der Irrenärzte, Beziehungen zwischen Zellveränderungen und Geisteskrankheiten zu finden.

Die Untersuchung der Oxone führt auf Gebiete, in denen sie selbst oft nicht unmittelbar nachzuweisen sind, aber hinter den Kulissen mitwirken als Zwischensubstanzen. Einsicht in die Rolle der Oxone ist erst durch Zerlegung der Zelltätigkeit zu gewinnen, nicht aus dem Vorhandensein einer positiven Oxonreaktion schlechthin, die so gut wie nichts

Gleichgewichtslinie

| Tryptische Grenze | | + verminderte Oxydation | | − gesteigerte Oxydation | | Peptische Grenze |

Funktions- ——————————— ——————————— -Breite

Bewußtseins- ——————— ——————— -Breite

	Idiotie	Melancholiker	Supprimär Choleriker	(Konstitution) Phlegmatiker	Sanguiniker		
Tryptischer Zellzerfall		Schwachsinn	Tätigkeitsdrang		Phantast		Peptischer Zerfall
			Kritiker	Schöpfer			
		Kleinlicher	Pedant	Künstler	Genie		
		gleichgültig	zäh	konsequent			
			erregbar	erregt	flüchtig		
		passiv		aktiv			
		negativ	Weib	Mann	positiv		
		Pessimist	Harmonie	Optimist			

Primär
Empfindung

Kernschwund, Sklerose des Plasmas	schwarz	hell		dunkel		schwarz	Sklerose des Kernes, Plasmaschwund
		weiß	(Stäbchen)	grau	schwarz		
		braun					
	schwarz	gelb	rot	grün	blau	schwarz	

		i	e	a	u		
		Dissonanz	Moll	Dur	Harmonie		
		Pfeife	Trompete	Harfe	Cello		
	Narkose Schlaf	Amingeruch	Kaffee Malz	Alkohol	Veilchen	Rausch Schlaf	
		laugenhaft			säuerlich		
		Versinken			Schweben		

Begleitempfindung

Zelltod		unangenehm			angenehm		Funktionsausfall, Körpertod
		häßlich			gut schön		
		schlecht klein			groß		

Sekundär

	Stumpfsinn	Trübsinn Trauer		Freude	Ausgelassenheit		
		Überdruß	Wut	Hoffnung			
		Neid	Zorn				
		Haß		Liebe			

Tertiär

		Kleinheitsgefühl			Größenideen		
		Gedankenarmut			Gedanken-		
		Feiger			flucht		
		Zitterer	Energie	Heldenmut	Exaltation		

Zell-(Plasma)- ——————————— -Breite

Struktur- ——————————— -Breite

beweist. Nur wo Oxone in der Zelle vorhanden sind, können wir ihre
Veränderungen und ihre Beziehungen zum Stoffwechsel feststellen und
Schlüsse ziehen, die für analoge Zellen gültig sind, in denen die Oxone
nicht auftreten. Denn wichtiger als der Nachweis der Oxone selbst
sind die Veränderungen, die auf ihre Einwirkung zurückzuführen sind,
wenn nach der Veränderung das Oxon verschwindet. Die Untersuchung
der Veränderungen und der Einfluß der Oxone ist einer der Hebel, mit
dem man die Welt der Zelle bewegen kann.

Freilich ist die Oxonforschung eine Aufgabe, an deren Lsöung die
gesamte Naturwissenschaft sich zu beteiligen hat. Chemie, physikalische
und Kolloidchemie, Botanik, Zoologie, Histologie, Physiologie, Pathologie und Entwicklungsgeschichte. Die folgenden Punkte sind zu berücksichtigen:

1. Analyse der einfachen und zusammengesetzten Oxone, wo sie als
selbständige Verbindungen vorkommen.

2. Untersuchung der oxydativen Systeme und des Einflusses der
einzelnen Faktoren.

3. Feststellung, wie sich die Strukturen der Zelle an der Oxonbildung
beteiligen (Oxon und Abbau).

4. Feststellung, in welcher Weise die Oxone in den Stoffwechsel der
Zelle eingreifen (Oxon und Aufbau).

Erst wenn diese Fragen beantwortet sind, wird man von einer Physiologie des Oxonsstoffwechsels sprechen können. Den Nutzen dieser
Untersuchungen auch für den praktischen Arzt zeigt das folgende Beispiel.

Die Tätigkeit eines Organs kann als ein System aufgefaßt werden, das
aus einzelnen Phasen und Faktoren zusammengesetzt ist. Eine Störung
des Systems etwa durch Hinzutreten eines neuen Faktors kann behoben
werden durch Entfernung dieses Faktors oder durch Einführung eines
Gegenfaktors. Bezogen auf die Lehre von den Krankheiten heißt das:
ein Krankheitserreger ist unwirksam, solange seine Wirkung durch
irgendeinen Gegenfaktor aufgehoben ist. Dabei ist es gleichgültig, ob
der Krankheitserreger selbst verändert wird.

Bei der Psoriasis ist das charakteristische, histologische Merkmal
das Unvermögen der Epidermiszellen, die Kerne völlig zur Lösung zu
bringen, das ist die Störung eines tryptischen Systems. Empirisch ist
festgestellt, daß die Kernlösung wieder in Gang gesetzt wird durch Gebrauch
von Phenolen (Chrysarobinsalbe, Carbolsäure innerlich), durch Arsen
und Quarzlichtbestrahlung. Arsen und Licht wirken auf die Haut pig-
mentbildend, demnach liegt auch hier eine indirekte Chromogenwirkung
vor. Daß Chromogene Lipoideiweißverbindungen unter Umständen in
Lösung bringen, beweisen die oben angegebenen Beobachtungen. Man
darf also annehmen, daß an dem Vorgang der Kernlösung in Epidermiszellen Chromogene beteiligt sind, und daß ihr Fehlen in dem autolytischen System die Hautveränderung hervorruft, die wir als Schuppen-
flechte bezeichnen. Wird der Zelle das Chromogen zugeführt, dann erfolgt
die Hornbildung in normaler Weise. Therapeutisch wird demnach die
stärkste Arzneimittelwirkung mit einer Kombination von Arsen und
Phenol zu erzielen sein, die man sich haltbar herstellt, indem man arsenige
Säure (1%) in Salzsäure löst und der Lösung Carbolsäure (5%) zusetzt.

Tropfenweise in Tee genommen hat diese Zusammensetzung, wie eine mehr-
jährige Erfahrung mir zeigte, eine schnellere und bessere Wirkung als
jede der beiden Komponenten. Es ist sehr wahrscheinlich, daß an den
hyperämischen Hautstellen das Eintreten der Chromogene in die Zellen
lebhafter vor sich geht und somit eine lokale Heilwirkung erreicht wird.

Eine wirkliche Heilung der Psoriasis findet durch diese Behandlung
zunächst ebensowenig statt wie bei der perniziösen Anämie durch Darreichung von Leberpräparaten. Das Chromogen ist nur der Gegenfaktor.
Der Einfluß der Oxone bei diesem Vorgang ist ebenfalls wahrscheinlich.
Berücksichtigt man die Tatsache, daß bei einem Überschuß von Oxon
Pigmente nicht gebildet werden, und daß solche Faktoren die Psoriasis
heilen, die zur Pigmentbildung führen, so liegt der Gedanke nahe, daß
auch bei der Psoriasis ein Überschuß von Oxonen in der Zelle die Kernlösung verhindert. Nun ist die Hornbildung der Epidermis überall da
verzögert, wo Schleimhäute vorhanden sind, das heißt, wo die Haut
durch die Tätigkeit von Speichel- und Schleimdrüsen feucht gehalten
wird. Die Schleime und der Speichel sind aber in der Regel oxonhaltig,
und es besteht die Möglichkeit, daß Oxone in die obersten Epidermiszellen diffundieren und die Verhornung verzögern.

Anfänge, die Oxone als Systemfaktoren zu betrachten, sind vorhanden.
Einige Gesichtspunkte bei der Behandlung derartiger Fragen bringt die
Arbeit von Hirsch über die Dynamik organischer Strukturen (80a).

2. Über die mikroskopisch sichtbaren Äußerungen der Zelltätigkeit.

Darstellung einer funktionellen Zellmorphologie.

Von

GÜNTER WALLBACH, Berlin.

Mit 15 Abbildungen.

Schrifttum [1].

1. ABDERHALDEN, EMIL: Die Resorption des Eisens, sein Verhalten im Organismus und seine Ausscheidung. Z. Biol. **39**.
2. — Assimilation des Eisens. Z. Biol. **39**.
3. — Die Beziehungen des Eisens zur Blutbildung. Z. Biol. **39**.
4. ADLER, L.: Über helle Zellen in der menschlichen Leber. Beitr. path. Anat. **35**.
5. ADLER, H. u. F. REIMANN: Beitrag zur Funktionsprüfung des reticuloendothelialen Apparates. Z. exper. Med. **47**.
6. AFANASSIEFF, NICOLAUS: Über anatomische Veränderungen der Leber während verschiedener Tätigkeitszustände. Pflügers Arch. **30**.
6a. AKIBA, RYNICKI: Über Wucherung der Reticuloendothelien in Milz und Lymphknoten und ihre Beziehung zu leukämischen Erkrankungen. Virchows Arch. **260**.
7. ALBRECHT, ALBERT: Zur Morphologie der Monocyten. Fol. haemat. (Lpz.) Arch. **28**.
8. ALBRECHT, EUGEN: Pathologie der Zelle. Erg. Path. **7**.
9. — Pathologie der Zelle. Erg. Path. **6** (1899).
10. ALFEJEW, SOPHIE: Die embryonale Histogenese der Zellformen des lockeren Bindegewebes der Säugetiere. Fol. haemat. (Lpz.) Arch. **30**.
11. ALMQUIST, ERNST: Zur Phagocytose. Z. Hyg. **31**.
12. ALTMANN, RICHARD: Die Elementarorganismen und ihre Beziehungen zu den Zellen. Leipzig 1894.
13. AMAKO, FUJIRO: Studien über die Funktion des Reticuloendothelialsystems. I. Mitt. Über Immunkörperbildung. II. Mitt. Über Blutabbau. Proc. imp. Acad. Tokyo **3**.
14. D'AMATO, LUIGI: Über experimentelle, vom Magendarmkanal aus hervorgerufene Veränderungen der Leber und über die dabei gefundenen Veränderungen der übrigen Bauchorgane. Virchows Arch. **187**.
15. ANITSCHKOFF, N.: Über experimentelle Atherosklerose der Aorta beim Meerschweinchen. Beitr. path. Anat. **70**.
16. — Über die Bedeutung der verschiedenen Gewebe bei der Verteilung der Farbstoffe im Organismus. Verh. russ. path. Ges. Leningrader Abt. 1926. Zbl. Path. **40**.
17. — Experimentelle Untersuchungen über die Neubildung des Granulationsgewebes im Herzmuskel. Beitr. path. Anat. **55**.
18. — Untersuchungen über die histologische Struktur und Histogenese des Mäusecarcinoms. Beitr. path. Anat. **52**.
19. — Über Quellungs- und Schrumpfungserscheinungen an Chrondriosomen. Arch. mikrosk. Anat. **97**.
20. ANSELMINO, K. J.: Reaktive Veränderungen des Knochenmarkes bei septischen Erkrankungen. Virchows Achr. **262**.
21. ANTHEN, EMIL: Über die Wirkung der Leberzelle auf das Hämoglobin. Inaug.-Diss. Dorpat 1889.
22. ANTHES, HELMUT: Über den Durchtritt corpusculärer Elemente durch die Milzkapsel. Experimentelle Untersuchungen an der Milz des Meerschweinchens. Z. exper. Med. **59**.

[1] Die vom Verfasser nachträglich eingefügte Literatur ist als besonderes Alphabet mit den fortlaufenden Nummern 1150—1215 auf Seite 790—792 zusammengefaßt.

23. ANTHONY, A. J.: Über Durchblutungsversuche der Lunge mit corpusculären Elementen. Z. exper. Med. **63**.

24. APOLANT, HUGO: Über einige histologische Ergebnisse der experimentellen Krebsforschung. Arch. mikrosk. Anat. **78**.

25. — I. Referat über die Genese des Carcinoms. Verh. dtsch. path. Ges. **12**.

26. ARNDT, HANS-JOACHIM: Vergleichend morphologische und experimentelle Untersuchungen über den Kohlehydrat- und Fettstoffwechsel der Gewebe. Beitr. path. Anat. **79**.

26a. — Zur Kenntnis des Cholesterinstoffwechsels. Z. exper. Med. **54**.

27. ARNOLD, JULIUS: Über Teilungsvorgänge an den Wanderzellen, ihre progressiven und regressiven Metamorphosen. Arch. mikrosk. Anat. **30**.

28. — Siderofere Zellen und die Granulalehre. Anat. Anz. **43**.

29. — Das Plasma der somatischen Zellen im Lichte der Plasmosomen-Granulalehre und der Mitochondrienforschung. Anat. Anz. **43**.

30. ASHER, LÉON: Innere Sekretion und Phagocytose, zugleich ein Beitrag zur Konstitutionserforschung. Klin. Wschr. **1924**, 8.

31. ASCHOFF, L.: Die lymphatischen Organe. Beih. zur Med. Klin. **1926**, M. 1.

32. — Virchows Lehre von den Degenerationen (passiven Vorgängen) und ihre Weiterentwicklung. Virchows Arch. **235**.

33. — Das reticuloendotheliale System. Erg. inn. Med. **26**.

34. — Bemerkungen zur Physiologie des Lungengewebes. Z. exper. Med. **50**.

35. — Über die natürlichen Heilungsvorgänge bei der Lungenphthise. Verh. dtsch. Ges. inn. Med. **33** (1921).

36. ASCHOFF, L. u. KIYONO: Zur Frage der großen Mononucleären. Fol. haemat. (Lpz.) Arch. **15**.

37. ASKANAZY, MAX: Knochenmark. HENKE-LUBARSCHs Handbuch der speziellen pathologischen Anatomie und Histologie, Bd. 1, 2.

38. AUER: Local autoinoculation of the sensitinedet organisme with foreigne protein as a cause abnormal reactions. J. of exper. Med. **32**.

39. AWROROW, P. P. u. A. D. TIMOFEJEWSKY: Kultivierungsversuche von leukämischem Blut. Virchows Arch. **216**.

40. BABES, A.: Gaucherähnliche Milzveränderungen bei Teerpinselungen der Kaninchenhaut. Virchows Arch. **272**.

41. BÄCHER, St.: Über Beeinflussung der Phagocytose durch normales Serum. Z. Hyg. **56**.

42. BARFURTH, DIETRICH: Regeneration und Involution 1902. Erg. Anat. **12**.

43. BAIL, O.: Die Infektiosität von Bakterien. Z. exper. Med. **50**.

44. BAKACZ, GEORG: Ein Beitrag zur Lehre von den tuberkulösen Riesenzellen. Virchows Arch. **260**.

45. BALAN, N. P.: Der Einfluß der experimentellen Phosphorvergiftung auf das Fettgewebe. Beitr. path. Anat. **76**.

46. BALLOWITZ, E.: Über Kernarrosion und Kernfensterung unter dem Einfluß der Zellsphäre. Virchows Arch. **160**.

47. BALO, JOSEF: Die Wirkung der Luftverdünnung auf das Blut und die blutbildenden Organe. Z. exper. Med. **59**.

48. BANG, IVAR u. EINAR SJÖVALL: Studien über Chrondriosomen unter normalen und pathologischen Bedingungen. Beitr. path. Anat. **63**.

49. BANTI, G.: Über Morbus Banti. Fol. haemat. (Lpz.) Arch. **10**.

49a. — Splenomegalie mit Lebercirrhose. Beitr. path. Anat. **24**.

50. BARBANO, CARLO: Die lokale Eosinophilie. Virchows Arch. **217**.

51. BARTA, J.: Die toxisch-degenerativen Veränderungen der Leukocyten und das Hämogramm. Z. klin. Med. **111**.

52. BASHFORD, E. E.: Das Krebsproblem. Dtsch. med. Wschr. **1913**, Nr 1 u. 2.

53. BASHFORD, E. F. u. J. A. MURRAY u. M. HAALAND: Ergebnisse der experimentellen Krebsforschung. Berl. klin. Wschr. **1907**, Nr 38 u. 39.

54. BASILEIOS, PHOTAKIS: Studien über die Markzellengenese bei der Bildung des roten Markes der Röhrenknochen bei anämischen Zuständen. Virchows Arch. **219**.

55. BASLER, ADOLF: Über Ausscheidung und Resorption in der Niere. Pflügers Arch. **112**.

56. BAUER, THEODOR u. JULIUS FLEISSIG: Zur Frage des Fremdkörpergranulationsgewebes. Virchows Arch. **217**.

57. BAUMGARTEN, v.: Über die pathologisch-histologische Wirkung und Wirksamkeit des Tuberkelbacillus. Verh. dtsch. path. Ges. **4**.

94   GÜNTER WALLBACH: Über die mikroskopisch sichtbaren Äußerungen der Zelltätigkeit.

58. BAUMGARTEN, v.: Über die bindegewebsbildende Fähigkeit des Blutgefäßendothels.
     Verh. dtsch. path. Ges. **6**.
59. BECKER, J.: Zur Ausbildung und Leistung des reticuloendothelialen Systems im
     jugendlichen Körper. Z. exper. Med. **61**.
60. — Experimentelle Studien über die mesenchymalen Abwehrleistungen des jungen
     Organismus. Krkh.forschg **5**.
61. BEERMANN, GOTTFRIED: Über die Infektion von Knochenmarkskulturen jugendlicher
     und ausgewachsener Meerschweinchen mit Staphylococcus pyogenes aureus.
     (Untersuchungen zur experimentellen Osteomyelitis). Arch. exper. Zellforschg **1**.
62. BEITZKE, H. u. O. BREIDENBACH: Über Resorption corpusculärer Elemente von der
     Bauchhöhle aus. Z. exper. Med. **33**.
63. BENDA, C.: Die Mitochondria. Erg. Anat. **12**.
63a. — Die Bedeutung der Zelleibstruktur für die Pathologie. Verh. dtsch. path. Ges.
     17. Tagg 1914.
64. BENDA, ROBERT: Das reticuloendotheliale System in der Schwangerschaft. Eine
     experimentell-klinische Studie. Berlin-Wien 1927.
65. BENNINGHOFF, ALFRED: Beobachtungen über Umformungen der Bindegewebszellen.
     Arch. mikrosk. Anat. u. Entw.mechan. **99**.
66. BERBERICH: Der Einfluß von Stoffwechselveränderungen auf die Wundheilung. Med.
     biol. Abend der med. Fakultät Frankfurt a. M. Klin. Wschr. **1929**.
67. BERBLINGER, W.: Zur Histologie der örtlichen Gewebveränderung nach Kreuzotter-
     biß beim Menschen. Beitr. path. Anat. **80**.
68. BERENCSY, GABRIEL, VON: Histologische und experimentelle Beiträge zur Kenntnis
     der Naphtholvergiftung. Frankf. Z. Path. **30**.
69. BERG, W.: Über funktionelle Leberzellstrukturen II. Das Verhalten des Fettes in
     der Leber von Salamandra maculata unter verschiedenen Bedingungen der
     Jahreszeit und der Ernährung. Arch. mikrosk. Anat. 1926.
70. — Sind die Schollen des in den Leberzellen gespeicherten Eiweißes vital prä-
     formierte Gebilde? Pflügers Arch. **194**.
71. — Über die Anwendung der Ninhydrinreaktion auf mikroskopische Präparate zum
     Nachweis niederer Eiweißkörper: 1. In den Leberzellen (gespeichertes Eiweiß);
     2. im Blut. Pflügers Arch. **195**.
72. — Über die Anlage und Entwicklung des Fettgewebes beim Menschen. Z. Morph.
     u. Antrop. **13**.
73. — Über den mikroskopischen Nachweis der Eiweißspeicherung in der Leber. Biochem.
     Z. **61**.
74. BETHE, A.: Einfluß der H-Ionenkonzentration auf die Permeabilität toter Mem-
     branen. Pflügers Arch. **127**.
75. BETTMANN, S.: Über den Einfluß des Arseniks auf das Blut und das Knochen-
     mark des Kaninchens. Beitr. path. Anat. **23**.
76. BICKHARDT, KURT: Über morphologische Befunde bei Entzündungsvorgängen in
     Fällen von Leukämie. Fol. haemat. (Lpz.) Arch. **32**.
77. BIEDL, ARTHUR u. ALFRED VON DECASTELLO: Über Änderungen des Blutbildes nach
     Unterbrechung des Lymphzuflusses. Pflügers Arch. **86**.
78. BIELING, R. u. S. ISAAC: Exerimentelle Untersuchungen über intravitale Hämolyse.
     I. Der Mechanismus der intravitalen Hämolyse nach Injektion von hämolytischem
     Immunserum. Z. exper. Med. **25**.
79. — Experimentelle Untersuchungen über intravitale Hämolyse II. Der Verlauf der
     intravitalen Hämolyse nach Milzestirpation. Z. exper. Med. **26**.
80. — Experimentelle Untersuchungen über intravitale Hämolyse III. Der Mechanismus
     der Ausscheidung artfremder und vergifteter arteigener Blutkörperchen. Z. exper.
     Med. **28**.
81. — Experimentelle Untersuchungen über intravitale Hämolyse IV. Die Bedeutung
     des Reticuloendothels. Z. exper. Med. **28**.
82. — Experimentelle Untersuchungen über intravitale Hämolyse V. Begleiterscheinungen
     der intravitalen Hämolyse. Z. exper. Med. **35**.
83. BIERSTEIN, R. M. u. A. M. RABINOWITSCH: Die phagocytäre Fähigkeit der Leuko-
     cyten bei Kaninchen mit veränderter Blutdrüsencorrelation. Klin. Wschr. **1925**,
     2013.
84. BINZ, C.: Über das Verhalten der Auswanderung farbloser Blutzellen zum Jodo-
     form. Virchows Arch. **89**.

85. BIONDI, CESARE: Experimentelle Untersuchungen über die Ablagerung von eisenhaltigem Pigment in den Organen infolge Hämatolyse. Beitr. path. Anat. **18**.

86. BISCHOFF, SIEGFRIED: Experimentelle Untersuchungen über die Reaktion des lymphatischen Apparates der Milz bei Hunger, Infektion mit Paratyphus Breslau und bei Blutverlusten. Beitr. path. Anat. **83**.

87. BLEICHRÖDER, F.: Über Lebercirrhose und Blutkrankheiten. Virchows Arch. **177**.

88. BLUMENREICH, LUDWIG u. MARTIN JAKOBY: Über die Bedeutung der Milz bei künstlichen und natürlichen Infektionen. Z. Hyg. **29**.

89. BLUMENTHAL, R. u. P. MORAWITZ: Experimentelle Untersuchungen über posthämorrhagische Anämien und ihre Beziehungen zur aplastischen Anämie. Dtsch. Arch. klin. Med. **92**.

90. BLOOM, W.: Über die Verwandlung der Lymphocyten der Lymphe des Ductus thoracicus des Kaninchens in Polyblasten (Makrophagen) in Gewebskulturen. Zbl. Path. **40**.

91. BLOOM, WILLIAM: Über die Monocytenfrage. Klin. Wschr. **8**.

92. BLUM, ROBERT: Zur Frage der Leberregeneration, „insbesondere der schlauchartigen Bildungen" bei Leberatrophie. Beitr. path. Anat. **72**.

93. BÖHMIG, R.: Das Krebsstroma und seine morphologischen Reaktionsformen. Beitr. path. Anat. **83**.

94. BOCK, ERICH: Zum Problem der Gallenfarbstoffbildung und des Ikterus. Klin. Wschr. **1924**, 14 u. 15.

95. BOERNER-PATZELT, D.: Zur Kenntnis der intravitalen Speicherung von Ferrum oxydatum saccharatum. Arch. mikrosk. Anat. **102**.

96. — u. A. GÖDEL u. F. STANDENATH: Das Reticuloendothel. Leipzig 1925.

97. BOLT, N. A. u. P. A. HEERES: Der Einfluß der Milz auf die roten Blutkörperchen I. Klin. Wschr. **1922**, 1795.

98. BORCHARDT, HAROLD: Beitrag zur Frage der Gewächse mit leukämischem Blutbild. Verh. dtsch. path. Ges. **22**.

99. BORGER u. GROLL: Die individuellen Schwankungen des Sauerstoffverbrauches des überlebenden normalen und entzündeten Gewebes. Krkh.forschg **3**.

100. BORRISOWA, A.: Beiträge zur Kenntnis der BANTIschen Krankheit und Splenomegalie. Virchows Arch. **172**.

101. BORST, M.: Echte Geschwülste in ASCHOFFS Lehrbuch der pathologischen Anatomie. Jena 1921.

102. BORST, MAX: Neue Experimente zur Fremdkörpereinheilung. Verh. dtsch. path. Ges. **2**.

103. BRACK, FRIEDRICH: Über Bindegewebsmastzellen im menschlichen Organismus. Fol. haemat. (Lpz.) Arch. **31**.

104. BRANDSBURG, BORIS: Zur Frage der Milzregeneration. Z. exper. Med. **57**.

105. BRASS, HANS: Über physiologische Pigmentablagerung in den Capillarendothelien des Knochenmarkes. Arch. mikrosk. Anat. **82**.

106. BRICKER, F. u. A. TSCHARNY: Zur Lehre von der Entzündung. Krkh.forschg **4**.

107. BRÖTZ, WILHELM: Die von KUPFFERschen Sternzellen und ihr Verhalten gegenüber kolloidalen Metallen. Inaug.-Diss. Marburg 1909.

108. BRÜDA, E. BOTHO: Zur Bedeutung des Reticuloendothels für das Krebsproblem. Verh. dtsch. path. Ges. **24**.

109. BRUGSCH, THEODOR u. K. KAWASHIMA: Der Einfluß von Hämatopophyrin, Hämin und Urobilin auf die Gallenfarbstoffbildung (Zur Frage des Gallenfarbstoffwechsels). Z. exper. Path. u. Ther. **8**.

109a. — u. YOSHIMOTO: Zur Frage der Gallenfarbstoffbildung aus Blut II. Z. exper. Path. u. Ther. **8**.

110. BÜNGELER: Experimentelle Untersuchungen über die Monocyten des Blutes und ihre Genese aus dem Reticuloendothel. Verh. dtsch. path. Ges. **21**.

110a. BÜNGELER, W. u. A. WALD: Beiträge zur Herkunft der polymorphkernigen Leukocyten. V. Mitt. Die Bedeutung der KUPFFERschen Sternzellen bei der Entzündung. Virchows Arch. **270**.

111. BÜNGNER, OTTO, VON: Über die Einheilung von Fremdkörpern unter Einwirkung chemischer und mikroparasitärer Schädlichkeiten. Beitr. path. Anat. **19**.

112. BURMEISTER, J.: Über unspezifische Protoplasma-Inaktivierung als Heilfaktor, unter besonderer Berücksichtigung der Calciumtherapie. Z. klin. Med. **95**.

113. BUSCH, CHR.: Über die Resorbierbarkeit einiger organischer Eisenverbindungen. Arb. pharmakol. Inst. Dorpat 1 (1888).

114. BUSSE: Auftreten und Bedeutung der Rundzellen bei den Gewebskulturen. Virchows Arch. **229**.
115. BUSSE, OTTO: Über die Heilung aseptischer Schnittwunden der menschlichen Haut. Virchows Arch. **34**.
116. — Welcher Art sind die Rundzellen, die bei den Gewebskulturen auftreten? Virchows Arch. **239**.
116a. BUTTERFIELD, E. E.: Beitrag zur Morphologie der Chloromzellen. Fol. haemat. (Lpz.) 8.
116b. — Über die ungranulierten Vorstufen der Myelocyten und ihre Bildung in Milz, Leber und Lymphdrüsen. Dtsch. Arch. klin. Med. **92**.
117. — HEINECKE, ALBERT u. ERICH MEYER: Über das Vorkommen der ALTMANNschen Granulationen in den weißen Blutzellen. Fol. haemat. (Lpz.) 8.
118. BYKOWA, OLGA: Über die Veränderungen der blutbildenden Organe unter der Einwirkung einiger Bakterien und Toxine. (Experimentelle Untersuchungen.) Virchows Arch. **265**.
119. — Über die Veränderung einiger blutbildender Organe bei Typhus recurrens. Virchows Arch. **260**.
120. CAHN-BRONNER, C. E.: Über das Verhalten der Eiweißspeicherung in der Leber bei enteraler und parenteraler Zuführung von verschiedenen Eiweißprodukten. Biochem. Z. **66**.
121. CARRARO, ARTURO: Über Regeneration in der Leber. Virchows Arch. **195**.
122. CASPARI, W.: Studien zur Geschwulstimmunität. II. Mitteilung. Kann man mit abgeschwächtem Tumormaterial gegen Nachimpfung immunisieren? Z. Krebsforschg **21**.
123. CATSARAS, JOH.: Beitrag zur Frage über die infektiös-toxische Natur der leukämischen Erkrankungen. Virchows Arch. **249**.
124. CHALATOW, S. S.: Die anisotrope Verfettung im Lichte der Pathologie des Stoffwechsels. (Die Cholesterindiathese.) Jena 1922.
125. CHASSEL, HANS: Beiträge zur Herkunft der polymorphkernigen Leukocyten III. Weitere Untersuchungen über Leukocytenentstehungen aus Bindegewebszellen. Virchows Arch. **270**.
126. CHASSIN, SARA: Neue Untersuchungen über die Ausscheidung von Farbstoffen durch die Niere vom Frosch. Inaug.-Diss. Berlin 1911.
127. CHEVALLIER, PAUL: Die Milz als Organ der Assimilation des Eisens. Virchows Arch. **217**.
128. CHIARI, H.: Über Leberveränderungen bei Gelbfieber. Beitr. path. Anat. **73**.
129. CHILD, C. M.: Amitosis as a Faktor in normal and regulatory Growth. Anat. Anz. **30**.
130. CHLOPIN, NIKOLAUS, G.: Studien über Gewebskulturen im artfremden Blutplasma. I. Allgemeines. II. Das Bindegewebe der Wirbeltiere. Z. mikrosk.-anat. Forschg 2.
131. — Über „in vitro"-Kulturen der embryonalen Gewebe der Säugetiere. Arch. mikrosk. Anat. **96**.
132. — Über in vitro-Kulturen von Geweben der Säugetiere, mit besonderer Berücksichtigung des Epithels I. Kulturen der Submaxillaris. Virchows Arch. **243**.
133. — u. ANNA, L. CHLOPIN: Studien über die Gewebskulturen im artfremden Blutplasma III. Die Histogenese in den Explantaten der blutbildenden Organe des Axolotls. Arch. exper. Zellforschg 1.
134. CHRISTELLER, ERWIN u. GEORG EISNER: Über die Verteilung arteigener, in die Blutbahn transplantierter Leukocyten im Organismus und ihre Bedeutung für die Entzündung. Beitr. path. Anat. **81**.
135. — u. RODOLFO SAMMARTINO: Über den histochemischen Nachweis des Quecksilbers in den Organen. Z. exper. Med. **60**.
136. CHRISTOMANOS, ANTON, A.: Das Schicksal der roten Blutkörperchen bei der Hämoglobinurie. Virchows Arch. **156**.
137. CHUMA, M. u. K. GUJO: Eine histologische Untersuchung über das Leprom mittels Vitalfärbung. Virchows Arch. **240**.
138. CLASING, CARL: Über den Abbau der Bluthistiocyten. Virchows Arch. **277**.
139. CLOETTA, M.: Über die Resorption des Eisens in Form von Hämatin und Hämoglobin im Magen und Darmkanal. Arch. f. exper. Path. **37**.

140. COHN, ERNST: Die von KUPFFERschen Sternzellen der Säugetierleber und ihre Darstellung. Beitr. path. Anat. **36**.
141. CORDUA, HERMANN: Über den Resorptionsmechanismus von Blutergüssen. Berlin 1877.
141a. COWDRY, E. V.: The Reactions of Mitochondria to Cellular Injury. Arch. Path. a. Labor. Med. **1** (1926).
141b. — The Value of the Study of Mitochondria on Cellular Pathology. Ann. Samuel G. Gross Lecture of the Philadelphia Soc. **1923**.
142. CRAMER, H.: Studien zur biologischen Wirkung der Röntgenstrahlen. Über die mittelbare Wirkung (Proteinkörperwirkung) der Röntgenstrahlen und Radiumstrahlen als Vorgang der Verdauung und Ausscheidung von untergehendem Zellmaterial mit einem Hinweis auf die Ätiologie des Röntgen- und Reizcarcinoms als Ausscheidungskrankheit der Haut und der Schleimhaut. Strahlenther. **28**.
143. CUNNINGHAM, SABIN u. DOAN: The Developpment of leukocytes, lymphocytes and monocytes from a spezific stemcell in adult tissue. Contrib. to Embryol. **84**.
144. — The differentiation of two distinct types of phagocytic cells in the spleen of the rabbit. Proc. Soc. exper. Biol. a. Med. **21**.
145. CZAJEWICZ, F.: Mikroskopische Untersuchungen über die Texturentwicklung, Rückbildung und Lebensfähigkeit des Fettgewebes. Arch. Anat., Physiol. u. wiss. Med. **1866**.
146. DANILEWSKY, B.: Über die blutbildende Eigenschaft der Milz und des Knochenmarkes. Pflügers Arch. **61**.
147. DANNEHL, PAUL: Über die kadaverösen Veränderungen der ALTMANNschen Granula. Virchows Arch. **128**.
148. DANTSCHAKOFF, WERA: Über die Entwicklung und Resorption experimentell erzeugter Amyloidsubstanz in den Speicheldrüsen von Kaninchen. Virchows Arch. **18**.
149. — Entwicklung des Knochenmarkes bei den Vögeln. Arch. mikrosk. Anat. **74**.
150. DAVIDSOHN: Die Rolle der Milz bei der Amyloiderkrankung. Verh. dtsch. path. Ges. **7**.
151. DECASTELLO, ALFRED VON: Über Leukopenie und kleinlymphocytäre Umwandlungen bei chronischer myeloischer Leukämie und bei Sepsis. Fol. haemat. (Lpz.) **13**.
152. DERMAN, G. L.: Experimentell-morphologische Beiträge zur Frage über die sog. „Blockade“ des reticuloendothelialen Systems. Virchows Arch. **267**.
153. DETLEFFSEN, MAX: Zur Entwicklung des histologischen Struktur des großen Netzes beim Meerschweinchen. Z. Zellforschg **9**.
154. DIECKMANN, H.: Histologische und experimentelle Untersuchungen über extramedulläre Blutbildung. Virchows Arch. **239**.
155. DIETRICH, A.: Die Reaktionsfähigkeit des Körpers bei septischen Erkrankungen in ihren pathologisch-anatomischen Äußerungen. Verh. dtsch. Ges. inn. Med. **37**.
156. — Versuche über Herzklappenentzündung. Z. exper. Med. **50**.
157. — Gewebsquellung und Ödem in morphologischer Betrachtung. Virchows Arch. **251**.
157a. — und KURT SCHRÖDER: Abstimmung des Gefäßendothels als Grundlage der Thrombenbildung. Virchows Arch. **274**.
158. DIETRICH, HANS: Die Veränderungen der Leber nach Milzexstirpation. Mitt. Grenzgeb. Med. u. Chir. **40**.
159. — u. EUGEN KAUFMANN: Die Nebennieren unter Einwirkung von Diphtherietoxin und Antitoxin. Z. exper. Med. **14—22**.
160. DOERR, R.: Allergie und Anaphylaxie. Handbuch der pathogenen Mikroorganismen von KOLLE-WASSERMANN.
161. DOMAGK, GERHARD: Die Röntgenstrahlenwirkung auf das Gewebe, im besonderen betrachtet an den Nieren. Morphologische und funktionelle Veränderungen. Beitr. path. Anat. **77**.
162. — Gewebsveränderungen nach Röntgenstrahlen. Erg. inn. Med. **33**.
163. — Untersuchungen über die Bedeutung des reticuloendothelialen Systems für die Vernichtung der Infektionserreger. Virchows Arch. **259**.
164. — Über das Auftreten von Endothelien im Blute nach Splenektomie. Virchows Arch. **249**.
165. — u. CARL NEUHAUS: Die experimentelle Glomerulonephritis. Virchows Arch. **264**.
166. DOMARUS, A. VON: Über Blutbildung in Milz und Leber bei experimentellen Anämien. Arch. f. exper. Path. **58**.

167. DOWNEY, HAL u. FRANZ WEIDENREICH: Über die Bildung der Lymphocyten in Lymphdrüsen und Milz. IX. Fortsetzung über die „Studien über das Blut und die blutbildenden und -zerstörenden Organe". Arch. mikrosk. Anat. **80**.

168. DUBOIS, MARCEL: Die Hämosiderosis bei Ernährungsstörungen der Säuglinge. Virchows Arch. **236**.

169. DUESBERG, E.: Plastosomen „Apparato reticolore interno" und Chromidialapparat. Erg. Anat. **20**.

170. DUNGERN, Freiherr EMIL VON: Die Antikörper. Resultate früherer Forschungen und neue Versuche. Jena 1903.

171. DUNGERN VON u. COCA.: Über Hasensarkome, die in Kaninchen wachsen und über das Wesen der Geschwulstimmunität. Z. Immun.forschg Orig. **2 I**.

172. DÜRCK, HERMANN: Beitrag zur Lehre von den Veränderungen und der Alters-bestimmung von Blutungen im Zentralnervensystem. Virchows Arch. **130**.

173. DÜRR, RICHARD: Bantimilz und hepatolienale Fibrose. Beitr. path. Anat. **72**.

174. EDELMANN, H.: Der Einfluß des Insulins auf den Glykogengehalt in Leber, Herz und Skeletmuskulatur. Beitr. path. Anat. **75**.

175. EHRLICH, PAUL: Über die Beziehungen von chemischer Konstitution, Verteilung und pharmakologischer Wirkung. Internat. Beitr. inn. Med. **1**. Festschrift für LEYDEN. Berlin 1902.

176. — Das Sauerstoffbedürfnis des Organismus. Berlin 1885.

177. — Beiträge zur Kenntnis der granulierten Bindegewebszellen und der eosinophilen Leukocyten. Sitzg Berl. physiol. Ges., 17. Jan. 1879. Ref. Arch. f. Physiol. **1879**.

178. EITEL, HERMANN: Ein Beitrag zum Wesen des Toluylendiaminikterus. Beitr. path. Anat. **79**.

179. ELLERMANN, V.: Histogenese der übertragbaren Hühnerleukose III. Die lympha-tische Leukose. Fol. haemat. (Lpz.) Arch. **27**.

180. ELLERMANN, WILHELM: Messung der Mitosenwinkel als Methode zur Unterscheidung verschiedener „lymphoider" Zellformen. Fol. haemat. (Lpz.) Arch. **28**.

181. — Die übertragbare Hühnerleukose (Leukämie, Pseudoleukämie, Anämie u. a.). Berlin 1918.

182. ENGEL, D. u. A. KEREKES: Beiträge zum Permeabilitätsproblem I. Mitt. Entgiftungs-studien mittels des Peritoneums als Dialysator. Z. exper. Med. **55**.

183. ENDERLEN: Histologische Untersuchungen bei experimentell erzeugter Osteomyelitis. Dtsch. Z. Chir. **52**.

184. EPPINGER, HANS: Die hepatolienalen Erkrankungen. Berlin 1920.

185. — Die Milz als Stoffwechselorgan. Verh. dtsch. path. Ges. **18**. Jena 1921.

186. — u. FRITZ STÖHR: Zur Pathologie des reticuloendothelialen Systems. Klin. Wschr. **1922**, 1543.

187. EPSTEIN, EMIL: Beitrag zur Theorie und Morphologie der Immunität. Histiocyten-aktivierung in Leber, Milz und Lymphknoten des Immuntieres (Kaninchen). Virchows Arch. **273**.

187a. — Die generalisierten Affektionen des histiocytären Zellensystems (Histiocyto-matosen). Med. Klin. **1925**, Nr 40/41.

188. ERDÉLY, A.: Untersuchungen über die Eigenschaften und die Entstehung der Lymphe. 5. Mitt. Über die Beziehungen zwischen Bau und Funktion des lymphatischen Apparates des Darmes. Z. Biol. **46**.

189. ERDMANN, RHODA: Einige grundlegende Ergebnisse der Gewebezüchtung aus den Jahren 1914—1920. Erg. Anat. **23**.

190. ERHARDT, W.: Über Phagocytose und Herkunft der phagocytierenden Zellen im anaphylaktischen Versuch, zugleich ein Beitrag für die Abstammung der Monocyten. Z. exper. Med. **58**.

191. ERNST, P.: VIRCHOWS Cellularpathologie einst und jetzt. Virchows Arch. **235**. Metaplasiefrage.

192. ERNST, PAUL: Die Degenerationen und die Nekrose (Stoffwechselstörungen, Dystro-phien). BETHES Handbuch der normalen und pathologischen Physiologie, Bd. 5.

193. — Die Pathologie der Zelle im Handbuch der allgemeinen Pathologie von KREHL-MARCHAND, Bd. 3, 1. Leipzig 1915.

194. ERNST, Z.: Untersuchungen über extrahepatogene Gallenfarbstoffbildung an über-lebenden Organen. II. Mitt. Untersuchungen an überlebender Milz, Niere und Lunge. Biochem. Z. **157**.

195. ERNST, Z. u. J. FÖRSTER: Untersuchungen über extrahepatogene Gallenfarbstoff-bildung an überlebenden Organen. III. Mitt. Untersuchungen an der überlebenden Milz von mit Phenylhydrazin vergifteten Hunden. Biochem. Z. **157**.

196. — u. B. SZAPPANYOS: Untersuchungen über extrahepatogene Gallenfarbstoff-bildung an überlebenden Organen. I. Mitt. Untersuchungen an überlebender Milz. Biochem. Z. **157**.

197. ESSER: Blut und Knochenmark nach Ausfall der Schilddrüsenfunktion. Eine klinisch-experimentelle Studie. Dtsch. Arch. klin. Med. **89**.

198. EWALD, OTTO: Die leukämische Reticuloendotheliose. Dtsch. Arch. klin. Med. **142**.

198a. EWALD. WILHELM: Zur Morphologie der Immunitätsreaktionen mit besonderer Berücksichtigung des Gefäßendothels. Beitr. path. Anat. **83**.

199. FAHR, TH.: Kurze Bemerkungen über Albuminurie, Nephrose und vasculäre Nephritis. Beitr. path. Anat. **69**.

200. — Lymphatischer Portalring und Hämoglobinstoffwechsel. Virchows Arch. **246**.

201. — Über vergleichende Lymphdrüsenuntersuchungen mit besonderer Berücksichtigung der Drüsen am Leberhilus (lymphatischer Portalring). Virchows Arch. **247**.

201a. — Beiträge zur Pathologie des Knochenmarkes und der mit Blutbildung und Hämo-globinstoffwechsel zusammenhängenden Vorgänge. Virchows Arch. **275**.

202. FALK, WALTER: Beiträge zur Herkunft der polymorphkernigen Leukocyten I. Über die Entstehung von Leukocyten aus Gefäßendothelien und im Entzündungsherd. Virchows Arch. **268**.

203. FANO DA: Celluläre Analyse der Geschwulstimmunitätsreaktionen. Z. Immun.forschg **5**.

204. FEITIS, HANS: Über multiple Nekrosen in der Milz (Fleckmilz). Beitr. path. Anat. **68**.

205. FELDT, ADOLF u. ALIX SCHOTT: Die Rolle des Reticuloendothels beim chemo-therapeutischen Heilungsvorgang. Z. Hyg. **107**.

206. FERINGA, K. J.: Über die Ursachen der Emigration der Leukocyten III. Die Herkunft der Exsudatleukocyten. Pflügers Arch. **200**.

207. FISCHELSOHN, J.: Über die Resorptionswege des in die Bauchhöhle ergossenen Blutes. Eine experimentelle Nachforschung. Z. exper. Med. **55**.

208. FISCHER, A.: Gewebezüchtung. Handbuch der Biologie der Gewebezellen in vitro. München 1927.

209. FISCHER, ALBERT: Umwandlung von Fibroblasten zu Makrophagen. Arch. Zellforschg **3**.

210. — u. HANS LASER. Studien über Sarkomzellen in vitro. Arch. Zellforschg **3**.

211. FISCHER, BERNHARD: Experimentelle Untersuchungen über die blasige Entartung der Leberzelle und die Wasservergiftung der Zelle im allgemeinen. Frankf. Z. Path. **28**.

212. FISCHER, HEINRICH: Myeloische Metaplasie und fetale Blutbildung. Berlin 1910.

213. FISCHER, M. H.: Das Ödem. Dresden 1910.

214. FISCHER, OTTO: Über die Herkunft der Lymphocyten in den ersten Stadien der Ent-zündung. Beitr. path. Anat. **45**.

215. FISCHER, WALTHER: Die Reaktion in der Umgebung bösartiger Geschwülste. Verh. dtsch. path. Ges. **24**.

216. — Über die lokale Anhäufung eosinophil gekörnter Leukocyten in den Geweben, besonders beim Krebs. Beitr. path. Anat. **55**.

217. FISCHLER, FRANZ: Physiologie und Pathologie der Leber. Berlin 1925.

218. FLEISCHMANN, W.: Gibt es eine Wirkung des Lichtes auf die Phagocytose? Pflügers Arch. **210**.
— Zur Frage der Beeinflussung der Phagocytose durch das Hormon der Schild-drüse. Pflügers Arch. **215**.

219. FLEISCHMANN, WALTHER: Die physiologischen Lebenserscheinungen der Leukocyten-zelle. Erg. Physiol. **27**.

220. FLEMMING, W.: Über Bildung und Rückbildung der Fettzelle im Bindegewebe und Bemerkungen über die Struktur des letzteren. Arch. mikrosk. Anat. **7**.

221. FRÄNKEL, ERNST u. KARL GRUNENBERG: Experimentelle Untersuchungen über die Rolle der Leber und des reticuloendothelialen Apparates bei der Agglutinin-bildung. Z. exper. Med. **41**.

222. FRANCO, ENRICO EMILIO: Sulla atrofia con proliferazione del tessuto adiposo. Arch. mikrosk. Anat. u. Entw.mechan. **32**.

223. FREIDSOHN, A.: Zur Morphologie des Amphibienblutes. Zugleich ein Beitrag zur Lehre von der Differenzierung der Lymphocyten. VIII. Fortsetzung der „Studien über das Blut und die blutbildenden und zerstörenden Organe". Arch. mikrosk. Anat. **75**.

224. Freifeld, Helenf: Morphologische Blutuntersuchungen mit einer modifizierten Schridde-Altmannschen Färbung. Inaug.-Diss. Zürich 1909.

225. Frenkell, Georg: Experimentelle Studien zur Frage der hämolytischen Funktion der Milz. I. Über den Einfluß der Milz und der Leber auf die Resistenz der Erythrocyten. Z. exper. Med. 54.

226. — u. V. N. Nekludow: Experimentelle Studien zur Frage der hämolytischen Funktion der Milz. II. Mitt. Über quantitative Wechselbeziehungen des Cholesteringehaltes der Venen des hepatolienalen Systems. Z. exper. Med. 61.

227. — u. Max Pinchassik: Experimentelle Studien zur Frage der hämolytischen Funktion der Milz. V. Mitt. Über die Adrenalinreaktion im Lichte der hämolytischen Funktion der Milz. Z. exper. Med. 63.

228. — u. Anna Ginsburg: Erythropoese in Kulturen in vitro von Kaninchennebennieren. Z. exper. Zellforschg 4.

229. Frenzel, Johann: Zur Bedeutung der amitotischen (direkten) Kernteilung. Biol. Zbl. 11.

230. Frenzel, Johannes: Zellvermehrung und Zellersatz. Biol. Zbl. 13.

231. Freudweiler, Max: Experimentelle Untersuchungen über das Wesen der Gichtknoten. Dtsch. Arch. klin. Med. 63.

232. Freund, Franz: Zur Histobiologie der myeloischen Leukämie bei Röntgenbehandlung. Virchows Arch. 269.

233. Freund, R.: Zum biologischen Nachweis von Bayer 205 im Organismus. Dtsch. med. Wschr. 1925, 1861.

234. Frey, Eugen: Über die Blutkörperchen zerstörende Tätigkeit der Milz. Dtsch. Arch. klin. Med. 133.

235. Frey, Hans, C.: Das Verhalten der Megakaryocyen im menschlichen Knochenmark und deren Beziehungen zum Gesamtorganismus. Frankf. Z. Path. 36.

236. Freytag, Friedrich: Beziehungen der Milz zur Reinigung und Regeneration des Blutes. Pflügers Arch. 120.

237. Fröhlich, A.: Über lokale gewerbliche Anaphylaxie. Inaug.-Diss. Jena 1914.

238. Frumkin, Simon: Beiträge zur Kenntnis der Morphologie und der genetischen Beziehungen der großen mononucleären Leukocyten, sowie ihre klinische Bedeutung in diagnostischer Hinsicht. Fol. haemat. (Lpz.) Arch. 10.

239. Fuchs, Robert: Beiträge zur Herkunft der polymorphkernigen Leukocyten. II. Über Leukocytenentstehung aus Bindegewebszellen. Virchows Arch. 268.

240. Fukuhara, Y.: Zur Kenntnis der Wirkung der hämolytischen Gifte im Organismus. Beitr. path. Anat. 35.

241. Gabbi, Umberto: Über die normale Hämatolyse, mit besonderer Berücksichtigung der Hämatolyse in der Milz. Beitr. path. Anat. 14.

242. Gambaroff, Gabriel: Untersuchungen über hämatogene Siderosis der Leber, ein Beitrag zur Arnoldschen Granulalehre. Virchows Arch. 188.

243. Gawrilow, Raphael: Die Morphologie des weißen Blutbildes bei enteraler Sensibilisation und Anaphylaxie. Virchows Arch. 265.

244. Gaza, W. von: Die Aktivierung des Mesenchyms. Zugleich ein Beitrag zur örtlichen Vitalfärbung maligner Tumoren des Menschen. Klin. Wschr. 1925, 745.

245. Genkin, J. J. u. J. D. Dmitruk: Über die Reaktion des Lebergewebes auf pathologische Prozesse in der Gallenblase. Z. exper. Med. 56.

246. Gerhardt, Dietrich: Über Leberveränderungen nach Gallengangsunterbindung. Arch. f. exper. Path. 30.

247. Gerlach, W.: Studien über die hyperergische Entzündung. Virchows Arch. 247.

248. Gerlach, Werner: Neue Versuche über hyperergische Entzündung. Verh. dtsch. path. Ges. 20.

249. — Reticuloendothel und Leukocyten. Virchows Arch. 247.

250. — Zur Frage mesenchymaler Reaktionen IV. Die morphologisch faßbaren biologischen Abwehrvorgänge in den inneren Organen normergischer und hyperergischer Tiere, insbesondere in der Milz und Leber. Krkh.forschg 6.

251. — Zur Granulocytenfrage. Dtsch. med. Wschr. 1927, Nr 34.

252. — u. W. Finkeldey: Zur Frage mesenchymaler Reaktionen II. Die morphologisch faßbaren biologischen Abwehrvorgänge in der Lunge verschieden hochsensibilisierter Tiere. Krkh.forschg 6.

253. — u. W. Haase: Zur Frage mesenchymaler Reaktionen III. Der Oellersche Hämoglobinversuch. Eine Nachprüfung und Erweiterung. Krkh.forschg 6.

254. GERLACH, WERNER u. A. JORES: Die Herkunft der Exsudatleukocyten bei der akuten Entzündung. Virchows Arch. **267**.

254a. — Der Fremdblutabbau bei neugeborenen und jugendlichen normergischen und allergischen Meerschweinchen. Virchows Arch. **275**.

255. GESSLER, K.: Über die Gewebsatmung bei der Entzündung. Arch. f. exper. Path. **91**.

256. GHON, A. u. B. ROMAN: Über das Lymphosarkom. Frankf. Z. Path. **19**.

257. — Über pseudoleukämische und leukämische Plasmazellen-Hyperplasie. Fol. haemat. (Lpz.) Arch. **15**.

258. GIERKE, E. VON: Über granulierend-produktive Myokarditis mit Regeneration von Herzmuskelfasern. Beitr. path. Anat. **69**.

259. GIL y GIL: Die Immunität im Nierenepithelgewebe. Beitr. path. Anat. **72**.

260. GLAEVECKE: Über subcutane Eiseninjektionen. Arch. f. exper. Path. **17**.

261. GLANZMANN: Über Lymphogranulomatose, Lymphosarkomatose und ihre Beziehung zur Leukämie. Dtsch. Arch. klin. Med. **118**.

262. GLASS, VINCENZ: Die Milz als blutbildendes Organ. Inaug.-Diss. Dorpat 1889.

263. GLOOR, WALTHER: Die klinische Bedeutung der qualitativen Veränderungen der Leukocyten. Leipzig 1929.

264. GOHRBANDT, P.: Experimentelle Untersuchungen über die Veränderungen der Milz bei Bauchfellentzündung. Virchows Arch. **272**.

265. GOLDBERG, M.: Zur Frage der Verfettung. Beitr. path. Anat. **73**.

266. GOLDMANN, E.: Die äußere und die innere Sekretion des gesunden und des kranken Organismus. Bruns' Beitr. **64**.

267. — Der Verdauungsvorgang im Lichte der vitalen Färbung. Verh. 30. Kongr. inn. Med.

268. — Die äußere und die innere Sekretion im Lichte der vitalen Färbung des gesunden und des kranken Organismus. Bruns' Beitr. **64**.

269. GOLDMANN, E. EDWIN: Studien zur Biologie der bösartigen Neubildungen. Bruns' Beitr. **72**.

270. GOLDMANN, J.: Oxydase der Leukocyten und deren Widerstandsfähigkeit in verschiedenen Leukocytenarten. Ž. éksper. Biol. i Med. (russ.) **9**.

271. GOLDSCHEIDER, A. u. JAKOB: Über die Variationen der Leukocytose. Z. klin. Med. **25**.

272. GOLDSCHMIDT, E. K. u. S. ISAAC: Endothelhyperplasie als Systemerkrankung des hämopoetischen Apparates. Dtsch. Arch. klin. Med. **138**.

273. GOLDZIEHER, M. u. MAKAI: Regeneration, Transplantation und Parabiose. Erg. Path. **16**.

274. GORDON, L.: Untersuchungen über die Spindelzellen im Blut von Tieren mit kernhaltigen roten Blutzellen, ihre eigentliche Gestalt, Abstammung und funktionelle Bedeutung. Virchows Arch. **262**.

275. GORKE, H. u. G. TÖPPICH: Untersuchungen über die Beeinflussung experimentell erzeugter chronischer Lungentuberkulose des Kaninchens mittels des Goldpräparates „Krysolgan" und durch Röntgenbestrahlungen. Beitr. Klin. Tbk. **53**.

276. GOSSMANN, H. P.: Zur Morphologie des Lymphknotens in ihrer Beziehung zur Funktion. Untersuchungen an den Leberpfort- und Gekröselymphknoten. Virchows Arch. **272**.

277. GOTTLIEB, R.: Über die Ausscheidungsverhältnisse des Eisens. Z. physiol. Chem. **15**.

278. GRÅBERG, ERIK: Die Lokalisation der miliaren Tuberkelknoten in der Milz beim Menschen. Virchows Arch. **260**.

279. GRAEFF, S.: Intracelluläre Oxydation und Nadireaktion (Indophenolblausynthese). Beitr. path. Anat. **70**.

280. — Knollenblätterschwamm-(Extrakt)-Vergiftung beim Tier. Verh. dtsch. path. Ges. **22**.

281. GRÄFF, SIEGFRIED: Die Naphtholblau-Oxydasereaktion der Gewebszellen. Nach Untersuchungen am unfixierten Präparat. Frankf. Z. Path. **11**.

282. GRASSHEIM, K.: Neue Untersuchungen zur Frage der Gewebsatmung. Z. klin. Med. **103**.

283. GRAWITZ, PAUL: Die Lösung der Keratitisfrage unter Anwendung der Plasmakultur. Nova acta. Abh. ksl. Leop.-Carol. dtsch. Akad. Naturforsch. **104** (1919).

284. GRAWITZ, HANNEMANN μ. SCHLAEFKE: Auswanderung der COHNHEIMschen Entzündungsspieße aus der Cornea. Greifswald 1914.

285. GREGGIO, ETTORE: Über die heteroplastische Produktion lymphoiden Gewebes. Frankf. Z. Path. **13**.

286. Griesbach, H.: Beiträge zur Histologie des Blutes. Arch. mikrosk. Anat. **37**.
287. Gröbbels, Franz: Funktionelle Anatomie und Histophysiologie der Verdauungs-
    drüsen. Handbuch der normalen und pathologischen Physiologie, Bd. 3.
288. Groll, H.: Experimentelle Untersuchungen über die Reaktion des lymphatischen
    Apparates der Milz bei Hunger, Blutverlust und Infektion. Verh. path. Ges. **24**.
289. — Untersuchungen zur Frage der trüben Schwellung. Krkh.forschg. **5**.
290. Groll, Hermann: Experimentelle Untersuchungen zur Lehre von der Entzündung.
    I. Versuch über den Einfluß von Säure und Alkali auf die Leukocytenaus-
    wanderung von L. Siegl. Krkh.forschg **1**. II. Weitere Versuche über die Ein-
    wirkung von Alkali und Säuren auf den lebenden Organismus von Hermann
    Groll. Krkh.forschg **1**. III. Die Sauerstoffatmung des überlebenden Nieren-
    gewebes, besonders bei Gewebsalteration von Ilse Schiefferdecker. Krkh.-
    forschg **2**. IV. Die Sauerstoffatmung des Gewebes bei Entzündung, Reizung
    von Borger u. Groll. Krkh.forschg **2**.
291. Gromelski, Alfred: Die cellularen „Abwehr"vorgänge des großen Netzes gegenüber
    Tuberkelbacillen und die Abhängigkeit der spezifischen Gewebsreaktion von der
    Zustandsänderung der Bacillen. Krkh.forschg **3**.
292. Gross, Walter: Experimentelle Untersuchungen über den Zusammenhang zwischen
    histologischen Veränderungen und Funktionsstörungen der Nieren. Beitr. path.
    Anat. **51**.
293. — Über Eiweißspeicherung in der Leber. Verh. dtsch. path. Ges. **21**.
294. Grossenbacher, Hans: Untersuchungen über die Funktion der Milz. Biochem. Z. **17**.
295. Grossmann, Walter: Über Knochenmark in vitro. Beitr. path. Anat. **72**.
296. Gruber, Georg, B.: Über die Beziehungen von Milz und Knochenmark zueinander,
    ein Beitrag zur Bedeutung der Milz bei Leukämie. Arch. f. exper. Path. **58**.
297. — Über die durch Infektion mit Bakterien der Typhusgruppe in der Leber be-
    dingten knötchenförmigen Nekroseherde (sog. „miliaren Lymphome"). Zbl.
    Bakter. Orig. **77**.
298. — Über die Milchdrüsenschwellung bei Neugeborenen (zugleich über extramedulläre
    Blutbildung). Z. Kinderheilk. **30**.
299. Grüneberg, Theo: Die entzündlichen Reaktionen bei Erst- und Reinfektion mit
    schwach virulenten Tuberkelbacillen bei Meerschweinchen. Krkh.forschg **5**.
300. Gsell, Otto: Über die Abhängigkeit der Entzündungsstärke von der Gewebs-
    reaktion. (Einfluß von Aminosäuren, Wasserstoffionenkonzentration und Salz-
    lösungen auf die Anfangsstadien der Entzündung.) Krkh.forschg **7**.
301. Gudzent, F. u. Margarete Levy: Vergleichende histologische Untersuchungen
    über die Wirkungen von α-, β- und γ Strahlen. Strahlenther. 8.
302. Guillery, H.: Über Bedingungen des Wachstums auf Grund von Untersuchungen
    an Gewebskulturen. Virchows Arch. **270**.
303. — Tuberkulotoxische Fernwirkungen an Fettgewebe und Haut. Virchows Arch. **270**.
304. Gumprecht: Die Eiweißnatur der Charcotschen Krystalle. Verh. Kongr. inn.
    Med. **20**.
305. Gurwitsch, Alexander: Zur Physiologie und Morphologie der Nierentätigkeit.
    Pflügers Arch. **91**.
306. Gutherz, S.: Der Partialtod in funktioneller Betrachtung. Ein Beitrag zur Lehre
    von den unspezifischen Reizwirkungen. Jena 1926.
307. Haagen, E.: Die Bedeutung der Ionen im Kulturmedium für die explantierte Zelle
    (Beobachtungen an Monocytenkulturen). Z. Zellforschg **3**.
308. Haan, J. de: Die Umwandlung von Wanderzellen in Fibrolasten bei der Gewebe
    züchtung in vitro. Arch. exper. Zellforschg **3**
309. — Die Speicherung saurer Farbstoffe in den Zellen. Pflügers Arch. **201**.
310. — u. A. Bakker: Die Ausscheidung von sauren Vitalfarbstoffen durch die Nieren
    und der Mechanismus der Nierenwirkung. Pflügers Arch. **199**.
311. Haberlandt, Ludwig: Kulturversuche an Froschleukocyten. Beitr. path. Anat. **69**.
312. Hadda, S. u. F. Rosenthal: Studien über den Einfluß der Hämolysine auf
    Kulturen lebender Gewebe außerhalb des Organismus. Z. Immun.forschg Orig. **16**.
313. Haendly, P.: Pathologisch - anatomische Ergebnisse der Strahlenbehandlung.
    Strahlenther. **12**.
314. Hahn, Martin u. Emil von Skramlik: Serologische Versuche mit Antigenen und
    Antikörpern an der überlebenden künstlich durchströmten Leber. III. Mitt. Ver-
    suche mit Agglutininen. Biochem. Z. **130**.

315. HAJOS, K.: Beiträge zur Eosinophiliefrage III. Über den Zusammenhang zwischen der Bluteosinophilie und Immunkörperbildung. Z. exper. Med. **45**.

316. — u. L. NEMETH: Histologische Untersuchungen an der Meerschweinchenleber während der Anaphylaxie und nach Röntgenbestrahlungen. Z. exper. Med. **32**.

317. — Histologische Untersuchungen an der Meerschweinchenleber während der Anaphylaxie und nach Röntgenbestrahlungen. Z. exper. Med. **45**.

318. HALBERSTÄDTER, L. u. O. WOLFSBERG: Funktionssteigerung- und Schädigung von röntgenbestrahlten tierischen Geweben im Lichte der Vitalfärbung. Z. exper. Med. **32**.

319. HALL, WINF. S.: Über das Verhalten des Eisens im tierischen Organismus. Arch. f. Physiol. **1896**.

320. HALLHEIMER, S.: Zur Pathologie der Cyankaliumvergiftung. Eine experimentelle Studie zur Wirkung des Cyankaliums auf die Oxydasereaktion. Beitr. path. Anat. **73**.

321. HAMMAR, J. Aug.: Zur Kenntnis des Fettgewebes. Arch. mikrosk. Anat. **45**.

321a. HAMAZATI, Y. u. WATANABE, M.: Experimentelle Untersuchungen mittels intravasculärer Injektion der „Carminzellen". Fol. haemat. (Lpz.) **39**.

322. HAMMERSCHLAG, R.: Die Speichelkörperchen. Frankf. Z. Path. **18**.

323. — Zur Kernmorphologie der Mastzellen bei der myeloiden Leukämie. Frankf. Z. Path. **31**.

324. — Über die Emigration der Lymphocyten aus den Lymphdrüsen. Frankf. Z. Path. **18**.

325. HAMPERL, H. u. G. SCHWARZ: Zur genaueren Kenntnis der Röntgenwirkung auf Krebsgeschwülste. (Über einen röntgenbestrahlten Basalzellkrebs der Haut.) Strahlenther. **28**.

326. HANDRICK, E.: Über die Beeinflussung der Resistenz der roten Blutkörperchen durch hämatoxische Substanzen. Dtsch. Arch. klin. Med. **107**.

327. HANSEMANN, D. VON: Über Veränderungen der Gewebe und Geschwülste nach Strahlenbehandlung. Berl. klin. Wschr. **1914**, Nr 13.
— Formative Reize und Reizbarkeit. Z. Krebsforschg **7**.

328. HANSEN, OLAV: Ein Beitrag zur Chemie der amyloiden Entartung. Biochem. Z. **13**.

329. HEERES, P. A. u. M. RUSSCHEM: Über Formveränderung der Erythrocyten in der Milzvene. Klin. Wschr. **1924**, 51.

330. HEIBERG, K. A.: Die Lymphocytenproduktion und die Leistungsmittelpunkte mit Phagocyten im adenoiden Gewebe, nebst Bemerkungen über die Verhältnisse in der Thymus. Anat. Anz. **59**.

331. — Über die Phagocytenzentra des lymphoiden Gewebes und über die Lymphocyten produktion. Acta med. scand. (Stockh.) **65**.

332. HEIDENHAIN, MARTIN: Plasma und Zelle. Eine allgemeine Anatomie der lebendigen Masse. Jena 1911.

333. HEIDENHAIN, R.: Mikroskopische Beiträge zur Anatomie und Physiologie der Nieren. Arch. mikrosk. Anat. **10**.

334. — Versuche über den Vorgang der Harnabsonderung, in Verbindung mit Herrn stud. med. A. NEISSER. Pflügers Arch. **9**.

335. — Beiträge zur Histologie und Physiologie der Dünndarmschleimhaut. Pflügers Arch. Suppl. **43**.

336. HEIDENHAIN, L. u. C. FRIED: Röntgenbestrahlung und Entzündung. Arch. klin. Chir. **133**.

337. HEILMANN, P.: Über die Sekundärfollikel im lymphatischen Gewebe. Virchows Arch. **259**.

338. HEINECKE, H.: Experimentelle Untersuchungen über die Einwirkung der Röntgenstrahlen auf innere Organe. Mitt. Grenzgeb. Med. u. Chir. **14**.

339. — Experimentelle Untersuchungen der Röntgenstrahlen auf das Knochenmark, nebst einigen Bemerkungen über die Röntgentherapie der Leukämie und Pseudoleukämie und des Sarkoms. Dtsch. Z. Chir. **78**.

340. HEINZ, R.: Zur Lehre von der Funktion der Milz. Virchows Arch. **168**.

341. HELLER, ARNOLD: Über die Regeneration des Herzmuskels. Beitr. path. Anat. **57**.

342. HELLMANN, T. J.: Das Verhalten der Lymphdrüsen bei Cancer, Tuberkulose und Anthrakose, sowie die Bedeutung als Schutzorgan im allgemeinen. Uppsala Läk.för. Forh., N. F. **235** (1918).

343. HELLMANN, T.: Lymphgefäße, Lymphknötchen, Lymphknoten. Handbuch der mikroskopischen Anatomie von MÖLLENDORFF, Bd. 6, S. 1.

344. Hellmann, Torsten, J.: Studien über das lymphoide Gewebe. Die Bedeutung der Sekundärfollikel. Beitr. path. Anat. **68.**
345. — Studien über die lymphoiden Gewebe. Uppsala Läk.för. Forh., N. F. **23/25** (1918).
346. — Die Altersanatomie der menschlichen Milz. Studien über die Ausbildung des lymphoiden Gewebes und der Sekundärknötchen in den verschiedenen Altern. Z. Konstit.lehre **12.**
347. — Studien über das lymphoide Gewebe. IV. Zur Frage des Status lymphaticus, Untersuchungen über die Menge des lymphoiden Gewebes, besonders beim Menschen, mittels einer quantitativen Bestimmungsmethode. Z. Konstit.lehre **8.**
347a. Hellmann, T. u. G. White: Das Verhalten des lymphatischen Gewebes während eines Immunisierungsprozesses. Virchows Arch. **278.**
348. Helly: Hämolytischer Ikterus und Erythropoese. Verh. dtsch. path. Ges. **19.**
349. Helly, Konrad: Zur Morphologie der Exsudatzellen und zur Spezifität der weißen Blutkörperchen. Beitr. path. Anat. **37.**
350. — Anämische Degeneration und Erythrogonien. Beitr. path. Anat. **49.**
351. — Zur Morphologie der Exsudatzellen und zur Frage der Spezifität der weißen Blutzellen. Beitr. path. Anat. **37.**
352. — Hämolymphdrüsen. Erg. Anat. **12.**
353. — Die Milz als Stoffwechselorgan. Verh. dtsch. path. Ges. 18. Jena 1921.
354. — Lympho- und Leukocytosen. Erg. Path. **17**, 1.
355. Henning, Norbert: Experimentelle Untersuchungen über die Milzsperre. Z. exper. Med. **54.**
356. Hennings, Kurt: Ein Beitrag zur periarteriellen Kalk- und Eiseninkrustation der Milz. Virchows Arch. **259.**
357. Herbst, Kurt: Formative Reize in der tierischen Ontogenese. Leipzig 1901.
358. Hertwig, O.: Allgemeine Biologie. 5. Aufl. Jena 1920.
359. Hertz, Richard: Beitrag zur Lehre von der experimentellen myeloischen Milzmetaplasie. Fol. haemat. (Lpz.) Arch. **18.**
360. — Über Vorkommen, Natur und Herkunft der Plasmazellen in der Milz. Fol. haemat. (Lpz.) Arch. **13.**
361. Herz, Albert: Über die den Leukämien verwandten Krankheitsprozesse. (Die derzeitigen theoretischen Anschauungen über Leukosarkomatose Chlorom und Myelom, in ihren Beziehungen der zur Zeit herrschenden Leukämielehre). Fol. haemat. (Lpz.) Arch. **13.**
362. Herzenberg, H.: Über vitale Färbung des Amyloids. II. Mitt. Virchows Arch. **260.** — Über Hämochromatose. Virchows Arch. **260.**
363. Herzog, Fritz: Über Beziehungen zwischen Dilatation, Durchlässigkeit und Phagocytose an den Capillaren der Froschzunge. Virchows Arch. **256.**
364. — Endothelien der Froschzunge als Phagocyten und Wanderzellen. Z. exper. Med. **43.**
365. — Weitere Untersuchungen über die phagocytären Funktionen der Gefäßendothelien. Arch. f. exper. Path. **112.**
366. Herzog, Georg: Experimentelle Untersuchungen über die Einheilung von Fremdkörpern. Beitr. path. Anat. **61.**
367. Herxheimer, G.: Über „akute gelbe Leberatrophie" und verwandte Veränderungen. Beitr. path. Anat. **72.**
368. Herxheimer, Gotthold: Über die Wirkungsweise des Tuberkelbacillus bei experimenteller Lungentuberkulose. Beitr. path. Anat. **33.**
369. — Über die Leprazellen. Virchows Arch. **245.**
370. — Über den „Reiz-, Entzündungs- und Krankheitsbegriff". Beitr. path. Anat. **65.**
371. — Über die sog. hyaline Degeneration der Glomeruli der Niere. Beitr. path. Anat. **45.**
372. — u. H. Roth: Zur feineren Struktur und Genese der Epitheloidzellen und Riesenzellen des Tuberkels. Beitr. path. Anat. **61.**
373. Hess, Karl: Über Vermehrungs- und Zerfallsvorgänge an den großen Zellen in der akut hyperplastischen Milz der weißen Maus. Beitr. path. Anat. **8.**
374. Hess, Leo u. Paul Saxl: Hämoglobinzerstörung in der Leber. Biochem. Z. **19.**
375. — Über Hämoglobinzerstörung in der Leber. Hämoglobinzerstörung in der menschlichen Leber. Experimentelle Hyperglobulie. Dtsch. Arch. klin. Med. **104.**
376. — Über den Abbau des Hämoglobins. II. Mitt. Dtsch. Arch. klin. Med. **108.**
377. — Hämoglobinzerstörung in der Leber. Biochem. Z. **19.**
378. Hesse, Margarete: Chronische Versuche mit vitaler Färbung an Kaninchen. Z. exper. Med. **59.**

379. HEUDORFER, KARL: Über den Bau der Lymphdrüsen. Z. Anat. **61**.

380. HIJMANNS VAN DEN BERGH: Der Gallenfarbstoff im Blute. Leipzig 1918.

381. HINO, ICHIRO: Über die Verteilung der Blutkörperchen im Organismus. Virchows Arch. **256**.

382. HINTZE, K.: Über Hämochromatose. Virchows Arch. **139**.

383. HIRSCHFELD, H.: Leukämie und verwandte Zustände. Handbuch der Krankheiten des Blutes und der blutbildenden Organe von A. SCHITTENHELM. Berlin 1925.

384. HIRSCHFELD, HANS: Züchtungsversuche mit freien Exsudatzellen. Z. exper. Zellforschg **4**.

385. — Über experimentelle Erzeugung von Knochenmarksatrophie. Dtsch. Arch. klin. Med. **92**.

386. HIRSCHFELD, HANS u. MARTIN JACOBY: Übertragungsversuche mit Hühnerleukämie. Z. klin. Med. **69**.

387. — Übertragbare Hühnerleukämie und ihre Abhängigkeit von der Hühnerleukocytose. Z. klin. Med. **75**.

388. HIRSCHFELD, HANS u. EUGENIE KLEE-RAWIDOWICS: Untersuchungen über die Genese der Blutmakrophagen und verwandter Zellformen und ihr Verhalten in der in vitro-Kultur. I. Mitt. Normales und leukämisches Menschenblut. Z. Krebsforschg **27**.

389. — u. KNICHI SUMI: Über Erythrophagocytose im strömenden Blute nach Milzexstirpation und intraperitonealen Blutinjektionen. Fol. haemat. (Lpz.) Arch. **31**.

390. HIS, d. J. W.: Schicksal und Wirkungen des sauren, harnsauren Natrons in Bauch- und Gelenkhöhle des Kaninchens. Dtsch. Arch. klin. Med. **67**.

391. — Die Ausscheidung von Harnsäure im Urin der Gichtkranken, mit besonderer Berücksichtigung der Anfallzeiten und bestimmter Behandlungsmethoden. Dtsch. Arch. klin. Med. **65**.

392. HIYEDA, K.: Experimentelle Studien über den Ikterus. Ein Beitrag zur Pathogenese des Stauungsikterus. Beitr. path. Anat. **73**.

393. HÖBER, R.: Untersuchungen über den Mechanismus der Drüsentätigkeit (Farbstoffausscheidung durch die Leber). Med. Ges. Kiel. Ref. Klin. Wschr. **1929**, 1147.

394. HÖBER, RUDOLF: Physikalische Chemie der Zelle und der Gewebe. Kapitel 7. Die osmotischen Eigenschaften und die Permeabilität der Zellen und Gewebe. Leipzig 1922.

395. — u. KANAI TOKUYIRO: Zur physikalischen Chemie der Phagocytose. Klin. Wschr. **1923**, 209.

396. — u. FELICJA KEMPNER: Beobachtungen über Farbstoffausscheidung durch die Nieren. Biochem. Z. **11**.

397. HOCHHAUS, A. u. H. QUINKE: Über Eisenresorption und Ausscheidung im Darmkanal. Arch. f. exper. Path. **37**.

398. HOCK, R.: Das Vorkommen von autogenem Pigment in den Milzen und Lebern gesunder und kranker Pferde. Arch. Tierheilk. **48**.

399. HOFF, FERDINAND: Untersuchungen über das weiße Blutbild und seine biologischen Schwankungen. Krkh.forschg **4**.

400. HOFFMANN, FRIEDRICH ALBIN u. F. VON RECKLINGHAUSEN: Über die Herkunft der Eiterkörperchen. Zbl. med. Wiss. **1867**.

401. HOFMANN: Vitale Färbung embryonaler Zellen in Gewebskulturen. Fol. haemat. (Lpz.) 18.

402. HOFMEISTER, FRANZ: Zur Lehre vom Pepton. I. Über den Nachweis von Pepton im Harn. II. Über das Pepton des Eiters. Z. physiol. Chem. **4**.

403. — Zur Lehre vom Pepton. III. Über das Schicksal des Peptons im Blute. Z. physiol. Chem. **5**.

404. HOLTHUSEN, HERMANN: Krankheiten des Blutes und der blutbildenden Organe im Lehrbuch der Strahlentherapie von HANS MEYER. Berlin-Wien 1926.

405. HOMMA, EHISHI: Pathologische und biologische Untersuchungen über die Eosinophilzellen und die Eosinophilie. Virchows Arch. **233**.

406. HOMUTH, O.: Die Rolle der Körperflüssigkeiten bei der Vitalfärbung von Zellen und Fasern. Nach Untersuchungen mit Tusche. Z. exper. Med. Med. **55**.

407. HOPPE-SEYLER, G.: Beitrag zur Kenntnis der trüben Schwellung auf Grund chemischer Untersuchungen. Krkh.forschg **6**.

408. HOSOJA, M.: On the excretion of Dyes in the kidney. Trans. of 6. Congr. far-east. Assoc. trop. Med. Tokyo **1**.

409. HUEBSCHMANN, P.: Über Atrophie des Fettgewebes und über „drüsiges Fettgewebe".
Verh. dtsch. path. Ges. **19.**

410. — Pathologische Anatomie der Tuberkulose. Berlin 1928.

411. HUECK, W.: Über das Mesenchym. Die Bedeutung seiner Entwicklung und seines
Baues für die Pathologie. Z. Biol. **66.**

412. HUECK, WERNER: Beiträge zur Frage über die Aufnahme und Ausscheidung des
Eisens im tierischen Organismus. Inaug.-Diss. Rostock 1905.

413. — Referat über den Cholesterinstoffwechsel. Verh. dtsch. path. Ges., 20. Jena 1925.

414. — Die physiologische Pigmentierung in KREHL-MARCHANDS Handbuch der allgemeinen Pathologie, Bd. 3, II, S. 2. Leipzig 1921.

415. HYMANNS VAN DEN BERGH, P. MÜLLER u. J. BROCKMEYER. Das lipochrome Pigment
im Blutserum und Organen, Xanthosis und Hyperlipochromämie. Biochem. Z. **108.**

416. ISCHIMOTO, Y.: Über die Rolle der Lipoide der Mikroben bei ihrer Phagocytose im
Blutkreislauf der Versuchstiere. Zbl. Bakter. I Orig. **101.**

417. ISTIKAWA u. SIMOURA: Über die Phagocytose und Bewegung der Epithelien der
Harnblase, der Gallenblase und der Zunge des Frosches in vitro. Arch. Zellforschg 2.

418. ISTOMANOWA, T. S.: Experimentelle Untersuchungen über Erythropoese. I. Über
den Gehalt des Blutes an vital granulierten Erythrocyten als Maß der Erythropoese. Z. exper. Med. **52.**

419. — MYASSNIKOW u. A. SWYATSKAJA: Experimentelle Untersuchungen über Erythropoese III. Über den Einfluß der Milz auf den Verlauf experimenteller Anämien.
Z. exper. Med. **52.**

420. ITAMI, S.: Ein experimenteller Beitrag zur Lehre von der extramedullären Blutbildung bei Anämien. Arch. f. exper. Path. **60.**

421. — Über die Herkunft der blasigen Zellen in Milzknötchen. Virchows Arch. **197.**

422. — Über Atemvorgänge in Blut und Blutregeneration. Arch. f. exper. Path. **62.**

423. — Weitere Studien über Blutregeneration. Arch. f. exper. Path. **62.**

424. — u. J. PRATT: Über die Veränderungen der Resistenz und der Stromata der roten
Blutkörperchen bei experimentellen Anämien. Biochem. Z. **18.**

425. JAFFÉ, K. H.: Zur Histogenese der typhösen Leberveränderungen. Virchows Arch. **228.**

426. JAFFÉ, HERMANN u. ERNST LÖWENSTEIN: Das histologische Reaktionsbild der tuberkulösen Reinfektion. Beitr. Klin. Tbk. **50.**

427. JAFFÉ, R. H.: Die Sichelzellenanämie. Virchows Arch. **265.**

428. JAFFÉ, RUDOLF: Über Entstehung und Verlauf der experimentellen Lebercirrhose.
Frankf. Z. Path. **24.**

429. JAFFÉ, R. HERMANN: Über die extramedulläre Blutbildung bei anämischen Mäusen.
Beitr. path. Anat. **68.**

430. JAFFÉ, R. H. u. F. SILBERSTEIN: Die Übertragbarkeit der ansteckenden Blutarmut
der Pferde auf kleine Laboratoriumstiere. Z. exper. Med. **26.**

431. JAKOB, G.: Experimentelle Veränderungen des reticuloendothelialen Systems durch
Infektionserreger. Z. exper. Med. **47.**

432. JAKOBSTHAL, E.: Über intravitale Fettfärbung. Verh. dtsch. path. Ges. **1.**

433. — Über Phagocytoseversuche mit Myeloblasten, Myelocyten und eosinophilen Leukocyten. Virchows Arch. **234.**

434. JAKOBY, MAX: Über lymphatische Gewebsreaktionen an der Niere und Harnwegen
und ihren Beziehungen zu lokalen Entzündungsprozessen. Z. Urol. **21.**

435. JANCSO, N., VON: Die Bedeutung der reticuloendothelialen Speicherung der chemo-
therapeutischen Arsenobenzolderivate vom Standpunkt der chemotherapeutischen
Wirkung. Z. exper. Med. **65.**

436. — Eine neue histochemische Methode zur biologischen Untersuchung des Salvarsans
und verwandter Benzolpräparate. Z. exper. Med. **61.**

437. — Ein neuer Weg zur pharmakologischen Beeinflussung des reticuloendothelialen
Systems. Dtsch. med. Wschr. 1927, Nr 27.

438. — Die Wirkung der von Kolloiden adsorbierten Stoffen auf das Reticuloendothel
als neuer pharmakologischer Wirkungstypus. Z. exper. Med. **56.**

439. JANOWSKI, W.: Zur Morphologie des Eiters verschiedenen Ursprunges. Arch. f.
exper. Path. **31.**

440. JASSINOWSKY, M. A.: Über die Herkunft der Speichelkörperchen. Frankf. Z. Path. **31.**

441. JIMENÉZ ASUAN, F. DE: Die Mikroglia (HORTEGAschen Zellen) und das reticulo-
endotheliale System. Z. Neur. **109.**

442. JOANNOVICS, GEORG: Experimentelle Untersuchungen über Ikterus. Z. Heilk. **25.**

443. — Über Plasmazellen. Zbl. Path. **20.**

444. — u. ERNST P. PICK: Beitrag zur Kenntnis der Toluylendiaminvergiftung. Z. exper. Path. u. Ther. **7.**

445. JOCHWEDA, F. B.: Wasserhaushalt und reticuloendotheliales System. Wien. Arch. inn. Med. **13.**

446. JOEST, E.: Verfettungsvorgänge in der tuberkulösen Neubildung. Virchows Arch. **263.**

447. — u. E. EMSHOFF: Studien über die Histiogenese des Lymphdrüsentuberkels und die Frühstadien der Lymphdrüsentuberkulose. Virchows Arch. **210.**

448. JOSEPH, FRITZ: Hochgradige reticuloendothethiale Monocytose bei Endocarditis maligna. Dtsch. med. Wschr. **1925,** 863.

449. JOSELIN DE JONG, R. DE: Zur Kenntnis der primären aleukämischen Splenomegalie. Beitr. path. Anat. **69.**

450. JUNGEBLUT, CLAUS, W.: Über die Beziehungen zwischen reticulo-endothelialem System und chemotherapeutischer Wirkung. Z. Hyg. **107.**

451. JUNGMANN, PAUL und PAUL GROSSER: Infektiöse Myelocytose. Ein Beitrag zur Frage der myeloischen Blutbildung. Jb. Kinderheilk. **73.**

452. KAGAN, M.: Zur Kenntnis der Farbstoffresorption durch die Darmschleimhaut. I. Versuche mit Trypanblaueinführung in den Darm bei Mäusen. Z. Zellforschg **5.**

453. — Zur Kenntnis des Speicherungsprozesses der Vitalfarbstoffe im reticuloendothelialen System. Z. exper. Med. **57.**

454. KAGEYAMA, S.: Über die frühzeitige Reaktion des reticuloendothelialen Systems bei phthisisch-tuberkulöser Infektion. Beitr. path. Anat. **74.**

455. KAHLDEN, VON: Über Septicämie und Pyämie. Verh. dtsch. path. Ges. **5.**

456. KAHLER, HERMANN: Über Veränderungen des weißen Blutbildes bei sog. hypoplastischer Konstitution. Z. angew. Anat. **1.**

457. KAHLSDORF, A.: Untersuchungen über Infiltrate im periportalen Bindegewebe der Leber. Beitr. path. Anat. **78.**

458. KALLÓ, ANTON, VON: Weitere Beiträge zur Ikterusforschung. Beitr. path. Anat. **75.**

459. KÄMMERER, HUGO u. ERICH MEYER: Über morphologische Veränderungen von Leukocyten außerhalb des Tierkörpers. Fol. haemat. (Lpz.) **7.**

460. KANNER, OSCAR: Über die Rolle der KUPFFERschen Sternzellen beim Ikterus. Klin. Wschr. **1924,** Nr 3.

460a. KARMALLY, ABDULLA: Untersuchung über die Frage nach der Herkunft der Entzündungszellen, insbesondere über die Umwandlung emigrierter Lymphocyten in Polyblasten. Beitr. path. Anat. **82.**

461. KATZENSTEIN, WALTER, F.: Zur Biologie des Knochenmarkes. Experimentelle Untersuchungen an jungem und altem Knochenmark unter besonderer Berücksichtigung der Infektionen durch Staphylokokken. Virchows Arch. **258.**

462. KATZUNUMA, SEIZO: Intracelluläre Oxydation und Indophenolblausynthese. Histochemische Studie über die Oxydasereaktion im tierischen Gewebe. Jena 1924.

463. KAUFFMANN, FRIEDRICH: Die örtlich-entzündliche Reaktionsform als Ausdruck allergischer Zustände. Krkh.forschg **2.**

464. KAWAMURA, RINJA: Die Cholesterinverfettung (Cholesterinsteatose). Jena 1911.

464a. — Neue Beiträge zur Morphologie und Physiologie der Cholesterinsteatose. Jena 1927.

465. KAZNELSON, PAUL: Die Grundlagen der Proteinkörpertherapie. Erg. Hyg. **4.**

466. KELLER, RUDOLF: Neue Versuche über mikroskopischen Elektrizitätsnachweis. Wien u. Leipzig 1919.

467. KENTZLER, J. u. J. v. BENCZUR: Experimentelle Untersuchungen über intestinale Siderose. Virchows Arch. **247.**

467a. — Über die Wirkung der Antipyretica auf die Phagocytose. Z. klin. Med. **67.**

468. KIRCHENSTEIN, A.: Die Bedingungen der Phagocytose von Tuberkelbacillen. Ein Beitrag zum Phagocytoseproblem. Beitr. Klin. Tbk. **29.**

469. KISCH, FRANZ: Beiträge zur Kenntnis über die Ausscheidung des Harneisens. Wien. Arch. inn. Med. **3.**

470. KISCHENSKY, D.: Zur Frage über die Fettresorption im Darmrohr und den Transport des Fettes in andere Organe. Beitr. path. Anat. **32.**

471. KIYONO, KENJI u. TAKAMURA NAKANOIN: Weitere Untersuchungen über die histiocytären Zellen. (Zusammenfassende Mitteilungen.) Acta Scholae med. Kioto **3.**

472. KIYONO, K.: Die vitale Carminspeicherung. Jena 1914.

473. — Zur Frage der histiocytären Blutzellen. Fol. haemat. (Lpz.) **18.**

474. Klaschen, L. V.: Untersuchungen über die Riesenzellen in der Mäusemilz. Virchows Arch. **237**.

475. Klein, Julius: Die Myelogonie als Stammzelle der Knochenmarkszellen im Blute und in 'den blutbildenden Organen und ihre Bedeutung unter normalen und pathologischen Verhältnissen. Berlin 1914.

476. — Ein Beitrag zur Funktion der Leberzellen. Inaug.-Diss. Dorpat 1890.

477. Klinge, F.: Untersuchungen über die Beeinflußbarkeit der lokalen Serumüberempfindlichkeit durch Eingriffe am aktiven Mesenchym. (Milzexstirpation und Speicherung.) Krkh.forschg **5**.

478. — Die Eiweißüberempfindlichkeit der Gelenke. Beitr. path. Anat. **83**.

479. Klinge, Fritz: Versuche über die Auslösbarkeit hyperergischer Entzündungserscheinungen an überlebenden Organen sensibilisierter Kaninchen. Krkh.forschg **3**.

480. Klinke, K., H. Knauer u. Barbara Kramer: Experimentelle Hämolysestudien. Z. exper. Med. **51**.

481. Knake, Charlotte: Bindegewebsstudien. III. Die Histio- und Leukocytenentstehung bei Tuschewirkung auf das lockere Bindegewebe des Kaninchens. Z. Zellforschg **5**.

482. Kobert, Rudolf: Zur Pharmakologie des Mangans und des Eisens. Arch. f. exper. Path. **16**.

483. Koch, Josef: Untersuchungen über die Lokalisation der Bakterien, das Verhalten des Knochenmarkes und die Veränderungen der Knochen, insbesondere der Epiphysen bei Infektionskrankheiten. Z. Hyg. **69**.

484. — Über die Bedeutung und Tätigkeit des großen Netzes bei der peritonealen Infektion. Z. Hyg. **69**. ·

485. Kodama: Beiträge zur Pathogenese des Ikterus. Beitr. path. Anat. **73**.

486. Koenigsfeld, H.: Über Beeinflussung der Immunkörperbildung durch Höhensonnenbestrahlungen. Z. exper. Med. **38**.

487. Kohn, Fritz: Über monocytäre Reaktion. Wien. Arch. inn. Med. **7**.

488. Kok, Friedrich: Experimentelle Beiträge zur Strahlenbehandlung des Carcinoms. Dtsch. med. Wschr. **1923**, Nr 28.

489. Koll, Werner: Bindegewebsstudien. II. Die Wirkung von Patentblau auf das Unterhautbindegewebe der weißen Maus. Z. Zellforschg **4**.

490. Kollert, V. u. Ph. Rezek: Beitrag zur Histologie der Saponinvergiftung (Organveränderungen bei Kaninchen nach intravenöser Zufuhr von Primulasäure und Elatiorsaponin). Virchows Arch. **261**.

491. Kölliker, A.: Zur Entwicklung des Fettgewebes. Anat. Anz. **1**.

492. — Handbuch der Gewebelehre des Menschen. Leipzig **1889**.

492a. Kolpikow, N. W.: Der Einfluß der Zeit der Infektion schon lang vollendeten Splenektomie auf den therapeutischen Effekt des Salvarsans. Z. Immun.forschg **48**.

493. Kolster, Rudolf: Mitochondria und Sekretion in den Tubuli contorti der Niere. Beitr. path. Anat. **51**.

493a. Koltzoff, N. K.: Über die Wirkung von H-Ionen auf die Phagocytosen von Carchesium lachmani. Internat. Z. physik.-chem. Biol. **1**.

494. Kon Jutaka: Das Gitterfasergerüst der Leber unter normalen und pathologischen Verhältnissen. Arch. mikrosk. Anat. u. Entw.mechan. **25**.

495. Komaja, G.: Über eine histochemische Nachweismethode der Resorption, Verteilung und Ausscheidung des Wismuths in den Organen. Arch. f. Dermat. **149**.

496. Komiya, E.: Morphologische Blutveränderungen bei gespeicherten Tieren. Fol. haemat. (Lpz.) Arch. **35**.

497. Komocki, Witold: Über die biologische Bedeutung des Zellkernes. I. Über die Abstammung der Erythrocyten der niederen Wirbeltiere von den sog. nackten Kernen. Virchows Arch. **265**.

498. Konstantinow, W.: Über die Speicherung der Vitalfarbstoffe im Granulationsgewebe. Z. exper. Med. **63**.

499. Konstantinow, W. M.: Über den Einfluß der Konzentrationsabnahme der Farbstoffe auf die Vitalfärbung mit Trypanblau und Lithionkarmin. Z. exper. Med. **55**.

500. Kopec, Witold: Experimentelle Untersuchungen über die Entstehung der tuberkelähnlichen Gebilde in der Bauchhöhle von Meerschweinchen unter der Einwirkung von Fremdkörpern. Beitr. path. Anat. **35**.

501. Körner, K.: Auffallende Befunde bei akuter Myeloblastenleukämie. Virchows Arch. **259**.

502. KORSCHUN, S. W. u. P. DWIJKOFF u. W. KRESTOWNIKOWA: Die Einwirkung der Tuberkelbacillen B.C.G. (CALMETTE) auf den Organismus der Meerschweinchen. Krkh.forschg 5.

503. KORTEWEG, R. u. E. LÖFFLER: Allergie, Primäraffekt und Miliartuberkulose. Frankf. Z. Path. 31.

504. KORUSU, S.: Histochemischer Goldnachweis, zugleich ein Beitrag zur Frage der Verteilung und Ausscheidung des Sanocrysins im Tierkörper. Z. exper. Med. 57.

505. KOSUGI, T.: Beiträge zur Morphologie der Nierensekretion. Beitr. path. Anat. 75.

506. KOTAKA, J. Y. MASAI u. Y. MORI: Über das Verhalten der Aminosäuren in vital gefärbten Tieren. Z. physik. Chem. 1.

507. KRAFT, J.: Über die Vitalfärbung der Leber bei den Vertretern verschiedener Wirbeltierklassen. Z. Zellenlehre 1.

508. KRAUS, JOHANNES ERIK: Über ein bisher unbekanntes eisenhaltiges Pigment in der menschlichen Milz. Z. Biol. 70.

509. — Zur Pathologie der Milz. Fol. haemat. (Lpz.) Arch. 26.

510. KRAUSE, KURT: Über die Bestimmung des Alters von Organveränderungen bei Mensch und Tier auf Grund histologischer Merkmale. Mit besonderer Berücksichtigung der Hämosiderinbildung bei Pferd, Rind und Hund. Jena 1927.

511. KRAUSE, PAUL u. KURT ZIEGLER: Experimentelle Untersuchungen über die Einwirkung der Röntgenstrahlen auf tierische Gewebe. Fortschr. Röntgenstr. 10.

512. KRAUSPE, C.: Über experimentelle Beeinflussung von Infektionen und Immunitätsvorgängen. Verh. dtsch. path. Ges. 1927, 22.

513. KREUZWENDEDICH VON DEM BORNE, G. A.: Teerpinselungsversuche auf mit Trypanblau gespeicherte Mäuse. Krkh.forschg 6.

514. KORSCH, LISELOTTE: Beitrag zur Frage der Abwehrleistungen beim neugeborenen und jungen Kaninchen. Virchows Arch. 274.

515. KRISCHNER, H.: Die Entstehung der Endokardzöttchen. Virchows Arch. 265.

516- KRITSCHEWSKI u. J. S. MEERSOHN: Über die Zusammenhänge zwischen dem therapeutischen Effekt und dem reticuloendothelialen Apparat. Z. Immun.forschg 47.

517. KROGH, A.: Der Stoffaustausch durch die Capillarwände. Die Ödemtheorie. Klin. Wschr. 1927, Nr 17.

518. KRÖMEKE, FRANZ: Über die Einwirkung der Röntgenstrahlen auf die roten Blutkörperchen. Strahlenther. 22.

519. KRONTOWSKI, A.: Explantation und deren Ergebnisse für die normale und pathologische Physiologie. Erg. Physiol. 26.

520. KRUMBEIN, C.: Über die „Band- oder Pallisadenstellung" der Kerne. Eine Wuchsform des feinfibrillären mesenchymalen Gewebes, zugleich eine Ableitung der Neurinome (VEROCAY) vom feinfibrillären Bindegewebe (Fibroma tenuifibrillare). Virchows Arch. 255.

521. KUCZYNSKI: Beobachtungen über die Beziehungen von Milz und Leber bei gesteigertem Blutzerfall unter kombinierten toxisch-infektiösen Einwirkungen. Beitr. path. Anat. 65.

522. KUCZYNSKI, MAX, H.: EDWIN GOLDMANNs Untersuchungen über celluläre Vorgänge im Gefolge des Verdauungsprozesses auf Grund nachgelassener Präparate dargestellt und durch neue Versuche ergänzt. Virchows Arch. 239.

523. — Weitere Beiträge zur Lehre vom Amyloid. II. Mitt. Über die Rückbildung des Amyloids. Krkh.forschg 1.

524. — Von den körperlichen Veränderungen bei höchstem Alter, Beschreibung eines ganz besonders alten Mannes, der etwa 109 Jahre alt zur Sektion kam. Krkh.-forschg 1.

525. — Die pathologisch-anatomische Beteiligung der Niere bei schweren Fällen von Influenza. Dtsch. Arch. klin. Med. 128.

526. — Vergleichende Untersuchungen zur Pathologie der Abwehrleistungen. Virchows Arch. 234.

527. — Neue Beiträge zur Lehre vom Amyloid. Klin. Wschr. 2, 727.

528. — Beobachtungen und Versuche über die Pathogenese der Scarlatina. Klin. Wschr. 1924, 1303.

529. — Zweiter anatomischer Beitrag zur Pathogenese der Glomerulonephritis. Krkh.-forschg 3.

530. KUCZYNSKI, MAX, H. u. G. HAUCK: Zur Pathogenese des Lymphgranuloms. Z. klin. Med. 99.

531. Kuczynski, Max u. Wolff: Beitrag zur Pathologie der experimentellen Streptokokkeninfektion der weißen Maus. Verh. dtsch. path. Ges. 1921.

532. — Beitrag zur Pathologie der experimentellen Streptokokkeninfektion der Maus (Milz, Leber, Herz). Verh. dtsch. path. Ges. 18.

533. Kuczynski, Max, H. Tenenbaum, A. Werthemann: Untersuchung über Ernährung und Wachstum der Zellen erwachsener Säugetiere im Plasma unter Verwendung wohlcharakterisierter Zusätze an Stelle von Geweben. Nebst einem Anhang über den Nachweis der Immunkörperbildung seitens sprossender reticulärer Zellen in der Gewebskultur. Virchows Arch. 258.

534. Kumber, John: Über die Aufnahme und Ausscheidung des Eisens aus dem Organismus. Arb. pharmakol. Inst. Dorpat 1888 I.

535. Kunkel: Blutbildung aus anorganischem Eisen. Mit experimenteller Beihilfe des Herrn B. Anselm ausgeführt und dargestellt. Pflügers Arch. 61.

536. Kunkel, A.: Eisen- und Farbstoffausscheidung in der Galle. Pflügers Arch. 15.

537. Kurosawa, Toschio: Bindegewebsstudien VIII. Zur Frage der Serumentzündung des großen Netzes. Z. Zellforschg 8.

538. Kurpjuweit, O.: Über die Veränderungen bei der Milz bei perniziöser Anämie und einigen anderen Krankheiten. Dtsch. Arch. klin. Med. 80.

539. Kusnetzowsky, N.: Über die Ablagerung der Lipoide in den Sehnen. Virchows Arch. 263.

540. — Über vitale Färbung von Bindegewebszellen bei Fettresorption. Arch. mikrosk. Anat. 97.

541. — Über den Einfluß der Nervendurchschneidung auf den Prozeß der Vitalfärbung mit Trypanblau und Lithioncarmin. Z. exper. Med. 56.

541a. — Über Tuschespeicherung im Bindegewebe bei aktiver Hyperämie und Entzündung. Beitr. path. Anat. 83.

542. Kutschera-Aichbergen: Zur Frage der Myeloblastenleukämie. Virchows Arch. 254.

543. Kühl, G.: Experimentelle Untersuchungen über Blutumsatz und Urobilinausscheidung. Arch. f. exper. Path. 103.

544. Kwasniewski: Ein Beitrag zur Klinik und Histogenese der akuten Myeloblastenleukämie. Dtsch. Arch. klin. Med. 145.

545. Landsteiner, K.: Über knötchenförmige Infiltrate der Niere bei Scharlach. Beitr. path. Anat. 62.

546. Lang, F. J.: Über Gewebekulturen der Lunge. Arch. exper. Zellforschg 2.

547. Lange, Oscar: Über die Entstehung der blutkörperchenhaltigen Zellen und die Metamorphose des Blutes im Lymphsack des Frosches. Virchows Arch. 65.

548. Langhans, Th.: Beobachtungen über Resorption der Extravasate und Pigmentbildung in denselben. Virchows Arch. 49.

549. Laquer, Fritz: Über die Natur und Herkunft der Speichelkörperchen und ihre Beziehungen zu den Zellen des Blutes. Frankf. Z. Path. 11.

550. Laspeyros, Richard: Über die Umwandlung des subcutan injizierten Hämoglobins bei Vögeln. Arch. f. exper. Path. 43.

551. Lauche: Fettstoffwechselstudien an Gewebskulturen. Verh. dtsch. path. Ges. 24.

552. Lauda, E.: Ein Beitrag zur Frage der Milzhämolyse. Z. exper. Med. 55.

553. — Das Problem der Milzhämyse. Erg. inn. Med. 34.

554. — Über die bei Ratten nach Entmilzung auftretenden schweren anaemischen Zustände. „Perniziöse Anämie der Ratten" (zugleich ein Beitrag zum normalen und pathologischen Blutbild der Ratte). Virchows Arch. 256.

555. Lauda, Ernst: Zur Frage des Einflusses der Milz auf den Eisenstoffwechsel. Wien. Arch. inn. Med. 11.

556. Lauda, E. u. E. Haam: Zur Frage des Einflusses der Milz auf den Eisenstoffwechsel. III. Mitt. Z. exper. Med. 58.

557. Leber, Th.: Über die Beteiligung der Chemotaxis bei pathologischen Vorgängen. Sitzgsber. Heidelberg. Akad. Wiss., Math.-naturwiss. Kl. B, 1914.

558. Leber, Theodor: Über die Entstehung der Entzündung und die Wirkung der entzündungserregenden Schädlichkeiten. Nach vorzugsweise am Auge angestellten Untersuchungen. Leipzig 1891.

559. Ledingham, J. G. C.: The rôle of the reticulo-endothelial system of the cutis in experimental vaccinia and other infections; Experiments with Indian ink. Brit. J. exper. Path. 8.

560. LEHMANN, W. u. H. TAMMAN: Zur immunisatorischen Funktion des reticuloendothelialen Systems. Immun.forschg 45.

561. LEHNER, JOSEF: Das Mastzellenproblem und die Metachromasiefrage. Erg. Anat. **25**.

562. LEJEUNE, ERWIN: Die Zellen des Ductus lymphaticus beim Menschen und einigen Säugern, unter spezieller Berücksichtigung der „großen Mononucleären". Fol. haemat. (Lpz.) Arch. **19**.

563. LEITES, SAMUEL u. A. RIABOW: Über den Einfluß des endokrinen Systems auf die Speicherungsfunktion des reticuloendothelialen Apparates. Z. exper. Med. **59**.

564. — Zur Frage der Beeinflussung des reticuloendothelialen Systems durch die Drüsen mit innerer Sekretion. Z. exper. Med. **59**.

565. — Zur Frage der „Blockade" des reticuloendothelialen Systems und dessen funktioneller Prüfung. Z. exper. Med. **58**.

566. — Über die Rolle des reticuloendothelialen Systems im Eisenstoffwechsel. Krkh.forschg 4.

567. LEITMANN, S.: Über experimentelle Lebercirrhose. Virchows Arch. **261**.

568. LEMMEL, ARTHUR u. HANS LOEWENSTÄDT: Das Verhalten blockierter Zellen in Milzexplantaten nach vitaler Tuschespeicherung. Arch. exper. Zellforschg **3**.

569. LENGEMANN, P.: Knochenmarksveränderungen als Grundlage der Leukocytose und Riesenkernverschleppung (Myelokinese). Beitr. path. Anat. **59**.

570. LEPEHNE, G.: Weitere Untersuchungen über Gallenfarbstoff im Blutserum des Menschen. Dtsch. Arch. klin. Med. **131**.

571. LEPEHNE, GEORG: Zerfall der roten Blutkörperchen beim Icterus infectiosus (WEIL). Ein weiterer Beitrag zur Frage des hämatogenen Ikterus des Hämoglobins und Eisenstoffwechsels. Beitr. path. Anat. **65**.

572. — Untersuchungen über Gallenfarbstoff im Blutserum des Menschen. Dtsch. Arch. klin. Med. **131**.

573. — Über den heutigen Stand der Physiologie und Pathologie der Milz. Dtsch. med. 1922.

574. — Milz und Leber. Ein Beitrag zur Frage des hämatogenen Ikterus zum Hämoglobin- und Eisenstoffwechsel. Beitr. path. Anat. **64**.

575. LEPPER, L.: Vitalfärbungsversuche an überlebenden Bindegewebszellen. Z. Zellforschg 2.

576. LESCHKE, ERICH: Untersuchungen über den Mechanismus der Harnabsonderung in der Niere. Z. klin. Med. **81**.

577. LETTERER, ERICH: Aleukämische Reticulose. Z. Path. **30**.

578. — Studien über Art und Entstehung des Amyloids. Beitr. path. Anat. **75**.

579. — Versuche über das Verhalten der Proteine bei den Speicherungsvorgängen des reticuloendothelialen Systems. Verh. dtsch. path. Ges. **23**.

580. LEUPOLD, ERNST: Das Verhalten des Blutes bei steriler Autolyse, mit besonderer Berücksichtigung der Entstehung von Hämosiderinpigment. Beitr. path. Anat. **59**.

581. LEWIN: Vergleichende Beurteilung der morphologischen Veränderungen in einer Leberwunde bei einer Tamponierung mit gestielten und ungestielten Netzlappen. Exper. Untersuch. Virchows Arch. **272**.

581a. LEWIN, A. M.: Über tuberkulotoxische hepatolienale Erkrankungen. Virchows Arch. **276**.

582. LEWIN, CARL: Der Stand der ätiologischen Krebsforschung. Erg. Hyg. 8.

583. LEWIN, HEINZ: Über die experimentelle Erzeugung lymphatischer Reaktionen an Niere und Nierenbecken und ihre Beziehungen zu lokalen Entzündungsprozessen. Z. Urol. **21**.

584. LEWIN, J. E.: Involution und Regeneration des Thymus unter dem Einfluß von Benzol. Virchows Arch. **268**.

585. LIGNAC, G. O. E.: Blastoartige Erkrankung der weißen Maus durch chronische Benzolvergiftung und ihre Beziehung zur Leukämie. Krkh.forschg 6.

586. — Über das Hämatoidin und seine Beziehungen zum Blut- und Gallenfarbstoff. Virchows Arch. **243**.

587. — u. G. A. KREUZWENDEDICH VON DEM BORNE: Verimpfung eines Mäusesarkoms auf ungespeichete und mit Trypanblau gespeicherte Mäuse. Krkh.forschg 5.

588. — Verimpfung eines Mäusesarkoms auf ungespeichete und mit Trypanblau gespeicherte Mäuse. 2. Mitt. Krkh.forschg 6.

589. LINSER, P. u. E. HELBER: Experimentelle Untersuchungen über die Einwirkung der Röntgenstrahlen auf das Blut und Bemerkungen über die Einwirkung von Radium und ultraviolettem Lichte. Dtsch. Arch. klin. Med. **83**.

590. Lintwarew, Johann: Die Zerstörung der roten Blutkörperchen in der Milz und der Leber unter normalen und pathologischen Verhältnissen. Virchows Arch. 206.

591. Lippmann: Studien an aleukocytären Tieren: I. Zur Analyse der Wirkungsweise antibakterieller Sera und chemotherapeutischer Mittel. II. Beitrag zur Kenntnis der natürlichen Immunität (Resistenz) gegen Rotlauf. Z. Immun.forschg 24.

592. — Studien über die Steigerung der Resistenz und des Antikörpergehaltes durch Knochenmarksreizmittel: Thorium X, Arsenikalien usw. Z. klin. Med. 16.

593. Lippmann, H. u. A. Brückner: Experimentelle Untersuchungen über die lokale Entstehung lymphocytenartiger Zellen am Kaninchenauge. Z. exper. Path. u. Ther. 19.

594. Lippmann u. Plesch: Sind die Leukocyten die Quelle der Komplemente? Z. Immun.forschg 17.

595. — u. J. Plesch: Experimentelle und klinische Untersuchungen über die Entstehung und Bedeutung der Exsudatlymphocyten. Dtsch. Arch. klin. Med. 118.

596. Lipski, A.: Über die Ablagerung und Ausscheidung des Eisens aus dem tierischen Organismus. Arb. pharmakol. Inst. Dorpat 9.

597. Lissauer, Max: Lebercirrhose bei experimenteller Antointoxikation. Virchows Arch. 217.

598. Litarczel, Stella: Über den Einfluß einiger, auf den Parasympathicus wirkenden Mittel auf die Bildung der Antikörper (Agglutine). Z. exper. Med. 46.

599. Lobenhoffer, W.: Extravasculäre Erythropoese in der Leber unter normalen und pathologischen Verhältnissen. Beitr. path. Anat. 43.

600. Loeffler, L.: Über die Ursache der Verteilung von Vitalfarbstoffen im Tierkörper. Verh. dtsch. path. Ges. 23.

601. — Leberstudien II. Teil. Beiträge zur Kenntnis der Entstehung der Nekrose und der Bindegewebshyperplasie. Virchows Arch. 265.

602. Loewe, S. u. H. E. Voss: Der Stand der Erfassung des männlichen Sexualhormons (Androkinins). Klin. Wschr. 1930, 481.

603. Loewenstein, E.: Über das Verhalten von Eiterzellen verschiedener Herkunft gegenüber den Tuberkelbacillen. Z. Immun.forschg Orig. 3.

604. Loewenthal, Hans: Über von Kulturen von Milchflecken des Rattennetzes in vitro. Arch. exper. Zellforschg 3.

605. Löhlein, M.: Die Gesetze der Leukocytentätigkeit bei entzündlichen Prozessen. Jena 1913.

606. Löhr, Hans: Die Beeinflussung des Agglutinintiters bei Typhus abdominalis durch unspezifische Reize. Z. exper. Med. 34.

607. Long, Perrin, H.: Untersuchungen über das Verhalten von Staphylokokken verschiedener Herkunft im Organismus des Meerschweinchens. Z. exper. Med. 58.

608. Louros, N. u. H. E. Scheyer: Die Streptokokkeninfektion, das Reticuloendothelialsystem, ihre Beziehungen und ihre therapeutische Beeinflußbarkeit. I. Das Verhalten des Reticuloendothelsystems der Maus bei Streptokokkeninfektion. Z. exper. Med. 52.

609. — Die Streptokokkeninfektion, das Reticuloendothelialsystem, ihre Beziehungen und ihre therapeutische Beeinflußbarkeit. II. Trypanblau, Eisen und Streptokokkeninfektion. Zugleich ein Beitrag zu den Fragen der Blockade und der Funktionsprüfung des Reticuloendothelialsystems. Z. exper. Med. 52.

610. — Die Streptokokkeninfektion, das Reticuloendothelialsystem, ihre Beziehungen und ihre therapeutische Beeinflußbarkeit. IV. Therapeutische Versuche mit Eiweißstoffen (Eiweißabbauprodukten), Kohlehydraten, Vitaminen und Mineralsalzen. Z. exper. Med. 55.

611. — Die Streptokokkeninfektion, das Reticuloendothelialsystem, ihre Beziehungen und ihre therapeutische Beeinflußbarkeit. V. Therapeutische Versuche mit Kohle. Z. exper. Med. 55.

612. Löwenstädt, Hans: Untersuchungen zur Frage des zelligen Gewebsabbaues und seiner Beziehung zur Eiterung. Virchows Arch. 234.

613. Löwit, M.: Beiträge zur Lehre vom Ikterus. 1. Mitt. Über die Bildung des Gallenfarbstoffes in der Froschleber. Beitr. path. Anat. 4.

614. — Über amitotische Kernteilung. Biol. Zbl. 11.

615. LUBARSCH, O.: Einiges zur Metaplasiefrage. Verh. dtsch. path. Ges. 10.
616. — Beiträge zur pathologischen Anatomie und Pathogenese der Unterernährungs- und Erschöpfungskrankheiten. Beitr. path. Anat. 69.
617. — Bemerkungen zu vorstehender Arbeit. Virchows Arch. 239.
618. — Über hämoglobine Pigmentierungen. Klin. Wschr. 1925.
619. — Virchows Entzündungslehre und ihre Weiterentwicklung bis zur Gegenwart. Virchows Arch. 235.
620. — Die Metaplasiefrage und ihre Bedeutung für die Geschwulstlehre. Arb. hyg. Inst. Posen. Wiesbaden 1901.
621. — Pathologische Anatomie der Milz. Handbuch der pathologischen Anatomie von HENKE-LUBARSCH, Bd. 1, 2.
622. — u. J. WÄTJEN: Allgemeine und spezielle pathologische Histologie der Strahlenwirkung. Handbuch der gesamten Strahlenheilkunde, Biologie, Pathologie und Therapie von PAUL LAZARUS. München 1927.
623. — u. E. WOLFF: Der heutige Stand der Gewebezüchtung, im besonderen in ihrer Bedeutung für die Pathologie. Die Degenerationslehre im Lichte neuzeitlicher Forschung. Jkurse ärztl. Fortbildg 1925.
624. LÜDKE, HERMANN u. LUDWIG FEJES: Untersuchungen über die Genese der kryptogenetischen perniziösen Anämien. Dtsch. Arch. klin. Med. 109.
625. MAAS, HERMANN: Über das Wachstum und die Regeneration der Röhrenknochen mit besonderer Berücksichtigung der Callusbildung. Arch. klin. Chir. 20.
626. MACCALLUM, A. E.: Die Methoden und Ergebnisse der Mikrochemie in der biologischen Forschung. Erg. Physiol. 7.
627. MAGAT, J.: Zur experimentellen Lipoidspeicherung. Virchows Arch. 267.
628. MAKINO, J.: Beiträge zur Frage der anhepatocellulären Gallenfarbstoffbildung. Beitr. path. Anat. 72.
629. MALYSCHEW, B.: Über die Rolle der KUPFFERschen Sternzellen bei aseptischer Entzündung der Leber. Beitr. path. Anat. 78.
630. MALYSCHEW, B. F.: Über die Reaktion des Endothels in der Art. carotis des Kaninchens bei doppelter Unterbindung. Virchows Arch. 272.
631. MANDELSTAMM, MAXIMILIAN: Untersuchungen über den Einfluß des Adrenalins auf den hämatopoetischen Apparat. Virchows Arch. 261.
632. MANN, FRANK, C. u. THOMAS B. MAGATH: Die Wirkungen der totalen Leberexstirpation. Erg. Physiol. 23.
633. MARCHAND, F.: Über die bei Entzündungen in der Peritonealhöhle auftretenden Zellformen. Verh. dtsch. path. Ges. 1.
634. — Über die Beziehungen der pathologischen Anatomie zur Entwicklungsgeschichte, besonders der Keimblattlehre. Verh. dtsch. path. Ges. 2.
635. — Meine Stellung zur GRAWITZschen Schlummerzellehre. Virchows Arch. 229.
636. — Der Prozeß der Wundheilung mit Einschluß der Transplantation. Stuttgart 1901.
637. — Die Veränderungen der peritonealen Deckzellen nach Einführung kleiner Fremdkörper. Beitr. path. Anat. 9.
638. MARCHAND, FELIX: Über die Veränderungen des Fettgewebes nach der Transplantation in einem Gehirndefekt, mit Berücksichtigung der Regeneration desselben und der kleinzelligen Infiltration des Bindegewebes. Beitr. path. Anat. 66.
639. — Die örtlichen reaktiven Vorgänge. Handbuch der allgemeinen Pathologie von KREHL-MARCHAND, Bd. 4, 1. Leipzig 1924.
640. MARCHAND, FRITZ: Untersuchungen über die Herkunft der Körnchenzellen des Zentralnervensystems. Beitr. path. Anat. 45.
641. MARWEDEL, Georg: Die morphologischen Veränderungen der Knochenmarkszellen bei der eitrigen Entzündung. Beitr. path. Anat. 22.
642. MASUGI: Über die Beziehungen zwischen Monocyten und Histiocyten. Beitr. path. Anat. 76.
643. MATIS, ELIAS: Über die toxischen Granulationen der neutrophilen Leukocyten und ihre praktische Verwendbarkeit. Fol. haemat. (Lpz.) 36.
644. MAXIMOW, A.: Über entzündliche Bindegewebsneubildung bei der weißen Ratte und die dabei auftretenden Veränderungen der Mastzellen und Fettzellen. Beitr. path. Anat. 35.
645. MAXIMOW, ALEXANDER: Untersuchungen über Blut und Bindegewebe. VII. Über in vitro-Kulturen von lymphoidem Gewebe des erwachsenen Säugetierorganismus. Arch. mikrosk. Anat. 96.

646. MAXIMOW, ALEXANDER: Bindegewebe und blutbildende Gewebe. Handbuch der mikroskopischen Anatomie des Menschen von WILHELM VON MÖLLENDORFF, Bd. 2, 1.

647. — Über undifferenzierte Blutzellen und mesenchymale Keimlager des erwachsenen Organismus. Klin. Wschr. **1926**, 2193.

648. — Über die Entstehung von agyrophilen und kollagenen Fasern in Kulturen von Bindegewebe und Blutleukocyten. Zbl. Path. **43**.

649. — Weiteres über Entstehung, Struktur und Veränderungen des Narbengewebes. Beitr. path. Anat. 34.

650. — Über die sog. „Wucheratrophie" der Fettzellen. Arch. mikrosk. Anat. u. Entw.-mechan. **35**.

651. — Untersuchungen über Blut und Bindegewebe. VIII. Die cytologischen Eigenschaften der Fibroblasten, Reticulumzellen und Lymphocyten, des lymphoiden Gewebes außerhalb des Organismus, ihre genetischen Wechselbeziehungen und ihre prospektiven Entwicklungspotenzen. Arch. mikrosk. Anat. **97**.

652. — Untersuchungen über Blut und Bindegewebe. IX. Über die experimentelle Erzeugung von myeloiden Zellen in Kulturen des lymphoiden Gewebes. Arch. mikrosk. Anat. **97**.

653. — Über das Mesothel (Deckzellen der serösen Häute) und die Zellen der serösen Exsudate, Untersuchungen an entzündetem Gewebe und an Gewebskulturen. Arch. exper. Zellforschg 4.

654. — Der Lymphocyt als gemeinsame Stammzelle der verschiedenen Blutelemente in der embryonalen Entwicklung und im postfetalen Leben der Säugetiere. Fol. haemat. (Lpz.) 8.

654a. MAXIMOW, A.: Über die Histogenese der entzündlichen Reaktion. Beitr. path. Anat. 82.

655. MAYER, EDMUND: Grenzfragen der Hämoblastosen, Blastome und Infektionskrankheiten. Verh. dtsch. path. Ges. **22**.

656. — u. S. FURUTA: Zur Frage der Lymphknötchen im menschlichen Knochenmark. Virchows Arch. **253**.

657. MAYER, R. M.: Über Hämolyse und gewebliche Reaktionen bei verschieden gefütterten Teermäusen mit Bemerkungen über das Schicksal von gefüttertem Cholesterin und Scharlachrot. Krkh.forschg **6**.

658. MAYER, J. K. u. C. MONCORPS: Studien zur Eosinophilie. II. Virchows Arch. **262**.

659. MEINERTZ, J.: Beiträge zur Kenntnis der Beziehungen von Leber und Milz zur Hämolyse. Z. exper. Path. u. Ther. **2**.

660. MESTITZ, WALTER: Zur Frage der Leberveränderungen bei Typhus und Paratyphus. Virchows Arch. **244**.

661. METSCHNIKOFF, ELIAS: Immunität bei Infektionskrankheiten. Jena 1902.

662. METZ, A.: Die drei Gliazellarten und der Eisenstoffwechsel. Z. Neur. **100**.

663. METZ, A. u. H. SPATZ: Die HORTEGAschen Zellen (das sog. „Dritte" Element) und über ihre funktionelle Bedeutung. Z. Neur. **89**.

664. MEYER, ERICH: Über die Resorption und Ausscheidung des Eisens. Erg. Physiol. **5**.

665. MEVES, FRIEDRICH: Über Strukturen in den Zellen des embryonalen Stützgewebes, sowie über die Entstehung der Bindegewebsfibrillen, insbesondere derjenigen der Sehne. Arch. mikrosk. Anat. **75**.

666. MIGAY, F. J. u. J. R. PETROFF: Über experimentell erzeugte Eisenablagerung und vitale Carminfärbung bei Kaninchen. Arch. mikrosk. Anat. **97**.

667. MILNE-LINDSAY, S.: Über Blutungsanämie. Dtsch. Arch. klin. Med. **109**.

668. MINKOWSKI, O. u. NAUNYN: Beiträge zur Pathologie der Leber und des Ikterus. Über den Ikterus durch Polycholie und die Vorgänge in der Leber bei demselben. Arch. f. exper. Path. **21**.

669. MITA, GENSHIRO: Physiologische und pathologische Veränderungen der menschlichen Keimdrüse von der fetalen bis zur Pubertätszeit, mit besonderer Berücksichtigung der Entwicklung. Beitr. path. Anat. **58**.

670. MITSUDA, E.: Beiträge zur Entzündungslehre auf Grund von Transplantations- und Explantationsversuchen. Virchows Arch. **245**.

671. — Über die Beziehungen zwischen Epithel- und Bindegewebe bei Transplantation und Explantation. Virchows Arch. **242**.

672. MJYSSOJEFF, W. S.: Über in vitro-Kulturen von Eifollikeln der Säugetiere. Arch. mikrosk. Anat. u. Entw.mechan. **104**.

673. MOCZYCS, NORB.: Hämatologische und kritische Studien zum Monocytenproblem. Z. klin.Med. 106.

674. MOEWES, C.: Die chonische Lymphocytose im Blutbild als Zeichen konstitutioneller Minderwertigkeit. Dtsch. Arch. klin. Med. 120.

675. MOLLIER, S.: Die Blutbildung in der embryonalen Leber des Menschen und der Säugetiere. Arch. mikrosk. Anat. 74.

676. MOMMSEN, HELMUT: Über die elektrostatische Ladung von Zellen des menschlichen Blutes. Ein Beitrag zur Frage der Acido- und Basophilie. Fol. haemat. (Lpz.). Arch. 34.

677. MORAWITZ, P.: Über Oxydationsprozesse im Blut. Arch. f. exper. Path. 60.

678. — Messung des Blutumsatzes. Handbuch der normalen und pathologischen Physiologie, Bd. 6, 1. Berlin 1925.

679. — Einige neuere Anschauungen über Blutregeneration. Erg. inn. Med. 11.

680. MORAWITZ u. ITAMI: Klinische Untersuchungen über Blutregeneration. (Die Methode der Sauerstoffzehrung.) Dtsch. Arch. klin. Med. 100.

681. MORAWITZ, P. u. E. REHN: Über einige Wechselbeziehungen der Gewebe in den blutbildenden Organen. Dtsch. Arch. klin. Med. 92.

682. MORGENSTERN, ZACHARIAS: Zur Frage der Amyloidose und Resorption. Virchows Arch. 259.

683. MORI, K. u. T. JASUDA: Einfluß von Insulin und Schilddrüsensubstanz auf die Oxydasereaktion der Organe. Verh. jap. Ges. inn. Med. 1926.

684. MÖLLENDORF, WILHELM, VON: Die Ausscheidung von sauren Farbstoffen durch die Leber. Z. Physiol. 17.

685. — Bindegewebsstudien V. Die Ableitung der entzündlichen Gewebsbilder aus einer dem Bindegewebe gemeinsamen Zellbildungsfolge. Z. Zellforschg 6.

686. — Bindegewebsstudien VIII. Über die Potenzen der Fibrocyten des erwachsenen Bindegewebes in vitro. Z. Zellforschg 9.

687. — Versuche über den Nerveneinfluß bei Vitalfärbung. Z. Biol. 80.

688. — Die Entstehung der Entzündungsleukocyten und die Grenzen der anatomischen Methode. Klin. Wschr. 7 (1928).

689. — Zur Morphologie der vitalen Granulafärbung. Arch. mikrosk. Anat. 90.

690. — Die Dispersität der Farbstoffe, ihre Beziehung zu Ausscheidung und Speicherung in der Niere. Ein Beitrag zur Histiophysiologie der Niere. Anat. H. 53.

691. — Über das Eindringen von Neutralsalzen in das Zellinnere. Kolloid-Z. 23.

692. — Vitale Färbungen an tierischen Zellen. Erg. Physiol. 18.

693. — Beiträge zur Kenntnis der Stoffwanderungen beim wachsenden Organismus IV. Die Einschaltung des Farbtransportes in die Resorption bei Tieren verschiedenen Lebensalters. Z. Zellforschg 2.

694. MÖNCKEBERG, J. G.: Über das Verhalten des Pleuraperitonealepithels bei der Einheilung von Fremdkörpern. Beitr. path. Anat. 34.

695. MROWKA: Die normale Milz des Pferdes und ihre pathologischen Veränderungen bei chronischer infektiöser Anämie. Z. Vet.kde 31.

696. MÜLLER, ERNST FRIEDRICH: Knochenmark und Leukocyten: Virchows Arch. 246.

697. MÜLLER, FRANZ: Beiträge zur Frage nach der Wirkung des Eisens bei experimentell erzeugter Anämie. Virchows Arch. 164.

698. MUSCATELLO, G.: Über den Bau und Aufsaugungsvermögen des Peritoneum. Virchows Arch. 142.

699. MYASSNIKOW, A. L.: Über den Einfluß der Aderlaß- und Pyrodinämie und der Splenektomie auf den Blutcholesteringehalt des Kaninchens. Z. exper. Med. 52.

700. NAKATA: Die Stadien der Sublimatniere des Menschen, nach ihren makroskopischen und mikroskopischen Besonderheiten. Beitr. path. Anat. 70.

701. NETOÛSEK, MILÔS: Endothelien im strömenden Blute. Fol. haemat. (Lpz.) 14.

702. NEUBÜRGER, K. u. L. SINGER: Über reaktive Veränderungen in der Umgebung carcinomatöser und sarkomatöser Hirntumoren. Virchows Arch. 255.

703. NEUFELD, F.: Beitrag zur Kenntnis der Phagocytose und der Herkunft des Komplements. Arb. ksl. Gesdh.amt 28.

704. — Über die Ursachen der Phagocytose. Arb. ksl. Gesdh.amt 27.

705. — u. BICKEL: Über cytotoxische und cytotrope Serumwirkungen. Arb. ksl. Gesdh.amt 27.

706. — u. H. MEYER: Über die Bedeutung des Reticuloendothels für die Immunität. Z. Hyg. 103.

707. Neufeld u. Hüne: Untersuchungen über bactericide Immunität und Phagocytose nebst Beiträgen zur Frage der Komplementablenkung. Arb. ksl. Gesdh.amt 25.
708. Neumann, Alfred: Die nicht an Hämoglobin gebundenen Oxydasen und Peroxydasen (Oxone) des roten Knochenmarkes und ihre Eigenschaften. Fol. haemat. (Lpz.) Arch. 35.
709. — Über den gegenwärtigen Stand unserer Kenntnisse über die chemische Beschaffenheit der Leukocytengranula. Fol. haemat. (Lpz.) 36.
710. — Über die Entstehungsbedingungen der Charcot-Leydenschen Krystalle. Wien. Arch. inn. Med. 6.
711. Neumann, E.: Blut und Pigmente. Jena 1917. Die Entstehung des Hämatoidins und des eisenhaltigen Pigmentes (Hämosiderin) in Extravasaten und Thromben. Virchows Arch. 111.
712. — Blut und Pigmente. Jena 1917. Neuer Beitrag zur Kenntnis der embryonalen Leber. Arch. mikrosk. Anat. 85.
713. — Blut und Pigmente. Jena 1917. Über die Bedeutung des Knochenmarkes für die Blutbildung. E. Wagnees Arch. Heilk. 10 (1869).
714. — Blut und Pigmente. Jena 1917. Die Charcotschen Krystalle bei Leukämien. Virchows Arch. 116.
715. Nikolaeff, N. u. D. Tichomiroff: Immunität, Infektion und Anaphylaxie als Funktionsäußerungen des reticuloendothelialen Systems. Z. exper. Med. 58.
716. Nikolajew, N. M. u. L. A. Schparo: Studien über Benzolwirkung auf den tierischen Organismus. Virchows Arch. 272.
717. Nirenstein, E.: Über das Wesen der Vitalfärbung. Pflügers Arch. 179.
718. Nishikawa, Kiyomasaru: Über die lymphatische Gewebsreaktion in den Wandschichten des Wurmfortsatzes und seiner Umgebung in bezug auf funktionelle Zustände und chronisch entzündliche Vorgänge. Virchows Arch. 265.
719. Nissen, R.: Zur Frage der Wirkung von Schutzkolloiden bei kolloidalen Metalllösungen. Zugleich ein Beitrag zur Pathologie des reticuloendothelialen Systems und der Eisenreaktion. Z. exper. Med. 28.
720. Nissle, A.: Beobachtungen am Blut mit Trypanosomen geimpfter Tiere. Arch. Hyg. 53.
721. Nordmann, Martin: Studien an Lymphknoten bei akuten und chronischen Allgemeininfektionen. Virchows Arch. 267.
722. Nunokawa, K.: Der Einfluß des Pneumokokkenaggressins auf die Phagocytose. Z. Immun.-forschg 3.
723. Oeller: Über die Bedeutung reaktiver „entzündlicher" Vorgänge bei bakteriellen Allgemeininfektionen. Med. Ges. Leipzig 1924, H. 1, 181.
724. Oeller, Hans: Experimentelle Studien zur pathologischen Physiologie des Mesenchyms und seiner Stoffwechselleistungen bei Infektionen. Krkh.forschg 1.
725. Oestreich, R.: Die Milzschwellung bei Lebercirrhose. Virchows Arch. 142.
725a. Ogata, Tomosuro: Beiträge zur experimentell erzeugten Lebercirrhose und zur Pathologie des Ikterus mit spezieller Berücksichtigung der Gallencapillaren bei der Unterbindung des Ductus choledochus und bei der Ikterogenvergiftung. Beitr. path. Anat. 55.
726. Oestreicher, Alfred: Über den Nachweis des Harnstoffes in den Geweben mittels Xanthydrol. Virchows Arch. 257.
727. Oiye, Takeo: Über den Einfluß akuter und chronischer Erkrankungen auf die Testikel. Mitt. Path. (Sendai) 4 (1928).
728. — Statistische und histologische Hodenstudien. Mitt. Path. (Sendai) 4 (1928).
729. Okamoto, Hirono: Über die Leber- und Milzpigmente der Kröte. Frankf. Z. Path. 31.
730. Oker-Blom, Max: Zum Mechanismus der Bakterienverankerung an das Leukocytenprotoplasma. Z. Immun.forschg 5.
731. Okuneff, N.: Über lokale Farbstoffimbibition der Aortenwand. Virchows Arch. 259.
732. — Studien über die Zellveränderungen im Hungerzustande. (Das Chondriosom.) Arch. mikrosk. Anat. 97.
733. — Weitere Untersuchungen über die Wirkung intravenöser Injektionen von Lipoidsubstanzen auf den Leukocytengehalt des Blutes. Z. exper. Med. 43.
734. Oonk, H.: Über die Beeinflussung des Nierenstoffwechsels durch Speicherung körperfremder Substanzen (vitale Farbstoffe und Metallsalz). Beitr. path. Anat. 79.

735. OPITZ, ERICH: Über die Lebensvorgänge am Krebs der weiblichen Geschlechtsorgane nach Bestrahlung. Med. Klin. 1923, Nr 36.

736. ORTH: Welche morphologischen Veränderungen können durch Tuberkelbacillen erzeugt werden? Verh. dtsch. path. Ges. 4.

737. — Beitrag zur Kenntnis des Verhaltens der Lymphdrüsen bei der Resorption von Blutextravasaten. Virchows Arch. 56.

738. ORZECHOWSKI, GERHARD: Über die primären blutbildenden Hämangioendotheliome der Leber. Virchows Arch. 267.

739. — Chronische Benzolvergiftung und Knochenmark. Virchows Arch. 271.

739a. OSHIMA, F. u. P. SIEBERT: Experimentelle chronische Kupfervergiftung. Beitr. path. Anat. 84.

740. OUDENDAL, A. J. F., W. F. DONATH u. WENGERT, H. PRESSER: Über Eisenhaushalt und Hämoglobin in den Tropen. Krkh.forschg 6.

741. PAETSCH: Über lokale Immunkörperbildung. Zbl. Bakter. I Orig. 60.

742. PAGEL: Allgemein pathologische bemerkenswerte Züge im Bilde der experimentellen Meerschweinchentuberkulose. Verh. dtsch. path. Ges. 21.

743. PAGEL, W.: Die allgemeinen patho-morphologischen Grundlagen der Tuberkulose. Berlin 1927.

744. — Meerschweinchentuberkulose und Metallvergiftung. Krkh.forschg 3.

745. — Der tuberkulöse Primäraffekt der Meerschweinchenlunge. Krkh.forschg 2.

746. PAPPENHEIM, A.: Über die Vitalfärbung und die Natur der vitalfärbbaren Substanzen der Blutkörperchen. Fol. haemat. (Lpz.) Arch. 12.

747. — u. A. FERRATA: Über die verschiedenen lymphoiden Zellformen des normalen und des pathologischen Blutes. Leipzig 1911.

748. — Experimentelle Beiträge zur neueren Leukämietherapie. Z. exper. Path. u. Ther. 15.

749. — Einige Worte über Histiocyten, Splenocyten und Monocyten. Fol. haemat. (Lpz.) Arch. 16.

750. — Morphologische Hämatologie II. Fol. haemat. (Lpz.) 24.

751. — u. M. FUKUSHI: Neue Exsudatstudien und weitere Ausführungen über die Natur der lymphoiden peritonealen Entzündungszellen. Fol. haemat. (Lpz.) 17.

752. — u. J. NAKANO: Beiträge über Beziehungen zwischen Vitalfärbung, Supravitalfärbung und Oxydasereaktion. Fol. haemat. (Lpz.) Arch. 14.

753. — u. J. PLESCH: Experimentelle und histologische Untersuchungen über das Prinzip der Thorium-X-Wirkung auf die Organe im allgemeinen und den hämatopoetischen Apparat im besonderen. Fol. haemat. (Lpz.) Arch. 14.

754. PARI: Über die Verwendbarkeit vitaler Carminspeicherung für die pathologische Anatomie. Frankf. Z. Path. 4.

755. PASCHEFF, C.: Bemerkungen über die hämatopoetische Funktion der Bindehaut. Fol. haemat. (Lpz.) Arch. 13.

756. PASCHKIS, KARL: Zur Frage der Abstammung der großen Mononucleären. Virchows Arch. 259.

757. — Zur Biologie des reticuloendothelialen Apparates. I. Kritische und experimentelle Studien zur Funktions- und Blockadefrage. Reticuloendothel und Immunkörperbildung. Z. exper. Med. 43.

758. — Über die Leberfunktionsprüfung mit Farbstoffen. Mit Beiträgen zum Verhalten des reticuloendothelialen Systems. Zugleich Mitt. VI. Zur Biologie des reticuloendothelialen Apparates. Z. exper. Med. 54.

759. — Zur Biologie des reticuloendothelialen Apparates. V. Mitt. Immunbiologische Vorgänge an milzexstirpierten Tieren. Virchows Arch. 259.

760. PATELLA, VINCENSO: Der endotheliale Ursprung der Mononucleären des Blutes. Fol. haemat. (Lpz.) 7.

761. PAUL, FRITZ: Knochenmarksbildung in der Nebenniere. Virchows Arch. 270.

762. PAUNZ, L.: Die Stauungsniere, experimentelle Beiträge zur Nierenpathologie mit Hilfe der indirekten Vitalfärbungsmethoden. Z. exper. Med. 45.

763. — Experimentelle Beiträge zur Nierenpathologie mit Hilfe der indirekten Vitalfärbungsmethoden. II. Die Ischämie der Niere. Z. exper. Med. 45.

764. — Experimentelle Beiträge zur Nierenpathologie mit Hilfe der indirekten Vitalfärbungsmethoden. III. Über die Hydronephrose. Z. exper. Med. 45.

765. PAUNZ, THEODOR: Über die Rundzellenherde der Nebenniere. (Ein Beitrag zur histopathologischen Bedeutung des Makrophagen-(reticuloendothelialen)-Systems. Virchows Arch. 242.

766. PEKELHARING, C. A.: Über Endothelwucherung in Arterien. Beitr. path. Anat. 8.
767. PENTIMALLI, F.: Über die Wirkung des Mesothoriums auf den Mäusekrebs. Beitr. path. Anat. 59.
767a. — Über chronische Proteinvergiftung und die durch sie bewirkten Veränderungen der Organe (experimentelle Untersuchungen). Virchows Arch. 275.
768. PETER, KARL: Zellteilung und Zelltätigkeit. Z. Anat. 72 I.
769. PETERSEN: Proteinkörpertherapie und unspezifische Leistungssteigerung. Berlin 1923.
770. PETERSEN, HANS: Über die Endothelphagocyten des Menschen. Z. Zellforschg 2.
771. PETERSEN, W. F. u. ERNST FRIEDRICH MÜLLER: Über Änderungen in der Permeabilität nach Insulin. Z. exper. Med. 54.
772. PETRI, E.: Über Pigmentspeicherung im Nierenparenchym. Virchows Arch. 244.
773. PETRI, ELSE: Über Blutzellherde im Fettgewebe des Erwachsenen und ihre Bedeutung für die Neubildung der weißen und roten Lymphknötchen. Virchows Arch. 258.
774. PETRI, SVEND: Histologische Untersuchung eines Falles von myeloischer Leukämie mit Messung der Mitosenwinkel. Fol. haemat. (Lpz.) Arch. 32.
775. PETROFF, J. R.: Unterscheidungen über die Ablagerung kolloidaler Substanzen in der Leber. Z. exper. Med. 35.
776. — Zur Frage nach der Speicherung des kolloidalen Silbers im reticuloendothelialen System. Z. exper. Med. 42.
777. — Über die Retention einiger Vitalfarbstoffe und Aufschwemmungen in den isolierten Organen. Z. exper. Med. 52.
778. — Über die Vitalfärbung der Gefäßwandungen. Beitr. path. Anat. 71.
779. PFEIFFER, R. u. MARX: Die Bildungsstätte der Choleraschutzstoffe. Z. Hyg. 27.
780. PFUHL, WILHELM: Experimentelle Untersuchungen über die KUPFFERschen Sternzellen der Leber. I. Mitt. Die verschiedenen Formen der Sternzellen, ihre Lage in den Lebercapillaren und ihre allgemeine Biologie. Z. Anat. 81.
781. PHILIPPSBORN, VON: Phagocytoseversuche von gesunden und kranken Menschen. Dtsch. Arch. klin. Med. 145.
782. — Ergebnisse der wichtigsten Phagocytoseversuche der letzten Jahre. Klin. Wschr. 1926, Nr 9.
783. PHOTAKIS, B. A.: Veränderungen der Milz bei Malaria. Virchows Arch. 271.
784. PICK, LUDWIG: Der Morbus Gaucher und die ihm ähnlichen Erkrankungen. (Die lipoidzellige Splenohepatomegalie Typus Niemann und die diabetische Lipoidzellenhyperplasie der Milz.) Erg. inn. Med. 29.
785. PODWYSSOZKI, W.: Nekrophagismus und Biophagismus. Zur Terminologie in der Phagocytosenlehre nebst einigen Bemerkungen über die Riesenzellbildungen. Fortschr. Med. 7.
786. — Zur Frage über die formativen Reize. Riesenzellengranulome, durch Kieselgut hervorgerufen. Beitr. path. Anat. 47.
787. — Über Autolyse und Autophagismus in Endotheliomen und Sarkomen als Grundlage zur Ausarbeitung einer Methode der Heilung unoperierbarer Geschwülste. Beitr. path. Anat. 38.
788. POHLE, ERNST: Über die Resorption und Excretion saurer und basischer Farbstoffe beim Warmblüter. (Ein Beitrag zur Frage der Beziehungen zwischen Gewebspermeabilität und H-Ionenkonzentration.) Pflügers Arch. 203.
789. POL: Zur Funktionsfrage der lymphadenoiden Organe, insbesondere der Tonsillen. Verh. dtsch. path. Ges. 19.
790. PONFICK, E.: Anatomische Studien über den Typhus recurrens. Virchows Arch. 60.
791. — Studien über die Schicksale körniger Farbstoffe im Organismus. Vischows Arch. 48.
792. — Experimentelle Beiträge zur Pathologie der Leber. Virchows Arch. 118 u. 138, Suppl.
793. PORCILE, VITTORIO: Untersuchungen über die Herkunft der Plasmazellen in der Leber. Beitr. path. Anat. 36.
794. PÖSCH, WALTER: Über den Nachweis des Hämosiderins im Endometrium. Arch. Gynäk. 123.
795. PRATT, DAVID, W.: Experimentelle Untersuchungen über die Capillarwände der Leber. Die Beziehungen der KUPFFERschen Sternzellen zu ihnen, nebst Beobachtungen über die Tätigkeit der Capillarendothelien in verschiedenen Capillargebieten. Beitr. path. Anat. 78.

796. PRIGGE, RICHARD: Die Wirkung der intravenösen Zufuhr großer NaCl-Mengen. III. Mitt. Die Beeinflussung der Antikörperproduktion. Dtsch. Arch. klin. Med. **142**.

797. PRÖSCHER, FR.: Über experimentelle basophile Leukocytose beim Kaninchen. Fol. haemat. (Lpz.) **7**.

798. PUGLIESE, ANGELO: Neuer Beitrag zur Physiologie der Milz. Das Eisen der Galle und des Blutes bei entmilzten Tieren. Biochem. Z. **52**.

799. PUHL, HUGO: Über phthisische Primär- und Reinfektion der Lunge. Beitr. Klin. Tbk. **52**.

800. QUECKENSTEDT: Untersuchungen über den Eisenstoffwechsel bei der perniziösen Anämie, mit Bemerkungen über den Eisenstoffwechsel überhaupt. Z. klin. Med. **79**.

801. QUINCKE: Zur Pathologie des Blutes. Dtsch. Arch. klin. Med. **25** u. **27**.

802. QUINCKE, H.: Beiträge zur Lehre von Ikterus. Virchows Arch. **95**.

803. RADÒS, ANDREAS: Die Ausscheidung von intravenös injiziertem Carmin und Trypanblau im Auge. Graefes Arch. **85**.

804. RANKE, KARL ERNST: Primäraffekt, sekundäre und tertiäre Stadien der Tuberkulose. Dtsch. Arch. klin. Med. **119**.

805. RANKE, O.: Neue Kenntnisse und Anschauungen von dem mesenchymalen Syncytium und seinen Differenzierungsprodukten unter normalen und pathologischen Bedingungen, gewonnen mit der Tanninsilbermethode von ACHUCARO. Sitzgsber. Heidelberg. Akad. Wiss., Math.-naturwiss. Kl. B **1913**.

806. RANKE, OTTO: Zur Theorie mesenchymaler Differenzierungs- und Imprägnationsvorgänge unter normalen und pathologischen Bedingungen (mit besonderer Berücksichtigung der Blutgefäßwand). Sitzgsber. Heidelberg. Akad. Wiss., Math.-naturwiss. Kl. B **1914**.

807. RAUTMANN, HERMANN: Zur Histogenese der myeloischen Leukämie. Beitr. path. Anat. **71**.

808. REHN, EDUARD: Die Fetttransplantation. Arch. klin. Chir. **98**.

809. REINECK, HEINRICH: Das Verhalten von Leber und Nebenniere bei experimenteller Cholesterinsteatose des Kaninchens nebst Bemerkungen zur Lipämiefrage. Beitr. path. Anat. **80**.

810. REINECKE, FR.: Experimentelle Untersuchungen über die Proliferation und Weiterentwicklung der Leukocyten. Beitr. path. Anat. **5**.

811. REITER, H.: Studien über Antikörperbildung in vivo und in Gewebskulturen. I. Mitt. Z. Immun.forschg Orig. **18**.

812. REITER, H. u. S. SILBERSTEIN: Vergleichende Untersuchungen über die Antikörperproduktion verschiedenartig dargestellter Antigene. Z. Immun.forschg Orig. **23**.

813. RETZLAFF, KARL: Experimentelle und klinische Beiträge zur Pathologie des Ikterus. Z. exper. Med. **34**.

815. RHODE, KARL: Untersuchungen über den Einfluß der freien H-Ionen im Innern lebender Zellen auf den Vorgang der vitalen Färbung. Pflügers Arch. **168**.

816. RIBBERT: Über Regeneration und Entzündung der Lymphdrüsen. Beitr. path. Anat. **6**.

817. RIBBERT, HUGO: Die Ausscheidung intravenös injizierten Carmins in den Geweben. Z. Physiol. **4**.

818. — Heilungsvorgänge im Carcinom nebst einer Anregung zu seiner Behandlung. Dtsch. med. Wschr. **1916**, Nr 10.

819. — Zur Regeneration der Leber und Niere. Arch. Entw.mechan. **18**.

820. — Über Umbildungen an Zellen und Geweben. Virchows Arch. **157**.

821. — Geschwulstlehre, 2. Aufl. Bonn 1914.

822. RITTER, A.: Endothel und Thrombenbildung. Jena 1927.

823. RIECKE, HEINZ-GERHARD: Über einen Fall von Lepra tuberosa mit Beteiligung des Kehlkopfes und über die Beziehungen zwischen Leprazellen und Reticuloendothel. Beitr. path. Anat. **80**.

824. RITZ, H.: Studien über Blutregeneration bei experimentellen Anämien. Fol. haemat. (Lpz.) **8**.

825. ROBBERS, FRANZ: Über die Histogenese der Tuberkel, besonders der tuberkulösen Riesenzellen. Virchows Arch. **229**.

826. ROESSINGH, M. J.: Die Beurteilung der Knochenmarksfunktion bei Anämien. Dtsch. Arch. klin. Med. **138**.

827. — Zur Pathogenese der Carcinomanämie. Dtsch. Arch. klin. Med. **139**.

828. ROMEIS, BENNO: Über den Einfluß erhöhter Außentemperatur auf Leber und Milz der weißen Maus. Virchows Arch. **247**.

829. — Beobachtungen über die Plastosomen von Ascaris megalocephala während der Embryoentwicklung, unter besonderer Berücksichtigung ihres Verhaltens in den Stamm- und Urgeschlechtzellen. Arch. mikrosk. Anat. I **81**.

830. RONA, PETER: Über das Verhalten der elastischen Fasern in Riesenzellen. Beitr. path. Anat. **27**.

831. ROSENFELD, MAX: Über das Pigment der Hämochromatose des Darmes. Arch. f. exper. Path. **45**.

832. ROSENOW, GEORG: Studien über die Entzündung beim leukocytenfreien Tier. Z. exper. Med. **3**.

833. — Über den Einfluß der Milz auf die Reaktionsfähigkeit des Knochenmarkes. Verh. dtsch. Ges. inn. Med. **33** (1921).

834. ROSENTHAL, F. u. H. LICHT: Weitere Untersuchungen am leberlosen Säugetier. Arch. f. exper. Path. **115**.

835. — LICHT u. MELCHIOR: Die Bildungsstätten des Gallenfarbstoffes. Klin. Wschr. **1927**, Nr 44.

836. — A. MOSES u. E. PETZAL: Weitere Untersuchungen zur Frage der Blockade des reticuloendothelialen Apparates. Z. exper. Med. **41**.

837. — u. FR. SPITZER: Weitere Untersuchungen über die trypanoziden Substanzen des menschlichen Serums. V. Mitt. Die Bedeutung des Reticuloendothels für den Mechanismus der trypanoziden Wirkung des Menschenserums. Z. Immun.-forschg **40**.

838. ROSENTHAL, FELIX: Die Bedeutung der Leberexstirpation für Pathophysiologie und Klinik. Erg. inn. Med. **33**.

839. — u. EDUARD MELCHIOR: Untersuchungen über die Topik der Gallenfarbstoffbildung. Arch. f. exper. Path. **94**.

840. ROSENTHAL, WERNER: Phagocytose durch Endothelzellen. Z. Immun.forschg **31**.

841. ROSIN, A.: Über Vorkommen und Herkunft vital gefärbter Zellen im Sputum und über die cellulären Reinigungsvorgänge in der Lunge. Beitr. path. Anat. **79**.

842. ROTHSCHILD, M. A.: Zur Physiologie des Cholesterinstoffwechsels. III. Die Beziehungen der Nebenniere zum Cholesterinstoffwechsel. Beitr. path. Anat. **60**.

843. — Zur Physiologie des Cholesterinstoffwechsels. IV. Über die Beziehungen der Leber zum Cholesterinstoffwechsel. Beitr. path. Anat. **60**.

844. — Zur Physiologie des Cholesterinstoffwechsels. V. Der Cholesteringehalt des Blutes und einiger Organe im Hungerzustand. Beitr. path. Anat. **60**.

845. ROTTER, W.: Beitrag zur pathologischen Erkrankung der agranulocytären Erkrankungen. Virchows Arch. **258**.

846. — Über seltenere Milzerkrankungen. I. Periarterielle Eisen- und Kalkinkrustation der Milz. Virchows Arch. **253**.

847. ROTTER, WERNER: Über die Sekundärknötchen in den Lymphknoten. Virchows Arch. **265**.

848. RÖMER, P.: Experimentelle Untersuchung über Abrin- (Jequiritol)- Immunität als Grundlagen einer rationellen Jequirity-Therapie. Graefes Arch. **52**.

849. RÖMER, PAUL, H. u. KARL JOSEPH: Die tuberkulöse Reinfektion. Beitr. Klin. Tbk. **17**.

850. RÖSSLE, R.: Über Phagocytose von Blutkörperchen durch Parenchymzellen und ihre Beziehung zu hämorrhagischem Ödem und zur Hämochromatose. Beitr. path. Anat. **41**.

851. RÖSSLE, R.: Referat über die Entzündung. Verh. dtsch. path. Ges. **1923**, 19.

852. RÖSSLE, ROBERT: Die Veränderungen der Blutcapillaren der Leber und ihre Bedeutung für die Histogenese der Lebercirrhose. Virchows Arch. **188**.

853. — u. TANZO YOSHIDA: Das Gitterfasergerüst der Lymphdrüsen unter normalen und pathologischen Verhältnissen. Beitr. path. Anat. **45**.

854. RUHLAND, W.: Zur Kritik der Lipoid- und Ultrafiltertheorie der Plasmahaut nebst Beobachtungen über die Bedeutung der elektrischen Ladung der Kolloide für ihre Vitalaufnahme. Biochem. Z. **23**.

855. RUMJANKOW, A.: Der Einfluß des Mediums auf cytoplasmatischen Strukturen. I. Die Veränderung der cytoplasmatischen Struktur überlebender Gewebe von parenchymatösen Organen bei Veränderung der Reaktion der physiologischen Lösung. Arch. Zellforschg **3**.

856. Russ, Victor u. Leopold Kirschner: Experimentelle Studien über die Funktion der Milz bei der Agglutininproduktion. Z. Immun.foschg Orig. **32**.

857. Rülf, J.: Die physiologischen Voraussetzungen der ätiologischen Krebsforschung. Z. Krebsforschg **7**.

859. Sabin, Cunningham and Doan: Discimination of two types of phagocytic cells in the connective tissues by the supravital technique. Contrib. to Embryol. **82**.

860. — The Separation of the Phagocytic cells of the peritoneal exsudat into two distinct types. Proc. Soc. exper. Biol. a. Med. **21**.

861. Sacerdotti, C. u. E. Frattin: Über die heteroplastische Knochenbildung. Experimentelle Untersuchungen. Virchows Arch. **168**.

862. Sachs, H.: Immunbiologische Betrachtungen zum Krebsproblem. Verh. dtsch. Ges. inn. Med. **40** (1928).

863. Sachs, Fr. u. Fr. Wohlwill: Systemerkrankungen des reticuloendothelialen Apparates und Lymphogranulomatose. Virchows Arch. **264**.

864. Saiti, Hideo: Beiträge zur pathologischen Anatomie und Histologie der Ernährungsstörungen der Säuglinge. Virchows Arch. **270**.

865. Samojloff, Alexander: Beiträge zur Kenntnis des Verhaltens des Eisens im tierischen Organismus. Arb. pharmakol. Inst. Dorpat **9**. Stuttgart 1893.

866. Samysslov: Die Rolle der Begleitstoffe bei der Immunisierung mit Peroxydasepräparaten. Ž. éksper. Biol. i Med. (russ.) **5**.

867. Sanchez, Lucas G. Julio: Über die Beziehungen des reticuloendothelialen Systems zu den Leberzellen. Z. exper. Med. **23**.

868. Sauerbeck, Ernst: Experimentelle Studien über Phagocytose. Z. Immun.forschg **3**.

869. Saxer, Fr.: Über die Entwicklung und den Bau der normalen Lymphdrüsen und die Entstehung der roten und weißen Blutkörperchen. Anat. H. **6**.

870. Saxl, Paul u. Ferdinand Donath: Klinische, experimentelle und pharmakologische Studien über die Abfangsfunktion des reticuloendothelialen Systems. Wien. Arch. klin. Med. **13**.

871. Schazillo, B. A.: Aus Physiologie und Pathologie der Trephone. I. Mitt. Regeneration von Kaltblütergeweben in vitro. Arch. exper. Zellforschg **1**.

872. Schellenberg, W.: Experimentelle Untersuchungen über die Verteilung von ungespeicherten auf gespeicherte Monocyten in der Blutbahn. Frankf. Z. Path. **38**.

873. Schellong, F. u. B. Eisler: Experimentelle Beiträge zur Funktionsprüfung der Leber und des reticuloendothelialen Apparates mit Farbstoffen; der klinische Wert der Leberfunktionsprüfung mit Tetrachlorphenolphthalein. Z. exper. Med. **58**.

874. Scheyer, Hans, Egon: Histologische Befunde im Reticuloendothelialsystem bei den verschiedenen Formen des Puerperafiebers. Virchows Arch. **266**.

875. Schiefferdecker, P.: Neue Untersuchungen über den feineren Bau und die Kernverhältnisse des Zwerchfells, sowie über die Art der Entwicklung der verschiedenen Muskeln Z. mikrosk.-anat. Forschg **7**.

876. — Untersuchung des menschlichen Herzens in verschiedenen Lebensaltern in bezug auf die Größenverhältnisse der Fasern und Kerne. Pflügers Arch. **165**.

877. Schilling, Viktor: Physiologie der blutbildenden Organe in dem Handbuch der normalen und pathologischen Physiologie, Bd. 6, 2. Berlin 1928.

878. — Über hochgradige Monocytosen mit Makrophagen bei Endocarditis ulcerosa und über die Herkunft der großen Mononucleären. Z. klin. Med. **88**.

879. — Das Blutbild und seine klinische Bedeutung. Jena 1923.

880. — Das Blut als klinischer Spiegel somatischer Vorgänge. Verh. 38. Kongr. inn. Med. **1926**.

881. — Zur Morphologie, Biologie und Pathologie der Kupfferschen Sternzellen, besonders der menschlichen Leber. Virchows Arch. **196**.

882. Schilling, V. u. H. W. Bansi: Das Verhalten der Exsudatmonocyten zur Oxydasereaktion. Ein weiterer Beitrag zur Monocytenfrage. Z. klin. Med. **99**.

883. Schilling-Torgau: Über die „stabkernigen" (Neutrophilen) bei der „regenerativen" und „degenerativen" Verschiebung des neutrophilen Blutbildes. Fol. haemat. (Lpz.) **13**.

884. Schittenhelm, A. u. W. Erhard: Anaphylaxiestudien bei Mensch und Tier. V. Mitt. Aktive Anaphylaxie und reticuloendotheliales System. Z. exper. Med. **45**.

885. SCHITTENHELM, A. u. W. WEICHARDT: Studien über die biologische Wirkung bestimmter parenteral einverleibter Eiweißspaltprodukte. Z. Immun.forschg **14**.

886. SCHLECHT: Resorption und Ausscheidung des Lithioncarmins. Beitr. path. Anat. **40**.

887. SCHLECHT, H. u. G. SCHWENKER: Über die Beziehungen der Eosinophilie zur Anaphylaxie. Dtsch. Arch. klin. Med. **108**.

888. SCHMECHEL, ARTHUR u. HANS LEHFELD: Blutbild und Reticuloendothelialsystem bei der Streptokokkeninfektion. Z. exper. Med. **55**.

889. SCHMIDT, ADOLF: Zur Physiologie der Niere. Über den Ort und den Vorgang der Carminausscheidung. Pflügers Arch. **48**.

890. SCHMIDT, ERNST ALBERT: Die neueren Ergebnisse auf dem Gebiet der Radiumtherapie in Amerika. Strahlenther. **13**.

891. — Experimentelle und histologische Untersuchungen über den Einfluß der Röntgenstrahlen auf die vitale Färbbarkeit der Gewebe. Strahlenther. **12**.

892. SCHMIDT, M. B.: Milz und Leber in ihrer Bedeutung für den Blutabbau. Sitzgsber. physik.-med. Ges. Würzburg **1916**.

893. — Über die Verwandtschaft der hämatogenen und autochthonen Pigmente und deren Stellung zum sog. Hämosiderin. Virchows Arch. **115**.

894. — Der Einfluß eisenarmer und eisenreicher Nahrung auf Blut und Körper. Jena **1928**.

895. — Über Blutzellenbildung in Leber und Milz unter normalen und pathologischen Verhältnissen. Beitr. path. Anat. **11**.

896. — Hämorrhagie- und Pigmentbildung in LUBARSCH-OSTERTAG. Erg. Path. **1**, 2. Kapitel Pigmentbildung.

897. — Referat über Amyloid. Verh. dtsch. path. Ges. **7**.

898. — Über das Verhalten der Leber nach Milzexstirpation beim Menschen. Z. Geburtsh. **87**.

899. — Über Schwund des Eisens in der Milz. Verh. dtsch. path. Ges. **12**.

900. — Über Pigmentbildung in den Tonsillen und im Processus vermiforis. Verh. dtsch. path. Ges. **11**.

901. SCHMIDTMANN, M.: Über die intracelluläre Wasserstoffionenkonzentration bei physiologischen und einigen pathologischen Bedingungen. Z. exper. Med. **45**.

902. SCHMINCKE, ALEXANDER: Über die normale und pathologische Physiologie der Milz. Münch. med. Wschr. **1916**, 1005.

903. SCHOENHOLZ, LUDWIG u. HERMANN HIRSCH: Histochemische Untersuchungen am Carcinom vor und nach der Bestrahlung. Strahlenther. **34**.

904. SCHOPPER, W.: Netzexplantation. Verh. dtsch. path. Ges. **24**.

905. — Beobachtungen an der Froschzunge nach Tuscheeinspritzung in die Blutbahn. Virchows Arch. **272**.

906. SCHOTT, EDUARD: Morphologische und experimentelle Untersuchungen über Bedeutung und Herkunft der Zellen der serösen Höhlen und der sog. Makrophagen. VII. Fortsetzung der „Studien über das Blut und die blutbildenden und -zerstörenden Organe" von FRANZ WEIDENREICH. Arch. mikrosk. Anat. **74**.

907. SCHRIDDE, HERMANN: Die Knochenmarksriesenzellen des Menschen. Anat. H. **33**.

908. — Weitere Untersuchungen über die Lymphocyten und ihre Zellkörner. Z. angew. Anat. **2**.

909. — Untersuchungen zur Entzündungsfrage. Die Entstehung der kleinzelligen Infiltrate in der Niere bei Scharlach und Diphtherie. Beitr. path. Anat. **55**.

910. — Myeloblasten, Lymphoblasten und lymphoblastische Plasmazellen. Beitr. path. Anat. **41**.

911. SCHUHMACHER, SIEGMUND VON: Bau, Entwicklung und systematische Stellung der Blutlymphdrüsen. Arch. mikrosk. Anat. **81**.

912. SCHULEMANN, W.: Vitale Färbung mit sauren Farbstoffen. Biochem. Z. **80**.

914. SCHULTZ, A.: Über Umformungen der Fibrocyten (Histiocytenbildung) im menschlichen Bindegewebe. Verh. dtsch. path. Ges. **23**.

915. SCHULTZ, WERNER: Die akuten Erkrankungen der Gaumenmandeln. Berlin 1925.

916. SCHULTZE, W. H.: Die Oxydasereaktion an Gewebschnitten und ihre Bedeutung für die Pathologie. Beitr. path. Anat. **45**.

917. SCHURIG: Über die Schicksale des Hämoglobins im Organismus. Arch. f. exper. Path. **41**.

918. SCHÜTZ, HANS: Über Veränderungen der quergestreiften Muskeln und des retro-
bulbären Fettgewebes bei Morbus Basedowi. Beitr. path. Anat. 71.
919. SCHWARTZ, PH. u. R. BIELING: Über Formalinpigment. Experimentelle Untersuchungen. Z. exper. Med. 52.
920. SCHWARZ, EMIL: Die Lehre von der allgemeinen und örtlichen „Eosinophilie".
Erg. Path. 17, 1.
921. SCHWARZ, L.: Der Einfluß der Ernährung auf die Zellreaktion der weißen Maus.
Virchows Arch. 266.
921a. — Einfluß der Ernährung auf die Eisenspeicherung der Leber und Milz der weißen
Maus (Beitrag zum Eisenstoffwechsel). Virchows Arch. 269.
922. SCHWENKENBECHER u. SIEGEL: Über die Verteilung der Leukocyten in der Blutbahn. Dtsch. Arch. klin. Med. 92.
923. SCHWIENHORST, MARIA: Untersuchungen über den Einfluß von Röntgenbestrahlungen
auf die Kokkenphagocytose im Reticuloendothel. Beitr. path. Anat. 81.
924. SCOTT WARTIN, ALFRED: Über die in leukämischen Geweben durch Röntgenstrahlen hervorgerufenen Veränderungen. Strahlenther. 4.
925. SEELIGER, S. u. H. GORKE: Das Verhalten der Thrombocyten und Leukocyten im
strömenden Blute und in den inneren Organen nach intravenöser Zufuhr von
Witte-Pepton. Z. exper. Med. 24.
925a. SEEMANN, G.: Zur Frage der Thymusrindenzellen auf Grund vergleichender Plasto-
somenuntersuchungen. Z. Zellforschg 11.
925b. SEEMANN, GEORG: Über die Beziehungen zwischen Lymphocyten, Monocyten und
Histiocyten, insbesondere bei der Entzündung. Beitr. path. Anat. 85.
926. — Zur Biologie des Lungengewebes. Beitr. path. Anat. 74.
927. — Weitere experimentelle Untersuchungen zur Biologie des Lungengewebes und
über die mesenchymalen Abwehrvorgänge im allgemeinen. 1. Mitt. Über einige
histo-physiologische Besonderheiten der Mäuseorgane. Beitr. path. Anat. 78.
928. — Weitere experimentelle Untersuchungen zur Biologie des Lungengewebes und
über die mesenchymalen Abwehrvorgänge im allgemeinen. 2. Mitt. Vitale Färbung und Einführung von Aufschwemmungen. Beitr. path. Anat. 89.
929. — u. A. KRASNOPOLSKI: Akute „Leukanämie" mit starker extramedullärer Blutbildung als Folgezustand ausgedehnter Knochenmarksverdrängung durch Magen-
krebsmetastasen. Virchows Arch. 262.
930. SEHRT, K.: Histologie und Chemie der Lipoide der weißen Blutzellen und ihre
Beziehungen zur Oxydasereaktion, sowie über das Zustandekommen der modernen Histologie der Zellipoide. Leipzig 1927.
931. SEIFERT, ERNST: Zur Funktion des großen Netzes. Eine experimentelle Studie; zugleich ein Beitrag zur Kenntnis vom Schicksal feinkörniger Stoffe in der Peritonealhöhle. Bruns' Beitr. 119.
932. SEIGE, WILLY: Über einen Fall von Akylostomiasis. Inaug.-Diss. Berlin 1892.
933. SELLING, LAURENCE: Benzol als Leukotoxin. Studien über die Degeneration und
Regeneration des Blutes und der hämatopoetischen Organe. Beitr. path.
Anat. 51.
934. SEULBERGER, P., W. SCHMIDT u. F. KRÖNIG: Röntgenologische Untersuchung.
II. Mitt. Cytologie und Histologie der Tumoren nach mehrfacher Bestrahlung.
Strahlenther. 34.
935. SEYDERHELM, INES: Über das Vorkommen von Makrophagen im Blute bei einem
Fall von Endocarditis sclerosa. Virchows Arch. 243.
936. SEYDERHELM, RICHARD: Zur Pathogenese der perniziösen Anämien. Dtsch. Arch.
klin. Med. 126.
937. — Ergebnisse der diätischen Behandlung der perniziösen Anämie. Klin. Wschr. 7.
938. — Über die perniziöse Anämie der Pferde. Beitrag zur vergleichenden Pathologie
der Blutkrankheiten. Beitr. path. Anat. 58.
939. — Das Verhalten des intravenös injizierten Trypanrots beim Menschen und Hund
unter dem Einfluß von Säuren und Alkali. Z. exper. Med. 45.
940. SEYDERHELM u. TAMMANN: Die Bedeutung der Galle für die Blutmauserung. Klin.
Wschr. 1926, 1177.
941. SEYDERHELM, R. u. C. OESTREICH: Experimentelle Untersuchungen über den
Verbleib absterbender Leukocyten im Organismus. Z. exper. Med. 56.
942. SEYFARTH, CARLY: Experimentelle und klinische Untersuchungen über die vital färbbaren Erythrocyten. Fol. haemat. (Lpz.) Arch. 34.

943. Seyfarth, Carly: Die Malaria in Henke-Lubarschs Handbuch der speziellen pathologischen Anatomie, Bd. 1, 1.

944. Shibuya, Kiyoshi: Experimentelle Untersuchungen über das Verhalten des tierischen Knochenmarks bei Luftverdünnung. Z. exper. Med. **53.**

945. Shimura, K.: Experimentelle Untersuchungen über die Ablagerung, Ausscheidung und Rückresorption des Hämoglobins im Organismus. Virchows Arch. **251.**

946. Shiomi, Choe: Explantationsversuche mit Lymphknoten auf Plasma unter Zusatz von Milz-, Nebennieren- und Knochenmarksextrakten unter Nachprüfung der Versuche von Maximow und unter besonderer Berücksichtigung des Bildes granulierter Zellen. Virchows Arch. **257.**

947. Siebel, Wilhelm: Über das Schicksal von Fremdkörpern in der Blutbahn. Virchows Arch. **104.**

947a. Siebert, P.: Über menschliche Hämochromatose. Beitr. path. Anat. **84.**

948. Siebke, H.: Zur Pathologie der Leukämie. Krkh.forschg 4.

949. Siegenbeck van Heukelom: Die experimentelle Cirrhosis hepatis. Beitr. path. Anat. **20.**

950. Siegmund: Untersuchungen über Immunität und Entzündung. Verh. dtsch. path. Ges. **19.**

951. Siegmund, H.: Reticuloendothel und aktives Mesenchym. Beih. Med. Klin. 1927,H. 1.

952. — Reizkörpertherapie und aktives mesenchymatisches Gewebe. Münch. med. Wschr. **1923,** 5.

953. — Über das Schicksal eingeschwemmter Reticuloendothelien (Bluthistiocyten) in den Lungengefäßen. Ein weiterer Beitrag zur Entstehung von Gefäßwandgranulomen. Z. exper. Med. **50.**

954. Siemss, Willi: Postmortale Phagocytose. Beitr. path. Anat. **73.**

954a. Silberberg, M.: Aseptische Entzündungsversuche an lymphoidem Gewebe. Virchows Arch. **274.**

955. — Untersuchungen über die Entwicklung der Makrophagen. Verh. dtsch. path. Ges. **23.**

956. Silberberg, Martin: Entzündungsversuche an embryonalem Gewebe. Virchows Arch. **270.**

957. — Das Verhalten des aleukocytären und vital gespeicherten Körpers gegenüber der septischen Allgemeininfektion als Beitrag zur Entzündungs- und Monocytenlehre. Virchows Arch. **267.**

958. — u. Gerhard Orzechowski: Versuche über die örtliche Entstehung von Blut- und Entzündungszellen. Virchows Arch. **269.**

959. Silva Mello, A., da: Experimentelle Untersuchungen über die biologische Wirkung des Thorium X, insbesondere auf das Blut. Z. klin. Med. **8.**

960. Simmonds, M.: Über chronische interstitielle Erkrankungen der Leber. Dtsch. Arch. klin. Med. **27.**

961. Simpson: The experimental production of circulating endothelial macrophags and the relation of these cells to monocyts. Univ. California. Publ. Anat. 1, Nr 2 (1921).

962. Sincke, Gustav: Über die Zugehörigkeit der Capillarendothelien des Hirnanhanges zum reticuloendothelialen System. Experimentelle Untersuchungen nebst Bemerkungen zur Vitalfärbung. Z. exper. Med. **63.**

963. Singer, E. u. H. Adler: Zur Frage der Pneumokokkenimmunität. Z. Immun.-forschg 41.

964. — Zur Frage der Gewebsimmunität. Die Immunität gegen Pneumokokkus Typus III. Z. Immun.forschg 41.

964a. Sjövall, Alf u. Helge Sjövall: Experimentelle Untersuchungen über die Sekundärknötchen in den Knielymphknoten des Kaninchens bei Bacillus pyocyaneus-Infektion. Virchows Arch. **278.**

965. Sklawunos, Th. G.: Experimentell-histologische Studien über Entzündung an „möglichst" leukocytenfrei gemachten Kaninchen. Krkh.forschg 1.

966. Skramlik, Emil, von: Die Milz. Mit besonderer Berücksichtigung des vergleichenden Standpunktes. Erg. Biol. **2.**

967. Soper, W. B.: Zur Physiologie des Cholesterinstoffwechsels. VI. Über Beziehungen der Milz zum Cholesterinstoffwechsel. Beitr. path. Anat. **60.**

968. — Über das Verhalten des reticuloendothelialen Zellaparates gegenüber der Bestrahlung und der Transplantation. Z. klin. Med. **16.**

969. Sorina, E.: Anämie der Ratten nach Entmilzung. Virchows Arch. **270.**

970. SPANJER-HERFORD, RICHARD: Vergleichende Untersuchungen mit der Indophenol-Oxydasereaktion an Speichel- und Tränendrüsen der Säugetiere. Virchows Arch. **205.**

971. SPATZ, H.: Untersuchung über Stoffspeicherungen und Stofftransport im Nervensystem. Z. Neur. **89.**

972. SPULER, ARNOLD u. ALFRED SCHITTENHELM: Überdie Herkunft der sog. „Kern"- und „Zellschollen" bei lymphatischer Leukämie und die Natur der eosinophilen Zellen, zugleich ein Beitrag zur diagnostischen Knochenmarkspunktion. Dtsch. Arch. klin. Med. **109.**

973. SSACHAROFF, G. P. u. O. W. KRASSOWSKAJA: Leukocytolysine und Antileukocytolysine bei Anaphylaxie. Z. exper. Med. **60.**

974. — u. S. SUBOFF: Über einige Funktionen der Milz und über ihre Beziehungen zu anderen innersekretorischen Organen. Z. exper. Med. **51.**

975. SSADOW, A. A.: Zur Frage der Erzeugung der Anaphylaxieerscheinungen am isolierten Kaninchenohr. Z. exper. Med. **59.**

976. STAEMMLER, M.: Untersuchung über das Vorkommen und die Bedeutung der histiogenen Mastzellen im menschlichen Körper unter normalen und pathologischen Verhältnissen. Frankf. Z. Path. **23.**

977. — Oxydasereaktion und Zellstoffwechsel. Virchows Arch. **264.**

978. — Untersuchungen über diastatische Fermente in der Leber, im besonderen bei der Phosphorvergiftung. Virchows Arch. **253.**

979. — Weitere Untersuchungen über Oxydasen mittels der quantitativen Methode. Virchows Arch. **259.**

980. — Über physiologische Regeneration und Gewebsverjüngung. Beitr. path. Anat. **80.**

981. — Über eigentümliche Kernveränderungen der Leukocyten in der Leber des Menschen. Beitr. path. Anat. **80.**

982. STAEMMLER, M. u. W. SANDERS: Eine Methode zur quantitativen Bestimmung der Indophenolblausynthese durch sauerstoffübertragende Zellbestandteile. Virchows Arch. **256.**

983. STARKENSETIN, E.: Die derzeitigen pharmakologischen Grundlagen einer rationellen Eisentherapie. Klin. Wschr. **1926,** 7.

984. — u. H. WEDEN: Weitere Beiträge zur Pharmakologie und Physiologie des Eisens. Klin. Wschr. **1926,** 7.

985. STEFKO, W. H.: Der Einfluß des Hungerns auf Blut und blutbildende Organe. Virchows Arch. **247.**

986. STENDER, EUGEN: Mikroskopische Untersuchungen über die Verteilung des in großen Dosen eingespritzten Eisens im Organismus. Arb. pharmakol. Inst. Dorpat 7 (1891).

987. STEPHAN, RICHARD: Über die Steigerung der Zellfunktion durch Röntgenenergie. Strahlenther. **11.**

988. STERLING, STEPHAN: Experimentelle Beiträge zur Pathogenese des Ikterus mit spezieller Berücksichtigung der Gallencapillaren. Arch. f. exper. Path. **64.**

989. STERNBERG, CARL: Experimentelle Untersuchungen über die Entstehung der myeloischen Metaplasie. Beitr. path. Anat. **46.**

990. — Leukosarkomatose und Myeloblastenleukämie. Beitr. path. Anat. **61.**

991. — Bemerkungen zu der Arbeit von E. K. WOLFF: Kasuistischer Beitrag zur Frage der sarkomatös-leukämischen Erkrankungen. Virchows Arch. **264,** 158; Virchows Arch. **265.**

992. — Blutkrankheiten. HENKE-LUBARSCHs Handbuch der speziellen pathologischen Anatomie, Bd. 1, 1.

993. STERNBERG, HERMANN: Die Nebenniere bei physiologischer (Schwangerschaft) und artifizieller Hypercholesterinämie. Beitr. path. Anat. **60.**

994. STEUDEMANN, CARL: Phagocytose in der Milz. Fol. haemat. (Lpz.) Arch. **18.**

995. STHEEMANN, H. A.: Histologische Untersuchungen über die Beziehungen des Fettes zu den Lymphdrüsen. Beitr. path. Anat. **48.**

996. STOCKINGER: Über die Granulierung der neutrophilen Leukocyten und ihre Beziehung zur Oxydasereaktion. Med. Ges. Kiel. Ref. Klin. Wschr. **1929,** 1147.

997. STOCKINGER, WALTER: Zellbilder und Zellformen des Blutes. I. Veränderungen des Blutbildes während der Ausheilung einer Agranulocytose. Z. exper. Med. **65.**

998. — Zellbilder und Zellformen des Blutes. II. Experimentelle Studien an Blutbildern nach Adrenalin- und Thyroxininjektionen. Z. exper. Med. **65.**

999. Stockinger, Walter: Der Einfluß von Adrenalin und Thyroxin auf die Bildung oxydasepositiver Zellformen im lockeren Bindegewebe der Maus. Z. exper. Med. 58.

1000. — Zellbilder und Zellformen des menschlichen Bindegewebes. Z. exper. Med. 58.

1001. Strasser, Ulrich: Zur Hämosiderosefrage nebst Beiträgen zur Ortho- und Pathohistologie der Milz. Beitr. path. Anat. 70.

1002. Strauss, Otto: Über Wandlungen und Ausblicke in der Strahlentherapie. Dtsch. med. Wschr. 1922, 47.

1003. Sträter, Rudolf: Beiträge zur Lehre von der Hämochromatose und ihren Beziehungen zur allgemeinen Hämosiderosis. Virchows Arch. 218.

1004. Strisower, R. u. W. Goldschmidt: Experimentelle Beiträge zur Kenntnis der Milzfunktion. Z. exper. Med. 4.

1005. Storm van Leeuwen, W. u. J. van Nierkerk: Über die Bluteosinophilie bei Allergikern. Z. exper. Med. 63.

1006. Struwe, F.: Über die Fettspeicherung der drei Gliaarten. Z. Neur. 100.

1007. Stschastnyi, S. M.: Über die Histogenese der eosinophilen Granulation im Zusammenhang mit der Hämolyse. Beitr. path. Anat. 38.

1008. Stumpf: Kurze Mitteilung über das Wachstum des Mäusecarcinoms in der Niere. Beitr. path. Anat. 47.

1009. Stübel, Hans: Die Wirkung des Adrenalins auf das in der Leber gespeicherte Eiweiß. Pflügers Arch. 185.

1010. — Der mikrochemische Nachweis von Harnstoff in der Niere mittels Xanthydrol. Anat. Anz. 54.

1011. Swirtschewskaja, B.: Über leukämische Reticuloendotheliose. Virchows Arch. 267.

1012. Swyatskaja, A.: Experimentelle Untersuchungen über Erythropoese. II. Über den Zusammenhang zwischen dem Alter der Erythrocyten und ihrer osmotischen. Resistenz und über die Verwendbarkeit der letzteren zur Beurteilung der Erythropoese. Z. exper. Med. 52.

1013. Syssojew, Th.: Experimentelle Untersuchungen über die Blutbildung in den Nebennieren. Virchows Arch. 259.

1014. Syzak, Nikolaus: Beitrag zu pathologischen Veränderungen beim Scharlach. Virchows Arch. 253.

1015. Szécsi, St.: Experimentelle Studien über Serosa-Exsudatzellen. Fol. haemat. (Lpz.) Arch. 13.

1016. Szécsi, St. u. O. Ewald: Zur Kenntnis der Peritonealexsudatzellen des Meerschweinchens. Fol. haemat. (Lpz.) Arch. 17.

1017. Szily, Aurel von: Histiogenetische Untersuchungen. Erster Teil. Anat. H. 33.

1018. Takano u. Hanser: Lymphangioma cavernosum des Mesenteriums. Beitr. path. Anat. 53.

1019. Tallquist, W.: Untersuchungen über aktive und passive Immunisierung mit Fibrolysin. Z. Hyg. 58.

1020. Tamura, K., K. Miyamura, T. Nishina, H. Nasagawa, F. Fukuda and M. Hosoja: On the excretion of Dyes in the kidney. Trans. 6. Congr. Assoc. trop. Med. Tokyo 1.

1021. Tanaka, Takehiko: Über Knochenmarksgewebsentwicklung im Nierenhilusbindegewebe bei Anaemia splenica (Anaemia pseudoleucaemica infantum). Beiträge zur Kenntnis dieser Krankheit. Beitr. path. Anat. 53.

1022. Tannenberg, Jos.: Über die Umwandlung von Fibroblasten in Makrophagen. Verh. dtsch. path. Ges. 24.

1023. Tartakowsky, S.: Die Resorptionswege des Eisens beim Kaninchen. Pflügers Arch. 100.

1024. Taslakowa, Theodora: Zur Morphologie und Physiologie der Zellen in den serösen Körperflüssigkeiten. Virchows Arch. 269.

1025. Taussig, Otto: Über Blutbefunde bei akuter Phosphorvergiftung. Arch. f. exper. Path. 30.

1026. Teilhaber, Adolf: Die celluläre Immunität in ihrer Entwicklung auf Entstehung und Behandlung von Konstitutions- und Infektionskrankheiten. Berlin 1924.

1027. — Der Selbstschutz der Gewebe und die Strahlenbehandlung. Strahlenther. 11.

1028. Teilhaber, Adolf u. Felix Teilhaber: Zur Lehre vom Zusammenhang von Krebs und Narbe. Krebsforschg 9.

1029. TEPLOFF, J.: Über die Rückbildung der intravitalen Carminablagerungen beim Kaninchen Z. exper. Med. **53**.

1030. — Über den Entwicklungsgang der vitalen Carminspeicherung im Organismus. Z. exper. Med. **545**.

1031. THIES, ANTON: Wirkung der Radiumstrahlen auf verschiedene Gewebestofforgane. Mitt. Grenzgeb. Med. u. Chir. **14**.

1032. TILP, A.: Über die Regenerationsvorgänge in den Nieren des Menschen. Jena 1912.

1033. TIMOFEJEWSKY, A. D. u. S. W. BENEWOLENSKAJA: Explantationsversuche von weißen Blutkörperchen mit Tuberkelbacillen. Arch. exper. Zellforschg **2**.

1034. — Züchtung von Geweben und Leukocyten des Menschen mit Tuberkelbacillen CALMETTES (BCG) Virchows Arch. **268**.

1035. — Prospektive Potenzen des Myeloblasten auf Grund des Explantationsversuches. Virchows Arch. **263**.

1036. — Zur Frage der Reaktion pathologischer Leukocytenformen des Menschenblutes in vitro auf Tuberkelbacillen. Virchows Arch. **264**.

1037. TISCHNER, R.: Vergleichende Untersuchungen zur Pathologie der Leber. Virchows Arch. **175**.

1038. TOBLER, W.: Phagocytosestudien bei Säuglingen und ihren Müttern. I. Mitt. Über den Einfluß von kindlichem und mütterlichem Serum auf die Phagocytose von Staphylococcus aureus durch Meerschweinchenleukocyten. Z. exper. Med. **41**.

1040. TOLDT, C.: Beiträge zur Histologie und Physiologie des Fettgewebes. Sitzgsber. ksl. Akad. Wiss. **62**, 2.

1041. TÖPPICH, G.: Die cellulären Abwehrvorgänge in der Lunge bei Erst- und Wiederinfektion mit Tuberkelbacillen. Krkh.forschg **2**.

1042. — Der Abbau der Tuberkelbacillen in der Lunge durch Zellvorgänge und ihr Wiederauftreten in veränderter Form. Krkh.forschg **3**.

1043. TROJE, G. u. F. TANGL: Über die antituberkulöse Wirkung des Jodoforms und über die Formen der Impftuberkulose bei Impfung mit experimentell abgeschwächten Tuberkelbacillen. Experimentelle Untersuchungen. Arb. path.-anat. Inst. Tübingen **1**. Braunschweig 1891/92.

1044. TRÖNDELE, A.: Neue Untersuchungen über die Aufnahme von Stoffen in die Zelle. Biochem. Z. **112**.

1045. TSCHASCHIN, S.: Über die ruhenden Wanderzellen und ihre Beziehungen zu den anderen Zellformen des Bindegewebes und zu den Lymphocyten. Fol. haemat. (Lpz.) **17**.

1046. — Über die Herkunft und Entstehungsweise der lymphocytoiden (leukocytoiden) Zellen, der „Polyblasten", bei der Entzündung. Fol. haemat. (Lpz.) Arch. **16**.

1047. — Über vitale Färbung der Chondriosomen in Bindegewebszellen mit Pyrrholblau. Fol. haemat. (Lpz.) Arch. **14**.

1048. TSCHISTOWITSCH, TH. u. O. BYKOWA: Reticulose als eine Systemerkrankung der blutbildenden Organe. Virchows Arch. **267**.

1049. TSUDA, S.: Experimentelle Untersuchungen über die Abwehrleistungen der Niere und ihre Kokkenausscheidungen. Virchows Arch. **250**.

1050. — Experimentelle Untersuchungen über die entzündliche Reaktion der Subcutis in ihrer Beziehung zum individuellen Immunitätszustand. Virchows Arch. **247**.

1051. TSUKAHARA, I.: Verlauf der Agglutininbildung bei Infektion normaler und immunisierter Tiere. Z. Immun.forschg Orig. **32**.

1052. TUDORANU, G.: Über die Zerstörung arteigener Blutkörperchen beim Meerschweinchen. Münch. med. Wschr. **74**, 30.

1053. UCHINO: Die Amyloiderzeugung durch Nutroseerzeugung. Beitr. path. Anat. **74**.

1054. UGRIUMOW, B.: Über die Wirkung des Colitoxins auf normale und vital gespeicherte Tiere. Z. exper. Med. **60**.

1055. UHLENHUTH u. SEIFFERT: Kritische Übersicht über die Grundlagen der Immunität gegen transplantable Tumoren. Med. Klin. 1925, Nr 16 u. 17.

1056. UNNA, F. G.: Die Reduktionsorte und die Sauerstofforte des tierischen Gewebes. Arch. mikrosk. Anat. **78**.

1057. UYEYAMA, Y.: Zur Frage der Entstehung der lokalen Eosinophilie. Frankf. Z. Path. **18**.

1057a. UYEONAHARA, T.: Studien über die menschlichen Bluthistiocyten mittels vitaler Carminspeicherung in Vitro. Fod haemat. (Lpz.). **40**.

1058. VEIT, BERNHARD: Entzündungsvorgänge bei Kaninchen, die durch Benzol aleukocytär gemacht worden sind. Beitr. path. Anat. **68**.

1059. VENULET, F.: Reticuloendotheliales System und Kohlenhydratstoffwechsel. Z. exper. Med. **63**.

1060. VERSÉ, M.: Referat über den Cholesterinstoffwechsel. Morphologischer Teil. Verh. dtsch. path. Ges. **20**.

1061. VIERLING, AUGUST: Experimenteller Beitrag zur Geschichte der Wanderzellen bei Amphibien. Z. Anat. **81**.

1062. VIRCHOW, RUDOLF: Die Cellularpathologie in ihrer Begründung auf physiologische und pathologische Gewebslehre. Berlin 1871.

1063. VOGEL, HANS: Fortgesetzte Beiträge zur Funktion der Milz als Organ des Eisenstoffwechsels. XVIII. Mitt. Beiträge zur Physiologie der Drüsen von L. ASHER. Biochem. Z. **43**.

1064. VORLÄNDER, KARL: Histologische Untersuchungen über die Wirkung der Bestrahlung auf das Imᵢfcarcinom der Maus. Dtsch. med. Wschr. **1923**, Nr 28.

1065. WAIL, S.: Über Veränderungen der Lokalisation und des Chemismus der Lipoide in den Tubuli contorti der Niere. Virchows Arch. **249**.

1066. WAKABAJASHI, T.: Einige Beobachtungen über die feinere Struktur der tuberkulösen Riesenzellen. Virchows Arch. **204**.

1067. — Einige Beobachtungen über die feinere Struktur der Riesenzellen in Gummi und Sarkom. Virchows Arch. **205**.

1067a. WALDMANN, ALICE: Pathologisch-histologische Untersuchungen über die experimentelle Paratyphusinfektion der weißen Maus. (Zugleich ein Beitrag zur Typentrennung in der Paratyphusgruppe.) Krkh.forschg 7.

1068. WALLBACH, GÜNTER: Über die „Spezifität" der Zellreaktion in Bauchhöhle und Milz. Virchows Arch. **262**.

1069. — Zur Frage der lymphocytären Zellreaktionen. Virchows Arch. **265**.

1070. — Studien über die Zellaktivität. I. Speicherungstypen verschiedener saurer Farbstoffe und anodisch wandernder Substanzen. Z. exper. Med. **60**.

1071. — Studien über die Zellaktivität. II. Umstimmungen des Organismus, gezeigt an der Verteilung eingeführter speicherbarer Substanzen. Z. exper. Med. **60**.

1072. — Studien über die Zellaktivität. III. Umstimmungen des tierischen Organismus, gezeigt an der voll ausgebildeten Trypanblauspeicherung und -entspeicherung. Z. exper. Med. **63**.

1073. — Studien über die Zellaktivität. IV. Histogenetische Untersuchungen über den Eisenpigmentstoffwechsel. Z. exper. Med. **63**.

1074. — Über die Hämosiderinablagerung vom Standpunkt der Zellaktivität aus betrachtet. Verh. dtsch. path. Ges. 22. Tagg.

1075. — Über die Stellung der Milz bei der vitalen Farbspeicherung. Verh. dtsch. path. Ges. 23. Tagg.

1076. — Das Oxydaseferment, eine Substanz, die von den Zellen gespeichert werden kann. Klin. Wschr. **1928**.

1076a. — Über das Immunitätsgewebe transpantabler Tumoren und dessen Veränderlichkeit durch umstimmende Reize. Z. Krebsforschg **28**.

1077. — Vitalfärbungsstudien zum Isaminblauproblem. Med. Klin. **1930**.

1078. — Untersuchungen über die Ätiologie und Genese der mesenchymalen Zellherde in der Leber. Z. exper. Med. **68**.

1079. — Untersuchungen über die unterschiedliche Wirkung einiger leukocytenverminderter Substanzen. Z. exper. Med. **68**.

1080. — Über die Mitochondrien und ihre funktionellen Veränderungen. Verh. dtsch. path. Ges. **25**.

1080a. — Untersuchungen über die Entstehung der Oxydasegranulation. Fol. haemat. (Lpz.) **43**.

1080b. — Experimentelle Untersuchungen über die Verteilung und Ablagerung einiger medikamentöser Eisenpräparate. Z. exper. Med. **1930**.

1081. — Über die durch funktionelle Umstimmung des Organismus bewirkte Veränderungen des Eisenstoffwechsels. Z. exper. Med. **1930**.

1082. WALLGREN, AXEL: Über die Wirkung des Lichtes auf die neutrophilen Granulocyten des normalen Menschenblutes. Verh. dtsch. path. Ges. **24**.

1083. WANKELL, FRITZ: Über Reduktion basischer Farbstoffe im lebenden Protoplasma. Ber. naturforsch. Ges. Freiburg **1921**.

1084. WASSERMANN, F.: Die Fettorgane des Menschen. Entwicklung, Bau und systematische Stellung des sog. Fettgewebes. Z. Zellforschg **3**.

1085. WASILJEFF, A. A.: Eine eigenartige Form der Knochenmarkssystemerkrankung mit Osteosklerose. Virchows Arch. **271**.

1086. — Die Resorption einiger Vitalfarbstoffe durch den Froschdarm. Z. Zellforschg **2**.

1086a. WATANABE, K.: Versuche über die Wirkung in die Trachea eingeführter Tuberkelbacillen auf die Lunge des Kaninchens. Beitr. path. Anat. **31**.

1087. WÄTJEN, J.: Morphologie und Funktion des lymphatischen Gewebes. Virchows Arch. **271**.

1088. — Über experimentelle toxische Schädigungen des lymphatischen Systems durch Arsen. Virchows Arch. **256**.

1089. WEGELIN, C.: Über Spermiophagie im menschlichen Nebenhoden. Beitr. path. Anat. **69**.

1090. WEICHARDT, W.: Unspezifische Immunität. Jena 1926.

1091. WEIDENREICH, FRANZ: Studien über das Blut und die blutbildenden und -zerstörenden Organe. II. Bau und morphologische Stellung der Blutlymphdrüsen. Arch. mikrosk. Anat. **65**.

1092. — Das Gefäßsystem der menschlichen Milz. Arch. mikrosk. Anat. **58**.

1093. — Über Differenzierung und Entdifferenzierung. Arch. f. mikrosk. Anat. **97**.

1093a. — Zur Morphologie und morphologischen Stellung der ungranulierten Leukocyten und Lymphocyten des Blutes und der Lymphe. VI. Fortsetzung der „Studien über das Blut und die blutbildenden und -zerstörenden Organe". Arch. mikrosk. Anat. **73**.

1094. WEIGERT, CARL: Versuch einer allgemeinen pathologischen Morphologie auf Grundlage der normalen. Ges. Abhandlungen Berlin 1906. 12. Kapitel. Bioplastische Vorgänge. Kinetische und potentielle bioplastische Energie. 13. Kapitel. Regeneration. Allgemeines. 14. Kapitel. Die Wachstumshindernisse, die bei der Regeneration in Betracht kommen.

1095. — Die Lebensäußerungen der Zellen unter pathologischen Verhältnissen. CARL WEIGERT, Ges. Abhandlungen. Berlin 1906.

1096. — Neue Fragestellungen in der pathologischen Anatomie. CARL WEIGERTs Ges. Abhandlungen. Berlin 1906.

1097. WEIL, EDMUND: Versuche über die Wirkung der Leukocyten bei intraperitonealer Cholerainfektion. Zbl. Bakter. I Orig. **43**.

1098. WEIL, E. u. H. BRAUN: Sind in den Organzellen Antikörper nachweisbar? Biochem. Z. **17**

1099. WEILL, PAUL: Zur Kenntnis der Milztuberkulose beim Meerschweinchen. Beitr. Klin. Tbk. **41**.

1100. — Über die leukocytären Elemente der Darmschleimhaut der Säugetiere. XII. Fortsetzung der „Studien über die blutbildenden und -zerstörenden Organe." Arch. mikrosk. Anat. **93**.

1101. WEISS, JULIUS: Die Wechselbeziehungen des Blutes zu den Organen, untersucht an histologischen Blutbefunden im frühesten Kindesalter. Jb. Kinderheilk., N. F. **35**.

1102. WEISS, ST. u. E. KOLTA: Die Rolle der Milz bei der Blutbildung. Z. exper. Med. **57**.

1103. WELKER, ALFRED: Über die phagocytäre Rolle der Riesenzellen bei Tuberkulose. Beitr. path. Anat. **18**.

1104. WENDT, GEORG, VON: Untersuchungen über den Eiweiß- und Salzstoffwechsel beim Menschen. Skand. Arch. Physiol. **29** (Berl. u. Lpz.).

1105. WENT, STEPHAN: Über die agglutinierenden und phagocytosebefördernden Stoffe in Normalseris. Z. Immun.forschg **40**.

1106. — Zur Frage der Beziehung der bakteriotropen Immunstoffe zu den Agglutininen. Z. Immun.forschg **37**.

1107. — Das gegenseitige Verhältnis der bakteriotropen und agglutinierenden Wirkung von Immunsera. Z. Immun.forschg **39**.

1108. WERESCHINSKI, A.: Beiträge zur Morphologie und Histogenese der intraperitonealen Verwachsungen. Leipzig 1925.

1109. WERHOVSKY, BORIS: Untersuchungen über die Wirkung erhöhter Eigenwärme auf den Organismus. Beitr. path. Anat. 18.
1110. WERTHEMANN, A.: Über den Aufbau der Blutgefäßwand in entzündlichen Neubildungen, insbesondere in Pleuraschwarten. (Histologische Studie zur Frage der mesenchymalen Differenzierungen.) Virchows Arch. 270.
1111. WESTHUES, HEINRICH: Herkunft der Phagocyten in der Lunge. Beitr. path. Anat. 70.
1112. WESTPHAL, ULRICH: Eine Nachprüfung des COHNHEIMschen Entzündungsversuches. Frankf. Z. Path. 30.
1113. WETZEL, GEORG: Das Blut. Handbuch der Anatomie des Kindes, Bd. 1. München 1928.
1113a. — Die blutbildenden Organe im Handbuch der Anatomie des Kindes, Bd. 1. München 1928.
1114. WHIPPLE u. HOOPER: A rapid change of Hämoglobin to the Bilipigment in the circulation outside the liver. J. of exper. Med. 17.
1115. WICKLEIN, E.: Untersuchungen über den Pigmentgehalt der Milz bei verschiedenen physiologischen und pathologischen Zuständen. Virchows Arch. 124.
1116. WILENSKI, L. J.: Zur Pathologie des Reticuloendothelapparates. Z. exper. Med. 60.
1117. WILLOUGHBY, JOHN: Über elektive Hämoglobinfärbung und den Ort der Hämoglobinausscheidung der Niere. Frankf. Z. Path. 11.
1118. WILTON, AKE: Die Fleckmilz und ihre Pathogenese. Frankf. Z. Path. 31.
1119. WINKLER, FERDINAND: Über experimentelle Darstellung von Granulationen in Leukocyten. Fol. haemat. (Lpz.) Arch. 9.
1119a. — Der Nachweis der Oxydase in den Leukocyten mittels der Dimethylparaphenylendiamin-Alphanatholreaktion. Fol. haemat. (Lpz.) 4.
1120. WINTERNITZ, RUDOLF: Versuche über den Zusammenhang örtlicher Reizwirkung mit Leukocytose. Arch. f. exper. Path. 36.
1121. WIRZ, FRANZ: Die Störung des physikalisch-chemischen Gleichgewichtes der Haut durch Säuerung und Alkalisierung. Krkh.forschg 2.
1122. WOLFF, ALFRED: Über die Bedeutung der Lymphoidzelle bei der normalen Blutbildung und bei der Leukämie. Z. klin. Med. 45.
1123. WOLFF, E. K.: Erwiderung. Virchows Arch. 265.
1123a. — Nebennierenlipoide und Schilddrüse. Verh. dtsch. path. Ges. 22.
1124. WOLFF, ERICH, K.: Die experimentelle Diphtherieinfektion der Maus. Virchows Arch. 238.
1125. — Experimentell-pathologische Untersuchungen über den Fettstoffwechsel. Virchows Arch. 252.
1126. WOLFF, K.: Kasuistischer Beitrag zur Frage der sarkomatös-leukämischen Erkrankungen. Virchows Arch. 264.
1127. WOLLENBERG, HANS WERNER: Die historische Entwicklung der Monocytenfrage. Erg. inn. Med. 28.
1128. WORONOW, A.: Über die morphologischen Veränderungen des Blutes und der bluterzeugenden Organe unter dem Einfluß des Benzols und seiner Abkömmlinge. Virchows Arch. 271.
1129. WUTTIG, HANS: Experimentelle Untersuchungen über Fettaufnahme und Fettablagerung. Beitr. path. Anat. 37.
1130. YAMAKAWA, HOJO: Über die histologischen Veränderungen an bestrahlten Carcinomen. Gann (jap.) 20 (1926).
1131. YAMAMOTO, TADATAKA: Die feinere Histologie des Knochenmarks als Ursache der Verschiebung des neutrophilen Blutbildes. (Vergleichende, experimentelle, pathologisch-anatomische und klinische Untersuchungen). Virchows Arch. 258.
1132. ZADE, MARTIN: Über Opsonine und Aggressine, vorwiegend von Pneumokokken. Z. Immun.forschg I Orig. 2.
1133. ZADIK, P. (Hamburg): Diskussionsbemerkung. Verh. dtsch. Ges. inn. Med. 40, 77.
1134. ZAPPERT, JULIUS: Über das Vorkommen der eosinophilen Zellen im menschlichen Blute. Z. klin. Med. 23.
1135. ZIEGLER: Über entzündliche Bindegewebsneubildung. Verh. dtsch. path. Ges. 5.
1136. ZIEGLER, E.: Über die Ursachen der pathologischen Gewebsneubildungen. Internationaler Beitrag zur wissenschaftlichen Medizin. Festschrift für VIRCHOW, Bd. 2. 1891.
1137. ZIEGLER, ERNST: Über die Ursache und das Wesen der Immunität des menschlichen Organismus gegen Infektionskrankheiten. Beitr. path. Anat. 5.

1138. ZIEGLER, H. E.: Die biologische Bedeutung der amitotischen (direkten) Kernteilung im Tierreich. Beitr. path. Anat. **11**.

1139. ZIEGLER, KURT: Histologische Untersuchungen über das Ödem der Haut und des
Unterhautzellgewebes. Beitr. path. Anat. **36**.

1140. — Experimentelle Untersuchungen über die Resorption von Fremdkörpern in der
Bauchhöhle und ihre pathogenetische Bedeutung für die Leber- und Milzerkrankungen. Z. exper. Med. **24**.

1141. — Über parenterale Resorption und Transport von Neutralfett. Z. exper. Med. **24**.

1142. — Experimentelle und klinische Untersuchungen über die Histogenese. Jena 1906.

1143. ZIEGLER, H. E. u. O. VON RATH: Die amitotische Kernteilung bei den Arthropoden.
Biol. Zbl. **11**.

1144. ZIEGLER, M. u. E. WOLF: Histochemische Untersuchungen über das Vorkommen
eisenhaltigen Pigmentes (Hämosiderin) in der Milz und Leber des Haussäuge-
tieres unter normalen und pathologischen Verhältnissen. Virchows Arch. **249**.

1145. ZIMMERMANN, RICHARD: Fortgesetzte Beiträge zur Funktion der Milz als Organ des
Eisenstoffwechsels. 12. Mitt. Beiträge zur Physiologie der Drüsen von LÉON
ASHER. Biochem. Z. **17**.

1146. ZINSERLING, W.: Über die Anfangsstadien der experimentellen Cholesterinester-
verfettung. (Zur Lehre vom Cholesterinstoffwechsel.) Beitr. path. Anat. **71**.

1147. ZINSERLING, W. D.: Untersuchungen über Atherosklerose. I. Über die Aorten-
verfettung bei Kindern. Virchows Arch. **255**.

1148. ZOJA, L.: Über die Bedeutung und den klinischen Wert des Verhältnisses zwischen
Erythro- und Leukocytolyse einerseits und Erythro- und Leukocytopoese
andererseits in einigen Anämien und in den leukämischen und aleukämischen
Lympho- und Myeloadenien. Fol. haemat. (Lpz.) Arch. **10**.

1149. ZYPKIN, S. M.: Über die biliäre Cirrhose und ihre Beziehung zu sonstigen Formen
der Lebercirrhose. Virchows Arch. **262**.

**Die vom Verfasser nachträglich eingefügte Literatur ist als besonderes Alphabet mit
den fortlaufenden Nummern 1150—1215 auf Seite 790—792 zusammengefaßt.**

Einleitung.

Die physiologische funktionelle Forschung hat sich bisher fast nur
mit den Äußerungen der Zellen befaßt, die sich mit chemischer Methodik
in den Körpersäften hauptsächlich feststellen ließen. Dagegen war die
histologisch-cytologische Untersuchungsmethodik wenig geschätzt, man
glaubt, daß diese Disziplin eine Starrheit der Form und des Verhaltens
zur Voraussetzung macht. Aber eine derartige Ansicht konnten nur
derartige Physiologen gewinnen, die mit den cytologischen Untersuchungsmethoden wenig vertraut waren. Bereits VIRCHOW hat eine Zellphysiologie
bei der Behandlung seiner Cellularpathologie vorgeschwebt. Die Funktion
der Zelle äußert sich keineswegs allein durch die chemische Zusammensetzung der verschiedenen Körpersäfte oder der Zellextrakte, auch mit
mikroskopischer Methodik läßt sich sehr wohl ein funktionelles Verhalten
der Zellen eingehender feststellen. Die Cytologie ist keineswegs eine starre
Wissenschaft, die an bestimmte Zellformen streng festhält und die durchaus
nicht den verschiedenen Funktionszuständen gerecht werden will.

Dem Wesen der verschiedenen morphologisch-funktionellen Zellveränderungen wird man nur durch die Analyse gerecht werden. Nur
durch eine Sektion der Zelle und der einzelnen funktionellen Eigentümlichkeiten wird der Gesichtskreis erweitert und wird man alle
Erscheinungen an den Zellen in gleichem Maße berücksichtigen. Von
diesem Gesichtspunkte aus haben wir uns entschlossen,
nicht im Sinne von VIRCHOW nach dem Wesen der Erscheinungsformen, sondern nach den funktionellen morphologischen Erscheinungsformen selbst die Gliederung unserer

Abhandlung vorzunehmen. Das Einteilungsprinzip nach den funktionellen Erscheinungsformen selbst halten wir deshalb für gerechtfertigt, da viele Zellfunktionen verschiedenen Charakters unter derselben Erscheinungsform auftreten können. Wir wollen also nicht von Funktion, Nutrition und Formation sprechen, sondern von den direkten Speichererscheinungen, den strukturellen Veränderungen und den Wucherungserscheinungen an den Zellen. An diese eigentliche Zellanalyse sei noch ein Kapitel über das Wesen des Reizbegriffes und über die Bewertung der einzelnen Erscheinungen an den Zellen angeschlossen.

Besonderen Wert haben wir auf diese Einteilung des Stoffes gelegt, dessen übersichtliche Gliederung in dem Inhaltsverzeichnis wiedergegeben ist. Es ist ja das Wesen einer Analyse, zusammengehörige Erscheinungen vorerst zu trennen, dann aber wieder zu einem Ganzen aufzubauen. Die ganz strikt durchgeführte Einteilung ist zum Verständnis der Erscheinungen an den Zellen unerläßlich, wenn auch in Wirklichkeit Kombinationen der funktionellen Zustandsänderungen der Zellen an den verschiedenen Bestandteilen der Zellen, in der Struktur und in der Speicherung usw. auftreten können. Und es ist auch selbstverständlich, daß strenge Abgrenzungen der einzelnen Erscheinungsformen in der Biologie nicht vorkommen, daß die Natur sich nicht an die gegebenen Normungstypen kehrt.

Nicht sämtliche funktionellen Erscheinungsformen an den Zellen sind in vorliegender Abhandlung wiedergegeben. So wird man z. B. eine Darstellung der Glykogenablagerungen, ferner der örtlichen Zellansammlungen in unserem Buche vermissen. Die Glykogenablagerung in unseren mikroskopischen Präparaten als solchen entspricht ja nicht den Verhältnissen der Wirklichkeit, durch die Alkoholfixierung treten erst Glykogentropfen zutage. Die örtlichen Zellansammlungen sind zum Teil in dem Kapitel über die proliferativen Erscheinungen abgehandelt worden, die Zellverteilungen passiver Natur gehören nicht in eine Abhandlung über die aktiven Veränderungen der Zellen.

Eine Vollständigkeit der Literatur ist bei dem großen Gebiet, das hier zur Besprechung gelangt, nicht möglich. Nur die hervorstechendsten Arbeiten, die uns bei der Bearbeitung der entsprechenden Fragestellung geleitet haben, sind im Text besonders hervorgehoben worden. Dagegen haben wir großen Wert auf den Umstand gelegt, von einzelnen Autoren ihre betreffenden Ansichten und Beobachtungen ausführlich abzuhandeln.

Der vorliegende Stoff ist in seinen einzelnen Punkten nicht geschichtlich abgehandelt worden, wir haben gerade absichtlich einen Verfasser, der sich mit dem betreffenden Problem am stärksten beschäftigte und der die betreffenden Fragestellungen am eingehendsten gefördert hat, an erster Stelle angeführt, dann nach der weiteren analytischen, nicht geschichtlichen Gliederung der Fragestellung die weiteren Forscher mit ihren Beobachtungen und ihren Ansichten angeschlossen. Es sei dieser Standpunkt bei der Behandlung des Stoffes ausdrücklich festgestellt, um irgendwelchen Beanstandungen einer Priorität vorzubeugen.

Der vorliegende Bericht soll nur einen Versuch darstellen, den mikroskopisch sichtbaren Erscheinungen der Zellfunktion im Sinne einer Analyse gerecht zu werden. Wenn sich auch manche Unvollkommenheiten unserer Kenntnisse herausstellen werden, so sei doch auf Grund dieser nunmehr folgenden Darstellung darauf hingewiesen, daß die Cellularpathologie nicht abgewirtschaftet hat, daß die Morphologie in voller Ebenbürtigkeit den anderen Disziplinen von der Wissenschaft des Lebens zur Seite gestellt werden kann. Wenn sich diese Ansicht allgemein durchgerungen hat, dann ist der Zweck dieser Zusammenstellung vollkommen erfüllt.

Die direkten Speichererscheinungen an den Zellen.

Die vitale Farbspeicherung.

Allgemeines.

Die vitale Farbspeicherung ist nach ERNST (193) für die Beurteilung der mikroskopisch sichtbaren Zellfunktionen die feinste Methodik, um etwaige funktionelle Unterschiedlichkeiten oder auch nur funktionelle Potenzen der einzelnen Zellen festzustellen. Bereits von RIBBERT (817) ist die Bedeutung der vitalen Farbspeicherung als eine funktionell-morphologische Methode in vollem Umfange gewürdigt worden. Diese Erkenntnis hat sich auch in den Untersuchungen der folgenden Jahre bis zu einem gewissen Grade bestätigen lassen, wenn wir auch einschränkend hervorheben müssen, daß auch andere rein formale Eigenschaften der Zellen sehr wohl sich im funktionellen Sinne verwerten lassen. Damit soll aber die funktionelle Bedeutung der vitalen Farbspeicherungsfähigkeit der Zelle keinwegs abgelehnt werden; wenn die notwendige Kritik bei der Beurteilung dieser mikroskopisch direkt ersichtlichen Zellfunktionen zutage tritt, ist die vitale Farbspeicherung eine sehr wertvolle Bereicherung der mikroskopisch funktionellen Zelluntersuchung. Sie hat den Vorteil der direkten Beobachtung von Aufnahme und Verarbeitung von Stoffen, die an und für sich schon dem Auge sichtbar sind. Die Farbspeicherung wird deshalb als ein Modell für die normalen physiologischen Stoffwechselvorgänge innerhalb des intakten Organismus herangezogen.

Es ist natürlich, daß die vitale Farbspeicherung selbst kein streng physiologisches Bild des Stoffwechsels gibt, wie dies unter normalen Verhältnissen in dem Organismus der Fall zu sein pflegt. Immerhin muß aber hervorgehoben werden, daß wir auf Grund der chemischen Untersuchungen der Stoffwechselvorgänge und auch auf Grund der Eisenpigmentablagerungen bei dem Blutstoffwechsel und medikamentösen Eisenstoffwechsel feststellen können, daß die Ablagerung zahlreicher Stoffwechselprodukte innerhalb des Organismus in ganz großen Zügen grundsätzlich dieselben Eigentümlichkeiten aufweist, wie dies bei der vitalen Farbspeicherung der Fall ist.

Unter der vitalen Farbspeicherung wird die Fähigkeit mancher Zellen verstanden, bestimmte, meist saure Farbstoffe von bestimmten physikalischen und chemischen Eigenschaften aufzunehmen und in körniger Form zu speichern. Gerade die Tatsache, daß nur ganz bestimmte Zellen die Fähigkeit aufweisen, ganz bestimmte saure Farbstoffe aufzunehmen und zu verarbeiten, läßt die große Bedeutung der vitalen Farbspeicherung für das Erkennen funktioneller Verhältnisse innerhalb des Organismus in voller Beleuchtung erscheinen. Es ist natürlich, daß die Farbspeicherung nur eine funktionelle Darstellung ist, die sich nach Zufuhr der betreffenden Farbstoffe innerhalb des Organismus dartut. Immerhin muß betont werden, daß das Studium der vitalen Farbspeicherung keine talmudistische Spitzfindigkeit darstellt, denn durch die vitale Farbspeicherung lernen wir auf mikroskopischem Wege Funktionen der Zellen in einem ganz anderen Lichte und von einem ganz anderen Standpunkt aus kennen. Nur nach Kenntnis der einzelnen Bedingungen und der einzelnen Tatsachen der vitalen Farbspeicherung wird es uns ermöglicht werden, die Ablagerung und Verarbeitung der Fremdkörper, wie auch der Bakterien, innerhalb des Organismus zu studieren. Mit Hilfe der vitalen Farbspeicherung als heuristischem Prinzip lernen wir durch Beachtung der Verarbeitung mancher Fremdkörper innerhalb des Organismus die immunisatorischen Leistungen und Fähigkeiten der Zellen selbst kennen. Mit Hilfe der vitalen Farbspeicherungen wird es uns sicherlich ermöglicht werden, die therapeutischen Handlungen ganz anders zu bedenken und zu verstehen, es wird durch die vitale Farbspeicherung uns die Möglichkeit in die Hand gelegt werden, nach dem Vorbild von EHRLICH chemotherapeutisch zu zielen, d. h. ganz bestimmte Zellen elektiv mit betreffenden pharmakologisch wirksamen Substanzen zu treffen.

In den folgenden Ausführungen soll über die Tatsachen der Ablagerungen der Farbstoffe in den Einzelheiten näher gehandelt werden. An Hand dieses Tatsachenmaterials wird es eher möglich sein, von theoretischem Standpunkte aus die Vorgänge der vitalen Farbspeicherung und manche Stoffwechselleistungen der Zellen überhaupt zu erfassen. Es sei dabei zunächst so vorgegangen, daß die vitalen Speicherungsvorgänge an den Einzelzellen einer Beschreibung unterzogen werden sollen. Erst später soll dann über die vitale Farbablagerung in Zellsystemen und über Abänderungen der Farbspeicherung durch Eingriffe in den Organismus Bericht erstattet werden. Schließlich soll genauer ausgeführt werden, was wir aus den Tatsachen der vitalen Farbspeicherung im Gesamtorganismus für Schlüsse ziehen können, bis zu welchem Grade die vitale Farbspeicherung es zuläßt, funktionelle Urteile über die betreffenden Zellen und Zellsysteme zu gewinnen.

Der zeitliche Ablauf einer Phagocytose und einer vitalen Farbspeicherung.

Die Stoffverteilung.

Wenn wir über das Wesen der vitalen Farbspeicherung einen richtigen Einblick erhalten wollen, so erscheint es gerechtfertigt, zunächst einmal den zeitlichen Vorgang einer Speicherung genau zu verfolgen. Zugleich mit der Farbspeicherung sei dabei der wesensgleiche Vorgang der Phagocytose gröberer Partikelchen einer Beschreibung unterzogen, wenn wir auch aus äußeren Gründen eine Trennung zwischen vitaler Farbspeicherung und Phagocytose durchführen wollen.

Als erster Akt der Phagocytose wird von allen Forschern eine Anlagerung der zu phagocytierenden Partikelchen an die betreffende Zelle beschrieben. HÖBER und KANAI (395) heben hervor, daß die Phagocytose durch eine Adsorption des der Phagocytose unterliegenden Substrates eingeleitet wird. In folgerechter Weise wird von den betreffenden

Autoren geschlossen, daß die Vermehrung der Globuline eine Förderung der Phagocytose bewirkt, indem sie eine Aneinanderlagerung der Phagocyten und der phagocytierten Teilchen befördert. Die Opsoninwirkung und die Bakteriotropinwirkung sind mehr oder weniger als eine Globulinwirkung in dem soeben erwähnten Sinne darzustellen.

Entsprechende Ergebnisse konnte FRITZ HERZOG (364—365a) bekommen, wenn er vor der Tuschephagocytose zuerst eine Anlagerung der Tuscheteilchen an die Endothelien der Froschzunge beobachtete. Es ist dies gewissermaßen ein agglutinatorischer Vorgang, wie dies auch HÖBER (394) in seinen Ausführungen hervorhebt. Von rein immunbiologischem Gesichtspunkt hebt auch WENDT (1105) hervor, daß die die Phagocytose begünstigenden Bakteriotropine und die Agglutinine als einheitliche Körper aufzufassen sind, nur der unter verschiedenen Bedingungen erbrachte Nachweis dieser Stoffe solle die Verschiedenheit dieser Immunkörper zur herrschenden Lehre gemacht haben. Die Beobachtungen von WENDT kann ich in vollem Umfange bestätigen, es ist durchaus möglich, entsprechend den Ansichten von S. G. WELLS anzunehmen, daß nur das Untersuchungssubstrat uns dazu verleitet hat, die verschiedenen Wirkungen eines einzigen Immunkörpers als verschiedene Immunkörper anzunehmen. Die etwaigen Unterschiedlichkeiten sind nur rein quantitativ. Auch nach ORNSTEIN (1196) ist die Tropinwirkung und die Antitoxinwirkung auf ein und denselben Vorgang der Entgiftung zurückzuführen, nur werden die Wirkungen durch verschiedene Indikatoren angezeigt.

Es ist fraglich, ob die Anlagerung der zu phagocytierenden Teilchen einen aktiven Vorgang der betreffenden phagocytierenden Zelle darstellt oder ob es sich vielmehr um einen rein physikalischen Vorgang handelt, wie es HÖBER (394) und seine Schule glauben annehmen zu müssen. PETROFF (394) berichtet in voller Übereinstimmung mit HÖBER, daß der vitale Farbspeicherungsvorgang keinen aktiven Prozeß darstellt, er konnte zeigen, daß an toten Organen, die vorher mit Blausäure durchspült worden waren, ebenfalls Retentionen von Tusche beobachtet werden konnten.

Es kann aber nicht geleugnet werden, daß die Phagocytose selbst, die Ablagerung als solche, einen vitalen Vorgang darstellt, denn der phagocytäre Akt selbst ist nichts anderes als ein Umfließen der aufzunehmenden Teilchen von Protoplasmamassen. Der Vorgang der Phagocytose ist am besten von zoologischer Seite an Amöben untersucht worden, es besteht nach den Untersuchungen der meisten Autoren kein Zweifel, daß auch innerhalb der Zellen der Metazoen grundsätzlich dieselben Vorgänge sich abspielen. Wenn es auch möglich zu sein scheint, daß die Anlagerung der Partikelchen an die betreffende Zelle als ein die Phagocytose auslösendes Phänomen ein rein physikalischer Vorgang ist, so muß immerhin doch möglich bleiben, daß zuweilen die Anlagerungen der Partikelchen nicht die Auslösung, sondern den Beginn der Phagocytose, das erste Stadium als einen aktiven Vorgang darstellen. Dies ist besonders ersichtlich aus den F. HERZOGschen Froschversuchen mit Anlagerung der Tuscheteilchen an die Endothelien der Froschzunge, dies ist auch ein logisches Postulat, wenn wir überhaupt den Vorgang der Phagocytose als einen aktiven Vorgang an der Zelle betrachten wollen.

Als drittes Stadium der Phagocytose ist die Verdauung bzw. die Ausstoßung der phagocytierten Substanz zu betrachten. Diese beiden Vorgänge
können sich durchaus kombinieren, indem die angedauten Partikelchen
aus der Zelle entfernt werden. Andererseits bleibt dieses letztere Stadium
der Phagocytose an der betreffenden Zelle aus, die aufgenommene Substanz
wird durch das Absterben der Wirtszelle frei und aus dem Körper eliminiert.

Bei der vitalen Farbspeicherung handelt es sich grundsätzlich um
dieselben drei Vorgänge, wie sie bei der zeitlichen Verfolgung der Phagocytose beschrieben worden sind. In diesem Sinne hebt SCHULEMANN (912)
die Gleichartigkeit von Phagocytose und vitaler Farbspeicherung hervor,
auch SIEGMUND (951) teilt dieselbe Ansicht. Auch bei der vitalen Farbspeicherung muß es zunächst zu einer Anlagerung der Stoffe an die Zelle
kommen, erst dann zeigt sich die eigentliche körnige Ablagerung, bis daß
schließlich auf dieselbe Weise wie bei der Phagocytose eine Eliminierung
der Fremdkörper aus dem Organismus zustande kommt.

Es ist natürlich, daß die Verteilung der sauren Farbstoffe nicht in
derselben Weise ersichtlich werden kann wie bei der beginnenden Aufnahme gröberer Partikelchen. Die Farbverteilung äußert sich bei der
mikroskopischen Betrachtung zunächst in einer Diffusfärbung der betreffenden Zellen. Genaue zeitliche Untersuchungen über die beginnende
Verteilung der sauren vitalen Farbstoffe stammen von ANITSCHKOFF (16)
und seiner Schule, wie von KAGAN (453), TEPLOFF (1030) und HESSE (378).
Auch Verfasser hat sich mit seinen zeitlichen Untersuchungen der vitalen
Farbspeicherung verfaßt. TEPLOFF beobachtete nach Zufuhr von Lithioncarmin zunächst eine diffuse Imbibition des Bindegewebes, erst längere
Zeit nach der Zufuhr des Farbstoffes macht sich die körnige Farbablagerung geltend. Am besten macht sich die diffuse Färbung geltend
an dem Bindegewebe der harnleitenden Organe. Die diffuse Carminfärbung ist kurzdauernd und nimmt parallel mit dem Fortschreiten der
granulären Carminspeicherung ab. Leider macht ANITSCHKOFF bei seinen
Untersuchungen über die Farbspeicherung und Farbverteilung keinen
strengen Unterschied zwischen den beiden Vorgängen prinzipieller Natur,
er stellt die Bindegewebssubstanzen den Zellen des sog. reticuloendothelialen Systems hinsichtlich der Farbspeicherung gleich.

Nach WALLBACH (1070) verschwindet ebenfalls die Farbdiffusion des
Bindegewebes bei der Trypanblauzufuhr recht bald, um der körnigen
Farbspeicherung Platz zu machen. Ob der Vorgang der Farbdiffusion
einen rein aktiven Vorgang darstellt, ob es sich nicht vielmehr um einfache Farbdurchtränkungen der Einzelzellen handelt, läßt sich nicht ohne
weiteres entscheiden. Bemerkenswert aber ist aus den Untersuchungen
von WALLBACH, daß die die granuläre Farbspeicherung beeinflussenden Substanzen keineswegs in gleichem Sinne auf die beginnende Diffusfärbung
einwirken, doch kann dies aber auch im Sinne eines vitalen Vorganges
der Diffusfärbung sprechen, da die Diffusfärbung eine ganz andere Zellfunktion darstellt als die körnige Farbablagerung, da eben diese ganze
andere Zellfunktion sich auch in ganz anderem Sinne beeinflussen und
umstimmen läßt.

In den Gewebskulturen machen sich die Anfärbungen oder die Durchtränkungen an den Zellen in besonderer Weise bemerkbar. Es kommt zuerst

zu einer körnigen Farbspeicherung oder Farbdurchtränkung aller Zellelemente der gezüchteten Milz nach Zusatz von Trypanblau zu dem betreffenden Medium, eine diffuse Färbung macht sich in der Kultur überhaupt nicht bemerkbar. Eine Differenzierung der körnigen Farbablagerung zeigt sich erst 3—4 Tage nach Anlegung der Kultur dahingehend, daß es hauptsächlich die Makrophagen sind, die eine feine regelmäßige Farbspeicherung aufweisen, in den Fibrocyten zeigen sich zunächst überhaupt keine körnigen oder sonstigen Farbablagerungen. Auch hat sich das Aussehen der Farbeinschlüsse dahingehend geändert, daß nicht mehr die anfänglichen groben Einschlüsse festgestellt werden konnten, sondern die feinen regelmäßigeren, wie sie auch beim intakten Organismus vorzukommen pflegen. Wie LUBARSCH mit Recht betont, handelt es sich bei der ersteren Färbung nicht um eine Speicherung im eigentlichen Sinne, sondern um eine Anfärbung oder Farbdurchtränkung. Es erscheint durchaus möglich, daß sich präformierte Elemente mit Farbstoffen beladen haben, daß erst später die eigentliche vakuolige Farbspeicherung sich bemerkbar macht. Diese körnigen Durchtränkungen der Zellen in den ersten Tagen der Züchtung machen sich besonders bei Verwendung von Trypanblau bemerkbar, nicht bei Verwendung aller saurer vitaler Farbstoffe. Bei diesen läßt sich meist überhaupt keine Diffusfärbung feststellen, schon nach 24stündiger Beobachtungszeit ist die ausgebildete körnige Farbablagerung in bestimmten Zellen ausgebildet.

Ähnliche Verhältnisse der anfänglichen Farbdurchtränkung körnigen Charakters konnte WALLBACH (1075) bei der Diaminschwarzspeicherung an der weißen Maus beobachten. Hier zeigen sich besonders an der Leber körnige bis fädige Farbeinschlüsse, die in derselben Weise wie die Diffusfärbung eine vorübergehende Farbdurchtränkung darstellen. In den späteren Speicherungsstadien verschwinden diese Farbgebilde wieder. Es ist möglich, daß sich die Farbverteilung des Diaminschwarz in einer leichten Anfärbung der Mitochondrien, besonders der Leberepithelzellen, geltend macht, was auch TSCHASCHIN (1045) bei seinen Trypanblauablagerungen beobachtet hat.

Die Ablagerungsprozesse.

Bei der Phagocytose und bei der vitalen Farbspeicherung zeigt sich im zweiten Stadium die eigentliche Ablagerung der betreffenden Substanz meist in körniger Form in dem Innern der Zelle selbst. Wie bereits hervorgehoben, handelt es sich bei der Phagocytose um ein Umflossenwerden des betreffenden Partikelchens von Protoplasmamassen. Diese Form der Phagocytose zeigt sich in deutlicher Weise bei den Protozoen, besonders den Amöben, ferner bei den niederen Metazoen als intracelluläre Darmverdauung. Die betreffende Substanz liegt innerhalb einer Zellvakuole, gewissermaßen außerhalb des Protoplasmas. In diese Vakuole hinein werden die Verdauungssäfte ausgeschieden, hier zeigen sich später nur noch die Überreste der verdauten Einflüsse.

Über die Art der Ablagerungsprozesse phagocytierter Substanzen lassen sich kaum irgendwelche Literaturangaben finden. Es wird immer von intracellulären Ablagerungen gesprochen, wenn auch in Wirklichkeit die aufgenommene Substanz außerhalb des Protoplasmas in Vakuolen .eingeschlossen gelagert ist. Es sind gerade solche Zellen zur phagocytären

Aufnahme von Partikelchen geeignet, die über einen gewissen Grad von amöboider Beweglichkeit verfügen. Langhans spricht in bezug auf seine erythrocytenhaltigen Zellen von contractilen Zellen und auch von Metschnikoff wird die Bezeichnung contractile Zelle für alle die Elemente vorbehalten, die sich durch stärkere Fähigkeit zur Phagocytose auszeichnen.

Wir wenden uns nun zu der Aufnahme saurer Farbstoffe in die Zelle. Nach den Untersuchungen von von Möllendorff (689, 692) müssen wir zwei Arten von ausgebildeten Färbungen unterscheiden, granuläre Färbungen und Anfärbungen. Von den nur granulär sich ablagernden basischen Farbstoffen soll in dieser Abhandlung nicht gesprochen werden, um so mehr als die Ablagerung der basischen Farbstoffe selbst keinen aktiven Vorgang darstellt. Die granuläre Speicherung saurer Farbstoffe ist ein Anzeichen eines aktiven Tätigkeitszustandes der Zelle, es kommt nicht nur zu einem bloßen Durchtritt des diffundierenden Farbstoffes in das Zellinnere, sondern die Zelle leistet z. B. in der Eindickung des Farbstoffes zu Körnchen (Kondensation) selbstständige Arbeit. Als besonderer Tätigkeitsausdruck ist auch das Festhalten des Farbstoffes zu bewerten.

Über die Entstehungsgeschichte der sauren Farbgranula finden wir bei von Möllendorff genaue Angaben. Im Anfang der Farbwirkung ist die Zahl der Granula gering, im Lauf der Zeit nimmt die Zahl, die Größe und die Dichte der Granula erheblich zu. Aus der zunehmenden Dichte muß geschlossen werden, daß die „Granula" den Farbstoff in Lösung enthalten. Das junge Granulum stellt demnach eine Vakuole dar, in der allmählich durch zunehmende Konzentration des Farbstoffes eine Ausflockung desselben auftritt, durch welchen Vorgang bei weiterer Farbstoffzufuhr feste Einschlüsse gebildet werden können. Es zeigen sich also dieselben Gedankengänge bei von Möllendorff, die wir bei der Berücksichtigung der Phagocytose geltend gemacht haben.

Nicht alle Autoren treten dieser Ansicht von von Möllendorff bei. Goldmann (266) denkt bei den Farbstoffgranula an bestimmte Organellen der Zelle, die sich vorgebildet antreffen lassen, entsprechend früheren Ansichten von Fischel und Schlecht (886). Die Spezifität der Granulierung stellt nach Goldmann den Ausdruck einer chemischen und auch gewissermaßen morphologischen Spezifität dar. Auch Pappenheim und Nakano (752) denken an das Vorherbestehen der Granula. Diese Autoren denken an protoplasmatische Plasmosomen, Chemoreceptoren der Zelle, die erst durch die Farbstoffaufnahme in körniger Form sichtbar gemacht werden. Ebenfalls Tschaschin (1045) glaubt an die Anfärbbarkeit der Chondriosomen bei der vitalen Farbspeicherung, denen bei der Ausarbeitung der verschiedenen Stoffwechselprodukte eine aktive Rolle zukommen soll. Schließlich denkt auch Arnold (29) an die Anfärbung vorgebildeter Granula bei der vitalen Farbspeicherung.

Keineswegs vertritt von Möllendorff die Ansicht in so strenger Form, daß es sich bei der Ablagerung saurer Farbstoffe immer um Ablagerung derselben innerhalb von Vakuolen handeln müsse. Es wird auch die Möglichkeit der Bindung an vorgebildete Granula eingeräumt. So wird auch die Bildung der Mischgranula aus 2 sauren Farbstoffen beobachtet.

Nur bei einer rein allgemeinen Betrachtung solle es sich bei der Färbung mit sauren Farbstoffen um eine richtige Ablagerung, mit basischen Farbstoffen um eine Anfärbung vorgebildeter Gebilde handeln.

Wenn wir alle diese verschiedenen Ansichten der Autoren übersehen wollen, so müssen wir hervorheben, daß es durchaus entsprechend der Ansicht von von MÖLLENDORFF als richtig erscheint, daß die Ablagerung der sauren Farbstoffe in Vakuolen der Zellen stattfindet. Diese MÖLLENDORFFsche Anschauung gewinnt auch immer mehr Anhänger, auch SCHULEMANN spricht sich für diese Theorie aus. Innerhalb der Epithelzellen der Niere ließen sich ebenfalls die vakuolären Farbablagerungen einwandfrei beobachten.

Und wir müssen entsprechend den Anschauungen von MÖLLENDORFFS feststellen, daß die vakuoläre Ablagerung der sauren Farbstoffe keineswegs der einzige Farbspeicherungstypus ist, es können auch Einschlüsse der speichernden Zellen durch die sauren Farbstoffe hervortreten. So beschreibt von MÖLLENDORFF das Auftreten von Mischgranula aus 2 sauren Farbstoffen, die sich innerhalb derselben Zelle antreffen lassen. Auch kommt dieser Autor bei der Betrachtung der Stoffwanderungen im Säugerorganismus zu der Feststellung, daß in dem Mäusedarm manche Einschlußgebilde eine Trypanblauanfärbung annehmen. Es wird von von MÖLLENDORFF eingeräumt, daß diese Anfärbung von Cytoplasmaeinschlüssen mit sauren Farbstoffen sehr ähnliche Bedingungen aufweist wie die bei der basischen Granulafärbung, wenngleich der physikochemische Vorgang in beiden Fällen ein verschiedener ist.

Auch WALLBACH (1069, 1070) weist entsprechend den Beobachtungen von KUCZYNSKI (522) bei seinen Untersuchungen über die Trypanblauspeicherung darauf hin, daß es bei der in der Trypanblauspeicherung hochgetriebenen weißen Maus in den Sternzellen der Leber zu einer Phagocytose von Chromatinbröckeln kommen kann, die sich von Trypanblau anfärben lassen. In deutlicher Weise lassen sich zuweilen noch die aufgenommenen segmentierten Leukocytenkerne nachweisen. Manchmal lassen sich nach WALLBACH auch die Pigmenteinschlüsse in den betreffenden Zellen der Lunge durch Trypanblau anfärben. Keineswegs konnte man aber den Nachweis erbringen, daß Strukturelemente der Zelle durch die vitalen Farbstoffe eine Anfärbung erkennen ließen. Weder der mitochondriale Typ der Farbspeicherung noch der Golgi-Apparat-Typ der vitalen Färbung nach CHLOPIN und CHLOPIN (133) konnte festgestellt werden.

Schließlich muß noch auf die Diffusfärbung hingewiesen werden, auf die wir bereits bei der Besprechung der beginnenden Farbverteilung hingewiesen haben. Aber auch die ausgebildete Farbspeicherung kann sich in gewissen Fällen als eine diffuse Färbung ausdrücken. Die Bedingungen für das Auftreten einer derartigen Farbspeicherung sind einerseits an die Eigenschaft der betreffenden Farbstoffe, andererseits an die der speichernden Zellen gebunden.

Wenn zunächst die Eigentümlichkeiten der Zellen einer näheren Betrachtung bei der Diffusfärbung unterzogen werden sollen, so ist zunächst das Moment der Schädigung der Zelle bei der Diffusfärbung hervorzuheben. Es ist bereits in dem vorhergehenden Abschnitt von uns darauf hingewiesen worden, daß die körnige Farbspeicherung eine Arbeit der Zellen voraussetzt, den Farbstoff in Vakuolen abzulagern. KIYONO (472) hat darauf hingewiesen, daß bei dem Zugrundegehen der Zellen eine diffuse Färbung des ganzen Zelleibes mit Lithioncarmin zustande kommt. Dies ist aber nicht nur der Fall bei Zellen, die normalerweise eine körnige Ablagerung erkennen lassen, auch die segmentierten Leukocyten, die niemals eine Lithioncarminablagerung erkennen lassen, zeigen bei ihrem Absterben eine diffuse Anfärbung des Protoplasmas. Nach von Möllendorff (692) handelt es sich bei dieser Diffusfärbung um das Erlahmen reduzierender Kräfte, die sonst den Farbstoff innerhalb des Zelleibs zerstören. Ebenfalls soll nach Höber (395) die Durchlässigkeit der Zellmembran bei dem Absterbevorgang abnehmen, zuerst wird die Zellhaut frei für die leicht, dann für die schwer diffusiblen Stoffe. Es erfolgt nunmehr die Verteilung und Ansammlung des Farbstoffes innerhalb des Organismus nach dem Fickschen Diffusionsgesetz.

In derselben Weise wie bei den absterbenden Zellen innerhalb des Organismus lassen sich diffuse Färbungen bei der Durchspülung überlebender Organe mit vitalen Farbstoffen beobachten. Es ist aber bei der betreffenden Versuchsanordnung die Frage schwer zu entscheiden, ob es sich um eine beginnende Farbverteilung oder um eine ausgesprochene Zellschädigung handelt. So beobachtete Seemann (928) bei Durchspülung überlebender Froschlebern mit Lithioncarmin nur diffuse Färbungen, selten fanden sich feine granuläre Speicherungen in den Sternzellen. Der Zusatz von Kolloiden oder von Lithioncarbonat erwies sich ohne Einfluß. Auch unter anderen Einflüssen auf die Zellen machen sich diffuse Farbspeicherungen geltend. Es ist nicht immer anzunehmen, daß es sich dabei immer um Absterbeerscheinungen an den Zellen handelt. So beschreiben Halberstädter und Wolfsberg (318) bei Röntgenbestrahlungen von Kaninchen diffuse Trypanblaufärbungen in den Epithelien der Hauptstücke, mit Diaminblau fand Domagk (161/162) diffuse Anfärbungen von Protoplasma und Kern in den Hauptstücken der Niere. Bei Schädigungen der Niere beobachtete Gross (293) mit Toluidinblau eine Diffusfärbung einzelner Harnkanälchenepithelien, während ein anderer Grad der Schädigung sich in dem Auftreten scholliger Farbtropfen äußern soll.

Dabei muß aber bemerkt werden, daß nicht immer Diffusfärbungen an den absterbenden Zellen zutage treten, daß meist absterbende Zellen überhaupt keine Farbdurchtränkungen erkennen lassen. Weshalb unter gewissen Umständen diffuse Färbungen zustande kommen, wissen wir noch nicht. Keineswegs ist die Diffusfärbung immer ein Zeichen einer Zellschädigung, mit Recht hebt von Möllendorff hervor, daß die Diffusfärbung auch in hohem Grade von der Lipoidlöslichkeit der Farbstoffe abhängt. Es muß also nicht nur den Eigenschaften der betreffenden Zellen, sondern auch denen der Farbstoffe Aufmerksamkeit geschenkt werden. So konnte Nirenstein finden, daß die lipoidlöslichen Farbstoffe diffus färben, wenn der Verteilungskoeffizient Lipoid: Wasser größer als 1 ist. von Möllendorff konnte eine Gegensätzlichkeit zwischen Diffusfärbung und Granulafärbung feststellen, die auf dem Lipoidgehalt der intergranulären Substanz und den sauren Eigenschaften der Zellgranula begründet ist.

Auch Wallbach (1069) konnte bei seinen Untersuchungen über die vitale Farbspeicherung feststellen, daß manche Farbstoffe bei der weißen Maus eine diffuse Färbung aufweisen. Als besonders diffus färbende Substanzen sind das Isaminblau und das Dianilreinblau anzusprechen, ohne daß es sich um lipoidlösliche Stoffe handelt. Doch ist hierbei zu berücksichtigen, daß das, was uns als diffuse Farbspeicherung in Erscheinung tritt, bei manchen Präparaten der Ausdruck einer mangelhaften Fixierung oder einer sonstigen

unsachgemäßen Behandlung der Objekte sein kann. Es sind für die Fixierung von vital-
gefärbten Organen immer nur solche Fixierungsmittel heranzuziehen, die auch wirklich
einen in Wasser und Alkohol unlöslichen Niederschlag des Farbstoffes hervorrufen.
Weiterhin ist zu bedenken, ob es sich nicht bei den Diffusfärbungen um anfängliche
Verteilungen saurer Farbstoffe handelt, daß der Vorgang der eigentlichen körnigen
Farbablagerung sich so verzögert, daß er erst nach langer Zeit sich geltend macht.

In neueren Untersuchungen konnte auch WALLBACH feststellen, daß die Zellen in
der Milzkultur unter bestimmten Bedingungen ebenfalls ein diffuses Trypanblau erkennen
lassen. Es handelt sich hier um einen Farbstoff, der unter anderen Bedingungen an einem
intakten Organismus bei der vollen Ausbildung der Farbspeicherung nur in körniger
Weise zur Ablagerung kommt. Es muß somit die Diffusfärbung ebenfalls als eine besondere
funktionelle Ausdrucksform der Zellen betrachtet werden.

Die Sekrettropfenfärbung macht sich in erster Linie in den Drüsenepithelien
geltend, nach SCHULEMANN (912) findet sich hier oft eine blasse Anfärbung intracellulärer

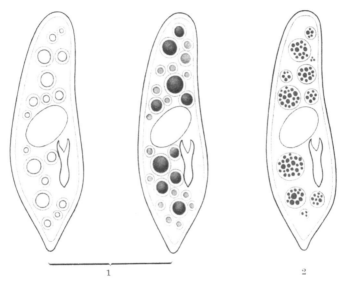

Abb. 1. Die Sekrettropfenfärbung nach NIRENSTEIN. Der Farbstoff sammelt sich innerhalb der
Vakuolen der Paramäcien an und bewirkt eine Durchfärbung der Sekreteinschlüsse.

Gebilde. Es handelt sich gewissermaßen um eine Anfärbung paraplasmatischer Gebilde.
Über die Sekrettropfenfärbung hat auch VON MÖLLENDORFF bei seinen Untersuchungen
über die Stoffwechselleistungen des Dünndarmes säugender Mäuse berichtet, auch
WALLBACH (1080b) konnte sich bei seinen Untersuchungen über die Eisenresorption
über die Eisenimprägnation der Mucinzellen des Mastdarmes überzeugen, worauf ja
schon von TARTAKOWSKI (1023) hingewiesen worden ist.

Die Kernfärbung ist besonders von ROST[1] zum Gegenstand eingehender Untersuchung gemacht worden. Es handelt sich bei diesem Fär-
bungstyp nach dem Autor grundsätzlich um eine Schädigung der Zelle.
Es macht sich also hier das FICKsche Diffusionsgesetz innerhalb der Zelle
geltend; in gleicher Weise zeigen Kern und Protoplasma eine Durchtränkung mit Farbstoff.

Hierbei muß aber geltend gemacht werden, daß die Schädigung und
das Absterben der Zellen schlechthin durchaus keine Kernfärbung
bedingt. Im allgemeinen bleiben absterbende Zellen von einer vitalen

---

[1] ROST, FR.: Über Kernfärbung an unfixierten Zellen und innerhalb des lebenden
Tieres. Pflügers Arch. **137**.

Färbung oder Durchtränkung mit Vitalfarbstoffen vollkommen verschont. Dagegen gibt es bestimmte Absterbetypen an den Zellen, bei denen sich eine Färbung mit Trypanblau nach Art fixativer Färbungen geltend macht. So konnte Wallbach feststellen, daß die gezüchtete Milz keine diffusen Färbungen des Protoplasmas oder des Kernes mit vitalen Farbstoffen erkennen läßt, auch wenn mit anderen strukturellen Erscheinungen das Absterben mancher Zellen deutlich zutage tritt. Andererseits finden sich aber typische Kernfärbungen mit Trypanblau bei der Züchtung einer Milz, die einem mit Benzol vergifteten Tiere entnommen ist. Hier lassen andere formale Methoden in Stich, die ein Absterben der Zellen erkennen lassen sollen. Nur fand sich die bemerkenswerte Tatsache, daß ein besonderes Wachstum einer derartig vorbehandelten Milz nicht zustande kommt. Die eigentlichen Ursachen dieser Kernfärbung sind uns somit noch unbekannt.

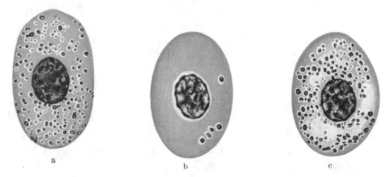

Abb. 2. Vitale Kernfärbung nach Rost an den Erythrocyten des Frosches. Als Farbstoffgemisch wurde Neutralrot-Methylenblau verwendet.

Die Entfärbung und Ausstoßung der gespeicherten Stoffe.

Als letztes Stadium der Phagocytose und der vitalen Farbspeicherung ist die Beseitigung der aufgenommenen Substanzen anzusehen. Bei den niederen Tieren findet eine Ausstoßung der phagocytierten Teilchen statt, während in dem Organismus der höher differenzierten Tiere meist die ganze Zelle mitsamt ihrem Inhalt einer Zerstörung anheimfällt.

Bei der Entfärbung zeigt sich nach übereinstimmenden Angaben aller Autoren eine allmähliche Verminderung und Verkleinerung der Farbkörnchen, bis schließlich diese Gebilde vollkommen verschwinden. Einer besonderen Berücksichtigung bedürfen die Carmineinschlüsse, die eine bemerkenswerte Farbumwandlung durchmachen.

Von Kiyono (472) ist bereits darauf hingewiesen worden, daß mit steigernder Entfärbung der mit Lithioncarmin behandelten Kaninchen eine Bräunung der farbigen Einschlüsse zustande kommt. Dieser Autor hält sich für berechtigt, diese Körnchen für Verdauungsprodukte des Carmins anzusprechen. Diese Beobachtung von Kiyono ist in letzter Zeit von Teploff und von Hesse bestätigt worden. Die Entstehung und Bedeutung dieser braunen Gebilde ist von ihnen aber offen gelassen worden. Andere Untersucher halten wiederum diese Körnchen für Eisenpigmenteinschlüsse; die entsprechenden Arbeiten sollen aber in dem Kapitel über den Eisenstoffwechsel eine Berücksichtigung finden.

Die vitale Farbspeicherung und die Phagocytose innerhalb des gesamten Organismus.

Die Speicherung in den einzelnen Organen und Geweben.

Wie oben hervorgehoben ist, findet eine Speicherung körperfremder Substanzen nur in ganz bestimmten Zellen statt, in derselben Weise zeigt auch die Speicherung der vitalen sauren Farbstoffe nur eine Affinität zu bestimmten Zellen. Dieser Umstand war bereits den ersten Untersuchern, die sich mit vitaler Farbspeicherung beschäftigten, aufgefallen; PONFICK (791) beschreibt genau die einzelnen Zellen und Organe, in denen sich Zinnoberkörnchen antreffen lassen.

Gerade der Umstand, daß nur ganz bestimmte Zellen imstande sind, vitale Farbstoffe in körniger Form im Innern abzulagern, zeichnet die vitale Farbspeicherung vor allen anderen Färbungsmethoden aus, denn in diesem Umstande ist ja der Wert der vitalen Farbspeicherung begründet, daß die Aufnahme des Farbstoffes an einen funktionellen Zustand der Zellen gebunden ist, der nun in ganz bestimmten Zellen des Körpers anzutreffen ist. Gerade durch diese Auswahlfähigkeit der Zellen wird die vitale Farbspeicherung zu einer funktionellen Methode, die einer mikroskopischen Betrachtung und Beurteilung zugänglich ist.

Bereits PONFICK (191) beschreibt in der Leber des Frosches bei der Zinnoberspeicherung kleinere Zellen mit welligen Umrissen und leicht gekörntem Leib, die später ebenfalls durch vitale Zuführung von Metallsuspensionen als die Sternzellen von KUPFFER beschrieben worden sind. Diese Zellen sind es, die sich in hohem Maße an der Aufnahme von vitalen Farbstoffen, von Metallsuspensionen und von Bakterien beteiligen [PONFICK, VON KUPFFER, RIBBERT (817), SCHLECHT (886), PARI (154), SCHILLING (881), GOLDMANN (265—267), BRÖTZ (107), KOHN (487), KIYONO (472)]. Anders steht es mit den Leberepithelzellen, bei denen PONFICK keine Zinnoberablagerungen beobachten konnte. Überhaupt wird von den verschiedenen oben angeführten Forschern das entgegengesetzte Verhalten von Leberzellen und Sternzellen hervorgehoben, im allgemeinen zeigen die Leberepithelzellen keine vitale Farbspeicherung. Doch muß hervorgehoben werden, daß sich die einzelnen Farbstoffe hierin verschieden verhalten, was in einem späteren Abschnitt dieses Kapitels eingehender begründet werden soll. So konnte WALLBACH (1075) bei Benutzung einzelner Farbstoffe, wie Trypanblau und Diaminschwarz eine deutliche feinkörnige Farbspeicherung in den Leberepithelzellen erkennen. Diese Anfärbung konnte bereits nach Zuführung geringer Farbstoffmengen bei der weißen Maus beobachtet werden.

In den Gallengangsepithelien werden übereinstimmend von allen Untersuchern Farbstoffablagerungen vermißt. Im allgemeinen zeigen sich auch keine Farbablagerungen in den Reticulumzellen der periportalen Zellansammlungen. WALLBACH (1069) beobachtete nur nach ganz besonders starker Zufuhr von Trypanblau eine feinkörnige Ablagerung in den betreffenden Zellen, während die meisten Farbstoffe nach einmaliger Zufuhr überhaupt keine Farbspeicherung der gewucherten Reticulumzellen erkennen ließen. SEIFERT (931) sah nach Isaminblauzufuhr keine Farbablagerungen in den intrahepatischen Zellwucherungen, sehr

wohl aber nach Entmilzung, wo sich diese Zellen in besonders starkem
Maße bemerkbar machen sollen.

Bei der Berücksichtigung der vitalen Farbspeicherung an der Milz
müssen wir zwischen Follikeln und Pulpa unterscheiden. Die Follikel
setzen sich aus den Reticulumzellen, den Lymphzellen, den Keimzentrumszellen und den Reticulumzellen der Keimzentren zusammen:
in der Pulpa finden sich Reticulumzellen, Pulpa- und Lymphzellen neben
allen anderen Zellen des Blutes. Die bei der weißen Maus noch auftretenden Riesenzellen sollen noch berücksichtigt werden. Besondere
Beachtung müssen aber die Sinusendothelien erfahren.

Die ersten Beobachtungen der Speichererscheinungen an der Milz
stammen von HOFFMANN (400), ferner von PONFICK. Von diesen Forschern
konnte noch keine genaue Differenzierung der einzelnen Zellarten durchgeführt werden, sie betonen aber, daß weder alle Zellen der Milzpulpa
eine Speicherung aufweisen, noch daß die speichernden Zellen gleiche
Mengen von Zinnober zeigen. Von den späteren Untersuchern wird
besonders den Pulpazellen und den Reticulumzellen der Pulpa eine bedeutende Speicherungsfähigkeit eingeräumt; die myeloischen und die
lymphatischen Zellen in den Maschenräumen der Pulpa sollen sich an
der Speicherung nicht beteiligen [GOLDMANN, KIYONO, RIBBERT (817)].
TSCHASCHIN (1045) konnte keine Regelmäßigkeit in der Vitalfärbung der
Milz beobachten, er hebt nur hervor, daß die Sinusendothelzellen eine sehr
starke und deutliche Färbung aufweisen sollen. An den Lymphknötchen
lassen sich im allgemeinen keine vitalen Farbablagerungen feststellen,
nur bei sehr hochgetriebener Farbspeicherung kommt es zu feinkörnigen
Ablagerungen in den Reticulumzellen. Auf keinen Fall findet eine Farbablagerung in den Lymphzellen statt. Etwas leichter färben sich die
Reticulumzellen der Keimzentren an, während die Keimzentrumszellen
nur sehr selten bei Verwendung von Trypanblau eine Farbspeicherung
erkennen lassen. Im allgemeinen wird von den verschiedenen Forschern
auf die geringe vitale Färbbarkeit der Milz hingewiesen.

In den Lymphknoten lassen sich hinsichtlich der vitalen Speicherungsfähigkeit 2 Arten von Zellen unterscheiden. Die eine Zellart entspricht nach KIYONO den Lymphzellen und den sich aus ihnen ableitenden Plasmazellen. Die andere mit typischer Carmingranulierung
entspricht den Makrophagen. Die starke Speicherungsfähigkeit wird
von allen Autoren bei diesen Zellen hervorgehoben [GOLDMANN, RIBBERT,
HEUDÖRFER (379), SIEBEL (947) u. a.]. Auch WALLBACH beobachtete in
den Lymphknötchen der weißen Maus feine Trypanblaukörnchen in den
Reticulumzellen des interfollikulären Gewebes, während die Knötchen
selbst und die Markstränge nicht einmal in ihren Reticulumzellen irgendwelche farbigen Einschlüsse aufweisen. Dagegen zeigt das Mark besonders
reichliche Farbspeicherungen in den Sinusendothelien und in den abgelösten freien Makrophagen des Sinus, die ein histiocytenartiges Aussehen annehmen und die sich in den Maschen des Reticulums und
ebenfalls innerhalb des Lumens der Sinus antreffen lassen.

In der Niere nehmen in erster Linie epitheliale Zellen die sauren
Farbstoffe auf, nur in ganz geringem Maße beteiligen sich Reticulumzellen an der Farbstoffaufnahme. Während früher von HEIDENHAIN (334)
die Ansicht vertreten wurde, daß die einzelnen Harnkanälchen vikariierend

in Funktion treten, da nur bestimmte Kanälchen mit indigschwefelsaurem Natrium eine Anfärbung erkennen lassen sollten, sind wir heute durch die Arbeiten von Peter über die Anatomie der Niere und durch die vitalen Speicherungsversuche von Suzuki (1206) in der Lage, die gleichmäßige Sekretion aller Harnkanälchen annehmen zu können. Es sind dies bestimmte Abschnitte, die in erster Linie eine Ablagerung körnigen Farbstoffes aufweisen, und zwar handelt es sich um die sog. Hauptstücke, die von den proximalen Abschnitten nach den distalen Teilen zu entsprechend der Stärke und dem zeitlichen Auftreten der vitalen Farbspeicherung in 3 Abschnitte sich einteilen lassen.

Wenn wir von der Farbspeicherung der Niere sprechen wollen, so kann dies nur geschehen mit Berücksichtigung der Bedeutung der vitalen Farbspeicherung als solcher in der Niere und mit Berücksichtigung der verschiedenen Absonderungstheorien, die an der Niere bei den verschiedenen Untersuchern mit verschiedenster Methodik Gegenstand eingehender Untersuchung waren. Es waren die Verhältnisse der Niere zeitweilig das Ausgangsproblem, weshalb man Untersuchungen über vitale Farbspeicherungen überhaupt anstellte.

Die eigentliche funktionelle Bewertung der vitalen Farbablagerung hinsichtlich der Nierenleistung leitet sich von Heidenhain her, der mit Hilfe dieser Methodik die Theorien von Ludwig und von Bowman bezüglich ihrer Richtigkeit einer Prüfung unterziehen wollte. Bowman nahm an, daß die Absonderung des Harnwassers in die Malpighischen Körperchen mit ihrem eigentümlichen Gefäßapparat verlegt werden muß, die Absonderung der spezifischen Harnbestandteile dagegen von den Epithelien der gewundenen Harnkanälchen ausgehen soll. Ludwig dagegen verlegt die Bereitung des Gesamtharns mit allen seinen wesentlichen Bestandteilen, wenn auch in sehr verdünntem Zustande, in die Malpighischen Körperchen, während in den Kanälchen nur eine allgemeine Konzentrierung der Flüssigkeit vor sich gehen soll.

Zur Klärung dieser Fragen wurde nach dem Vorbild von Chronszczewsky die Ausscheidung von carminsaurem Ammoniak und indigschwefelsaurem Natron durch die Nieren verfolgt. Jener Farbstoff zeigte ein spezifisches Ausscheidungsvermögen durch die Nieren, was natürlich nur bei Einführung geringerer Farbstoffmengen zutrifft. An der Ausscheidung dieser Farbstoffe sind die Malpighischen Körperchen unbeteiligt, die Ausscheidung erfolgt nur durch die Epithelien der gewundenen Harnkanälchen, die auf das indigsaure Natron reduzierend wirken, so daß ein blauer Farbton hervortritt. Die geraden Harnkanälchen scheiden keinen Farbstoff aus, sie dienen nur der Ableitung des Sekretes.

Auf Grund dieser Beobachtungen hielt sich Heidenhain für berechtigt, die Ludwigsche Auffassung als unhaltbar abzulehnen. Diese Grundlage der Heidenhainschen Gedankengänge fußt auf der Beobachtung, daß innerhalb der Glomeruli keine Farbkörnchen festgestellt werden konnten, daß also die Glomeruli an der Ausscheidung des Farbstoffes unbeteiligt sein mußten. Dieser Befund ist aber von späteren Untersuchern widerlegt worden. Ribbert zeigte einwandfreie Carminablagerungen in den Glomerulusepithelien, ebenfalls seine Schüler Pari und Schlecht. Adolf Schmidt (879) hebt dagegen hervor, daß die Glomeruli niemals eine Carminspeicherung erkennen lassen, daß etwaige positive Befunde nur dadurch vorgetäuscht werden, daß Ausfällungen innerhalb des Lumens der Glomeruli zustande kommen. Diese Behauptungen sind aber nach den Untersuchungen von Wallbach sicherlich nicht richtig.

Den Heidenhainschen Auffassungen hielt man entgegen, daß die Speicherung in den gewundenen Kanälchen nicht bedeuten muß, daß an diesem Ort die Farbstoffe aus dem Blut in die Harnkanälchen übergeführt werden, sondern sie können sich auch auf dem umgekehrten Wege befinden (von Sobieranski u. a.). von Möllendorff hebt sodann mit Recht hervor, daß der Durchtritt von Farbstoff durch die Zellen nicht an eine körnige Speicherung in diesen Zellen gebunden sein muß, besonders da die Zellen der Glomeruli nur einen recht geringen Zelleibgehalt aufweisen.

Eine andere beweisende Grundlage für die Ausscheidungstheorie des sauren Farbstoffes durch die Harnkanälchen der Niere suchte Gurwitsch dadurch zu erbringen, daß er die Lagerung der Farbkörnchen innerhalb der Epithelien einer eingehenden Betrachtung unterzog. Bei Beginn der Anfärbung sollen die Farbkörnchen an der Zellbasis der betreffenden Harnkanälchenepithelien anzutreffen sein, dann aber im weiteren Verlauf der Beobachtung wandern sie lichtungswärts. Diesen Untersuchungen ist entgegenzuhalten, daß die Lagerung der Farbkörnchen keineswegs einen Schluß, ob Ausscheidung oder Aufsaugung, zuläßt, denn die Lagebedingungen der Stoffe innerhalb der Zellen sind uns noch zu unbekannt, als daß wir irgendwelche Schlüsse voreilig zu ziehen berechtigt sind.

Suzuki kommt bei seinen Studien über die vitalen Carminspeicherungen in den Kaninchennieren zu der Anschauung, daß die vitale Färbung der Epithelien der Hauptstücke, die man bisher als ein sichtbares Zeichen der Absonderung des Farbstoffes angesehen hatte, mit der Ausscheidung des Farbstoffes selbst nichts direktes zu tun hat. Die Ausscheidung erfolgt nach diesem Untersucher im wesentlichen durch die Glomeruli. Die vitale granuläre Farbablagerung in den Hauptstücken ist nur ein Begleitvorgang der Ausscheidung, eine Art Speicherung, eine Zurückhaltung des Farbstoffes. Erst bei längerer Dauer der Farbzufuhr wird diese Speicherung in den betreffenden Zellen sichtbar und erreicht etwa 12—24 Stunden nach der Farbzufuhr ihren Höhepunkt.

Einen vorsichtigen Standpunkt hinsichtlich der Deutung der Farbspeicherungsbilder nimmt von Möllendorff ein. Aus der Farbspeicherung als solcher kann kein Schluß gezogen werden, ob eine Sekretion oder Resorption eintritt. Dagegen spricht die Tatsache, daß die stärksten Farbspeicherungen am proximalen Ende der Hauptstücke anzutreffen sind, dafür, daß die stärkste Farbkonzentration in den proximalen Abschnitten der Hauptstücklumina vorhanden sein müssen. Es muß also der Farbstoffstrom durch die Glomeruli in die Harnkanälchen sich ergießen, wo entsprechend dem stärkeren Farbstoffangebot die nächst gelagerten Epithelzellen größere Farbmengen speichern müssen als die entfernteren Zellen, an die der Farbstoff nicht mehr in solch großer Menge herankommen kann. In neuester Zeit stellt sich auch Mitamura (669a) auf den Standpunkt, daß in den Nierenepithelien eine Farbstoffresorption vom Lumen der Harnkanälchen aus zustande kommt. Im Gegensatz zu Gurwitsch (305) zeigte sich bei der zeitlichen Beobachtung zuerst eine

Anlagerung von Farbteilchen an die Lumenseite der Epithelien, erst dann kam es zu intracellulärer Aufnahme der Farbkörnchen.

Wie HÖBER in seiner physikalischen Chemie der Zelle und der Gewebe mit Recht bemerkt, bedeuten alle diese angeführten Argumente immerhin noch keine sicheren und eindeutigen Beweise. Doch ist es bemerkenswert, daß sich immer die Ansicht weiter durchringt, daß in den Nierenepithelien eine Farbresorption zustande kommt. Auch CUSHNY kommt auf Grund von Farbversuchen zu der resorptiven Funktion der betreffenden Zellen.

Für eine resorptive Funktion der Nierenepithelien spricht die Parallelbeobachtung des Harns und der Niere bei der perniziösen Anämie. Hier zeigen die gewundenen Harnkanälchen sehr starke Ablagerungen von Eisen in den gewundenen Harnkanälchen, während aus den Untersuchungen von QUECKENSTEDT (800) sichergestellt ist, daß die Eisenausscheidung durch den Urin bei dieser Erkrankung nur sehr gering ist und die bei normalen Verhältnissen bestehende kaum übertrifft.

Als weiteres speicherfähiges Element der Niere sind die Reticulumzellen der Rinde zu betrachten, die nach den Untersuchungen von PONFICK deutlich Zinnober enthalten sollen. Entsprechende Beobachtungen mit anderen speicherfähigen Substanzen konnten HOFFMANN und LANGERHANS, ferner SIEBEL anstellen. Auch WALLBACH beobachtete vereinzelt feinere Ablagerungen von Trypanblau in den Reticulumzellen der Nierenrinde. Doch war ein solcher Befund nur ganz selten zu erheben, keineswegs gehört er zu den Regelmäßigkeiten. Dagegen muß nach den Untersuchungen von WALLBACH noch auf die deutlichen feinkörnigen Farbablagerungen in den Reticulumzellen der Papillenspitzen hingewiesen werden. Dieser Befund konnte bereits von GOLDMANN erhoben werden, doch fand er im Schrifttum weder eine Beachtung noch eine Bestätigung.

Im Mark der spongiösen und Röhrenknochen zeigt sich nach PONFICK eine sehr reichliche Ablagerung von Zinnober, und zwar innerhalb der eigentlichen Markzellen. Von den anderen Autoren (GOLDMANN, TSCHASCHIN, SIEBEL) könnten Farbablagerungen nur in den Reticulumzellen, besonders den Endothelzellen des Knochenmarkes festgestellt werden. Sicherlich ist PONFICK bei seinen Untersuchungen ein Irrtum unterlaufen, da zu der damaligen Zeit die mikroskopischen Verhältnisse des Knochenmarkes noch nicht so eindeutig bekannt waren. WALLBACH konnte bei seinen Untersuchungen regelmäßig in den Reticulumzellen des Knochenmarkes, ferner in einigen histiocytären Rundzellen eine feinkörnige Trypanblauablagerung feststellen. In den eigentlichen Blutbildungszellen, in den Fettzellen und in den Riesenzellen zeigten sich dagegen keine Farbkörnchen.

In die mannigfaltige Fülle der Anschauungen über die Zellverhältnisse des lockeren Bindegewebes brachte die vitale Farbspeicherung insofern eine Klärung, als es gelang, eine bestimmte Zellform abzugrenzen, die sich durch ein besonders starkes Farbspeicherungsvermögen gegenüber den gebräuchlichen vitalen Farbstoffen auszeichnete. Es ist dies die Pyrrholzelle, die durch die Untersuchungen von GOLDMANN in den Vordergrund der Beachtung gerückt wurde. Die früheren Untersucher konnten an dem Bindegewebe keine eindeutigen Befunde erheben, weil sie einmal mit grobdispersen Stoffen gearbeitet hatten, die das lockere

Bindegewebe von den Lymphbahnen oder Gefäßbahnen nicht erreichen, und auch selbst dann nicht von den betreffenden Zellelementen elektiv gespeichert werden.

Die runden protoplasmareichen Zellen zeichnen sich durch ein besonderes Farbspeicherungsvermögen aus, wie auch durch die späteren Untersucher Goldmann gegenüber bestätigt werden konnte. Aschoff und Kiyono (36) bezeichneten die sich besonders mit Lithioncarmin beladenden Zellen als Histiocyten. Die Pyrrholzellen und die Histiocyten sind den Klasmatocyten von Ranvier gleichzustellen. Durch die vitale Farbspeicherung läßt sich eine deutliche Unterscheidung gegenüber den Lymphzellen durchführen. Im großen und ganzen konnten die Untersuchungen von Goldmann und von Kiyono eine Bestätigung von Tschaschin (1047) erfahren, wenn dieser Autor auch wieder eine andere Nomenklatur benutzte und von den stark speichernden ruhenden Wanderzellen spricht.

Die Histiocyten sind nicht die einzigen Gebilde des Bindegewebes, die durch ein Speicherungsvermögen gegenüber sauren Farbstoffen ausgezeichnet sind. Auch die Fibrocyten und die Fibroblasten, ferner manche Gefäßendothelien zeichnen sich durch vitale Farbspeicherung aus. Aber sie erreicht nicht die hohen Grade wie bei den Histiocyten. Gerade die ausgebildeten Fibrocyten, ferner die Deckzellen der serösen Höhlen zeigen nur ganz feine Farbkörnchen, die gerade noch deutlich sichtbar sind.

Als Unterscheidungsmöglichkeit des Speicherungstypus der Elemente des Bindegewebes muß nach von Möllendorff hervorgehoben werden, daß die Fibrocyten nur Körnchen in der Umgebung des Kernes aufweisen, während bei den Histiocyten alle Fortsätze gleichmäßig von Farbkörnchen erfüllt sind. Innerhalb der protoplasmareicheren Rundzellen des lockeren Bindegewebes und des Blutes suchen Sabin, Doan und Cunningham noch eine weitere Unterscheidung nach Art der Lagerung der abgelagerten Substanzen zu treffen und die Makrophagen von den Monocyten zu scheiden. Etwaige Unterschiedlichkeiten zwischen ausdifferenzierten und indifferenten Fibrocyten mit Hilfe der vitalen Farbspeicherung durchzuführen, bestreitet mit Recht von Möllendorff. Alle Fibrocyten haben nach diesem Autor in gleichem Maße die Fähigkeit, einen kolloidalen, sauren Farbstoff zu speichern, wenn er ihnen in genügender Konzentration angeboten wird.

In dem übrigen Bindegewebe sind die Farbspeicherungsverhältnisse grundsätzlich dieselben wie beim lockeren Bindegewebe (Goldmann, Radòs, von Möllendorff und Schule).

Nach den Untersuchungen von Schilling (877) soll sich im Blute eine dritte Zellart abgrenzen, die bereits von Pappenheim mit dem Namen Monocyten belegt wurde. Schilling äußerte die Ansicht, daß diese Zellen aus den Rundzellen und Endothelzellen des Mesenchyms herzuleiten seien. Durch das gleichartige Verhalten bezüglich der Farbspeicherung schlossen sich Aschoff und Kiyono (473) den Anschauungen Schillings an und sprachen die Monocyten als die Histiocyten des Blutes an. Hauptsächlich soll es sich nach Schilling um sich ablösende Endothelien von Milz und Leber handeln.

Der von Aschoff und Kiyono erhobene Befund der starken Speicherungsfähigkeit der Monocyten ließ sich in späteren Untersuchungen nicht mehr aufrecht erhalten, als geringere Dosen und andere Arten von Farbstoff zur Verwendung gelangten. Aus diesem Grunde hat Aschoff später nicht mehr eine ausschließliche Abstammung der Monocyten aus den Histiocyten angenommen, während Kiyono und Nakanoin (471) sich veranlaßt gesehen haben, innerhalb der Monocyten bezüglich ihrer Farbspeicherung und ihrer Oxydasereaktion verschiedene Unterabteilungen aufzustellen, die auch verschiedene Stammbäume aufweisen sollen.

Von den Gefäßendothelien muß hervorgehoben werden, daß nach Maximow (646) nur die Endothelien von Leber, Milz und Knochenmark, ferner von Bauchfell sich durch besondere Speicherungsfähigkeit auszeichnen; auch Aschoff (33) hebt das elektive Speicherungsvermögen dieser Zellen hervor. Die Gefäßendothelien in den übrigen Gefäßen sollen keineswegs eine Farbspeicherung zeigen, Angaben, die ich durchaus bestätigen kann.

Innerhalb des Granulationsgewebes zeigt sich nach Konstantinow (498) eine ungleichmäßige Trypanblauspeicherung und eine ungleichmäßige Verteilung der speichernden Zellen. Neben gut speichernden Polyblasten zeigen sich noch solche Zellen, die überhaupt keine Farbeinschlüsse aufweisen.

Über die Zinnoberablagerungen in der Lunge werden von Ponfick keine Angaben gemacht. Ribbert beobachtete um die Gefäße der Lunge kleinere Ansammlungen von protoplasmareicheren Rundzellen, die deutlich eine Carminablagerung erkennen ließen. Eine ausgesprochene Farbablagerung in der Lunge beobachtete Goldmann, die Stärke der Farbspeicherung in der Lunge soll sich umgekehrt proportional verhalten zu der der Leber. Über die Streitfrage, welche Zellen in erster Linie an der vitalen Farbspeicherung der Lunge beteiligt sind, ob es sich um die Gefäßendothelien, die Histiocyten oder die Epithelien handelt, soll in diesem Zusammenhange nicht näher eingegangen werden [Westhues (1111), Seemann (926), von Möllendorff u. a.).

Wallbach hat auch die Lunge bezüglich ihres vitalen Farbspeicherungsvermögens einer Untersuchung unterzogen. In 3 verschiedenen Zellarten konnte eine Ablagerung von Farbstoffen festgestellt werden, an den Reticulumzellen in unmittelbarer Umgebung der mittelgroßen Gefäße und Bronchien, an den spindeligen Reticulumzellen der Alveolarsepten und an den subpleuralen Reticulumzellen. Weiterhin beteiligen sich auch in geringerer Menge die Endothelien der Pleura an der Farbspeicherung. Schließlich finden sich in der Lunge der meisten Laboratoriumstiere noch die Pigmentzellen, die fein verteiltes Kohlepigment aufweisen.

Von den übrigen Organen sei hervorgehoben, daß im Prinzip sich ebenfalls eine vitale Farbspeicherung ganz feinkörnigen Charakters in den Reticulumzellen erkennen läßt, diese ist nur geringgradiger ausgeprägt als in den entsprechenden Zellen des lockeren Bindegewebes. Eine Ausnahme macht wohl nur der Hoden, dessen Zwischenzellen sich hinsichtlich ihrer Farbspeicherung wie Histiocyten verhalten. Die Reticulumzellen der Samenkanälchen speichern meist nur in sehr feinkörniger Weise Trypanblau.

Es sei aber hervorgehoben, daß dies keine allgemeingültigen Regeln sind, wie sich ja überhaupt die Speicherungsverhältnisse in den einzelnen Zellen bei Benützung der verschiedenen Farbstoffe von Grund aus umgestalten können. Über diese Verhältnisse soll in folgender Stelle eingehender ausgeführt werden.

Die bei der vitalen Farbspeicherung in Betracht kommenden Faktoren.

In dem vorhergehenden Abschnitt ist ausgeführt worden, daß die einzelnen Zellen sich gegenüber vitalen Farbstoffen ganz verschiedenartig verhalten. Es ist aus diesen Ausführungen ersichtlich, daß nur bestimmte Zellen imstande sind, vitalen Farbstoff aufzunehmen. Zunächst wollen wir uns deshalb mit der Frage beschäftigen, ob das verschiedenartige Verhalten der Farbspeicherungen bei den einzelnen Zellen allein durch die Natur der zur Anwendung gelangenden Farbstoffe hinreichend geklärt werden kann. Sodann muß die Frage eingehende Berücksichtigung finden, ob die Zelle mit ihrem besonderen funktionellen Charakter für den Ausfall der vitalen Farbspeicherung verantwortlich gemacht werden kann, ob durch Einwirkungen auf das funktionelle Verhalten der Zellen eine Änderung des Verhaltens gegenüber bestimmten vitalen Farbstoffen erreicht werden kann. In Zusammenhang damit wollen wir besprechen, ob die Menge des an die Zellen herankommenden Farbstoffes, ob die Eigenart der Blutgefäßversorgung für den Ausfall der Speicherung verantwortlich zu machen ist. Schließlich sei erörtert, ob wir überhaupt berechtigt sind, auf Grund von vitalen Farbspeicherungen bestimmte systematische Beziehungen der Zellen untereinander für alle Stoffwechselvorgänge anzunehmen.

Die verschiedene Speicherungsfähigkeit der einzelnen Farbstoffe.

Daß die einzelnen Farbstoffe ein unterschiedliches Verhalten bezüglich ihrer vitalen Speicherungsfähigkeit besitzen, ist schon in den obigen Ausführungen hervorgehoben worden. Eine eigentliche, als aktiver Zellvorgang zu bezeichnende vitale Farbspeicherung ist nur bei Verwendung einer bestimmten Reihe von sauren Farbstoffen ersichtlich. Aber auch die sauren Farbstoffe untereinander unterscheiden sich durch ihr Farbspeicherungsvermögen, was von den verschiedensten Autoren hervorgehoben worden ist.

Daß das indigschwefelsaure Natrium elektiv die Nierenepithelien anfärbt, entsprechend den Untersuchungen von HEIDENHAIN (333, 334), haben wir bei Besprechung der Speicherungsvorgänge in den Nieren hervorgehoben. Es unterscheidet sich somit dieser Farbstoff von dem carminsauren Ammoniak. Aber auch Farbstoffe, die eine ziemlich gleichartige chemisch-physikalische Eigentümlichkeit aufweisen, zeigen Differenzen hinsichtlich ihrer Ablagerungsfähigkeit.

Die Verschiedenartigkeit der Ablagerung einzelner Farbstoffe ist bereits früher von verschiedenen Autoren hervorgehoben, so von BRÖTZ bei der Untersuchung von Argentum colloidale und kolloidalen Lösungen von Wismuth, Schwefel und Platin, von GOLDMANN (266) bei seinen Untersuchungen mit Pyrrholblau und Isaminblau. In ganz groß angelegtem Maße führte VON MÖLLENDORFF (690) Untersuchungen über die Ablagerungsfähigkeit verschieden disperser, saurer Farbstoffe in der Niere durch nach subcutaner Zufuhr bei der weißen Maus. Höher disperse Farbstoffe sollen nach ihm schneller und in höherer Konzentration ausgeschieden werden als wenig disperse, wobei sich eine gute Übereinstimmung zwischen Dispersitätsgrad und Ausscheidungsgeschwindigkeit ergab. Überhaupt zeigten sich bei den Untersuchungen von MÖLLENDORFFS, die sich fast ausschließlich mit den Ablagerungen und Ausscheidungen in den Nieren befaßten, nur Gradverschiedenheiten der einzelnen Farbstoffe. Auch SCHULEMANN (912) kommt bei seinen Untersuchungen mit verschiedensten sauren Farbstoffen zu der Ansicht, daß die einzelnen vital färbenden Farbstoffe nur geringe Abweichungen in ihrem biologischen Verhalten aufweisen; die Diffusionsversuche zeigen auch nach diesem Forscher gute Übereinstimmungen mit dem Vitalfärbungsvermögen. Den Anschauungen von VON MÖLLENDORFF und von SCHULEMANN treten auch HÖBER und KEMPNER (396) bei.

Diesen teilweise rein deduktiven Ausführungen der betreffenden Forscher steht ein großes Beobachtungsmaterial von Stoffspeicherungen gegenüber, wobei zwischen den physikalischen Eigentümlichkeiten der Farbstoffe und der Speicherungsfähigkeit innerhalb des Organismus keine proportionalen Beziehungen aufgestellt werden konnten. Bevor wir von einem allgemeinen Standpunkt die Ablagerung der verschiedenartigen Farbstoffe innerhalb des Organismus klären wollen, sei dies Tatsachenmaterial kurz wiedergegeben.

PASCHKIS (757) berichtet, daß in den periportalen Zellansammlungen der Leber nur Ablagerungen von Trypanblau anzutreffen sind, nicht solche von Lithioncarmin. MIGAY und PETROFF (666) beobachteten die Ablagerung von Eisen und von Carmin in ganz verschiedenen Zellen, keineswegs zeigten sich bei entsprechender Dosierung der betreffenden Stoffe Doppelspeicherungen. Auch die Capillarendothelien der Hypophyse sind nur einzelnen Farbstoffen für die Speicherung zugänglich.

Während PASCHKIS und MIGAY und PETROFF sich mit der Anführung der Tatsachen der verschiedenartigen Speicherung begnügen, sucht SINCKE die verschiedene Speicherungsfähigkeit der einzelnen Farbstoffe, ihr physikalisches Verhalten zu klären, ohne selbst eingehende physikalische Untersuchungen der Farbstoffe durchgeführt zu haben. D. BOERNER-PATZELT (95) geht von denselben Gedankengängen aus, wenn sie schreibt, daß die Stabilität der Lösungen von Ferrum oxydatum saccharatum für die Ablagerungsorte der betreffenden Stoffe verantwortlich zu machen sei. Da aber die Beweisführung der beiden Autoren keine strenge war, so hielt es WALLBACH (1069) für gerechtfertigt, an einem großen Material die Ablagerungen der verschiedenartigsten sauren Farbstoffe bei der weißen Maus nachzuprüfen, unter gleichzeitiger Berücksichtigung der physikalischen Eigenschaften der betreffenden Farbstoffe. Die Diffusibilität der Farbstoffe wurde dabei von WALLBACH in derselben Weise, wie es SCHULEMANN tat, mit der Gelatinemethode gemessen.

Es konnte festgestellt werden, daß jeder von uns benutzte Farbstoff seinen eigenen Speicherungstypus aufweist, der weder von der Dispersität des Farbstoffes noch von der Wasserstoffionenkonzentration, der Oberflächenspannung oder von anderen physikalisch-chemischen Eigenschaften abhängig ist. Es zeigte sich auch kein Gradunterschied in dem Speicherungsverhalten der einzelnen Farbstoffe. Wohl konnte festgestellt werden, daß manche Farbstoffe im Körper der weißen Maus überhaupt nicht gespeichert werden, andererseits zeigten die gut zur Speicherung gelangenden Farbstoffe von verschiedener oder derselben Dispersität eine solch verschiedene Ablagerung in den einzelnen Zellen, daß sie hinsichtlich einer Stärke der Speicherungsfähigkeit nicht einem Gradvergleich unterzogen werden konnten. So wird Methylblau im allgemeinen wenig innerhalb des Organismus gespeichert, dagegen werden nach längerer Darreichung in erster Linie die Reticulumzellen des Pankreas durch die vitale Speicherung dieses Farbstoffes dargestellt. Das Diaminschwarz 250% BH färbt nicht nur die Lebersternzellen und ddie Leberepithelien, sondern auch in der Niere außer den Epithelzellen die Glomerulusendothelien und fast alle Reticulumzellen der inneren Organe. Dagegen findet sich dieser Farbstoff nach einmaliger Darreichung niemals in der Milz. Das Isaminbblau VI B zeigt nur eine sehr geringe Farbspeicherung in den Sternzellen der Leber und in der Milz, in der Niere gelangt es überhaupt nicht zur Ablagerung. Dagegen besteht, wie bereits Goldmann hervorgehoben hat, eine ausgeprägte Farbspeicherung in den Zellen des lockeren Bindegewebes, besonders in den Histiocyten. So konnte also Wallbach in seinen Versuchen für jeden Farbstoff einen eigenen Speicherungstypus feststellen. Die verschiedene Speicherungsfähigkeit der Farbstoffe und der einzelnen Zellen wird mit der Reaktionsfähigkeit des betreffenden Farbstoffes und der einzelnen Zellen in Zusammenhang gebracht. Es wird damit der alten Ehrlichschen (175) Anschauung von der Absättigung verschiedener chemischer Affinitäten der Zelle (Chemoreceptoren) durch bestimmte chemisch konstituierte Farbstoffe eine neue Grundlage gegeben.

In der Gewebskultur konnte Wallbach (1211) bei Untersuchungen über die Speicherung der einzelnen vitalen Farbstoffe grundsätzlich dieselben Feststellungen machen, wenn auch entsprechend der verschiedenartigen Reaktionsweise der Zellen des unversehrten Organismus und der gezüchteten Zellen die Art und die Stärke der Speicherung mit demselben vitalen Farbstoffe verschieden ausfallen muß. Es geht aber aus diesen Untersuchungen an der gezüchteten Milz des Kaninchens hervor, daß die Zellen Farbablagerungen aufweisen, unabhängig von der physikalisch-chemischen Natur dieser Substanzen.

Mit dieser unserer Anschauung stehen wir im Gegensatz zu von Möllendorff (692), wenn dieser Forscher sagt, daß der chemische Charakter der Farbstoffe nur eine ganz allgemeine Rolle bei der Vitalfärbung spielt. Demgegenüber müssen wir feststellen, daß die chemische Konstitution teilweise auch die Grundlage abgeben dürfte für den physikochemischen Charakter der Farblösung. Auch sind vorläufig unsere Erfahrungen über die Ablagerungsstätten der verschiedenen Farbstoffe zu gering, als daß wir allgemein gültige Schlüsse ziehen können. Noch niemals ist es gelungen, aus den Charakteren eines Farbstoffes vorherzusagen, in welchen Zellen und ob überhaupt der betreffende Farbstoff zur Ablagerung gelangt.

In diesem Sinne sind auch die Versuche von Christeller (135) und seiner Schule zu betrachten, die Ablagerungsstätte verschiedener meist metall-

Die Verschiedenartigkeit der Ablagerung einzelner saurer vitaler Farbstoffe in den einzelnen Zellen des Organismus der weißen Maus nach 1maliger und nach 4maliger Darreichung von 0,5 ccm einer 1% wässerigen Lösung nach WALLBACH (Z. exper. Med. **60**).

Zahl der Injektionen	Farbstoff	Lunge perivasculäre Zellen	Lunge Pigmentzellen	Leber Sternzellen	Leber Epithelzellen	Milz Sinusendothel	Milz nackte Pulpa	Milz basophile Pulpa	Niere Glomeruli	Niere Hauptstücke	Niere Reticulumzellen	Pankreas Reticulumzellen	Speich.-drüsen Reticulumzellen	Hoden Zwischenzellen	Lymphknoten bas. Zwischenzellen	Lymphknoten Reticulumzellen	Bindegewebe Fibrocyten	Bindegewebe Fibroblasten	Bindegewebe Histiocyten
1	Violamin	—	—	—	—	—	—	—	—	—	—	—	—	—	—	—	—	—	—
4	Violamin	+	—	—	—	—	—	—	—	—	—	++	—	—	—	—	—	—	—
1	Diaminschwarz	++	—	++	+	—	—	—	—	+++	—	++	+	++	—	+	+	—	+
4	Diaminschwarz	++	+	+++	++	+	+++	+	+	+++	+	+	+	++	+	++	+	++	++
1	Methylblau	—	—	++	—	—	—	—	—	—	—	++	—	—	—	+	—	—	—
4	Methylblau	—	—	—	—	—	—	—	—	—	—	++	—	—	—	++	+ diff.	—	—
1	Isaminblau	+	—	— diff.	—	—	—	—	—	—	—	+	—	—	—	—	—	—	—
4	Isaminblau	+	—	+	—	—	++ diff.	++ diff.	—	—	+ diff.	—	—	+ diff.	+ diff.	+ diff. + diff.	+ diff.	+++ diff.	+++ diff.
4	Dianilreinblau	—	—	+ diff.	—	—	—	—	—	—	—	+ diff.	—	—	—	—	—	+ diff.	+ diff.
1	Dianilreinblau	—	—	—	—	—	—	—	—	—	—	—	—	—	—	—	—	—	—
1	Benzopurpurin	—	—	—	—	—	—	—	—	—	—	—	—	—	—	—	—	—	—
4	Benzopurpurin	—	—	—	—	—	+	—	—	—	—	—	—	—	—	—	—	—	—
1	Lithioncarmin	—	—	+	—	—	+	—	—	+	—	—	—	—	—	—	—	—	—
2	Lithioncarmin	—	—	++	—	—	+	+	—	+++	—	—	—	—	—	—	—	—	—
1	Trypanblau	+	—	+++	—	—	+	—	+	+	—	—	—	+	—	—	—	—	—
4	Trypanblau	+	+ diff.	++	+	++	+	—	+	+++	+	—	—	—	—	—	—	+	+
1	Tusche	—	—	—	—	—	—	—	—	—	—	+	—	—	—	—	—	—	—

haltiger Pharmaka innerhalb des Organismus zu bestimmen. Die Lokalisationsorte von Wismut, Gold und Arsen waren keineswegs die gleichen, wenn auch von den betreffenden Untersuchern die Redewendung gebraucht wurde, daß die Stoffe sich nach dem reticuloendothelialen Typ ablagern. Gerade auch bei diesen Untersuchungen kommt einwandfrei zum Vorschein, daß die physikalischen Eigentümlichkeiten der speicherbaren Stoffe durchaus nicht den Ablagerungstypus bestimmen, daß es vielleicht später nur übrig bleiben wird, die chemischen Besonderheiten der Farbstoffe einerseits, die funktionellen Eigentümlichkeiten der speichernden Zellen andererseits für den Typus der Ablagerung innerhalb des Organismus verantwortlich zu machen.

Der Einfluß der Zellfunktion auf das vitale Speicherungsvermögen.

Daß die Zellfunktion bei der vitalen Farbspeicherung eine Rolle spielen muß, ist aus der Tatsache allein schon ersichtlich, daß nur einzelne bestimmte Zellen des Körpers in der Lage sind, vitalen Farbstoff in körniger Form zu speichern. Wenn sich auch Unterschiede der vitalen Farbspeicherung bei Verwendung verschiedener saurer Farbstoffe bemerkbar machen, so ist doch die Tatsache als solche nicht zu leugnen, daß nur manche Zellen sauren Farbstoff überhaupt aufzunehmen in der Lage sind. Es muß also wohl das funktionelle Verhalten der Zellen eine besondere Rolle spielen.

Um den Einfluß der Zellfunktion auf die vitale Farbspeicherung sicherzustellen, stehen uns mehrere Methoden offen, die im Schrifttum beschrieben worden sind.

Zunächst versuchte man den Organismus umzustimmen durch Einspritzung verschiedener Stoffe, durch den Einfluß von Röntgenstrahlen und durch andere Mittel. Hierbei ergaben sich Schädigungen der Zellen, die schon mit den gewöhnlichen mikroskopischen Untersuchungsmethoden festgestellt werden konnten, und die sich auch in dem vitalen Farbspeicherungsvermögen der betreffenden Zellen äußerten. Andererseits konnte man auch Veränderungen der vitalen Farbspeicherungen festzustellen, wenn sonst keine ersichtlichen Veränderungen der Zelle beobachtet werden konnten.

Es schließen sich derartige Untersuchungen eng an Stimulationsversuche an, wie sie bereits von METSCHNIKOFF (661) angestellt worden waren, wie sie in der Bakteriologie unter dem Kapitel Bakteriotropine und Opsonine eine große Rolle spielen. Dabei muß hervorgehoben werden, daß es sich keineswegs um Schädigungen der Zelle handeln muß, die mit Hilfe der vitalen Farbspeicherung sichergestellt werden sollen, daß auch andersartige besondere Funktionszustände mit dieser Methodik sich feststellen lassen. In der Klinik sucht man sich auch das verschiedene Speicherungsvermögen der Zellen unter besonderen Bedingungen als Funktionsprüfung nutzbar zu machen, indem man die Abwanderungsgeschwindigkeit der speicherbaren Stoffe aus der Blutbahn einer Untersuchung unterwirft. Als Prototyp für die Veränderung der Farbstoffaufnahme unter bestimmten konstitutiven Einflüssen müssen auch die Beobachtungen über Doppelspeicherungen an derselben Zelle herangezogen werden und die sich an diese Beobachtungen anschließenden Vorstellungen über eine Blockade der Zellen.

Der Ausdruck der Zellalteration in der vitalen Farbspeicherung.

Zunächst soll über solche Untersuchungen berichtet werden, in denen offen ersichtliche Schädigungen der Zelle sich durch einen besonderen Charakter der vitalen Farbspeicherung auszeichnen.

Wir müssen bei diesen Untersuchungen auf das Kapitel Diffusfärbungen zurückgreifen und hier auf die Arbeiten hinweisen, in denen die Diffusfärbung in Zusammenhang mit einer Zellschädigung gebracht wurde, mit der Einschränkung natürlich, daß auch andere Einflüsse eine Diffusfärbung der Zellen bedingen können. Fernerhin muß noch auf das Kapitel der Kernfärbungen hingewiesen werden, da durch die eingehenden Untersuchungen von Rost und von Gross sichergestellt worden ist, daß es sich hierbei oft um Zellschädigungen handelt. In diesem Abschnitt seien nur einige Schriftenhinweise gebracht, die besonders gut die Abhängigkeit der vitalen Farbspeicherung von der ersichtlichen Zellschädigung vor Augen führen sollen.

Diffuse Vitalfärbungen beobachtete bereits Goldmann in den durch Ikterogen gesetzten Zellnekrosen in der Leber. In aseptischen Entzündungsherden fand Konstantinow (498) an der Leber nur undeutliche Speicherungen der Sternzellen, auch die Histiocyten der Haut lassen an entsprechenden Stellen der Haut nur verschwommene Speicherungen erkennen. Kiyono (472) hebt ebenfalls die Diffusfärbungen an den nekrotischen Zellen hervor. Gerade die Zellschädigung soll es sein, die nach von Möllendorff durch eine vitale Färbung überhaupt kenntlich gemacht werden könne, während schwächere Grade der Zellschädigung sich mit Hilfe der vitalen Farbspeicherung nicht feststellen lassen sollten.

Diesen Behauptungen von von Möllendorff müssen wir mehrere Arbeiten gegenüberstellen, die sehr wohl über Veränderungen des Speicherungsvermögens der Zellen unter verschiedenen funktionellen Zuständen zu berichten wissen. Schon frühzeitig wurde von Ribbert (817) und von Pari (754) die Möglichkeit einer funktionellen Diagnostik mit Hilfe der vitalen Farbspeicherung erkannt. Bei Carminablagerungen geben nach Aussagen dieser Forscher die Präparate nicht nur das Bild einer anatomischen Anordnung, sondern auch das einer Funktion. Die Schädigung der speichernden Zellen zeigt sich zunächst in dem Verlust der Carminkörnchen, dann kann auch diffuse Färbung des Zelleibs und des Kernes auftreten. So fanden sich bei einseitiger Hydronephrose Diffusfärbungen der Epithelien der gewundenen Harnkanälchen, der Henleschen Schleifen und des Markes, dagegen zeigt die gesunde Niere vermehrte Carminspeicherung in den entsprechenden Zellen. Wallbach fand diffuse Trypanblaufärbungen in den Leberzellen der Bezirke der Mäusetyphusnekrosen.

Nun ist die Nekrose der Zellen keineswegs immer durch eine Diffusfärbung ausgedrückt, bereits aus den Untersuchungen von Gross (292) wissen wir, daß nekrotisierende Zellen meist überhaupt keinen Farbstoff erkennen lassen. Andererseits zeigt sich nur in den seltensten Fällen eine Trypanblaufärbung des Kernes, wenn Zellen im Absterben begriffen sind. Es muß sich demnach um besondere funktionelle Zustände der Zellen handeln, die mit einer Diffusfärbung des Protoplasmas oder einer Färbung des Kernes mit Vitalfarbstoffen verbunden sind. Derartige Zusammenhänge zwischen dem Zustand der Zellen und der Art der

Anfärbung der Zellen mit vitalen Farbstoffen sind von Wallbach (1211) an der Gewebskultur in besonderer Weise einer Untersuchung unterzogen worden.

Es ging aus diesen Untersuchungen hervor, daß absterbende Zellen im allgemeinen keine diffuse Färbung mit Trypanblau erkennen lassen, daß bei Beachtung der verschiedenen vitalen Farbstoffe nur einzelne derselben eine Diffusfärbung der nekrotischen Bezirke einer Milzkultur aufweisen. Es müssen also besondere Beziehungen zwischen dem Zustand der Farbstoffe und der Anfärbung der nekrotischen Zellen bestehen, wie dies bereits an voll lebenden Zellen von uns hervorgehoben worden ist.

Andererseits finden sich bestimmte Zellen in der Kultur, die mit Trypanblau, das sonst immer eine körnige Farbablagerung aufweist eine diffuse Anfärbung des Protoplasmas zeigen. Es handelt sich um die indifferenten Rundzellen in der Milzpulpa und in dem Knochenmark der mit Thorium X hochgradig vergifteten Kaninchen, die diese Diffusfärbung des Protoplasmas aufweisen, ohne daß die Zelle irgendwelche nekrotischen Erscheinungen aufweist. Die Zelle unterscheidet sich auch strukturell von den gewöhnlichen Gewebsmakrophagen. Die besondere funktionelle Eigentümlichkeit der Zelle, die eine Diffusfärbung des Protoplasmas bewirkt, läßt sich vorläufig noch nicht bestimmen.

Es geht somit aus diesen Beobachtungen hervor, daß mit Hilfe der vitalen Farbspeicherungen keine strengen Abtrennungen zwischen Schädigungen und funktionellen Verschiedenartigkeiten der Zellen vorgenommen werden können. Derartige fließende Übergänge finden sich auch hinsichtlich der Kernfärbung, die nach den Untersuchungen von Rost als ein Charakteristikum einer absterbenden Zelle angesehen werden muß.

Nun müssen wir hervorheben, daß innerhalb des Organismus und auch in der Gewebskultur eine Trypanblaufärbung des Kernes einer absterbenden Zelle im allgemeinen nicht festgestellt werden kann, daß auch Rost in erster Linie bei seinen Untersuchungen mit basischen Farbstoffen gearbeitet hat. Innerhalb des Organismus sind Färbungen der Zellkerne mit vitalen sauren Farbstoffen nur von Gross an den Nierenepithelien nach Einwirkung von Nierengiften beobachtet worden. Die absterbenden Zellen in der Gewebskultur lassen überhaupt keine Kernfärbungen mit den vitalen Farbstoffen erkennen, wie auch aus den Beobach-tungen von Wallbach einwandfrei hervorgeht.

Andererseits lassen sich auch an lebenden Zellen vitale Färbungen des Zellkernes an der Gewebskultur nach Wallbach (1212) beobachten. Es handelt sich bei diesen Untersuchungen um Züchtungen der Milz und des Knochenmarkes von hochgradig mit Benzol leukopenisch gemachten Kaninchen, die dann in fast allen runden und spindeligen Zellen nach Zusatz von Trypanblau zu dem Medium eine Diffusfärbung des Protoplasmas und eine deutliche Anfärbung des Kernes aufweisen. Es kommt zu Färbungen mit diesem vitalen Farbstoff, die keineswegs absterbende Zellen betreffen, da keinerlei nekrotische Erscheinungen an diesen Zellen festgestellt werden konnten. Wir müssen auf Grund dieser Untersuchungen aussagen, daß auch der Typus der Kernfärbung mit vitalen Farbstoffen uns keineswegs einen Anhaltspunkt über das

Leben oder den Tod der Zellen gibt, daß auch unter funktionellen Besonderheiten Färbungen der Zellen mit Vitalfarben zustande kommen, wie sie auch an absterbenden Elementen zutage treten.

Fernerhin können wir auch eine funktionelle Zelldiagnostik treiben auf Grund der Stärke und der Lokalisation der Farbablagerungen.

Wie bereits hervorgehoben, lassen sich nicht nur ausgesprochene Schädigungen der Zellen mit Hilfe der vitalen Farbspeicherung kenntlich machen, sondern auch erhöhte und sonstige funktionelle Zellveränderungen. So berichtet GOLDMANN von der stärkeren Anfärbbarkeit der Zitzen bei trächtigen Tieren, was nach seiner Ansicht durch die stärkere Gefäßversorgung sich erklären lassen soll. Auch bei den tâches laiteuses ist der vital gefärbte Abschnitt stärker oder schwächer ausgebildet, je nach den funktionellen Zuständen der betreffenden Gewebsteile.

Auch von zahlreichen anderen Forschern wurden Änderungen des Grades der vitalen Farbspeicherung unter den verschiedenen Bedingungen beobachtet. Von ihnen allen wurde das funktionelle Verhalten der Zellen in den Mittelpunkt der Ausführungen gestellt, das stärkere oder schwächere Angebot von der Blutbahn her bewußt vernachlässigt.

Zunächst sei darüber berichtet, daß bei der Tuberkulose eine ganz andere Ablagerung speicherbarer Stoffe zustande kommt als unter normalen Verhältnissen.

MAGAT (627) beobachtete nach parenteraler Zufuhr von Helpin eine stärkere Speicherung dieses Lecithins in den auch nicht tuberkulösen Teilen der Lunge tuberkulöser Tiere, während normale Meerschweinchen nur eine ganz geringe Ablagerung dieses Stoffes in der Lunge zeigen. Nach PAGEL (744) zeigen sich grundsätzlich dieselben Erscheinungen nach Sanokrysinvergiftung des Meerschweinchens. Nach FRENDSON soll eine Vermehrung der Goldspeicherung in den tuberkulösen Herden stattfinden, was von HANSBORG nicht bestätigt werden konnte.

Bei der Streptokokkeninfektion wird sich ebenfalls eine Umstimmung des Organismus mit der vitalen Farbspeicherung feststellen lassen. L. I. WILENSKI (1116) beobachtete bei Menschen, denen in sterbendem Zustand Speichersubstanzen eingespritzt worden waren, Ablagerungen von Trypanblau und von Kongorot in den Zellen des reticuloendothelialen Systems. Unter dem Einfluß der Infektion sinkt die Farbstoffaufnahme durch die betreffenden Zellen.

An die Infektionsversuche schließen sich die Umstimmungen durch artfremdes Eiweiß an.

Bei ihren Anaphylaxiestudien beobachteten SCHITTENHELM und ERHARD (884) eine Vermehrung von farbbeladenen Monocyten im Blut, die unter gewöhnlichen Umständen keinen Farbstoff aufnehmen. Diese Beobachtungen konnten von PASCHKIS (756), ferner von BÜNGELER (110) bestätigt werden. Auch die Farbspeicherung des lockeren Bindegewebes verstärkt sich unter der Wirkung artfremder Eiweißsubstanzen, wie neuerdings VON MÖLLENDORFF in seinen Ausführungen hervorhebt. Es wird diese vermehrte Speicherung von ihm als Ausdruck der Schwächung des Bindegewebes durch die Sensibilisierung aufgefaßt.

Durch Eiweißabbauprodukte, besonders Peptone, beobachtete KUCZYNSKI (522) eine Vermehrung der Farbspeicherungen. Nach PRATT (795) soll der Grad der Phagocytose in Leber und Milz mit der Phase der Verdauung in Zusammenhang zu bringen sein, also letzten Endes ebenfalls auf Eiweißabbauprodukte.

Über Beeinflussungen der Eisenablagerungen durch Inkrete berichten LEITES und RIABOW (563). Durch Entfernung der Schilddrüse, des Eierstockes, durch Insulin- und Pituitrinzufuhr wird die Speicherungsfunktion des reticuloendothelialen Systems erhöht. Adrenalin setzt die Speicherungsfunktion herab.

In ausgedehnten Versuchen suchte WALLBACH (1070) Anschauungen zu gewinnen über die Umstimmung der Zellen hinsichtlich ihrer Speicherungsfähigkeit. Es ließ sich in diesen Versuchen feststellen, daß sog.

beeinflussende Substanzen, wie Pepton, Jodoform, Chloroform, artfremdes Eiweiß und viele andere Stoffe, wie die Hormone und endokrinen Präparate eine Veränderung der Farbspeicherung hervorrufen. Die Umstimmung durch dieselbe beeinflussende Substanz war verschieden bei Verwendung verschiedener Speicherstoffe, so daß angenommen werden mußte, wozu bereits schon die Versuche mit der Speicherung verschiedener saurer Farbstoffe führten, daß die Speicherung verschiedener Farbstoffe verschiedene Funktionen von seiten der Zelle erfordert, daß diese Funktionen durch dieselbe umstimmende Substanz, wie z. B. Pepton auch in verschiedener Weise in positivem oder negativem Sinne verändert werden können. Gleichzeitig konnte durch Wallbach (1072)

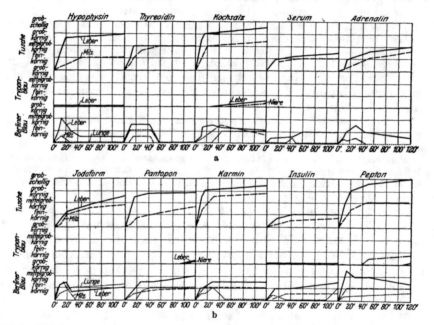

Abb. 3. Abänderung der Ablagerung einzelner Speichersubstanzen bis zu 2 Stunden nach der Injektion unter dem Einfluß besonderer beeinflussender Substanzen. (Nach Wallbach.)
Z. exper. Med. **60**. Heft 5/6.

festgestellt werden, daß auch die 3 Stadien, die bei der vitalen Färbung in Betracht kommen, nämlich die Verteilung, die Speicherung und die Absonderung der Farbstoffe verschiedene Funktionen der Zellen darstellen. Es konnte in diesen Arbeiten der Nachweis geführt werden, daß Verteilung, Speicherung und Ausscheidung als 3 verschiedene Zellfunktionen durch die beeinflussenden Substanzen in verschiedener Weise sich umstimmen lassen, daß die eine Phase der Färbung durch das Pepton, z. B. bei demselben Farbstoff gefördert, eine andere dagegen gehemmt werden kann bei Vergleich mit Normaltieren. Somit kann eine besondere Umstimmung z. B. die Verteilung der Farbstoffe an die Plasmahäute schneller vor sich gehen lassen, die Zelle speichert aber in viel geringerem Maße ihre adsorbierten Farbteilchen, die aber dafür längere Zeit im Zelleib festgehalten werden können, so daß die Entfärbung erst nach sehr langer Zeit eintritt. Durch die Arbeiten von Wallbach hat sich der Nachweis erbringen lassen, daß die Stoffe, die von HAMBURGER (1179) für die Beeinflussung der Phagocytose eine Verwendung fanden, auch innerhalb des Organismus bei der vitalen Farbspeicherung einen Einfluß auf diesen Vorgang ausüben können. Es erweist sich also, daß die von CARREL eingeführten Anschauungen über die Trephone und Hormone auch in dem unversehrten Organismus Gültigkeit besitzen, daß die Hormone die Rolle der beeinflussenden Stoffe spielen, während die Trephone die Farbstoffe oder andere Speicherstoffe darstellen.

Auf Grund der Arbeiten von WALLBACH ist es berechtigt, in Zukunft bei den Beeinflussungsversuchen über Farbspeicherungen strengere Unterscheidungen zwischen einer Beeinflussung der ausgebildeten Farbspeicherung und einer Entspeicherung zu machen, weil diese beiden Phasen in ganz verschiedener Weise durch dieselbe beeinflussende Substanz bei derselben Speichersubstanz sich verändern lassen können. Es verdienen bei der Farbspeicherung in gleicher Weise die Eigenschaften der zugeführten Farbstoffe Berücksichtigung, die funktionellen Eigentümlichkeiten der in Betracht kommenden Zelle, ferner die Phase des vitalen Färbungsvorganges, die bei der Beurteilung der Zelle oder des beeinflussenden Stoffes als Indicator dienen soll. Nur auf diese Weise wird es möglich sein, möglichst zahlreiche Unbekannte aus der vorliegenden Gleichung auszuschließen.

Es ergeben sich selbstverständlich Schwierigkeiten bei der klinischen Beurteilung des Speicherungsvorganges, wie dies besonders aus den Beeinflussungen unter der Einwirkung der Röntgenstrahlen ersichtlich ist. Es ist natürlich, daß die betreffende Phase des Speicherungsvorganges nicht eingehender analysiert werden kann, besonders wenn man es mit Stoffwechselprodukten innerhalb des Organismus zu tun hat, die sich nach Art der sauren Farbstoffe etwa abzulagern pflegen. Aber bei den Versuchstieren sind entsprechende Voraussetzungen bei den Untersuchungsbedingungen sehr wohl abzuschätzen.

Der verschiedene funktionelle Charakter der Zellen prägt sich auch bei vergleichenden Untersuchungen über die Speicherung desselben Farbstoffes in den Zellen des intakten Organismus und in denselben Zellen in der Gewebskultur aus [WALLBACH (1211)]. Die Verschiedenheiten sind unter Umständen besonders hochgradige. Viele Stoffe, die im intakten Organismus überhaupt keine Farbablagerungen erkennen lassen, zeigen in der Milzkultur deutliche Ablagerungserscheinungen des Farbstoffes (Oxaminviolett), während andererseits Substanzen mit stark ausgeprägten Ablagerungserscheinungen in der Milz des intakten Organismus in der Kultur der Milzzellen keine Speichervorgänge erkennen lassen. Es lassen sich ja Unterschiedlichkeiten des Charakters der Zellen in der Kultur und in dem intakten Organismus auch in struktureller und sonstiger formaler Hinsicht feststellen, doch muß hervorgehoben werden, daß die funktionellen Verschiedenheiten bei der Züchtung sich auch mit der vitalen Farbspeicherung fassen lassen.

Veränderungen der vitalen Färbungen unter dem Einfluß der Röntgenstrahlen sind zuerst von E. A. SCHMIDT (891) beschrieben worden. Durch die Röntgenstrahlen können die Zelleistungen sehr wohl eine Steigerung und auch eine Herabminderung erfahren. Nach SCHMIDT soll überall dort, wo das Gewebe unter pathologisch gesteigerter Erregung

steht, der Farbstoff stark angezogen werden, selbst schon auf Kosten
bereits gefärbter Zellen. Natürlich müssen wir es dahingestellt sein lassen,
ob die starke Speicherung der Zellen wirklich der Ausdruck eines gesteigerten allgemeinen Stoffwechsels ist. Über diese Frage soll später
noch ausführlich gesprochen werden.

Auch sonstige Zellveränderungen durch Röntgenstrahlen lassen sich
ohne weiteres feststellen, wir haben bei der Diffusfärbung auch auf die
Ausführungen von DOMAGK (161) hingewiesen, der Diffusfärbungen als
Ausdruck der Schädigungen der Epithelien der Hauptstücke der Niere
beobachten konnte. Auch HALBERSTÄDTER und WOLFSBERG (318) konnten
entsprechende Beobachtungen an Mäusenieren anstellen. Auch soll die
Stärke der Trypanblauablagerung nicht so ausgesprochen sein wie bei
Normaltieren, was ebenfalls nach diesen Autoren als Ausdruck der
Zellschädigung verwendet wird. Vollkommen ohne Wirkung auf die
Farbspeicherung zeigte sich die Röntgenbestrahlung in den Untersuchungen von K. HAJÒS und L. NÉMETH (316/17). M. SCHWIENHORST (923)
berichtet über Abnahme der Kokkenphagocytose, besonders in den Sternzellen, bei Röntgenbestrahlung.

Aus der großen Fülle des einschlägigen Materials erscheint es kaum
möglich, allgemein gültige Grundsätze für die Umstimmungen der Zellen
hinsichtlich ihrer Speicherung aufzustellen. Die Farbspeicherung allein
ist schon ein solch komplexer Vorgang, bei dem neben den Eigenschaften der Zellen und des Gesamtorganismus noch diejenigen der Farbstoffe, der Beibringungsart und andere Umstände hinzutreten. Bei weitem
verwickelter erwiesen sich die Bedingungen bei den Umstimmungen der
vitalen Farbspeicherung, da der Angriffspunkt der betreffenden beeinflussenden Substanzen in der Zelle keineswegs annähernd bekannt ist.
Es wird in einem späteren Abschnitt noch darauf hingewiesen werden,
daß manche Untersucher die Veränderungen der Farbspeicherungen in
der Umstimmung der Blutversorgung sehen. Unter diesen Umständen
halten wird es für gewagt, bestimmte Eigenschaften der Farbstoffe
oder der Zellen für das Prinzip der Farbumstimmung als wegweisend
hinzunehmen, wie dies von einigen Forschern noch versucht wird, und
zwar in physikalisch-chemischer Weise.

Nach der Reaktionstheorie von BETHE soll das saure Milieu des
Zellprotoplasmas die Aufnahme von sauren Farbstoffen begünstigen,
das alkalische die von basischen. Diese Untersuchungen wurden ursprünglich von BETHE (74) an dem Gelatinemodell durchgeführt. Sein Schüler
ROHDE (1199) stellte entsprechende Untersuchungen am tierischen Organismus an, ferner an pflanzlichen Zellen und an Infusorien. ROHDE kam bei
seinen Untersuchungen zu einer Bestätigung der Ansichten seines Lehrers
BETHE. POHLE (788) beobachtete, daß die Ausscheidung intravenös zu-
geführter saurer Farbstoffe (Erocyanin) beim Hund beschleunigt wird,
wenn der Harn durch gleichzeitige Säurezugaben sauer gemacht wird, sie
wird verlangsamt, wenn die Reaktion des Harnes nach der alkalischen
Seite verschoben wird. Diese Befunde sollen einen neuen Beweis für die
Reaktionshypothese von BETHE abgeben.

Zu diesen Ausführungen ist zu bemerken, daß die Verhältnisse schon
deshalb nicht so einfach liegen, weil die sauren Farbstoffe ja nicht alle nach
denselben Gesetzen abgelagert werden, da die Speicherung auch unter

den sauren Farbstoffen Unterschiede aufweist. Andererseits ist den einzelnen Phasen der Farbspeicherung keineswegs genügend Rechnung getragen worden. Daß die Farbausscheidung durch den Harn nicht gleichzusetzen ist mit der Aufnahme in die Nierenepithelien, entspricht den heute herrschenden Annahmen der Rückresorption nach Cushny.

Über die Annahme der DE Haanschen (309) Theorie der Eiweißfarbsalzaufnahme können wir uns keine Vorstellungen machen, da diese Theorie jeglicher Unterlage entbehrt, die sie irgendwie wahrscheinlich machen dürfte.

Die Adsorption der Farbstoffe oder der zu phagocytierenden Teilchen zur Grundlage des Farbspeicherungsvermögens überhaupt zu machen, ist ebenfalls abzulehnen. A. Fischer (208) beobachtete bei der Verwendung von Natriumoleat eine stärkere Speicherungsfähigkeit der Fibroblasten in der Kultur. Krauspe (512) berichtet, durch Gaben von taurocholsaurem Natrium eine stärkere Bakterienphagocytose in der Bauchhöhle und in den inneren Organen beobachten zu können. Diese beiden Arbeiten müssen hinsichtlich der Deutung ihrer Befunde eine Ablehnung erfahren, da die große eben erwähnte Zahl der Arbeiten Beeinflussungen der Farbspeicherungen bewiesen, wobei keine oberflächenaktiven Substanzen in Betracht kamen. Wallbach (1069) hat die verschiedenen vitalen Farbstoffe und die beeinflussenden Substanzen hinsichtlich ihrer Oberflächenaktivität einer Untersuchung unterzogen, niemals konnte eine Parallelität zwischen Speicherungsfähigkeit eines Stoffes und Beeinflußbarkeit einerseits, ihrer Oberflächenaktivität andererseits festgestellt werden.

Aus allen diesen Arbeiten geht hervor, daß weder die Oberflächenaktivität noch irgendein anderer physikalisch-chemischer Umstand für die Art der Farbspeicherung verantwortlich gemacht werden kann. Auch bei den Umstimmungen der Farbspeicherungen wird uns vorläufig nur übrig bleiben, chemische Verwandtschaften zwischen Zellen und Farbstoffen anzunehmen, daß nämlich eine beeinflussende Substanz entweder auf die Zellen selbst oder auf die Farbstoffe hinsichtlich ihrer beider Konstitution angreift.

Phagocytoseversuche in vitro und ihre Beeinflussung.

Die vorliegenden Umstimmungsversuche innerhalb des Organismus haben ihre Vorläufer in den Versuchen in vitro gefunden, wo besonders durch Hamburger die Wirkung (1179) der beeinflussenden Substanzen einer eingehenden Analyse unterzogen werden konnte. Weiterhin spielen Untersuchungen über die Fähigkeit der Stoffaufnahme in vitro eine große Rolle in der Immunitätswissenschaft bezüglich der Rolle der Stimuline und der Opsonine. Denn nicht nur künstliche Beeinflussungen der Phagocytose können wir bewirken, sondern die Phagocytose verändert sich auch in verschiedenen Krankheitszuständen.

Stimulationsversuche wurden in besonders großzügiger Weise von Hamburger durchgeführt. Nach ihm soll es hauptsächlich durch lipoidlösliche Stoffe gelingen, eine stärkere Kohleteilchenspeicherung bei den Pferdeleukocyten zu erreichen. Gerade solche Zellen, die eine weniger feste Zellhaut besitzen, sollen sich durch stärkere Speicherungsfähigkeit auszeichnen, entsprechend den Anschauungen von Oskar Hertwig (358). Die Antipyretica rufen keine Beschleunigung der Phagocytose hervor, trotz ihrer guten therapeutischen Wirkung bei Infektionskrankheiten [J. Kenzler und J. v. Benczur (468)]. Dagegen zeigen die Hormone starke

Beeinflussungen des Phagocytosevorganges in vitro, was besonders von
der ASHERSCHEN Schule bearbeitet wurde. Auch das Fehlen der betreffenden innersekretorischen Organe soll bewirken, daß die Leukocyten des
betreffenden Tieres in vitro Kohleteilchen in einer ganz anderen Weise
aufnehmen und speichern. Durch Fütterung mit Hormonen wird ebenfalls
das phagocytäre Vermögen der Leukocyten des betreffenden Tieres in
vitro beeinflußt [FURUYA (30), ebenfalls FLEISCHMANN (219)].

Es mag dahingestellt sein bleiben, welche physikalisch-chemischen
Einflüsse für die Steigerung des Phagocytosevorganges in vitro in Betracht
kommen. Ob es wirklich nur die lipoidlöslichen Stoffe nach HAMBURGER
sind, die das Protoplasma der aufnehmenden Zellen geschmeidiger machen,
ob es der vermehrte Stoffaustausch der Zellen ist, der Dispersitätsgrad
der aufzunehmenden Stoffe, das muß dahingestellt bleiben. Sicher ist
es, daß nicht ein einziger Umstand allein in Betracht kommen kann
für die Phagocytose überhaupt und für die Verstärkung und Abschwächung
der Phagocytose, es müssen alle Faktoren in gleichem Maße berücksichtigt
werden. Mit Recht führt VON PHILIPPSBORN (781) aus, daß einmal für die
Phagocytose ein bestimmter Zustand der Zelle charakteristisch ist:
weiche Beschaffenheit des Protoplasmas, Beweglichkeit der Zelle, Permea-
bilitätszunahme (Membranlockerung), gesteigerte Polarisation (vermehrte
Ionenpermeabilität), vermehrter Stoffaustausch und Vergrößerung des
Dispersitätszustandes der Zellkolloide. Für die Steigerung der Phagocytose
kommt nach diesem Autor eine Beziehung zur lyotropen Reihe in Frage.
Es besteht ein Optimum bei einer bestimmten Körpertemperatur.

OKER-BLOM (730) stellt das elektrische Verhalten zwischen Leukocyten und aufzunehmenden Substanzen in den Mittelpunkt seiner Ausführungen über die Phagocytose und
deren Beeinflussung. Die negativen Bakterien sollen durch bestimmte Einflüsse der Umwelt
umgeladen werden, wodurch die Aufnahme durch die Leukocyten verringert wird. Die
Eigentümlichkeit der beeinflussenden Stoffe·soll letzten Endes darauf beruhen, eine Um-
ladung der Bakterien oder der phagocytierenden Zellen zu bewirken.

Daß die Phagocytose und die Beeinflußbarkeit derselben in vitro
nicht auf eine einfache Grundlage zu bringen ist, das beweisen die Arbeiten
über die Stimuline und Opsonine, die die Phagocytose von rein-
serologisch-immunisatorischem Gesichtspunkte aus betrachten. Es ist
bekannt, daß METSCHNIKOFF bei gewissen Immunitätszuständen des
Organismus Stimuline annimmt, die ausschließlich an den phagocytierenden Zellen angreifen sollen. Anders aber WRIGHT, der ausschließlich
eine Einwirkung der Körpersäfte auf die Bakterien annimmt, die eine
leichtere Aufnahme derselben durch die phagocytierenden Zellen bewirken
sollen. In etwas anderer Weise schließt sich NEUFELD (704) den letzteren
Anschauungen an. Beide Forscher suchen gerade in Versuchen in vitro
ihren Erörterungen eine Beweiskraft zu geben.

Der Streit zwischen METSCHNIKOFF und WRIGHT über das Vorkommen
von Stimulinen und Opsoninen fand im Schrifttum ein lebhaftes Wider-
spiel. Für eine Einwirkung der Immunkörper auf die Bakterien sprechen
sich aus DENYS und LECLEF, BÄCHER (41), ZADE (1132), während den Ansichten von METSCHNIKOFF nicht sehr zahlreiche Autoren beigetreten sind,
soweit es sich auf dem Gebiet der Immunserologie handelt. Nach ORN-
STEIN (1196) läßt sich bei aktiv immunisierten Tieren eine beträchtliche
Tropinwirkung erzielen, ohne daß Agglutinin- oder Lysinbildung erreicht
werden kann. Diese Beobachtungen wurden an Meerschweinchen angestellt, die per os mit lebenden Cholera-, Typhus- und Ruhrkulturen

vorbehandelt worden waren. Auf Grund unserer Erfahrungen über die vitale Farbspeicherung und der Speicherungsfähigkeit anderer Fremdsubstanzen müssen wir einräumen, daß neben einer opsonischen Wirkung in sehr zahlreichen Fällen reine stimulatorische Wirkungen auf die Zellen bei Beeinflussungsversuchen in Betracht kommen. Schließlich ist wohl die Aggressinwirkung nichts anderes als eine Phagocytoselähmung auf die sonst speichernden Zellen. Sicherlich spielen auch Bakterienlipoide bei der Phagocytose in vitro eine Rolle, denn nach ISHIMOTO (416) sinkt das phagocytäre Vermögen gegenüber mit Äther extrahierten Streptokokken. NUNIKAWA (722) nimmt gerade eine Einwirkung der Pneumokokkenaggressine auf die Bakteriotropine selbst an, die Aggressine sollen das Herankommen der Opsonine an die Bakterien verhindern.

Die klinische Verwertbarkeit der verschiedenen direkten Speicherungsfähigkeit der Zellen.

Wir haben in den vorhergehenden Untersuchungen festgestellt, daß unter verschiedenen Umständen die Speicherung der zur Verwendung kommenden Farbstoffe in ganz anderem Maßstabe sich ausdrücken kann. Wenn die Klinik sich diese Tatsache zu Nutzen machen will, so kann naturgemäß nicht die farbspeichernde Tätigkeit der in Betracht kommenden Zellen einer mikroskopischen Untersuchung unterzogen werden, sondern es kann nur die Abwanderung der Fremdsubstanzen aus dem Blut zum Gegenstand klinischer Untersuchungen gemacht werden. Es wird also nur die erste Phase der Farbspeicherung, die Verteilung und die Adsorption der Farbstoffe an die betreffenden Zellen beobachtet.

Entsprechend diesen Ausführungen sollen hier Untersuchungen in Betracht gezogen werden, die sich mit der Abwanderungsgeschwindigkeit von Fremdstoffen aus dem Blut befassen, gleichgültig ob diese Untersuchungen wirklich in der Klinik am Menschen oder am Tier angestellt worden sind. Nur bei Zusammenfassung aller dieser Art von Untersuchungen wird eine einheitliche Zusammenstellung gewährleistet.

Durch die Beobachtungen des Kongorotgehaltes des Blutes sahen ADLER und REIMANN (5) Verzögerungen der Abwanderung des Farbstoffes bei septisch-infektiösen Zuständen. Ebenfalls bei Leber- und Kreislaufstörungen zeigt sich Erhöhung des Kongorotindex. Bei Kaninchen wird der Kongorotindex bei anaphylaktischen Zuständen kaum merklich vergrößert [WILENSKI, NIKOLAEFF (1116) und TICHOMIROFF (715)]. Das Verschwinden von Fetttröpfchen aus der Blutbahn untersuchten SAXL und DONATH (870). Unter dem Einfluß von Thyreoidin zeigte sich ein rasches Verschwinden dieser Fremdkörper aus der Blutbahn, ein langsameres unter Elektrokollargol, Pituitrin, Insulin, Gynergen usw.

Durch diese Untersuchungen soll sich nach Ansicht der betreffenden Autoren eine sog. Funktionsprüfung des reticuloendothelialen Systems ermöglichen lassen. Diese Möglichkeit wird noch besonders von EPPINGER und STÖHR besprochen. Es muß aber darauf hingewiesen werden, daß mit allen Methoden entsprechend unseren früheren Ausführungen nur Teilfunktionen geprüft werden; es erscheint durchaus möglich, daß dem schnelleren Verschwinden eines bestimmten Stoffes ein langsameres Verschwinden eines anderen Farbstoffes entsprechen würde. Eine Funktionsprüfung läßt sich schon aus dem Grunde bei einem bestimmten System nicht ermöglichen, weil die Ablagerung der verschiedenen Farbstoffe in ganz anderen Zellen stattfindet, weil auch bei ein und derselben Zelle die Ablagerung verschiedener Fremdkörper in verschiedenem Sinne durch ein- und denselben Stoff beeinflußt werden kann [1].

Speicherungsunterschiede bei verschiedenen Tierarten.

Von Metschnikoff (661) ist auf die Tatsache hingewiesen worden, daß bei Vögeln die Hauptmasse der speichernden Zellen in der Leber aufgefunden wird, daß dagegen nur kleine Mengen von speichernden Zellen in Milz und Knochenmark angetroffen werden können. Auch Aschoff hat auf diese Tatsache hingewiesen, es verlieren auch die Untersuchungen von Minkowski (668) und Naunyn über die Arsenwasserstoffvergiftung ihre Beweiskraft, weil durch die Leberexstirpation bei Gänsen ein großer Teil der mesenchymalen Zellen mit entfernt worden ist.

Eine größere Zusammenstellung der Vitalfärbung der Leber bei den Vertretern der verschiedenen Wirbeltierklassen gibt J. Kraft (507).

Bei Fischen entbehrt das Endothelsystem der Leber der Fähigkeit, Trypanblau zu speichern. Dagegen besitzen bei denselben Tieren die Zellelemente des Nierenstromas in hohem Maße die Fähigkeit zur Speicherung. Die Amphibien weisen ein hoch ausgebildetes Endothelsystem der Leber auf, das bei ihnen stärker entwickelt ist als bei anderen Tieren. Die Leberzellen selbst färben sich intravital mit Trypanblau weder bei den Fischen noch bei den Amphibien, wenigstens nicht in stärkerem Maße als bei den höheren Wirbeltieren. Von den Reptilien gibt Lacerta eine deutliche Vitalfärbung der Leberzellen, während letztere bei Emys nicht auftrat. Das Endothelsystem ist bei den Reptilien viel schwächer entwickelt als bei den Amphibien. Die Vögel zeigen fast dasselbe Bild wie die Säugetiere. Leberzellen und Sternzellen zeigen bei ihnen eine deutliche Vitalfärbung mit Trypanblau, obwohl die letzteren im Vergleich zu denen der Amphibien schwächer entwickelt sind. Es macht den Eindruck nach diesen Befunden, als ob bei den verschiedenen Tierklassen das Endothelsystem in verschiedenem Grade entwickelt ist und die Aufnahmefähigkeit allmählich vom Endothel zu den Leberzellen übergeht.

Nach den Untersuchungen von de Haan und A. Bakker (310) ist die Ausscheidung des Trypanblaus bei den verschiedenen Tieren grundsätzlich die gleiche, nur die Ausscheidungsgeschwindigkeit zeigt Unterschiedlichkeiten. Bei den Kaninchen bleiben die Farbmengen ziemlich lange im Blutserum, die Niere zeigt erst nach ziemlich langer Zeit eine Trypanblauausscheidung. Diese Beobachtungen konnten von Tschaschin (1045/46) und auch von Wallbach (1075) in vollem Umfange bestätigt werden. Das Kaninchen eignet sich wegen der schweren Resorptionsfähigkeit des Trypanblaus und anderer Farbstoffe wenig für Studien über die vitale Farbspeicherung, noch nach Tagen zeigt sich der Farbstoff im Serum, während zu derselben Zeit bei der weißen Maus und auch bei der Ratte der Farbstoff schon längst aus dem Blut in die Zellen abgewandert ist. Auch Kiyono (472) bringt grundsätzlich dieselben Anschauungen vor. von Möllendorff berichtet, daß Patentblau V von den Mäusen sehr schlecht gespeichert wird, sehr viel besser aber von dem Frosch.

Leider sind die Beobachtungen über die vitalen Farbspeicherungen bei den verschiedenen Tieren sehr spärliche, es zeigt sich hier eine große Lücke in unserer Kenntnis über die vitale Farbspeicherung. Dabei ist es durchaus möglich, daß manche Probleme der vitalen Farbspeicherung durch das vergleichende Studium der Aufklärung nähergebracht werden können.

Die Doppelspeicherungen.

Unter den Theorien der vitalen Färbung nimmt diejenige von de Haan (309) eine sehr beachtenswerte Rolle ein. de Haan nimmt an, daß eine Aufnahme von Farbstoff in eine speichernde Zelle niemals allein erfolge, daß

---

[1] Nähere Ausführungen finden sich in dem Abschnitt „Das reticulo-endotheliale System" von G. Wallbach und E. K. Wolff in dem Handbuch der Hämatologie von Hirschfeld, Alder und Hittmair.

der Farbstoff immer an Eiweiß gebunden sei und erst diese Farbeiweiß-
verbindung in die Zelle aufgenommen werde. Bereits bei der Besprechung
der Phagocytose in vitro haben wir darauf hingewiesen, daß der Phagocy-
tosevorgang gegenüber Bakterien durch Zusatz vom Serum begünstigt
werden kann. In derselben Weise berichteten wir von der Tatsache, daß die
Farbspeicherung innerhalb des Organismus unter manchen Umständen begünstigt, unter manchen verzögert oder gehemmt wird. Über die Ursache
und den Mechanismus der hemmenden und fördernden Wirkungen der
vitalen Farbspeicherungen geben uns am besten Aufschluß die Doppelspeicherungen, denn es ist sichergestellt, daß eine farbstoffbeladene
Zelle sich einem anderen Farbstoff gegenüber oft ganz anders verhält
als eine Zelle ohne vorherige Farbspeicherung.

Es soll erst in einem anderen Kapitel die Frage erörtert werden,
inwieweit eine Eiweißspeicherung in Zellen sichtbar gemacht werden kann
oder sonst wahrscheinlich ist. Hier wollen wir nur ein Teilproblem heraus-
greifen, das mit der Eiweißfarbspeicherung nach DE HAAN in Zusammenhang steht, nämlich die Frage der Doppelspeicherung. Inwiefern beeinflußt
eine bereits stattgefundene Farbspeicherung die Zelle in dem Maße, daß
ein nachträgliches Angebot eines neuen Farbstoffes die Speicherung
desselben fördert oder hemmt?

KIYONO (472) berichtet von Lithioncarmintrypanblaueinschlüssen in den Zellen des
Kaninchens, andererseits machen sich in ein und derselben Zelle rote und blaue Farbeinschlüsse getrennt geltend. Die Gesamtzahl der Granula soll nach KIYONO nicht verändert
sein. Zu denselben Absichten kommt SEIFERT (931), wenn er Farbstoff und Kollargol in
denselben Zellen antrifft. VON MÖLLENDORFF (692) beobachtete bei gleichzeitiger Gabe
von Trypanblau und Carmin nur Mischgranula in den Zellen, bei genügend langem Ab-
stande zwischen den einzelnen Einspritzungen kommt es besonders zum Auftreten getrennter
Granula, nur wenige derselben zeigen unter diesen Versuchsbedingungen einen Mischton.

Bei allen diesen Untersuchungen ist das Hauptproblem
nicht berücksichtigt, unter welchen Bedingungen ein zweiter
Farbstoff bei seiner Speicherung in vermehrter oder verminderter Menge in den Zellen angetroffen wird. Und dabei
gewinnt diese Frage in einem ganz anderen Sinne eine ungeahnte Bedeutung, nämlich in dem Zusammenhange, ob durch vorherige Behandlung
eines Organismus mit Farbstoffen die Zellen für die Aufnahme jeglicher
anderer Stoffe gesperrt werden können, ob eine Blockade der Zellen
möglich ist.

Die ersten Untersuchungen über Blockade stammen von LEPEHNE
(570—571, 574). Durch Kollargoleinspritzungen bei Tauben sollte erreicht
werden, daß die Sternzellen der Leber lahmgelegt werden, daß sie weder
zur Aufnahme noch zur Verarbeitung von Stoffen fähig sein sollen. Bemerkenswert war bei den Untersuchungen von LEPEHNE, daß trotz starker
Hämolyse bei den Kollargoltieren auffallend wenig Eisen in der Leber festgestellt werden konnte. Es muß nach LEPEHNE das früher vorhandene Eisen
verdrängt, ferner eine Neuaufnahme verhindert worden sein. LEPEHNE
hält sich auf Grund dieser Untersuchungsergebnisse für berechtigt, eine
Blockade der Sternzellen durch das Kollargol anzunehmen. Die Zellen
sollen rein mechanisch so vollgestopft sein mit Kollargolkörnchen, daß
eine Aufnahme einer anderen speicherbaren Substanz nicht in Frage
kommt.

Von LEPEHNE ist die Frage ganz außer acht gelassen worden, ob die
Beladung der Zellen mit Kollargol nicht eine funktionelle Änderung der

Zellen in dem Sinne bewirkt, daß nunmehr kein Eisenpigment oder Erythrocytentrümmer aufgenommen werden können, wohl aber etwaige andere noch dargebotene Stoffe. Die sog. funktionelle partielle Blockade, wie sie später PASCHKIS aufgestellt hat, ist von LEPEHNE überhaupt nicht bedacht worden; dabei erscheint dieselbe auf Grund der Beeinflussungsversuche der Farbspeicherung durchaus möglich.

Bei der Berücksichtigung einer Blockade muß auch der Tatsache Rechnung getragen werden, ob die zur Prüfung herangezogenen speicherbaren Stoffe auch wirklich innerhalb derselben Zellen unter normalen Verhältnissen abgelagert werden oder nicht schon von vornherein in verschiedenen Zellen, da sonst derartige Untersuchungen überhaupt keine Beweiskraft für das Bestehen einer Blockade rein mechanischer Natur haben. Gerade für das Carmin und das Eisen wissen wir aus den Untersuchungen von MIGAY und PETROFF (666), daß niemals, auch nach stärkerer Zufuhr dieser Substanzen, gleichzeitige Speicherungen in ein und derselben Zelle stattfinden. In der Milz wird vielmehr das Eisen immer von größeren Zellen aufgenommen als das Carmin; auch WALLBACH (1169, 1175) zeigte, daß Eisen- und Trypanblauablagerungen in der Milzpulpa der weißen Maus bei geringerem Farbstoffangebot auf verschiedene Zellen sich verteilen, daß in den zellärmeren Abschnitten der Milzpulpa hauptsächlich die Trypanblaukörnchen abgelagert werden, während die den basophilen Rundzellen und den segmentierten Leukocyten benachbarten Reticulumzellen grobscholliges Eisenpigment aufweisen. Eine Doppelspeicherung konnte von WALLBACH in der Mäusemilz unter den erwähnten Versuchsbedingungen niemals angetroffen werden.

Eine Verteilung der gleichzeitig zugeführten speicherbaren Substanzen auf verschiedene Zellen ist auch von vielen anderen Untersuchern beobachtet worden. F. HERZOG (365, 365a) fand nach gleichzeitiger Zufuhr von Tusche und Carmin eine Tuschespeicherung in den Endothelzellen, während der in der Umgebung befindliche Farbstoff in körniger Form von den Adventitiazellen aufgespeichert wird. WESTHUES (1111) beobachtete, daß nach Zufuhr von Tusche und Carmin die Bluthistiocyten der Lunge Tuscheeinlagerungen aufweisen, während andere Zellen von Carminkörnchen erfüllt sind. KUSNETZOWSKY (539) beobachtete in den mit Lipoiden beladenen Makrophagen des Huhnes verhältnismäßig reichliche Farbspeicherung. Keineswegs kann aber dabei die Tatsache, daß die zunehmende Anreicherung der betreffenden Zellen mit Fetten die Trypanblauaufnahme hemmt, für die Ansicht verwertet werden, daß überhaupt die Fähigkeit der betreffenden Zellen verloren gegangen ist, andere in kleiner Menge in der Umgebung vorhandene Substanzen zu speichern. Aus den Trypanblauversuchen allein darf man nicht berechtigt sein, allgemein gültige Schlüsse für das Aufnahmevermögen der Zellen überhaupt zu ziehen.

Wenn wir also kurz zusammenfassen, so kommen die meisten Untersucher, besonders in älterer Zeit, zu dem Schluß, daß eine Doppelspeicherung unter physiologischen Bedingungen durchaus statthat. Durch eine Ablagerung eines Farbstoffes oder einer sonstigen speicherbaren Substanz wird die Affinität der Zelle zu manchem anderen dargebotenen Farbstoff derart abgestumpft, daß dieser Farbstoff in der betreffenden Zelle nur nach Darreichung sehr großer Mengen vielleicht anzutreffen ist. Da es sich aber immer nur um Beobachtungen gehandelt hat mit einzelnen Farbstoffen und an einzelnen Zellen, ist es nicht gestattet, allgemeine Bedingungen über die Doppelspeicherungen selbst, und noch in Systemen aufzustellen, da es sehr wohl bewiesen ist, daß die Affinität einer bereits mit Farbstoff versehenen Zelle zu einem bestimmten anderen Stoff gerade erhöht wird. Das Studium über die Doppelspeicherung erschwert sich noch dadurch, weil die zahlreichen zur Verwendung gelangenden Farbstoffe oft gar nicht von denselben Zellen gespeichert zu werden pflegen[1].

Aus allen diesen Gründen sind die Feststellungen von HÖBER (393) vollkommen verständlich, daß eine sog. Blockade der Sternzellen mit Tusche, Trypanblau, Eisenzucker oder Silbersalvarsan die Konzentrierungsfähigkeit der Leber überhaupt durchaus nicht aufhebt. In diesem Sinne berichtet auch SIEGMUND (952), daß nach künstlicher Hämosiderose durch Zufuhr artfremder roter Blutkörperchen die hämosiderinhaltigen Zellen den zugeführten Farbstoff oft besonders leicht aufnehmen. Durch die Hämosiderinablagerung läßt sich somit eine Blockierung der betreffenden Zellen durchaus nicht erreichen. Gerade zeigen die mit Speichersubstanzen beladenen Zellen meist eine besonders gute Phagocytose weiterer Substanzen.

WALLBACH (1069) beobachtete besonders deutlich die Doppelspeicherungen in der Mäuselunge, wo schon normalerweise mit Kohlepigment beladene Zellen anzutreffen sind. In derartigen Zellen lassen sich nach Eisenfütterungen sehr gut Eisenablagerungen feststellen, während die übrigen Zellen der Alveolarsepten von einer derartigen Stoffablagerung meist verschont geblieben sind.

Sicherlich ist das Problem der Doppelspeicherungen auch ein quantitatives, es ist von großer Wichtigkeit, wie groß die Menge der betreffenden Stoffe ist, die sich in den betreffenden Zellen bereits abgelagert hat. DERMAN (152) sah, daß durch mittelstarke Speicherung von Ferrum oxydatum saccharatum bei Hunden und Kaninchen die Resorptionsfähigkeit von Leber, Milz und Knochenmark herabgesetzt ist, während hochgetriebene Speicherungen einerseits Wucherungen der betreffenden Zellen veranlassen, andererseits die Reticulumzellen des Knochenmarkes eine erhöhte Speicherungsfähigkeit für Eisen aufweisen. In gewissem Sinne müssen wir ja auch bei Farbspeicherungen in den Zellen der hochgetriebenen Tiere Doppelspeicherungen betrachten. Nach einmaliger Zufuhr von Trypanblau zeigen z. B. die Sternzellen der Mäuseleber eine ziemliche mittelgrobkörnige Farbspeicherung (Trypanblau). Nach weiterer Zufuhr von demselben Farbstoff zeigen die betreffenden Zellen in immer vermehrter Weise eine Farbablagerung. Schließlich kommt es nach eigenen Beobachtungen nach viermaliger Zufuhr von je 0,5 ccm einer 1% Trypanblaulösung zu grobschollig en bis grobklumpigen Farbablagerungen in den Sternzellen, oft zeigen diese Zellen außerdem noch Phagocytosen von segmentierten Leukocyten, deren farbbeladene Kerne oft noch deutlich innerhalb der eingeschlossenen Farbklumpen zu erkennen sind.

Die Beeinflussung der Farbspeicherung durch gewisse Substanzen, wie wir sie in den vorhergehenden Abschnitten geschildert haben, sind

---

[1] Das Problem der Blockade der Zellen greift so in die verschiedenen Ablagerungserscheinungen zahlreicher Substanzen in den Zellen, in den Zellsystemen und auch in das Gebiet der rein chemisch faßbaren funktionellen Eigentümlichkeiten der Zellen hinein, daß es an dieser Stelle unmöglich ist, einen umfassenden Bericht über die Blockade zu geben. Ausführlichere Erörterungen finden sich in dem Abschnitt: „Das reticuloendotheliale System" von G. WALLBACH und E. K. WOLFF in dem Handbuch der Hämatologie von HIRSCHFELD, ALDER und HITTMAIR, auf das hier nur hingewiesen werden soll.

in gewissem Sinne den Doppelspeicherungen gleichzusetzen. Es ist mit unserigen heutigen Untersuchungsmethoden nicht möglich festzustellen, ob die beeinflussenden Substanzen bei ihrer Wirkung in das Innere der Zellen gelangen. Vielleicht handelt es sich um dieselben Erscheinungen, die wir auch bei den Versuchen der Beeinflussungen der Farbspeicherung durch nicht sichtbare Substanzen beobachten konnten. Aber es sei hier gleich bemerkt, daß wir unsere Analogieschlüsse nicht zu weit treiben dürfen. Wir können aus der Parallelität der äußeren Erscheinungsform nicht den Schluß ziehen, daß die nicht darstellbaren beeinflussenden Substanzen in das Innere der Zelle aufgenommen werden. Mit Sicherheit kann auch bei den Doppelspeicherungen nicht ausgesagt werden, ob die Beeinflussung der Speicherungsfunktion bestimmter Zellen durch eine vorherige Farbstoffzufuhr in Wirklichkeit durch die körnige Ablagerung dieses Farbstoffes als solche ausgelöst wird. Wallbach konnte feststellen, daß bei der weißen Maus eine Tuscheablagerung in den Sternzellen und in den Pulpazellen der Milz in viel stärkerem Maße zustande kommt, wenn zugleich eine Einspritzung von Lithioncarmin in die Blutadern ausgeführt wird. Diese Beeinflussung der Tuschespeicherung durch das Lithioncarmin kann dabei nicht durch die körnige Ablagerung des Farbstoffes in der Zelle erklärt werden, sie fand sich schon zu einer Zeit, als der Farbstoff noch zum größten Teil in dem Blut kreiste und noch nicht in den Zellen zur Ablagerung gekommen war.

Wir müssen uns bei der Erforschung des Mechanismus der Förderungen und Hemmungen der Farbspeicherungen in der Zelle und auch der Doppelspeicherungen die größte Zurückhaltung auferlegen, wenn es zu einer Deutung der Erscheinungen kommen soll. Ob es sich in dem einen Falle um eine vorhergehende Ablagerung handelt, die die Aufnahmebereitschaft der Zelle gegenüber einem anderen Farbstoff erhöht oder herabsetzt, ob es sich um den Eingriff der noch kreisenden beeinflussenden Stoffe in der Blutbahn handelt, wobei eine Zellwirkung nur auf dem Wege von außen über die Zellhaut in einer Permeabilitätssteigerung oder -herabsetzung erfolgen kann, alles dies sind Fragen, die noch nicht zum Gegenstand einer eingehenden Forschung gemacht worden sind, die aber auch mit den heutigen Methoden sehr schwer angreifbar sind.

Die sonstigen beeinflussenden Wirkungen der vitalen Farbspeicherung.

Wenn wir zunächst von der Doppelspeicherung ausgehen, so sei der Einfluß der vitalen Farbspeicherung auf die Infektion und auf die Bakterienphagocytose besprochen. Es handelt sich ja bei diesen Zuständen um nichts anderes als um eine Doppelspeicherung von Farbstoff und Bakterien, wenn auch die Möglichkeit eingeräumt werden muß, daß die beiden Speicherungen nicht immer an ein und derselben Zelle stattfinden müssen.

Daß die Infektion weitgehend beeinflußt werden kann, wenn vorher speicherfähige Substanzen zugeführt werden, wie Isaminblau, Carmin, Elektroferrol, artfremde Sera, wird von Siegmund (951) angedeutet. Louros und Scheyer (609) wollen bei der Streptokokkeninfektion der weißen Maus deutliche Beeinflussungen des Infektionsvorganges mit Trypanblau in ungünstigem Sinne beobachtet haben, eine Beobachtung, die ich durchaus bestätigen muß. Dieselbe hohe Sterblichkeit zeigte sich nach Louros und Scheyer bei Behandlung mit Elektroferrol. Es ist

selbstverständlich, daß bei diesen Versuchen große Rücksicht auf den
zur Verwendung gelangenden Stamm genommen werden muß, daß nicht
einmal gegenüber derselben Bakterienart verallgemeinernde Schlüsse
gezogen werden dürfen. Diese Gedanken müssen besonders bei der Verwendung von Colitoxin Berücksichtigung finden. UGRIUMOW (1054) fand,
daß die Wirkung von Colitoxin bei normalen Tieren ausnahmsweise tödlicher
ist als bei mit Trypanblau oder Kollargol gespeicherten Tieren. Auf
Grund dieser Beobachtungen kommt UGRIUMOW (1054) zu dem Schluß, daß
eine auf Endothelblockade beruhende Hypothese sich als belanglos erweist,
es ist vielmehr anzunehmen, daß es sich bei der Verschiedenartigkeit
der Wirkungen um Störungen des kolloidalen Gleichgewichtes des Plasmas
handelt.

Auch sonst berichten zahlreiche Forscher über Beeinflussungen der
Infektion unter der Wirkung der vitalen Farbspeicherung. Nach
SILBERBERG verläuft die septische Infektion beim Kaninchen mit vitaler
Carminspeicherung viel schwerer als beim normalen Tier. Nach
JUNGEBLUT verläuft die Recurrensinfektion bei gespeicherten Mäusen,
denen außerdem noch die Milz herausgenommen war, viel stürmischer als
bei normalen Tieren. Außerdem zeigte sich eine deutliche Unterdrückung
der Antikörperbildung. Nach NEUFELD und MEYER (706) mißlingt nach
Eisenzuckerspeicherung und gleichzeitiger Entmilzung jegliche Pneumo-
kokkenimmunisierung bei der weißen Maus. Die Metallvergiftung des
Meerschweinchens soll nach PAGEL (744) das Entstehen tuberkulöser Nierenveränderungen begünstigen. Eine Verminderung der Hämolysinbildung
nach Eisenzuckerspeicherung und Entmilzung heben BIELING und ISAAC
(79) hervor.

Die offensichtlichen beeinflussenden Wirkungen der Speichersubstanzen dürfen aber nicht in dem Sinne Verwertung finden, daß der
betreffende Fremdkörper bei seiner Aufnahme noch andere bakterielle
oder eiweißartige Stoffe in die Zelle mit hinreißt, wie dies DE HAAN (309)
zum Ausgangspunkt seiner Theorie gemacht hat, und die dann die
Umstimmungen des Organismus bewirken. Keineswegs dürfen wir aus
diesem Grunde die Untersuchungen von LETTERER (579) billigen, daß
das Problem der Eiweißspeicherung in der Zelle dadurch seine Lösung
findet, daß Eiweißfarbverbindungen hergestellt werden und aus der einfachen Farbspeicherung dann auf eine Aufsaugung der betreffenden
Eiweißverbindung geschlossen wird. So einfach liegen die Verhältnisse
sicherlich nicht. Abgesehen davon, daß wirklich eine Aufnahme einer
Eiweißfarbverbindung nicht den Schluß zuläßt, daß unverändertes Eiweiß
unter physiologischen Bedingungen in die Zelle aufgenommen wird, müssen
wir feststellen, daß die Eiweißfarbverbindung sicherlich innerhalb der
Körpersäfte bereits gesprengt wird. Mit demselben Recht könnten wir
aussagen, daß die Lithioncarminspeicherung dazu geeignet ist festzustellen, daß innerhalb der Zellen Lithium in körniger Form abgelagert
wird. Aber eine derartige Behauptung aufzustellen, hat bisher noch niemand den Mut gehabt.

Die Farbspeicherung löst an den speichernden Zellen selbst noch andere
Veränderungen aus, die als Äußerungen der Zelleistungen in einem anderen
Kapitel eine eingehende Beschreibung erfahren sollen. So beobachtete
KIYONO (472) eine ziemliche Vergrößerung der speichernden Zellen, eine Fest-
stellung, die viele andere Forscher ebenfalls anstellen konnten. ELMSHOFF

sah nach vorheriger Pyrrholblaueinspritzung Gruppen größerer Zellen, die als Epitheloidzellen angesprochen werden mußten. Nach KOLL (489) und der übrigen Schule VON MÖLLENDORFFS (685) bewirkt das zugeführte Trypanblau in dem Fibrocytennetz des lockeren Bindegewebes Abrundungserscheinungen und Ablösungen der betreffenden Zellen aus dem syncytialen Verbande, nach v. MÖLLENDORFF auch Makrophagenbildungen in Fibroblastenkulturen.

Aber auch sonst entbehren die zugeführten vitalen Farbstoffe keineswegs der Indifferenz. So berichtet GOLDMANN (266), daß man die Einspritzungsstellen massieren solle, damit der zugeführte Farbstoff keine Nekrosen bewirke. MARCHAND (636) beobachtete zweifellose entzündliche Veränderungen und Leukocytenanhäufungen an den Einspritzungsstellen bei Lithioncarmin, auch die dabei auftretenden Schwellungen haben die Bedeutung von reaktiven Veränderungen. PETER (768) legt Wert auf die Feststellung, daß während der Resorption des Trypanblaus in den Hauptstückzellen der Niere keine Mitose anzutreffen ist, daß der Teilungsvorgang an den Zellen eine Unterbrechung erfährt.

Die Einwirkung der vitalen Farbspeicherung auf eine Überpflanzung untersuchten LEHMANN und TAMMANN (560). Die normalerweise vorhandenen Zellinfiltrate zwischen Transplantat und Transplantationsbett fehlen unter dem Einfluß der vitalen Farbspeicherung, es werden somit die immunisatorischen Vorgänge bei der Überpflanzung hintangehalten.

Auch bei den Impfgewächsen zeigt die vitale Farbspeicherung Veränderungen der reaktiven Erscheinungen von seiten des Wirtsorganismus, wie aus den Untersuchungen von WALLBACH (1076a) einwandfrei hervorgeht. Bei unbehandelten Mäusen zeigte das lockere Bindegewebe überhaupt keine Zellreaktion gegenüber einem polymorphzelligen Sarkomstamm. Dagegen konnte nach vorheriger Isaminblaubehandlung, ebenfalls durch Verwendung einiger anderer Farbstoffe, eine starke Fibroblastenwucherung in dem lockeren Bindegewebe hervorgerufen werden. Bei Verwendung anderer Farbstoffe hinwiederum zeigte sich eine Makrophagenwucherung oder ein Lymphzellenwall, wieder andere Farbstoffe sind ohne jeden Einfluß auf den reaktiven Prozeß um den betreffenden Sarkomstamm. Auf diese Untersuchungen von WALLBACH soll in einem anderen Zusammenhange noch ausführlich hingewiesen werden. Es soll hier nur bemerkt werden, daß auch die Klinik sich diese andersartigen Reaktionen des Organismus zunutze macht. BERNHARDT (1157), ferner BERNHARDT und STRAUCH (1159) zeigten, daß viele Karzinome beim Menschen unter der Isaminblaubehandlung eine Rückbildung erfuhren. In dem Reaktionswall um die betreffenden Gewächse konnte BERNHARDT (1159) eine weit bedeutendere Ansammlung von Farbstoff feststellen.

Farbspeicherung und Phagocytose.

Zwischen Farbspeicherung und Phagocytose einen Unterschied zu machen, ist früher viel erörtert worden. Jetzt ist diese Frage nicht mehr so aktuell, da man keine grundsätzlichen Unterschiedlichkeiten zwischen diesen beiden Vorgängen anzunehmen geneigt ist.

Wir haben bewußt die Farbspeicherungen und die phagocytären Erscheinungen gemeinsam besprochen. Auch von uns konnte kein grundsätzlicher Unterschied zwischen diesen beiden Erscheinungen gesehen werden. Auch unter den vitalen Farbstoffen kennen wir ja die verschiedensten Teilchengrößen, zwischen den eigentlichen vitalen Farbstoffen mittlerer Dispersität bis zu den Suspensionen und den Emulsionen finden sich fließende Übergänge. Die Unterschiedlichkeiten zwischen Farbspeicherung und Phagocytose sind schon deshalb überbrückt, weil von manchen Autoren angenommen wird, daß in den Körpersäften eine primäre Ausfällung von Farbpartikelchen aus ihrer Lösung zustande kommt, weil ferner VON MÖLLENDORFF (692) gezeigt hat, daß die Farbkörnchen innerhalb von Vakuolen abgelagert werden, also in derselben Weise außerhalb des Cytoplasmas, wie es bei der ausgesprochenen Phagocytose der Fall ist. Die Phagocytosen lassen sich auch bei den einzelnen Zellen in förderndem und hemmendem Sinne beeinflussen [HAMBURGER (1179)], wie wir dies auch bei den Farbablagerungen gezeigt haben: die Phagocytose von verschiedenen Substanzen wird von verschiedenen Zellen besorgt, wobei ebenfalls die physikalischen Eigenschaften der aufzunehmenden Substanzen keine besondere Rolle spielen. Wenn es sich um Bakterien handelt, ist die Phagocytose derselben in Zellen besonders von deren Virulenz abhängig.

Die Aufstellung von Unterschiedlichkeiten zwischen Farbspeicherungen und Phagocytose leitet sich von den Beobachtungen von METSCHNIKOFF (661) her, der einen strengen Unterschied zwischen der Tätigkeit der Makrophagen und der Mikrophagen aufstellte. METSCHNIKOFF stellte fest, daß die Fähigkeit der Farbstoffaufnahme eine Funktion der Makrophagen darstellt, daß die Mikrophagen sich besonders mit der Aufnahme von körnigen Stoffen befassen. Die Makrophagen fressen alles, was die Mikrophagen nicht aufnehmen.

Nach der Theorie von DE HAAN werden ja Farbspeicherung und Phagocytose von gemeinsamem Gesichtspunkte aus betrachtet. Nach SCHULEMANN sind Phagocytose und Vitalfärbung einander gleichzusetzen, da die Vitalfärbung eine Konzentrierung von Stoffen bedeutet. Einen entgegengesetzten Standpunkt nehmen KIYONO und NAKANOIN (471) ein. Sie wollen die Unterscheidung zwischen Phagocytose und Speicherung aufrecht erhalten wissen, den Unterschied soll der physikalische Zustand der Farblösung ausmachen. Wenn WESTHUES (1111) schreibt, daß die Verschiedenartigkeit der Ablagerung von Carmin und Tusche einen Beweis für eine strenge Unterscheidung zwischen Farbspeicherung und Phagocytose abgibt, so verkennt er die schon an und für sich verschiedenartige Ablagerung der einzelnen vitalen Farbstoffe vollkommen.

Nun ist es ja bemerkenswert, daß sich ein gegensätzliches Verhältnis in der Aufnahmefähigkeit der Leukocyten und der Makrophagen feststellen läßt. Im allgemeinen kann man sagen, daß die Leukocyten hauptsächlich in Versuchen in vitro speichern, daß unter den Verhältnissen des intakten Organismus eine Speicherung der segmentierten Leukocyten nur bei Überladung der Makrophagen oder sehr großer Virulenz der Bakterien ersichtlich ist. In derselben Weise aber zeigen sich auch die Speicherungen in den segmentierten Leukocyten in den Entzündungsherden und in den Exsudaten. Es ist dabei doch hervorzuheben, daß eine Verschiedenartigkeit der speicherbaren Substanz nicht vorliegt, da diese potentiell in gleicher Weise von Makrophagen und Mikrophagen gespeichert werden kann. Daß es natürlich Ausnahmen von der Regel geben kann, beweist die Beobachtung von WALLBACH (1076; 1080a), daß das Oxydaseferment in Gestalt von Merrettichextrakt und anderen Extrakten hauptsächlich innerhalb der segmentierten Zellen des Entzündungsherdes abgelagert wird, während sich diese Substanz in geringerem Maße in den Fibrocyten und Histiocyten antreffen läßt. Andererseits bedarf der Immunitätszustand des Organismus für das Speicherungsverhältnis zwischen Makrophagen und Mikrophagen eingehende Berücksichtigung. Bei normalen Kaninchen kommt es in unseren Untersuchungen nach erstmaliger Einspritzung zu einer geringen Beladung der Makrophagen des Organismus mit Proteus OX 19, hauptsächlich findet sich aber diese Speicherung in segmentierten Leukocyten des strömenden Blutes. Meist sind derartige Ablagerungen als Anzeichen des bevorstehenden Todes des Organismus zu betrachten. Bei den immunisierten OX 19-Tieren treten diese Speicherungen innerhalb der Leukocyten nicht auf, die Bakterien werden vollkommen in den fixen speichernden Zellen des Organismus angetroffen.

Aus allen diesen Untersuchungen geht somit hervor, daß die Verschiedenartigkeit in der Lokalisation der Speicherungen von Farbstoffen nicht in der Diffusibilität und der Teilchengröße ausschließlich gesucht werden darf, es kommen Verschiedenheiten zwischen der aufnehmenden Zelle und der aufgenommenen Substanz im Sinne von chemischen Affinitäten sicherlich in Betracht, wie es bereits früher von uns aufgeführt worden ist. Es darf nicht im Sinne von Westhues aus der Speicherung in verschiedenen Zellen auf Verschiedenartigkeit zwischen Farbspeicherung und Phagocytose geschlossen werden.

Über die ursächliche Bedeutung von Blutgefäßnähe und Farbstoffmenge bei der vitalen Speicherung.

In den vorhergehenden Kapiteln ist von uns darauf hingewiesen worden, daß die Zellfunktion und die Eigenschaften der vitalen Farbstoffe von ursächlicher Bedeutung für den Sitz und die Art der vitalen Farbspeicherung sind. Nun wird noch von vielen anderen Forschern ein dritter Umstand in die Erörterung geworfen, der von ganz ausschlaggebender Bedeutung nicht nur für die Stärke, sondern für Sitz und Art der Farbspeicherung sein soll, nämlich die Farbstoffmenge.

Daß bei der vitalen Farbspeicherung eine Anreicherung der phagocytierenden Stoffe an der Oberfläche der Zelle erfolgt, ist von uns bereits bei der Besprechung der einzelnen Phasen der vitalen Farbspeicherung erörtert worden. Es konnte von uns damals berichtet werden, daß die zu phagocytierenden Teilchen nach Höber (395) und seiner Schule zunächst eine Agglutination erfahren. In derselben Weise finden wir bei der Farbspeicherung zuweilen eine Anlagerung von einzelnen Farbteilchen an die Zellhaut, manche Untersucher nehmen ja eine anfängliche Ausfällung der Farbsalze durch das Blutserum als erstes Stadium der vitalen Farbspeicherung an, eine Beobachtung, die aber nur an einzelnen Farbstoffen angestellt werden konnte.

Derartige Erscheinungen der Anreicherungen von Stoffen an der Oberfläche der Zelle sollen hier nicht als vermehrtes Angebot von speicherbaren Substanzen angesehen werden, denn es handelt sich um Vorgänge, die als Begleiterscheinungen, nicht als Ursachen der Speicherungen angesehen werden müssen. Es ist selbstverständlich, daß Farbstoff überhaupt angeboten werden muß, um eine Speicherung innerhalb des Organismus hervorzurufen, ob aber der Grad und der Sitz der Farbspeicherung von der Nähe und der Menge des Angebotes des Farbstoffes abhängig gemacht werden kann, das sollen uns die folgenden Ausführungen näher zeigen.

Als Hauptverfechter der Ansicht, daß die Größe des Angebotes die Stärke und den Sitz der Farbablagerung bedingt, ist von Möllendorff (692) anzusprechen. Immerhin bemerkt dieser Autor in seiner zusammenfassenden Darstellung der vitalen Färbungen, daß trotz genügenden Farbstoffangebotes die Speicherung nur erfolgen kann, wenn Zellen überhaupt zu einer Speicherung befähigt sind. In diesem Sinne sollen die Endothelzellen von Leber, Milz und Knochenmark wegen der besonderen Begünstigung durch die Blutbahn eine stärkere Farbspeicherung aufweisen, ebenfalls andere Zellen, die in unmittelbarer Nachbarschaft der Blutgefäße angetroffen werden. In der Gewebskultur soll die Farbspeicherung der Fibrocyten und der anderen speichernden Makrophagen ziemlich gleichmäßig erfolgen, wenn die Lage und der Stoffwechsel der Zellen die gleichen sind. In der Tiefe der Kultur sollen die Zellen eine stärkere Farbspeicherung aufweisen, weil hier der Farbstoff von allen Seiten an die Zellen herankommen kann. von Möllendorff geht in seiner Folgerichtigkeit so weit, daß er die Resorptionstheorie der Farbspeicherung in den Hauptstücken der Niere vertritt, einfach aus der Tatsache heraus, daß der stärkere Gehalt der ersten Abschnitte an Farbstoff nur dadurch bedingt sein kann, daß der Farbstoff die Glomeruli durchgelassen hat und in stärkerer Konzentration die ersten Abschnitte erreicht als die übrigen Teile der Harnkanälchen.

Aber alle diese angeführten Tatsachen lassen sich auch durch Annahme einer spezifischen Speicherungsfähigkeit bestimmter Zellen hinreichend klären. Gerade die Verschiedenartigkeit der Speicherung der einzelnen vitalen Farbstoffe muß zu der Ansicht führen, daß bestimmte Affinitäten einzelner Zellen zu einzelnen Farbstoffen bestehen.

In großzügiger Weise wird die ursächliche Bedeutung von Blutversorgung und Blutkreislauf für die vitale Farbspeicherung von Ricker und seiner Schule vertreten. Löffler (600) berichtet, daß die Lokalisation der Farbspeicherung von dem Ort der Einspritzung weitgehend abhängig ist, weil eben an verschiedene Zellen besonders große Farbstoffmengen herantreten. So soll z. B. nach Einspritzung von Tusche in die Gekröseblutader der größte Teil der Fremdsubstanz in der Leber haften, kaum sollen Tuscheteilchen in den Lungen angetroffen werden. Auch sollen sich durch gefäßbeeinflussende Pharmaka Veränderungen der Lokalisation der Farbspeicherung erreichen lassen. Von der Rickerschen Schule wird die Rolle der Blutgefäßversorgung und der Menge des Farbstoffangebotes derartig in den Vordergrund gerückt, daß der vitalen Farbspeicherung die Bedeutung eines vitalen Vorganges abgesprochen wird. Die Farbspeicherung soll einen rein physikalisch-chemischen Vorgang darstellen. Niemals gelangen die Tusche- und Farbkörnchen durch eine aktive Tätigkeit in die Zelle hinein, sondern sie werden passiv mit dem Serum eingeschwemmt und dort ausgeflockt.

Die Ansichten von Löffler entbehren deshalb einer wirklichen tatsächlichen Grundlage, weil die Speicherungsvorgänge innerhalb der einzelnen Zellen nicht einer mikroskopischen Betrachtung unterworfen worden sind, weil hauptsächlich eine makroskopische Betrachtung der einzelnen Organe stattgefunden hat. Bei der Aufzeichnung der Tusche-

Tuschebefunde wurden sicherlich auch die in den Blutgefäßen gelegenen Tuschepartikelchen mit betrachtet. In diesem Sinne wurden also keine Ablagerungen von Tusche in den Zellen, also in unserem Sinne keine Zellfunktionen einer Betrachtung unterzogen, sondern in erster Linie wurde bei der Bezeichnung der Tuschebefunde auf die Verhältnisse der Erweiterung und Verengerung der Gefäße in den einzelnen Organen Rücksicht genommen. Es ist nicht angängig, in diesem Sinne Studien über die Tuschespeicherung selbst zu treiben. Wie Löffler mit Recht in der Überschrift zu seiner Arbeit angegeben hat, handelt es sich um Untersuchungen über die Verteilung von Vitalfarbstoffen im Tierkörper, wobei aber die Verhältnisse innerhalb der Zellen vollkommen außer acht gelassen worden sind.

Eine andere Arbeit aus der Rickerschen Schule von Homuth (406) befaßt sich weiter mit der Farbspeicherung als Problem der Zelldurchströmung. Ein verstärktes Eintreten von Flüssigkeit in das Innere der Zelle macht nach diesem Forscher erst ein Eintreten des Farbstoffes möglich. Dieser Ansicht müssen wir wohl beipflichten, wir können aber aus diesen Anschauungen keineswegs nach Homuth folgern, daß die Flüssigkeitsdurchströmung der Zelle eine Funktion des Kreislaufes sei, daß der Druck der kreisenden Flüssigkeit in die Zelle hinein sich noch bemerkbar machen sollte. Es erscheint gerechtfertigter, diese Durchströmungen der Zellen nach Kraus mit der allgemeinen Protoplasmadynamik in Zusammenhang zu bringen, die auch für den Druck der Sekrete verantwortlich gemacht werden muß. Die Möglichkeit des passiven Eindringens von Farbstoffen in die Zelle ist wohl gegeben, bisher aber durchaus noch nicht einwandfrei bewiesen.

Weitere Arbeiten, die sich mit der Rolle der Blutgefäßversorgung für die vitale Farbspeicherung befassen, stammen von Heidenhain (333/334). Nach ihm soll nach Durchschneidung des Rückenmarkes und daraus sich ergebender Senkung des Blutdruckes das Epithel der Harnkanälchen vollkommen farblos bleiben. Goldmann (266) fand stärkere Färbung der Zitzen und des Uterus bei trächtigen Ratten und Mäusen, die er mit der stärkeren Blutversorgung dieser Organe in Zusammenhang brachte. Steudemann (994) sah nach Unterbindung der Milzvene stärkere Eisenpigmentablagerung und geringere Carminspeicherung in der Milzpulpa. Wallbach (1069—1071) dagegen konnte feststellen, daß bei allen örtlichen Vorgängen, die mit einer stärkeren Ansammlung segmentierter Leukocyten einhergehen, eine stärkere Eisenpigmentablagerung und geringere Carminspeicherung festzustellen ist, was mit der durch Umweltsverhältnisse bedingten Veränderung der Zellfunktion in Zusammenhang gebracht werden dürfte.

Durchaus abzulehnen sind die Befunde von Henning (355), der nach Abkühlung eine lang dauernde Gefäßsperre in der Milz hervorgerufen haben wollte und die dabei sich darstellende nur geringe Tuscheablagerung auf diese Milzsperre bezog. Eine Sprengung der Milzsperre solle durch die Urethannarkose möglich sein. Aber aus letzteren Untersuchungen geht das Vorhandensein einer Milzsperre nicht einwandfrei hervor. Auch zeigen die beigegebenen Abbildungen Tuschespeicherungen, wie sie normalen Verhältnissen entsprechen dürften.

Auch sonst geht aus der großen Reihe von Arbeiten, die die Bedeutung der Blutgefäßversorgung für die Farbspeicherung beweisen wollen, keineswegs das hervor, was die betreffenden Forscher beweisen wollten,

vielmehr müssen wir auf Grund der nunmehr anzuführenden experimen-
tellen Arbeiten weiter an der Ansicht festhalten, daß die Stärke und die
Art der Farbspeicherung einer Zelle von ihrem Stoffwechsel in weitem
Grade abhängig ist.

KUSNETZOWSKY (540) untersuchte die Trypanblauspeicherung des
lockeren Bindegewebes unter dem Einfluß aktiver und passiver Blutüberfüllung. Bei Blutstauung konnte keine Vermehrung der Farbspeicherung in
den Bindegewebszellen festgestellt werden, wohl aber bei Zuflußblutüber-
füllung. Während Blutstauung durch Gefäßunterbindung hervorgerufen
wurde, zeigte die vermehrte Farbablagerung bei der aktiven Hyperämie
sich durch Wärmeapplikation, wodurch aber eine Beeinflussung des
Zellstoffwechsels direkt mitbewirkt wird. Daß durch Erwärmung die Speicherungsvorgänge bereits in vitro eine Steigerung erfahren, heben VON
PHILIPPSBORN (781) und auch FLEISCHMANN (218) in ihren Untersuchungen
hervor. Andere Untersuchungen von KUSNETZOWSKY befassen sich mit
Blutüberfüllungen nach Nervendurchschneidung. In dem blutüberfüllten
Ohr soll die Färbung durch die vitalen Farbstoffe schneller erfolgen als
an dem normalen Ohr. Diese Untersuchungen haben aber überhaupt
keine Beweiskraft, da mikroskopische Untersuchungen unterlassen worden
sind, und es sich sicherlich um Anhäufungen von Farbstoff in den erweiterten Gefäßen gehandelt hat.

Dagegen ist den Untersuchungen von KUCZYNSKI (522) und von SIEG-
MUND (951) besondere Beweiskraft beizumessen. Von KUCZYNSKI wird die
Vermehrung der Speicherungen in den Zellen von den Steigerungen der
Aufsaugungsvorgänge abhängig gemacht. Den Anschauungen von VON
MÖLLENDORFF, nach denen die Speicherung von der Menge des in der
Umgebung vorhandenen Farbstoffes abhängig ist, stellt KUCZYNSKI den
Satz gegenüber, daß die über die Norm ernährte Zelle viel mehr Farb-
stoff an sich reißt als die ruhende. Die Zelle regelt von sich aus die
Aufnahme des Farbstoffes. Dementsprechend finden sich die sog.
Schlackenzellen immer dort, wo früher stärkere resorptive Beanspruchungen
stattgefunden hatten. Eine zwingende Deutung der Zellschädigung als
Ursache der gesteigerten Farbstoffaufnahme besteht nicht. Zu denselben
Anschauungen kommt auch SIEGMUND, der die Mehrspeicherungen der
Zellen in Zusammenhang bringt mit dem erhöhten Gewebsstoffwechsel.

In großem Maßstab sind sodann von WALLBACH (1069) Untersuchungen
über die Abhängigkeit der Farbspeicherung von dem Funktionszustand der
Zellen durchgeführt worden. Bereits unter normalen Verhältnissen zeigt die
Maus bei Anwendung verschiedener saurer Farbstoffe eine Speicherung
in ganz verschiedenen Zellen, und diese Verschiedenartigkeiten der Farbspeicherung wurden von WALLBACH mit dem konstitutionellen Zustand
der Zellen in Zusammenhang gebracht. Der jeder Zelle eigentümliche
Funktionszustand bedingt es, daß nur bestimmte saure Farbstoffe in
körniger Form im Innern abgelagert werden. Bei der Verschiedenartigkeit
der sauren Farbstoffe und der sie aufnehmenden Zellen wird von WALLBACH
der Meinung Ausdruck gegeben, daß jeder saure Farbstoff sein eigentümliches chemisches Verhalten aufweist, daß die Speicherung jedes einzelnen
Farbstoffes eine besondere funktionelle Beanspruchung der Zelle erfordert. Dieser besonderen Funktion, den betreffenden Farbstoff aufzunehmen
und zu speichern, kann die Zelle nur dann nachkommen, wenn sie von
vornherein schon diese auch andersartig gekennzeichnete Funktion aus-

zuüben imstande ist. Dies ist bei der Farbspeicherung oft schon im unbeeinflußten Organismus der Fall. Andererseits kann die schon Farbstoff
enthaltende Zelle in ihrem funktionellen Verhalten gegenüber einem Farbstoff derartig umgestimmt werden, daß sie einen sonst ohne weiteres speichernden Farbstoff nicht mehr oder noch in besonderem Maße aufnimmt.
Dieses Verhalten konnte Wallbach in der Mäusemilz nachweisen. In der
Pulpa speichern nur die in den zellärmeren Teilen gelegenen Reticulumzellen Trypanblau, die Reticulumzellen in den zellreicheren Teilen Eisenpigment. Werden die Mäuse mit Trypanblau hochgetrieben, so breitet sich
auch die Farbspeicherung der Reticulumzellen auf die zellreicheren Teile
aus, nur selten zeigt sich aber in ein und derselben Zelle eine Doppelspeicherung von Trypanblau und Eisenpigment. Aber auch durch andere
Momente als durch eine vorherige Farbzuführung oder Eisenpigment-
zuführung kann es zu einem andersartigen Verhalten der Zellen gegenüber einem Farbstoff kommen, es kann ein Farbstoff, der unter normalen
Verhältnissen ohne weiteres aufgenommen wird, nicht mehr gespeichert
werden. In der Mäuselunge zeigen alle Reticulumzellen, die unmittelbar
den Wandungen der mittleren Gefäße und Bronchien anliegen, eine
feinkörnige Trypanblauspeicherung. Unter besonderen Umständen, wie
unter dem Einfluß der Infektion, durch größere Eiweißüberladung des
Organismus, vereinzelt auch bei vollkommen unbehandelten gesunden
Tieren unter bestimmten Ernährungszuständen zeigen sich in der unmittelbaren Umgebung der Bronchien stärkere Ansammlungen von Lymph-
und Plasmazellen. Es kommt dann in den zwischen diesen Zellen gelegenen
Reticulumzellen niemals zu einer Farbspeicherung, wohl aber zu einer
Eisenablagerung. Auch innerhalb der periportalen Reticulumzellwucherungen in der Leber zeigen sich nur unter den seltensten Umständen ganz
feinkörnige Farbspeicherungen von Trypanblau, die aber an Stärke niemals diejenige der Sternzellen erreichen.

Fernerhin konnte Wallbach (1070) zeigen, daß durch Umstimmung des
Organismus durch verschiedene beeinflussende Stoffe, die einer mikroskopischen Betrachtung selbst nicht zugänglich sind, zahlreiche hemmende
und fördernde Einflüsse auf die Speicherungsfähigkeit der Zellen gegenüber
bestimmten Farbstoffen ausgeübt werden können. Niemals zeigte sich
dabei ein Parallelgehen der Stärke der Farbspeicherung mit dem Verhalten der Gefäße. Auch an der Gewebskultur, wo die Gefäßeinflüsse
vollkommen fortfallen, nehmen nur ganz bestimmte Zellen, die Makrophagen, Trypanblau in größerem Stile auf, dagegen speichern nach
Wallbach (1211) und nach allen anderen Autoren, die sich mit Farbspeicherungen in der Gewebskultur befaßt haben, die lymphoiden Zellen
und die Fibroblasten meist in anderer Weise Farbstoff. Dabei ist der
Farbstoff bei derartigen Untersuchungen vollkommen gleichmäßig im
Medium verteilt, er kann an alle Zellen gleichmäßig heran.

Aus allen diesen Besprechungen geht also hervor, daß der Zellstoffwechsel für die vitale Farbspeicherung maßgeblich ist, daß die Menge
und das Angebot durch die Gefäße nicht ausschlaggebend ist für die
Art und den Sitz der Farbspeicherung. Derartige Gedankengänge sind
auch bei Goldmann (266) zuweilen zu lesen, wenn er schreibt, daß ganz allgemein mit der Steigerung der Farbstoffmenge eine Steigerung der Färbung der Nierenepithelien nicht erfolgt, wenn die Farbstoffe Pyrrholblau,
Isaminblau und Trypanblau zur Anwendung kamen.

Die Systemspeicherungen.

Ein weiteres Beweismaterial gegen die Richtigkeit der vasculären Theorie der Farbspeicherung ist in den Systemspeicherungen gegeben. Unter der Bezeichnung Zellsysteme werden in dem Organismus Zellen zusammengefaßt, die sich durch ein gleichartiges morphologisches, funktionelles Verhalten und durch eine gleichartige Gefäßversorgung auszeichnen sollen, die nur durch ihre Lokalität rein äußerlich unterschieden werden und deshalb mit besonderen Namen belegt worden sind. Inwiefern eine Zusammenfassung von Zellen zu Systemen im Sinne der rein funktionellen Theorie der Farbspeicherung zu verwerten ist, das soll am Schluß dieses Abschnittes erörtert werden.

Wie von Aschoff (33) hervorgehoben wird, wird man nur auf Grund ganz bestimmter morphologischer und physiologischer Eigenschaften Zellen zu einem System zusammenfassen dürfen. Die Anlage eines Systems hängt aufs innigste mit der Spezifität zusammen. Bei der Zusammenfassung zahlreicher mesenchymaler Zellen zu einem reticuloendothelialen System ist die phagocytäre Funktion nur eine bei den betreffenden Zellen ganz besonders ausgeprägte Eigenschaft. Der Grad, die Häufigkeit der Phagocytose ist hier das entscheidende. Die Funktion der vitalen Farbspeicherung und der Phagocytose erschöpfen nicht die Funktion der Zellen des reticuloendothelialen Systems. Es kommt noch die Fähigkeit der Blutzerstörung und der Immunkörperbildung hinzu. Von allen Autoren soll nach Aschoff die Geringfügigkeit der Farbspeicherung durch Epithelzellen hervorgehoben worden sein.

Da die entscheidende Funktion der Zellen des reticuloendothelialen Systems ihre Fähigkeit zur vitalen Farbspeicherung ist, so erfolgt auch von Aschoff eine entsprechende Einteilung des Systems; es wird ein reticuloendotheliales System im weiteren und im engeren Sinne unterschieden. Zu dem System im engeren Sinne gehören die Reticulumzellen der Milzpulpa, der Rindenknötchen und der Markstränge der Lymphknötchen und schließlich des sonstigen lymphatischen Gewebes. Sie speichern relativ leicht und stärker als die Bindegewebszellen, bleiben aber an Stärke der Farbspeicherung noch deutlich gegenüber den eigentlichen Reticuloendothelien zurück. Zu diesen gehören nur die Endothelzellen der Lymphsinus der Lymphknoten, der Blutsinus der Milz, der Capillaren der Leberläppchen, des Knochenmarkes, der Nebenniere, der Hypophyse. Zu dem reticuloendothelialen System im weiteren Sinne gehört der Histiocyt, der als beweglicher Bewohner des Bindegewebes im Gegensatz zu dem Bildner des Bindegewebes bezeichnet werden muß. Diese Zellen sollen nach den Ausführungen von Aschoff fast ebenso speichern wie die eigentlichen Reticuloendothelien, wenn sie sich in einem besonderen Tätigkeitszustand befinden. Schließlich sollen zu den Zellen des reticuloendothelialen Systems im weiteren Sinne die Splenocyten und die farbstoffspeichernden Monocyten gehören, gar nicht oder nur schwach färben sich die Endothelien der Blut- und Lymphgefäße, die von Aschoff aber ebenfalls zu den Zellen des reticuloendothelialen Systems im weitesten Sinne gerechnet werden, ferner die Fibrocyten oder die gewöhnlichen Bindegewebszellen, die bei genügend starker Färbung in wechselndem Maße speichern.

Aschoff ist zu der Aufstellung des reticuloendothelialen Systems gelangt ursprünglich durch die Arbeiten von Landau über den Cholesterinstoffwechsel, schließlich sollte durch die Arbeiten von Kiyono über die vitale Carminspeicherung des Bindegewebes die Aufstellung dieses Systems vollkommen begründet erscheinen.

Zu diesen Ausführungen von Aschoff sollen in diesem Abschnitt folgende Punkte Berücksichtigung finden. Findet bei der vitalen Farbspeicherung immer eine gleichartige Beteiligung aller Zellen eines Systems statt, zeigt sich innerhalb eines Organes eine gleichartige quantitative und qualitative Ablagerung in Zellen, die mit dem gleichen Namen in der mikroskopischen Anatomie bezeichnet werden? Ist die Speicherung der vitalen Farbstoffe immer die gleiche, verteilt sich jeder saure Farbstoff in gleicher Weise über alle Zellen? Ist die Farbspeicherung der Bindegewebszellen und der mesenchymalen Zellen überhaupt derartig ausgesprochen, daß sie sich von der der epithelialen Zellen unterscheiden läßt oder werden die reticuloendothelialen Zellen auch dahingehend definiert, daß es aus äußeren Gründen entwicklungsgeschichtlicher oder sonstiger Art mesenchymale Zellen sein müssen? Kommt die Bezeichnung des reticuloendothelialen Systems auch den wechselnden Funktionszuständen des Organismus und der einzelnen Zellen nach oder werden unter dieser Systembezeichnung nur starre, eng begrenzte Formen zusammengefaßt?

In einem anderen Kapitel soll die Berechtigung des Begriffes des reticuloendothelialen Systems hinsichtlich der Eisenpigmentablagerung und der Blutzerstörung besprochen werden, in einem weiteren soll die Fettablagerung in diesem System ihre kritische Berücksichtigung finden.

von Möllendorf (692) hebt in seinen Arbeiten wie auch in seiner zusammenfassenden Darstellung der vitalen Farbspeicherung hervor, daß eine gleichartige und gleichmäßige Anfärbung der Elemente der einzelnen Systeme erfolgen soll. So beschreibt er, daß die Sternzellen in der Leber ganz gleichartig ihren Farbstoff aufnehmen, daß keine Unterschiede in der Farbspeicherung unter diesen Zellen angetroffen werden können, wenn eine einmalige Zufuhr des Farbstoffes stattfindet. Entgegengesetzte Ansichten werden von Kuczynski (522) wiedergegeben, daß besonders die in der Peripherie der Läppchen gelegenen Sternzellen sich durch besonders starke Farbspeicherung auszeichnen, während die in den mehr zentraleren Abschnitten der Läppchen gelegenen Sternzellen eine geringere körnige Speicherung erfahren.

In diesen widersprechenden Angaben dieser beiden Forscher stehen sich 2 Lehrmeinungen gegenüber, die von den verschiedenen anderen Autoren mit wechselnder Methodik und Versuchsanordnung belegt und widerlegt werden. Aber auch Goldmann (266) hat sich nicht mit einer systematischen Gleichartigkeit der Zellen befreunden können. In seinen Arbeiten heißt es, daß der Begriff der Pyrrolzelle keine morphologisch begründete und morphologisch ausreichende Beschreibung darstellt. Innerhalb des normalen Bindegewebes konnte Goldmann nicht zwei gleichartige Pyrrholzellen antreffen.

Die Verschiedenartigkeiten der Ergebnisse von Kuczynski und von von Möllendorff sollen nach diesem auf die Methodik der Farbeinführung zurückzuführen sein. von Möllendorff hält die einmalige

Farbzufuhr bei dem betreffenden Tier für die physiologischere Methode, nur nach mehrmaliger Zufuhr von Farbstoffen sollen ungleichartige Systemanfärbungen infolge sekundärer Reizerscheinungen zutage treten. Demgegenüber müssen wir auf Grund eigener Erfahrungen hervorheben, daß auch nach einmaliger Farbstoffzufuhr eine ungleichartige Farbspeicherung, z. B. in den Sternzellen der Leber ersichtlich ist, daß die einmalige Farbzufuhr nach VON MÖLLENDORFF mit etwa 1,5 ccm Farblösung unter die Haut gewiß bei den sehr geringen Blutmengen der weißen Maus die unphysiologischere Methode darstellt, als die wiederholte Zufuhr kleinerer Mengen Farbstoff.

Die ungleichmäßige Anfärbung der einzelnen Zellen der Systeme geht nun aus den Untersuchungen von WALLBACH (1069) nicht nur bei Betrachtung der Sternzellen der Leber hervor, wie bereits hervorgehoben, zeigen sich in den Reticulumzellen der Milzpulpa Unterschiede der Farbspeicherung, je nachdem es sich um die zellreicheren und die zellärmeren Gewebsabschnitte handelt. Dieselben Unterschiede finden sich in den peripheren und den zentralen Leberzellen. Dieser Umstand ist bereits von GOLDMANN hervorgehoben worden, auch KIYONO (472) beschrieb derartige Speicherungsunterschiede. Ob die stärkere Farbspeicherung in den ersten Abschnitten der Hauptstücke der Niere nach VON MÖLLENDORFF wirklich in der stärkeren Farbzufuhr der betreffenden Zellen gesucht werden muß, wollen wir dahingestellt sein lassen. Es sei hervorgehoben, daß trotz ersichtlicher Farbstoffausscheidung durch den Harn die anderen Harnkanälchenepithelien überhaupt keine Farbablagerungen aufweisen.

Wenn wir also schon innerhalb der einzelnen Organe keine einheitlichen Systembeziehungen der einzelnen Zellen im Sinne der Gleichartigkeit feststellen können, um so mehr fällt der sich über den ganzen Organismus erstreckende Systembegriff von ASCHOFF restlos zusammen. Auch MARCHAND (639) kommt in seiner zusammenfassenden Darstellung über die örtlich reaktiven Vorgänge zu dem Schluß, daß eine besondere Unterscheidung von reticuloendothelialen Zellen nicht gerechtfertigt erscheint. Schon allein färben sich manche Zellen, die unter normalen Verhältnissen ungefärbt bleiben, nach starker Einwirkung und vorheriger Veränderung, deshalb ist es nach MARCHAND schon aus diesem Grunde nicht gerechtfertigt, eine ganze Gruppe von Zellen auf Grund ihrer Eigenschaft der vitalen Farbspeicherung als zusammengehörig zu betrachten. Wenn auch ASCHOFF in der Beurteilung des reticuloendothelialen Systems nicht so weit gegangen ist, daß er nur die vitale Farbspeicherung als ausschlaggebend betrachtet, so muß doch die Verschiedenartigkeit der Ablagerungen der einzelnen Farbstoffe Bedenken geben, den Begriff aufrecht zu erhalten.

Bei genauer Betrachtung einer Farbspeicherung zeigt es sich auch, daß keineswegs alle Zellen desselben Charakters überhaupt eine Farbspeicherung aufweisen. Diese Tatsache hebt auch HESSE (378) in ihren Untersuchungen über chronische Trypanblauspeicherung hervor. Andererseits ist von den verschiedenen Untersuchern, wie bereits oben hingewiesen worden ist, die Tatsache festgestellt worden, daß verschiedenartige Zellen von verschiedenartigen Farbstoffen angefärbt waren. Besonders WALLBACH hat in seinen Untersuchungen darauf hingewiesen, daß bei Benutzung der verschiedenartigsten Farbstoffe ganz verschiedene Zellen

eine körnige Farbspeicherung aufweisen. Der Unterschied des Speicherungs-
grades bei den einzelnen Zellen war bei Verwendung verschiedenartiger
Farbstoffe ein so hochgradiger, daß von einem Vorhandensein eines reticuloendothelialen Systems nicht die Rede sein konnte, weil man je
nach dem verwendeten Farbstoff andere Systembeziehungen auf Grund
der Speicherung der Zellen erhielt. Wenn die Farbspeicherung im großen
und ganzen summarisch bei allen Versuchen betrachtet wird, so zeigen
fast alle Zellen des Organismus unter besonderen Umständen einmal eine
Speicherung. Bei ausschließlicher Berücksichtigung der Zellen hinsichtlich
der Stärke der Speicherung, also bei der Einteilung des reticuloendothelialen Systems selbst, konnten die Unterabteilungen nach Aschoff
ebenfalls in keiner Weise aufrecht erhalten werden. So zeichnet sich bei
der Verwendung von Methylblau besonders die Reticulumzelle des
Pankreas durch besondere Farbspeicherung aus, die nach Aschoff zu den
spindeligen Zellen gerechnet wird, die nur ganz selten und unwesentlich
an der vitalen Farbspeicherung beteiligt sein sollen. Die Milz zeigt
bei Benutzung von Methylblau überhaupt keine vitalen Färbungen. Bei
dem so stark speichernden Diaminschwarz finden sich zuerst Farbspeicherungen in den Leberepithelzellen, die sonst so stark an der
Farbspeicherung beteiligten Reticulumzellen der Milzpulpa zeigen nach
einmaliger Zufuhr von Diaminschwarz, also nach „physiologischer" Zufuhr,
überhaupt keinen Farbstoff. Dies sind nur einzelne Beispiele aus den Befunden, die Wallbach bei der vitalen Farbspeicherung erhalten konnte.

Eine besondere Schwäche der Aschoffschen Ausführungen bedeutet
die Gleichstellung der Endothelien der gewöhnlichen Blutgefäße mit den
Fibrocyten. Bei den Farbspeicherungsversuchen der verschiedenen
Autoren zeigte sich wenigstens in den Fibrocyten des lockeren Bindegewebes
eine ganz feinkörnige Farbspeicherung, während die endothelialen Zellen
der größeren Blutgefäße an einer Farbspeicherung überhaupt nicht beteiligt sind. Auch aus den Untersuchungen von Wallbach geht dies hervor.
Maximow (646) betont ausdrücklich, daß es sich bei den Endothelien der
größeren Blutgefäße um ausdifferenzierte Zellen handelt, während die
Endothelien von Milz, Lymphknoten, Hypophyse und Knochenmark, ebenfalls die Bindegewebszellen noch eine gewisse Indifferenz aufweisen, so daß
diesen Zellen auch eine weitere differenzierende Entwicklung zukommt.

Wenn wir also uns die Frage stellen, welche Zellen des
Organismus sich durch besondere Fähigkeit der Farbspeicherung und Phagocytose auszeichnen, so können wir auf diese
Frage keine Antwort geben. Der Unterschied der Farbspeicherung
bei den verschiedenen Zellen und Farbstoffen ist ein so gewaltiger,
daß wir sagen müssen, daß unter manchen Bedingungen bei Verwendung
mancher Farbstoffe besondere Zellen sich durch Farbspeicherung hervorheben, während andere Farbstoffe hinwiederum in anderen Zellen eine
besonders starke Ablagerung erfahren.

Von Aschoff wurde hervorgehoben, daß nur mesenchymale Zellen
eine besonders starke Farbspeicherung aufweisen, während die geringgradige Farbspeicherung anderer epithelialer Zellen in den Versuchen
kaum in Betracht kommt. Diesen Ausführungen müssen wir entgegen-
halten, daß die Nierenepithelien sich durch eine ganz besonders starke
Farbspeicherung bei manchen Farbstoffen auszeichnen, daß bei der

weißen Maus unter Benutzung von Trypanblau die ersten und auch die stärksten Farbablagerungen hier anzutreffen sind. Erst nachdem die Speicherung der Nierenepithelien zutage getreten ist, findet sich eine beginnende Farbablagerung in den Sternzellen der Leber. Weiterhin ist von vielen Autoren, so auch von KIYONO, die Fähigkeit der Leberepithelien zur Farbspeicherung hervorgehoben worden. Von diesen Forschern wird allerdings die Geringfügigkeit der Farbspeicherung in diesen Zellen betont. Auch WALLBACH konnte bei seinen Trypanblauversuchen nur geringe Farbablagerungen in den Leberepithelien auffinden. Andererseits konnte mit Hilfe von Diaminschwarz eine ganz besonders starke Anfärbung der Leberepithelien beobachtet werden. Die Leberepithelien sind die ersten Zellen, die bei der zeitlichen Beobachtung der Ablagerungen dieses Farbstoffes eine Speicherung zeigen, erst später lagert sich der Farbstoff in viel geringerem Maße in den Sternzellen ab. In derselben Weise spricht auch ASCHOFF von epithelialen Stützzellen des Thymus. Auch weitere Beobachtungen über Farbspeicherungen in epithelialen Zellen, so in der Lunge, zeigen zur Genüge, daß ein Unterschied zwischen epithelialen und mesenchymalen Zellen bezüglich der Farbspeicherung nicht gemacht werden darf. Wir müssen dem biogenetischen Grundgesetz von HERTWIG uns anschließen, daß nicht die Abstammung es ist, die die Funktion der einzelnen Zellen bestimmt. Von jedem Keimblatt können Zellen mit teilweise gleichartigen Funktionen hervorgehen. Die schließliche Funktion der Zellen wird bedingt durch die umweltbedingten Einflüsse.

Mit Recht hebt HERTWIG (358) in seiner allgemeinen Biologie hervor, daß es sich unseren Kenntnissen entzieht, welche Einflüsse bei der Aufnahme und Nichtaufnahme von Stoffen bei Zellen mitsprechen. Was in letzter Linie als besonderes Wahlvermögen der Zellen hingestellt wird, das wird sich wohl zurückführen lassen auf die verschiedenen Affinitäten der zahlreichen Stoffe, die in den Zellkörpern vorkommen und während des Stoffwechsels vorübergehend gebildet werden.

Um der verschiedenen Farbspeicherung der einzelnen Zellen bei verschiedenen Funktionszuständen gerecht zu werden, schreibt SIEGMUND (951), daß das Reticuloendothelialsystem eine fließende Struktur besitzt, daß es überall vorkommt. In der zusammenfassenden Darstellung von BOERNER-PATZELT, GOEDEL und STANDENATH (96) heißt es: „Vom physiologischen und pathologischen Standpunkt aus ist unter dem reticuloendothelialen System ein im Körper überall verstreutes, aber an bestimmten Stellen gehäuft vorkommendes mesenchymales Gewebe zu verstehen, das in seinem biologischen Verhalten durch die gemeinsame Eigenschaft der intracellulären Speicherung der verschiedenen elektronegativen Kolloide anorganischer und organischer Natur, exogener und endogener Herkunft und differenter morphologischer Beschaffenheit gekennzeichnet ist." Wir haben diese Definition der betreffenden Autoren erst hier in unserer Darstellung angeführt, um zu zeigen, daß dem verschiedenen funktionellen Verhalten der speichernden Zellen, der verschiedenen Farbspeicherung der Zellen unter physiologischen und pathologischen Verhältnissen überhaupt nicht Rechnung getragen wird. Wenn SIEGMUND von einer fließenden Struktur des Reticuloendothelialsystems spricht, so gibt er wenigstens zu, daß zwischen speichernden und nicht speichernden Zellen keine allzu großen Unterschiede gemacht werden dürfen.

Daß die Systembeziehungen bezüglich einer Speicherung unter gewissen pathologischen Bedingungen vollkommen verändert sein können, ist von ASCHOFF in seiner zusammenfassenden Darstellung überhaupt nicht hervorgehoben worden. Es erscheint uns gerechtfertigt, gerade diesem Umstande in weit größerem Maßstabe Rechnung zu tragen als der Abstammung der speichernden Zellen vom Epithel oder vom Mesenchym.

Besonders bei Forschern, die sich wenig mit dem Wesen des Reticuloendothelialsystems beschäftigen, hat sich der Begriff des Reticuloendothelialsystems mit einer gewissen Kritiklosigkeit festgesetzt, so daß alle Stoffe, wenn sie nur in den Sternzellen aufgefunden werden, gleich als solche Substanzen bezeichnet werden, die in dem Reticuloendothelialsystem abgelagert werden. Wenn z. B. Bayer 205 in größeren Mengen in Leber und Milz bei der Verarbeitung von Extrakten nachgewiesen wird, schreiben gleich Autoren wie FREUND (234), daß die Vermutung naheliegt, daß diese Substanz in den Zellen des Reticuloendothelialsystems gespeichert wird. Auch bezüglich des Wassergehaltes, des Blutzuckerspiegels werden häufig bei den Versuchstieren unter den Tuschespeicherungen oder unter der Einwirkung anderer speicherbarer Substanzen solche Veränderungen aufgefunden, daß die betreffenden Autoren es für notwendig halten, einen Zusammenhang des Stoffwechsels der betreffenden Stoffe, wie Wasser und Kohlehydrate mit dem Reticuloendothelialsystem annehmen zu müssen. Somit besteht eine große Kritiklosigkeit in der Beanspruchung des Reticuloendothelialsystems für Stoffwechselhypothesen, die sicherlich nicht im Sinne des Begründers dieses Systems liegt.

Die funktiognomonische Bedeutung der vitalen Farbspeicherung.

Auf die Bedeutung der vitalen Farbspeicherung in den Augen der verschiedenen Untersucher haben wir in den vorhergehenden Ausführungen hingewiesen. So betonten RIBBERT (817) und seine Schule, daß eine Schädigung der Zellen durch die Beobachtung der vitalen Farbspeicherung in viel leichterem Maße sichtbar gemacht werden könnte als durch andere Untersuchungsmethoden. Dieselben Gedankengänge betont auch ERNST.

Wir müssen bemerken, daß die Farbspeicherung es nicht allein ist, die eine funktionelle Anatomie gewährleistet, da es noch viele andere Methoden und Zellbilder gibt, aus denen man ebenfalls einen funktionellen Zustand der Zellen herauslesen kann. Die Farbspeicherung darf in ihrer Bedeutung keineswegs überschätzt werden, wie dies heute zum großen Teil noch geschieht. Die Farbspeicherung ist eben eine unter vielen anderen Methoden der Funktiognomonik. Wir müssen andererseits noch bedenken, worauf schon KUCZYNSKI hingewiesen hat, daß die Reaktionsfähigkeit des Organismus und ebenso der Zellen eine beschränkte ist, daß auf verschiedene Reize die Zelle mit derselben Veränderung antwortet.

Wenn wir unter den Zellen des Organismus feststellen, daß manche derselben sich durch eine vitale Farbspeicherung bei Verwendung eines bestimmten vitalen Farbstoffes auszeichnen, so können wir daraus nicht den Schluß ziehen, daß diese betreffenden Zellen sich durch eine besondere

Vitalität auszeichnen. Wir können nur so viel aussagen, daß die speichernden Zellen eben befähigt sind, den betreffenden Farbstoff in körniger Form
aufzunehmen. Es kann der Fall sein, daß andere Zellen deshalb den Farbstoff nicht aufzunehmen imstande sind, weil sie funktionell nicht auf eine
Speicherung gerade dieses Farbstoffes eingestellt sind. Das ist aber auch
alles, was wir aussagen können. Darum hat WALLBACH auch lieber statt
des Begriffes des Reticuloendothelialsystems ein trypanblauspeicherndes
Zellsystem, ein lithioncarminspeicherndes Zellsystem usw. unterschieden,
weil man unter Einhaltungen derselben Versuchsbedingungen immer
dieselben Zellbeziehungen auf diese Weise erhält.

Bei Überblickung der Arbeiten über die vitale Farbspeicherung macht
sich von mehreren Forschern wie von SIEGMUND die Neigung bemerkbar,
die Farbspeicherung als eine besondere Vitalität der Zellen hinzustellen.
KUCZYNSKI sagt aus, daß die besondere Ausprägung der vitalen Farbspeicherung in einer Zelle als Anzeichen einer Zellaktivität anzusehen
ist. Hierzu ist einmal zu sagen, daß man von einer besonderen Farb-
stoffaktivität allgemein nicht sprechen darf, da die verschiedenen sauren
vitalen Farbstoffe hinsichtlich ihrer Speicherung sich ganz andersartig
verhalten. Andererseits haben wir auf den Umstand bereits hingewiesen,
daß eine Zelle, die bereits eine Substanz aufgenommen hat, einen anderen
Farbstoff in vermehrter oder verminderter Menge aufzunehmen imstande
ist. Eine etwaige geringere Farbstoffaufnahme würde durchaus nicht einer
verringerten Leistungsfähigkeit der betreffenden Zelle entsprechen.
Durchaus angebracht ist es, sich Beschränkung aufzuerlegen, und von einer
gesteigerten Aktivität einer bestimmten Zelle gegen Trypanblauspeicherung, gegen Lithioncarminspeicherung usw. zu sprechen. Dadurch haben
wir schon angedeutet, daß auch bei der Bemessung der Aktivität einer
Zelle auch den einzelnen Phasen der Farbablagerung Rechnung getragen
werden muß. Durch dieselben beeinflussenden Substanzen lassen sich die
3 Phasen der Farbspeicherung in ganz verschiedener Weise umstimmen,
auch wenn es sich um denselben speicherbaren Farbstoff handelt. Es muß
also gesondert von einer Verteilungsaktivität, von einer Speicherungsaktivität und von einer Entfärbungsaktivität gesprochen werden, die
keineswegs einander gleichzusetzen sind.

Diese Unterscheidung der einzelnen Aktivitäten gegenüber bestimmten Phasen des Geschehens ist durchaus notwendig, um den Streitigkeiten
im Schrifttum zu begegnen, in denen ganz verschiedene Phasen der Vitalfärbung zum Gradmesser der Zelltätigkeit gemacht werden. Während
von KUCZYNSKI und ebenfalls von SIEGMUND die Zelle, die sich durch
besonders hochgradige Farbspeicherung auszeichnet, als die besonders
hoch tätige Zelle angesehen wird, schreibt VON MÖLLENDORFF, daß gerade
die Zellen, die keinen Farbstoff enthalten, die stärkste vitale Funktionsäußerung zeigen, da nur in ihrer Widerstandskraft geschwächte Zellen
hemmungslos den dargebotenen Farbstoff ablagern müssen. Demgegenüber
ist zu bemerken, daß VON MÖLLENDORFF, wenn er die segmentierten Leukocyten als die am stärksten tätigen Zellen auffaßt, weil diese einen Farbstoff
nicht aufweisen, erst einmal den Nachweis erbringen muß, daß
überhaupt die betreffenden Zellen Farbstoff aufgenommen
haben. Es ist auch noch nicht erwiesen, daß durch oxydative oder andere
Vorgänge die Zelle in der Lage ist, den Farbstoff zu zerstören und in ein

Leukoprodukt umzuwandeln. Bereits Goldmann hat sich mit dem Problem der Farbstoffzerstörung befaßt und ist zu dem Schluß gekommen, daß eine oxydative Zerstörung der Farbstoffe wohl nicht in Frage kommt. Im Reagensglasversuch wenigstens läßt sich niemals ein Leukoprodukt von den zur Verwendung gekommenen Farbstoffen erhalten.

Wir geben zu, daß es von dem Standpunkt des Beobachters abhängt, wie er die erhöhte Zelltätigkeit bei Verwendung eines bestimmten Farbstoffes beurteilen will. Man ist berechtigt, von einer Verteilungsaktivität, einer Speicherungsaktivität und einer Entfärbungsaktivität zu sprechen. Es kommt nur darauf an, welche Zellfunktion man als Gradmesser für die Beurteilung der Zelltätigkeit anzunehmen geneigt ist. In diesem Sinne haben wir nichts dagegen, wenn von Möllendorff diejenige Zelle als die am stärksten tätige ansieht, die ihren Farbstoff ausgeschwemmt oder verloren hat. Leider verfällt von Möllendorff in den Fehler, ein antagonistisches Verhalten zwischen der eigentlichen Farbspeicherung und der Entfärbung anzunehmen. Er behauptet, daß eine farbstoffbeladene Zelle nicht als aktiv bezeichnet werden darf, weil sie ihren Farbstoff zu zerstören nicht in der Lage ist. von Möllendorff nimmt deshalb eine Entfärbungsaktivität nur dann an, wenn eine augenblickliche Zerstörung des Farbstoffes durch die betreffenden Zellen statthat. Von der andersartigen Befreiung der Zelle vom Farbstoff durch Ausstoßung nimmt er keine Notiz bei der Bewertung der Zellfunktion. Und doch ist nach Wallbach in der Farbausstoßung ebenfalls eine Zelltätigkeit zu erblicken.

Man muß sich bewußt bleiben, daß die Farbspeicherung keineswegs die einzige Funktion der Zellen darstellt, daß sie nur eine Teilfunktion der Zellen angibt. Die verschiedenen Funktionen stehen miteinander in Beziehungen und üben gegenseitig einen fördernden und einen hemmenden Einfluß aus. In die näheren Einzelheiten dieser Beziehung sind wir noch nicht eingedrungen. Mit Sicherheit ist aber anzunehmen, daß die in gewisser Hinsicht stark tätige Zelle nur manche Funktionen in gesteigertem Maße auszuüben imstande ist, während andere Funktionen darniederliegen. Es ist aus diesem Grunde ganz bestimmt nicht richtig, daß eine stark speichernde Zelle eine allgemeine Steigerung der Vitalität aufweist. Man kann nur sagen, daß die Veränderung der Farbspeicherung einer Zelle unter bestimmten Bedingungen, ob in positiver oder in negativer Richtung, nur als Anzeichen eines andersartigen Verhaltens der betreffenden Zelle zu betrachten ist. Man darf die erhöhte Farbspeicherung der Zelle gegenüber einem bestimmten Farbstoff weder als Anzeichen einer überhaupt gesteigerten Leistung noch als Ausdruck einer Minderwertigkeit ansehen, wie es in der zusammenfassenden Darstellung von Ernst (192) in dem Handbuch der normalen und pathologischen Physiologie heißt.

Die Stigmatisierung der Zellen durch die vitale Farbspeicherung.

Wie es als Leitmotiv durch dieses ganze Kapitel hindurchgeht, ist es besonders die Zellfunktion, die eine Änderung der Farbspeicherung bedingt, wenn auch die Verschiedenartigkeit der Ablagerung der verschiedenen Farbstoffe mit in Betracht gezogen wird. Es muß deshalb noch darauf zurückgekommen werden, inwiefern die Farbstoff enthaltenden Zellen wohl charakterisierte Gebilde darstellen, inwieweit man berechtigt ist, eine bestimmte Zellart auf Grund ihres Verhaltens zu bestimmten Farbstoffen zu kennzeichnen.

Die erste Charakterisierung der Zellen durch ihr Verhalten gegenüber Farbstoffen stammt von GOLDMANN, der den Begriff der Pyrrholzelle aufgestellt hat; die verschieden starken Anfärbungen der Organe eines Organismus suchte GOLDMANN in dem wechselnden zahlenmäßigen Auftreten der eigentlichen Pyrrholzellen zu erklären. Die verschieden starken Anfärbungen der Organe sind nach GOLDMANN durch eine Zellverschiebung bedingt. So zeigte GOLDMANN, wie an dem Hungerdarm der Ratte nur wenig Pyrrholzellen in der Wandung anzutreffen sind, während bei bestimmten Fütterungen der betreffenden Tiere die Pyrrholzellen in zahlreicheren Mengen erscheinen. Von KUCZYNSKI sind diese Untersuchungen von GOLDMANN einer Nachprüfung unterzogen worden. KUCZYNSKI konnte sich von dem Vorhandensein einer Zellverschiebung nicht überzeugen, er nahm vielmehr eine Farbverschiebung an. In der Folgezeit konnte von den verschiedenen anderen Untersuchern, die sich mit funktionellen Umstimmungen des vital gefärbten Organismus befaßten, die Anschauung von KUCZYNSKI bestätigt werden, auch WALLBACH mußte sich dieser Ansicht anschließen.

Von einer ausführlichen Wiedergabe der Tatsache, die den funktionellen Charakter der Farbspeicherung zu erweisen suchen, soll hier abgesehen werden, um unnötige Wiederholungen zu vermeiden. Soviel geht jedenfalls aus den vorliegenden Ausführungen hervor, daß eine Stigmatisierung der Zelle durch die vitale Farbspeicherung nicht durchgeführt werden darf, da die vitale Farbspeicherung keine unabänderliche Konstante darstellt. Es sei diese Bemerkung besonders deshalb gemacht, um festzustellen, daß in der Hämatologie die vitale Farbspeicherung nur dann angestellt werden darf, wenn es sich darum handelt, Änderungen des funktionellen Verhaltens von Zellen festzustellen. Für die Entstehung der Monocyten aus den Histiocyten oder aus sonstigen mesenchymalen Gebilden im Sinne von SCHILLING (875) und von KIYONO darf die vitale Farbspeicherung als ausschlaggebendes Merkmal nicht herangezogen werden. Wenn die Entstehung der Monocyten aus den Histiocyten oder aus den Sternzellen der Leber z. B. angenommen werden muß, so ist eine fehlende Farbspeicherung der Monocyten keineswegs als Zeichen zu betrachten, daß diese Zellen nicht von derartigen Zellen abstammen können. Der Ablösungsvorgang aus dem mesenchymalen Zellverbande, die plötzliche Änderung der Umwelt bei ihrer Fortschleppung in die Blutbahn kann derartige funktionelle Veränderungen bewirken, daß die Zellen sich einer Farbspeicherung gegenüber ablehnend verhalten. Andererseits kann ein Farbstoffgehalt bei Trypanblauspeicherung in zwei verschiedenen Zellen nicht in genetischen Beziehungen zwischen diesen Zellen liegen, denn einerseits finden sich in zahlreichen anderen Zellen verschiedener Herkunft ebenfalls Farbkörnchen, andererseits können Zellen, die von nicht speichernden Mutterzellen abzuleiten sind, eine sehr hochgradige Farbspeicherung aufweisen, wenn sie zugleich mit ihrer fortschreitenden Differenzierung auch ganz andere Leistungen auszuführen imstande sind.

Der Eisenpigmentstoffwechsel.

In dem vorliegenden Kapitel haben wir uns mit den Speichererscheinungen des Organismus gegenüber sauren vitalen Farbstoffen beschäftigt. Die Erythrocytenspeicherungen und die Ablagerungen von Eisensubstanzen überhaupt nehmen innerhalb der resorptiven und phagocytären Erscheinungen des Organismus eine Sonderstellung ein, weil es sich einerseits um im Körper gebildete Stoffe handelt, weil die Untersuchungen über den Eisenstoffwechsel die Grundlage einer besonderen Therapie bilden, weil der Eisenpigmentstoffwechsel sehr enge genetische Beziehungen zu dem Blutumsatz aufweist. Schließlich kann auch im klinischen Sinne der Eisenpigmentstoffwechsel Gegenstand einer sehr eingehenden chemischen und physikalischen Untersuchung bilden. Der Eisenpigmentstoffwechsel und der Hämoglobinstoffwechsel schließt noch sehr eng an die Probleme der Gallenfarbstoffbildung an. Alles dies sind Gründe, die es berechtigt erscheinen lassen, dem Eisenpigmentstoffwechsel ein besonderes Kapitel zu widmen, um so mehr als die Speichererscheinungen nicht immer nach dem Modus der Speicherung vitaler saurer Farbstoffe verlaufen.

Wegen der engen Verwandtschaft der Speichererscheinungen des Bluteisens und des Nahrungseisens soll in diesem Kapitel nicht nur über die Zerstörungserscheinungen der Erythrocyten und über ihre Zerfallsprodukte in ihrer Eigenschaft als speicherbare und zerstörbare Stoffe gesprochen werden, auch das exogene Eisenpigment, das von außen dargereichte Eisen, soll hierbei in vergleichender Weise zusammen mit dem Bluteisen betrachtet werden, damit eine berechtigte Kritik der Ansichten über die Bluteisenablagerungen einsetzen kann.

Bluteisen und Nahrungseisen.

Bei der Beobachtung von Eisenpigmentablagerungen wurde es immer als ein Mangel der zeitweiligen unmöglichen Differenzierung des Bluteisens und des Nahrungseisens empfunden, wenn in bestimmten Zellen und Geweben Eisenablagerungen angetroffen werden konnten. Die ersten mikroskopisch nachweisbaren Eisenablagerungen wurden von Quincke (801) beschrieben, der von einer Siderosis sprach, um hinsichtlich der Herkunft des Eisens eine möglichst indifferente Bezeichnung zu wählen. Erst Neumann (711) schlug den Namen Hämosiderosis auf Grund seiner Untersuchungen vor, die sich mit den Zerfallserscheinungen der Erythrocyten beschäftigten. Diese Bezeichnung wurde auch allenthalben im Schrifttum aufgenommen, ohne daß aber die Schwierigkeit der mangelhaften histologischen und mikrochemischen Unterscheidung zwischen Nahrungseisen und Bluteisen behoben wurde.

M. B. Schmidt (892) ist auf Grund seiner Untersuchungen zu dem Schluß gekommen, daß das Nahrungseisen und das Blutzerfallseisen sich dahingehend unterscheiden lassen, daß das Bluteisen hauptsächlich in der Milz angetroffen wird, das Nahrungseisen in der Leber. Viele Nachuntersucher haben diese Beobachtungen von M. B. Schmidt bestätigen können, aber es muß uns doch zweifelhaft erscheinen, ob diese Lokalisation für die Unterscheidung beider Eisenpigmente ausreichen wird, denn wir müssen bedenken, daß das Nahrungseisen peroral aufgenommen wird, während das Blutzerfallseisen hauptsächlich durch den

Blutstrom verschleppt wird, unter Umständen auch eine Verschleppung durch den Lymphstrom in Betracht kommt. Inwiefern sich derartige Bedenken über die Ursache der verschiedenen Ablagerung von Bluteisen und Nahrungseisen als stichhaltig erweisen, soll bei der abschließenden Beurteilung von Bluteisen und Nahrungseisen erörtert werden. WALLBACH glaubt auf Grund seiner Untersuchungen über die Ablagerung des enteralen und des parenteralen Eisens vielmehr den chemischen Charakter der betreffenden von dem Organismus umgebauten Eisenverbindungen für den verschiedenartigen Ablagerungstyp verantwortlich machen zu müssen.

Unsere Bedenken, daß der verschiedenartige Lokalisationstyp von Bluteisen und Nahrungseisen durch die Art der Zufuhr zustande kommen kann, wird einmal durch unser Erfahrungen bei der vitalen Farbspeicherung gerechtfertigt, wo man einwandfrei nachweisen konnte, daß der Ort der Einspritzung oft maßgeblich für die Farbstoffablagerung sein soll (SCHULEMANN, BOERNER-PATZELT). Andererseits wissen wir durch die Arbeiten von ULRICH STRASSER (1001), daß beim Meerschweinchen nach Zufuhr artfremden Blutes und auch nach Zufuhr von Ferrum oxydatum saccharatum die Eisenpigmentablagerung sich ausschließlich in der Milz lokalisierte, in der Leber höchstens spärliches Eisenpigment anzutreffen war.

Nicht von allen Forschern wird eine Unterscheidung zwischen dem Bluteisen und dem Nahrungseisen gemacht. KATZUNUMA (462) spricht vielmehr, und mit ihm alle reinen Physikochemiker, von Bluteisen und Gewebseisen. Letzteres Eisen soll einer mikroskopischen Untersuchung nicht zugänglich sein, es solle sich um das oxydative Ferment nach WARBURG handeln, das in allen Zellen angetroffen werden kann. Es zeigt also das Funktionseisen mehr einen Ablagerungstyp nach Art der basischen Farbstoffe, die sich in jeder Zelle antreffen lassen, während das Bluteisen mehr nach Art der vitalen sauren Farbstoffe in den Zellen abgelagert werden soll. Wir sind der Anscht, daß sehr wohl die Hervorhebung des Funktionseisens nach KATZUNUMA berechtigt ist, daß sich jedoch alles nach Art saurer Farbstoffe ablagernde Eisen nicht schlechtweg als Bluteisen bezeichnen läßt. Das mikroskopisch nachweisbare Eisen muß gesondert werden nach exogenem und endogenem Eisen, wobei letzteres schließlich ebenfalls von der Außenwelt hergeleitet werden muß. Auch muß es zweifelhaft erscheinen, das mikroskopisch sichtbare Eisen hinsichtlich der Ablagerungsart mit den vitalen sauren Farbstoffen unter eine Decke zu bringen.

Hiermit sind alle Angaben erschöpft, die sich mit den unterschiedlichen Ablagerungen des Eisens befassen. In zahlreichen Arbeiten wird auf Beachtung der Unterschiede hingewiesen, doch werden außer den Versuchsbedingungen oder den Krankheitsbedingungen keine wesentliche Unterscheidungsmerkmale zwischen den beiden Eisenpigmentablagerungen beigebracht.

Wenn wir uns nunmehr in den folgenden Abschnitten getrennt mit dem Bluteisen und dem Nahrungseisen befassen, so muß entsprechend den voraufgehenden Ausführungen nochmals bemerkt werden, daß eine ganz strenge Unterscheidung zwischen diesen beiden Pigmenten nicht immer möglich ist. Es ist durchaus möglich, daß auf Grund späterer

Untersuchungen manche Angaben, die wir in den einen Abschnitt gebracht haben, dem Bereich des anderen Abschnittes angehören. Aber dies soll uns nicht hindern, bereits heute eine Einteilung zwischen den exogenen und endogenen Pigmenten durchzuführen.

Das Bluteisen.

Die einzelnen Phasen der Blutkörperchenzerstörung.

Wie bereits bei der vitalen Färbung darauf hingewiesen wurde, lassen sich 3 Phasen der Speichererscheinungen feststellen. Diese 3 Phasen ließen sich verhältnismäßig gut bei der vitalen Farbspeicherung und bei der Phagocytose abgrenzen, man konnte die Anfärbung und die Verteilung, die eigentliche Speicherung und die Ausstoßung der aufgenommenen Stoffe deutlich voneinander abgrenzen. Es ist selbstverständlich, daß auch bei der Zerstörung und Verarbeitung der roten Blutkörperchen zu Eisenpigment entsprechende Unterabteilungen gemacht werden können, da auch diese Zelltätigkeiten Speichererscheinungen darstellen. Während aber keine wesentlichen Streitigkeiten der Forscher bei der Einteilung der vitalen Färbung sich ergeben, kommt bei der Verfolgung der Hämolyse nach Ansicht der einzelnen Autoren die erste Phase dieses Vorganges in verschiedener Weise zustande. Diese verschiedenartigen Ansichten spiegeln sich am besten in der Arbeit von HUNTER wieder, wenn er von der aktiven Hämolyse die passive abtrennt. Die aktive soll innerhalb der Gefäße vor sich gehen, zeichnet sich durch Freiwerden von Hämoglobin aus, das dann in der Leber und der Milz aufgenommen wird. Die passive Hämolyse geht durch den Mechanismus der blutkörperchenhaltigen Zellen vor sich.

Entsprechend dem Plan der HUNTERschen Arbeit soll in den folgenden Ausführungen zunächst die erste Phase der Hämoglobinbindung besprochen werden, wie sie einerseits durch die Erythrophagocytose, andererseits durch direkte Hämoglobinaufnahme gegeben ist. Sodann mag über die eigentliche Eisenpigmentablagerungen berichtet werden. Die Befreiung der eisenbeladenen Zellen von diesen Einschlüssen sei in diesem Kapitel nicht besprochen, da sich kaum Arbeiten über diese Phase der Zelltätigkeit auffinden lassen, weil die Beobachtung dieses Stadiums auch kaum bemerkenswerte Tatsachen vor Augen führen dürfte.

Die Erythrophagocytose.

Bei den Erythrocyten handelt es sich um Gebilde, die in derselben Weise wie viele vitalen sauren Farbstoffe eine anodische Konvektion aufweisen. Ihre Speicherung entspricht insofern dem Typ der sauren Farbstoffe, als nur bestimmte vereinzelte Zellen des Organismus die Fähigkeit besitzen, Erythrocyten in ihr Inneres aufzunehmen. Hervorgehoben werden muß aber, daß der Organismus unter normalen Verhältnissen überhaupt keine Erythrophagocytosen aufweist, es müssen erst in ihrer Vitalität geschädigte arteigene oder auch artfremde Erythrocyten vorhanden sein, wenn eine Speicherung der Erythrocyten stattfinden soll.

Bei lokalem Angebot läßt sich die Erythrophagocytose am besten am lockeren Bindegewebe untersuchen. Zunächst sind derartige

Bedingungen für lokale Speicherungen von Erythrocyten bei Extravasaten gegeben, wobei bereits LANGHANS (548) eingehend die Aufnahme
der Erythrocyten beschreiben konnte. Nach diesem Autor werden die
Erythrocyten von den contractilen Zellen der Umgebung aufgenommen,
es kommt dann später in den betreffenden Zellen zu der Ausbildung
eines körnigen Pigments. In dem dorsalen Lymphsack des Frosches
zeigen sich nach OSKAR LANGE (547) 3 Arten von blutkörperchenhaltigen
Zellen, die sämtliche Stadien der Zerstörung der aufgenommenen Erythrocyten aufweisen. In den Lymphknoten der Partien, in denen sich
Extravasate gebildet haben, zeigen sich nach ORTH ebenfalls zahlreiche
verschleppte Blutkörperchen in den Reticulumzellen des interfollikulären
Gewebes.

Erythrophagocytosen infolge lokalen Blutangebotes lassen sich auch
reichlich in der Bauchhöhle beobachten. Beim Hunde beobachtete
CORDUA (141) vereinzelte Erythrophagocytosen der Exsudatzellen nach
Zuführung von Blutgerinnseln. SCHOTT (906) beobachtete eine Erythrophagocytose in der Bauchhöhle durch granulierte Leukocyten. Auch
beim Meerschweinchen kommt es nach Einspritzung von artfremden
roten Blutzellen in der Bauchhöhle zur Phagocytose durch die
betreffenden Zellen.

Die Bauchhöhle als Versuchsobjekt für erythrophagocytäre Erscheinungen benutzten auch BERGEL (1156), ferner WALLBACH (1068). Bei
Mäusen zeigte sich nach Einspritzung gewaschener Hammelblutkörperchen
eine sehr starke Erythrophagocytose. An diese Aufnahme schloß sich
ein körniger Zerfall der eingeschlossenen Erythrocyten an.

Aus allen diesen Angaben geht mit Sicherheit hervor, daß bei lokalem
Angebot von roten Blutzellen meist eine Aufnahme derselben durch
die anliegenden und sich ansammelnden Zellen erfolgt. Es sei gleich hier
hervorgehoben, daß die Aufnahme nicht regelmäßig erfolgt, daß auch
Ausnahmen von der Regel vorhanden sind. Über die Bedingungen der
Erythrophagocytose soll in einem späteren Abschnitt dieses Kapitels
gesprochen werden.

Bei einem allgemeinen Angebot von in ihrer Lebensfähigkeit
geschwächten Erythrocyten oder von artfremden Erythrocyten zeigt sich
hauptsächlich in der Milz eine Ablagerung der Erythrocyten, wie dies
bereits in den einleitenden Betrachtungen zu diesem Kapitel hervorgehoben wurde. Die Bedeutung der Milz für die Erythrophagocytose
ist bereits von QUINCKE (801) hervorgehoben worden. GABBI (241) wollte
bereits in der normalen Milz blutkörperchenhaltige Zellen aufgefunden
haben. Unter pathologischen krankhaften Verhältnissen beobachtete
BIONDI (85) globulifere Zellen bei mit Toluylendiamin vergifteten Hunden,
nach HEINZ (341) sollen die roten Blutzellen nach Phenylhydrazinvergiftung in den Milzgefäßen zurückgehalten werden. Auch sonst berichten
zahlreiche Autoren über Erythrophagocytosen in der Milz unter krankhaften Zuständen, so EPPINGER (184) bei perniziöser Anämie, was allerdings zahlreiche andere Untersucher nicht bestätigen konnten, LINT-
WAREW (590) bei BANTISCHER Krankheit, LAUDA und HAAM (556) bei
der Bartonellenanämie der Ratte, LEPEHNE unter den Bedingungen
der sonstigen experimentellen Anämien.

Über die Frage, ob unter normalen Verhältnissen Erythrophagocytosen in der Milz angetroffen werden können, sind sich die einzelnen Autoren nicht einig. Nach Aschoff (33) sollen unter normalen Verhältnissen derartige Befunde sehr spärlich sein, Marchand (639) hält die Erythrophagocytose in der Milz und in den Lymphdrüsen zu sehr zu den gewöhnlich anzutreffenden Funktionen, so daß eine Grenze zwischen pathologischem und normalem in dieser Hinsicht nicht gezogen werden kann. Diesen Ansichten gegenüber betonen Lauda (553) und ebenfalls Wallbach (1068), ferner auch Lubarsch (621) in seiner zusammenfassenden Darstellung über die Milz, daß nur unter pathologischen Umständen Erythrophagocytosen in der Milz angetroffen werden können. Über die einzelnen Bedingungen der Erythrophagocytose, besonders in der Milz, soll später ausführlich eingegangen werden.

Es gibt auch Zustände, unter denen Erythrophagocytosen in den Sternzellen der Leber angetroffen werden können, während unter gewöhnlichen Umständen hier keine eingeschlossenen roten Blutkörperchen zu finden sind. Kuczynski (521) sah Erythrophagocytosen in den Sternzellen bei einem Fall von mit Salvarsan behandelter Syphilis, weiterhin zeigen sich auch reichliche Erythrophagocytosen in den Sternzellen nach Entmilzung bei der Ratte (Bartonellenanämie). Sonst zeigen sich nach Milzexstirpation bei den übrigen Tierarten keine Erythrophagocytosen. Unter Behandlung mit Blutgiften zeigen sich Erythrocyten in den Sternzellen nach Lepehne (571, 574) bei mit Arsenwasserstoff behandelten Tauben, nach Rosenthal (539) bei mit Toluylendiamin behandelten Hunden, wobei Joannovicz (444) in späteren Stadien auch Eisenpigmentablagerungen beobachten konnte.

Aber auch die Leberepithelzellen können eine Aufnahme von Erythrocyten unter gewissen krankhaften Zuständen beobachten lassen. Rössle (850) beobachtete derartige Bilder bei einem Fall von Hämochromatose, Verecke (1210) experimentell nach Einspritzung von destilliertem Wasser, nach Pepton oder nach Curare. Schmaus und Böhm sahen derartiges bei Phosphorvergiftung des Meerschweinchens, Quincke (802) bei einem Fall von Aneurysma der Leberarterie. Bezüglich der Bildung von Eisenpigment in den Leberepithelien äußert sich Rössle, daß dieses Pigment durch direkte Verarbeitung der Erythrocyten durch die Leberepithelien zustande kommen kann. Erythrophagocytosen in den Leberepithelien beobachtete noch Graeff (280) nach Knollenblätterschwammvergiftung.

Im Knochenmark zeigen sich im allgemeinen selten Erythrophagocytosen. Quincke behauptet, daß die Entfernung der Erythrocyten auch durch die Reticulumzellen des Knochenmarkes vor sich gehen soll. Globulifere Zellen im Knochenmark beschreiben auch C. Biondi (85), ferner E. J. Kraus (609) bei einem Fall von vollständigem Schwund von Mikroparenchym. Ob die Ansicht der Autoren, daß die Erythrophagocytosen in dem Knochenmark als Ersatzleistungen für die Milz angesehen werden können, zu Recht besteht, soll später ausführlich erörtert werden.

Die Möglichkeit der Erythrophagocytose durch die Blutzellen steht in engem Zusammmenhang mit einer früher viel im Schrifttum erörterten Ansicht über die Entstehung der eosinophilen Zellen. Nach

STSCHASTNY (1007) soll die Entstehung der eosinophilen Zellen bei der Hämolyse durch phagocytäre Aufnahme von Trümmern der roten Blutzellen und nach erfolgter Verarbeitung derselben zustande kommen. Derartige Entstehungsmechanismen nehmen die betreffenden Autoren auch für die eosinophilen Zellen beim Asthma bronchiale an. Diese Befunde wurden von H. KÄMMERER und E. MEYER (459) widerlegt. Deutlich zeigte sich, daß bei Erythrophagocytosen durch Leukocyten die aufgenommenen Erythrocytentrümmer ein ganz anderes Aussehen und eine andere Anordnung aufweisen, als dies bei den Granula der eosinophilen Leukocyten der Fall ist. Auch PAPPENHEIM (750) bemerkt, daß die Ähnlichkeit der eosinophilen Granula mit dem Hämoglobin nur eine scheinbare ist.

Zahlreiche Untersucher berichten über Erythrophagocytosen innerhalb der Leukocyten nach Herausnahme der Milz bei Ratten [LEPEHNE (571 bis 574), DOMAGK (164), HIRSCHFELD und SUMI (389)]. Diese Befunde stellen keineswegs eine Ersatzfunktion für den Ausfall der Milz dar, denn wir wissen aus den Untersuchungen von LAUDA (504), ferner von MEYER, daß bei den Ratten nach Entmilzung ein krankhafter Zustand eintritt, der mit hochgradiger Anämie einhergeht. Neben reichlichen Erythrophagocytosen in Leber, Lymphknoten, Knochenmark und vielen anderen Organen lassen sich bei der Ratte mit ziemlicher Regelmäßigkeit Erythrophagocytosen in den Leukocyten des strömenden Blutes beobachten. Keineswegs zeigt sich derartiges nach Entmilzung bei anderen Tierarten.

Einspritzungen von artfremden Erythrocyten bei verschiedenen Tieren zeigten keine Erythrophagocytosen in Zellen des strömenden Blutes. OELLER (724) berichtet nicht über derartige Erscheinungen, obwohl in Milz und Lunge zahlreiche derartige Beobachtungen festgestellt werden konnten. Auch GERLACH vermag nicht über die Beteiligung der Leukocyten des strömenden Blutes an der Erythrophagocytose irgendwelche positiven Angaben zu machen. WALLBACH (1078) beobachtete an den Leukocyten des strömenden Blutes unter derartigen Versuchsbedingungen keine Erythrophagocytosen.

An der Lunge findet sich normalerweise niemals eine Beteiligung an der Erythrophagocytose, wie sie auch sonst nicht im Gesamtorganismus anzutreffen ist. Dagegen zeigen sich entsprechende phagocytäre Erscheinungen nach Einspritzungen von Fremdblut (OELLER, GERLACH, WALLBACH). Bei gesteigertem Blutzerfall innerhalb des Organismus fand sich in der Lunge niemals eine Erythrophagocytose, soweit ich die Literatur überblicken kann.

Aus den Beobachtungen an allen diesen Organen über das Vorkommen einer Erythrophagocytose ergibt sich, daß unter normalen Verhältnissen niemals Erscheinungen dieser Art bei den verschiedenen Tieren festgestellt werden konnten. Anders aber bei gesteigertem Blutzerfall, wie auch bei Angebot von Fremdblut, wo in den verschiedensten Zellen Erythrophagocytosen beobachtet werden konnten.

Die Hämoglobinresorption.

Während LANGHANS in seinen Arbeiten die Wichtigkeit der Erythrophagocytose für das Zustandekommen der Eisenpigmentspeicherung vor Augen führte, suchte er andererseits eine Hämoglobinspeicherung in den Zellen als ursächliches Moment auszuschließen. Wohl beobachtete LANGHANS (548) nach Einspritzungen roter Blutzellen in das lockere Bindegewebe der Unterhaut außer den blutkörperchenhaltigen Zellen eine Hämoglobindiffusion in das umgebende Bindegewebe, doch sollte es sich bei diesem Vorgange um postmortale Erscheinungen handeln. LANGHANS spritzte dann in der Kälte gelöstes Blut in das Unterhautbindegewebe des Kaninchens ein. Der nunmehr in die Umgebung diffundierende Blutfarbstoff wird einfach aufgesaugt und bildet sich nicht in körniges Pigment um. Nach 2 Tagen war bei dem Kaninchen keine Spur der Substanz mehr festzustellen.

In derselben Weise mußten auch viele andere Untersucher, die mit Hämoglobininjektionen arbeiteten, eine sichtbare Resorption des Blutfarbstoffes durch die anliegenden Zellen vermissen. Dagegen zeigten sich sofortige Eisenpigmentablagerungen. Es haben sicherlich die betreffenden Autoren einen zu langen Zeitraum nach der Injektion für die mikroskopische Betrachtung verstreichen lassen. [SCHURIG (917), GORODECKI und BENCZUR, R. LASPEYROS (550), NEUMANN (761).] Andererseits mußte QUINCKE (801) nach Einspritzungen größerer Mengen Vollblut eine stärkere Einwirkung der anliegenden Zellen auf das Blut vermissen, es zeigt sich nach QUINCKE höchstens eine Diffusion in die Umgebung des Bindegewebes, wie dies auch LANGHANS berichtet hat.

Ein vollkommenes spurloses Verschwinden von Blutfarbstoff in einwandfreien Zeitserienuntersuchungen beobachteten CORDUA (141) an der Bauchhöhle, WALLBACH (1074) an der Mäusebauchhaut.

Nach Einspritzungen von Hämoglobin in den Kreislauf direkt oder indirekt zeigte sich nach OELLER (724) eine deutliche Speicherung des betreffenden Farbstoffes in der Lunge. Auch GERLACH (250) konnte bei der Nachprüfung dieser Untersuchungen diese Befunde bestätigen.

Die verschiedenen Beobachtungen der verschiedensten Autoren, die unter scheinbar denselben Untersuchungsbedingungen eine Resorption von Blutfarbstoff beobachten konnten oder diesen Befund ablehnten, sind natürlich ausschließlich auf die Art der Versuchsbedingungen zurückzuführen. Worin diese Unterschiede bei den Feststellungen gelegen sind, soll in einem anderen Abschnitt dieses Kapitels eingehend erörtert werden.

Die Eisenpigmentablagerungen.

Zunächst wollen wir uns mit den Eisenpigmentablagerungen in der Milz befassen, weil dieses Organ nach den Angaben von M. B. SCHMIDT (892) das Hauptablagerungsorgan für diese Substanz darstellen soll.

Betreffs des normalen Eisenpigmentbefundes behauptet LUBARSCH (621), daß Eisenpigment in der normalen Milz fehle, während nach EPPINGER (184/185) das Eisenpigment immer vorhanden sein soll. Derartige Befunde sollen nach ASCHOFF (33) außerordentlich spärlich sein, immerhin wird der positive Befund von ihm nicht geleugnet. In der Milz des Meerschweinchens soll nach GERLACH (250) ein wechselnder Pigmentgehalt anzutreffen sein, ebenfalls in der Hundemilz nach ZIEGLER und WOLFF (1144). Nach letzteren Autoren soll gerade bei jungen Hunden der Eisenpigment ein spärlicherer sein, während umgekehrt IRISHAWA sehr starke Erythrophagocytosen und Eisenpigmentablagerungen normalerweise feststellen konnte. In der normalen

Milz des Pferdes soll sich nach Mrowka (695) ein deutlicher Eisenpigmentgehalt nachweisen lassen, was auch von Hock (398) bestätigt wurde. Die normale Kaninchenmilz enthält nach den Angaben von Lubarsch und auch nach denen von Wallbach kein Eisenpigment, nach Schurig (917) nur in mäßigen Mengen. Der oft positive Eisenpigmentgehalt in der Milz älterer Kaninchen soll nach Lubarsch auf Laboratoriumsinfektionen zurückzuführen sein.

In der Milz von Rind und Schaf sollen sich nach M. Ziegler und Wolff geringere Eisenpigmentmengen antreffen lassen, noch geringer sollen etwaige Ablagerungen beim Schwein sein. Den geringsten Eisenpigment fanden diese Untersucher beim Hunde. Für jede Tierart besteht also eine gewisse Konstanz des eisenhaltigen Pigmentes in der Milz nach den Berichten dieser Forscher.

Sehr große Unregelmäßigkeiten zeigen sich in dem Eisenpigmentgehalt der weißen Maus, da hier die Milz unter scheinbar normalen Zuständen große Mengen Eisenpigment beherbergen kann. Es muß dabei auf die Untersuchungen von Kuczynski (522) hingewiesen werden, daß der Eisenpigmentgehalt auf die Ernährungsverhältnisse dieser Tierarten zurückgeführt werden muß, daß gewissermaßen stimulierende Einflüsse gegenüber einer Eisenpigmentspeicherung sich an der Mäusemilz bemerkbar machen, Gedanken, die ich an Hand eigener Untersuchungen durchaus bestätigen muß. Bei der Besprechung der Bedingungen für die Eisenpigmentablagerungen wird auf diese Umstände noch genauer hingewiesen werden müssen.

In der Milz der Vögel beobachtete Laspeyros (550) größere Mengen Eisenpigment unter normalen Verhältnissen.

Daß bei krankhaften Zuständen stärkere Eisenpigmentablagerungen in der Milz angetroffen werden können, ist bekannt. Bei einem Fall von Naphtholvergiftung fand sich nach Berencsy (68) vermehrter Eisenpigmentgehalt in der Pulpa, auch sonst finden sich nach Blutgiften starke Eisenpigmentbefunde in der Milz [Eppinger (184) bei Toluylendiaminvergiftung, Gabbi (241)]. Weiterhin zeigt sich eine Eisenvermehrung nach Zufuhr artfremden Blutes [Schurig, Shimura (945), Strasser (1001), Wallbach], bei sonstigen Prozessen mit gesteigertem Blutzerfall, wobei zu bemerken ist, daß M. B. Schmidt bei einem Fall von hämolytischer Anämie nur geringe Eisenmengen feststellen konnte, und daß bei der perniziösen Anämie Eisenpigmentbefunde in der Milz zu den Seltenheiten gehören. Besonders ausgeprägt sind die Eisenpigmentablagerungen bei Infektionsprozessen, die mit und die ohne Anämie einhergehen [Gohrbardt (264), Lubarsch (621), Wallbach (1078) u. a.].

In der Leber soll sich nach Eppinger normalerweise regelmäßig Eisen beim Menschen antreffen lassen, ebenso wie in Milz und Knochenmark. Nach Hock tritt Eisen in der Leber normaler Pferde nur in den Sternzellen auf. Nach M. B. Schmidt soll dagegen unter normalen Verhältnissen kein Eisen in der Leber angetroffen werden. Bei der Ratte zeigen sich nach Paschkis (757) geringe Eisenmengen in der Leber.

Unter den Bedingungen gesteigerten Blutzerfalls fand Laspeyros bei Vögeln größere Eisenmengen nach Injektion von Hämoglobin, wie denn nach den Untersuchungen von Minkowski und Naunyn (668) die

Leber der Vögel sich durch eine besondere Aufnahme von Erythrocyten und Eisenpigment auszeichnen soll. Dieselben Beobachtungen konnte Schurig anstellen. Bei der Toluylendiaminvergiftung des Hundes fand Gabriel Gamboroff (242) eine Eisenpigmentablagerung in den Leberzellen, ebenfalls nach verschiedenen Infektionen. Bestätigt konnten diese Untersuchungen von Joannovics nicht werden, dieser Autor fand gerade das Eisenpigment in den Sternzellen und in den Endothelzellen der Leber. Eisenvermehrungen in der Leber nach Pyrodin fand Meinertz (659) beim Kaninchen. Die gleiche Eisenvermehrung konnte auch nach vorheriger Milzexstirpation angetroffen werden, so daß diese Eisenpigmentablagerungen nicht, wie Joannovics und Eppinger glauben, mit der Milzfunktion in Zusammenhang gebracht werden müssen.

Wallbach (1078) konnte unter den Bedingungen des Blutzerfalls niemals eine Eisenpigmentablagerung in den Epithelzellen und den Sternzellen der Leber von Kaninchen und Maus antreffen. Weder zeigte sich ein positiver Befund nach Zufuhr artfremden Blutes noch nach Einwirkung verschiedener Blutgifte und nach Injektionen. Inwieweit derartige Befunde sich auch auf andere Versuchstiere übertragen lassen, muß natürlich dahingestellt bleiben. Shimura (945) fand bei Hunden nach Einspritzung artgleichen Hämoglobins, das noch demselben Tier entnommen war, außer Zunahme des Hämosiderins in der Milz noch in der Leber in der Zeit zwischen 7 Stunden und 36 Stunden eine Eisenablagerung in Epithelzellen und in Sternzellen. Auch das Knochenmark zeigte einen stärkeren Gehalt an Eisenpigment in den Reticulumzellen.

Nach den Untersuchungen von M. B. Schmidt (896) kommt unter physiologischen Umständen Eisenpigment in dem Knochenmark vor, ebenfalls nach Eppinger (184) und nach Askanazy (37). Nach M. B. Schmidt soll dieser Befund durch alle mit vermehrter Blutzerstörung einhergehenden Prozesse erhoben werden.

Daß auch Artverschiedenheiten bei den Eisenbefunden im Knochenmark mitsprechen, ist selbstverständlich. In dem Knochenmark von Kaninchen läßt sich nach Schurig regelmäßig Eisenpigment nachweisen, während bei Vögeln Laspeyros nie reichlichere Eisenpigmentmengen im Knochenmark feststellen konnte. Doch muß hervorgehoben werden, daß Wallbach bei seinen Untersuchungen im normalen Kaninchenknochenmark niemals Eisenpigmentablagerungen feststellen konnte, wohl aber bei infektiösen Prozessen.

Normales Knochenmark von Hunden erweist sich nach Shimura immer frei von Eisenpigment, doch zeigt sich bereits 36 Stunden nach Hämoglobineinspritzungen Hämosiderin in den Reticulumzellen.

Eisenpigmentbefunde in der Niere lassen sich normalerweise niemals feststellen. Bemerkenswert sind die Eisenpigmentbefunde bei der perniziösen Anämie, bei der durch den Harn nur sehr geringe Eisenmengen ausgeschieden werden. Dieselben Befunde an der Niere konnte Schurig nach Eiseninjektionen erheben, im Lumen der Kanälchen jedoch fand dieser Autor nur selten Eisenpigment.

Besonders stark sind die Eisenpigmentbefunde beim Menschen mit tropischen Krankheiten, was aus den Untersuchungen von Oudendahl (740) hervorgeht.

Am Kaninchen und auch am Meerschweinchen zeigen sich nach Einspritzungen verschiedener Eisenverbindungen nach WALLBACH nur spärliche Eisenablagerungen in den Harnkanälchen der Nieren.

Einen lokalen Test für die Umwandlungsmöglichkeit des Blutfarbstoffes in Eisenpigment gibt das lockere Bindegewebe ab. Es war NEUMANN (711), der zuerst an diesem Gewebe eine Umwandlung von mit Äther aus den Blutkörperchen extrahiertem Hämoglobin in Eisenpigment beobachten konnte. Auch LUBARSCH konnte in seinen zahlreichen Untersuchungen diese Umwandlungen des Blutfarbstoffes vollkommen bestätigen. Es sei an dieser Stelle noch auf den Streit zwischen LANGHANS (648) und NEUMANN hingewiesen, ob in dem lockeren Bindegewebe nur durch den Mechanismus der blutkörperchenhaltigen Zellen eine Eisenpigmententstehung bewirkt wird oder ob auch die einfache Hämoglobinresorption eine Entstehung von Hämosiderin verursacht. Auf eine weitere Entwicklungsmöglichkeit weist noch M. B. SCHMIDT hin, daß nämlich eine Aufnahme von Hämoglobintropfen möglich ist, die rein äußerlich echte Erythrocyten vortäuschen können.

Es sei hier nur hervorgehoben, daß Eisenpigmentbefunde im lockeren Bindegewebe nach lokaler Zufuhr von Blut und Hämoglobin, so auch nach Blutextravasaten beobachtet werden können. Immer zeigen sich Zwischenstufen nach lokaler Zufuhr dieser Substanzen. Die negativen Befunde mancher Autoren [KRAUSE (510)] beruhen auf ungünstig gewählter Beobachtungszeit. Doch ist es durchaus möglich, daß bei Überschwemmung des Blutes mit Abbauprodukten sofortige Eisenpigmentspeicherungen in dem lockeren Bindegewebe stattfinden können.

Nach KRAUSE sind die Ablagerungsstellen die fixen Bindegewebszellen, beim Hunde auch die Zellen des Fettgewebes, die Fibroblasten des Granulationsgewebes, neutrophile Leukocyten und besonders die Adventitiazellen, die später ausschließlich Eisenpigment eingeschlossen enthalten. Nach den Untersuchungen von WALLBACH (1074) mit Hämoglobineinspritzung in die Mäusebauchhaut sind es in erster Linie die Histiocyten, die Eisenpigment aufweisen, die Fibrocyten zeigen nur in vermindertem Maße derartige Einlagerungen. Dieselben Befunde ließen sich auch nach Einspritzung von Vollblut erheben.

Daß auch in den Lymphknoten Eisenpigmentablagerungen angetroffen werden können, hat ORTH beschrieben. Auch in den Tonsillen und dem lymphatischen Gewebe des Processus vermiformis finden sich nach M. B. SCHMIDT (900) neben zahlreichen eingelagerten Erythrocyten noch Eisenpigmentmassen, die sich in feinkörniger Ablagerung in den Bindegewebszellen antreffen lassen, im Gegensatz zu den Befunden nach Hämatomen, wo sich die betreffenden Pigmente in groben Massen in den runden Zellen des lymphatischen Gewebes anfinden.

Die Umstimmung der Zellen in ihrer Äußerung gegenüber dem Eisenpigmentstoffwechsel.

In den vorhergehenden Abschnitten dieses Kapitels wurde die enge Abhängigkeit der Eisenpigmententstehung mit der Zerstörung der roten Blutkörperchen und der Verarbeitung des Hämoglobins immer wieder betont, es wurde gewissermaßen vor Augen geführt, daß die Entstehung

des Eisenpigmentes und die Stärke des Ausfalls der Eisenpigmentbefunde
in hohem Maße abhängig ist von der Stärke des Blutzerfalls. Besonders
die Milz mußte unter bestimmten Bedingungen als die Stätte des Blutzerfalls und der Eisenpigmententstehung auf Grund der Untersuchungen
zahlreicher Autoren hingestellt werden, auch lokale Bildungen des Eisenpigments durch Zerstörungen der Blutkörperchen nach Austritt aus den
Gefäßen oder nach Einpflanzungen von Blutkuchen wurden an Hand
der vorliegenden Literatur eingehend beschrieben.

Es mußte aber auffallen, daß so zahlreiche Forscher in der normalen
Milz kein Eisenpigment auffinden konnten. Von LUBARSCH wird darauf
hingewiesen, daß Eisenpigment in der normalen Menschenmilz nicht
aufgefunden werden konnte, nur unter krankhaften Verhältnissen zeigten
sich derartige Befunde. Auch bei Kaninchen, die anscheinend gesund
waren, zeigte sich in der Milz nur Eisen unter dem Einfluß einer früheren
Stallinfektion.

Es mußte auffallen, daß bei verschiedenen Tierarten der Eisenpigmentbefund in der Milz sich verschieden verhielt, daß die Eisenpigmentbefunde in den Milzen verschieden alter Tiere sich erheblich unterschieden. Da ein normalerweise stattfindender Blutzerfall ein physiologisches Vorkommnis bedeutet, so müßte auch angenommen werden,
daß auch ein Eisenpigmentgehalt der normalen Milz verschiedener Tiere
zu den gewöhnlichen Vorkommnissen auch unter normalen Umständen
zu rechnen ist. Es bleibt also nichts anderes übrig als anzunehmen, daß
trotz physiologisch stattfindenden Blutzerfalls die Zellen der Milz
keineswegs imstande sind, Blutkörperchen aufzunehmen und sie zu
Eisenpigment zu verarbeiten.

Wenn wir die Gründe suchen, weshalb der Eisenpigmentgehalt in
der Milz der verschiedenen Tierarten so große Unterschiedlichkeiten
aufweist, so müssen wir feststellen, daß kein direktes Abhängigkeitsverhältnis zwischen der Größe des Blutzerfalls und der Menge der Eisenpigmentspeicherung besteht. Man kann nach ZIEGLER und WOLFF
nur aussagen, daß große Mengen von Pigment bei Herbivoren auftreten,
während bei Schweinen und Hunden bedeutend weniger Pigment angetroffen wird. Keineswegs spricht diese Tatsache dafür, daß eine größere
Menge Nahrungseisen für diese Unterschiedlichkeiten verantwortlich
gemacht werden muß. Auch das Kaninchen zeigt nach meinen Erfahrungen bei der Fütterung im Laboratorium ebensowenig Eisen wie die
Carnivoren.

HUECK (414) berichtet in seiner zusammenfassenden Darstellung, daß
auch unter den Bedingungen, daß Blut aus den Gefäßen austrat und
in den Geweben liegen bleibt, die Pigmentierung sich keineswegs gleichmäßig vollzieht, auch nicht an Stellen, die anscheinend gleichen Bedingungen ausgesetzt sind. Der Abbau geht in ganz verschiedener und ungleicher Weise vor sich.

Auf Grund dieser Angaben aus dem Schrifttum muß es begründet erscheinen, daß die
Blutzerstörung nur eine der Bedingungen darstellt, unter denen eine Eisenpigmententstehung beobachtet werden kann. Das andere Moment muß in derselben Weise, wie wir es
bei der Untersuchung der vitalen Farbspeicherung kennen gelernt haben, in der Zelle
gelegen sein, in der Bereitwilligkeit der Zelle, die dargebotenen Blutkörperchen aufzunehmen und zu Pigment zu verarbeiten.

Es muß einerseits, begründet durch die Tierart und durch die Zellart, die Zelle von sich aus in der Lage sein, eine besondere positive oder negative Affinität zum Blutfarbstoff zu entfalten. Andererseits ist auch die Möglichkeit gegeben, entsprechend den Untersuchungen bei der vitalen Farbspeicherung, daß durch gewisse Umstimmungen das Wahlvermögen der Zelle derart verändert werden kann, daß jetzt eine Änderung der ursprünglichen Affinität zum Blutfarbstoff eintritt. Wenn wir nun bedenken, daß auch unter normalen Umständen bereits eine Blutzerstörung einsetzt, wenn diese sich auch innerhalb geringer Grenzen bewegt, so muß mit Wahrscheinlichkeit angenommen werden, daß durch die Umstimmung der Affinität der Zelle zum Blutfarbstoff allein die Möglichkeit gegeben ist, eine stärkere Pigmentation der Zelle zu bewirken. Wenn wir bedenken, daß immer kreisende Blutkörperchen und auch freies Eisen in der Zirkulation sich befinden, denen gegenüber die betreffenden Zellen eine phagocytäre Wirkung auszuüben vermögen, so ist ebenfalls die Möglichkeit gegeben, durch Erhöhung der Affinität der Zellen zu dem Hämoglobin und zu dem freien Eisen eine stärkere Pigmentation hervorzurufen. Unter diesen neuen Gesichtspunkten der Eisenpigmententstehung verschwinden die früheren Unstimmigkeiten über die Hämoglobinspeicherung oder Erythrophagocytose als Vorstufe der Eisenpigmententstehung, es wird auch die Bildung des Eisenpigments ein konstitutionelles Problem, wie es auch heute die vitale Farbspeicherung ist.

Wie bereits in den vorhergehenden Abschnitten dieses Kapitels ausgeführt worden ist, ist die Erythrophagocytose oder auch die Hämoglobinresorption eine Vorstufe der Eisenpigmentaufnahme, andererseits wurde auch die Möglichkeit offen gelassen, daß auch bereits gebildetes Eisen durch die Blut- und Lymphbahnen verschleppt und somit von anderen Zellen aufgenommen wird. Wir haben bereits die Lokalisation von Hämoglobinresorption, von Erythrophagocytose und von Eisenpigment geschildert an Hand einiger weniger Literaturbeispiele. Bei letzterer Schilderung haben wir es offen gelassen, auf welche Weise das Pigment in die Zellen hineingelangt ist, wir haben uns mit einer einfachen beschreibenden Darstellung begnügt. Auch hier wollen wir das Problem der direkten Eisenspeicherung nicht besprechen, es soll besonders bei der Ausführung der Speicherung von exogenem Eisen dargestellt werden. Auch halten wir es für praktisch, daß zwischen den Befunden von Hämoglobin bzw. Erythrocyten einerseits, von Eisenpigment andererseits geschieden werden muß, damit die Umstimmungen der Zelle auch später für die direkten Speicherungen exogenen Eisens gesondert Verwertung finden können.

Als Grundlage unserer Untersuchungen über die Zellumstimmungen gegenüber dem Eisenpigmentstoffwechsel nehmen wir wie bei der vitalen Farbspeicherung an, daß die Durchlässigkeit der Zellen unter den verschiedenen Einflüssen eine Änderung erfahren kann, entsprechend den Arbeiten von Höber (394) und seiner Schule. Höber berichtet selbst in seiner zusammenfassenden Darstellung, daß beim Absterben der Zellen die Durchlässigkeit der Zellmembran zunimmt, und zwar wird sie zuerst frei für die leicht, dann für die schwer diffusiblen Stoffe. Derartige Änderungen der Permeabilitätsverhältnisse müssen auch für die verschiedenen funktionellen Zustände der Zellen angenommen werden, natürlich mit Ausnahme der Erythrophagocytose.

Zuerst soll über Umstimmungen der einzelnen Zellen gegenüber Erythrocyten und gegenüber Blutfarbstoff berichtet werden, es soll dieses Problem weiter ausgeführt werden an Hand der Befunde von Eisenpigment in den betreffenden Zellen. Wie bereits oben hingewiesen, wird die Frage der direkten Eisenspeicherung zunächst unberücksichtigt gelassen. Dann soll über die Umstimmung der sog. Zellsysteme und des ganzen Organismus gegenüber Blutfarbstoff und gegenüber Eisenpigment berichtet werden. Schließlich sollen 2 Sonderabschnitte aus dem Gebiet der Umstimmungslehre gegenüber Eisenpigment herausgegriffen werden, die einer besonderen Besprechung unterworfen werden. Es sind dies die Hämochromatose und der Einfluß der Immunität gegenüber einer Erythrocytenspeicherung.

Umstimmung der einzelnen Zellen gegenüber einer Aufnahme von Erythrocyten und Hämoglobin.

In seiner zusammenfassenden Darstellung über die physiologische Pigmentierung bemerkt HUECK (414), daß keineswegs eine Abhängigkeit der Erythrophagocytose und der Hämoglobinresorption von der Menge der speicherbaren Stoffe besteht. Aus den Untersuchungen von DÜRCK (172) ist es bekannt, daß in Blutungen der Haut, die schon viele Wochen alt sind, noch zahlreiche unveränderte Blutkörperchen angetroffen werden können, die keine Phagocytose erfahren haben. Auch geht der Blutabbau in den Hämatomen in sehr ungleicher und unregelmäßiger Weise vor sich. Auch LUBARSCH (618) stellt fest, daß bei Blutungen in die Epidermis von seiten der hier befindlichen untätigen Zellen keine resorptiven Erscheinungen in Frage kommen. So wird auch von diesem Forscher die Wichtigkeit des funktionellen Zustandes bei der Hämoglobinresorption und bei der Erythrophagocytose eingeräumt. Schließlich wissen wir aus den Untersuchungen von CORDUA (141), daß Resorptionen von artfremdem Blut aus der Bauchhöhle des Hundes nur in ganz geringgradigem Maße von seiten der Zellen zustande kommen, daß häufig eine spurlose Resorption von seiten der Lymphgefäße in den Kreislauf hinein zustande gebracht wird. Nach SCHOTT (906) ist das Verhältnis der Erythrophagocytosen in den Bauchhöhlenexsudatzellen im Verhältnis zu der Menge der eingeführten artfremden Erythrocyten außerordentlich gering. Nach WALLBACH (1074) kommt es zu lymphogenen Resorptionen von Hämoglobin aus der Einspritzungsstelle der Mäusebauchhaut, ohne daß sich zellige Ablagerungen dieser Substanz in irgend einer Weise erkennen lassen.

Umgekehrt lassen sich zahlreiche Fälle von Hämoglobinresorptionen feststellen und auch von Erythrophagocytosen, bei denen eine stärkere Menge zerstörter Hämoglobinmengen oder Erythrocyten nicht beobachtet werden konnte. BORST (103) beobachtete bei Einheilung von Fremdkörpern in dem sich ausbildenden Narbengewebe größere, mit Blutfarbstoff beladene Zellen, ohne daß irgendwelche Blutaustritte oder Anordnungen der betreffenden Zellen um Blutgefäße herum beachtet wurden. DIECKMANN (154) fand innerhalb des Blutes von Kaninchen, die mit einer Proteus OX 19-Vaccine behandelt worden waren, erythrocytenhaltige Makrophagen, andererseits zeigten sich ähnliche Zellen innerhalb der Milz. Wie aus den Untersuchungen von WALLBACH (1078) hervorgeht, kommt bei der Proteus OX 19-Infektion des Kaninchens eine besondere Verminderung

der Erythrocyten im Sinne einer Blutzerstörung bei besonderer Versuchsanordnung nicht in Betracht, wenn eine besondere Versuchsanordnung
innegehalten wird. Wir müssen also auch die DIECKMANNschen Befunde
verwerten hauptsächlich im Sinne einer funktionellen Beeinflussung der
Zellen gegenüber der Erythrocytenspeicherung.

Bei den Benzolvergiftungen zeigen sich kaum irgendwelche Verminderungen der Erythrocyten, wie aus den Untersuchungen von SELLING (933)
und auch von WALLBACH (1079) hervorgeht. Dabei beobachteten NIKO-
LAJEFF und SCHPARO (716) eine besondere ausgeprägte Erythrophagie
in der inneren Nebennierenzone.

Schließlich sei im Zusammenhang mit den phagocytären Erscheinungen der Erythrocyten und des Hämoglobins darauf hingewiesen,
daß ein vermehrter Blutuntergang keineswegs mit einer gesteigerten
Erythrophagocytose einhergehen muß. SCHILLING-Torgau bemerkt, daß
bei einer plötzlichen Zerstörung von 25% der Erythrocyten eine Hämoglobinurie zustande kommt. Bei derartigen Zuständen findet sich nach
übereinstimmenden Angaben der Autoren selten irgendwelche Hämoglobinspeicherung oder Eisenpigmentablagerung, wie besonders aus der
zusammenfassenden Darstellung von SEYFARTH über Malaria und
Schwarzwasserfieber hervorgeht. Jedenfalls steht die Hämoglobinspeicherung und die Eisenpigmentablagerung in keinem Verhältnis zu der Stärke der Blutzerstörung.

Der konstitutive Faktor der Hämoglobinaufnahme kommt in den
Arbeiten von WALLBACH (1074) in sehr prägnanter Weise zum Ausdruck.
WALLBACH injizierte eine 1%-Lösung des MERCKschen Hämoglobin-
präparates in die Bauchhaut der weißen Maus. Niemals konnten irgendwelche resorptiven mikroskopisch sichtbaren Erscheinungen im Sinne
einer Speicherung beobachtet werden, es erfolgte spurlos eine restlose
Resorption des Hämoglobins durch die Lymphbahnen. Anders bei Zusatz
bestimmter beeinflussender Stoffe. Durch Hinzufügung von Pepton
Witte, ferner auch von Pantopon zeigte sich zunächst ein Liegenbleiben
des Blutfarbstoffes an Ort und Stelle, dann eine tropfige und schollige
Speicherung desselben in den anliegenden Bindegewebszellen.

Umstimmung der einzelnen Zellen gegenüber einer Eisenpigmentspeicherung.

Nicht nur bei Betrachtung der Aufnahme von Hämoglobin und Erythrocyten zeigt sich eine starke Unstimmigkeit zwischen der Menge der
dargebotenen Stoffe und der tatsächlich innerhalb der Zellen anzutreffenden Substanzen, sondern auch bei Betrachtung der echten Eisenpigmentablagerungen machen sich dieselben bemerkenswerten Beziehungen bemerkbar, die auf einen selbst regulierbaren Eigenstoffwechsel der Zelle
schließen lassen.

Bei seinen Untersuchungen über die Tonsillen und das lymphatische
Gewebe des Processus vermiformis bemerkt M. B. SCHMIDT (900), daß keine
gleichmäßigen Körnelungen in den Bindegewebszellen angetroffen werden,
die sich sicherlich nicht von Blutextravasaten herleiten lassen. M. B.
SCHMIDT ist der Ansicht, daß es sich nicht um örtlichen Blutzerfall handelt,
auch nicht um eingewanderte Zellen, sondern seine Befunde sprechen
vielmehr dafür, daß es sich um funktionell besonders gegenüber dem kreisenden Eisen aktive Zellen handelt. Bei bestimmten Funktionszuständen

verschwindet nach M. B. Schmidt das Eisen ebenso schnell aus den Zellen. So lassen sich bei anämischen Infarkten keine Eisenablagerungen antreffen, nur in den peripheren Zonen des Infiltrates zeigen sich Pigmentansammlungen. M. B. Schmidt denkt daran, daß es bei dem Absterben der Zellen sich um Auftreten chemischer Substanzen handelt, die mit dem Eisen lösliche Verbindungen eingehen. Es zeigen wenigstens innerhalb der Infarkte die vorher mit Eisen beladenen Zellen keine Einlagerungen mehr an.

Es geht somit aus diesen Untersuchungen hervor, daß es sich meist um besondere Zellen handelt, die vermöge ihres konstitutionellen Verhaltens in besonderer Menge Eisenpigment in ihrem Inneren aufweisen. Auf diese konstitutiven Verhältnisse bei der Eisenpigmentablagerung hat mit besonderem Nachdruck Kuczynski (522) hingewiesen. Nach ihm steigert jede resorptive Mehrleistung der Zelle auch die Eisenspeicherung. Auch bei der Zottenhämosiderose soll außer nach Verletzungen der Darmwand ein chronischer Reizungszustand der Darmwand eine besondere Rolle spielen. Die in großen Verdünnungen kreisenden Blutfarbstoffe oder auch Eisenverbindungen können dann von den betreffenden Zellen in besonderem Maße gespeichert werden und als hämosiderotisches Pigment erscheinen. Auch an der Milz lassen sich nach Paschkis ähnliche Verhältnisse beobachten. Bei der Streptokokkeninfektion der weißen Maus ist die Milz mit Eisenpigment überladen, obwohl irgendwelche stärkeren Blutabbauvorgänge fehlen. An der Kaninchenmilz konnte Wallbach (1073) entsprechende Ergebnisse erzielen. Schließlich muß noch auf die durch entsprechende Ernährung in der Milz zutage tretenden Reizungszustände der Zellen hingewiesen werden, daß nämlich nach Haferfütterung eine sehr starke Eisenpigmentablagerung in diesem Organ ersichtlich ist, die nach stärkeren Eiweißgaben in den meisten Fällen fehlt (Kuczynski).

Bei anderen Untersuchungen hinwiederum zeigt sich keine besondere Eisenpigmentablagerung, obwohl stärkere Blutzerstörungserscheinungen deutlich ausgesprochen sind. Iwao erzeugte mit p-Oxyphenyläthylamin bei Kaninchen eine stärkere Anämie, bei einer Versuchsdauer von 5 Tagen war dabei keine Eisenpigmentablagerung in Milz oder sonstigen Organen festzustellen. Pösch (794) stellte fest, daß in den Stadien des weiblichen Zyklus kein Eisenpigment im Uterus anzutreffen ist, trotz der gewaltigen Blutmengen, die die betreffende Uterusschleimhaut berühren. Wallbach (1074) spritzte Kaninchen eine 1%ige Hämoglobinlösung Merck ein, niemals ließ sich in der Milz oder in sonstigen Organen wie auch an der Einspritzungsstelle nach mehrmaliger Einspritzung irgendwie Eisenpigment in vermehrter Menge antreffen.

Auf Grund dieser negativen Untersuchungen werden wir also ebenfalls auf das konstitutionelle Moment geführt, das die Stärke der Eisenpigmentablagerung bewirkt. Der Blutzerfall als solcher ist nicht von so ausschlaggebender Bedeutung, daß er die Menge der Eisenpigmentablagerungen innerhalb des Organismus bestimmt. Es kommt in viel stärkerem Maße auf die Eigentümlichkeiten der in Frage kommenden Zellen an, daß diese den Blutfarbstoff oder auch das kreisende Eisen an sich reißen und nicht wieder abgeben. Und aus diesen Feststellungen sind wir keineswegs berechtigt, irgend etwas über die Wertigkeit des Funktionszustandes der Zellen auszusagen. Es ist weder die Eigentümlichkeit jugendlicher Zellen, gegen Eisenpigmentaufnahme sich ablehnend zu verhalten

[RÖSSLE (850)], noch dürfen wir nach LEITMANN (567) aussagen, daß die eisenpigmentreichen Leberepithelzellen als kranke Zellen zu betrachten sind.

Es fragt sich nunmehr, woher das Eisenpigment stammt, das sich bei bestimmten funktionellen Zuständen innerhalb von Zellen antreffen läßt. Hierzu ist zu bemerken, daß einmal ein physiologischer Blutzerfall in jedem Organismus anzutreffen ist, der vollauf genügt, eine sehr starke Eisenpigmentablagerung in den Zellen zu bewirken bei entsprechendem funktionellem Verhalten dieser Gebilde. Andererseits müssen wir auch bedenken, wie WICKLEIN (1115) hervorhebt, daß das aus der Nahrung stammende Eisen in gewissen Mengen in den Körpersäften kreist und somit unter der Voraussetzung der von uns angenommenen Eigenschaften der Zellen festgehalten wird. Es wird später noch hervorgehoben, daß bei der Hämochromatose manche Autoren der Ansicht sind, daß es sich bei dieser Krankheit nicht um das besondere starke Festhalten von Bluteisen, sondern von Nahrungseisen handelt.

Besonders die Blutkrankheiten sind es, die besonders deutlich eine experimentelle Grundlage für unsere Anschauungen des Eisenpigment- stoffwechsels abzugeben geeignet sind. Wir haben bereits auf die Arbeit von IWAO hingewiesen, daß p-Oxyphenyläthylamin trotz stärkerer sekundärer Anämie keine stärkere Eisenpigmentablagerung bewirkt. In demselben Sinne müssen wir die Untersuchungen von TALLQUIST (1207) betrachten, daß nämlich die akute Pyrogallolvergiftung bei Hunden sich ohne irgendeine Eisenpigmentablagerung äußert, während bei chronischer Blutgiftzufuhr bei demselben Grade von Anämie sich sehr starke Eisen- pigmentablagerungen in der Milz antreffen lassen. Diese Untersuchungen wurden in ähnlicher Weise zum Teil von WALLBACH an Kaninchen wieder- holt, und zwar mit demselben Ergebnis. Auch JAFFÉ (428) fand bei akuter Phenylhydrazinvergiftung keine Eisenpigmentablagerungen in der Milz des Kaninchens.

Es ist also oft gerade die plötzliche Stärke des Blutzerfalls und die plötz- liche Überschwemmung des Blutes mit Abbauprodukten, die eine Eisenpig- mentablagerung in dem Organismus nicht in Erscheinung treten läßt. So ist aus der Malariapathologie bekannt, was kürzlich erst wieder SEYFARTH (943) hervorhob, daß bei den akutesten Fällen von Malaria verhältnismäßig nur geringgradige Pigmentierungen aufzuweisen sind, daß eine gewisse Areaktivität des Organismus gegenüber den Plasmodien in Erscheinung tritt [DÜRCK (172)]. Erfolgt dagegen der Tod erst einige Wochen nach der Infektion, so zeigen sich ausgedehnte Eisenpigmentablagerungen.

Es handelt sich somit hauptsächlich um chronische Er- krankungen, die eine Eisenpigmentablagerung in höherem Maße aufweisen. Hierher müssen auch die Erschöpfungskrankheiten des Säuglings gerechnet werden, mit deren Eisenpigmentverhältnissen sich LUBARSCH (615) eingehend befaßt hat. Besonders stark ist die Eisen- pigmentablagerung bei den Mehlnährschäden der Säuglinge. Experimentell konnte LUBARSCH durch Fütterung mit getrockneten Rüben und Marga- rine derartige Eisenpigmentablagerungen hervorrufen [ebenfalls DUBOIS (168)]. Auch SAITO (864) stellte an Säuglingen bei Ernährungsstörungen stärkere Eisenpigmentablagerungen in den verschiedenen Organen fest. Wenn es sich auch bei allen diesen Untersuchungen vereinzelt um den Ausdruck von örtlichen Blutungsresten handelt, so wird von den betreffenden Verfassern doch angenommen, daß auch ein allgemeiner Blutzerfall vorhanden sein müsse. Das ist sicherlich richtig, nur muß noch angenommen werden, daß durch die chronische Erkrankung auch ein bestimmter funktioneller Zustand der Zellen eine Aufnahme von Eisenpigment in denselben bewirkt.

Bemerkenswert sind die Befunde bei der perniziösen Anämie, bei der sich selten trotz erheblichen Blutzerfalls Eisenpigmentablagerungen feststellen lassen. Wohl hebt EPPINGER (184, 185) hervor, daß bei Anstellung der Turnbullreaktion erhebliche Eisenpigmentmengen in der Milz angetroffen werden, doch stellt LUBARSCH (621) in seiner zusammenfassenden Darstellung der Milz fest, daß der Eisenpigmentgehalt der Milz bei der perniziösen Anämie oft auffallend gering ist, nicht selten sind kaum Spuren nachzuweisen, so daß sich ein auffallender Gegensatz ergibt zu den Befunden bei sekundären Anämien mit geringerem Grad der Blutzerstörung. Diesen Erfahrungen haben auch SCHMORL und STERNBERG (992) zugestimmt, auch HUECK (414) konnte diese Befunde bestätigen. Aus diesen Befunden läßt sich folgern, daß der Eisenpigmentgehalt der Organe nicht immer von dem Eisenangebot abhängig ist, sondern daß noch andere Einflüsse die Eisenpigmentablagerung bewirken. Die Dauer der Krankheit steht hier in gar keinem Zusammenhang mit der Stärke der Hämosiderinablagerung.

Bei der perniziösen Anämie zeigen sich auch Abweichungen von der Lokalisation des Eisenpigmentgehaltes. So zeigen sich gerade bei Fehlen von Pulpahämosiderose Eisenpigmentablagerungen in den Wandungen der Lymphknötchenschlagadern, auch können die Wandungen der Trabekelarterien daran beteiligt sein (LUBARSCH). Ferner zeigen sich stärkere Eisenablagerungen in den Lymphknoten des Portalringes [FAHR (200)].

Entsprechende Befunde wie bei der perniziösen Anämie des Menschen zeigen sich bei der der Pferde, obwohl die beiden Erkrankungsformen grundsätzliche sonstige Verschiedenheiten aufweisen. Nach den Untersuchungen von ZIEGLER und WOLFF (1144) findet sich bei dem akuten Stadium dieser Krankheit eine starke Eisenablagerung in den Makrophagen der Lebercapillaren, die bei dem chronischen Stadium fehlt. In der Milz finden sich nur mäßige Eisenpigmentablagerungen gegenüber normalen Verhältnissen. Gerade bei den stationären Erkrankungsformen zeigt die Milz hochgradigen Pigmentschwund. Dieselben Befunde teilt auch MROWKA (695) mit.

Wenn wir also nunmehr festgestellt haben, daß der Eisenpigmentgehalt des Organismus und seiner einzelnen Zellen keineswegs in einem Zusammenhang mit der Stärke des Blutzerfalls zu stehen braucht, so müssen wir andererseits vollkommen Arbeiten ablehnen, die aus den Eisenpigmentbefunden an der Milz auf einen besonders stattfindenden oder stattgehabten Blutzerfall schließen wollen. Besonders bemerkenswert ist ja, daß bei röntgenbestrahlten Kaninchen stärkere Eisenpigmentablagerungen in der Milz festgestellt werden können, Befunde, die LUBARSCH und WÄTJEN (622) in ihrer handbuchmäßigen Darstellung hervorheben, die auch WALLBACH (1072) bei seinen Untersuchungen bestätigen konnte. Aus derartigen Befunden darf aber HEINECKE (338) nicht auf einen stärkeren Blutzerfall schließen, wenn er nicht noch andere Beweise für diese seine Anschauungen beibringt.

Eigentliche experimentelle Untersuchungen über den Mechanismus der Eisenpigmentablagerung mit Berücksichtigung des funktionellen Zellcharakters wurden erst von WALLBACH (1072) angestellt. Es zeigte sich nach diesen Arbeiten, daß bei Kaninchen, die mit gewaschenen Hammelblutkörperchen behandelt worden waren und die einen sehr starken Amboceptortiter aufwiesen, keineswegs irgendwelche Phagocytose von Erythrocyten oder Hämoglobin oder irgendeine Eisenpigmentablagerung erkennen ließen, wenn eine Reinjektion erfolgte. Gerade die zeitliche Beobachtung der Kaninchen unmittelbar nach der Einspritzung zeigte, daß in der Milz keine phagocytären Erscheinungen auftraten. Es besteht somit ein ganz anderer Blutkörperchenzerstörungsmechanismus, als wenn erstmalig Kaninchen gewaschenes Hammelblut zugeführt wurde. In solchen Fällen zeigt nicht nur die Milz sehr reichliche Erythrophagocytosen und Eisenpigmentablagerungen, auch die Leber weist in ihren Sternzellen einen Erythrocyten- und Pigmentgehalt auf. Zur Erklärung dieses Mechanismus muß angenommen werden, daß die hämolytische Funktion bei Immuntieren außerhalb der Milz in den Körpersäften stattfindet. Andererseits konnte von WALLBACH gezeigt werden, daß bei Zusatz von Blutserum zu den wiedereingespritzten gewaschenen Hammelblutkörperchen eine starke Eisenpigmentablagerung in den Zellen der Milzpulpa festzustellen ist. Auch der Zusatz von Bakterien und von anderen Reizstoffen bewirkt, daß der Blutfarbstoff von Zellen innerhalb des Organismus festgehalten und zu Eisenpigment verarbeitet wird. Dabei müssen wir aber ebenfalls feststellen, daß die Hämolyse in den Körpersäften selbst stattfindet.

Weitere Untersuchungen von WALLBACH befaßten sich damit, einen Zusammenhang zwischen der Stärke des Erythrocytenzerfalls und der Stärke der Eisenpigmentablagerung festzustellen. Durch Phenylhydrazin und ebenfalls durch Toluylendiamin gelang es bei Kaninchen nicht, entsprechend den Ergebnissen anderer Autoren, Erythrophagocytosen oder Pigmentablagerungen in der Milz oder den anderen Organen in besonderem Maße festzustellen. Andererseits konnte aber die Feststellung gemacht werden, daß bei Infektionen des Kaninchens mit Proteus OX 19 oder mit Streptokokken eine starke klumpige Hämosiderosis in der Milzpulpa in Erscheinung tritt. Bei diesen Untersuchungen wurde besonders der Erythrocytenzahl des strömenden Blutes Beachtung geschenkt. Die Infektionen wurden wiederholt mit derartigen Mengen vorgenommen, daß weder eine Verminderung der Erythrocytenzahlen noch eine besonders starke Polychromasie der Erythrocyten beachtet wurde. Es muß also auf Grund dieser Untersuchungen die Feststellung gemacht werden, daß trotz ausbleibender verstärkter Erythrocytenzerstörung eine starke Eisenpigmentspeicherung in den Pulpazellen der Milz eintreten konnte. Diese Beobachtung führte WALLBACH darauf zurück, daß noch andere Reizerscheinungen an den Zellen sich feststellen ließen, daß in den Pulpazellen andere phagocytäre Erscheinungen von Chromatinbröckeln festgestellt werden konnten, daß außerdem noch andere resorptive Erscheinungen an den betreffenden Zellen sich bemerkbar machen, über deren mikroskopische Erkennbarkeit an anderer Stelle noch genauer ausgeführt werden soll. Es genügt also schon der physiologisch stattfindende Erythrocytenzerfall, daß das frei kreisende Hämoglobin oder Eisen von den in den betreffenden Stadien besonsonders stark resorptiv veranlagten Zellen aufgenommen und festgehalten wird. Zu dieser Auffassung kommen wir auch durch die Bemerkung von Gabbi, daß man im Plasma während der Verdauung geringere Mengen von Hämoglobin in freiem Zustande annehmen muß.

Weitere Grundlagen für derartige Anschauungen über den Bluteisenpigmentstoffwechsel erbrachte Wallbach durch Untersuchungen an Gewebskulturen. Bei der Züchtung der Milz eines nur wenige Tage alten Kaninchens, bei dem sich auch sonst kein Eisenpigment antreffen läßt, fanden sich in den auswachsenden Makrophagen in der Regel 7 Tage nach

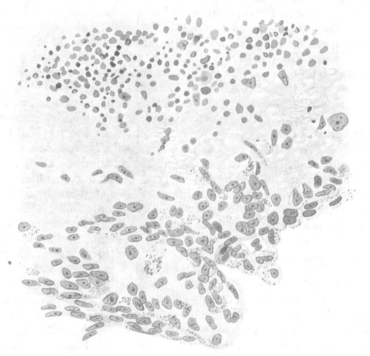

Abb. 4. Gewebskultur. Zusatz von artfremdem Serum. Peripher von der nekrotischen Zone zeigen sich in lockerer Lagerung Zellen vom Fibroblastentypus, weiterhin, sich an die Peripherie anschließend, an die Verflüssigungszone angrenzend, große, blasige Zellen. Die Eisenpigmentablagerung ist fein- bis mittelgrobkörnig, regelmäßig innerhalb der einzelnen Zellen verteilt. Sie ergreift in gleicher Weise die spindeligen wie die runden Zellen.
(Aus Z. exper. Med. **63**, S. 482, Abb. 8. Berlin: Julius Springer 1928.)

der Züchtung feine gerade erkennbare Eisenpigmentablagerungen. Es handelt sich auch hier um besondere funktionelle Zustände der Makrophagen, die durch das Wachstum als solches und durch die Änderung des Milieus hervorgerufen werden. Der verarbeitete und sichtbare Blutfarbstoff stammt aus den geringen Blutbeimengungen des Milzstückchens. Wurde nun zu dem Medium Blut in Gestalt von Erythrocyten oder freiem Blutfarbstoff zugesetzt, so zeigte sich bei der zeitlichen Verfolgung der Gewebskulturen niemals eine früher eintretende Hämoglobinspeicherung in den Makrophagen. Im Gegenteil fand sich eine verringerte Aufnahme von Blutfarbstoff, erst nach 9 Tagen zeigten sich ganz feine Hämosiderinablagerungen. Ganz anders waren aber die Verhältnisse, wenn das Milzstückchen in einem Medium gezüchtet wurde, in dem sich noch eine geringe Menge von artfremdem Serum fand. Ohne daß irgendwie

Blutfarbstoff zu der Kultur besonders zugesetzt wurde, fand sich bereits am 2. Tage der Züchtung eine deutlich erkennbare Eisenpigmentspeicherung in den Makrophagen und in den Fibroblasten der Kultur. Somit ergeben die Milzkulturversuche von WALLBACH eine einwandfreie Stütze für die Anschauung, daß nicht ein gesteigertes Angebot von freiem Hämoglobin oder von zerfallenen Blutkörperchen oder Eisen in erster Linie für die Verarbeitung und Aufnahme in Zellen in Betracht kommt, sondern daß es sich vielmehr um die funktionelle Eigenart der Zellen handelt, wenn Blutfarbstoff von ihnen aufgenommen und verarbeitet wird.

Durch die Untersuchungen von WALLBACH und auch von den anderen hier angeführten Forschern hat sich die Fragestellung verschoben, wenn es sich darum handelt, wann aus dem Blutfarbstoff Eisenpigment gebildet wird. Nach NEUMANN (711) und nach LUBARSCH (618) handelt es sich bei der Bildung von Eisenpigment darum, daß die Blutkörperchen oder vielmehr der Blutfarbstoff unter die Einwirkung von Zellen gelangt. Nach den hier vorliegenden Untersuchungen müssen wir die Frage anders stellen, wir müssen fragen, wann und unter welchen Bedingungen der Blutfarbstoff unter die Einwirkung von Zellen kommt. NEUMANN dachte ursprünglich an mechanische und taktile Momente, die für die Festhaltung des Blutfarbstoffes durch die Zellen in Betracht kommen. So wird von NEUMANN das Beispiel des wandständigen Thrombus angegeben oder des Blutextravasates hingestellt, bei dem die peripheren Teile von den anliegenden Zellen mit Beschlag gelegt werden. Es wird von diesen Zellen der Blutfarbstoff festgehalten, gespeichert und zu Eisenpigment verarbeitet, während die mehr zentral gelegenen Abschnitte Hämatoidin bilden. Nach unseren vorliegenden Untersuchungen handelt es sich vielmehr um besondere funktionelle Zustände der Zellen, die eine besondere Fähigkeit der Aufspeicherung und der Verarbeitung von Blutfarbstoff erlangen oder besitzen.

Es ist nun die Frage zu beantworten, warum praktisch bei Hämatomen und auch bei Thromben eine Verarbeitung von Blutfarbstoff in den Zellen immer zu erhalten ist. Hierzu ist zu bemerken, daß unter den betreffenden Umständen deshalb immer Pigmentablagerungen festgestellt werden, weil hier nicht nur allein Blutfarbstoff, sondern auch Stromata der Erythrocyten angetroffen werden, weil andererseits auch Plasma in den Gewebsspalten sich anfindet. Alle diese Stoffe sowie der erhöhte Gewebsdruck können reizend auf die anliegenden Zellen einwirken.

Somit zeigt sich, daß die Eisenpigmentspeicherung imstande ist, bestimmte konstitutionelle Eigenschaften der Zellen aufzudecken. Es sind ganz besondere Zellen, die eine Eisenablagerung aufdecken lassen. So zeigt sich bei der weißen Maus, daß alle die Zellen, die ein basophiles Protoplasma erkennen lassen und, wie in einem anderen Kapitel noch genau ausgeführt werden wird, damit ein besonderes funktionelles Verhalten aufweisen, nur unter besonderen Umständen in der Lage sind, Eisenpigment zu speichern. Andererseits geht hervor, daß zum Beispiel die Reticulumzellen der Ansammlungen von basophilen Rundzellen in der Mäusemilzpulpa meist eine grobkörnige Eisenpigmentablagerung erkennen lassen, daß also umweltbedingte Umstände es sind, die eine derartige Stoffwechsellage der Reticulumzellen bewirken, daß die Eisenpigmentablagerung als einziger mikroskopisch sichtbarer Ausdruck einer veränderten Zellfunktion augenscheinlich wird. Dabei muß immer wieder betont werden, daß die veränderte Zelleistung nicht anderweitig mikroskopisch gekennzeichnet ist, nur durch gesteigerte Aufnahme und Verarbeitung von Blutfarbstoff. Die betreffende Funktionsäußerung ist verbunden mit einer gesteigerten Aufnahme der Zelle gegenüber Blutfarbstoff, es ist somit die Eisenpigmentablagerung ein Indicator des nur mittelbar feststellbaren Zellstoffwechsels.

Die Verarbeitung des Blutfarbstoffes bei bestimmten Immunitätszuständen des Organismus.

Es ist bereits in dem vorhergehenden Abschnitt von uns darauf hingewiesen worden, daß bei Hammelblutimmuntieren eine ganz andere Verarbeitung und Verteilung des dargebotenen Blutfarbstoffes mikroskopisch ersichtlich ist. Es zeigte sich, daß bei den Untersuchungen von Wallbach (1072) die gewaschenen Hammelblutkörperchen nicht in den Zellen der Milz gespeichert werden, wie es bei den Normaltieren der Fall zu sein pflegt, daß vielmehr überhaupt keine sichtbaren Erscheinungen für die Auflösung der Erythrocyten festzustellen sind.

Untersuchungen mit hämolytisch wirksamem Serum stellte Fukuhara (420) an Kaninchen an. Ebensowenig wie bei den akuten Blutgiftwirkungen zeigte sich Eisenpigment in den Zellen der Milz oder sonstiger Organe.

Eigentliche Immunisierungsversuche wurden erst von Oeller (723) und später von Gerlach (520, 523) angestellt. Bei Meerschweinchen ist nach Oeller die Speicherung und Zerstörung der Hühnerblutkörperchen grundsätzlich dieselbe, nur ist bei den Immuntieren der reaktive Vorgang beschleunigt. Leber, Milz und Lunge sind an diesen Speicherungen beteiligt. Bei der Nachprüfung der Oellerschen Untersuchungen fand Gerlach bei normergischen Meerschweinchen die hauptsächlichste Verarbeitung der Hühnerblutkörperchen in Leber und Milz. Bei den hyperergischen Tieren wird das Fremdblut in dem Augenblick, in dem es in die Blutbahn hineingerät, angegriffen und von Zellen lokalisiert. Doch wurde in beiden Arbeiten nicht einwandfrei eine Angabe über die sorgfältige Waschung der Erythrocyten gegeben, außerdem halten wir die Hühnerblutkörperchen nicht für ein geeignetes Objekt für die Untersuchung der hämolytischen Immunitätsvorgänge innerhalb des Organismus. Die Kernsubstanzen der Hühnerblutkörperchen üben eine stärkere Reizwirkung aus, so daß ganz andersartige Reaktionsbilder gegeben sind. Die Hammelblutkörperchen und die übrigen kernlosen roten Blutkörperchen kann man bei Untersuchungen am Kaninchen schwer von den Kaninchenerythrocyten trennen, aber dies ist ja nicht so wesentlich, weil bei einem Ausbleiben oder bei einem Vorhandensein einer Phagocytose das Schicksal der Fremdblutkörperchen immer doch in sichtbarer Weise dargestellt werden kann.

Aus diesem Grunde stehen die Untersuchungen von Oeller und auch von Gerlach wegen der anderen Versuchsanordnung nicht in Widerspruch zu den Untersuchungen von Wallbach (1072), der die Immunitätszustände des Kaninchens gegenüber Hammelblutkörperchen einer Untersuchung unterzog. Wie bereits in dem vorhergehenden Abschnitt hingewiesen wurde, kommt es bei der erstmaligen Einspritzung der gut und sorgfältig durch Waschung von allen Serumresten befreiten und keimfrei aufgeschwemmten Hammelblutkörperchen zu einer Phagocytose in Leber und Milz, in Lunge und Knochenmark. Es sind dies in erster Linie die Reticulumzellen, die derartige phagocytäre Erscheinungen erkennen lassen. Es kommt zu einer Verarbeitung der phagocytierten Blutkörperchen zu Eisenpigment, dann erfolgt schließlich eine Ausstoßung desselben. Werden nunmehr dieselben Einspritzungen bei den bereits immunisierten Kaninchen mit hohem Amboceptortiter vorgenommen, so ist die Verteilung der Blutkörperchen eine ganz andere. Es erfolgt eine sofortige und vollkommene Hämolyse in der Blutbahn, das freiwerdende Hämoglobin wird spurlos durch die Nieren ausgeschieden. In keiner Zelle des Immunkaninchens trifft man eine Phagocytose oder eine Eisenpigmentablagerung an. Wie von uns schon darauf aufmerksam gemacht wurde, nimmt die mesenchymale Zelle des Kaninchens und der weißen Maus von sich aus nie dargebotenes freies Hämoglobin auf, wenn nicht noch andere Reizeinwirkungen auf dieselbe stattfinden oder wenn die Zelle von vornherein nicht in bestimmter Weise funktionell eingestellt ist. So wird auch bei den immunisierten Kaninchen freies Hämoglobin, ohne an Zellen haften zu bleiben, ausgeschieden.

Diese Untersuchungen von WALLBACH zeigen zum erstenmal mit formalen Untersuchungsmethoden die Übereinstimmung des Immunitätsgeschehens mit der EHRLICHschen Seitenkettentheorie. Bei dem normalen Kaninchen wird das Blutkörperchen durch seinen Receptor an die Receptoren zahlreicher Zellen gebunden, es kommt also zu einer Erythrophagocytose und dementsprechend zu einer Eisenpigmentablagerung. Bei den immunisierten Tieren hat eine Hyperregeneration dieser Receptoren stattgefunden, die nunmehr in den Blutstrom abgestoßen werden. Kommt jetzt eine Wiedereinspritzung der roten Blutzellen zustande, so wird durch diese abgestoßenen Receptoren das Blutkörperchen bereits im kreisenden Blute hämolysiert, das Blutkörperchen wird durch die freien Receptoren von den einzelnen Zellen ferngehalten. Es findet sich nunmehr nur noch freies Hämoglobin in dem Blutstrom, das aber bei Fehlen anderer reizender Stoffe ohne weiteres durch den Blutstrom aus dem Organismus ausgeschieden wird.

Es ist also nach den Untersuchungen von WALLBACH in derselben Weise, wie bei den Untersuchungen von EHRLICH ausgeführt worden ist, das Problem der Immunität letzten Endes auf die Verschiedenartigkeit der Verteilung des Antigens zurückzuführen. Die Funktion wird aus der Zelle in die Umgebung hinaus verlegt. METSCHNIKOFF (661) hat bereits darauf hingewiesen, daß der Immunisationsprozeß letzten Endes ein Verdauungsvorgang ist. Bereits bei der aufsteigenden Tierreihe können wir beobachten, daß bei niederen Tieren noch eine intracelluläre Verdauung in dem Darm stattfindet, erst später findet sich bei den höheren Tieren eine Verlegung des Verdauungsvorganges aus den Zellen heraus, es kommt zu einer Absonderung von Verdauungssäften in das Darmlumen hinein [s. a. BERGEL (1156)]. Ebenso muß auch der Immunisationsprozeß nach METSCHNIKOFF betrachtet werden, wenn nach den EHRLICHschen Darlegungen eine Hinausverlegung der immunisatorischen Prozesse aus dem Innern der Zelle stattfindet.

Mit Rücksicht auf diese Untersuchungen müssen gleichartige von BERGEL erwähnt werden, der in der Bauchhöhle der weißen Maus nach der ersten Einspritzung von gewaschenen Hammelblutkörperchen eine offensichtliche Phagocytose durch die Exsudatzellen beobachten konnte, während nach mehrmaliger Einspritzung bereits durch die Anlagerung der Erythrocyten an die Exsudatzellen eine Hämolyse stattfindet, die also aus dem Inneren der Zelle in die Exsudatflüssigkeit herausverlegt worden ist. Diese Untersuchungen von BERGEL konnten mit Ausnahme seiner Ausführungen über die Exsudatzellen selbst von WALLBACH (1068) vollkommen bestätigt werden.

Es ist selbstverständlich, daß die Herausverlegung der Hämolyse aus der Zelle nur dann beobachtet werden kann, wenn es sich um ausgesprochene Hämolysinbildung handelt. So kann bei Meerschweinchen nur sehr schlecht Hammelblutamboceptor gewonnen werden, bei diesen Tieren zeigen sich nach WALLBACH trotz wiederholter Injektionen gewaschener Hammelblutkörperchen deutliche Erythrophagocytosen. Die Erythrophagocytosen bleiben aber aus, wenn bereits Normalhämolysine gegen die betreffende Blutart bei dem Wirtstier angetroffen werden können, und zwar läßt sich diese Beobachtung schon nach der ersten Einspritzung anstellen (Menschenblutkörperchen bei der Maus).

Die Hämochromatose.

Ein weiteres Beispiel der konstitutionellen Zellreaktion gegenüber Blut und Eisenpigment ist in dem Bilde der Hämochromatose gegeben. Es handelt sich hierbei, wie bereits QUINCKE (801, 802) beschrieben, um eine eigentümliche Braunfärbung der Haut und der meisten inneren Organe. Der Begriff dieses Krankheitsbildes ist von v. RECKLINGHAUSEN geprägt worden. Er macht einen strengen Unterschied zwischen der Hämochromatose und der Hämosiderose, und zwar soll diese Unterscheidung hauptsächlich in der Art und Verteilung des Pigmentes gelegen sein, da neben eisenhaltigem Pigment auch eisennegatives vorkommen soll.

Nach LUBARSCH (618, 621) handelt es sich bei der Hämochromatose um das Auftreten der eisenpositiven und der eisennegativen Pigmente, und zwar in einer Lagerung, die der Hämosiderose nicht entspricht. Die Pigmente der Hämochromatose zeigen sich hauptsächlich in Muskelzellen und in Gefäßwandungen. Es wird angenommen, daß zum mindesten eine doppelte Stoffwechselstörung bei der Hämochromatose vorliegt, eine die zur Speicherung von größeren Mengen Eisenpigment bei nicht wesentlich erhöhtem Eisenangebot und eine, die zur Bildung proteinogenen Pigmentes besonders in der gesamten glatten Muskulatur führt. Betreffs der Hämosiderinspeicherung kann man Fälle unterscheiden, bei denen infolge einer allgemeinen Stoffwechselstörung die Zelleistungen derart gestört sind, daß es bei nur gering gesteigertem oder auch normalem Blutzerfall zur Speicherung von Pigment kommt.

Es ist bemerkenswert, daß auch von vielen anderen Forschern ein gesteigerter Blutzerfall bestritten wird, daß trotzdem bei dieser Hämochromatose die gewaltige Eisenpigmentablagerung neben der Ablagerung anderer Pigmente zutage tritt. Auch von Schülern von LUBARSCH wird dieser Standpunkt immer wieder vertreten und durch neue Tatsachen zu belegen versucht [STRÄTER (1003), BORCK (1161)]. BORCK kommt in seiner Arbeit zu der Feststellung, daß die Hämochromatose durch einen erhöhten Blutzerfall nicht erklärt werden kann. Sie ist entweder die Folge einer mangelhaften Verarbeitung, einer Speicherung und mangelhaften Ausscheidung des Eisens. Das Eisenpigment schädigt allein oder in Verbindung mit giftigen Stoffen die Organzellen, so daß es zu Degeneration, Verfettung und Bindegewebsvermehrung kommt.

Es zeigen sich also dieselben Gedankengänge, die wir auch bei den einfachen Hämosiderinablagerungen geäußert haben. Nicht die Stärke des Blutzerfalls entscheidet über die Menge und die Ausdehnung der Eisenpigmentablagerung, sondern vielmehr die Stoffwechsellage der Zellen. Es kann natürlich nicht bewiesen werden, daß es Bluteisen ist, das in den betreffenden Zellen zur Ablagerung gelangt; wir müssen vielmehr auch die Anschauungen von HERZENBERG (363) berücksichtigen, daß auch das Nahrungseisen bei der Hämochromatose in den Zellen zur Ablagerung kommen kann. Damit ist natürlich das Problem der Hämochromatose nicht erschöpft, wir wollen aber in vorliegendem Kapitel über die eisennegativen Pigmente bei der Hämochromatose nicht eingehen.

Auf keinen Fall kann der Ansicht von EPPINGER (184) beigetreten werden, daß bei der Hämochromatose ein vermehrter Blutzerfall zu beobachten ist, da diese Ansicht allen Beobachtungen bei diesem Krankheitszustande entgegen steht. Die abnorme Festhaltung des Pigmentes in den Zellen allein erklärt nicht das Problem der allgemeinen Hämosiderose bei der Hämochromatose, da zuerst festgestellt werden muß, wie das Pigment in so zahlreiche Zellen hineingelangt ist, die sich gewöhnlicherweise nicht mit der Verarbeitung von Eisenverbindungen befassen. Es greift somit die Arbeit von ANSCHÜTZ (1150) nicht das eigentliche Teilproblem heraus, das sich mit der gewaltigen Eisenpigmentablagerung befaßt.

Es handelt sich um besondere Funktionszustände der Zellen, die die starke Eisenpigmentablagerung veranlassen. Es ist besser, den gesonderten Funktionszustand der Zellen herauszuheben, nicht von einer Degeneration oder sonstigen Erkrankung der Zellen zu sprechen. Denn mikroskopisch haben wir wirklich keine Anhaltspunkte, um die Degeneration der betreffenden Zellen zu beweisen. Es ist also die funktionelle Umstimmung, die die Zellen zu der Eisenaufnahme veranlaßt.

Somit zeigt sich durch unsere Ausführungen, daß bei der Hämochromatose grundsätzlich dieselben Bedingungen der Eisenpigmentablagerung vorkommen wie bei der Hämosiderinspeicherung überhaupt, daß die Bedingungen der Eisenpigmentaufnahme bei der Hämochromatose, bei den Immunitätsvorgängen und auch sonst in keiner Weise abweichen von denen der Stoffspeicherungen überhaupt, wie wir sie bei der vitalen Farbspeicherung ausführlich erörtert haben.

Das Nahrungseisen.

Wenn in den folgenden Seiten über die mikroskopisch ersichtlichen Eisenablagerungen berichtet werden soll, soweit diese Substanzen dem Organismus von außen zugeführt werden, so seien an den Anfang unserer Ausführungen die Bemerkungen von ERICH MEYER gestellt, die die ganze Schwierigkeit und Problematik dieses Gebietes wiedergeben. Dieser Autor bemerkt, daß das Eisen bei seinen Wanderungen durch den

Organismus in Formen übergeführt werden kann, in denen es dem mikroskopischen Nachweis entgeht, daß ferner schon viele Organe unter normalen Verhältnissen Eisenablagerungen erkennen lassen. Außer den körnigen Ablagerungen findet sich nach Eisenzufuhr noch eine diffuse Ablagerung in und um die Zellen, deren Beurteilung sehr schwierig ist. Ferner ergeben sich Schwierigkeiten in der Trennung zwischen Nahrungseisen und Bluteisen, worauf wir bereits schon hingewiesen haben.

Die Resorption des Eisens durch den Darmkanal.

Die ersten Untersuchungen, auf mikroskopischem Wege eine Verfolgung der Resorption und des Schicksals des verfütterten Eisens vorzunehmen, stammen von Bidder und Schmidt. Eingehendere mikroskopische Untersuchungen sind dann von Hochhaus und Quincke (397) vorgenommen worden. Mit Hilfe der Quinckeschen Schwefelammoniumreaktion zeigte sich eine deutliche Eisenablagerung in den Epithelien der Zotten des Duodenums, besonders zwischen Kern und dem freien Saum der Zelle. Nicht immer konnte eine Eisenreaktion in den Zellen des zugehörigen Stromas festgestellt werden. Weiterhin zeigte sich das Eisen beständig in dem oberen Dickdarm, hier fand sich aber eine körnige und diffuse Reaktion in den fixen und den Wanderzellen. Auch bei normalen Mäusen zeigt sich hier eine Eisenreaktion der Unterschleimhaut. Nach den mikroskopischen Befunden der betreffenden Forscher soll unzweifelhaft eine Aufsaugung des Eisens im Duodenum stattfinden. Das Eisenalbuminat durchdringt in gelöstem Zustande den Grenzsaum der Epithelzelle, wird innerhalb der Epithelzelle körnig niedergeschlagen. Im Dickdarm zeigt sich dagegen selten eine Reaktion der Epithelzellen, dagegen zeigt sich das Eisen hauptsächlich in den Wanderzellen. Es handelt sich hier nach Angaben von Hochhaus und Quincke um Ausscheidungsvorgänge, um Auswanderungen mit Eisen beladener Leukocyten.

Weiterhin bemerken Hochhaus und Quincke in ihrer Arbeit, daß ein Unterschied in der Resorption von Carniferrin, Ferropeptonat, Ferrum hydricum in dem mikroskopischen Präparat nicht erkennbar war.

Die mikroskopischen Befunde von Hochhaus und Quincke konnten von Hall (319) im Duodenum vollauf bestätigt werden. Auch Tartakowski (1023) schließt sich den Befunden am Duodenum an. Dagegen stellt Tartakowski fest, daß im Blinddarm und im Dickdarm niemals eine stärkere und besondere Eisenreaktion zu beobachten ist. Es kann deshalb in den betreffenden Darmabschnitten die Ausscheidung des Eisens nicht vonstatten gehen, vielmehr muß sie in der ganzen Ausdehnung des Magendarmtractus angenommen werden. Vielleicht wird auch das Eisen durch den Darm in einem derartigen Zustande ausgeschieden, daß es mikrochemisch nicht mehr nachgewiesen werden kann. Auch Hueck betont diese Ansicht, wenn er hervorhebt, daß die mikrochemischen Eisenreaktionen keine so großen Bedeutungen erlangen können, da die komplexeren Eisensalze keine Eisenreaktion erkennen lassen. Nach Hueck (413, 414) ist aber ebenfalls das Eisen in dem Dünndarm nachweisbar, ferner im Blinddarm und Dickdarm, beim Kaninchen zeigt es sich in besonderer Stärke im Mastdarm. Eine besondere funktionelle Deutung dieser Befunde bezweifelt Hueck.

Wir müssen dagegen bemerken, daß die mikrochemischen Untersuchungsmethoden sehr wohl dazu geeignet sind, über die Beziehungen des Eisens zu dem Organismus überhaupt etwas auszusagen. Wenn auch in der Nahrung komplexere Eisensalze aufgenommen werden, bei denen ohne weiteres keine Eisenreaktion festgestellt werden kann, so kommt es doch in dem Darm, zum mindesten in den Epithelzellen des Dünndarms, zu Eisenpigmentablagerungen, die sich mit den verschiedenen Eisenreaktionen deutlich kenntlich machen. WALLBACH (1080 b) konnte bei seinen Fütterungsversuchen deutlich hier eine diffuse und eine körnige Eisenablagerung in den Epithelzellen der Zottenspitzen feststellen, zuweilen, aber nicht immer, nehmen auch die Stromazellen an der Eisenpigmentaufnahme teil. Andererseits lassen sich nur selten in dem Dickdarm der Maus Eisenpigmentablagerungen in den Stromazellen zwischen den Drüsenschläuchen oder auch in der Submucosa feststellen, es finden sich dagegen ziemlich häufig diffuse, nur selten körnige Eisenablagerungen in den obersten Drüsenepithelzellen. Somit zeigt sich eine Gleichartigkeit der morphologischen Befunde in Dünndarm und Dickdarm, indem in beiden Abschnitten je nach der Art und der Menge der dargereichten Eisenverbindungen einmal die Epithelzellen, einmal die Reticulumzellen des Stromas an der Eisenablagerung sich beteiligen können. Aber auch die Epithelzellen der Magenschleimhaut können sich in recht zahlreichen Fällen nach WALLBACH (1080b) an der Eisenablagerung beteiligen.

Die Ansichten von HOCHHAUS und QUINCKE sind von manchen Forschern hinsichtlich ihrer Befunde und ihrer Deutungen bestätigt worden, andere dagegen konnten andere Feststellungen bei ihren gleichartigen Untersuchungen machen.

TARTAKOWSKI nimmt an, daß in dem ganzen Darmabschnitt sich eine Ausscheidung des Eisens bemerkbar machen soll, die der mikrochemischen Reaktion entgeht. Auch CLOETTA (139) hatte schon vorher diese Ansicht ausgesprochen. Zum mindesten müssen wir aussagen, daß die mikroskopischen Bilder in dem Dickdarm durchaus dem Sinne nach dem Befund am Dünndarm entsprechen. Die Bilder deuten in derselben Weise wie wir es in dem Duodenum beobachten können, auch für eine Resorption; mit Eisen beladene bewegliche Zellen lassen sich nach unseren Beobachtungen in dem Dickdarm überhaupt nicht antreffen.

WALLBACH konnte bei seinen Untersuchungen über die Ablagerungen des Nahrungseisen nur vereinzelt dieselben Befunde wie HOCHHAUS und QUINCKE erheben, im allgemeinen können nach WALLBACH im Bereich des gesamten Magendarmtractus Eisenablagerungen sowohl in den Epithelzellen wie in den Stromazellen festgestellt werden. Wie wir noch in dem nächsten Abschnitt hervorheben werden, konnten in den Epithelzellen des Dünndarmes, des Magens und des Dickdarms auch nach parenteraler Zufuhr von Eisenzucker Eisenablagerungen festgestellt werden, die auch hinsichtlich ihrer Stärke denjenigen bei der oralen Zufuhr mancher Verbindungen gleichkommen können. Aus diesen Untersuchungen mußte WALLBACH zwangsläufig zu der Ansicht geführt werden, daß die reinen mikroskopischen Bilder einer epithelialen und einer mesenchymalen Eisenablagerung durchaus nicht im Sinne bestimmter

Funktionszustände der Darmschleimhautzellen sprechen können, denn wir besitzen bis jetzt noch kein mikroskopisch feststellbares Merkmal, um eine Resorption von einer Sekretion bei einer Zelle zu unterscheiden. Diese Gedanken hat vorher schon Hueck ausgesprochen. Die funktionellen Stadien lassen sich vielmehr nur aus den Bedingungen des Versuches erschließen. Somit kommt Wallbach auf Grund der gleichen Eisenablagerungsbefunde in der Schleimhaut des Magendarmkanals zu der Feststellung, daß entsprechend der Ansicht von Tartakowski der gesamte Magendarmtractus an der Aufnahme und auch an der Ausscheidung des Eisens sich beteiligen kann. Wir wissen nach Hueck und nach L. Schwarz, daß die Eisenausscheidung durch die Galle eine nur ganz geringe ist, auch die Eisenausscheidung durch die Nieren kommt in besonderem Maße nach den chemischen Untersuchungen des Harnes nicht in Betracht [Queckenstedt (800)].

Die Untersuchungen von Hochhaus und Quincke haben leider die Gedankenrichtungen der verschiedenen Forscher in ganz falsche Bahnen gelenkt, da an die an und für sich richtigen Beobachtungen ganz unerlaubte Folgerungen sich anschlossen. Es ist somit an der Zeit, mit derartigen unbewiesenen Gedankengängen aufzuräumen, um somit die Untersuchungen über den mikroskopisch ersichtlichen Eisenstoffwechsel in weiterem und andersartigem Maße zu fördern.

Die Ablagerung des enteral zugeführten Eisens in den einzelnen Organen.

Bereits bei den Ausführungen über etwaige Unterschiede der Ablagerungen von Bluteisen und Nahrungseisen wurden die Angaben von M. B. Schmidt angeführt, nach denen das Nahrungseisen hauptsächlich in der Leber, das Bluteisen besonders in der Milz angetroffen werden sollte. Leider befassen sich nur wenige Arbeiten mit der Ablagerung des verfütterten Eisens, so daß die Angaben M. B. Schmidts (892) lange Zeit allein dastanden.

Hochhaus und Quincke beobachteten nach Verfütterung von Carniferrinkäse Eisenspeicherungen in der Leber und in der Milz, doch soll das Eisen in der Leber nach diesen Forschern einen wenigen konstanten Befund darstellen. Bei der Maus und der Ratte zeigt sich auch in der Niere eine Eisenablagerung. Bei Hunden findet sich das Eisen zuerst in den Gekröselymphknoten nach Tartakowski, dann hauptsächlich in Leber, Milz und Knochenmark. Entsprechende Angaben werden auch von Hall gemacht.

Wallbach (1080 b) konnte in eigenen Untersuchungen die hauptsächlichste Eisenablagerung nach Verfütterung in der Leber beobachten, und zwar sind es nur selten die Sternzellen, hauptsächlich die Leberzellen, die in diffuser und auch in körniger Form das medikamentös beigebrachte Eisen aufweisen. Die Leberepithelzellen in der Peripherie enthalten bei der weißen Maus die größten Eisenmengen, dann erst zeigt sich noch Eisen in den mehr zentral gelegenen Abschnitten. In der Milz zeigt sich entgegen den Ausführungen von Hochhaus und Quincke nur selten Eisen, wenigstens nicht in stärkerer Form, wie es bei der Maus unter normalen Verhältnissen angetroffen wird. Es muß demnach bei der enteralen Einverleibung von Eisen die Leber neben dem Darm als die eigentliche Ablagerungsstätte des Eisens betrachtet werden, während in der Milz in besonderem Maße das Bluteisen angetroffen wird. Schließlich müssen noch als weitere Ablagerungsorte des verfütterten Eisens angesprochen werden die Reticulumzellen des Pankreas, die mesenterialen Lymphknoten, die Reticulumzellen des Knochenmarkes, doch handelt es sich bei allen diesen Organen um mehr oder weniger inkonstante Eisenbefunde, die je nach dem beigebrachten Präparat wechseln.

Die Aufsaugung
der parenteral zugeführten Eisenverbindungen.

Nach den Berichten der einzelnen Forscher, die sich mit den Ablagerungen des parenteral verabreichten Eisens befaßt haben, zeigt sich auch hier das Eisen ebenfalls in der Leber. Nach GLAEVEKE (261) soll in Milz und Knochenmark nicht mehr Eisen angetroffen werden, wie dies schon unter normalen Verhältnissen der Fall ist. Zu denselben Ansichten kommen die Arbeiten aus der Dorpater Schule [LIPSKI (596), ALEXANDER SAMOJLOFF (865), CHEVALLIER (128)]. Die Ausscheidung soll nach diesen Untersuchern durch die Leukocyten des strömenden Blutes erfolgen, die sich voll mit Eisen beladen und diesen Stoff aus der Leber, der Milz und dem Knochenmark abtransportieren. Nach CHEVALLIER wird das endogene Eisen nicht so leicht in der Milz zurückgehalten wie das exogene. Nach Entmilzung soll das selbständig figurierte Eisen in stärkeren Mengen anzutreffen sein wie unter normalen Verhältnissen. Die makrophagische Eisenablagerung soll nach CHEVALLIER einen Assimilationsprozeß darstellen, während die Eisenablagerung in den Epithelien Ausscheidungsvorgänge darstellen soll.

Zu diesen Ausführungen müssen wir bemerken, daß die parenteralen Eisenablagerungen grundsätzlich in denselben Organen eine Eisenablagerung hervorrufen, wie dies bei der Fütterung der Fall ist. Nur zeigen sich mitunter Veränderungen der Lokalisation in den Zellen. In der Leber treten die Speicherungen in den Epithelzellen zurück, dagegen ist eine stärkere Eisenablagerung in den Sternzellen ersichtlich. In der Milz finden sich dieselben Eisenablagerungen, wie dies bei Fütterungen der Fall war, nur vielleicht in etwas stärkerem Maße unter geringerer Eisenablagerung in dem Follikel. Besonders hochgradig ist die Eisenablagerung aber in den Lymphknoten, die diejenige in allen anderen Organen vollkommen übertrifft, und die in ihrer Massigkeit die Struktur und die Zusammensetzung des Organes nicht in Erscheinung treten lassen. Das Bindegewebe zeigt an manchen Stellen ebenfalls eine stärkere Eisenablagerung. In den Reticulumzellen der meisten inneren Organe, besonders in Knochenmark und in Pankreas lassen sich deutliche stärkere Eisenpigmentablagerungen feststellen.

Es ist bemerkenswert, daß nach den intraperitonealen Eiseneinspritzungen auch Eisenablagerungen in der Schleimhaut des Magens und des Duodenums angetroffen werden, wie sie vollkommen denen nach Fütterungen entsprechen. WALLBACH (1080b) fand nach intraperitonealer Einspritzung von Eisenzuckerlösungen sowohl in der Magenschleimhaut wie in der Schleimhaut des Dünndarmes und des Dickdarmes sowohl in den Epithelzellen wie in den Reticulumzellen Eisenablagerungen, und zwar in einem Maßstabe, der keineswegs dem bei enteraler Zufuhr dieser Eisenverbindung zurücksteht. Es ist bereits

hervorgehoben worden, daß WALLBACH auf Grund dieser seiner Befunde zu
der Anschauung gekommen ist, daß auch Ausscheidungsvorgänge in den
Wandungen dieses Tractus vor sich gehen können. Daß durch die Galle
keine Ausscheidung von Eisen in den Darm und eine nachfolgende Rückresorption durch die Darmschleimhaut vor sich gegangen sein kann, geht
einmal aus den chemischen Untersuchungen der Galle hervor, die nur ganz
geringfügige Eisenablagerungen aufweist, dann aber auch aus der Tatsache, daß die Schleimhaut des präpylorischen Teiles des Magens ebenfalls in stärkerer Menge Eisenablagerungen aufweist, die von der Gallen-
flüssigkeit höchstens in ganz geringem Maße getroffen werden kann,
die also in erster Linie eine Eisensekretion darstellen muß.

Eisenzufuhren auf parenteralen Wege sind ferner von zahlreichen
Forschern ausgeführt worden, um Blockaden der Zellen des reticuloendothelialen Systems zu bewirken. Soweit es sich um das Problem
einer Blockade der Zellen handelt, sind diese Untersuchungen von uns
bereits in dem Kapitel der vitalen Farbspeicherungen besprochen worden.
Auf Grund eigener Erfahrungen soll hier nur bemerkt werden, daß es
mit Eisenzucker auch in stärkerer Konzentration niemals gelingt, alle
mesenchymalen Zellen, die irgend sonst stärkere Ablagerungen von Substanzen erkennen lassen, zur Ablagerung von Eisen zu bringen. Andererseits zeigen so zahlreiche epitheliale Zellen eine Eisenpigmentablagerung,
daß funktionelle Unterschiede zwischen den epithelialen und den mesenchymalen Zellen der Leber zum Beispiel nicht mit Hilfe dieser Methode
sich darstellen lassen. Daß Ferrum oxydatum saccharatum und Lithioncarmin niemals in denselben Zellen angetroffen werden, das geht bereits
aus den Mitteilungen von MIGAY und PETROFF (666) hervor, das Eisen
wird nach diesen Forschern immer von größeren Zellen gespeichert als
das Carmin. Daß auch funktionelle Einflüsse bei der Eisenablagerung
mitspielen, soweit es sich um von außen stammendes Eisen handelt,
das berichten S. LEITES und A. RIABOW (563), aber über diesen Punkt
soll eingehender erst in dem nächsten Kapitel gesprochen werden.

Niemals dürfen wir eine Systemgleichheit der Zellen auf Grund von
Eisenspeicherungen annehmen, wie es MAYER (657) tun will, der in Sternzellen wie in lymphoiden Zellen der Leber gleichartige Eisenablagerungen
beobachten konnte und deshalb eine Systemzugehörigkeit der betreffenden Zellen zueinander annahm.

Die verschiedenen Möglichkeiten einer Abänderung der Eisenspeicherung.

Aus den Schrifttumangaben der vorhergehenden Abschnitte dieses
Kapitels geht ebenso wie aus den Ausführungen über die vitale Farbspeicherung hervor, daß nur bestimmte Zellen des Organismus in Betracht
kommen, das exogen dem Orgnismus zugeführte Eisen aufzunehmen.
Wenn die Aussagen der einzelnen Forscher bezüglich der Beteiligung
der einzelnen Zellen an der Eisenaufnahme voneinander abweichen, so ist
dies einerseits in der Art der Zufuhr begründet. Wir haben ja auch hervorgehoben, daß in der Leber meist die Ablagerung in verschiedener Weise
sich auswirkt, je nachdem das Eisen per os aufgenommen oder parenteral
zugeführt worden ist. Nach enteraler Zufuhr von Eisenverbindungen
der Leber zeigen hauptsächlich die Epithelzellen eine Eisenablagerung,

nach parenteraler Zufuhr sind es besonders die Sternzellen, die von Eisenablagerungen betroffen werden. Nun liegt es nahe, die Art der Zufuhr als solche für die Verschiedenartigkeit der Ablagerung des Eisens in der Leber anzuschuldigen. Dies mag auch der Fall sein. Andererseits muß aber auch an die Möglichkeit gedacht werden, daß die Eisenverbindungen nach oraler Aufnahme durch die Zellen der Darmschleimhaut eine Verarbeitung zu Eisenalbuminat erfahren (QUINCKE), daß diese arteigen gemachte Substanz keine Fremdkörperreize mehr entfaltet und in die Leberzellen gelangt. Die parenterale Zufuhr der Eisenverbindungen läßt diese aber immer noch Fremdkörperwirkungen ausüben; wir wissen ja aus den Untersuchungen über die vitale Farbspeicherung, daß Fremdsubstanzen, besonders von anodischer Konvektion wie das Eisen in den meisten Verbindungen, in der Leber besonders von den Sternzellen festgehalten und so dem Organismus ferngehalten werden.

Hierbei werden wir auf die **Verschiedenartigkeit der Ablagerung der einzelnen Eisenverbindungen** geleitet. HOCHHAUS und QUINCKE (397) haben bei ihren Untersuchungen über die Eisenablagerungen verschiedene Substanzen benützt, der Ablagerungstypus war nach diesen Autoren immer der gleiche. L. SCHWARZ (921 a) benutzte bei seinen Untersuchungen Hämoglobin, Eisenzucker und Ferrum reductum. Er fand keine besonderen Abweichungen des Ablagerungsbefundes, der über die prozentuale Menge der betreffenden Eisenverbindungen hinausging. SCHWARZ berichtet über eine Dissertation von LEIDNER (Berlin 1926), der dieselben Speicherungstypen bei diesen 3 Eisenverbindungen feststellen konnte. Diese Feststellungen konnten aber von WALLBACH (1080b) keine Bestätigung erfahren. Nach ihm **verhalten sich vielmehr die einzelnen Eisenverbindungen hinsichtlich ihrer Ablagerung bei der weißen Maus ganz verschieden.** Um nur einzelne Beispiele aus den Untersuchungen von WALLBACH herauszugreifen, sei festgestellt, daß Ferrum lacticum mit 18,5% Eisen eine ganz leicht diffuse bis feinkörnige Eisenablagerung in den oberflächlichsten Abschnitten der Zotten bewirkt, daß bei dem Eisentropon mit 2,6% Eisen dieselben quantitativen Verhältnisse an den Zotten festgestellt werden müssen. Der Eisenzucker mit demselben Eisengehalt wie das Eisentropon zeigte eine bei weitem stärkere Eisenablagerung in den betreffenden Zellen der Zotten. Die stärkste Eisenablagerung fand sich bei dem Eisenchlorid, das nur 9—10% Eisen nach dem DAB aufweist, das 19% Ferrum citricum ließ nur ganz feinkörnige Eisenablagerungen wie das Eisentropon erkennen. Den bei weitem stärksten Eisengehalt haben wir bei dem Ferrum reductum vor uns, und doch läßt sich diese Substanz nur in ganz feinkörniger Weise in den Epithelzellen der Zotten feststellen. Es muß somit die Ablagerung des Eisens nach Darreichung der einzelnen Eisenverbindungen von besonderen Faktoren abhängen, die einmal die verschiedene Stärke der Ablagerung, dann aber auch die verschiedene Art und Lokalisation der Eisenablagerung bewirken. Als Beispiel für die letztere Feststellung sei die Beobachtung angeführt, daß Ferrum citricum entgegen allen anderen Eisenverbindungen in den Sternzellen der Leber nach Verfütterung angetroffen wird. Andererseits muß die Verschiedenartigkeit der Angaben der einzelnen Autoren auf die **verschiedenen Eisenverbindungen** zurückgeführt werden, die sicherlich ähnlich wie die verschiedenen sauren Farbstoffe in anderen Zellen aufgenommen werden, unabhängig von dem prozentualen Eisengehalt der einzelnen Zellen. Doch gibt es, wenigstens soweit mikroskopische Untersuchungen in Betracht kommen, keine einwandfreien Untersuchungen, die sich mit dem Problem der verschiedenartigen Ablagerung der einzelnen Eisenverbindungen befassen, so daß nur die Vermutung einer derartigen Möglichkeit hier am Platze sein kann.

Ein weiteres Moment, weshalb die Eisenablagerung von verschiedenen Untersuchern in verschiedenen Zellen beschrieben wird, ist der funktionelle Zustand der Zellen, dessen Wichtigkeit von uns bereits bei der Ablagerung des Bluteisens hervorgehoben wurde. Wenn diese Möglichkeit ohne weiteres ersichtlich ist, so befassen sich doch nur geringe Mengen von Arbeiten mit einem derartigen Problem.

Die Eisenspeicherung in der Darmwand der weißen Maus untersuchte Kawashima (464a). Während die Fütterung bei normaler Eisenmast nur eine geringfügige Siderose bewirkte, die sich besonders im Blinddarm lokalisierte, konnte unter der Einwirkung einer Speckdiät besonders in den Reticulumzellen und in der Muskularis der Darmwand eine Eisenablagerung hervorgerufen werden. In dieser Arbeit wird bewußt die Eisenablagerung als umgebungsbedingt aufgefaßt und einer aktiven Zelleistung zugeschrieben.

In der Leber zeigt sich nach Chevallier (127) bei Meerschweinchen nach Entmilzung bei Eisenfütterung (eisensaures Kalium) eine stärkere Menge von Eisen als unter normalen Umständen. Besonders in den epithelialen Zellen soll es zu stärkerer Eisenablagerung kommen, während in den Makrophagen nicht diese Steigerungen der Eisenablagerungen beobachtet werden konnten. Auch unter dem Einfluß verschiedener Fütterungen macht sich in der Leber eine Veränderung der Eisenablagerung bemerkbar (L. Schwarz). Die eiweißreich gefütterten Tiere zeigen weit weniger Eisen in der Leber, als die nur mit Hafer und Körnern gefütterten Gruppen. In der Milz konnten derartige regelmäßige Beeinflussungen durch die Fütterungsform nicht beobachtet werden.

In größerem Maßstabe konnte von Wallbach (1080b) eine Untersuchung der Einfluß besonderer funktioneller Zustände der Zellen bezüglich einer Eisenablagerung festgestellt werden. Bei diesen Untersuchungen wurden zusammen mit den Fütterungen der angeführten Eisenverbindungen noch Eiweißabbauprodukte den weißen Mäusen zugeführt, und zwar intraperitoneal in täglichem Intervall Pepton oder Nutrose (caseinsaures Natrium). Über die einzelnen Befunde muß in den entsprechenden Arbeiten nachgelesen werden. Hier sei nur angeführt, daß durchaus nicht entsprechend den Untersuchungen von L. Schwarz durch vermehrtes Eisenangebot eine Verminderung der Eisenablagerung bewirkt wird, daß vielmehr unter den durchaus andersartigen Versuchsbedingungen von Wallbach die Eiweißabbauprodukte einmal hemmend, einmal fördernd auf die Eisenablagerung einwirken können, und zwar je nach der Natur der dargereichten Eisenverbindungen. Aber auch qualitative Verschiedenheiten der Eisenablagerungen lassen sich feststellen. So gelingt es bei dem Eisentropon Eisenablagerungen in den Reticulumzellen der Zotten zu bewirken, bei Eisenchlorid zeigen sich auch unter Einwirkung der Peptone Eisenablagerungen in den Sternzellen, die im allgemeinen niemals von einer Eisenablagerung betroffen werden.

Auf Grund dieser Befunde von WALLBACH liegt es nahe, daß die verschiedenen Ablagerungstypen der einzelnen Eisenverbindungen nach enteraler und nach parenteraler Zufuhr in erster Linie wohl von den stimulierenden Einflüssen der Ballaststoffe der Präparate und auch von den reizenden Eigenschaften der einzelnen Atome und Atomkomplexe der Verbindungen selbst abhängig sind. Denn nur auf diese Weise läßt sich der von der quantitativen Eisenmenge verschiedene Ablagerungstyp der Eisenpräparate in den einzelnen Organen deuten.

Und auch die Bestimmung des Eisengehaltes des Blutes gibt ein Mittel in die Hand, durch Umstimmungen der Zellen die Abwanderungsgeschwindigkeit des in die Blutbahn eingeführten Eisens zu beschleunigen oder zu vermindern. LEITES und RIABOW (566) fanden, daß unter dem Einfluß der Hormone der Schilddrüse, der Eierstöcke die Abwanderungsgeschwindigkeit des Eisens aus dem Blut beschleunigt wird, während dieselbe durch Adrenalin verlangsamt ist. Die Entmilzung hat bei Kaninchen eine parallel gehende Verminderung des Eisengehaltes zur Folge, deren Ausmaß bei den einzelnen Tieren verschieden ist.

Anhang.

Die Hämoglobinspaltung.

Wenn in vorliegenden Ausführungen nicht die Zelle allein, sondern vielmehr die Zellprodukte einer Besprechung unterworfen werden sollen, so soll dies unter dem Gesichtspunkte geschehen, daß die Spaltung des Hämoglobins letzten Endes durch die cellulären Einwirkungen auf diesen Farbstoff hervorgerufen wird, daß manche Abspaltungsprodukte sich bei der mikroskopischen Untersuchung sichtbar machen lassen.

Es ist bekannt, daß sich von dem Blut 2 Pigmente herleiten lassen, und zwar das Hämatoidin und das eisenhaltige Pigment, das von NEUMANN als Hämosiderin, von QUINCKE früher als Siderin bezeichnet wurde. Die Beziehungen der beiden Pigmente untereinander sind von verschiedenen Autoren in verschiedenem Sinne beantwortet worden.

Nach der Ansicht von PERLS soll das eisenhaltige Pigment die Vorstufe zu dem Hämatoidin darstellen.

NEUMANN schreibt die Entstehung der beiden Blutpigmente zwei verschiedenen chemischen Vorgängen zu, beide Pigmente verhalten sich nach diesem Autor exklusiv zueinander; aus dem Hämoglobin der roten Blutzellen entsteht entweder Hämosiderin oder Hämatoidin. Zur Entstehung des Hämosiderins gehört die Einwirkung des lebenden Gewebes bzw. seiner Zellen auf den Blutfarbstoff, mag derselbe in gelöstem Zustande sich befinden oder an die Substanz der Erythrocyten gebunden sein. Die Hämatoidinbildung stellt dagegen einen von der vitalen Tätigkeit unabhängigen chemischen Zersetzungsprozeß dar. Nach NEUMANN (711) ist bereits von v. RECKLINGHAUSEN unbewußt das Hämatoidin in vitro am Froschblut beobachtet worden. Auch HAUSER berichtet über Hämatoidinkrystalle außerhalb des Körpers. Die

Ansicht von NEUMANN über den wesentlichen Unterschied zwischen Hämosiderin und Hämatoidin wird von LUBARSCH (618) geteilt, nach diesem Autor tritt Hämosiderin nur nach durch Zellen bewirkten Blutzerfall auf; Hämatoidin zeigt sich nur, wenn die ausgetretenen, dem Zerfall nahen roten Blutkörperchen infolge eines Flüssigkeitsüberschusses der umgebenden Gewebssäfte ausgelaugt werden und das Hämoglobin nicht unter den Einfluß von Zellen gelangt. Hämosiderin bildet sich dagegen, wenn die noch hämoglobinhaltigen Zellen unmittelbar unter den Einfluß von Zellen gelangen.

Eine weitere Ansicht betreffs der Entstehung des Hämatodins und seiner Beziehung zu den Blutpigmenten wird von HOPPE-SEYLER (1182) begründet. Dieser Autor führt ebenso wie NENCKI und SIEBER (1195) aus, daß der Blutfarbstoff immer gleichzeitig in Hämatoidin und Hämosiderin zerfällt, ersteres soll einen dem Gallenfarbstoff nahestehenden Körper darstellen.

Bei der Entscheidung über die Richtigkeit der verschiedenen hier vertretenen Ansichten über die gegenseitigen Beziehungen der beiden Blutpigmente zueinander muß es als eine besondere Schwierigkeit hingestellt werden, daß das Hämatoidin nicht in mikrochemisch nachweisbarem Zustande außerhalb der Zellen einer mikroskopischen Betrachtung zugänglich ist. Da aber die Beziehung zwischen Hämatoidin und Gallenfarbstoff von chemischer Seite sichergestellt ist, so muß in dieser Hinsicht von dem Standpunkt der formalmikroskopischen Forschung die Entstehung des Gallenfarbstoffes und seine Beziehung zum Eisenpigment dunkel bleiben, sie kann vorläufig über Vermutungen nicht herauskommen. BIONDI (85) glaubt bei seinen Untersuchungen über den Toluylendiaminikterus, daß ein Parallelgehen zwischen den Erythrophagocytosen und dem Eisenpigmentbefund einerseits, dem Grad des Ikterus andererseits festgestellt werden kann. Doch geht aus derartigen Befunden keineswegs ein eindeutiger Beweis für die gleichzeitige celluläre Entstehung der beiden Blutpigmente hervor. Auch der Befund von LEPEHNE (574) und der übrigen ASCHOFFschen Schule über die zahlreichen Erythrophagocytosen in den verschiedenen Organen bei verschiedenen Ikterusformen kann in diesem cellulären Speicherungsvorgang nicht die Entstehung des Gallenfarbstoffes in beweisender Form anführen [1].

Anders verhält es sich mit den Befunden von Gallenfarbstoff innerhalb der Zellen, derartige Befunde sprechen aber auch nicht im Sinne der Entstehung dieses Pigmentes innerhalb der Zellen selbst, es kann sehr wohl eine sekundäre Ablagerung aus dem Blut erfolgt sein. QUINCKE (801) beobachtete eine Ablagerung dieses Gallenfarbstoffes in dem um die Extravasate angeordneten Bindegewebe in der Unterhaut der Bauchhaut, während in dem Muskelgewebe und dem Fettgewebe nur kleinere Inseln von gelber Farbe sich anfanden. Im Bereich der gelb gefärbten Stellen fehlte das Eisenpigment. Wenn andererseits MINKOWSKI und NAUNYN (668) die Gallenfarbstoffbildung mit den blutkörperchenhaltigen Zellen in Zusammenhang bringen, so ist diese Ansicht wohl berechtigt, sie muß aber nicht ausschließlich in dem Sinne Verwendung finden, daß von den

---

[1] Nähere Ausführungen finden sich in dem Kapitel: „Das reticulo-endotheliale System" von WALLBACH und WOLFF in dem Handbuch der Hämatologie von HIRSCHFELD, ALDER und HITTMAIR.

betreffenden erythrocytenhaltigen Zellen direkt Gallenfarbstoff gebildet wird. Doch haben die betreffenden Autoren nicht im Sinne von BIONDI (85) die Siderose als direkten anatomischen Exponenten der cellulären Gallenfarbstoffbereitung aufgefaßt.

Bezüglich der mikroskopischen Beurteilung der Bilder in der Leber bei den verschiedenen Formen des Ikterus stehen sich 3 verschiedene Ansichten gegenüber. Nach ZIEGLER-SUBINSKI wird der Gallenfarbstoff aus den benachbarten Leberzellen in die Sternzellen resorbiert. Nach LEPEHNE (571) ist das Pigment in den Sternzellen selbst gebildet und durch die Gallenstauung sichtbar geworden. Nach MINKOWSKI (668) und SCHILLING (881) stammt der Gallenfarbstoff aus den Sternzellen vom Blut her und ist durch Phagocytose in die betreffenden Zellen gelangt.

Aus allen diesen Untersuchungen ist nichts besagt, aus welchen Zellen der Gallenfarbstoff sich herleitet, ob dieser überhaupt in Zellen oder nicht vielmehr unter der Wirkung von Fermenten aus Spaltprodukten des Blutfarbstoffes in der Blutbahn gebildet wird. Die zum Beweis für eine celluläre Entstehung des Gallenfarbstoffes erbrachten mikroskopischen Bilder lassen sich sämtlich auch als sekundäre Speicherungsbilder des Gallenfarbstoffes deuten.

Daß eindeutige Speicherungen von Gallenfarbstoff innerhalb von Zellen vorkommen, ist bekannt, zuletzt hat VON MÖLLENDORFF (693) auf derartige Ablagerungen in dem Darm von Mäusesäuglingen hingewiesen, wo auch auf mikroskopisch-chemische Methodik hin die betreffenden Einschlüsse als Gallenfarbstoff bestimmt werden konnten. Andererseits zeigen sich beim Ikterus in der Unterhaut und in vielen anderen Geweben ebenfalls sekundäre Gallenfarbstoffablagerungen. Gerade diese Ablagerungen sind es, die die gelbe Hautfarbe und den Ikterus überhaupt bedingen, denn die einfache Vermehrung des Gallenfarbstoffes im Blute bedingt allein noch keinen Ikterus. Umgekehrt kann bei dem Verschwinden der zum Ikterus führenden Vorgänge noch die Speicherung des Gallenfarbstoffes in der Haut für einige Zeit bestehen bleiben, während in dem Serum sich bereits normale Gallenfarbstoffwerte anfinden. Auf die Verhältnisse der Hautgallenfarbstoffablagerungen hat bereits HIJMANNS VAN DEN BERGH (380) hingewiesen. Auch wir müssen die Angaben dieses Autors vollkommen bestätigen. Bei der perniziösen Anämie zeigen sich recht hohe Gallenfarbstoffmengen im Blutserum, dagegen finden sich in der Haut kaum Gallenfarbstoffablagerungen, und somit ist auch der Ikterus nicht derartig ausgesprochen.

Die Entstehung der Eisenreaktion bei dem Hämosiderin.

Nach den Untersuchungen von M. B. SCHMIDT (893) gehen die körnige und die chemische Umwandlung des Blutfarbstoffes innerhalb der verarbeitenden Zellen getrennte Wege. Nicht alle Körnchen erreichen das Stadium der positiven Eisenreaktion, die ja an das Stadium des frei abspaltbaren Eisenions gebunden ist. Somit nimmt M. B. SCHMIDT zuerst ein dunkelbraunes eisennegatives Blutpigment an, das noch keine Eisenreaktion aufweist. Es soll nach ihm nicht jedes eisennegative Blutpigment das Stadium der positiven Eisenreaktion erreichen. Andererseits soll bei dem einwandfrei eisenpositiven Eisenpigment mit zunehmendem Alter durch Umwandlung der chemischen Konstitution des betreffenden

Pigmentes die positive Eisenreaktion verloren gehen. M. B. SCHMIDT denkt dabei gerade an das melanotische Pigment, das morphologisch alle Eigentümlichkeiten des Eisenpigmentes aufweist, nur eben die betreffende chemische Reaktion nicht erkennen läßt. M. B. SCHMIDT sammelte derartige Erfahrungen bei dem Studium der Einheilung von mit Blut durchtränkten Holundermarkplättchen in dem Rückenlymphsack des Frosches, ferner nach intratrachealer Einspritzung von Hammelblut. Den Ansichten von M. B. SCHMIDT trat KRAUSE (510) bei, der bei dem Pferde ein getrenntes Vorkommen beider eisenpositiver und eisennegativer Pigmente in ein und derselben Zelle beobachten konnte.

Nun hat M. B. SCHMIDT seine Untersuchungen mit der Berlinerblaureaktion nach PERLS angestellt, von der wir wissen, daß sie nur sehr leicht abspaltbares Eisen einer mikroskopischen Untersuchung zugänglich macht. Wir besitzen aber empfindlichere Eisenreaktionen, die fester haftendes Eisen ebenfalls in Pigmenten nachzuweisen gestatten. Aus diesem Grunde ist es erklärlich, daß die Anschauungen von M. B. SCHMIDT nicht viele Anhänger finden konnten.

Deshalb hält HUECK (414) an dem positiven Eisenbefund der betreffenden Blutpigmente fest, er erkennt keine eisenfreien Zwischenstufen an. Derartiges eisenfreies Pigment gibt es nach HUECK, gehört aber in eine ganz andere Gruppe von Pigmenten. Gerade die verschiedenen mikrochemischen Reaktionen der Pigmente sind es nach HUECK, die zur Einteilung derselben Verwertung finden müssen. Bei dem Zerfall von Blutfarbstoff muß unterschieden werden ein auf Eisen positiv reagierendes Pigment mit allen Eigenschaften des Hämosiderins, ein auf Eisen negativ reagierendes Pigment mit den Eigenschaften des Hämatoidins, ein ebenfalls auf Eisen negativ reagierendes Pigment, das sich aber in seinen sonstigen Eigenschaften vom Hämosiderin wie vom Hämotoidin scharf unterscheidet, dagegen in wesentlichen Punkten mit dem „fetthaltiges Abnützungspigment" übereinstimmt.

HUECK verwendete bei seinen Untersuchungen die Turnbull-Reaktion, die zahlreichere eisenhaltige Pigmente einer mikrochemischen Untersuchung zugänglich macht. Der Standpunkt von HUECK hat sich ziemlich allgemein im Schrifttum durchgesetzt, auch wir müssen den Untersuchungen und den Ansichten dieses Autors vollkommen beipflichten.

Es wird also die Möglichkeit von eisenfreien Pigmenten nach HUECK zugegeben, doch soll es sich nicht um Entwicklungsstufen des Hämosiderins handeln, sondern um besondere fertige Pigmente, die sich auch aus dem Blutfarbstoff herleiten. Von diesem Gesichtspunkte müssen auch die zahlreichen eisennegativen Pigmente innerhalb des Organismus betrachtet werden.

Bei der Hämochromatose haben wir bereits das Vorkommen eines derartigen eisennegativen Pigmentes erwähnt, das sich neben gewaltigen Hämosiderinablagerungen vorfindet. Diese eisennegativen Pigmentablagerungen lassen sich nach LUBARSCH (618) hauptsächlich in den Muskelzellen und in den Gefäßwandungen erkennen. Von HINTZE (382) unter LUBARSCH wurde eine gewisse Verwandtschaft dieses Pigmentes mit dem Hämofuscin angenommen, das nach LUBARSCH seine Entstehung einer spezifischen Tätigkeit der Muskulatur verdanken soll. Letzten Endes muß nach HINTZE dieses Pigment von dem Blutfarbstoff abgeleitet werden. Es ist dies eine Ansicht, die bereits VON RECKLINGHAUSEN ausgesprochen hatte und die auch GÖBEL auf Grund seiner Untersuchungen bestätigen könnte. Gegen diese Auffassung haben sich verschiedene Untersucher in neuerer Zeit gewandt und auch LUBARSCH hat seine einstige Ansicht aufgegeben. Nach seinem Schüler STRÄTER soll der eisennegative Farbstoff bei der Hämochromatose nicht von dem Blutfarbstoff herzuleiten sein, der Name Hämofuscin nach VON RECKLINGHAUSEN ist deshalb nicht mehr aufrecht zu erhalten. ROSENTHAL konnte in dem betreffenden Pigment einen deutlichen Schwefelgehalt feststellen, doch hat er ausgehend von den früheren Ansichten geglaubt, daß das Pigment nach primärer Zerstörung der Blutkörperchen in Leber und Milz abgelagert wird. Er hat eine chemische Umwandlung des Pigmentes in den betreffenden Organen angenommen.

Nach den heutigen Anschauungen müssen die jetzigen Ansichten von LUBARSCH stärkere Beachtung finden, der einen Zusammenhang des eisennegativen Pigmentes bei der Hämochromatose mit dem Blutfarbstoff ablehnt, der die Entstehung des betreffenden Pigmentes den Störungen des Eiweißstoffwechsels zuschreibt. Das eisennegative Pigment bei der Hämochromatose ist dem sog. Lipofuscin der alten Leute gleichzustellen, eine Bezeichnung, die heute als unrichtig erscheint, da der Fettstoffwechsel nicht in grundlegender Weise an der Entstehung dieses Pigmentes beteiligt ist. LUBARSCH schlägt deshalb den besseren Namen Abnützungspigment vor.

Über weitere eisennegative Pigmente, die aber in innigem Zusammenhang mit dem Blutabbau stehen sollen, berichtet E. J. KRAUS (508). Bei einer lymphatischen Leukämie konnte er 4 verschiedene Pigmente in der Milz antreffen, von denen einige phosphorhaltige Eisenpigmente darstellen sollen. E. PETRI (772) zeigte ein negatives Pigment bei einem Fall von Parotisendotheliom. Das betreffende Pigment soll sich als hämoglobinogenes Pigment ausweisen, das durch bestimmte biochemische Kräfte keine positive Eisenreaktion aufweisen soll. Doch kann PETRI für diese Darlegungen keine Beweise anführen, so daß es zweifelhaft erscheinen muß, ob es sich überhaupt um ein hämoglobinogenes Pigment handelt. Nach LUBARSCH lassen die Pigmente sich nur dann als hämoglobinogene bezeichnen, wenn sie entweder die charakteristische Krystallform oder eine positive Eisenreaktion aufweisen, oder in anderer Weise sich unmittelbar als aus dem Blutfarbstoff gebildet erweisen (Malariamelanin). In derselben Weise müssen die eisennegativen Pigmentbefunde von MAYER (657) und von NATALI (1194) bei Tieren bewertet werden, für die sich wirklich kein Anhaltspunkt für ihre Entstehung aus Blutfarbstoff geben läßt.

Über die neuen Pigmentuntersuchungen von BORST und KÖNIGSDORFFER soll an dieser Stelle nichts ausgeführt werden, sie sind in der einschlägigen Arbeit nachzulesen. Die dunkelbraunen Pigmente bei der sich rückbildenden Carminablagerung am Kaninchen (ANITSCHKOFF und Schule) und die Formalinpigmente sollen einer Berücksichtigung ebenfalls nicht unterzogen werden, weil die Carminablagerungspigmente bereits bei der vitalen Farbspeicherung abgehandelt worden sind, weil die Formalinpigmente nur in sehr zweifelhafter Weise etwas mit der Zelltätigkeit solcher zu tun haben dürften.

Die Fettspeicherungen und das Fettgewebe.
Die Fettspeicherung.

Fettablagerungen können in gleicher Weise in mesenchymalen wie in epithelialen Zellen auftreten. Da das Fett einen Bestandteil der Nahrung ausmacht und auch für die Ernährung der einzelnen Zelle unentbehrlich zu sein scheint, so gibt es wohl keine Zelle, die nicht mit Fett angetroffen werden könnte.

Die Fettspeicherung als eigentlicher aktiver Ablagerungsprozeß in allen Fällen ist erst eine in letzter Zeit erkannte Tatsache, während VIRCHOW (1062) streng zwischen einer Fettdegeneration und einer Fettinfiltration unterschied. Das richtige an der Fettdegeneration ist, daß eine Funktionsänderung der Zelle durchaus zu solchen Bildern führen kann, die das Fett innerhalb der Zelle deutlich erscheinen läßt, unabhängig von einer etwaigen Stärke des Angebotes von fetthaltigen Stoffen. Immer aber handelt es sich um eine Aufnahme von Fett von außen in die Zelle hinein, niemals kann aus dem Vorhandensein von Fett in der Zelle auf eine Degeneration oder auf ein Absterben der Zelle geschlossen werden, wie denn der Begriff der Degeneration in der modernen Lehre der Stoffwechselmorphologie ausgemerzt werden muß.

Diese Tatsachen haben sich in der Cytologie noch nicht allgemein eingebürgert und viele Autoren halten noch an der Degeneration bei der stark ausgebildeten Fettablagerung in der Zelle fest. LUBARSCH bemerkt in seinen Vorlesungen dagegen immer, daß sogar der Begriff der Verfettung abgelehnt werden muß, da das Vorwort Ver- bereits ein Werturteil in sich schließt. Es ist nach ihm erforderlich, von einer Fettablagerung schlechthin zu sprechen.

Nach ASCHOFF (32) dagegen sollen 3 verschiedene Arten der Fettablagerung unterschieden werden: die fettige Infiltration, die Speicherung der Fette innerhalb der Zelle. Die fettige Dekomposition, bei der es sich um Zersetzung der protoplasmatischen Bestandteile und um Freiwerden von Fett aus dem Protoplasma handelt, mit anderen Worten um eine Art fettiger Degeneration. Schließlich hält ASCHOFF an der fettigen Transformation fest, bei der eiweiß- und kohlehydrathaltige Reservekörper der Zelle in Fett umgewandelt werden. Es ist möglich, daß in theoretischer Hinsicht später einmal Grundlagen exakter Natur für diese 3 verschiedenen Arten von Fettbildungsmöglichkeiten in der Zelle gegeben werden. Heute kann aber nur die einfache Ablagerung von Fett aus der Umgebung anerkannt werden, ob aus Eiweiß oder Kohlehydrate sich Fette bilden, darüber sind sich die physiologischen Chemiker noch nicht einig, darüber kann auch eine cytologische Untersuchung keine Entscheidung bringen.

In vorliegenden Zeilen sollen also nur die Fettablagerungen in Betracht gezogen werden, da sie es allein sind, die einwandfrei an den Zellen nachgewiesen werden, da die Fettablagerungen andererseits sehr wohl über die funktionellen Eigentümlichkeiten der Zellen Auskunft zu geben imstande sind.

Es erübrigt sich, Aufstellungen über Fettspeicherungen in den verschiedenen Organen und Geweben zu geben, denn jede Zelle ist, wie bereits hervorgehoben, zur Aufnahme von Fett in sichtbarem Zustande imstande. Immerhin muß die Tatsache hervorgehoben werden, daß niemals gleichzeitig innerhalb eines Organismus die Zellen Fett enthalten, daß es immer bestimmte Zellen bei bestimmten Bedingungen sind, die Fett enthalten. Bereits dieser Umstand muß zu der Anschauung führen, daß es nicht allein von außen stammende Einflüsse sind, die die Fettspeicherung in den betreffenden Zellen bedingen, sondern daß vielmehr auch funktionelle Zustände der Einzelzellen wie des Gesamtorganismus für die Aufnahme oder Nichtaufnahme von Fett verantwortlich zu machen sind. Und wie aus der Literatur hervorgeht, läßt sich diese Anschauung sehr gut mit Beweismaterial belegen.

Die Fettspeicherung als Ausdruck der Zelleistung.

In vorliegenden Ausführungen sollen nicht die Fettablagerungen nach den ursächlichen Bedingungen der Hemmung und der Förderung betrachtet werden, sondern wir wollen vielmehr die Fettablagerungen nach den einzelnen Organen gesondert einer Besprechung unterziehen, weil unter diesen Umständen die Einteilung eine klarere wird, weil auch bei Betrachtung der einzelnen Organe der funktionelle Charakter der Fettablagerung deutlich hervorgehoben werden kann.

Als ein Speicherungsorgan für Fette muß zunächst die Leber betrachtet werden, da nicht allein die Leberepithelzellen, sondern auch die Sternzellen zu einer Fettablagerung befähigt sind. Daß der Fettgehalt in der Leber nicht allein von dem Fettgehalt des Blut- oder des Lymphstromes abhängt, geht aus den Untersuchungen von BERG (69) über die funktionellen Leberstrukturen deutlich hervor. Beim Salamander ist der Fettgehalt der Leberepithelzellen am Ende des Winters stark, obwohl die Tiere seit langer Zeit keine Nahrung zu sich genommen haben; in der warmen Jahreszeit kann trotz einer Hungerperiode von 6—7 Monaten eine ansehnliche Fettmenge in den Leberzellen vorhanden sein, sowohl in den Parenchymzellen wie in den Endothelzellen wie in den lymphoiden Zellen. Dieselben Ansichten äußert RICKER, wenn er das Auftreten und Verschwinden des Fettes in der Leber auf eine veränderte Reaktion und Relation der Zellen zu dem vorüberfließenden Blutstrom zurückführt. Während aber RICKER den Durchströmungsgeschwindigkeiten eine maßgebliche Rolle beimessen will, müssen wir betonen, daß entsprechend unserer an früheren Untersuchungen belegten Ansicht das Verhalten der Zelle selbst als das entscheidende angesehen werden muß, das natürlich durch die Durchströmungsgeschwindigkeit auch beeinflußt werden kann.

Der funktionelle Charakter der Fettablagerung in den Leberepithelzellen tritt in besonders deutlicher Weise in den Untersuchungen von E. K. WOLFF (1125) aus dem LUBARSCHschen Institut hervor. Der Gehalt der Leber an sichtbarem Neutralfett ist nach diesem Forscher abhängig einmal von dem Gehalt des Blut- und Lymphstromes an Fett, andererseits von der betreffenden Funktion der Leberzelle. Eine Abhängigkeit des Fettgehaltes der Leberzelle von dem Fettgehalt des Kreislaufes findet sich nach WOLFF nur bei ungestörtem Funktionieren der Leberzelle, eine Bedingung, die experimentell wohl nicht leicht einzuhalten ist. Beim Hunger zeigt sich eine Verfettung durch Mobilisierung der Zelldepots, andererseits auch bei Zuführung von Fett durch die Nahrung.

In jedem Falle ist die Fettablagerung infiltrativ-resorptiv. Irgendwelche Gesetzmäßigkeiten für die Verteilung des Fettes innerhalb der Leberläppchen konnten von WOLFF nicht aufgefunden werden.

Der deutliche Einfluß des Zellstoffwechsels selbst auf die Aufnahme des zur Verfügung stehenden Fettes ist besonders an der Phosphorvergiftung ersichtlich, bei der beträchliche Funktionsänderungen der Leberzellen zutage treten. Niemals kann im Stadium der Verfettung selbst von einer Degeneration oder von einem Absterben der Zellen gesprochen werden, dagegen ist es zweifellos, daß die betreffenden Stoffwechselveränderungen der Zellen schließlich zum Tode des betreffenden Elementarorganismus führen können. Auch der starke Fettablagerungstypus in den Leberzellen bei akuter gelber Leberatrophie ist in dieser Richtung zu deuten, keinesfalls darf nach HERXHEIMER (367) darin ein degenerativer Ausdruck der Leberzellen gesehen werden. Schließlich sei an das Bild der Stauungsleber erinnert, bei der in den zentralen Abschnitten der Läppchen ausgesprochene Fettablagerungen angetroffen werden. Auch hier handelt es sich durchaus nicht um eine Nekrose, es liegt eine Zellstörung vor, die zu Nekrose führen kann, die aber selbst weder als Nekrose noch als Degeneration bezeichnet werden darf. Beachtenswert ist noch die Fettablagerung in den Sternzellen beim Diabetes mellitus.

Die Niere der weißen Maus zeigt nach den Untersuchungen von E. K. WOLFF (1125) unter normalen Verhältnissen keine Fettablagerungen. Die Nahrungsentziehung äußert sich an den Nieren in einer Hungerverfettung, die in derselben Weise wie bei der Fettzufuhr in der Nahrung in Erscheinung tritt und die sich nicht von letzterer unterscheiden läßt. Doch wird von WOLFF betont, daß auch der Zustand der Zelle selbst zu einer Verfettung führen kann, wie dies bei der Phosphorvergiftung ersichtlich ist.

Eine infiltrative Verfettung der Nieren unter dem Einfluß zellkonstitutioneller Einflüsse findet sich noch beim Scharlach, wo nach LUBARSCH sehr reichliche Fettablagerungen angetroffen werden können, besonders in den Epithelien der HENLEschen Schleife und in denen der Pyramiden. Schließlich sei an die Lipoidnephrose erinnert, wo bei bestimmten funktionellen Zuständen des tubulären Apparates eine sehr starke Fettablagerung in Erscheinung tritt. Die betreffenden Zellen verfallen in späteren Stadien der Nekrose, was aber keineswegs etwas über die Wertigkeit des Zellzustandes bei der starken Fettablagerung aussagen muß.

Die Abhängigkeit der Fettablagerung in der Nebenniere von besonderen konstitutionellen Momenten bearbeitete E. K. WOLFF (1123). Nach mehrmaliger Zufuhr von Schilddrüsenpräparaten, wie Thyrowop oder Thyroxin konnte festgestellt werden, daß die Nebennierenrinde eine Verminderung ihres Lipoidgehaltes bis zum vollkommenen Schwund erfährt. An der Retikularis lassen sich nicht so regelmäßig die betreffenden Veränderungen des Lipoidgehaltes feststellen.

In der Milz des Hundes zeigen sich unter normalen Verhältnissen nach GOHRBANDT (264) Fettablagerungen nur in geringem Grade. Im Verlauf einer Peritonitis kommt es zu einer grundsätzlichen Vermehrung der Fettablagerungen, besonders die Pulpareticulumzellen speichern in stärkerem Maße Fett. Dieser funktionelle Charakter der Fettablagerung läßt sich noch weiter erweisen durch die Untersuchungen von KUSONOCKI. Nach ihm findet sich im kindlichen Alter ein Lipoidzellgehalt vorwiegend in den Lymphknötchen der Milz, während beim erwachsenen Menschen mehr in der Pulpa Fettablagerungen erkennbar sind. Bei Verbrennungen lassen sich in den Leukocyten und Lymphocyten Lipoide antreffen, ebenso wie bei akuten Allgemeininfektionen. Die funktionellen Zusammenhänge zwischen der Zelle und einer Ablagerung von Fett ist aus diesen Arbeiten einwandfrei ersichtlich. Aber es wird nicht möglich erscheinen, ständige Beziehungen zwischen Fettablagerung und Allgemeinerkrankung festzustellen, da es außerordentlich schwierig ist, dieselben Versuchsbedingungen herzustellen.

Auch bei der resorptiven Aufnahme von Fett durch die Darmschleimhaut tritt der funktionell-begünstigende Faktor der resorbierenden Zelle einwandfrei hervor. Die Fettaufnahme durch die Darmschleimhaut ist von ARNSTEIN einwandfrei nachgewiesen worden im mikroskopischen Präparat, ebenfalls Untersuchungen über diesen Gegenstand stellte HEIDENHAIN (335) an. Nach ihm bildet die wesentliche Bedingung für die Aufnahme von Fett die Anwesenheit der Galle. Die nach BRÜCKE durch die Galle eintretende Emulgierung wird von zahlreichen Forschern bestritten, es erscheint wahrscheinlicher, daß der Galle die Funktion zukommt, einen reizenden Einfluß auf die Zellen der Darmschleimhaut für die Fettablagerung auszuüben. THANHOFER sieht dementsprechend in der Galle einen Erreger der Stäbchen der Darmepithelzellen, es zeigte sich mikroskopisch ein Hervorspringen der Stäbchen und der Zellfortsätze unter dem Einfluß der Galle. Diese Beobachtungen von THANHOFER wurden teilweise von WIEDERSHEIM bestätigt, sonst aber konnte niemand Bewegungen der Protoplasmafortsätze an den Darmepithelzellen beobachten.

Auch an Gewebskulturen zeigte sich eine Abhängigkeit der Fettablagerung von dem funktionellen Zustand der betreffenden Zellen. Eine Verfettung der gezüchteten Niere zeigt sich nach M. GOLDBERG (265) nicht in allen Fällen in der Randzone, sondern in dieser nur bei Bebrütung in dem Plasmaserum; bei der Züchtung in Ringer- oder Kochsalzlösung konnte an den betreffenden Zellen keine Fettablagerung festgestellt werden. LAUCHE (551) hebt bei seinen Untersuchungen an Kulturen von Hühnergewebe hervor, daß nicht nur der Fettgehalt des Mediums, sondern auch die Anwesenheit anderer Umstände von Wichtigkeit ist, wie die Arteigenheit des Plasmas. Bei Züchtung von Hühnergewebe in Hammelplasma zeigt sich keine Verfettung.

Auch an zahlreichen Granulationsgeschwülsten lassen sich Fettablagerungen feststellen, was mit den Reizzuständen der betreffenden Zellen in Zusammenhang gebracht werden muß. Nach JOEST (446) findet sich im Tuberkel nur in der mittleren Schicht eine Fettablagerung, während die innere und die äußere Schicht keine Fettablagerungen aufweisen. Die Unterschiede sind mit Recht von dem Autor auf die verschiedenen Giftwirkungen des Tuberkelbacillus hervorgerufen, es haben verschiedene Konzentrationen des Giftes die einzelnen Schichten erreicht. Anders sind die Verhältnisse an den Lepromen, wo die Leprazellen außer den im Protoplasma befindlichen Bacillenkolonien noch Verfettungen aufweisen, wie dies schon aus den Untersuchungen von NEISSER hervorgeht. In weiterer Entfernung von diesem Bacillenhaufen zeigt sich im Protoplasma diese Fettablagerung.

Es sind in den vorhergehenden Ausführungen nur einige wenige Schrifttumangaben angeführt worden, die aber einwandfrei beweisen, daß der funktionelle Zustand der Zelle von besonderer Wichtigkeit ist für die Aufnahme und für die Speicherung von Fetten. Wenn auch ein Angebot von Fett durch den Blut- und Lymphstrom wichtig und notwendig ist, wenn dieses Angebot gewissermaßen die Vorbedingung für die Fettablagerung darstellt, so wird doch der Speicherungsvorgang als solcher noch veranlaßt durch das funktionelle Verhalten der Zellen selbst, durch die Stoffwechseleigenregelung der Zelle. Es entstehen in derselben Weise, wie wir es bei der vitalen Farbspeicherung und bei dem Eisenpigmentstoffwechsel ausgeführt haben, Speichererscheinungen, die sich in gewissem Grade unabhängig von den äußeren Mengenverhältnissen der speichernden Stoffe verhalten. Es zeigt sich auch bei der Fettspeicherung die Bewahrheitung der VIRCHOWschen Worte, daß die Zelle sich selbst ernährt und nicht ernährt wird.

Das Fettgewebe.

Wenn wir uns über das Verhalten des Fettes innerhalb der Zelle ein noch vollständigeres Bild machen wollen, so ist das Studium des Fettgewebes besonders deshalb wertvoll, weil wir hier nicht nur einen Einblick in das Speicherungsvermögen und in die Speicherungsverhältnisse einer bestimmten Art mesenchymaler Zellen gewinnen, sondern weil wir auch bei den verschiedenen funktionellen Verhältnissen dieser Zellen über Fettaufnahme und Fettabstoßung ein anschauliches Bild gewinnen.

Die ursprüngliche Ansicht über die Entstehung der Fettzellen lautete, daß es sich um Bindegewebszellen handelt, die Fett gespeichert haben. Ebenso sollten sich nach der Ansicht von FLEMMING (220) die Fettzellen nach dem Schwunde des Fettes wieder in fixe Bindegewebszellen zurückbilden. Doch wird von dem betreffenden Autor schon betont, daß es hauptsächlich die Adventitiazellen der Gefäße sind, die durch Ansammlung von Fett zu Fettzellen werden. Alle anderen Zellen können wohl eine Fettablagerung unter bestimmten Verhältnissen aufweisen, immerhin handelt es sich um keine Fettzellen mit allen Eigentümlichkeiten der Zellstruktur und der äußeren Erscheinungsform der Zelle. Denn die Fettzelle zeichnet sich ja gerade durch eine besondere Struktur und Erscheinungsform vor allen anderen fettbeladenen Zellen aus. CZAJEWICZ (145) konnte eine einwandfreie Beschreibung der Fettzellen geben. Die Zellen zeigen eine doppelkonturierte Membran, einen feinkörnigen den Fetttropfen einfassenden Inhalt und einen mit Kernkörperchen versehenen Kern. Das Protoplasma der Zelle ist eng an die Membran der Zelle angepreßt, in dem Bereich des Protoplasmas ist auch der Kern gelegen.

FLEMMING hat also schon auf die Eigentümlichkeit der Fettzellen und auf die besondere Entstehungsform hingewiesen, eine Ansicht, die in besonderem Maße von den verschiedensten Autoren, wie von TOLDT (1040), MAXIMOW (650) und in neuerer Zeit von WASSERMANN (1084) vertreten wurde und die heute als die herrschende und allgemein anerkannte Lehre hinzustellen ist. Es sind besondere Zellen, die die Umwandlung in Fettzellen erkennen lassen; die Primitivorgane, die sich eng an die Gefäße hinsichtlich ihrer Lokalisation anschließen, sind es,

die die epitheloiden Zellen liefern, die durch Fettablagerung in typische
Fettzellen umgewandelt werden. Die Lehre von KÖLLIKER (491), nach
der die Fettzellen nichts anderes als verfettete Bindegewebszellen darstellen sollen, ist heute allgemein verlassen worden.

Die Untersuchungen von WASSERMANN sind für uns besonders deshalb wichtig, weil aus ihnen in einwandfreier Weise hervorgeht, daß das
konstitutionelle Verhalten der Zellen es ist, das die charakteristische
Fettaufnahme bewirkt, daß also nur bestimmt funktionierende Zellen
zu Fettzellen werden. Über die Primitivorgane von früheren Autoren
wie von TOLDT haben wir bereits berichtet. Jedes Fettläppchen hat nach
WASSERMANN sein eigenes Primitivorgan zur Voraussetzung. Die Fettspeicherung macht sich erst nach vollständiger Entwicklung der Primitivorgane geltend, sie erstreckt sich gleichzeitig über das ganze Syncytium.

Es ist also aus diesen Untersuchungen hervorzuheben, daß ein besonderer
Funktionszustand ganz bestimmter Zellen es ist, der die Entstehung der
Fettzellen bewirkt. Andererseits können andere Reizzustände auf die
Zellen der Primitivorgane einwirken, so daß richtige Blutbildungsherde aus
diesen Zellen entstehen. Derartige Beobachtungen hat G. B. GRUBER (298)
beschrieben in dem Fettgewebe der Brustdrüse, wo sich eine richtige
extramedulläre Blutbildung antreffen läßt. Aus dem Unterhautzellgewebe
stammen derartige Beobachtungen von E. PETRI. Von demselben Standpunkt müssen auch die wechselnden Zustandsformen der Milchflecke des
Netzes betrachtet werden, bei denen Verfettungszustände und extramedulläre Blutbildungszustände einander ablösen können. Auch das Reticulum
der Lymphknoten kann derartige verschiedene funktionelle Zustandsformen aufweisen. Es ist sehr wahrscheinlich, und WASSERMANN weist
bei seinen Untersuchungen auf diesen Umstand hin, daß das Fettmark
und das ausgesprochen tätige Knochenmark durch die wechselnden
funktionellen Zustandsformen derselben Zellen hervorgerufen wird.

Somit erscheint das Problem der Entstehung der Fettzelle einerseits die Voraussetzung zu verlangen, daß es ganz besondere Zellen sein
müssen, die eine Umwandlung zu Fettzellen durchmachen können, daß bei
dieser Umwandlung die Fettablagerung auf Grund bestimmter funktioneller
und konstitutioneller Eigentümlichkeiten der betreffenden Zellen zustande
kommt. Andererseits müssen wir darauf hinweisen, daß bei den besonderen
Zellen des Primitivorganes die Umwandlung in eine Fettzelle nicht der
einzige Ausdruck ihrer funktionellen Umwandlung ist, daß durch andere
an sie herantretende Reize auch Blutbildungszellen in Form von Hämo-
gonien entstehen können, die dann zur Bildung extramedullärer Blutbildungsherde überleiten können.

Die Umwandlungen der Fettzellen, besonders was ihre Zurückverwandlung in die Zellen der Primitivorgane anbetrifft, läßt sich am besten
verfolgen bei den Überpflanzungen von Fettgewebe, worüber sehr
zahlreiche Schrifttumangaben sich vorfinden. Die ersten einschlägigen
Beobachtungen stammen von CZAJEWICZ, der die sog. Wucheratrophie
der Fettzellen beschrieb, ein Problem, mit dem sich zahlreiche
weitere Forscher in ausführlicher Weise beschäftigt haben. Während
CZAJEWICZ von einer Wucherung der Zellkerne spricht, bei der sich das
Fett innerhalb der Zelle vermindert und schließlich zum Verschwinden
gebracht wird, hat sich diese Erscheinung nach den Untersuchungen

von MARCHAND (638) und MAXIMOW (650) als eine Resorption des Fettes durch eingewanderte Polyblasten herausgestellt, nach vorherigem Zugrundegehen der Fettzelle. Eine ausgesprochene Wucheratrophie nach der Ansicht von CZAJEWICZ (145), EMILIO FRANCO (222) und auch nach den ersten Anschauungen von MARCHAND gibt es also nicht, es kann auch nicht von einer derartigen Entdifferenzierung der Fettzellen die Rede sein. Anders ist die Ansicht von WASSERMANN, der sehr wohl von einer ausgesprochenen Entspeicherung der Fettzelle spricht, es kann die Zelle wieder als die indifferente Zelle des Primitivorganes erscheinen.

Auf Grund aller dieser Ausführungen müssen wir feststellen, daß entsprechend den Ansichten von TOLDT das Fettgewebe ein Gewebe eigener Art darstellt. Unter entzündlichen Reizen zeigt sich eine Verkleinerung der Einschlüsse, andererseits müssen wir auch feststellen, daß durch bestimmte Umstände die indifferenten Zellen der Primitivorgane dazu veranlaßt werden können, unabhängig von dem gerade vorliegenden Angebot Fett aufzunehmen und eine Umwandlung in Fettzellen durchzumachen. Das Fettgewebe ist deshalb auf Grund vorliegender Ausführungen ebenfalls ein Gegenstand, um Studien über die funktionellen Speicherleistungen an den Zellen zu treiben. Die konstitutionelle Eigentümlichkeit der betreffenden Zellen bringt es mit sich, daß die Reize an diesen Zellen sich anders auswirken als an den sonst fettspeichernden Zellen des übrigen Mesenchyms und des Epithels.

Der Cholesterinstoffwechsel.

Neben der Ablagerung der Neutralfette ist die der anisotropen Fette von besonderer Wichtigkeit für die Erkennung der funktionellen Speichererscheinungen an den Zellen. Als besonders geeignetes Objekt für Untersuchungen über den Cholesterinstoffwechsel ist das Kaninchen zu betrachten.

Wenn wir über die Ablagerung des Cholesterins in den einzelnen Organen berichten wollen, so schließen wir uns am besten den Ausführungen VERSÉS (1060) an, der über diese Verhältnisse sehr eingehende Beschreibungen liefert. Die bedeutendsten Cholesterinspeicherungen zeigen sich nach ihm in dem Fettgewebe, weiter lassen sich sehr zahlreiche Massen von Cholesterin in den Nebennieren nachweisen. Etwas geringer finden sich in der Milz die anisotropen Ablagerungen, hier finden sich vielmehr sehr starke Eisenpigmentablagerungen nach Cholesterinfütterungen. In den Gekröselymphknoten treten die mit anisotropen Fetten erfüllten Zellen noch mehr zurück im Vergleich zu der Menge in der Milz. Das erste Speicherungsorgan nach enteraler Zufuhr stellt der Darm dar. Nach einmaliger Fütterung findet ZINSERLING (1146) nur einfach brechendes Fett in dem Epithel der Dünndarmzotten, erst nach wiederholter Zufuhr dieser Substanz zeigen sich stärkere Ablagerungen. Weiterhin findet sich das Cholesterin in der Leber in den Epithel- und Sternzellen. Neben dem geformten Bindegewebe sind es hauptsächlich die Arterien, die starke Ablagerung doppelbrechender Fette aufweisen. Hier kommt es zu hyperplastischen Veränderungen, über die später in einem besonderen Abschnitt berichtet werden soll.

Nach den Untersuchungen der verschiedenen Forscher beteiligen sich also an der Cholesterinablagerung Zellen mesenchymaler und epithelialer Herkunft. An der Einspritzungsstelle beteiligen sich bei der zeitlichen

Verfolgung an der Cholesterinablagerung nach ZINSERLING Makrophagen in der Unterhaut, auch die übrigen Makrophagen reagieren deutlich mit einer Speicherung auf die Einführung des Cholesterins. Typische Xanthomzellen lassen sich an den Einspritzungsstellen nicht feststellen.

Über die Beziehungen zwischen dem Cholesterin und den Cholesterinestern berichtet KAWAMURA (464). Die Cholesterine zeigen in den Zellen ein konstantes Verhalten, sie sind nach TERROINE das élément constant, während die Cholesterinester als élément variable einen schwankenden Charakter in der Zelle aufweisen. Bezüglich des Vergleiches des Verhaltens der Ablagerungen des Cholesterins zu denen der sauren Farbstoffe läßt sich keineswegs ein konstantes Verhalten feststellen. So lagern nach KAWAMURA die Nebennierenrindenzellen sehr reichliche Mengen Cholesterin ab, aber wenig saure Farbstoffe. Umgekehrt speichern die Epithelien der gewundenen Harnkanälchen der Niere sehr reichlich manche Farbstoffe, dagegen zeigen sich kaum irgendwelche Cholesterinablagerungen. Aus allen diesen Gründen müssen wir eine Gleichartigkeit der Ablagerung der Cholesterine mit den sauren Farbstoffen ablehnen, was natürlich in erster Linie an der chemischen Eigenart der betreffenden Substanz gelegen ist. Andererseits müssen wir aber in dem nunmehr folgenden Abschnitt hervorheben, daß auch der funktionelle Charakter der Zellen in sehr hohem Maße mitspricht, ob es zu einer stärkeren Ablagerung oder zu einer Ablagerung von Cholesterin überhaupt kommt.

Die bei der Cholesterinspeicherung ersichtliche funktionelle Zelläußerung.

Das Cholesterin lagert sich in den epithelialen und den mesenchymalen Zellen ab, aber entsprechend dem von vornherein verschiedenartigen funktionellen Zustand dieser Zellen. Wenn auch VERSÉ schreibt, daß in sehr vielen mesenchymalen und epithelialen Zellen anisotrope Verfettungen vorkommen können, so war es doch bemerkenswert, daß erstens nur ganz bestimmte Zellen eine anisotrope Verfettung aufweisen, daß andererseits ein gewisser Gegensatz in der Speicherung von Cholesterin und vitalen Farbstoffen festzustellen ist. Als weitere funktionelle Eigentümlichkeit muß hervorgehoben werden, daß die Bindegewebszellen in den verschiedenen Körperstellen ein verschiedenartiges Verhalten gegenüber dem Cholesterin aufweisen, so daß sicherlich auch umweltbedingte Faktoren für die Ablagerung der anisotropen Fette mitsprechen. Schließlich muß noch betont werden, daß nur manche Tierarten auf die Cholesterinfütterung mit einer Cholesterinablagerung in den einzelnen Zellen reagieren, so daß der konstitutionelle Charakter der Cholesterinspeicherung durch alle diese angeführten Tatsachen deutlich in Erscheinung tritt.

Ein grundsätzlicher Unterschied in der Cholesterinablagerung der epithelialen und der mesenchymalen Zellen soll nach CHALATOW (124) in der Ablagerungsart ersichtlich sein. Bei den epithelialen Zellen kann nicht ohne weiteres eine Ablagerung von Cholesterin zustande kommen, die vorherige Ablagerung von Neutralfetten gibt erst die Vorbedingung für das Zustandekommen einer derartigen Ablagerung. Ob diese Vorbedingung ausschließlich in den physikalischen Bedingungen des abgelagerten isotropen Fettes gegeben ist nach Art eines Lösungsmittels für die anisotropen Fette, oder ob es sich vielmehr um rein funktionelle

Momente der Zellen selbst handelt, die die Ablagerung und die Aufnahme bedingen, läßt sich an Hand dieser Untersuchungen nicht entscheiden, da die Fragestellung nicht auf derartige Probleme bei Chalatow gerichtet war. Bei den mesenchymalen Zellen finden sich die an den Epithelzellen ersichtlichen Auskrystallisierungen des Cholesterins nicht, dagegen handelt es sich hier um mehr diffuse Ablagerungen. Somit unterscheidet Chalatow die Xanthomatose der epithelialen Zellen grundsätzlich von der Myelinose der mesenchymalen Zellen. Diese Anschauungen sind aber nicht unwidersprochen geblieben. Versé hebt hervor, daß auch in den Bindegewebszellen vor der ausgesprochenen Cholesterinablagerung zunächst eine isotrope Verfettung stattfindet.

Auch eine Verschiedenheit der Ansprechbarkeit der einzelnen Tierarten besteht bezüglich der anisotropen Fettablagerung. Selbst bei Fütterung mit großen Mengen Cholesterin gelingt es nicht, im Organismus der Ratte eine besondere Cholesterinablagerung hervorzurufen, während das Kaninchen ein für Cholesterinablagerungsstudien sehr geeignetes Tier darstellt (Chalatow, Versé). Auch beim Meerschweinchen zeigen sich nach Verfütterung von Cholesterin anisotrope Verfettungen. Aus diesen Beobachtungen heraus kommt Chalatow zu dem Schluß, eine besondere Cholesterindiathese bei den einzelnen Tierarten anzunehmen. Diese Annahme ist auch berechtigt bei Betrachtung der Verhältnisse beim Menschen, wo es nur bei bestimmten Stoffwechselerkrankungen zu Ablagerungen von Cholesterin kommt. Es muß zweifelhaft erscheinen, ob die Pflanzen- und Fleischfresser grundsätzliche Verschiedenheiten bezüglich der Cholesterinablagerung aufweisen. Doch müssen wir Kawamura beipflichten, daß 3 Faktoren für das Zustandekommen der anisotropen Fettablagerung eine wichtige Rolle spielen, die grobe unterbrochene Tätigkeit der Zellen, eine Kreislaufsstörung und eine verschiedene Gewebsaffinität.

Es muß das Bestreben einer jeglichen Konstitutionsforschung bilden, nicht nur sich mit Beschreibungen der verschiedenen Konstitutionstypen zu begnügen, sondern auch mit experimenteller Methodik nach den Ursachen der verschiedenen Konstitutionstypen zu forschen. Derartige Versuche sind auch bei der Cholesterinablagerung von Chalatow angebahnt und es ist dringend erforderlich, diese durch experimentelle Beeinflussungen hervorgerufenen Ablagerungstypen bei den einzelnen Tieren in den folgenden Zeilen ausführlich zu schildern.

Chalatow gelang es, bei der Ratte durch bestimmte Gifte eine Cholesterindiathese hervorzurufen, während unter normalen Verhältnissen diese Tierart sehr schlecht anisotrope Fettablagerungen aufweist. Eine Cholesterinablagerung bei der Ratte gelingt mit Hilfe von Phosphor und von Säuren. Die Unterschiede gegenüber gleichartigen Ablagerungen beim Kaninchen zeigen sich insofern, als die isotrope Fettablagerung im Mesenchym der Ratte viel ausgesprochener ist, während nur eine geringe anisotrope Fettablagerung ersichtlich ist. Die Mesenchymzellen der Ratte zeigen somit entsprechend den epithelialen Zellen des Kaninchens ein isotropes Vorstadium bei der Cholesterinablagerung.

Auch beim Kaninchen wurden von Chalatow Beeinflussungsversuche hinsichtlich der Cholesterinablagerung in Form anisotroper Krystalle vorgenommen. Unter dem Einfluß von Säuren zeigen sich beim Kaninchen in Leber und Milz nur sehr geringe Fettablagerungen, dagegen wurde in den Mesenchymzellen eine bedeutend stärkere Cholesterinablagerung beobachtet als bei reiner Cholesterinzufuhr. Mit Phlorrhizin konnte in bedeutenderem Maße eine anisotrope Verfettung beobachtet werden, an und für sich wird durch diese Substanzen die einfache Fettablagerung in den einzelnen Organen schon gefördert.

Bei Zufuhr von in Sonnenblumenöl gelöstem Cholesterin fanden sich zunächst ausgesprochene isotrope Verfettungen in der Leber, dann erst auf dieser Grundlage anisotrope Fettablagerungen. Besonders die peripheren Leberzellen innerhalb der einzelnen Läppchen sind es, die eine stärkere Cholesterinablagerung aufweisen. Umgekehrt zeigt sich nach Eidotterfütterungen in den zentralen Teilen eine stärkere Cholesterinablagerung. Die Ursache dieser verschiedenen Lokalisation sind nach Chalatow nicht näher zu ergründen, und wir müssen uns mit der Feststellung der verschiedenen funktionellen Zustände an den Zellen begründen, die eine stärkere oder geringere Cholesterinablagerung bewirken. Es handelt sich somit grundsätzlich um dieselben Beobachtungen und Feststellungen, die wir auch bei der vitalen Farbspeicherung anstellen konnten.

Diese Beobachtungen von Chalatow bei konstitutionellen Cholesterinstoffwechseluntersuchungen haben in dem Schrifttum starkes Interesse gefunden und auch zahlreiche andere Forscher stellen Beobachtungen fest, aus denen einwandfrei hervorgeht, daß der Leistungszustand der einzelnen Zellen von großer Bedeutung für die Ablagerung anisotroper Fette ist. Auch die Versésche Schule befaßt sich jetzt stark mit derartigen Cholesterindiathesen. Immerhin gehen die betreffenden Forscher zu weit, wenn sie ein zellschädigendes Moment für die Ablagerung der anisotropen Fette fordern. Versé weist in diesem Sinne auf das starke Vorkommen der anisotropen Fette bei Störungen der Darmtätigkeit hin. Wir haben schon immer darauf hingewiesen, daß wir nicht berechtigt sind, die funktionellen Zustände der Zellen eine Bewertung zu unterziehen. Vielmehr dürfen wir nur aussagen, was auch von Reineck (809) geschehen ist, daß weniger die Menge und die Zufuhr des Cholesterins als der Reaktionszustand des gesamten Organismus im allgemeinen und der Zellen im besonderen von Wichtigkeit erscheint. Reineck kann nicht die Beobachtungen von Landau und seiner Schüler anerkennen, daß in der Nebennierenrinde die Cholesterinablagerung parallel geht mit dem Cholesteringehalt des Blutes. Gerade eine Fettablagerung in den Zellen ist von großer Bedeutung für die Ablagerung von Cholesterin, was auch Hueck (413) neben Chalatow in seinem Bericht über den Cholesterinstoffwechsel hervorhebt. Nach ihm sollen auch die Gallensäuren eine resorptionsfördernde Wirkung auf die anisotropen Fette ausüben.

Der Einfluß der Cholesterinablagerungen auf die Zellen und Gewebe.

In derselben Weise wie die vitalen Farbstoffe entbehren auch die anisotropen Fette keineswegs der Indifferenz, gerade das Cholesterin ist noch stärker different, als die vitalen Farbstoffe. Die durch die Ablagerung der anisotropen Fette in den Zellen verursachten Stoffwechselstörungen drücken sich daher auch im morphologischen Bild aus.

Als morphologischer Ausdruck einer besonderen Stoffwechseländerung der mit Cholesterin beladenen Zellen ist die Xanthomzelle zu betrachten, die nur bei sehr verlängerten Aufsaugungen des Cholesterins durch die mesenchymalen Zellen in Erscheinung tritt. Daß auch die Artverschiedenheit der Zellen für derartige Stoffwechseländerungen von Wichtigkeit ist, geht aus der Tatsache hervor, daß beim Menschen xanthomatöse Veränderungen der Bindegewebszellen sehr leicht hervorgerufen werden, während diese beim Kaninchen nur selten in Erscheinung treten. Auch bei bestimmten Stoffwechselerkrankungen des Menschen zeigen sich in ausgesprochenem Maße Xanthomzellen, wie beim Gaucher, während unter anderen Umständen die mit anisotropen Substanzen beladenen Bindegewebszellen keine besonderen strukturellen Veränderungen aufweisen.

Die funktionellen Änderungen des Zellstoffwechsels drücken sich nicht nur an der Zellstruktur selbst aus, sondern auch in den Zellwucherungsvorgängen. So zeigen sich bei starken Cholesterinablagerungen in der Leber stärkere Zerstörungen der Leberzellen und Wucherungen des periportalen Bindegewebes, so daß beim Kaninchen Wucherungen in Erscheinung treten, die lebhaft an zirrhotische Prozesse erinnern (Chalatow (124)]. Besonders stark zeigt sich aber die durch eine Cholesterinablagerung ausgelöste proliferative Funktionsäußerung der Zellen bei den arteriellen Gefäßwänden.

Anitschkoff (15) konnte nach Eigelbfütterung beim Meerschweinchen subendothelial in der Intima der Aorta Ablagerungen von Cholesterin beobachten. Zunächst zeigen sich die betreffenden Ablagerungen zwischen den Zellen in den Gewebsspalten, der Prozeß ist also von rein infiltrativem Charakter. Sodann entstehen reaktive Erscheinungen in der Gefäßwand, die herbeiströmenden Polyblasten nehmen das Fett in feintropfiger Form auf. Die nunmehr folgende Bindegewebsvermehrung ist besonders beim Meerschweinchen ausgesprochen. Durch infektiöse Prozesse werden die betreffenden Wucherungserscheinungen stark begünstigt. Daß aber für die Wucherungserscheinungen bei den atherosklerotischen Veränderungen auch konstitutionelle Momente von besonderer Bedeutung sind, geht aus den Untersuchungen von Zinserling (1146) hervor. 3 Grundfaktoren sind für die Entwicklung der Atherosklerose von Bedeutung: 1. Die Cholesterinämie. 2. Die mechanischen Einflüsse. 3. Der Zustand der Gefäßwand.

Somit sehen wir also, daß bei der Ablagerung anisotroper Stoffe nicht nur die Stärke des Angebotes an derartigen Fetten durch die Blut- und Lymphbahn von Wichtigkeit ist, daß eine besondere Bedeutung das funktionelle Verhalten der Zelle hat, daß die Zelle es ist, die ihren Eigenstoffwechsel im Sinne von Aufnahme und Verarbeitung auch anisotroper Substanzen regelt, die auch von sich aus auf die Ablagerung anisotroper Stoffe mit Strukturveränderungen und auch mit Wucherungserscheinungen antwortet.

Das Moment der Zellschädigung bei der Fettablagerung.

Wenn in den früheren Zeiten von einer fettigen Degeneration gesprochen zu werden pflegte, und zwar in dem Sinne, daß unter dem Einfluß der Zellschädigung eine Umwandlung der Eiweißsubstanzen in Fett eintreten sollte, so ist man auf Grund der neueren Untersuchungen dahin gekommen, eine derartige Umwandlung in sehr skeptischer Weise zu betrachten. Es macht sich heute vielmehr die Anschauung geltend, daß eine exogene Fettablagerung immer bei den Verfettungsprozessen schlechthin in Betracht gezogen werden muß, daß der Fettphanerose andererseits keine allzugroße Bedeutung beigelegt werden kann. Immerhin scheint das Moment der Zellschädigung immer noch in der modernen Anschauung über die Speichererscheinungen, besonders der Fettablagerungen, eine große Rolle zu spielen. Inwiefern man berechtigt ist, die Veränderungen der Zellgestalt und des Zellaussehens als eine Zellschädigung hinzustellen, inwiefern man überhaupt berechtigt ist, die Zellschädigung als einen mikroskopisch sichtbaren Begriff hinzustellen, das soll an anderer Stelle ausführlich geschildert werden. Hier soll nur auf die besondere kritische Beurteilung des zellschädigenden Momentes bei der Fettablagerung überhaupt noch einmal hingewiesen werden.

Bei den beeinflussenden Vorgängen, die die Farbspeicherung und die Fettspeicherung zu fördern und zu hemmen imstande sind, handelt es sich nicht um zellschädigende Einflüsse ausschließlich, sondern es kann sich bei derartigen besonders stark sich ausprägenden Vorgängen gerade auch um Leistungssteigerungen handeln. Gerade wenn wir von der Funktion der Fettablagerung als solcher sprechen, so muß die gesteigerte Fettspeicherung als eine gesteigerte Zellfunktion betrachtet werden, wobei es ganz gleich ist, welche andere Funktion einzelne Untersucher im Auge gehabt haben mögen. Der Vorgang der isotropen und anisotropen Fettablagerung stellt einen aktiven Vorgang dar, es wäre paradox zu sagen, daß bei Steigerungen dieses Vorganges eine Verringerung der Zellfunktionen angenommen werden muß. Eine Verringerung der Fettverbrennung ist nicht immer bewiesen. Denn gerade bei mikroskopischer Betrachtung der Fettablagerung kann diese Funktion allein nicht betrachtet werden, denn zeitliche Untersuchungen des Fettstoffwechsels am unveränderten Organismus sind mikroskopisch nicht möglich. Die Beurteilung einer gesteigerten und einer geschwächten Funktion muß immer eine bedingte bleiben, es ist durchaus möglich, daß eine bestimmte Zellfunktion, wenn sie gesteigert wird, eine Verringerung einer anderen Zellfunktion nach sich zieht. Man ist nicht berechtigt, auf Grund der Steigerung oder Hemmung einer einzigen Zellfunktion von einer Steigerung oder Hemmung der Zellfunktionen oder der Lebenstätigkeit der Zelle überhaupt zu sprechen. Es ist deshalb gerechtfertigter, bei der Steigerung oder Hemmung der Fettablagerung unter dem Einfluß bestimmter Reize von fettspeicherungsfördernden oder -hemmenden Faktoren zu sprechen. Aber auch diese Begriffe sind bereits viel zu verallgemeinert, da sie nur für ganz bestimmte Zellen, für ganz bestimmte Organismen, für ganz bestimmte Fette anzuwenden sind.

Es muß also hervorgehoben werden, daß die Fettablagerung keineswegs ein Zeichen der Zellschädigung darstellt. Die Fettspeicherung ist wie jeder andere Speicherungsvorgang als aktiver Prozeß anzusehen, jede Steigerung der Fettablagerung ist als eine Steigerung dieser betreffenden Zellfunktion hinzustellen.

Die Strukturerscheinungen an der Zelle.

Während bei den Speicherungserscheinungen direkte funktionelle Äußerungen an der Zelle einer mikroskopischen Betrachtung zugänglich gemacht werden können, handelt es sich bei der Betrachtung der Strukturerscheinungen an der Zelle um die indirekten Zeichen einer mikroskopischen Zelltätigkeit. Aber die Unterschiede zwischen den Speichererscheinungen und den Strukturerscheinungen an der Zelle sind nicht so groß, daß es sich um grundsätzliche Trennungen beider Erscheinungen handelt. Wir haben ja bei der Betrachtung der Beeinflussungsversuche der Speichererscheinungen an der Zelle hervorgehoben, daß die Speicherung nur einen Indicator darstellt, um funktionelle Zustände an der Zelle aufzudecken, die mit der Speicherung als solcher nur bedingt verbunden sind. In gewisser Hinsicht zeigt uns also auch die Betrachtung der Speichererscheinungen an der Zelle, daß es sich um eine indirekte funktionelle Untersuchungsmethode handelt. Nur wenn wir die Speichererscheinungen als solche betrachten, kann von einer direkten Betrachtung der funktionellen Erscheinungen an der Zelle gesprochen werden.

Bei den Strukturerscheinungen der Zelle handelt es sich hinsichtlich der mikroskopisch sichtbaren Veränderungen der Zelle um eine indirekte Erscheinungsform, auch viele Veränderungen sind im ungefärbten Zustande der Zelle selbst nicht erkennbar, sie können oft nur durch ganz besondere Färbungen sichtbar gemacht werden. Immerhin ist trotz aller dieser Gründe die Untersuchung der funktionellen Strukturerscheinungen der Zelle nicht gering zu bewerten, gerade durch die Mannigfaltigkeit derselben lassen sich auf sehr verschiedene und vielfältige kombinierte Weise funktionelle Untersuchungen der Zellen vornehmen. Zusammen mit den direkten Speichererscheinungen gibt uns die Untersuchung der funktionellen Strukturerscheinungen ein weiteres Gesichtsfeld über eine funktionelle Zellmorphologie, die ja bei den heutigen formalen Untersuchungen als Endziel angestrebt wird.

Um die Klarheit der Darstellung zu gewährleisten, wird es in den folgenden Ausführungen notwendig erscheinen, von rein äußerlichem Standpunkt die einzelnen strukturellen Erscheinungsformen an den Zellen zu sondern. Entsprechend dem Bau der Zelle soll von den Veränderungen an dem Protoplasma und an dem Kern gesondert gehandelt werden, schließlich soll auch die Gesamterscheinungsform der Zelle eine eingehende Berücksichtigung finden. Bei allen diesen Unterabteilungen mußte auf jeden einzelnen anatomischen Bestandteil der Zelle geachtet werden, um alle strukturellen Erscheinungsformen der Zelle vom funktionellen Standpunkt zu erfassen. Es wird sich dabei nicht umgehen lassen, auf die rein funktionelle Bedeutung einzelner Zellbestandteile hinzuweisen, denn nur dann können wir die durch die verschiedenen Funktionen an der Zelle bedingten Veränderungen dieser Gebilde vollauf zu verstehen versuchen.

Das Protoplasma.
Die granulären Zellbestandteile.

Die Untersuchung der granulären Bestandteile an dem Protoplasma nahm ihren Ausgangspunkt von den Forschungen Altmanns (12), der mit seiner besonderen Fuchsinmethode zahlreiche granuläre Gebilde innerhalb der Zelle zur Anfärbung bringen konnte. Es ist klar, daß die Feststellungen ALTMANNS in stark überschätzter Form wiedergegeben worden sind, daß es sich sicherlich nicht aufrecht erhalten lassen wird, daß die Struktur der Zelle ausschließlich eine granuläre ist, daß nur an den Granula des Protoplasma die Umsetzungen an der Zelle sich abspielen. Es muß hervorgehoben werden, daß von ALTMANN der funktionelle Charakter dieser Granula besonders betont wurde, daß das Wachstum des primären Granulums nach diesem Autor für eine Erhöhung der Vitalität der animalischen Funktionen oder wenigstens für eine größere Prägnanz derselben spricht, während die Drüsensekretion als vegetative Assimilation zu mehr oder minder weitgehender Abschwächung der Vitalität führt. Der funktionelle Charakter der Granula von ALTMANN wird also von diesem Autor in stark übertriebener Weise betont, die Granula sollen als Elementarorganismen der Zelle angesehen werden, im Bioblast soll die organische Einheit der Materie gefunden worden sein.

Die ALTMANNschen Deutungen sind heutzutage längst überholt, aber trotzdem müssen wir an den Anfang unserer Ausführungen die Untersuchungen und die Methodik von ALTMANN stellen, da durch diese der funktionelle Charakter der granulären Bestandteile der Zelle behauptet wurde. Sämtliche Forscher, die sich später mit granulären Gebilden des Protoplasmas hinsichtlich ihrer funktionellen Bedeutung befaßt haben, fußen letzten Endes auf den Untersuchungen von ALTMANN.

Die Ansichten von ALTMANN bezüglich der Bedeutung der Granula als Bioblasten können schon deshalb nicht aufrecht erhalten werden, weil einerseits keine streng spezifischen Granula mit der ALTMANNschen Methode dargestellt werden, weil andererseits die Bedeutung der einzelnen Strukturbestandteile der Zellen niemals überschätzt werden darf. Die Erhaltung des Lebens der Zellen ist an das funktionelle Zusammenwirken sämtlicher Bestandteile des Protoplasmas und der Zelle überhaupt gebunden.

Die ALTMANNschen Granula setzen sich nach den Untersuchungen der späteren Forscher aus mehreren verschiedenen Gebilden zusammen. Die rote Fuchsinfarbe nimmt nicht nur die ALTMANNschen Granula auf, sondern auch die Chromatinbestandteile des Kernes. Aber auch unter den Granula lassen sich mit verschiedenen anderen Färbungsmethoden verschiedene Gebilde abgrenzen, die eine ganz andere funktionelle Bedeutung aufweisen und die auch durch ihr funktionelles Verhalten auf ganz verschiedene funktionelle Veränderungen des Zellstoffwechsels hinweisen.

Die eingehende Analyse der ALTMANNschen Granula erfolgte durch BENDA (63), nach dem die Mitochondrien, die Spezialgranula und die Sekretgranula, weiterhin noch die Chromatineinschlüsse des Protoplasmas deutlich voneinander geschieden werden müssen, wenn auch alle diese Gebilde nach ALTMANNS Methode sich rot färben. Es braucht dabei nicht noch hervorgehoben zu werden, daß auch der Kern durch besondere Färbungsmethoden, wie durch die von BENDA eingeführte Alizarin-Kresylviolettmethode, färberisch einwandfrei von den Mitochondrien abgetrennt werden kann, so daß die Mitochondrien nunmehr ganz besonders sich färbende strukturelle Bestandteile des Protoplasmas sind, die sich von ähnlich gestalteten Gebilden deutlich unterscheiden lassen, während diese Abtrennung mit der HEIDENHAINschen Eisenhämatoxylinmethode nach

Meves (665) nicht als gelungen betrachtet werden kann. Durch ausgedehnte Untersuchungen der Mitochondrien kam Benda zu der Ansicht, daß die Mitochondrien innerhalb des embryonalen Organismus einen unentbehrlichen Bestandteil einer jeden Zelle ausmachen, daß auch in dem erwachsenen Organismus besonders die epithelialen Zellen Mitochondrien mit größter Regelmäßigkeit aufweisen, während die Bindegewebszellen durch fortschreitende Differenzierung meist ihre Mitochondrien verloren haben, wahrscheinlich weil dieselben durch die Differenzierungsprodukte aufgebraucht werden.

Zu den weiteren mit der Altmann-Methode angefärbten Gebilden gehören die Spezialgranula, die in den myeloischen Blutzellen anzutreffen sind und sich bereits in spärlicherer Weise in den Promyelocyten beobachten lassen. Die Färbung erfolgt bei diesen Gebilden in unterschiedlicher Weise von den Mitochondrien nach Giemsa und durch ähnlich wirkende Farbstoffe. Durch gewöhnliche Hämatoxylinfärbungen lassen sich zum Beispiel die Kerne und die chromatischen Substanzen überhaupt von den Mitochondrien abgrenzen. Die Sekretgranula finden sich hauptsächlich in den Epithelzellen, aber auch in zahlreichen mesenchymalen Zellen. In besonders charakteristischer Weise gelingt ihre Darstellung durch die Supravitalfärbung mit Neutralrot. Die von Ernst (193) beschriebenen Altmannschen Granula sind alle zu den Sekretgranula zu rechnen.

Allen diesen sog. Altmannschen Granula innerhalb des Zelleibes kommt eine besondere Bedeutung zu, namentlich in funktioneller Hinsicht, weshalb die sorgfältige Beobachtung funktioneller Veränderungen dieser einzelnen Gebilde unter den verschiedenen auf die Zelle wirkenden und in der Zelle sich äußernden funktionellen Konstellationen unabweisbar ist. Es ist mit Sicherheit zu erwarten, daß funktionelle Zelläußerungen auch gestaltliche Veränderungen der verschiedenen Altmannschen Granula in Erscheinung treten lassen werden.

Die Mitochondrien.

Die funktionellen Veränderungen der Mitochondrien.

Wie bereits in dem vorhergehenden Abschnitt von uns angedeutet worden ist, ist bereits von einer Zahl von Untersuchern darauf hingewiesen worden, daß die Mitochondrien an den Vorgängen des Zellstoffwechsels lebhaft beteiligt sind. Die Mitochondrien treten nicht allein in körniger Gestalt auf, sondern je nach den wechselnden und vorliegenden funktionellen Zuständen der Zelle legen sich die Körnchen auch fadenartig aneinander, so daß sie als Filamente imponieren. Es sind die gegenseitigen Umformungen der körnigen Gebilde in fädige auch die hauptsächlichsten Veränderungen, die an den Mitochondrien beschrieben worden sind.

Von den verschiedensten Untersuchern ist die unabweisliche Tatsache festgestellt worden, daß die Mitochondrien sich besonders in den embryonalen Zellen antreffen lassen, daß die Mitochondrien sich bei der fortschreitenden ontogenetischen Differenzierung wesentlich vermindern. Benda hat in seinem Referat darauf hingewiesen, daß die Mitochondrien bei der Bildung der spezifischen Zellstrukturen verbraucht werden. Wenn aber die Fragestellung präzisiert werden soll, so müssen wir uns nach Benda (63) klar sein, daß entweder die Mitochondrien bei der Ausbildung der spezifischen Strukturen morphologisch zugrunde gehen können, weil sie im Zellhaushalt vielleicht überflüssig geworden sind oder ihr Material chemisch verbraucht wird oder sie können wirklich das Material für die spezifische Struktur liefern, ja in dieselbe umgewandelt werden. Hierbei können wieder zwei verschiedene Verhältnisse in Betracht kommen, entweder hören die Körner von selbst auf, in ihrer chemischen Eigenart bestehen zu bleiben, indem sie chemisch und strukturell umgewandelt werden oder sie bleiben tatsächlich noch unter einer chemischen oder physikalischen Modifikation, die nur ihre Farbaffinität verändert, erhalten. Letzteres ist nach BENDA vermutlich der Fall bei der Spermie, wo sich die Körner im gereiften Zustande nicht mehr färben lassen, aber sicherlich bei der Befruchtung reorganisiert und reaktiviert werden.

Die Deutungen über die Veränderungen der Mitochondrien während des Entwicklungsprozesses nach BENDA stimmen einwandfrei mit dem tatsächlichen Beobachtungsmaterial bei der embryonalen Entwicklung überein. ROMEIS (829) stellte ebenfalls fest, daß die Mitochondrien bei der weiteren Entwicklung der Zelle an Zahl und Größe abnehmen. MEVES (665) berichtet, daß bei der fortschreitenden Differenzierung der Bindegewebszellen die Mitochondrien immer mehr an die Peripherie des Zellkörpers wandern und vielleicht für die Entwicklung der Bindegewebsfasern aufgebraucht werden.

Die Mitochondrien der embryonalen Zellen machen sich nach B. A. SCHAZILLO (871) auch an den Gewebskulturen geltend. In den Fällen, in denen das Wachstum herabgesetzt wird, zeigt sich ein Zerfall der fädigen Gebilde in feinste Körnchen, was mit einer Steigerung der dissimilatorischen Prozesse der Zelle in Zusammenhang stehen soll, dagegen soll beim Vorherrschen der fädigen Gebilde die assimilatorische Funktion der Zellen im Vordergrund stehen.

Wir sehen also bereits bei der Betrachtung der embryonalen Zellen Veränderungen der Mitochondrien vor uns, die auch an den epithelialen Zellen des erwachsenen Organismus in sehr einwandfreier Weise von zahlreichen Forschern beobachtet worden sind. Gerade die Epithelzellen des erwachsenen Organismus sind es ja, die sich durch ihren regelmäßigen Gehalt an Mitochondrien auszeichnen und in denen sich am leichtesten die Mitochondrien wegen ihrer Größe zur Darstellung bringen lassen. Die Epithelzellen bieten noch den Vorzug der größeren Einfachheit der Deutung der Funktionen, die außer Sekretionen und Resorptionen nur wenige morphologisch leicht erkennbare Funktionsäußerungen besitzen, die dann mit den entsprechenden Veränderungen an den Mitochondrien in Parallele gesetzt werden können.

Aus diesem Grunde befassen sich Untersuchungen über funktionelle Veränderungen der Mitochondrien in erster Linie mit den Epithelzellen der Leber und der Niere.

An der Leber zeigt sich eine Umwandlung der fädigen Mitochondrien in körnige Gebilde hauptsächlich unter dem Einfluß von Speicherprozessen, wobei die Fettspeicherung eine besonders große Rolle für die körnige Umwandlung der Mitochondrien spielt. Von vielen Forschern ist diese Tatsache als feststehend hingestellt worden und auch WALLBACH (1080) konnte dieselbe bei seinen Untersuchungen vollauf bestätigen. Immerhin wird es nicht möglich sein, heute bestimmte Gesetzmäßigkeiten in dem Auftreten von fädigen oder körnigen Mitochondrien aufzustellen.

Während die Leberepithelzelle es ist, bei der die assimilatorischen oder Speichererscheinungen am deutlichsten festgestellt werden können, läßt sich die Absonderung am besten an den Nierenepithelzellen, besonders an denen der gewundenen Harnkanälchen beobachten. Befunde über die Veränderungen der Nierenepithelzellen bei Speicherungsvorgängen sind gering und weisen auf dieselben funktionellen Erscheinungsformen hin, die wir bei dem Studium der Leber kennen gelernt haben. Bei röntgenbestrahlten Meerschweinchen zeigten sich nach Domagk (161)

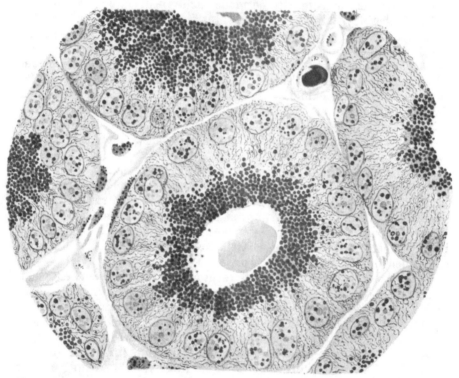

Abb. 5. Eine Darstellung der Mitochondrien nach Altmann. Aus den „Elementarorganismen", Leipzig 1894, Tafel 20, Abb. 2. Scharfe Abgrenzung der Fadenzone gegen die Körnchenzone.

keine Veränderungen der Stäbchenstruktur, was auch Wallbach (1080) bestätigen kann, sehr wohl aber bei Bestrahlung und Vitalfärbung der Meerschweinchen.

Die Mitochondrien der Nierenepithelzellen zeigen sich besonders an den basalen Abschnitten der Zelle in Gestalt der basalen Stäbchenstruktur. Bei einem Anreiz zur Diurese zerfallen die dem Lumen zugewandten Abschnitte der Stäbchen zu granulären Gebilden, durch gleichzeitige Flüssigkeitsaufnahme wird die sonst so regelmäßige Lagerung der Körnchen gestört. Diesen Beobachtungen entgegen stehen die Angaben von Mitamura, daß nach Rückenmarksdurchschneidung Strukturveränderungen der Hauptstücke, auch bezüglich der Mitochondrien ausbleiben, während andererseits ein Ausbleiben der Harn- und der Carminausscheidung ersichtlich ist.

Andere zahlreichere Autoren befassen sich mit dem Zerfall der Mitochondrien bei degenerativen Prozessen, wobei wir darauf hinweisen müssen, daß wir uns unter degenerativen Prozessen von morphologischem und von funktionellem Standpunkte wenig vorstellen können. ERNST (192) berichtet, daß bei degenerativen Prozessen Vergröberungen und stärkere Anfärbungen der Körnchen zutage treten, die dann zu der trüben Schwellung überleiten sollen, auch LUKJANOFF vertritt einen ähnlichen Standpunkt. Wir müssen aber hervorheben, daß die Körnchen der trüben Schwellung keineswegs gleichgestellt werden dürfen den Mitochondrien, höchstens den ALTMANNschen Granula, daß andererseits das Auftreten der trüben Schwellung keineswegs einen degenerativen Prozeß darstellt, meist sogar Steigerung der funktionellen Vorgänge an den Zellen (R. VIRCHOW (1062), CLAUS SCHILLING, HOPPE-SEYLER (407), GROLL (289) u. a.]. Andere sog. degenerative Erscheinungen der Mitochondrien an den Plasmazellen beschreibt SCHOTT (906), wobei die fuchsinophilen Körperchen zunächst eine Verdichtung erfahren sollen, gröber werden und schließlich ihre runde Form verlieren. SHIOMI (946) konnte in den Reticulumzellen des Knochenmarkes bei der Züchtung oft unspezifische Granula beobachten, die er als Degenerationserscheinungen der Mitochondrien ansieht.

Weitere Veränderungen der Mitochondrien unter Änderung der Zellfunktion äußern sich in dem Verschwinden dieser intracellulären Gebilde. GROSS (292) unterscheidet bei seinen Untersuchungen an den Nierenzellen 2 verschiedene Äußerungen der Degeneration an den Mitochondrien, einmal den Schwund der Granula als Erscheinung des Zellunterganges, dann eine ausgleichbare großtropfige Degeneration, die das Material für die Zylinder liefert. Von DOMAGK (161) konnte an den Nieren unter Verwendung sehr starker Röntgenstrahlendosen ein Verschwinden der Mitochondrien festgestellt werden.

Die funktionellen Veränderungen der Mitochondrien bei den Epithelzellen sind von COWDRY in seiner General Cytologie eingehend vermerkt worden. Es ist hier an Hand von Abbildungen von NICHOLSON an den Epithelzellen der Schilddrüse die Veränderlichkeit der Mitochondrien nach Exstirpationen von Teilchen dieser Drüse, nach Einatmung von Sauerstoff, nach Unterbindung der Blutgefäße, nach Hungern, nach Phosphordarreichung vor Augen geführt worden. Aus den literarischen Angaben von NICHOLSON, von anderen Autoren kommt COWDRY zu dem allgemeinen Schluß, daß die Verminderung der Mitochondrien den Ausdruck einer verringerten Tätigkeit der Zelle abgibt, daß die sehr stark in Tätigkeit befindliche Zelle im allgemeinen eine Vermehrung der Mitochondrien aufweist. Ich glaube nicht, daß derartige Befunde sich in dieser Form verallgemeinern lassen, zumal ja die gesteigerte Tätigkeit immer nur einen relativen Begriff darstellt. Manche funktionelle Umwandlungen der Zellen sind, wie wir in dieser Arbeit ausführen, durchaus so andersartiger Natur, daß sie eine quantitative Bewertung nicht zulassen.

LOEWE und VOSS (602) verwenden u. a. die Veränderungen der Mitochondrien des Vesikulardrüsenepithels kastrierter Mäusemännchen als cytologischen Regenerationstest zur Erfassung des Testishormons. Die betreffenden Mitochondrien des Epithels zeigen bei der kastrierten Maus einen körnig zerfallenen Charakter, während nach Zufuhr von männlichem Sexualhormon langfädige Chondriosomen in den betreffenden Zellen auftreten.

Umfassende Untersuchungen über die strukturellen Veränderungen der Zellen mit besonderer Berücksichtigung des Verhaltens der Mitochondrien stammen von WALLBACH (1080). Es wurde besonders den Verhältnissen bei den sonst nicht so beachteten Mesenchymzellen des ausgebildeten Organismus (Meerschweinchen) besondere Beachtung geschenkt. Entsprechend den Untersuchungen von MEVES (665) zeigten sich in allen spindeligen Zellen des lockeren Bindegewebes feine Fäden in sehr spärlicher Zahl. Treffen irgendwelche Reize auf derartige Zellen, so daß sich eine gestaltliche Änderung in der äußeren Zellform erkennen läßt, findet also mit anderen Worten eine Abrundung der Fibrocyten zu Histiocyten oder eine Vergrößerung der Fibrocyten zu Fibroblasten statt, so tritt diese Veränderung der Zellgestaltung mit einem körnigen Zerfall der Mitochondrien zusammen auf. Andererseits muß festgestellt werden, daß andere mesenchymale Zellen, wie die Reticulumzellen der verschiedenen Bauchorgane, weder Fäden noch Körnchen nach der Methode von ALTMANN oder von BENDA erkennen lassen. Es muß also in demselben Sinne wie bei den Speichererscheinungen und ihrer funktionellen Bedeutung auf die Bedeutung der milieubedingten Faktoren der Stoffwechselbeeinflussung der Zellen hingewiesen werden, die sich in dem Verschwinden der Mitochondrien in den spindeligen Zellen auswirken.

Andererseits konnte WALLBACH ferner die Veränderungen der Mitochondrien der Mesenchymzellen unter der Einwirkung von Speicherungen zum Gegenstand seiner Untersuchungen machen. Es zeigte sich, daß die in die Alveolarsepten der Lunge eingelagerten Rundzellen unter normalen Verhältnissen weder körnige noch fädige Einschlüsse aufweisen. Anders bei dem Auftreten von Speichererscheinungen. In den Pigmentzellen der Lunge z. B. zeigen sich außer den deutlich ausgesprochenen Kohlekörnchen noch richtige blasse unscharf abgegrenzte Mitochondrien körniger Gestalt ohne besondere Anordnung. In den mit Farbstoff beladenen Reticulumzellen der Kaninchenmilz zeigen sich außer den Farbkörnchen noch richtige körnige Mitochondrien, während die gleichartigen nicht speichernden Reticulumzellen überhaupt keine Mitochondrien aufweisen.

Diesen unseren Ausführungen hält SEEMANN entgegen, daß die Blutzellen sehr wohl eine Darstellung von Mitochondrien in Erscheinung treten lassen können. Hierzu ist zu bemerken, daß SEEMANN bei seinen Arbeiten sich nur der Methode der Supravitalfärbung bedient hat, daß diese Methode besonders an Ausstrichpräparaten ganz andere Ergebnisse liefert, wobei gerade die Sekretkörner stärker hervortraten. Auch die Tatsache, daß an Blutausstrichpräparaten auch mit der ALTMANN-Methode Mitochondrien sich erkennen lassen, ist in diesem Sinne der andersartigen Färbungsbedingung im Ausstrich zu verstehen. Aber auf diese Tatsachen und Feststellungen kommt es ja bei den Untersuchungen von WALLBACH nicht an. Es handelt sich nur um die Feststellung, daß unter besonderen funktionellen Verhältnissen der Zelle ein Verschwinden, ein Auftreten, eine Veränderung der Mitochondrien zustande kommt. Und diese Feststellungen müssen sich auch an Tupfpräparaten der betreffenden Organe ohne weiteres erheben lassen.

Aus den Arbeiten von WALLBACH geht also in einwandfreier Weise hervor, daß die Mitochondrien an den funktionellen Veränderungen der Zellen in hohem Maße beteiligt sind. Es ist selbstverständlich, daß die Stoffwechselveränderungen der Zellen aus dem Verhalten der Mitochondrien allein nicht direkt erschlossen werden können, daß, um zur

Beurteilung des funktionellen Verhaltens einer Zelle zu kommen, sämtliche mikroskopischen und funktionellen Methoden erschöpft werden müssen. Aber es läßt sich aus den vorliegenden Untersuchungen erschließen, daß die Betrachtung des Verhaltens der Mitochondrien sehr wohl einen Indicator abgibt, um sich von den funktionellen Zuständen der Zelle ein Bild zu machen. Sehr wohl muß zugegeben werden, daß der spezielle funktionelle Ausdruck der Zellen durch die Mitochondrien nicht bestimmt werden kann, wie er durch formale Untersuchungsmethoden vorläufig nie mit Sicherheit erfaßt werden kann. Es muß sehr wohl mit ERNST hervorgehoben werden, daß mit den Methoden der Mitochondrienforschung durchaus pathologische Veränderungen der Zellen festgestellt werden können, nur ist die Deutung der Veränderungen der Mitochondrien außerordentlich schwierig, weil diese unter den verschiedenen äußeren und inneren Einflüssen ziemlich gleichartige morphologische Veränderungen erleiden können.

Die physikalischen Veränderungen der Mitochondrien.

Die Untersuchungen über die Veränderungen der Mitochondrien unter dem Einfluß in vitro leiten sich von den ersten Veröffentlichungen von ALBRECHT (8, 9) her. Durch Zusatz von Wasser zu einer Aufschwemmung von Nierenepithelzellen konnte er deutliche körnige Zerfallserscheinungen der basalen Stäbchenstruktur beobachten, diese Erscheinung wird im Sinne der tropfigen Entmischung des Protoplasmas gedeutet. In derselben Weise soll sich nach ALBRECHT die Wirkung der verschiedenen Fixationsmittel auf die Struktur des Protoplasmas auswirken. Die Fixierung mit Sublimat z. B. zeigt eine deutliche körnige Struktur der Stäbchen der Nierenzellen. So müssen überhaupt unter den Fixierungsmitteln Körnchenbildner und Gerinnselbildner unterschieden werden. die mitunter Strukturen liefern, die denen in vivo außerordentlich nahekommen.

ALBRECHT trug aber kein Bedenken, die von ihm in vitro erhaltenen Veränderungen des Protoplasmas und der Granula auf die Verhältnisse in vivo ohne weiteres zu übertragen, es solle sich um grundsätzlich gleichartige Verhältnisse in beiden Fällen handeln. Diese Untersuchungen haben in der Literatur allgemeinen Beifall gefunden und die strukturellen Veränderungen der Mitochondrien in vivo wurden nunmehr unter die einfachen physikochemischen gerechnet, wobei der Quellung und der Schrumpfung unter den Wirkungen des osmotischen Druckes besondere Rechnung getragen wurde. Den Spuren ALBRECHTS folgten zahlreiche spätere Autoren, die das Problem der funktionellen Mitochondrienveränderungen als ein osmotisches betrachteten.

So berichtet ANITSCHKOFF (19), daß die äußeren Formen der Chondriosomen abhängig sind von den osmotischen Verhältnissen in der Umgebung, und zwar auf Grund seiner Untersuchungen in vitro am Axolotl. In besonders breit angelegten Untersuchungen wurde dieser Gedanke von IVAR BANG und EINAR SJÖVALL (48) ausgeführt. Die Chondriosomenveränderungen verlaufen nach diesen Forschern parallel mit der Permeabilität der biologischen Membranen der Zelle. Entsprechende Beobachtungen teilen RUMJANKOW (855) und auch DANNEHL (147) mit.

Zu allen diesen Untersuchungen in vitro muß gesagt werden, daß die Bedingungen der betreffenden Mitochondrienveränderungen denen innerhalb des Organismus nicht gleich kommen. Man kann deutlich zum

Beispiel unter der Einwirkung osmotischer Einflüsse eine Vergrößerung der gesamten Zelle beobachten, die durch Wasseraufnahme zutage tritt. Keineswegs darf nun aus diesen Untersuchungen der Schluß gezogen werden, daß innerhalb des Organismus eine Zellvergrößerung nur durch Wasseraufnahme bewirkt wird, denn auch das echte Wachstum der Zelle kann zu einer Größenvermehrung führen. Andererseits darf auch aus den Untersuchungen in vitro nicht geschlossen werden, daß die Wasseraufnahme in die Zelle nur eine rein osmotische ist, denn wir kennen die verschiedenartigsten Anlässe, die zu einer Wasserspeicherung in der Zelle führt, wobei die Zellmembran allein nicht immer ausschlaggebend zu sein braucht. Bezüglich der Zellvergrößerung sind auch von den verschiedenen Forschern keineswegs derartige Gedankengänge geäußert worden, die die Reagenzglasversuche ohne weiteres auf die Verhältnisse innerhalb des Organismus übertragen, wie dies in bezug auf die Veränderungen der Mitochondrien der Fall ist. Vielleicht ist es die Neuartigkeit und die geringe Bearbeitung des Gebietes, die derartige Analogieschlüsse bei den einzelnen Untersuchern zugelassen hat.

Vielmehr müssen wir nach den heutigen Beobachtungen über die funktionellen Veränderungen der Mitochondrien in vivo aussagen, daß sie zum geringen Teil sehr wohl osmotisch entsprechend den Untersuchungen im Reagenzglas ihre Erklärung finden dürften, daß aber derartige Einflüsse nur bei ganz beschränkten funktionellen Mitochondrienveränderung angenommen werden dürfen, bei den meisten Mitochondrienveränderungen handelt es sich sicherlich um andere Einflüsse, die wir vorläufig auf physikalische oder chemische Weise nicht einer Erklärung zuführen können und die deshalb in derselben Weise, wie wir es bei den Speichererscheinungen getan haben, als vitale funktionelle Veränderungen nichtspräjudizierend bezeichnet werden müssen

Die Funktionen der Mitochondrien.

In einer groß angelegten Arbeit führt Arnold aus, daß die Mitochondrien die Stoffwechselzentren in der Zelle abgeben sollen, daß diese Gebilde es sind, die die verschiedenen paraplasmatischen Substanzen in der Zelle festhalten, kurz die Speicherfunktion bewerkstelligen. In den betreffenden Untersuchungen wurden die Speicherungen mit den heterogensten Substanzen ausgeführt, die alle sich gleichartig verhalten sollen. Auch die vitalen Farbstoffe und das Eisen sollen in der Zelle an die Mitochondrien gebunden werden.

Nach eigenen Untersuchungen muß jedoch geltend gemacht werden, daß die Eisenpigmentablagerungen in derselben Weise wie alle phagocytierten Produkte innerhalb von Zellvakuolen sich antreffen lassen. Diese Zellvakuolen als Sekretgranula zu bezeichnen, dürfte nur bis zu einem gewissen Grade als richtig erscheinen. Auch muß darauf hingewiesen werden, daß die Mitochondrien keineswegs paraplasmatische Gebilde darstellen, sondern zelleigene Strukturen. Sie dürfen weder als Sekrettropfen noch als intermediäre Stoffwechselprodukte noch als unbelebte paraplasmatische Ausscheidungen des Protoplasmas betrachtet werden. Es müssen bei den Untersuchungen über die funktionelle Bedeutung der Mitochondrien zuerst einwandfreie Beweise erbracht werden, daß wirklich mitochondriale Bindungen vorliegen.

Diese Voraussetzung ist sicherlich bei den Untersuchungen von ARNOLD (29) nicht der Fall, worauf bereits BENDA (63) in seinem Referat hingewiesen hat. Die Stoffwechselzentra nach ersterem Autor stellen, wie wir bereits hingewiesen haben, sicherlich Sekretgranula und Sekretvakuolen der Zellen dar, die nach den Methoden von ALTMANN ja nicht von den eigentlichen Mitochondrien unterschieden werden können.

Aber auch sonst konnte nie eine aktive Speicherung von Granula überhaupt innerhalb der Zellen bewiesen werden. Nie steht es sicher, daß die Granula bereits vor der stattgehabten Speicherung innerhalb der Zelle bestanden haben, ob nicht vielmehr die gespeicherten Stoffe selbst als Granula in Erscheinung treten. Alle sogen. Beweise der einzelnen Untersucher haben sich nicht als stichhaltig erwiesen, vielmehr müssen wir nach VON MÖLLENDORFF (689) und nach SCHULEMANN annehmen, daß die sauren Farbstoffe in derselben Weise wie alle phagocytierten groben körperlichen Substanzen innerhalb von Vakuolen der Zellen angetroffen werden, also außerhalb des Protoplasmas.

Von diesem unseren Standpunkt aus müssen wir feststellen, daß die Ansichten von HEIDENHAIN (332), daß die sich innerhalb der Zelle befindenden Pigmentgranula Zellorgane darstellen, an denen sich die Pigmentbildung lokalisiert, diese Pigmentgranula durchaus nicht von dem übrigen Protoplasma funktionell besonders hervorheben. Daß das Protoplasma fermentative Eigenschaften besitzt, ist bekannt, in derselben Weise kann etwaigen Granula in der Zelle eine Fermentwirkung zugesprochen werden. Andererseits muß bedacht werden, daß nur die Pigmente selbst als Granula innerhalb der Zelle sich ausweisen, niemals aber die sog. Stoffwechselgranula, die die Pigmentbildung bewirken sollen.

Eine neue Bereicherung unserer Ansichten über die Funktionen der Mitochondrien glaubte TSCHASCHIN (1045, 1046) gefunden zu haben durch den Nachweis, daß die vitalen sauren Farbstoffe durch die Mitochondrien innerhalb der Zelle festgehalten werden. Dieser Schluß wird von TSCHASCHIN nur gezogen infolge der Ähnlichkeit der Farbeinschlüsse mit den Mitochondrien, aber aus äußerlichen Ähnlichkeiten zweier Gebilde hinsichtlich der Anordnung und des Aussehens allein darf kein Analogieschluß gezogen werden.

Wir müssen bedenken, daß die Mitochondrien nicht die einzigen körnigen Gebilde innerhalb des Cytoplasmas darstellen. Wir müssen an die Chromidien, die Sekretkörner, an die Spezialkörner der Granulocyten und an die vielen anderen noch nicht herausdifferenzierten Gebilde denken, die ebenfalls bei einer vitalen Farbspeicherung vielleicht eine Anfärbung erfahren könnten. Deshalb tappen alle Untersuchungen über die eigentliche Funktion der Mitochondrien im Dunkel. In so bestimmter Weise wie die soeben angeführten Autoren hat man sich nur früher aussprechen dürfen, als man noch nicht so weit war in der Erkenntnis des Baus des Protoplasmas. In neuerer Zeit ist man bei Beurteilungen derartigen Charakters viel vorsichtiger geworden.

Anhang.

Die SCHRIDDE-Granula.

Mit Hilfe einer Modifikation der ALTMANN-Färbung machte SCHRIDDE (908) die Feststellung, daß manche Zellen eine feine Körnelung aufweisen, daß mit Hilfe dieser Eigenschaft eine sichere Unterscheidung der Lymphzellen gegenüber ähnlich gestalteten Zellen wie Myeloblasten und Monocyten gewährleistet sei. Bereits in den Lymphoblasten sei die charakteristische Lymphocytenkörnelung des Protoplasmas nachweisbar. Den Lymphoblasten schließen sich im Bau die lymphoblastischen Plasmazellen an. Die perinukleäre Vakuole der Plasmazellen stelle eine Ansammlung dieser ALTMANN-SCHRIDDE-Granula dar.

SCHRIDDE (908) konnte mit Hilfe seiner Methode eingehend beobachten, daß der Lymphocyt in der Regel 20—25 Zellkörner besitzt, während die Keimzentrumszelle 50—60 derartige Körnchen aufweist. Aus dieser Tatsache schließt SCHRIDDE, daß die Keimzentrumszellen Teilungsstadien der Lymphzellen darstellen, es hätten in den ersteren Zellen die Zellgranula sich bereits geteilt für die nunmehr folgende Teilung des ganzen Zellkörpers.

Die Beobachtungen von SCHRIDDE konnten nur von NAEGELI und von ASCHOFF-KAMIYA (1183) bestätigt werden. NAEGELI geht sogar so weit, daß er bei der genauen Umgrenzung des Myeloblastenbegriffes unter anderen Eigentümlichkeiten dieser Zellen auch auf das Fehlen der SCHRIDDE-Granula hinweist. Die meisten Untersucher konnten aber die Ergebnisse von SCHRIDDE nicht bestätigen. Bei den embryonalen Zellen konnte MAXIMOW keine Unterschiede der Lymphoblasten und der Myeloblasten bezüglich der SCHRIDDE-Granula nachweisen, auch von PAPPENHEIM (747) hat der SCHRIDDEsche Befund keine Anerkennung finden können. TSCHASCHIN fand, daß die unter den Myeloblasten nachweisbaren Unterschiede bezüglich der Zahl und der Anordnung der SCHRIDDE-Granula bedeutend größer unter Umständen seien als die Unterschiede zwischen den Myeloblasten und den Lymphzellen. TSCHASCHIN bemerkt nach unserer Ansicht mit Recht, daß je nach ihrem Funktionszustande die Granula ziemlich unabhängig von der Zellart und ihren genetischen Verhältnissen neu auftreten und vergehen können. Zu denselben Anschauungen kommt auch KIYONO (473), ferner E. E. BUTTERFIELD (116b), ALBERT HEINEKE und ERICH MEYER.

Wir müssen auch noch bemerken, daß entsprechend unseren obigen Ausführungen die SCHRIDDE-Granula keine streng definierten Substanzen darstellen, weil die ALTMANNsche Methode eine unspezifische ist, weil die verschiedensten körnigen Gebilde in dem Protoplasma nach ALTMANN eine Rotfärbung erkennen lassen.

Nachdem so also die SCHRIDDE-Methode keine Anerkennung in der Hämatologie und in der Pathologie finden konnte, suchte man nach Abänderungen, um die Methode doch noch zu einer brauchbaren zu machen bezüglich der Abgrenzung der einzelnen Blutzellen in genetischer Hinsicht. Mit der Methode von HELENE FREIFELD (224) zeigten sich in den neutrophilen Leukocyten rötlichviolette Granula, die Stäbchen in den großen Mononukleären und Übergangsformen sind dünner und etwas größer als in den Lymphocyten. Die Granula und Strichelungen der Myeloblasten sind denen der Lymphzellen sehr ähnlich, nur lassen sie eine diffuse Anordnung erkennen.

Es wird also bereits durch die Untersuchungen und Angaben von H. Freifeld der Wert der Beurteilung der Schridde-Granula eingeengt. Die Unterschiede bezüglich der Granula zwischen den Myeloblasten und den Lymphoblasten sind nicht mehr so grundsätzlicher Natur, wie dies Schridde in seinen Ausführungen hervorgehoben hatte. Vielmehr wird von Freifeld auf die funktionelle Bedeutung der Schridde-Granula hingewiesen. Derartigen Beurteilungen müssen wir uns voll und ganz anschließen. Wir dürfen nicht zu weit gehen und den Schridde-Granula jegliche Bedeutung absprechen. Die Schridde-Methode bedeutet sehr wohl einen Fortschritt in der funktionellen Zellmorphologie, da sie es uns ermöglicht, innerhalb der Blutzellen Granula und Mitochondrien nachzuweisen, was mit der Schnittmethode nach Altmann-Färbung nicht möglich ist. Aber den so gefundenen Gebilden muß dieselbe Bedeutung zugesprochen werden wie wir dies bereits bei den Mitochondrien und den Altmann-Granula ausführten. Es lassen sich diese Gebilde sehr wohl für die funktionellen Besonderheiten der Zellen auswerten. Da aber die Zelle mit allen ihren strukturellen Bestandteilen keine unveränderliche beständige Größe darstellt, müssen wir eine Bedeutung der Schridde-Granula wie auch der Mitochondrien überhaupt für die Trennungen der einzelnen Zellen hinsichtlich der Herkunft innerhalb des Organismus ablehnen. Der funktionelle Standpunkt in der Zellmorphologie räumt mit vielen alten Irrtümern auf, gerade die funktionellen Veränderlichkeiten der einzelnen Zellstrukturen ermöglichen uns eine funktionelle Zellmorphologie unabhängig von den Herkunftsbeziehungen der Zellen untereinander. Auch Hertwig (358) bemerkt ja in seiner Theorie der Biogenesis, daß die Abstammung der Zellen aus den einzelnen Keimblättern diesen Gebilden keine besondere Zellfunktion innerhalb des Organismus zuweist, sondern daß es die Umwelteinflüsse sind und die Einflüsse auf die Zellen überhaupt, die die Funktionen und damit auch die funktionellen Strukturen gewährleisten.

Die Sekretgranula.

Wie aus den vorhergehenden Ausführungen ersichtlich ist, ist der Begriff der Mitochondrien und der Sekretkörner vielfach durcheinander geworfen. Aus diesem Grunde werden ja die Mitochondrien mit den verschiedenartigsten Veränderungen der Zellen in Verbindung gebracht, aus diesem Grunde wurde jede Veränderung des Protoplasmas den Veränderungen der Mitochondrien in die Schuhe geschoben. Die Verwirrung der Begriffe wurde hauptsächlich dadurch hervorgerufen, daß die Altmann-Färbung durchaus keine spezifische Färbung darstellt, daß gerade die verschiedenen Chromatinbestandteile der Zelle, die Sekretgranula, die Spezialgranula und viele andere Gebilde des Protoplasmas eine Säurefuchsinfärbung ergaben. Es war daher sehr zu begrüßen, daß Benda (63) eine spezifischere Methode für die Mitochondriendarstellung angab, daß ferner in der supravitalen Neutralrotfärbung die Sekretgranula und -vakuolen von allen anderen Gebilden des Protoplasmas unterschieden werden konnten. Während die Janusgrünmethode nach L. Michaelis mehr für die Darstellung der Mitochondrien üblich ist, gewinnt die Neutralrotmethode jetzt immer mehr Bedeutung für die Darstellung der Sekretgranula, da diese Gebilde nicht nur in den eigentlichen sezernierenden Zellen zur Darstellung gebracht werden können, sondern überhaupt in fast allen mesenchymalen Zellen.

Was die Beziehungen der Mitochondrien zu den Sekretgranula betrifft, so beschreibt von Möllendorff (689) in den Speicheldrüsenzellen mit der kombinierten Janusgrün-Neutralrotmethode, daß die Drüsengranula eine rote Neutralrotfarbe annehmen, während die Mitochondrien (Plastosomen) eine Anfärbung mit Janusgrün erkennen lassen. An der Grenze zwischen Plastosomen und Granula sind kleine teils rot, teils grün gefärbte Körnchen zu finden, auch gibt es hier teils grüne, teils rote ringförmige Bildungen. Auf Grund dieser Beobachtung schließt von Möllendorff in derselben Weise wie L. Michaelis, daß die Plastosomen an der Bildung des Sekretmaterials beteiligt seien. Weiterhin berichtet Wera Dantschakoff (148), daß bei dem Verschwinden der Sekretgranula innerhalb einer Zelle die Altmannschen Granula in zahlreicherer Menge auftreten sollten, was ebenfalls für die Beziehungen dieser beiden Protoplasmabildungen zueinander sprechen soll.

Vom Standpunkt der Mitochondrien und der Sekretgranula werden die funktionellen Veränderungen der Verdauungsdrüsen von Gröbbels (287) einer zusammenfassenden Darstellung unterworfen. Nach diesem Autor sollen die Plastosomen und die Mitochondrien in derselben Weise wie alle anderen granulären Einschlüsse des Protoplasmas als Stoffwechselzentra im Sinne von Arnold (29) angesehen werden, eine Ansicht, die wir bereits bei unseren vorhergehenden Ausführungen in kritischer Weise verwerfen mußten. Gröbbels hat bei seinen Untersuchungen immer nur die Sekretgranula beobachtet, namentlich in den Drüsen. während er den eigentlichen Mitochondrien keine besondere Bedeutung beigemessen hatte. Die Arbeiten von Gröbbels werfen insofern ein eigenartiges Licht in die funktionell-morphologische Forschung, als er es ablehnt, vom Standpunkt färberischer Unterschiede die einzelnen Strukturteile der Zelle voneinander anzutrennen. Dies ist aber doch gerade die Grundlage, um zellmorphologisch-funktionelle Studien zu treiben. Eine Physiologie der Zelle ist nicht denkbar, ohne daß man die einzelnen Bestandteile und Erscheinungsgebilde der Zelle auf Grund der normalanatomischen Erfahrungen einer Abgrenzung unterworfen hat.

Die Sekretgranula zeigen sich besonders in den Drüsenepithelien, wo sie im Zustand der voll ausgebildeten Sekretion und in dem der Ruhe verschiedene Bilder aufweisen können. Namentlich Biederman zeigte uns an den Zungendrüsen des Frosches, daß bei den frischen Zellen eine dunkelkörnige Innenzone und eine ganz hyaline Basalzone unterschieden werden konnte. Bei Sekretionsreizung waren die dunklen Körnchen nach 4—6 Stunden verschwunden, die Zelle zeigt ein homogenes protoplasmatisches Aussehen mit allen Übergängen aus dem sekreterfüllten in den sekretleeren Zustand. Das Vesikulardrüsenepithel der Maus zeigt nach Kastration nach den Untersuchungen von Loewe und Voss (602) keine Sekretgranula, während nach Zufuhr von männlichem Sexualdrüsenhormon die Sekretgranula dicht gedrängt in den betreffenden Zellen angetroffen werden können.

Auf Grund dieser Untersuchungen geht also einwandfrei hervor, daß die Sekretgranula je nach den verschiedenen Funktionsphasen der sezer-

nierenden Zellen in einem ganz verschiedenen Tätigkeitszustand angetroffen werden, der sich auch in einem ganz anderen Verhalten des Aussehens und der Anordnung der Sekretkörnchen ausdrückt. Die Sekretgranula bilden also einen strukturellen Bestandteil der Zelle, der bei dem
Sekretionsprozeß, also bei Funktionszuständen des Protoplasmas und
der Zelle überhaupt, starke formale Veränderungen erleidet. Man muß
also bei Betrachtung der funktionellen Besonderheiten der Zelle mit formalen Untersuchungsmethoden auch den Sekretgranula größere Beachtung schenken.

Aber nicht nur bei den epithelialen Drüsenzellen zeigen sich diese funktionellen Verschiedenheiten der Sekretgranula, auch bei den mesenchymalen Zellen können sich grundsätzlich die gleichartigen Verhältnisse
antreffen lassen. Mit dem Wachstum der Fibroblasten in der Gewebskultur zeigt sich auch ein größerer Reichtum an Neutralrotbläschen
[A. FISCHER (208)]. Besonders ist ja dieses Wachstum ausgesprochen
nach Zusatz von Embryonalextrakt. Wird statt Embryonalextrakt
Tyrodelösung zugesetzt, so zeigt sich nicht diese Wachstumsgeschwindig-
keit der betreffenden Zellen, die Zahl der Neutralrotbläschen nimmt
zusehends ab. FISCHER kommt auf Grund dieser Beobachtungen zu der
Ansicht, daß die Neutralrotkörnchen in der Zelle eine aktive Funktion
erfüllen.

Aus allen diesen Untersuchungen wird also die rein funktionelle
Bedeutung der Sekretgranula gewährleistet. Aus diesem Grunde müssen
wir in derselben Weise wie wir es bei den Mitochondrien getan haben,
eine Bedeutung der Sekretgranula für die Abtrennung von Zellarten in
genetischer Hinsicht ablehnen. Gerade von den amerikanischen Autoren
wird in neuerer Zeit immer wieder versucht, die Blutzellen nach Art und
Zahl der Neutralrotkörnchen voneinander abzugrenzen. Besonders versuchen CUNNINGHAM, DOAN und SABIN (859) eine Unterscheidung zwischen
den Monocyten und den Clasmatocyten durchzuführen. Die Monocyten
weisen in der Mitte der Kerneindellung eine Rosette von Neutralrotkörnchen auf, während bei den Clasmatocyten die Neutralrotkörnchen
diffus über das ganze Protoplasma verstreut liegen sollen. In derselben
Weise soll nach den betreffenden Autoren eine unterschiedliche Lagerung
etwaiger phagocytierter Teilchen festgestellt werden. Von derartigen
unterschiedlichen Verhältnissen konnte sich aber MASUGI (642) bei der
Nachprüfung dieser Untersuchungen nicht überzeugen, es zeigen sich
sehr wohl auch Übergänge zwischen den einzelnen von den amerikanischen
Forschern beschriebenen Formen. Auch in Plasmakulturen können die
Monocyten ihre Protoplasmabeschaffenheit derart verändern, daß sie auch
bei der Supravitalfärbung den Histiocyten außerordentlich ähnlich werden.
Auch SIMPSON (961) hebt hervor, daß bei bestimmten funktionellen
Zuständen deutliche Übergänge zwischen den Makrophagen und den
Monocyten beobachtet werden können.

Hier sind noch die Untersuchungen von SEEMANN anzuführen, der
mit Hilfe der Neutralrotgranulation strenge Unterschiedlichkeiten
zwischen den verschiedenen Elementen des Blutes und des lockeren
Bindegewebes feststellen wollte. Keineswegs kann eine Sekretgranu-
lation, wie sie hier bei den SEEMANNschen Untersuchungen betrachtet
wurde, uns einen genetischen Weg über die Beziehungen der einzelnen
mesenchymalen Zellen zueinander weisen. Wenn schon die Mitochon-

drien keineswegs starre Gebilde darstellen und mit der wechselnden
Funktion der Zellen auch eine Verschiedenartigkeit des Aussehens und
der Erscheinungsform überhaupt erkennen lassen, so ist dies in viel
hochgradigerer Weise bei den Sekretkörnern der Fall. Schon aus diesem
Grunde müssen die SEEMANNschen Untersuchungen auf berechtigten
Zweifel stoßen.

Auf Grund aller dieser Untersuchungen darf also der Versuch nicht
unternommen werden, die Sekretgranula zur Differenzierung der verschiedenen Zellarten heranzuziehen, da die funktionellen Veränderlichkeiten dieser Gebilde zu groß sind, um etwaige strukturelle Unterschiede
zwischen einzelnen Zellarten deutlich hervortreten zu lassen. Immerhin
ist es bei den vorliegenden Untersuchungen, hauptsächlich durch die Verwendung der Supravitalfärbung in Verbindung mit Neutralrot und Janusgrün, begrüßenswert, daß eine Auseinanderhaltung der Mitochondrien
und der Sekretionsgranula angebahnt ist. Es muß immer hervorgehoben
werden, daß auch die Mitochondrien bei Absonderungsprozessen deutliche funktionelle Veränderungen aufweisen, wie besonders aus den Untersuchungen von BERG (69) an den Leberzellen hervorgeht. Aber dies ist
durchaus kein Grund, die Mitochondrien den Sekretgranula gleichzustellen,
wie dies GRÖBBELS (287) getan hat, denn bei den Sekretionsprozessen
kommt es auch zu Veränderungen anderer Zellstrukturen wie von Kern,
von äußerer Zellgestaltung. Die Mitochondrien sind eben an den
verschiedenen Leistungen der Zellen in anderer Weise beteiligt wie die anderen Zellstrukturen, wie andere strukturelle Gebilde der Zelle, wie unter anderem die Sekretgranula.

Die Spezialgranula.

In früherer Zeit sind auch die Spezialgranula als Sekretionsprodukte
der Zelle angesehen worden, was heute noch aufrecht zu erhalten ist,
wenn als Sekretionsprodukt jede durch endogene Differenzierung im
Protoplasma sichtbar gewordene Struktur bezeichnet wird. Wenn wir
aber die Sekretionsprodukte als paraplasmatische Zellgebilde auffassen,
so müssen wir feststellen, daß die Spezialgranula heute als feste plas-
matische Strukturen der Zellen anzusehen sind, daß sie nicht im Sinne
von EHRLICH (177) als Sekretionsprodukte des Protoplasmas betrachtet
werden dürfen, die nachher aus der Zelle ausgestoßen werden. Es war
gerade PAPPENHEIM (750), der immer wieder betonte, daß die spezielle
Granulation einen beständigen Bestandteil der Zellen ausmachten. Sie
ist der Träger und der Ausdruck der spezifischen Bedeutung und Funktion der Trägerzellen. Die Spezialgranula erleiden durch funktionelle
Beanspruchung der Trägerzellen kaum irgendwelche strukturelle Verschiedenheiten, sie stellen nach PAPPENHEIM den Ausdruck differentiell-
artlicher Progression dar. Funktionelle Verschiedenheiten zeigen die
Spezialgranula nur bei der Entwicklung der Granulocyten.

Bezüglich der Entwicklung der Spezialgranulation folgen wir am
besten der meisterhaften Darstellung von PAPPENHEIM. Bei der Entstehung der Myelocyten aus den lymphoiden Vorstufen zeigt sich zuerst
bereits beschriebene wahre Myeloblast oder Leukoblast. Die ersten Granula
treten in unmittelbarer Umgebung der Sphäre auf, also in der Gegend
der Kernbuchtung. Zuerst finden sich die basophilen Primitivgranula,

die färberisch mit den Azurgranula verglichen werden müssen. Trotzdem muß aber nach PAPPENHEIM an den Unterschieden der myeloiden Granulierung und der lymphoiden sog. Azurgranulierung festgehalten werden, da die Azurgranulation der Lymphocyten eine vollkommen andere Bedeutung aufweist. Gerechtfertigter ist es daher nach SCHILLING (877), von einer azurophilen Programulation zu sprechen, damit diese von der eigentlichen Azurgranulation streng auseinandergehalten wird. Von der echten Azurgranulation zu der ausgesprochenen myeloischen Granulation konnte PAPPENHEIM keine Übergangsstadien auffinden.

Die neutrophilen Granula.

Die sogenannten toxischen Granula.

Während an den Spezialgranula der neutrophilen Leukocyten unter den verschiedenen Funktionsstadien der Zellen keine besonderen Veränderungen bezüglich der Anordnung und des Auftretens festgestellt werden konnten, läßt sich doch noch eine funktionelle färberische Verschiedenheit dieser Gebilde festlegen. Es handelt sich um die stärkere basophile Färbbarkeit und die Vergröberung der neutrophilen Granula unter besonderen Funktionszuständen der Granulocyten.

Die stärkere Basophilie der neutrophilen Granula haben wir bereits bei der Entwicklung derselben hervorgehoben, wir haben bemerkt, daß die Primitivgranula eine gewisse färberische Annäherung aufweisen zu den Azurgranula der Lymphocyten und der Monocyten. Von SCHILLING (877) ist die Verschiedenartigkeit dieser Granulation von der echten Azurgranulation hervorgehoben worden.

Die ersten Beobachtungen der basophilen Granulation in den Leukocyten stammen von CESARIS-DEHMEL (1170), der eine albuminöse und fettige Degeneration der Leukocyten gefunden zu haben glaubte. Daß unter besonderen Umständen derartige Granula der neutrophilen Leukocyten von denen bei normalen Verhältnissen sich unterscheiden, geht aus den Beobachtungen von SCHILLING und BRUGSCH (1162) im Dunkelfeld hervor, wo die Brechung der basophileren Granula eine stärkere war. HIRSCHFELD (385) beobachtete entsprechende färberische Veränderungen der neutrophilen Granula, er glaubte, daß es sich um jugendlichere Gebilde handelte, entsprechend unseren Ausführungen über die Primitivgranula.

Auf diese sog. toxischen Granula wurde in neuerer Zeit besonders durch die Untersuchungen von GLOOR die Aufmerksamkeit gerichtet, da unter verschiedenen krankhaften Veränderungen des Organismus die toxischen Granulationen aufgefunden werden konnten. Sie sind nach GLOOR (263) in 2 Arten zu finden, einmal bei PAPPENHEIM-Färbung mittelgrob in rotviolettem Ton (die α-Granula), daneben finden sich auch plumpere blauschwarz sich färbende Gebilde, die β-Granula. Es läßt sich auch nach FREIFELD (224) mit dem Methylenblau die toxische Granulation sichtbar machen. Weiterhin weisen die toxischen Granula die Eigentümlichkeit auf, mit sauren Giemsalösungen sich anzufärben, während die normalen Granulationen der betreffenden Zellen unter diesen Umständen mit Giemsa keine Anfärbung erkennen lassen. Auf dieser Erkenntnis beruht die Darstellung der sog. toxischen Granula mit der MOMMSEN-Methode (1193).

Betreffs der Ursachen der Entstehung dieser Granula hebt Cesaris-Dehmel hervor, daß es sich um eine körnige Degeneration der Leukocyten handeln sollte, während Hirschfeld (385) die toxische Granulation wegen der starken basophilen Färbbarkeit mit der Jugendlichkeit der Granula in Beziehung brachte. Aber die verschiedenen Erkrankungen des Organismus, bei denen die toxische Granulation beobachtet werden konnte, stellten die Wahrscheinlichkeit nahe, daß es sich doch um infektiöse oder um toxische Einflüsse handeln müßte, durch die eine Veränderung der neutrophilen Granula bewirkt würde. Dabei sollen es nach Gloor nicht die Erreger oder die Toxine sein, die eine entscheidende Rolle spielen, sondern die Art der Reaktion des Organismus ist für den Grad der toxischen Veränderungen mitbestimmend. Es wird die Möglichkeit zugestanden, daß die toxisch veränderten Zellen Abbauprodukte phagocytiert hätten, denen diese besondere Basophilie zukäme. Auch Stockinger (996) kam auf Grund seiner Untersuchungen zu dem Schluß, daß die toxische Granulation als der Ausdruck der Beseitigung und der Verarbeitung plasmafremder Kolloide zu betrachten sei, um so mehr als die basophile Granulation besonders bei Zuständen mit vermehrtem Eiweißzerfall festgestellt werden konnte. Zu diesen Auffassungen kam auf Grund neuerer Untersuchungen auch Barta (51), der nach Aufnahme verschiedener corpusculärer Stoffe innerhalb der Leukocyten eine stärkere Basophilie der Granulation beobachten konnte, wie bei den Neufeldschen Versuchen mit Choleravibrionenphagocytose. Da nach Barta die Granula der segmentierten Leukocyten auch sonst die Fähigkeit aufweisen, Glykogen oder ganz fein emulgiertes Fett aufzuladen, so kommt Barta (1154) zu dem Schluß, daß es sich bei der basophilen Granulation um den Ausdruck einer Speicherung innerhalb der segmentierten Leukocyten handelt.

Barta kam zu dieser Auffassung durch die vergleichende Benutzung der verschidenen Darstellungsmethoden der sog. toxischen Granula. Die postmortal an den Leukocyten entstehenden basophilen Körnchen sind deshalb nicht zu den toxischen Granula zu rechnen, weil sie nach Mommsen (1193) keine Anfärbung erkennen lassen. Zwischen der Methode nach Mommsen und nach Freifeld konnte Barta keine tiefgreifenden Unterschiedlichkeiten feststellen, entgegen den Beobachtungen von Matis (643). Es wird die Möglichkeit hingestellt, daß die Döhleschen Körperchen als toxische Granula angesehen werden müssen.

Wir müssen also feststellen, daß auf Grund neuerer Untersuchungen, besonders derer von Barta, die toxischen Granula mit der sog. körnigen Degeneration der Pathologen in Parallele gesetzt werden müssen. Wie wir aus den Untersuchungen von Virchow (1062), von Hoppe-Seyler (407) und zuletzt von Groll (289) wissen, stellt die körnige Degeneration oder die trübe Schwellung des Protoplasmas keineswegs einen degenerativen Zustand des Protoplasmas unter allen Umständen dar, sehr wohl können fortschrittliche Zustandsveränderungen des Protoplasmas, höchstwahrscheinlich Eiweißspeicherungen in der Zelle, das Bild der körnigen Degeneration hervorrufen. Auf diese Verhältnisse werden wir bei der Darstellung der körnigen Degeneration noch ausführlich zurückkommen. Auch Barta (1154) stellt seine toxischen Granula hinsichtlich ihres Wesens und ihrer Bedeutung in Parallele mit den sog. körnigen Degenerationen des Zelleibs, wie sie sich uns auf Grund neuerer Anschauungen darstellen.

Auf Grund dieser Erkenntnis kann die Bezeichnung toxische Granula nach NAEGELI nicht mehr aufrecht erhalten werden. Von ALDER wird die Bezeichnung infektiös vorgeschlagen, während MOMMSEN sich des Ausdruckes pathologisch bedient. BARTA (1154) schlägt auf Grund seiner Untersuchungen die Bezeichnung Speichergranula vor, weil es gerade der Speicherprozeß der Zelle ist, der das Auftreten derartiger Granulationen bewirkt.

GLOOR (263) hebt bei seinen Untersuchungen hervor, daß nur in den Leukocyten des Kreislaufes die basophile Granulation in Erscheinung tritt, aber nicht in den Zellen der

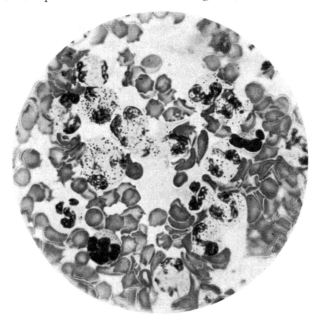

Abb. 6. Die toxischen Granula nach BARTA aus Folia haematologica 41. Blutausstrich nach MOMMSEN-Färbung.

blutbildenden Organe. Diese Beobachtung läßt sich nach den Untersuchungen von BARTA auch nicht aufrecht erhalten, denn im Knochenmark lassen sich mit der MOMMSEN-methode mit aller Deutlichkeit diese basischen Granula beobachten. Die Unterschiede der Beobachtungen liegen sicherlich darin, daß GLOOR bei seinen Untersuchungen die PAPPEN-HEIM-Färbung angewendet hat, die für die Untersuchungen der toxischen Granulation als vollkommen ungeeignet erscheint.

Somit geht aus allen diesen Untersuchungen über die färberischen Verschiedenheiten der neutrophilen Leukocytengranula hervor, daß die jugendlichen Zellen eine stärkere Basophilie ihrer Granulation aufweisen, daß andererseits auch bei hochgetriebenen Zelleistungen die Basophilie der neutrophilen Leukocytengranulierung nachweisbar wird. Durch besondere Färbungsmethoden lassen sich beide Arten von Basophilie auseinander halten. Auch bei den sog. Speichergranula kann eine besondere Wertbeurteilung im Sinne einer gesteigerten oder verminderten Vitalität wie auch sonst in der Biologie nicht am Platze sein. Es muß deshalb begrüßt werden, daß von Forschern Bezeichnungen für die betreffenden Granulationen gewählt worden sind, die sich nur mit Eigenschaften oder den Bedingungen ihres Vorkommens befassen, nicht aber mit der Bedeutung dieser Veränderungen für die Zelle selbst.

Die eosinophilen Leukocytengranula.

In derselben Weise wie die neutrophilen Leukocytengranula sind die Granula der eosinophilen Zellen von Ehrlich (177) als Sekretgranula aufgefaßt worden. Unsere Ansichten über das Wesen der Spezialgranula mit besonderer Berücksichtigung der Pappenheimschen Anschauungen sind in dem vorhergehenden Abschnitt angeführt worden, so daß eine nochmalige Besprechung sich erübrigt.

Es sollen hier noch die Ansichten angeführt werden, die die eosinophilen Granula in engen Zusammenhang mit dem roten Blutfarbstoff bringen wollen, worauf wir bereits kurz in unserem Kapitel über die Eisenpigmentablagerungen hingewiesen haben. Das hauptsächlichste Argument für diese Ansicht bildet die gleiche eosinophile Färbbarkeit der betreffenden Granula und des Hämoglobins. So ist besonders von Stschastny (1007) die Ansicht vertreten worden, daß die eosinophilen Granula phagocytierte Teilchen der Erythrocyten darstellen sollen. Demgegenüber betonen aber Erich Kämmerer und E. Meyer (459), daß zwischen den Erythrocytentrümmer phagocytierenden leukocytären Zellen und den eosinophilen Leukocyten ein Unterschied dahingehend besteht, daß die gleichartige Anordnung der Körnchen bei den Erythrocytentrümmer enthaltenden Zellen nicht angetroffen werden kann.

Es muß fernerhin die Frage beantwortet werden, ob wirklich von chemischem Standpunkt die eosinophilen Granulationen und der rote Blutfarbstoff als gleichartige Gebilde hingestellt werden können. A. Neumann (709/710) wiederholte die Versuche von Stschastny (1007) und die gleichartigen von Weidenreich (1093). Niemals konnten bei Versuchen in vitro Übergangsstadien zwischen den phagocytierenden und den eosinophilen Leukocyten angetroffen werden. Weiterhin konnte ein Eisengehalt an der eosinophilen Granulasubstanz von Petry vermißt werden im Gegensatz zum Hämoglobin. A. Neumann (709) fand in den eosinophilen Granula einen ziemlich hohen Lipoidgehalt, der bei den Hämoglobineinschlüssen vermißt werden mußte.

Auf Grund aller dieser Untersuchungen muß also eine Beziehung des eosinophilen Granulum zum Hämoglobin abgelehnt werden. Man kann aus derartigen Untersuchungen lernen, daß eine einzige mikrochemische Reaktion keinesfalls imstande ist, verwandtschaftliche Beziehungen chemischer und funktioneller Art zwischen verschiedenen strukturellen Bestandteilen anzunehmen, daß im Gegenteil alle Untersuchungsmethoden zu der Analyse der einzelnen Strukturen und ihrer Veränderungen herangezogen werden müssen.

Sodann sind die Beziehungen zwischen den eosinophilen Granula und den Charcotschen Krystallen eingehender zu besprechen, die zuerst von Neumann (714) zum Gegenstand von Untersuchungen gemacht worden sind. Die Charcotschen Krystalle sind den krystallinischen Abscheidungen, die sich in jedem Knochenmark bei der Autolyse antreffen lassen, gleich. Die besondere Affinität zu sauren

Anilinfarben hat die Ansicht begünstigt, daß die Substanz der eosinophilen Granula und der Charcotschen Krystalle dieselbe sei. Doch muß
nach Askanazy (37) hervorgehoben werden, daß die Schnelligkeit der
Anfärbung bei den Krystallen nicht so ausgesprochen ist, wie an den
oxyphilen Granula. Nach der Weigert-Färbung findet sich gerade
eine Dunkelblaufärbung der Krystalle, während die eosinophilen Granula
diese Färbung nicht annehmen.

E. Neumann schließt sich der Ansicht an, daß die Charcotschen
Krystalle als Abstammungsprodukte der eosinophilen Granula angesehen
werden müssen. Die Ansicht, daß es sich nur um Zerfallsprodukte der
eosinophilen Granula handelt, konnte nicht aufrecht erhalten werden,
da B. Lewy (1187) zeigte, daß in Nasenpolypen und Carcinomen bei
anscheinend nicht vermehrten eosinophilen Zellen massenhaft sich bildende Krystalle angetroffen werden können. Nach Neumann sind die
Charcotschen Krystalle ein Gerinnungsprodukt der eosinophilen Granula.
Andererseits zeigt nach Lewy sich an Nasenpolypen gerade dann Krystall-
bildung, wenn diese sich verflüssigen. Nach B. Lewy findet sich eine
Identität des Spermins mit den Charcotschen Krystallen, nach Har-
ting sollen diese Krystalle nichts anderes als Calciumphosphat darstellen;
zu derselben Ansicht kommt Storm van Leeuwen (1005), der die
Krystalle aus sekundären Calciumphosphat entstehen läßt.

Die vorliegenden Arbeiten zeigen also die widersprechenden Ansichten
der verschiedenen Forscher über die Entstehung der Charcotschen
Krystalle und über ihr Wesen. Nicht einmal über die Zusammenhänge
der Krystalle mit den eosinophilen Zellen ist man sich einig. Auf das parallele Vorkommen der eosinophilen Zellen und der Charcotschen Krystalle
weisen entsprechend den Beobachtungen von Neumann Friedrich
Müller und Gollasch hin, andererseits hebt B. Lewy hervor, daß die
Krystalle sich auch in Nasenpolypen bei normalem Gehalt an eosinophilen
Zellen antreffen lassen. Wir müssen weiterhin hervorheben, daß auch bei
lymphatischen Leukämien mit einem kaum feststellbarem Gehalt an
eosinophilen Zellen reichliche Charcotsche Krystalle nachgewiesen werden
können.

Andererseits ist ein Zusammenhang zwischen dem Vorhandensein
von Charcotschen Krystallen und Würmern ersichtlich, besonders bei
Untersuchung des Darminhaltes. E. Schwarz (920) fand diese Krystalle
bei Vorhandensein von Darmparasiten, ebenfalls beim Typhus in der
Rekonvaleszenz. Auch bei Ruhr und bei sonstiger Helminthiasis können
diese Krystalle im Darminhalt angetroffen werden. Nach den Angaben
von Rindfleisch können diese Krystalle sich auch in Hohlräumen
antreffen lassen, die durch Parasiten veranlaßt worden sind.

Nach den Liebreichschen Untersuchungen soll die eosinophile
Substanz im Blutserum angetroffen werden, bei Verzögerung der Blut-
gerinnung sollen sich auf der obersten Schicht des Plasmas immer eosinophile Leukocyten bilden. Nach den Feststellungen von A. Neumann
hat sich diese Beobachtung als Sedimentierungsvorgang herausgestellt.

Auf Grund aller dieser Untersuchungen muß ein gewisser Zusammenhang zwischen den Charcotschen Krystallen und der eosinophilen Substanzen der Granula angenommen werden, wenn sich auch diese

Zusammenhänge nicht übersichtlicher fassen lassen, soweit dies mit unseren heutigen Untersuchungsmethoden als wahrscheinlich erscheint. Wenn wir annehmen, daß die eosinophilen Granula einen unveränderlichen Strukturbestandteil bestimmter Zellen bilden, daß die Zellen sie sich selbst mit Hilfe der Tätigkeit ihres Protoplasmas ausgearbeitet haben, so müssen wir uns die Entstehung der CHARCOTschen Krystalle durch den Zerfall der eosinophilen Granula vorstellen. Wenn wir aber annehmen, daß es bestimmte Funktionszustände der Zellen sind, die das Auftreten der eosinophilen Granula innerhalb der betreffenden Zellen bewirken, so erscheint umgekehrt die Annahme gerechtfertigt, daß gerade die CHARCOTschen Krystalle eine Umwandlung erleiden und als eosinophile Granula innerhalb der Granulocyten in Erscheinung treten. Vorläufig fehlt uns auf Grund der vorliegenden Untersuchungen jeder Anhaltspunkt für die eine oder die andere Ansicht, es muß die Aufgabe neuerer Untersuchungen sein, das Problem sicherzustellen, denn unzweifelhaft ist der Frage nachzugehen, ob das Plasma eine eosinophile Substanz besitzt, die je nach den verschiedenen Konstellationen überhaupt nicht, als eosinophiles Granulum oder als CHARCOTscher Krystall ausfällt.

Die Bildung der eosinophilen Granulation ist nach MARWEDEL an die granulocytäre Natur der Knochenmarks- oder Blutzelle gebunden. Ändert die Zelle ihren Charakter durch Annahme einer spindeligen Form, so hört die Bildung der betreffenden Granula auf. Diese Beobachtungen von MARWEDEL (641) müssen wir mit Vorsicht betrachten. BARBANCO (50) beobachtete eine direkte endocelluläre Körnchenbildung bei seinen Untersuchungen über die lokale Eosinophilie, und zwar solle sich diese Bildung hauptsächlich an entzündlichen Herden einwandfrei beobachten lassen. Ähnliche Beobachtungen konnten von STOCKINGER (1080) angestellt werden. Da es sich hier um grundsätzliche Fragen der extramedullären Blutbildung handelt, kann auf derartige Beobachtungen hier nicht näher eingegangen werden.

Es wird von den verschiedenen Untersuchern noch auf die veränderte Färbbarkeit der eosinophilen Granula als Ausdruck eines veränderten Zellstoffwechsels hingewiesen. Während von LIEBREICH eine vollkommene Trennung von eosinophilen Granulaarten nach ihrer Säurefestigkeit vorgenommen wird, ist von anderen Autoren die verschiedene Färbbarkeit der eosinophilen Granula als Ausdruck einer aktiven Funktion der Zellen betrachtet worden. So soll nach SHIBUYA (944) nach Luftverdünnung eine Abnahme der Färbungsfähigkeit der eosinophilen Granula sich feststellen lassen, während proportional damit eine Zunahme der basophilen Leukocyten des Knochenmarkes erfolgen soll. Da nur ganz vereinzelte Arbeiten sich mit derartigen Veränderungen der eosinophilen Granula befassen, bedürfen derartige Beobachtungen noch eingehender Bestätigung. In demselben Sinne müssen derartige Urteile gefällt werden über die Beobachtungen von BARBANCO, der in dem Bindegewebe um Gewächse herum eine Hypoeosinophilie und eine Hypereosinophilie unterscheiden konnte. Demnach soll also die Eosinophilie nicht als eine konstante unveränderliche Eigenschaft der Körnchen hingestellt werden.

Auf die Basophilie der eosinophilen Körnchen in Jugendstadien als Ausdruck der Primitivgranula haben wir bereits bei Besprechung der neutrophilen Granula hingewiesen, so daß sich eine nochmalige Besprechung an dieser Stelle erübrigt.

Veränderungen der Größe der eosinophilen Granula beschreibt MARWEDEL (641). Als nahezu regelmäßiger Befund des gelatinösen Knochenmarkes zeigen sich große gequollene eosinophile Granula, im normalen Knochenmark soll man nach MARWEDEL diese Körnchen nur ganz vereinzelt antreffen. Über die Bedeutung dieser „Morulaformen" ist sich MARWEDEL nicht einig, er denkt an degenerative Erscheinungen und hält die betreffenden Körnchen für überreife eosinophile Körnchen. Mit dieser Feststellung ist aber über die Bedeutung dieser Granula nichts ausgesagt.

Die Anordnung der eosinophilen Körnchen erleidet bei verschiedenen, besonders toxischen Zuständen des Organismus nach BARTA insofern eine gewisse Veränderung, als sie miteinander verklumpen können. Als Alterungsform der eosinophilen Zellen beschreibt VON MÖLLENDORFF (686) einen Schwund der Granulation. Es wird dann das Stadium des kleinen granulaarmen oder granulafreien Leukocyten angetroffen, wie dies auch von VON MÖLLENDORFF an den neutrophilen Leukocyten beobachtet werden konnte.

Aus allen diesen Beobachtungen über die Veränderungen der eosinophilen Granula und aus den Beziehungen der eosinophilen Granula zu den verschidenen anderen Stoffen innerhalb des Organismus lernen wir, daß auch Strukturbestandteile, die nach den Untersuchungen früherer Forscher als zellstarre und zelleigene Gebilde betrachtet wurden, sehr wohl in dem Getriebe des Stoffwechsels der Zelle zahlreiche verschiedenartige Veränderungen erfahren können. Die vorliegenden Beobachtungen sind zwar vereinzelt und entbehren des einheitlichen Zusammenhanges, aber diese Forschung ist ja noch im Fluß und es wird sehr wohl möglich sein, daß später das Problem der Eosinophilie in stärkerem Maße als bisher angegangen wird, daß die Stellung der eosinophilen Granula innerhalb der Zelle in funktioneller Bedeutung einer Aufklärung näher gebracht werden wird.

Die Mastzellengranulation.

Die Mastzelle und somit die Mastzellengranulation ist zuerst von EHRLICH (177) erkannt worden. Sie kommt in wechselnder Menge bei verschiedenen Tierarten vor. Bei den Mastzellkörnchen handelt es sich um bestimmte metachromatische Körnchen, die beim Menschen rund, plump oder auch oval sein können. Nach MAXIMOW (646) besteht eine außerordentliche Wasserlöslichkeit dieser Granula.

Die Mastzellkörner nehmen insofern eine Sonderstellung unter den Leukocytengranulationen ein, als sie keine bestimmte Vorkörnelung besitzen. PAPPENHEIM (750) kommt zu der Ansicht, daß die Mastzellkörnelung lediglich den Ausdruck einer gewissen mukolipoiden physiologisch-degenerativen Metamorphose des Cytoplasmas darstellt, und zwar des indifferenten Spongioplasmas. Unter welchen Umständen eine derartige Veränderung eintritt, ist unbekannt. PAPPENHEIM denkt an die paraplasmatische Natur der Mastzellgranula, die vermutlich bei besonderen vegetativen Vorgängen der Ernährung sich ausbilden, es soll auch die Körnelung bei gewissen Zuständen der Zelle nach außen abgegeben werden.

Die Ausbildung der Mastzellgranulation steht in engem Zusammenhang mit der Bildung der eigentlichen Mastzellen, so daß auf diese Verhältnisse hier in diesem Zusammenhang nicht eingegangen werden kann.

Funktionelle Veränderungen an den Mastzellgranula finden sich nur bei der Durchwanderung dieser Zellen durch die Epithellücken. Nach WEILL (1100) zeigen sich unter diesen Umständen Körner, die die doppelte Größe der gewöhnlichen Einlagerungen erkennen lassen. Andererseits geht die tiefe Basophilie der Granula verloren, an ihre Stelle tritt eine hellere Blaufärbung ein. Weill erörtert die Möglichkeit eines Zusammenhanges der Mastzellgranulation mit Aufnahme von Nährmaterialien in die Zelle, ohne dafür aber irgendwelche Beweise zu erbringen.

Über die Funktion der Mastzellen und ihrer Körnelungen sind wir noch weniger orientiert als über die der anderen Spezialgranula. Was die Mastzellen eigentlich bedeuten, ob sie infolge ihrer metachromatischen Färbbarkeit wirklich mit Mucin irgendwie in Zusammenhang zu bringen sind, bedarf noch dringend der Untersuchung. Untersuchungen über die Funktion und über die Bedeutung der Mastzellen fehlen aber vollkommen. Wir befinden uns hier in einem noch unvollkommenen, noch nicht erforschten Gebiet. Aus diesem Grunde besagen uns die Mitteilungen von Maximow (646) über die Verminderung der Körnchen an erschöpften Mastzellen gar nichts.

Die Azurgranulation.

Bei der Besprechung der Azurgranulation muß natürlich jene gleichartig sich färbende Granulation abgetrennt werden, die als Programulation nach Schilling (877) angesehen werden muß, die als Primitivgranulation von Pappenheim (750) hingestellt wurde. Es soll in vorliegendem Abschnitt nur von der Körnelung der Lympho- und der Monocyten gesprochen werden.

In der Azurgranulation haben wir wieder einen Bestandteil der Zelle vor uns, der eng mit den funktionellen Eigentümlichkeiten der Zelle hinsichtlich der Struktur und des Auftretens in Beziehung gebracht werden kann. Aus diesem Grunde ist ja auch von Pappenheim eine grundsätzliche Trennung der Spezialgranulation und der Azurgranulation bei den weißen Blutzellen angebahnt worden. Die Spezialgranula sind nach Pappenheim Träger der spezifischen Bedeutung und der Art der Trägerzellen. Dagegen stellen die Azurgranula nach Pappenheim Zellsekrete dar. Sie sind der Ausdruck und die Folge eines bloßen metabolischen vegetativen Zellvorganges unbekannter Bedeutung. Sie treten auch als Begleiter, nicht als Träger einer Funktion auf. Die Azurkörnelung ist der Ausschnitt einer Aktivität der Zelle, während die Spezialgranulation ein Ausdruck differentiell-artlichen Fortschreitens ist. Aus diesem Grunde findet sich auch die Azurgranulation in allen lymphoiden Vorstadien der lymphatischen und der myeloischen Reihe. Sie drückt nur einen vorübergehenden Zustand der Funktion aus, sie geht nicht in die spezifische Körnelung über.

Aus diesen Ausführungen von Pappenheim geht die deutliche Abgrenzung der Azurgranula als funktionelle Erscheinung an den Zellen gegenüber den Spezialgranula hervor, die nur eine artliche Eigentümlichkeit der Zellen darstellen sollen. Aber über die Art und das Wesen der in der Azurkörnelung sich ausdrückenden Aktivitätserscheinung tappen wir noch vollkommen im Dunkeln. Es gibt noch nicht einmal Zusammenstellungen, bei welchen Reaktionstypen des Organismus die Azurgranulationen aufzutreten pflegen.

Die Anschauung von Pappenheim, daß die Azurgranula als Sekrete der Zellen aufgefaßt werden müssen, wird auch vertreten von Michaelis und Wolff, und zwar soll es sich hauptsächlich um sekretorische Erscheinungen älterer Zellen handeln. Pappenheim faßt die Azurgranula als chromidiales Zellsekret auf, und zwar wegen der dem Chromatin verwandten Färbbarkeit, dieselben Gedanken vertritt auch BENDA (63). Doch müssen wir mit KUCZYNSKI (522) bemerken, daß mit derartigen symbolisierenden Bildern nicht viel für die Erkenntnis dieser Gebilde gewonnen ist.

Es erscheint vorläufig mit Hilfe unserer jetzigen Untersuchungsmethoden ausgeschlossen, dem Problem der Azurgranulation irgendwie näher zu kommen.

Die trübe Schwellung.

Die physikalischen Voraussetzungen.

Die die trübe Schwellung verursachende Körnelung des Protoplasmas ist eine rein funktionell bedingte, denn unter gewöhnlichen Verhältnissen lassen die Zellen eine derartige Granulierung des Protoplasmas vermissen. Die bei der trüben Schwellung sichtbar werdende Körnelung des Protoplasmas wird nach ALBRECHT (8, 9) mit Gerinnungsvorgängen oder ähnlichen physikalischen Veränderungen in Zusammenhang gebracht. Es soll sich hauptsächlich um die mit den gewöhnlichen Färbungsmethoden nicht darstellbaren ALTMANNschen Granula handeln, in denen es unter bestimmten Verhältnissen zu Ansammlungen von Wasser kommt, so daß Bildungen von Tropfen und Vakuolen durch einen Entmischungsvorgang des Protoplasmas zustande kommen. Zwischen diese einzelnen Tropfen soll dann noch eine chromatinhaltige Flüssigkeit entlang diffundieren.

Wir haben bereits bei unseren entsprechenden Ausführungen hervorgehoben, daß der Begriff der ALTMANNschen Granula einen Sammelbegriff darstellt, daß die chromatinhaltige Flüssigkeit von ALBRECHT nur wegen der gleichen Färbbarkeit der ALTMANNschen Granula mit dem Chromatin des Kernes so bezeichnet werden konnte. Nach unseren neueren Anschauungen können wir mit dem Begriff der ALTMANNschen Granula nicht mehr arbeiten, wir müssen diesen deshalb aufzuteilen versuchen.

In Anlehnung an die ALBRECHTschen Untersuchungen stellt ANITSCHKOFF (19) die trübe Schwellung als osmotische Veränderung der Chondriosomen hin, die sich in Vakuolen umbilden sollen.

Nach SCHMIDTMANN (901) soll die intracelluläre Wasserstoffionenkonzentration maßgeblich sein für den Zustand der Trübung und der Aufhellung des Zelleibs. Die alkalische Zelle soll ein durchsichtiges helles Protoplasma aufweisen, während die saure Zelle ein trübes Protoplasma zeigt. Die bei verschiedenen Krankheitszuständen zutage tretenden Strukturen des Protoplasmas sollen auf die Ionenverhältnisse im Innern der Zelle zurückzuführen sein.

Als weitere physikalische Untersuchungen über die Erzeugung trüber Schwellung des Protoplasmas im vitro müssen die durch schwache Basen bewirkten Veränderungen nach LOEW BOKORNY erwähnt werden. Aus den Zellen von Spirogyren treten unter diesen Verhältnissen kleine Kügelchen, die Proteosomen, aus dem Zelleib hervor. Im reinen Wasser verschwinden diese Kügelchen sofort wieder. Dieselben Kügelchen zeigen sich auch nach Zusatz einer halbprozentigen kaltgesättigten Coffeinlösung. Entsprechende Untersuchungen stellte WINKLER (1119) an den Leukocyten des gonorrhoischen Eiters an, auch hier zeigten sich unter der Wirkung von Coffein und Antipyrin feinste Körnchen im Leukocytenleib.

Aus allen 3 verschiedenen Arten von physikalischen Untersuchungen tritt ein Gegensatz der ursächlichen Bedingungen der trüben Schwellung hervor. Nach Albrecht und Anitschkoff ruft gerade der Wasserzusatz das Auftreten der trüben Schwellung hervor, nach Schmidtmann soll der Säuregehalt des Protoplasmas zu einer Trübung desselben führen, während schließlich nach Loew und Bokorny gerade Alkali die Trübung des Protoplasmas hervorruft, das Wasser gerade im Gegensatz zu den Beobachtungen von Albrecht und von Anitschkoff die durch Alkali verursachten Trübungen zum Verschwinden bringt. Aus allen diesen Untersuchungen physikalisch-chemischer Natur müssen wir hervorheben, daß die einzelnen Autoren sicherlich ganz verschiedene Trübungen des Zelleibs untersucht hatten, daß vielleicht durch die physikalisch-chemischen Einwirkungen des Protoplasmas in vitro Zustände von Trübung der Zellen hervorgerufen worden sind, die unter den Verhältnissen im Leben nicht aufzutreten pflegen, die sicherlich auch nicht in das Gebiet der trüben Schwellung zu rechnen sind. Aber wir werden auch bei Besprechung der Verhältnisse der trüben Schwellung in vivo kennen lernen, daß die trübe Schwellung kein fest abgrenzbarer Begriff ist, daß sicherlich die verschiedenartigsten Erscheinungsformen nur nach ihrem äußeren Aussehen zu der trüben Schwellung gerechnet werden.

Die einzelnen Untersucher außer Schmidtmann haben es auch unterlassen, die im Reagenzglas gefundenen Verhältnisse unter den Verhältnissen des lebenden Organismus einer Nachprüfung zu unterziehen, so daß deshalb den vorliegenden Untersuchungen keine größere Bedeutung beigemessen werden kann. Zu den Untersuchungen von Schmidtmann ist zu bemerken, daß keine einwandfreien Methoden der Wasserstoffionenkonzentrationsmessung innerhalb der Zellen bis heute gegeben sind, daß die Fehlerquellen dieser Untersuchung sicherlich zu groß sind, als daß ursächliche Beziehungen zwischen dem Säuerungsgrade und der trüben Schwellung festgestellt werden können. Dies geht schon daraus hervor, daß die verschiedenen Forscher mit ihren verschiedenen Untersuchungsmethoden ganz andere Ergebnisse bezüglich der Messung der Wasserstoffionenkonzentration innerhalb der Zelle erhalten konnten.

Einen besonderen Standpunkt über die „parenchymatöse Degeneration nimmt Landsteiner an, nach diesem Autor kommt es bei diesem Zustand zu einem Zerfall der filaren Elemente, zu einem Auftreten von Kugeln und ähnlich gestaltetem Sekret in den Zellen. Diese Gebilde sollen das Substrat für die Bildung von hyalinen Zylindern liefern. Wegen der Besonderheit dieser Anschauungen seien einige Abbildungen der Landsteinerschen Arbeit hier beigegeben.

Die trübe Schwellung als funktionelle Protoplasmaveränderung.

Es sollen in vorliegendem nunmehr Arbeiten angeführt werden, die zeigen, daß es sich bei der trüben Schwellung um funktionelle Veränderungen des Zelleibs handelt, die vorläufig nicht mit bestimmten physikalisch-chemischen Bedingungen der Protoplasmaveränderung in

Zusammenhang gebracht werden können, soweit die Verhältnisse innerhalb des Organismus in Betracht gezogen werden.

Der Begriff der trüben Schwellung stammt ja bekanntlich von VIRCHOW. Bei diesem Zustand erscheinen die Zellen vergrößert und geschwollen, die Durchsichtigkeit der Schnittflächen des betreffenden Organes erscheint vermindert. Das Protoplasma der Zelle läßt im frischen Präparat eine Undurchsichtigkeit erkennen. Keineswegs sind aber nach RÖSSLE diese Komponenten der trüben Schwellung in gleicher Weise ausgeprägt, nicht immer pflegt eine Vergrößerung des Zelleibs aufzutreten. Nach VIRCHOW (1062) ist die trübe Schwellung durchaus nicht immer

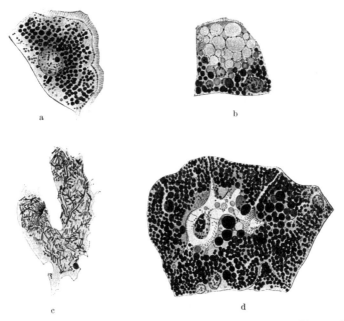

Abb. 7. Die parenchymatöse Degeneration der Zellen nach LANDSTEINER (Nierenepithelzellen). Auftreten von zahlreichen hyalinen Schollen und Kugeln, von homogenen Zylindern in den Harnkanälchen, die mit Einschlüssen von Fibrinfäden versehen sind. (Nach LANDSTEINER: Beitr. path. Anat. 33. Tafel IX. Abb. 7—10.)

als eine krankhafte Entartung anzusehen, wie von vielen Untersuchern hervorgehoben worden ist. VIRCHOW fand die trübe Schwellung auch in dem Zustand der erhöhten nutritiven Reizung als Folge der verstärkten Stoffaufnahme. Es macht sich nach ihm ein vermehrter Eiweißgehalt der betreffenden Zellen bemerkbar.

Diese Feststellungen von VIRCHOW konnten auch von AFANASSIEW (6) bestätigt werden. In neuerer Zeit sind die Arbeiten über die trübe Schwellung noch einmal in größerem Maßstabe von G. HOPPE-SEYLER (407) in Angriff genommen worden. Entsprechend dem VIRCHOWschen Satz: „Die Frühstadien der parenchymatösen Entzündung, insbesondere der trüben Schwellung, sind aktiver Natur und kommen nicht ohne attraktive Tätigkeit der Zellen zustande. Im ersten Stadium der Krankheit vergrößern sich die Zellen und der molekuläre stickstoffhaltige Inhalt derselben vermehrt sich", unternahm HOPPE-SEYLER (407) chemische Untersuchungen an Lebern mit den beschriebenen Veränderungen der trüben Schwellung. Es ließ sich die Annahme bestätigen, daß die Zunahme des Eiweißgehaltes eine wesentliche Eigenschaft der trüben Schwellung darstellt. Daß ein bestimmter vermehrter Tätigkeitszustand an der Niere mit trüber Schwellung ersichtlich sein kann, beweist auch GROLL (290) in seinen Untersuchungen über die Sauerstoffatmung, auch zeigt sich nach diesem Forscher eine Eiweißvermehrung bei trüber Schwellung.

Auf Grund vorliegender Untersuchungen muß also festgestellt werden, daß die trübe Schwellung sehr wohl ein vermehrter Tätigkeitszustand der Zellen sein kann, hauptsächlich bedingt durch eine vermehrte Aufnahme von Eiweiß. Diese Eiweißkörnchen lassen sich aber durch eine mikroskopische Betrachtung auch im ungefärbten Zustand gut sichtbar machen, sie müssen also getrennt werden von der sog. scholligen Eiweißspeicherung, die nur bei bestimmter Anfärbung nach BERG (70, 71, 73) festgestellt werden kann. Andererseits müssen wir an dieser Stelle nochmals betonen, daß die trübe Schwellung nicht einen ganz bestimmten Zustand des Protoplasmas und der Zelle darstellt, daß morphologische Abgrenzungen dieser Erscheinungen gegen ähnliche Zustände oft nicht möglich sind. Aus diesem Grunde muß es erklärlich erscheinen, daß andere Forscher bei ihren Untersuchungen über die trübe Schwellung ganz andere funktionelle Erscheinungsformen derselben annehmen.

Besonders häufig wird die trübe Schwellung mit degenerativen Zuständen der Zellen in Zusammenhang gebracht.

So beobachteten GLENKIN und DMITRUK (245) bei Beginn von nekrotischen Erscheinungen an Leberzellen ein poröses Protoplasma. Bei tuberkulösen Meerschweinchen sah PAGEL (744) nach Einspritzung von Sanokrysin an den Epithelien der Hauptstücke der Niere alle Übergänge von der einfachen trüben Schwellung über die degenerative Fettinfiltration bis zu der körnigen Entartung und Nekrose. Diese Beobachtungen konnten auch an der Sublimatniere von ASKANAZY und NAKATA (700), ferner von SUZUKI angestellt werden. Zweifellos zeigt die hier beobachtete trübe Schwellung den Beginn der Nekrose der Zellen.

Entsprechende Veränderungen an den Nierenepithelzellen konnten PAPPENHEIM und PLESCH (753) nach Thorium-X-Vergiftung antreffen. Bei den Zerfallserscheinungen der Wanderzellen sollen nach ARNOLD (29) ebenfalls gröbere Körnelungen des Protoplasmas auftreten. Eine überreichliche Körnelung beobachtete SCHILLING (883) bei den degenerativen Stabkernigen.

Wir glauben mit Sicherheit annehmen zu müssen, daß die bei verschiedenen nekrotischen Erscheinungen an den Zellen auftretenden Granula eine ganz andere Bedeutung haben als diejenigen, bei denen ein vermehrter Eiweißgehalt festgestellt worden ist. Es handelt sich aber hier nur um Vermutungen, da exakte Beweise für diese Anschauung vollkommen fehlen. Etwas Genaueres können wir natürlich nur dann aussagen, wenn zuverlässige Bestimmungen des Eiweißgehaltes bei den in der Zerstörung begriffenen Zellen mit stark granuliertem Protoplasma angestellt worden sind.

Die hellen Zellen.

Als Gegenstück zu der trüben Schwellung muß über die Aufhellung der Zellen berichtet werden, die in besonders schöner Form in der Leber in Erscheinung treten kann. In ausführlicher Weise wurden diese Zellen von ADLER (4) beschrieben, während sie bereits von PODWYSSOZKI (786) angegeben worden sind, namentlich bei regenerativen Zuständen der Leber. PONFICK (791) beschreibt, daß das Protoplasma der vor der Kernteilung stehenden Zellen etwas voluminöser sich verhält, daß es dabei heller und auch feiner granuliert ist, kurz alle Eigenschaft aufweist, die wir heute den hellen Zellen zuschreiben.

Die hellen Zellen sollen nach den Untersuchungen von ADLER jugendliche Gebilde darstellen, besonders bei regenerativen Zuständen sollen diese Erscheinungen der Aufhellung an den Zellen sich bemerkbar machen. So zeigt sich besonders bei der Lebercirrhose ein reichliches Auftreten der betreffenden Zellen, wie dies von B. FISCHER (211), von LEITMANN (567) und auch von KUCZYNSKI (521) hervorgehoben worden ist.

FISCHER (211) bezweifelt, ob es sich bei den dunkleren und den helleren Zellen der Leber um verschiedene Funktionszustände handelt. Wenn aber die stärkere Glykogenanreicherung der Zelle oder der stärkere Wassergehalt der Zelle nach B. FISCHER ebenfalls derartige Aufhellungen bewirkt, so handelt es sich doch auch bei den jugendlichen Zellen um verschiedene funktionelle Zustände der Zelle und wir müssen bemerken, daß diese sich sicherlich auch durch stärkeren Gehalt an Wasser und auch an Glykogen auszeichnen, Verhältnisse, die leider noch nicht einer besonderen Untersuchung unterzogen worden sind.

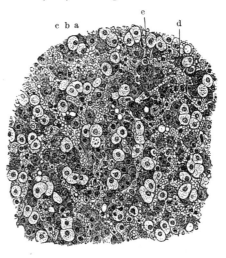

Abb. 8. Aus der Leber eines neugeborenen Kindes; a helle Zelle, b dunkle Zelle, c Blutraum mit Blutkörperchen, d komprimierte Zelle, e Fettkörnchen in einer dunklen Zelle (200fach vergrößert). Nach ADLER aus Beitr. path. Anat. 35, 133, Abb. 3.

Die von FISCHER beschriebenen Wasservergiftungen der Zellen mit Phenylhydrazin und ähnlichen Giften gehen auch mit einer Aufhellung der Zelle einher. Auch JAFFÉ (428) konnte unter B. FISCHER derartige Beobachtungen anstellen. Auf Grund dieser Beobachtungen möchte JAFFÉ die hellen Zellen als degenerierte Gebilde hinstellen, da sie ja unter der Einwirkung von Giften entstanden seien. Hierzu müssen wir aber bemerken, daß die Vergiftung des Gesamtorganismus keineswegs eine Vergiftung jeder einzelnen Zelle bewirken muß, daß also von den Verhältnissen des Gesamtorganismus nicht auf den Zustand jeder einzelnen Zelle in gleichem Sinne geschlossen werden darf. Andererseits müssen wir bedenken, daß JAFFÉ bei seinen Untersuchungen keineswegs die Bilder erhalten hat, die ADLER (4) und die anderen Untersucher erhalten konnten. Ob die hellen Zellen in funktioneller Hinsicht so wie in optischer Beziehung in einen Gegensatz zu der trüben Schwellung gebracht werden müssen, können wir nicht aussagen. Es soll aber hier angeführt werden, daß die Untersuchungen über diesen Gegenstand keineswegs abgeschlossen vorliegen, daß vorläufig vom allgemeinen Standpunkt aus dem Zustand der hellen Zellen nicht näher auf die Zellfunktion geschlossen werden kann.

Die sogenannte Eiweißspeicherung.

Anhangsweise soll im Anschluß an die Ausführungen über die trübe Schwellung und über die Aufhellung des Zelleibs von den sog. Eiweißspeicherungen berichtet werden, wie sie von Berg (73) eingehender beschrieben worden sind.

Nach Berg zeigen sich in den Leberepithelien gut genährter Salamander und Kaninchen zahlreiche Tropfen, die nur durch Eiweißfütterung, nicht durch Fütterung mit Kohlehydraten hervorgerufen werden können. Diese Tropfen erweisen sich durch ihre mahagonibraune Färbung mit Millionschem Reagenz als Eiweiß. Eine gute Färbbarkeit der sog. Eiweißschollen in der Leber erreichte Berg nur nach Fixierung mit Zenker-Formol und durch Färbung mit Pyronin. Sodann gelang auch Berg die Anfärbung der Einschlüsse mit Ninhydrin.

Die Beobachtungen von Berg konnten von zahlreichen anderen Untersuchern bestätigt werden, so von Stübel (1009), Cahn-Bronner (120) Grassheim (282). Auch Gross (294) konnte diese Beobachtungen bestätigen, er konnte aber in den betreffenden Zellen keinen vermehrten Stickstoffgehalt feststellen.

Die mit Pyronin sich färbenden Eiweißschollen finden sich nur nach Fütterung von Eiweißsubstanzen, nach Einspritzungen derselben können sie in der Leber nicht angetroffen werden [Cahn-Bronner]. Auch stellt die Leber das einzige Organ dar, in dem derartige Einschlüsse festgestellt werden konnten. Durch verschiedenartige Einflüsse kann es zu schlagartigem Verschwinden dieser Gebilde aus der Leberzelle kommen, so nach Stübel und nach Grassheim durch Adrenalin. Bei Atmungsversuchen mit Leberzellen, die derartige Einschlüsse aufwiesen, zeigte sich eine Verminderung des Sauerstoffverbrauches, woraus nach Grassheim geschlossen werden muß, daß dieses Eiweiß einen paraplasmatischen Bestandteil der Zelle ausmachen muß entsprechend den Anschauungen von Pflüger über das Reserveeiweiß der Zelle.

Die Beziehungen zwischen der Eiweißspeicherung und der trüben Schwellung bearbeitete Gross, eindeutige Beziehungen konnte er nicht auffinden. Ich selbst habe keine eigenen Erfahrungen über die Eiweißspeicherung und über die trübe Schwellung, möchte aber betonen was von Stübel hervorgehoben worden ist, daß die bei der Eiweißspeicherung ersichtlichen Tropfen und Schollen in der ungefärbten und unfixierten Zelle nicht in Erscheinung treten, daß sie erst durch die Einwirkung der Fixierungsmittel hervorgerufen werden. Dies widerspricht den Erfahrungen über die trübe Schwellung, bei der gemäß der Definition von Virchow (1062) bereits in ungefärbtem Zustand an der lebenden Zelle eine Trübung des Zelleibs ersichtlich sein muß. Aus allen diesen angeführten Gründen halten wir es für gerechtfertigt, die Eiweißspeicherung erst an dieser Stelle in unmittelbarem Zusammenhange mit der trüben Schwellung darzustellen, wenn auch vielleicht das Wesen der trüben Schwellung oft in einer Eiweißspeicherung gelegen ist. Möglich erscheint es, daß in späteren Untersuchungen einmal eine gewisse Gleichartigkeit zwischen der trüben Schwellung und der Eiweißspeicherung aufgedeckt werden wird.

Die Oxydasegranulation.

Allgemeines.

Bei Untersuchungen an Pflanzen gelangten BACH und CHODAT zu der Anschauung, daß die Oxydation in 3 Stufen erfolgt, indem der eiweißhaltige Körper den zugeführten Sauerstoff unter Peroxydbildung aufnimmt (Oxygenasen), ein weiteres Ferment das Oxydationsvermögen der Peroxyde erhöht (Peroxydasen) und endlich jede Zelle Katalasen enthält, die Wasserstoffsuperoxyd unter Sauerstoffbildung zersetzen. Zum Nachweis der Oxydasen hat E. MEYER nach dem Vorgang SCHOENBEINS die Blaufärbung der Guajaktinktur (Peroxydasereaktion) verwertet und gefunden, daß sich als besonders reich an Oxydasen die polymorphkernigen Leukocyten erwiesen und ihre mononukleäre Vorstufen, während diese Fermente den Lymphocyten abgehen. Als zweite wertvolle Methode erwies sich die Oxydation des farblosen Phenolphthaleins zu rotem Farbstoff, weiterhin wurden noch andere Methoden beschrieben, die den Oxydasenachweis gestatten sollten. Am meisten wurde die von RÖHRMANN und SPITZER, ferner von WINKLER (1119a) und W. SCHULTZE (916) in die mikroskopische Technik herangezogene Indophenolblaureaktion zur Verwendung herangezogen, die sich dadurch als gutes Darstellungmittel der granulierten Leukocyten erwies.

Die Oxydaseforschung hat in EHRLICH ihren Vorläufer gefunden. Für die Bestimmung der Sauerstofforte des Organismus verwendete EHRLICH (176) zunächst das Alizarinblau, das unter der Einwirkung des Luftsauerstoffes zu einem blauen Farbstoff umgebildet wird. Weiterhin wurde das Indophenolweiß für diese Untersuchungen herangezogen. Aber durch diese Untersuchungen wurden doch wesentlich andere Fragestellungen verfolgt als bei der eigentlichen Indophenolreaktion, durch welche letztere die Oxydasefermente in der Zelle einer mikroskopischen Betrachtung unterzogen werden können. Über den Mechanismus dieser Reaktion sind die Ansichten der einzelnen Autoren geteilt. Nach DIETRICH (1171) und auch nach LIEBERMEISTER entsteht aus dem α-Naphthol und dem Dimethylparaphenylendiamin zuerst ein Leukoprodukt, das von der Zelle aufgenommen, von den sauerstoffgierigen Granulationen angezogen und sofort in die blaue Modifikation umgewandelt wird. Ähnliche Anschauungen wurden auch von PAPPENHEIM (752) vertreten. In diesem Sinne erklärt VON GIERCKE (1177) die synthetische oxydative Indophenolreaktion der präformierten Leukocytengranula als eine Art supravitaler Färbung. Der diesen angeführten Autoren entgegengesetzte Standpunkt bezüglich der Entstehung der Oxydasereaktion wird von WINKLER (1119a) und SCHULTZE (916) vertreten, nach denen es sich um die Bildung des Farbstoffes in den Granula aus den einzelnen Komponenten des Reaktionsgemisches selbst handelt.

Noch weiter wollen wir in den vorliegenden Ausführungen auf die Entstehung der Oxydasereaktion selbst nicht eingehen, da es sich ja nicht um aktive Funktionen der Zelle handelt, weil die Reaktion selbst hauptsächlich an fixierten Schnitten und Ausstrichen angestellt wird. Die Oxydasereaktion mit Indophenolblau stellt eine Fermentreaktion dar, die für die Oxydasen des Organismus charakteristisch ist. Niemals läßt sich bei regelrechter Darstellung dieser Reaktion eine Fettfärbung erreichen.

Auch ist das Oxydaseferment an die Granula der betreffenden Zellen gebunden. Nur wenn bereits durch Luftsauerstoff gebildetes Indophenolblau für die Anstellung der Reaktion Verwendung findet, zeigt sich eine Fettfärbung, da das Indophenolblau selbst ein Fettfärbungsmittel darstellt. Dadurch ist aber nicht die Berechtigung gegeben, die Indophenolblaureaktion als eine Fettfärbung zu betrachten (Lubarsch). In diesem Sinne können auch die Gründe von Dietrich nicht als stichhaltig erscheinen.

Nach Pappenheim und Nakano (752) kann man 2 Arten von Oxydasereaktionen unterscheiden. Die α-Naphtholreaktion nach Loele und Schultze mit α-Naphtholalkali gibt eine starke Reaktion der eosinophilen Granula, am neutrophilen Leukocyten eine schwache Reaktion, an amphophilen Leukocyten überhaupt keine Reaktion. Die Schultzesche Reaktion mit β-Naphtholalkali und das sehr indifferente α-Naphthol nach von Giercke (1177) gibt auch an neutrophilen und amphooxyphilen Granulationen starke Reaktionen. Die Reaktion der Spezialleukocyten ist in den neutrophilen Granula in jedem Falle unbeständig, viel schwächer ausgebildet als an den eosinophilen Granula.

Ein weiterer Gradmesser zur Unterscheidung der einzelnen Oxydasen ist die Formalinempfindlichkeit, nach der die stabilen von den labilen Oxydasen getrennt werden. Die stabilen Oxydasen ordnen sich nach ihrer Stärke in die der eosinophilen Zellen, der neutrophilen und der pseudoeosinophilen Zellen, wozu noch die serösen Zellen der Speicheldrüsen, die syncytialen Zellen der Placenta, die basophilen Leukocyten, die Myeloblasten und die Promyelocyten kommen. Eine wechselnde Oxydasereaktion zeigen die großen Mononukleären und die Übergangsformen. Die labilen Oxydasen finden sich vor allem in den Epithelzellen. Nach ihrer Stärke geordnet finden sie sich in gewöhnlichen Epithelzellen und roten Muskelzellen, in den Leberzellen und den Rindenzellen der Nebenniere, in den Megakaryocyten, Blutplättchen, Lymphocyten, Thymusrindenzellen. Einen sehr starken Gehalt an Oxydasen weist das Kammerwasser und die Cerebrospinalflüssigkeit auf.

Der Unterschied zwischen den stabilen und den labilen Oxydasen soll nach Katzunuma (462) in dem Lipoidgehalt der Granula bestehen. Aus diesem Grunde soll ebenfalls ein verschiedenes Verhalten gegenüber Alkohol, Säuren und Wasser bestehen. Dieckmann kann aber diese Schlußfolgerungen von Katzunuma nicht teilen. Nach diesem Autor handelt es sich bei den labilen und den stabilen Oxydasen um 2 verschiedene Fermente, die besser als die Gewebsoxydasen und die Leukocytenoxydasen zu bezeichnen wären, deren wesentlicher Unterschied durchaus nicht in dem Lipoidgehalt gelegen sein soll. Es zeigt gerade die Leukocytenoxydase eine besondere Empfindlichkeit gegenüber Phenylhydrazin, was von der Gewebsoxydase nicht festgestellt werden kann.

Mit der Oxydasereaktion ist in der mikroskopischen Beurteilung die Darstellung eines Fermentes geglückt, wodurch der funktionellen mikroskopischen Beurteilung der Zelle neue Anhaltspunkte und Grundlagen gegeben sind. Einmal ist die Oxydasereaktion als ein unabänderliches stigmatisierendes Charakteristicum für bestimmte Zellarten angegeben worden, aber die weiter folgende Literatur zeigt doch immer mehr, daß die Oxydasekörnchen innerhalb der Zelle nichts Unabänderliches darstellen, sondern daß bei verschiedenen Funktionszuständen der Zelle auch eine Verschiedenartigkeit der Menge der Körnchen und auch der Stärke der Reaktion zu beobachten ist.

Mit anderen fermentativen Methoden mit Ausnahme der gleichlautenden und die gleichen Ergebnisse liefernden Peroydasereaktion ist es bisher nicht gelungen, eine ebenso leicht handzuhabende Methode in der mikroskopischen Technik aufzufinden. Es können die proteolytischen Fermente und auch die Dopafermente vorläufig keinen so ehernen Bestandteil in der mikroskopischen Technik bilden, da einerseits die betreffenden Reaktionen schwer auszuführen sind, andererseits keine so weitgehenden Gesetzmäßigkeiten in dem Auftreten der Reaktion festzustellen sind. Wenn wir auch das eigentliche Wesen der Oxydasereaktion noch nicht genau kennen, so können wir doch mit dem Begriff der positiven oder negativen, der veränderlichen Oxydasereaktion operieren. Wir können aussagen, daß bestimmte Fermente für manche Zellen charakteristisch sind, die wir historischerweise mit den Namen Oxydasen belegen wollen, daß wir bestimmte Funktionszustände der Zellen beobachten können, die mit einem Verbrauch der Oxydasekörnchen einhergehen können.

Die Veränderung der Oxydasen bei bestimmten Funktionszuständen der Zelle.

Wie aus den vorhergehenden Untersuchungen hervorgeht, soll die Oxydasereaktion an genau bestimmten Zellen anzutreffen sein, es soll der Oxydasegehalt der Zelle gewissermaßen ein Stigma für die Charakterisierung und Systematisierung der Zellen abgeben. Wenn auch für bestimmte Verhältnisse diese Charakterisierung zutreffen mag, so ist doch hervorzuheben, daß entsprechend den funktionellen sichtbaren Veränderungen des Zellstoffwechsels auch der Oxydasegehalt der Zellen in Mitleidenschaft gezogen werden kann.

Da die Oxydasereaktion ein Charakteristicum der granulocytären Zellen abgeben soll, so wollen wir auf das Auftreten der Oxydasekörnchen bei der Entwicklung der Zellen dieser Reihe zunächst eingehen. Die erste granulocytäre Zelle, der Myeloblast nach NAEGELI, zeigt eine geringere Oxydasereaktion, die zuweilen auch sehr stark ausgesprochen sein kann. Von dieser Stammform der granulocytären Reihe lassen sich bis zu den segmentierten Zellen herab einwandfreie Oxydasekörnchen nachweisen. Etwas anders verhält sich die Granulocytenentwicklung in der Mäusemilz. Unter den indifferenten Rundzellen zeigt sich eine Kernpolymorphie bemerkbar, der Kern nimmt eine Hufeisen- oder Ringform an, in der Nähe der Kernbuchtung macht sich dann nach KUCZYNSKI (522) eine Oxydasereaktion bemerkbar. Nach ihm können bei der Maus die Myelocyten nicht als eine genau charakterisierbare Zellart angesehen werden.

Nun weist unter bestimmten Umständen der Myeloblast keine Oxydasereaktion auf. Besonders charakteristisch ist dieser Befund bei Myeloblastenleukämien. Diese Beobachtung ist auch von SCHILLING (879) wiederholt angestellt worden, ebenfalls KWASNIEWSKI (544) weist in seiner ausführlichen Arbeit auf diesen Befund hin. ASKANAZY (37) bemerkt in seiner zusammenfassenden Darstellung, daß unter besonderen Umständen in dem Knochenmark oxydasenegative Myeloblasten aufgefunden werden können, ebenfalls zeigen sich derartige Zellen in der embryonalen blutbildenden Leber, ferner in Chloromen (116b). Aus allen diesen Beobachtungen geht somit einwandfrei hervor, daß es bestimmte funktionelle Zustände von Zellen sind, die ein Verschwinden der Oxydasekörnchen aufweisen. In demselben Sinne sind die Befunde von J. Goldmann (270) zu beurteilen, der unter Einwirkung von Sonnenstrahlen und von Wärme keine Oxydasen in den Leukocyten beobachten konnte.

Nach Stockinger (996) soll die toxische Granulation der segmentierten Leukocyten keine Oxydasereaktion erkennen lassen. Ferner wurden oxydasenegative Blutbilder bei Myxödemen beobachtet. Nach Injektion von Adrenalin und von Thyroxin zeigt sich eine wieder zunehmende Oxydasereaktion. Diese Beobachtungen von Stockinger konnten indes von anderen Untersuchern nicht erhoben werden. Bezüglich der toxischen Granulationen bestreitet Barta (1154) derartige Beobachtungen.

Veränderungen in dem Oxydasegehalt von Zellen zeigen sich auch bei Gewebskulturen. So mußte Busse (116) einen Oxydasegehalt der Granulocyten unter derartigen Umständen vermissen. Nach Hans Hirschfeld und Eugenie Klee-Rawidowics (388) zeigen sämtliche Makrophagen in der Gewebskultur nach 26tägiger Bebrütung einen positiven Ausfall der Peroxydasereaktion.

Eine Verklumpung der Oxydasekörnchen beobachteten Lubarsch und Wätjen (622) unter dem Einfluß von Röntgenstrahlen. Dagegen konnte J. Goldmann (270) keinen bemerkenswerten Einfluß der Röntgenstrahlen auf dieses Ferment auffinden, ebenfalls nicht Wallbach.

Nicht nur an den stabilen Leukocytenoxydasen lassen sich funktionelle Veränderungen feststellen, auch die Gewebsoxydasen verändern sich unter den verschiedenen funktionellen Einflüssen der Zellen. Katzunuma (462) konnte in allen histiocytären Zellen unter gewöhnlichen Verhältnissen eine labile Oxydasereaktion feststellen, die bei gesteigerter Funktion eine Zunahme erfahren soll. Nach Katzunuma soll es sich bei den entzündlichen Vermehrungen der Oxydasen um Einführungen auf phagocytärem Wege handeln. Doch wollen wir auf die Oxydasespeicherung in einem besonderen Abschnitt ausführlicher eingehen.

Berechnung der Oxydasemengen an Organen.

Um die Gewebsoxydasen in den Organen mit einfacherer Methodik hinsichtlich ihrer Veränderungen bei einzelnen funktionellen Zuständen der Zellen zu erfassen, wurde von verschiedenen Autoren die grobquantitative Bestimmung der Oxydasen an ganzen Organen durchgeführt. Auf Grund derartiger Methodik berichten K. Mori und T. Jasuda (683), daß durch Insulin eine Vermehrung der Oxydasen in Herz und Nieren stattfindet. Staemmler und sein Mitarbeiter Sanders (982) bemerken, daß nur durch Lecithin eine Steigerung der Oxydasewirkung sich feststellen läßt, durch Blausäure und durch Phosphor zeigt sich eine Verminderung der Indophenolblaureaktion. Es ist selbstverständlich, daß bei derartigen Oxydaseuntersuchungen ganzer Organe in besonderem Maße Oxydase frei wird, wenn es sich um Absterbeerscheinungen der Zellen handelt. Keineswegs ist aber Staemmler (977, 979) durch derartige Feststellungen berechtigt, die Oxydasereaktion überhaupt als eine Absterbereaktion zu bezeichnen.

Es ist selbstverständlich, daß das Oxydaseferment, das STAEMMLER bei seinen Untersuchungen verfolgt hat, nicht dem Atemferment gleichgestellt werden darf und STAEMMLER macht hierauf auch aufmerksam. Die Untersuchungen von STAEMMLER zeigen ja gerade, daß bei Absterbeerscheinungen der Oxydasegehalt der Organe vermehrt ist. Keineswegs ist es nach unseren bisherigen lückenhaften Kenntnissen gerechtfertigt, die Oxydasen und die Oxydation in einen Zusammenhang zu bringen. Vorläufig müssen wir uns begnügen, den Oxydasenstoffwechsel der Zellen auf mikroskopischem Wege bei verschiedenen funktionellen Zuständen der Zelle ohne Rücksicht auf gedankliche physiologische Bewertungen festzulegen.

Die Oxydasen und die eosinophile Reaktion.

Besonders die eosinophilen Granula sind es, die sich durch eine besonders ausgeprägte Oxydasereaktion kennzeichnen lassen. Es soll deshalb in dem vorliegenden Abschnitt darüber berichtet werden, inwiefern ein Zusammenhang der Oxydasen mit der eosinophilen Granulation und der Granulation der Leukocyten überhaupt angenommen werden muß. Nach PAPPENHEIM (750, 752) soll die Bedeutung der eosinophilen Granula allein in der Oxydasekraft gelegen sein. Vor derartigen Bewertungen müssen wir uns hüten, da wir weder die Bedeutung der eosinophilen noch der Oxydasegranulation kennen.

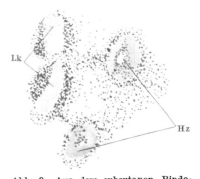

Abb. 9. Aus dem subcutanen Bindegewebe, 2 Stunden nach $^1/_2$stündiger Bestrahlung. Lochkernzellen (Lk) und histiocytäre Formen (Hz) mit weit ausgebreiteter Oxydasereaktion. Häutchenpräparat, Oxydasereaktion, Alauncarmin. Zeiß apochr. Imm. 2 mm, Ok. 3, vergrößert 1100mal.
(Aus v. MÖLLENDORFF, Z. Zellforschg 1928, 157, Abb. 2.)

Nun berichtet aber VON MÖLLENDORFF (685), daß die Alterung der Granulocyten überhaupt sich in einer gleichzeitigen Abnahme der Granula und der Oxydasereaktion bemerkbar machen soll. Die Frage des Zusammenhanges und der Gleichheit der Oxydasen mit der Spezialgranulation sucht VON MÖLLENDORFF dahingehend zu entscheiden, daß die Oxydasekörnchen gesonderte Gebilde des Protoplasmas darstellen sollen. Gerade bei der sog. Oxydasestrahlung der eosinophilen Leukocyten zeigte es sich, daß die Körnchenstreuung der Oxydasen eine andere Lokalisation einnimmt als diejenige der Oxydasegranula. Wenn somit also die Gleichheit zwischen Oxydasegranulation und Spezialgranulation bestritten wird, so sucht doch VON MÖLLENDORFF funktionelle Zusammenhänge zwischen beiden Granulationen festzustellen. Die Eosingranulierung soll durch Einwirkung der Oxydasen auf in Vakuolen eingeschlossenes Material entstehen [STOCKINGER (999)].

Aus allen diesen Ausführungen ist somit zu entnehmen, daß die eosinophilen Granula selbst nicht das Oxydasenferment bilden, sondern nach VON MÖLLENDORFF handelt es sich bei den Oxydasegranula entweder um einen Stoff, der von ihnen ausgeht, oder das Ferment wird von dem intergranulären Cytoplasma geliefert und stellt sich nur infolge der Reaktion in körperlicher Gestalt dar. Die Untersuchungen von während in Vergleichskulturen derartige Reaktionen nicht festgestellt werden konnten. Keineswegs darf die Oxydasespeicherung von BUSSE als Fettspeicherung betrachtet werden, wie dies LUBARSCH (617) hervorheben will. Für die Verhältnisse innerhalb des unveränderten Organismus stellte dann WALLBACH (1076) entsprechende Untersuchungen an und konnte den einwandfreien Beweis für die Tatsache der Oxydasespeicherung erbringen.

WALLBACH (1076) ging bei seinen Untersuchungen derartig vor, daß mit der BUCHNER-presse hergestellter Meerrettichextrakt in die Bauchhaut der weißen Maus eingespritzt wurde. Schon nach wenigen Stunden zeigte sich ein hauptsächliches Auftreten dieses Fermentes in den segmentierten Leukocyten, die mit Oxydasekörnchen vollgestopft erschienen. In zweiter Linie fand sich auch ein Oxydasegehalt in Histiocyten und Fibrocyten, wenn auch in diesen Zellen der Fermentgehalt ein spärlicherer war. Niemals konnte in den Lymphzellen eine Oxydasereaktion festgestellt werden, auch nach intraperitonealer und intramuskulärer Einspritzung nicht, wo überhaupt sich keinerlei Oxydasespeicherungen innerhalb des Organismus feststellen ließen.

Gegen die Untersuchungen von WALLBACH (1076) ließe sich einwenden, daß der Meerrettichextrakt nicht die Verhältnisse innerhalb des Organismus in einwandfreier Weise wiedergibt, daß vielmehr unter gewöhnlichen Verhältnissen andere oxydasehaltige Stoffe innerhalb des Organismus in Erscheinung treten. Aber die Ergebnisse der Oxydasespeicherung zeigten sich nicht nur bei Verwendung von Meerrettichextrakt. Es gibt zahlreiche andere oxydasehaltige Stoffe, die einen positiven Speicherungsbefund herbeiführen, so Runkelrübenextrakt, ein Gemisch von ameisensaurem Manganoxydul und Gummi arabicum, von gelbem Blutlaugensalz und Gummi arabicum. Aber auch aus dem Organismus lassen sich Substanzen gewinnen, die positiv bei der Oxydasereaktion reagieren. Es sind dies von NEUMANN beschriebene Oxone, mit denen dieser Forscher nach intraperitonealer und intramuskulärer Injektion Leukocytenvermehrungen des Blutes festgestellt hatte. Bei dem lokalen Speicherungsversuch in die Mäusebauchhaut konnte WALLBACH unschwer positive Speicherungsbefunde in den oben beschriebenen Zellen feststellen.

Die Untersuchungen über die Oxydasen weisen somit in einwandfreier Weise darauf hin, daß dieses Ferment zum Strukturbestandteil der Zelle gehören kann. Dieser Strukturbestandteil kann einerseits einer besonderen Klasse von Zellen, den Granulocyten, spezifisch zukommen, andererseits muß aber daran festgehalten werden, daß bei bestimmten funktionellen Zuständen eine Vermehrung oder eine Verminderung der Oxydasen in die Wege geleitet werden kann. Dabei kann die Vermehrung entweder durch selbständige endogene Bildung neuer Oxydasen durch die betreffenden Zellen erfolgen, andererseits ist die Möglichkeit der exogenen Oxydaseaufnahme durch bestimmte Zellen nicht von der Hand zu weisen. Es geht aus allen diesen Untersuchungen hervor, daß die Oxydasereaktion ebenfalls eine Beurteilung der Zelleistung zuläßt. Der Einheitlichkeit der Besprechung wegen haben wir die Oxydasespeicherungen nicht in der Abteilung über die Speichererscheinungen besprochen, sondern unter den Strukturbestandteilen der Zelle, weil sich in vielen Fällen auch die endogene Oxydasevermehrung und die exogene Oxydasespeicherung nicht auseinanderhalten lassen.

während in Vergleichskulturen derartige Reaktionen nicht festgestellt werden konnten. Keineswegs darf die Oxydasespeicherung von Busse als Fettspeicherung betrachtet werden, wie dies Lubarsch (617) hervorheben will. Für die Verhältnisse innerhalb des unveränderten Organismus stellte dann Wallbach (1076) entsprechende Untersuchungen an und konnte den einwandfreien Beweis für die Tatsache der Oxydasespeicherung erbringen.

Wallbach (1076) ging bei seinen Untersuchungen derartig vor, daß mit der Buchnerpresse hergestellter Meerrettichextrakt in die Bauchhaut der weißen Maus eingespritzt wurde. Schon nach wenigen Stunden zeigte sich ein hauptsächliches Auftreten dieses Fermentes in den segmentierten Leukocyten, die mit Oxydasekörnchen vollgestopft erschienen. In zweiter Linie fand sich auch ein Oxydasegehalt in Histiocyten und Fibrocyten, wenn auch in diesen Zellen der Fermentgehalt ein spärlicherer war. Niemals konnte in den Lymphzellen eine Oxydasereaktion festgestellt werden, auch nach intraperitonealer und intramuskulärer Einspritzung nicht, wo überhaupt sich keinerlei Oxydasespeicherungen innerhalb des Organismus feststellen ließen.

Gegen die Untersuchungen von Wallbach (1076) ließe sich einwenden, daß der Meerrettichextrakt nicht die Verhältnisse innerhalb des Organismus in einwandfreier Weise wiedergibt, daß vielmehr unter gewöhnlichen Verhältnissen andere oxydasehaltige Stoffe innerhalb des Organismus in Erscheinung treten. Aber die Ergebnisse der Oxydasespeicherung zeigten sich nicht nur bei Verwendung von Meerrettichextrakt. Es gibt zahlreiche andere oxydasehaltige Stoffe, die einen positiven Speicherungsbefund herbeiführen, so Runkelrübenextrakt, ein Gemisch von ameisensaurem Manganoxydul und Gummi arabicum, von gelbem Blutlaugensalz und Gummi arabicum. Aber auch aus dem Organismus lassen sich Substanzen gewinnen, die positiv bei der Oxydasereaktion reagieren. Es sind dies von Neumann beschriebene Oxone, mit denen dieser Forscher nach intraperitonealer und intramuskulärer Injektion Leukocytenvermehrungen des Blutes festgestellt hatte. Bei dem lokalen Speicherungsversuch in die Mäusebauchhaut konnte Wallbach unschwer positive Speicherungsbefunde in den oben beschriebenen Zellen feststellen.

Die Untersuchungen über die Oxydasen weisen somit in einwandfreier Weise darauf hin, daß dieses Ferment zum Strukturbestandteil der Zelle gehören kann. Dieser Strukturbestandteil kann einerseits einer besonderen Klasse von Zellen, den Granulocyten, spezifisch zukommen, andererseits muß aber daran festgehalten werden, daß bei bestimmten funktionellen Zuständen eine Vermehrung oder eine Verminderung der Oxydasen in die Wege geleitet werden kann. Dabei kann die Vermehrung entweder durch selbständige endogene Bildung neuer Oxydasen durch die betreffenden Zellen erfolgen, andererseits ist die Möglichkeit der exogenen Oxydaseaufnahme durch bestimmte Zellen nicht von der Hand zu weisen. Es geht aus allen diesen Untersuchungen hervor, daß die Oxydasereaktion ebenfalls eine Beurteilung der Zelleistung zuläßt. Der Einheitlichkeit der Besprechung wegen haben wir die Oxydasespeicherungen nicht in der Abteilung über die Speichererscheinungen besprochen, sondern unter den Strukturbestandteilen der Zelle, weil sich in vielen Fällen auch die endogene Oxydasevermehrung und die exogene Oxydasespeicherung nicht auseinanderhalten lassen.

Die Vakuolisation des Protoplasmas.

Vakuolen können sich aus verschiedenartigen Gründen innerhalb der Zellen zeigen. Ursprünglich wurden die Vakuolen als Kennzeichen ganz besonderer Zellen angesehen, wie der Xanthomzellen. Falls andere Zellen irgendwelche Vakuolen erkennen ließen, wurde diesen Zellen sofort entsprechend den Albrechtschen Anschauungen das Stigma der Degeneration aufgedrückt. Erst in späterer Zeit ist man hinter die Feststellung gekommen, daß auch Speichervorgänge und resorptive Erscheinungen an den Zellen mit Vakuolisation des Protoplasmas einhergehen können. Früher hat man nur das Fett als vacuolär sich ablagernde Substanz betrachtet. Heute haben wir bereits berichtet, daß selbst die vitalen sauren Farbstoffe nach der allgemein angenommenen Ansicht von von Möllendorff (689) als vacuolär gespeicherte Substanzen betrachtet werden müssen. In demselben Sinne sind alle phagocytierten Stoffe innerhalb von Vakuolen des Protoplasmas, also außerhalb der Zelle gelegen. Aus diesen Gründen müssen wir bei den nunmehr folgenden Ausführungen feststellen, daß die Vakuole nicht immer als die gespeicherte Substanz selbst angesehen werden muß, wie beim Fett, sondern daß sich Vakuolen auch bilden unter der Einwirkung der von der Zelle aufgenommenen Substanzen. Es handelt sich also um Funktionsäußerungen der Zellen bei bestimmten Tätigkeitszuständen, was auch dann bemerkt werden muß, wenn wir innerhalb der Vakuolen keine mit mikroskopischen Hilfsmitteln darstellbaren Substanzen feststellen können.

Die Vakuolen als Plasmastrukturen.

Auf die verschiedenen strukturellen Besonderheiten des Protoplasmas haben wir bei Besprechung der Altmannschen Granula hingewiesen. Nach der Anschauung von Bütschli soll das Protoplasma aus einzelnen Waben sich zusammensetzen, während Altmann (12) die Waben als das Negativ seiner Granula betrachtet. Nach Albrecht (8,9) soll die Schaumstruktur des Protoplasmas nur dann auftreten, wenn aus physiologischen Gründen oder durch künstliche Entmischung eine große gleichmäßig verteilte Menge von einigermaßen gleich großen, im Verhältnis zum Zellganzen verhältnismäßig kleinen Tropfen auftritt, so daß die Zwischenräume stark verringert erscheinen. Aber auf Grund der vorliegenden Untersuchungen können wir heute noch keine einwandfreien Angaben über die Herkunft der Tropfen und der Vakuolen bei derartigen Versuchsbedingungen machen. Ob es die Altmannschen Granula, speziell die Mitochondrien sind, die die vacuoläre Umwandlung erleiden, ist zweifelhaft und durch einwandfreie Untersuchungen noch nicht geklärt. Es muß auch als fraglich erscheinen, ob diese Untersuchungen, die meistens in vitro angestellt worden sind, den Verhältnissen innerhalb des Körpers in vollem Maße entsprechen. Eine Lösung der Frage nach den Beziehungen zwischen Vakuolen und Granula scheint mit der heutigen Methodik noch nicht erreicht zu werden.

Die Vakuolen als makrophagocytären Erscheinungen.

Es ist von den verschiedenen Untersuchern die Bedeutung der Vakuolen bei phagocytären Zellen beleuchtet worden, wo die Vakuole die eingeschlossenen Teilchen umgibt und sie von dem eigentlichen Cytoplasma abtrennt.

Besonders deutlich sind derartige Verhältnisse bei den Protozoen, wo die Vakuolen die Bedeutung von Verdauungsorganellen aufweisen. In die Vakuolen hinein findet die Abscheidung der Verdauungsfermente statt, innerhalb der Vakuolen werden die aufgenommenen Stoffe zersetzt und schließlich aus dem Zelleib durch Wanderung der Vakuole an die Oberfläche ausgestoßen. Der Vakuoleninhalt ist somit als extraprotoplasmatischer Anteil der Zelle zu betrachten.

Diese Vakuolen sind unter dem Einfluß der vitalen Farbspeicherung und unter dem Einfluß der Phagocytose nicht immer sichtbar. Durch wachsende Anhäufungen von Farbstoff innerhalb der Vakuole kommt es zu Ausfällungen des Farbstoffes und somit zu körnigen Bildungen, die in Wirklichkeit innerhalb von unmittelbaren Vakuolen liegen. Oft aber müssen wir dagegen feststellen, daß die in Vakuolen eingeschlossenen Stoffe einer mikroskopischen Betrachtung nicht zugänglich sich erweisen. Aber dies ist kein Grund, die Bedeutung der Vakuolen als Ausdruck phagocytärer Zelleistung vollkommen abzulehnen und sofort von einer Degeneration der Zelle zu sprechen, unter der man sich nicht viel vorstellen kann. Vielmehr muß bei dem Auftreten von Vakuolen im Protoplasma in erster Linie an aufgenommene Stoffe gedacht werden, die sich mikroskopisch nicht ohne weiteres darstellen lassen.

Die Vakuolisation als Wasseraufnahme.

Gerade bei der tropfigen Entmischung nach ALBRECHT (8, 9) handelt es sich sicherlich um eine Wasseraufnahme durch das Protoplasma, gleichviel, von wo dieses Wasser stammt. Zuerst dachte ALBRECHT daran, daß das Wasser aus dem Protoplasma selbst herzuleiten ist. Andererseits bringt ALBRECHT in seiner zusammenfassenden Darstellung Versuche, die die tropfige Entmischung der Zellen unter der Einwirkung eines wässerigen Mediums entstehen lassen. Wir müssen danach annehmen, daß es die Aufnahme von Wasser in die Zelle ist, die die sog. tropfige Entmischung des Protoplasmas bewirkt. Somit ist ALBRECHT als Vorläufer für alle späteren Untersuchungen zu betrachten, die eine Vakuolisation der Zellen unter der Einwirkung von Wasseraufnahme erweisen. Heute ist die Vakuolisation des Protoplasmas durch Wasser als eine der gesicherten Tatsachen zu betrachten, wenn auch andere Ursachen, andere speicherbare Stoffe, ebenfalls eine Vakuolisation hervorrufen können.

Es seien hier nur wenige Befunde über vacuoläre Wasseraufnahme mitgeteilt. RUM-JANKOW (855) setzte die Untersuchungen von ALBRECHT fort, er zeigte das Eintreten von Wasser in die Kolloide des Zellplasmas unter dem Bilde feinster Bläschen. Nach KOSUGI (505) zeigt sich bei stärkerer Wassersekretion durch die Nieren ein stärkerer Vakuolengehalt und eine stärkere Quellung der betreffenden Zellen. Zweifelhaft ist es, ob die starke Vakuolisation der Leprazellen nach VIRCHOW (1062) auf einen vermehrten Wassergehalt dieser Zellen zurückzuführen ist oder ob es sich nicht vielmehr um den Ausdruck der Bakterienphagocytose selbst handelt [HERXHEIMER (369)].

Die Vakuolisation als Eiweißresorption.

Andere Autoren sehen in dem Auftreten von Vakuolen im Protoplasma eine Eiweißresorption unter gewissen Bedingungen. Als Hauptvertreter dieser Anschauungen ist Kuczynski (522) zu nennen, der bei zahlreichen, namentlich entzündlichen Veränderungen von Geweben die Zellvakuolisation unter diesem Gesichtspunkte betrachtete.

In dem Stadium der toxischen Schwellniere bei der Glomerulonephritis beobachtete Kuczynski stark gekörnte Glomerulusendothelien. Aber auch in dem Protoplasma der Glomerulusepithelien soll eine derartige tropfig-hyaline Eiweißspeicherung ersichtlich sein (s. a. Mac Callum). Hierher muß auch die Fibrinresorption nach Fahr (199) gerechnet werden. Vakuolige Strukturen der Bindegewebszellen unter der Einwirkung von entzündlichen Reizen sah auch von Möllendorff (685) und betrachtete dieselben ebenfalls von dem eiweißresorptiven Standpunkte. Die nach septischen Zuständen in dem Protoplasma der Zellen des reticuloendothelialen Systems auftretenden Vakuolen sollen nach Büngeler (110), ferner Büngeler und Wald (110a) auch mit der Eiweißaufnahme in Zusammenhang gebracht werden.

Die Vakuolenbildung als Fettspeicherungserscheinung.

Wenn wir bei der Fettspeicherung Vakuolen in den Zellen feststellen, so handelt es sich mit aller Sicherheit um direkt ersichtliche Speicherungserscheinungen in den Zellen, während die Annahme der Wasserspeicherung und der Eiweißspeicherung doch immer nur als ein indirektes Anzeichen gelten muß, da direkte Beweise für eine derartige Anschauung ausstehen. Über die Fettspeicherung selbst haben wir in einem gesonderten Kapitel berichtet, hier sei die Fettspeicherung nur insofern behandelt, als diese zu einer Änderung der Protoplasmastruktur im Sinne einer Vakuolenbildung führt.

Bei den Fettzellen und den Fettgewebszellen macht sich einmal der Typus der die ganze Zelle ausfüllenden Vakuole geltend. Das Protoplasma der betreffenden Zellen zeigt sich in einem schmalen Saum am Rande der Zelle, von dem Fetttropfen bzw. der Vakuole wird der weitaus größte Teil der Zelle eingenommen. Als andere Erscheinungsformen der Fettspeicherung müssen die gleichmäßigen mittelgroß- bis kleintropfigen Fettablagerungen betrachtet werden, die bei gleichmäßiger Ausbildung der Vakuolen als Wabenzellen imponieren. Wabenzellen zeigen sich ferner als Xanthomzellen bei der Cholesterinspeicherung, weiterhin als Keimzentrumszellen unter besonderen Verhältnissen, nach Wetzel in dem sog. dritten Abwehrzustand [Wetzel (1113'a), Stehmann (995)].

Die Fettvakuolen erscheinen uns deshalb als direkte Einlagerungen in der Zelle, weil durch bestimmte Färbungsmethoden der Inhalt der Vakuolen genau festgestellt werden kann. Im ungefärbten Präparat zeigen sich aber die Fetteinschlüsse außer besonderen optischen Eigentümlichkeiten in derselben Erscheinungsform wie die anderen Vakuolen innerhalb der Zelle.

Oxydasehaltige Vakuolen.

Bei manchen Myeloblastenleukämien zeigen sich zuweilen Vakuolen in den betreffenden Zellen, die sich bei der Oxydasereaktion als positiv erweisen. Ob es sich hier um gespeicherte Oxydasen handelt, kann hier nicht mit Sicherheit entschieden werden. Schilling, der oxydasepositive Myeloblasten gesehen hatte, läßt die Frage nach der Entstehung dieser

Vakuolen offen. SHIOMI (946) beobachtete derartige oxydasehaltige Vakuolen in Kulturen von Lymphknoten mit Knochenmarksextrakt, er hält dieselben nach seinem Lehrer LUBARSCH für Fetteinschlüsse, eine Ansicht, der wir aus oben genannten Gründen nicht beitreten können. Bei den Mäusen zeigten sich nach STOCKINGER (999) in mittelgroßen runden Zellen Oxydaseblasen. In extremen Fällen besteht die ganze Zelle aus Oxydaseblasen. Über die Bedeutung und die Ursache der Entstehung dieser Oxydaseblasen spricht sich STOCKINGER nicht aus.

Wir müssen somit die Frage nach der Entstehung, der Bedeutung und der Ursache der Oxydaseblasen unbeantwortet lassen. Vorläufig wollen wir uns damit begnügen, die einzelnen spärlichen Beobachtungen über derartige Bildungen zu sammeln.

Die Vakuolisation als phagocytäre Erscheinung unbekannter Ursache.

In dem Abschnitt über die Vakuolen als Erscheinungsform der Wasserresorption haben wir bereits die Leprazellen erwähnt. Nach VIRCHOW (1062) sollen die Vakuolen innerhalb der Leprazellen als Ausdruck einer Wasserspeicherung betrachtet werden, eine Anschauung, die nicht von allen Untersuchern, die sich mit dem Studium der Leprazellen befaßten, anerkannt werden konnte und die auch wir auf Grund der tatsächlichen Beobachtung als haltlos betrachten müssen. Vielmehr müssen wir den Anschauungen von HERXHEIMER (369) beipflichten, daß diese Vakuolen als Ausdruck der Bacillenphagocytose und -verarbeitung angesehen werden müssen.

Auch bei vielen anderen bakteriellen phagocytären Erscheinungen machen sich vacuoläre Bildungen an den verschiedenen Zellen des Organismus bemerkbar. DIECKMANN (154) beobachtete bei starker endothelialer Reizwirkung durch Einspritzung von Proteus OX 19-Vaccine in den Makrophagen der Milz Vakuolen, die er nicht eindeutig erklären kann. Auch WALLBACH (1178) fand diese Erscheinungen bei ungefähr denselben Versuchsanordnungen. Es erscheint möglich, daß es sich um Verdauungsprodukte von phagocytierten Bakterien handelt, andererseits müssen wir auch bedenken, daß es sich möglicherweise um besondere Reizformen der Zellen handelt, die eine besondere Neigung zur Eiweißresorption aufweisen können. Es müssen aber auf jeden Fall diese Vakuolen als Ausdruck einer funktionellen Beanspruchung angesprochen werden. Sie gehören nicht zu den einfachen degenerativen Veränderungen. Hierher gehören auch die Beobachtungen von SIEGMUND (952) über die Vakuolen an den großen einkernigen Zellen des Blutes des Kaninchens nach Coliinfektion. Nach BÜNGELER (110) sollen die speichernden Monocyten durch stärkere Vakuolisation des Protoplasmas ausgezeichnet sein. Da BÜNGELER den Versuchstieren artfremdes Eiweiß injiziert hatte, so erscheint es wahrscheinlich, daß es in diesem Fall um eine Eiweißresorption handelt, wenn auch eine solche Anschauung nicht direkt bewiesen werden kann.

In allen diesen Arbeiten wird also über die phagocytäre Bedeutung der betreffenden Vakuolen berichtet, ohne daß sich irgendwelche Anhaltspunkte dafür finden, welche Teilchen oder welche Stoffe überhaupt aufgenommen worden sind. Sicher erscheint aber, daß die Vakuolen als resorptive Erscheinungsformen der Zellen anzusehen sind. Dahingestellt bleiben muß es natürlich, ob die Vakuolen die phagocytierte Substanz selbst darstellen oder ob es sich um Strukturveränderungen des Protoplasmas handelt, die als eine getrennte funktionelle Erscheinung bei den resorptiven Vorgängen zu betrachten ist. Also überall, wohin wir unseren Blick lenken, stoßen wir auf Schwierigkeiten der Entstehung und des Wesens dieser Gebilde.

Die „degenerative" Vakuolisation.

Auf keinen Fall dürfen wir es uns so bequem machen, die Vakuolen schlechthin als degenerative Erscheinungen an den Zellen abzutun, denn damit ist für die Erkenntnis dieser Gebilde wirklich nichts gewonnen. Auch ist in keiner Weise von der Mehrzahl der Untersucher der wirkliche Beweis erbracht worden, daß es sich um Degenerationen oder um Absterbeerscheinungen der Zellen handelt.

Eine Vakuolisation der Zellen unter der Einwirkung der Röntgenstrahlen ist von zahlreichen Untersuchern beschrieben worden. Hauptsächlich sind es ja die Krebszellen, die eine derartige strukturelle Veränderung erleiden. Wir müssen aber bemerken, daß Vakuolen zuweilen auch normalerweise in Krebszellen anzutreffen sind, daß sie nicht immer parallel mit den Absterbeerscheinungen an den Zellen auftreten [Yamakawa (1130)].

Eine besonders reichliche Literatur gibt es noch über die Vakuolenbildung in den Gefäßendothelien unter der Einwirkung von Röntgenstrahlen. In den früheren Zeiten wurden diese Erscheinungen mit Absterberscheinungen in der Gefäßwand in Zusammenhang gebracht (Gassmann, Bärmann und Linser). Jüngling bringt in seiner zusammenfassenden Darstellung die vacuolären Veränderungen der Gefäßwandungen ohne irgendwelche Deutungen dieses Befundes. Besonders schön lassen sich die Vakuolen im Kaninchenknochenmark nach Röntgenbestrahlungen beobachten [Wallbach (1079)], dabei lassen sich aber keine Abbauerscheinungen der Gefäßwandungen oder sonstige nekrotische Erscheinungen feststellen, es ließen sich somit auch die Anschauungen anderer Autoren wie Rost, Thies (1031) u. a. über die degenerative Bedeutung dieser Veränderung in keiner Weise bestätigen. Die Vakuolisation der Gefäßendothelien stellt keine streng spezifische Strukturveränderung dar, die nur bei Röntgenstrahleneinwirkungen auf den Organismus ersichtlich sind, Wallbach (1078) konnte auch bei anaphylaktischen Zuständen des Organismus, ferner nach andersartigen Reinjektionen von Antikörpern (Bakterien) derartige Vakuolenbildungen in den betreffenden Zellen feststellen.

Es ist unzweifelhaft, daß es auch Vakuolenbildungen gibt, die bei dem Zugrundegehen der Zellen in Erscheinung treten und die besser als nekrotische Erscheinungen an den Zellen zu betrachten sind. Es ist sicher, daß wenigstens ein Teil der Krebszellen unter der Einwirkung der Röntgenstrahlen in diesem Sinne Vakuolen aufweist, daß nach Alfred Scott Warthin (924) das lymphogranulomatöse Gewebe auch im Zerfall begriffene vakuolisierte Zellen zeigt, die ein geflecktes und gekörntes Aussehen aufweisen. Bei Phenylhydrazinvergiftung zeigen sich nach

B. Fischer (211) zahlreiche vakuolisierte Leberepithelzellen, auch sollen die Gifte aus der Cocainreihe in der Leber derartige Erscheinungen hervorrufen.

Wenn wir somit auch zugeben, daß die Zellen mit vakuolisiertem Protoplasma schnell dem Untergang verfallen können, so darf damit noch nicht gesagt werden, daß der Prozeß als solcher als ein degenerativer zu bewerten ist, denn es ist sehr wohl denkbar, daß die nach einer Richtung in höchstem Maße beanspruchte Zelle dem Untergange verfällt. Wir können also die Ausbildung der Vakuolen vorläufig arbeitshypothetisch auf jeden Fall für resorptive Erscheinungsformen an den Zellen halten, diese Ansicht steht nicht notwendigerweise im Gegensatz zu der Tatsache, daß derartige Zellen dem Untergang rasch entgegengehen können. Es ist dies eben der Grad des Prozesses und die Reaktionslage der Zelle, von der es abhängt, ob die betreffende Funktion als ausgleichbar bezeichnet werden muß oder ob es sich um unausgleichbare Veränderungen handelt.

Von diesem unseren Standpunkt aus können wir auch die vacuolären Erscheinungen an den Blutzellen betrachten, die nach Helly (349) an den amphophilen Leukocyten auftreten können unter gleichzeitigen Granulaschwund, die nach Marchand (639) als Degenerations- und Quellungserscheinungen aufgefaßt werden. Die sich ablösenden Deckzellen im Peritonealexsudat sind gekennzeichnet durch starke Vakuolisierung des Protoplasmas [Seifert (931)]. Daß die Vakuolen in den segmentierten Leukocyten als Ausdruck einer Leberschädigung des Organismus zu gelten haben [Gloor (263)], konnten wir bisher nicht anerkennen.

Auch in den Gewebskulturen zeigen die vacuolären Erscheinungen an den Zellen eine resorptive Funktion derselben an, gleichzeitig handelt es sich auch um in der Gewebskultur absterbende Zellen. Unter dem Einfluß von Typhusbacillen zeigen sich z. B. nach Lewis Vakuolen in den Zellen des ausgepflanzten Hühnerdarmes, aber auch sonst finden sich wabige Strukturen an den Bindegewebszellen der Kultur, was jeder bestätigen kann, der sich mit Gewebskulturen befaßt hat [Chlopin und Chlopin (133), Erdmann (189), Champy und Kritsch, Grawitz (283), von Möllendorff (686), Wallbach (1073) u. a.].

Wenn wir noch einmal kurz zusammenfassen, so können wir die Vakuolen oft als Nahrungsvakuolen im eigentlichen Sinne betrachten. Es handelt sich um den Ausdruck einer resorptiven Leistung der Zellen, gleichviel um was für aufgenommene Stoffe es sich handelt, ob es Wasser ist oder Eiweiß oder Farbstoffe oder sonstige körperliche phagocytierte Teilchen. Nicht immer läßt sich einwandfrei der Nachweis führen, daß die Vakuolen als Nahrungsvakuolen im eigentlichen Sinne anzusehen sind, ob es sich nicht vielmehr um mit den resorptiven Vorgängen gleichlaufende strukturelle Zustandsänderungen des Protoplasmas handelt. Wenn Zellen, die alle Zeichen des Absterbens aufweisen, besonders reichliche Vakuolen aufweisen, so deutet dies noch keineswegs auf die degenerative Bedeutung der Vakuolen als solche, sondern man muß vielmehr annehmen, daß es sich um eine Überbeanspruchung von Zellen hinsichtlich einer ganz bestimmten Funktion handelt, daß nach der Reaktionslage der Zelle jede im Übermaß sich auswirkende Leistung als ausgleichbare und als

unausgleichbare Schädigung sich geltend machen kann. Aus allen diesen
Gründen wird man gut tun, auf jeden Fall das Auftreten von Vakuolen
im Protoplasma einer Zelle als resorptive Funktion hinzustellen.

Die Basophilie des Protoplasmas.

Der Basophilie des Zelleibes wird von MARCHAND (636) für die funktionelle und für die differentialdiagnostische Beurteilung der Zellen
keine besondere Bedeutung beigemessen. Er schließt sich dabei den Ausführungen von ASCHOFF und KIYONO (36) an, daß die Basophilie keinen
entscheidenden Wert für die Beurteilung des morphologischen Charakters
einer lymphoiden Zelle besitzt. Auch das typisch basophile Protoplasma
der Plasmazellen ist nach diesen Forschern ohne irgendeine besondere
Bedeutung. Als Grund für die Unmöglichkeit der Beurteilung einer
Zelle vom Standpunkt der Basophilie des Protoplasmas wird von MAR-
CHAND wie von ASCHOFF und KIYONO hervorgehoben, daß die Basophilie
immer nur einen vorübergehenden Zustand der Zelle darstellt, auch
wenn geringe Unterschiede in der Ausbildung der Basophilie des Protoplasmas bei einzelnen Blutzellen bestehen.

Auf Grund dieser Ausführungen dürfen wir keineswegs den Begriff
der Basophilie des Protoplasmas vernachlässigen. Denn das Argument
der betreffenden Autoren, daß die Basophilie nur einen vorübergehenden
Zustand darstellt, ist nicht stichhaltig, die Basophilie des Protoplasmas als
funktionellen Zustand ausschließen, denn funktionelle Zustände pflegen
ja gerade nur vorübergehend aufzutreten. Wir müssen im Gegensatz
zu den Ausführungen von MINOT die These aufstellen, daß die Färbung
des Protoplasmas eine funktionelle und eine morphologische
Bedeutung besitzt, wir können mit der Anfärbbarkeit des Protoplasmas
bemerkenswerte histogenetisch-funktionelle Feststellungen machen.

Die Basophilie als Zeichen der Jugendlichkeit der Zelle.

Die Basophilie des Protoplasmas als Zeichen der Jugendlichkeit gehört
zu einer der gesichertesten Kenntnisse in der Hämatologie und in der
Cytologie. Es ist allgemein bekannt, daß die unreifen und die undifferen-
zierten Blutzellen sich durch ein stark basophiles Protoplasma auszeichnen,
daß der Vorgang der Reifung der Blutzellen unter anderem mit dem Verschwinden der Basophilie des Zelleibs einhergeht.

Wenn wir die Entwicklungsreihe der Granulocyten betrachten, so
zeigt der Myeloblast nach NAEGELI ein sehr stark basophiles Protoplasma.
Der sich aus dem Myeloblast differenzierende Promyelocyt ist ein basi-
plasmatischer Myelocyt. Bereits bei dem Myelocyten hat sich das basophile Protoplasma verloren, das Protoplasma nimmt jetzt eine mehr
indifferente Färbung an.

Auch bei der Betrachtung der Lymphzellen ist die Basophilie des
Protoplasmas als Merkmal einer jugendlichen Zelle nach PAPPENHEIM (750)
heranzuziehen. Keineswegs dürfen wir aber PAPPENHEIM (750) beipflichten,
wenn nur wegen der geringen Basophilie des Protoplasmas die großen
Mononukleären von EHRLICH als Altersstadien der Lymphocyten betrachtet
werden sollen. Dagegen wird von allen Autoren mit Recht die Basophilie
der Lymphoblasten betont. Zuweilen läßt der jugendliche Leukocyt nach

SCHILLING bei stark regenerativen Prozessen ein leicht basophiles Protoplasma erkennen, was mit der betreffenden Entwicklungsform der Zelle
in Zusammenhang gebracht werden muß. In derartigen Fällen pflegt
das Stadium des Myelocyten übersprungen zu werden, es entwickeln
sich sofort die jugendlichen Leukocyten aus dem Promyelocyten.

Daß die Basophilie als allgemeine Eigenschaft jeder in Neubildung
begriffenen Zellform angesehen werden muß, wie dies EPSTEIN (187)
hervorhebt, möchte ich in dieser verallgemeinerten Form nicht annehmen.

Als besondere Form der Basophilie des Protoplasmas ist die Polychromasie der Erythrocyten anzusehen. Von EHRLICH (177) wurde
die Polychromasie als Degenerationsform der Erythrocyten betrachtet.
Auch GRAWITZ schloß sich dieser Ansicht an. LEUPOLD (580) beobachtete die Basophilie als Alterungsform der Erythrocyten nach lang-
zeitigem Aufenthalt von Erythrocyten in dem Brutschrank.

Von anderen Autoren, und das ist die heute allgemein angenommene
Ansicht, wird die Basophilie der Erythrocyten, die Polychromasie,
als eine Erscheinung der jugendlichen Zellen angesehen. In
besonders reichlicher Zahl sollen diese sich beim Embryo nach PAPPEN-
HEIM (746) anfinden. Die Polychromasie ist nach PAPPENHEIM ein
Zwischenstadium zwischen reinbasophilem lymphoidem Zustand und
spongioplasmafreiem orthochromatischem Zustand, also ein fortgeschrit-
tenes Differenzierungsstadium des rein basophilen Zustandes und ein blut-
pathologisches Vorstadium der Orthochromie der reifen roten Blutzellen.
Von PAPPENHEIM (746) wird nur ein Übergang des polychromatischen
Erythroblasten in einen orthochromatischen Erythroblasten angenommen,
keineswegs ein solcher des polychromatischen Erythrocyten in einen
orthochromatischen Erythrocyten.

Auch SCHILLING (1202), GABRITSCHEWSKI, ASKANAZY (37) u. a. heben
die Bedeutung des polychromatischen Erythrocyten als regeneratorische
Form hervor, während MORAWITZ (679) eine Jugendpolychromasie von
einer Alterspolychromasie unterschieden wissen will.

Als weiteres Zeichen der Jugendlichkeit ist die basophile Punktierung nach PAPPENHEIM (746) zu bewerten. Sie ist mit der Polychromasie artlich verwandt, ebenso wie diese der Ausdruck artlicher Unreife.
Die Ansichten von EHRLICH und von GRAWITZ über die basophile Punktierung als degenerative Erscheinungsform an den Erythrocyten müssen
wir mit PAPPENHEIM ablehnen.

Von der basophilen Punktierung zu unterscheiden ist die vitale
Granulation der Erythrocyten. Von SCHILLING (1202, 1204) wird
hervorgehoben, daß eine Gleichheit der Polychromasie und der Vital-
granulation besteht. Nur die Darstellung, das Inerscheinungtreten, ist
bei beiden Zustandsformen verschieden. SCHILLING gelang es immer, bei
polychromatischen Erythrocyten auch die vitale Granulation zu beobachten.
Diese Bemerkungen und Ansichten von SCHILLING sind heute allgemein
anerkannt, ja nach SEYFARTH (942) lassen sich noch bestimmte Gesetzmäßigkeiten in der Ausbildung der vitalen Granulation bezüglich des
Reifestadiums der Erythrocyten ablesen, was auch schon früher von
zahlreichen Untersuchern, wie auch von SCHILLING bemerkt worden ist.

Bei den verschiedenen Forschern besteht die Neigung, die Polychromasie der Erythrocyten in Verbindung mit Vorhandensein von Chromatinmassen in dem Protoplasma zu bringen, da ja das Chromatin eine besondere Verwandtschaft zu basischen Farbstoffen aufweist. Verlockend erschien für diese Ansicht das häufige Parallelgehen der Basophilie mit dem Verlust des Kernes der Erythroblasten. So bringen Blumenthal und Morawitz (89) die Polychromasie mit der Karyolyse in Zusammenhang, während Seyfarth (942) nur auf die beiden parallelen Erscheinungen hinwies. Lindsay S. Milne (667) hält ebenfalls die Polychromasie verursacht durch die Lösung des Chromatins im Protoplasma. Aber alle diese Untersuchungen haben keine Beweiskraft, es ist niemals den einzelnen Forschern gelungen, über vage Annahmen hinauszugehen.

Die Basophilie als Funktionssteigerung der Zellen.

Es ist bekannt, daß die jugendlichen Zellen im allgemeinen einen erhöhten Stoffwechsel aufweisen, daß die Gesamtsumme der von ihnen ausgeübten Funktionen gesteigert ist. Aber es ist dies sicherlich nicht für alle Funktionen durchgreifend der Fall, es gibt viele Funktionen, die sich erst bei der weiteren Entwicklung der Zelle, bei ihrer Differenzierung, ausbilden. Und es ist ja das Wesen der Differenzierung der Zelle, daß eine Neuerwerbung von speziellen Funktionen für die Zelle stattfindet, daß die Zelle entsprechend der ihr neu zukommenden Funktion auch ihre äußere Gestaltung verändert. Es kommt dabei natürlich zu einem Verlust mancher ursprünglich von der Zelle ausgeübten Stoffwechselleistungen. In diesem Sinne können wir also die Jugendlichkeit im allgemeingültigen Sinne nicht mit der Funktionssteigerung gleichsetzen, auch aus dem Schrifttum geht hervor, daß zwischen der Jugendlichkeit der Zelle und Stoffwechselsteigerung ein gewisser Unterschied gemacht werden muß. Aber aus der Übereinstimmung zwischen der Basophilie der jugendlichen Zelle und der in starker Tätigkeit befindlichen müssen wir doch schließen, daß eine den beiden Funktionszuständen gemeinsame grundlegende Funktion die Basophilie bedingt, ohne daß etwas Genaueres über die Art und über das Wesen der betreffenden Funktion ausgesagt werden kann.

Nach Downey-Weidenreich (167) ist die Basophilie der Ausdruck einer lebhaften Stoffumsetzung in der Zelle mit dem Ziele der Abgabe von Stoffen nach außen. Nach H. Fischer (212) ist die Basophilie des Protoplasmas als physiologische und pathologische Steigerung des protoplasmatischen und nucleären Stoffwechsels zu betrachten, und zwar sollen die Erscheinungen sich bereits bei den jugendlichen basophilen Zellen bemerkbar machen, wie bei den Myeloblasten, Erythroblasten und Plasmazellen. Auch die starke Basophilie der Plasmazellen ist nach Unna, Marschalkò, Kuczynski u. a. als gesteigerte resorptive Funktion der Lymphocyten anzusehen, dasselbe gilt für die Türkschen Reizformen. Unna geht bei seinen Darlegungen so weit, die Basophilie des Protoplasmas als Ansammlung von Deuteroalbumose zu charakterisieren. Weiterhin unterscheiden sich die Reticulumzellen in den Keimzentren bei stark resorptiven Zuständen durch die starke Basophilie des Protoplasmas von den typischen seßhaften Makrophagen.

Daß die Basophilie des Protoplasmas in den Makrophagen der Bauchhöhlenexsudate durch Eiweißresorption in diese Zellen hervorgerufen wird, suchen Szécsi und Ewald (1016) dadurch zu beweisen, daß sie nach Zufügung von Impflymphe in die Meerschweinchenbauchhöhle eine stärkere Basophilie der Makrophagen feststellen konnten. Auch Kuczynski (525, 528) hebt bei seinen Untersuchungen hervor, daß die bei der Nephritis sich ausbildenden interstitiellen Ansammlungen von basophilen

Rundzellen der Aufnahme und Beseitigung von Fremdsubstanzen dienen sollen. So zeigen sich auch bei der Resorption von Amyloid reichlichere stark basophile Rundzellen in unmittelbarer Umgebung dieser Substanz. Bezüglich der Niereninfiltrate bei der Sanokrysinvergiftung des Meerschweinchens vertritt PAGEL (744) dieselbe Auffassung wie KUCZYNSKI. Auch nach STOCKINGER (1000) zeigen die mit stärkerem basophilen Protoplasma versehenen Zellformen des lockeren Bindegewebes alle Anzeichen der Verarbeitung von aufgenommenen Substanzen.

Die mit basophilem Protoplasma versehenen Zellen sollen nach bakterieller Infektion des Kaninchens als stark Eiweiß speichernde Gebilde zu betrachten sein [SIEGMUND (952)]. Derartige Beobachtungen konnten schon früher KUCZYNSKI und WOLFF (531) in der Milz und den Infiltraten der Leber bei der mit Streptokokken vorbehandelten weißen Maus beschreiben, ferner WALLBACH (1078) bei den mit Proteus OX—19 mehrmals vorbehandelten Kaninchen. Von diesen stark basophilen Rundzellen in der Milz und den übrigen mesenchymalen Geweben lassen sich nach WALLBACH alle Übergangsformen zu den typischen Plasmazellen feststellen, auch KUCZYNSKI vertritt in derselben Form die Übergangsmöglichkeit der Lymph- zu Plasmazellen.

WALLBACH (1076a) konnte weitere Belege erbringen für die Bedeutung der Basophilie des Protoplasmas als resorptive Erscheinung. Bei den Gewächsmäusen, bei denen starke Eiweißabbauerscheinungen im Gesamtorganismus sich bemerkbar machen, zeigen sich reichliche basophile Zellansammlungen in Milz und Leber, gleichzeitig kann es unter besonderen Umständen in der unmittelbaren Umgebung der Gewächse zu stärkerer Ansammlung derartiger Zellen kommen. Besonders die Nekrosen am Rand der Geschwülste sind es, wo besonders reichliche stark basophile Makrophagen anzutreffen sind, die auch durch Vakuolisation des Protoplasmas eine resorptive Funktion erkennen lassen.

In Gewebskulturen fand WALLBACH (1072) besonders reichlich basophile Zellen an den Zonen, an denen eine Verflüssigung des Protoplasmas festzustellen ist. Sehr stark zeigte sich derartige Verflüssigung, wenn die Milzkulturen noch artfremdes Serum in dem Medium enthielten, wenn also dieselben ungefähren Bedingungen gegeben worden waren wie bei den mit Serum behandelten Kaninchen, bei denen sich besonders reichlich in Leber, Milz und Lunge Ansammlungen basophiler Rundzellen antreffen lassen.

An der Einspritzungsstelle nicht angehender Gewächse beobachtete WALLBACH (1076a) ebenfalls reichliche basophile Rundzellen und typische ausgesprochene Plasmazellen. Von den verschiedenen Autoren werden diese Zellen als Ausdruck einer örtlichen Immunität betrachtet. Dies kann aber nur insofern anerkannt werden als es sich um uncharakteristische resorptive Erscheinungen an den Zellen handelt, die anliegenden Zellen zeigen also eine Resorption des abgebauten Zellmaterials.

Es sehen also zahlreiche Autoren die Basophilie als eine resorptive Erscheinungsform an den Zellen an. Es ist sicherlich aber nicht daraus zu schließen, daß die Aufsaugung, besonders die von Eiweiß, als alleinige Ursache der Basophilie des Protoplasmas betrachtet werden muß, vielmehr muß man auch anderen ursächlichen Erscheinungen der Basophilie gerecht werden, die in einem weiteren Abschnitt hier besprochen werden sollen. Es mag möglich erscheinen,, daß der erhöhte Stoffwechsel in seiner Erscheinungsform der Basophilie ebenso als Jugendlichkeit der Zelle wie als ein stärkerer Eiweißgehalt des Protoplasmas angesehen werden muß. Aber über diese Frage können heute nur Vermutungen ausgesprochen werden.

Die Basophilie bei Ablösungserscheinungen der Zellen.

Die sich aus dem Zellverband herauslösenden Zellen sind allgemein als besonders stoffwechseltätige Zellen charakterisiert, so daß wir die Ablösungserscheinungen praktisch auch in die Gruppe der Funktionssteigerungen der Zelle, besonders resorptiver Natur, rechnen könnten. Aber wegen der besonderen Erscheinungsform der Zelltätigkeit bezüglich des Gesamtverhaltens der Zelle wollen wir die nunmehr zutage tretende Basophilie als gesondertes Zellverhalten einer Betrachtung unterziehen.

Besonders ausgesprochen ist die Basophilie der sich ablösenden Capillarendothelien, wie sie sich besonders in den Sinusendothelien der Milz und der Lymphknoten zeigt. Die Monocyten, die sich nach Schilling (878) durch ein ganz leicht basophiles Protoplasma auszeichnen, stammen nach diesem Autor aus den Capillarendothelzellen der Leber, Milz und Knochenmark. Bei diesem strukturellen Umwandlungsprozeß müssen ebenfalls die betreffenden Endothelzellen eine leichte Basophilie des Protoplasmas erwerben. Besonders unter den bakteriellen Reizen auf den Organismus [Kuczynski (532), Siegmund (952), Maximow (646), Wallbach (1078)] zeigen sich derartige Erscheinungen, die auch eine stärkere Basophilie der abgelösten Zellen erkennen lassen. Nach Benzolvergiftung oder nach Vergiftung mit Thorium X zeigen sich im Knochenmark reichliche basophile histiocytäre Zellformen, die von den Reticulumzellen dieses Organes herzuleiten sind [Lewin (584), Wallbach (1079)].

In dem lockeren Bindegewebe, das nach den Untersuchungen von von Möllendorff (685) einen syncytialen Zellverband darstellen soll, zeigen die sich ablösenden und abrundenden Bindegewebszellen den Charakter der Histiocyten mit allen Veränderungen der äußeren Gestalt und der färberischen Eigentümlichkeit des Protoplasmas. Besonders stark sollen nach von Möllendorff derartige Erscheinungen bei den sensibilisierten Tieren in Erscheinung treten, auf diese Weise kommt es dann auch zu dem gehäuften Auftreten von basophilen Rundzellen [Kurosawa (537)].

Die Ablösungserscheinungen und die Abrundungserscheinungen werden wir in einem gesonderten Kapitel noch genauer betrachten. Hier soll nur festgestellt werden, daß auch sie als eine funktionelle Erscheinungsform an den Zellen betrachtet werden müssen, daß die diese Erscheinungsform begleitende Basophilie der Zellen ebenfalls sich als gesteigerte resorptive Leistungsfähigkeit und Tätigkeit zu erkennen geben muß. Keineswegs darf angenommen werden, daß jede resorptive Leistung der Zellen mit einer Basophilie des Protoplasmas einhergeht, vielmehr muß festgestellt werden, daß zum Beispiel die schwächer ausgebildeten Farbspeicherungen meistens nie an den basophilen Zellen der weißen Maus auftreten, vielleicht weil die betreffenden Zellen durch Eiweißspeicherungen oder Aufnahmen sonstiger mikroskopisch nicht darstellbarer Stoffe mit Beschlag belegt worden sind.

Die Basophilie als Degeneration der Zelle.

Bei der Polychromasie haben wir bereits einige Arbeiten angeführt, die diese Erscheinungsform der Erythrocyten als degenerativ hinnehmen. So wurden die Untersuchungen von LEUPOLD (580) angeführt, der durch längeres Stehenlassen der Blutkörperchen in vitro eine stärkere basophile Anfärbung erreichen konnte. Von BLUMENTHAL' und MORAWITZ (89) wurde hingewiesen, daß extravasculär die Erythrocyten eine stärkere basophile Anfärbbarkeit erkennen lassen, was besonders in den hämorrhagischen Exsudaten der Fall sein soll. Auch ERNST (193) bemerkt in seiner Pathologie der Zelle, daß im allgemeinen der Umschlag der Azurophilie des Protoplasmas in Basophilie als eine degenerative Veränderung an den Zellen hingenommen werden muß.

Diesen Anführungen muß die Ansicht von GLOOR (263) gegenübergestellt werden, daß in jugendlichen Leukocyten bei stark regenerativen Prozessen das Protoplasma schwach basophil erscheint, Verhältnisse, die WALLBACH (1078) bei seinen Versuchen an Kaninchen mit Proteus OX-19 vollauf bestätigen konnte. Andererseits hebt GLOOR noch hervor, daß die Schädigungen der Leukocyten ebenfalls mit einer Basophilie des Protoplasmas einhergehen. Als einziges Moment für diese seine letztere Ansicht führt GLOOR an, daß pathologische Verhältnisse des Organismus vorlagen, was natürlich nicht in demselben Sinne an der Einzelzelle sich auswirken muß.

Die schollige Basophilie der Leukocyten führt GLOOR andererseits sicherlich mit Recht auf schädigende Einflüsse auf die Leukocyten zurück. Das Protoplasma derartiger Zellen zeigt dabei basophile Schollen und Schlieren auf einem sonst nicht färbbaren Grunde. Auf die degenerative Bedeutung der basophilen Schollen hat vorher bereits SCHILLING (880) hingewiesen. Es muß betont werden, daß nicht jedesmal die basophilen Schollen als Absterbeerscheinungen der Zellen gedeutet werden müssen. WALLBACH (1078) beobachtete basophile Schlieren in den Riesenzellen des Knochenmarkes bei Kaninchen, die kurze Zeit vorher intravenös mit Streptokokken reinjiziert worden waren. Derartige Erscheinungen werden von WALLBACH als Stoffwechselsteigerungen und Bewegungserscheinungen der Zellen aufgefaßt. Auch von MÖLLENDORFF (686) beobachtete in Bindegewebskulturen Zellen mit stark basophilen Körnchen, die er keineswegs als degenerierte Zellen betrachtet.

Wir müssen also auf Grund unserer Beobachtungen hervorheben, daß die gleichmäßige Basophilie auf keinen Fall für eine Absterbeerscheinung der Zellen gehalten werden kann, wohl aber unter gewissen Bedingungen des Versuches und der Beobachtung die schollige Basophilie des Protoplasmas. In anderen Fällen läßt auch die schollige Basophilie auf gesteigerte Stoffwechselveränderungen der Zellen schließen, während wieder in anderen Fällen stärkere Bewegungserscheinungen durch basophile Schlieren zum Ausdruck gebracht werden.

Die Azurophilie des Protoplasmas.

Im Gegensatz zu den Ausführungen von ERNST (193), der gerade den Umschlag zur Azurophilie des Protoplasmas in Basophilie für das Zeichen einer Degeneration an den Zellen betrachtet, müssen wir hervorheben, daß in vielen anderen Fällen von den einzelnen Untersuchern gerade der degenerative Charakter der Azurophilie des Protoplasmas hervorgehoben wird. So machen sich besonders an der Gewebskultur die Absterbeerscheinungen der Zellen in einer immer mehr zunehmenden Azurophilie des Protoplasmas geltend [MITSUDA (670), BLOOM (90), CHLOPIN und CHLOPIN (133) u. a.]. In anderen Fällen kann die Azurophilie der betreffenden Zellen wieder zurückgehen. Auch wir müssen die Angaben der betreffenden Forscher vollauf bestätigen.

Andererseits lassen sich derartige Erscheinungen in demselben Sinne auch beim erwachsenen und intakten Organismus betrachten. Bei der weiteren Zunahme der mesenchymalen Zellherde in der Leber zeigen sich Absterbeerscheinungen der angrenzenden Leberzellen, die damit eine zunehmende Azurophilie erkennen lassen.

Eine besondere Bedeutung der Azurophilie des Protoplasmas für gesteigerte Stoffwechselleistungen der Zellen können wir auf Grund der im Schrifttum niedergelegten Arbeiten nicht feststellen. Keineswegs aber darf die Azurophilie immer als Absterbeerscheinung an den Zellen betrachtet werden, denn die gewöhnliche im Ruhestoffwechsel befindliche Zelle zeigt zuweilen ebenfalls ein derartig sich färbendes Cytoplasma. Über die Bedeutung der Azurophilie sind kaum Arbeiten im Schrifttum niedergelegt worden.

Somit geht aus dem vorliegenden Tatsachenmaterial hervor, daß die verschiedenen strukturellen Besonderheiten des Protoplasmas auf funktionelle Tätigkeitszustände der Zellen schließen lassen, wenn auch der speziell in Betracht kommende Tätigkeitszustand nicht genau bestimmt werden kann. Wir konnten gerade die verschiedenartigsten Ursachen für die strukturelle Umwandlung des Protoplasmas feststellen. Erst die genaue Analyse der Konstellation, unter der die betreffende strukturelle Veränderung des Protoplasmas sichtbar ist, zeigt die starke Abhängigkeit von Zellstruktur und Zelleistung, ein Zusammenhang, der in zahlreichen weiteren Arbeiten eingehender begründet werden muß.

Die funktionellen Veränderungen des Zellkernes.

Die Einschnürungserscheinungen des Zellkernes.

Bei der schematischen Darstellung der Zelle erweist sich die Zellgestaltung als eine runde oder als eine regelmäßig eckige, der Kern wird aber in der Regel als ein rundes Gebilde eingezeichnet. Dies mag für viele Fälle auch zutreffen, doch wenn wir die lebende und in ihren funktionellen Zuständen genau festgelegte Zelle mit ihrem Kern einer eingehenden Betrachtung unterziehen, so wird in sehr vielen Fällen eine Abweichung der Kerngestalt von der runden festzustellen sein. In derselben Weise wie der Zelleib in seiner Größe, in seiner Abgrenzung und in seiner Gestaltung dauernden funktionellen Veränderungen unterworfen ist, die in engem Zusammenhang mit den funktionellen Verhalten des Protoplasmas und der übrigen Bestandteile der Zelle stehen, so müssen wir auch entsprechende Veränderungen des Kernes annehmen. Unter den zahlreichen

Veränderungen, die der Zellkern in funktioneller Hinsicht erleiden kann, soll vorerst die Kerneinschnürung einer eingehenden Besprechung unterzogen werden.

Die Kerneinschnürung als lokomotorische Bewegungserscheinung der Zelle.

Wie unter den gestaltlichen Veränderungen der Zellabgrenzung abgehandelt werden wird, kann in derselben Weise wie der gesamte Zellkörper auch der Kern an den gestaltlichen Umwandlungen bei den Bewegungserscheinungen teilhaben. Bei der Dehnung des ganzen Zellleibes wird natürlich auch der Zellkern rein passiv in seiner Gestaltung in Mitleidenschaft gezogen. Aber da wir feststellen müssen, daß bei Leistungen der Zelle unter Umständen nur der Kern in seiner äußeren Gestaltung Veränderungen erkennen läßt, während der übrige Zellkörper bei der mikroskopischen Betrachtung als starr erscheint, so müssen wir auch annehmen, daß bei den ortsständigen Bewegungen der Zelle auch aktive Veränderungen der Kerngestalt möglich sind. Die Veränderlichkeit des Kernes der Leukocyten bei der amöboiden Bewegung haben BRUGSCH und SCHILLING (1162) bei ihren Untersuchungen im Dunkelfeld erkennen können.

Nach den verschiedenen Autoren nimmt der Kern der wandernden Zelle bei der amöboiden Wanderung die verschiedenste Gestalt an, unter anderem ist auch darauf die Bezeichnung der Polyblasten nach MAXIMOW (645) für eine bestimmte Zellart zurückzuführen. Es handelt sich bei allen diesen Erscheinungen nach MAXIMOW um rein vorübergehende Formveränderungen. Andererseits konnte A. FISCHER (208) an der Gewebskultur an den Zellkernen keine gestaltlichen Veränderungen feststellen.

Die Kerneinschnürungen bei resorptiven Prozessen.

Veränderung der Kerngestaltung konnte bereits MARCHAND (636) bei seinen Entzündungsversuchen mit Lycopodiumsporen beobachten. Überhaupt machen sich Kerneinschnürungen bei Fremdkörpereinheilungen bemerkbar, wo die besonders starken resorptiven Zelleistungen im Bindegewebe erfordert werden. Immerhin lassen sich derartige Kerneinschnürungen von den segmentierten Kernen der Spezialleukocyten deutlich trennen [MARCHAND, BORST und SCHULE (102), BUSSE (115)]. Besonders die Histiocyten des Bindegewebes sind es, die derartige Kerngestaltungen bei resorptiven Leistungen erkennen lassen. Nach KUCZYNSKI (522) kann man auch auf Grund der Merkmale der Kerngestaltung einen Unterschied zwischen ruhenden und tätigen Zellen histiocytären Charakters machen [s. a. SIEGMUND (950), FALK (203), VON MÖLLENDORFF (685), KUROSAWA (537)].

Und auch die sichtbare Phagocytose läßt gestaltliche Veränderungen des Zellkernes im Sinne einer Eindellung erkennen. So berichtet BERGEL in seinen Bauchhöhlenexsudaten über die Eindellungen der „Lymphocyten" bei Phagocytoseprozessen, fernerhin zeigen auch TÖPPICH (1041/42) und GROMELSKI (291) bei der Tuberkelbacillenphagocytose eine Eindellung des Kernes bei den Speicherzellen. Zu denselben Ergebnissen sind auch noch sehr zahlreiche andere Autoren gekommen wie SCHOTT (906), WEIDENREICH (1091), FREUDWEILER (232) u. a.

Die Kerngestaltung bei resorptiven und phagocytären Prozessen muß gleichgesetzt werden, es handelt sich immer um Erscheinungen aktiver Natur am Kern. Keineswegs können wir den Deutungen von BERGEL (1156) und anderer Autoren beipflichten, daß der Kern rein mechanisch unter dem Druck der aufgenommenen corpusculären Substanzen die Einschnürungserscheinungen erkennen läßt. Im Gegenteil zeigt der resorptive Prozeß von Farbstoff oder Eiweißmassen, der keine mechanischen Einwirkungen auf den Kern der Zellen zustande bringen kann, dieselben Einschnürungserscheinungen, so daß deshalb eine **aktive Beweglichkeit des Kernes** angenommen werden muß.

Nicht immer handelt es sich um resorptive Prozesse unbekannter Natur, wie solche von Eiweißsubstanzen, die die Einschnürungserscheinungen an den Zellen hervorrufen. Bei der Resorption von Amyloid zeigt sich nach DANTSCHAKOFF (148) reichliche Abplattung der Endothelzellen der angrenzenden Capillaren, wobei noch die entsprechenden Zellkerne Einschnürungen erleiden. Ebenfalls beobachtete KUCZYNSKI (527) bei der Resorption des Amyloids in unmittelbarer Umgebung dieser Massen reichliche plasmatisch umgebildete Lymphzellen, die Kerne dieser Zellen nehmen an Turgor zu und können sich eindellen, was nach KUCZYNSKI als eine höchste Aktivitätsform der Zelle betrachtet werden muß. Einlagerungen in die Zellen erfolgen meist in der Gegend der Kernbuchtung, weil hier der Sitz der Centrosphäre ist, was aber nicht auf rein passiv-mechanische Druckverhältnisse auf den Kern gedeutet werden darf.

Also auch bei den resorptiven Erscheinungsformen müssen wir die Kerneinbuchtung in derselben Weise wie bei den Veränderungen der Zelle bei lokomotorischen Beanspruchungen als eine aktive Erscheinung betrachten. Die Kerneinbuchtung zeigt sich auch bei der Resorption unsichtbarer Substanzen innerhalb der Zelle. Auf Grund dieser funktionellen Erscheinungen ist es nicht gerechtfertigt, besondere Zelltypen grundsätzlich voneinander zu trennen. Gerade die verschiedenen Kerngestaltungen waren es, die EHRLICH (177) dazu veranlaßten, die großen Mononukleären von den Übergangsformen abzutrennen, während heute diese Unterscheidung nicht mehr aufrecht erhalten werden darf. Vielmehr sind wir zu der Erkenntnis gelangt, daß auch unter den Lymphocyten Einbuchtungen des Kernes in Erscheinung treten können, was besonders ausdrucksvoll an den Riederformen in Augenschein genommen werden kann.

Etwas vollkommen anderes sind die **Kerneinschnürungen bei den Granulocyten**, die als etwas ganz Besonderes hingestellt werden und mit dem Reifungszustand bestimmt konstituierter Zellen in Zusammenhang gebracht werden müssen. Auch rein formal zeigen derartige Kerneinschnürungen eine vollkommen andere Gestaltung wie diejenigen, die an den Makrophagen und den Lymphocyten aufzutreten pflegen. Aus diesem Grunde darf die Kerneinbuchtung der Histiocyten nicht in Zusammenhang gebracht werden mit den Einschnürungserscheinungen der Granulocyten. **Wir dürfen auf Grund von Kerneinschnürungen histiocytärer Zellen nicht annehmen, daß nunmehr Übergangsstadien zu den Granulocyten ersichtlich geworden sind.** Zahlreiche Forscher sind leider diesem Irrtum verfallen

[WEIDENREICH (1091), SIEGMUND (952), OELLER (724) u. a.], wodurch die Hämatologie in ihrer Entwicklung sehr aufgehalten worden ist.

Die Kerneinschnürung bei verschiedenen anderen Reizzuständen.

Daß unter verschiedenen anderen uns unbekannten Reizerscheinungen der Zelle verschiedene Formungsmöglichkeiten der Kerne bestehen, ist bereits von ALBRECHT (8) in seiner Pathologie der Zelle bemerkt worden. Nach ihm sind es Veränderungen der Oberflächenspannung circumscripter Natur, die derartige Gestaltveränderungen bewirken, es kommt auch dann gewissermaßen zu einer amöboiden Bewegung des Kernes.

Ob nach DANTSCHAKOFF (149) ein unmittelbarer Zusammenhang zwischen Kerneinschnürung und Sekretion gegeben ist, muß zweifelhaft erscheinen, wenn allgemeingültige Verhältnisse in Betracht gezogen werden sollen. Allerdings müssen wir bemerken, daß die Sekretion auf die Kerne derartig einwirken kann, daß Abplattungen entstehen.

Die direkte Kernteilung.

Nach den Ausführungen der vorhergehenden Abschnitte sind die Eindellungen des Kernes als Erscheinungen meist resorptiver und phagocytärer Natur betrachtet worden. Dieser Funktionszustand muß in strenger Weise von anderen Erscheinungen am Kern abgegrenzt werden, die ebenfalls zunächst eine Kerneindellung aufweisen, aber ganz anderen Charakters sind, nämlich von der Amitose.

Daß bei den niederen Tieren, wie bei den Protozoen, eine direkte Kernteilung als Ausdruck einer Zellteilung vorkommt, ist allgemein bekannt, und es ist auch von den verschiedenen Forschern in gebührender Weise auf diese Tatsache hingewiesen worden. Nun werden aber von anderen Untersuchern auch Einschnürungserscheinungen an den Kernen des vielzelligen Organismus beobachtet. Auf Grund ihrer Beobachtungen halten die betreffenden Autoren sich nun für berechtigt, diese Einschnürungsvorgänge des Kernes als beginnende Abschnürungsvorgänge hinzustellen. Inwiefern eine derartige Anschauung berechtigt ist, soll an Hand des nunmehr auszuführenden Schrifttums ausführlich geprüft werden.

Nach FLEMMING (220) wird eine mitotische Kernteilung für die Vermehrung der Bindegewebszellen angenommen. Sollten wirklich Abschnürungserscheinungen an den Zellen sich bemerkbar machen, so ist dies nicht als eine Bildung vollwertiger Zellen zu betrachten, sondern als ein Absterbevorgang. Es wird also die Möglichkeit der wirklichen amitotischen Kernteilung von FLEMMING nicht zugegeben. Auch H. E. ZIEGLER (1138) schließt sich diesen Ausführungen von FLEMMING an. Das was man als amitotische Kernteilung bezeichnet, soll nach H. E. ZIEGLER als Kernfragmentierung oder Kernzerschnürung zu betrachten sein.

Für die Möglichkeit einer direkten Kernteilung traten in früherer Zeit FRENZEL (230) und M. LÖWIT (614) ein. Der Beweis nach FRENZEL, daß in vielen Geweben des erwachsenen Organismus keine Mitosen beobachtet werden können und deshalb die Vermehrung dieser Zellen auf amitotischem Wege erfolgen müsse, erscheint uns nicht stichhaltig, da die geringe Zahl der Mitosen sehr wohl übersehen werden kann. M. LÖWIT (614)

glaubt aber direkte amitotische Kernteilungen bei den Crustaceen feststellen zu können. Arnold (27) hält die direkte und die indirekte Kernteilung sogar bei dem Menschen und dem Säugetiere überhaupt als eine
durchaus normale und physiologische Vermehrungserscheinung der Zellen.
Diesen Ausführungen schloß sich Marchand (636) und seine Schule
wie von Büngner (111) u. a. an.

In den Zellen der Exsudate glaubten V. Patella (760) und St.
Szécsi (1016) direkte Vermehrungserscheinungen der Mononukleären
Zellen beobachten zu können. Enderlen (183) beobachtete derartige
Erscheinungen nach Verletzung des Knochenmarkes. Besonders eingehend sind aber in neuerer Zeit direkte Kernteilungen bei den Umformungen des lockeren Bindegewebes von von Möllendorff (685, 686)
beschrieben worden, besonders an den Fibroblasten, aber auch an
den Histiocyten sollen derartige Vermehrungserscheinungen hervortreten.
Auch die Möllendorffsche Schule wie Kurosawa (537), Knake (481),
Benninghoff (65) schlossen diesen Gedankengängen sich an und vertreten die Möglichkeit der direkten Kernteilung, besonders an den mesenchymalen Zellen. Schließlich wurde von Staemmler (980) am Herzmuskel-
gewebe das Bestehen einer direkten Kernteilung als Ausdruck einer
physiologischen Gewebsregeneration festgestellt, entsprechend früheren
gleichartigen Ausführungen von Heller (342) und von Nauwerck.

Wenn wir alle diese Untersuchungen und Mitteilungen überschauen,
die das Vorhandensein einer Amitose beweisen sollen, so fällt uns zunächst
die Parallelität der Bedingungen für die Einschnürungen des Kernes
und die sog. Amitosen auf. Es handelt sich nach den Mitteilungen der
einzelnen Forscher um identische Erscheinungen am Zellkern. Das Bestehen
einer wirklichen Zellvermehrung konnte von den betreffenden Forschern nur
vermutet, nicht aber einwandfrei nicht bewiesen werden. Es erscheint
nicht angängig, jede kleinere oder größere Einschnürung im
Kern als Beginn der direkten Kernteilung zu betrachten,
zumal die Teilung als solche von den einzelnen Autoren nur indirekt erschlossen werden konnte. So beschreibt von Möllendorff in seinen
Arbeiten zahlreiche Zustände der direkten Kernteilung, wobei die Abbildungen nur kleinere Einschnürungserscheinungen aufweisen, die sicherlich als funktionell-resorptive Erscheinungen an der Zelle zu deuten sind.
Ganz einwandfrei liegen die Verhältnisse bei V. Patella und auch bei
St. Szécsi, die bei ihren direkten Kernteilungen deutliche resorptive
Erscheinungen an den Deckepithelzellen und auch an den Mononukleären
vor sich hatten.

Es muß also bei allen diesen Autoren, die für die Möglichkeit der
Amitose eintreten, das Parallelgehen der Erscheinungen bei den Einschnürungen des Kernes und den sog. Amitosen auffallen. Sicherlich
handelt es sich um starke resorptive Beanspruchungen oder um andere
Reize, deren Natur nicht eingehender festgestellt werden kann, aber
nicht um Vermehrungen der Zellen. Niemals ist von irgendeinem Untersucher irgend ein gültiger Beweis für das Bestehen einer Amitose erbracht
worden. Manche Autoren berufen sich auf die Tatsache, daß echte
Mitosen nur sehr selten anzutreffen seien, wobei sie die Möglichkeit unbeachtet lassen, daß die geringe Zahl der Mitosen diese bei Betrachtung geringer Ausschnitte von Präparaten nicht in Erscheinung treten lassen kann.

Wir müssen somit das Bestehen einer Amitose ablehnen, wenn auch zugegeben werden muß, daß bei Protozoen diese Art der Kernvermehrung durchaus möglich erscheint. Es erscheint gerechtfertigt, andere funktionelle Erscheinungen in den Einschnürungsvorgängen der Kerne zu suchen; wie bereits E. Ziegler (1136) hervorgehoben hat, muß die Kerneinschnürung als Sekretionserscheinung der Zellen zum Beispiel betrachtet werden oder es handelt sich um andere funktionelle Erscheinungen, nur nicht um Kernvermehrungen. Durchaus berechtigt erscheint die Auffassung, die von Kuczynski (522), Gerlach (254) und Wallbach (1078) vertreten wird, daß bei den Einschnürungserscheinungen auch Wanderungen des Kernes in besonders tätigen Zellen in Betracht gezogen werden müssen.

Die Kerneinschnürung als Zellreifung.

Kerneinschnürungen machen sich bei der Entwicklung und fortgehenden Differenzierung der Granulocyten geltend, worauf wir bereits schon hingewiesen haben. Es werden in der Hämatologie, besonders veranlaßt durch die Untersuchungen von Arneth (1151) und von Schilling (879), die Veränderungen der äußeren Gestaltung des Kernes mit zur Bestimmung des Reifungsgrades der Zelle herangezogen, wenn auch die Erscheinungen am Protoplasma und an den Granula dabei nicht vernachlässigt werden dürfen.

Die Einschnürungserscheinungen an den Granulocyten sind nach der Ansicht von Pappenheim (750) keine nur artliche Erscheinung, sondern es handelt sich wesentlich um eine durchgreifende Altersdifferenzierung. Die Rundkernigkeit ist das Zeichen einer jugendlichen Zelle, während im Alter hauptsächlich buchtkernige Zellen in Erscheinung treten.

Die Einschnürungserscheinungen sind in eingehender Weise zuerst von Arneth untersucht worden. Schilling verbesserte die Arnethsche Lehre, besonders hinsichtlich des Gebrauches in der Klinik. Nicht allein das Alter bewirkt nach Schilling (883) eine Segmentierung der Leukocytenkerne, sondern auch die Degeneration verursacht besondere Arten von Kernsegmentierungen. Aus diesem Grunde müssen wir die Gruppe der degenerativen Stabkernigen von den regenerativen Stabkernigen abtrennen. Die Reifungsvorgänge am Kern der granulierten Leukocyten spielen sich derartig ab, daß der Myeloblast von Naegeli einen rundlichen bläschenartigen Kern aufweist. Bereits der noch rundliche Kern des Pappenheimschen Promyelocyten zeigt bereits die Neigung zur Vielgestaltigkeit und Lappung. Der Myelocyt von Ehrlich zeigt einen rundlichen eiförmigen bis gebuchteten Kern; der jugendliche Leukocyt nach Schilling zeigt einen breitwurstförmigen Kern. Der Kern der Schillingschen stabkernigen Leukocyten ist schlanker, er stellt einen vielfach gewundenen Kernstab dar mit bizarren Einkerbungen als Zeichen beginnender Segmentierung. Der segmentkernige Leukocyt zeigt einen ameisenartig vielfach gewundenen, tief eingekerbten Kern mit einer fädig verbundenen Kette von Segmenten. Andererseits kann es nach Schilling (1203) noch zu einer Hypersegmentation der Granulocytenkerne kommen, was als Ausdruck einer Überreife der betreffenden Zellen angesehen werden muß.

Wir müssen bemerken, daß die Einkerbungen der Kerne überhaupt nicht allein Alters-, sondern auch Funktionsunterschiede zwischen den einzelnen Zellen desselben Stammes darstellen. Die Art der Segmentierung ist aber einzigartig für die Zellen der granulocytären Reihe, gegen alle anderen Zellen läßt sie sich als grundlegendes Unterscheidungsmerkmal aufrecht erhalten. Es muß deutlich die gewöhnliche Einbuchtung der histiocytären und ähnlicher mesenchymaler Zellen unterschieden werden von der Segmentierung der Granulocyten. Diese Unterscheidung läßt sich bereits bei rein äußerlicher Betrachtung treffen. Niemals darf die Einschnürung eines Zellkernes als Übergangserscheinung einer Zellart in die granulocytäre betrachtet werden, wie dies neuerdings von von Möllendorff (685) und seiner Schule getan wird. Bereits Heidenhain (335) hat vor Übergangsformen zwischen vesiconukleären Zellen und gelapptkernigen Leukocyten gewarnt. Wenigstens darf die auftretende Vielgestaltigkeit des Kernes allein nicht ausschlaggebend sein für die Feststellung von Übergangsformen.

Etwas andere Reifungsvorgänge im Sinne der Segmentierung zeigen sich an den Granulocyten der weißen Maus und der Ratte. Nach Weill (1100) zeigen sich zunächst wie beim Menschen kompaktkernige Myeloblasten, die schließlich über Ringbildung des Kernes zu den jugendlichen und den segmentierten Leukocyten führen. Derartige Beobachtungen konnten von den meisten Untersuchern bestätigt werden [Kuczynski (531), von Möllendorff (685), Wallbach (1068) u. a.]. Der ausgebildete segmentierte Leukocyt läßt bei den einzelnen Tierarten eine andere Gestaltung des Kernes erkennen, was aber nicht von grundsätzlicher, höchstens von funktioneller Bedeutung ist.

Die Kernsegmentierung als Degeneration.

Von mehreren Autoren wird eine Unterscheidung zwischen den polymorphkernigen und den polynukleären Leukocyten durchgeführt, und zwar soll es sich bei den polynukleären Leukocyten nach den Untersuchungen von Marwedel (641), Otto Fischer (214) und Enderlen (184) um in Zerfall begriffene Zellen handeln. Während Enderlen eine Entwicklung der polymorphkernigen Leukocyten zu polynukleären Leukocyten zugibt, in derselben Weise wie Otto Fischer, wird ein derartiger Übergang der betreffenden Zellen von Marwedel geleugnet.

Als degenerative Stabkernige trennt Schilling (883) eine besondere Form der granulierten Blutzellen ab. Es handelt sich um mangelhafte Ausbildung und pathologische Entwicklung der Kernreifung vor Erreichung der Segmentierung. Der Kern ist nicht einfach und wurstförmig wie bei den regenerativen Stabkernigen, sondern er ist häufig mit Auswüchsen und mit bizarren Windungen versehen. Die Kernstruktur ist hyperchromatisch. Diese degenerative Veränderungen der Leukocyten sollen sich nach Yamamoto (1131) bereits im Knochenmark ausbilden.

Nach Weidenreich (1091) soll die Kernlappung und -umwandlung überhaupt als ein degenerativer Vorgang betrachtet werden. Keineswegs sind derartige Gedankengänge nach unserer Ansicht vollkommen abwegig, es kommt nur darauf an, von welchem Standpunkt die Bezeichnung der

„Degeneration" betrachtet wird. Wenn die Zelle sich weiter fortentwickelt, in unserem Falle die granulocytäre Leukocytenzelle, so gewinnt sie mit fortgehender Reifung mehrere physiologische fermentative Eigenschaften hinzu, aber zum Beispiel das Teilungsvermögen der betreffenden Zelle geht verloren, auch kann die bereits gereifte Zelle sich nicht mehr weiter differenzieren, weil die Differenzierungsmöglichkeiten erschöpft sind. Von solchem Standpunkt ist mit Recht die ausgebildete segmentierte Leukocytenzelle als eine degenerierte Zelle zu betrachten. Es kommt nur auf den Beobachter an, ob er die undifferenzierte oder die vollausgereifte Zelle als degeneriert bezeichnet. Besser ist es, den Begriff der Degeneration in der Biologie vollkommen fallen zu lassen oder diesen Begriff nach LUBARSCH für die unausgleichbaren Veränderungen zu reservieren.

Die Polymorphie der Speichelkörperchen soll nach GÖTT mit den Absterbeerscheinungen der durch die Tonsillen hindurchtretenden Leukocyten nahezu verschwinden, so daß die Speichelkörperchen nunmehr als mononukleäre Zellen erscheinen. Zu denselben Betrachtungen kamen bei ihren Untersuchungen B. FISCHER, LAQUER (549) und JASSINOWSKY (440). Unter bestimmten Verhältnissen sollen aber auch gelappt erscheinende Speichelkörperchen in der Mundhöhle erscheinen.

Die Kernvergrößerung.

Im allgemeinen geht die Kernvergrößerung mit den Größenverhältnissen der ganzen Zelle parallel, für die Größenbeziehung zwischen Kern und Protoplasma ist von R. HERTWIG das Gesetz der Kernplasmarelation aufgestellt worden. Nach SCHIEFFERDECKER (875, 876) ist die Größe des Kernvolumens für jeden Muskel spezifisch. Bei einer Substanzzunahme der Gesamtzelle nimmt zuerst der Kern an Masse zu, dann erst die Muskelfaser.

Als funktionelle Vergrößerung der Kerne wäre die von VON MÖLLENDORFF (685, 686) beobachtete Tatsache hinzustellen, daß bei sensibilisierten Meerschweinchen die Peritonealdeckzellen eine zunehmende Größe der Deckzellkerne erkennen lassen.

Am meisten sind aber die Kernvergrößerungen als Absterbeerscheinungen der Zellen beschrieben worden. Ich erinnere nur an die Kernvergrößerungen bei den Krebszellen und an die Zellen bei Lymphogranulomatose, wenn eine Röntgenbestrahlung durchgeführt worden ist. Auch nach Schädigung der Leber durch Verletzungen mit Glühnadeln finden sich Vergrößerungen der Kerne der Sternzellen [MALYSCHEW (629)]. Bei den neutrophilen Leukocyten soll es beim Absterben dieser Zellen zu einer stärkeren Größenzunahme der Zellkerne kommen [HELLY (349)].

Die stärkere Kernfärbung.

Unter Pyknose wollen wir die Verkleinerung und die stärkere Anfärbbarkeit des Kernes mit den basischen Kernfarbstoffen unter Verlust der Kernstruktur verstehen.

Die pyknotischen Veränderungen an den Zellkernen sollen nach O. HERTWIG (358) sich ausschließlich bei degenerativen Vorgängen an den Zellkernen abspielen. Das Nuclein des Zellkernes zeigt nach

FLEMMING (220a) die Erscheinung der Chromatolyse. Entweder kommt es zu einer gleichmäßigen Durchtränkung des Kernes mit Chromatin oder es erscheinen zahlreiche dicht gedrängte unregelmäßige Chromatinklumpen in dem Kern. Derartige Veränderungen sind auch von zahlreichen Forschern bei degenerativen Vorgängen beschrieben worden, so von HELLY (349), MAXIMOW (646) bei den neutrophilen und basophilen Leukocyten, von JOEST und ELMSHOFF (447) bei den Lymphzellen in tuberkulösen Herden, von YAMAKAWA (1130) bei Krebszellen unter der Einwirkung der Röntgenstrahlen, von NAKATA (700) an Nierenepithelien bei Sublimatvergiftung. Die degenerativen Stabkernigen nach SCHILLING (883) sollen sich durch einen stärkeren Chromatingehalt des Kernes auszeichnen, durch hyperchromatische Kernstruktur. Pyknotische degenerative Veränderungen an den absterbenden Zellen der Niere beschreiben auch KUCZYNSKI und DOSQUET (529), O. BYKOWA (118) und viele andere Untersucher, die Pyknose als Zeichen der Degeneration und des Absterbens der Zellen gehört zu den gesicherten Kenntnissen in der Literatur.

Bei allen diesen Schrifttumangaben besteht also eine Pyknose im Sinne einer Degeneration der Zelle. Andererseits gibt es aber auch stärkere Anfärbungen des Zellkernes, die keineswegs eine verminderte Zelleistung anzeigen, die vielmehr als Ausdruck einer bestimmten gesteigerten Zellfunktion angesehen werden müssen. Dies muß besonders deshalb hervorgehoben werden, weil der Begriff der Degeneration ein Beziehungsbegriff ist, sehr wohl kann eine Degeneration im Sinn einer Vermehrung ganz bestimmter Zellfunktionen angesehen werden.

So zeigen sich nach O. BYKOWA nach Einspritzungen von Diphtheriebacillen, nach LOUROS und SCHEYER (608) nach experimenteller Streptokokkeninfektion der weißen Maus als früheste Veränderungen der Sternzellen dunklere Anfärbungen der Kerne. Keineswegs wird von diesen Autoren der degenerative Charakter dieser Veränderungen hervorgehoben. GERLACH (247) beobachtete diese Erscheinungen an den Sternzellen ebenfalls nach hyperergischen Zuständen, HERXHEIMER (369) sieht auch unter den Leprazellen solche mit stark chromatinhaltigem Kern.

ARNOLD (27) hebt hervor, daß bei der fortschreitenden Veränderung der Blutzellen auch Veränderungen des Chromatingehaltes der Kerne zustande kommen. Im allgemeinen soll nach ARNOLD (27) der bläschenförmige helle Kern als der Zustand der Ruhe betrachtet werden, während der kleine glänzende sich diffus färbende Kern ein Symptom der Aktivität der Zelle sei. Nach CHLOPIN und CHLOPIN (133) soll der stärkere Chromatingehalt der Kerne auf eine sehr frühe Vorstufe der Mitose hindeuten oder erinnert im Gegenteil an eine kürzliche stattgehabte Kernteilung. M. VON MÖLLENDORFF (686) betrachtet die vermehrte Anfärbbarkeit des Zellkernes als Ausdruck der Kontraktion, was besonders in der Hyperchromasie der Histiocyten gegenüber den Fibrocyten zum Ausdruck kommen soll [s. auch A. SCHULTZ (914)].

Die Kernauflockerung.

Eine funktionelle Änderung der Kerngestaltung kann auch zutage treten durch eine Auflockerung und schlechtere Färbbarkeit des Kernes. Nicht immer darf die schlechtere Färbbarkeit des Kernes als Ausdruck eines Zellunterganges betrachtet werden.

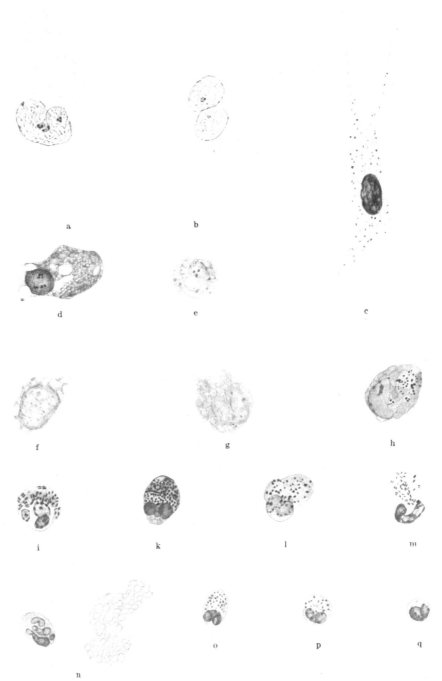

Abb. 10. Bindegewebszellen aus der Subcutis von Le 40,5 (1 Stunde nach der subcutanen Reinjektion von Hammelserum beim sensibilisierten Tier) Färbung nach PAPPENHEIM-CARDOSZ. Zeiß, Imm. 2 mm, Perisk. Ok. 10mal Vergrößerung 1350fach (gez. B. SCHLICHTING). a—b Fibrocyten mit amitotischer Kernteilung, c Histiocyt, d—f basophile Rundzellen, g—h Umbildung basophiler Rundzellen zu Leukocyten, i—l eosinophile Leukocyten, m—n Granulaausstoßung eosinophiler Leukocyten, o—p pseudoeosinophile Leukocyten, q granulafreier Leukocyt.
(Aus v. MÖLLENDORFF, Z. Zellforschg 6, 99, Abb. 16. Berlin: Julius Springer 1928.)

19*

Es ist bekannt, daß bei den Teilungsvorgängen ein zeitweiliges Verschwinden der Kerne ersichtlich ist, was nach ARNOLD (27) durch die Zusammenziehung des Protoplasmas bewirkt sein soll. Andererseits muß auch an bestimmte Kontraktionszustände der Kerne selbst gedacht werden (STRICKER, FLEMMING u. a.). Es sei in diesem Zusammenhange auch betont, daß der helle Kern nach ARNOLD (27) als Ruhezustand der Zelle betrachtet werden muß, während der dunkle Kern die tätige Zelle anzeigt. Diese Verhältnisse entsprechen durchaus den Untersuchungen von VON MÖLLENDORFF (685), dessen Resultate wir bestätigen müssen,

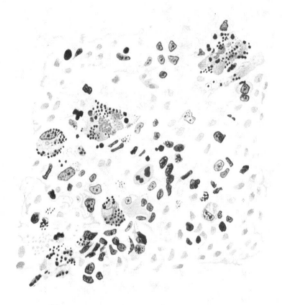

Abb. 11. Milzpulpa eines mit Streptokokken mehrfach behandelten Kaninchens. Zahlreiche Pulpazellen zeigen eine Phagocytose von Chromatinbröckeln, die eine dunkle Kernfärbung mit Giemsa zeigen. Außerdem zeigen diese Zellen eine Aufnahme von grobscholligem Hämosiderinpigment. Die speichernden Zellen selbst sind blasig, die Zellgrenzen verwaschen und unscharf. Der Kern zeigt einen starken Chromatinverlust, oft ist er mit Hilfe der Giemsafärbung überhaupt nicht darstellbar. Zahlreiche extracellulär gelagerte Chromatinbröckel.
(Aus WALLBACH, Z. exper. Med. 63, 434, Abb. 2.   Berlin: Julius Springer 1928.)

daß die Histiocyten als die kontrahierten Zellformen des Bindegewebes zu betrachten sind.

Keineswegs sind also immer die Kerne mit verringerter Anfärbbarkeit nur als degeneriert und im Absterben begriffen hinzustellen, wenn auch als ein häufiges Zeichen des Absterbens der Zellen die verringerte Färbbarkeit der gesamten Zelle u. a. betrachtet werden muß. Vielmehr gibt es zahlreiche funktionelle Zustände der Zelle, namentlich resorptiver Natur, die mit einer verringerten Anfärbbarkeit des Kernes einhergehen können.

Als Zellen von besonderer Resorptionstätigkeit sind die Keimzentrumszellen gegenüber den Lymphzellen zu betrachten. Diese Tatsache ist von den verschiedenen Forschern, namentlich von FLEMMING (1176) hervorgehoben worden, besonders WETZEL (1113a) betont die resorptive Funktion der Keimzentrumszellen, ferner alle die Forscher, die die Keimzentren als Abbauzentren betrachtet wissen wollen [HEILMANN (337),

HELLMANN (344, 345), HEIBERG (330, 331)]. Der Ruhezustand der Keimzentren ist ausgezeichnet durch die Gleichartigkeit der Lymphocyten. Bei
dem Abwehrzustand ersten Grades findet sich eine mäßige Vergrößerung
einzelner Zellen mit helleren Kernen, bei dem zweiten Grad zeigt sich
ein Auftreten epitheloider Zellen inmitten der Follikel. FAHR (201)
nimmt diese Vergrößerung mit Recht als Ausdruck einer Stoffwechselsteigerung innerhalb der Knötchen hin.

SCHILLING (881) beobachtete Aufhellungen der Kerne der Sternzellen bei besonderen
funktionellen Zuständen. WALLBACH (1078) beobachtete bei seinen Untersuchungen über die
reaktiven Erscheinungen der Milzpulpa beim Kaninchen nach Infektion mit Streptokokken
oder mit Proteus OX—19 starke Verminderungen des Chromatingehaltes einzelner Pulpazellen, und zwar handelte es sich besonders um solche Pulpazellen, die eine starke phagocytäre
und resorptive Funktion ausüben, in deren Protoplasma sich außer zahlreichen tingiblen
Körperchen noch plumpe Eisenpigmentschollen anfinden. Zeitweilig kann es unter
solchen Umständen zu einem vollkommenen Verschwinden des Kernes kommen, nur
selten sind noch die Umrisse desselben etwas erkennbar. Diese Auflockerungen des
Zellkernes dürfen nicht als Ausdruck einer Zelldegeneration betrachtet werden, denn
sonstige Zeichen für einen Zelluntergang konnten von WALLBACH nicht aufgefunden
werden, auch handelt es sich um einen reversiblen Prozeß. Nach Verdauung der resor-
bierten Teilchen konnte der Kern wieder in seiner alten Färbbarkeit in Erscheinung
treten.

Die Kernauflockerung als Zeichen besonderer Differenzierung
der Zellen zeigt sich bei der extramedullären Blutbildung, die in der Nebenniere nach PAUL (761) durch Vergrößerung der Endothelzellen eingeleitet
wird. Auch die jugendlichen Zellen zeichnen sich im allgemeinen durch
einen geringen Chromatingehalt aus, es handelt sich um saftreichere
und deshalb auch um größere Kerne. So muß der Unterschied zwischen
den Lymphoblasten und den Lymphocyten betrachtet werden, es muß
an den Unterschied zwischen den großen, den mittleren und den kleinen
Lymphocyten gedacht werden (MAXIMOW). Da aber die jugendlichen Zellen
meist einen gesteigerten Stoffwechsel überhaupt aufweisen, ist die jugendliche Zelle und die in ihrem Stoffwechsel gesteigerte Zelle in demselben
Sinne funktionell zu betrachten, da auch in beiden Zuständen die Auflockerung des Kernes ersichtlich ist.

HAMMERSCHLAG (323) versucht den wechselnden Chromatingehalt der Mastzellen auf die
Umlagerungen von Oxychromatin und Basichromatin zurückzuführen. Derartige Untersuchungen sind aber noch im Fluß, so daß von ihnen noch nicht abschließend berichtet
werden kann.

Die übrigen Chromatinumlagerungen.

Die Struktur des Kernes der verschiedenen Zellarten ist nicht nur
hinsichtlich seiner Dichte und seiner Anfärbbarkeit unterschieden,
sondern auch die sonstige körnige und fädige Struktur des Kernes zeigt
im Laufe der Entwicklung und der funktionellen Umbildungen reichlichere Veränderungen. Besonders kommt die sichtbare Umlagerung der
einzelnen Kernbestandteile bei der Entwicklung und der Umbildung
der einzelnen Blutzellen zum Ausdruck.

Die Entwicklung der Kernstruktur bei den verschiedenen Reifungs-
stadien in der Entwicklung der Granulocyten ist bereits von PAPPEN-
HEIM (750) in seiner morphologischen Hämatologie eingehend berücksichtigt worden. PAPPENHEIM spricht sich gegen alle die Autoren
aus, die den Kern ausschließlich bei den einzelnen Blutzellen berücksichtigen nach dem EHRLICHschen Wort: der Kern ist das Wappen

der Zelle. Es müssen vielmehr in gleicher Weise die Veränderungen des Kerns und des Protoplasmas berücksichtigt werden.

Wenn wir bei der Beschreibung der verschiedenen Kernstrukturen an den Entwicklungsstadien der Granulocyten der zusammenfassenden Darstellung von SCHILLING (877) folgen wollen, so finden wir, daß der Myeloblast nach NAEGELI einen feinfädigen Kern aufweist, der Promyelocyt von PAPPENHEIM zeigt einen Kern von dichterer und dunklerer Struktur. Der Myelocyt von EHRLICH zeigt nur noch chromatische Nucleolen mit etwas balkenartiger Struktur. Der jugendliche Leukocyt von SCHILLING weist einen schön gezeichneten Kern mit feldriger Struktur auf, oft finden sich noch deutlich erkennbare endständige Chromatinnucleolen.

Bei der Entwicklung der Erythrocyten aus den kernhaltigen lymphoiden Vorstufen ist der Erythroblast hervorzuheben, der nach PAPPENHEIM (750) sich durch eine radiäre Anordnung des Chromatins ausgezeichnet, das mit breiten Füßen der Kernmembran aufsitzt. Der wesentliche Unterschied zwischen den Megaloblasten und den Normoblasten ist in der Kernstruktur gelegen, bei den Megaloblasten ist der Kern äußerst feinkolbig und ziemlich verwickelt spiralnetzig. Bei der zunehmenden Weiterentwicklung der Erythroblasten wird der Kern kleiner, trotzdem bleibt der Kernbau strahlig. Schließlich erfolgt bei niederen Tieren eine Streckung des Zellkörpers, die ausgereiften Zellformen sind entstanden. Der Proerythroblast zeigt einen lockeren großen hellen nucleolenhaltigen Kern nach SCHILLING (877), der Makroblast einen kleinen scharfrandigen Radkern.

Die Mastzellen erscheinen in 2 verschiedenen Formen nach WEILL (1100), die durch zahlreiche Übergänge miteinander verbunden sind. Einerseits findet man Zellformen, bei denen der Kern in seinen Konturen gerade noch zu erkennen ist, andererseits zeigen sich Zellen mit Kernen von ausgesprochenem Lymphocytencharakter.

Bei den resorbierenden Lymphocyten soll eine Umwandlung zu Plasmazellen auftreten, wie aus den Beobachtungen der meisten Autoren hervorgeht. Wie JOANNOWICZ (443), SCHAFFER, UNNA, KUCZYNSKI (526) u. a. hervorheben, ist die Plasmazelle nicht als eine spezifische Zelle aufzufassen, die besondere Stammzellen aufweist, sondern die Plasmazelle ist infolge der starken resorptiven Prozesse aus dem Lymphocyten hervorgegangen. Bei diesen Umwandlungen macht sich ebenfalls eine Strukturumwandlung des Zellkernes bemerkbar. Aus dem Lymphocytenkern mit seiner dichten Struktur und seiner sehr ausgesprochenen Färbbarkeit mit basischen Farbstoffen ist durch die starke resorptive Beanspruchung ein typischer Radspeichenkern entstanden, ähnlich demjenigen bei den erythroblastischen Stammformen.

An den Bindegewebszellen ist die funktionelle Umwandlung der Kernstruktur nicht so ausgesprochen, als daß sie eine eingehende Besprechung erforderte. Wir wollen an dieser Stelle hervorheben, daß die Kernumwandlung in struktureller Hinsicht immer als ein Zeichen einer Funktionsänderung der Zelle betrachtet werden muß, wenn man die anderen Kernumwandlungsmöglichkeiten mit berücksichtigt, die wir in den vorhergehenden Ausführungen beschrieben haben, nämlich die Kernvergrößerung, die Pyknose und die Kernauflockerung. Solche strukturelle

Umwandlungen in funktioneller Hinsicht zeigen sich auch an den Bindegewebszellen, was besonders Busse (115) bei seinen Beobachtungen über die reaktiven Veränderungen des Bindegewebes bei Schnittwunden hervorhebt. Besonders aber bei der mitotischen Teilung, ferner bei der histiocytären Umwandlung der Bindegewebszellen zeigt sich eine starke Umwandlung und Umlagerung des Chromatins, was ja von zahlreichen Beobachtern in eingehender Form beschrieben worden ist.

Die Lage des Kernes.

Bei den Lageveränderungen des Kernes müssen wir die passiven von den aktiven Erscheinungen trennen.

Nach Albrecht (8) nimmt der Kern innerhalb der Zelle eine solche Lage ein, daß das Gleichgewicht in der Druckverteilung innerhalb der Zelle hergestellt ist. Für die Kernwanderungen nimmt Albrecht bestimmte physikalisch-chemische Gesetzmäßigkeiten an. Auch bei Zellbewegungen zeigt sich eine besondere Lagerung des Zellkernes, und zwar soll der Kern bei den Leukocytenwanderungen immer nachgeschleppt werden [Wallgren (1081)].

Weitere passive Lageveränderungen kommen nach O. Hertwig (358) durch die Menge der paraplasmatischen Stoffe innerhalb des Protoplasmas zustande. So findet sich eine exzentrische Kernlagerung bei Eiern, bei denen große Dottermassen sich antreffen lassen. Es handelt sich bei diesen Erscheinungen keineswegs um Vorgänge rein passiver Natur. Dagegen spricht die Tatsache, daß bei dotterreichen Eiern das Keimbläschen nach O. Hertwig hauptsächlich an den Stellen sich findet, wo vorzugsweise die Stoffaufnahme vor sich gehen muß. Bei jungen Eiern im Gastrulastadium zeigen sich die Kerne auf der Seite der Gastrulahöhle.

Die aktive Beteiligung des Kernes an den Wachstumsvorgängen und an den Stoffwechselvorgängen wird in besonders schöner Weise durch die Untersuchungen Haberlandts vorgeführt. Bei Näherung des Kernes an eine bestimmte Stelle der Zellmembran kommt eine Verdickung der Wandung an der betreffenden Stelle zustande. Bei Reizungen und Degenerationen von Nervenzellen kommt es nach Albrecht (8) zu einer Wanderung des Zellkernes an die Oberfläche des Zelleibes; schließlich muß der Lageveränderungen bei der Umwandlung des Lymphocyten in die Plasmazelle gedacht werden, wobei der Kern eine exzentrische Lagerung nach Umgestaltung seiner Struktur annimmt.

Es zeigen somit die vorliegenden Untersuchungen, daß die strukturellen Veränderungen des Kernes in derselben Weise wie diejenigen des Protoplasmas funktionelle Zustände der Zelle anzeigen und im Sinne einer funktionellen Zellmorphologie sich verwenden lassen. Es ließen sich an der Zelle die Einschnürungserscheinungen des Kernes, die Kernvergrößerungen und die Aufhellungen des Kernes, ferner die vermehrte Färbbarkeit und die Chromatinumordnungen des Kernes vom funktionellen Standpunkt betrachten. Wir sahen, daß viele derartige Erscheinungen als degenerative, als Absterbeerscheinungen unter Umständen anzusehen sind, aber dies sollte uns nicht dazu führen, überhaupt die Veränderungen des Kernes grundsätzlich als degenerative hinzunehmen. Die Kenntnis der funktionellen strukturellen Veränderungen des

Kernes ist unerläßlich, um cytologische Studien überhaupt zu treiben. Nur die geringe Berücksichtigung dieser funktionellen Veränderungen mußte dazu führen, daß der direkten Kernteilung zum Beispiel eine so große Bedeutung beigemessen worden ist.

Die Zelle in ihrer Gesamterscheinung.

Die Zellvergrößerung.

Die Zellvergrößerung ist in erster Linie mit einer stärkeren Ansammlung von Wasser im Zelleib verknüpft, wie aus den Anschauungen der meisten Autoren hervorgeht. Es soll von der Durchlässigkeit der Zellhaut abhängen, ob das Wasser in das Zellinnere Einlaß findet. So zeigt sich beim Zelltode nach Höber (394) und seiner Schule eine stärkere Durchlässigkeit der Zellhaut besonders für Wasser. Andererseits zeigt auch die voll lebensfähige Zelle in einer hypotonischen Umwelt eine stärkere Wasserdurchlässigkeit (Pfeffer).

Von diesen Anschauungen der osmotischen Wassereindringung in die Zelle und der stärkeren Durchlässigkeit der Zellhaut unter bestimmten degenerativen Einflüssen gehen die hauptsächlichsten Ansichten über die Quellung des Zelleibes aus, die wir hier nicht gesondert anführen wollen. Wir wollen hier nur bemerken, daß die Ödembildung nach einzelnen Autoren nicht in einer größeren Wasseransammlung in den Gewebsspalten, sondern in den Zellen selbst gesucht wird. Bei letzterer Anschauung müssen die Ansichten über die Ödementstehung und über die Wasseransammlung in den Zellen zusammenfallen.

Nicht alle Autoren sehen die osmotischen Verhältnisse als die Ursache des Wassereindringens in die Gewebe an. Nach M. H. Fischer (213) soll es sich um bestimmte Quellungsfähigkeiten der Kolloide handeln, die über die Festhaltung des Wassers in der Zelle entscheiden. Auch das in den Gewebsspalten befindliche Wasser soll grundsätzlich durch dieselben Einflüsse der Intercellularsubstanz festgehalten werden.

Wir haben in den vorliegenden Ausführungen bewußt die Verhältnisse in der Zelle in den Vordergrund gestellt, etwaige Gefäßwandeinflüsse bewußt unberücksichtigt gelassen. Denn wir müssen feststellen, daß entsprechend unseren Ausführungen über die Speichererscheinungen an den Zellen die Zelle selbst über die Aufnahme und Speicherung einer Substanz entscheidet. Keineswegs darf die Zelle nur als rein passives Element betrachtet werden, wie dies zahlreiche Autoren tun. Bei einem mit Gefäßdurchlässigkeit verbundenem Ödem muß zumindest vorher ein Einfluß auf die Zelle stattgefunden haben, der die erhöhte Wasserspeicherung bedingt. So konnte Magnus nach reichlicher intravenöser Wasserzufuhr beim Frosch keine Ödembildungen und Zellquellungen in den Geweben erreichen, dagegen bleibt das Wasser innerhalb der Zellen liegen nach gleichzeitiger Darreichung von reizenden Substanzen vom Charakter der Eiweißabbaustoffe. Auch Krogh (517) hebt in neuerer Zeit hervor, daß wohl zuweilen die Gefäßwandschädigung mit besonderer Durchlässigkeit der Wandung für bestimmte Substanzen für die Zellquellung und für das Ödem ursächlich in Betracht kommen kann, daß dagegen in anderen Fällen die Schwellung der Zelle auf einer Wasseraufnahme beruht, die nichts mit den Capillarreaktionen zu tun haben muß.

Was die Beziehungen zwischen den intercellulären und intracellulären Wasseransammlungen für das Ödem betrifft, so müssen wir hervorheben, daß beide Zustände in gegenseitige Abhängigkeit voneinander treten können. Es handelt sich eben nur darum, welches die primäre Erscheinung des Ödems darstellt. Die Physikochemiker stellen das Verhalten der Zelle in den Vordergrund, entweder in ihrer vermehrten Durchlässigkeit für Wasser infolge osmotischer Einflüsse (Pfeffer) oder des kolloidalen Wasserbindungsvermögens (M. H. Fischer). Die Morphologen [A. Dietrich (157)] dagegen behaupten, daß es das intercelluläre Gewebe ist, das diese starken Wasseransammlungen in den Geweben bewirkt. Vielleicht können wir mit Hülse die beiden Erscheinungen miteinander in Einklang bringen, daß eine primäre Gewebsquellung auch zu vermehrter Bindung von Wasser im Zwischengewebe mit Hilfe besonderer Fähigkeiten der Zellen führen kann.

In den folgenden Ausführungen werden sich viele Arbeiten finden, die eine Vergrößerung oder Quellung des Zelleibes ohne Zuhilfenahme einer Gefäßschädigungsannahme erklären können. Es handelt sich um bestimmte funktionelle Zustände der Zellen selbst, die mit einer Erhöhung oder Verminderung der Wasseraufnahme einhergehen. Einmal kann die sog. Degeneration eine stärkere Wasserdurchlässigkeit der Zellhaut bedingen oder die Degeneration kann vielmehr eine Zustandsänderung der Zellkolloide im Sinne einer stärkeren Wasseradsorption hervorrufen. Auch die erhöhte Zellfunktion verschiedentlicher Art, die in den folgenden Zeilen näher ausgeführt werden soll, geht in Verbindung mit einer erhöhten Wasseraufnahme einher. Es handelt sich in allen Fällen nicht immer um die Wasserspeicherung als solche oder um die Quellbarkeit der Kolloide als solche, die die Funktion selbst darstellen soll, sondern die Quellung und Vergrößerung der Zelle, ebenfalls auch die Verkleinerung, ist meist der indirekte Ausdruck einer bestimmten Zellfunktion, wie dies auch bisher bei den verschiedensten Speicherleistungen und bei den Strukturveränderungen der Zelle beschrieben worden ist. Es handelt sich bei vielen Fällen von Zellvergrößerung gewissermaßen um zwangsläufige Koppelungen von Funktionen, nämlich der betreffenden mikroskopisch nicht darstellbaren und der Wasseraufnahme in die Zelle.

Es ist fraglich, ob die Quellung und Vergrößerung der Zelle nicht vielmehr in der Abteilung über die Speicherleistungen der Zelle abgehandelt werden muß. Doch müssen wir bemerken, daß die Ursache der Wasserspeicherung oft die Strukturveränderung der Zelleiweiße ist, die mit einer stärkeren oder schwächeren Affinität zum Wasser einhergeht, daß andererseits das Wasser nicht direkt einer mikroskopischen Untersuchung zugänglich gemacht werden kann. Wenn wir in dem Protoplasma mit den heute zur Verfügung stehenden Darstellungsmethoden keine Strukturveränderungen feststellen können, wenn die Homogenität des Protoplasmas gewahrt bleibt, nur das Protoplasma glasiger wird und durchsichtiger, nehmen wir meist eine Wasseraufnahme an. Wir können dann nicht entscheiden, ob es sich um ein echtes Wachstum handelt. Nur die Tatsache, daß unter geeigneten Bedingungen wieder eine Rückkehr der Zelle zur vorherigen Größe zustande kommt, kann gegen die Annahme eines echten Wachstums im Sinne einer Protoplasmavermehrung oder im Sinne einer Vermehrung paraplasmatischer Stoffe gedeutet werden. Da wir von den mikroskopisch sichtbaren Veränderungen des Zellaussehens ausgehen bei unserer Darstellung, wollen wir in diesem Kapitel nicht von einer Wasserspeicherung oder von einer Flüssigkeitsansammlung in der Zelle sprechen, sondern nur in indifferenter Weise von einer Zellvergrößerung.

Die Zellvergrößerung als Absterbeerscheinung.

Wenn bei Absterbeerscheinungen über Vergrößerungen der Zelle berichtet werden soll, so ist hervorzuheben, daß der Absterbevorgang oft zu einer Wasseraufnahme führt infolge der vermehrten Durchlässigkeit der Zellhaut. Es ist also gewissermaßen die Zellvergrößerung unter diesen Umständen als eine Wasserspeicherung zu betrachten, wenn auch die Wasserspeicherung als solche keineswegs immer einen aktiven Vorgang anzeigt, besonders wenn es sich um bereits abgestorbene Zellen handelt; ist dagegen die Zelle erst im Absterben begriffen, so kann dieses Absterben gerade mit aktiv vermehrter Wasseransammlung in den Zellen einhergehen, es kann die Wasseransammlung geradezu nach den Ausführungen von B. Fischer (211) zu Vergiftungen führen, wie auch denn überhaupt jede über das Maß gesteigerte Funktion einer Zelle zu unausgleichbaren Veränderungen derselben führen kann.

So zeigen sich derartige Zellvergrößerungen an Carcinomzellen an und für sich, besonders aber nach vorheriger Einwirkung von Röntgenstrahlen [Yamakawa (1130)], ferner an Endothelzellen unter Auflockerungen der Gefäßwand (Bärmann und Linser), was jedoch nur bei Verwendung bestimmter empfindlicher Tierarten und bestimmt dosierter Röntgenstrahlen der Fall ist. Hierfür spricht die Tatsache, daß ebenso wie Bärmann und Linser auch G. A. Rost (1200) derartige Aufquellungen der Gefäßwandungen beobachten konnte, nicht dagegen Domagk (161), der dagegen Aufquellungen der Kanälchenepithelien der Hauptstücke finden konnte.

Auch Radium bewirkt entsprechende Aufquellungen der Gefäßkerne mit Vergrößerung der Endothelkerne. In den Arterien steigert sich dieser Vorgang nach Thies (1031) bis zur bläschenartigen Vortreibung der Endothelkerne.

Nach Benzol machen sich auch Quellungen der Knochenmarksreticulumzellen im höchsten Stadium der Leukopenie nach Selling (933) bemerkbar, Beobachtungen, die auch Wallbach (1079) bestätigen konnte. Ein Zerfall derartiger Zellen konnte von beiden Autoren nicht beobachtet werden, so daß es fraglich erscheint, ob diese Veränderungen als Absterbeerscheinungen im Sinne der Degeneration gedeutet werden dürfen.

Besonders aber machen sich Quellungen bei der Entzündung bemerkbar, am deutlichsten an den Bindegewebszellen. Da hierbei oft Zerfallserscheinungen durch den entzündlichen Vorgang als solchen hervorgerufen werden, halten zahlreiche Forscher die entzündlichen Quellungen für degenerative, wie besonders Marchand (633). Diesen Autoren muß aber entgegengehalten werden, daß die Entzündung im Virchowschen Sinne gerade eine Steigerung der Zelleistung bedeutet, daß die vergrößerte Zelle durchaus aktiv Wasser in sich gespeichert haben mag, daß sie durch anderweitige Einflüsse dem Untergang verfallen kann.

Als reine Absterbeerscheinungen sind natürlich bei den Exsudatzellen die Vergrößerungen zu betrachten, hier macht sich im wahrsten

Sinne des Wortes nach Höber (394) eine gesteigerte Wasserspeicherung durch Durchlässigkeitszunahme geltend. Hierher gehören auch die stärkeren gestaltlichen Annäherungen zwischen granulierten und segmentierten Leukocyten in der Mundhöhle, wo die Bestimmung der Herkunft der Speichelkörperchen auf Schwierigkeiten stößt, wo manche Autoren sogar Beweise in den Händen zu haben glaubten, ein Übergangsstadium zwischen den Granulocyten und den Lymphocyten vorgefunden zu haben [Weidenreich (1091)]. Während Stöhr und auch Gött an die lymphocytäre Natur des Speichelkörperchen dachten, wissen wir jetzt aus den Untersuchungen von Laqueur (549), daß es sich um gequollene segmentierte Leukocyten handelt, die jetzt bei ihrem Absterben ein gesteigertes Wasserspeicherungsvermögen aufweisen, zumal das Milieu ein hypotonisches darstellt.

In besonderem Maße hat man die Leberzellen für Studien über den mikroskopisch sichtbaren Wasserstoffwechsel herangezogen, zumal die Leberzelle sich durch ihre besondere Größe auszeichnet und auch die Leber als das Organ des Wasserstoffwechsels des Organismus allgemein betrachtet wird. Besonders im Stadium der lokalen Nekrosebildung zeigen sich hier am Rande der betreffenden Herde Vergrößerungen der Zellen [Gerhardt (246)], andererseits zeigt sich an den betreffenden Zellen nach Glenkin und Dmitruk (245) ein poröses Protoplasma. Auch in unmittelbarer Umgebung der sich ausbreitenden interstitiellen Zellherde der Leber zeigen die Leberepithelzellen [Wallbach (1078)] eine stärkere Vergrößerung des Zelleibs, in späteren zeitlichen Untersuchungsstadien finden sich alle Absterbevorgänge an diesen Gebilden. Nach Rössle (852) soll der Beginn der Lebercirrhose eingeleitet werden durch Capillarschädigung und Ausbildung toxischer Ödeme.

Ähnliche Beobachtungen an der Leber lassen sich nach Orzechowski (738) in unmittelbarer Umgebung eines Hämangioendothelioms anstellen, die Leberzellen zeigen hier ausgesprochene blasige Veränderungen. Nach Zufuhr von Knollenblätterschwammgiften zeigt sich nach S. Graeff (280) beim Meerschweinchen in der Leber eine starke Vergrößerung und Vakuolenbildung in den Leberzellen.

An den Lymphknötchen zeigen sich nach Itami blasige Zellen bei einem Kind mit Dyspepsia chronica, die die Größe der Lymphocyten um das Vielfache übertreffen. Hauptsächlich sollen diese degenerierten Lymphzellen bei Diphtherie in Pulpamaschen angetroffen werden (Waschkewitsch). Auch bei der Lymphämie und bei der Lymphogranulomatose lassen sich in der Milz derartige Zellen antreffen.

Schließlich muß noch der ausgesprochenen Wasservergiftungen gedacht werden, die nach B. Fischer (211) als schwere blasige Entartung der Leberzellen nach Vergiftungen der Kaninchen mit Paraffinöl, Phenylhydrazin, Arsen, Chloroform und ähnlicher lipoidlöslicher Substanzen festgestellt werden konnte.

Nicht bei allen in diesem Abschnitt mitgeteilten Fällen haben wir richtige Degenerationen feststellen können im Sinne einer Absterbeerscheinung. Manchmal ließ sich doch der Absterbevorgang als solcher bei der zeitlichen Beobachtung nicht verfolgen, so daß es sicherlich um Übergangserscheinungen zu den eigentlichen aktiven wasserresorptiven Erscheinungen gehandelt haben mag. Man muß aber auch mit der Möglichkeit rechnen, daß besondere funktionelle Zustände der Zelle vorgelegen haben, die mit einer Ansammlung von Wasser im Zelleib außerdem einhergehen können.

Die Zellvergrößerung als Ausdruck einer Aufsaugung im allgemeinen.

Direkte Wasserresorptionen als direkte Funktionsäußerungen der Zellen finden sich nur bei den Nierenepithelien in ihren Sekretionsstadien. Derartige Bilder sind zu bekannt, als daß sie mit aller Ausführlichkeit hier wiedergegeben werden sollten. Vielmehr soll in den folgenden Ausführungen darüber Bericht erstattet werden, wie unzweifelhafte Aufsaugungsvorgänge an den Zellen gleichzeitig mit einer Wasserstapelung verbunden sind.

Als typisches Beispiel, einer Zellvergrößerung als Ausdruck einer ganz bestimmten ursprünglich nach anderer Seite gerichteten Resorption müssen die Resorptionserscheinungen des Amyloids durch die umliegenden lymphatischen Zellen gelten, wie diese von Kuczynski (527) ausführlich wiedergegeben worden sind. Es handelt sich bei der Resorption um plasmacellulär umgebildete Lymphocyten, die den Amyloidmassen direkt angelagert sind. Derartige Zellen zeigen zuweilen solche Vergrößerungen, daß Anklänge zu Riesenzellen sich anfinden. In der Leber verläuft der Amyloidresorptionsprozeß wesentlich anders, hier sind es die Leberepithelzellen, die neben den anliegenden Gefäßwandzellen ein angeschwelltes Protoplasma aufweisen. Nicht nur Kuczynski (527) konnte derartige Resorptionserscheinungen beobachten, seine Feststellungen konnten von Zacharias Morgenstern (682) bestätigt werden, auch beschrieb Dantschakoff (148) derartige Quellungserscheinungen.

Auch die Farbablagerung bewirkt eine Vergrößerung der speichernden Zellen. Petroff (776) bemerkt, daß die Ablagerungen von Silberteilchen in den verschiedensten Zellen zu deren Vergrößerung führt. Auch Wallbach (1070) konnte derartige Feststellungen machen, besonders wenn es sich um grobklumpige Farbablagerungen nach mehrmaliger Farbeinspritzung handelt. Die ganz protrahierte Farbzufuhr bewirkt aber die stärksten Zellvergrößerungen, die sich so ausprägt, daß mehrkernige Zellen entstehen, die Stärke der Lithioncarminablagerung geht dabei oft nicht parallel der Größe der betreffenden Zellen [Hesse (378)]. Auf Grund dieser aller Ausführungen müssen wir mit Marchand (639) feststellen, daß die vitale Farbspeicherung an und für sich eine Größenzunahme der betreffenden Zellen bewirkt.

Aber auch sonst zeigen sich Vergrößerungen von Zellen nach übermäßiger sonstiger Phagocytose [s. a. Büngeler (110)]. Die nach Aufnahme von Cholesterin ersichtlichen Zellumwandlungen in Xanthomzellen und Pseudoxanthomzellen gehen mit einer stärkeren Vergrößerung des ganzen Zelleibes einher [Versé (1060)].

Die Verhältnisse bei der Bakterienphagocytose bezüglich der Größe der speichernden Zellen werden am besten offenbar bei der Entstehung der Tuberkel- und der Leprazellen.

Bei den Leprazellen handelt es sich nach Riecke (823) um Zellen vom Granulationsgewebetyp, die durch Aufnahme der Leprabacillen eine stärkere Vergrößerung und Vakuolisation erfahren [Virchow (1062), Herxheimer (369)]. Andererseits zeigen sich nach Herxheimer die Leprabacillen in vielen anderen Zellen, die keine besonderen durchgreifenden Veränderungen aufweisen. Nur die Zellen des RES sollen nach Herxheimer die Fähigkeit besitzen, nach Speicherung der betreffenden Bacillen zu Leprazellen zu werden.

Die Epitheloidzellen oder Tuberkelzellen zeigen nach VON BAUMGARTEN (57) eine besondere Anschwellung des Protoplasmaleibes. Hauptsächlich handelt es sich nach VON BAUMGARTEN um Blutgefäßendothelzellen, die derartige Veränderungen zu Tuberkelzellen durchmachen, während nach LUBARSCH (619), WATANABE (1087) jede Zelle, auch die Epithelzelle, zu derartigen Umwandlungen befähigt ist. Die Epitheloidzellen finden sich aber nicht nur nach Aufnahme der Tuberkelbacillen, sondern sie werden auch durch die betreffenden Gifte hervorgerufen [GUILLERY (303)]. Auch in Gewebskulturen zeigen sich nach A. FISCHER (209) und nach TIMOFEJEWSKI und BENEWOLENSKAJA (1033) typische Tuberkelzellen, die aus den verschiedenen Bindegewebszellen und Blutzellen hervorgegangen sind.

Epitheloidzellen finden sich auch innerhalb der Keimzentren von Milz und anderen lymphatischen Organen, ohne daß überhaupt Tuberkelbacillen und deren Gifte eine Einwirkung auf diese Zellen erkennen lassen. Auf diese Epitheloidzellen soll in einem anderen Zusammenhange eingegangen werden.

Auch sonst kommen Zellvergrößerungen bei in gesteigerter Resorption befindlichen Reticulumzellen und Endothelzellen zustande, ohne daß etwas über die spezielle resorptive Erscheinung ausgesagt werden kann. So fand DOMAGK (161) nach Zerfall von Harnkanälchen unter der Einwirkung der Röntgenstrahlen im Interstitium vergrößerte anliegende Reticulumzellen. In der Umgebung der Fremdkörpereinheilungen kommt es zu Anschwellung der Adventitiazellen [MARCHAND (636), HERZOG (366)], auch die Deckzellen des Netzes zeigen entsprechende Größenzunahmen. Andererseits zeigen sich unter Sternzellen Größenunterschiede. So werden von SCHILLING (881) verschiedene Formen von Sternzellen unterschieden, die sich nicht nur hinsichtlich ihrer Größe, sondern auch ihrer Abgrenzung voneinander unterscheiden lassen sollen. Es soll sich nach diesem Forscher um verschiedene Funktionsstände dieser Zellen handeln, hauptsächlich resorptiver Natur.

Die Endothelzellen der Glomerulusschlingen zeigen nach KUCZYNSKI (529) bei der Influenzaniere im Stadium der toxischen Schwellniere und nach KUCZYNSKI und DOSQUET bei der akuten Glomerulonephritis starke Quellung und Wucherung, was nach den betreffenden Autoren auf Eiweißresorption durch diese Zellen zurückgeführt wird.

Besonders eingehend lassen an den Lymphknötchen sich Zellvergrößerungen unter dem Einfluß resorptiver Leistungen erkennen, es sind die Keimzentren von manchen Autoren nicht zu Unrecht als Resorptionszentren aufgefaßt worden. Über die Funktion der Keimzentren und ihre Bedeutung soll in einem späteren Kapitel eingegangen werden. Hier seien die durch ihre Größe und ihre Durchsichtigkeit ausgezeichneten Reticulumzellen eingehender berücksichtigt.

Die epitheloiden Zellen sollen nach Untersuchungen von WASCHKEWITSCH Abkömmlinge der Lymphocyten darstellen. RIBBERT, ZIEGLER und KAUFMANN sehen in ihnen angeschwollene Endothelien des Stützapparates, HEINECKE (338) hält die epitheloiden Zellen für einen normalen Bestandteil der Lymphfollikel, nur sollen die betreffenden Zellen von den Lymphocyten normalerweise überdeckt werden. Nach KUCZYNSKI (522) sollen es in den Lymphknoten die Reticulumzellen der Follikel und die Endothelien der betreffenden Gefäße sein, die bei starken resorptiven Vorgängen eine Anschwellung zu epithelartigen Gebilden erkennen lassen. Besonders lassen sich derartige Zustandsänderungen nach HEINECKE (338) durch Röntgenbestrahlungen beobachten, was von den verschiedensten Untersuchern, die sich mit den mikroskopisch faßbaren Veränderungen der Röntgenstrahlenwirkung befaßt haben, bestätigt werden kann (s. a. CRAMER und WALLBACH). Aber auch andere leukocytenzerstörende Stoffe wirken auf die Knötchen in demselben Sinne ein. So konnten die Benzolwirkungen und die Wirkungen mit Thorium X in demselben Sinne sich offenbaren. Auch die Arsenikvergiftung mit stärkeren Dosen soll in derselben Weise epitheloide Zellen an den Knötchen der Milz und der übrigen lymphatischen Organe bewirken [WÄTJEN (1088)].

Es handelt sich bei allen diesen Umbildungen der Reticulumzellen zu epitheloiden Zellen in erster Linie um Eiweißresorptionserscheinungen, denn deutlich zeigt sich das Auftreten dieser Vergrößerungen bei zellzerstörenden Prozessen. Auch normalerweise lassen sich in sehr mäßigem Grade Zellzerstörungserscheinungen an den Follikeln beobachten, so daß das vereinzelte Auftreten der Epitheloidzellen in dem normalen Follikel nach HEINECKE gerechtfertigt erscheint.

Die Resorptionsstadien an den Keimzentren werden nach Wetzel (1113a) in 3 Stadien eingeteilt. Der Ruhezustand ist durch die Gleichartigkeit der Lymphzellen ausgezeichnet, bei den verschiedenen Stadien des Abwehrzustandes finden sich verschiedengradige Vergrößerungen der betreffenden Zellen, nicht nur der Reticulumzellen, sondern auch der Lymphoblasten. Die ursächliche Bedeutung des Stoffwechselgeschehens bei der Vergrößerung der Follikelzellen wird auch von Fahr (200) hervorgehoben.

Auch in der Milzpulpa und in dem interfollikulären Gewebe und Markgewebe der Lymphknoten zeigen sich stärkere Vergrößerungen der Zellen infolge phagocytärer und resorptiver Beanspruchung. Wallbach (1078) konnte bei experimentellen Infektionen des Kaninchens mit Streptokokken und mit Proteus OX 19 eine starke Phagocytose von Chromatinbröckeln feststellen, verbunden mit einer entsprechenden Größenzunahme der betreffenden Zellen. Zu denselben Ergebnissen konnte auch Dieckmann (154) kommen.

Besondere Zellvergrößerungen zeigen sich bei der hyperergischen Entzündung, die diejenigen bei der einfachen Entzündung um ein Vielfaches übertreffen. Schon rein äußerlich machen sich bei den hyperergischen Entzündungen Quellungen des Bindegewebes geltend, die schließlich in Nekrose und Zelluntergang überleiten können. Zuerst wurden derartige Untersuchungen von Koch angestellt, die von Römer (879) vollkommen bestätigt werden konnten.

Aber die Untersuchungen dieser Forscher befaßten sich mit Einspritzungen und Wiedereinspritzungen von Tuberkelbacillen, die schon an und für sich Quellungen des Bindegewebes geringeren Grades bewirken. Anders bei Verwendung von artfremdem Serum, wo bei der Ersteinspritzung keine so hochgradigen Einwirkungen auf die Bindegewebszellen ersichtlich sind. Besondere Vergrößerungen hyperergischer Natur bei der Zweiteinspritzung konnten zuerst von Arthus beobachtet werden, diese Erscheinung wurde von der Rössleschen Schule, besonders von Auer (38), Fröhlich (237) und Gerlach (247) weiter untersucht. Nach letztgenanntem Forscher sind ganz besonders am Kaninchenohr die hyperergischen Entzündungen des Bindegewebes ausgeprägt, die starken Quellungen des Bindegewebes führen schließlich zur Nekrose und Geschwürsbildung.

Als anaphylaktische Erscheinung soll nach Domagk (163) das Anschwellen der Capillarendothelien gelten, so daß ein Verschluß der Capillaren eintreten kann. Diese Angaben von Domagk konnten von Seemann (927) nicht bestätigt werden. Siegmund (953) beschreibt bei sensibilisierten Tieren starke Ödembildung an den Alveolarsepten der Lunge. Auch an dem nicht direkt beteiligten Bindegewebe sollen sich nach von Möllendorff (685) Veränderungen durch Ersteinspritzungen von Serum dahingehend bemerkbar machen, daß die Fibrocyten des lockeren Bindegewebes schlanker geworden sind als dies unter normalen Verhältnissen der Fall ist. Nach Wiedereinspritzung entsteht schlagartig wieder der alte etwas plumpere Typ der Fibrocyten.

Nach dem zusammenfassenden Bericht von Dietrich (155) über die Reaktionsfähigkeit des Organismus ist die Sensibilisierung des Organismus verbunden mit einer gewaltigen Zunahme der resorptiven Leistung. Die Schwellungen der verschiedenen Endothelien und der Bindegewebszellen müssen als Ausdruck dieser erhöhten Zellresorptionen angesehen werden. Zuweilen kommen dabei epithelartige Schwellungen der Endothelien der Follikelgefäße zustande, wie sie bei besonderen resorptiven Verhältnissen in der Darmschleimhaut von KUCZYNSKI (522), ferner noch von K. W. ZIMMERMANN (1215) beobachtet werden konnten.

Auch sonst lassen sich bei Immunzuständen des Organismus hochgradige Schwellungen der Endothelien feststellen. Als ein ganz bestimmtes immunisatorisches Verhältnis zwischen Organismus und hämatogener Keimausbreitung muß nach den Untersuchungen von KUCZYNSKI und WOLFF (531) die Sepsis lenta betrachtet werden. Hierbei zeigen sich in den verschiedenen Organen stärkere Endothelschwellungen, wie sie auch von DIETRICH in seinem Referat hervorgehoben worden sind.

Die Zellvergrößerung als Ausdruck der Jugendlichkeit.

Wenn wir bei jugendlicheren Zellen in der Regel stärkere Größenverhältnisse feststellen können wie bei den älteren ausgereiften Formen, so müssen wir ebenso wie in unserem Kapitel über die Basophilie des Protoplasmas hervorheben, daß die jugendliche Zelle durch einen besonderen allgemeinen Stoffwechsel in der Regel ausgezeichnet ist, daß auch resorptive Leistungen dieser Zellen meist ausgesprochener vorhanden sind als an den ausgereiften Zellformen. Von diesem Standpunkt läßt sich oft kein strenger Unterschied zwischen Jugendlichkeit und gesteigerter Stoffwechseltätigkeit der Zelle ziehen.

Besonders aus der Hämatologie ist es ersichtlich, daß die jugendlicheren Zellen sich durch eine erhebliche Größe auszeichnen. Auch bei den extramedullären Blutbildungen wird übereinstimmend von den verschiedenen Untersuchern geschildert, daß bestimmte Endothelzellen sich plötzlich abrunden und an Größe zunehmen. Diese Zellen bilden dann die Stammformen für alle die Zellformen, die sich in dem betreffenden Blutbildungsherde später nachweisen lassen und keineswegs mehr die Größe der Stammzelle aufweisen [MAXIMOW (646), PAUL (761)].

Unter den Lymphzellen unterscheidet MAXIMOW die großen, die mittelgroßen und die kleinen Formen. Eigentliche Mitosen lassen sich nur an den großen Formen beobachten, die neu entstandenen kleineren Formen wachsen dann zu den größeren Formen aus. Es zeichnet sich auch hier die frühere Generation durch besondere Größe vor den neuentstandenen Zellen aus [s. a. SCHOTT (906)].

Schließlich muß noch des Größenunterschiedes zwischen den Fibrocyten und den Fibroblasten gedacht werden, wo ebenfalls die Stammformen eine besondere Größe aufweisen. Andererseits zeigen sich bei entzündlichen Vorgängen Umwandlungen der Fibrocyten zu den großen Fibroblastenformen, die schließlich durch Mitose oder auch direkt die kleinere Form entstehen lassen können. Es verhalten sich also die Fibrocyten in derselben Weise wie die Lymphocyten und die anderen Zellen überhaupt in der Weise, daß die jugendliche Zelle eine größere Gestalt aufweist, daß andererseits durch bestimmte Stoffwechselsteigerungen Zellen wieder die Gestalt von jugendlichen Gebilden annehmen können, so daß man berechtigt ist, bei der jugendlichen Zelle eine besondere Stoffwechselleistung anzunehmen, wozu man auch durch die Beobachtungen der Protoplasmabasophilie geführt wird.

Die Jugendlichkeit der Zelle tritt überhaupt bei allen regenerativen Erscheinungen im Organismus hervor. Bei seinen Untersuchungen über die Rekreation der Leber beobachtete Ponfick (792) nach Ausschnitt einzelner Leberläppchen Wucherungserscheinungen von ganz besonders großen Leberepithelzellen, im Grunde eines Bindegewebsdefektes zeigte sich nach Marchand (636) vor der Bindegewebsneubildung zunächst eine Vergrößerung der schon vorher vorhandenen Zellen, auch am Herzmuskel machen sich nach Heller (341) grundsätzlich dieselben Erscheinungen geltend. Es ist somit offensichtlich, daß Beziehungen zwischen Hypertrophie und Hyperplasie der Zellen bestehen, und zwar bestehen dieselben nach O. Hertwig (358) dahingehend, daß die Zellvermehrung ein Wachstum über das Individuum hinaus bedeutet. Es erfolgt solange eine Zunahme des Protoplasmas, bis die Kernplasmarelation nach R. Hertwig zugunsten des Plasmas verschoben worden ist. Zum Ausgleich der gestörten Kernplasmarelation setzt die Zellteilung ein.

Die Zellvergrößerung in der Gewebskultur.

Daß die Zellen in der Kultur eine Vergrößerung erleiden können, ist eine gesicherte Tatsache. Diese Vergrößerungen können durch die verschiedensten Umstände zustande kommen, sie sind in derselben Weise wie wir es in der vorhergehenden Besprechung ausgeführt haben, durch Resorption, durch Degeneration und andere, auch physikalische Ursachen bedingt.

In der Gewebskultur haben wir nach Lubarsch und Wolff (623) einmal eine Wundfläche vor uns, die die starken Wachstumsvorgänge an den gezüchteten Gewebszellen unterhält, außerdem kommen aber noch die wachstumsfördernden Reize der Umwelt hinzu, die sich auf die gezüchteten Zellen geltend machen. Aus allen diesen Gründen lassen sich in regelmäßiger Weise an der kultivierten Gewebszelle Vergrößerungen beobachten.

Wir wollen die so zahlreichen Autoren, die derartige Beobachtungen an der Gewebskultur angestellt haben, nicht aufzählen, denn mehr oder weniger waren es alle Autoren, die derartige Feststellungen bewußt oder unbewußt an der Kultur angestellt haben.

Die Zellverkleinerung.

Wenn wir besonders Zellvergrößerungen an den stark resorbierenden Zellen beobachten konnten, so ist die Zellverkleinerung hauptsächlich an den untätigen Zellen festzustellen. Die Erschöpfung und die Degeneration bewirkt ebenso wie eine Vergrößerung eine Verkleinerung und je nach der herrschenden Ansprechbarkeit der betreffenden Zellen wird sich dieselbe Funktionsäußerung in einem anderen Maße bemerkbar machen.

Verkleinerungen der Leberepithelzellen zeigen sich besonders bei deren Absterbeerscheinungen, wie bei Choledochusverschluß, Phosphorvergiftung, hämolytischen Ikterus. Auch nach Anlegung einer Eckfistel machen sich Verkleinerungen der Leberzellen geltend, während die umgekehrte Eckfistel eine Vergrößerung der Leberepithelzellen bewirkt [Franz Fischler (217), Stefan Sterling (988)].

Bei erschöpften Mastzellen soll nach Maximow (646) eine Verkleinerung sich bemerkbar machen.

Vom rein funktionellen Standpunkt aus betrachtet macht sich die Verkleinerung der Zellen besonders bei besonders ausgeprägten Wucherungsvorgängen bemerkbar, wie wir dies in dem vorhergehenden Abschnitt bemerkt hatten. Die stark wuchernden Lymphocyten zeichnen sich durch eine Kleinheit der Form aus [MARCHAND (636), MAXIMOW (646) u. a.], auch soll die bei der Fremdkörpereinheilung sich bemerkbar machende starke Wucherung von seiten der Gefäßwände lymphoide Zellen von besonderer Kleinheit nach MARCHAND liefern.

Die Zellbegrenzung.

Daß die äußere Abgrenzung der Zellen gestaltliche Umwandlungen erfahren kann, geht schon aus den Beobachtungen an den Protozoen hervor. Hier ist besonders bei den Amöben die gestaltliche Veränderung der Ausdruck einer Bewegung der Zelle, und zwar bei Wanderungen und Phagocytosen. Aber auch bei den vielzelligen Organismen hat die Einzelzelle ihre Beweglichkeit und auch ihre sonstige Gestaltungsveränderlichkeit nicht verloren, wenn auch diese infolge der Zusammenlagerung der Zellen zu einem festen Verband nicht in einem derartigen Grade sich bemerkbar macht. Aber nicht nur die Bewegung verändert die Gestalt und die Abgrenzung der Zelle, sondern auch manche Leistungen der Zellen können sich mit einer Gestaltveränderung verbinden, die letzten Endes als eine Zusammenziehung und Ausdehnung aufgefaßt werden kann.

Wenn in den folgenden Ausführungen die verschiedene äußere Gestaltung der Zellen behandelt werden soll, so müssen wir verschiedene äußere Erscheinungsformen der Zellabgrenzung voneinander abtrennen, es muß die Pseudopodienbildung, die Schärfe der Abgrenzung, die Abrundung und die spindelige Ausbreitung der Zellen unterschieden werden. Es hat sich als zweckmäßig herausgestellt, letztere beiden Erscheinungsformen von gemeinsamem Gesichtspunkt aus zusammen abzuhandeln.

Die Pseudopodienbildungen.

Daß auf Grund der amöboiden Beweglichkeit Änderungen der äußeren Zellbegrenzung im Sinne der Pseudopodienbildungen zustande kommen können, steht fest. Die durch Pseudopodienbildung gewährleistete Beweglichkeit ist Wanderung und Phagocytose.

An den verschiedenartigsten Zellen lassen sich die Pseudopodienbildungen bei bestimmten funktionellen Veränderungen feststellen. Daß die Exsudatzellen in der Bauchhöhle und in der Brusthöhle die verschiedenartigsten Veränderungen aufweisen können, ist bekannt. Besonders deutlich lassen sich derartige Erscheinungen auf dem geheizten Objekttisch feststellen. Auch den segmentierten Leukocyten und den übrigen weißen Blutzellen des Kreislaufes, auch den Lymphzellen, kommt eine Bewegungsfähigkeit und demnach eine Pseudopodienbildung zu. Die Pseudopodienbildung hängt von verschiedenen äußeren Einwirkungen und ihrer Stärke ab, so von der Temperatur, der Beschaffenheit des umliegenden Mediums, von der Reaktionseigentümlichkeit des betreffenden übergeordneten Organismus. Auf diese Umstände, besonders auf den Einfluß der Temperatur, hat GRIESBACH (286) eingehend hingewiesen. Bei Besprechung der phagocytären Erscheinungen haben wir diese äußeren Einflüsse auf die Phagocytose bereits erwähnt an Hand des einschlägigen Schrifttums.

Bei der Betrachtung der amöboiden Beweglichkeit der Mastzellen und der eosinophilen Leukocyten zeigen sich noch besondere Bewegungseigentümlichkeiten der Protoplasmagranula, die in die Pseudopodienfortsätze einströmen können. Dabei soll es nach NEUMANN (713) noch zu den Erscheinungen der Klasmatose kommen, die später gesondert besprochen werden soll [RANVIER, WALLGREN (1081)].

Die Abschnürungen des Zelleibes.

Von der Pseudopodienbildung bis zur Ausbildung protoplasmatischer Abschnürungen an dem Zelleib ist nur ein kurzer Schritt, es handelt sich gewissermaßen um Abschnürungen der Fortsätze vom Zelleib.

Derartige Protoplasmaabschnürungen werden nach RANVIER als Klasmatosen bezeichnet und RANVIER charakterisiert eine bestimmte Zellart, den Clasmatocyt, dahingehend, daß sie eine Abgabe von Protoplasmabestandteilen an die Außenwelt im Sinne einer Sekretion erkennen läßt. Auch die Absonderung der Talgdrüsen, der Milchdrüsen und anderer Drüsen nach diesem Sekretionstyp ist letzten Endes in dem Mechanismus der Abstoßung bestimmter Zellsubstanzen zu suchen. Wenn auch die Klasmatose eine Erscheinung darstellt, die nicht nur den Clasmatocyten, sondern auch vielen anderen Zellarten zukommt, so hat sich doch die Bezeichnung des Clasmatocyten aus geschichtlichen Gründen bis heute erhalten.

Auch andere Zellen sollen nach WEIDENREICH und DOWNEY (167) eine gewisse Klasmatose erkennen lassen, dabei soll es sich nach diesen Forschern um einen normalen Vorgang handeln. Diese Beobachtungen hat in letzter Zeit KUCZYNSKI (526) voll und ganz anerkannt und in den Plasmazellen neben den Riesenzellen deutliche Protoplasmaabschnürungen erkennen können [s. a. E. GOLDMANN (269)]. Es handelt sich somit um Parallelen mit den Plättchenbildungen aus den Riesenzellen (WRIGHT), die sich auch nach NAEGELI, FREY (235), KUCZYNSKI (526) beobachten lassen. Dagegen wird von anderen Untersuchern [SCHILLING (1204)] hervorgehoben, daß die Substanzabschnürungen in der Tat nicht vorkommen, daß die betreffenden Bilder als Kunstprodukte zu deuten sind.

Die Abgrenzungsschärfe der einzelnen Zellen.

Keineswegs ist die Abgrenzungsschärfe der einzelnen Zellen eine Konstante, die unter allen Bedingungen des Lebens beibehalten wird. Vielmehr handelt es sich um Erscheinungen, die einerseits bei Absterbeerscheinungen der Zelle, andererseits bei Zusammenziehungen weitgehenden Veränderungen unterworfen sind. Die bei dem Absterbevorgang bemerkbare Verwaschenheit der Zellabgrenzung soll nach WINKLER (1119) auf die Wirkung der proteolytischen Fermente der Zellen zurückgeführt werden. Besonders unter der Wirkung der Pyocyanase sollen sich derartige Erscheinungen feststellen lassen.

Die Monocyten und die Histiocyten sind gegenüber den Bindegewebszellen dahingehend charakterisiert, daß sie eine verwaschene Zellabgrenzung aufweisen. Nach KIYONO (472) handelt es sich um den Ausdruck einer bestimmten Zellcharakterisierung, ohne daß irgendwelche

Ursachen für die Erscheinung angegeben worden wären. Nach Stockinger (997, 998), der Übergänge zwischen den Fibrocyten und Histiocyten annimmt, wird die stärkere Abgrenzung des Protoplasmas durch die Kontraktion desselben bewirkt, auch v. Möllendorff äußert diese Gedanken.

Die Abrundungs- und Ausbreitungserscheinungen an den einzelnen Zellen.

Die äußere Gestalt der Zelle schwankt nach den betreffenden Funktionszuständen und man ist nicht berechtigt, eine ganz charakteristische Zellform für jede Art anzugeben. Gerade im Hinblick auf Abrundung und Ausbreitung, auf Zusammenziehung und Dehnung, sind die Zellen doppelseitig charakterisiert, man muß geradezu für jede Zelle nach diesen beiden Zuständen 2 Erscheinungsformen in Rechnung ziehen, die einander gleichwertig erscheinen und ineinander übergehen. Niemals erscheint es gerechtfertigt, die runde oder die spindelige Form als die alleinige Grundform der Zelle zu betrachten, die anderen Gestaltungen von der einen abzuleiten, sondern die runde und die spindelige Form sind 2 verschiedene gleichwertige Zellgestaltungen, wenn es sich um Urformen der Zellen handeln soll.

Es ist natürlich, daß diese gestaltlichen Veränderungen besonders an den mesenchymalen Zellen sich bemerkbar machen, die durch zahlreiche Erscheinungen der Bewegung sich auszeichnen. Es sei daher bei der Besprechung der Abrundungs- und Ausbreitungserscheinungen an den einzelnen Organen mit dem lockeren Bindegewebe begonnen.

Die Untersuchung der gestaltlichen Veränderungen der Bindegewebszellen leitet sich von Patella (760) her, der den Gefäßendothelien das Vermögen der Abrundung einräumte und der besonders endotheliale Phagocyten abtrennte. In dem lockeren Bindegewebe selbst nahm zuerst wohl Goldmann (269) eine Umwandlung der spindeligen Zellen in runde an. In sicherer Weise hat sich zuerst Kiyono (472) über diese Frage geäußert, da ja auch die Farbstoffwirkung auf das lockere Bindegewebe in einer gestaltlichen Umwandlung der Fibrocyten in Histiocyten sich geltend macht, wie dies besonders in letzter Zeit bei bestimmten Endothelzellen Tschaschin (1046), Ranke (806), Maximow (646), Studnicka, Marchand (633), Anitschoff (17), v. Möllendorff (685), A. Schultz (914) und viele andere Untersucher betont haben und wie dies auch Wallbach (1078) bei seinen Untersuchungen bestätigen konnte. Es handelte sich um contractile Erscheinungen an den betreffenden Zellen, die Menge der fibrocytären und der histiocytären Zellen deutet nach den genannten Autoren auf den jeweiligen Reizzustand des lockeren Bindegewebes hin, zumal die Erscheinungen der Zusammenziehung vollkommen rückgängig sind und das lockere Bindegewebe wieder seine ruhende Gestalt als syncytiales Fibrocytennetz erlangen kann.

Und auch an den Endothelzellen lassen sich die Erscheinungen der Kontraktion und der Ausbreitung genau verfolgen und Patella hebt ja bei seinen Untersuchungen hervor, daß den Endothelzellen jede Einheitlichkeit der Gestaltung fehlt. Heute haben wir es aber gelernt, die Endothelzellen der serösen Höhlen von denen der Gefäße hinsichtlich ihrer funktionellen Gestaltungsmöglichkeit voneinander anzugrenzen und auch die Gefäßwandendothelien zeigen verschiedene gestaltliche Fähigkeiten. So findet sich, daß die Endothelzelle der Gefäße von Leber, Milz und Knochenmark, von Nebenniere und Hypophyse deutliche Abrundungen erkennen lassen kann, daß nach den Untersuchungen von Maximow (646) aber die Gefäßwandendothelien der übrigen Gefäße zu einer derartigen Umwandlung unfähig sind. Es handelt sich ungefähr um dieselben Gesetzmäßigkeiten, wie wir sie bei der vitalen Farbspeicherung hervorgehoben haben, im allgemeinen zeigen die vital färbbaren Zellen auch ein Abrundungsvermögen und ein Ablösungsvermögen.

Die Abrundungserscheinungen sind es nicht allein, die bei der gestaltlichen Veränderung der Zellen sich bemerkbar machen, vielmehr handelt es sich auch um Ablösungserscheinungen der vorher syncytial angeordneten Zellen aus dem Verband und Freiwerden derselben (v. Möllendorff). In diesem Sinne haben wir also dieselben gestaltlichen Veränderungen vor uns, wie wir sie bei den Zellen des lockeren Bindegewebes beschrieben haben. Durch die Ablösungserscheinungen machen sich die Bildungen von Wanderzellen einerseits, von Blutzellen andererseits geltend.

Die Ablösungen der Endothelzellen in das strömende Blut beschrieb Schilling (881) für das strömende Blut, es sollen sich die Monocyten des Blutes von den Endothelzellen der Capillarwandungen bestimmter Organe herleiten. Marchand und Ledingham (559) beobachteten bei Kala-Azar derartige Umwandlungen von Endothelzellen der Pfortadercapillaren in runde Zellen, die in der Blutbahn sich antreffen ließen. M. Evans hat diese Zellen mit der Metschnikoffschen Bezeichnung Makrophagen belegt. Die von den Endothelzellen abstammenden Blutzellen will dagegen Petersen (770) von den Monocyten angetrennt wissen und eine besondere Gruppe von Endothelphagocyten abgrenzen, für die der Autor aber keine einwandfreien Unterschiedlichkeiten gegenüber den Monocyten aufstellt. Die Ablösung der Endothelzellen in das Blut erfolgt hauptsächlich durch starke Reizwirkungen und so ist es auch erklärlich, daß einerseits nach Schilling (878) bei chronischen Reizzuständen in der Blutbahn besondere Mengen von monocytären und histiocytären Zellen sich antreffen lassen, daß andererseits nach Siegmund bei besonderen septischen Erkrankungen deutliche Mobilisierungen und Loslösungen epithelartiger Zellen in den Blutstrom von den Gefäßwandungen zustande kommen.

Daß die Gefäßendothelien eine Fähigkeit zur Bindegewebsbildung aufweisen, wurde zuerst von Merkel und Muskatello (698) behauptet. Nach von Baumgarten (58) sollen derartige Umwandlungen für die Organisation von Gefäßthromben keine größere Rolle spielen, vielmehr soll es sich um Wucherungen des subendothelialen Bindegewebes handeln. Diesen Baumgartenschen Ausführungen müssen wir auch beipflichten.

Aber auch sonstige funktionelle Gestaltungsvorgänge lassen sich an den Gefäßendothelzellen erkennen. Schilling (881) bezeichnet die Kupfferschen Sternzellen als ausgesprochene Funktionszustände des Capillarendothels. Nach den verschiedenen Funktionszuständen der Capillarendothelzellen lassen sich verschiedene Formen feststellen, die von Schilling eingehender beschrieben worden sind und die hauptsächlich in Abrundung und spindeliger Ausbreitung der einzelnen Zellformen, ferner in Aufhellungen der Kerne bestehen. Auch Zinserling (1146) beobachtete derartige funktionelle Gestaltungsunterschiede an den Sternzellen bei Cholesterinablagerungen.

Als weitere Folge der Abrundung der Gefäßendothelzellen muß die Verlagerung der Endothelzellen nach außen in Gestalt von Adventitiazellen erwähnt werden, was von MARCHAND (636) und seiner Schule besonders hervorgehoben wird, was aber von den meisten Untersuchern nicht bestätigt werden konnte. Auch wir haben uns von derartiger Entstehung der Adventitiazellen nicht überzeugen können.

Die Endothelzellen der serösen Häute spielen insofern eine besondere Rolle, als sie zur Lieferung der Exsudatzellen herangezogen werden, wodurch Zellformen in Erscheinung treten, die mit denen des Blutes eine weitgehende Ähnlichkeit erkennen lassen. Derartige Beobachtungen sind besonders von der MARCHANDSchen Schule angestellt worden [von BÜNGNER (111), HERZOG (366)]. Gegen eine derartige Umwandlungsmöglichkeit wendet sich MAXIMOW. Es muß nach SCHOTT und WEIDENREICH (906) aber noch hervorgehoben werden, daß auch die Bindegewebszellen des Netzes an der Bildung der Exsudatzellen sich beteiligen können.

Eine andere Frage bedeutet die Umwandlungsmöglichkeit der Serosadeckzellen in Bindegewebszellen. An der DESZEMETSchen Membran konnte MARCHAND (636) zweifellos derartige Gestaltungen beobachten. Nach TOLDT (1040 a) stellen ja die Deckzellen der serösen Häute nichts anderes dar als die die Höhlenoberfläche auskleidende oberflächliche Lage des Mesenchyms. Bereits RANVIER konnte spindelige Umwandlungen der peritonealen Deckzellen feststellen, ebenfalls KUNDRAT, CORNIL, MARCHAND (636).

Nach MARCHAND sollen auch die Adventitiazellen eine Umwandlung der äußeren Zellgestaltung aufweisen. Besonders unter der Einwirkung von entzündlichen Vorgängen kann es zu Abrundungen dieser Zellformen kommen. Aber mit der Bildung der großen Phagocyten ist die Tätigkeit der Adventitiazellen noch nicht abgeschlossen, es kann noch zur Ausbildung sternförmig verästelter Bindegewebszellen kommen. Diese Angaben macht noch BORST (102) und HERZOG (366).

Daß bei der extramedullären Blutbildung die Entwicklung der Blutzellen von den Endothelzellen sich oft herleitet, gehört zu den gesicherten Tatsachen der Hämatologie. Andererseits muß auch festgestellt werden, daß auch bei der Blutbildung im Knochenmark und in anderen blutbildenden Organen die Blutzellen als seßhafte Gebilde im Knochenmark anzutreffen sind. Über den Mechanismus der Zellablösung in den blutbildenden Organen wissen wir heute noch nichts, auch die Ursachen dieser Erscheinungen sind uns unbekannt.

Über die Beziehungen zwischen den histiocytären und monocytären Zellen zu den Endothelzellen, besonders den KUPFFERSchen Sternzellen, ist bereits in dem Abschnitt über die Endothelzellen hingewiesen worden. SCHILLING (878) glaubt den Nachweis von Übergängen zwischen den Makrophagen und den Normalmonocyten erbracht zu haben, besonders konnte dieser Nachweis bei der Endocarditis ulcerosa erbracht werden. Es kommt somit auch hier zu einer Abrundung der vorerst spindeligen Zellen zustande, verbunden mit einer Ablösung in die Blutbahn.

Besonders bemerkenswert sind die gestaltlichen Veränderungen der Zellen in den lymphatischen Geweben, wo nach DOWNEY und WEIDENREICH (167) genetische Beziehungen zwischen den großen Formen der Lymphzellen und den Reticulumzellen bestehen sollen. Diese Feststellungen der Autoren werden von den meisten anderen Untersuchern nicht geteilt, sehr wohl ist es aber möglich, daß starke funktionelle Angleichungen in gestaltlicher Hinsicht zwischen Keimzentrumszellen und epitheloiden Zellen stattfinden. Eigentliche Übergänge zwischen den einzelnen Zellen lassen sich aber nicht feststellen.

Innerhalb der Pulpa der Milz muß eine Zellart Erwähnung finden, die sich sowohl in runder wie in spindeliger Form antreffen läßt, je nach den vorliegenden funktionellen Umständen. Es handelt sich um die Pulpa- zellen und die Reticulumzellen der Pulpa. Die gestaltlichen Ver- änderungen der Sinusendothelzellen entsprechen denen, die wir bereits bei Besprechung der Gefäßendothelzellen im allgemeinen berichtet haben.

Die Epitheloidzellen haben wir bereits bei der Zellvergrößerung besprochen. Wir müssen aber auf diese Zellart noch einmal zurück- kommen, weil nach den verschiedenen Untersuchern eine Ableitung der Epitheloidzellen von den Reticulumzellen erfolgen soll, weil anderer- seits das epitheloide Aussehen einer Zelle einen besonderen Typus der Zellabgrenzung und der Zellformung in sich schließt.

Nach den früheren Darstellungen der Epitheloidzellen von von Baum- garten (58) sollen diese Gebilde von den fixen Bindegewebszellen herzu- leiten sein, während nach Metschnikoff (661) die Lymphzellen und Leukocyten des Blutes in Betracht kommen. An den tuberkulösen Lymphknoten sollen sich Umwandlungen der Reticulumzellen zu Epitheloidzellen bemerkbar machen, was von Joest und Elmshoff (447) hervorgehoben wird und was auch E. K. Ranke (805) in seinen Arbeiten berichtet. Herxheimer (372) gibt die Möglichkeit der Entstehung der Epitheloidzellen aus Bindegewebszellen zu, hebt aber hervor, daß auch andere Zellen wie Epithelzellen eine derartige Umwandlung erkennen lassen. Auch Lubarsch (619) gibt die Möglichkeit dieser epithelialen Ent- stehung der Epitheloidzellen zu.

Die Frage der Bindegewebsentstehung aus Epitheloidzellen wird von den verschiedenen Forschern in verschiedener Weise beantwortet und auch wir haben in dem vorhergehenden Abschnitt diese Frage kurz gestreift. Auch wir wollen hier nur hervorheben, daß nach Weigert (1094) und Rindfleisch eine faserige Umwandlung zugegeben wird, doch soll es sich nicht um echte Bindegewebszellen handeln. In diesem Sinne spricht sich auch von Baumgarten (57) aus, während Korteweg und Löffler (503) eine Zurückverwandlung der epitheloiden Zellen in echte Bindegewebszellen wieder annehmen.

Innerhalb der Gewebskultur lassen sich 2 Formen der mesenchymalen Zellen voneinander unterscheiden, man muß nach Carrel (1165) einerseits die Fibroblasten, andererseits die histiogenen Phagocyten unter- scheiden. Was die Umwandlungsmöglichkeit dieser beiden Zellarten betrifft, so wird von den einen Autoren angenommen, daß Fibroblasten und Makro- phagen ein und dieselbe Zellart darstellen, nur funktionelle verschiedene Zustände derselben, während andere, die sich in der Minderheit befinden, 2 grundsätzlich verschiedene Zellarten in der Kultur annehmen. Von A. Fischer (209), Carrel und Ebeling, Lewis and Lewis wird die erste Ansicht vertreten, nach Fischer (209) lassen sich mit besonderer Deutlichkeit die Umwandlungserscheinungen nach Zusatz von Hühnertuberkulin zu Fibro- blastenkulturen feststellen. Überhaupt zeichnen sich ja die Fibroblasten durch ihre große Vielgestaltigkeit aus [Chlopin und Chlopin (133)], es können verschiedene Gradunterschiede formaler Natur als funktionelle Zustandsveränderungen dieser Zellen beobachtet werden. In der Regel zeigt sich der Fibroblast in syncytialem Verbande, er kann sich durch be- sondere Umstände aus diesem Verbande herauslösen und frei in Erscheinung treten, ohne daß er besondere grundsätzliche Umwandlungen erkennen läßt. Unter anderen besonderen Bedingungen entsteht erst die typische Makrophagenform, die immer als freie Zelle in der Gewebskultur anzutreffen ist. Es handelt sich demnach um dieselben Umwandlungsmöglichkeiten, die an den Zellen des lockeren Bindegewebes im intakten Organismus von VON MÖLLENDORFF (685) beschrieben worden sind und die dieser Autor auch an der Kultur beobachten konnte. Es sind ebenfalls besondere Reizeinwirkungen und funktionelle Zustände der Zelle, die die Abrundung der spindeligen Zellen zu Makrophagen bewirken.

Es ist natürlich, daß die Veränderung der Zellgestalt funktionelle Umstimmungen der Zelle in konstitutioneller Hinsicht mit bedingt. So zeigt sich unter anderem, daß die vitale Farbspeicherung bei den Makrophagen in der Regel viel ausgesprochener ist als in den Fibroblasten. Auf Grund eines derartigen Speicherungsunterschiedes dürfen wir aber die Ansichten von B. FISCHER-WASELS und seiner Schule [TANNENBERG (1022), BÜNGELER (110)] nicht anerkennen, daß die Fibroblasten und die Makrophagen 2 grundverschiedene Zellarten darstellen. Wie v. MÖLLENDORFF (685) mit Recht bemerkt, dient die vitale Farbspeicherung nicht zur Abstempelung der einzelnen Zellen, wir müssen hervorheben, daß eine Zelle, die vorher geringere Mengen Farbstoff aufweist, aus besonderen funktionellen Anlässen in stärkerem Maße Farbstoff ablagert und umgekehrt. Die Farbspeicherung dient nur zur funktionellen Differenzierung einzelner Zellen bzw. ihrer Zustandsformen, keineswegs darf aus der vitalen Farbspeicherung geschlossen werden, daß mit Hilfe dieser Methode Untersuchungen über die Abstammung betrieben werden können. Dieser unser Standpunkt wird neuerdings auch von TANNENBERG vertreten.

Aus diesem Grunde ist es erklärlich, daß sich in reinen Fibroblastenkulturen immer einige Makrophagen antreffen lassen, daß bei besonderen Reizzuständen diese Fibroblasten in stärkerem Maße eine Abrundung zu Makrophagen erkennen lassen. Welches die allgemein gültigen Reizzustände sind, die eine Makrophagenentwicklung hervorrufen, ist noch nicht einwandfrei geklärt. Nach BUSSE (116) sollen es die entzündungserregenden Reize sein, die derartige Umwandlungen bewirken, besonders durch verdünntes Terpentinwasser, auch durch autolytische Vorgänge können diese Rundzellen in stärkerem Maße hervorgebracht werden, nach A. FISCHER (209) ist es so mit Hühnertuberkulin möglich. Wir glauben, daß es sich um artfremde oder aus zerfallenen Zellen stammende Eiweißstoffe handelt, die die Abrundung der Fibroblasten zu Makrophagen bewirken.

Wir wissen noch keineswegs, was die Fibroblasten und die Makrophagen in der Gewebskultur überhaupt darstellen, ob diese den betreffenden Zellen im intakten Organismus entsprechen. LUBARSCH (619) hebt hervor, daß auch die Endothelzellen der Gefäße in Fibroblasten und Makrophagen sich umwandeln können, wir müssen diese Annahme noch viel weiterfassen und annehmen, daß jede in der Gewebskultur zum Wachstum gelangende Zelle des Mesenchyms zu Fibroblasten und auch zu Makrophagen sich auszudifferenzieren vermag. So lassen sich derartige Zellen auch in der Kultur von Blutzellen feststellen, aus den Monocyten und vielleicht auch aus den Lymphzellen gehen Fibroblasten hervor, während die ausdifferenzierten segmentierten Leukocyten dem Untergange verfallen. Dabei ist die Frage nach der Entwicklung der Lymphocyten in der Kultur noch nicht einwandfrei entschieden. Während manche Untersucher auch einen Untergang der Lymphocyten annehmen, konnte Bloom (90) und auch Maximow (653) Fibroblastenkulturen aus den Zellen des Ductus thoracicus erhalten, die nach vorheriger Untersuchung ausschließlich einwandfreie Lymphocyten darstellen sollten.

Wenn wir somit feststellen, daß alle in der Gewebskultur wachsenden mesenchymalen Zellen die Gestalt der Fibroblasten und der Makrophagen annehmen, so muß bemerkt werden, daß also nicht allein die Zellen des lockeren Bindegewebes, sondern auch die Blutzellen [Timofejewski und Benewolenskaja (1034/1035), Hans Hirschfeld (384)], ferner die Serosadeckzellen [Marchand (639)] derartige Entwicklungsrichtungen erkennen lassen. Aus allen diesen Befunden an der Gewebskultur läßt sich für die Verhältnisse des unveränderten Organismus nichts aussagen, denn wir haben ja hervorgehoben, daß Fibroblasten des unversehrten Körpers und Fibroblasten der Gewebskultur durchaus nicht als gleichartige Gebilde betrachtet werden dürfen. Besonders sei dies vermerkt bezüglich der Entwicklung der Lymphzellen in der Kultur zu Fibroblasten, wo wir unter den Verhältnissen des unveränderten Organismus keineswegs derartige Entwicklung in Bindegewebszellen feststellen können.

Aus diesen Untersuchungen muß also festgestellt werden, daß Fibroblasten und Makrophagen keine streng voneinander zu unterscheidenden Zellen in der Gewebskultur darstellen, sondern funktionelle Erscheinungsformen derselben Zellart. Fernerhin muß der Fibroblast und ebenfalls der Makrophag in der Kultur als milieubedingte Standortspielart aufgefaßt werden, diese Zellen sind keineswegs den entsprechend bezeichneten Zellformen des unberührten Organismus gleich.

Schlußfolgerungen.

Das Schrifttum über die verschiedenen Gestaltumwandlungen der Zellen, namentlich über den Übergang der Zellen mesenchymalen Charakters aus dem ausgebreiteten in den abgerundeten ist zu groß, als daß sie weiter hier ausgeführt werden soll. Es sollte hier nur an Hand einzelner Literaturbelege ausgeführt werden, daß es keine mesenchymale oder auch sonstige Zellart gibt, die nicht bezüglich ihrer Abgrenzung in verschiedenen äußeren Erscheinungsformen funktioneller Natur auftreten könnte. Wir dürfen uns also nicht dazu verleiten lassen, die gestaltliche Abgrenzung der einzelnen Zellarten als eine starre hinzunehmen oder auf Grund der verschiedenen äußeren Gestaltungsformen 2 der Herkunft nach verschiedene Zellen festzustellen, die streng voneinander abzutrennen sind. Die ausgebreitete und die rundliche Gestalt ist der funktionelle Ausdruck von verschiedenen Zuständen der Zellen, diese Beobachtungen lassen sich nicht nur im intakten Organismus, sondern auch an der Gewebskultur anstellen.

Die funktionelle Ursache der gestaltlichen Veränderungen der Zellen ist keineswegs eine gleichartige, wie wir auch bei Besprechung der übrigen gestaltlichen morphologischen Veränderungen keinen allgemeingültigen Funktionszustand der Zellen als verursachendes Moment annehmen können. Wir waren aber in der glücklichen Lage, bei der Vakuolenbildung, bei der Zellvergrößerung und bei den verschiedenen anderen strukturellen

Veränderungen der Zelle eine funktionelle Gliederung der besprochenen Veränderungen teilweise vornehmen zu können, wir konnten verschiedene gesonderte Momente für diese morphologischen Ausdrucksformen angeben.

Bei den Ausbreitungs- und Abrundungserscheinungen der Zelle müssen wir einerseits feststellen, daß die Resorption eine Ablösung und Abrundung der vorerst spindeligen Zellen hervorgerufen hat, somit lassen sich zum Beispiel auch bei entzündlichen Reizen die betreffenden Abrundungserscheinungen an den Zellen feststellen. Als direkt an den Zellen eintretende Veränderung ist es nach v. Möllendorff (685) der Kontraktionszustand der Zelle, der die verschiedenen gestaltlichen Erscheinungsformen bewirkt, wenn auch dies mit einem gewissen Vorbehalt hingenommen werden muß, wenn wir zum Beispiel die verschiedenen Gestaltungen der Zellfortsätze einer Betrachtung unterziehen. Außerdem muß auch aus anderen Gründen eine Abrundung der Zelle auftreten, ohne daß eine Kontraktion mit im Spiele ist. Bei den besonders stark aufsaugenden Tätigkeitsformen der Zellen können stärkere Ablagerungen von Speicherstoffen eine besondere Zellvergrößerung bewirken, die mit einer Abrundung des Zelleibes verbunden ist. Derartige Erscheinungen haben wir bereits beschrieben bei der Wasserresorption und bei der Aufnahme größerer Klumpen vitaler Farbstoffe.

Bei der Betrachtung der Zellen in der Kultur lassen sich die einzelnen Momente der Zellabrundung noch weniger voneinander abgrenzen. Sicherlich wird ein großer Teil von den Stoffen innerhalb des Mediums von den betreffenden auswachsenden Zellen resorbiert, ob aber die abgerundeten Zellen ganz besonders resorptive Erscheinungen aufweisen, läßt sich durchaus nicht in allen Fällen feststellen.

Wir sind also bei Feststellung von Veränderungen der äußeren Zellgestaltung nur berechtigt auszusagen, daß funktionelle Zellveränderungen an dem betreffenden Objekt stattgefunden haben. Welche besonderen Ursachen es aber sind, die die gestaltlichen Veränderungen bedingen, können wir auf Grund unserer heutigen Kenntnisse nicht mit Bestimmtheit aussagen, es sind immer nur Vermutungen, die jeweils als auslösende Momente angeführt worden sind. Immerhin soll dieser Abschnitt dazu beitragen festzustellen, daß die gestaltlichen Verhältnisse an der Zelle keineswegs als eine beständige Erscheinung angenommen werden dürfen, vielmehr handelt es sich um eine sehr veränderliche Größe, wie es ja überhaupt nichts an der Zelle gibt, was nicht durch funktionelle Einflüsse gewisse Änderungen erfahren kann.

Eine Stigmatisierung der Zellen hinsichtlich ihrer äußeren Erscheinungsform und auch hinsichtlich ihrer strukturellen Zusammensetzung allein darf nicht durchweg angenommen werden. Es sind verschiedene meist unbekannte Leistungszustände, die die Gestalt und die Struktur der Zelle einer dauernden Veränderung unterwerfen. Ob diese gestaltlichen Veränderungen letzten Endes auf physikalische Gesetzmäßigkeiten zurückgeführt werden können, wie es von Rhumbler ausgeführt wurde, ist eine Frage, die wir offen lassen müssen.

Anhang.

Die Riesenzellen.

Die Erscheinungen der Zellvergrößerung und der Protoplasmaabsprengung zeigen sich in besonderer deutlicher Weise bei der Bildung von

Riesenzellen. Es erscheint berechtigt, eine gesonderte Besprechung dieser Gebilde an dieser Stelle vorzunehmen.

Wie der Name besagt, stellen die Riesenzellen nur besonders große Zellen dar. Daß diese Zellen mehrere zerschnürte Kerne aufweisen, daß die Protoplasmaabgrenzung keine Regelmäßigkeit aufweist, das sind sekundäre Erscheinungen, die dem Begriff der Riesenzellen nicht zufallen müssen. Wir sind somit an und für sich berechtigt, jede übergroße Zelle als Riesenzelle zu bezeichnen.

Die Zellen, die sich durch eine besondere Größe auszeichnen, während die Struktur im wesentlichen unverändert bleibt, sind bereits in den vorhergehenden Abschnitten dieses Kapitels beschrieben worden, so daß eine nochmalige Besprechung an dieser Stelle sich erübrigt. Hier sollen nur die nach Art und Herkunft besonders gearteten und als Riesenzellen im üblichen Sinne bezeichneten Gebilde einer Besprechung unterzogen werden.

Normalerweise finden sich Riesenzellen als Megakaryocyten im Knochenmark, wo sie je nach den Funktionszuständen dieses Organes in verschiedener Menge und verschiedener Art anzutreffen sind. Weiterhin stellen derartige Riesenzellen einen regelmäßigen Befund der Milzpulpa der weißen Maus dar, wo sie ebenfalls nach dem funktionellen Verhalten dieses Organes ein verschiedenes Aussehen erkennen lassen. Sonst stellen die Riesenzellen besondere funktionelle Zustände anderer Zellen dar, sie entwickeln sich infolge besonderer Beanspruchung in Granulationsgeweben bei der Tuberkulose, in anderen infektiösen Granulomen, bei der Einheilung der Fremdkörper im Bindegewebe, in der Umgebung von Lebernekrosen, in der Gewebskultur usw. Sie stellen nicht allein mesenchymale Gebilde dar, sondern sie können auch von anderen Zellen (Epithelzellen usw.) abstammen. Schließlich finden sich die Riesenzellen in anderen krankhaften Gewebswucherungen, so bei der Lymphogranulomatose, innerhalb von Sarkomen, Krebsen, Gliomen usw.

Die in verschiedenen Geweben und unter verschiedenartigen Verhältnissen auftretenden Riesenzellen sind keineswegs in morphologischer Hinsicht als gleichwertige und gleichartige Zellen zu bezeichnen. Infolge der verschiedenen funktionell-strukturellen Verhältnisse kommt die Riesenzellbildung zustande, wobei die Zellen den strukturellen und formalen Stempel der Funktion tragen, der sie ihre Entstehung verdanken.

Die Knochenmarksriesenzellen.

Zu den unter physiologischen Bedingungen sich zeigenden Riesenzellen gehören die Knochenmarksriesenzellen, die Megakaryocyten.

Nach SCHRIDDE (907) zeichnen sie sich durch eine innere granulaführende und eine äußere granulafreie Zone aus. Nach ALTMANNscher Methode läßt sich zwischen diesen beiden Zonen eine Membran darstellen. Der Kern der Riesenzellen weist im einfachsten Zustande eine rundliche, keulen- bis bohnenförmige Gestalt auf. Nach der vorliegenden Funktion kann aber das Aussehen der Riesenzellen starken Veränderungen unterworfen sein.

Über die Entstehung der Riesenzellen im Knochenmark machen die verschiedensten Ansichten sich geltend. Nach MAXIMOW (646) sollen basophile lymphoide Zellen als Ursprungszellen in Betracht kommen, auch SCHILLING (877) schließt sich der Ansicht an, daß basophile Zwischenformen von Gewebszellen als Mutterzellen anzusehen sind. KATZENSTEIN (461) und ebenfalls GROSSMANN (295) leiten die Riesenzellen aus den

Reticulumzellen des Knochenmarkes her, während ENDERLEN (183) die Markzellen als die die Riesenzellen liefernden Gebilde ansieht, eine Ansicht, die nach MAXIMOW (646) nicht aufrecht erhalten werden darf.

Die bei der Entstehung der Riesenzellen sich geltend machenden gestaltlichen Veränderungen beschreibt SCHILLING (877) in seiner zusammenfassenden Darstellung. Zuerst ist das Protoplasma der rundkernigen basophilen lymphoiden Zellen tiefblau bis feinfädig. Mit der Zeit wird der Kern sehr groß und beginnt sich sonderbar einzufalten. Es tritt gleichzeitig eine Vergrößerung des ganzen Zelleibes ein, das Protoplasma verliert allmählich seine Basophilie, es weist einzelne Azurgranula auf.

Diese in der Entwicklung sich geltend machenden Veränderungen der Knochenmarksriesenzellen zeigen sich auch unter bestimmten funktionellen Einflüssen. So kann bei besonderer resorptiver Beanspruchung eine stärkere Basophilie des Protoplasmas zutage treten, wie dies auch bei anderen Zellen in derartigen Funktionszuständen von uns beschrieben worden ist. Es zeigen sich derartige Veränderungen bei lokalen osteomyelitischen Prozessen [ENDERLEN (183)], ferner bei der experimentellen Streptokokkeninfektion der weißen Maus [LOUROS und SCHEYER (608)].

Das phagocytäre Vermögen der Knochenmarksriesenzellen ist ein sehr ausgesprochenes. WALLBACH (1078) konnte bei Kaninchen unter bestimmten funktionellen Zuständen regelmäßig Spezialleukocyten in phagocytiertem deutlich feststellbaren Zustande beobachten. Es muß von uns festgehalten werden, daß es sich um eine Phagocytose handelt und nicht um ein aktives Eindringen der Spezialleukocyten in das Protoplasma der Riesenzellen, wie dies MAXIMOW (646) annimmt. Nach SCHILLING (877) zeigen sich auch unter Umständen Blutplättchenphagocytosen. Eine vitale Farbspeicherung lassen die Knochenmarksriesenzellen in der Regel nicht erkennen, wenn nicht gerade so viel Carmin zugeführt wird, daß fast alle Zellen des Organismus eine vitale Farbspeicherung erkennen lassen [KIYONO (472)].

Die Riesenzellen sollen in Beziehungen zu der Blutplättchenbildung stehen, wie dies aus den Untersuchungen von WRIGHT ersichtlich ist. Von zahlreichen Forschern, wie auch von MAXIMOW (646), werden buckelförmige Fortsätze der Protoplasmaoberfläche festgestellt, die sich ablösen und in die Gefäße eindringen, was in letzter Zeit besonders von KUCZYNSKI (526) und von FREY (235) betont worden ist. SCHILLING (877) erkennt diese Beobachtungen nicht an und nimmt eine Entstehung der Blutplättchen aus den Plättchenkernen der roten Blutzellen an.

Unter bestimmten Verhältnissen lassen sich die Megakaryocyten auch außerhalb des Knochenmarks beobachten. So ist die Riesenzellverschleppung in die Lungen und Organe des großen Kreislaufs von ASCHOFF, LUBARSCH, ferner von GORONCY unter LUBARSCH beschrieben worden. Aber auch das extramedulläre Blutbildungsgewebe, wie es unter besonderen Verhältnissen in manchen Organen anzutreffen ist, zeigt einen Gehalt an Megakaryocyten. Ob diese Riesenzellen als Ausleger oder als autochthon entstandene Gebilde anzusprechen sind, ist nach HANS C. FREY (235) eine ebenso umstrittene Frage wie die Bildung des extramedullären Gewebes überhaupt. Eine Kolonisation der Riesenzellen wird von ASKANAZY (37), HELLY (351) und STERNBERG (989) angenommen, eine autochthone Entstehung von M. B. SCHMIDT (895), SCHRIDDE (907),

Türk (1209), Oeller (724). Nach Maximow (646) kommt eine Ableitung dieser Zellen aus Hämatocytoblasten in Betracht.

Die in der Milz von Mäusen, Ratten, gelegentlich an Kaninchen anzutreffenden Riesenzellen entsprechen vollkommen denen des Knochenmarkes, so daß die Besprechung unter diesem Abschnitt erfolgen soll. Diese Zellen stellen in der Mäusemilz einen so regelmäßigen Befund dar, daß eine Einschleppung dieser Zellen aus dem Knochenmark nicht angenommen werden kann. Sie sollen sich aus ortsständigen Lymphzellen entwickeln, wie dies besonders von Kuczynski (526) und seinem Schüler Klaschen (474) hervorgehoben wird. Es sind nach ihnen die Riesenzellen in derselben Weise wie die Plasmazellen als Resorptionszellen zu betrachten.

Die unter besonderen funktionellen Verhältnissen sich bildenden Riesenzellen.

Die Langhansschen Riesenzellen.

Über die Entstehung der Riesenzellen in dem tuberkulösen Gewebe ist eine derartige Literatur vorhanden, daß hier nur die richtunggebenden Gedankengänge Berücksichtigung finden sollen. Gerade die Kenntnis der tuberkulösen Riesenzelle hat uns einen tiefen Einblick in die Zellumwandlungen gewährt, da es sich ja um Zellbildungen handelt, die dem normalen Gewebe hinsichtlich des Ortes, des Auftretens und hinsichtlich der Gestaltung der betreffenden Zellen fremd sind.

Hinsichtlich der Entstehung der tuberkulösen Riesenzellen stehen sich 2 Auffassungen gegenüber, und zwar die der syncytialen Verschmelzung mehrerer Zellen und die der amitotischen Teilung.

Bei der Wucherungstheorie wird von den verschiedenen Forschern die amitotische Teilung hervorgehoben, die eine Umwandlung der Epitheloidzellen und der Reticulumzellen der tuberkulösen Gewebe zu den Riesenzellen bewirken soll. Die verschiedensten Forscher setzen sich für diese Theorie ein, wie Weigert (1094), Wakabayashi (1066,1067), Herxheimer (370), Castrén. Hauptsächlich wurde die amitotische Teilung aus dem Fehlen der Mitosen erschlossen [Herxheimer und Roth (372)], was nach unserer Ansicht keinen eindeutigen Beweis ausmacht. Immerhin erscheint die Vermehrung der Kerne allein bei der tuberkulösen Riesenzelle glaubhaft, man kann auch bei den bereits ausgebildeten Zellen deutliche Einschnürungen und Abtrennungen von Kernsegmenten beobachten. Wenn wir an früherer Stelle die amitotische Zellteilung abgelehnt haben und derartigen ähnlichen Erscheinungsformen zum mindesten einen nekrotischen Zug aufgeprägt haben, so müssen wir hier bemerken, daß eine amitotische Zellteilung bei den Riesenzellen keineswegs in Betracht kommt, es handelt sich nur um direkte Teilung der Kerne allein. Die tuberkulösen Riesenzellen zeigen bereits eine Hinfälligkeit, volllebensfähige Zellen können diese Elemente nicht darstellen. Da die Mitosen und die Amitosen immer Teilungen ganzer Zellen bedeuten sollen, so ist es gerechtfertigter, nach Bakacz (44) die Vorgänge an dem Kern der tuberkulösen Riesenzellen mit der Bezeichnung Kernwucherungen zu belegen.

Als hauptsächlicher Vertreter der Konfluenztheorie muß Marchand (637) bezeichnet werden, wenn er auch die Entstehung der Langhansschen Riesenzellen durch Kernwucherungen zugibt. Als weitere Vertreter der Konfluenztheorie müssen bezeichnet werden Yersin, Kostenitsch und Wolkow, Borrel, Miller, Joest und Elmshoff,

KIYONO, DEMBINSKI, MARCHAND, KRAUS, MEDLAR, TÖPPICH. MAR-
CHAND (637) nimmt an, daß eine Verschmelzung von Zellen zustande
kommt, die vorher durch Teilung entstanden sind, doch soll die nachträgliche Teilung der Kerne im verschmolzenen Protoplasma von der
erst genannten Erscheinung nicht grundsätzlich getrennt werden. Wir
müssen diesen Anschauungen von MARCHAND (637) beipflichten, daß
Wucherungs- und Verschmelzungstheorie keinen besonderen Gegensatz
bilden, daß die Unterschiede keineswegs grundsätzlicher Natur sind.

Wie auch die Bildung der Riesenzellen sein mag, das Auftreten dieser
Gebilde spricht im Sinne ausgesprochener resorptiver Beanspruchung der
Zellen, die Riesenzellbildung ist der Ausdruck einer besonderen
resorptiven Beanspruchung von Bildungszellen. Diese funktionelle Anschauung erscheint gerechtfertigt durch die Betrachtung der
Fremdkörperriesenzellen, deren resorptive Natur sicher steht und die
formal den LANGHANSschen Riesenzellen sich angleichen. Auch die in
den LANGHANSschen Riesenzellen ersichtliche deutliche Verdauung der
phagocytierten Tuberkelbacillen spricht in diesem Sinne.

Als bemerkenswert für die tuberkulösen Riesenzellen erscheint die
ausschließlich periphere Lagerung der Kerne und hauptsächlich aus
diesem Grunde sind die LANGHANSschen Riesenzellen von den STERN-
BERGschen Riesenzellen verschieden. Nach den Untersuchungen von
WEIGERT (1094) soll es sich um zentrale Nekrosen des Protoplasmas
handeln. Das Vorhandensein derartiger Zustände wird in der modernen
Zellehre abgelehnt, auch bei den LANGHANSschen Riesenzellen hat sich
diese Nekrose in späteren Untersuchungen [HERXHEIMER und ROTH (372)]
als Zentralkörperchen und als Mitochondriensammlung herausgestellt.
Nur BAKACZ (44) vertritt noch die Ansicht der zentralen Nekrose in den
Riesenzellen.

Wie aber auch die verschiedenen Ansichten über die zentralen Abschnitte der Riesenzellen lauten mögen, so erscheint es doch nicht gerechtfertigt, die periphere Lagerung der Kerne als rein mechanisch entstanden
hinzustellen. Entsprechend unseren Ausführungen kann weder die Kern-
gestaltveränderung noch die Kernverlagerung in einer Zelle durch Verdrängungserscheinungen von Zelleinschlüssen hervorgerufen werden,
vielmehr handelt es sich um funktionelle Zustände, die derartige Veränderungen bewirken. Die Verlagerung der Kerne haben wir zurückgeführt auf besondere lokale funktionelle Beanspruchungen der Zellen.
Wenn wir auch bei der tuberkulösen Riesenzelle keine morphologisch
sichtbaren Anhaltspunkte für diese unsere Anschauung geltend machen
können, so sei doch das funktionelle Moment von vergleichend-cytolo-
gischem Gesichtspunkte als ursächliches hingestellt. Daß die gestaltlichen
Veränderungen des Kernes bei der Entwicklung der Riesenzellen mit
den resorptiven Anforderungen dieser Zellen in Zusammenhang gebracht
werden müssen, bedarf keiner weiteren ausführenden Erläuterung.

Die Fremdkörperriesenzellen.

Die Bildung der Fremdkörperriesenzellen ist entweder auf die mechanischen Einwirkungen der Fremdkörper, auf chemische oder auf resorptive
Momente zurückzuführen. Eine Abgrenzung der auf diese verschiedene

Art zustande kommenden Riesenzellen ist bisher nicht möglich. Hauptsächlich sind es die schwer oder gar nicht resorbierbaren Fremdkörper, die nach Marchand (637) die Bildung der Fremdkörperriesenzellen aus den verschiedenartigen mesenchymalen Zellen, hauptsächlich des lockeren Bindegewebes, hervorrufen. In der Bauchhöhle spielen dabei die Deckzellen des Bauchfells eine besondere Rolle.

Es sind die schwer resorbierenden Fremdkörper, die an den verschiedenen Stellen des Organismus die Bildung der Fremdkörperriesenzellen bewirken. So konnte die Bildung derartiger Zellen von den verschiedenen Autoren nach Einverleibung von Schwammstückchen in die Lymphknoten, nach Einführung von Weizenstärke in die Bauchhöhle [Büngner (111)], von Kieselgur in die Bauchhöhle [Podwyssozki (785)], nach Einspritzung von Gichtkrystallen [Freudweiler (232), His] beobachtet werden.

Betreffs ihrer Entstehung und der funktionell-morphologischen Bedeutung müssen dieselben Grundsätze gelten, die wir bei den tuberkulösen Riesenzellen geltend gemacht haben. Auch hier kommen für die Entstehung außer den mesenchymalen Zellen jeglicher Art auch die epithelialen Zellen in Betracht [Marchand (636)], auch hier handelt es sich bezüglich der Entstehung um die Frage, ob eine Wucherung oder ein Zusammenfließen der Zellen statthat. Auf Grund aller dieser Zusammenstellungen müssen wir feststellen, daß die Bildung der Fremdkörperriesenzellen eine Überbeanspruchung der resorptiven Funktion durch die Zellen darstellt. Auch die Einschnürungen und Zerschnürungserscheinungen am Zellkern sprechen für die resorptiven Vorgänge. Aber nicht nur die schlecht resorbierbaren Stoffe führen die Bildung der Fremdkörperriesenzellen herbei, es kommt auch zu entsprechenden Zellbildungen bei der Überpflanzung von Fettgewebe [Marchand (637), Rehn (808)].

Die sonstigen resorptiven Riesenzellbildungen.

Bei der Bildung der Fremdkörperriesenzellen ist die resorptive Funktion in den Vordergrund gerückt worden. Nicht nur die mechanischen, sondern auch die chemischen und bakteriell-toxischen Einflüsse können nach Marchand zur Bildung von Riesenzellen führen. Wir müssen feststellen, daß keine Gleichheit, aber grundsätzlich Übereinstimmungen zwischen den Fremdkörperriesenzellen und den Langhansschen Riesenzellen bestehen, weshalb gewisse gemeinsame ursächliche Momente für beide Erscheinungsformen gesucht werden müssen. Sicherlich sind es auch toxische Stoffe, die bei den schwer resorbierbaren Fremdkörpern für die Riesenzellbildung verantwortlich gemacht werden müssen, vielleicht kommen auch die durch den Fremdkörper bewirkten Gewebsnekrosen und die dabei freiwerdenden Eiweißprodukte als ursächliches Moment in Betracht. Für diese unsere Ansicht spricht der Umstand, daß bei reaktionslos einheilenden Fremdkörpern keine Riesenzellbildung festgestellt werden kann.

Auch andere resorptive Erscheinungen lösen die Bildung von Riesenzellen aus. So konnte Siegmund nach Sensibilisierung von Kaninchen mit Colibacillen und mit artfremdem Eiweiß in den Lebercapillaren Riesenzellen feststellen, die nach seiner Ansicht aus den Endothelien der Capillaren hervorgegangen sein sollen, nach unserer Ansicht vielmehr durch Verschleppung aus der Blutbahn dorthin gelangt sein dürften. Bei den Cholesterinablagerungen beobachtete VERSÉ (1060) Riesenzellentstehung aus Sternzellen. Bei alkoholischen Lebernekrosen zeigen sich nach PODWYSSOZKI (786) Riesenzellen am Nekrosenrande.

Daß bei entzündlichen Erkrankungen Riesenzellen auftreten können wie bei der Lymphogranulomatose und beim Gumma, ist bekannt und bedarf keiner weiteren Erörterung. Der Mechanismus der Bildung der Riesenzellen ist grundsätzlich derselbe wie bei sonstigen Bildungen dieser Zellen, nur durch die Besonderheit der toxischen Substanzen verschieden. Es lassen sich fädige Einschlüsse innerhalb der Riesenzellen bei der Lymphogranulomatose nach KUCZYNSKI und HAUCK (530) beobachten, was für bakterielle Ursachen ihrer Entstehung sprechen soll.

Die Fremdkörperriesenzellen unterscheiden sich in gestaltlicher Hinsicht von den LANGHANSSCHEN Riesenzellen. Diese Unterschiede beziehen sich auf die Art und Menge der eingeschlossenen Kerne, ferner auf ihre Lagerung. Wie wir bereits hervorgehoben haben, sind diese Unterschiede keineswegs grundsätzlicher Natur, vielmehr sind sie auf die verschiedenen resorptiven Leistungen dieser Zellen und auch auf die stärkere Hinfälligkeit der tuberkulösen Riesenzellen zurückzuführen.

Die Riesenzellen in der Gewebskultur.

Das Auftreten von Riesenzellen in der Gewebskultur ist ein sehr häufiges, es ist der Mechanismus der Riesenzellenbildung ein ganz anderer als bei den vorher beschriebenen Zuständen. Es handelt sich grundsätzlich um eine Verschmelzung gleichartiger Zellen, ohne daß es irgendwie zu strukturellen Umgestaltungen der Zellen kommt. Die Zellen bilden vielmehr mehrkernige Syncytien, wir sprechen mit demselben Recht von Riesenzellen wie wir bei dem syncytialen Fibrocytenzellnetz des lockeren Bindegewebes von einem Riesenzellnetz sprechen würden. Diese Beobachtung mehrkerniger Zellen in der Kultur spricht mehr dafür, daß die Bezeichnung Zellsyncytien weit mehr Berechtigung hat.

Damit soll aber nur von den Verhältnissen an der normalen Kultur geredet werden, nur von den Riesenzellen, die sich für die Verhältnisse der gewöhnlichen Gewebskultur als charakteristisch erweisen. Keineswegs soll damit geleugnet werden, daß auch die Fremdkörperriesenzellen, daß tuberkulöse Riesenzellen in der Gewebskultur unter entsprechenden Bedingungen auftreten können. Es handelt sich dann um dieselben Erscheinungen, die wir in den vorhergehenden Abschnitten eingehend gewürdigt haben.

Die Zellwucherungserscheinungen.

Neben den Erscheinungen der Speicherung und neben den strukturellen Veränderungen funktioneller Natur an den Zellen müssen noch die Wucherungserscheinungen an den Zellen eingehende Berücksichtigung finden, weil es sich hier ebenfalls um funktionelle Äußerungen der Zellen handelt. In funktionell-morphologischer Hinsicht sind die Wucherungserscheinungen als gleichwertig den Speicherungs- und den Strukturäußerungen der Zellen zu betrachten, es handelt sich um 3 verschieden morphologisch sich äußernde Erscheinungen an den Zellen. Oft tritt in derselben Weise, wie wir dies bei Betrachtung der Speichererscheinungen und der strukturellen Erscheinungen hingestellt haben, der direkt

als solcher sich ausdrückende Vorgang in den Hintergrund, er stellt
vielmehr einen Anlaß dar für die Wucherungserscheinungen. Der Wucherungserscheinung ist somit in derselben Weise wie den Strukturerscheinungen an der Zelle eine indirekte Bedeutung beizumessen, während bei
den Speichererscheinungen direkte und indirekte Äußerungen der Zelltätigkeit für die funktionelle Bewertung in Rechenschaft gezogen werden
müssen.

Bei den Wucherungserscheinungen müssen wir die örtlichen Vorgänge
von den allgemeinen Zellwucherungen abgrenzen. Nur bei eingehender
Berücksichtigung der Bedingungen der örtlichen Wucherungserscheinungen werden wir auch den allgemeinen Systemwucherungen im Organismus gerecht werden können.

Die örtlichen Zellwucherungen.
Wucherungen auf Grund unmittelbar mechanischer Reize.

Daß Zellwucherungserscheinungen am lockeren Bindegewebe und
auch sonst innerhalb des Organismus auf Grund lokaler Reizwirkungen
in Erscheinung treten können, ist bekannt. Es lassen sich auf mechanische
und auch auf infektiöse lokale Reizeinwirkungen hin die Wucherungserscheinungen beobachten.

Als Prototyp einer lokalen Wucherung ist der Fremdkörperreiz
anzusehen, wie er besonders durch die Untersuchungen von MARCHAND (637)
und seiner Schule studiert worden ist. Nicht unmittelbar machen sich
die Wucherungserscheinungen infolge Fremdkörperreiz nach MARCHAND
geltend, sondern es zeigen sich zuerst nekrotische Erscheinungen des
Gewebes, dann erst nach Ablauf derselben und Fortbeschaffung der
nekrotischen Stoffwechselprodukte durch weiße Blutzellen kommt es zu
Wucherungen der anliegenden spindeligen und sonstigen Bindegewebszellen, die die Gewebslücke ausfüllen [MARCHAND, VON BÜNGNER (111),
HERZOG (366)]. Für diese Auffassung spricht auch die Feststellung v. MÖL-
LENDORFFs (685) und aller anderer Untersucher, die lokale Reaktionen
beobachtet haben, daß die Zahl der histiocytären Zellen und der sonstigen
Gebilde, die mit der Fortschaffung des nekrotischen Materials betraut sind,
einen Indicator des quantitativen Reizzustandes des Bindegewebes darstellt.

Die von MARCHAND erhobenen Befunde am lockeren Bindegewebe
und am Netz konnten von den verschiedenen anderen Untersuchern
auch sonst bestätigt werden. So beschreibt RIBBERT (816) nach Fremd-
körpereinwirkungen auf die Lymphknoten zuerst eine Degeneration
der Markzellen, erst später kommt eine ununterbrochene Wucherung von
Reticulumzellen in den Fremdkörper (Schwamm) zustande. Bei der
Rekreation der Leber beobachtete PONFICK (792) auch erst Zellwucherungen nach Absterben und Resorption von Leberzellen. Diese Beobachtungen konnten unter anderen Versuchsbedingungen an der Leber von
PODWYSSOSZKI (785) und von HERXHEIMER und ROTH (372) eine Bestätigung finden.

Bei den infektiösen Reizen handelt es sich grundsätzlich um dieselben
Vorgänge, die bei den lokalen mechanischen Reizeinwirkungen auf die
Gewebe erörtert worden sind. Die durch den bakteriellen Infekt bedingte
Nekrose ist nur stärker ausgesprochen, auch dauert die Infiltration
der Wundumgrenzung längere Zeit an. Schließlich kommt eine Wucherung

der anliegenden Reticulumzellen zustande, während die Epithelien nur in begrenztem Umfange die Fähigkeit zur Regeneration aufweisen. Die bakterielle Zellwucherung ist in der Regel lebhafter als die rein mechanisch bedingte. Aber auch die bakterielle Wucherungserscheinung stellt eine indirekte Reizfolge dar, bedingt durch die ausgebildete Nekrose. Nur in geringerem Maße zeigt sich eine direkte Anregung zur Zellwucherung durch die Bakterien selbst und ihre Stoffwechselprodukte.

Die durch lokale bakterielle Prozesse bedingten Zellwucherungen stellen nichts anderes dar als Teilerscheinungen eines entzündlichen Prozesses, es wird von LUBARSCH (619) je nach dem Vorherrschen der Wucherungserscheinungen bei der Entzündung eine proliferative Entzündung unter anderem beschrieben. Besonders ausgesprochen sind die Wucherungserscheinungen bei denjenigen Entzündungsprodukten, die mit der Bezeichnung Infektionsgranulome belegt werden. Als Beispiel von Infektionsgranulomen sei hier die Entstehung des Tuberkels und der sonstigen durch den Tuberkelbacillus hervorgerufenen Wucherungserscheinungen der Zellen besprochen.

Es zeigen sich bei der Frage nach der Entstehung der Tuberkel in der Literatur dieselben Fragestellungen, wie wir sie auch in den unmittelbar vorhergehenden Ausführungen besprochen haben. Nach dem einen Forscher wird die direkte Wucherungswirkung des Tuberkelbacillus angenommen, während andere dagegen zuerst eine primäre Gewebsschädigung annehmen und WEIGERT (1094) mit dieser Feststellung seine Schiwatheorie zu begründen sucht, auf die wir später noch eingehend zurückkommen müssen. WEIGERT und sein Schüler WECHSBERG (1214) beobachteten durch den Tuberkelbacillus zunächst eine Gewebsschädigung, erst sekundär soll eine Wucherung stattfinden. Diese Beobachtungen konnten von VON BAUMGARTEN (57) nicht festgestellt werden, der grundsätzlich einen direkten Wucherungsreiz der Tuberkelbacillen feststellen konnte ohne irgendwelche primär sich bemerkbar machenden Nekrosen.

Die meisten mit der Tuberkelfrage beschäftigten Forscher stimmen hinsichtlich der Wucherungserscheinungen bei tuberkulösen Veränderungen den Beobachtungen von WEIGERT (1094) und seiner Schule zu. K. E. RANKE (804) sah primäre Zerfallserscheinungen unter dem Reize der Tuberkelbacillen. Nach Einspritzung von Tuberkelbacillenaufschwemmungen zeigen sich zuerst nekrotische Erscheinungen direkt an den Alveolen [WATANABE (1086a)]. Auf Grund weiterer zahlreicher dahingehender Beobachtungen müssen wir somit feststellen, daß die Ansichten von VON BAUMGARTEN (57) auf einen Beobachtungsfehler zurückzuführen sind, daß nach Ansicht von PAGEL (743) die direkte Wucherungserscheinung durch die Tuberkelbacillen heute nicht mehr als wahrscheinlich hingestellt werden kann.

Für diese indirekten Wucherungserscheinungen auf Grund der Reizwirkungen der Tuberkelbacillen sprechen auch die Erfahrungen in der Gewebskultur, wo nach Zusatz von Tuberkelbacillen nach TIMOFEJEWSKI und BENEWOLENSKAJA (1033) die Wucherungserscheinungen erst nach Absterben zahlreicher Zellen festgestellt werden können. Die Feststellungen von MAXIMOW (645), daß Tuberkelbacillen Mitosen induzieren können, konnten von TIMOFEJEWSKI und BENEWOLENSKAJA (1033) nicht bestätigt werden.

Wie aus den aus dem Schrifttum herausgegriffenen Ausführungen hervorgeht, handelt es sich bei den örtlichen Wucherungsvorgängen nicht um direkt durch äußere Anlässe bewirkte Erscheinungen, sondern die Wucherungen sind veranlaßt durch Aufsaugungswirkungen des nekrotischen Materials, das bei den lokalen Reizeinwirkungen sich immer anfindet. Immer schaltet sich zwischen äußere Ursache und Wucherungserscheinung die Nekrose ein, wodurch Eiweißstoffe freiwerden, die die Wucherungen der anliegenden Zellen bewirken. Die von den einzelnen Forschern gegebene Erklärung, daß es sich bei der lokalen Reizung einerseits um nekrotische Erscheinungen, andererseits um gleichgeordnete Wucherungserscheinungen handeln soll, läßt sich nicht aufrecht erhalten, denn deutlich läßt sich feststellen, daß eine Reaktion der entsprechenden Gewebe, auf denselben Reiz mit Nekrose oder mit Wucherung zu reagieren, bei der mikroskopischen Betrachtung nicht festgestellt werden kann, daß dagegen die Nekrose den primären Vorgang darstellt, die Wucherungserscheinungen in einem zeitlich späteren Stadium zum Ausdruck kommen. Die Bindegewebszellen, die in unmittelbarer Nähe der direkten Reizungsstelle gelegen sind, und auch die sonstigen hier befindlichen Zellen gehen zugrunde, die anliegenden Bindegewebszellen kommen dann später zur Wucherung. Die Leukocyten und die anderen angelockten Zellen saugen das nekrotische Material auf, zerfallen aber schließlich ebenfalls. Es macht sich somit ein Aufsaugungsvorgang bemerkbar, der zuerst auch zur Zerstörung der anliegenden beweglichen Zellen führt, dann erst zeigen sich die sog. Resorptionswucherungen des Bindegewebes und auch der sonstigen anliegenden Zellen. Die Bindegewebszellen stellen im allgemeinen die Zellart dar, die gegen das nekrotisierende Material am widerstandsfähigsten sind, die ungestraft im höheren Grade resorptive Funktionen diesem gegenüber in der Regel entfalten. Selbstverständlich treten dabei auch an den wuchernden Bindegewebszellen Erscheinungen auf, die wir unter dem Abschnitt der Strukturveränderungen der Zellen in resorptivem Sinne angeführt haben. Der Kern der Fibrocyten nimmt an Chromatingehalt ab, es zeigen sich reichliche Abrundungen der Bindegewebszellen zu histiocytären Gebilden, vereinzelt erscheinen auch Resorptionsvakuolen in den betreffenden Zellen, schließlich kommt in den Histiocyten auch ein stärkerer Grad von Protoplasmabasophilie zum Vorschein infolge der erhöhten Eiweißresorption usw.

Wenn wir auf Grund unserer Beobachtungen die örtlichen Wucherungserscheinungen betrachten, so stellen diese nichts anderes dar als Resorptionserscheinungen, auch die Wucherung der Zellen ist in diesem Sinne zu betrachten, denn gerade die resorptiv beanspruchte Zelle vermehrt sich. Die ruhende Zelle, die in dem Ruhestoffwechsel verharrt, kann sich nicht vermehren. Es ist gewissermaßen im Sinne von O. HERTWIG (358) das Wachstum als eine Zellvergrößerung über das individuelle Maß hinaus zu betrachten, in weiterem Sinne wie die Zellvergrößerung, was wir ja in dem betreffenden Abschnitt ausgeführt haben. Die wuchernde Zelle des lockeren Bindegewebes zeigt niemals das Aussehen des schmalen und schlanken Fibrocyten, wie er in den Lehrbüchern abgebildet ist, vielmehr weisen die Zellen an dem örtlichen Reaktionsherd das Aussehen typischer Fibroblasten auf. Dabei zeigt sich der Histiocyt als eine funktionelle Umwandlungsform der spindeligen Bindegewebszellen, die sich auch selbständig vermehrt, aber natürlich andere strukturelle Eigentümlichkeiten aufweist.

Somit müssen wir feststellen, daß die Zellwucherung als Ausdruck einer resorptiven Beanspruchung der Bindegewebs- oder der anderen anliegenden Zellen nicht direkt durch den auf den betreffenden Ort einwirkenden primären entzündlichen Reiz hervorgerufen sein kann, wie dies von von BAUMGARTEN (57) und auch nach den Untersuchungen vieler anderer Forscher, wie VIRCHOW (1062) und MARCHAND (639), angenommen wird. Es ist bemerkenswert, daß bei der Begriffsbestimmung der Entzündung nach manchen Autoren die anfängliche Nekrose in die Reihe der entzündlichen Erscheinungen gerechnet wird, daß der entzündliche Reiz einerseits eine sog. Alteration der Zellen bewirken soll [LUBARSCH (619)], andererseits als unmittelbare Folge des Reizes die Exsudation und die Wucherung, daß aber nach Ansicht anderer Forscher der Nekrose die Bedeutung einer entzündlichen Erscheinung abgesprochen werden muß, es sich vielmehr um die entzündliche Ursache handelt, auf die die übrigen Zellreaktionen bei dem Entzündungskomplex zurückgeführt werden sollen. Diesen letzteren Anschauungen möchte ich mich auf Grund der vorhergehenden Ausführungen anschließen, die Entzündung setzt sich demnach aus 2 Vorgängen zusammen, der Nekrose, die rein passiver Natur ist oder bei der vielmehr keine besonderen aktiven Erscheinungen an den Zellen mikroskopisch festzustellen sind und aus den das nekrotische Material resorbierenden Vorgängen, zu denen die Ansammlungen der verschiedenartigen beweglichen Zellen gehören, die strukturellen Veränderungen an beweglichen und fixen Zellen und die Wucherungserscheinungen. Es geht bei Überbeanspruchung der resorptiven Funktion manche Zelle zugrunde. Schließlich wird der ganze nekrotische Herd, bestehend aus beweglichen und seßhaften Zellen, von reichlichen spindeligen und runden Zellen ausgefüllt. Nach Abschluß der Aufsaugungserscheinungen kommen die Zellen wieder zur Ruhe, die Zelle nimmt an Umfang ab, die strukturellen Funktionserscheinungen verschwinden an der Zelle.

Wir wollten hier unseren Ansichten weiteren Spielraum lassen, um der Meinung stärkeren Ausdruck zu verleihen, daß die Wucherungserscheinungen in demselben Sinne wie die strukturellen und die Speichererscheinungen auch einen Ausdruck gesteigerter resorptiver Tätigkeit der Zelle darstellen. Es kann die Frage nicht näher erörtert werden, welche Funktion durch die jeweiligen mikroskopisch ersichtlichen Zellveränderungen in dem einzelnen Fall wiedergegeben wird. Über diese Frage sind wir vorläufig zu wenig unterrichtet. Über die Bedeutung der strukturellen und der sonstigen mikroskopisch erkennbaren Funktionserscheinungen bezüglich des Reizbegriffes soll in dem abschließenden allgemeinen Kapitel näher eingegangen werden.

Die Zellreaktionen bei Gewächsen.

In derselben Weise wie jeder andere Fremdkörper löst auch ein Gewächs Zellreaktionen in seiner unmittelbaren Umgebung aus. Nähere Beachtung hat diesen Zellreaktionen zuerst BASHFORD (52) mit seiner Schule geschenkt und die immunisatorische Ansprechbarkeit des Organismus gegenüber einem Gewächs mit diesen Zellreaktionen in Zusammenhang gebracht.

BASHFORD (53) geht bei seiner Arbeit von dem Gedanken aus, daß bei der Überpflanzung von Gewächsen nur die eigentlichen Geschwulstzellen verimpft werden, während das Stroma von dem Wirtsorganismus geliefert wird. Von der Entwicklung dieses Reticulums hängt überhaupt das Angehen der Geschwulst ab, andernfalls müssen die überimpften Teile aus Mangel an Ernährungsmöglichkeit eingehen. Andererseits muß nach DA FANO (203) das umliegende Bindegewebe eine resorbierende Wirkung auf die Gewächszellen ausüben. Die aktive Immunität gegenüber Geschwulstzellen äußert sich gerade in dieser Eigenschaft, es kommt an den Degenerationsstellen rasch ein resorptives Reaktionsgewebe zustande, das sich hauptsächlich aus Lymphocyten und Plasmazellen zusammensetzt.

Es wird somit die Ansicht vertreten, daß die Areaktivität eines Organismus mit einem Ausbleiben einer jeglichen örtlichen Zellreaktion gegenüber Impfgewächsen verbunden ist, wodurch das Geschwulstmaterial eingehen muß. Die absterbenden Zellen lösen dann ein Reaktionsgewebe von seiten des Wirtsorganismus aus. Andererseits wird noch ein anderer Immunitätszustand des Organismus gegenüber einem Tumor angenommen, der in besonderer Aktivität der umliegenden Zellen begründet sein soll.

Beobachtungen über einen areaktiven und einen reaktiven Typ der Reizbeantwortung bei den Geschwulsttieren wurden von allen Untersuchern festgestellt, die sich mit der Frage der morphologischen Tumorimmunität befaßten, nur weichen die Ansichten der einzelnen Forscher über die Deutung dieser beiden Reaktionstypen für die Immunität stark auseinander. Nicht die Areaktivität soll der Ausdruck einer Immunität sein, sondern gerade die starke Reaktion des umliegenden Bindegewebes mit Rundzellansammlung soll den Untergang der Gewächse bewirken, wie dies RUSSEL in seinen Arbeiten ausdrücklich hervorhebt. Es wird bestätigt, daß die alleinige Gefäßausbildung das Angehen der Gewächse erleichtert, daß dagegen die Wucherung von zahlreichen Polyblasten und Fibroblasten in den Pfröpfling hinein eine Kompression und Atrophie der vorhandenen Krebszellen bewirkt. Die Ansicht der primären Wucherung des Bindegewebes und Erdrückung der Tumorzellen hat in neuerer Zeit wieder zahlreiche Anhänger gefunden, und zwar soll die Wirkung der Strahlen auf das Carcinom letzten Endes auf die Wirkung des umliegenden peritumoralen Gewebes zurückzuführen sein, das sich in lebhafter Wucherung anfindet. So nimmt EXNER bei der Wirkung der Radiumstrahlen eine mechanische Erdrückung des Gewächses durch die wuchernden Bindegewebszellen an, auch PENTIMALLI (767) schließt sich diesen Anschauungen an bezüglich der Wirkung des Mesothoriums. Vor allem ist es aber die OPITZsche Schule gewesen, die in der primären Wucherung des umliegenden Bindegewebes den Ausdruck der Abwehr des betreffenden Organismus sieht. Der Erfolg der angewendeten Strahlenmenge soll nach OPITZ (735) in der Wucherung der umliegenden Bindegewebszellen bestehen, eine direkte Strahlenwirkung auf die Krebszellen solle im Sinne von ASCHOFF nicht zustande kommen. So beobachtete VORLÄNDER (1064) unter diesen Umständen eine Wucherung von Fibroblasten und Vermehrung der Histiocyten. Nach KOK (488) sind gerade die mittelstarken Röntgenreizdosen von besonderer Wirksamkeit, auch OTTO STRAUSS (1002) sucht durch Röntgenstrahlen eine Wucherung des peritumoralen Bindegewebes zu bewirken. Die Bedeutung des umliegenden Bindegewebes für die Zerstörung des Krebses soll nach TEILHABER (1027) noch dadurch zum Ausdruck kommen, daß bei alten Leuten ein zellarmes Bindegewebe in der Regel angetroffen wird, das nicht genug Rundzellen aufbieten kann, um dem Geschwulstwachstum Einhalt zu gebieten. Auch VON HANSEMANN (327) beobachtete Bindegewebsentwicklung kurze Zeit nach Bestrahlung von Carcinomen. Auf die Bedeutung der Leistungssteigerung des Bindegewebes wiesen noch besonders KRÖNIG und FRIEDRICH, STEPHAN (987) und TEILHABER (1026) hin. Es muß ein Strahlenerfolg mit der geringstmöglichen Dosis angestrebt werden.

Andere Forscher dagegen sehen diese reaktiven Erscheinungen als sekundäre an, bedingt durch den primären Zerfall des Gewächses und durch die dadurch bewirkten Aufsaugungserscheinungen. VON DUNGERN und COCA (171) sahen bei immunen Kaninchen eine Ansammlung von zahlreichen Makrophagen um die Geschwulst herum, während bei normalen Kaninchen hauptsächlich Lymphoidocyten und Plasmazellen anzutreffen sind. Es werden diese Erscheinungen als lokale Überempfindlichkeitszeichen gedeutet. Das Verschwinden der Tumorzellen wird von den betreffenden Forschern vom serologischen Standpunkt gedeutet, die resorptiven Erscheinungen machen sich bei Normaltieren und Immuntieren nur in anderer Weise geltend. Zu demselben Standpunkt kommt auch GOLDMANN (269), der eine Beständigkeit der Zellreaktion bezüglich der Zusammensetzung aus bestimmten Zellen abstreitet, die Reaktion überhaupt auf das herdweise Absterben der Tumorzellen zurückführt. Die ausbleibende Gefäßentwicklung kann auch nach GOLDMANN (269) für das Nichtangehen der Geschwulstpfröpflinge nicht verantwortlich gemacht werden, denn es gelang eine einwandfreie Verimpfung von Chondromen im Bauchfell und Netz, obwohl an diesen Stellen keine Gefäßentwicklung angetroffen werden konnte. Aus der Zellreaktion kann nach GOLDMANN hinsichtlich des Resistenzgrades des Wirtstieres kein Schluß gezogen werden. Ferner hebt ANITSCHKOFF (18) hervor, daß eine reichliche Ansammlung von lymphoiden Zellen überall dort stattfindet, wo eine besondere Wachstumsstärke des Gewebes angetroffen wird. Das Auftreten von Polyblasten wird durch eine besondere Menge nekrotischen Materials bedingt. Ein Unterschied zwischen immunisierten und nicht immunisierten Tieren macht sich nach ANITSCHKOFF dahingehend bemerkbar, daß bei diesen Tieren nach längerer Zeit eine stärkere Fibroblastenwucherung zustande kommt, während in der ersten Zeit keine bedeutenderen Unterscheidungen ersichtlich sind.

Es hat sich somit die Fragestellung seit den Untersuchungen von BASHFORD (52) und seiner Schule bezüglich der Gewebsimmunität verschoben. Während BASHFORD nur zuweilen eine Reaktion des umliegenden Bindegewebes bei den angehenden Geschwulsten entsprechend der Immunitätslage des Organismus beobachtet hatte, wurde im Gegenteil von den späteren Untersuchern in den meisten Fällen eine Reaktion des anliegenden Bindegewebes festgestellt, die zuweilen als sekundäre hingestellt werden muß und die sich hinsichtlich ihrer zelligen Zusammensetzung verschieden verhielt. Es war nunmehr die Frage zu klären, ob überhaupt die Zellreaktion der Umgebung primär entstanden ist und so auf den Tumor selbst einwirkt oder ob die untergehenden Zellen des Gewächses nur sekundär Wucherungserscheinungen auf das umliegende Bindegewebe auslösen. Wir wissen ja, wie aus den vorhergehenden Ausführungen über

die lokalen Zellwucherungen hervorgeht, daß die Aufsaugung von zerfallenen Zellen und ihrem frei gewordenen Eiweißmaterial eine besondere
Wucherung der anliegenden Zellen bewirkt und somit war die Möglichkeit
gegeben, daß der Untergang der Geschwulstzellen dieselben Reaktionserscheinungen bewirkt. In dem Kampfe der einzelnen Meinungen hat
man sich bisher für keine besondere Ansicht entschieden; aber der
Umstand, daß von den verschiedenen Forschern verschiedene Zellen bei den reaktiven Zellveränderungen des Mutter-
mesenchyms beobachtet worden sind, legt die Ansicht nahe,
daß einer besonderen Zellart wohl keine spezifische ge-
schwulstzerstörende Wirkung zugesprochen werden darf.

Bemerkenswert ist nun, daß nicht allein das anliegende lockere
Bindegewebe besondere Zellreaktionen gegenüber Gewächse erkennen
läßt, daß auch in anderen anliegenden Geweben Zellreaktionen ausgelöst
werden, die sich hinsichtlich der Gewebsart verschieden verhalten. Beim
Hineinwuchern der Zellen des Mäusecarcinoms in die Muscularis
beobachtete ANITSCHKOFF (18) eine direkte Anlagerung der Krebszellen
an die Muskelzellen, ohne daß besondere Bindegewebselemente gebildet
werden. Nach NEUBÜRGER und SINGER (702) wachsen die Tumorzellen
in das Gehirn meist infiltrierend mit verschieden starker Wucherung
der Gliaelemente und Aufnahme der Zerfallsprodukte in Körnchenzellen;
in dem Kleinhirn wird die abstützende gliöse Wucherung besonders von
den HORTEGAzellen geleistet. Nach STUMPF (1008) ist die Reaktion des
Nierengewebes gegenüber einem eingeimpften Gewächs gering, dagegen
zeigen sich in den anliegenden Harnkanälchen mehrfache hyaline Zylinder.
Nach 8 Tagen schiebt sich Bindegewebe zwischen die einzelnen Gewächszellen zapfenartig durch und liefert somit das Tumorstroma. Bei einem
Alter von 4 Wochen zeigen sich Infiltrationen von Mesenchymzellen nur
dort, wo Tumorgewebe zugrunde geht. Die Verschiedenartigkeit der
Reaktivität der umliegenden Gewebe und verschiedenen Organe hat
KEYSSER (1185) zu einem besonderen Gegenstand der Forschung bei
den Mäusetumoren gemacht. Von dem Zustand der Reaktivität des
umliegenden Gewebes soll nach diesem Autor auch die Möglichkeit der
Ausbildung von Metastasen in Abhängigkeit stehen.

Somit scheint auch aus den verschiedenen Reaktionstypen der einzelnen
Gewebe hervorzugehen, daß bestimmte Zellreaktionen bei dem Tod oder für
das Zugrundegehen der Gewächszellen nicht verantwortlich gemacht werden
dürfen. Doch dürfen wir aus den ganzen vorliegenden Arbeiten noch
keine eindeutigen Schlüsse über die Bedeutung des peritumoralen Bindegewebes ziehen, da die wechselnden Konstellationen, bei denen die einzelnen Untersuchungen stattfanden, keineswegs klarliegend zur Beurteilung der Untersuchungsbefunde herangezogen werden konnten. Aus
diesem Grunde erschien es notwendig, daß von einzelnen Forschern das
ganze Problem des peritumoralen Gewebes unter normalen Verhältnissen
und unter den verschiedenartigsten wechselnden Bedingungen des Versuches noch einmal vollkommen neu untersucht und verarbeitet werden
mußte, nur auf diese Weise wird man der immunisatorischen Bedeutung
des um die Gewächse gelegenen Bindegewebes voll und ganz gerecht
werden können.

Derartige ausführliche Untersuchungen sind bereits von ANITSCH-KOFF (18) vorgenommen worden.

Er arbeitete mit einem Adenocarcinom und mit einem soliden Carcinom an der weißen Maus. In den ersten Stunden zeigten sich deutliche polymorphkernige Leukocyten nach der Überimpfung, in dem späteren Stadium erscheinen die Fibroblasten mehr abgerundet, gleichsam mit eingezogenen Fortsätzen. Nach 18 Stunden fanden sich protoplasmareichere Zellen nach dem Typ der MAXIMOWschen Polyblasten. Nach 42 Stunden nehmen die Fibroblasten weiter an Umfang zu, außerdem kommt es zu einer Wucherung des anliegenden Capillarendothels. An einzelnen Stellen zeigt der Krebs Ansammlungen von lymphoiden Rundzellen, besonders dort, wo es sich um einen besonders starken Wachstumsgrad des Gewächses handelt. Das Vorkommen von Polyblasten wird durch eine besondere Masse nekrotischen Materials bedingt. Der Unterschied zwischen der Reaktion von normalen und immunisierten Mäusen besteht nach ANITSCHKOFF darin, daß bei jenen eine schwächere Wucherung der seßhaften Bindegewebszellen zustande kommt. Die Veränderungen der Krebszellen und des anliegenden Mesenchyms an der Muscularis ist von uns bereits vermerkt worden.

Wenn wir diese Untersuchungen von ANITSCHKOFF überblicken, so machen sich dieselben Gesetzmäßigkeiten betreffs der Reaktion des umliegenden Bindegewebes geltend, wie wir sie bei den lokalen Infekten bei normalen und immunisierten Tieren entsprechend beobachten können. Bei den Immuntieren ist die Fibroblastenreaktion besonders ausgebildet. Andererseits läßt sich aus den Untersuchungen von ANITSCHKOFF feststellen, daß die Reaktion des umliegenden lockeren Bindegewebes denselben Gesetzen gehorcht, wie dies bei den rein lokalen infektiösen und mechanischen Traumen der Fall zu sein pflegt. Zuerst kommt es zu einer örtlichen Nekrose, dann machen sich Resorptionserscheinungen dahingehend bemerkbar, daß es zu einer Ansammlung von polymorphkernigen, dann von lymphoiden Rundzellen kommt. Schließlich kommt es zu mitotischer Vermehrung von Fibroblasten, die dann das ganze Gewächs einhüllen, besonders an den Stellen, wo sich ein besonders starkes Wachstum der Geschwulst mit ihren parenchymatösen Zellen bemerkbar macht. An den Bindegewebszellen zeigen sich neben den Wucherungen alle Zeichen einer resorptiven Beanspruchung. Zunächst zeigen sich Vergrößerungen der betreffenden spindeligen Zellen zu richtigen Fibroblasten, weiterhin zeigt sich eine Abblassung und Lockerung des Chromatingehaltes des Kernes, schließlich machen sich Erscheinungen geltend, die in einem Auftreten von Vakuolen innerhalb der betreffenden Zellen bestehen. Andererseits zeigen die Abschnitte des Gerüstes, an denen das Gewächs stärkere Absterbeerscheinungen erkennen läßt, besonders starke Ansammlungen von Polyblasten, die auch in allen Stadien des Zerfalls angetroffen werden können.

An Hand eines großen Sektionsmateriales sah sich W. FISCHER (215) veranlaßt, die Angaben über die Gewebsreaktionen in der Umgebung von Gewächsen einer Nachprüfung zu unterziehen. Er kommt mit seinem Schüler BÖHMIG (93) zu dem Schluß, daß bei ein und demselben Gewächs an den verschiedenen Stellen je nach dem Charakter des anliegenden Gewebes die Reaktionsverhältnisse verschieden sind.

Infiltrate in der Umgebung werden bei beginnenden Krebsen vermißt. Bei allen fortgeschrittenen Krebsen fehlt ein fortgeschrittener Zellzerfall der Umgebung, es finden sich nur einige lokale Infiltrate um besonders schnell wachsende Krebsabschnitte. Das Eigenstroma der Geschwulst ist immer weniger zellig durchsetzt, als das Gewebe der Umgebung. Perivasculäre Zellansammlungen werden nie vermißt, auch nicht bei weiter fortgeschrittenen

Krebsen. Die zellige Zusammensetzung der Infiltrate ist bei den Gewächsen der verschiedenen Organe sehr verschieden, aber auch bei demselben Gewächs an verschiedenen Stellen je nach dem angrenzenden Gewebe wechselnd. Die Stromareaktion fehlt regelmäßig bei Verwuchern des Krebses in vorgebildete Hohlräume.

Demnach nimmt W. Fischer an, daß die Infiltration eine Folgeerscheinung der Zerstörung des vorgebildeten Gewebes darstellt. Man kann nach ihm unbedenklich die Gesamtheit der Stromareaktion als entzündliche auffassen.

Diese Beobachtungen und Anschauungen von W. Fischer geben im wesentlichen die Problematik und die Verwicklung der Bedingungen wieder, unter denen die verschiedenen Zellwucherungen um die Krebse entstehen und inwiefern die Zellreaktion als Immunreaktionen anzusehen sind. Es sind dies Beobachtungen und Schlüsse, zu denen teilweise auch Wallbach (1076a) bei seinen Untersuchungen über das Verhalten des Bindegewebes um ein polymorphzelliges Mäusesarkom kommen konnte.

Wallbach beobachtete das Reaktionsgewebe bei annähernd gleich aussehenden Gewächsen verschiedener Tiere in denselben Körper- und Gewebsteilen und mußte feststellen, daß die Reaktionsfähigkeit der einzelnen Tiere eine verschiedene ist, daß derselbe Reiz, der durch den sich ausbreitenden Impftumor sich bemerkbar macht, in dem einen Falle eine starke Wucherung, in dem anderen keine Reaktion des lockeren Bindegewebes auslöst. Nach der Stärke und Art der reaktiven Erscheinungsformen konnte Wallbach 4 Reaktionstypen unterscheiden, und zwar den areaktiven Typ, der keine Veränderungen der umliegenden Gewebsteile erkennen läßt und bei dem die Reticulumzellen des anliegenden lockeren Bindegewebes unmittelbar in diejenigen des Gewächses übergehen. Der lymphocytäre und der histiocytäre Typ beschränken sich meist auf Ansammlungen von beweglichen Zellen, wobei auch bei der histiocytären Reaktion Wucherungserscheinungen eine besondere Rolle spielen können. Schließlich ist als der 4. Typ an dem lockeren Bindegewebe der fibroblastische Typ hervorzuheben, bei dem das umliegende Gewebe eine starke Wucherung der anliegenden spindeligen Zellen erkennen läßt.

Wallbach (1076a) beobachtete die Reaktionserscheinungen ferner bei der weißen Maus an Hand verschiedener Sarkom- und Krebsstämme.

Bei einem polymorphzelligen Sarkom fand sich eine Areaktivität des umliegenden lockeren Bindegewebes, die Reticulumzellen oder vielmehr die fibrocytären Zellen der Umgebung gehen unmittelbar in das Reticulum des Sarkoms ohne Unterbrechung über. Bei einem soliden Mäusecarcinom kam es zu einer geringen Ansammlung von lymphoiden Rundzellen. Und auch bei anderen Mäusegeschwulststämmen zeigte sich ein verschiedenartiges bestimmtes Verhalten des umliegenden Bindegewebes.

Es war notwendig, die Beobachtungen über das Verhalten des umliegenden Gewebes in seiner topographischen Anordnung genau festzulegen. Bei Berücksichtigung der Reaktionserscheinungen, die durch die betreffenden Geschwulststämme sich bemerkbar machen, zeigen sich Verschiedenheiten bezüglich der angrenzenden Gewebsart, worauf schon oben hingewiesen worden ist. Die vier beschriebenen

Reaktionstypen konnten nur in dem angrenzenden lockeren Bindegewebe aufgefunden werden, nicht aber in dem straffen Bindegewebe und in der Muscularis. Das straffe Bindegewebe zeigt überhaupt kein reaktives Verhalten gegenüber nicht nekrotischen Abschnitten des Gewächses. Die Muscularis läßt höchstens eine Ansammlung von lymphoiden protoplasmaarmen Zellen erkennen, in dem dann erst angrenzenden lockeren Bindegewebe zeigen sich dann die jeweilig für dasselbe charakteristischen Reaktionsvorgänge.

Die für das Gewächs bemerkenswerten Reaktionserscheinungen dürfen nur an der Grenze der gut erhaltenen Geschwulstabschnitte einer vergleichenden Betrachtung unterzogen werden. Da die Gewächse reichlich nekrotische Abschnitte aufweisen, die auch an den Rändern angetroffen werden können, so sind die reaktiven Erscheinungen in der Umgebung der Nekrosen für die Betrachtung des Immunitätsgeschehens auszuschließen. An den nekrotischen Abschnitten finden sich immer stärkere Ansammlungen histiocytärer Zellen, wie dies auch von ANITSCHKOFF (18) hervorgehoben worden ist. Diese Zellen lassen alle Zeichen von Aufsaugungserscheinungen erkennen.

WALLBACH (1076 a) konnte auch die Reaktionserscheinungen an der Geschwulstumgebung durch Zuführung von beeinflussenden Stoffen umstimmen. Durch Vorbehandlung weißer Mäuse mit Jodoform, Röntgenstrahlen, Sonnengelb, Lithioncarmin, Oxaminschwarz ließ sich die Areaktivität des peritumoralen Bindegewebes bei dem betreffenden polymorphzelligen Sarkomstamm nicht beeinflussen, das Bindegewebe zeigte also dieselben Erscheinungen wie bei den unbeeinflußten Vergleichstieren. Histiocytäre Zellreaktionen wurden hervorgerufen durch vorherige Einspritzung von Nutrose und Benzol, lymphocytäre durch Pepton und Chloroform. Fibroblastische Reaktionen zeigten sich unter der Einwirkung von Isaminblau. Alle diese Reaktionsformen spielten sich in dem anliegenden lockeren Bindegewebe ab, das nicht an nekrotische Abschnitte angrenzte. In dem geformten Bindegewebe ließen sich keine Zellreaktionen feststellen. In der Muscularis zeigten sich bei sonstiger histiocytärer Zellreaktion des anliegenden lockeren Bindegewebes nur lymphoide Rundzellen im Zwischengewebe. Irgendwelche Beeinflussungen des Geschwulstwachstums ließen sich bei den sehr virulenten Stämmen nicht erzielen.

Diese Zellreaktionen sind ohne Zweifel hauptsächlich Folgeerscheinungen der Nekrosen, in derselben Weise, wie wir es bei den örtlich reaktiven mechanischen und infektiösen Erscheinungen gesehen haben. Einerseits weist das Gewächs eine große Hinfälligkeit seiner Zellen auf, die dadurch entstandene Nekrose zeigt eine Verarbeitung ihrer Eiweißabbauprodukte durch histiocytäre Zellen, die sich vermehren und auch sonst in ihrer Gestalt alle Erscheinungen der stattfindenden Resorption anzeigen. Andererseits verursacht auch der unversehrte Teil des Gewächses bei seiner Ausbreitung reaktive Erscheinungen, die nicht so sehr in direkten Reizwirkungen auf das umliegende und anliegende Gewebe beruhen, sondern die bei der Ausbreitung des Tumors entstehenden Nekrosen des Bindegewebes oder des sonstigen Mutterbodens wirken proliferierend oder anlockend auf die weiter umliegenden Bindegewebszellen oder auf die Blutzellen. Die Nekrose des Mutterbodens entzieht sich natürlich ihrer Sichtbarkeit, da diese Partie sofort von dem sich ausbreitenden Tumor eingenommen wird. Es muß nur bemerkt werden, daß die spindeligen Bindegewebszellen erhalten bleiben, wenigstens in ihrer großen Zahl, so daß ein Stroma für den sich anschließenden Krebs gebildet wird. Denn wir müssen die Lehre von Da Fano (203) anerkennen, daß die Parenchymzellen der Gewächse allein bei der Impfung übertragen werden, daß der Wirtsorganismus für die Ernährung des betreffenden Gewächses ein eigenes Stroma liefern muß, falls es festen Fuß fassen soll. Diese Stromabildung ist unmittelbar nach der Impfung nicht abgeschlossen, sondern sie bleibt weiter bestehen bei einer Ausbreitung des Gewächses selbst. Die Stromazellen zeigen selbst nur sehr geringe Vermehrung, was aus der Geringgradigkeit der Mitosen im Verhältnis zu denen des Geschwulstparenchyms erschlossen werden muß. Die Trennung zwischen Parenchym und Stroma muß auch für die Sarkome vorgenommen werden. Es kann nach Borst (101) bei den Sarkomen eine Trennung zwischen Parenchym und Stroma außerordentlich schwierig sein. Das Reticulum ist aber nicht zu dem Sarkomparenchym zu rechnen. Nur in einigen wenigen Fällen kann nach Borst das Sarkom selbst faserige Zwischensubstanzen und retikuläre Gerüste liefern.

In der Umgebung der Gewächse zeigen sich also nach vorliegenden Untersuchungen die bemerkenswerten Zellansammlungen, wie diese von den verschiedenen Untersuchern beachtet wurden, wenn auch ihre Deutung schwierig ist. Wir wollen es in diesen Ausführungen vermeiden, von Heilbestrebungen der entzündlichen Zellwucherungen und Zellansammlungen zu sprechen, wir wollen nur von den resorptiven Bedeutungen der betreffenden Zellansammlungen reden. Diese Funktion ist schon deshalb gerechtfertigt, weil wir ja dargelegt haben, daß in der Umgebung der Tumoren dieselben Verhältnisse vorliegen wie in der von Fremdkörpern oder sonstigen lokalen Einwirkungen.

Es bedarf nunmehr der Erklärung, warum die verschiedenen Autoren nach einmaliger und mehrmaliger Gewächsimpfung verschiedene Zellreaktionen beobachten konnten, weshalb von Wallbach (1076a) durch Vermittlung verschiedener beeinflussender Stoffe die Wucherungsverhältnisse in der Umgebung der Geschwulst derartig umgestimmt werden konnten, daß es zu andersartigen Zellreaktionen kam.

Es muß festgestellt werden, daß bei der Immunität des Organismus das zum zweiten Mal eingepflanzte Geschwulstmaterial absterben kann unter der Einwirkung der Körpersäfte. Es kommt dann zu einer stärkeren Ansammlung von Plasma und histiocytären Zellen [von Dungern und Coca (171)], die das abgestorbene Material aufsaugen. Es sind diese Zellansammlungen nur in indirekter Weise als Anzeichen der Immunität zu betrachten.

Wallbach (1076a) konnte dieselben Zellansammlungen nach Einimpfung abgestorbenen Gewächsmaterials beobachten, die Zellen waren bereits vorher durch Einwirken von Wärme oder von chemischen Stoffen zum Absterben gebracht worden.

Durch Beeinflussung mit bestimmten Stoffen war unzweifelhaft eine Einwirkung auf die mesenchymalen Zellen des Organismus dahingehend ausgeübt worden, daß derselbe Reiz, der durch die wachsende

Geschwulst ausgeübt wird, andere Zellreaktionen hervorruft. Wenn wir bedenken, daß die verminderte Reaktion, die Ansammlung von lymphoiden Zellen, von histiocytären Zellen, die starke Wucherung von Fibroblasten Vorgänge darstellen, die auch bei den örtlich reaktiven Vorgängen beachtet werden, so erscheint es gerechtfertigt, von diesem Standpunkt aus auch die Reaktionsvorgänge an dem Tumor zu betrachten; durch die beeinflussenden Stoffe wird die Reizschwelle des umliegenden lockeren Bindegewebes verändert. Während es sonst unter dem Einfluß des polymorphzelligen Sarkoms nicht zu besonderen reaktiven Erscheinungen des anliegenden lockeren Bindegewebes der weißen Maus kam, zeigen sich unter anderen Bedingungen an dieser Stelle Ansammlungen bestimmter Zellen. Die besondere Reizempfindlichkeit des anliegenden lockeren Bindegewebes bewirkt besondere resorptive Zellerscheinungen, die unter normalen Verhältnissen auszubleiben pflegen. Ob diese von WALLBACH beschriebenen 4 verschiedenen Auswirkungen des Reizes an dem lockeren Bindegewebe rein quantitativer Natur sind, müssen wir dahingestellt sein lassen.

Die Untersuchungen und Beobachtungen verschiedener Forscher, die unter Einwirkung von Röntgenstrahlen, ferner unter der Einwirkung verschiedener Farbstoffe [Trypanblau: v. d. BORNE; Isaminblau: BERNHARDT und STRAUCH (1159), BERNHARDT (1157), sodann CRAMER (1167, 1168) und BERNHARDT (1158): Isaminblau + Röntgenstrahlen] Ausheilungen von Krebsen beobachtet haben, erscheinen in diesem Sinne durch das Verhalten des umgebenden Bindegewebes gerechtfertigt. Die fibroblastische Reaktion kann eine sehr starke Einengung des Gewächses und eine Abschnürung desselben von dem übrigen Organismus mit seinem Saftstrom bewirken. WALLBACH (1076a) konnte derartige Beobachtungen von Wachstumshemmungen bei seinen sehr virulenten Stämmen nicht anstellen, aber bei den Spontangewächsen, die ja ganz andere Verhältnisse darbieten als die Impfgewächse, die wiederum höchstens mit den Metastasen zu vergleichen wären, sind durchaus Möglichkeiten gegeben, daß die durch Resorptionserscheinungen zutage tretenden Fibroblastenwucherungen eine Erdrückung des Tumors bewirken [WALLBACH (1077)]. Schon aus diesem rein praktischen Gesichtspunkte aus erscheint das eingehende Studium des peritumoralen Bindegewebes hinsichtlich seiner Erscheinungsform und seiner Funktion von weitgehender Bedeutung.

Die übrigen lokalen Resorptionswucherungen.

Die Röntgenstrahlenwucherungen.

Daß durch die Wirkung der Röntgen- und Radiumstrahlen nekrotische Erscheinungen an den bestrahlten lokalen Abschnitten zustande kommen können, ist bekannt. Auf Grund unserer obigen Darlegungen muß geschlossen werden, daß eine Aufsaugung dieses nekrotischen Materials durch die anliegenden Zellen bewirkt wird, daß diese außer rein strukturellen Veränderungen auch Wucherungserscheinungen als Ausdruck der betreffenden Zellfunktion erkennen lassen.

Daß es ganz bestimmte Zellen innerhalb des Organismus gibt, die unter der Wirkung der Röntgenstrahlen und der Radiumstrahlen elektiv zugrunde gehen und die dadurch Wucherungen der anliegenden Bindegewebszellen bewirken, soll in einem anderen Abschnitt über die systemartigen Wucherungserscheinungen seine eingehende Besprechung finden. Hier seien nur die rein örtlich beschränkten Veränderungen der bestrahlten Abschnitte eingehender gewürdigt.

Es muß hierbei berücksichtigt werden, welche Strahlenmengen bei den einzelnen Fällen zur Verwendung kamen. Mit sehr stark dosierten

Strahlengaben wird es möglich sein, jeden Abschnitt des Organismus zur Nekrose zu bringen, was auch Thies (1031) bei der Radiumwirkung hervorhebt. Hier zeigte sich eine herdförmige Nekrose der Haut mit Zugrundegehen der Haare samt ihren Wurzelscheiden. Auch das Bindegewebe geht in unmittelbarer Umgebung der nekrotischen Herde zugrunde, erst in größerer Entfernung der betreffenden Herde zeigen sich Wucherungserscheinungen desselben.

Grundsätzlich dieselben Veränderungen zeigen sich auch nach isolierter Bestrahlung der verschiedenen Organe, keineswegs dürfen wir aus derartigen Wirkungen auf elektive Strahlenempfindlichkeit einzelner Organe schließen. Mit stark dosierten Röntgenstrahlen läßt sich nach Emmerich und Domagk eine ausgesprochene Schrumpfniere hervorrufen, auch an der Leber können durch derartig dosierte Strahlen cirrhotische Erscheinungen zustande gebracht werden. Die von Domagk (161) beobachteten herdförmigen Nekrosen der Leber werden durch Wucherungen von Bindegewebszellen ausgefüllt und stellen richtige Schrumpflebern dar.

Aus diesen Darlegungen geht zur Genüge hervor, daß die auf Grund lokaler Strahlenwirkungen ersichtlichen Wucherungserscheinungen durch den nekrotischen Zerfall der betreffenden Zellen bedingt sind. Die Wucherung der anliegenden Bindegewebszellen kann stellenweise so hochgradig sein, daß es zu einer cirrhotischen Veränderung des betreffenden Gewebes kommt. Die regenerativen Erscheinungen zeigen sich erst im Anschluß an diese nekrotischen Erscheinungen, sie stehen in einem quantitativen Verhältnis zu den herankommenden Eiweißabbauprodukten, sie haben die Funktion resorptiver Natur, wie wir es bereits bei den sonstigen lokalen Wucherungserscheinungen angeführt haben.

Wie H. Cramer (142) in seinen ausführlichen Darlegungen wiedergibt, ist der Lymphocytenwall wie die sonstigen Wucherungserscheinungen in der Umgebung der Nekrosen im Sinne einer Reizwirkung der nekrotischen Produkte zu verstehen. Auch von Gaza (244) hob bereits hervor, daß die absterbenden Gewebe eine Erhöhung der normalen fermentativen Funktion der angrenzenden lebenden Teile bewirken, hauptsächlich die heranreifenden jungen Bindegewebszellen sollen sich durch derartige lytische Erscheinungen auszeichnen. Diese von chemischem Gesichtspunkt gegebenen Darlegungen von Gazas entsprechen vollkommen unseren von formalem Gesichtspunkt ausgehenden Darlegungen und den Feststellungen von H. Cramer.

Die lokal bedingten cirrhotischen Erscheinungen an der Leber.

Bereits bei den lokalen Röntgenwirkungen haben wir dargelegt, daß die herdförmigen Nekrosen der Leber, wie sie Domagk (161) nach sehr starker Dosierung beobachten konnte, zu Wucherungserscheinungen der anliegenden und umliegenden Bindegewebszellen führen, wodurch ausgesprochene cirrhotische Erscheinungen an der Leber hervorgerufen werden. Wenn wir die sonstigen lokal bedingten cirrhotischen Erscheinungen an der Leber einer Untersuchung unterziehen, so müssen wir dabei auch die verschiedenen an der Leber möglichen Nekrosen einer Besprechung unterziehen, weil hauptsächlich das Absterben der Leberzellen als lokaler Faktor für das Zustandekommen der Lebercirrhose angesehen werden muß.

Zunächst müssen die Untersuchungen von B. Fischer (211) und seiner Schule [Jaffé (428)] angeführt werden, daß durch Vergiftungen der Kaninchen mit lipoidlöslichen Stoffen zunächst die Erscheinung der blasigen Entartung, der Wasservergiftung, an den Leberzellen sich bemerkbar macht, daß es dann zum Untergang und zur Regeneration von Leberzellen kommt. Es werden Bilder hervorgebracht, die einer in das chronische Stadium übergetretenen gelben Leberatrophie entsprechen, wo sich besonders reichliche Bindegewebswucherungen antreffen lassen. Auch nach längerer Darreichung geringer Mengen von Chloroform zeigt sich nach Jaffé eine Parenchymschädigung der Leber mit anschließender Bindegewebswucherung. Bei gewissen Mengen dieser Substanz kann nach Jaffé die Parenchymschädigung fehlen, es zeigt sich dann nur eine stärkere Bindegewebswucherung, die durch den alleinigen entzündlichen Reiz bedingt sein soll. Doch müssen wir hervorheben, daß ein entzündlicher Reiz ebenfalls Nekrosen von Zellen hervorruft, daß bei den langen zeitlichen Zwischenräumen, in denen Jaffé seine mikroskopischen Untersuchungen nach Zufuhr des Giftes durchführte, derartige nekrotische Herde sicherlich unbeachtet aufgetreten sein dürften.

Die nach der akuten gelben Leberatrophie bewirkten Bindegewebswucherungen sind ebenfalls in dieses hier zu besprechende Gebiet zu rechnen, auch hier wird durch die Nekrosen der Leber eine Bindegewebswucherung in den angrenzenden Abschnitten bewirkt.

Am einwandfreisten und am deutlichsten treten die cirrhotischen Lebererscheinungen nach Unterbindung des Ductus choledochus auf, hierbei zeigen sich zunächst herdförmige Nekrosen, die zu der Bindegewebswucherung überleiten. Bereits D. Gerhardt (246) beschrieb derartige cirrhotische Erscheinungen an der Leber. Die Nekrosen zeigen sich innerhalb der Leberläppchen, dann aber kommt es zu einer ausgesprochenen Regeneration der betreffenden Herde durch die angrenzenden Epithelzellen. Etwas weiter von den ursprünglichen Herden, nämlich in dem periportalen Bindegewebe, macht sich zunächst ein stärkerer Gehalt an lymphoiden Rundzellen bemerkbar, dann kommt es zu einer Vermehrung der Bindegewebszellen. Sekundär zeigt sich neben der Bindegewebsverbreiterung ein neuerliches Zugrundegehen der an die Läppchen angrenzenden peripher gelegenen Leberepithelzellen. Weiterhin findet sich noch eine Gallengangswucherung.

Bereits Gerhardt hebt das zeitliche Erstauftreten der Läppchennekrosen hervor, dann erst sollen sich die cirrhotischen Erscheinungen bemerkbar machen. Derartige Beobachtungen zeigen sich auch nach den zahlreichen Nachuntersuchungen, wie Ogata (725a), Zypkin (1149), Tischner (1037), Löffler (601).

Als Ursache des Auftretens der Nekrosen wird von den verschiedenen Forschern die Gallenstauung in ihrer chemischen oder mechanischen Auswirkung angenommen, während die Wucherungserscheinungen nur dann von den betreffenden Untersuchern einer Deutung zugeführt wurden, wenn die Herde in der Läppchenperipherie gelegen waren. Es wird aber von Gerhardt, Ogata, Zypkin hervorgehoben, daß die Bindegewebswucherung lokal unabhängig erfolgt von den nekrotischen Herden. Simmonds hält dagegen die Bindegewebswucherungen für das Primäre.

Auf Grund dieser Beobachtungen und Mitteilungen müssen wir somit feststellen, daß die durch die Wirkung der Gallengangsunterbindung zustande kommenden nekrotischen Erscheinungen eine Überschwemmung lokaler Gewebsbezirke mit Eiweißabbauprodukten bewirken, daß die durch derartige Reize am leichtesten reizbaren Bindegewebszellen des interlobulären Interstitiums zur resorptiven Wucherung gebracht werden. Diese Wucherungen treten entsprechend der Latenz der Reizwirkung nicht sofort nach Zustandekommen der Reizwirkung auf, sondern es handelt sich vielmehr erst um vollkommene Regenerationen der Nekrosen durch die anliegenden Epithelzellen, ebenfalls hervorgerufen durch die Wirkung der Stoffwechselprodukte der Zellen, dann erst erscheint die interlobuläre Bindegewebswucherung in vollem Gange, ferner die Wucherung der Gallengänge. Dabei ist zu beachten, daß es von der Ausdehnung der Nekrosen und der Menge der frei werdenden Eiweißabbauprodukte und der Empfindlichkeit des Gewebes abhängt, ob die Bindegewebswucherungen eine stärkere Ausdehnung gewinnen oder ob nur ganz geringe kaum ausgeprägte Wucherungen des Bindegewebes zustande kommen.

Wenn wir somit die starke resorptive Reizwirkung der Bindegewebszellen durch Eiweißstoffe in proliferativem Sinne hervorheben, so müssen wir bemerken, daß wir mit dieser unserer Anschauung in vollkommenem Gegensatz zu der Rickerschen Schule bezüglich der Bindegewebswucherung in der Leber und bei lokalen Reizwirkungen überhaupt stehen. Während bereits Tischner (1037) und manche andere Autoren die Entstehung der Nekrosen bei der Gallestauung nicht durch die Giftwirkung erklärt wissen wollen, sondern durch die bei der Gallenstauung bedingten mechanischen Wiederstände, durch die damit verbundenen mechanischen Störungen des Blutumlaufs, geht Löffler (601) noch weiter und führt auch entsprechend den Anschauungen der Rickerschen Schule die Wucherungen in dem periportalen Bindegewebe auf die Blutumlaufsveränderungen zurück. Es soll sich nach der Choledochusunterbindung um die Erscheinung der peristatischen Hyperämie handeln, bei der sich immer Wucherungen der Bindegewebszellen und Nekrosen des Parenchyms bemerkbar machen sollen. Irgendwelche Ursachen für das Zustandekommen der Bindegewebswucherung bei der peristatischen Hyperämie vermag weder Löffler noch Ricker anzugeben.

Die hier besprochenen Lebercirrhosen stellen nur einen kleinen Teil der überhaupt möglichen dar, es sind an dieser Stelle nur die durch lokale Bedingungen verursachten Bindegewebswucherungen an der Leber einer Beschreibung unterworfen worden. Wir müssen aber bemerken, daß es auch allgemeine auf den ganzen Organismus sich erstreckende Ursachen gibt, die ebenfalls Bindegewebswucherungen an der Leber hervorrufen. Über derartige Erscheinungen sei aber erst in dem Abschnitt über die Systemwucherungen näheres ausgeführt.

Die Endothelwucherung in den Arterien.

Die Bedeutung der Eiweißabbauprodukte für die Wucherungserscheinungen an den Zellen geht mit besonderer Deutlichkeit aus den Untersuchungen von C. A. Pekelharing (766) bezüglich der Endothelwucherung in den Arterien hervor. Nach ihm kommt es niemals in der unterbundenen zusammengefallenen Arterie zur Endothelwucherung, sehr wohl aber, wenn es sich um unterbundene, prall mit Blut gefüllte Arterienabschnitte handelt. Außerhalb der Unterbindung waren die Endothelwucherungen ziemlich unbedeutend.

Aus diesen Untersuchungen sieht man in derselben Weise wie aus den früher angeführten, daß kein Beweis für eine Vakatwucherung im Weigertschen Sinne gegeben ist, sondern daß vielmehr die reizende Wirkung der Eiweißabbauprodukte für die Wucherungserscheinungen herangezogen werden muß. Inwiefern sich diese unsere Anschauung für die Reizlehre im Virchowschen Sinne verwerten läßt, soll in dem allgemeinen Kapitel eine eingehendere Erörterung finden.

Die Beziehungen zwischen der Resorption und der zelligen Zusammensetzung der Darmschleimhaut.

Die einwandfreiesten Beziehungen zwischen den verschiedenen Spaltprodukten der Nahrungsbestandteile und den mit deren Aufsaugung verbundenen Strukturveränderungen und Wucherungsvorgängen liefert die Darmschleimhaut, von der wir ja wissen, daß sie während der Verdauung und der Resorption der hochgradigsten Zellveränderung unterworfen ist. Es waren hauptsächlich die in der Darmschleimhaut befindlichen Lymphknötchen, deren Veränderung unter den verschiedenen Phasen der Verdauung und unter den verschiedenartigen Nahrungsmitteln immer wieder Beachtung bei verschiedenen Forschern fand.

Zunächst suchte man die verschiedenartigen Zellen der Darmschleimhaut für die assimilative Funktion der aufgenommenen Nahrungsmittel verantwortlich zu machen, wie dies HOFMEISTER (1181) und auch GOLDMANN (267) ausgeführt haben. Dabei soll nach GOLDMANN nicht nur die Zelle als solche in ihren strukturellen Erscheinungsformen, sondern auch die Wucherung der Lymphzellen in den Knötchen für die resorptive Funktion der Nahrungsmittel verantwortlich gemacht werden. Wenn auch HEIDENHAIN (335) derartige theoretische Ausführungen nicht anerkennen wollte, so mußte er doch wenigstens zugeben, daß die Därme von hungernden Tieren eine geringere Auffüllung des adenoiden Gewebes mit Leukocyten erkennen lassen, als die von regelmäßig ernährten Tieren. Eine Beziehung des Zellgehaltes zu der Eiweißnahrung erweist sich nach ihm aber nicht sicher. Zu grundsätzlich denselben Anschauungen wie HOFMEISTER kommt ERDÉLY (188). Jeder Ernährungsart entspricht nach ihm ein typisches Verhalten des lymphatischen Apparates in bezug auf die Häufigkeit der einzelnen Zellen und wohl auch der Gesamtzahl derselben. Bei Fütterung mit Fleisch findet ERDÉLY die höchsten Werte von Lymphzellen überhaupt [s. a. KUCZYNSKI (522)].

Nach allen diesen Forschern läßt sich ein einfacher Zusammenhang des Zellgehaltes des Darmes mit der Ernährungsart nicht feststellen. Die Ernährung mit bestimmten Stoffen bedingt nur eine ungleich große Vermehrung einer bestimmten Zellart. Es erscheint nach ERDÉLY und auch nach KUCZYNSKI unwahrscheinlich, daß ein einfacher cellulärer Zusammenhang der drei Tätigkeitsäußerungen der Verdauung, Resorption und Assimilation der Nahrungsmittel besteht, daß vielmehr nach unserer Ansicht die Verdauung und die Resorption von gleichem Standpunkt aus zu betrachten ist, die Verdauung erscheint als eine extracellulär verlegte Resorption von Nahrungsbestandteilen. Weiterhin scheint auch nach KUCZYNSKI nicht das Eiweiß, das Fett und die Kohlehydrate zu ihrer Verarbeitung jeweilig einer einzigen Zellart zu bedürfen. Wenn es auch sichergestellt ist, daß jede Zellart eine Funktion in stärkerem Maße auszuüben imstande ist, so kann niemals eine alleinige Funktion fermentativen Charakters einer bestimmten Zellart zugeschrieben werden.

Es geht aber aus allen diesen angeführten Arbeiten hervor, daß bei den resorptiven Erscheinungen der Darmwandung überhaupt eine Vermehrung der Lymphzellen der Knötchen zustande kommt. Die Ursache dieser Vermehrung ist in diesen Fällen nicht durch herdförmige Nekrosen mit ihrer starken Menge von frei werdenden Eiweißabbauprodukten gegeben, sondern es handelt sich hier um die Abbauprodukte der Nahrung, die derartige Vermehrungen der Zellen bewirken gegenüber dem Hungerzustande. Einen vollgültigen Beweis dafür, daß es gerade die Eiweißabbauprodukte der Nahrung sind, die diese Lymphocytenvermehrung bewirken, haben wir nicht vor uns. Aber es muß festgestellt werden, daß schon allein die Sekretion der Verdauungssäfte in den Darmkanal einen stärkeren Eiweißgehalt daselbst bedingt, der weiterhin die starken Zellwucherungen in den Knötchen hervorrufen kann.

Die allgemeinen systematischen Zellwucherungserscheinungen.

Wir haben bereits in den vorhergehenden Abschnitten darauf hingewiesen, daß die Nekrose nicht allein Wucherungserscheinungen der anliegenden mesenchymalen und epithelialen Zellen bewirkt, daß vielmehr in der weiteren Umgebung, z. B. in der Leber, Wucherungserscheinungen in dem periportalen Bindegewebe zustande kommen, es können somit die Reize sich an entfernteren Stellen des Bindegewebes auswirken; während bei den lokalen Wucherungserscheinungen eine unmittelbare Diffusion der Eiweißabbauprodukte durch die Saftspalten oder höchstens eine lymphogene Ausbreitung in die nähere Umgebung angenommen werden mußte, handelt es sich bei den allgemeinen systematischen Zellwucherungserscheinungen um ein Kreisen der Eiweißabbauprodukte in dem Blut- und Lymphstrom. Die Wirkung derselben auf bestimmte Zellen ist grundsätzlich die gleiche wie bei den örtlichen Wucherungserscheinungen.

Die Keimzentren.

Die Besprechung der Keimzentren leitet deshalb besonders gut zu den systematischen Wucherungserscheinungen über, weil wir es hier mit Erscheinungen lokaler Natur der Gewebszerstörung und -wucherung zu tun haben, weil diese Erscheinungen systematisch an zahlreichen über den ganzen Organismus verstreuten Lymphknötchen zu gleicher Zeit sich erkennen lassen.

Bei den Keimzentren handelt es sich um Abschnitte innerhalb der Knötchen, die sich durch einen Gehalt von besonders großen und protoplasmareichen lymphoiden Zellen auszeichnen. Die kleinen lymphocytären Zellen zeigen sich nur in geringerer Menge daselbst. Unter besonderen Umständen, wie durch lokale Zerstörungserscheinungen an den Knötchen (Röntgenstrahlen u. ä.) oder durch das Hineingelangen von Eiweißabbauprodukten in die Knötchen durch den Blutstrom zeigen sich Keimzentren, die durch die zahlreichen Mitosen und durch die jugendliche Struktur ihrer Zellen als Resorptionszentren und auch als Wucherungszentren aufgefaßt werden können, was durchaus keinen Gegensatz bedeutet, entsprechend unseren Ausführungen über die ursächliche Bedeutung der Resorption und Nekrose für die Zellwucherung. Die Wucherungserscheinungen und die strukturellen Vergrößerungen der Lymphocyten zu Lymphoblasten sind aber nicht die einzigen an den Keimzentren ersichtlichen Veränderungen. Es zeigen sich auch Zerfallserscheinungen, die hierbei sichtbaren Chromatinbröckelchen, die FLEMMINGschen Körperchen, werden von den Reticulumzellen der Keimzentren teilweise aufgenommen. Daß unter den Umständen der Zellresorption auch eine Verbreiterung der Reticulumzellen der Keimzentren zu Epitheloidzellen zustande kommt, darauf haben wir bereits in dem entsprechenden Kapitel hingewiesen.

Bei sehr ausgesprochenen Zerstörungserscheinungen in den Knötchen kann die lymphoblastische Reaktion ausbleiben, es kommt dann zuweilen zu einer Wucherung von Reticulumzellen, die eine Vernarbung der Knötchen und der Keimzentren bewirken. Es zeigen sich dann Gebilde, die von GROLL und KRAMPF (1178) als hyaline Zentren bezeichnet worden sind [s. a. KUCZYNSKI und SCHWARZ (1186)].

Über die Bedeutung der Keimzentren stehen sich 2 verschiedene Ansichten gegenüber und wir haben bereits darauf hingewiesen, daß die Keimzentren als Resorptionszentren in gleicher Weise betrachtet werden müssen. Nach der Anschauung von FLEMMING (1176) handelt es sich bei den Keimzentren um Vermehrungsstätten der Lymphocyten, auch MAXIMOW (646) schließt sich dieser Auffassung an, es wird kein Autor, der das mikroskopische Bild der Keimzentren deutlich betrachten konnte, die mitotische Vermehrung der Lymphoblasten ableugnen.

Gegen diese FLEMMINGsche Auffassung wendet sich T. J. HELLMANN (343a) und hebt hervor, daß es einleuchtender erscheint, die Sekundärknötchen (Keimzentren) als Reaktionszentren gegen die in das lymphoide Gewebe vordringenden Reizstoffe anzusehen. Auch P. HEILMANN (337) und K. A. HEIBERG (330) gelangen zu dieser Anschauung. Es wird von den betreffenden Verfassern ihrer Ansicht dadurch besonderer Ausdruck verliehen, daß den Keimzentren jegliche Bedeutung für die Lymphocytenbildung abgesprochen wird.

Die Frage über die Bedeutung der Keimzentren als Zerstörungszentren oder als Regenerationszentren kann auf keinen Fall mit der Methodik von GROLL (288) und von BISCHOFF (86) einer Klärung zugeführt werden. Aus den sicherlich nicht mit Regelmäßigkeit eintreffenden Veränderungen der Follikel bei verschiedenen Infektionen, beim Hunger und bei Aderlaß kann auf diese funktionellen Bedeutungen der Keimzentren kein Schluß gezogen werden, zumal die Beobachtungen der betreffenden Forscher in Widerspruch stehen zu den Beobachtungen von anderen Forschern wie KUCZYNSKI (522), HELLMANN (343), HELLMANN und WHITE (347a), SJÖVALL und SJÖVALL (964a), WALLBACH (1078).

Die Ursachen der Bildung der Keimzentren sind uns nur in den groben Grundzügen bekannt. Es handelt sich nach der Anschauung von KUCZYNSKI im allgemeinen um Eiweißüberladungszustände des Organismus, die die starke Wucherung des lymphatischen Gewebes bedingen. Vielleicht ist auch der „normale" Befund von Keimzentren mit einem besonderen Ernährungszustand des Organismus in Zusammenhang zu bringen. Die Gesetzmäßigkeiten, die BISCHOFF und GROLL aus ihren Untersuchungen herauszulesen glauben, sind durchaus nicht verwertbar. Nach ihren Untersuchungen soll es sich nach Infektionen um einen vollkommenen Schwund von Keimzentren handeln mit Schwellung und Vermehrung der Reticulumzellen innerhalb der Follikel. Diesen Anschauungen stehen die Feststellungen von HELLMANN und WHITE gegenüber, daß bei Immunisierung von Tieren mit Paratyphus eine besondere Zunahme der Sekundärknötchen erfolgt, daß das lymphatische Gewebe des Körpers zu vermehrter Arbeit angeregt wird. Auch SJÖVALL und SJÖVALL fanden eine Vermehrung der Sekundärlymphknötchen unter dem Infekt mit Bacillus pyocyaneus. WALLBACH konnte bei seinen Untersuchungen mit Rotlaufinfektionen der weißen Mäuse eine allgemeine Vermehrung der Lymphknötchen und der Keimzentren feststellen, was mit den Erfahrungen der HELLMANNschen Schule in Übereinstimmung gebracht werden kann.

Die Verhältnisse der Untersuchungen der reaktiven Veränderungen der Lymphknoten sind noch dadurch besonders kompliziert, daß von Natur aus der Bau der Lymphknoten innerhalb des ganzen Organismus kein einheitlicher ist, was nach NORDMANN (721) von der physiologischen

Beanspruchung derselben abhängt. Wallbach konnte bei seinen Untersuchungen mit Rotlaufinfektionen der weißen Maus verschiedene reaktive
Erscheinungsformen an den Lymphknoten der verschiedenen Partien
des Körpers feststellen, was mit den Feststellungen von Nordmann
sehr gut in Übereinstimmung zu bringen ist. Da diese Versuche mit
der Rotlaufinfektion aber noch im Gange sind, können genauere Einzelheiten vorläufig noch nicht angegeben werden.

Wenn wir von diesen anscheinend einander widersprechenden Feststellungen noch einmal die mikroskopischen Besonderheiten der Keimzentren betrachten, so müssen wir hervorheben, daß der Ruhezustand
der Knötchen nach Wetzel (1113a) durch die Gleichartigkeit der
Lymphzellen gekennzeichnet ist, daß bei den Abwehrzuständen mäßige
oder stärkere Vergrößerungen der Lymphocyten zustande kommen.
Fahr (201) nimmt das Auftreten dieser großen Zellen als Zeichen vermehrter Stoffwechselleistung der Zellen hin. Bei besonders starken
Reizen finden sich schließlich Zerfallserscheinungen der großen Zellen.
Es zeigen somit dieselben Reize, die im Übermaß vernichtend auf die
großen Zellen wirken, den Anstoß zu lebhafter gleichzeitiger Neubildung
[Schilling (877), Kuczynski (522)].

Wir müssen feststellen, daß alle Gifte und Schädlichkeiten,
die eine zerstörende Wirkung auf die Knötchen ausüben,
auch zu gleichartigen Erscheinungen der Wucherung daselbst
führen, wie dies bei den Keimzentren der Fall zu sein pflegt.
Es ist natürlich, daß bei dem hauptsächlichen Zerfall der Lymphocyten in den zentralen Abschnitten der Knötchen andere gleichartige
Zellen resorptive Erscheinungsformen aufweisen, daß es ferner zum
Auftreten epitheloider Zellen durch strukturell-resorptive Umwandlung
der Reticulumzellen kommt. Derartige Veränderungen der Keimzentren,
wie sie sich nach Röntgenstrahlen, nach Radiumstrahlen, nach
Thorium X und nach Benzol, ferner nach Wätjen (1089) auch
nach Arsenik erkennen lassen, zeigen etwa die Erscheinungen im
Anfangsstadium der Wirkung, die den in starkem Reizzustand befindlichen Keimzentren entsprechen, die einen starken Zellzerfall aufzuweisen haben.

Es handelt sich somit um die Aufsaugung von Zellzerfalls-
stoffen und auch von sogenannten Giftstoffen (wobei Gift
einen relativen Begriff darstellt), die die betreffenden Erscheinungen an den Follikeln im Sinne einer Entstehung
von Keimzentren bewirken. Die ausgesprochene Zellzerstörung
äußert sich nach unseren Ausführungen auch in resorptiv-strukturellen
und -proliferativen Zellveränderungen, wobei festgestellt werden muß,
daß auch ein Untergang der durch übermäßige resorptive Tätigkeit beanspruchten Zellen zustande gebracht werden dürfte. Es ist das Problem der Keimzentrumsfrage entsprechend den Ausführungen
von Wetzel (1113a) eine Dosierungsfrage von Eiweißzerfalls-
stoffen und auch anderen Zellreizstoffen, wobei die starke Zufuhr
der betreffenden Substanzen ausgesprochene Zellzerfallserscheinungen
neben Wucherungserscheinungen hervorruft, wobei das schwächer konzentrierte Gift nur Wucherungen der Zellen hervortreten läßt (F. J. Lang).
Auch die Schnelligkeit der Stoffzufuhr ist maßgebend für die Auswirkung

an den zentralen Abschnitten der Knötchen. Langsame Zufuhr bewirkt nach H. P. GOSSMANN (276) eine ausgesprochene lymphoblastische Wucherung der Lymphocyten, während die plötzliche Überschwemmung der Keimzentren mit Eiweißabbauprodukten ausgesprochene nekrotische Erscheinungen hervorruft, an die sich im weiteren Umkreise immer strukturell-proliferative Erscheinungen anschließen.

Die Wahrscheinlichkeit, daß es die Eiweißsubstanzen sind, die die Entstehung der Keimzentren bewirken, ist durch die von KUCZYNSKI (522) angeführte Tatsache gegeben, daß die Eiweißfütterung mit ziemlicher Regelmäßigkeit zur Ausbildung von Keimzentren in den Milzknötchen führt, daß die häufige parenterale Zufuhr von Nutrose (caseinsaurem Natrium) ebenfalls entsprechende Erscheinungen in besonderem Maße hervorruft. Schließlich muß hervorgehoben werden, daß in den regionären Lymphknoten, in deren Gebiet ausgesprochener Zellzerfall stattfand, ebenfalls ausgesprochene Entwicklung von Keimzentren sich darbietet, daß die Stärke der Keimzentrumsentwicklung proportional mit der Menge der freiwerdenden Eiweißabbauprodukte zunimmt.

Kommt es zum Ende des Kreisens der Eiweißspaltprodukte, so zeigt sich zunächst ein Verschwinden der Zerfallserscheinungen an den Keimzentren, schließlich nehmen auch die Mitosen zahlenmäßig ab, die Größe der betreffenden Zellen vermindert sich und schließlich kommen wieder Zellen zustande, die die Größe und das Aussehen der gewöhnlichen Lymphocyten erkennen lassen.

Wenn wir von diesem unseren Standpunkt noch einmal die Bedeutung der Keimzentren beurteilen wollen, so müssen wir hervorheben, daß die großen Gegensätzlichkeiten zwischen den Resorptionszentren und den eigentlichen Keimzentren in Wirklichkeit gar nicht vorhanden sind. Wie bei jeder lokalen Wucherungserscheinung kommt es jeweilig zuerst zu einem Absterben von Zellen, auf die dann erst die Wucherungen der anliegenden Zellen ansetzen. Wie bei jeder resorptiven Erscheinung macht diese Funktion sich nicht nur in der strukturellen Umwandlung der betreffenden Zellen geltend, sondern sie äußern sich auch in Wucherungserscheinungen. Wie bei jeder übermäßig beanspruchten Zelle bleiben weitere aktive Erscheinungsformen an den einzelnen betroffenen Zellen aus, es erscheinen vielmehr ausgesprochene Nekrotisierungen. In erster Linie sind somit die Keimzentren ausgesprochene Resorptionszentren, die einerseits den Zellzerfall und die Lymphoblastenentstehung bewirken. Andererseits kommt es aus denselben Gründen zu Wucherungserscheinungen und zum Auftreten von Lymphoblasten, so daß die Funktion der eigentlichen Keimzentren als Resorptionszentren gesichert ist. Wir müssen daher die Bedeutung der Sekundärfollikel nicht allein in der Wucherung, sondern in der resorptiven Funktion überhaupt suchen. Die Resorption äußert sich nicht allein in der strukturellen Umwandlung, sondern auch in der proliferativen Erscheinung der Zellen. Keineswegs erscheint es gerechtfertigt, die Resorptionszentren nach HELLMANN (343) u. a. in dem Sinne aufzufassen, daß Lymphzellenvermehrungen hier überhaupt nicht stattfinden. Vielmehr muß man beiden Erscheinungen an den Sekundärknötchen gerecht zu werden suchen.

Die Wucherungs- und Zerstörungserscheinungen an den Blutbildungsstellen.

Die Röntgenstrahlenwirkungen.

Bei der Besprechung der Keimzentren ist bereits auf die Ausbildung derselben durch Röntgenstrahlen hingewiesen worden, gerade die Wirkung der Röntgenstrahlen hat uns mit zum Verständnis der Bedeutung der Keimzentren verholfen. In dem vorliegenden Abschnitt wollen wir nicht nur die Wirkung der Röntgenstrahlen auf die Knötchen allein besprechen, sondern überhaupt die durch die Röntgenstrahlen ausgelösten Zerstörungs- und Wucherungserscheinungen, die ja eng zusammengehören.

Die Beobachtungen über die Wirkungen der Röntgenstrahlen auf die blutbildenden Organe leiten sich von Heinecke (338) her, der eine starke Verringerung des Zellgehaltes in Pulpa und Knötchen der Milz beobachten konnte. Der Lymphocytenzerfall konnte von Heinecke bereits 3 Stunden nach der Bestrahlung beobachtet werden, besonders in den Lymphknötchen machen sich Phagocytosen bemerkbar, außerdem bilden sich noch in den Keimzentren epitheloide Zellen aus. Erheblich später erscheinen die entsprechenden Zerstörungserscheinungen an dem Knochenmark und an den Pulpateilen der Milz. Im Blut äußert sich die Röntgenstrahlenwirkung nach Heinecke in einem anfänglichen Verschwinden der Lymphocyten und der ungranulierten Myelocyten, zuletzt verschwinden die eosinophilen Zellen und die Mastzellen, während die neutrophilen am längsten erhalten bleiben.

Es ist erklärlich, daß die Angaben anderer Forscher nur in der Hinsicht voneinander abweichen können, daß verschiedene Dosierungen verwendet worden waren. Die stärksten Zerstörungen erhielten Helber und Linser (589), die zeitweilig nach 24stündigem Bestrahlen ein vollkommenes Verschwinden der Leukocyten des strömenden Blutes beobachten konnten. Die Untersuchungen von Paul Krause und Kurt Ziegler (338) bestätigen im allgemeinen die Angaben von Heinecke, so daß sich eine eingehendere Berücksichtigung dieser Arbeiten erübrigt.

Es sollen hauptsächlich die wuchernden Zellen nach Soper (968) sein, die gegenüber Röntgenstrahlen eine besondere Empfindlichkeit aufweisen. Die freigelegten Organe lassen nur sehr schwer eine Schädigung der ruhenden Lymphzellen erkennen.

Von allen diesen Forschern wurden in erster Linie die zerstörenden Wirkungen der Röntgenstrahlen einer Beschreibung unterworfen, während die an den Zellzerfall sich anschließenden Reparationsvorgänge nur kurz behandelt wurden. Im allgemeinen handelt es sich ja auch um Erscheinungen, die der Rückbildung der Keimzentren entsprechen. Die Erscheinungen an der Milzpulpa und an dem Knochenmark entsprechen den gewöhnlichen Regenerationen, und wir müssen hauptsächlich die lokale Einwirkung von Eiweißabbauprodukten für die betreffenden Regenerationserscheinungen verantwortlich machen. Im allgemeinen finden ausgesprochene Regenerationen statt, d. h. Ersatz der verloren gegangenen Zellen durch gleichartige Zellen, indem einerseits die Mutterzellen durch fortschreitende differenzierende Teilung wieder die ursprünglichen Zellformen hervorbringen, indem weniger differenzierte Zellformen durch die in demselben Stadium der Differenzierung befindlichen Zellen durch Teilung ersetzt werden. In dem Blutbild äußert sich die Regeneration der Lymphocyten durch eine zunehmende Vermehrung derselben.

Es entsprechen die an der Milz und an den übrigen blutbildenden Organen sichtbaren Zerstörungs- und die sich anschließenden Wucherungserscheinungen vollkommen unseren eigenen Erfahrungen. Die Regeneration der Milzknötchen äußert sich nach WALLBACH (1078), ferner nach CRAMER und WALLBACH dahingehend, daß zunächst reichliche Mitosen an den lymphoblastischen Zellen auftreten, daß auch die Reticulumzellen eine Wucherung erkennen lassen und daß es schließlich zu einem vollkommenem Gewebsersatz kommt. Andererseits können sich auch narbige und faserige Knötchen anfinden, wenn die Zerfallserscheinungen zu große Ausdehnung gewonnen hatten, als daß eine vollkommene Regeneration zustande kommen konnte [s. a. KUCZYNSKI und SCHWARZ (1186)].

Die verschiedenen Forscher haben es leider unterlassen, die Wirkung der einzelnen Röntgenstrahlendosierungen bei ihren Untersuchungsbefunden genau anzugeben und auch HEINECKE unterläßt jede exakte Beschreibung seiner Versuchsanordnung. Andererseits ist es erforderlich, daß auch die Art der Bestrahlung, die betreffenden Gewebsabschnitte, die einer Bestrahlung unterzogen werden, die Abdeckung anderer Körperstellen in den Untersuchungsberichten genau wiedergegeben werden, da nur dann die Untersuchungsbefunde für eine gradmäßige Beurteilung der Röntgenstrahlen Verwendung finden können.

WALLBACH (1078) fand bei Verwendung von 500 R als Totalbestrahlung bei Kaninchen eine Verminderung der Lymphocyten, während prozentual die Zahl der granulierten Zellen stark zunahm. Einwandfrei läßt sich auch die Granulocytenvermehrung an dem Knochenmark verfolgen, es kommt eine sehr starke Regeneration zustande, an dem Blut ersichtlich durch eine Linksverschiebung bis zum Myelocyten.

Die Röntgenstrahlenwirkung äußert sich in konstitutioneller Hinsicht bei verschiedenen Tierarten verschiedenartig. Aber auch die verschiedene Ernährung zeigt ganz verschieden zeitlich auftretende Zerstörungs- und Wucherungserscheinungen an den Follikeln. Die mit Eiweiß gefütterten Versuchstiere, die meist eine allgemeine Ausbildung von Keimzentren erkennen lassen, zeigen einen schlagartigen Zerfall der Follikel, andererseits findet sich an den betreffenden Follikeln auch eine schnellere Regenerationserscheinung. Aus diesen bemerkenswerten Beobachtungen von KUCZYNSKI und SCHWARZ (1186) geht somit einwandfrei hervor, daß die Röntgenstrahlenwirkungen sich sehr gut als Indicator für konstitutionelle Untersuchungen von Geweben und von Organismen überhaupt heranziehen lassen, wenn natürlich die ganz genauen Versuchsbedingungen eingehalten werden.

Die Benzolwirkung im Organismus.

Während von den verschiedenen Forschern die Wirkungen der Röntgenstrahlen und die leukocytenverminderte Wirkung des Benzols für gleich gehalten wird, wurden bereits von HEINECKE (338) eine Verschiedenartigkeit der Wirkung dieser beiden Substanzen erkannt. Nach HEINECKE soll durch die Röntgenstrahlen besonders eine Verminderung der Lymphocyten, durch Benzol eine Zerstörung der Granulocyten hervorgerufen werden. PAPPENHEIM (750), der sich mit den unterschiedlichen Wirkungen von Benzol und Röntgenstrahlen befaßte, bemerkt, daß die

freien Lymphocyten das empfindlichste Substrat gegenüber den Röntgenstrahlen darstellen, daß dagegen die Lymphocyten des Gewebes bei der
Einwirkung von Benzol auf den Organismus sich als widerstandsfähiger
erweisen.

Die ersten Beobachtungen über die Wirkungen des Benzols stammen
von Selling (933). Es zeigt sich nach diesem Autor durch dieses Gift
ein starker Absturz der Leukocyten, die blutbildenden Organe werden
unfähig zu einer wirksamen Regeneration. Besonders stark sollen die
polymorphkernigen Leukocyten von dem Benzol angegriffen werden.
Das Knochenmark läßt alle Zeichen einer Aplasie erkennen. Diese
Beobachtungen von Selling konnten von Veit (1058) volle Bestätigung finden, auch Silberberg (957) beobachtete, daß durch das Benzol
nur das myeloische System eine Schädigung erkennen läßt, während an
dem lymphatischen System höchstens eine geringgradige Atrophie festgestellt werden konnte. Woronoff (1128) beobachtete auch ein hauptsächliches Verschwinden der Granulocyten.

Aber derartige Befunde mußten bereits durch andere Untersucher überholt werden, Lewin (584) berichtet von den Zellen des Thymus, daß hier
hochgradige Zerstörungserscheinungen nach Benzol statthaben, gerade die
lokale Vermehrung der Granulocyten ist hier charakteristisch für die
Benzolwirkung. Weitere andersartige Veränderungen will A. Schilowa
festgestellt haben nach der Benzolvergiftung des Kaninchens. Nach
diesem Autor soll es 6 verschiedene Reaktionstypen der Kaninchen
auf Benzol geben je nach der individuellen Reaktionsfähigkeit. Im
allgemeinen soll es zu einem Verschwinden der Granulocyten kommen.
Doch gibt dieser Autor keine genaueren Befunde über die Leukocyten-
verhältnisse an, auch kommt es nach den betreffenden Versuchen nicht
zu Zerstörungserscheinungen an den Follikeln der lymphatischen
Organe. Untersuchungen über die mikroskopischen Veränderungen
der Milz sind überhaupt nicht angestellt worden. Wegen der recht
allgemein gehaltenen Angaben in der betreffenden Arbeit kann die
Verschiedenheit und die Besonderheit des vorliegenden Versuchsergeb-
nisses nicht erkannt und hervorgehoben werden.

Wallbach (1079) fand bei seinen Untersuchungen über die Wirkung
des Benzols am Kaninchen ausgesprochene Verminderung der
Lymphocyten des kreisenden Blutes, während die Granulocyten
eine relative Vermehrung aufwiesen. Nach mehrmaliger Zufuhr von
Benzol kommt es zu einem hochgradigen Schwund der weißen Blutelemente; in dem Knochenmark, in der Milz und dem peripheren Blut
zeigen sich in diesem Stadium nur einige lymphoide Zellformen, die als
indifferente Stammformen des Blutes betrachtet werden müssen, die
aber nicht als Lymphocyten nach den Beschreibungen der früheren
Autoren angesehen werden dürfen.

Die histologischen Veränderungen an den blutbildenden Organen nach
der Benzolwirkung entsprechen den Verminderungen der Leukocytenzahlen
des peripheren Blutes. Die Follikel der Milz erweisen sich in derselben Weise
wie bei den Röntgenstrahlen als weitgehend zerstört, es machen sich dieselben Zerstörungserscheinungen hier geltend. Das Knochenmark und die
Pulpa sind wie ausgepinselt. Es zeigt sich starke Verminderung der
Granulopoese, hauptsächlich zeigen sich im Knochenmark noch einige

jugendliche Zellen. Die Lymphocyten der Milzpulpa nehmen an Menge ab. Die gleichen Erscheinungen wie an der Milz zeigen sich an Lymphknoten. Kommt es in diesem Stadium zu einem Stillstand der Vergiftung, so fanden sich wieder regeneratorische Erscheinungen an den blutbildenden Organen. Die Knötchen werden vollkommen ersetzt, die Granulopoese des Knochenmarkes ist eine stärker ausgesprochene. In dem Blut zeigt sich ein hauptsächliches Vorkommen gekörnter Zellen. Auch der Zellreichtum der Milzpulpa und des interfollikulären Gewebes der Lymphknoten erweist sich als der ursprüngliche. Ist dagegen die Vergiftung bei dem Kaninchen mit Benzol derart fortgeschritten, daß die lymphoiden Rundzellen in Blut und blutbildenden Organen die einzigen

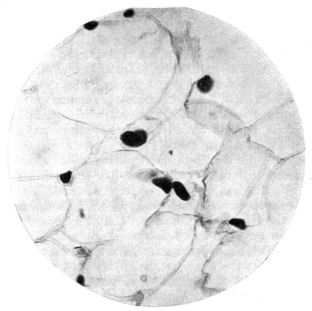

Abb. 12. Ausgepinseltes Knochenmark eines Benzolkaninchens auf dem Höhepunkt der Leukopenie. Das spärliche Reticulum weist eine geringe Quellung auf, die besonders stark in den Gefäßwandungen hervortritt. Außer den zahlreichen Reticulumzellen finden sich nur vereinzelte lymphoide Rundzellen. (Aus WALLBACH: Z. exper. Med. 68, H. 5 u. 6. Berlin: Julius Springer 1929.)

übrig bleibenden Zellen bilden, so ist eine Regeneration nicht mehr möglich, das Tier stirbt infolge der Benzolvergiftungserscheinungen.

Auch bei der Benzolvergiftung schließt sich also an die Absterbeerscheinungen der betreffenden Blutelemente eine Regeneration an, nur sind nach der Benzolvergiftung die Wucherungen des Bindegewebes keineswegs so ausgesprochen, wie dies nach der Behandlung der Kaninchen mit Röntgenstrahlen der Fall gewesen war. Bei einem früher mit stärkeren Dosen von Röntgenstrahlen behandelten Tier zeigten sich nach den Untersuchungen von WALLBACH (1078) hochgradige narbige Veränderungen in den Follikeln der Milz und Lymphknoten. Keineswegs ist dies bei früher mit Benzol behandelten Kaninchen der Fall, irgendwelche bemerkenswerten Veränderungen, die auf eine frühere Benzolvergiftung hinweisen, ließen sich auch sonst mikroskopisch nicht mehr feststellen.

Auch konnte WALLBACH (1079) finden, daß die Absterbeerscheinungen nach Benzolvergiftung bei den Blutzellen sich ganz anders verhalten als es nach der Röntgenbestrahlung der Fall zu sein pflegt. Einerseits kommt es bei Kaninchen nach Benzol zu einer hochgradigeren Leukopenie, andererseits finden sich in gleicher Weise Zerstörungen der weißen Blutzellen in der Milz und im Knochenmark. Es ist sicher, daß durch das Benzol andere Teilfunktionen des Zellebens gestört werden, so daß sich ganz andere systematische Zusammengehörigkeiten der einzelnen Zellen des Blutes ergeben, daß auch ganz andere Zellen von dem Reiz getroffen werden. Wir können diese Behauptung ruhig aussprechen, auch wenn wir bedenken müssen, daß durch die primären Zellzerstörungen durch das Benzol auch sonst Zellen im Organismus eine Veränderung erleiden können.

Die Benzolvergiftung ist ebenfalls ein Mittel, um konstitutionelle Zellstudien zu treiben. So konnte Veit (1058) feststellen, daß nach Streptokokkeninfektion keine Vermehrung der weißen Blutzellen bei dem mit Benzol vergifteten Kaninchen festzustellen war. Doch Wallbach (1213) fand keineswegs derartige Einwirkungen der Bakterien auf Benzolkaninchen, es zeigten sich gerade entgegen den mit Thorium X vergifteten Tieren sehr wohl deutliche reaktive Veränderungen der Leukocyten des Blutes, nur in dem allerhöchsten leukopenischen Stadium konnten die Tiere nicht mehr die Kraft aufbringen, auf die Bakterien in besonderer Weise zu reagieren.

Das vorher umgestimmte Tier verhält sich nach Wallbach (1213) gegenüber einer Benzolvergiftung ganz anders als ein normales Kaninchen. Wenn mit der Einspritzung des Benzols sich eine Eiterung verbindet, kann niemals eine bedeutendere Leukopenie beim Kaninchen erreicht werden, das Benzol erweist sich als wirkungslos. Ähnliche Ergebnisse kann man mit täglichen Einspritzungen von Pepton in Blutadern erreichen. Andererseits macht sich auch bei der zustande kommenden geringgradigen Leukopenie eine ausgesprochene Lymphocytose geltend, während unter normalen Verhältnissen eine Linksverschiebung im Blutbild ersichtlich ist, unter gleichzeitiger starker Verminderung der Lymphocyten.

Die Thorium-X-Vergiftung.

In den ersten Untersuchungen über die Wirkung des Thorium X von Pappenheim und Plesch (753) wurden den Kaninchen 2000 elektrostatische Einheiten in die Blutadern eingespritzt, wonach der Tod erfolgte. Vom dritten Tag an fehlten den Kaninchen die weißen Blutkörperchen. Zuerst verschwinden die Lymphocyten, während spärliche pseudoeosinophile Spezialleukocyten am längsten erhalten bleiben. Die sonstigen leukocytären Reizwirkungen bleiben bei einem derartig vergifteten Kaninchen nunmehr aus, ein unter gewöhnlichen Verhältnissen leukocytäres Pleuraexsudat besteht jetzt nur noch aus mononukleären Zellen [Lippmann und Plesch (594)]. Die Beobachtungen von Pappenheim und Plesch stehen im Widerspruch mit denen von Rosenow (832), der nur eine anfängliche Verminderung der Lymphzellen beobachten konnte, in den späteren Vergiftungsstadien zeigte sich dagegen eine ausgesprochene relative Lymphocytose.

Diese Angaben von Rosenow konnte Wallbach bei seinen Untersuchungen bestätigen. Bei Verwendung von 2500 elektrostatischen Einheiten pro kg Kaninchen gingen diese Tiere etwa nach 5 Tagen ein, 2 Tage nach dieser Injektion kommt eine relative Lymphopenie zustande, während in den folgenden Tagen eine ausgesprochene relative Lymphocytose hervortritt. Besonders stark ist unter Thorium X die Verminderung der Granulocyten, doch macht sich im Gegensatz zu der Benzolwirkung keine Linksverschiebung des Blutbildes geltend, ein Auftreten jugendlicher myeloischer Zellformen ist überhaupt nicht zu beobachten. Nach etwa 4 Tagen finden sich nur noch 100 weiße Blutzellen im cmm Blut, diese Zellen zeigen denselben lymphoiden Charakter, wie wir ihn bei der Benzolvergiftung beschrieben haben.

Mikroskopisch fand WALLBACH (1079) im Gegensatz zu den Ausführungen von DA SILVA MELLO (959) eine Zerstörung der Lymphknötchen in Milz und Lymphknoten, wie dies auch bei den Einwirkungen des Benzols und der Röntgenstrahlen beschrieben worden ist, nur zeigen sich nicht so starke Mengen von tingiblen Körperchen. Die Veränderungen der Pulpa und des Knochenmarkes waren gleichartige, so daß sich eine nochmalige Beschreibung des Zellunterganges erübrigt. In den Endstadien zeigen sich nur noch Lymphzellen in Milzpulpa und Knochenmark von demselben Aussehen wie im Blut. Auch diese lymphoiden

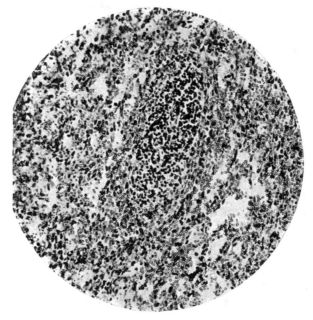

Abb. 13. Milz eines mit Thorium X behandelten Kaninchens auf dem Höhepunkt der Leukopenie Nur vereinzelte tingible Körperchen oder sonstige Zerfallsprodukte innerhalb oder an den Follikeln, die sich stark verkleinert haben. Umgeben sind die Follikel von einem konzentrisch verlaufenden Kranz von Reticulumzellen. (Aus WALLBACH: Z. exper. Med. 68, H. 5 u. 6.)

Zellen dürfen nie wie nach Vergiftung mit Benzol ohne weiteres zu den Lymphocyten gerechnet werden. Welche Zellart diese darstellen, entzieht sich vorläufig noch unsererKenntnis. Es erscheint wahrscheinlich, daß es sich um indifferente Stammzellen des Blutes handelt.

Die späteren Erscheinungen nach der Vergiftung mit Thorium X entsprechen denen bei der Einwirkung von Röntgenstrahlen. Die Zerstörungen der blutbildenden Organe waren in der Regel nach den betreffenden Dosen sehr hochgradig, so daß kein Ersatz für diese Gebilde geleistet werden kann. Andererseits kommt es schließlich zu ausgesprochenen Wucherungserscheinungen des Bindegewebes, besonders in den Follikeln der Milz und der Lymphknoten. Auch in der Leber zeigen sich ausgesprochene Vermehrungen des Bindegewebes, doch soll über diese Erscheinungen in einem gesonderten Abschnitt gesprochen werden.

Auch mit Hilfe der Thorium-X-Vergiftung gelingt es, konstitutionelle Untersuchungen über die Reaktionsverhältnisse des Organismus zu treiben. WALLBACH (1213) fand, daß das mit Thorium X vergiftete Kaninchen selbst in mäßigen Stadien der Leukopenie überhaupt keine Veränderungen der Leukocyten im Blut auf einen bakteriellen Infekt hin erkennen lassen, daß der Zellgehalt des Blutes gewissermaßen sich starr verhält.

Die Regenerationen nach der Vergiftung machen sich nach der Vergiftung mit Thorium X in einem weit längeren Zeitraum bemerkbar, als dies bei der Benzolwirkung festgestellt werden kann. Es zeigt sich, daß ein mit 2500 elektrostatischen Einheiten von Thorium X vergiftetes Kaninchen erst nach 2 Monaten wieder seine alten Leukocytenzahlen erreicht. Es kann also in vorliegendem Fall die Zerstörung der Leukocyten unter der Thorium-X-Vergiftung sich nicht auf die blutbildenden Organe im Sinne eines schnellen Wiederaufbaues der betreffenden Zellen auswirken, da durch bestimmte Giftwirkungen auch das Regenerationsvermögen der blutbildenden Organe darnieder liegt.

Entsprechend unseren vorhergehenden Bemerkungen machen sich auch bei den Absterbeerscheinungen der Zellen bei der Thorium-X-Vergiftung ganz andere systematische Zugehörigkeitserscheinungen geltend. Es muß eine ganz andere Partiarfunktion der Zellen durch die Strahlenwirkung des Thorium X geschädigt werden, die diesen von Thorium X betroffenen Zellen eigen sein muß als besondere angreifbare Funktion.

Die sonstigen Einwirkungen.

Die Leukocytenverminderungen.

Bei den vorhergehenden Vergiftungsversuchen haben wir es hauptsächlich mit Zerstörungserscheinungen der blutbildenden Organe zu tun. Die Wirkung der betreffenden Gifte erstreckte sich nicht nur auf eine Zerstörung der in Frage kommenden Blutzellen, sondern es konnte auch unter Umständen eine Hemmung der Regenerationserscheinungen der Blutzellen festgestellt werden. Wie wir gleich sehen werden, verursacht die Verminderung der Leukocyten durch Zerstörung und auch die Verminderung sonstiger anderer Blutzellen eine entsprechende Wucherung aus den Mutterzellen heraus. Durch die Verminderung der betreffenden Blutzellen wird ein Reiz zur Neubildung ausgelöst, somit ist jede Verminderung der Leukocyten wenigstens überwiegend eine der Voraussetzungen für die Leukocytose.

Gerade bei letzteren Feststellungen muß auf die Tatsache hingewiesen werden, daß jede Infektion zuerst eine Zerstörung der weißen Blutzellen bewirkt, nur wirken sich diese Veränderungen nur in den allerersten zeitlichen Stadien des Infektes aus, sie stehen in enger Abhängigkeit von der Menge und der Virulenz der zugeführten Bakterien. WALLBACH konnte feststellen, daß das Kaninchen nach Zufuhr von Bacillus Proteus OX 19 und auch nach Zufuhr von Colibacillen eine besondere Verminderung der Leukocyten erfährt, die zuweilen den Verminderungen nach Zufuhr der leukocytenvermindernden Gifte gleichkommen kann. Dabei zeigen sich bei der differentiellen Betrachtung des weißen Blutbildes Erscheinungen, die als relative Lymphocytose hingestellt werden müssen. Es sind Werte von 80% Lymphocyten unter diesen Umständen bei dem Kaninchen durchaus keine Seltenheit, zuweilen kann aber auch der Granulocyt in der Blutbahn vollkommen fehlen. Daß es sich bei diesen Reaktionsformen keineswegs um Verteilungen der Blutzellen innerhalb des Organismus im Sinne einer Verteilungsleukocytose nach SCHILLING (1201) handelt, geht einmal aus der Tatsache der differentiellen Verschiebung der einzelnen weißen Blutzellen hervor, dann auch noch aus der Tatsache, daß bei der mikroskopischen Untersuchung der inneren Organe Anschoppungen und Phagocytosen der betreffenden Blutzellen festgestellt werden konnten. Die Verteilungsleukocytose muß somit entgegen den Anschauungen von BÜNGELER (1163) ausgeschlossen werden. Bei einem Teil der Tiere leitet diese relative Lymphocytose zu dem Tode über, andere Kaninchen erholen sich unter den Anzeichen einer Granulocytose und Neutrophilie. Es leitet auch hier die Verminderung der Leukocyten zu einer Vermehrung derselben über.

Ähnliche toxische Wirkungen auf die weißen Blutzellen und die betreffenden blutbildenden Organe konnte HANS HIRSCHFELD (385) durch Typhustoxin hervorrufen. Durch eine aufgekochte Bouillonkultur dieses Bakteriums gelang es, eine hochgradige Atrophie des Knochenmarkes zu erreichen, verbunden mit einer schweren Anämie. Mikroskopisch zeigte sich ein vollkommener Schwund des Zellgehaltes des Markes, dessen Reste wesentlich aus kleinen Lymphocyten bestanden. Auch Milz und Lymphknoten fanden sich in einem hochgradigen atrophischen Zustand.

Schließlich sei noch an das akute Krankheitsbild der Agranulocytose nach W. SCHULTZ (915) erinnert, das mit einem hochgradigen Schwund der Granulocyten des Blutes einhergeht. Das Knochenmark ist nach den Untersuchungen ROTTERS (845) sehr zellarm, die Hauptmasse der Zellen bilden Lymphocyten mit sehr schmalem Zelleib. Die Agranulocytose ist eine akute Erkrankung, sie ist sicherlich durch plötzlich in großer Menge in der Blutbahn kreisende Gifte verursacht. WALLBACH (1078) konnte ähnliche Zustände am Kaninchen durch Zufuhr von größeren Mengen von lebendem Proteus OX 19 hervorrufen. Die vorher mit diesen Bakterien noch niemals behandelten Tiere zeigten zeitweise unter diesen Umständen eine starke Verminderung der weißen Blutzellen, unter denen sich etwa 98% Lymphocyten anfanden.

Ich halte es nicht für erforderlich, entsprechend den Anschauungen von TÜRK eine besondere Minderwertigkeit bestimmter blutbildender Organe anzunehmen, es handelt sich sicherlich bei der Agranulocytose nur um eine besondere zeitliche Verlängerung physiologischer Zustände der Leukocytenreaktionen.

Die Leukocytose.

Die Schaffung des Begriffes der Leukocytose wird auf VIRCHOW (1062) zurückgeführt. EHRLICH (177) machte eine Unterscheidung zwischen aktiver und passiver Leukocytose in dem Sinne, daß Zellen vermehrt sind, die einer Eigenbewegung fähig sind oder nicht. Von den späteren Untersuchern wurden die Unterschiede bezüglich der Beweglichkeit der segmentierten Leukocyten und der Lymphocyten nicht mehr durchgeführt.

Die Vermehrung der Leukocytenzahlen im Blut geht einmal auf die gesteigerte Tätigkeit der betreffenden blutbildenden Organe zurück, andererseits muß aber auch festgestellt werden, daß allein eine vermehrte Ausschwemmung von Zellen aus den blutbildenden Geweben die Steigerung der Gesamtleukocytenzahlen in der Blutbahn bewirkt [HELLY (354)]. Dabei muß noch der Verschiebungsleukocytose nach GOLDSCHEIDER und JAKOB (271), besser der Verteilungsleukocytose nach SCHILLING (1201) gedacht werden, wo keine besonderen Veränderungen regeneratorischer Natur oder der Ausschwemmung von Zellen aus den blutbildenden Organen beobachtet werden kann, wo die Verteilung der Leukocyten nur dahingehend verändert ist, daß die peripheren Gefäße größere Mengen von weißen Blutzellen aufweisen als die im Körperinneren gelegenen Gefäße.

Wenn wir hier die eigentliche Vermehrung regeneratorischer Natur von Leukocyten besprechen wollen, so wollen wir hervorheben, daß es die verschiedenen Ursachen sind, die eine regeneratorische Vermehrung der Leukocyten bedingen. Nach HELLY (354) müssen wir unterscheiden die Verdauungsleukocytose, die Schwangerschaftsleukocytose, die Leukocytose der Neugeborenen und schließlich die Leukocytose bei infektiös-bakteriellen und infektiös-toxischen Prozessen. Aber auch besondere reizende Substanzen sind imstande, eine Vermehrung der Leukocyten im Knochenmark und den übrigen blutbildenden Organen hervorzurufen. So bewirkt Terpentin eine derartige Vermehrung [WINTERNITZ (1120)], WALLBACH konnte nach Pepton, Nutrose oder sonstigen Eiweißabbauprodukten regelmäßig eine besonders stark ausgesprochene Leukocytose der peripheren Blutbahn feststellen.

Daß es gerade die Eiweißabbauprodukte sind, die eine besondere Vermehrung der weißen Blutzellen herbeiführen, stimmt mit unseren Ausführungen über die Bedeutung der Resorption der Eiweißabbauprodukte überein. Es ist bemerkenswert, worauf wir bereits in dem vorhergehenden Abschnitt hingewiesen haben, daß der Untergang der Leukocyten ebenfalls eine regeneratorische Vermehrung der Leukocyten bewirkt. In derselben Weise hebt LÖWIT (614) hervor, daß die Vermehrung der Leukocyten durch Toxine dadurch bedingt sein muß, daß erst der bewirkte Untergang von Leukocyten eine Vermehrung dieser Elemente hervorruft.

Die Vermehrung der Leukocyten bei bestimmten Eingriffen in den Organismus, besonders infektiöser Art, macht sich hinsichtlich der verschiedenen Leukocytenstämme in besonderer Weise bemerkbar, es lassen sich Gesetzmäßigkeiten zwischen der Vermehrung der einzelnen Leukocytenarten feststellen. Bereits aus den Untersuchungen von TÜRCK (1208) geht hervor, daß zunächst ein vermehrtes Auftreten der polymorphkernigen neutrophilen Leukocyten bei infektiösen Prozessen sich zeigt, die im weiteren Verlauf von einer Lymphocytose und einer Eosinophilie gefolgt ist. SCHILLING (879) unterscheidet eine leukocytäre Kampfphase, eine monocytäre Abwehrphase und eine lymphocytäre Heilphase entsprechend seiner trialistischen Lehre und gibt dieser Gesetzmäßigkeit in der biologischen Leukocytenkurve Ausdruck. Es zeigt sich somit eine verschieden starke Beteiligung der verschiedenen weißen Blutzellen im zeitlichen Verlauf der Leukocytose, in derselben Weise sind auch die verschiedenen blutbildenden Organe in besonderem Maße zeitweilig an der Vermehrung der weißen Blutzellen beteiligt, ebenso wie wir dies für die Verminderungen der Leukocyten in dem vorhergehenden Abschnitt ausgeführt haben. Die bei der Infektion sich bemerkbar machende Vermehrung der Leukocyten mit besonderer Bevorzugung der neutrophilen Elemente stellt keineswegs das erste Stadium der Einwirkung der Infektionserreger auf die blutbildenden Organe im Tierexperiment dar, sondern dieses erste Stadium ist gerade die Verminderung der Gesamtleukocyten mit besonderer Berücksichtigung der Granulocyten. Es macht sich nach den Untersuchungen von WALLBACH hierbei dieselbe relative Lymphocytose bemerkbar, wie wir sie auch bei besonders hinfälligen Menschen im Stadium der akuten Infektion sehen können (Agranulocytose von WERNER SCHULTZ (915)].

Auf die Neutrophilensenkung folgt der Anstieg der betreffenden Zellelemente, und zwar handelt es sich sicherlich um die bei dem Zerfall der Zellen freiwerdenden Eiweißabbauprodukte, die eine besondere Wachstumsbeschleunigung der Leukocyten hervorrufen in dem Sinne, wie wir dies in dem ganzen Kapitel über die Wucherungserscheinungen ausgeführt haben, daß nämlich eine Resorption von Eiweißabbauprodukten sich im Sinne einer Zellwucherung äußern kann. Welches die spezifischen Substanzen sind, die gerade eine Anregung der Wucherung der Neutrophilen bewirken, entzieht sich bis jetzt noch unserer Kenntnis, wir müssen nur aussagen, daß es sich sicherlich um besondere Stoffe handeln muß, daß aber auch die Ansprechbarkeit des Organismus auf die betreffenden Reize eine große Rolle spielt. Dies geht auch aus der Tatsache hervor, daß die Vermehrungen der einzelnen Leukocytenarten bei den infektiösen Reizen auf die blutbildenden Organe einander abwechseln, daß nach TÜRK 2 Phasen, nach SCHILLING (877) 3 Phasen der Leukocytose unterschieden werden müssen. Es ist sicher, daß die Abbauprodukte der Leukocyten auch die spätere Wucherung der Monocyten und der Lymphocyten hervorrufen, daß die veränderte Ansprechbarkeit des Organismus eine besondere Wucherung der Lymphocyten auf die Wirkung der Eiweißabbauprodukte der Neutrophilen hin bewirkt. Es handelt sich somit um besondere Immunitätsphasen des Organismus, wir müssen dabei an die Feststellungen von KUCZYNSKI (526) denken, daß auch die Eiterung als ein hoch entwickelter Grad von Immunität des Organismus angesehen werden muß. Der hinfällige Organismus vermag weder in dem Blut noch in den Geweben irgendwelche Zellreaktionen entzündlicher Natur auszulösen.

Eine weitere Anschauung, die nach den Untersuchungen von WALLBACH (1068) die Veränderungen der Leukocytenreaktion auch erklären könnte, ist die Theorie des Rhythmus der Zellreaktion. Sie besagt, daß die Eiweißabbauprodukte der granulierten Leukocyten besonders eine Vermehrung der Lymphocyten und der Monocyten hervorrufen, daß umgekehrt die Abbauprodukte der letzteren Zellen hinwiederum die Wucherung der Granulocyten anregen. Zu diesen Anschauungen kam WALLBACH durch die Beobachtung der Bauchhöhlenexsudate bei der weißen Maus. Die bei der besonders lymphocytär reagierenden weißen Maus unter dem Streptokokkeninfekt zuerst zutage tretenden Lymphocyten in der Bauchhöhle verfallen bald unter der Einwirkung der Infektionserreger dem Untergang, es kommt dann zu einem Auftreten der segmentierten Leukocyten. Wenn letztere Zellen hinwiederum Zerfallserscheinungen erkennen lassen, zeigen sich wieder Lymphocyten und Monocyten. So lösen die einzelnen Zellreaktionen einander ab, mit zunehmendem Dekrement des Reizes kommt wieder die alte Gleichgewichtslage unter den Zellen der Bauchhöhle zustande. Diese Feststellungen von WALLBACH konnten von VON MÖLLENDORFF (685) für die Zellreaktionen in

dem lockeren Bindegewebe eine Erweiterung finden. Es sei hervorgehoben, daß bei den Beobachtungen am Blut bisher dieser Rhythmus
der Zellreaktion nach Wallbach nicht zum Ausdruck kam; vielleicht
wird dieser Nachweis einmal mit einer anderen Methode gelingen.

Daß konstitutionelle Momente für die Zellreaktion ebenfalls maßgeblich sind, ist selbstverständlich und ist auch von den verschiedenen Autoren hervorgehoben worden. Bergel (1156) zeigte bei seinen
Untersuchungen an der Bauchhöhle der weißen Maus, daß nach wiederholter
Zufuhr von gewaschenen Hammelblutkörperchen die anfängliche Vermehrung der segmentierten Leukocyten nicht in Erscheinung tritt, daß vielmehr
Vermehrungen und Ansammlungen der Lymphocyten in der Bauchhöhle
zustande kommen. Ornstein (1197) konnte entsprechende Beobachtungen
an der Bauchhöhle des Meerschweinchens unter der Zufuhr von Tuberkelbacillen anstellen. Alle diese Beobachtungen fußen aber letzten Endes
auf den Feststellungen von Metschnikoff (661), der hervorhebt, daß nach
wiederholter Injektion von Bakterien in die Bauchhöhle die Mikrophagen
verschwinden und sich vielmehr sofort eine Ansammlung von Makrophagen
geltend macht. Metschnikoff faßt ja bei seinen Untersuchungen die
Immunität als ein Phagocytoseproblem auf, sie soll auch in einem Ein-
spielen der verschiedenen Leukocytenarten auf die betreffenden Infektionserreger beruhen. Die negative Chemotaxis soll sich nach diesem Autor
in eine positive Chemotaxis unter der Immunität verwandeln.

Die Zusammenhänge der Leukocytenveränderungen des
Blutes mit dem Immunitätszustand ist von Wallbach bei
seinen Untersuchungen zum Gegenstand eingehender Betrachtung unterworfen worden. Ausgehend von den Feststellungen von Kuczynski
(527), daß die Eiterung, d. h. die Ansammlung segmentierter Leukocyten, bereits schon als ein Zustand der Immunität angesehen werden
muß, daß der hinfällige Organismus überhaupt keine Zellreaktionen
aufzubringen vermag, Gedanken, die auch Tsuda (1050) bei seinen
Pneumokokkenuntersuchungen beweisen konnte, beobachtete Wallbach unter der Einwirkung von Proteus OX 19 bei dem Kaninchen
eine Verminderung der Leukocyten des Blutes, besonders einen Schwund
der Granulocyten. Die Regeneration dieser Zellen zeigte sich erst in
den nächsten Tagen nach der Infektion. Waren diese Tiere aber längere
Zeit vorher mit diesen Bakterien behandelt worden, so kam es nur vorübergehend zu diesem Absinken der Granulocyten, mit jeder neuen
Reinjektion konnten stärkere Regenerationen der Granulocyten in
kürzeren Zeitabständen festgestellt werden, als Ausdruck dieser Regeneration fand sich auch eine ausgesprochene Linksverschiebung, die sich
in den entsprechenden zeitlichen Stadien nach der ersten Injektion der
betreffenden Bakterien nicht feststellen ließ. Es muß somit gesagt
werden, daß die Vermehrung der Granulocyten als ein Ausdruck der
Resistenz des Organismus angesehen werden muß, daß aber eine. Verminderung der Leukocyten nach der Infektion immer zustande kommt,
nur zeigt sie sich in kürzeren zeitlichen Anschnitten und wird in
schnellerem Tempo von den wuchernden Granulocyten abgelöst. Unter
den klinischen Verhältnissen bei dem Menschen wird sich das Stadium
der Verminderung der Leukocyten nicht aufdecken lassen, deshalb lassen
auch die Autoren, die sich mit den Veränderungen des Blutbildes unter

dem Einfluß der Infektion befassen, die Verminderung der Neutrophilen bei der allgemeinen Formulierung mit Recht weg (Türk, Schilling)[1].

Durch diese unsere Feststellungen über die Verhältnisse zwischen den Leukocytenwucherungen und den Immunitätszuständen werden wir von selbst auf die Arbeiten geführt, die sich mit der Abhängigkeit der Leukocytose unter besonderen unspezifischen Einflüssen befassen, die gewissermaßen die Leukocytose als Indicator benutzen, ob bestimmte nicht ohne weiteres kenntliche Einflüsse auf den Organismus umstimmend eingewirkt haben. Es seien hier die Untersuchungen von Borchard angeführt, der das Fehlen der Nebennieren bei der Ratte ohne Vermehrung der Leukocyten unter der Einwirkung von nuclein-saurem Natrium einhergehen sah, Beobachtungen, die Barta (1155) nur zu einem gewissen Teil bestätigen konnte. Nach Rosenow (833) soll unter der Milzexstirpation die Vermehrung der Leukocyten nach Natrium nucleinicum in weit stärkerem Maße auftreten, als dies unter uormalen Verhältnissen der Fall ist.

Außerdem hat sich Wallbach mit den Verhältnissen der Leuko-cytose unter Umstimmungsgraden des Organismus befaßt. Dieser Autor untersuchte die Einwirkung des Infektes auf einen Organismus, der durch Thorium X oder durch Benzol in seiner Reaktionsfähigkeit vollkommen verändert war. Es zeigte sich bei diesen Untersuchungen, daß das mit Thorium X vergiftete Kaninchen sowohl auf dem Höhe-punkt der Leukopenie wie bei einem mittleren Gehalt an Leukocyten überhaupt keine Zellreaktionen mehr nach Zufuhr von Proteus OX-19 hervorzubringen imstande ist, daß dagegen das Benzoltier bei einem mittleren Gehalt an Leukocyten in dem Blut alle reaktiven Erscheinungen in dem Verhalten der einzelnen weißen Blutzellen zueinander erkennen lassen konnte, wie wir dies bei den Infekten überhaupt an Normal-kaninchen ausgeführt haben. Von Wallbach ist auf Grund dieser Feststellungen auch ein weiterer Beweis dafür erbracht worden, daß die beiden leukocytenvermindernden Substanzen Benzol und Thorium X in ganz anderer Weise an dem Organismus angreifen.

Die Vermehrung der Granulocyten zeigt besondere Zellformen je nach der Natur der Zellvermehrung. Bei der Verteilungsleukocytose treten in der Regel dieselben Zellformen auf, wie sie auch unter normalen Verhältnissen in dem betreffenden Organismus sich anfinden, es zeigt sich nur eine quantitative Veränderung des Blutbildes. Anders liegen die Verhältnisse bei regeneratorischen Erscheinungen von seiten des Knochenmarkes und auch bei Zellausschwemmungen aus diesem Organ. Es macht sich dann die Erscheinung der sog. Linksverschiebung nach Arneth (1151) oder nach Schilling (877) geltend. Nach der Stärke der regenerativen Erscheinungen zeigen sich jugendlichere granulocytäre Zellformen in immer steigenderem Maße.

Eine Steigerung der Zelldifferenzierung gegenüber dieser mit Linksverschiebung einher-gehenden Reaktion zeigt sich bei abgekapselten infektiösen Prozessen nach Schilling, wo es nur zu einer quantitativen Vermehrung der granulocytären Blutzellen allein kommt.

Über die mit Linksverschiebung verbundene Ausschwemmung der Leukocyten aus dem Knochenmark haben wir bereits bei der Besprechung der einzelnen Leukocytengifte hingewiesen. Dabei zeigt es sich, daß

---

[1] Ein Zusammenhang der Leukocytoseverhältnisse mit den Säureverhältnissen des Blutes wird von Hoff (399) angenommen.

nach Benzol besonders hochgradige Linksverschiebungen als Ausdruck der Knochenmarksausschwemmung zustande kommen, während nach Thorium X sehr wohl eine Ausschwemmung der Leukocyten sich antreffen läßt, dagegen die Differenzierung der betreffenden Zellen keine Abnahme erfährt, sondern im Gegenteil mit der wachsenden Ausschwemmung Schritt hält, also auch gesteigert ist.

Etwas schwieriger erscheinen unserem Verständnis die Vermehrungserscheinungen der eosinophilen Zellen. Es scheint sich bei der Eosinophilie keineswegs allgemein um einen vermehrten Untergang gleichartiger Zellen zu handeln, sondern sicherlich ist es in erster Linie die Einwirkung der Eiweißspaltprodukte bei einem bestimmten Reizzustand des Organismus. Wahrscheinlich ist in diese Gruppe auch die Eosinophilie bei vagotonischen Zuständen des Organismus zu rechnen. Vielleicht handelt es sich auch um bestimmte wachstumserregende Substanzen, die eine vermehrte Bildung von eosinophilen Zellen bedingen. Doch muß hervorgehoben werden, daß es nicht immer festzustellen ist, ob die Eosinophilie des Blutes nicht oft eine Verteilungsleukocytose nur darstellt.

In erster Linie sind es bestimmte Reaktionszustände des Organismus, die mit einer Vermehrung oder einer Verminderung der eosinophilen Blutzellen verbunden sind. Bei sehr starken Linksverschiebungen der neutrophilen Granulocyten pflegen die eosinophilen Blutzellen aus dem Kreislauf zu verschwinden, während in der Heilphase SCHILLINGS und auch nach den Darstellungen von TÜRK die eosinophilen Zellen in vermehrtem Maße im Blut sich anfinden lassen. Daß diese Erscheinungen nicht auf Verteilungsleukocytose allein sich zurückführen lassen, geht aus dem stärkeren Befund an eosinophilen Zellen im Knochenmark hervor. Ferner rufen die tierischen Parasiten und ihre Stoffwechselprodukte eine stärkere Vermehrung der eosinophilen Zellen hervor. Durch Extrakte der betreffenden Parasiten konnte HOMMA (405) eosinophile Gewebsreaktionen hervorrufen, die meist nichts anderes darstellen soll als eine chemotaktische Gewebsreaktion. Besonders in der Blutbahn sollen sich die eosinophilen Zellen antreffen lassen, nicht in dem Gewebe. Im Zusammenhang mit dieser Tatsache ist es bemerkenswert, daß SCHILLING bei einem Fall, der einen abgestorbenen Bandwurm in seinem Darm aufwies, eine besonders hochgradige Eosinophilie des Blutes feststellen konnte.

Verstärkte Bildung der eosinophilen Zellen in der Blutbahn beobachtete WALLBACH (1078) beim Kaninchen unter dem Einfluß einer Röntgenbestrahlung von 200 R. Im Blut erscheinen etwa 20% eosinophile Zellen, auch finden sich derartige Zellen vermehrt im Knochenmark an.

Besonders charakteristisch ist die Eosinophilie im anaphylaktischen Zustand und bereits SCHLECHT (887) hat derartige Blutbilder unter den betreffenden Bedingungen eingehend beschrieben. Hierbei ist darauf hinzuweisen, daß die verschiedenen Krankheiten des Menschen, die auf eine Überempfindlichkeit zurückgeführt werden müssen, mit einer Eosinophilie vergesellschaftet sind. So zeigt sich beim Asthma eine Vermehrung der eosinophilen Zellen.

Welches die Substanz ist, die in verstärktem Maße die Vermehrung der eosinophilen Zellen auslöst, ist nach unseren bisherigen Untersuchungen unbekannt. Wir müssen hervorheben, daß vorläufig nur

Vermutungen am Platze sein können. Es ist bemerkenswert das gleichsinnig vermehrte Auftreten der eosinophilen Zellen in der Blutbahn und der Gewebe mit dem Auftreten der CHARCOTschen Krystalle. Wenn auch die Mehrzahl der Forscher diese Krystalle als Krystallisationsprodukte der zugrunde gegangenen eosinophilen Zellen auffassen, so muß doch andererseits hervorgehoben werden, daß auch die Möglichkeit nicht von der Hand zu weisen ist, daß die CHARCOTschen Krystalle umgekehrt die Ursache der eosinophilen Granula darstellen. Über derartige Beziehungen sind wir auf Grund des beigebrachten Tatsachenmaterials noch nicht genügend unterrichtet, doch müssen wir hervorheben, daß durch derartige Untersuchungen das Problem der eosinophilen Granula und der Eosinophilie überhaupt in durchaus lohnender Weise in Angriff genommen werden kann.

Bei der Vermehrung der Erythrocyten im Knochenmark handelt es sich meist um einen Reiz, der durch den vermehrten Untergang dieser Zellen in der Blutbahn bedingt ist. Der Organismus hält unter gewöhnlichen Verhältnissen seine Erythrocytenzahl im Blut fest, entsprechend dem Untergang der roten Blutzellen kommt es zu einer entsprechenden Neubildung der betreffenden Zellen in den blutbildenden Organen.

In diesem Sinne ist es auch festzustellen, daß die Aderlaßanämien eine geringere regeneratorische Blutvermehrung bewirkt als die Phenylhydrazinanämie, bei der die Blutstoffwechselprodukte dem Organismus erhalten bleiben und zur Neubildung der Erythrocyten Verwendung finden können [RITZ (824), MORAWITZ und ITAMI (680), ITAMI und PRATT (424)]. Zugleich muß bei derartigen Untersuchungen und Schlüssen nach BLUMENTHAL und MORAWITZ (89) festgestellt werden, daß die regeneratorische Fähigkeit des Knochenmarkes schon normalerweise großen individuellen Schwankungen unterliegt.

Die Anregung der blutbildenden Organe zur Bildung von roten Blutzellen geht somit von den Zerfallsprodukten der Erythrocyten selbst aus. Doch kennen wir aus der Klinik mehrere Zustände, bei denen die Verminderung der Erythrocyten mit Erhaltung der Stoffwechselprodukte für den Körper durchaus keine Regeneration nach sich zieht. Bei allen diesen Zuständen muß noch eine toxische Komponente auf die Blutbildung angenommen werden. Nur zieht die Aderlaßanämie, bei der doch die Zerfallssubstanzen der roten Blutkörperchen aus dem Körper verschwinden, auch eine stärkere Regeneration der Blutkörperchen nach sich, wenn auch nicht in einem derart hohen Grade wie bei der Phenylhydrazinanämie (DUESBERG und UCKO). Welches unter letzteren Verhältnissen die Stoffe sind, die die Neubildung der roten Blutkörperchen anregen, entzieht sich nach unseren bisherigen Untersuchungen der Kenntnis. In diesem Zusammenhang ist noch auf die bemerkenswerte Tatsache aufmerksam zu machen, daß in der Klinik bei solchen Carcinomen und auch bei Magenulcera, die nur mit einem einmaligen größeren Blutverlust verbunden sind, sehr langdauernde Regenerationen der Erythrocyten festgestellt werden müssen. Auch hier müssen wir außer dem einmaligen größeren Blutverlust toxische Einwirkungen auf die blutbildenden Organe oder wenigstens besondere reaktive Veränderungen derselben annehmen. Durch die Untersuchungen in der neueren Zeit gelingt es nicht, durch langdauernde Aderlässe bei normalen Tieren einen Zustand von chronischer Anämie hervorzurufen, der nach Aufhören der Blutentziehungen noch längere Zeit anhält. Auch unter diesen Bedingungen zeigen die Kaninchen und auch die Hunde nach

Aussetzen mit den Aderlässen sehr bald wieder ihre alte Erythrocytenzahl.

Es erscheint durchaus möglich, daß bei der perniziösen Anämie
die Lebertherapie in konstitutionellem Sinne auf die blutbildenden
Organe einwirkt. Nach den Untersuchungen von Whipple und Hooper,
Minot und Murphy greift der Leberstoff auf die blutbildenden Organe
selbst an und verändert den Typus der Blutbildung. Morawitz
(677/78) wies dies bei seinen dahingehenden Untersuchungen mit der
Sauerstoffzehrung nach, Seyfarth (942) mit der besonders ausgesprochenen
Vitalgranulierung, die aber auch schon von den amerikanischen Autoren
beobachtet werden konnte. Daß aber auch der Typ der Erythrocytenzerstörung bei der perniziösen Anämie grundlegende Veränderungen erfährt, ist durch die Arbeiten von Jungmann hervorgehoben
worden. Es erscheint durchaus möglich, in der Erythrocytenzerstörung,
die durch die Leberdiät bei der perniziösen Anämie in andere Bahnen
gelenkt wird, das ursächliche Moment dafür zu erblicken, daß ein ganz
anderer Regenerationstyp in dem Knochenmark zutage tritt. Doch
handelt es sich hier um Ansichten, die erst durch exakte Arbeiten bewiesen
werden müssen.

Aber auch andere Reizstoffe bedingen eine Vermehrung der roten Blutzellen. So bemerkt Zondek, daß das Thyreoidin eine Polyglobulie bewirkt und auch Jungmann hebt hervor, daß bei beginnendem Basedow
die Vermehrung der Erythrocyten in der Blutbahn die Regel ist. Daß
es sich um echte Neubildung handelt, zeigt Schilling, der bei Basedow
mit ziemlicher Regelmäßigkeit eine basophile Punktierung der Erythrocyten feststellen konnte.

Auch unter der Einwirkung der Luftverdünnung kommt es zu einer
Vermehrung der Erythrocyten in der Blutbahn, andererseits ist auch
eine entsprechende Vermehrung der roten Blutzellen bei den meisten
mit Atemnot verbundenen Kreislauferkrankungen festzustellen. Bei der
Erythrocytose ist zu unterscheiden die regeneratorische und die
Verteilungserythrocytose, und zwar macht sich jene in einem vermehrten Auftreten der Reticulocyten oder polychromatischen Zellen
geltend, die dann unter den Verhältnissen der Bluteindickung durchaus
in normalen Prozentzahlen in Erscheinung treten. Die Regeneration der
Blutzellen geht von dem Knochenmark aus, extramedulläre Blutbildungsherde treten bei gewöhnlichen Anämien in der Regel nicht auf, wie aus
den Untersuchungen von Wallbach (1078) hervorgeht, da derartige Herde
besonderen rein stoffwechselmäßigen Reizwirkungen auf den Organismus
ihre Entstehung verdanken.

Über die Lymphocytose haben wir bereits bei den Vergiftungen des
leukopoetischen Systems berichtet. Wir konnten feststellen, daß sich
die Leukocytenzahlen bei der Abnahme der Gesamtleukocytenzahlen
relativ verschieden verhalten, daß unter der Wirkung von Thorium X
eine relative Vermehrung der Lymphocyten zustande kommt, während
unter der Wirkung von Röntgenstrahlen und auch nach Benzol
die Lymphzellen in viel schnellerem Grade an Zahl abnehmen als die
übrigen weißen Blutzellen.

Bei chronischen Infekten erweist sich die Lymphocytenzahl
des kreisenden Blutes als vermehrt, so daß man unter diesen Umständen

geneigt sein kann, die durch den Untergang bestimmter Zellen frei
gewordenen Eiweißstoffe für diese vermehrte Zellbildung verantwortlich
zu machen. Diese Ansicht erscheint deshalb gerechtfertigt, weil die
chronische Infektion mit einem vermehrten Untergang von Leukocyten
einhergeht. Weiteres über diese Frage ist in unseren obigen Ausführungen
vermerkt auf die hier verwiesen werden muß. Wir sind aber bis jetzt
noch nicht berechtigt, eine Spezifität der frei gewordenen Eiweißsubstanzen für die Zellwucherung anzunehmen, durch die jeweiligen Stoffe,
die frei geworden sind, werden nur die Zellen zur Wucherung gereizt,
die sich als besonders empfänglich für diese Reize erweisen. Es erscheint
sicher, daß diese verschiedene Reizempfänglichkeit auf konstitutionelle
Einflüsse des Gesamtorganismus zurückzuführen sind.

Nach Adrenalin kommt es, wie aus den Untersuchungen von FREY (234)
hervorgeht, zu einer Steigerung der Lymphocytenzahlen des Blutes.
Diese Vermehrung ist aber nur flüchtig und ist nicht auf eine eigentliche
Neubildung zu beziehen. Andererseits wissen wir aus den Untersuchungen
von MAXIMILIAN MANDELSTAMM (631), daß das Adrenalin keinen besonderen Einfluß auf die Zusammensetzung des Knochenmarkes ausübt. Es
finden sich an den Milzknötchen nur Auswanderungen der Lymphocyten.

Die Vermehrung der Monocyten steht ebenfalls mit besonderen
resorptiven Verhältnissen von Zellelementen in Zusammenhang. Die
Stammzellen der Monocyten, die in den Endothelzellen von Leber, Milz,
Knochenmark und anderen Zellen des sog. RES nach SCHILLING (878)
gesucht werden müssen, zeigen besonders unter den Verhältnissen der
chronischen Infektion reichliche Anzeichen besonderer resorptiver Beanspruchung, die nicht nur in strukturellen Veränderungen der betreffenden
Zellelementen ihren Ausdruck findet, sondern auch in Ablösungserscheinungen und in Wucherungserscheinungen. Es handelt sich gerade um
besondere Stadien der Infektion, die mit einer besonderen Vermehrung
der Monocyten verbunden sind, und SCHILLING hat auch diesenVerhält-
nissen in der biologischen Leukocytenkurve Rechnung getragen.
Bemerkenswert ist es, daß unter besonderen Verhältnissen in dem Blut
Zellen festgestellt werden können, die nicht als eigentliche Monocyten
erkannt werden, die aber genetische Zusammenhänge mit dieser Zellart
erkennen lassen. So ist dies der Fall bei der Endocarditis ulcerosa,
wo diese Zellen nach SCHILLING ebenso wie die Histiocyten in dem Blut
vermehrt erscheinen und wo SCHILLING (878) bei 2 Fällen deutliche
Übergänge zwischen den Monocyten und den im Blut auftretenden
Histiocyten erkennen konnte. Als histologische Kennzeichen einer Monocytose beschreibt SCHILLING (877) Wucherungen und Vergrößerungen
der Sternzellen in der Leber, auch in der Milzpulpa zeigen sich starke
Vermehrungen der betreffenden Zellen. Entsprechende Veränderungen
lassen sich auch im Knochenmark feststellen.

Nach KOHN (487) sollen für die Monocytenvermehrungen spezifische exogene Schäd-
lichkeiten in Betracht kommen. So führt BAADER seine Monocytenangina auf besondere
spezifische Erreger zurück. Bekannt ist auch der Bacillus monocytogenes der Amerikaner.
Auch die vitale Farbspeicherung bewirkt stärkere Vermehrungen der Monocyten, was nach
KIYONO (472) auf Reizerscheinungen an den Zellen des RES zurückgeführt werden soll.
Von PAPPENHEIM (750) und auch von KOMIYA (496) konnten derartige Befunde ihre

Betätigung finden. Es soll aber die Lithioncarminmonocytose schwankend und unbestimmt sein. Nach unserer heutigen Kenntnis sind wir weit davon entfernt, nur spezifische Monocytose erregende Substanzen anzuerkennen.

Wenn wir somit unzweifelhaft feststellen müssen, daß äußere Reize eine Vermehrung der Monocyten in der Blutbahn bedingen, so muß andererseits die Immunitätsfrage des betreffenden Organismus nicht außer acht gelassen werden. So zeigen sich bei zahlreichen chronischen Krankheitsprozessen die zahlreichen Vermehrungen der Monocyten und auch die Monocytose bei der Endokarditis nach SCHILLING (878) deutet auf Zeichen immunisatorischer Krankheiten hin, wie ja die Endokarditis überhaupt nach den Untersuchungen von KUCZYNSKI und WOLFF (532) eine Immunitätskrankheit darstellt.

Die systemartigen resorptiven Wucherungserscheinungen.

In dem vorhergehenden Abschnitt haben wir uns mit den allgemeinen Erscheinungen der Zellwucherung befaßt, aus denen hervorgeht, daß durch Zerstörungen von Zellen in der Blutbahn oder innerhalb des Organismus entsprechende Wucherungserscheinungen an den blutbildenden Organen veranlaßt werden, wodurch ein Neuersatz der Zellen bewirkt wird. In zahlreichen Fällen konnte eine gewisse Spezifität der Wucherungen in den blutbildenden Organen beobachtet werden, indem die Verminderung der Erythrocyten eine Erythropoese bewirkt, die Verminderung der Leukocyten eine Leukopoese zustande bringt. Aber bereits bei den Leukocytosen mußte festgestellt werden, daß nicht immer genau die spezielle Zelle neu in dem Blutbildungsorgan erzeugt wird, die untergegangen ist, sondern daß auch im weiteren Verlauf der Entzündung auf die Lymphocyten ein Wucherungsreiz ausgeübt wird, ebenfalls auf die Monocyten. Es erscheint sicher, daß die Neubildung dieser Zellen nicht direkt ausgelöst wird, sondern durch die fortdauernde Zerstörung der neutrophilen Leukocyten geraten die Lymphknötchen in immer stärkere Wucherung, so daß schließlich eine Auswanderung der neugebildeten Lymphzellen in die Wege geleitet wird. Somit haben wir feststellen müssen, daß die Wucherungserscheinungen an den blutbildenden Organen nicht allein von den angreifenden Reizen herzuleiten sind, sondern auch von der Konstellation des Organismus, daß sich in der Wucherung Immunitätszustände des Organismus bis zu einem gewissen Grade ausdrücken.

Bei den Wucherungserscheinungen des erythropoetischen und leukopoetischen Systems handelt es sich um Erscheinungen in eng begrenzten Bezirken, nämlich in den betreffenden blutbildenden Organen, wenn sie sich auch rein topographisch über den ganzen Organismus ausbreiten. Es muß besonders bei den Wucherungserscheinungen des lymphopoetischen Systems eine stärkere Ausbreitung dieses Systems innerhalb des Organismus festgestellt werden. Bei den Endotheliosen vollends handelt es sich um Wucherungen, die innerhalb des ganzen Organismus statthaben.

Die bisher beschriebenen Wucherungserscheinungen der Blutzellen haben sich nur in den unter gewöhnlichen Verhältnissen blutbildenden Organen abgespielt. Von den verschiedenen Forschern ist mit besonderem Nachdruck auf diesen Umstand hingewiesen worden. Ein sicherer Anhaltspunkt, daß unter den besprochenen Zuständen auch im Bindegewebe oder sonstwie „extramedulläre" Blutbildungsherde auftreten, hat sich nicht ergeben. Andererseits sind aus dem Schrifttum zahlreiche Umstände bekannt, die bei Regerationen der Blutzellen ein Auftreten sog. extramedullärer Blutbildungsherde in manchen Organen bewirken.

Es waren besonders die Anämien, die nach den Ausführungen der verschiedenen Autoren derartige Blutbildungsherde, besonders in der Leber, in Erscheinung treten lassen sollen. Nun beschreiben aber BLUMENTHAL und MORAWITZ (89) im Verlauf posthämorrhagischer Anämien ein Auftreten erythroblastischer Herde in Lymphknoten und Leber in keinem einzigen Fall, es geht somit aus diesen Untersuchungen hervor, daß die Verminderung der roten Blutzellen als solche keineswegs die Bedingung zur Entstehung der extramedullären Blutbildungsherde abgibt.

Anders aber MEYER und HEINECKE (117), die regelmäßig bei schweren Anämien des Menschen erythropoetische Herde in Leber und Milz beobachten konnten. Auch VON DOMARUS (166) beobachtete derartige Herde bei Kaninchen nach Phenylhydrazinvergiftung, diese Beobachtungen konnten von ITAMI (420) ebenfalls erhoben werden. Nach ihm soll die Bildung der erythropoetischen Herde in der Leber auch dann zustande kommen, wenn lackfarbenes Blut nach Aderlaßanämie den betreffenden Tieren eingespritzt wird. Keineswegs bedingt aber nach ITAMI die Aderlaßanämie als solche ein Auftreten extramedullärer Blutbildungsherde in Leber und Milz.

Entsprechende Beobachtungen konnten bei dem Auftreten myeloider Zellherde angestellt werden. JAFFÉ (429) vergiftete weiße Mäuse mit Phenylhydrazin und beobachtete ein Auftreten myeloider Herde in der Milz, und zwar hauptsächlich in der Pulpa. Derartige myeloische Metaplasien, wie sich JAFFÉ ausdrückt, sollen das Zeichen einer gesteigerten Regeneration darstellen. Das Auftreten der myelocytären Herde bei den Anämien ist aus der engen Verwandtschaft der granulocytären und der erythroblastischen Zellen und der gemeinsamen Lagerung derselben in dem Knochenmark zu erklären. Nach den Untersuchungen von SEYDERHELM (938) und von JAFFÉ (430) zeigen sich auch bei der perniziösen Anämie der Pferde myeloische Wucherungserscheinungen in den verschiedenen Organen.

Zu allen diesen Untersuchungen ist dagegen zu bemerken, daß es einwandfrei aus den Untersuchungen von BLUMENTHAL und MORAWITZ (89), von ITAMI (420) und auch von WALLBACH (1078) feststeht, daß die Anämie als solche keine Blutbildungsherde in der Leber oder den sonstigen Organen des Organismus bewirkt, daß es vielmehr nach den ersteren Autoren die regeneratorische Tätigkeit des Knochenmarkes allein sein soll, die derartige Wucherungen der betreffenden Zellen bewirkt. Andererseits müssen wir aber feststellen, daß alle die Untersucher, die nach dem Vorbild der embryonalen Blutbildung in der Leber und der Milz [M. B. SCHMIDT (895), MOLLIER (675)] Blutbildungsherde auch in dem erwachsenen ausgebildeten Organismus angetroffen haben wollten, keineswegs die reinen Bedingungen der Anämie bei ihren Untersuchungen erfüllten. Es muß festgestellt werden, daß ITAMI (420) bei der Aderlaßanämie regelmäßig die betreffenden Blutbildungsherde beobachtete, wenn lackfarbenes Blut injiziert wurde, wodurch Eiweißprodukte dem Organismus zugeführt wurden, deren proliferative Wirkungen auf die mesenchymalen Zellen verschiedener Organe bekannt ist. Die

bei der Phenylhydrazinvergiftung in Erscheinung tretenden Herde von
von Domarus (166) und auch von Itami können nicht mit Sicherheit
auf die besonderen anämischen Zustände zurückgeführt werden, denn
es liegen keine Untersuchungen über entsprechende Vergleichstiere vor.
Aus den Untersuchungen von Lubarsch (621) und von Wallbach (1078)
ist bekannt, daß auch anscheinend normale Kaninchen derartig mesenchymale Herde in der Leber und in der Milz erkennen lassen, daß diese
auf eine Coccidieninfektion oder andere überstandene Infektionen sich
zurückführen lassen. Schließlich muß noch an die Feststellungen von
Kuczynski hingewiesen werden, daß auch bei verschiedenen Ernährungszuständen der weißen Maus mesenchymale Zellherde in den periportalen
Abschnitten der Mäuseleber angetroffen werden können. Die anämischen
Zustände des Menschen können weiterhin auch nicht von einheitlichem
Gesichtspunkte betrachtet werden. Handelt es sich gleichzeitig um kachektische Zustände mit abnorm gesteigertem Eiweißzerfall oder auch nur
um fieberhafte Zustände, so ist eine Überschwemmung des Kreislaufes
mit Eiweißabbauprodukten bereits gegeben und damit auch eine Ursache
für die betreffenden Wucherungserscheinungen. Es muß auch hervorgehoben werden, daß die perniziöse Anämie der Pferde keineswegs als
reine Anämie zu betrachten ist, sondern daß es sich um einen infektiösen
Prozeß handelt. Daß bei infektiösen Zuständen mit Regelmäßigkeit
mesenchymale Zellherde in der Leber auftreten, ist von Wallbach (1078),
von Kuczynski und Wolff (531) und vielen anderen Autoren einwandfrei festgestellt worden. In einem späteren Abschnitt soll auf diese Veränderungen infektiöser Natur noch ausführlicher zurückgekommen werden.

Schließlich müssen wir zu den Untersuchungen von Jaffé (430)
bemerken, daß die Granulocyten in der Milzpulpa der weißen Maus als
recht häufige Befunde anzusehen sind, daß unter infektiösen Prozessen,
unter Eiweißzufuhr enteral oder parenteral bereits eine stärkere Ausbildung dieser Granulopoesen festzustellen ist. Damit dürfen wir die
betreffenden Herde keineswegs als Ausgleichserscheinungen für die
Verminderung der Blutzellen nach Phenylhydrazinvergiftung betrachten.
Weiterhin erscheint die Bezeichnung myeloische Metaplasie in der Mäusemilz keineswegs gerechtfertigt, denn Jaffé (430) hat durchaus nicht den
Beweis liefern können, daß es sich nicht um gewöhnliche Differenzierungen,
sondern um Umwandlungen andersartiger Elemente zu granulocytären
Zellen handelt.

Es zeigt sich somit, daß die myeloischen und lymphoiden
Wucherungen in den verschiedenen Organen durchaus nicht
aus dem verminderten Gehalt an Blutzellen zu erklären sind,
daß es sich durchaus nicht um ausgleichende Wucherungserscheinungen handelt. Bei der weiteren Durchsicht des Schrifttums
fällt uns gerade die Gleichartigkeit dieser sog. extramedullären Blutbildungsherde mit den resorptiven Zellwucherungen auf. Daß die Resorption
außer gestaltlichen strukturellen Veränderungen auch Wucherungserscheinungen an den betreffenden Zellen hervorruft, ist bereits bei den
lokalen Wucherungserscheinungen von uns ausführlich beschrieben
worden. Die wuchernden Zellen zeigen zunächst das Aussehen der sich
durch die Resorption gestaltlich verändernden Zellen, erst nach Aussetzen
des resorptiven Reizes kommt es zuweilen wieder zur früheren Gestalt

der betreffenden wuchernden Zellen, die dem Ruhezustand der Zellen entspricht.

Die resorptiven Wucherungserscheinungen finden sich in erster Linie bei diffusen Überschwemmungen der Gewebe mit Eiweißstoffen oder anderen abbaubedürftigen Substanzen ähnlicher Natur, es zeigen sich ganz bestimmte Zellen innerhalb des Organismus, die in besonders starker Weise die Fähigkeit zu Resorptionswucherungserscheinungen aufweisen. Es sind dies meist dieselben Zellen, die sich auch sonst durch strukturelle Veränderungen als resorbierende Zellen kennzeichnen, die oft bei der vitalen Farbspeicherung mit sauren Farbstoffen in besonderem Maße sich durch Stoffablagerungen auszeichnen. Wenn die vereinzelten örtlichen Wucherungserscheinungen bei Überschwemmungen des Kreislaufes mit abbaubedürftigen Stoffen in besonders starker Weise hervortreten, so ist andererseits der Schluß gerechtfertigt, daß auch bei systematischen Wucherungserscheinungen der betreffenden Zellen resorptive Beanspruchungen derselben statthaben müssen.

Besonders eingehende Einblicke in die Beziehungen zwischen Abbau von artfremden Eiweißsubstanzen und der Reaktion der mesenchymalen Zellen in Leber und Milz verdanken wir KUCZYNSKI (522).

Bei der peroralen Aufnahme von Eiweißsubstanzen im Übermaß nimmt KUCZYNSKI an, entsprechend den Ansichten von VON NOORDEN und SALOMON, daß ein absolut verminderter Abbau von Eiweißsubstanzen durch die Darmwand vor sich geht, so daß auch eine Aufsaugung artfremder Stoffe durch die Darmwand in den Organismus zustande kommt. Somit zeigt sich nach eiweißreicher Kost bei der Maus in der Milzpulpa eine besonders starke lymphocytäre Reaktion, andererseits finden sich in den periportalen Bindegewebsräumen der Leber entsprechende Zellansammlungen. Je mehr die Kost bei der weißen Maus sich der normalen nähert, um so seltener sind diese Zellreaktionen auch zu beobachten. Bei der Käsebrotdiät, die als eine Eiweiß-Lipoidmast erscheint, zeigen sich besonders stark ausgesprochene lymphoblastische Reaktionen in Milz und Leber. In der Leber machen sich Sternzellenwucherungen bemerkbar, es kommen sog. splenoide Zellwucherungen zustande. Diese Beobachtungen von KUCZYNSKI (522) konnte SEEMANN (928) im allgemeinen bestätigen. Auch SIEGMUND (953) hebt hervor, daß die Bildung der Blutzellen mit der Stoffverarbeitung in engstem Zusammenhange steht. Nicht nur in Leber und Milz, sondern überall, wo es zu lokalen resorptiven Verarbeitungen ortsfremden Materiales kommt, zeigen sich derartige autochthon entstandenen Wucherungen. Die Besonderheit des erhöhten Eiweißangebotes und der Eiweißüberschwemmung hat in neuerer Zeit für die Wucherungserscheinungen in der Milzpulpa und in der Leber PENTIMALLI (767a) hervorgehoben, auch in den Lungen konnte der betreffende Autor gleichartige Erscheinungen feststellen.

In diesem Sinne sind auch die Untersuchungen von OELLER (724) zu betrachten, der nach Hämoglobineinspritzungen und auch nach Zufuhr von Hühnerblutkörperchen bei dem Meerschweinchen eine adventitiell-endotheliale Reaktion betrachten konnte, die zur Haftung und zur Verarbeitung der eingeführten Fremdstoffe führen soll. Besonders macht sich nach OELLER die adventitiell-retikuläre Reaktion in der Umgebung der mittleren und kleineren Gefäße und Bronchien der Lunge geltend, und zwar in Gestalt von Zellwucherungen, die der Ausdruck einer Speicherung von im Körper gelösten Endotoxinen sein sollen. Bei der Nachprüfung der OELLERschen Untersuchungen wollte SEEMANN (928) zeigen, daß die betreffenden Wucherungen auch beim normalen Meerschweinchen sichtbar sein sollen, GERLACH und HAASE (253) gelangen zu denselben Anschauungen wie SEEMANN. Nach ihnen soll gegen die OELLERsche Auffassung der resorptiven Bedeutung der Zellwucherungen der Umstand sprechen, daß in derartigen Zellen kein Hämoglobin angetroffen werden konnte. Derartigen Schlußfolgerungen von Gerlach und Haase (253) können wir uns jedoch nicht anschließen, sondern wir müssen feststellen, daß einerseits das Hämoglobin in einen unsichtbaren Verarbeitungszustand übergeführt sein kann, daß andererseits derartige Wucherungserscheinungen sehr wohl als indirekter Ausdruck von Eiweißspeicherungen gelten können. Außerdem müssen wir bemerken, daß die betreffenden peribronchialen und perivaskulären Zellwucherungen durchaus nicht den Befunden bei normalen Meerschweinchen entsprechen, sondern daß dieselben nur bei infizierten Tieren und nach enteraler oder parenteraler Zufuhr von Eiweiß anzutreffen sind, daß also bei der Berücksichtigung der „Norm" auch der Fütterungszustand der betreffenden Tiere durchaus Beachtung verdient.

Gegen diese Oellerschen Befunde sprechen durchaus nicht die Untersuchungsbefunde von Wallbach (1073; 1078), nach dem die Hammelblutimmunkaninchen niemals irgendwelche resorptiven Erscheinungen von seiten der Milz oder der Leber aufweisen, sofern es sich um Einspritzungen von gewaschenen Blutkörperchen handelt. Dieser Befund ist von anderen Autoren, wie letzthin von Epstein (187), nicht erhoben worden, aber wir müssen bedenken, daß von den verschiedenen Forschern in keiner Weise die Versuchsanordnungen von Wallbach wiedergegeben worden sind, daß nämlich eine einwandfrei keimfreie Hammelblutkörperchenaufschwemmung verwendet wurde, daß die überstehende Waschflüssigkeit mit der Kochprobe keine Eiweißreaktion mehr erkennen ließ. Werden diese Bedingungen nämlich außer acht gelassen, so gelingt es in jedem Falle, in der Milz und in der Leber starke Wucherungserscheinungen zu beobachten, wie dies auch Wallbach nach Einspritzungen von artfremdem Serum und auch von Pepton in die Vene der Kaninchen beobachten konnte, und zwar mit größter Regelmäßigkeit. Die Unterschiede in den Feststellungen von Oeller und von Wallbach dagegen sind sicherlich auf die Verschiedenheiten der eingespritzten roten Blutkörperchen zurückzuführen. Es erscheint sicher, daß besonders das Kernmaterial der Hühnerblutkörperchen reizende Eigenschaften gegenüber den Zellen der Milzpulpa aufweist, daß sich gleichzeitig auch mesenchymale Wucherungsherde in den peribronchialen und perivaskulären Abschnitten der Lunge und auch in dem periportalen Gewebe der Leber bemerkbar machen.

Die Zellwucherungen in der Lunge, der Leber, der Milz und vielen anderen mesenchymalen Organen, die als gleichsinnige Reaktionen betrachtet werden müssen, zeigen sich also deutlich als Ausdruck der Eiweißresorption. Keineswegs dürfen sie als sog. Immunitätsgewebe betrachtet werden, das die Verarbeitung der Blutkörperchen und die Bildung der Amboceptoren in spezifischer Weise verursacht. Wir können in dieser Hinsicht Epstein (187) nicht beipflichten, denn dieser hat sicherlich keine eiweißfrei gewaschenen Blutkörperchen zur Immunisierung der Kaninchen verwendet. In demselben Sinne darf die Entstehung der Antikörper der Wassermannschen Reaktion nach vorheriger Zufuhr von Herzextraktlipoid nicht auf die betreffenden Zellwucherungsherde zurückgeführt werden, denn diese entsprechen nur der stattfindenden Eiweißresorption, sie verursachen sicher nicht beim Kaninchen die nunmehr auftretende positive Wassermannsche Reaktion.

Fernerhin müssen die nach Zufuhr von Cholesterin und Lipoid zu beobachtenden Zellherde in der Milz und der Leber einer Betrachtung unterzogen werden, wie sie von Versé (1060) eingehend beschrieben worden sind. Er beobachtete nach Zufuhr von Cholesterin in den Leberzellen blasige Veränderungen, außerdem machte sich eine starke Zellzerstörung geltend. Die dabei nunmehr auftretenden periportalen Zellwucherungen sind als Ausdruck dieser Eiweißresorption und vielleicht der reizenden Eigenschaft des Cholesterins zu betrachten. Auch beim Gaucher zeigen sich außer den zahlreichen Ablagerungen von Gauchersubstanz reichliche Zellzerstörungen. Es kommt auch bei dieser Erkrankung zu starken Reticulumzellwucherungen in der Leber und in anderen Organen, wie dies Pick (784) in seiner zusammenfassenden Darstellung hervorhebt.

Bei Versuchen mit chronischer Vitalfarbspeicherung (Lithioncarmin) zeigte Hesse (378) eine Vermehrung der Reticulumzellen in der Milzpulpa. Entsprechende Veränderungen fanden sich in dem Knochenmark, in den Lymphknoten, besonders reichlich aber in dem periportalen Bindegewebe der Leber. Es steht somit auch durch diese Untersuchungen die resorptive Bedeutung der betreffenden Zellherde fest.

Auch bei Röntgenbestrahlungen, bei denen sich ein stärkerer Zellzerfall im Organismus bemerkbar macht, zeigen sich nach Gruber (296) die periportalen Zellwucherungen.

Wenn wir somit die sog. mesenchymalen Zellherde überblicken, so müssen wir feststellen, daß in ihnen sich sehr wohl eine Blutbildung bemerkbar machen kann, daß dieselbe aber in bescheidenen Grenzen gegenüber der blutbildenden Tätigkeit der eigentlichen Blutbildungsorgane bleibt. Weidenreich (1091) hebt hervor, daß die Herde sehr wohl zum Bilde der Regenerationserscheinungen bei den chronischen Anämien passen, doch muß nach ihm noch hervorgehoben werden, daß in vielen Fällen derartige Herde vollkommen zu fehlen scheinen; den eindeutigen Beweis, daß sie durch regeneratorische und ausgleichende Wucherungen von Blutbildungszellen bedingt sind, hat Weidenreich nicht erbracht. M. B. Schmidt (895), der sich sehr eingehend mit den embryonalen Blutbildungsherden befaßte, hebt hervor, daß bei dem erwachsenen Organismus selbst bei ausgesprochenen Leukocyten keine Vermehrungen dieser Zellen in den betreffenden Organen durch besondere Herdbildungen statthaben, sondern nur durch besondere Zellvermehrungen im Knochenmark. Wie wir eingangs hervorgehoben haben, müssen wir diese Anschauungen von M. B. Schmidt durchaus bestätigen.

Die entzündlichen Systemwucherungen.

Die entzündlichen lokalen Wucherungserscheinungen der Zellen haben wir in einem früheren Abschnitt ebenfalls auf resorptive Leistungen der betreffenden Zellen zurückgeführt, so daß sie auch grundsätzlich von demselben Gesichtspunkte wie die sonstigen resorptiven Wucherungserscheinungen besprochen werden müssen.

Es ist hervorzuheben, daß Kuczynski und Wolff (531) nach Streptokokkenzufuhr bei der weißen Maus sehr starke Wucherungserscheinungen in den Zellen der Milzpulpa und gleichzeitig in den Reticulumzellen des periportalen Bindegewebes der Leber feststellen konnte. Grundsätzlich dieselben Erscheinungen konnten nach Kuczynski (526) bei den Impftumoren der weißen Maus beobachtet werden. Das vergleichende Bindeglied zwischen diesen beiden Versuchen hinsichtlich der Gleichartigkeit der bei denselben hervorgerufenen morphologischen Erscheinungen ist nach Kuczynski die überstarke Eiweißresorption durch die stark wuchernden Zellen. Auch Wallbach (1076a) beobachtete bei seinen Untersuchungen über das Reaktionsgewebe der Impfgewächse, daß gleichzeitig mit der ausgeprägten lokalen histiocytären und auch fibroblastischen

Wucherung des Bindegewebes eine Wucherung der Reticulumzellen in der Milzpulpa und der Pulpazellen, ferner des periportalen Bindegewebes der Leber stattfindet. Es müssen somit nach WALLBACH (1076a) die örtlichen und die allgemeinen Wucherungserscheinungen hinsichtlich ihrer funktionellen Bedeutung gleichgesetzt werden.

Von KUCZYNSKI (526) wird die Trias der resorptiven Erscheinungsform Pulpakatarrh, lymphatische Überproduktion und Vermehrung der Riesenzellen in der Milz hervorgehoben, was besonders nach mehrfachen Streptokokkeninjektionen bei der weißen Maus sich zeigen sollte [KUCZYNSKI und WOLFF (531)]. Die Resorptionsfunktion äußert sich noch weiter in strukturellen Umwandlungen der Lymphzellen in Plasma- und in Riesenzellen, die mit cytolytischen Erscheinungen innerhalb des Organismus in Zusammenhang zu bringen sind. Aber außer den Wucherungserscheinungen in Milz und Leber zeigen sich noch entsprechende Veränderungen im Endokard, wo sich polsterartige Ansammlungen von Plasmazellen antreffen lassen. Die Bedeutung derartiger Endothelwucherungen für die Haftung der Keime hat auch DIETRICH (155), ferner SIEGMUND (951) hervorgehoben.

Die Befunde von KUCZYNSKI konnten von zahlreichen anderen Autoren bei verschiedenen infektiösen Veränderungen in der Leber bestätigt werden. Auch in der menschlichen Pathologie finden sich zahlreiche parallele Erscheinungen. KUCZYNSKI (521) konnte selbst bei einem Fall von mit Salvarsan behandelter Lues derartige Wucherungserscheinungen in der Leber beobachten. In diese Gruppe gehören auch die Pseudotuberkel beim Typhus und bei Erkrankungen mit Bacillen der Typhuscoligruppe [GRUBER (297), MESTITZ (660), JAFFÉ (428), FRAENKEL und SIMMONDS (960)]. Bei Infektionsversuchen an Kaninchen fand WALLBACH (1078) ebenfalls derartige hochgradige Wucherungserscheinungen in dem periportalen Bindegewebe der Leber, so nach Zufuhr von Streptokokken, von Proteus OX 19, bei der weißen Maus konnten LOUROS und SCHEYER (608) nach Streptokokkeninfektion die Befunde von KUCZYNSKI und WOLFF (531) grundsätzlich bestätigen.

Zellhypertrophie und Zellhyperplasie soll sich nach SCHEYER (874) auch bei dem Puerperalfieber an der Leber bemerkbar machen, unter diesen Umständen machen sich in besonderer Weise die endokarditischen Auflagerungen auch in den akutesten Fällen geltend, was von den verschiedenen Forschern mit der gleichzeitigen Resorption von Fruchtwasser in Zusammenhang gebracht wird.

Bei den akutesten Fällen zeigen sich die betreffenden Zellherde in der Leber neben starken nekrotischen Erscheinungen an den Tonsillen und den benachbarten Schleimhautgebieten. Nach KUCZYNSKI (528) zeigt sich beim Scharlach eine besondere Stoffwechselstörung, die unter anderem auch ihren formalen Ausdruck in den betreffenden Zellwucherungen in Leber und Milz findet. Grundsätzlich dieselben Erscheinungen finden sich auch in den Niereninterstitien, was auf eine lokale Abscheidung von toxischen Stoffen in die Gewebsräume zurückzuführen ist. Die Streptokokken kann man innerhalb der Infiltrate niemals nachweisen. Diese charakteristischen Scharlachknötchen in der Niere lassen sich mit ziemlicher Regelmäßigkeit antreffen, wie LANDSTEINER (545) in seinen Ausführungen hervorhebt. Gerade bei Ausbleiben der Infiltrate in der Leber machen sich die betreffenden Zellwucherungen in der Niere in besonderem Maße bemerkbar (LUBARSCH). KUCZYNSKI (528) und ferner O. BYKOWA (118) fanden in den periportalen Räumen der Leber des Kaninchens grundsätzlich dieselben Erscheinungen nach Einspritzen von Scharlachblut, doch müssen wir hervorheben, daß auch artfremdes Serum dieselben Erscheinungen hervorzurufen vermag.

Grundsätzlich die gleiche ursächliche Bedeutung haben die Zellherde, die sich nach D'AMATO (14) durch Zuführung von Fleischfäulnisprodukten bei Hunden und Kaninchen feststellen lassen. Auch bei pathologischen Prozessen in der Gallenblase zeigen sich nach Einführung von Konkrementen daselbst [GENKIN und DMITRUK (245)] Zellwucherungserscheinungen in der Leber, aber auch die Milz läßt gleichartige Zellwucherungen erkennen. Bei der perniziösen Anämie der Pferde sind in besonders ausgesprochener Weise die Zellherde in der Leber festzustellen [RICHARD SEYDERHELM (938), JAFFÉ und SILBERSTEIN (430)], was keineswegs auf eine kompensatorische Zellwucherung auf Grund des Blutverlustes zurückgeführt werden darf, sondern auf die bei den infektiösen Prozessen noch außerdem vorhandenen Eiweißzerfallserscheinungen.

Nicht nur das mesenchymale Bindegewebe beteiligt sich an den resorptiven Zellleistungen mit Wucherungserscheinungen, sondern auch das lymphatische Gewebe und deshalb ist besonders bei den Zellveränderungen der Milz das Knötchengewebe keineswegs zu vernachlässigen. Die Tatsache, die zu dem Auftreten von Keimzentren in den Follikeln führen, haben wir bereits in einem besonderen Kapitel angeführt, so daß sich eine nochmalige Besprechung erübrigt.

Als lymphoide Gebilde sind die kleinzelligen Infiltrationen zu betrachten, die bei chronisch-entzündlichen Prozessen nach MARCHAND (639) mit besonderer Regelmäßigkeit festgestellt werden können und die nach DOMINICI und RUBENS-DUVAL in drei Hauptformen aufzutreten pflegen. Zu den ersteren gehören die einfachen Anhäufungen von kleineren und mittleren Lymphzellen in den Maschen des Bindegewebes, das noch den ursprünglichen Charakter des reifen Gewebes bewahrt hat. Sodann kann es sich um ausgedehnte diffuse Infiltrate mit Umwandlung des Bindegewebes in diffuses Gewebe handeln. Drittens kommen die Lymphknötchen mit lymphopoetischen Zentren, Keimzentren, in Betracht.

Wir haben bereits hervorgehoben, daß die kleinzellige Infiltration zu der Bildung von Lymphknötchen überleitet, und das Neuauftreten von Lymphfollikeln ist oft eine Begleiterscheinung chronischer Entzündungen. Bereits NISHIKAWA (718) hat die Bildung der Follikel unter entzündlichen Reizen einer Beobachtung unterzogen, konnte aber keine besonderen Gründe für die Entstehung dieser Gebilde angeben. Die Lymphzelleneinlagerungen soll nach den Untersuchungen von DOMINICI und RUBENS-DUVAL Ersatz schaffen für Lymphfollikel und sich hauptsächlich aus auswandernden Lymphocyten von den Gefäßen bilden. Sie stellen im Gegensatz zu den neugebildeten Lymphknötchen vorübergehende Erscheinungen dar.

Besonders eingehend hat sich CHRISTELLER (583) und seine Schule mit den Lymphfollikelbildungen bei chronischen aseptischen Entzündungen der Niere und der Harnwege befaßt. Nach JACOBI zeigen sich unter diesen Umständen innerhalb des Nierenparenchyms Lymphocytenanhäufungen, zuweilen lassen sich auch in den betreffenden Bildungen

Keimzentren nachweisen. Dieselben Bildungen konnte LEWIN (583) unter entsprechenden Verhältnissen im Nierenbecken beobachten.

Wir müssen somit feststellen, daß diese Lymphknötchen sich gewissermaßen mit den Pseudotuberkeln bei menschlichen Darmerkrankungen in der Leber vergleichen lassen. Es muß dahingestellt bleiben, ob die Lymphocytenanhäufungen autochthone Bildungen darstellen, oder ob sie den Auswanderungen der Zellen aus den Gefäßen ihre Entstehung verdanken. Nach DOMINICI und RUBENS-DUVAL wird letzteres angenommen, während die CHRISTELLERsche Schule eine besondere lymphatische Gewebsdifferenzierung annimmt. Doch lassen sich deutliche

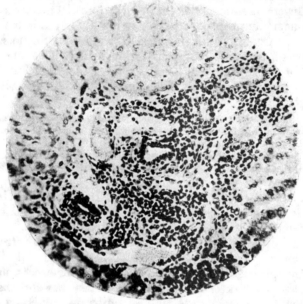

Abb. 14. Streptokokkenimmuntier. In dem interlobulären Gewebe der Leber reichlicher Zellgehalt. Es handelt sich hauptsächlich um lymphoide Rundzellen, zwischen denen sich einige Reticulumzellen anfinden. Das Wachstum dieser Zellansammlungen ist infiltrierend, die angrenzenden Leberzellen umfließend. In den inneren Partien außer mehreren Gallengangsquerschnitten zahlreiche endothelbekleidete Hohlräume, in denen sich vereinzelt Erythrocyten anfinden, vereinzelt sind aber überhaupt keine mikroskopisch sichtbare Inhaltsbestandteile vorhanden.
(Aus WALLBACH: Z. exper. Med. 68. Berlin: Julius Springer 1929.)

Vermehrungen der Lymphzellen in den betreffenden Bildungen feststellen, so daß es gar nicht ausgeschlossen erscheint, daß die lokal in den Gewebsspalten anzutreffenden lymphoiden Zellen an der Bildung der betreffenden Herde beteiligt sind.

In derselben Weise zeigt sich ein Streit der verschiedenen Untersucher über die Entstehung der mesenchymalen Zellherde in der Leber und der Niere. Während von den Dualisten (HELLY) eine Kolonisation von bestimmten Zellen in der Leber und den betreffenden anderen Organen stattfinden soll, nehmen andere Autoren wie M. B. SCHMIDT eine autochthone Entstehung an. WALLBACH (1078) kommt auf Grund seiner Untersuchungen zu dem Schluß, daß durch die resorptiven strukturellen Veränderungen der Milzpulpazellen auch Ablösungserscheinungen an diesen Gebilden sich bemerkbar machen, daß die Zellen in die periportalen Räume der Leber eingeschwemmt werden, wo sie liegen bleiben und

Wucherungen der Reticulumzellen veranlassen. Andererseits ist auch mit der Möglichkeit zu rechnen, daß autochthone Bildungen und Wucherungen von Reticulumzellen und Rundzellen statthaben infolge der großen Mengen kreisender Eiweißabbauprodukte, daß dann erst Zellen in die Herde hineingelangen, die meist den Elementen der Blutbildung entsprechen. Es ist also die Bedeutung der Eiweißresorption bei der Bildung dieser mesenchymalen Zellherde in verschiedener Hinsicht ersichtlich, einmal durch die strukturellen Veränderungen der Zellen der Milzpulpa, durch die Ablösungserscheinungen dieser Zellen. Dann durch die Wucherungen an den Reticulumzellen der Leberpforte selbst. Es erscheint durchaus möglich, daß die Reticulumzellen, die sich als indifferente Gebilde erweisen, strukturelle Umwandlungen zu lymphoiden und zu histiocytären Elementen erleiden können. Eigentliche Umwandlungen zu Blutbildungszellen konnte ich an den betreffenden Gebilden nicht nachweisen.

Die Leberzellherde und die Entmilzung.

Die Feststellung von M. B. Schmidt (895), daß die mesenchymalen Zellherde in der Leber als Milzherde anzusehen sind, können wir auf Grund eigener Untersuchungen und Schrifttums-Zusammenstellungen vollauf bestätigen. Immer zeigt sich ein Parallelegehen von Veränderungen der mesenchymalen Zellherde in der Leber und der Milzpulpa. Bei den zeitlichen Beobachtungen ließ sich die Feststellung machen, daß die Veränderungen in der Milz es sind, die zeitlich zuerst auftreten, die Veränderungen der Leber zeigen sich erst in einem späteren Stadium. Von funktionellem Standpunkt aus sind ebenfalls die Veränderungen in der Leber als ausgleichende Wucherungen von Milzgewebe aufzufassen, da die überbeanspruchte Pulpa allein der gesteigerten Resorption nicht Herr zu werden vermag.

Aber die Beobachtung, daß die Zellherde in der Leber als gewucherte Milzgewebsbildungen aufzufassen sind, darf uns nicht zu der Vorstellung verleiten, daß die Entmilzung als solche allein ebenfalls diese Bildungen hervorruft. Bei normalen Organismen findet sich die Milz in einem Ruhezustand, dieses Organ wird wenig oder kaum beansprucht. Wird dieses Organ entfernt, so bedarf der Organismus auch keines Ersatzes, da keine resorptiven Funktionen innerhalb des Organismus beansprucht werden müssen. Leider geht durch zahlreiche Arbeiten in der Literatur die Ansicht, daß die Entmilzung die Veranlassung zu dem Auftreten der mesenchymalen Zellherde in der Leber gibt.

Wenn wir aber die betreffenden Arbeiten, die diese Folge der Milzexstirpation Tatsache beweisen wollen, einer kritischen Besprechung unterziehen, so werden wir finden, daß die Versuchsanordnung meist eine sehr unglückliche war, daß keine reine Bedingungen gegeben waren, um die betreffenden Beweise für diese Anschauungen zu liefern. Die Ratte muß bei derartigen Untersuchungen von vornherein ausgeschaltet werden, denn durch die Untersuchungen von Lauda (554) und auch von Meyer wissen wir, daß nach Entmilzung bei diesem Tier eine besondere Anämie sich entwickelt, die als solche schon zur Auslösung der betreffenden Zellherde in der Leber Veranlassung gibt. Deshalb dürfen die auch gleichzeitig zu beobachtenden Erythrophagocytosen in den strömenden Leukocyten und auch innerhalb der Sternzellen der Leber in keiner Weise als ausgleichende Leistungen für die normale Milz aufgefaßt werden, denn, wie wir in dem betreffenden Kapitel hingewiesen haben, zeigt die Milz unter normalen Verhältnissen keine Erythrophagocytosen. Somit müssen wir also feststellen, daß die Arbeiten von HIRSCHFELD und SUMI (389), von LEPEHNE (571), von DOMAGK (164) unbewußt mit diesen krankhaften Zuständen bei der Ratte sich beschäftigt haben, die nicht im Sinne einer Bildung mesenchymaler Herde in der Leber bei normalen Tieren durch die alleinige Entmilzung verwertet werden dürfen. Auch die von PASCHKIS (757) unter diesen Umständen gefundenen intracapillären Zellherde in der Leber bedürfen einer Ablehnung.

M. B. SCHMIDT berichtete auf der Tagung der Deutschen Pathologischen Gesellschaft 1914 über das Auftreten der betreffenden Zellherde in der Leber bei der weißen Maus nach Entmilzung, und zwar 4—5 Wochen nach der Operation. Nun mußte aber M. B. SCHMIDT selbst die Beobachtung machen, daß die Stoffwechselleistung nicht in demselben Maße in den betreffenden Zellherden aus der Eisenablagerung ersichtlich war, wie in der herausgenommenen Milz es vorher der Fall gewesen war. Andererseits müssen wir hinzufügen, daß die weiße Maus für Untersuchungen über Wucherungsvorgänge in der Leber höchst ungeeignet ist, denn es ist durch die Untersuchungen von KUCZYNSKI (522) sichergestellt, daß auch ohne eine Entmilzung eine sehr eiweißreiche Kost, ferner andere reizende Kostformen die mesenchymalen Zellherde in der Leber hervorrufen. Unter diesen Umständen kann der Einwand bei den Untersuchungen von M. B. SCHMIDT (895) erhoben werden, daß die mesenchymalen Zellherde ursächlich nicht auf die Entmilzung, sondern auf andere Umstände zurückzuführen sind.

M. B. SCHMIDT (892) gibt auch in späteren Untersuchungen an, daß bei 2 Fällen von perniziöser Anämie, bei denen vor mehreren Jahren eine Entmilzung durchgeführt worden war, keine Veränderungen des Leberzwischengewebes wahrgenommen werden konnten. Bei der betreffenden Erkrankung ist auch die Milzpulpa, wie wir ja bei der Besprechung der Eisenpigmentablagerungen hingewiesen haben, überhaupt gar nicht an einer besonderen Stoffwechselleistung in mikroskopisch sichtbarer Weise beteiligt.

Wenn Untersuchungen über den Zusammenhang der mesenchymalen Zellherde mit der Entmilzung angestellt werden, so ist es erforderlich, verschiedene Vorsichtsmaßregeln zu berücksichtigen, damit nicht andere funktionelle Reize für die Bildung der betreffenden Herde in Betracht kommen können. Es muß sich einerseits um Tiere handeln, bei denen vor der Entmilzung nicht bereits mesenchymale Zellherde vorhanden waren, was durch Probeausschneiden der Leber oder durch möglichst breite Anlegung der Versuchsserien ausgeschlossen werden kann. Weiterhin muß die Operation unter allen Sicherheitsmaßregeln der Keimfreiheit vorgenommen werden, da ein infektiöser Vorgang, auch wenn er von dem betreffenden Tiere ohne weiteres überwunden wird, die Veranlassung zu dem Auftreten derartiger resorptiver Herde geben kann. Weiterhin muß das Tier mit einer eiweißarmen Kost gefüttert werden, die an der Leber keine Veränderungen hervorruft. Schließlich darf die Entmilzung nicht an Tieren vorgenommen werden, bei denen schon an und für sich die Milzherausnahme krankhafte Erscheinungen infektiösen Charakters bedingt (Ratte).

Alle diese Vorsichtsmaßregeln konnte WALLBACH (1078) bei seinen Untersuchungen innehalten. Niemals kam es unter diesen Bedingungen bei Kaninchen und weißen Mäusen zu einem Auftreten mesenchymaler Zellherde in der Leber. Die ruhende Milz weist darauf hin, daß keine besonderen resorptiven Beanspruchungen von seiten des Organismus durch das Kreisen abbaufähiger Eiweißstoffe bestehen. Andererseits kommt es nach Entmilzungen bei resorptiven oder infektiösen Einwirkungen in derselben Weise zu den betreffenden Herdbildungen in der Leber, wie sie bei dem milzhaltigen Tier beobachtet werden.

. Der Befund, daß die Milzexstirpation an und für sich keine intrahepatische Gewebsneubildung hervorruft, ist von DIETERICH (158) ebenfalls erhoben worden. Er konnte nur in einem Falle Zellanhäufungen in der Leber beobachten, die er vielleicht auf den operativen Eingriff selbst zurückführt.

Die zellige Zusammensetzung der Milzherde in der Leber.

In den vorhergehenden Ausführungen haben wir von den mesenchymalen Zellherden in der Leber in Beziehung zu den Bedingungen ihres Zustandekommens gesprochen, wir haben die ursächliche Seite dieses Problems in erster Linie berücksichtigt. In den folgenden Zeilen soll nunmehr die Entstehungsweise der betreffenden Herde eingehend geschildert werden.

In derselben Weise wie bei Berücksichtigung der extramedullären Blutbildung macht sich auch bei der Entstehung der mesenchymalen Zellherde in der Leber eine unitarische und eine dualistische Anschauung geltend. Die unitarische Ansicht geht dahin, daß es sich bei den betreffenden Herden um Wucherungen der ortsständigen Zellen handelt, während nach den Dualisten eine Kolonisation von Zellen, hauptsächlich aus der Milz, statthaben soll. Auf die näheren Angaben und Möglichkeiten der Zellumwandlungen soll dabei nicht eingegangen werden.

M. B. SCHMIDT (895) leitet die betreffenden Zellherde von den Endothelien der Blutgefäße ab, dieselbe Ansicht äußert auch SIEGMUND (951) bei seiner Auffassung der Zellgranulome als resorptive Erscheinungsformen. Dieselbe Ansicht äußert ferner KUCZYNSKI (522, 521), wenn er die Zellherde aus den benachbarten Sternzellen hervorgehen läßt. Auch VON DOMARUS (166) nimmt die Gefäßwandzellen als Stammzellen an. Nach MEYER und HEINECKE (117) sollen es lokale seßhafte Zellen sein, die die Bildung der mesenchymalen Herde in der Leber veranlassen. Weiterhin sei noch die Ansicht von GRUBER (297) angeführt, daß die Pseudotuberkel beim Typhus auf Wucherungen der ortsständigen Endothelzellen zurückgeführt werden müssen.

Die dualistische Lehre vertritt die Ansicht der Kolonisation der betreffenden Zellen in dem periportalen Bindegewebe der Leber aus der Milzpulpa. Dieser Ansicht schließen sich HELLY (351), ZIEGLER (1135) und ELLERMANN (179) an. Immerhin müssen auch diese Autoren wenigstens teilweise die ortsständige Wucherung der Reticulumzellen berücksichtigen.

WALLBACH (1078) war auf Grund früherer Erfahrungen der Ansicht, daß die Zellherde in der Leber in erster Linie durch die abgelösten Zellen der Milzpulpa hervorgerufen werden, die durch den Pfortaderstrom eingeschleppt werden. Niemals gelang es WALLBACH, irgendwelche Übergangserscheinungen zwischen den Reticulumzellen und den protoplasmaarmen lymphoiden Rundzellen festzustellen. Erst durch die Ansiedlungen kommt es zu den betreffenden Wucherungserscheinungen der Reticulumzellen und der Gefäßendothelien. Die Spindelzellen geben meist ein Reticulum für die eingeschwemmten Zellen.

Aber es muß nunmehr die Ansicht Berücksichtigung finden, daß das Kreisen der Eiweißspaltprodukte die Wucherungen der Reticulumzellen in den periportalen Räumen der Leber hervorruft, daß dieselben Eiweißprodukte auch strukturelle Veränderungen in den Zellen der Milzpulpa in gleicher Weise bedingen. Die sich dann innerhalb der Reticulumzellnetze der Leber anfindenden histiocytären Zellen stammen dann einerseits durch Einwanderungen aus dem Bindegewebe, andererseits kann es auch sekundär zu Kolonisation von sich ablösenden Zellen aus der Milzpulpa kommen. Daß die strukturellen Erscheinungen in der Milz sich immer zuerst bemerkbar machen, kann mit der verschiedenen Latenz der betreffenden funktionell-formalen Veränderungen der Zellen der betreffenden Organe in Zusammenhang gebracht werden.

Es muß somit festgestellt werden, daß die resorptiven allgemeinen Zellwucherungen in der gleichen Weise entstehen, wie dies von uns bei den sonstigen lokalen Wucherungserscheinungen der Zellen festgestellt worden ist.

Die Beziehungen der mesenchymalen Zellwucherungen zur Lebercirrhose.

Bei der Betrachtung der mesenchymalen Zellherde in der Leber muß noch die Vernarbung dieser Gebilde ebenfalls Berücksichtigung finden, weil durch diese Veränderungen der Herde die Beziehungen zu der Lebercirrhose offensichtlich werden. Es ist von verschiedenen Autoren bei Berücksichtigung dieser Herde die starke Ausprägung von Reticulumzellwucherungen beobachtet worden, und wir haben bezüglich der Entstehung der Zellherde die primäre oder sekundäre Beteiligung der Reticulumzellwucherungen offen gelassen.

Haben nunmehr die mesenchymalen Zellherde in der Leber eine stärkere Ausdehnung erfahren, so kommt es nach Aufhören der resorptiven Reize in manchen Fällen zu Vernarbungen, die sich auch an der Oberfläche der Leber durch narbige Einziehungen der Kapsel bemerkbar machen. Andererseits macht sich auch ein vollkommenes Verschwinden der Zellherde geltend, zumal wenn sie noch nicht eine größere Ausdehnung gewonnen haben und wenn die resorptive-proliferative Reizung der Zellen aufgehört hat. Besonders R. H. Jaffé (425) hat auf diese Möglichkeiten des weiteren Schicksals der Pseudotuberkel in der Leber hingewiesen.

Die Beziehungen der mesenchymalen Zellherde in der Leber zur Lebercirrhose werden auch durch die bei dieser Krankheit vorkommende gleichzeitige Beteiligung der Milz ersichtlich. Es ist bemerkenswert, daß die Anfangsstadien der Lebercirrhose mit einer Vergrößerung des betreffenden Organes einhergehen, daß erst später Verkleinerung und Schrumpfung erfolgt. Diese Beziehungen zwischen Leber und Milz bei der Cirrhose waren früher bereits so gut bekannt, daß Bleichröder (86) in seiner Arbeit bemerkt, daß es berechtigt sei, die Lebercirrhose als eine Milzkrankheit aufzufassen. Dieselben Gedankengänge vertritt auch Östreich (725).

Über Entstehung und Ursache der Lebercirrhose ist in neuester Zeit eine so ausführliche Darstellung von Rössle im Henke-Lubarschschen Handbuch (Bd. V, 1) erschienen, daß auf diese verwiesen werden kann.

Wir haben bei den örtlichen Zellwucherungen darauf hingewiesen, daß ein lokaler Tod von Leberzellen sehr wohl Wucherungen des periportalen Bindegewebes hervorruft, daß aber die Bedingungen derartiger Zellwucherungen ganz anders sind als die der mesenchymalen Zellherde durch allgemeines Kreisen von Eiweißabbauprodukten. Wir wissen, daß auch beim Menschen sich Lebercirrhosen durch derartige Leberzellschädigungen einstellen, bei derartigen Cirrhosen ergibt sich aber meist keine Milzvergrößerung, auch ist diese Cirrhose in vielen anderen Hinsichten von der echten verschieden. Es ist deshalb verständlich, daß WEGNER durch kleine Phosphorgaben Degenerationen der Leberzellen

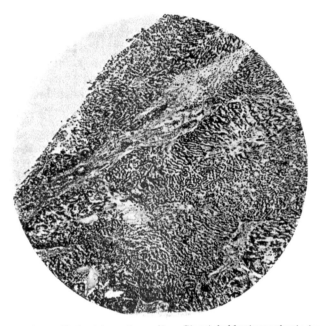

Abb. 15. Ausgesprochene Narbenleber eines alten Streptokokkenimmunkaninchens. In den interlobulären Interstitien ziemlich starres Bindegewebe, das stellenweise einen reichlicheren Gehalt an lymphoiden Rundzellen aufweist. Nur stellenweise findet sich hier eine stärkere Gallengangswucherung.

beobachten konnte, daß unter diesen Umständen es auch zu Wucherungen des periportalen Bindegewebes kam. Dem Grade nach etwas geringere Veränderungen unter diesen Bedingungen fand DE JOSSELIN DE JONG (449). So zeigen sich auch Leberzellveränderungen und entsprechende Wucherungen des periportalen Bindegewebes nach Arsenikvergiftung (ZIEGLER und OBELENSKI), auch die chronische Bleivergiftung führt entsprechende Veränderungen herbei. KRAWKOW konnte nach Einspritzung von Bakterien (Pyocyaneus) Bindegewebswucherungen in der Leber beobachten.

Bei allen diesen Untersuchungen handelt es sich also um örtliche Wucherungsvorgänge in der Leber, die auch beim Menschen unter den betreffenden Bedingungen des örtlichen Leberzelltodes zu beobachten sind. Wir haben etwa dieselben Verhältnisse vor uns, wie wir sie bei der Gallengangsunterbindung am Kaninchen und auch beim Menschen vor uns

haben. Anders sind aber die Erscheinungen der Bildungen der mesenchymalen Zellherde bei der Überschwemmung des Organismus mit Eiweißabbauprodukten, wie dies nach Zufuhr von artfremdem Eiweiß, nach Infektionen und auch nach sonstigen allgemeinen Zustandsänderungen des
Organismus vorzukommen pflegt. Erst sekundär verursachen die auf
primäre Weise zustande kommenden Zellwucherungen Untergänge der
anliegenden Leberzellen. Nach WALLBACH (1078) zeigt sich zunächst
eine Umschnürung der anliegenden Leberzellen, die allmählich von dem
Verband der Leberzellbalken abgetrennt werden und isoliert zugrunde
gehen. Die Zellherde breiten sich dann weiter über die Leberläppchen
aus, es zeigt sich auch eine unscharfe Abgrenzung der Infiltrate von
dem Leberparenchym.

Daß das Schicksal der Rundzellherde in der Leber, besser der
mesenchymalen Zellherde, in einer Restitutio ad integrum und
andererseits auch in einer Ausbildung von Lebercirrhose besteht,
ist von R. H. JAFFÉ (425) ausführlich begründet worden. Auch WALL-
BACH (1078) konnte derartige Beobachtungen anstellen.

WALLBACH unterwarf die mehrfach mit Streptokokken behandelten immunisierten
Kaninchen immer weiter der Behandlung mit den betreffenden Bakterien, die wiederholt
zugeführt wurden. Bei einem Probeausschnitt fanden sich reticulumhaltige Infiltrate
mit besonderer Deutlichkeit. Ein halbes Jahr später nach Aussetzen des Reizes war eine
deutliche Bindegewebsvermehrung ausgeprägt, die nicht nur um die Läppchen sich zeigte,
sondern auch in das Innere derselben eindrang. Zu Abschnürungen in den einzelnen Läppchen entsprechend den Veränderungen der menschlichen Cirrhose war es nicht gekommen.
Gleichzeitig zeigte sich aber eine Wucherung der Gallencapillaren und der Gallengänge,
schließlich fanden sich noch zahlreiche endothelbekleidete Hohlräume, in denen keine
mikroskopisch nachweisbaren Inhaltsbestandteile festgestellt werden konnten.

Andererseits konnte es aber nach den Untersuchungen von WALLBACH entsprechend
den Beobachtungen von R. H. JAFFÉ zu einer Restitutio ad integrum kommen, es machte
sich ein spurloses Verschwinden der einwandfrei vorhandenen mesenchymalen Herde in
der Leber nach späterer halbjähriger Beobachtung geltend.

Nach SIMMONDS (960) sollen in der Leber 3 verschiedene Arten von Bindegewebs-
vermehrungen vorkommen. Die erste Gruppe umfaßt Formen, bei denen die Bindegewebsvermehrung in erster Linie interlobulär vorkommt und frühzeitig Läppchen und Läppchen-
komplexe umspinnt. Bei der 2. Gruppe werden ebenfalls interlobuläre Bindegewebswucherungen ohne Neigung zur Läppchenumschnürung beobachtet. Die 3. Gruppe zeichnet
sich durch interlobuläre und intralobuläre Bindegewebswucherungen aus, sie muß als
diffuse fibröse Hepatitis bezeichnet werden.

Bei unseren Untersuchungen mußten wir feststellen, daß niemals
bei den Kaninchen Erscheinungen zustande kommen, die
der menschlichen Cirrhose der Leber vollkommen gleichen,
auch wenn es sich um spontane Krankheitsvorgänge handelt. Doch
müssen wir der übergroßen Kritik entgegentreten, daß aus diesem Grunde
die Bindegewebsvermehrung in der Leber des Kaninchens in keiner
Weise für die Verhältnisse der menschlichen Lebercirrhose Verwendung
finden dürfe. Gerade in der Klinik wird ja für die Veränderungen in der
Leber, die sich bei kardialen und biliären Stauungen geltend machen,
ebenfalls der Name der Lebercirrhose gebraucht, obwohl die anatomischen Veränderungen durchaus nicht der Form der idiopathischen
Lebercirrhose entsprechen. Dasselbe gilt für die durch Leberzellunter-
gang bedingten Lebercirrhosen, wie dies nach akuter gelber Leberatrophie,
nach Choledochusverschluß ersichtlich ist. Es geht aus den Begriffen
der Klinik des Menschen hervor, daß verschiedene Umstände es sind,

die die Lebercirrhose in der verschiedenen Form und in der verschiedenen Weise verursachen; es handelt sich aber dabei immer um die Überschwemmung des Organismus mit Eiweißstoffwechselprodukten. Es muß festgestellt werden, daß die gleichen Momente beim Kaninchen eine diesem Tiere eigene Cirrhose hervorrufen. Aber in dieser Tatsache besteht kein Gegengrund, die Untersuchungen über die Entstehung der Bindegewebsvermehrung beim Kaninchen hinsichtlich ihrer Bedeutung für die menschliche Lebercirrhose grundsätzlich abzulehnen.

Die Leukämie.

Wie aus den Ausführungen von DOMARUS (1172), SCHILLING (879), HIRSCHFELD (383) hervorgeht, sind alle Leukämien als System - erkrankungen anzusehen, der ganze blutbildende Apparat gerät in bestimmten Bezirken in Wucherung. Diese Gedankengänge hat auch EHRLICH (177) vertreten; es handelt sich bei der Leukämie um autochthone, an Ort und Stelle entstandene, durch die Einwirkung desselben Reizes veranlaßte Bildungen. Dabei werden keineswegs die Zellen in den betreffenden Organen gebildet, die unter gewöhnlichen Verhältnissen von ihnen hervorgebracht werden, so kommt es zum Beispiel bei der lymphatischen Leukämie zur Erzeugung von lymphocytären Zellen innerhalb des Knochenmarkes [E. NEUMANN (713)].

Von VIRCHOW (1062) und LOEWIT, ferner von BANTI wurde die Geschwulsttheorie der Leukämie vertreten, der primäre Sitz der Geschwulst sollte im Blut liegen, die Beteiligung der blutbildenden Organe solle eine sekundäre darstellen.

Es entsteht somit auch die Frage, welche Ursachen diesen leukämischen Erscheinungen zugrunde liegen. In besonderem Maße wird von den verschiedenen Forschern, besonders von STERNBERG (990) eine infektiöse Schädlichkeit für die akute Leukämie angenommen. Es wird von STERNBERG auf die zahlreichen Streptokokkenbefunde im Blute bei der akuten Leukämie hingewiesen. Es konnte von vielen Autoren nicht bestritten werden, daß Erreger bei einer leukämischen Erkrankung sich finden, es handelt sich aber um die Frage, ob es sich nicht um eine sekundäre Mischinfektion handelt, ob der Erreger die alleinige Ursache der Leukämie darstellt. PAPPENHEIM (748) bemerkte, daß es einen spezifischen Erreger nicht gibt, und wir müssen auch feststellen, daß die experimentelle Hühnerleukose nach ELLERMANN und BANG (180) mit ihrem besonderen Erreger keineswegs den Verhältnissen des Menschen und des Hundes entspricht. Es muß gerade bei letzteren Erkrankungen auf das dispositionelle ätiologische Moment hingewiesen werden, wie dies von PALTAUF, ferner von BARTELS bemerkt worden ist.

Der Grund, warum in vorliegenden Ausführungen einige literarische Angaben über die Leukämie wiedergegeben werden sollen, liegt in der Tatsache, daß es sich bei der Leukämie um Systemwucherungen handeln soll, daß diese Systemwucherungen auch in gewisser Weise in den mesenchymalen Zellherden von den verschiedenen Organen hervortreten. Auch die Beobachtung der verschiedenen Autoren, daß für die Entstehung der leukämischen Systemwucherung ähnliche ätiologische Momente in Betracht kommen, wie bei der Auslösung der mesenchymalen Zellherde in der Leber, veranlaßte uns, die Leukämie von dem Standpunkt der Systemwucherung und der infektiös-toxischen Ätiologie etwas näher zu beleuchten.

Die Reticuloendotheliosen. Daß es bei den leukämischen und aleukämischen Systemerkrankungen neben den systematischen Wucherungen der eigentlichen Blutzellen auch zu solchen der Reticulumzellen und der Endothelzellen der verschiedenen Organe kommen kann, geht aus den Angaben des Schrifttums zur Genüge hervor.

Es erscheint gerechtfertigt, einmal die leukämischen, dann aber die aleukämischen Prozesse auch an diesen Zellsystemen zu unterscheiden, ferner die. Systemwucherungserscheinungen, die von den Reticulumzellen, und die von den Endothelzellen ausgehen, voneinander zu trennen. Schließlich muß auch die eigentliche Frage der Monocytenleukämie in diesem Abschnitt eine Berücksichtigung finden.

Es muß vorausgeschickt werden, daß die Abgrenzung der mesenchymalen Systemwucherungen von den sog. Reticuloendotheliosen eine sehr schwere ist, daß vielmehr fließende Übergänge bestehen. So muß hervorgehoben werden, daß bei den Wucherungserscheinungen von sog. histiocytären Zellen in der Milzpulpa und in dem Reticulum der periportalen Räume der Leber im allgemeinen auch größere Mengen von Monocyten in der Blutbahn anzutreffen sind, so daß, wenn wir nach Schilling die Monocyten als Abkömmlinge dieser Histiocyten betrachten, zum mindestens bei diesen Prozessen eine aleukämische Komponente hervortritt. Wenn wir uns den Pinkusschen Anschauungen anschließen, daß bei den aleukämischen Prozessen eine besondere prozentuale Vermehrung der in Wucherung befindlichen Zellen ersichtlich ist, wenn wir andererseits bedenken, daß die Monocyten in relativ geringer Menge in dem normalen Blut vorhanden sind, so erscheint uns die Abgrenzung von der chronischen Monocytose schwierig. Sodann sind auch von zahlreichen Autoren Systemwucherungen in dem Reticulum der inneren Organe beschrieben worden, bei denen teilweise auch besondere ursächliche Anlässe zur Ausbildung dieser Erscheinungen gegeben waren, die aber von uns einmal wegen der bestimmten ursächlichen Momente wie Sepsis, dann aber auch wegen ihres vorübergehenden Charakters, schließlich wegen des Fehlens von Blutuntersuchungen, nicht als leukämischer Natur angesehen werden können. Hierher gehören die Fälle von Akiba (6a), Letterer (577), Krahn und Bingel.

Unter diesem Vorbehalt müssen wir alle sog. Reticuloendotheliosen betrachten, soweit es sich um aleukämische Prozesse handelt. Dabei spielt es keine Rolle, ob die Wucherung von den Reticulumzellen oder von den Endothelzellen ihren Ausgang genommen hat.

So konnte eine systematische Endothelhyperplasie in Leber, Milz und Knochenmark von Goldschmidt und Isaak (272) festgestellt werden. Es treten in den betreffenden Organen auch besonders strukturierte Zellen auf, die von den Reticuloendothelien abgeleitet werden konnten. Derartige Fälle wurden auch von Ewald (198), ferner von Pappenheim (750) beschrieben, der die betreffenden rundlichen Zellen als Lymphoidocyten bezeichnete. Eine ausgesprochene Reticulumzellwucherung machte sich nach R. Akiba (6a) nach Streptokokkensepsis geltend. Weiterhin wurden derartige Wucherungen von Reticulumzellen und von Endothelzellen von TSCHISTOWITSCH und BYKOWA (1048), von B. SWIRTSCHEWSKAJA (1011), von LETTERER (577) beschrieben. Irgendwelche ursächliche Anhaltspunkte wurden von den betreffenden Verfassern nicht gegeben. Es wird nur hervorgehoben, daß es sich um Systemwucherungen handelt, wie sie auch bei den myeloischen und den lymphatischen Leukämien von den meisten Autoren festgestellt wurden, wie sie auch bei unseren Ausführungen über die Entstehung der allgemeinen resorptiven Zellwucherungen geltend gemacht wurden.

Streng von diesen Reticuloendotheliosen, deren leukämischer Charakter nur in vereinzelten Fällen geklärt werden kann, zu unterscheiden sind die Monocytenleukämien nach RESCHAD und SCHILLING (1198). Die Monocytenleukämie von RESCHAD und SCHILLING leitet sich ebenfalls von systematischen Wucherungen der Reticuloendothelien ab. Nach den Ausführungen der betreffenden Verfasser müssen sich diese Formen der Leukämie eng an die Reticuloendotheliosen anschließen, da ja die Monocyten nach SCHILLING (878) von den Zellen des RES abgeleitet werden. Die Monocytenleukäme konnte von FLEISCHMANN (1175), ferner von verschiedenen anderen Untersuchern bestätigt werden. Weitere Fälle wurden beschrieben von UGRIUMOW, HITTMAIR, SWIRTSCHEWSKAJA, EWALD, BOCK und WIEDE. Die schwere Begriffsbestimmung der aleukämischen Monocytenleukämien muß darin zu suchen sein, daß zwischen diesen und den mit Monocytose einhergehenden mesenchymalen Wucherungserscheinungen zahlreicher innerer Organe nicht streng unterschieden werden kann.

Aus diesem Grunde kommt EPSTEIN (187a) in seinen Untersuchungen zu dem Vorschlag, den Begriff der Reticuloendotheliosen vollkommen fallen zu lassen, vielmehr von Histiocytomatosen zu sprechen. Nach den Anlässen, die eine gesteigerte Wucherung der Zellen bedingen, unterscheidet dieser Autor die Speicherungshistiocytomatosen, die entzündlichen Histiocytomatosen, die hyperplastischen Histiocytomatosen und die dysplastischen Histiocytomatosen mit bösartigem Wachstum. Zu einer anderen Einteilung kommen BOCK und WIEDE, die an dem Begriff der Reticuloendotheliosen fest halten, die bei ihrer Einteilung das RES als Stoffwechselorgan und das RES als Blutbildungsorgan berücksichtigen, die auch eine Unterscheidung zwischen den leukämischen und aleukämischen Prozessen, die von dem RES ausgehen, treffen.

Die experimentelle Leukämieforschung.

Die ersten Beschreibungen über Hervorbringung einer experimentellen Leukämie stammen von KURT ZIEGLER (1042). Es muß aber hervorgehoben werden, daß dieser Forscher in Wirklichkeit überhaupt keine Veränderungen vor Augen hatte, die den leukämischen entsprachen, es handelte sich vielmehr um Regenerationen der Lymphknoten und der gleichartigen blutbildenden Organe nach Röntgenbestrahlung. Da die lymphatischen Organe überall sich im ganzen Organismus anfinden, wurde ZIEGLER (1042) verleitet, die betreffenden regeneratorischen Erscheinungen als echte Systemwucherungen anzusprechen. In vollkommen einwandfreier Weise konnten auch diese Untersuchungen von G. B. GRUBER (296) widerlegt werden. In denselben Irrtum verfiel auch LIGNAC (585), der bei Mäusen mit homöopathischen Dosen von Benzol Wucherungserscheinungen in der Milz und der Leber beobachtet haben wollte. Derartige Wucherungen entsprachen noch lange nicht den leukämischen, stellenweise fanden sie sich noch innerhalb der normalen Variationsbreite, auch unterließ es Lignac, Untersuchungen über die weißen Blutzellen der Maus anzustellen.

Wirkliche Leukämien experimentellen Charakters wurden bisher nur von Ellermann (180) und Bang durch Infektion an Hühnern erzeugt. Es konnte ein unsichtbares Virus von ihnen festgestellt werden, das sich hauptsächlich in den blutbildenden Organen antreffen ließ und das durch Weiterimpfung der Organe auf andere Tierarten übertragen werden konnte. Die Ergebnisse von Ellermann und Bang (180) konnten von Hirschfeld und Jakoby (386) bestätigt werden.

Eine wirkliche Übertragung erlauben diese Feststellungen der experimentellen Hühnerleukämie für die Leukämieforschung des Menschen nicht, und Ellermann (181) tat recht, daß er vorsichtshalber die betreffenden Veränderungen an den Hühnern als eine Besonderheit hervorhob. Schridde (910) bemerkt ebenfalls, daß es sich keineswegs um eine echte Leukämie handelt. Burckhardt hat unter Friedberger der Meinung Ausdruck gegeben, daß es sich um eine abgeschwächte Form der Tuberkulose handelt, was aber nach unserer Ansicht sicherlich nicht richtig erscheint.

Die leukämieähnlichen Erkrankungen.

Wenn wir somit bemerken, daß die Leukämie eine Systemwucherung darstellt, so muß die Frage einer näheren Klärung entgegengebracht werden, ob die Leukämie außer einem infiltrierenden auch einen gewächsartigen Charakter annehmen kann, ob es sich bei den leukämischen Erkrankungen auch um besondere tumorartige Ansammlungen der betreffenden Zellen an bestimmten Stellen des Organismus handeln kann. Wir müssen deshalb über die Zusammenhänge zwischen den echten Systemwucherungen leukämischer Natur und über die Leukosarkomatosen und Lymphosarkomatosen einige Erörterungen folgen lassen, sodann über das Wesen der Myelome ausführen.

Von der Leukämie und der Pseudoleukämie trennt Kundrat scharf die Lymphosarkomatose. Zu den eigentlichen Gewächsbildungen wird diese Erkrankung von Kundrat in ihrem Wesen nicht gerechnet, sondern zu den Hyperplasien, in ungefähr demselben Sinne, wie diesen Standpunkt später Paltauf und Sternberg vertraten. Ghon und Roman (256) halten dagegen an dem Gewächscharakter dieser Neubildungen fest. Sie halten sich für berechtigt, von einer Lymphosarkomatose zu sprechen, wenn bei einer mehr oder weniger ausgebildeten Neubildung des lymphatischen Apparates einerseits ein histologischer Prozeß im Sinne der Lymphogranulomatose, andererseits ein primärer Wucherungsvorgang des gesamten lymphatischen Apparates mit gleichmäßiger Beteiligung von Leber und Milz ausgeschlossen werden konnte. Es kommt nur eine örtliche Bösartigkeit in Betracht im Sinne eines schrankenlosen Wachstums. Es kann wie bei bösartigen Gewächsen zu Ausbreitungen auf die nächste Nachbarschaft und zu ausgesprochenen Metastasen kommen.

Es ist sicher, daß das Lymphosarkom als eine besondere Krankheit angesehen werden muß, die mit den leukämischen Systemwucherungen nichts zu tun hat. Andererseits ist es aber nicht gerechtfertigt, nach dem Vorbild von STERNBERG (990) eine Leukosarkomatose in derselben Weise anzuerkennen. Die betreffenden Fälle von STERNBERG unterscheiden sich von der KUNDRATschen Lymphosarkomatose durch die Beschaffenheit des Blutes, das durch das Auftreten großer Leukosarkomzellen gekennzeichnet sein soll. Eine Systemerkrankung wird von STERNBERG für diese Fälle abgelehnt. Die in den verschiedenen Organen auftretenden atypischen Gewebswucherungen werden als von der primären geschwulstartigen Wucherung abhängig angesehen. Von E. K. WOLFF (1127), ferner von H. BORCHARDT (98) wurden ähnliche Krankheitsbilder beschrieben. Der Begriff der Leukosarkomatose wird von diesen Verfassern abgelehnt, weil ein Übertreten von Gewächszellen in die Blutbahn sonst niemals ersichtlich ist, es werden die betreffenden Fälle zu den echten leukämischen Erkrankungen gerechnet, bei denen es nur zu einer herdweise stärkeren Ausbildung von Systemwucherungserscheinungen gekommen ist.

In die Gruppe der leukämischen Erkrankungen zu rechnen sind die Myelome, die von den früheren Forschern wie von dem Entdecker RUSTITZKY, als Tumoren hingestellt worden sind, die aber dann von VON RECKLINGHAUSEN als pseudoleukämische Wucherungen umschriebenen Charakters betrachtet wurden. Die letztere Anschauung leitet sich einmal von der Feststellung her, daß die Myelome im allgemeinen als Blutzellwucherungen zu betrachten sind, daß das multiple Auftreten keineswegs auf Metastasierung zurückgeführt werden kann, denn es läßt sich kein eigentlicher Primärtumor feststellen. Die heute allgemein angenommene Anschauung ist die, daß die Myelome als leukämische Bildungen zu betrachten sind, die von den eigentlichen Leukämien sich nur durch ihre besondere Wachstumsweise auszeichnen, die aber ihrem Wesen nach als leukämisch zu betrachten sind.

Wenn wir somit das Gebiet der Leukämie überblicken, so müssen wir feststellen, daß die Anschauung, es handelt sich um eine Systemwucherung der blutbildenden Organe, am meisten Anklang findet. Die mesenchymalen Zellwucherungen lassen sich mit den leukämischen Prozessen insofern vergleichen, weil es sich auch bei ihnen um Systemwucherungserscheinungen handelt. Auch sind in ursächlicher Hinsicht gewisse Parallelen gegeben, in dem Sinne, daß es oft besondere Momente sind, die bei gegebener Konstitution, wie sie besonders gut beim Kaninchen anzutreffen ist, derartige Wucherungserscheinungen hervorrufen. Gegen die leukämischen Deutungen dieser Befunde spricht der Umstand, daß es nicht zum allgemeinen Übertreten der wuchernden Zellen in die Blutbahn kommt. Nur unter besonderen Umständen finden sich auch in der Blutbahn große Makrophagen, wie sie auch in den Zellherden von Milz und Leber anzutreffen sind.

Die Wucherungserscheinungen in der Gewebskultur.

Die Wachstumsäußerungen der Zellen in der Gewebskultur sind der Ausdruck sehr verschiedener Einwirkungen auf die Zellen. Da die Wachstumsvorgänge am deutlichsten in der Gewebskultur vor allen anderen Erscheinungen an den Zellen sichtbar sind, wird die hierbei hervortretende Aktivität der Zellen schlechthin als eine gesteigerte Wachstumsäußerung der Zellen bezeichnet.

Wenn wir die Ursachen näher analysieren wollen, die das Wachstum der Zellen in der Kultur bedingen, so müssen wir in derselben Weise, wie wir es bei den Wachstumsvorgängen des intakten Organismus getan haben, von den resorptiven Erscheinungen an den Zellen ausgehen, wie sie sich an der Kultur als Ernährungsvorgänge an den Zellen äußern.

Es ist bereits von Carrel erkannt worden, daß besondere Stoffe in der Gewebskultur das Wachstum der gezüchteten Zellen gewährleisten. Bei dem Embryonalextrakt soll es sich nach diesem Autor um ein Wachstumhormon handeln, das für das dauernde Wachstum der Zellen in der Kultur unentbehrlich ist. Überhaupt wird nach Carrel in der Kultur eine Trennung zwischen den Trephonen und den Hormonen durchgeführt. Die Trephone stellen Stoffe dar, die von gewissen Zellen, hauptsächlich den Leukocyten gebildet und als Nahrung von den anderen Zellen verwendet werden. Die Hormone dagegen stellen Reizstoffe dar, die ausschließlich die Vorgänge leiten und fördern, die sich in dem Gewebswachstum äußern. In letzter Zeit wurden die betreffenden Trennungen zwischen den Trephonen und den Hormonen von Carrel nicht mehr so streng durchgeführt, denn die weitere Untersuchung lehrte, daß z. B. das Serum auch den eigentlichen Nährboden für die Kultur darstellt. Andererseits konnte Carrel feststellen, daß das Serum sich auch durch Embryonalextrakt ersetzen läßt, daß der Embryonalextrakt vollkommen genügt, um das Wachstum der Kultur aufrecht zu erhalten. Zuletzt spricht Carrel bereits von wachstumsbefördernden Trephonen, so daß die strenge Unterscheidung zwischen den Trephonen und den Hormonen nicht mehr durchgeführt werden konnte.

Wie A. Fischer (208) in seinen Ausführungen hervorhebt, ist das wachstumsfördernde Hormon gegen Schütteln und gegen Erwärmen sehr empfindlich. Einen besonderen Einfluß auf das Wachstum gewinnen auch die Abbauprodukte des Eiweißes, die Carrel und Baker durch peptische Verdauung von Embryonalextrakt gewinnen konnten. Hierbei ist aber die Konzentration derartiger Proteosen sehr wichtig. Ein wachstumsfördernder Reiz wird nur nach Verdauung während 3,5 Stunden ausgeübt, längere Aufspaltung übt gerade einen giftigen Einfluß auf die Kultur aus. Mit wachsendem Aminostickstoff wird eine Hemmung des Wachstums der Fibroblasten ausgeübt. Die tryptische Verdauung der Embryonalextrakte gibt nach Carrel und Baker durchweg schlechte Ergebnisse.

Dieselben günstigen Erfahrungen über Wachstumsbegünstigungen mit Embryonalextrakt als Trephon lassen sich nach Carrel auch mit dem Extrakt von Leukocyten anstellen, Maximow (645) hebt die Wachstumsbegünstigung durch Knochenmarksextrakte hervor. Es muß festgestellt werden, daß es in allen Fällen Eiweißextrakte sind, die diese Begünstigung des Wachstums in der Kultur bewirken. Es besteht die Vermutung, daß die etwas hypothetischen Proteosen Carrels in Wirklichkeit Abbauprodukte des Eiweißes darstellen, wobei es gleichgültig erscheint, um welches Abbauprodukt es sich hierbei handelt.

Bezüglich der Aminosäuren stellte Burrows (1164) fest, daß sie eine deprimierende Wirkung auf das Fibroblastenwachstum der Gewebskultur ausüben, auch EBELING kommt zu derartigen Anschauungen, und SCHAZILLO (871) geht bei seinen Ausführungen so weit, den Aminosäuren überhaupt jede Bedeutung als Trephon abzusprechen. Aber wir müssen bemerken, daß es sich hier um ein rein quantitatives Problem handelt, daß CARREL und BAKER durch zu starke peptische Spaltung der Embryonalextrakte auch keine wachstumsbegünstigende Wirkung erzielen konnten, weil eben die Eiweißabbauprodukte in solchen Mengen aufgefunden werden konnten, daß nunmehr ein deprimierender Einfluß auf die Kultur sich bemerkbar macht. Daß den Aminosäuren doch ein Einfluß auf das Wachstum in begünstigendem Sinne eingeräumt werden muß, geht aus den Untersuchungen von KUCZYNSKI, TENENBAUM und WERTHEMANN (533) hervor, die wesentlich geringere Konzentrationen von Pepton verwendeten, als es von BURROWS geschehen war.

Man kommt somit bei Berücksichtigung der Gewebskulturen hinsichtlich der Wucherungsvorgänge zu denselben Ergebnissen, die auch bei den lokalen und allgemeinen Wachstumsäußerungen des Organismus festgestellt werden mußten. Es handelt sich auch hier um die wachstumsfördernden Eigenschaften der Eiweißspaltprodukte. Wenn auch bei den Verhältnissen im normalen Organismus von Überschwemmungen mit Eiweiß bei den Wucherungsvorgängen gesprochen werden muß, so sind die tatsächlichen Konzentrationen, die auf die Einzelzelle wirken, außerordentlich gering. Es ist deshalb erforderlich, diese Tatsache auch bei den Gewebskulturen zu berücksichtigen. Hier zeigen sich unter sehr geringen Zusätzen von Eiweißabbauprodukten stärkere Wachstumsbeschleunigungen, während das Wachstum bei Zufuhr stärkerer Mengen von Eiweißabbauprodukten vollkommen aufhören kann.

Anhang.

Der Reiz.

Degeneration. Ernährung.

Der Reiz.

Ein Kapitel über die Reize im allgemeinen und der einzelnen Reizerscheinungen im besonderen kann man nicht beginnen, ohne mit den VIRCHOWschen Ausführungen anzufangen. Als Reiz bezeichnet VIRCHOW (1062) eine äußerliche Einwirkung, die eine mechanische oder chemische Veränderung des gereizten Elementes rein passiver Natur darstellt, welche die aktive Leistung des Elementes bedingt. So erscheint die irritative Leistung zugleich als Gegenwirkung gegen die irritative Ursache, als Reaktion gegen die von außen einwirkende Aktion. Der Begriff der Irritation schließt mit Notwendigkeit diese Gegenleistung in sich. Nachdem VIRCHOW bereits früher die funktionelle und die nutritive Tätigkeit unterschieden hatte, trennte er von der letzteren später noch die formative Tätigkeit. Dementsprechend ergeben sich die drei verschiedenen Grade der Reizung, die funktionelle, die nutritive und die formative. Verrichtung, Ernährung und Bildung geben zusammen den Begriff des Gesamtlebens. Eine Trennung dieser verschiedenen Arten und Grade der Reizung ist aber nicht durchführbar, denn jede Funktion ist

ein nutritiver Reiz, die Verrichtung beeinflußt in einer bestimmten
Kausalität die Ernährung.

Bei den funktionellen Reizen ist nach VIRCHOW die spezifische Beziehung
zu berücksichtigen, die zum Beispiel auch bei bestimmten Drüsen sich
geltend macht. Nur durch spezifische Stoffe können wir auf die eine
Drüse wirken, nicht auf die andere. Immer ist es ein bestimmter Reiz,
der bei einer bestimmten Zelle die Funktion anregt.

VIRCHOW hebt bei der nutritiven Reizung hervor, daß nach der
alten Vorstellung die Tätigkeit der Gefäße die Ernährung der Zellen
bestimmen soll. Dieser Auffassung kann sich VIRCHOW nicht anschließen, die Zelle ernährt sich selbst und wird nicht ernährt.
Das Angebot an Nahrungsstoffen soll für die Zelle vollkommen unmaß-
geblich sein, sie vermag aus einer Summe von Substanzen sich bestimmte
herauszugreifen. Die Zelle verhält sich also nach VIRCHOW bei
der Ernährung vollkommen aktiv, die Tätigkeit der Gefäße
kann nur die eigene Zelltätigkeit fördern und unterstützen.
Jede Zelle verhält sich wie eine kleine Pflanze. Sie wählt ihr Ernährungsmaterial aus der Umgebung. Aber freilich bedarf auch die Ernährungs-
tätigkeit bestimmter Erregungsmittel. Ohne diese bleibt ein lebender
Teil inmitten der größten Fülle der Ernährungsstoffe träge und untätig.
Die nutritiven Reize sind aber keineswegs immer Nahrungsstoffe. Vermehrte Funktion, mechanische und chemische Einwirkungen der verschiedensten Art haben vermehrte Aufnahme von Nahrungsstoffen zur
Folge. Eine ganze Reihe von entzündlichen Veränderungen stellt in
ihren ersten Anfängen weiter gar nichts dar als eine vermehrte Aufnahme
von Nahrungsstoffen in das Innere der Zellen, die ganz ähnlich derjenigen sieht, die bei einer einfachen Hypertrophie stattfindet. „Nachdem
ich später die nutritive Aktivität der organischen Elemente die Ansau-
gungen der Flüssigkeiten durch die Zellen als das Entscheidende kennengelernt habe, erschien der Ausdruck Exsudat allerdings ganz ungenau und
ich habe längst aufgehört, ihn für diese Zustände zu gebrauchen. Parenchymatöse Schwellung drückt das Besondere derselben vollständig aus.“

Wenn wir uns diese VIRCHOWschen Ausführungen wieder in das
Gedächtnis zurückrufen, so sehen wir in ungeahnter Weise, wie die
Gedanken, die aus den späteren Untersuchungen herauskristallisierten,
bereits in ihren Grundzügen niedergelegt worden waren. Wir sehen,
daß die verschiedenen Veränderungen der Zellen als Ausdruck der verschiedenen Aktivität angesehen worden sind. Und wenn wir die formativen
Reize von VIRCHOW mit in Betracht ziehen, die sich mit den Ursachen
der Gewebsneubildung befassen, so ist die besondere Tätigkeitsäußerung
auch in derartigen reaktiven Reizbeantwortungen ersichtlich.

Wenn wir aber nunmehr rein vom formalen Standpunkt die Anschauungen von VIRCHOW einer Berücksichtigung unterwerfen, so können
wir die nutritiven und die formativen Gewebsäußerungen von VIRCHOW
beibehalten, weil sie auch unseren Anschauungen von den mikroskopisch
an den Zellen ersichtlichen Tätigkeitsäußerungen vollkommen entsprechen. Zu den nutritiven Äußerungen der Zelltätigkeit wären die
Speicherungserscheinungen zu rechnen, wie sie direkt einer mikroskopischen Betrachtung zugänglich gemacht werden können. Weiterhin
sind aber auch die strukturellen Zellveränderungen als nutritive Zell-

leistungen anzusehen, denn wir konnten bei den verschiedenen gestaltlichen Veränderungen der Zellen feststellen, daß sehr zahlreiche dieser
Erscheinungen auf eine resorptive Funktion zurückgeführt werden können.
Es handelt sich dabei nicht nur um die strukturellen Verschiedenheiten
von Protoplasma und Zellgestalt, sondern auch um die des Kernes,
ferner um Besonderheiten der paraplasmatischen Substanzen. Es erscheint dabei fraglich, ob die strukturellen Zellveränderungen nicht auch
formativ sind. Zu den formativen Zellfunktionen müssen wir die Wucherungsvorgänge an den Zellen rechnen. Aber auch bei diesen haben wir
feststellen müssen, daß ein großer Teil auf resorptive Leistungen zurückgeführt werden muß. Wir kommen somit auf Grund eines Vergleiches
zwischen der rein funktionellen und der rein morphologischen Betrachtungsweise zu dem Schluß, daß ganz bestimmte funktionelle Tätigkeiten auf
Grund ihrer besonderen morphologischen Äußerungen nicht festgestellt
werden können, daß andererseits bei der funktionellen Beurteilung einer
Zelle die sich mikroskopisch äußernde Erscheinungsform derselben als
Ausgangspunkt genommen werden muß, um dann zusammen mit den
verschiedenen Konstellationen funktioneller Natur die eigentliche Zustands-
äußerung der Zelle festzustellen. Doch müssen wir auch bei der Betrachtung
der mikroskopisch ohne weiteres ersichtlichen Stoffwechseläußerungen
der Zellen uns Reserve auferlegen. Auch die direkten Speicherleistungen
der Zellen stellen, wie wir eingehend gezeigt haben, nicht nur allein die
gesteigerte Aufnahme der betreffenden Stoffe dar, sondern es handelt
sich auch um indirekte Äußerungen der Speicherfähigkeit, es kann auch
zu andersartigen nicht näher zu bestimmenden primären Reizen der Zelle
kommen, die ihren mikroskopisch sichtbaren indirekten Ausdruck eben in
der vermehrten oder verminderten Speicherfähigkeit zeigen. Man kann
auf Grund der direkten Speicherungen der Zellen auch auf gewisse
andere funktionelle Eigentümlichkeiten der Zellen schließen.

Andererseits wissen wir bei der Erwägung unserer Erfahrungen über
die mikroskopisch sich zeigenden Äußerungen der Zelltätigkeit nichts mit
der funktionellen Reizung der Zellen als solche anzufangen. Eine funktionelle Reizung ist bei allen Äußerungen der Zelltätigkeit ersichtlich, sie
zeigt sich bei den resorptiven und bei den proliferativen Erscheinungen der
Zellen. Bei seiner Definition der funktionellen Reizung hebt VIRCHOW
hervor, daß es sich um adäquate Reizungen bestimmter Drüsenzellen
handeln soll. Aber auch bei einer derartigen Reizung kommt es zu einer
Stoffaufnahme und zu einer Stoffaufgabe, so daß eine besondere Abtrennung der funktionellen Reizung von der nutritiven Reizung nicht
gegeben sein kann. Daran kann auch der Umstand nichts ändern, daß
VIRCHOW selbst hervorhebt, man dürfe keine strenge Abgrenzung
zwischen den verschiedenen Reizungsqualitäten durchführen.

Auf Grund unserer eigenen Untersuchungen und auch der vorliegenden
literarischen Zusammenstellungen sind wir zu dem Ergebnis gekommen,
die funktionelle Reizung VIRCHOWs fallen zu lassen, dagegen die
nutritive und die formative Reizung in gewissem Sinne beizubehalten.
Andererseits muß hervorgehoben werden, daß z. B. die Zellwucherung
den Ausdruck der Resorption darstellen kann, so daß in dieser Hinsicht
keine scharfe Unterscheidung zwischen den verschiedenen Zelltätigkeiten
VIRCHOWs getroffen werden kann. Will man auf Grund morphologischer

und mikroskopischer Reizäußerungen der Zelle eine Einteilung treffen, so ist es nicht angängig, nur die Funktion als solche zu dem Gradmesser der morphologischen Einteilung zu machen, andererseits die verschiedenen anatomischen Zellbilder um diese Funktion herum anzuordnen. Dies ist schon deshalb nicht statthaft, weil dieselbe Funktion durch verschiedene mikroskopisch ersichtlichen Äußerungen der Zelltätigkeit wiedergegeben werden kann. Im Gegenteil wollen wir bewußt die Zelläußerung zu dem Mittelpunkt der Einteilung machen, wir wollen dann nebenher jeweilig feststellen, welche Leistungen durch die verschiedenen Zellbilder ausgedrückt werden.

In den vorliegenden Abschnitten haben wir also entsprechend unserer formalen Einteilung die Speichererscheinungen, die strukturellen Erscheinungen und die Wucherungserscheinungen einer eingehenden Besprechung unterworfen. Alle diese drei Erscheinungen sind gemeinsam zu berücksichtigen, wenn man sich aus der mikroskopischen Betrachtung der Zelle ein genaues Bild ihrer Leistung machen will. Es war nur erforderlich, unter den vielen zugleich ersichtlichen mikroskopischen Erscheinungen eine künstliche Abtrennung vorzunehmen, denn nur durch die sezierende Analyse wird man der Bedeutung jeder einzelnen Erscheinung an der Zelle gerecht.

Die proliferativen Erscheinungen an den Zellen.

Die formative Reizung im Sinne VIRCHOWS (1062) ist nicht unwidersprochen hingenommen worden. Es war besonders WEIGERT (1094), der sich gegen die formative Reizung im Sinne VIRCHOWS wandte. Der nutritive Reiz ist nach ihm mit Stoffverbrauch verbunden, er steht als katabiotischer Reiz in einem diametralen Gegensatz zu dem formativen und funktionellen Reiz, die mit Stoffansatz einhergehen, deshalb bioplastische Reize darstellen. Es ist nach WEIGERT nicht möglich, daß direkte äußere bioplastische Reize durch einen äußeren Eingriff hervorgerufen werden. Der Antrieb und die Verrichtung gehen nicht von der Nahrung aus, sondern von den immanenten bioplastischen Kräften. Physiologische Einflüsse sind zum Zustandekommen der bioplastischeen Vorgänge notwendig, doch können nur die pathologischen bioplastischen Zellreize eine über das normale Maß hinausgehende Vermehrung der Gewebsbestandteile zur Folge haben. Die physiologische bioplastische Kraft macht sich beim Heranwachsen des Organismus geltend. Aber in dem erwachsenen Zustand ist die bioplastische Kraft nicht erloschen, sondern sie macht sich im Wiederersatz der abgenutzten und verbrauchten Teile geltend. Aus der kinetischen Energie ist eine potentielle Energie geworden. Diese potentielle Energie kann aber jederzeit wieder in eine kinetische umgewandelt werden, wenn die Hindernisse, die sie in Spannung hielten, weggeschafft werden. Ein bioplastischer Prozeß, der mit Neubildung lebender Masse einhergeht, kann nicht durch einen äußeren Reiz als solcher ausgelöst werden, denn dann käme es ja auf eine Abart von Urzeugung heraus. Ein bioblastischer Reiz kann nur durch zugrunde gegangenes Zellmaterial hervorgerufen werden, die Verschiedenartigkeit der bioplastischen Prozesse richtet sich nach Ort und Art der Gewebsschädigung, die sich zwischen äußeren Reiz und bioblastischen Prozeß einschiebt. Katabiotische Prozesse können dagegen nach WEIGERT durch äußere Reize direkt zustande kommen, und so bedingen adäquate Reize immer einen bestimmten katabiotischen Prozeß.

Dieser WEIGERTschen Auffassung tritt teilweise auch ZIEGLER (1136) bei, wenn er hervorhebt, daß zur Ausbildung eines Wachstums bestimmter Zellen eines erwachsenen Organismus es entweder einer Steigerung der zur Wucherung drängenden Kräfte oder einer Abschwächung der sich ihr entgegensetzenden Widerstände oder endlich der Erfüllung beider Bedingungen bedarf. Hyperämie und gesteigerte Transsudation können allerdings eine Wucherung unterstützen, aber niemals die alleinige Ursache der Gewebsneubildung ausmachen.

Diese Ansichten WEIGERTs blieben nicht nur beschränkt auf die allgemeinen Ausführungen. Durch seinen Schüler WECHSBERG versuchte WEIGERT die Frage der Zellneubildungen der tuberkulösen Prozesse einer Erklärung näherzubringen.

WECHSBERG (1214) hebt bei seinen Untersuchungen hervor, daß die erste Einwirkung der Tuberkelbacillen, die experimentell den Versuchstieren durch die Trachea zugeführt wurden, in einer Nekrose der anliegenden Zellen sich bemerkbar machen soll. An diese Nekrose sollen sich erst die Wucherungserscheinungen an der Lunge oder an den anderen befallenen Organen anschließen. Für diese Anschauung tritt auch PAGEL (743) ein. Gegen diese Ausführungen wandte sich aber VON BAUMGARTEN (57), wenn er hervorhebt, daß bei gut zerriebenen Tuberkelbacillen niemals derartige Nekrosen an den befallenen Gewebspartien sichtbar sind.

Auch VON HANSEMANN (327) hebt bei seinen Untersuchungen über die formativen Reize und die Reizbarkeit hervor, daß bei der Vermehrung die Zellen eine Abnützung erfahren haben müßten. Es ist falsch anzunehmen, daß die Zellen des Metazoenkörpers in einer permanenten Regeneration begriffen sind. In Wirklichkeit finden sich nur diejenigen Zellen in sog. physiologischer Regeneration, die direkt einer Abnutzung unterliegen. Deshalb findet sich nicht in den sezernierenden Zellen der Drüse eine Regeneration, sondern in den Zellen der Ausführungsgänge. Deshalb findet man keine Zellteilungsvorgänge in dem Bindegewebe, in den Knochen, in der Muskulatur, solange diese Gewebsarten nicht zerstörenden Einwirkungen ausgesetzt waren. Aus allen diesen Tatsachen hat man nach VON HANSEMANN die Berechtigung, die sog. physiologische Regeneration auf dem Umweg der Gewebsentspannung zu erklären.

RÜLF (857) spricht bei der Behandlung der physiologischen Voraussetzungen der ätiologischen Krebsforschung, daß unter normalen Verhältnissen von einem positiv wirkenden formativen Reiz überhaupt nicht geredet werden kann. Wachstum und Entwicklung sind auch nicht als Wirkung der Nahrungszufuhr, sondern lediglich als Auswirkungen der mit dem Keimplasma mitgegebenen idioplasmatischen Kräfte zu betrachten. Es handelt sich um das negative Moment bei der Entstehung der plötzlichen Wucherung der Zellen im Sinne einer Gewächsbildung, daß nämlich die idioplasmatische Anlage der Zelle bei Fortfall von Wachstumshindernissen in eine plötzliche Aktivität gerät. Besonders ist in diesem Zusammenhang zu betonen das Auffinden von besonderen Enzymen mit heterolytischen Fähigkeiten im Krebsgewebe durch BLUMENTHAL und WOLFF. Von diesem Standpunkt einer destruierenden Fähigkeit der Krebszellen ist auch die Entstehung der Metastasen zu betrachten. Es würde somit der negative Moment, der unter physiologischen Verhältnissen gültig ist, auch unter den Bedingungen der Krebsentstehung seine Gültigkeit zeigen.

Es sollen bei der Besprechung der formativen Reize die Ausführungen von CURT HERBST (357) nur kurz erwähnt werden. Es ist richtig, daß bei der Keimentwicklung ein äußerer Reiz auf die Zelle sich in einer Zellvermehrung auswirken kann. In diesem Sinne kann auch die differente Ernährung der verschiedenen Teile der Metazoen als Zellvermehrung auslösender Reiz angesehen werden.

Nach HERXHEIMER (370) kann sich die Substanzneubildung in zwei Formen äußern, in Rekonstruktion und in Wachstum (Formation) Die Bedingungen für beide Vorgänge stehen sich einander sehr nahe, sind vielleicht nur quantitativ verschieden. Gemeinsam ist beiden Vorgängen, daß eine indirekte Auslösungsursache in Gestalt der Entfernung von Hemmungen Zellsubstanzneubildungen bewirkt. Der Angriffspunkt liegt entweder in der äußeren Struktur (Zellverband) oder der inneren Struktur der Zelle.

Bei pathologischen Störungen spielen besonders die Störungen im Zellverband eine große Rolle. Bei jeder Störung der Zelle durch passive Faktoren zeigen sich zunächst passive Vorgänge an den Zellen, doch ist dies nur ein vorübergehender Zustand, denn es muß sofort ein aktiver Vorgang einsetzen. Der Eingriff verändert den Stoffwechsel der Zelle und dies bedeutet einen aktiven Vorgang. Nur wenn die Schädigung besonders stark ist, tritt eine Nekrose auf, aber selbst dann tritt selten ein augenblickliches Stillstehen der Lebensvorgänge ein, denn der Tod entwickelt nach VERWORN sich aus dem Leben nur allmählich in Gestalt der Nekrobiose.

Sodann versucht GUTHERZ (306) die WEIGERTsche Schiwatheorie mit dem ARNDT-SCHULZschen Gesetz zu vereinigen. Für das WEIGERTsche Prinzip lassen sich nach GUTHERZ auf dem Gebiet der Biologie zahlreiche Beispiele erbringen. Besonders erwähnenswert ist die Lehre von HABERLANDT von den Nekrohormonen. Die Schnittfläche selbst eines Organs vermag infolge des toten Zellmaterials einen Wachstumsreiz auf die daruntergelegene Zellage auszulösen. Andererseits läßt sich an der Oenanthera Lamarckiana durch mechanische Schädigungen der Samenanlage ein Ansatz zur parthenogenetischen Entwicklung erzeugen. Auch seien hier die Untersuchungen von JAQUES LOEB über die formativen Reize bei der Entwicklung des Seeigeleies erwähnt, bei denen auch das Moment der Zellschädigung die Zellentwicklung erst in Gang bringt. Die Stoffwechselprodukte sind nach Ansicht von GUTHERZ nicht als wertlose und giftige Stoffe zu betrachten, sondern sie besitzen weitgehende biologische Bedeutung als physiologische Reizung. Auch die Wirkung der Gewebsextrakte ist auf solche Stoffwechselprodukte zurückzuführen.

MÖNCKEBERG (694) prüfte die Untersuchungen von MARCHAND (637) über die Einheilung von Lycopodiumsporen in die Pleurahöhle des Kaninchens nach. Entgegen den Anschauungen MARCHANDs, daß das Vorhandensein vermehrten Nährmaterials und einer gesteigerten Assimilationsfähigkeit des Protoplasmas für die Zellvermehrung maßgeblich sein soll, konnte MÖNCKEBERG (694) deutlich den primären gewebsschädigenden Reiz bei seinen Untersuchungen feststellen. Die Verminderung der Wachstumswiderstände ist das ursächliche auslösende Moment für die nunmehr erfolgende Gewebsproliferation.

Daß bei der Tuberkulose eine primäre Gewebsschädigung festzustellen ist, wird heute von den meisten Autoren bestätigt. Besonders bei den epithelialen Organen lassen sich derartige Beobachtungen am besten darstellen, aber auch in Milz und Knochenmark sind dieselben gut ersichtlich. Die reaktiven Veränderungen sind nach der zusammenfassenden Darstellung von HÜBSCHMANN (410) als Folge der Nekrose zu betrachten.

Es kann nicht die Zahl aller Forscher angeführt werden, die die WEIGERTschen Ausführungen über die Auslösung der Zellwucherungen durch Aufhebung der Gewebswiderstände bestätigen. Es seien noch die Ausführungen von NEUMANN wiedergegeben, nach denen es indifferente Fremdkörper gibt, die überhaupt keine Zellvermehrungen auslösen.

Auch bei unseren Ausführungen haben wir die Gewebsschädigung als Ursache der Zellwucherungsvorgänge in den Vordergrund gestellt. Doch haben wir uns die Wirkung der Gewebsschädigung auf die Zellwucherungserscheinungen in einem ganz anderen Sinn vorgestellt, als dies WEIGERT (1094) und seine Anhänger getan haben. So geht bereits aus den Ausführungen von GUTHERZ (306) über den Partialtod hervor, daß nicht so sehr die Lösung des Gewebswiderstandes in mechanischer Hinsicht als das Vorhandensein von Zelleiweißprodukten das Zustandekommen der Gewebswucherungen fördert. Bei den HABERLANDTschen Nekrohormonen gehört die Annäherung einer durch den Schnitt geschädigten Zellage an die betreffenden Zellen dazu, um Gewebswucherungen zu veranlassen.

In derselben Weise zeigt sich eine Wirkung der Zelleiweißabbauprodukte bei den Systemwucherungen des Organismus.

Während wir bei den rein lokalen Verletzungen die zustande kommende Gewebswucherungen zuweilen in einen Zusammenhang mit den mechanischen Umstimmungen des Gewebsverbandes bringen könnten, ist dies bei den Systemwucherungen nicht der Fall. Hier kommt es zu Wucherungserscheinungen des periportalen Bindegewebes, ohne daß irgendein unmittelbar an die Umgebung der Zellwucherungen sich erstreckender Substanzverlust bemerkbar macht. Bei den Erscheinungen der biliären Cirrhose zeigen sich nach Unterbindung des Ductus choledochus zahlreiche Lebernekrosen, durch die Überschwemmung des betreffenden Organes mit Eiweißabbauprodukten zeigen die periportalen Bindegewebszellen sehr starke Wucherungserscheinungen, die Zellen liegen dabei in ziemlicher Entfernung von den betreffenden Gewebsdefekten. Auch bei den Infektionen und bei den Eiweißüberschwemmungen des Gesamtorganismus kommen die periportalen Zellwucherungen der Leber zustande, und hier ist das Vorhandensein eines Gewebsdefektes in diesem Organ ausgeschlossen. Im Gegenteil zeigen die Wucherungen einen derartigen infiltrativen und destruierenden Charakter, daß es zu einer Abtötung der anliegenden Leberzellen und zu Abschnürungserscheinungen derselben aus dem Gewebsverband kommen muß.

Auch bei den Gewebskulturen zeigten die gezüchteten Zellen nach KUCZYNSKI (533) ein besonders ausgeprägtes Wachstum, wenn ganz geringe Mengen von Eiweißabbauprodukten in Gestalt von Peptonen zugefügt wurden. Niemals genügten die Wunden an den gezüchteten Gewebsstückchen, um die Wachstumserscheinungen zu unterhalten. Wir müssen bedenken, was auch aus den Ausführungen von LUBARSCH und WOLFF (623) ersichtlich ist, daß auf die dauernd offene Schnittwunde des Gewebsstückchens bei der Kultur dauernd Regenerationsreize wirken, daß aber diese Reize nur ein unterstützendes Moment darstellen.

Aus allen diesen Gründen müssen wir das Richtige an der WEIGERTschen Anschauung hervorheben, daß es keine direkt wachstumsanregende Reize gibt, daß gewissermaßen der Zelltod die Voraussetzung für das Wachstum abgibt. Doch erschien uns nicht die einfachere mechanische Vorstellung WEIGERTs von den Verminderungen der Gewebsspannungen als ursächliches Moment für die Wucherungserscheinungen an der Zelle selbst in Betracht zu kommen, sondern vielmehr die durch den Zelltod in Übermaß in den Geweben befindlichen Eiweißabbauprodukte sind es, die die Wucherungserscheinungen an den Zellen anregen.

Wir müssen ferner auf Grund dieser Untersuchungen feststellen, daß die sog. formative Reizung im Sinne der Wucherung ein Problem der Resorption darstellt, daß formative und nutritive Reize als solche nicht unterschieden werden können, da sie in gleicher Weise ersichtlich sein können, da durch die betreffenden Reize zuweilen gleiche Auswirkungen an den betreffenden Zellen offenbar werden. Wir müssen den Ausführungen von BORST (102) beipflichten, daß es eine isolierte nutritive Reizung nicht gibt, daß der Stoffwechsel der Zelle durch die Funktion bedingt ist. Ebensowenig läßt sich nach diesem Autor irgendein Beweis für das Bestehen eines isolierten formativen Reizes beibringen.

Die Speicherungserscheinungen an den Zellen.

Wenn wir unter den Speicherungserscheinungen auch die sog. nutritiven Reizungen ausführen wollen, so müssen wir noch einmal hervorheben, daß die Ernährungsvorgänge es sind, die die Zellwucherungen und die Strukturveränderungen der Zellen hervorrufen. Die nutritive Reizung als aktive Zelläußerung ist nur insofern hier als Speicherungserscheinung abzuhandeln, als es sich um die direkten Beobachtungen der innerhalb der Zellen befindlichen und in die Zellen aufgenommenen Substanzen handelt.

Bezüglich der Ernährungsvorgänge an den Zellen sollen die Ausführungen von Virchow (1062) an die Spitze unserer Betrachtungen gestellt werden, daß die Zelle sich ernährt und nicht ernährt wird. Durch nutritive Reize soll nur eine Förderung oder Hemmung auf diesen Ernährungsvorgang der Zellen ausgeübt werden, während die Stoffaufnahme als solche von der Zelle selbst besorgt wird.

Bei der vitalen Farbspeicherung haben wir ausführlich beschrieben, daß auch hier die Aufnahme und Abgabe der betreffenden Stoffe autochthon von den Zellen ausgeübt wird. Infolge der besonderen konstitutiven Veranlagung der Zellen kommt es zu der Aufnahme der betreffenden Substanzen, die Zelle ernährt auch hier sich und wird nicht ernährt. Die Ausführungen von von Möllendorff (692), daß durch das gesteigerte Angebot von Farbstoffen durch den Blutstrom in erster Linie die Steigerung der Farbstoffaufnahme zustande gebracht werden soll, haben wir durch unsere Untersuchungen an der betreffenden Stelle widerlegen können. Wir konnten bezüglich der Speicherung einen besonderen Aktivitätstypus der Zellen aufstellen, der aber mit der allergrößten Vorsicht hingenommen werden muß. Es muß genau berücksichtigt werden, welcher Farbstoff aufgenommen wird, ob es sich um eine einmalige oder mehrmalige Zufuhr des betreffenden Farbstoffes handelt, ob die Aufnahme oder die Abstoßung des Farbstoffes zum Gradmesser der Aktivität gemacht werden soll. Nur unter derartigen Bedingungen wird man einwandfrei den erhöhten Tätigkeitszustand der betreffenden Zellen bestimmen und beurteilen können.

Bei unseren Ausführungen über die Speicherleistungen des Organismus und der Zellen haben wir auch auf die Beeinflussungen der Farbspeicherungen durch bestimmte Substanzen hingewiesen. Wir können somit die parallelen Ausführungen von Virchow (1062) über die nutritiven Reize bestätigen. Nach Virchow sollen derartige Reize ja nicht die Nahrungsaufnahme überhaupt in Gang setzen, sondern nur einen fördernden und einen hemmenden Einfluß auf dieselbe ausüben. Mit unseren beeinflussenden Stoffen konnten wir ohne weiteres derartige sichtbare sog. nutritive Reizwirkungen auf die Zellen ausüben. Unsere beeinflussenden Substanzen zeigen eine verschiedene Wirkung bei einem bestimmten Farbstoff, je nachdem es sich um eine beginnende oder voll ausgebildete Speicherung dieses Farbstoffes handelt, je nachdem die Farbspeicherung oder die Farbausscheidung zum Ausgangspunkt unserer beurteilenden Betrachtungen genommen wird. Unsere beeinflussenden Stoffe zeigen auch eine verschiedenartige Wirksamkeit, je nachdem es sich um Wirkungen auf die Zellen vor der Farbstoffaufnahme oder nach der Farbstoffaufnahme handelt. Auch auf verschiedene

Farbstoffe wird eine verschiedene Einwirkung durch die gleichen beeinflussenden Substanzen ausgeübt. Wenn aber die Versuchsbedingungen in der sorgfältigsten Weise innegehalten werden, so zeigt es sich, daß die verschiedenen beeinflussenden Substanzen die Aktivität der Zelle, die man zum Maßstab der Betrachtung nimmt, fördern oder hemmen.

Es ist sicher, daß ein großer Teil der beeinflussenden Stoffe dadurch auf Zellen einwirkt, daß sie in ihr Inneres aufgenommen werden. Dies ist besonders aus den Doppelspeicherungen ersichtlich, es zeigt sich hier einwandfrei, daß ein bereits aufgenommener Farbstoff die Zelle derartig umstimmt, daß ein anderer nachfolgender Farbstoff in stärkerem oder in schwächerem Maße aufgenommen wird. Aber ob alle beeinflussenden Reize auf resorptivem Wege auf die Zellen wirken, soll dahingestellt sein bleiben. Bei den Wucherungserscheinungen der Zellen konnten wir die resorptive Funktionssteigerung als alleinige auslösende Ursache anschuldigen. Bei den Speicherleistungen der Zellen ist dies nur in bedingter Weise der Fall, es ist auch möglich, daß durch Einwirkung auf die Zellen nur von der Zellhaut aus Veränderungen der Speicherleistungen zustande gebracht werden können.

Die Strukturveränderungen.

Die resorptiven Veränderungen zeigen sich schließlich auch in Zelläußerungen, die durch die veränderte Zellstruktur ersichtlich werden. Auch das Wesen der Keimentwicklung zeigt sich außer den Wachstums- und Teilungsvorgängen in einer fortschreitenden Differenzierung, die in der Ausbildung besonderer Strukturen mit morphologischem und funktionell-spezifischem Charakter ihren Ausdruck findet. Wie WEIDENREICH (1093) mit Recht hervorhebt, kommen Zellen, die nach keiner Richtung sich differenziert erweisen, in der Natur nicht vor, sondern finden sich nur als Schemata in den Lehrbüchern. Selbst die so indifferente Eizelle ist derartig schon differenziert, daß sie die Anlagen zu dem betreffenden Organismus, zum mindesten in artlicher Hinsicht, schon in sich trägt. Eine Graduierung der Zelleistungen ist nicht möglich, auch nicht auf Grund der Differenzierungen. Es ist bei dem gemachten Maßstab der Zelleistungen nicht einzusehen, warum die Kontraktion der Muskelzelle höher bewertet werden soll, als das Gasaustauschvermögen eines roten Blutkörperchens. Bei der morphologischen Betrachtungsweise ist überhaupt kein Anhaltspunkt für den Grad der Differenzierung gegeben. Man kann nur diejenigen Zellen als am höchsten differenziert ansehen, die den größten Teil des Zelleibes in differente Struktur übergeführt haben, also vom gewöhnlichen Zell- und Protoplasmaschema sich am weitesten entfernt haben.

Die Differenzierung innerhalb des Zelleibes ist durch die Arbeitsteilung innerhalb des Organismus bedingt, wie durch die Ausführungen von O. HERTWIG (358) hervorgehoben wird. Die Zelle ist durch die differente Struktur besser gerüstet zur Ausübung der betreffenden Leistung, aber in anderen wird sie herabgedrückt, sie ist hierin von den anderen Zellen desselben Organismus in hohem Grade abhängig. Die Zellteilung vermag die Zellen von ihrem Differenzierungsprodukt zu befreien, andauernde Zellteilung verhindert die weitergehende Ausbildung von Differenzierungsprodukten und verhindert die damit sich ausbildende Degeneration der Zellen. Wir müssen WEIDENREICH (1093) in gewisser Hinsicht vollkommen Recht geben, wenn er die fortschreitende Differenzierung der Zellen als Degeneration bezeichnet, die Zelle wird unfreier, in ihrem Eigenleben beschränkter und ist auf die Funktion anderer Zellen angewiesen. Andererseits gibt es hochdifferenzierte Zellen, die ihr Teilungsvermögen eingebüßt haben, wie die Ganglienzellen. Die Granulocyten differenzieren sich im Laufe der Entwicklung derartig, daß die ausgebildeten hochdifferenzierten segmentierten Leukocyten nur geringe Zeit am Leben bleiben können. Zwischen der Differenzierung und dem Zelltod sind fließende Übergänge gegeben.

Die Strukturveränderungen an den Zellen machen sich auf Grund verschiedener funktioneller Einwirkungen geltend. Aber auch die Keimentwicklung der Zellen als solche vermag die verschiedenen Zellstrukturen auszulösen. Über die Art dieser Zelldifferenzierung im Laufe der Entwicklung sind zwei verschiedene Meinungen vertreten. Nach WEISMANN sollen es die Determinanten sein, die durch das Keimplasma jeder einzelnen Zelle mitgegeben worden sind. Durch die sog. erbungleiche Teilung der somatischen Zellen kommt jeder Determinant an die rechte Zelle, so daß der alleinige in der Zelle befindliche Determinant die Differenzierung der Zelle im endgültigen Sinne bestimmen kann. Die äußeren Einwirkungen auf die Zellen werden von WEISSMANN vollkommen unberücksichtigt gelassen. Anders die Theorie der Biogenesis von OSCAR HERTWIG (358), die den äußeren Faktoren des organischen Entwicklungsprozesses in besonderer Weise gerecht zu werden versucht. Nach der Biogenesis treten die durch ihre Abstammung artgleichen Zellen im Lauf der Entwicklung in viele Beziehungen zueinander, durch die sie zu besonderen Aufgaben bestimmt und infolgedessen in die einzelnen Organe und Gewebe differenziert werden. Diese Beziehungen lassen sich in die zu der Außenwelt und in die Beziehungen der einzelnen Zellen zueinander trennen, es sind dies die äußeren und die inneren Faktoren des Entwicklungsvorgangs.

Nach OSCAR HERTWIG stehen Funktion und Struktur im innigsten Zusammenhang, es ist der Begriff der funktionellen Struktur oder strukturellen Funktion als überflüssig zu verwerfen.

Unser histologisches System ist ein rein künstliches, wenn auch ein wissenschaftlich durchaus berechtigtes. Nur ganz einzelne strukturelle Merkmale werden als Kriterien zur Einteilung verwertet. Es sind dabei die histologischen Eigenschaften und die Artmerkmale der Zellen streng voneinander zu halten. Es muß unter allen Umständen nach HERTWIG die Lehre von der Spezifität der Zellen bestritten werden. Aber daraus folgt noch nicht, daß die Zellen ein und derselben Art an allen Orten und zu derselben Zeit verschiedenartig umgewandelt werden müssen. Es sind die Lagebeziehungen der Zellen untereinander zu berücksichtigen, andererseits findet sich jede Zelle unter den Nachwirkungen vorausgegangener Zustände. Daraus folgt, daß jedes Gewebe für gewöhnlich nur das ihm gleiche regeneriert. Besonders bestritten werden muß nach HERTWIG aber die Ansicht mancher Forscher, daß die Zellen der einzelnen Gewebe kraft ihrer ganzen Organisation überhaupt nicht mehr die Anlagen für andere Verrichtungen, als sie momentan ausüben, besäßen und sich daher zu nichts anderem entwickeln können.

Diese Ausführungen von O. HERTWIG im Anschluß an seine Theorie der Biogenesis in seiner zusammenfassenden Darstellung der allgemeinen Biologie wollen wir eingehender verfolgen. Wir haben ja in unseren Schilderungen über die strukturellen Verschiedenartigkeiten der Zellen unter dem Einfluß verschiedener funktioneller Zustände an jedem einzelnen Teil des Elementarorganismus Veränderungen antreffen können, es waren die verschiedenartigsten strukturellen Veränderungen, die der Zelle ein ganz anderes Bild verleihen können. Wir haben bei unseren Ausführungen besonderen Wert auf die fließenden Übergänge der Struktur gelegt, wir haben die Veränderung der Rundung des Zellkernes zum Beispiel an ein und derselben Zelle verfolgt. Wir müssen nun bedenken, daß die zahlreichen strukturellen Verschiedenheiten vereinigt an verschiedenen Punkten der Zelle gleichzeitig ersichtlich sein können, daß die gestaltlichen funktionellen Umwandlungen der Zellen recht hochgradige sein können. Diese unsere Ausführungen lassen sich sehr wohl mit der Theorie der Biogenesis in Einklang bringen. Aber wir können andererseits nicht die Grenze ziehen, wo die fließenden Strukturen der Zellen funktionellen Charakters aufhören, wo die Abstammungsverschiedenheiten der Zellen anfangen. Es ist bemerkenswert, daß gerade die Hämatologie unter diesem Dilemma leidet, daß zwischen den Herkunft- und den Bauverschiedenheiten der Zellen nicht immer in einwandfreier Weise unterschieden werden kann. Diese Schwierigkeiten werden dadurch noch verschärft, daß nach der Biogenesistheorie von O. HERTWIG die artlichen Strukturverschiedenheiten der einzelnen Zellen in Wirklichkeit letzten Endes auch funktionelle sind, bedingt durch die verschiedene Einwirkung der Außenwelt auf die einzelnen Zellen. Es wird sich deshalb nicht immer mit Deutlichkeit ein einwandfreier Unterschied zwischen den funktionellen und den strukturellen Unterschiedlichkeiten der einzelnen Zellen aufstellen lassen.

Die Schwierigkeit der Abgrenzung zwischen struktureller und artlicher Verschiedenheit der Zellen zeigt sich in der Hämatologie noch dadurch, daß die einzelnen Differenzierungsformen als strukturell verschiedene Zellen mit besonderen Namen belegt werden, um diese Zellen von den anderen abzugrenzen. So zeigt sich in der Weiterentwicklung der granulocytären Zellen eine Unterscheidung der Myelocyten von den Myeloblasten, obwohl der Myelocyt nichts anderes als einen weiterentwickelten Myeloblasten darstellt, auf den bestimmte funktionelle Reize derartig eingewirkt haben, daß die betreffende Zelle ihr äußeres Aussehen verändert hat. In Übereinstimmung mit den sonstigen Gepflogenheiten in der Histologie und in der mikroskopischen Anatomie werden auch in der Hämatologie verschiedene Differenzierungsstufen derselben Zelle mit besonderen Namen belegt, obwohl es sich nur um rein funktionelle Unterschiede der einzelnen Zellen handelt.

Bei der Besprechung der verschiedenen funktionellen Strukturumbildungen haben wir natürlich Veränderungen an Protoplasmabestandteilen beschrieben, die nur bei ganz bestimmten Zellen vorkommen. Wir haben die eosinophilen Granula, die Oxydasekörnchen und viele andere Differenzierungsprodukte in dem Zellprotoplasma einer Untersuchung unterzogen. Die Untersuchungen über die trübe Schwellung bezogen sich namentlich auf die Leberepithelzellen, ebenfalls die Aufhellungen des Protoplasmas. Und bei allen diesen Untersuchungen hatten wir das Vorkommen der betreffenden Struktur unter besonderen Verhältnissen an der betreffenden Zelle beschrieben. Es ist erforderlich, durch Aufstellung eines idealen Normaltypus einer Zelle sämtlichen Protoplasmadifferenzierungen gerecht zu werden.

Über die artlichen strukturellen Unterschiedlichkeiten der einzelnen Zellen unterrichten die Lehrbücher der normalen Histologie und Cytologie, ebenfalls findet man dort auch die unter normalen Verhältnissen zustande kommenden Speicherungserscheinungen, die zu der Abgrenzung der einzelnen Zellarten führen sollen. Die Wucherungsvorgänge sind allen Zellen gemeinsam, so daß auf Grund dieser Erscheinungen keine Entstehungsunterschiede festgestellt werden konnten. Bei den proliferativen Erscheinungen kommt es aber noch auf den Differenzierungsgrad der Zellen an, es werden in der Regel stärkere Einwirkungen auf hoch differenzierte Zellen erforderlich sein zur Anregung der Wucherung. Sehr hoch differenzierte Zellen, wie die Ganglienzellen und auch die ausgereiften segmentierten Leukocyten sind einer Teilung überhaupt nicht mehr fähig.

Die Metaplasie.

Der Begriff der Metaplasie stammt von Virchow, er verstand darunter das Ineinanderübergehen von verschiedenen Zellstrukturen unter dem Einfluß bestimmter Reize. Er stellte sich darunter vor, daß bei der Metaplasie an bereits vollkommen gereiften Zellen neue bisher an den Zellen noch nicht beobachtete Eigenschaften sich ausbilden. Aus diesen Gründen war es auch verständlich, daß in der Folgezeit nur sehr wenige Autoren sich mit dem Begriff der Metaplasie beschäftigten.

Eine eingehendere Begriffsbestimmung und -einteilung erfolgte dann erst durch die Untersuchungen von Lubarsch (615, 620). Die verschiedenen an den Zellen sich abspielenden Vorgänge hat dieser Autor von bestimmten Gesichtspunkten aus einer Einteilung unterzogen. Alle Strukturveränderungen an den Zellen hat Lubarsch mit der Bezeichnung Alloplasie belegt, worunter 3 Gruppen unterschieden werden.

1. Die Formveränderungen, worunter die Rückbildung nach Ribbert und die histologische Akkommodation von Hansemanns verstanden wird.

2. Die eigentliche Metaplasie oder Umbildung. Hierunter wird nach Lubarsch die Umwandlung oder der Ersatz spezifischer Zell- und Gewebsstruktur durch andersartige, ebenfalls bestimmt differenzierte, vom gleichartigen Gewebe gebildete Struktur verstanden.

3. Die Entdifferenzierung, der Verlust des besonderen Zell- und Gewebsbaues, ohne daß eine neue Differenzierung erfolgt, worunter Lubarsch noch unterscheidet:

a) die vorübergehende physiologische Entdifferenzierung,

b) die pathologische Entdifferenzierung, die stets zum Untergang der Zelle führt und mit Hansemanns Ana-, Benekes Kataplasie übereinstimmt.

Wir sehen also aus diesen Ausführungen, daß bei der Metaplasie durchaus nicht entsprechend den Ausführungen von Virchow eine vollkommene Umgestaltung von bereits ausgereiften Zellen statthaben muß, daß vielmehr alle Veränderungen der Zellen, die irgendwie durch besondere Einflüsse bedingte Veränderungen der Struktur aufweisen, unter die metaplastischen gerechnet werden müssen. Derartige strukturellen Umwandlungen zeigen die Zellen besonders bei Wucherungserscheinungen, weshalb von LUBARSCH der atypischen oder Heterogeneration eine besondere Bedeutung bei der Metaplasie eingeräumt wird, dabei wird von LUBARSCH hervorgehoben, daß die Ausgestaltungsmöglichkeiten einer Zelle unter ungewöhnlichen Bedingungen mannigfaltigere sind als dies unter den gewöhnlichen Bedingungen der Fall zu sein pflegt, daß somit die Zellen unter der Metaplasie durchaus nicht strukturelle Umwandlungen erleiden, die ihrem Wesen nach fremde sind.

Somit ersehen wir besonders aus den jüngsten Darstellungen der Metaplasie durch LUBARSCH (1189), daß die funktionellen Umwandlungen der Zellen, wie wir sie in den vorliegenden Ausführungen einer Analyse unterzogen haben, durchaus zu den metaplastischen gerechnet werden können, soweit es sich nicht um einfache Differenzierungsvorgänge und soweit es sich nicht um Rückbildungen bereits ausgebildeter Strukturen ohne Ersatz der verloren gegangenen handelt. Die Wucherungserscheinungen und die direkt ersichtlichen Speicherungsvorgänge sind nur insofern zu der Metaplasie zu rechnen, als es sich bei ihnen mit um strukturelle Umwandlungen der davon betroffenen Zellen handelt. Gerade die abnormen Lebensbedingungen waren es ja, die mit besonderen strukturellen Erscheinungen an den Zellen einhergingen.

Unter diesen Umständen können die Zellen gestaltliche Umwandlungen erfahren, daß die sonst in dem Organismus gegebenen Grenzen, die durch die ontogenetische Entwicklung aus den Keimblättern begründet sind, überschritten werden. Dies ersehen wir einmal aus den gestaltlichen Annäherungen der Bindegewebszellen unter dem Einfluß abnormer Reize an die Epithelzellen. MARCHAND (634) hebt hervor, daß sie Peritonealendothelzellen unter dem Einfluß entzündlicher Reize sich in Epithelzellen und auch in Bindegewebszellen umwandeln können, eine Ansicht, die dieser Autor später nicht mehr in so ausgesprochenem Maße aufrecht erhielt. Diese gestaltlichen Annäherungen beobachtete auch O. HERTWIG und dieser Autor setzte sich auch für die Ansicht ein, daß nicht die Ontogenese für die Bezeichnung der einzelnen Zellen maßgebend sein dürfe, sondern die durch besondere Einflüsse der Entwicklung gegebenen Erscheinungsformen der Zellen. In folgerichtiger Weise setzt sich O. HERTWIG für die Benennung der in Frage kommenden Zellen als Peritonealepithelzellen ein, in derselben Weise wie HERTWIG auch von Gefäßepithelzellen spricht. LUBARSCH schließt sich ebenfalls diesen HERTWIGschen Gedankengängen an, er spricht in mehr indifferenter Weise von Deckzellen.

Die gestaltlichen Umwandlungen der Gefäßendothelzellen zu hohen kubischen Elementen hat dann auch KUCZYNSKI (522) bei seinen Untersuchungen über die resorptiven Veränderungen der Follikel der Mäuselymphknoten und der lymphatischen Gewebe des Darmes bei den betreffenden Tieren beschrieben. Auch K. W. ZIMMERMANN (1215) spricht von einer kubischen Veränderung der Gefäßendothelzellen, so daß richtige Epithelzellen aus derartigen Zellen entstehen können. Es handelt sich hierbei um Veränderungen, die einer Rückwandlung fähig sind.

Durch die besonderen Einwirkungen abnormer Reize können auch an den Zellen derartige Veränderungen entstehen, daß an Stelle der ursprünglichen Gewebe andere Gewebe treten. Als Beispiel sei die Knochenbildung an den Nieren hervorgehoben, die Sacerdotti und Frattin (861) zuerst nach Abbindung der Nierenschlagader beim Kaninchen beobachteten. Diese Knochenbildung steht in Zusammenhang mit Kalkablagerungen in den absterbenden Geweben, wie denn auch das Kaninchen in seinem Blut einen außerordentlichen Kalkspiegel aufweist. In diesem Zusammenhang zu erwähnen ist auch nach Lubarsch die Entstehung von Knochengewebe in verkalkten Schlagaderwandungen, in verkalkten Herzklappen, in verkalkten Infarkten der Milz. Es handelt sich also auch bei diesen Erscheinungen um abnorme Lebensbedingungen der in die nekrotischen Abschnitte hineinwandernden oder der in denselben noch gut erhaltenden und überlebenden Zellen, die jetzt ihre bisher schlummernden Entwicklungsmöglichkeiten entfalten und die nunmehr Gewebsformationen bilden, zu denen sie auch früher fähig gewesen wären, wenn die besonderen Reize damals eingewirkt hätten.

Als weitere Art der Metaplasie sind noch die strukturellen Umwandlungen von nahe miteinander verwandten Zellen zu erwähnen, über die in den vorliegenden Ausführungen genauer eingegangen ist. So seien die Umwandlungen der Histiocyten in die Monocyten, die der Fibrocyten in die Histiocyten als Beispiel herausgegriffen.

Wir ersehen aus diesen Ausführungen, daß die von Lubarsch (1189) gegebene Deutung der Metaplasie sehr wohl in dem ausgebildeten Organismus anzutreffen ist, daß die Metaplasie unter den mikroskopisch ersichtlichen funktionellen Erscheinungen eine besondere Rolle spielt. Alle strukturellen Umwandlungen der Zellen unter dem Einfluß eines besonderen Reizes sind unter die Metaplasie zu rechnen, soweit es sich um Umänderungen einer bereits ausgebildeten Struktur der Zelle in eine andersartige handelt. Es ist, wie auch Lubarsch in seiner Einteilung der Alloplasie hervorgehoben hat, hierbei die Differenzierung und die Entdifferenzierung von der Metaplasie auszuschließen und abzutrennen.

Die Degeneration.

Von Claude Bernard wurden bezüglich des Stoffwechsels der Zellen die progressiven und die regressiven Stoffmetamorphosen auseinandergehalten. Es wurde von diesem Autor also den einzelnen Stoffwechselvorgängen eine bewertende Bedeutung beigemessen.

In demselben Sinne wie Claude Bernard spricht Weigert (1094) von den katabiotischen und den bioplastischen Vorgängen. Die bioplastischen Vorgänge führen zu Stoffansatz der Zellen, sie werden durch die katabiotischen Prozesse der Zellen in der Nachbarschaft ausgelöst. Die katabiotischen Prozesse gehen mit Stoffzerfall einher, sie äußern sich in der Dissimilation der lebenden Substanz.

Weigert (1094) ging bei seinen bewertenden Einteilungen der Zellfunktionen von entsprechenden Bezeichnungen von Virchow (1062)

aus, der von den Degenerationen sprach und besonders bei der Fettablagerung in einer Zelle den degenerativen Charakter der betreffenden
Funktionsäußerung hervorhob; die Degeneration soll eine verminderte
Lebensfähigkeit der Zelle sein; die fettige Degeneration hat sich bei
den verschiedenen Autoren bis heute noch derartig in den Kopf gesetzt,
daß sie selbst nach Besserung und Erweiterung unserer Kenntnisse über
die Beziehungen der Speicherungserscheinungen von Stoffen zu den
funktionellen Eigentümlichkeiten der betreffenden Elemente in ihrer
begrifflichen Deutung nicht ausgemerzt werden konnte. Schuld an dieser
Festhaltung des Begriffes ist auch die deutsche Bezeichnung Verfettung
und wir müssen LUBARSCH (621) beipflichten, daß der Ausdruck Fettablagerung als indifferenter besser ist, daß das Vorwort Ver- bereits
ein Werturteil in sich schließt.

Bei der Schilderung der funktionellen Strukturveränderungen der
Zellen haben wir besonderen Wert auf die dauernde Wiederholung der
Tatsache gelegt, daß jede Veränderung einen funktionellen Wert aufweist,
daß sie andererseits auch unter bestimmten Umständen bei den Absterbeerscheinungen der Zellen auftreten kann. Obwohl wir nicht verpflichtet
sind, die Absterbeerscheinungen bei einer zusammenfassenden Darstellung der mikroskopisch ersichtlichen Zellfunktionen abzuhandeln, haben
wir den sog. „degenerativen" Charakter etwaiger struktureller Veränderungen des Protoplasmas, des Kernes oder der Zellabgrenzung
immer wieder in Parallele gestellt zu den gesteigerten funktionellen
Erscheinungen, die mit derselben mikroskopisch ersichtlichen Zellveränderung einhergehen.

Wir haben an den betreffenden Stellen von Absterbeerscheinungen
geredet, wir haben den Begriff der Degeneration meist vermieden. Unter
Degeneration müssen wir alle Lebenserscheinungen verstehen, die nicht
rückgängig gemacht werden können. Niemals sind wir aber berechtigt, irgendein Werturteil über ein Zellbild als solches
abzugeben, da ihm eine verschiedene funktionelle Bedeutung
zukommen kann. Wir gehen sogar mit diesen unseren Behauptungen
so weit, daß wir den direkten Übergang einer besonders gesteigerten
Zellfunktion in den Tod der Zelle durchaus in das Bereich der Möglichkeit einbeziehen.

Es lassen sich nicht nur bei den Strukturerscheinungen der Zellen,
sondern auch bei den Speicherungserscheinungen die Begriffe der Degeneration im üblichen Sinne nicht ohne weiteres erkennen. Wir haben
gesehen, daß die Diffusfärbung, die nach den Untersuchungen von GOLD-
MANN (266) und von KIYONO (472) das degenerative Stadium der Zelle anzeigen soll, keineswegs immer ein derartiges Symptom darstellt. Es zeigt
sich, daß die lipoidlöslichen Farbstoffe in diffuser Form innerhalb der
Zellen sich anfinden lassen, daß die beginnende Durchtränkung der
Zellen mit den vitalen Farbstoffen sich im Sinne einer diffusen Färbung
bemerkbar macht. Andererseits kommt es vor, daß die Diffusfärbung
einen vorübergehenden rückgängigen Zustand der Zelle anzeigen kann,
der nicht mit dem Untergang der betreffenden Zellen verbunden sein
muß, aber auch nicht als degenerativ bezeichnet werden kann.

Die schwache Färbbarkeit des Kernes ist ebenfalls ein struktureller
Zustand, der durchaus wieder die Verhältnisse der Norm erkennen lassen

kann. Durch besonders starke resorptive Beanspruchung der Zellen zeigen sich sehr starke Kernaufhellungen, die Kerne zeigen schließlich überhaupt keine Anfärbung mehr mit den basischen Kernfarbstoffen. Dabei muß aber festgestellt werden, daß diese „degenerative" Erscheinung nur einen vorübergehenden Zustand darstellt, daß gerade der Zustand der erhöhten resorptiven Funktion eine vermehrte Lebensfähigkeit der Zelle bedeuten müßte. Immerhin müssen wir bedenken, daß aus dieser erhöhten resorptiven Beanspruchung der Zellen heraus ein Absterben der Zellen zustande kommen kann, daß die erhöhten Lebensvorgänge plötzlich umschlagartig in den Zelltod ausarten können.

Aber dies tritt einerseits nur bei ganz vereinzelten Zellen ein, doch ist diese erhöhte Funktion der Zelle unter Umständen eine Degeneration. Schließlich müssen wir feststellen, daß die besondere Beanspruchung einer Partialfunktion einer Zelle sehr wohl mit einer Hemmung anderer Zellfunktionen einhergehen kann.

Wenn wir wieder von dem Beispiel der Kernaufhellung bei resorptiven Zelleistungen ausgehen, so sind die Untersuchungen von KOSSEL bemerkenswert, nach denen die intracelluläre Verdauung der Bakterien durch die Nucleinsäure ausgeführt wird, die von dem Zellkern sezerniert und in den Vakuolen der Phagocyten angesammelt wird. Es wird also auch durch die Leistungen des Kernes eine erhöhte verdauende Funktion gegenüber den phagocytierten Bestandteilen ausgeübt, und dieser Zustand kann durchaus rückgängiger Natur sein.

In demselben Sinne muß die Frage nach der Bedeutung der Differenzierung beantwortet werden. Bei der Differenzierung bildet sich eine einzige Partialfunktion unter Herabminderung anderer Partialfunktionen in besonderer Weise heraus. Die Zellen erhalten durch die besonders spezialisierte Funktion auch eine besondere Gestaltung. Und die ganz besonders hoch differenzierten Zellen haben nur eine beschränkte Lebensdauer, sie verfallen einem schnellen Tode. Die besonders hoch differenzierten Zellen können ihre erworbene Struktur nicht mehr abstreifen. Mit besonderer Deutlichkeit lassen sich diese Erscheinungen bei den Blutzellen beobachten. Bei der Herausdifferenzierung der Granulocyten zeigen sich schließlich die segmentierten Zellen, die nur eine sehr beschränkte Lebensfähigkeit aufweisen und sich auch nicht mehr zurückverwandeln lassen. Diese segmentierten Leukocyten besitzen zugleich die höchste Entwicklungserscheinung der Zellreihe und zugleich verfallen sie rasch dem Tode, um anderen ebenfalls derartig herausdifferenzierten Zellen Platz zu machen.

Bereits bei der Entwicklung des Metazoenkörpers macht sich eine Funktionsteilung unter den einzelnen Zellen geltend. Die einzelnen Zellen zeigen nur besondere, aber auch hoch differenzierte Funktionen, während andere Funktionen nur rudimentär vorhanden sind. Die Zelle hat nach den Ausführungen von O. HERTWIG ihre Selbständigkeit verloren, sie ist nur ein Teil des Ganzen. Nicht die Metazoenzelle allein darf mit der Protozoenzelle verglichen werden, sondern der ganze Metazoenorganismus mit dieser einen selbständigen Zelle. Diese wachsende Herausdifferenzierung der Einzelzellen ist ebenfalls verbunden mit herabgesetzter Lebensfähigkeit der betreffenden Elemente in bezug auf die Verminderung bestimmter Funktionen. Die somatischen Metazoenzellen verfallen nach einer bestimmten Zeit dem Tode, während die Protozoenzelle durch ihr fortgesetztes Teilungsvermögen ewig lebensfähig ist.

Es ist die Differenzierung der Zellen nach WEIDENREICH (1092) ebenfalls eine degenerative Erscheinung, wenn wir die Begriffsbestimmung der früheren Autoren beibehalten wollen. Keineswegs dürfen wir aber die Erscheinungen an den Zellen, die bestimmte Funktionen gerade auf die Spitze ihrer Leistung treiben, nicht immer als degenerativ betrachten.

In das Bereich der Degeneration sollen nach ERNST (192) die Dissimilationsvorgänge der Zellen fallen, der Abbau von Zellprodukten. Diese Tatsache können wir aber nicht anerkennen, wir müssen gerade feststellen, daß jede Zelle dissimilatorische Eigenschaften aufweist, daß andererseits die Stoffwechselprodukte eine funktionsfördernde Wirkung auf Zellen entfalten, wie wir es bei den proliferativen Erscheinungen mit besonderer Deutlichkeit festgestellt haben. Die Giftigkeit der unspezifischen Eiweißprodukte ist nur ein quantitatives, kein qualitatives Problem. Es ist jede Substanz, jeder Bestandteil des Organismus unter physiologischen Verhältnissen giftig, wenn er in genügender Konzentration zugeführt wird. Dies war am besten zu ersehen, aus den Wirkungen der Aminosäuren, die, zu der Gewebskultur gesetzt, in minimaler Konzentration nach KUCZYNSKI, TENENBAUM und WERTHEMANN (533) einen fördernden Einfluß auf das Wachstum ausüben, die nach BURROWS (1164) einen schwer schädigenden Einfluß auf das Zelleben überhaupt zeigen, wenn die Konzentration, in der es an die Zellen herankommt, größer ist.

Die Speichererscheinungen dürfen ebenfalls nicht zu den degenerativen Erscheinungen gerechnet werden, wie dies besonders gern von manchen Autoren getan wird. Auch die Eisenpigmentspeicherung ist nicht entsprechend den Ansichten von ASCHOFF (32) das Zeichen einer besonderen Herabminderung der Zellfunktion, auch wenn von WALLBACH (1072, 1073) festgestellt werden konnte, daß die Wirkung der Mikroorganismen und der Eiweißspaltprodukte auf die Zellen einen begünstigenden Einfluß zur Speicherung und Festhaltung des Eisenpigmentes ausübt. Die Zellen zeigen auch bei der Hämochromatose kein degeneratives Moment bei der Festhaltung des Blutfarbstoffes und des Eisenpigmentes, sondern durch bestimmte konstitutionelle oder beeinflussende Momente kommt es zu den Erscheinungen der Aufnahme des auch nur in geringem Maße in der Blutbahn befindlichen freien Eisens und Hämoglobins und zur Verarbeitung desselben. Auch die Farbspeicherung darf unter diesen Umständen nicht als eine verminderte Zellfunktion angesehen werden, als eine Schwäche der Verarbeitung der betreffenden Körper zu Leukoprodukten, wie dies VON MÖLLENDORFF (692) in seinen einschlägigen Arbeiten hervorhebt. Gerade der Aufnahme der betreffenden Farbstoffe muß ebenfalls eine besondere Bedeutung beigemessen werden, diese ist bei den speichernden Zellen zweifellos gesteigert, was also einer Erhöhung einer Zellfunktion gleichkommt (s. a. KUCZYNSKI). Es müssen die Fettspeicherungen ebenfalls als Anzeichen einer erhöhten Zellfunktion angesehen werden, solange wir keine Beweise einwandfreier Art in Händen haben, daß das Absterben oder die Verminderung der oxydativen Kraft der Zellen die Vermehrung des Fettgehaltes bedingt (LUBARSCH).

Unter diesen Umständen ist es unverständlich, daß ASCHOFF (32) unter dem Kapitel der degenerativen oder passiven Vorgänge die Erscheinungen der Fettablagerung einer eingehenden Besprechung unterzieht. Nach diesem Autor sprechen wir nicht mehr von einer fettigen Degeneration, weil dieser Ausdruck mißverständlich ist, sondern von einer degenerativen Verfettung nach DIETRICH (155a) oder degenerativen Fettinfiltration. Die Störungen des Fettstoffwechsels können einmal in einem Überangebot bestehen, was die einfache Fettspeicherung nach sich zieht, andererseits kommt die Verfettung aus einer erhöhten Aktivität der Zelle für das Fett zustande (progressive oder aktive Verfettung), oder die Zelle ist vital geschädigt (passive oder nekrobiotische Verfettung oder degenerative oder regressive Verfettung).

Die betreffenden Ausführungen von ASCHOFF (32) müssen dahingehend kritisiert werden, daß von degenerativen Erscheinungen des Fettstoffwechsels einmal deswegen nicht gesprochen werden kann, weil das vermehrte Angebot von Fett zu einer einfachen Fettablagerung innerhalb der Zellen führen kann, weil die Vermehrung des Fettgehaltes in den Körpersäften überhaupt keine Störungen im degenerativen, d. h. eigentlichen, Sinne nach sich ziehen muß. Wir können statt der Störungen nur von Veränderungen des Fettstoffwechsels sprechen. Die vitale Schädigung einer fettspeichernden Zelle kann nicht ohne weiteres angenommen werden, denn, wie wir bereits ausgeführt haben, führt die Veränderungen der einen Partialfunktion der Zelle im Sinne einer Steigerung sehr wohl möglicherweise zu einer umgekehrt proportional verlaufenden Äußerung anderer Funktionen, auch der Speicherfunktionen. Der Umstand, daß die in hohem Grade fettspeichernde Zelle keine anderen Substanzen mehr in ihrem Protoplasma aufweisen kann, spricht keineswegs für eine degenerative Bedeutung des Vorganges der Verfettung. Von einer Verfettung im degenerativen Sinne kann nur dann gesprochen werden, wenn es einwandfrei bewiesen wird, daß das Fett passiv in die Zelle hineingelangt oder in dieser Zelle entstanden ist, daß die Zelle nur durch den Tod vom Fett befreit werden kann. Dies ist aber bisher nicht festgestellt.

Bei der Fettablagerung haben wir dieselben Zustände vor uns, wie bei der Trypanblauspeicherung oder bei den Ablagerungen der vitalen Farbstoffe überhaupt. Es läßt sich bei den Doppelspeicherungen sehr wohl zeigen, daß die Trypanblauspeicherung und die Eisenpigmentablagerung bei der Mäusemilzpulpa nach den Untersuchungen von WALLBACH (1070) oft in getrennten Reticulumzellen vor sich geht, daß bei gewissen Dosierungen diese beiden Speicherungen in einem Ausschließungsverhältnis zueinander stehen. Niemals ist es irgendwelchen Autoren eingefallen, diese Erscheinungen deshalb als degenerativ zu bezeichnen, die Trypanblauspeicherung der Zelle deshalb degenerativ, weil sie ja mit einer verminderten Aufnahme von Eisenpigment in der Zelle einhergeht, die Eisenpigmentspeicherung, weil die betreffenden Zellen kein körniges Trypanblau aufweisen. Es ist selbstverständlich, daß die erhöhten Funktionen, als welche die Speichererscheinungen an Zellen bei Zufuhr geringer Dosen der betreffenden Speichersubstanzen gelten müssen, mit Verringerung anderer Funktionen einhergehen können. Niemals wird sich an einer Zelle die Erscheinung feststellen lassen, daß sämtliche von ihr ausgeübten Funktionen in stärkerem Maße gesteigert sind, denn solcher Stoffverbrauch, mit welchem jede Funktion, in besonderer Weise die gesteigerte, verbunden ist, würde bei einer einzigen Zelle dazu nicht ausreichen.

Es ist auch nicht recht verständlich, daß ERNST (192) unter der Überschrift der Degeneration der Zelle sämtliche Speichererscheinungen bespricht, auch wenn er bemerkt, daß in Wirklichkeit diese Speichererscheinungen keine degenerativen Prozesse darstellen. Der Umstand daß die Speichererscheinungen in bestimmten Stadien wieder rückgängig gemacht werden können, berechtigt besonders nicht zu der Auffassung, daß sie degenerative Erscheinungen darstellen. Aber darin müssen wir ERNST recht geben, daß es heute nicht angeht, bei den Speicher- und Ablagerungserscheinungen von passiven Vorgängen zu sprechen, denn gerade bei diesen Erscheinungen sind die Zellen recht aktiv beteiligt. Wir müssen bemerken im Gegensatz zu ERNST, daß der Begriff der Degeneration nur mit großer Kritik verwendet werden darf. Den absteigenden Teil der Lebenskurve können wir aus dem Verhalten einzelner Veränderungen der Zelle niemals feststellen, wir sehen nur, wann der Tod der Zelle eingetreten ist, und zwar aus den mikroskopisch ersichtlichen Zerfallserscheinungen. Der Begriff der Nekrobiose und der Degeneration muß nach dem heutigen Stande unseres Wissens eingeschränkt, werden.

Bei der Betrachtung der einzelnen Speichererscheinungen der Zellen, der strukturell-funktionellen und den funktionell-proliferativen Erscheinungen sahen wir, daß die Veränderungen meist mit erhöhter Funktion der Zellen einhergehen, daß andererseits aber die sog. degenerativen Erscheinungen, ferner die Absterbeerscheinungen der Zellen passiver Art ebenfalls ähnliche Erscheinungen aufweisen. So soll die Vakuolisierung als Ausdruck einer erhöhten resorptiven Beanspruchung der Zellen betrachtet werden, die absterbenden Zellen lassen andererseits ebenfalls derartige Erscheinungen erkennen. Es muß immerhin darauf hingewiesen werden, daß die einzelnen strukturellen Veränderungen der Zellen erhöhte Zellfunktionen und auch Absterbeerscheinungen darstellen können, daß nur die Bedingungen der Beobachtungen und der zeitliche Verlauf des Zellverhaltens, ferner die Summe der formalen Eigentümlichkeiten der Zellen dafür sprechen, welche Bedeutung man den einzelnen strukturellen und sonstigen mikroskopisch-funktionellen Veränderungen der Zellen beimessen will.

In vorliegenden Ausführungen hoffen wir, auf ein jetzt im Flusse befindliches Gebiet zusammenfassend hingewiesen zu haben. Wir haben uns trotz der mangelhaften Kenntnisse der funktionellen Morphologie berechtigt gefühlt, unsere bisher zur Verfügung stehenden Kenntnisse zusammenzufassen, damit der weiteren Forschung auf diesem Gebiet Vorschub geleistet werden kann.

3. Die generalisierte Xanthomatose vom Typus SCHULLER-CHRISTIAN.

Von

HERMANN CHIARI-Wien.

Mit 18 Abbildungen.

Aus dem pathologisch-anatomischen Institut der Universität Wien.
(Vorstand: Professor Dr. R. MARESCH.)

Schrifttum.

1. ABRIKOSSOFF u. HERZENBERG: Zur Frage der angeborenen Lipoidstoffwechsel-anomalien. Virchows Arch. **274**, 146 (1930).
2. ARZT: Beiträge zur Xanthom (Xanthomatosis) -Frage. Arch. f. Dermat. **126**, 809 (1920).
3. BERKHEISER: Multiple Myeloma of children. Arch. Surg. 8, 853 (1924).
4. BIEDERMANN u. HÖFER: Ergebnisse der Züchtung von menschlichem Xanthomgewebe in vitro. Arch. exper. Zellforschg **10**, H. 1 (1930).
5. CHIARI: Über eine eigenartige Störung des Fettstoffwechsels. Verh. dtsch. path. Ges. 25. Tagg Berlin **1925**, 347.
6. CHRISTIAN: Defects in membranous bones, exophthalmos and diabetes insipidus; an unusual Syndrome of dyspituitarism. Med. Clin. Amer. 8, 4, 849f.
7. CHVOSTEK: Xanthelasma und Ikterus. Z. klin. Med. **73**, H. 5/6, 379 (1911).
8. DARIER: Précis de dermatologie. II.ième édition, p. 899 Paris 1923.
9. DENZER: Defects in the membranous bones, Diabetes insipidus and exophthalmos. Amer. J. Dis. Childr. **31**, 480 (1926).
10. DIETRICH: Über ein Fibroxanthosarkom mit eigenartiger Ausbreitung und über eine Vena cava superior sinistra bei dem gleichen Fall. Virchows Arch. **212**, 119 (1913).
11. EPSTEIN: Diskussionsbemerkung zu CHIARI: Über eine eigenartige Störung des Fettstoffwechsel. Verh. dtsch. path. Ges. 25. Tagg **1930**, 350.
12. EPSTEIN-LORENZ: Zur Chemie der Gewebseinlagerungen bei einem Falle von SCHÜLLER-CHRISTIANscher Krankheit.
13. GLOBIG: Über eine eigenartige Knochenerkrankung mit multipler Tumorbildung im Skeletsystem bei einem Kinde. Inaug.-Diss. Hamburg 1929.
14. GRIFFITH: Xanthoma tuberosum, with early jaundice and diabetes insipidus. Arch. of Pediatr. **39**, 297 (1922).
15. GROSH and STIFEL: Defects in membranous bones, diabetes incipidus and exophthalmos. Arch. int. Med. **31**, 76 (1923).

16. HAMPERL: Über die pathologisch-anatomische Veränderungen bei Morbus Gaucher im Säuglingsalter. Virchows Arch. **271**, (1929).

17. HAND: Defects of membranous bones, exophthalmos and Polyuria in childbood — is it dyspituitarism? Amer. J. med. Sci. **162**, 509 (1921).

18. HAUSMANN and BROMBERG: Diabetic exophthalmic dysostosis. Arch. of Neur. **21**, 1402 (1929).

19. HERZENBERG: Die Skeletform der NIEMANN-PICKschen Erkrankung. Virchows Arch. **269**, 614 (1928).

20. HOCHSTETTER: Beitrag zur Klinik der multiplen Blutdrüsensklerose. Med. Klin. **21**, 647 (1922).

21. HÖFER: Beitrag zur Xanthomatose der Dura mater und der Schädelknochen (Schädeldefekte, Exophthalmus, Diabetes insipidus, Zwergwuchs). Klin. Wschr. **9**, 1302 (1930).

22. JENNY: Beitrag zur Kenntnis der Varianten der GAUCHERschen und NIEMANN-PICKschen Krankheit. Inaug.-Diss. Basel 1930.

23. KAY: Acquired Hydrocephalus with atrophic bone changes, exophthalmos and Polyuria. Pennsylvania med. J. **9**, 520 (1905/1906).

24. KNOX, WAHL, SCHMEISSER: Gauchers disease, a report of two cases in infant. Hopkins Hosp. Bull. **27** (1916).

25. KYRKLUND: Beitrag zu einem seltenen Symptomenkomplex (Schädelerweichungen, Exophthalmus, Dystrophia adiposo-genitalis, Diabetes insipidus). Z. Kinderheilk. **41**, 56 (1926).

26. NOETHEN: Ein Fall von Fibroxanthofibrom. Frankf. Z. Path. **1920**, 471.

27. PICK: Einige Bemerkungen zu vorstehendem Aufsatz (von ABRIKOSSOFF-HERZENBERG). Virchows Arch. **274**, 152 (1930).

28. — Der Morbus Gaucher und die ihm ähnlichen Erkrankungen usw. Erg. inn. Med. **29**, 519f (1926).

29. PROESCHER-MEREDITH: Multiple Myxo-cholestero-lipomata Surg. etc. **9**, 578 (1909).

30. ROWLAND: Xanthomatosis and the reticuloendothelial system. Arch. int. Med. **42**, 611 (1928).

31. RUSCA: Sul morbo del Gaucher. Haematologica (Palermo) **2** (1921).

32. SCHOTTE: Über eine Systemerkrankung des Skelets. Klin. Wschr. **9**, 1826 (1930).

33. SCHÜLLER: Über eigenartige Schädeldefekte im Jugendalter. Fortschr. Röntgenstr. **23**, 12f (1915/16).

34. SCHULTZ, WERMBTER u. PUHL: Eigentümliche granulomartige Systemerkrankung des hämatopoetischen Apparates (Hyperplasie des retikulo-endothelialen Apparates). Virchows Arch. **252**, 519 (1924).

35. SIEMENS: Über ungewöhnlich ausgebreitete Xanthomatose ohne Hypercholesterinämie. Dtsch. Z. Dermat. **138**, 431 (1922).

36. SMETANA: Ein Fall von NIEMANN-PICKscher Erkrankung (Lipoidzellige Spleno-Hepatomegalie). Virchows Arch. **274**, H. 3, 697.

37. STOWE: Case of diabetes insipidus associated with defects in the skull. Med. J. Austral. **144**, Suppl, 5 (1927).

38. THOMPSON, KEEGAN, DUNN: Defects of membranous bones exophthalmos and Diabetes insipidus. Arch. int. Med. **36**, 650 (1925).

39. VERSÉ: Referat über den Cholesterinstoffwechsel. Verh. dtsch. path. Ges. **1925**, 67.

40. VEIT: Ein Beitrag zur pathologischen Anatomie der Hypophyse. (Die Stellung der multiplen Blutdrüsensklerose zur hypophysären Kachexie und Adipositas hypogenitalis). Frankf. Z. Path. **28**, 1 (1922).

41. WIEDMANN-FREEMAN: Xanthoma tuberosum: Two necropsies enclosing lesions of central nervous system and other tissues. Arch. of Dermat. **9**, 149 (1924).

Einleitung.

Die Veröffentlichungen von Niemann und Pick über das nach ihnen benannte Leiden haben die Aufmerksamkeit zahlreicher Forscher auf dieses Krankheitsbild gelenkt. Durch eine bereits ziemlich erhebliche Anzahl von Beobachtungen der letzten Jahre sind sowohl die Krankheitserscheinungen während des Lebens wie auch die pathologisch-anatomischen Veränderungen, welche dasselbe kennzeichnen, bekannt geworden. Durch die gleichfalls vorliegenden Ergebnisse der chemischen Untersuchung solcher Fälle hat man endlich die Niemann-Picksche Spleno-Hepatomegalie als eine in erster Linie durch das Auftreten von Lipoiden in den verschiedensten Organen des Körpers gekennzeichnete Erkrankung kennen gelernt.

Pick (28) kommt auf Grund seiner eigenen und der im Schrifttum niedergelegten Beobachtungen zu dem Schluß, daß die lipoidzellige Spleno-Hepatomegalie eine primär konstitutionell bedingte, angeborene und familiär auftretende Abweichung des Lipoidstoffwechsels darstellt. Das Leiden befällt dementsprechend vorwiegend Kleinkinder im ersten, aber auch zweiten Lebensjahr und führt unter ziemlich rasch auftretender allgemeiner Erschöpfung rasch zum Tode. Die während des Lebens besonders hervortretenden Anzeichen der Größenzunahme von Leber und Milz erfahren bei der Leichenöffnung noch insoferne eine Ergänzung, als auch vor allem die Lymphknoten und Nebennieren vergrößert und ebenso wie das Knochenmark und der Thymus für das freie Auge durch ihre gelbe Farbe auffallend erscheinen. Die mikroskopische Untersuchung deckt überdies in so gut wie allen Organen eine oft ungemein reichliche Ablagerung von Phosphatiden in allen speicherungsfähigen Zellen des Körpers auf. Diese Niemann-Pick-Zellen erscheinen im unfixierten Ausstrich z. B. eines Milzpunktates als 30—50 μ große Gebilde deren Protoplasma nicht homogen ist, sondern deren Zelleib von „maulbeerartig dicht gestellten runden Tropfen erfüllt ist "[Pick (28)]. Diese sind nicht doppelbrechend — doch sah Smetana (36) in denselben anisotrope Substanzen — geben aber so gut wie regelmäßig deutliche Phosphatidreaktion. Sie entstammen den Reticulumzellen, gehen aber nach Knox, Wahl und Schmeisser (24) auch aus Sinusendothelien hervor. Neben diesen Elementen werden beim Morbus Niemann-Pick aber auch zahlreiche Parenchymzellen, wie Leberzellen, Nierenepithelien und Herzmuskelfasern sowie auch glatte Muskelzellen von Lipoiden erfüllt angetroffen. Diese „Überschwemmung" des Körpers mit Lipoiden, welche nicht mit einer Einlagerung dieser Stoffe in den hierfür vorausbestimmten Speicherzellen ein Ende findet, sondern mit einer gleichsinnigen Ablagerung in den verschiedensten Körperzellen einhergeht, erklärt den ungemein rasch zum Tode führenden Verlauf des Leidens.

Wesentlich langsamer, ja über viele Jahre sich erstreckend, ist das Krankheitsgeschehen bei dem gleichfalls durch die außerordentlich beträchtliche Vergrößerung von Milz und Leber gekennzeichneten Morbus Gaucher, bei welchem, gleichwie beim Morbus Niemann-Pick, nunmehr allgemein eine primär angeborene, familiäre Abweichung des Stoffwechsels angenommen wird. Sind es im ersten Falle Phosphatide, die zur Ablagerung kommen, so ist der Morbus Gaucher durch die Speicherung des von diesen scharf zu trennenden Kerasins gekennzeichnet. Diese Speicherung, welche scheinbar nur sehr langsam erfolgt, führt zu anatomisch sehr genau umschriebenen, ziemlich einförmigen Veränderungen. Als Ergebnis der zahlreichen, seit der ersten im Jahre 1882 mitgeteilten Beobachtung von GAUCHER erschienenen Mitteilungen kann gesagt werden, daß die „GAUCHER-Zelle" im unfixierten Zustand durch ihren gleichmäßig homogenen Zelleib und im fixierten Präparat durch das eigentümlich „zerknitterte, wolkige" Aussehen des Protoplasmas etwas sehr Charakteristisches darstellt und sich von der NIEMANN-PICK Zelle wohl unterscheidet. Diese Einzelelemente zeigen überdies im Körper eine sehr regelmäßige Verteilung. Nach der ursprünglichen Annahme von PICK (28) entstammen diese Zellen überwiegend den Reticulumzellen in der Milz, Leber, Lymphknoten und Knochenmark, nur zum geringen Teil „Clasmatocyten" in der Adventitia der kleinen Milzarterien und der Zentralvenen der Leberläppchen. Allerdings haben Untersuchungen aus neuerer Zeit, so von RUSCA (31), HAMPERL (16) und JENNY (22) ergeben, daß diese große Gesetzmäßigkeit in der Anordnung der GAUCHER-Zellen, die für die Mehrzahl der Fälle zutrifft, unter gewissen Umständen aber, so im Kindesalter, Abweichungen aufweist, und daß ähnlich wie beim Morbus NIEMANN-PICK auch anderwärts im Körper und in den verschiedensten Organen GAUCHER-Zellen vorkommen. Erfährt somit das pathologisch-anatomische Bild durch diese Befunde sowie durch die Beobachtungen PICKs (28) über die „Knochenform des Morbus GAUCHER" eine gewisse Erweiterung, so ist als gemeinsames Ergebnis der Untersuchungen die Erkenntnis anzuführen, daß der Morbus GAUCHER gleichfalls eine Stoffwechselstörung darstellt, welche durch die Ablagerung von Kerasin charakterisiert wird.

Demgegenüber läßt sich eine bis jetzt noch kleine Gruppe von Beobachtungen abgrenzen, welche sich insoferne dem Morbus GAUCHER und NIEMANN-PICK an die Seite stellen läßt, als auch in diesen Fällen Fettstoffe an den verschiedensten Stellen des Körpers gefunden werden, welche jedoch sowohl durch ihre Anordnung und Verteilung in den Geweben, wie auch insbesonders durch ihre chemische Zusammensetzung sich wesentlich von den bei diesen beiden Krankheiten zu beobachtenden unterscheiden.

Dem chemischen Verhalten nach gehören diese Fettstoffe jenen zu, wie sie schon im gesunden Organismus z. B. in der Rindensubstanz der Nebennieren, in den Luteinzellen des Eierstocks usw. vorkommen, unter krankhaften Verhältnissen aber etwas ganz Gewöhnliches darstellen, so in chronischen Schrumpfnieren, in atheromatösen Herden arterieller Gefäße u. dgl. In den Xanthelasmen und Xanthomen können sie auch räumlich eine sehr erhebliche Ausdehnung erreichen. Es ist naheliegend, für das mehr örtliche Auftreten dieser Bildungen auch mehr lokale Ursachen anzunehmen, wie es durch entzündliche oder rückläufige Vorgänge bedingt sein mag. Diese Erklärung befriedigt aber nicht in jenen Fällen, wo es im ganzen Körper zur Ablagerung dieser Stoffe gekommen ist, wie dies für jene Beobachtungen zutrifft, die Gegenstand der folgenden Mitteilungen sein sollen und die am zweckmäßigsten wohl als generalisierte Xanthomatose vom Typus SCHÜLLER-CHRISTIAN bezeichnet werden.

Eigene Beobachtung:

Aus der Krankengeschichte des Patienten, für deren liebenswürdige Überlassung wir Herrn Professor REDLICH zu besonderem Dank verpflichtet sind, ist folgendes zu entnehmen:

Familienvorgeschichte:

Vater lebt, gesund, Mutter an Brustkrebs, eine Schwester an Lungenentzündung gestorben, eine zweite Schwester lebt. In der Familie keine Blutsverwandtschaft, keine Geisteskrankheiten, keine Linkshändigkeit.

Patient, nicht jüdischer Abstammung, hat von Kinderkrankheiten Masern durchgemacht. 1918 in Rußland Typhus abdominalis. Während der Jahre 1921 bis 1924 anfänglich öfter später seltener Fieber mit Schüttelfrösten einhergehend, und zweimal wöchentlich mit Zwischenräumen von 2—3 Tagen auftretend. Die Fieberanfälle mit neuralgischen

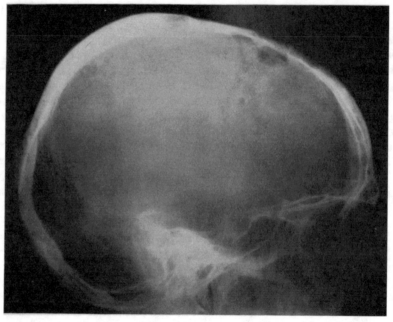

Abb. 1. Röntgenaufnahme des Schädels vom 18. 11. 28. Scharfrandige Lücken in der Scheitelgegend.

Schmerzen im rechten Bein vergesellschaftet. Kein Alkohol, kein Nicotin, Geschlechtskrankheiten verneint, Libido fehlt. Seit längerer Zeit Kopfschmerzen, besonders in der Scheitelgegend, manchmal nur einseitig, dann stets links. Kein Flimmern vor den Augen, kein Erbrechen. Ende des Jahres 1927 bricht der Patient sich einen Zahn aus und hält, wenigstens nach seiner Angabe, seit dieser Zeit den Mund schief um die vorhandene Lücke zu verbergen.

Sechs Wochen vor der am 17. Dez. 1928 erfolgten Spitalaufnahme wird der Patient von einem Motorrad niedergestoßen ohne aber dabei bewußtlos zu werden oder sich bis auf eine Beule am Kopf und Rippenquetschungen irgendwie schwerer zu verletzen. Der früher gute Schlaf gestört, großes Schwächegefühl, so daß der Kranke dauernd an das Bett gefesselt ist. Öfters Nasenbluten, kein Fieber.

Aufnahmsbefund (17. Dez. 1928):

160 cm großer Mann, etwas vermehrter Fettansatz am Oberkörper, an Hüften und Schenkeln jedoch nicht. Gesichtsausdruck wie der des Hypogenitalismus, greisenhaft. Haut am ganzen Körper schuppend, stark faltig.

Über dem linken Scheitelbein leichte Eindellungen tastbar, über der rechten Schläfe tympanitischer Klopfschall. Keine Klopf- oder Druckempfindlichkeit des Schädels. An der rechten Stirnseite und an der rechten Wange gestaute Venen.

Protrusio bulbi rechts mehr als links. Pupillen mittelweit, etwas unausgiebige Licht- aber gute Konvergenzreaktion. Linkes Auge bleibt beim Konvergieren etwas zurück, sonst Augenbewegungen frei, kein Nystagmus. Beim Zähnezeigen bewegt sich der linke Mundwinkel etwas weniger, die Zunge weicht eine Spur nach rechts ab. Sonst Hirn- nerven ohne Befund. Die Sprache noch nicht ganz mutiert. Beiderseits offener Leisten- kanal. Penis klein, ebenso rechter Hoden. Der linke am äußeren Leistenring eben tastbar.

Im übrigen objektiv an den inneren Organen und an den Gliedmaßen nichts Patholo- gisches nachweisbar.

Die ophthalmoskopische Untersuchung zeigt rechts die Papille stark geschwollen (etwa 2 D) ihre Grenze unscharf, die Venen weit. Links leichte neuritische

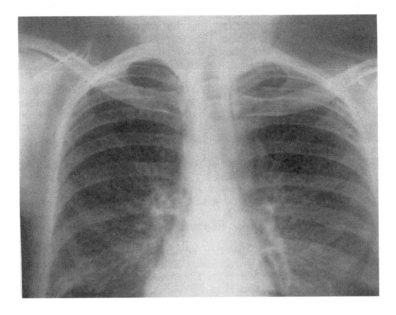

Abb. 2. Röntgenaufnahme der Lungen vom 2. 2. 29.

Atrophie mit Gesichtsfeldlücke im unteren inneren Viertel, aber gleichzeitig Stauungs- papille, jedoch weniger als rechts.

Blutuntersuchung: Leichte Leukocytose von 11750. Blutdruck nach Riva Rocci 90 mm. Wassermannsche Reaktion negativ.

Im Harn weder Zucker noch Eiweiß, der Stuhl ohne Besonderheiten.

Die erste, am 18. Dez. 1928 vorgenommene Röntgenuntersuchung (Abb. 1) ergibt in Stirn- und Scheitelbein zwei bis doppelschillingstückgroße, scharf begrenzte Lücken mit runden Einbuchtungen an den Rändern. Ein weiterer kleinerer Defekt links im Stirnbein vor der oben erwähnten größeren Lücke. Die umgebende Knochensubstanz reaktionslos. Es wurden auf Grund dieser Befunde Geschwulstmetastasen in den Schädel- knochen angenommen, wenig wahrscheinlich schien eine luische Ursache dieser Defekte.

Im weiteren Verlaufe des Spitalaufenthaltes steigerten sich Mitte Januar 1929 die Kopfschmerzen, Übelkeiten und Erbrechen. Fieber bis 39 stellte sich ein und über der Lunge links und hinten Knisterrasseln sowie verschärftes Inspirium. Obwohl diese Lungen- erscheinungen bald wieder abklangen, traten in der Folgezeit oftmals Temperatursteige- rungen anscheinend ohne weitere Ursache auf. Eine am 2. Febr. 1929 vorgenommene röntgenologische Untersuchung der Lunge (Abb. 2) zeigte beide Organe durch- setzt von kleinen bis hanfkorngroßen Verschattungsherden, die nur beiderseits in den oberen Lungenabschnitten etwas weniger dicht standen. Das Bild entsprach einer miliaren Aussaat von Geschwulstknoten, auch eine miliare Tuberkulose schien im Bereiche des Möglichen.

Am 18. Febr. 1929 konnten aus dem Blute des Patienten zur Zeit eines Fieberanfalles nicht hämolysierende Streptokokken gezüchtet werden. Während der Fieberperioden bestand außerordentlich schwere Blausucht, keuchende Atmung, verstärkte Venenzeichnung am Halse und im Gesicht sowie vermehrte Vorwölbung des rechten Auges. Auf Eigenbluteinspritzungen nahmen die Fieberanfälle ab, das Allgemeinbefinden besserte sich, so daß der Kranke am 29. März 1929 das Spital verlassen konnte. Röntgenbefund am Schädel unverändert.

13. Mai 1929 neuerliche Spitalaufnahme. Patient gibt an, daß er seit 3 Wochen schlechter hört, was er mit einem „Rauschen vor den Ohren" erklärt. Die klinische Untersuchung ergibt im großen und ganzen dasselbe Bild. Augenfundus jedoch beiderseits blässer, Stauungspapille recht 2, links 1—2 D., reichliche Bindegewebsvermehrung besonders im mittleren Teil der Papillen. Außerdem im rechten inneren Augenwinkel am Oberlid ein größeres Xanthelasma, linkerseits an entsprechender Stelle ein sehr kleiner, gelb gefärbter Fleck. Kopfschmerz besteht, aber nicht anfallsweise, sondern in Form eines stundenlang andauernden starken Druckgefühls in der Stirngegend. Kein Fieber, kein Erbrechen. Röntgenbefund nahezu unverändert. Auf wiederholte Bestrahlungen bessert sich der Zustand des Patienten wieder, so daß er sich neuerdings in häusliche Pflege begeben kann.

29. Okt. 1929 Wiederaufnahme in die Anstalt, da sich seit etwa Anfang September das Befinden des Mannes andauernd verschlechtert hat. Häufig Kopfschmerzen und Erbrechen, Gang unsicher. Oftmals Fieber bis 38°, dabei schlechtes Allgemeinbefinden, quälendes Hitzegefühl, erregte und gereizte Stimmungslage. Seit Anfang Oktober 1929 Harninkontinenz und starker Durst. Langsam fortschreitende Lähmung der Kaumuskulatur, oftmaliges Verschlucken.

Objektiver Befund: An den alten Lücken der Schädelknochen fühlt man einen wallartigen Rand, außerdem tastet man im rechten Scheitelbein eine neu aufgetretene Lücke und eine ebensolche in der rechten Hinterhauptschuppe. Exophthalmus stärker. Leichte arcuäre Kyphose der Brustwirbelsäule. Rechtes Kniegelenk geschwollen, jedoch keine Krepitation. Herztöne leise, Puls 104. Lunge und Abdomen ohne Befund, Temperatur 38,1, Harnmenge in 24 Stunden 4050 ccm, spezifisches Gewicht 1005, kein Eiweiß, kein Zucker. Stuhl o. B.

Neurologischer Befund: Chvostek rechts positiv, Mundfacialis links stärker als rechts paretisch. Mundöffnen gelingt kaum, Kaubewegungen fast vollkommen unmöglich. Sprache nicht verändert. Allgemeine Hypotonie der Extremitätenmuskeln, Andeutung einer myotonischen Reaktion beim Beklopfen der Hände. Babinski beiderseits positiv. Tiefensensibilität nicht gestört.

Röntgenologisch der Lungenbefund unverändert. Am Schädel die Aufhellungsherde teilweise etwas kleiner, nicht so scharf, die Transparenz derselben etwas geringer. In den Alveolarfortsätzen des atrophischen Unterkiefers Wurzelstämmchen sonst fehlender Zähne. Türkensattel nicht nachweislich verändert.

Unter Steigerung der Kopfschmerzen sowie des Erbrechens sichtlicher Verfall. Fieber, Zeichen einer Herzinsuffizienz. Dieser erliegt der 26jährige Patient am 13. Nov. 1929.

Von klinischer Seite war zunächst in Anbetracht der Veränderungen an den Schädelknochen an Myelome gedacht worden, später wurden Tochtergeschwülste im Schädel und in den Lungen in Erwägung gezogen. Die weitere radiologische Untersuchung des Schädels zusammen mit dem Auftreten der Polyurie und dem Exophthalmus führte den Röntgenologen zu der Annahme eines sog. Lückenschädels, wie er bei der generalisierten Xanthomatose beobachtet wird. Diese Diagnose erschien auch durch die Erhöhung des Cholesterinspiegels im Blut weiter gesichert. Dieser erwies sich als auf 192 mg% erhöht.

Die 16 Stunden nach dem Tode vorgenommene Leichenöffnung konnte die Diagnose einer generalisierten Xanthomatose bestätigen.

Obduktionsbefund: 160 cm lange männliche Leiche. Der Knochenbau eher grazil. Thoraxlänge vom Jugulum bis zum epigastrischen Winkel 22 cm, Abstand des Jugulum von der Symphyse 55 cm. Obere und untere Gliedmaßen normal proportioniert, Entfernung des Akromion von der Spitze des Mittelfingers 70 cm, der Oberarm 31 cm, Unterarm 23 cm lang. Entfernung der Spina iliaca anterior superior von der Mitte der

Planta pedis 94 cm, von der Patella 47 cm. Der Fuß von der Mitte der Ferse bis zur Spitze der großen Zehe 23 cm messend, Finger, Zehen und Nägel ohne Besonderheiten. Allgemeine Decke blaß, trocken, Panniculus adiposus reichlich entwickelt, in der Mittellinie am Nabel 22 mm, im Unterbauch oberhalb der Symphyse 55 mm dick, von blaßgelber Farbe. Muskulatur schwächlich.

Schädel 55 cm im größten Horizontalumfange haltend, mesocephal. Das geradlinig an der flachen Stirne sich absetzende Kopfhaar dicht, dunkelbraun, derb; Augenbrauen und Lidhaare schütter, Barthaare fehlen. Beiderseits an den oberen Lidern der etwas vorgetretenen Augen oben und innen längsovale, 10:4 mm haltende beetartige Xanthelasmen. Corneae leicht getrübt, Pupillen weit, gleichgroß rund. Skleren bläu-

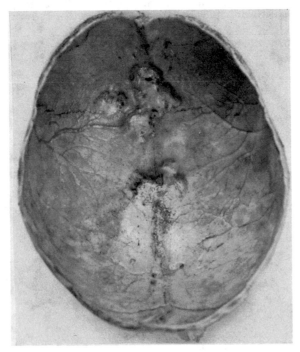

Abb. 3. Innenansicht des Schädeldaches.

lichweiß, Konjunktiven blaßrötlich. Nase klein, Lippen schmal, Gebiß orthognath, Zähne cariös und hochgradig defekt.

Hals plump kurz, Supra- und Infraclaviculargruben verstrichen, Axillarbehaarung eben angedeutet. Thorax faßförmig starr, Intercostalräume verstrichen, untere Brustapertur weit. Geringe Pigmentierung beider Areolae mammae, Mamilla kaum über das Niveau dieser erhaben, klein. Auf dem Durchschnitt durch die Mamma nur sehr geringfügige Drüsenanteile sichtbar. Abdomen im Niveau des Thorax, Nabel eingezogen, die schüttere, braune Genitalbehaarung endet an der Symphyse mit einer geraden Begrenzung. Die Linea alba weder behaart noch pigmentiert. Penis 9 cm lang, Andeutung einer Phimose. Hodensack klein, spärlich behaart, linkerseits ein offener Leistenkanal zu tasten, der Hoden auf dieser Seite nicht zu fühlen. Rechter Hoden im Hodensack, etwa walnußgroß.

Weiche Schädeldecken fettreich, im allgemeinen leicht von dem Dach abziehbar, in der Scheitelgegend jedoch haftet die Galea etwas fester an der Außenfläche des Knochens. Diesen Stellen entsprechend sieht man im Stirnbein und beiderseits der Pfeilnaht seichte Eindellungen mit unregelmäßiger Begrenzung, die von einem ziemlich derben, weißlich grau gefärbten Gewebe ausgefüllt werden. Das knöcherne Schädeldach sonst dünn, eine Trennung von Lamina interna und externa oft nicht möglich, mit mäßig tiefen Gefäßfurchen. Im Bereiche der beschriebenen Eindellungen ziemlich ausgedehnte den ganzen

Knochen durchsetzende Defekte (Abb. 3), welche von schwieligem Gewebe, in das nur vereinzelt gelbliche Stippchen eingestreut sind, teilweise ausgefüllt werden. Bei durchfallendem Licht sieht man unregelmäßig begrenzte dunklere und hellere Stellen im Knochen, wobei die mehr dunkler gefärbten undurchsichtigen den von Diploe mehr oder minder freien Bezirken entsprechen. Die Gruben am Schädelgrund geräumig. Dura mater prall gespannt, im großen Sichelblutleiter flüssiges Blut. Beiderseits entsprechend den Lücken im Schädel gelblich gefärbte beetartige ungefähr bohnengroße stark vorspringende Einlagerungen. Innenfläche der Dura sehnig glänzend, bis auf die durch die beschriebenen Einlagerungen bedingte Vorwölbungen glatt. Weiche Hirnhäute blutreich, zart. Basalgefäße dünnwandig, ziemlich enge, Windungen des im ganzen weichen Gehirns abgeplattet, Furchen verstrichen. Kleine Hirnhernien an der Unterfläche beider Schläfepole. Die Herausnahme des Kleinhirns gelingt nur mit Mühe, da das Gezelt durch die Einlagerung

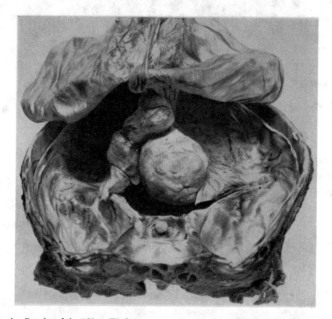

Abb. 4. Geschwulstmäßige Einlagerungen in der Falx und dem Tentorium.

bis taubeneigroßer Knoten verdickt erscheint (Abb. 4). Durch dieselben die Kleinhirnoberfläche an zahlreichen Stellen in Form grubenförmiger, zwischen Bohnen- bis Walnußgröße schwankender Vertiefungen eingedellt. Brücke abgeplattet, Hypophysenstiel sehr erheblich verbreitert. Infundibulumgegend kuppenförmig vorgewölbt. Auf dem in horizontaler Richtung durch das Gehirn angelegten Querschnitt sieht man, daß die Kammern, mit Ausnahme der IV. erheblich erweitert, von klarer Flüssigkeit erfüllt sind und ein zartes Ependym besitzen. Aderhautgeflechte makroskopisch o. B. Basale Wandung der III. Kammer annähernd 3 mm stark, ein eigentlicher Hypophysenstiel nicht mehr erkennbar, vielmehr findet sich in unmittelbarer Fortsetzung des bürzelförmig vorragenden Infundibulum ein gut erbsengroßer rundlicher Knoten in der Mitte auf der Hypophyse (vgl. Abb. 4), welcher rechterseits auf der durch die Abtragung des Gehirns entstandenen Schnittfläche eine schwefelgelbe Färbung erkennen läßt. Das Diaphragma des Türkensattels leicht eingedellt, am Grunde dieses die ebenfalls eingedellte Hypophyse sichtbar, deren Gewicht mitsamt dem beschriebenen Knötchen 0,9 g beträgt. Nach Entfernung von Groß- und Kleinhirn sieht man, daß der hintere Anteil der Falx cerebelli durch die Einlagerung eines stark schwefelgelb gefärbten Gewebes, das hie und da von kleinen Blutungen durchsetzt ist, zu einer bis 4 mm dicken Platte verbreitert ist und daß das ganze Gezelt in gleicher Weise von einem gleichartig beschaffenen und gefärbten ziemlich weichen Gewebe durchsetzt wird, welches besonders am freien Rande die eingangs erwähnten knolligen Gebilde darstellt. An der Unterfläche des Gezeltes gleichfalls zahlreiche wechselnd große vorspringende Höcker, die der Lage nach den grubigen Eindel

lungen der Kleinhirnoberfläche entsprechen. In den dorsalen Abschnitten beider Augenhöhlen ein ebenfalls gelb gefärbtes, beide Sehnerven umscheidendes Gewebe.

In beiden Pleurahöhlen kein pathologischer Inhalt. Linke Lunge (Abb. 5) frei,
auf dem Brustfell der basalen und dorsalen Anteile ihres Oberlappens lockere, grauweiß-
liche Fibrinmembranen. Sehr zarte, ebensolche auf den benachbarten Abschnitten des
Unterlappens. Übrige Pleura glatt und glänzend, jedoch diffus verdickt und überdies
unregelmäßig begrenzte, beetartige, eher derbe, ausgesprochen gelbe Infiltrate enthaltend.
Konsistenz des Lungengewebes stark erhöht, sein Luftgehalt vermehrt. Am Durchschnitt
(Abb. 6) das Parenchym beider Lappen gleichmäßig aus wechselnd großen Bläschen
zusammengesetzt, die etwa das 4—5fache der normalen Lungenbläschen erreichen und die
in ihrer Gesamtheit der Schnittfläche der Lunge einen netzartigen Bau und wabiges Aussehen verleihen. Die zwischen diesen Bläschen gelegenen Scheidewände gleichmäßig

Abb. 5. Außenansicht der linken Lunge.

verbreitert, von grauer Farbe und ziemlich derber Konsistenz. In den Bronchien des
Oberlappens und spärlich in den des Unterlappens auf der geröteten Schleimhaut eitrige
Massen und die unter den Fibrinbelägen der Pleura gelegenen Lungenparenchymanteile
pneumonisch verdichtet. Die rechte Lunge im wesentlichen wie die linke verändert.
Hiluslymphknoten beiderseits bohnengroß, feucht, fleckweise anthrakotisch. Das nicht
pigmentierte Lymphknotenparenchym deutlich bräunlich.

Im Herzbeutel wenige Kubikzentimeter gelb gefärbten, klaren Serums. Beide
Herzbeutelblätter zart, glatt und glänzend, das subepikardiale Fettgewebe reichlich.
Das Herz von der Krone bis zur Spitze 12 cm, im größten queren Durchmesser 10 cm messend.
Seine Spitze gleichmäßig vom rechten und linken Ventrikel gebildet. Obere Hohlvene
normal weit. Rechtes Herzohr mit unter dem Endokard gelegenen, teils knötchenförmigen, teils mehr diffus angeordneten, gelb gefärbten Einlagerungen. Rechter Vorhof
dünnwandig, leicht erweitert. Durch das Endokard desselben schimmern unterhalb des
Herzohres in einem ungefähr groschengroßen Bezirk gelbliche Stippchen durch. Ein
senkrecht durch die Wand des Atrium und das subepikardiale Fettgewebe gelegter Einschnitt zeigt an dieser Stelle im Subepikard ein stark gelb gefärbtes Fettgewebe, welches
eine wesentlich derbere Konsistenz als das übrige, blaßgelb getönte Fettgewebe besitzt.

Die Abgrenzung dieses so veränderten Gewebes gegen die Muskulatur des Vorhofs unscharf. Foramen ovale geschlossen. Rechtes venöses Ostium für zwei Finger durchgängig. Tricuspidalis o. B. Rechte Kammer weit, Wand bis 5 mm stark. Abgrenzung des reichlichen subepikardialen Fettgewebes gegen das braun gefärbte Muskelgewebe an der Kammerbasis unscharf. Papillarmuskel und Trabekel vorspringend. Ostium arteriosum dextrum normal weit. Pulmonalsegel zart und schlußfähig. Lungenschlagader o. B. Linker Vorhof von entsprechender Größe, mit vorwiegend flüssigem Blut erfüllt, Mitralis zart, Wand der nicht erweiterten linken Kammer 12 mm dick, Endokard o. B., ebenso die Aortensegel. Aorta knapp oberhalb dieser 7 cm im Umfange haltend, in der im weiteren Verlaufe

Abb. 6. Schnittfläche durch die linke Lunge.

zarten Intima der Aszendens gelbliche Stippchen nur in der Höhe des freien Klappenrandes sichtbar. Kranzschlagadern o. B. Myokard in seiner Konsistenz etwas herabgesetzt, gleichmäßig blaßgraubraun.

An der Abgangsstelle des Ligamentum arteriosum Botalli ein flacher, grauweißlicher, stellenweise gelblicher, groschenstückgroßer Herd. In ihrem weiteren Verlaufe die Aorta descendens nur spärliche Intimaverfettungsherde aufweisend, die im Bereiche des Bauchstücks, das eine enge Lichtung hat, etwas reichlicher und größer werden. Die Oberschenkelschlagadern eng und zartwandig.

Im fettreichen Bindegewebe des vorderen Mediastinum ein 13,1 g schwerer, etwa 6 cm langer $3^1/_2$ cm breiter und 1 cm dicker, entsprechend geformter thymischer Restkörper, der am Durchschnitt in blaßgelbes Fettgewebe eingelagert, kaum stecknadelkopfgroße, graurötliche Parenchymanteile erkennen läßt.

Luftröhre o. B. Kehlkopf männlich geformt. An der Thyreoidea und den Epithelkörperchen keinerlei pathologische Veränderungen nachweisbar. Zunge, Tonsillen, Rachen und Speiseröhre o. B.

Leber etwa zwei Querfinger unter den Rippenbogen vorragend, 28:13:13 cm, 2270 g schwer, Kapsel zart, Konsistenz etwas herabgesetzt, freier Rand abgerundet. Läppchenzeichnung auf dem Durchschnitt wenig deutlich. Periportale Felder grauweißlich. Außerdem unregelmäßig in allen Lappen verteilt hirsekorn- bis stecknadelkopfgroße, gelb gefärbte Einsprengungen. Intrahepatale Gallengänge o. B. Die entsprechend große Gallenblase enthält grünliche, fadenziehende Galle, ihre zarte Schleimhaut feinst gefeldert, frei von lipoider Fleckung. Auch die übrigen Wandpartien der Gallenblase sowie die übrigen ableitenden Gallenwege o. B.

Milz 180 g schwer, 14:6:3 cm, weich, Kapsel zart, etwas gerunzelt. Am Durchschnitt das Parenchym graurötlich, mäßig blutreich, Trabekel schmal, MALPIGHIsche Körperchen kaum sichtbar.

Beide entsprechend geformte Nebennieren auffallend wenig lipoidhaltig.

Rechte Niere 9:4½:4 cm groß, Kapsel leicht abziehbar, Oberfläche glatt, jedoch fetal gelappt. Rinde blaßgraubraun, am Querschnitt leicht verbreitet, Marksubstanz o. B. Nierenbecken und Kelche mäßig erweitert, Schleimhaut verdickt und ziemlich derb. In ihr und dem anschließenden Hilusfett- und Bindegewebe reichlich stark schwefelgelbe Streifen und Stippchen. Linke Niere im wesentlichen wie rechts, nur Becken und Kelche stärker erweitert als rechts, die Schleimhaut ebenfalls durch Einlagerung gelber Massen verdickt, die an umschriebener Stelle im Anfangsteil des Harnleiters größere Mächtigkeit erreichen und in Form zweier etwa reiskorngroßer Bürzel in seine Lichtung vorragen. Hilusgewebe wie rechts verändert. In der Fettkapsel beider Nieren, rechts weniger als links, unregelmäßig begrenzte Schwielenherde, die in das umgebende retroperitoneale Bindegewebe einstrahlen.

Prostata auffallend klein, derb. Samenblasen beiderseits nicht verändert. Der linke Samenleiter stellt einen kaum 3 mm im Durchmesser haltenden, 23 cm langen Strang dar, der zu dem am inneren Leistenring gelegenen kleinen, 2:1,7:1,2 cm messenden Hoden samt dem annähernd normal großen Nebenhoden führt. Am Durchschnitt das Parenchym dieses Hodens blaßbraun, sonst makroskopisch o. B. Rechter Samenleiter 29 cm lang und 4 mm dick. Rechter Hoden 4:2:1,8 cm, ebenso wie der entsprechend große Nebenhoden für das freie Auge nicht verändert.

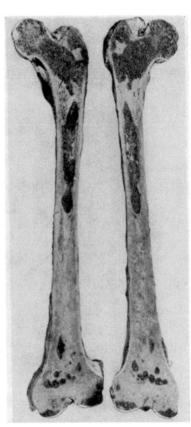

Abb. 7. Schnittfläche durch den rechten Femurknochen.

Magendarmschlauch mit Ausnahme eines etwa linsengroßen, gelblichen Knötchens auf der Höhe einer KERKRINGschen Falte in der Mitte des Jejunum o. B.

Pankreas 16:2½:2 cm, 130 g schwer, groblappig. In der Umgebung des Schwanzes das umhüllende Fettgewebe schwielig und in diesem Anteile der Bauchspeicheldrüse das interlobuläre Bindegewebe verbreitert. Lymphknoten des sehr fettreichen Gekröses nicht vergrößert, auf dem Durchschnitt graurötlich.

Becken geräumig, Conjugata vera 10,5, Querdurchmesser 11 cm, Symphysenhöhe 5 cm, Angulus pubis 50°.

Beiderseits von der im Brustteil leicht arkuär kyphotischen Wirbelsäule, die über das Darmbein hinwegziehenden Anteile des Musculus psoas schwielig und von einem teilweise gelb gefärbten ohne Unterbrechung beiderseits in den Knochen der Darmbeinschaufel verfolgbaren Gewebe durchsetzt. Dabei der Knochen in diesen Abschnitten ausgedehnt zerstört. Die ganze Spongiosa der Oberschenkelknochen (Abb. 7) der Länge nach ausgedehntest von einem an zahlreichen Stellen stark schwefelgelb gefärbten Gewebe durchsetzt, wobei auch hier häufig die Knochensubstanz der Spongiosa wie auch der angrenzenden Schichten der Compacta fehlt. Das Knochenmark, soweit nicht in der beschriebenen Weise verändert, von graurötlicher Farbe. Epiphysenfugen verknöchert.

Synovialmembran der Kniegelenke und auch der Articulationes coxae vielfach knotenförmig verdickt, auf dem Durchschnitt diese Bildungen von stark gelber Farbe und aus einem ziemlich gleichmäßig weichen Gewebe aufgebaut. Die so verdickten Anteile ragen zum Beispiel im Bereiche der Ligamenta cruciata (Abb. 8) bürzelförmig in die Gelenkshöhle hinein. Knorpel der Gelenksflächen nicht verändert. Im übrigen Skeletsystem, abgesehen von einem etwa erbsengroßen Hämangiom im 10. Brustwirbelkörper, keine pathologischen Befunde zu erheben.

Die bei der Leichenöffnung erhobenen Befunde ergaben zunächst das Bestehen einer beiderseitigen, mit einer fibrinösen Pleuritis einhergehenden Bronchopneumonie, die als unmittelbare Todesursache anzusehen war. Außerdem bestand ein beträchtliches Ödem des Gehirns,

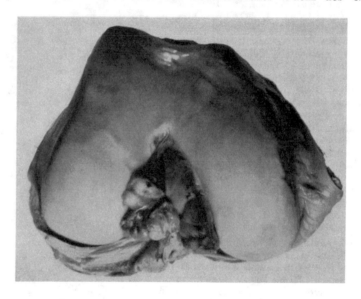

Abb. 8. Bürzelförmige Einlagerungen in den Ligg. cruciata des rechten Kniegelenks.

eine trübe Schwellung der parenchymatösen Organe, Auflockerung der Milz und rechtsseitige Herzhypertrophie. Überaus auffallend waren jedoch die an zahlreichen Stellen des Körpers nachweisbaren Ansammlungen eines in erster Linie durch seine ausgesprochen schwefelgelbe Farbe gekennzeichneten Gewebes. Dieses füllte die Lücken des Schädeldaches sowie ausgedehnte Defekte der Becken- und Oberschenkelknochen aus. Es lag ferner großen, geschwulstartigen Bildungen der harten Hirnhäute, insbesondere des Gezeltes, und im Bereiche des Hypophysenstiels zugrunde. Ähnliche Gewebsmassen fanden sich im subepikardialen Fettgewebe, beiderseits unter der Pleura, im Retroperitoneum, um Nieren, Nebennieren und Pankreas, sowie in beiden Augenhöhlen, dadurch den Exophthalmus bedingend. In nur geringem Ausmaße waren gelbliche Stippchen in der Leber festzustellen, ganz frei erschien von solchen die Milz. Von den übrigen Abwegigkeiten gegen die Norm seien die Anzeichen eines Hypogenitalismus bzw. Eunuchoidismus, der weibliche Behaarungstyp, die Unterentwicklung der Geschlechtswerkzeuge, die Kleinheit des linken, am Leistenkanaleingang liegen gebliebenen Hodens und der Vorsteherdrüse sowie die Gestalt des Beckens hervorgehoben.

Zur histologischen Untersuchung wurde Material in Formol fixiert und in Paraffin bzw. Celloidin eingebettet. Weitgehendst wurde zur Darstellung der Fettsubstanzen von Gefrierschnitten Gebrauch gemacht, daneben auch die von Smetana modifizierte Methode von Lorrain Smith-Dietrich benutzt.

Knochensystem: Die Defekte am Schädel (Abb. 9) werden von einem eher zellarmen Bindegewebe ausgefüllt bzw. dort, wo sie den Knochen völlig durchsetzen, überbrückt. Dieses Gewebe ist sehr faser- und ziemlich gefäßreich. Der anschließende bzw. die Lücken begrenzende Knochen grobbalkig, deutlich sklerosiert, umgebaut ohne Trennung in Lamina externa, interna und Diploe. Besonders in den oberflächlichen Schichten nehmen die Knochenbälkchen im H.E.-Schnitt einen intensiv blauen Farbton an, was

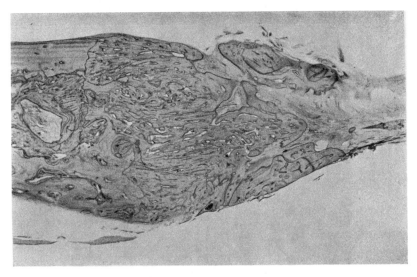

Abb. 9. „Lücke" im Schädeldach.

wohl als Ausdruck eines vermehrten Kalkgehaltes aufzufassen ist. Auch geben im Röntgenbild an der Leiche diese Randteile einen stärkeren Schatten. An diesen Knochenbalken keine Anzeichen lacunärer Resorption oder auch Apposition, die freien, an die Lücken stoßenden Enden scharf begrenzt und zugeschärft. In den Markräumen das Zellmark von fibrösem Gewebe ersetzt, das jedoch zellreicher wie das die Lücken überbrückende ist. Es enthält neben Bindegewebszellen, Lymphocyten und vorwiegend eosinophil gekörnten weißen Blutkörperchen stellenweise kleine, herdförmige Ansammlungen von bis 40 μ großen Zellen mit schaumigem Zelleib. Diese ganz allgemein als Schaumzellen (S. Z.) zu bezeichnenden Gebilde nehmen an Zahl zu, je weiter man sich von den Lücken entfernt, und sind am zahlreichsten in jener Grenzschicht, wo unverändertes Zellmark die Spongiosaräume einer normal gebauten Diploe auszufüllen beginnt. Das Fehlen sowohl resorptiver, wie auch knochenneubildender Vorgänge in diesen Abschnitten des Schädeldachs erlaubt den Schluß, daß die geweblichen Veränderungen hier, sei es von selbst, sei es, was wahrscheinlicher erscheint, infolge der häufigen Röntgenbestrahlungen des Schädels mehr oder weniger zum Stillstand gekommen sind, was mit dem klinisch beobachteten Stationärbleiben der Defekte in Einklang steht.

Demgegenüber war zu erwarten, daß im Oberschenkelknochen und in den Darmbeinen der Prozeß noch im Fortschreiten begriffen sein würde und daß somit das histologische Bild wenigstens teilweise einem zeitlich früheren Stadium entspräche. Tatsächlich finden sich in diesen Skeletteilen noch beträchtliche Bezirke wohlerhaltenen Knochens und unversehrten Zellmarks, doch sieht man an anderen Stellen, z. B. in der Femurrinde, bereits in noch weiters nicht veränderter Knochensubstanz zahlreiche Kanälchen von großen, blasigen Schaumzellen erfüllt, zwischen die nur spärlich Fasern, einzelne zumeist eosinophil gekörnte Leukocyten und Rundzellen eingelagert sind. Die Anlehnung der S. Z. an die Gefäße ist dabei oft ausgesprochen. Diesen anscheinend jüngsten Veränderungen schließen sich Bezirke an, wo zahlreiche Howshipsche Lacunen mit Osteoblasten einen lebhaften Knochenabbau bezeugen und neben S.Z. Rundzellen, Leukocyten und Bindegewebszellen sich reichlicher finden. Von der Rinde zum Zentrum fortschreitend nimmt dieses nun sehr zellreiche Gewebe an Ausdehnung zu, wobei die Compacta sowohl wie auch die Spongiosa vollkommen umgebaut ist (Abb. 10). Zentral im

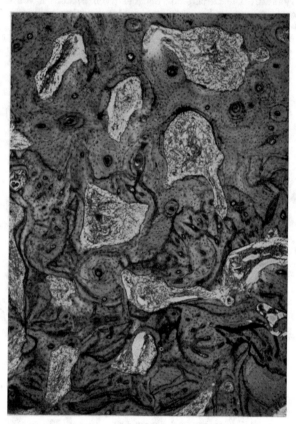

Abb. 10. Knochenumbau im Femurknochen.

Knochen, z. B. im Femur, werden größere, von Knochensubstanz bis auf wenige schmale, atrophische Bälkchen völlig freie Bezirke von einem kernarmen, schwieligen Gewebe ausgefüllt. Hie und da nur finden sich hier wie zusammengesinterte S.Z. Auffallend der hohe Kalkgehalt der umgebauten Knochenlamellen, die völlig reaktionslos im Gewebe liegen. Zellmark fehlt vollkommen. An zahlreichen Stellen der Darmbeinschaufel hat der Knochenabbau bereits die Oberfläche erreicht. Das die Spongiosalücken ausfüllende Gewebe geht ohne Grenze in das verdickte, diffus von Leukocyten, Lymph-, Plasma- und reichlich S.Z. durchsetzte Periost und epiperiostale Bindegewebe über, wobei Knochensubstanz in beträchtlicher Ausdehnung fehlt und, wo noch erhalten, nur unvollkommen umgebaute und atrophische Reste derselben anzutreffen sind.

Das erwähnte Granulationsgewebe insbesondere auch eine reichliche Menge von S.Z. läßt sich noch ein gutes Stück weit in die angrenzende Muskulatur des Psoas hineinverfolgen, wo es, dem Verlaufe der Gefäße folgend und die Fascie durchsetzend, zwischen die Muskelbündel und einzelnen Muskelfasern gelagert, dieselben auseinanderdrängt. Fettfärbungen ergeben sowohl hier wie im Knochen, entsprechend dem makroskopisch erkennbaren grell gelben Ton der Herde sehr reichlich sudanophile Substanzen, welche sich vorwiegend bräunlichrot färben und zum größten Teile doppelbrechend sind. Bemerkenswert erscheint der Umstand, daß auch zahlreiche Bindegewebszellen und die Zellen des Perimysium internum mit kleinsten braunrot sich tönenden anisotropen krystallinischen Massen und Splittern vollgestopft sind, während die quergestreiften Fasern des Musculus psoas selbst vollkommen frei von diesen und auch anderen Fettarten, insbesondere von Lipoiden, gefunden werden. Es resultiert auf diese Weise eine fast elektive Darstellung der Zellen des Perimysium der einzelnen Muskelfasern, die im übrigen leicht atrophisch erscheinen. Doppelbrechende Substanzen finden sich auch, allerdings in weit geringerer Menge frei in den Gewebsspalten.

Die geschilderten geweblichen Veränderungen zeigen an allen Stellen des Skeletsystems, welche wegen ihrer bereits dem unbewaffneten Auge auffälligen Beschaffenheit der mikroskopischen Untersuchungen zugeführt worden sind, dieselben Eigenheiten.

Auch die gelbgefärbten Wucherungen in den Gelenkshöhlen (Abb. 11) wie z. B. in den Kniegelenken, sind histologisch gekennzeichnet durch ein Granulationsgewebe,

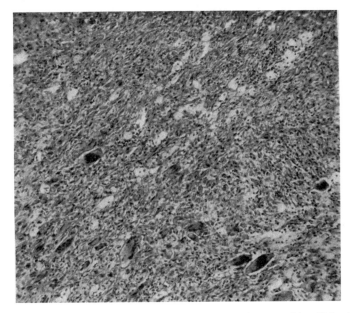

Abb. 11. „Myelom"artiges Gewebe aus den Ligg. cruciata des rechten Kniegelenks.

das reichlich S.Z. enthält, in dem aber vor allem die große Menge von vielkernigen Riesenzellen auffällt, welche durch ein sehr stark eosinophiles Protoplasma weiter gekennzeichnet werden. Auch zahlreiche kleinere Zellen nach Art der Bindegewebselemente treten durch den intensiv roten Farbton ihres Leibes stärker hervor. Die übrigen Infiltratzellen setzen sich aus Lymphocyten und wenigen, vorwiegend eosinophil gekörnten, gelapptkernigen weißen Blutkörperchen zusammen. Bezüglich der Genese der erwähnten Riesenzellen kann kaum ein Zweifel bestehen, daß sie nämlich größtenteils aus den S.Z. hervorgehen, die auch gar nicht so selten selbst schon vielkernig sind. Kann man doch ununterbrochen Übergänge feststellen, wo in einzelnen Arealen im Protoplasma solcher S.Z. die Fettsubstanztropfen schwinden und nur ein gleichmäßig homogener, rot sich färbender Zelleib zurückbleibt. Gleichzeitig nehmen die Kerne solcher Zellen stärker den Hämatoxylinton an. Es entstehen so Bezirke, wo das mikroskopische Bild weitgehend an die „Myelome" der Sehnenscheiden erinnert, insbesondere dort, wo wie z. B. in den Ligamenta cruciata des Kniegelenks derbfibröses Bindegewebe an diese Herde anschließt. Außerdem finden sich reichlich Mitosen in den Bindegewebszellen. Die Untersuchung im polarisierten Licht deckt auch in diesem Gewebe reichlich anisotrope Substanzen auf.

Ebenso wie diese Granulationsgewebswucherungen in den Gelenken und in den Knochen erweisen sich auch in zahlreichen, von den verschiedensten Stellen der harten

Hirnhaut (Abb. 12) entnommenen Stückchen die früher erwähnten Knoten der Dura und des Tentoriums als ziemlich gleichartig aufgebaut. Oberflächlich sieht man noch stellenweise ein kernarmes, straffaseriges Bindegewebe, das sich an den entsprechenden Stellen ohne Unterbrechung in die anhaftende Dura hinein verfolgen läßt 'und Resten der Pachymeninx entspricht, welche nach Art einer Kapsel die Knoten zum Teil umhüllen. Daran anschließend finden sich in den oberflächlichen Lagen größere und kleinere Herde von sehr großen im Mittel 50 μ im Durchmesser haltenden zumeist runden S.Z., deren gleichfalls runde kleine Kerne keine regelmäßige Lagerung in der Mitte des Zelleibes zeigen, sondern vielfach an den Rand gedrängt, hier auch manchmal abgeplattet oder eingedellt erscheinen. Der Leib dieser vielfach vielkernigen und dann bis 150 μ messenden Zellen, deren Kerne in Form eines kleinen Haufens zentral gelegen sind, erscheint im Hämatoxylin-Eosinschnitt sehr blaß, da er fast zur Gänze von unregelmäßig begrenzten Lücken eingenommen wird, die zwischen sich nur zarte, rötlich gefärbte und feinst-

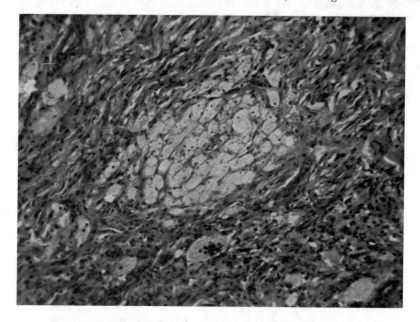

Abb. 12. Xanthomatöses Gewebe mit Riesenzellen aus den Duraknoten.

gekörnte Protoplasmabrücken halten. Der ganze Zelleib erhält durch diese netzartigen oder streifigen Protoplasmaverdichtungen ein wie zerknittertes Aussehen. Zwischen diesen S.Z. liegt dort, wo sich größere Ansammlungen bilden, nur wenig Zwischensubstanz. In nach MALLORY bzw. nach VAN GIESON gefärbten Schnitten, wo die Zellen selbst rötlich bzw. leicht bräunlich oder fast ungefärbt erscheinen, sieht man nur spärlich kollagene Fibrillen in der Nachbarschaft der Gefäße und feinste Ausläufer dieser zwischen die einzelnen Zellen. Gitterfasern dargestellt nach der Methode von BIELSCHOWSKY-MARESCH sind dagegen viel reichlicher und umspinnen die S.Z. in Form eines zarten Geflechtes, wobei die S.Z. bei dieser Färbung in einem blaßrosa Farbton zur Darstellung kommen. Im Bereiche dieser ausgedehnteren S.Z.-Herde fehlen andere Zellformen fast vollkommen, erst in den Randpartien ändert sich dieses eher einförmig zu nennende Bild. Einmal sieht man hier in den S.Z. bräunliche amorphe Massen, die sich der Eisenreaktion gegenüber negativ verhalten. Andererseits finden sich hier zwischen die S.Z. eingeschoben stern-förmige oder spindelige, Fibroblasten gleichende Zellen und eine ziemlich dichte Durch-setzung mit zumeist eosinophil gekörnten weißen Blutkörperchen und Lymphocyten tritt auf. Auch in den Bindegewebszellen findet man hier braunes, teilweise eisenfreies Pigment, daneben auch solches in vielkernigen, Fremdkörperriesenzellen gleichenden Elementen. Je mehr man sich den zentralen Anteilen dieser Duraknoten nähert, desto mehr ähnelt das histologische Bild dem eines an vielkernigen Riesenzellen reichen, spär-lich lymphocytär und leukocytär durchsetzten, gefäßarmen Granulationsgewebes, in das immer noch an zahlreichen Stellen allerdings nur kleine Gruppen von S.Z. eingestreut sind. Der fibröse Charakter des Gewebes wird immer ausgesprochener. Wo sich reichlicher faserige Zwischensubstanz findet, durchflechten sich die einzelnen Bündel unregel-

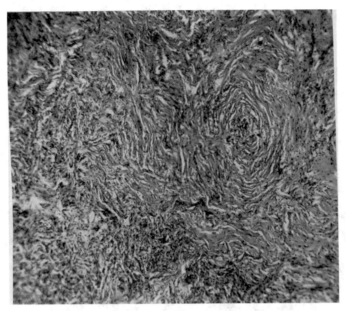

Abb. 13. „Wirbelartige" Anordnung der Zellen (Duraknoten).

Abb. 14. Doppelbrechende Substanzen in den xanthomatösen Wucherungen der Dura mater.
(Schwache Vergrößerung, Aufnahme im Polarisationsmikroskop.)

mäßig, so daß quirlartige Bilder entstehen (Abb. 13). Solche Stellen sind arm an S.Z. VAN GIESON oder MALLORY-Präparate zeigen kollagene Fibrillen in großer Menge, auch die Gitterfasern sind sehr zahlreich und bilden ein dichtes Geflecht: alles vereint sich zu dem Bilde eines Schwielengewebes, das hie und da auch hyaline Umwandlung zeigt.

In den besonders großen Duraknoten z. B. denen des Gezeltes finden sich zentral kleinere und größere Nekroseherde mit reichlichen Cholesterinlücken. Auch Ablagerung von krümmeligen Kalkpartikeln und eisenhaltiges Pigment in hyalinisierten Bezirken läßt sich feststellen. Im übrigen ist die Berlinerblaureaktion solcher Ablagerungen nur an einzelnen Stellen der benachbarten Hirnhaut positiv.

Sehr eindrucksvoll sind die histologischen Bilder, welche man bei Fettfärbungen z. B. mit Sudan erhält. Diese decken nicht nur in den S.Z. sehr reichlich bräunliche Körner und Krystalle auf, sondern erlauben auch die Feststellung, daß auch die mehr spindeligen oder verästelten Zellen vom Charakter älterer Bindegewebselemente und die Riesenzellen dichtest mit größeren und kleineren teilweise bräunlichroten, teilweise dunkelorangefarbigen, tropfigen oder krystallinischen Massen vollgestopft sind. Schließlich liegen auch frei in den Gewebsspalten sudanophile Granula. Besonders eindrucksvoll gestaltet sich die Untersuchung derartiger Gewebspartien im polarisierten Licht. Fast

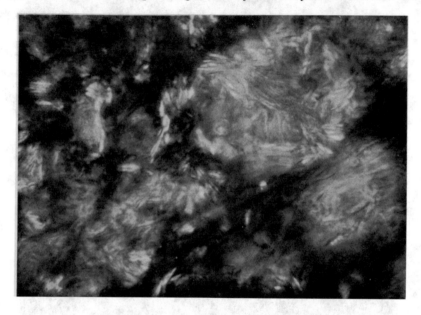

Abb. 15. Doppelbrechende Substanzen in den xanthomatösen Wucherungen der Dura mater. (Starke Vergrößerung, Aufnahme im Polarisationsmikroskop.)

sämtliche mit Sudan sich färbende Substanzen, insbesondere die in den S.Z. gelegenen geben deutlichste Doppelbrechung, so daß beinahe das ganze Gesichtsfeld bei gekreuzten Nicols hell aufleuchtet (Abb. 14). Zumeist sind es lange Krystalle, Bruchstücke von Platten und kleine Splitter, welche zur Ansicht kommen (Abb. 15). Nur kleine Areale, wo das Gewebe stark fibrösen Charakter zeigt und in hyaliner Umwandlung begriffen ist, bleiben dunkel. Bei mäßigem Erwärmen verschwindet die Doppelbrechung nur teilweise, zahlreiche krystallinische Substanzen zeigen weiter Anisotropie. Beim allmählichen Erkalten erscheinen zuerst doppelbrechende Tropfen mit deutlichen Kreuzfiguren, später erscheint wieder das ursprüngliche Bild der Splitter und Krystalle. Andere Fettfärbungen wie mit Scharlach R geben das gleiche mikroskopische Bild, mit Nilblausulfat erscheinen die tropfigen Massen blau. Nach Lorrain-Smith-Dietrich sowie nach der Modifikation dieser Färbung von Smetana (36) erscheinen die S.Z. nur wie mit feinsten rauchgrauen Stippchen bestäubt. Das Protoplasma nimmt bloß einen leicht blaßbläulichen Farbton an. Die Methode von Golodetz zeigt einen deutlichen Farbenumschlag ins Violette auf Zusatz von konzentrierter Schwefelsäure zu den mit Lugol vorbehandelten Schnitten, der vorwiegend an den krystallinischen Einschlüssen der Zellen zu beobachten ist. Allen diesen Reaktionen — welche aus technischen Gründen nicht an den Knochenherden, sondern an den Duraknoten vorgenommen wurden — und auch dem mikroskopischen Bild zufolge handelt es sich demnach in erster Linie um Cholesterine, vorzüglich in den

S.Z., vergesellschaftet mit oft sehr beträchtlichen Mengen von Neutralfetten. Lipoide im engeren Sinne, wenigstens nach den gebräuchlichen Methoden nachweisbare, sind nur in Form allerfeinster Granula darstellbar.

Dieselbe gewebliche Struktur zeigt das beide Orbitae nahezu ausfüllende Gewebe, jedoch ist der fibröse Charakter weniger stark ausgeprägt und es finden sich hier sehr große, fast ausschließlich aus S.Z. aufgebaute Bezirke.

Atmungsapparat: Die Luftröhre und die beiden Hauptbronchien zeigen histologisch keine Besonderheiten, nur ist auffällig, daß die nicht weiter veränderten Zellen des peritrachealen Fettgewebes reichlich doppelbrechende krystallinische Gebilde enthalten, die zumeist in den großen die ganze Zelle ausfüllenden Neutralfetttropfen liegen.

Eigenartig und außerordentlich schwer waren die Veränderungen der Lungen (Abb. 16). Der makroskopisch erkennbare grobwabige Aufbau geht auf das Vorhanden-

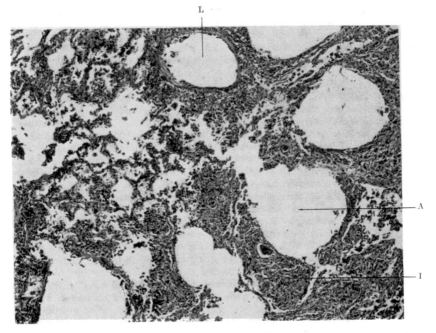

Abb. 16. „Fibrose der Lunge". L: Bronchiallumen, A: Lichtungen von Lungenbläschen.
I: verbreitertes interstitielles Gewebe.

sein zahlreicher großer Hohlräume zurück, welche ähnlich wie in einer emphysematösen Lunge die Ausmaße eines normalen Alveolus um ein Vielfaches übersteigen. Lungenbläschen gewöhnlicher Größe liegen in wechselnder Menge zwischen diesen Lichtungen, jedoch zumeist nur in geringer Anzahl und nicht gleichmäßig angeordnet. Im Gegensatz zum Emphysem sind jedoch die interalveolären Septen sehr erheblich verdickt und verbreitert, was auf das Vorhandensein eines zell- und faserreichen Gewebes vom Charakter eines Granulationsgewebes zurückgeht. Dabei lassen sich verschiedene Formen unterscheiden. So finden sich Stellen, wo die Verbreiterung nur in Form umschriebener längs oder rings der arteriellen Gefäße (Präcapillaren) angeordneter Mäntel angedeutet ist, die sich aus spindeligen Zellen mit längsovalen chromatinarmen Kernen aufbauen, welche als Abkömmlinge der Gefäßadventitia imponieren. Zwischen diese eingestreut liegen Lymphocyten und spärlich gelapptkernige weiße Blutkörperchen. Diese umschriebenen Gewebswucherungen werden nun an vielen Stellen insbesonders in den größeren interlobulären Septen durch breite, nicht mehr ausschließlich dem Verlaufe der Gefäße folgende Granulationsgewebszüge abgelöst, welche reichlich fibrilläre Zwischensubstanz enthaltend, oftmals dicht von Rundzellen durchsetzt sind. Die große Menge kollagener Fibrillen kommt besonders in nach MALLORY gefärbten Schnitten an diesen Stellen zum Ausdruck. Durch diese ganz enorme Vermehrung des interstitiellen Gewebes ist es an vielen Stellen zur völligen Verödung der Alveolen oder doch wenigstens zu einer beträchtlichen Einengung ihrer Lichtung gekommen, wobei die Alveolarepithelien ähnlich wie bei der Kollapsinduration kubische Formen annehmen. Elasticafärbungen jedoch zeigen, daß die Einengung des Lumens der Lungenbläschen nicht bloß auf dem Wege der einfachen Kompression zustande gekommen sein dürfte, sondern daß die geschilderten Veränderungen mit einer weitgehenden Zerstörung der Struktur des Lungengewebes einhergehen. Auf weite Strecken ist das elastische Gerüstwerk vollkommen zerstört, der alveoläre Aufbau auch nicht andeutungsweise erhalten. Dies erlaubt die Annahme, daß die Ausbildung des erwähnten Granulationsgewebes seinerzeit von schweren geweblichen Schäden begleitet war, deren Endstadium wir jetzt vor uns haben. Die umschriebenen knötchenförmigen Verdickungen des perivasculären Gewebes mit dem starken Vorspringen desselben gegen die Alveolarlichtung machen es wahrscheinlich, daß auch rein mechanische Momente (Dehnung) eine gewisse Rolle hierbei gespielt haben. Kann man doch gerade auf der Kuppe derartiger Vorwölbungen gegen die Lichtung eines Lungenbläschens Zerreißungen der elastischen Fasern feststellen. Anthrakotisches Pigment findet sich in diesem schwieligen interstitiellen Gewebe nur spärlich, etwa in dem Maße, als es dem vorgebildeten Stützgerüst entsprechen würde. Eisen ließ sich nicht nachweisen. Die Untersuchung auf Fettsubstanzen ergibt nur ganz vereinzelt in den Bindegewebszellen des Interstitiums feine mit Sudan sich bräunlich färbende Splitter, welche Doppelbrechung zeigen.

Ebensolche jedoch in sehr reichlicher Menge fanden sich in dem mächtig verdickten subpleuralen Gewebe. Hier ist eine fast 3 mm breite Lage eines zellreichen jüngeren Granulationsgewebes zwischen Pleura und dem in der geschilderten Weise veränderten Lungenparenchym eingeschoben. Dieses Granulationsgewebe ist außerordentlich reich an großen, bis 80 μ messenden S.Z., welche mit Cholesterintafeln und Neutralfetttröpfchen angefüllt sind. Sie geben die gleichen Farbreaktionen wie die in den Duraknoten. Nach MALLORY und VAN GIESON lassen sich zahlreiche kollagene Fasern nachweisen.

Herz und Gefäße: Die Muskelfasern des Herzens zeigen vereinzelt Einlagerung feinster Neutralfetttröpfchen mit stellenweise wahrnehmbarer Schädigung der Zellkerne. Sonst erscheinen die Myokardzellen nicht verändert. Entsprechend dem makroskopisch erkennbaren gelb gefärbten Bezirk am rechten Herzohr, sieht man unter dem unversehrten Epikard im Fettgewebe ausgedehnte, ziemlich frische Granulationsgewebsherde mit reichlich polymorphkernigen vorwiegend eosinophil granulierten weißen Blutkörperchen, Lymphocyten und zahlreichen S.Z. Ein gleiches Gewebe bildet, durch die Muskelwand des Herzens sich erstreckend, subendokardial ziemlich umfangreiche Polster. Die Untersuchung im polarisierten Licht erweist auch hier das Vorhandensein zahlreicher anisotroper Substanzen, teils frei im Gewebe, teils auch in den S.Z., in bindegewebigen Elementen und in den weiters nicht veränderten Zellen des subepikardialen Fettgewebes. In mehreren Schnitten aus der Aorta keine Veränderungen. Nur entsprechend den bereits mit freiem Auge sichtbaren Plaques in den basalen Schichten der verdickten Intima kleine, von Cholesterinen erfüllte Hohlräume, die von S.Z. umsäumt werden. In den anschließenden Lagen der Media Rundzellenanhäufungen um Vasa vasorum, die auffallend zellreich sind. Im Gefrierschnitt erscheinen Neutralfette in den geschilderten Plaques relativ spärlich. Die Arteria femoralis und andere periphere Gefäße histologisch nicht verändert. Die Intima der Vena femoralis zeigt stellenweise geringgradige polsterförmige Verdickungen, in denen aber Fettsubstanzen nicht nachweisbar sind.

Verdauungsschlauch: In beiden Tonsillen das Bild der chronischen Tonsillitis mit zahlreichen Steinchen. Das Gefüge des lymphoretikulären Gewebes am Rachenring der Norm entsprechend, der übrige Verdauungsschlauch histologisch frei von pathologischen Veränderungen. Das mit freiem Auge als gelbes Knötchen erkennbare Gebilde im Jejunum erweist sich als kleines Lipom.

Leber: Die periportalen Felder durchwegs verbreitert, zellreich, wobei sich vorwiegend Lymphocyten und Plasmazellen nachweisen lassen. S.Z. fehlen. Ebenso ergibt die Untersuchung im Polarisationsmikroskop hier keine anisotropen Substanzen. Die Leberzellen selbst enthalten ziemlich viel Glykogen in einem Ausmaße, welches die gewöhnliche Menge bei langsam Verstorbenen beträchtlich übersteigt. Im Läppchenparenchym verstreut, ohne Bevorzugung einer bestimmten Anordnung, kleine Herde stark verfetteter Leberzellen mit gut färbbaren Kernen. In diesen zumeist groben, großen Fetttropfen, die sich mit Sudan III bräunlich bis orangerot färben, reichlich doppelbrechende Krystalle. Einzelne dieser Zellen enthalten fast rein anisotrope Substanzen. Nach SMITH-DIETRICH färbt sich der Inhalt dieser Zellen nicht, Lipoide scheiden somit

aus, vielmehr sind diese Einschlüsse analog denen in den Duraknoten, nach ihrem färberischen und strukturellen Verhalten als Neutralfette und Cholesterine anzusprechen.
Abgesehen von diesen umschriebenen Herden enthalten die Leberzellen kein Fett. In
den KUPFFERschen Sternzellen und in den Endothelien der Capillaren deckt die Untersuchung im polarisierten Licht diffus verteilt feinste doppelbrechende Körnchen auf.
Andere Stoffe, Eisen und dergleichen lassen sich in diesen Elementen nicht nachweisen.

Milz: Nirgends Fett oder Cholesterine nachweisbar. In Paraffinschnitten eisenhaltiges Pigment (Turnbullreaktion) in Spuren in Reticulumzellen, außerdem um die

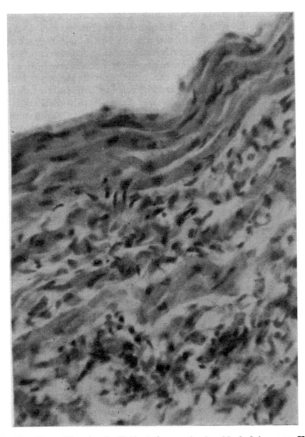

Abb. 17. Doppeltbrechende Fettsubstanzen in der Muskulatur von Venen
(Fettfärbung mit Sudan III).

Arteriolen der großen MALPIGHISCHen Körperchen. Gitterfasern nicht vermehrt, S.Z.
fehlen.

Lymphknoten: Ebensowenig wie in der Milz gelingt der Nachweis von Fettsubstanzen in zahlreichen aus dem Mediastinum, dem Retroperitoneum, dem Gekröse
und beiderseits aus der Leistengegend stammenden Lymphknoten. Wohl findet sich
in sämtlichen eine wechselnd stark ausgeprägte Proliferation und Abschilferung der
Sinusendothelien, in denen vereinzelt die Berlinerblaureaktion eisenhaltiges Pigment
aufdeckt. Eine Fibrose des Parenchyms oder S.Z. nirgends nachweisbar. Auch erscheint
die Struktur des lymphoreticulären Gewebes allenthalben erhalten. In dem die Lymphknoten umgebenden Fettgewebe jedoch lassen sich in den weiters nicht veränderten
Fettzellen Cholesterine oft in ziemlich reichlicher Menge nachweisen.

Harnapparat: Schwere parenchymatöse Degeneration des Tubulusepithels der
Nieren, Hyalinisierung der kleinen Arteriolen, aber nicht der Vasa afferentia. Spärliche
Kalkablagerungen in den Glomeruluscapillaren. Hie und da an der dem Glomerulus
zugewendeten Seite des Zwischenstücks deutliche Epithelwucherung. Etwas reichlicher

als in der Rinde Kalkablagerungen in Form sog. Kalkinfarkte im Mark. Schleimhaut beider von sonst unverändertem Epithel überzogener Becken schwielig verdickt.
Dieses Schwielengewebe in Form breiter Züge in das Hilusfett- und Bindegewebe hinein
verfolgbar. Es enthält stellenweise sehr reichlich S.Z. mit massenhaft Cholesterinkrystallen
und ist in solchen Bezirken ziemlich dicht von Lymph- und Plasmazellen und gelapptkernigen, weißen Blutkörperchen durchsetzt. An anderen Stellen wiederum überwiegt
der fibröse Charakter, die zellige Durchsetzung ist spärlich und vielfach ist es zu einer
ausgedehnten hyalinen Umwandlung gekommen. In diesem Schwielengewebe gelegene
weiters unversehrte Venen (Abb. 17) zeigen in den Muskelzellen der Media eine sehr beträchtliche Ablagerung von mit Sudan sich bräunlich färbenden, teils körnigen, teils krystallinischen Massen, wobei die Kerne der Zellen nicht verändert sind. Das Auftreten dieser
stark doppelbrechenden Substanzen in den glatten Muskelfasern der Venenwand ist um
so auffälliger, als in deren unmittelbarer Nachbarschaft gelegene Arterien in keiner Weise
an einer derartigen Cholesterin- und Fettablagerung teilnehmen. Die ableitenden Harnwege erweisen sich bei der mikroskopischen Untersuchung als nicht verändert.

Geschlechtswerkzeuge: In dem kryptorchischen linken Hoden fibröse Atrophie.
Der Gewebsschwund betrifft jedoch nicht alle Kanälchen in gleicher Stärke. Während
einzelne Tubuli fast vollkommen kernlos sind und die höchstgradig verdickte homogene
Wand eine sehr enge Lichtung umschließt, finden sich andere Kanälchen, in denen noch
3—4 Zellreihen erhalten sind, jedoch ist auch hier die Membrana propria sehr verbreitert.
Spermien fehlen gänzlich. Sehr erhebliche Verdickung der Wand zahlreicher größerer
arterieller Gefäße, hie und da Hyalinisierung kleiner Arteriolen. Ähnlich wie an den
Kanälchen sind auch im Interstitium die Veränderungen keine gleichmäßigen. Die
LEYDIGschen Zellen erscheinen auffallend groß, mit stark eosinophilem Protoplasma,
welches reichlich doppelbrechende Substanzen enthält. Im allgemeinen sind die Septen
des Interstitiums breit, kernarm und faserreich, besonders im Rete testis. An einzelnen
Stellen jedoch, so auch in der weiters nicht veränderten Epididymis, zwischen den Kanälchen
ein Granulationsgewebe mit zahlreichen S.Z. und erst beginnender fibröser Umwandlung.
Fettfärbungen ergeben in diesen Herden wie auch in den glatten Muskelfasern des Ductus
deferens reichlich sudanophile doppelbrechende Substanzen. Rechter Hoden: Das
Kanälchenepithel nur vereinzelt bis zu Spermien ausreifend, die Membrana propria aber
von normaler Beschaffenheit. Im interstitiellen Gewebe, das hie und da etwas verbreitert
ist, kleine Rundzellenanhäufungen mit auch gelapptkernigen weißen Blutkörperchen,
die LEYDIGschen Zellen nicht vermehrt. Fettfärbungen zeigen im Epithel der Tubuli
feinste im Sudanschnitt bräunlichrot sich färbende Granula, im Interstitium finden sich
ebensolche, jedoch gröbere Schollen in Bindegewebszellen, die vorwiegend um kleine
Gefäße angeordnet sind. Letztere geben deutlich Doppelbrechung, an den LEYDIGschen
Zellen ist dieselbe nur angedeutet. Cholesterin neben Fett findet sich auch in den weiters
nicht veränderten Epithelien des rechten Nebenhodens. Hier liegen auch, wie im Hoden,
feine Splitter doppelbrechender Substanzen in dem kernarmen eher fibrösen Gewebe des
Interstitiums; Granulationsgewebsherde nirgends nachzuweisen. Die Kanälchen der
atrophischen Prostata eng, ihr von sudanophilen Substanzen freies Epithel stellenweise
desquamiert, wenig Konkremente. Das Zwischengewebe der Vorsteherdrüse ohne
Besonderheiten.

Innersekretorische Drüsen: Das Parenchym der Thyreoidea zeigt viele uneröff-
nete Follikel. Das Kolloid im H.-E.-Schnitt häufig bläulich gefärbt, das Epithel der
Bläschen niedrig. Das Zwischengewebe o. B. Die Epithelkörperchen nicht verändert.
Thymus: Relativ reichlich Parenchym mit zahlreichen kleinen HASSALschen Körperchen.
Viele kleine arterielle Gefäße zeigen beträchtliche Sklerose, auch RUSSELsche Körperchen
finden sich im Parenchym häufig. In zahlreichen Schnitten durch beide Nebennieren
fällt die eher geringe Menge von Fettsubstanzen auf. Bei Sudanfärbung werden weite
Strecken in der Rinde und die ganze Marksubstanz überhaupt frei von sudanophilen
Substanzen angetroffen und bei schwacher Vergrößerung gewinnt man den Eindruck
einer bloß herdförmigen Ablagerung von Fett in der Corticalis, und zwar in der Zona
fasciculata derselben. Dabei gibt es leuchtend orangerot gefärbte Fetttropfen neben
bräunlich getönten Massen in den Parenchymzellen. Die Gefäßendothelien oder die
Zellen des Gerüstes sind frei davon. Wo nur wenig sudanophile Granula in den Zellen
vorhanden sind, sind diese zumeist sehr klein, staubartig, größere Tropfen füllen die
Zellen bisweilen ganz aus, ohne daß an den Kernen Degenerationszeichen sichtbar wären.
Der größte Teil der Fettsubstanzen ist doppelbrechend, besteht in kleinen Krystallen
und Plättchen und zeigt die Eigenschaften der Cholesterine. Der restliche Teil gibt teil-

weise die Reaktion der Neutralfette, teilweise färbt er sich nach der Methode von SMITH-DIETRICH schwarzgrau. Im umgebenden Fettgewebe beider Nebennieren finden sich kleine Granulationsgewebsherde, welche sehr reichlich oft vielkernige und sehr große S.Z. mit großen Mengen von Cholesterinen enthalten. Sie schieben sich oft nahe an die Oberfläche der Organe heran. Außerdem sind diese Herde von vorwiegend eosinophil gekörnten Leukocyten, Plasmazellen und Lymphocyten durchsetzt.

Pankreas: Die LANGERHANSschen Inseln auffallend groß, die Kerne teils klein, teils großblasig. Das vermehrte interacinöse Bindegewebe umschließt die Inseln, dringt auch vereinzelt in dieselben ein, so daß Bilder entstehen, welche an fibröse Atrophie der Bauchspeicheldrüse mit sekundärer Hyperplasie der Inseln erinnern. In diesem verbreiterten interstitiellen Gewebe gelegene kleine arterielle Gefäße deutlich wandverdickt.

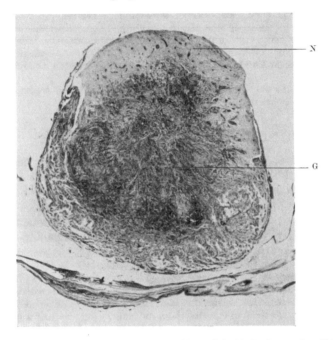

Abb. 18. Horizontalschnitt durch den Hypophysenstiel. N: Reste nervöser Substanz.
G: Granulationsgewebe.

Außerdem sind in diesen Septen an zahlreiche Stellen teils perivasculär angeordnete, teils nicht an Gefäße gebundene Zellenansammlungen nachweisbar, welche sich vorzugsweise aus Lymphocyten und Plasmazellen aufbauen. Gegen die Peripherie der Drüse hin sieht man größere Granulationsgewebsbezirke, welche, obwohl in großer Ausdehnung von fibröser Beschaffenheit, dennoch vereinzelt S.Z. aufweisen. Sie lassen sich in ein Schwielengewebe hinein verfolgen, welches im Retroperitoneum gelegen die Bauchspeicheldrüse umschließt. Man gewinnt den Eindruck, daß die fibrös-atrophischen Stellen des Pankreasparenchyms auf Schrumpfungsvorgänge in diesem Granulations- oder Schwielengewebe mit Übergreifen auf die Bauchspeicheldrüse zustande gekommen sind. Das excretorische Parenchym o. B.

Epiphyse: Reichlich Acervulus, im übrigen pathologische Veränderungen nicht nachweisbar.

Hypophyse: Der Hirnanhang wird in lückenlose Reihenschnitte zerlegt. Dabei zeigt sich in der Adenohypophyse ein durchaus normaler Aufbau, sowohl was Größe und Verteilung wie auch zahlenmäßiges Verhältnis der einzelnen Zellarten zueinander anlangt. Hie und da erscheint das Gerüstgewebe um die größeren Arterienstämmchen verbreitert und faserreich. Gegen die Neurohypophyse hin wird die Verbreiterung des Stromas etwas ausgesprochener, es ist hier schütter von Lymphzellen durchsetzt und umschließt hier mehrere größere mit kubischem Epithel ausgekleidete kolloid- erfüllte Cystchen. Im

27*

Gegensatz zu diesen geringfügigen Veränderungen des Vorderlappens fehlt der Hinterlappen fast vollkommen. An seiner Stelle liegt ein Granulationsgewebe, gleichartig dem in den Duraknoten, den Knochenherden usw. gefundenen, welches in seinen zentralen Anteilen ausgedehnt schwielig umgewandelt ist und am Boden und an der Hinterwand der Sella turcica ohne Grenze in die harte Hirnhaut übergeht. S.Z. sind eher selten. Oftmals dagegen größere herdförmige Ansammlungen von Lymphocyten. Erst ein beträchtliches Stück näher der Hirnbasis (Abb. 18) sieht man am Rande dieses Gewebes, und zwar ventral gelegen einen schmalen sich allmählich verbreiternden schalenartigen Saum von nervöser Substanz, der kranialwärts an Mächtigkeit gewinnt. Auch in kleinen Resten der Neurohypophyse folgen den Gefäßen Stränge eines gleichartigen, an S.Z. wechselnd reichen Granulationsgewebes. Dieses erstreckt sich, wie Reihenschnitte zeigen, bis in das Tuber cinereum. Stets folgt es auch hier den Blutgefäßen und reicht bis fast an die Lichtung des weiten Trichters, ohne jedoch ganz an das Ependym der Ventrikellichtung heranzugelangen. Die anschließende Hirnsubstanz des Tuber cinereum wie auch zahlreiche aus anderen Stellen des Zentralnervensystems stammende Stückchen zeigten in ihrem histologischen Verhalten keinerlei Abweichungen von der Norm. In den Plexus chorioidei dagegen fanden sich neben reichlich Kalkkonkrementen kleinere und größere S.Z.-Herde.

Die Haut war bis auf die erwähnten Xanthelasmen an beiden Augenlidern frei von xanthomatösen Veränderungen.

Im Schrifttum niedergelegte Fälle.

Das Verdienst, die geschilderten Veränderungen als Zeichen eines besonderen Krankheitsgeschehens erkannt zu haben, gebührt A. SCHÜLLER (33). Dieser berichtete im Jahre 1915 auf Grund rein klinischer Beobachtungen über 2 einschlägige Fälle in einer kurzen, unter dem Titel „Über eigenartige Schädeldefekte im Jugendalter" erschienenen Mitteilung in den Fortschritten auf dem Gebiete der Röntgenstrahlen.

Fall 1. SCHÜLLERs (33) erste Beobachtung: 16jähr. aus gesunder Familie stammender Patient, der in der Kindheit Masern durchgemacht hatte. Mit 6 Jahren Sturz auf den Bauch, später Nycturie, Wachstumsverzögerung. Im Alter von 12 Jahren Ohrfluß links. Einige Monate vor der Spitalsaufnahme trat eine linksseitige Protrusio bulbi auf, welche Doppeltsehen zur Folge hatte. Bei der Untersuchung des 137,5 cm langen, 39,5 kg schweren Kranken fanden sich die Zeichen eines Hypogenitalismus, vergesellschaftet mit ungewöhnlich reichlichem Fettansatz (Dystrophia adiposogenitalis). Am Schädel waren radiologisch zahlreiche Knochenlücken von großer Ausdehnung festzustellen, die größte im linken Scheitelbein. Sella turcica klein, Dorsum erhalten. Keine Anhaltspunkte für Syphilis oder Tuberkulose. Die übrigen Organe boten klinisch nichts Auffälliges. Es bestand keine Polyurie. Die Vermutungsdiagnose lautete auf „angiomatöse Neubildungen" am Schädel, da gleichzeitig ein Naevus vasculosus der sonst unveränderten Haut an dem einen Vorderarm bestand.

SCHÜLLER (33) schrieb selbst, daß er „über die Natur des Prozesses nichts Sicheres angeben könne".

Fall 2. 4jähr. sehr kleines Mädchen; mit 1½ Jahren Keuchhusten, im Alter von 2 Jahren entwickelte sich ziemlich plötzlich, zuerst links dann rechts, Exophthalmus. Der Arzt konnte überdies damals schon Schädeldefekte feststellen. Bei der Untersuchung fand SCHÜLLER (l. c.) multiple, eigenartig landkartenförmige Knochendefekte in der Calvaria, erhebliche Zerstörung beider Orbitaldächer und starke Vertiefung des vorderen Anteils des Türkensattels. Das Dorsum sellae war erhalten. Außerdem ließen sich Lücken am rechten Darmbeinteller feststellen. In der blassen Haut fanden sich keine Veränderungen. Wassermannsche Reaktion war negativ, die Intelligenz gut. Die Untersuchung der übrigen Organe ergab objektiv nichts Auffälliges, jedoch bestand ein lebhaftes Durstgefühl und Polyurie bis zu 8 Liter täglich. Während der mehrjährigen Beobachtung gingen die Erscheinungen zurück. SCHÜLLER kam für diesen Fall zur „Wahrscheinlichkeitsdiagnose einer Skeletanomalie infolge Erkrankung der Hypophyse".

Zu einer ähnlichen Vermutung kam auf Grund einer gleichartigen Beobachtung CHRISTIAN (6) im Jahre 1919.

Fall 3. Es handelt sich um das erstgeborene Mädchen gesunder Eltern, das bis zum 3. Lebensjahr von Mumps abgesehen, stets gesund gewesen war. Im Alter von 3 Jahren Schmerzen im Kopf, außerdem Gingivitis und Lockerwerden der Zähne. 6 Monate später begann das Kind mehr zu trinken, auch schien das Hörvermögen beeinträchtigt. Die Kopfschmerzen wurden heftiger und hielten länger an. Allmählich entwickelte sich ein rechtsseitiger Exophthalmus. Als das Kind im Alter von 5 Jahren untersucht wurde, betrug das Körpergewicht 43 Pfund, es fanden sich große, unregelmäßige zackig begrenzte Defekte der Schädelknochen, über denen die Haut pulsierte und sich beim Husten und Schreien stärker vorwölbte. Die Frontalvenen waren deutlich sichtbar. Beiderseitiger Exophthalmus, blaue Skleren, innerer Rand der Iris gefleckt, äußerer distinkt und etwas erhaben.

Der 2. Pulmonalton war stärker akzentuiert als der 2. Aortenton, die Lungen klinisch o. B. Die Leber reichte von der 5. Rippe bis ein Querfinger unter den Rippenrand. Wassermannsche Reaktion negativ. Die Blutuntersuchung ergab 5 200 000 Erythrocyten, 10 000 Leukocyten, davon 2 % Eosinophile. Es bestand Polyurie zeitweise bis 5,290 ccm, das spezifische Gewicht des Harns schwankte zwischen 1001—1004, stieg in den Intervallen bis auf 1010, besonders bei gleichzeitiger Verabreichung von Hypophysenpräparaten. Die röntgenologische Untersuchung des Skelets bestätigte die Lücken in den Schädelknochen, deckte jedoch auch in den platten Knochen des Beckens ausgedehnte Defekte auf. Über Veränderungen an der Sella turcica macht Christian (6) keine Angaben.

Betreffen die Angaben von Schüller (33) und Christian (6) klinische Untersuchungen, so kann als erster durch die Leichenöffnung belegter Fall eine Beobachtung von Hand (17) gelten.

Fall 4. 3jähr. Knabe, der im Alter von 5 Monaten an Enterocolitis gelitten und als einjähriges Kind Masern und Nasendiphtherie durchgemacht hatte; 8 Wochen vor dem Tode traten plötzlich lebhaftes Durstgefühl und Polyurie auf. Bei der Spitalaufnahme ergab die Untersuchung des unterentwickelten schlecht genährten Kindes als auffälligsten Befund einen sehr ausgesprochenen beiderseitigen Exophthalmus, der dem Kinde ein „froschartiges" Aussehen verlieh. Haare lichtblond, die Haut bronzefarben, trocken und am Abdomen mit „scabiesartigen Eruptionen" versehen, die später größer wurden und am ganzen Stamme sowie an den Extremitäten auftraten. Leber und Milz waren stark vergrößert. Die Autopsie zeigte gelb gefärbte teilweise alle Schichten des Schädeldaches durchsetzende Knoten am Scheitel, die von der Dura auszugehen schienen. Beiderseits bestand eine Bronchopneumonie, rechts eine „käsige" Pleuritis sowie eine verruköse Endocarditis der Mitralis. Im Parenchym der vergrößerten Leber waren kleine Knötchen von grauer Farbe zu sehen, die Milz war geschwollen. Beide Nierenbecken wurden von derben gelben knotenförmigen Gewebsmassen nahezu ausgefüllt. Die Lymphknoten im Mittelfellraum, im Mesenterium und auch anderwärts im Körper waren vergrößert. Angaben über die Hypophyse fehlen. Hand nahm zunächst eine bestehende Tuberkulose an, doch äußerte er selbst Zweifel an der Richtigkeit seiner Diagnose.

Fall 5. In einem 2. Fall Hands (17) wurde während des Lebens einem 2jähr. Knaben ein „Tumor" aus der linken Schläfegegend entfernt. Der Knochen wies an der Stelle des Sitzes der Bildung, die von der Dura ihren Ausgang zu nehmen schien, eine Lücke auf. Die histologische Untersuchung hatte kein eindeutiges Ergebnis, der Befund schloß Gumma und Sarkom aus, stellte einen leichten Grad entzündlicher Durchsetzung fest, hauptsächlich fanden sich „myxomatöse" Veränderungen. Etwa 2 Jahre später traten bei dem Knaben weitere Schwellungen am Schädel sowie Exophthalmus besonders auf der linken Seite auf. Polyurie bestand jedoch nicht. Über Veränderungen an anderen Organen finden sich keine Angaben. Röntgenologisch ergaben sich ausgedehnte Defekte der Schädelknochen, an der Sella turcica war nichts von der Norm abweichendes festzustellen.

Fall 6. Hand (17) erwähnt ferner eine Beobachtung Kays, die dieser Autor im Jahre 1905 unter der Bezeichnung „Acquired Hydrocephalus with atrophic bone changes, exophthalmos and polyuria" veröffentlichte. Es handelte sich um einen 7jähr. Knaben, der bis zum 4. Lebensjahr stets gesund, im Anschluß an Scharlach eine rechtsseitige Otitis media durchmachte, 4 Monate nachher Schwindelanfälle, Drüsenschwellung am Halse, später Gingivitis und Zahnausfall, beginnend an den Molaren, gleichzeitig weiche Schwellungen am Kopf, in deren Bereiche der Knochen fehlte. Im Alter von 5 Jahren Auftreten von Polydipsie und sehr starker Polyurie, sowie von Exophthalmus. Kay (23) konnte bei der Untersuchung des unterentwickelten Kindes ausgedehnte Defekte der Schädelknochen — auch im Oberkiefer — feststellen, außerdem war die Atmung auffallend krampfartig.

Eine weitere Mitteilung eines einschlägigen Falles stammt von Grosh und Stifel (15).

Fall 7. 7jähr. schwächliches Mädchen, das seit seinem 2. Lebensjahr in der Entwicklung zurückgeblieben war. Im Alter von 6 Jahren Gingivitis, Ausfallen von Zähnen und linksseitige Mastoiditis. Die Erkrankung des Zahnfleisches machte die Entfernung weiterer Zähne notwendig. 7 Wochen nach der Warzenfortsatzoperation klagte das Kind ziemlich plötzlich über heftiges Durstgefühl und starke Polyurie trat auf. Die Untersuchung ergab einen ausgesprochenen Zwergwuchs und typischen Diabetes insipidus. Das linke Auge trat stärker vor und am Schädel fanden sich ausgedehnte Lücken, die Gegend der Sella turcica jedoch war nicht verändert. Ähnliche Defekte wie in der Calvaria waren im Oberkiefer und im linken Darmbein nachzuweisen. Die übrigen inneren Organe boten nichts Auffälliges, das Genitale war entsprechend entwickelt, es bestand keine Fettsucht. Eine 3 Jahre später vorgenommene radiologische Untersuchung des in der Zwischenzeit kaum gewachsenen Kindes zeigte eine Vergrößerung der Schädeldefekte, Lücken im Orbitaldach, aber keine Veränderungen in der Sellagegend.

Dieser Beobachtung läßt sich ein von Thompson, Keegan und Dunn (38) beobachteter und durch die Leichenöffnung gesicherter Fall an die Seite stellen.

Fall 8. 9jähr. anämischer Knabe in schlechtem Ernährungszustand. Das Kind hatte im Alter von 7½ Jahren Masern durchgemacht, welche dasselbe sehr herunterbrachten. Danach Gingivitis, Ausfallen der Zähne. 6 Monate später trat plötzlich lebhaftes Durstgefühl auf, das jedoch nur wenige Tage bestand. Zu dieser Zeit bemerkte man rechterseits am Kopf eine weiche Schwellung. Im Alter von 8½ Jahren Wiederauftreten der Polydipsie und schwere Polyurie mit einer täglichen Harnmenge von 6—12 Litern. Erbrechen, aber keine Kopfschmerzen. Leichter beiderseitiger Exophthalmus, der links stärker ausgeprägt war. Die Haut in sehr schlechtem Ernährungszustand befindlichen Knaben blaßgelblich, äußere Geschlechtsteile unterentwickelt. An den inneren Organen nichts Auffälliges. Wassermannreaktion negativ. Röntgenologisch fanden sich sowohl entsprechend der weichen Schwellung am Schädel wie auch an anderen Stellen des Craniums „landkartenartige" Defekte, die Sella turcica jedoch war unversehrt. Ausgedehnte ähnliche Zerstörungen des Knochens waren im Oberkiefer und in dem proximalen Anteil des rechten Femurknochen nachzuweisen. Der Körper des 4. Lendenwirbels erschien zusammengedrückt. Auch die anfänglich bei der klinischen Untersuchung scheinbar unveränderte Lunge im radiologischen Bilde diffus verschattet, bot die Zeichen einer „chronic interstitial pulmonitis". Im weiteren Verlauf der Krankheit verstärkte sich der Exophthalmus, Schmerzen im Rücken und in der linken Hüfte traten auf, die Alveolarfortsätze schwanden und die Gingivitis nahm an Schwere zu. Die Defekte in den Schädelknochen vergrößerten sich derart, daß der ganze Schädel weich wurde und röntgenologisch bloß ein zartes Balkenwerk übrig gebliebener Knochenspangen nachweisbar war. Unter zunehmender Anämie (3 800 000 rote Blutkörperchen, 10 200 Leukocyten) trat nach 18 Monaten unter den Erscheinungen schwerster Dyspnoe und Herzinsuffizienz der Tod ein. Die Autopsie ergab an der Innenfläche der Dura mater ein scheckiges, weißgrau und gelbliches Gewebe, ein ebensolches füllte sehr ausgedehnte Defekte in den Schläfebeinen, das Cavum tympani und die Cellulae ethmoidales aus. Am Hypophysenstiel und in der Gegend des Tuber cinereum hatte dieses Gewebe mehr schwieligen Charakter, weniger war dieser in den anderen Knochenherden ausgeprägt. Der weitere innere Befund bot bis auf eine „chronische interstitielle Fibrose" der Lungen, Hypertrophie des Herzens und Stauung der Leber, Milz und Nieren nichts Auffälliges.

Gleichfalls autoptisch belegt, wenn auch in seiner wahren Natur nicht richtig erkannt, ist der Fall von Kyrklund (25).

Fall 9. 12jähr. Mädchen (ein Onkel des Kindes mütterlicherseits geisteskrank), das im 2. Lebensjahr Masern durchmachte, dann Husten, Atemnot, Abmagerung und schlechter Allgemeinzustand, der sich langsam besserte. Im Alter von 4 Jahren beständiges

Durstgefühl, Polyurie, Appetitlosigkeit. Seit dem 7. Lebensjahr starke Zunahme des Körpergewichts, Fettsucht, gleichzeitig begann Exophthalmus. Kopfweh, so stark, daß das Kind kaum gekämmt werden konnte. Schmerzen in den Beinen, dadurch Behinderung beim Gehen. Bei der Untersuchung des zur Zeit der Spitalaufnahme 113 cm großen und 28 kg schweren Kindes fand sich ein äußerst reichlicher Fettansatz an Bauch, Schenkeln und Brüsten, wobei das Fettgewebe auf Druck sehr schmerzhaft war. Die Haut bot bis auf ein intertriginöses Ekzem in den Leisten keine Besonderheiten. Der Knochenbau war ebenmäßig, nur die Stirn schmäler und die Nasenwurzel breiter als in der Norm. Der Exophthalmus war beiderseits beträchtlich, die Schamhaare fehlten. Es bestand eine deutliche Lippencyanose. Am Kopfe tastete man in der Schläfegegend und in der Mittellinie am Scheitel schmerzhafte, 3—4 cm im Durchmesser haltenden, weiche Unebenheiten, die Lücken im Knochen entsprachen. Die Sella turcica und das übrige Skelet (bis auf eine Kyphose) röntgenologisch nicht verändert. Die Zähne hochgradig cariös. Die übrigen Organe o. B. Harnmenge stark vermehrt, zeitweise bis 3000 ccm täglich.

Das Kind war in seiner geistigen Entwicklung stark zurückgeblieben. Pirquet positiv. Wassermannsche Reaktion negativ. Bei der Sektion fanden sich ausgedehnte stark gelb gefärbte weiche oft fast breiige Gewebsmassen in den Lücken der Calvaria, in der Gegend der Hypophyse waren makroskopisch keine Veränderungen zu sehen, wohl aber mikroskopisch „der Hirnstamm hinter der Hypophyse" befallen. Der Hirnanhang selbst war unverändert. Eigentümlich derbe Gewebsmassen fanden sich auch in einer Niere.

Fall 10. Die Beobachtung DENZERS (19) betraf einen 4¹/₂jähr. Knaben, der tonsillektomiert worden war. 2 Monate nach der Operation bemerkte die Mutter weiche Knoten am Kopfe. Das anämische, schlecht entwickelte Kind litt an einer Gingivitis, hatte ausgedehnt cariöse Zähne und Exophthalmus. Ungefähr ein Jahr später traten neue knotenförmige Schwellungen am Schädel und ziemlich plötzlich Polydipsie und Polyurie auf. Die radiologische Untersuchung ergab im Bereiche des Craniums ausgedehnte Lücken, ebensolche fanden sich im Oberkiefer. An den übrigen Skeletteilen fehlten anscheinend Veränderungen.

Zwei sehr genau untersuchte Fälle, von denen der eine ad exitum kam teilte ROWLAND (30) im Jahre 1928 mit.

Fall 11. 5jähr. Knabe. Otitis media mit 11, Diphtherie mit 18 Monaten. Bei dem Kinde hatte die Mutter, angeblich nach einem Sturz im Alter von 3 Jahren eine weiche, schmerzlose Schwellung am Hinterhaupt bemerkt. Mit 3 Jahren und 9 Monaten trat eine ebensolche gleichartige Bildung in der rechten Schläfegegend auf. Eine damals vorgenommene ärztliche Untersuchung stellte überdies einen leichten Exophthalmus mit Strabismus, aber keine Veränderungen am Augenhintergrunde fest. Daneben bestand eine schwere Gingivitis mit Ausfall einiger Zähne und Ohrfluß beiderseits. Wegen zunehmender Atembeschwerden kam das Kind ins Spital. Hier fand man einen untergewichtigen (13,2 kg), schmächtigen, 96 cm großen Knaben, mehrere ausgedehnte Defekte im Knochen des Schädels, in deren Bereiche z. B. im Stirnbein Pulsation zu fühlen war und wo sich beim Husten die Haut vorwölbte. Ausgesprochener Exophthalmus rechts mehr als links, Visus und Augenhintergrund normal. Starker Foetor ex ore, schwerste entzündliche Veränderungen am Zahnfleisch. Nur mehr 3 Zähne waren vorhanden. Objektiv ließ sich sonst im Körper nicht Abnormes nachweisen. Pirquetsche und Wassermannsche Reaktion waren negativ. Es bestand keine Polyurie. Die röntgenologische Untersuchung deckte jedoch neben den bis 4:5 cm großen zackigen Lücken im Cranium auch ausgedehnte Defekte in Ober- und Unterkiefer sowie eine diffuse beiderseitige Verschattung der Lungen auf, welche den bei Pneumonokoniosen zu erhebenden Befunden glich. Die Sella turcica war nicht verändert, doch schien die der Knochen des Dorsum sellae kalkärmer. Unter zunehmender Dyspnoe und Cyanose starb das Kind unter den Zeichen der Herzinsuffizienz nach längerem Leiden. Die Autopsie ergab am Schädel entsprechend den Defekten aus einem gelben kautschukartigen Gewebe bestehende Knoten, die von der Dura ihren Ausgang nahmen und in den Knochen hinein verfolgt werden konnten. Von gleichartigen Gewebsmassen war der Knochen der Sella durchsetzt und beide Orbitae nahezu ausgefüllt. Die Pleura der sich derb anfühlenden Lungen war stark verdickt, ebenso gelb gefärbt wie die Duraknoten. Am Durchschnitt boten die Lungen das Bild eines gleichmäßigen Wabenwerks mit bis erbsengroßen Hohlräumen, dessen Balken aus einem fibrösen Gewebe gebildet wurden. Das Herz war in beiden Hälften hypertrophisch, die übrigen Organe auch Leber und Milz makroskopisch ohne Besonderheiten. Nur rechts im Darmbein und im Körper des 1. Lumbalwirbels fanden sich gleichfalls von gelben Gewebsmassen ausgefüllte Knochendefekte.

Fall 12. ROWLANDS (30) 2. Beobachtung betraf einen 3jähr. Knaben, aus dessen Familienanamnese erwähnenswert ist, daß der Großvater väterlicherseits an Zuckerharnruhr litt. Im Alter von weniger als 2 Jahre trat bei dem bis dahin sich entsprechend entwickelnden Knaben Polydipsie und Schwellungen am Kopfe auf. Außerdem bestand Schläfrigkeit und eine Polyurie von 5—7 Litern täglich, wobei die Heftigkeit des Durstgefühls und die Menge des ausgeschiedenen Harns stark wechselten. Mit 2 Jahren und 6 Monaten kam der Knabe in Spitalbehandlung, wog 12,6 kg und hatte eine Körperlänge von 89 cm. Haut trocken, äußere Geschlechtsteile entsprechend. Das ebenmäßig gebaute, schlecht ernährte, blasse Kind zeigte einen leichten Exophthalmus links, eine geringgradige Schwellung des Zahnfleisches, das leicht blutete, vor allem aber tastete man in der linken Parietalgegend nahe dem Scheitel eine 3:4 cm große Lücke mit scharfen Rändern. Abgesehen von dieser deckte die röntgenologische Untersuchung eine ausgedehnte Zerstörung der Sella, von der nur Dorsum und Processus clinoidei anteriores übrig geblieben waren, sowie weitere Defekte in den Orbitaldächern, im Hinterhauptsbein, in den Ossa temporalia, dem Oberkiefer, im rechten Os ileum und in der 5. Rippe rechts auf, während das übrige Skelet ebenso wenig wie die inneren Organe verändert waren. Die Intelligenz war gut. Pirquet und Wassermannsche Reaktion negativ. Die Untersuchung des Blutes auf Cholesterin (nach MYER-WARDELL) ergab einen Wert von 315 mg-%, die Zahl der Erythrocyten betrug 5 800 000, die der Leukocyten 13 500, darunter 2% Eosinophile. Nach etwa 1 Jahre schienen einzelne Knochendefekte kleiner geworden, auch der Exophthalmus war zurückgegangen und die Harnmenge überschritt wenig mehr als 2,8 Liter. Der Blutcholesteringehalt betrug 111 mg-%.

Eine klinische Beobachtung von HAUSMANN und BROMBERG (18) betrifft ein $3^{1}/_{2}$jähr. Kind.

Fall 13. Der Knabe, das Kind gesunder Eltern, hatte im Alter von $1^{1}/_{2}$ Jahren Masern durchgemacht, und begann 6 Monate später die Zeichen eines Diabetes insipidus zu zeigen. Es entwickelte sich ein beiderseitiger Exophthalmus und das Wachstum des bis dahin gut gedeihenden Kindes verzögerte sich, so daß der Knabe bei der Spitalaufnahme nur eine Größe von 78 cm hatte. Die Untersuchung hier ergab in beiden Schläfebeinen ausgedehnte Lücken, röntgenologisch waren solche auch in den Gesichtsknochen zu sehen. Türkensattel unversehrt. Keine Zahnfleischveränderungen, die Eingeweide ohne Besonderheiten. Angaben über den Cholesteringehalt des Blutes fehlen, der Calciumspiegel war erhöht. Während der Dauer der Beobachtung verstärkte sich der Exophthalmus, wesentliche Behandlungserfolge konnten nicht erzielt werden, nur die Polyurie war durch Hypophysenpräparate beeinflußbar.

Eine gleichfalls rein klinische Beobachtung eines einschlägigen Falles aus neuester Zeit stammt von HÖFER (21).

Fall 14: Es handelte sich um einen 7jähr. Knaben, der das 7. Kind gesunder Eltern war. Bei dem bis zum 4. Lebensjahr normal sich entwickelnden Kinde bildete sich angeblich nach einem Schädeltrauma hinter dem einen Ohr eine Schwellung, die incidiert wurde. Ähnliche Knoten entwickelten sich in der Folgezeit an der Stirne und an anderen Stellen des Kopfes, gleichzeitig trat das linke Auge stärker vor. Auch fiel der Mutter das vermehrte Trinkbedürfnis des Kindes auf. Bei der Spitalaufnahme fand sich sowohl am Schädel wie auch am Stamme ein teilweise knötchenförmiger Hautausschlag, die Venenzeichnung der Cutis war am Rücken deutlich. Harnmenge 2—6 Liter täglich, spezifisches Gewicht zwischen 1000 und 1007. Der übrige innere Befund war zu dieser Zeit ebenso wie die Pirquetsche und Wassermannsche Reaktion negativ. Im Alter von 10 Jahren kam der in der Zwischenzeit nicht behandelte, jedoch ertaubte Knabe neuerlich ins Spital. Das Kind war ausgesprochen unterentwickelt, war nur 107 cm groß und wog 20,5 kg. Die Haut in großer Ausdehnung braungelb bis ockerfarben, sehr deutliche Venenzeichnung. Fettpolster nicht vermehrt. Zahlreiche weich sich anfühlende Vertiefungen am Schädel. Diesen Stellen entsprechend vereinzelt stark gelb gefärbte Infiltrate in der Haut, solche auch an den Augenlidern. Linksseitiger Exophthalmus. Innerer Organbefund o. B., Genitale unterentwickelt. Röntgenologisch ergab sich das Bild des „Landkartenschädels". Die Keilbeinhöhle erschien dicht mit schattengebenden Massen angefüllt, die Sella unverändert. Das weitere Skelet bot nichts Abweichendes. Harnausscheidung bis über 15 Liter täglich, spezifisches Gewicht 1000—1003. Erythrocyten 426 000,

Leukocyten 12200, bei der ersten Spitalaufnahme waren unter diesen $6\,^0/_0$ Eosinophile. Die Bestimmung des Blutcholesterinspiegels ergab einen Wert von 238 mg-$^0/_0$, die der Gesamtfettsäuren 1153 mg-$^0/_0$. Die histologische Untersuchung eines ausgeschnittenen Gewebsstückchens aus der Scheitelbeingegend zeigte das Bild eines xanthomatösen Gewebes.

Den geschilderten Beobachtungen läßt sich noch eine weitere Anzahl solcher anfügen, welche im Schrifttum unter den verschiedensten Bezeichnungen niedergelegt sind, auf Grund der wiedergegebenen Befunde unseres Erachtens jedoch zur Gruppe der generalisierten Xanthomatose vom Typus SCHÜLLER-CHRISTIAN gehören.

Fall 15. So berichtete BERKHEISER über „multiple Myelome" bei einem $3^1/_2$jähr. Mädchen, das mit 9 Monaten Masern überstanden hatte und bei dem sich im Alter von etwa $1^1/_2$ Jahren ein Exophthalmus entwickelte. Schmerzen im rechten Bein und in der Hüfte hinderten das Kind beim Gehen. Die Stimmungslage wechselte, das Mädchen war oft sehr reizbar und litt an Nykturie. Die röntgenologische Untersuchung zeigte zahlreiche Defekte der Schädelknochen, Zerstörungsherde im Becken, im proximalen Ende des rechten Oberschenkelknochens und in der distalen Hälfte des linken Humerus. Histologisch erwies sich ein kleines exidiertes Stückchen als ein Gewebe von xanthomatösem Aussehen.

SCHULTZ, WERMBTER und PUHL (34) beschrieben einen gleichartigen Fall als „eigentümlich granulomartige Erkrankung des hämatopoetischen Apparates usw.".

Fall 16. $2^3/_4$jähr. Mädchen, 2 Geschwister leben, eines starb an tuberkulöser Meningitis. Mit 2 Jahren Schmerzen beiderseits in der Stirne und im Nacken. Nach Incision einer kleinen „Geschwulst" in der rechten Stirngegend floß viel Blut und „Eiter" ab. Etwa seit Anfang des 2. Lebensjahres trat im Bereiche ähnlicher „Schwellungen" am Schädel Pulsation auf, gleichzeitig entwickelte sich eine zunehmende Anämie. Röntgenologisch fanden sich große unregelmäßige Knochenlücken im Schädeldach. Milz vergrößert, ebenso die Leber. Die übrigen Organe o. B. Für Tuberkulose und Syphilis keine Anhaltspunkte, Polyurie oder Exophthalmus werden nicht vermerkt. Terminal bestand eine sehr ausgesprochene Anämie (980000 Erythrocyten) und eine Leukocytose von 18700. Über den Blutcholesteringehalt fehlen Angaben. Der Tod erfolgte unter dem Zeichen der Herzinsuffizienz. Die Leichenöffnung zeigte große, von derben häutigen Membranen überzogene Lücken in der Calvaria, im Keilbeinkörper, im Clivus, im linken Petrosum und in den Orbitaldächern. Das derbe Füllgewebe dieser Defekte war bräunlich pigmentiert. Im übrigen Skelet in den Spongiosaräumen gleichfalls gelblichweiße Einsprengungen, die an Tumormetastasen erinnerten. Lungen ungewöhnlich derb, zeigten am Durchschnitt ein aus weißlichen Gewebszügen bestehendes Netzwerk, in dem kleinste gelbliche Knötchen sichtbar waren. Ebensolche Knötchen von mehr weißlicher Farbe waren im Leberparenchym zu sehen. Die Milz wog 300 g und ähnelte in ihrem Aussehen einer Porphyrmilz. Die vergrößerten mesenterialen Lymphknoten waren erheblich geschwollen, zeigten auf der Schnittfläche eine fleckige Zeichnung, beruhend auf scheinbar nekrotischen Herden gelblicher Farbe, die sich vom übrigen roten Parenchym deutlich abhoben. Über die Hypophyse ist nichts vermerkt.

Die Beobachtung von GRIFFITH (14) weicht klinisch insoferne etwas von dem typischen Krankheitsbilde ab, als zeitweise Ikterus bestand und ausgedehnte Hautxanthome vorlagen.

Fall 17. Es handelte sich um ein 9jähr. Mädchen, das bis zum 2. Lebensjahr gesund und entsprechend sich entwickelnd, mit $2^1/_2$ Jahren Keuchhusten durchmachte und im Alter von 3 Jahren an Anschwellung des Bauches und gelblicher Verfärbung der Haut litt. Seit dieser Zeit Störung des weiteren Wachstums, mit 8 Jahren wieder „Gelbsuchtsanfall" sowie Auftreten von Schwellungen am Kopf und multipler Hautxanthome. Angeblich sollen die Knoten am Kopf nach Traumen entstanden sein. Bei der Untersuchung des schlecht genährten unterentwickelten Kindes fand sich ein ausgesprochener Exophthalmus, Lücken im Schädeldach, stark defekte Zähne und ein typischer Diabetes insipidus. Blutcholesteringehalt 397 mg-$^0/_0$. Die Autopsie ergab gelbe geschwulstartige Massen in der Dura, im Bereiche der Hypophyse, Epiphyse und am Tuber cinereum, Lungen ausgesprochen fibrös, mit schwartigen gelben Einlagerungen in der Pleura. Die Leber bot das Bild einer Cirrhose mit starker Verbreiterung der periportalen Felder. Am Hilus fanden sich xanthomatöse Gewebsmassen, die die Gallenwege komprimierten. Milz gestaut, übrige Eingeweide o. B.

Ebenfalls durch Hautveränderungen auffällig ist der Fall, welcher von HERZENBERG (19) unter dem Titel „Die Skeletform der NIEMANN-PICKschen Erkrankung" in Virchows Arch. **269** veröffentlicht wurde.

Fall 18. 5jähr. Mädchen gesunder jüdischer Eltern. Bei einer älteren Schwester traten im 7. Lebensjahre allgemeine Schwellungen der Lymphknoten, Vergrößerung von Leber und Milz sowie heftige Schmerzen in Brustkorb und Wirbelsäule auf. Eine Diagnose wurde nicht gestellt und das Kind verließ die Klinik. Die Kranke selbst befand sich bereits im Alter von $3^3/_4$ Jahren längere Zeit wegen Polydipsie und Polyurie (bis 9 Liter) sowie schlechter Eßlust im Spitale, hatte vorher Röteln und Keuchhusten durchgemacht. Damals waren die oberflächlich gelegenen Lymphknoten sämtlich gut tastbar gewesen, ebenso die Leber, die Sella turcica war röntgenologisch unverändert gefunden worden. Etwa 12 Monate später — in der Zwischenzeit hatte das Mädchen an einer Angina follicularis, Otitis media, Erbrechen und Hautausschlägen gelitten — bei der neuerlichen Spitalaufnahme ergab die Untersuchung des schlecht genährten Kindes gleichfalls eine allgemeine Vergrößerung der äußeren Lymphknoten und der Leber, eine trockene, blasse, von einem juckenden Hautausschlag übersäte Haut und neben einer etwas weniger starken Polyurie (2,400 ccm) eine sehr erhebliche Anämie. Wassermannsche Reaktion negativ, Mantoux schwach positiv. In der Folgezeit traten Schmerzen in den Beinen, Armen, Schultern und Wirbelsäule auf. Ödeme an Gesicht und Füßen stellten sich ein, es bestand Fieber bis 40,1°. Unter zunehmendem Verfall starb das Kind. Autoptisch fanden sich beim Abziehen der Galea in den Schädelknochen multiple, dunkelrote, weite unregelmäßige Felder, die mit kleineren hellgelben, landkartenartig begrenzten Flächen abwechselten. Rechts im Stirnbein und am Scheitel waren bis pfenniggroße Knochenlücken zu sehen, die von einer citronengelben weichen Masse ausgefüllt wurden. Ähnliche Defekte betrafen die Schädelbasis im Bereiche der vorderen und mittleren Schädelgrube, die Schläfenbeine sowie das Sphenoid. Orbitalhöhlen frei. In den Markräumen der Wirbel und Oberschenkelknochen jedoch ausgedehnte graugelbe Herde. In der harten Hirnhaut sowie um das Infundibulum und den Hirnanhang selbst gleichfalls gelb gefärbte Gewebsmassen. Die gleiche Farbe zeigten tumorartige Gewebspartien im Fettgewebe des vorderen Mittelfellraums, kleinere Knötchen in der Leber und in der Milz sowie in den meisten Lymphknoten und den Tonsillen. Die Lungen zeigten makroskopisch bis auf eine ödematöse Durchtränkung keine Besonderheiten. Die Harn- und Geschlechtswerkzeuge waren unverändert. Histologisch fand sich eine lipoidzellige Hyperplasie sämtlicher betroffener Organe vor allem des Skelets aber auch mancher Organe, die mit freiem Auge unverändert erschienen waren.

In GLOBIGs (13) Fall standen vor allem die Knochenveränderungen im Vordergrund.

Fall 19. Es handelt sich um einen 3jähr. Knaben, der 8 Wochen vor der Spitalaufnahme mit dem Hinterkopf aufschlug, an welcher Stelle sich eine weiche Schwellung ausbildete. Später traten Schmerzen in der rechten Hüfte auf. Röntgenologisch fanden sich bis handtellergroße Lücken am Schädel sowie an der rechten Darmbeinschaufel. Im Bereiche dieser Defekte schwefelgelbe breiige Gewebsmassen, die teilweise operativ entfernt wurden. Im Laufe der Beobachtung verkleinerten sich die Schwellungen, am Schädel war dann Pulsation an diesen Stellen zu fühlen, die Knochenlücken blieben weiter bestehen. Über Polyurie oder Polydipsie ist nichts erwähnt.

SCHOTTES (32) Fall ist dem eben erwähnten ähnlich, infolge der sehr kurzen Beobachtung konnte der Autor jedoch zu keiner sicheren Diagnose kommen, so daß wir diesen Fall nur mit einem gewissen Vorbehalt hier anführen können.

Fall 20. Die Beobachtung betraf ein 9jähr. Mädchen aus gesunder Familie. Im Alter von 2 Jahren „Beulen am Kopf", die nach 3—4 Monaten wieder verschwanden. Später Drüsenschwellung am Halse; mit 5 Jahren ergab die Untersuchung im Spital bis markstückgroße scharfrandige Lücken im Schädel, in deren Bereich Pulsation festzustellen war. Der übrige Befund ebenso wie die Wassermannsche oder Pirquetsche

Reaktion negativ. Polyurie oder Exophthalmus bestanden nicht. Es trat Ohrfluß auf, Schwerhörigkeit stellte sich ein und der Kopf wurde stets nach links geneigt gehalten. Röntgenbilder zeigten ausgedehnte Lücken im Cranium, die Sella war nicht verändert. Große Defekte bestanden ferner in den Beckenknochen, am medialen Rand des rechten Femurkopfes und in der Wirbelsäule. Angaben über den Cholesteringehalt des Blutes fehlen.

Betreffen die bisher aus dem Schrifttum angeführten Fälle die Beobachtung dieses eigenartigen Krankheitsbildes bei Kindern oder bei im Jugendalter stehenden Personen, so handelt es sich ähnlich wie bei dem von uns untersuchten Patienten in der Mitteilung von VEIT (40), wobei die klinische Untersuchung des Kranken von HOCHSTETTER (20) durchgeführt wurde, um einen 38jähr. Mann.

Fall 21. Der Patient ein bisher gesunder kräftiger Bauer, erkrankte 6 Jahre vor dem Tode ziemlich plötzlich unter den Erscheinungen eines Diabetes insipidus. Gleichzeitig bestand Schlaflosigkeit, Kopfschmerzen und Nachlassen des Geschlechtstriebes. 2 Jahre später Polyneuritis, Ekzem der Haut, Ausfallen der Zähne. Die klinische Untersuchung des Mannes ergab eine sehr erhebliche Kachexie, die Haut war trocken, abschilfernd, die Behaarung fast normal. Xanthelasmen an beiden Augenlidern. Herabsetzung des Hörvermögens. Polyurie. Die Blutuntersuchung zeigte eine unbedeutende Anämie, mäßige Leukocytose und geringe Erhöhung des Cholesterinspiegels. Es bestand „Osteoporose" des Schädels, der Tod erfolgte an Herzschwäche. Die Autopsie ergab an den Schädelknochen ausgedehnte Lücken von rundlicher oder länglicher Form und zackiger Begrenzung in Scheitelbeinen und im Stirnbein, ferner reichten solche an der Schädelbasis ins Petrosum und in die rechte Augenhöhlenwandung. Die harte Hirnhaut zeigte an ihrer Außenfläche derbe, milchkaffeefarbige zottige Auflagerungen, Einsprenkelungen von gleichem Aussehen waren in der Hypophyse, im Knochen der Sella turcica zu sehen. Alveolarfortsätze atrophisch, die meisten Zähne fehlten. Der Oberschenkelknochen zeigte im Markraum eine wie „angenagt aussehende Innenfläche", die von einem morschen schneidbaren gelbbraunen Gewebe überzogen wurde, das stellenweise das Lumen ganz ausfüllte. Rechte Herzkammer verdickt. Pleura milchig getrübt, das Parenchym beider Lungen derb, graurot, die Schnittfläche grob septiert, durch Vermehrung des Bronchien und Gefäße begleitenden Bindegewebes, das zarte weißliche Stränge und Knötchen eingelagert enthielt. Auch die periportalen Felder der Leber waren geringgradig verbreitet, im Hilusfettgewebe beider ausgedehnt fetal gelappter Nieren schwefelgelbe Einlagerungen. Histologisch sah VEIT (40) weitgehende fibröse Umwandlung der innersekretorischen Drüsen, im Hilusfettgewebe der Nieren, in und um die Nebennieren und in den Duraverdickungen fand sich ein „lockeres maschiges Granulationsgewebe, in dem sich neben spindeligen auch große wabige Zellen mit blassem peripheren Kern" nachweisen ließen, die sich mit Sudan stark färbten und deren Protoplasmaeinschlüsse Doppelbrechung zeigten.

Wir stimmen mit VEIT (40) in der Beurteilung der Veränderungen in den endokrinen Drüsen als „Sklerose" überein, glauben aber als Vorstadium derselben xanthomatöse Veränderungen annehmen zu können, die dann im Laufe der Zeit einen fibrösen Charakter annahmen. Dafür spricht vor allem das Vorhandensein doppelbrechender Substanzen in einzelnen dieser Herde und die übrigen Organveränderungen, welche in ihrer Anordnung im Körper und ihrer Natur nach ganz den z. B. in unserem eigenen Falle beobachteten entsprechen. Auf Grund ähnlicher Überlegungen glauben wir auch einen von DIETRICH (10) im Jahre 1913 als „Fibroxanthosarkom mit eigenartiger Ausbreitung" bezeichneten Fall hierher zählen zu können.

Fall 22. Es handelt sich um eine 29jähr. Frau, welche im Alter von 19 Jahren, 4 Monate in einer Lungenheilanstalt gewesen war. Mit 25 Jahren Knochenhautentzündung an den Beinen, gleichzeitig soll eine „BASEDOWsche Krankheit" begonnen haben. Schmerzen im Abdomen, in den Füßen und Kopfschmerzen. Große Mattigkeit, Behinderung des Gehens. Die Untersuchung bei der Spitalaufnahme ergab an der kleinen grazil gebauten

Frau ein mäßig reichliches Fettpolster und blasse Haut. Sehr starker Exophthalmus. Eine Struma war nicht nachzuweisen. Über der Lunge stellenweise Dämpfung, der 2. Pulmonalton akzentuiert. Im Abdomen freie Flüssigkeit, die harte Leber reichte 4 fingerbreit über den Rippenrand vor. Eine vorgenommene Pleurapunktion links entleerte 1100 ccm klare Flüssigkeit. Über Polyurie ist nichts vermerkt. Unter den Symptomen der Herzinsuffizienz starb die Kranke. Bei der Autopsie fanden sich in der Wand des Sinus longitudinalis der harten Hirnhaut flache, gelbe Höcker, die Sinus transversi und sigmoidei waren fast ganz von solchen ausgefüllt, ebenso die Sinus cavernosi und der Hirnanhang durch solche aus seiner Lage in der Sella herausgedrängt. Beide Orbitae enthielten birnförmige haselnußgroße, gelbbräunliche den Opticus umhüllende „Geschwulstmassen", durch die der Sehnerv unversehrt hindurchzog. Das Epikard war mit hanfkorngroßen, vielfach zusammengeflossenen weißlichgelben „Geschwulstknoten" wie übersät, mehr weißliche solche fanden sich auch subendokardial in der Ausflußbahn der Aorta. Das Gewebe am Lungenhilus war von gelben Massen durchsetzt. Knötchenförmige bräunliche solche waren auch in großer Menge unter der Serosa der Dünndarmschlingen zu sehen. Längs der Gefäße strahlten an der Leberpforte analoge Stränge in das Parenchym des Organs ein. Milz nicht verändert. Das ganze narbig eingezogene Mesenterium und das retroperitoneale Gewebe hatte eine derbe Beschaffenheit und das Aussehen einer gelbweißen Geschwulstmasse, in welche eingebettet die stark hydronephrotisch veränderten Nieren, Nebennieren und Pankreas gefunden wurden. Dabei war die Form dieser Organe erhalten, nur strahlten in dieselben gelbliche Schwielengewebszüge ein, was insbesonders bei der linken Nebenniere anfänglich zu der Annahme geführt hatte, daß dieses Organ Ausgangspunkt der „Geschwulst" sein könnte. Gleichartige Gewebsmassen umscheideten längs der Wirbelsäule die großen Gefäße und ragten in die Vena cava inferior hinein vor. Die mikroskopischen Präparate von allen Regionen des Körpers stimmten überein und zeigten ein an S.Z. reiches Gewebe mit massenhaft Fettsubstanzen und Cholesterinen. Daneben konnten in der Umgebung solcher Herde Leukocyten und Plasmazellen gefunden werden. Erwähnenswert ist der Umstand, daß bei der Autopsie eine erhalten gebliebene Vena cava superior sinistra sich feststellen ließ.

Eine in Australien gemachte Beobachtung von STOWE (37) war uns in der Urschrift nicht zugänglich. Aus dem Titel der Arbeit ist zu ersehen, daß es sich gleichfalls um Lücken in den Schädelknochen, vergesellschaftet mit Diabetes insipidus handelte[1].

Klinische Krankheitszeichen.

Aus den angeführten Beobachtungen läßt sich ein ziemlich einheitliches Krankheitsbild herausschälen. Ganz überwiegend betrifft das

---

[1] Während der Drucklegung dieser Arbeit erschien unter dem Titel „Über Lipoidgranulomatose" eine Veröffentlichung von CHESTER in Virchows Arch. **279**. Der Verfasser berichtet über 2 einschlägige Fälle. Die erste Beobachtung betrifft eine 44jähr. Frau, die nie an Polyurie gelitten hat und welche unter den Erscheinungen einer zunehmenden Herzinsuffizienz und Atemnot verstarb. 3 Jahre vor dem Tode waren Xanthelasmen an beiden Augenlidern bemerkt worden. Die Leichenöffnung zeigte in der Pleura und in beiden bindegewebig verdichteten Lungen zahlreiche gelbe Herde, ebensolche fanden sich im subepikardialen Fettgewebe, teilweise die Herzwand durchsetzend und in die Lichtung des Herzbeutels vorragend. In der Leber waren nur einzelne gelbe Stippchen zu sehen. Ausgedehnte xanthomatöse Wucherungen jedoch ergaben sich in dem in seiner äußeren Form nicht abweichenden Skelet, so in den Oberschenkelknochen, in Tibia und Fibula, in den Fußwurzelknochen und in Wirbelkörpern. Die zweite Beobachtung betrifft einen 69jähr. Mann, in dessen Vorgeschichte Gallensteinanfälle vermerkt sind und der an Herzschwäche zugrunde ging. Es bestanden Xanthelasmen an beiden Oberlidern. Trotz Fehlen von xanthomatösen Veränderungen an den Eingeweiden fanden sich in den Knochen der Ober- und Unterschenkel schwefelgelbe weiche Herde von beträchtlicher Ausdehnung. CHESTER stellt die bisher bekannten Fälle zusammen — darunter einige, die ich nicht als zur allgemeinen Xanthomatose gehörig anerkennen möchte — und mißt das Verdienst, die Eigenartigkeit der Fälle erkannt zu haben dem Amerikaner HAND bei, der schon 1893 einen derartigen Fall beschrieben habe. Deswegen will er anstatt von „Christians disease" hier von HANDscher Krankheit sprechen.

Leiden Kinder und Jugendliche im Alter von 3—16 Jahren, doch zeigt unser eigener Fall sowie die von DIETRICH (10) und VEIT-HOCH-STETTER (40, 20), daß auch das mittlere Lebensalter (26, 28 und 38 Jahre) betroffen werden kann. Allerdings ist der Beginn der oft über viele Jahre sich erstreckenden Krankheit wohl oftmals erheblich früher anzusetzen, wie z. B. im Falle BERKHEISERs (3), wo die Krankheitserscheinungen schon im Alter von $1^{1}/_{2}$ Jahren mit Exophthalmus einsetzten. 14mal handelte es sich um Individuen männlichen, 9mal um solche weiblichen Geschlechts. Eine besondere Rassendisposition wie z. B. beim Morbus Niemann-Pick, scheint nicht zu bestehen. Allerdings sind die diesbezüglich im Schrifttum niedergelegten Angaben sehr spärlich. Nur HERZENBERG (19) gibt für ihren Fall die jüdische Abstammung an.

Als erste und häufigste Symptome pflegen Schwellungen und Lückenbildungen am Schädel, Exophthalmus und die Zeichen eines Diabetes insipidus aufzutreten. Dieser Symptomkomplex kommt auch in der Titelgebung der ersten Mitteilungen dieses Leidens zum Ausdruck. Die Schädelveränderungen können mit großen Schmerzen am Kopf einhergehen, zumeist fehlen jedoch solche. Ungewöhnliche Weichheit der Schwellungen wird häufig vermerkt und das Ausfließen „eiterähnlicher" Massen nach Incision derselben angegeben. Der Exophthalmus, teils ein-, teils öfter beidseitig, ist vielfach sehr ausgesprochen — CHRISTIAN (6) spricht von „froschartigem" Aussehen der Kinder —, und kann zur irrtümlichen Annahme eines Morbus Basedowii verleiten [Fall DIETRICHs (10)]. Der Augenhintergrund ist selten verändert. Wir sahen Stauungspapille und Atrophie des Sehnerven. Die Zeichen des Diabetes insipidus treten meist ziemlich plötzlich auf, die tägliche Harnabsonderung erreicht Mengen von 10—15 Litern. Es sei jedoch gleich an dieser Stelle darauf hingewiesen, daß die Polyurie zeitweise sehr stark zurückgehen kann und daß es Fälle gibt, bei denen dieses Symptom vollkommen fehlt [SCHÜLLER (33) I, HAND (17) II, SCHULTZ, WERMBTER und PUHL (34), GLOBIG (13), SCHOTTE (32), DIETRICH (10)]. Durch die Schädelveränderungen bzw. Druck auf das Gehirn bedingt, erscheint der Kopfschmerz, das Erbrechen, vielleicht auch die Störung des Schlafes bzw. die Schlafsucht [ROWLAND (30) II], durch das Übergreifen des Zerstörungsprozesses auf das Felsenbein die Schwerhörigkeit [CHRISTIAN (6), HÖFER (21), SCHOTTE (32)], die sich bis zur Ertaubung steigern kann und der häufig vermerkte Ohrfluß. Des weiteren werden auffallend oft Gingivitis und Erkrankungen der Zähne bis zum völligen Ausfall derselben angegeben. In einzelnen Fällen ist das Herz vergrößert, der 2. Pulmonalton akzentuiert, Cyanose und Dyspnoe besteht und die Perkussion der Lungen ergibt gedämpften Schall über allen Lappen mit bronchitischen Rasselgeräuschen. Leber und Milzvergrößerung erwähnen CHRISTIAN (6), BERKHEISER (3), GRIFFITH (14) und HERZENBERG (19), allgemeine Drüsenschwellungen SCHOTTE (32), HERZENBERG (19), KAY (23) sowie SCHULTZ, WERMBTER und PUHL (34). Schmerzen in der Wirbelsäule können Schiefhalten des Kopfes [SCHOTTE (32)], solche in den Kniegelenken (Verf.), in den Hüften und Beinen Gehstörung verursachen [BERK-HEISER (3), THOMPSON, KEEGAN und DUNN (38), KYRKLUND (25). Neuralgische Symptome werden von VEIT (40) vermerkt und bestanden auch in unserem Falle. Von seiten der allgemeinen Decke finden sich entweder keinerlei Krankheitszeichen, die Haut ist trocken, hie und da abschilfernd und blaß bis gelblich, oder es treten stark juckende Ekzeme und knötchenförmige ockerfarbige Eruptionen am Stamm und an den Extremitäten auf. Gelegentlich sieht man an solchen Stellen mit der Lupe ein stark gelbes Gewebe mit feinsten Gewebsreiserchen [HÖFER (21)]. Ausweitung der Venen am Schädel beschreiben CHRISTIAN (6) und Verf., sehr deutliche Blutaderzeichnung in der Rückenhaut HÖFER (21). Xanthelasmen an den Augenlidern finden sich bei unseren Kranken und im Falle VEITS (40), bei sonst nicht veränderter allgemeiner Decke. Das Unterhautfettgewebe ist in einzelnen Fällen vermehrt [SCHOTTE (32)], oft bis zur ausgesprochenen Fettsucht [KYRKLUND (25)], kann bei Druck sehr schmerzhaft sein oder wird bei längerem Bestand des Leidens weitgehend vermindert gefunden.

Bemerkenswert ist die Tatsache, daß in 10 der 23 Fälle mit dem Einsetzen der Krankheitserscheinungen eine erhebliche Wachstumsverzögerung eingetreten ist. Gleichzeitig kann auch die geistige Weiterentwicklung Schaden leiden. So erwähnen SCHÜLLER (33), HAND (17), KAY (23), GROSH und STIFEL (15), HAUSMANN und BROMBERG (18), DIETRICH (10), HÖFER (21) und GRIFFITH (14) hochgradige Unterentwicklung bis zum ausgesprochenen Zwergwuchs. Damit geht häufig eine mangelhafte Ausbildung der Geschlechtswerkzeuge [HÖFER (21), Verf. u. a.]. Fehlen der Libido [VEIT (40), Verf.] und der sekundären Geschlechtsmerkmale bei älteren Individuen, wie z. B. in unserem Falle einher und der verstärkte Fettansatz vereint sich damit zu dem Bilde der Dystrophia adiposo-genitalis [SCHÜLLER (33), KYRKLUND (25)].

Von klinischen Symptomen ist weiters das gelegentliche Auftreten von Fieberanfällen, für die eine Ursache nicht immer nachweisbar ist, zu erwähnen.

Von den Veränderungen des Blutes verdient zunächst das Vorkommen einer Anämie und die geringgradige Leukocytose, zeitweise mit Vermehrung der Eosinophilen, hervorgehoben zu werden. Die Zahl der roten Blutkörperchen kann bis unter eine Million sinken und ausgesprochene Blutungsneigung bestehen [SCHULTZ, WERMBTER und PUHL (34)]. Die chemische Untersuchung des Blutes zeigte in den bisher nur wenigen diesbezüglich geprüften Fällen eine sehr starke Erhöhung des Blutcholesterinspiegels. So ermittelte GRIFFITH (14) 397 mg-$^0/_0$, ROWLAND (30) einen Wert von 325 mg-$^0/_0$, der bei Besserung der klinischen Erscheinungen auf 111 mg-$^0/_0$ zurückging, HÖFER (21) einen solchen von 238 mg-$^0/_0$ (bei einem Gesamtfettsäurewert im Blute von 1153 mg-$^0/_0$) in unserem Falle betrug der Cholesterinwert 192 mg-$^0/_0$ und auch VEIT (40) erwähnt eine allerdings mäßige Erhöhung des Cholesterins im Blute. Es kann darnach die Hypercholesterinämie mit als ein unseres Erachtens sehr wesentliches Zeichen der Xanthomatose bezeichnet werden.

Zur Stellung der klinischen Diagnose wird man ferner des Röntgenbildes nicht entraten können. Dieses deckt am Schädel gewöhnlich früher oder weit mehr Defekte auf, als nach dem Bestehen etwaiger Dellen oder Vorwölbungen anzunehmen ist, und zeigt auch das Vorliegen gleichartiger Aussparungen in den Knochen des Schädelgrundes, des

Ober- und Unterkiefers, der Rippen der Wirbelsäule, des Beckens und der Oberschenkelknochen auf. Selten werden nach den bisherigen Erfahrungen die Knochen der oberen Extremität befallen, so der Humerus im Falle BERKHEISERS (3). Am häufigsten finden sich Defekte im Schädel, welche durch ihre eigenartige, scharfe, unregelmäßige, landkartenartige Begrenzung gekennzeichnet sind. Seltener kommen solche im Becken (Os ileum) und in den proximalen Anteilen der Oberschenkelknochen zum Nachweis. Die radiologische Untersuchung ergibt ferner an den Lungen bemerkenswerte Befunde. Höchst charakteristisch ist eine allgemeine diffuse Verschattung, welche ziemlich gleichmäßig alle Lappen betrifft, oder am Hilus besonders ausgesprochen ist. Sie muß als Ausdruck einer Fibrose des Lungenparenchyms aufgefaßt werden, wie sie bei Staubinhalationskrankheiten ähnlich angetroffen wird. Die Vergrößerung des Herzschattens nach rechts ist wie die Akzentuierung des 2. Pulmonaltones mit eine Folge dieser Veränderung des Lungengewebes und erklärt das Erlahmen der rechten Kammer als so häufige Todesursache.

Pathologisch-anatomische Befunde.

Die Veränderungen an der Leiche sind in erster Linie gekennzeichnet durch das Vorhandensein von Gewebsmassen, denen einerseits die grellgelbe, oder schwefelähnliche Farbe, andererseits eine besondere, eine große Gesetzmäßigkeit zeigende Anordnung eigen ist. Ähnlich wie bei der NIEMANN-PICKSCHEN Krankheit „ein Fall wie ein Ei dem anderen gleicht" [PICK (28)] so gilt dies auch für die generalisierte Xanthomatose. Die Abweichungen von diesem Typus sind nur gering und teils durch das Alter des Individuums, teils durch die längere oder kürzere Dauer des Leidens bedingt.

Durch ihre Schwere stehen die Veränderungen des Skelets, insbesondere die des Schädels im Vordergrunde. Von kleinen, eben sichtbaren „Anfräsungen" der Tabula interna bis zu großen, alle Schichten des Knochens betreffenden Defekten werden alle Übergänge angetroffen. Bei durchfallendem Lichte erscheint demgemäß das Schädeldach eigentümlich gefleckt, die von den Gewebsmassen ausgefüllten Spongiosaräume zeigen eine etwas hellere Farbe als die normales Zellmark enthaltenden Partien. Die Lücken selbst sind im frischen Stadium sehr scharfrandig, unregelmäßig zackig, ähneln einem „von Motten angefressenem Tuch" [CHRISTIAN (6)].

Durch Zusammenfließen mehrerer kann das Schädeldach bis auf schmale unregelmäßige Knochenspangen zerstört sein. Solche Zerstörungsherde finden sich nicht bloß an der Calvaria sondern auch an den Schläfebeinen, im Keilbein, im Ober- und Unterkiefer, in den Rippen und im Brustbein, in der Wirbelsäule und im Becken. Zur Regel gehören gleichsinnige Veränderungen im Femurknochen, selten nur im Humerus. An diesen langen Röhrenknochen ist vorwiegend deren proximaler Anteil ergriffen, doch kann auch der ganze Knochen befallen sein. In erster Linie ist die Knochensubstanz der Spongiosa zerstört, erst allmählich wird auch die Compacta in den Prozeß einbezogen. Das Gewebe, welches die Defekte ausfüllt, zeigt schwefelgelbe Farbe, ist breiig weich und hebt sich, unregelmäßig begrenzt, scharf von dem dunkelroten Zellmark ab. Es kann in gleicher Beschaffenheit weit in die Umgebung hinein sich erstrecken, z. B. in die Psoasmuskulatur.

Abgesehen von dieser Lokalisation im Skelet finden sich die gelben Gewebsmassen vor allem in straffaserigen Bindegewebe, wie in den Gelenksbändern [Verfasser (5)], der Hüfte und des Knies, im Periost der langen Röhrenknochen, des Beckens und der Wirbelsäule, vor allem aber erreichen sie beträchtliche Größe in der harten Hirnhaut. Besonders hier kommt es zu sehr umfangreichen bis taubeneigroßen geschwulstartigen Bildungen, welche sowohl in die Lichtung der Blutleiter [DIETRICH (10)] als auch gegen das Gehirn zu vorwuchern, oder wenn sie vorwiegend vom Tentorium ausgehen, die Kleinhirnoberfläche eindellen können. Durch die entstandenen Knochenlücken hindurchwachsend geben sie das Substrat für die klinisch feststellbaren „Schwellungen" am Kopfe. Ein besonders bevorzugter Sitz derartiger Gewebswucherungen ist die Gegend der Sella turcica und des Infundibulums, wodurch sowohl die Hypophyse aus ihrem Lager herausgehoben als auch der Hypophysenstiel gelegentlich erheblich verdickt sein kann.

Eine weitere eigenartige Lokalisation der xanthomatösen Gewebswucherungen sind die Augenhöhlen. Unter den 23 angeführten Beobachtungen wird 16mal Exophthalmus vermerkt, der als mechanisch durch das fremdartige Gewebe in den Orbitalräumen bedingt angesehen werden muß. Daß dabei der Sehnerv nicht geschädigt zu werden braucht, ergibt sich aus dem Befunde im Falle DIETRICHS (10), der ausdrücklich vermerkt, daß der Sehnerv unversehrt durch das Gewebe hindurchzieht. Daß aber Veränderungen am Opticus vorkommen, scheint uns aus dem Vorhandensein „neuritischer" Zeichen mit Atrophie der Papille bei unseren Patienten hervorzugehen.

Ähnlich wie in dem lockeren Gewebe der Orbita finden sich oft sehr mächtige Gewebseinlagerungen gleicher Art in den Cellulae ethmoidales und im Bindegewebe an anderen Stellen des Körpers, so im Mittelfellraum, im Netz und im Retroperitoneum, hier teils entlang der großen Gefäße, teils um Bauchspeicheldrüse, Nebennieren und die oft ausgesprochen embryonale Lappung zeigenden Nieren. Sie können hier durch Druck Hydronephrose erzeugen, oder auch, wie im Falle DIETRICHS (10) überdies streifenförmig das ganze Nierenparenchym durchsetzen. In ähnlicher Weise kann Einengung von Gefäßen, und zwar in erster Linie von Venen (Vena cava inferior et superior) gefunden werden. Auch im sonst nicht veränderten Fettgewebe fällt bisweilen ein eigentümlich grellgelber Farbenton auf.

An den serösen Häuten werden knotenförmige Einlagerungen gelber Massen am Epikard und der Dünndarmserosa sowie am Zwerchfell von DIETRICH (10), an der Pleura als verhältnismäßig häufiger Befund in Form beetartiger Verdickungen von zahlreichen Untersuchern beschrieben. Letztere Einlagerungen erinnern durch ihre Färbung oft an „Verkäsung" [HAND (17)].

Die Lungen zeigen in manchen, anscheinend rasch verlaufenden Fällen dem freien Auge keine wesentlichen Veränderungen. Um so ausgedehnter bei längerem Bestande des Leidens (s. u.).

Am Herzen kommt es gelegentlich zur Ausbildung größerer xanthomatöser Wucherungen, so im Bereiche der rechten Aurikel und in der Ausflußbahn der Aorta. Die Durchsetzung der Muskelfaserbündel erzeugt Bilder, welche denen einer sog. Lipomatosis cordis destruens gleichen. Atheromatösen Plaques in den Herzklappen (Mitralis) und der Aorta fehlen Besonderheiten.

Die Lymphknoten werden im frühen Stadium des Leidens [z. B. Fälle von HERZENBERG (19), HAND (17)] im ganzen Körper diffus vergrößert gefunden, erscheinen auf dem Durchschnitt gelblichrot bis opakgelb. Nekroseherde von gleicher Farbe beschreiben SCHULTZ, WERMBTER und PUHL (34). Bei längerer Krankheitsdauer verkleinern sich die Lymphknoten, ihr Parenchym ist mehr graurot und zeigt gelegentlich einen Stich ins bräunliche [WIEDMANN-FREEMAN (41)], in vielen Fällen fehlen sowohl makroskopisch wie mikroskopisch Veränderungen an denselben. Das gleiche gilt bezüglich des Aussehens der Milz. Nur HERZENBERG (19) erwähnt in dem vergrößerten Organ zahlreiche gelbgraue unregelmäßig geformte linsengroße Bezirke, sowie im caudalen Pol bis kirschengroße graugelbe Herde, und SCHULTZ, WERMBTER und PUHL (34) sprechen von einer Porphyrmilz, die 300 g schwer war.

Ähnliche zumeist jedoch nur kleine Einlagerungen von gelber Farbe sieht man ganz unregelmäßig verteilt in der Leber, mehr weißliche Knötchen werden gleichfalls beschrieben. Die gleiche Beobachtung haben auch WIEDMANN und FREEMAN (41) in dem von ihnen untersuchten Falle GRIFFITHS (14) gemacht. Insoferne hat aber ein von dem typischen Bilde abweichendes Verhalten vorgelegen, als die grobgehöckerte, vergrößerte Leber auf der Schnittfläche einen der Cirrhose gleichenden Umbau aufgewiesen hat. Vom Hilus her einstrahlende Schwielenzüge haben diesen Eindruck verstärkt.

Bei längerer Dauer des Leidens sind die bei der Leichenöffnung zu findenden Veränderungen insoferne etwas abweichend, als die zahlreichen xanthomatösen Gewebswucherungen mehr weniger ihre so überaus auffällige grellgelbe Farbe und weiche Konsistenz verlieren und durch abgelagertes Pigment mehr bräunlich getönt erscheinen und überdies eine allmählich fortschreitende schwielige Umwandlung erfahren. So werden die Knochenlücken am Schädel und dem übrigen Skelet nur mehr von einem derben fibrösen Gewebe überbrückt oder teilweise ausgefüllt. Die Ränder derselben erscheinen abgerundet und verdünnt, dabei aber hart und sklerosiert. Daneben kann stellenweise außer durch dieses Schwielengewebe der Spongiosaraum durch kleinere und größere neugebildete eburnisierte Knochenmassen ausgefüllt werden, wie dies z. B. im Femurknochen unseres Falles zu beobachten ist.

Die xanthomatösen Herde an anderen Stellen des Körpers schrumpfen gleichfalls, bedingen z. B. im Nierenhilus Verengerung der Harnleiterlichtung und führen an Nebennieren, Pankreas, Hypo- und Epiphyse und anderen endokrinen Drüsen zur Sklerose.

Besondere Erwähnung verdienen die Veränderungen in älteren Fällen an den Lungen, wie sie in den Beobachtungen von THOMPSON, KEEGAN, DUNN (38), ROWLAND (30) I, SCHULTZ, WERMBTER und PUHL (34), GRIFFITH (14), DIETRICH (10) und in unserer eigenen Beobachtung angetroffen worden sind, somit in einem Hundertsatz von 30. Übereinstimmend wird angegeben, was wir bestätigen können, daß die erhöhte Konsistenz mit einem gleichfalls erhöhtem Luftgehalt und Abrundung der freien Ränder einhergeht. Die verdickte Pleura ist milchigweiß, zeigt zumeist noch gelbliche Sprenkelung, vor allem aber bietet die Schnittfläche der Lungen ein ungewöhnliches Aussehen: das graue Parenchym gleicht durch die zahlreichen bis erbsengroßen Hohlräume einem Schwamm, dessen Balken aus einem fibrösen Gewebe gebildet werden, in dem Schultz, Wermbter und Puhl (34) Einlagerungen von gelblichen krümmeligen Massen erwähnen. Dietrich (10) vermerkt vorwiegend hilusnahe und um die Gefäße und Bronchien gelbe „Geschwulstmassen", dabei die bronchialen Lymphknoten anthrakotisch und klein. Liegen derartige Lungenveränderungen vor, so entspricht dieser Behinderung des Pulmonalkreislaufs eine beträchtliche Hypertrophie des rechten Ventrikels und Stauungszeichen an Leber, Milz und Nieren.

Pathologisch-histologische Befunde.

Die mikroskopische Untersuchung der Fälle von generalisierter Xanthomatose ergibt insoferne ein ziemlich gleichförmiges Bild, als die makroskopisch durch ihre gelbe Farbe bemerkenswerten Gewebsmassen histologisch durch das Vorhandensein von Schaumzellen (S.Z.) gekennzeichnet werden, welche dem Gewebe ein eigenartiges Gepräge geben. Die Menge derselben kann beträchtlichen Schwankungen in den einzelnen Herden unterworfen sein, was vom Grade der Veränderungen und vornehmlich vom Alter derselben abhängig ist, immer aber sind sie es, welche dem histologischen Bilde die Besonderheit verleihen.

Die einzelne vollentwickelte S.Z. stellt sich als zumeist rundes, aber auch polyedrisches, im Mittel etwa 30 μ großes Gebilde dar. Im Hämatoxylin-Eosinschnitt erscheint der Zelleib aus einem feinen Gerüst zahlreicher Protoplasmabrücken aufgebaut, welche Lücken umschließen, die in ihrer Gesamtheit das wabige Aussehen bedingen. Die Plasmasubstanz färbt sich mit Eosin lebhaft rot, erscheint in Mallory-Präparaten rosa oder leicht violett, nach van Gieson wird sie gelb gefärbt und bleibt bei Silberimprägnation der Schnitte nach der Methode von Bielschofsky-Maresch farblos, oder stellt sich bei stärkerer Vergoldung rötlichviolett dar. An den Protoplasmabrücken kann man vielfach starke Einkerbungen wahrnehmen. Sind die Vakuolen sehr klein aber dicht nebeneinander stehend, so erscheinen die Reste der Zellsubstanz als staubförmige Granula von ungefähr gleicher Größe. Die Kerne der S.Z. sind klein, rund, bläschenförmig, haben kleine Nukleolen, färben sich lebhaft mit Hämatoxylin und liegen überwiegend in der Mitte der Zelle. Periphere Anordnung derselben geht gewöhnlich mit Veränderung der Kernform einher. In solchen Fällen wird der Kern abgeplattet, verlängert oder sichelförmig gefunden. Als Regel kann es gelten, daß, wenn die Lücken im Protoplasma größer sind, ähnlich wie an den Zellsubstanzbrücken, auch am Kern durch Einkerbungen unregelmäßige Konturen entstehen. Zumeist ist dann der Aufbau des Chromatingerüstes verwaschen, die Balken desselben gequollen: Zeichen einer beginnenden Degeneration.

Neben diesen einkernigen S.Z. finden sich fast regelmäßig vielkernige bis 150 μ große Riesenzellen mit 20 und mehr Nuclei, die oft in kleinen Gruppen zumeist in der Mitte gelegen, selten auch mehr randständige Anordnung, ähnlich wie die Langhanszellen, zeigen. Das Protoplasma dieser Riesenzellen hat die gleiche schaumige Beschaffenheit wie das der einkernigen Elemente. Was die Entstehung der Riesenzellen anlangt, so spricht Rowland (30) von einem Zusammenfließen und betont, daß er nie Mitosen in den S.Z. gesehen habe. Ähnliches vermerkt Herzenberg (19).

Die in den Vakuolen gelegenen Massen sind ganz allgemein Fettsubstanzen. Dabei zeigen dieselben sowohl in der Form als auch in ihrem Verhalten gegenüber den gebräuchlichen Fettfarbstoffen Unterschiede. Einerseits begegnet man gröberen und kleineren Tropfen, andererseits zeigen in formolfixiertem Material die Zelleinschlüsse körnige und krystallinische Gestalt. Letztere erscheinen als feine, oft büschelförmig zusammengefaßte Nadeln oder als größere Schollen und Tafeln, und dürften größtenteils wohl erst nach dem Tode entstanden sein. Unterschiede unter den Fettsubstanzen decken auch die verschiedenen Fettfärbungen auf. Sudan III stellt die S.Z. in einem teils orangeroten, teils braunroten Farbton dar, wobei die tropfigen Einschlüsse erstere Tönung annehmen. Gegen Scharlach R verhalten sie sich ähnlich. Nilblausulfat ergibt ein dunkelblaues oder blauviolettes Kolorit, die krystallinischen Substanzen nehmen dasselbe nicht an. Auch mit Osmium bleiben dieselben ungeschwärzt, nicht aber die tropfigen Einschlüsse. Über das Verhalten der S.Z. der Smith-Dietrichschen Methode gegenüber, variieren die im Schrifttum enthaltenen Angaben. Während Herzenberg (19) in fast allen in Betracht kommenden Zellen schwarze Körnchen gesehen hat, war diese Reaktion z. B. in unserem Falle, ebenso wie dies Schultz, Wermbter und Puhl (34) angeben, so gut wie negativ, im Falle Dietrichs (10) färbten sich alle tropfigen Bildungen schwärzlich, die krystallinischen Massen teils grau mit schwärzlichem Rand, teils hatten sie nur einen feinen grauen Schimmer angenommen. Herzenberg (19) bezeichnet letztere als farblos. Diese Krystalle sind es, welche im polarisierten Lichte sehr stark aufleuchten und welche auch noch durch andere histochemische Reaktionen als Cholesterine bestimmt werden können. Weniger stark doppelbrechend sind, anscheinend infolge einer nur geringen Beimengung von Cholesterin-Fettsäureestern die tropfigen Einschlüsse, die in der beträchtlichen Mehrzahl oft überhaupt nicht aufleuchten, wie sie sich ja auch durch ihr färberisches Verhalten als Neutralfette zu erkennen geben.

Die S.Z. bilden in den Gewebsmassen vielfach sehr große, ausschließlich aus Xanthomzellen bestehende Herde. Sie liegen in solchen dann unmittelbar nebeneinander, erscheinen abgeplattet oder polyedrisch und halten zwischen sich nur ein feinstes Gerüst von Gitterfasern, während kollagene Fibrillen weder nach der van Giesonschen Methode noch nach Mallory nachzuweisen sind. Blutgefäße, zumeist dünnwandige, fehlen anfänglich, später sind sie zahlreich vertreten.

Die Herkunft der S.Z. läßt sich an diesen größeren Herden begreiflicherweise nicht mehr feststellen. Während Dietrich (10) kurz von Fibroplasten spricht, neigen Rowland (30) sowie Schultz, Wermbter und PUHL (34) zur Anschauung, daß die Zellen des Reticulums bzw. des reticuloendothelialen Apparates die Fetttropfen enthalten. Auch HÖFER (21) spricht auf Grund von Explantationsversuchen mit xanthomatösem Gewebe, die er gemeinsam mit BIEDERMANN (4) ausführte, die Annahme aus, daß es sich um Reticulumzellen handle. HERZENBERG (19) betont die Beteiligung der Gefäßwandzellen z. B. in den Hautveränderungen und vermerkt Einlagerung von Lipoidschollen und Krystallen in Endothelien von Blutgefäßen des Zentralnervensystems, sowie in Lymphgefäßuferzellen. Wir konnten in unserem Falle das Hervorgehen von S.Z. aus Reticulumzellen des Knochenmarkes und das Vorkommen solcher um Gefäße, sowie das Vorhandensein von Cholesterinsplittern in sonst unveränderten KUPFFERschen Sternzellen der Leber nachweisen.

Neben diesen charakteristischen S.Z., die, wie schon erwähnt, oft allein größere Herde bilden, sind im weiteren Verlaufe des Leidens und bei größerer Ausdehnung der Veränderungen auch andere zellige Elemente zu sehen. Einerseits solche des vorgebildeten Gewebes, in welchen die S.Z. zur Ausbildung gelangten, andererseits Leukocyten, Lymphkörperchen und Plasmazellen. Häufig zeigen dabei die gelapptkernigen weißen Blutkörperchen eine eosinophile Körnelung. So ähneln die Bildungen immer mehr einem Granulationsgewebe, um so eher, als neben den S.Z.-Herden weite Strecken sich als ein an sternförmigen und spindeligen Bindegewebszellen reiches, später auch viel leimgebende Fasern und Gitterfasern enthaltendes Gewebe darstellen. Auch die S.Z. erleiden dabei Veränderungen. Einerseits nehmen sie unregelmäßige Formen an, erscheinen wie gebläht mit pyknotischen Kernen und scheinbar durch Zerfall der Zellen werden die von ihnen früher eingeschlossenen Fettsubstanzen frei, kleine Nekroseherde bilden sich aus. Es sind dann die Gewebsspalten mit sudanophilen Körnchen und Splittern erfüllt. Andererseits gewinnt man den Eindruck, daß auch ein Abtransport von Fettsubstanzen aus erhaltenbleibenden Zellen statthat. Sieht man doch — zumeist sind es sehr große und vielkernige — SZ. die nur zum Teil ein fein vakuolisiertes Protoplasma besitzen, während der restliche Zelleib gleichmäßig homogen erscheint und einen überaus starken Eosinton annimmt. So fällt oft in makroskopisch sehr derben, mehr weißlichen Gewebspartien die große Menge unregelmäßig gestalteter länglicher oder runder Zellen auf, die durch ein lebhaft rot gefärbtes Protoplasma gekennzeichnet sind und der Fettsubstanz vollkommen entbehren. Je mehr für das freie Auge der schwielige Charakter in Erscheinung tritt, desto mehr ähnelt das histologische Bild dem eines fibrösen Gewebes mit Nekroseherden, Ablagerung von Kalkkrümeln und oft ausgedehnter hyaliner Umwandlung. Diese rückläufigen Umwandlungen erklären das Kleinerwerden der „Schwellungen am Schädel" die schließlich weitgehend sich zurückbilden, so daß im Knochen „Lücken" zurückbleiben, die insbesonders bei der klinischen Beobachtung in den Vordergrund gestellt worden sind. Daß in derartig veränderten Gewebspartien typische größere S.Z.-Herde vermißt werden, ist nach dem Gesagten verständlich. Die Fettsubstanzen schwinden gänzlich, oder können noch in Form großer durch Cholesterinkrystalle bedingter Lücken in nekrotischen Anteilen zu sehen sein. Vielfach wird von den

Untersuchern das Vorhandensein von Fremdkörperriesenzellen vermerkt, die an Cholesterinmassen angelagert sind. Die Menge der in solchen fibrösen Gewebspartien anzutreffenden kollagenen Fibrillen und auch der Gitterfasern ist eine große, auch elastische Fasern sind in einigen Fällen in großer Anzahl gesehen worden. Eine wellige Anordnung sich durchflechtender Bündel spindeliger, Fettstoffe enthaltender Zellen, ähnlich wie dies beim Morbus GAUCHER vermerkt wird, sei gleichfalls erwähnt.

Während die an den frischeren Veränderungen makroskopisch so auffällige gelbe Farbe auf dem ganz außerordentlichen Gehalt des Gewebes an Fettstoffen zurückgeht, findet sich für die bei weitgehend rückläufig umgewandelten Herden vermerkte bräunliche Tönung des Gewebes ein histologisches Substrat in dem Vorhandensein von Pigmentstoffen. Solche werden von HERZENBERG (19) in Form ,,schmutzig brauner Eisenkörnchen'' in den Knochenmarksherden erwähnt, auch DIETRICH (10) hat solche in xanthomatösen Wucherungen im Herzen und in den Orbitalhöhlen gesehen, ohne daß er sich über die Art des Farbstoffes aussprechen konnte, ebenso auch ROWLAND (30). SCHULTZ, WERMBTER und PUHL (34) vermerken in ihrem Falle in der Milz und im Knochenmark ,,große Zellen'', welche hämosiderotisches Pigment und Erythrocyten enthalten und auch VEIT (40) führt die braune Farbe des die Schädeldefekte ausfüllenden fibrösen Gewebes an. Die Pigmentsubstanzen sind teilweise auch eisenfrei, färben sich oft schwach mit Sudan III an und gleichen so dem Lipofuscin. Die Herkunft wenigstens eines Teiles des Pigmentes ist durch den Nachweis frischer Blutungen in den xanthomatösen Herden geklärt, das eisenfreie könnte man vielleicht dem in atrophierenden Fettgewebe auftretenden an die Seite stellen.

Die makroskopisch an der Leiche sichtbaren Veränderungen erfahren insoferne durch die histologische Untersuchung noch eine wesentliche Ergänzung, als diese noch in einer ganzen Anzahl von Organen neben Schädigungen am Parenchym derselben das Vorhandensein xanthomatöser Herde. bzw. von S.Z. aufdeckt. Diese letzteren Zellansammlungen sind alle mehr oder weniger den geschilderten gleichartig.

Im Zentralnervensystem finden sich im Tuber cinereum und im Infundibulum verhältnismäßig häufig breite Granulationsgewebssträinge längs der Gefäße [Verfasser, WIEDMANN-FREEMANN (41), THOMPSON, KEEGAN, DUNN (38), VEIT (40), HERZENBERG (19)]. Spärliche perivasculäre Lymphzellenanhäufungen können sich auch noch in das Chiasma opticum hinein erstrecken [THOMPSON, KEEGAN und DUNN (38)]. Die übrige Hirnsubstanz ist zumeist unverändert, HERZENBERG (19) jedoch vermerkt ,,großartige Einlagerungen von Lipoidschollen und Krystallen in blasig aufgetriebenen Gefäßendothelien'' im Gehirn und Rückenmark. Im Leib von Ganglienzellen verzeichnet sie vereinzelt kleine manchmal randständige Tropfen. ,,Xanthic changes'' an Gliazellen im Tuber cinereum bilden WIEDMANN und FREEMAN (41) ab. Die peripheren Nerven scheinen bloß sekundär von den Veränderungen ergriffen zu sein. Im Schrifttum lassen sich Angaben darüber nicht auffinden, wenn auch während des Lebens Zeichen von Polyneuritis erwähnt werden.

Am Knochengerüst ist der Prozeß gekennzeichnet durch eine lacunäre Resorption, die mit Erweiterung der HAVERschen Kanälchen beginnt und zu ausgedehnter Zerstörung von Knochensubstanz führt. Unter Neubildung von Knochen kommt es zu einem vollkommenen Umbau der Knochenarchitektur. Vorwiegend an den langen Röhrenknochen, wie Femur und auch den Rippen, kann der Wiederersatz zu einer übermäßigen Ausbildung von Knochensubstanz führen, die dann Teile der ursprünglichen Markhöhle ausfüllt. Der große Kalkgehalt der sklerosierten Bezirke, welcher auch röntgenologisch schon während des Lebens nachgewiesen werden kann, verdient hervorgehoben zu werden. Das Knochenmark ist in frühzeitig verstorbenen Fällen diffus von S.Z. durchsetzt, in späteren Stadien grenzen sich die xanthomatösen Herde mehr ab. Es ist dieses Verhalten nicht nur für das Knochenmark giltig, sondern besteht für alle Organe zu Recht. Ganz allgemein kann man sagen, daß in „akuten Fällen" des Leidens mehr diffuse Veränderungen gefunden werden, während längere Zeit am Leben bleibende Kranke mehr umschriebene, herdförmige Granulationsgewebsbildungen aufweisen, deren geschwulstmäßiges Aussehen mehr weniger ausgesprochen ist. Nach ROWLAND (30) sind in diesen größeren Herden auch Nekrosen häufig. Auch die fibröse Umwandlung des Knochenmarks ist in älteren Fällen mehr circumscript und geht mit dem Umbau und der Sklerosierung des Knochens Hand in Hand. Die große Ausdehnung der Fasermarkbezirke in ihrer Gesamtheit erklärt die in vielen Fällen ausgesprochene Anämie.

Am Herzen werden abgesehen von den makroskopisch sichtbaren xanthomatösen Herden kleine S.Z.-Ansammlungen im Interstitium von SCHULTZ, WERMBTER und PUHL (34) sowie von HERZENBERG (19) beschrieben, letztere erwähnt überdies in den Herzmuskelfasern nach SMITH-DIETRICH färbbare Tröpfchen. Von Lipoidose spricht auch ROWLAND (30), von Tigerung SCHULTZ, WERMBTER und PUHL (34), kleine Schwielen an der Spitze der Papillarmuskeln nennen WIEDMANN, FREEMAN (41) und VEIT (40). In den Gefäßen werden an S.Z. und Cholesterinlücken reiche atheromatöse Plaques beobachtet. HERZENBERG (19) fand S.Z. auch in Blutgerinnseln aus dem Herzen.

Die quergestreifte Muskulatur des Skelets erfährt als solche keine Veränderungen, wohl aber werden (z. B. in unserem Falle) doppelbrechende Substanzen in reichlicher Menge in dem Perimysium der einzelnen Muskelfasern gefunden. Doppelbrechende Substanzen in der glatten Muskulatur von in xanthomatösen Wucherungen gelegenen venösen Gefäßen und in der des Ductus deferens eines kryptorchen Hodens [haben wir in unserem Falle gesehen. Die Mediamuskulatur entsprechender Arterien nimmt dabei an diesem Prozeß auffälligerweise nicht teil.

Die Veränderungen an den Lungen können sich entweder auf das Vorhandensein „einer beträchtlichen Menge großer wabigen Zellen in den Alveolen" beschränken [HERZENBERG (19)] oder aber das Bild einer „Chronic bronchopneumonia, interstitial fibrosis" [ROWLAND (30), THOMPSON, KEEGAN, DUNN (38) u. a.] bzw. diffuser schwieliger „Induration" [VEIT (40), eigene Beobachtung] bieten. Zwischen diesen beiden Extremen gibt es alle Übergänge, welche die Entstehung dieses eigenartigen Vorganges vermitteln. Finden sich doch in einigen Fällen diffuse xanthomatöse Herde mit herdförmigen Ansammlungen von Lymphocyten [ROWLAND (30), WIEDMANN-FREEMAN (41)] vermerkt mit oft gegen das Lumen von Luftröhrenästen vorspringenden S.Z.-Knoten. Im späteren Stadium werden diese Gewebszüge faserreich, gleichen einem Granulationsgewebe, wobei aber „große Zellen" mit stark eosinophilem Protoplasma neben gleichsinnig gefärbten vielkernigen solchen Elementen auch in den Alveolenlichtungen angetroffen werden. Die angegebenen Merkmale unterscheiden sie „deutlich von den Alveolarepithelien" [SCHULTZ, WERMBTER und PUHL (34)]. Verschluß von Lungengefäßen durch S.Z. und Schädigung der Gefäßwand wird von diesen Autoren gleichfalls beschrieben. Sie denken in erster Linie an embolische Verschleppung solcher Zellen aus anderen Organen. Sicherlich ist aber die ausgedehnte Zerstörung des Lungengewebes, die besonders in Elasticaschnitten geradezu imposante Grade erkennen läßt, mit eine Folge der örtlichen Ausbildung großer Mengen von S.Z. im Interstitium. Dies führt zur Zerreißung der Alveolarwände und endet mit einer fibrösen Umwandlung [VEIT (40) eigener Fall] des Lungenparenchyms, das sich als ein chronisch entzündlich infiltriertes, von herdfömigen Lymphocytenansammlungen durchsetztes, schwieliges aber oft noch ziemlich gefäßreiches Gerüst darstellt. Ebensolche narbige Stränge vermerkt VEIT (40) in der Wandung der Bronchien und der Trachea. Da die Veränderungen im späteren Stadium, wie schon früher erwähnt, die Neigung zu einer mehr herdförmigen Anordnung zeigen, finden sich neben in ihrem Aufbau völlig gestörten Parenchymbezirken noch mehr oder minder regelmäßig gefügte Areale mit entsprechend kleinen Alveolen. Die Umwandlungen am Epithel der Lungenbläschen sind die gleichen wie bei anderen indurativen Prozessen. Die stellenweise außerordentlich unregelmäßigen Lichtungen werden von kubischen Zellen ausgekleidet und das Epithel der weiten Bronchiolen erscheint hochzylindrisch.

Ebenso wie in den Lungen scheinen die der Besonderheiten entbehrenden oft sehr mächtigen xanthomatösen Wucherungen der Pleura bis auf die Hinterlassung eines schwieligen Gewebes rückbildungsfähig zu sein.

Der Magendarmschlauch erweist sich histologisch in fast allen Fällen als nicht verändert. Nur SCHULTZ, WERMBTER und PUHL (34) vermerken Wucherung „großer Zellen" in den PEYERschen Plaques, HERZENBERG (19) einzelne S.Z. in der Submucosa, sowie bei SMITH-DIETRICH Färbung schwarz erscheinende Tröpfchen in den Epithelien der Magenschleimhaut.

In der Leber werden mikroskopisch sehr wechselnde Bilder beschrieben In den Parenchymzellen verzeichnet HERZENBERG (19) in der Läppchenperipherie nur feinste, bei SMITH-DIETRICH Färbung schwarz erscheinende Granula, im Acinuszentrum wandeln sich die Leberzellen in S.Z. um, „die nur mit Mühe von NIEMANN-PICK Zellen zu unterscheiden sind". Grobtropfige Fettsubstanzen in den Leberzellen ohne Angabe über deren Natur und kleine Nekroseherde erwähnen SCHULTZ, WERMBTER und PUHL (34), leichte „lipoidosis" ROWLAND (30). Wir haben in kleinen unregelmäßig über die Acini verteilten Leberzellherden neben Neutralfetten reichlich Cholesterinkrystalle nachweisen können. Enorme Wucherung der KUPFFERschen Sternzellen mit Riesenzellbildung wird von SCHULTZ, WERMBTER und PUHL (34) erwähnt, ohne daß diese Elemente

Fettsubstanzen enthalten, obwohl Einschluß von Erythrocyten und weißen Blutkörperchen sowie von allerdings wenig Eisenpigment auf lebhafte Phagocytose dieser Uferzellen hindeuten. Reichlich doppelbrechende Substanzen in denselben, wodurch sie zu großen tropfigen Elementen umgewandelt erscheinen, vermerkt dagegen HERZENBERG (19). Im gleichen Sinne spricht sich ROWLAND (30) aus. Cholesterin in Form feiner Splitter findet sich auch in unserem Fall. In den periportalen Feldern wird Wucherung „großer Zellen" von SCHULTZ, WERMBTER und PUHL (34) nebst Verbreiterung desselben vermerkt. S.Z. erwähnt hier HERZENBERG (19), rundzellige Infiltration und Verbreiterung der KERNANschen Räume auch VEIT (40) und DIETRICH (10). Besonders ausgedehnt ist diese Bindegewebsvermehrung im Falle WIEDMANN-FREEMAN (41) gewesen, wo die fibrösen xanthomatösen Stränge die Gallengänge vor allem am Hilus der Leber umscheiden und das Organparenchym wie bei einer biliären Cirrhose verändert gewesen ist.

Die histologische Untersuchung der Nieren zeigt nur in ROWLANDS (30) erstem Fall eine geringe „lipoidosis" der Epithelien. Außerdem findet er, wie auch wir in unserem Fall, Kalkablagerungen. DIETRICH (10) vermutet, daß durch die bei seinem Kranken sehr ausgedehnte xanthomatöse Durchsetzung der Nieren sowohl Glomeruli wie Kanälchen „offenbar erdrückt und durchwuchert" sind, betont jedoch ausdrücklich, daß man an den erhaltenen irgendwelche regressive Veränderungen nicht bemerkt.

Angaben über mikroskopische Untersuchungen an den Geschlechtsdrüsen finden sich im Schrifttum sehr spärlich. In den sonst unveränderten Ovarien vermerkt HERZENBERG (19) geringe Stromaverfettung bei negativer SMITH-DIETRICH Reaktion an diesen Ablagerungen. DIETRICH (10) beschreibt die Eierstöcke als dattelgroß mit höckeriger Oberfläche. Über mikroskopische Befunde liegen keine Angaben vor. An den Hoden verzeichnet VEIT (40) Wucherung des interstitiellen Gewebes, das teils locker, weitmaschig und zellarm, teils dicht gefügt und zellreich ist, dabei finden sich hier stellenweise „große protoplasmareiche Zellen". Die Samenkanälchen zeigen hyaline Wandung, ihr Epithel ist geschwunden. Die Veränderungen sind dem Wesen nach die gleichen wie wir sie in den kryptorchen Hoden unseres Falles beobachtet haben, in dem an normaler Stelle befindlichen rechten Hoden des Patienten sind Zeichen einer Atrophie jedoch nur angedeutet gewesen.

In der Milz, den Lymphknoten und den lymphoreticulären Geweben des Verdauungsschlauches wechseln die Befunde stark, anscheinend je nach Dauer des Leidens. Junge Stadien dürften in den Fällen HERZENBERG (19) und SCHULTZ, WERMBTER und PUHL (34) vorliegen. Hier finden sich um die MALPIGHISchen Körperchen „Bänder" von S.Z., ebensolche in Form von Nestern und Strängen überall in der Pulpa. In gleicher Weise werden die Lymphknoten von Haufen großer heller Zellen durchsetzt, ohne daß durch diese Wucherungen die Kapsel durchbrochen würde. Unter Zunahme dieser Zellen kommt es zum Schwund lymphatischen Gewebes in Milz sowohl wie in den Lymphknoten. Atrophie der Keimzentren in den Lymphknoten [ROWLAND (30)], Nekrose in den Herden und Strängen tritt auf. Überdies wird in den Reticulumzellen und in den äußeren Wandschichten der Arteriolen der

MALPIGHIschen Körperchen Ablagerung von Eisenpigment beschrieben.
Auch Kalkablagerung in den Trabekeln ist gesehen worden. Dies kann
in älteren Fällen ohne oder zusammen mit einer leichten Fibrose die
einzige feststellbare Veränderung sein [WIEDMANN-FREEMAN (41), Ver-
fasser] Die Lymphknoten bieten zu dieser Zeit gelegentlich das Bild
der Hämolymphdrüsen.

Innersekretorische Drüsen. Thyreoidea: Gröbere Veränderungen fehlen in der Mehrzahl der Fälle. Wucherung des Stromas mit
„Lipoidosis" vermerkt ROWLAND (30), dabei bezeichnet er das Parenchym
als unterentwickelt. Hyaline Umwandlung des interstitiellen, an elastischen
Fasern reichen Gewebes erwähnt VEIT (40). Bei unversehrtem Epithel
kann auch in solchen Fällen das Kolloid körnig-tropfig sein, „kleine
glänzende Tropfen" enthalten [VEIT (40)]. In unserem Falle besteht
leichte Basophilie desselben. Epithelkörperchen, soweit untersucht
ohne Veränderungen, nur im Falle VEITS (40) setzen sie sich ausschließlich aus soliden, aus Hauptzellen bestehenden Strängen zusammen.
Kolloid fehlt. Vom Thymus finden sich meist nur unbedeutende Reste
im Fettgewebe mit kleinen S.Z.-Herden, das Bindegewebe längs der
Gefäße kann vermehrt sein, in unserem Falle ist mikroskopisch mehr
Parenchym mit HASSALschen Körperchen nachzuweisen gewesen. Veränderungen im Pankreas sind selten. Der exkretorische Anteil der
Bauchspeicheldrüse ist zumeist nicht verändert. An den LANGERHANS-
schen Inseln lassen sich gelegentlich Vergrößerung und Aufquellung
der Kerne feststellen. „Große Zellen" im Interstitium neben sehr reichlich eosinophilen Leukocyten beschreiben SCHULTZ, WERMBTER und
PUHL (34). Unter Bindegewebsneubildung kann es zu Parenchym-
untergang kommen. Rundzellenanhäufungen im Interstitium nennt
VEIT (40), in unserem Falle ziehen S.Z. enthaltende fibröse Stränge von
der Peripherie zwischen die Läppchen hinein. Ähnliche schwielige Durchsetzung vom retroperitonealem Gewebe aus vermerkt DIETRICH (10).

Die Nebennieren werden von THOMPSON, KEEGAN, DUNN (38),
SCHULTZ, WERMBTER und PUHL (34) als normal, von ROWLAND (30) als
hypoplastisch, besonders in der Marksubstanz bzw. von WIEDMANN
und FREEMAN (41) als atrophisch bezeichnet. Letztere Autoren kommen
zu dem Schluß, daß trotz großer Mengen von Lipoiden in den peripheren
Schichten der Fasciculata der Gesamtgehalt an Lipoiden ausgesprochen
vermindert ist. Reichtum an nach SMITH-DIETRICH schwarz sich färbenden Fettsubstanzen in der nicht verdickten Rinde verzeichnet
HERZENBERG (19), im Mark liegen nur wenig gleichartige Elemente.
Keine „NIEMANN-PICK-Zellen". S.Z. finden sich nur vereinzelt im peri-
suprarenalen Fettgewebe, ein Befund, wie er auch im Falle ROWLANDS (30)
vorgelegen hat. Auch DIETRICH (10) schreibt, daß die Nebennieren innig
in das wuchernde Bindegewebe eingebettet sind, vor allem die linke,
bei der „sofort an die Rindenzellen sich die fetttropfenreichen Bindegewebszellen anschließen". Letzterer Umstand, den auch wir in der
Umgebung der im übrigen wenig lipoid- dafür aber oft cholesterinhaltige
Zellen aufweisenden Nebennieren erheben können, gibt unseres Erachtens
eine Deutung der Veränderungen, wie sie von VEIT (40) gesehen worden
sind. Er vermerkt Verdickung der Kapsel, von der aus zackenartig
den Gefäßen folgend das Bindegewebe zwischen die nur kleinen Zell-

haufen der Glomerulosa vordringt. Einzelne Stränge desselben reichen bis in die Zona fasciculata, wo sich besonders in den feineren Ausläufern typische S.Z. mit Cholesterin finden. Das von Rundzellen durchsetzte Mark ist von derben Bindegewebsbündeln durchzogen, die Markzellen rückläufig verändert. Somit sind zumindest in den älteren Stadien die Nebennieren als atrophisch zu bezeichnen. Der anfänglich hohe Gehalt der Parenchymzellen an Fettsubstanzen schwindet weitgehend und ist schließlich gegen die Norm stark herabgesetzt.

Histologische Befunde über Veränderungen an der Pinealis liegen bloß von WIEDMANN-FREEMAN (41) vor. Diese Autoren beschreiben an der vergrößerten, 7 mm im Durchmesser haltenden derben Zirbeldrüse eine „Umscheidung" des Parenchyms durch xanthomatöse Gewebsmassen, die Cholesterinlücken enthalten und mit den weichen Hirnhäuten zusammenhängen. Auch hier, wie an den Nebennieren dringen die S.Z. führenden Bindegewebszüge von der Oberfläche gegen das Innere des Organs vor. In den übrigen Fällen, soweit erwähnt, ist die Epiphyse nicht verändert gefunden worden. Auch wir fanden das Conarium unversehrt.

In der Hypophyse werden von HERZENBERG (19) nach SMITH-DIETRICH schwarz sich färbende Körnchen in den Parenchymzellen der Pars anterior, und zwischen diesen Epithelsträngen S.Z., die zur Nekrose neigen, beschrieben. Ebensolche in spärlicher Menge, von relativ unveränderten Zellen des Vorderlappens umgeben, sahen WIEDMANN-FREEMAN (41). Dies sind die einzigen im Schrifttum enthaltenen Angaben über eine Beteiligung der Adenohypophyse in frischen Fällen. Bei weitem stärker ist der Hinterlappen und das Infundibulum in Mitleidenschaft gezogen. So bezeichnen WIEDMANN-FREEMAN (41) die Neurohypophyse als vollkommen fibrös, von xanthomatösen Wucherungen durchsetzt, wobei sie das Vordringen derselben von der Oberfläche her, ebenso wie dies bei der Pinealis erwähnt wurde, betonen. THOMPSON, KEEGAN und DUNN (38) finden das Infundibulum besonders an seiner Vorderseite von einem an eosinophilen Zellen und Riesenzellen reichen Granulationsgewebe umscheidet, welches in die Pars posterior hineinreicht und auch noch in die Pars anterior einstrahlt. In unserem Fall ist der Hinterlappen der in ihrem drüsigen Anteil vollkommen unversehrten Hypophyse in großer Ausdehnung von einem S.Z. führenden Gewebe durchwuchert, so daß die Verbindung zwischen Adenohypophyse und der Pars posterior gänzlich unterbrochen ist. Auch VEIT (40) bezeichnet, abgesehen von dem Fehlen chromophiler Zellen und teilweise vermehrtem Bindegewebe den Vorderlappen als „wohl erhalten", während der Hinterlappen als solcher überhaupt nicht mehr zu erkennen gewesen ist. Er bestand ausschließlich aus kernarmen hyalinem Bindegewebe mit einzelnen Granulationsgewebszügen entlang der Gefäße. Gleiche Gewebsstränge zogen weiter gegen das Infundibulum. Die mächtig verdickte Kapsel der Hypophyse enthielt umfangreiche xanthomatöse Wucherungen mit S.Z. Diese sind auch im Falle HERZENBERGS (19), der ein sehr junges Stadium des Leidens darstellt, gegenüber der SMITH-DIETRICH Färbung negativ, geben ausgesprochene Doppelbrechung und zeigen krystallinische Einschlüsse. Die Veränderungen der Hypophyse betreffen somit in erster Linie den Hinterlappen und führen hier zu einer fibrösen Umwandlung.

Chemische Untersuchungen.

Bereits bei der Besprechung der klinischen Symptome wurde erwähnt, daß die Vermehrung des Cholesterins im Blute einen bemerkenswerten Befund darstellt [GRIFFITH (14), ROWLAND (30), VEIT (40), HÖFER (21) eigener Fall]. Sind die darüber vorliegenden Mitteilungen schon spärlich, so finden sich Angaben über die chemische Untersuchung von Leichenteilen nur ganz vereinzelt. DIETRICH (10) hat als erster eine Analyse der die Nieren einschließenden „Tumormasse“ vornehmen lassen. Hierbei wurden in dem Ätherextrakt des Gewebes 11,02% freies und 16,04% gebundenes Cholesterin (nach der Methode von WINDAUS) gefunden, insgesamt somit 27,06%. Lecithin errechnete man in einer Menge von 1,8%. Im Falle HERZENBERGS (19) ergaben sich, allerdings an dem formolfixierten Material in Leber und Milz folgende Werte:

	Leber	Milz	
Ätherextrakt, bestehend aus Neutralfetten, Phosphatiden und Cholesterinen . . .	17,95%	8,38%	(Cholesterin qualitativ +++)
P-Wert des Ätherextraktes	1,0%	0,75%	
Alkoholextrakt des mit Äther extrahierten Organs	4,6%	3,09%	

Leider fehlen Angaben über die Ergebnisse der Analyse an den gelben Massen in den Schädelknochen und in der harten Hirnhaut.

Wir haben in unserem Falle in derartigen Wucherungen der Dura bei der mikroskopischen Untersuchung ganz außerordentliche Mengen von Fettstoffen gefunden. Dieselben waren schon nach ihrem morphologischen und färberischen Verhalten als nicht einheitlich anzusprechen. Deshalb suchten wir diese unsere Anschauung durch eine chemische Untersuchung von Gewebsstücken zu erhärten und gleichzeitig auch über das mengenmäßige Verhältnis der einzelnen Fettstoffe zueinander Aufschluß zu gewinnen. Insbesonders war nach dem histologischen Bild eine sehr große Menge von Cholesterin neben Neutralfetten zu erwarten. Das Ergebnis der chemischen Analyse hat unsere Annahme vollauf bestätigt. Die sehr mühevollen Untersuchungen wurden von Herrn Dozent Dr. EPSTEIN (11, 12) vorgenommen, dem wir dafür zu besonderem Danke verpflichtet sind.

EPSTEIN (11, 12) erhielt auf 100 g formolfixierte Trockensubstanz berechnet, folgende Werte:

Gesamtätherrückstand . . . . 34,68 davon:
freies Cholesterin 3,23
Cholesterinester . . . . 15,35 daher
Gesamtcholesterin 18,58
Lecithin 1,64
Neutralfette 14,46

Die chemische Untersuchung der Milz und der Leber ergab, wie auch aus dem völligen Fehlen histologischer Veränderungen in der Milz und den nur vereinzelten Herden in der Leber anzunehmen gewesen war, keine Erhöhung des Cholesterinwertes über die Norm. Der Gesamtgehalt der Lipoide war um das Zwei- bis Zweieinhalbfache gegenüber den normalen Werten vermehrt.

Besonders eindrucksvoll ergibt sich die Besonderheit der in Fällen
von generalisierter Xanthomatose abgelagerten Fettsubstanzen bei
Vergleich mit den Resultaten, welche bei Untersuchung von Organteilen
in Fällen von NIEMANN-PICKscher Krankheit gefunden werden. Angesichts
der enormen Menge dieser Fettstoffe, welche in der Milz bei der Hepato-
splenomegalie vom Typus NIEMANN-PICK anzutreffen sind, scheint
auch uns eine Gegenüberstellung der Ergebnisse von diesem Organ und
von den Duraknoten in unserem Falle, wie dies EPSTEIN (11, 12) getan
hat, zum Vergleiche zulässig, trotz der Verschiedenheit des untersuchten
Materials.

Nach EPSTEIN fanden sich:

	Cholesterin	Lecithin
In der Milz eines Falles von NIEMANN-PICK . . .	1,41%	13,2%
In den Duraknoten unseres eigenen Falles	18,58%	1,64%

Somit ist das Verhältnis von Cholesterin zu Lecithin bei
der generalisierten Xanthomatose vom Typus SCHÜLLER-
CHRISTIAN gerade umgekehrt wie beim Morbus NIEMANN-PICK.

Entstehungsursache und -weise.

Was die Ursache und die Entstehung der geschilderten Veränderungen anlangt, so finden sich im Schrifttum die verschiedensten
Anschauungen niedergelegt. KYRKLUND (25) und DIETRICH (10) sprechen
von sarkomartigen Gewächsen, wobei letztgenannter Forscher die für
einen malignen Tumor besonders lange Dauer des Leidens und die eigentümliche Art der „Metastasierung", z. B. symmetrisch in beiden Orbitalhöhlen, aufgefallen ist. Wenn auch in den Nieren, wie DIETRICH (10)
bemerkt „durch sekundäre entzündliche Prozesse" das histologische
Bild dem von Granulationstumoren sehr ähnlich erscheint, so bestärkte
ihn die an gleicher Stelle festzustellende ausgesprochene Neigung zu
infiltrativem Eindringen in das Organparenchym in seiner Meinung,
daß es sich um eine geschwulstmäßige Neubildung handle. Allerdings
ist auch ihm bemerkenswert erschienen, daß diese Durchwachsung
„mit verhältnismäßig geringer Benachteiligung der örtlichen Gewebe"
einhergeht. Wir glauben gezeigt zu haben, wie diese „Infiltration",
nicht nur an den Nieren sondern z. B. auch an Nebennieren und Pankreas
ein rein sekundäres Moment ist, zurückgehend auf Veränderungen am
ortseigenen interstitiellen Bindegewebe. Unseres Erachtens handelt
es sich somit in den Fällen von KYRKLUND (25) und DIETRICH (10) nicht
um einen Tumor sondern um eine generalisierte Xanthomatose, für
deren Entstehung wir die Annahme einer Neubildung ablehnen müssen.
Damit wollen wir selbstverständlich nicht ausschließen, daß auch Fibro-
xanthosarkome mit mehrfacher Metastasierung vorkommen, wie dies
vielleicht für die Beobachtungen NOETHENS (26) und auch PROESCHER
und MEREDITHS (29) sowie anderer Autoren zugetroffen haben mag.

Ähnlich wie auch sonst bei echten Neoplasmen wurden für das Auftreten der „Schwellungen" am Kopf bei der generalisierten Xanthomatose auch Traumen angeschuldigt, wobei wie in diesen Fällen, das
Trauma wohl erst auf ein schon bestehendes „Gewächs" aufmerksam

gemacht haben dürfte. Wenn auch tatsächlich häufig einschlägige Angaben in der Vorgeschichte der Kranken zu finden sind, so wird diesen wohl nur eine sehr geringe Bedeutung zuzubilligen sein. Am ehesten vielleicht in dem Sinne, als mechanische Insulte die Ablagerung von Fettsubstanzen an der Stelle ihrer Einwirkung begünstigen, ähnlich wie dies von DARIER (8) für das Xanthelasma palpebrarum angenommen wurde. Die fortwährende, durch den Lidschlag hervorgerufene Fältelung der Haut an den Augenlidern könnte als solches „Trauma" gelten. Jedenfalls können wir aber für das in Rede stehende Allgemeinleiden eine solche rein örtliche Ursache nicht anerkennen.

Bestimmt durch die in älteren Fällen besonders deutlichen Bilder eines, allerdings durch oft sehr große S.Z.-Herde eigenartigen Granulationsgewebes haben zahlreiche Autoren die Frage eines rein entzündlichen, durch irgendwelche Erreger verursachten Vorganges ventiliert [GROSH und STIFEL (15)]. THOMPSON, KEEGAN und DUNN (38) betonen das Vorausgehen infektiöser Erkrankungen, an die sich unmittelbar das Auftreten der Schwellungen am Schädel und der Exophthalmus angeschlossen hat. In der Tat werden in der Krankheitsgeschichte fast aller Beobachtungen Affektionen wie Mumps, Scharlach, Masern, Keuchhusten, Mastoiditis und Gingivitis vermerkt. Letzterer Umstand ließ HAND (17) sogar an eine vom Munde ausgehende, vielleicht durch Amoeben bedingte Erkrankung denken, da Chininmedikation in einem seiner Fälle guten therapeutischen Effekt zu haben schien. Obwohl auch der von uns gesehene Kranke einen Typhus abdominalis durchgemacht hatte und über die Natur der älteren geweblichen Veränderungen als eines Granulationsgewebes kein Zweifel obwalten kann, glauben wir doch die Annahme einer primär entzündlichen Bildung ablehnen zu können.

Der durch die außerordentliche Wucherung vom Reticulum- und Uferzellen besonders gekennzeichnete Fall von SCHULTZ, WERMBTER und PUHL (34), welcher auch durch die nur geringen Mengen von Fettsubstanzen in den „großen Zellen" von den übrigen Fällen abweicht, ließ die genannten Autoren an eine „granulomartige Systemerkrankung des hämatopoetischen Apparates" denken. Wir können dieser Auffassung weitgehend beipflichten und möchten den Fall nur insoferne dem Krankheitsbild der generalisierten Xanthomatose an die Seite stellen, als die Ausbreitung der Veränderungen den in den übrigen Mitteilungen angeführten Befunden in sehr hohem Grade gleicht. Wird auch das Vorkommen von Fettsubstanzen (auch doppelbrechenden) nur selten vermerkt (Milz, Lymphknoten, Knochenherde) so ist die von den Autoren beschriebene Eosinophilie des Protoplasmas, die Art und Form der Riesenzellen und die große Menge eosinophil gekörnter gelapptkerniger weißer Blutzellen durchaus die gleiche, wie sie in den mehr granulationsgewebsähnlichen Herden auch der übrigen Fälle gefunden werden. Leider liegen chemische Untersuchungen der veränderten Organe nicht vor.

Geleitet vor allem durch das klinische Symptom des Diabetes insipidus und die in mehreren Fällen röntgenologisch bereits während des Lebens nachgewiesenen Veränderungen der Sella turcica, haben besonders die ersten Beobachter des Leidens an eine endokrin bedingte Störung gedacht und dem Hirnanhang dabei eine wesentliche Rolle zugeschrieben. So

hat SCHÜLLER eine Hypophysenerkrankung mit nachfolgender Skeletanomalie vermutet und auch CHRISTIAN (6) gibt seiner Mitteilung den
Untertitel „an unusual syndrome of dyspituitarism". KAY (23) bemerkt,
daß „der ursächliche Faktor" an der Hirnbasis gelegen sein müsse
und VEIT (40) betrachtet seinen Fall als pluriglanduläre Sklerose, ausgelöst von der Hypophyse. Aber schon CHRISTIAN (6) hat die Beobachtung gemacht, daß durch Hypophysentherapie wohl der Diabetes insipidus, nicht aber die Knochenveränderungen beeinflußt werden können.
In ähnlicher Weise lehnt HAND (17) die Annahme einer Dysfunktion
der Hypophyse ab, weil Erscheinungen von seiten des Hirnanhanges
in manchen Fällen fehlen und Knochenveränderungen sowie Exophthalmus früher als der Diabetes insipidus auftreten. Im Falle ROWLANDS
(30) (I) z. B. fehlte die Polyurie trotz ausgedehnter Zerstörung der
Orbitaldächer und der Sella, ebenso war die Harnmenge in den Fällen
SCHÜLLER (33) I, HAND (17) II, BERKHEISER (3), SCHULTZ, WERMBTER
und PUHL (34), GLOBIG (13), SCHOTTE (32) und DIETRICH (10) nicht
vermehrt.

Auch die mikroskopischen Befunde an der Hypophyse können die
Annahme einer durch morphologisch faßbare Veränderungen am
Hirnanhang ausgelöste Allgemeinerkrankung nicht stützen. Leider ist
das Organ nicht in allen Fällen mikroskopisch untersucht worden, die
vorliegenden Angaben lassen jedoch trotz ihrer geringen Zahl unseres
Erachtens einen derartigen Schluß bereits zu. Wir haben die Glandula
pituitaria in unserem Falle in eine lückenlose Serie zerlegt und haben
uns dabei überzeugen können, daß der Vorderlappen sowohl nach Art
wie auch nach Verteilung der einzelnen Zellgruppen in keiner Weise
von der Norm abweicht. Der Hinterlappen ist dagegen fast völlig zerstört, ebenso wie dies auch THOMPSON, KEEGAN, DUNN (38) und WIED-
MANN-FREEMAN (41) gesehen haben. Von besonderer Bedeutung scheint
uns die Angabe der letzteren Autoren zu sein, welche, wie bei der Pinealis
das Fortschreiten der xanthomatösen Wucherungen in zentripetaler
Richtung, also von der Oberfläche gegen die Mitte des Organs hin, verzeichnen. Da in unserem Falle, trotzdem bereits eine langjährige Krankheitsdauer vorgelegen hat, die Adenohypophyse vollkommen intakt
war, möchten wir auch den Befunden anderer Autoren über einzelne
S.Z. im Vorderlappen und feintropfige Fettsubstanzen in den Parenchymzellen keine besondere Bedeutung beimessen. Daß im Falle
VEITS (40) auch eine Sklerose des drüsigen Anteiles des Hirnanhangs
mit unausdifferenziertem Epithel von embryonalem Typus vorgelegen
hat, nimmt angesichts der ubiquitären Blutdrüsensklerose, welche auf
die fibröse Umwandlung der xanthomatösen Herde zurückgeht, nicht
wunder. Wir sind auch darin mit den Autoren einig, daß die Zeichen
einer Dystrophia adiposo-genitalis sowie die Wachstumsverzögerung
von der Hypophyse ausgelöst werden, möchten jedoch alle diese Symptome nur als sekundäre, durch das Übergreifen des eigentlichen
Krankheitsprozesses auf Hirnanhang und Hirnbasis erklärt wissen. Wir
vermögen somit in der generalisierten Xanthomatose vom Typus
SCHÜLLER-CHRISTIAN nicht ein durch eine primäre Erkrankung der
Hypophyse, welche sich durch morphologisch faßbare Veränderungen
kundgibt, ausgelöstes Leiden zu erblicken.

Bei weitem wahrscheinlicher erscheint uns eine Stoffwechselstörung als ursächliches Moment, besonders im Hinblick auf das in
vielem Belange ähnliche Krankheitsbild des Morbus NIEMANN-PICK.
Macht man sich diese Anschauung, welche auch schon von ROWLAND (30)
und GLOBIG (13) ausgesprochen worden ist, zu eigen, so lassen sich damit
die in einzelnen Fällen hie und da auch etwas verschiedenen Symptome
zwanglos als bloße Folgen der durch die Stoffwechselstörung gesetzten
Veränderungen erklären. Ganz allgemein gilt als Charakteristikum der
NIEMANN-PICKschen Erkrankung das Auftreten von Lipoiden in so
gut wie allen Zellen des Körpers. In ähnlicher Weise finden sich auch
in den Fällen von generalisierter Xanthomatose vom Typus SCHÜLLER-
CHRISTIAN Fettsubstanzen sowohl in den Elementen des Ektoderms
(Zentralnervensystem), wie auch des Entoderms (z. B. Leberzellen)
sowie vor allem in solchen des mittleren Keimblattes; diese sind aber
ihrer chemischen Zusammensetzung nach keine Lipoide sondern in erster
Linie Cholesterin und Cholesterinester neben Neutralfetten. Lecithin kommt nur in ganz geringen Mengen vor. Daß Cholesterin nicht
allein auftritt, steht mit den Anschauungen von VERSÉ (39) über das
zumeist gemeinsame Vorkommen der Fettstoffe im Körper ("Komplex-
steatosen") gut im Einklang. Trotz dieses ubiquitären Vorhandenseins von
Fettstoffen im Körper in jungen Krankheitsstadien besteht die Ansicht
ROWLANDS (30), daß dem reticuloendothelialen System bei dem Krankheitsgeschehen in Fällen von generalisierter Xanthomatose eine wesentliche Rolle zukommt, sicherlich zurecht. Sie bedarf nur insoferne einer
Erweiterung, als auch andere Zellen des Organismus, wie auch des
Mesenchyms, so z. B. glatte Muskelfasern, Cholesterinsubstanzen enthalten können, somit kein ausschließlich auf die Reticulumzellen und
die Elemente des Endothels beschränkter Vorgang vorliegt, wenn auch
die Veränderungen an den Gerüstzellen im Vordergrunde stehen.

Die Frage ob es sich dabei um eine Speicherung oder bloß einfache
Ablagerung von Fettsubstanzen handelt, wird man wohl in der Weise
beantworten müssen, daß beide Vorgänge mit im Spiele sind. Wir haben
schon erwähnt, daß mit ein führendes Symptom bei der generalisierten
Xanthomatose vom Typus SCHÜLLER-CRISTIAN die Hypercholesterinämie
ist. Wenn wir auch aus den Mitteilungen von ARZT (2), SIEMENS (35)
und anderen wissen, daß die Menge des Cholesterins im Blute und in
den Geweben keineswegs parallel zu gehen braucht, so erscheint es
durchaus vorstellbar, daß der aus irgend einem Grunde erhöhte Blut-
choleringehalt zur Speicherung dieses Stoffes zunächst in den Gefäßendothelien und den Zellen des Reticulums geführt hat, bei Überfüllung
derselben aber auch zur Ablagerung dieser Substanzen in anderen Körperzellen führen mußte. Dieser Vorgang entspricht mutatis mutandis ganz
dem beim Morbus NIEMANN-PICK zu vermutenden. Daß aber im Gegensatz hierzu in so vielen, ja in der Mehrzahl der Fälle von generalisierter
Xanthomatose eine gleichmäßige Anschoppung der Ufer- bzw. der
Reticulumzellen nicht besteht, vielmehr eine ausgesprochen herdförmige
Anordnung der Veränderungen besonders in älteren Stadien vorliegt,
scheint uns durch zwei Momente bedingt zu sein.

PICK (28) hat des öfteren betont, daß die lipoidzellige Spleno-Hepatomegalie ein ganz foudroyant verlaufendes, spätestens im zweiten Lebens-

jahr tödlich endendes Leiden darstellt. Demgegenüber betrifft die generalisierte Xanthomatose vom Typus SCHÜLLER-CHRISTIAN zwar auch vorwiegend Kinder, jedoch höheren Alters und auch Erwachsene. Die Kranken erliegen einem Leiden, dessen Anzeichen sie oft schon jahrelang geboten haben. Daß während dieser Zeit Remissiónen vorkommen, ist durch klinische Beobachtungen belegt, ja die Zahl der Fälle wo die Kranken unter weitgehender Besserung ihres Zustandes viele Jahre weiterleben, ist nicht gar so klein. Aus Angaben ROWLANDS (30) (Fall II) geht hervor, daß bei solchen Fällen Hand in Hand mit dem Stillstand der Krankheitserscheinungen auch ein Absinken des Blutcholesterins einhergeht. So hat dieser Autor ein Abnehmen desselben von einem anfänglichen Werte von 315 mg-% auf 111 mg-% innerhalb von etwa 2 Jahren beobachten können. Dieses Absinken des im Blute enthaltenen Cholesterins wird auf die in den Zellen vorhandenen Ablagerungen nicht ohne Einfluß bleiben können. Durch das so entstandene „Cholesteringefälle" ist es wahrscheinlich, daß entgegengesetzt der seinerzeitigen Ablagerung es jetzt zu einer Ausschwemmung aus den Zellen kommt, die unter Umständen schließlich zu einer vollkommenen Entfernung der Cholesterinsubstanzen aus einzelnen Zellen führen kann. Anhaltspunkte für diesen Abtransport glauben wir in dem Umstande gesehen zu haben, daß in oft großen S.Z. ein Teil des Protoplasmas völlig homogen erscheint, während in anderen Abschnitten des Zelleibes noch Fettsubstanzen nachzuweisen sind. Wir haben auf diese Tatsache bereits früher hingewiesen und betont, daß degenerative Veränderungen an den Zellen hierbei vollkommen fehlen können, es sich somit bei der Speicherung des Cholesterins auch um reversible Prozesse handelt. Daß das Verschwinden der Fettstoffe aus den Uferzellen der Blut- und Lymphgefäße besonders leicht vonstatten geht, somit dieselben in den meisten daraufhin untersuchten Fällen unverändert gefunden werden, mag mit ihrer Lagebeziehung zur Blutbahn in Beziehung stehen.

Nicht erklärt scheint zunächst durch diese Vorstellung der herdförmige, oft geschwulstmäßige Charakter der xanthomatösen Wucherungen mit ihrem einem Granulationsgewebe gleichenden Aufbau. Dieser steht in ganz auffälligem Gegensatz zu den beim Morbus NIEMANN-PICK gefundenen ausgesprochen diffusen Veränderungen. Doch scheint uns gerade dafür die chemische Zusammensetzung der in Fällen von generalisierter Xanthomatose abgelagerten Fettstoffe und die gewebliche Struktur der so entstandenen Herde eine Erklärung zu geben. EPSTEIN (11, 12) erwähnt, daß nach den Untersuchungen von SPRANGER und DEGKWITZ in kolloiden Lipoidfettgemischen die Cholesterinester eine ausgesprochen entmischende Wirkung ausüben. Im Gegensatz dazu kommt dem Lecithin eine deutlich emulgierende und dispergierende Eigenschaft zu. Diese Kondensation und Ausfällung von Fettsubstanzen bedeutet eine Zellschädigung und würde es erklären, daß, wie von zahlreichen Autoren vermerkt wird, Zellnekrosen in den S.Z.-Herden auftreten, deren Ausbildung überdies durch den Umstand begünstigt wird, daß es sich hierbei in erster Linie um gewucherte Reticulumzellen handelt, welche wenigstens anfänglich gefäßlose Herde bilden. Sind die ausgeflockten Kolloidsubstanzen einmal frei geworden, so wirken sie mit als Fremdkörperreiz auf das Gewebe, wofür das Vorhandensein zahlreicher Fremdkörperriesenzellen spricht. Auch der immer mehr in Erscheinung tretende Charakter der Herde als einer granulationsgewebsartigen Bildung ist in diesem Sinne zu deuten. Es ist ferner bekannt, daß Ablagerung von Cholesterin mit Vorliebe in rückläufig verändertem Gewebe statthat, so daß durch das Zugrundegehen von S.Z. wieder eine vermehrte, mehr weniger örtlich umschriebene Cholesterinablagerung in Reticulumzellen begünstigt wird. Mechanische Reizung, Traumen u. dgl. mögen im gleichen Sinne von Bedeutung sein. Vielleicht, daß auch interkurrente Infektionskrankheiten gewissermaßen „stimulierend" wirken können, und auf diese Weise das in zahlreichen Fällen vermerkte Vorausgehen einer solchen nicht ganz ohne Einfluß auf das Manifestwerden des Leidens geblieben ist.

Stellt man neben diesen andersartigen gewerblichen Veränderungen die chemische Zusammensetzung der abgelagerten Fettstoffe in Fällen von generalisierter Xanthomatose in den Vordergrund, so ist die Trennung von dem Krankheitsbild des Morbus Niemann-Pick eine sehr scharfe. Pick hat auf der 25. Tagung der Deutschen pathologischen Gesellschaft seinen Standpunkt in dieser Frage dahingehend präzisiert, daß er folgende Störungen des Lipoidstoffwechsels unterscheidet:

I. Primäre Störungen:
    1. Morbus Gaucher (Kerasin),
    2. Morbus Niemann-Pick (Phosphatide)
    3. Morbus Schüller-Christian (Cholesterin),
    4. Xanthomatosen wechselnder Lokalisation an Haut, Schleimhäuten und inneren Organen.

II. Sekundäre Störungen bei Diabetes, Ikterus usw.

Wir stimmen mit dieser Einteilung von Pick (l. c.) völlig überein, nur möchten wir auch die Möglichkeit offen lassen, daß bei Erweiterung unserer Kenntnisse sich vielleicht auch noch andere Formen auffinden lassen werden, welche durch die Ablagerung chemisch anders aufgebauter Stoffe charakterisiert sind, und sich infolgedessen vielleicht auch morphologisch bis zu einem gewissen Grade abweichend verhalten werden.

Wir haben früher der Anschauung Ausdruck gegeben, daß wir die generalisierte Xanthomatose von Typus Schüller-Christian für eine Stoffwechselstörung ansehen. Abrikossoff und Herzenberg (1) wollen diese Auffassung dahin abgeändert wissen, daß sie an eine primäre Dekomposition der Zellen selbst bei allen diesen Stoffwechselerkrankungen (Morbus Gaucher, Niemann-Pick usw.) denken, welche in den besonderem Falle der generalisierten Xanthomatose nun erst ihrerseits zur Hypercholesterinämie führe. Es ist ohne weiteres einleuchtend, daß auch diese gleichfalls hypothetische Annahme das Auftreten der Fettsubstanzen in den Zellen erklären kann. Es steht aber damit in einem gewissen Gegensatz die Tatsache, daß einerseits auch vorher anscheinend gesunde, ältere Individuen von dem Leiden befallen werden und andererseits, daß in späterem Stadium nicht in allen Körperzellen gleichmäßig Cholesterin enthalten ist, sondern in erster Linie in den Reticulumelementen, welche bei bestehenden Hypercholesterinämie vor allem die Fettstoffe speichern werden. Es ist daher naheliegend, neben dieser vielleicht bestehenden Dekomposition der Zellen auch eine Erhöhung des Blutcholesterins und damit eine Funktionsstörung in jenem Organ anzunehmen, welches für den intermediären Stoffwechsel von besonderer

Bedeutung ist, nämlich in der Leber. Chvostek (7) hat bei der Diskussion der Zusammenhänge zwischen Xanthelasma und Ikterus darauf hingewiesen, daß allem Anscheine nach die Cholesterinkupplung in der Leber erfolgt. Er führt als weiteren Faktor eine Störung in der Funktion der Blutdrüsen bzw. des vegetativen Nervensystems an. Wir haben schon bei der Besprechung unserer eigenen Beobachtung darauf hingewiesen, daß, wie auch durch zahlreiche andere Mitteilungen aus dem Schrifttum belegt wird, die Nebennieren, welche gleichfalls für den Cholesterinstoffwechsel von Bedeutung sind, in Fällen von generalisierter Xanthomatose auffallend arm an Fettsubstanzen gefunden werden. Diese beiden Momente erfahren noch durch eine weitere Tatsache eine bedeutsame Erweiterung. Die chemische Organanalyse ergab in unserem Falle keine Erhöhung des Cholesteringehaltes gerade in der Leber, außerdem aber vermißten wir in der Gallenblase Anzeichen einer vermehrten Cholesterinausscheidung, wie xanthomatöse Einlagerungen in der Mucosa oder Cholesterinsteine in ihrer Lichtung. Diese Umstände scheinen uns dafür zu sprechen, daß auch eine Störung in der Funktion der Leber als cholesterinausscheidendes Organ vorgelegen hat.

Beide Annahmen, sowohl die einer primären Dekonstitution der Zellen im Sinne einer, vielleicht auch nur teilweisen Herabsetzung ihres Vermögens Cholesterin in normaler Weise zu verarbeiten, wie auch die einer Abwegigkeit im Cholesterinstoffwechsel im allgemeinen, werden wahrscheinlicher, wenn es gelingt, andere Besonderheiten an den von diesem Stoffwechselleiden Befallenen nachzuweisen. Für den Morbus Niemann-Pick ist in dieser Hinsicht bekannt, daß ganz überwiegend nur Kinder einer Rasse, und zwar der jüdischen, ergriffen werden. Trotz der nur wenigen Fälle von generalisierter Xanthomatose vom Typus Schüller-Christian kann schon gesagt werden, daß eine derartige Rassendisposition hier nicht zutrifft. Dagegen ist ein familiäres Auftreten dieses Leidens von Herzenberg (19) wahrscheinlich gemacht und auch Rowland (30) konnte in einem seiner Fälle bei der Mutter des Kindes gleichfalls eine Hypercholesterinämie nachweisen. Wir haben uns bemüht, bei der Durchsicht des Schrifttums Angaben über morphologisch faßbare Abwegigkeiten, welche vielleicht als Zeichen einer mangelhaften Ausreifung bzw. minderwertigen Konstitution gedeutet werden könnten, aufzufinden. Die Ausbeute war, da die Aufmerksamkeit der Autoren vermutlich nicht darauf gerichtet gewesen ist, nur gering. So fanden wir ein Persistieren einer Vena cava superior sinistra von Veit (40) vermerkt, blaue Skleren sahen Christian (6) und Verfasser, sehr ausgesprochene embryonale Lappung der Nieren — auch bei Erwachsenen — erwähnen Thompson, Keegan und Dunn (38) sowie Veit (40) und auch wir konnten dies in unserem Falle beobachten. Überdies sahen wir einen linksseitigen Kryptorchismus bei teilweise offen gebliebenem Leistenkanal und enge, zarte Gefäße.

Die generalisierte Xanthomatose vom Typus Schüller-Christian würde sich somit als eine — ganz allgemein gesagt — Stoffwechselstörung bei gleichzeitig konstitutionell irgendwie abwegigen Individuen darstellen. Wenn die angeführten Befunde zu der letzteren Annahme auch nur geringfügige Anhaltspunkte darstellen, so werden vielleicht weitere Beobachtungen einschlägiger Fälle auch diesbezüglich mehr Aufklärung bringen.

4. Allgemeine Pathologie und pathologische Anatomie der Alveolarechinokokken-Geschwulst der Leber des Menschen.

Von

ADOLF POSSELT-Innsbruck.

Schrifttum.

1. ABÉE: Berl. klin. Wschr. 12. Dez. **1898**; Virchows Arch. **157** (1899).
2. ADAM, FR.: Gaz. Hôp. **1913**, Nr 3, 37 (s. MARCHAND u. ADAM).
3. ALBRECHT: Petersburg. med. Wschr. **1882**, 269; Wratsch (russ.) **1882**, Nr 26.
4. ALFUTOFF, N.: Zum Aufsatz von Prof. MYSCH (s. u. 102): Chir. Arch. Weljaminowa **29**, 175 (1913); **1913**, 519; Ref. Zbl. Chir. **1913**, Nr 43, 1698; Z. org. Chir. **2**, 657.
5. ASCHOFF: Beobachtung in Marburg 1904 (nicht veröffentlicht).
6. BAUER, A.: Württemberg. med. Korresp.bl. **42**, 201 (1872). Sekt. SCHÜPPEL.
7. BAUER, J.: Ann. städt. Krkh. München (II. Med. Klin. **1874**—**75**) 1 (1878).
8. BEHA, RICH.: Inaug.-Diss. Freiburg i. B. 1904.
9. BERNET: Inaug.-Diss. Gießen 1893.
10. BIBER, WERNER: Über einen metastasierenden Echinococcus multilocularis. Zbl. Path. **22**, Nr 11 (1911).
11. BIDER, MAX: Echinococcus multilocularis des Gehirns, nebst Notiz über Vorkommen von Echinokokken in Basel. Inaug.-Diss. Basel 1895; Virchows Arch. **141** (1895) (s. ROTH).
12. BIRCH-HIRSCHFELD u. BATTMANN: Jber. Ges. Naturforsch. u. Heilk. Dresden **1877/78**, 149.
13. — — Dtsch. Z. prakt. Med. **1878**, 505.
14. BOBROW: Chirurgie **1897**, H. 6 (russ.).
15. BÖTTCHER, ARTH.: Beitrag zur Frage über den Gallertkrebs der Leber. Virchows Arch. **15**, 352 (1858).
16. BOGAEWSKI: Prakt. Wratsch. **7**, Nr 11 u. 12 (1904).
17. BOLLINGER: Sitzgsber. Ges. Morphol. u. Physiol. München **1885** I, 19.
18. BOSCH: Inaug.-Diss. Tübingen 1868; Württemberg. ärztl. Korresp.bl. **34**, 198 (1868).
19. BOGOLYOBOFF: Kazan. med. Ž. **1**, Nr 2 (1927) (russ.).
20. BRANDT: Kasaner Ärzteges., Juni-Juli **1889**.
21. BRINSTEINER: Inaug.-Diss. München 1884 u. C. **84**, S. 6.
22. BRUNNER: Münch. med. Wschr. **1891**, Nr 29 (siehe LEHMANN).
23. BRUNS: Beitr. klin. Chir. **17**, 701 (1896).
24. BUHL: Illustr. med. Ztg **1**, 102 (1852).
25. — Z. ration. Med., N. F. **8**, 115 (1857).
26. — Ann. städt. allg. Krkh. München **2**, 467 (1876 u. 1877), 1881. (Sekt. zu Fall RAPP).
27. BURCKHARDT s. KRÄNZLE.
28. CAESAR, FR.: Über Riesenzellenbildung bei Echinococcus multilocularis und über Kombination von Tuberkulose mit demselben. Diss. Tübingen 1901.
29. CARRIÉRE: Thése de Paris **1868**.
30. — s. FÉRÉOL u. CARRIÉRE (l. c.).
31. CACHIN, E. D.: Alveolarechinococcus der Leber und Niere. Russk. Klin. **9**, 315 (1928, März) (russ.).
32. CLERC, E.: Zur Kenntnis des Echinococcus multilocularis. Korresp.bl. Schweiz. Ärzte **1912**, Nr 32.

33. DARDEL, GUSTAV: Rev. méd. Suisse rom., 16. März **1927**.
34. — Das Blasenwurmleiden in der Schweiz usw. mit Vorwort von POSSELT. Bern:
    A. Francke 1927.
35. DAUJAT, CHARLES: Echinoc. alveol. princip. du foie. Thèse de Lyon **1912**.
36. DEAN: St. Louis med. J. **14**, 426. HELLER in ZIEMSSENS Handbuch Bd. 7, 1, S. 433.
37. DEMATTEIS: Diss. inaug. Genf. 1890. Sekt. ZAHN.
38. DESOIL, P.: Présentation d'un cas d'échinococcose alvéolaire du foie observé chez
    l'homme dans le nord de la France. C. r. Soc. Biol. Paris **91**, 570 (1924); Echo
    méd. du Nord, 4. Okt. **1924**, No 40, 477; Ann. de Parasitol. **1925**, No 2, 151.
39. DÉVÉ, F.: Soc. biol., 14. Nov. 1903; 21. Jan. 1905.
40. — 1. Congr. internat. Path. Comp. Paris, Okt. **1912**.
41. — Soc. biol. **79**, 391 (1916).
42. — Ann. Fac. Méd. Montevideo **5**, 120 (1920).
43. DJAKONOW: Chir. Klin. rot. Kreuzschw. Moskau **1899** (s. WOLYNZEW).
43a.— Chirurgie **9**, 17 (1902) russ.)
44. DIETRICH: Private Mitteilung Tübingen 1928.
45. DONSKOFF, V.: Zur Frage des alveolären (multilokulären) Leberechinococcus mit
    multipler Lokalisation. (Path. anat. Inst. Kasan). Sborn. trud. Irkutsk.-Univ.
    (russ.) **14**, 65 (1928).
46. DÜRIG: Über die vikariierende Hypertrophie der Leber bei Leberechinococcus.
    Münch. med. Abh. 1. Reihe, Arb. path. Inst. 1892. (Alte Münchner A. e-Kasuistik
    mit vielen Detailangaben.)
47. DUCELLIER: Bull. Soc. méd. Suisse rom. **1868**, No 7.
48. EDELMAN, L.: Proc. N. Y. path. Soc. **21**, 185 (1921).
49. EICHHORST: Korresp.bl. Schweiz. Ärzte **1899**, Nr 17, 530.
50. — Über multilokulären Gehirnechinococcus. Dtsch. Arch. klin. Med. **106**, 97 (1912).
51. ELENEVSKI: Z. path. Anat. des multilokulären Echinococcus des Menschen. Arch.
    klin. Chir. **82** (1907).
52. ERISMANN: Diss. Zürich 1864.
53. FÉRÉOL: Hydatides infiltrées dans le foie et le poumon. Union méd. **1867**, No 114,
    493 (infiltriert für multilokular (alveolar) s. CARRIÈRE.
54. — u. CARRIÈRE. Gaz. Hôp. **1867**, 355; Thèse de Paris **1868**.
55. FISCHER: Ärzte-Ver. Frankfurt a. M., 6. Mai 1918 s. HÜLSE.
56. FLATAU: Münch. med. Wschr. **1898**, Nr 16, 514.
57. FRANCKE, K.: Naturwiss. Vortr. Nr 12, S. 30 München 1900.
58. FRIEDREICH: Virchows Arch. **33**, 16 (1865).
59. GENNING, K. S.: Kasuistik des vielkammerigen Echinococcus des Thorax. Vrač.
    Gaz. (russ.) **16**, 1110 (1928) (Verdacht auf primäre Alveolarechinokokken der
    Leber).
60. GIMMEL: Kazan. med. Ž. **4**, 301 (1904).
61. GINKINGER, ALFR.: Inaug.-Diss. Freiburg i. B. 1919.
62. GOLKIN, M. B.: Beitrag zur Kasuistik d. kombinierten und seltenen Echinokokken-
    Formen. (Chir. Klin. Saratow Prof. SPASSAKUKOTZKY). Nov. chir. Arch. (russ.)
    5, H. 2, 221 (1924).
63. GRIESINGER: Arch. Heilk. **1**, 547 (1860).
64. GUILLEBEAU: Zur Histologie des multilokulären Echinococcus. Virchows Arch.
    119 (1890).
65. v. HABERER: Bei POSSELT (l. c.) 1928.
66. HAEBERLIN: Korresp. bl. Schweiz. Ärzte **1904**, 340.
67. HAFFTER: Arch. Heilk. **26**, 362 (1875); Arch. gén. Méd. **2**, 101 (1875).
68. HAUSER: Primärer Echinococcus multilocularis der Pleura und der Lungen mit
    Entwicklung multipler Metastasen, namentlich im Gehirn. Erlangen. Luitpold-
    Festschrift 1901.
69. HELLY: Alveolarechinococcus der rechten Leber-Nebennieren-Nierengegend. Zbl.
    Path. **37**, 547 (1926).
70. HESCHL: Prag. Vjschr. prakt. Heilk. **50**, 36 (1856).
71. — Österr. Z. prakt. Heilk. **7**, 5 (1861).
72. — Sitzgsber. Ver. Ärzte Steiermarks **9**, 67 (1872); s. Schmidts Jb. **164**, 194 (1872).
73. HESSE, E.: Bibliographie der russischen Chirurgie und ihrer Grenzgebiete 1914—24.
    Moskau: Moskauer Gesundheitsamt 1926.

74. v. HIBLER, E.: Wiss. Ärzteges. Innsbruck, 2. Dez. 1909 (Demonstration).
74a. — Ein primärer mehrherdiger Echinococcus multilocularis (alveolaris) des Gehirns. Wien. klin. Wschr. 1910, Nr 8.
75. HUBER, J. CH.: Dtsch. Arch. klin. Med. 1, 539 (1865); 26. Ber. naturhist. Ver. Augsburg 1865, 153.
76. — Dtsch. Arch. klin. Med. 29, 203 (1881).
77. — Dtsch. Arch. klin. Med. 29, 203. Histol. Bef. s. MARENBACH.
78. — Ein Fall von Echinococcus multilocularis der Gallenblase. Dtsch. Arch. klin. Med. 48, 432 (1891).
79. — 6 Fälle von Alveolarechinococcus aus Memmingen (1865—1894). Sonder-Abdr. Memmingen 1907.
80. HUBRICH: Inaug.-Diss. München 1892.
81. HÜLSE, W.: Wien. klin. Wschr. 1918, Nr 1, 7 (Identischer Fall mit FISCHER).
82. JAHN: Über den Wachstumstypus des Echinococcus alveolaris und die durch ihn bedingten Reaktionsformen des Wirtsgewebes. Beitr. path. Anat. 76 (1926).
83. JAKOB, FR.: Inaug.-Diss. Halle 1896 (U. C. 127) s. MARCKWALD.
84. JEBE, MATTHIAS: Über einen Fall von Echinococcus multilocularis mit gleichzeitigen Carcinoma rect. Diss. Erlangen 1907. München 1908; identisch mit dem von MERKEL (Ärztl. Bez.-Ver. Erlangen, 19. Mai 1907; Münch. med. Wschr. 1907, Nr 18, 1408) demonstrierten.
85. JENCKEL: Orth-Festschrift, 1903.
86. — Dtsch. Z. Chir. 87 (1907).
87. KAPPELER: Arch. Heilk. 10, 400 (1869).
87a. KERNIG: Petersburg. med. Wschr. 23, Nr 14, 128 (1898).
88. KIESSELBACH: Dtsch. Arch. klin. Med. 29, 207 (1881). Erlanger Präparat aus Augsburg.
89. KLAGES, FRIEDR.: Der alveoläre Echinococcus in Genf, insbesondere sein Auftreten in Knochen. Virchows Arch. 278, H. 1, 125 (126).
90. KLEBS s. MUNK.
91. KLEMM: Inaug.-Diss. München 1883; Bayr. ärztl. Intell.bl. 30, 451 (1883).
92. KNIGGE, HELENE: Über einen Fall von multilokulärem Echinococcus und Tuberkulose der Leber unter dem Bilde einer Konglomerattuberkulose der Leber. Diss. Jena 1913; Slg wiss. Arb. 1914, Nr 15, 3.
93. KÖNIG: Münch. med. Wschr. 1922, Nr 23, 878.
94. KÖRBER: Dtsch. Arch. klin. Med. 29, 207 (1881). Erlanger Präparat, Gegend von Ansbach.
95. KOMAROW: Prot. Moskau. med. Ges. 1893—94, 31 (russ.).
96. KONOKOTIN, S.: Über 2 Fälle von Alveolarechinococcus. Irkutsk. med. Ž. 1924 II, Nr 5—6, 67.
97. KOZIN: Prot. Moskau. med. Ges. 1894—95, 115.
98. KRAUSE, FEDOR: Berl. klin. Wschr. 1908, 1205.
99. KRÄNZLE: 5 neue Fälle von Echinococcus multilocularis hepat. Ein Beitrag zur pathologischen Anatomie dieser Krankheit. Inaug.-Diss. Tübingen 1880.
100. KREITMAIR: Münch. med. Wschr. 1898, Nr 17, 551.
101. KRÜGER: Dtsch. med. Wschr. 1908, Nr 7, 310; Münch. med. Wschr. 1908, 144.
102. KRUSENSTERN: Wratsch (russ.) 1892, Nr 35, 873.
103. KRYLOW, B.: Med. Obozr. Nižn. Povolzja (russ.) 1910, Nr 13.
104. LADAME: Rev. méd. Suisse rom. 8, 547 (1887) s. ZAESLEIN.
105. LAEWEN, A.: Beitr. klin. Chir. 131, H. 2 (1924).
106. LANG, FR. J.: Innsbruck. wiss. Ärzteges. 1928—30.
107. LANDENBERGER: Württemberg. med. Korresp.bl. 45, 198 (1875).
108. LEHMANN: Inaug.-Diss. 1889 (s. BRUNNER).
109. LEITMAN, G. S.: Alveolarechinococcus. J. teoret. i prakt. med. Aiserbaidz. Narkomzdrave, Baku (russ.) 3, 121 (1928).
110. LEUCKART: Menschliche Parasiten, Bd. 1, S. 372 (1863).
111. LEWALD, L. T.: Multilocular echinococcus cysts of the liver. Proc. N. Y. path. Soc., N. s. 1, Nr 7—8, 141 (1901, Dez. u. 1902, Jan.).
112. LIEBERMEISTER: Inaug.-Diss. Tübingen 1902.
113. LJUBIMOW: Tagebl. Kasan. ärztl. Ges., 9. Okt. 1890; Wratsch (russ.) 1890, 965; 7. Kongr. russ. Ärzte, 30. April (bzw. 12. Mai) 1899; s. St. Petersburg. med. Wschr., Beitr. russ. med. Lit. 1891, No 5 (POSSELT 1900, S. 24 u. 139).

454   ADOLF POSSELT: Alveolarechinokokken-Geschwulst der Leber des Menschen.

114. LJUKIN: Vielkammerige Blasenwurmgeschwülste des Gehirns und der Leber. **Wratsch** (russ.) **1884,** Nr 21, 443.
115. LOEPER u. GARCIN: Sixième cas français et problement artésien d'echinococcose alvéolaire du foie. Soc. méd. Hôp., Sitzg 4. März 1927 u. 22. Juli 1927, **1230.**
116. LOEWENSTEIN: Inaug.-Diss. Erlangen 1889, 23.
117. LUSCHKA: Virchows Arch. 4, 400 (1852).
118. MAMUROWSKI (Moskau 1896): s. MELNIKON.
119. MANDACH (Priv. Mitt.): s. POSSELT, F. 129—131.
120. MANGOLD: Über den multilokulären Echinococcus und seine Tänie. Inaug.-Diss. Tübingen 1892.
121. MARCHAND u. ADAM: Kyste hydat. alvéol. et tuberculose du foie etc. Bull. Soc. Anat. Paris **1910,** 752 (LEGRY).
122. MARCKWALD: Münch. med. Wschr. **1894,** Nr 41 (s. FRIEDRICH).
123. MARENBACH: Inaug.-Diss. Gießen 1889 (s. HUBER).
124. MARTIN, J. P. et G. TISSERAND: Le quatrième cas français authent. d'échin. alvéol. du foie chez l'homme. J. Méd. Lyon, 20. Juli **1922.**
125. MASOTTI, P.: Riv. venet. Sci. med. **1913.**
126. MELNIKOW-RASWEDENKOW: Untersuchung über den Echinococcus alveolaris des Menschen. 7. Kongr. russ. Ärzte Kasan **1899.**
127. — — Studien über den Echinococcus alveolaris. Beitr. path. Anat. **1901,** Suppl.-H. 4.
128. MERKEL: Münch. med. Wschr. **1907,** 1408. Fall identisch mit JEBE.
129. MEYER, FRANZ: Inaug.-Diss. Göttingen 1881.
130. MEYER, W.: Zwei Rückbildungsformen des Carcinoms. Inaug.-Diss. Zürich **1854.**
131. MICHALKIN, P.: Ein Fall von mehrkammerigem oder alveolarem Leberechinokokkus. Radikaloperation. Nov. chir. Arch. (russ.) **1,** H. 5, 654 (1925).
132. MILLER: Inaug.-Diss. Tübingen 1874.
133. MIROLUBOW: Nachr. ksl. Univ. Tomsk **1910.**
134. — Über Entwicklung des Echinococcus alveolaris beim Menschen. Virchows Arch. 208, 472 (1912).
135. MOLLARD, FAVRE: Echinococcus alveolaris du foie. Soc. méd. Hôp. Lyon, 19. Nov. **1911;** Lyon méd. **1911,** 1174; s. DAUJAT: Thèse de Lyon **1912.**
136. MÖNCKEBERG: Gumma der Leber, Carcinom oder Sarkom vortäuschend. Unterelsäss. Ärztever. Straßburg, 24. Febr. 1917. Dtsch. med. Wschr. **1917,** Nr 26, 831.
137. — Gewaltiger Echinococcus der Leber. Unterelsäss. Ärztever. Straßburg, 28. Juni 1917. Dtsch. med. Wschr. **1917,** 1342.
138. MORIN: Bull. Soc. Suisse rom. **1875,** 332; Diss. Bern 1876.
139. v. MOSETIG: 2 Fälle von Echinococcus. Ther. Wschr. **1895,** Nr 50.
140. MUNK (1869) bei VIERORDT Fall 29.
141. MÜLLER, ARTHUR: Münch. med. Wschr. **1893,** Nr 13.
142. MYSCH, W.: Zur Kasuistik der Radikaloperation beim alveolären Leberechinococcus. Chir. Arch. Weljaminowa 29, 175 (1913); Ref. Zbl. Chir. **1913,** Nr 43, **1698;** Z. org. Chir. 2, 270 [s. ALFUTOFF (4)]. — Sowohl bei ALFUTOFF als bei MYSCH abweichende Beschreibung in beiden Referaten. Übrigens die mangelhaften Schilderungen und der Gebrauch der Ausdrücke Cyste und Blase, gestielt usw. läßt den Verdacht auf gewöhnlichen Echinococcus aufkommen, zumal es sich bei dem Falle MYSCH um das bei Alveolarechinococcus noch niemals beobachtete jugendliche Alter von bloß 11 Jahren handelt (s. POSSELT, Neue dtsch. Chir. 40, 394).
143. NAHM: Über den multilokulären Echinococcus der Leber mit spezieller Berücksichtigung seines Vorkommens in München. Inaug.-Diss. München 1887.
143. NAZARI: Echinoc. moltiloc. del fegato. Boll. reg. Accad. Med. Roma 34, 28 (1907 bis 1908).
145. NERESHEIMER: Inaug.-Diss. München 1904.
146. NIEMEYER, FEL.: Lehrbuch der speziellen Pathologie, 5. Aufl., 1863 I, S. 647.
147. NITSCHE, ALFRED: Beiträge zur Statistik der Echinokokken-Krankheit in Württemberg (an Hand des Materials des pathologischen Institutes Tübingen vom 1. April 1882 bis 1. April 1923). Inaug.-Diss. Tübingen 1923/24.
148. NOTHNAGEL bei POSSELT.
149. OERTEL, HORST: A contrib. to the knowledge of the multil. echin. cyst. of the liver. Yale med. J., März 1899.
150. OSOKIN: Tagebl. Ärzteges. Kasan (russ.) **1900.**

151. Ostroumow: Moskau. med. Klin. **1894** (russ.).

152. Ott: Berl. klin. Wschr. **1867**, 299.

153. Paul, F.: Ver.igg. path. Anat. Wien, Sitzg 27. Jan. 1930; Wien. klin. Wschr. **1930**, Nr 13, 483; Dtsch. Arch. klin. Med. **168**, 79 (1930).

154. Pawlinow: S. Melnikow. Fall 3, S. 39.

154a. — S. Komarow. Protok. Moskau. med. Ges. **1893**—94, 31.

155. Peltz: Ann. städt. Krkh. München **11** (1898—1899), 106 (1901).

156. Perrin, M.: Thèse de Nancy (im Druck).

156a. Pettavel: Bull. Soc. méd. Suisse rom., Juli **1868**, s. Ducellier.

157. Philosophow, Peter: Ein Fall von Echinococcus alveolaris. Wratsch (russ.) **1907**, Nr 32.

158. Pichler: Ein Fall von Echinococcus multilocularis aus Kärnten. Z. Heilk. **19** (1898). Mikroskopische Untersuchung Chiari.

159. Plavinsky: Irkutsk. med. Ž. **3**, 259 (1926).

160. Poncet (Sargnon): Lyon méd. **86**, 475 (1897, Dez.); Soc. nat. Méd. Lyon. **1897**, 29.

161. Pommer s. Posselt.

162. Posselt: Berichte der Innsbrucker wissenschaftlichen Ärztegesellschaft (seit 1893). Vorträge und Demonstrationen, letzte 9. 1. 1931.

163. — Echinococcus multilocularis in Tirol. Dtsch. Arch. klin. Med. **59** (189).

164. — Die physikalischen Verhältnisse der Leber und Milz usw. Dtsch. Arch. klin. Med. **62**, 494—498 (1899).

165. — Zur pathologischen Anatomie des Alveolarechinococcus. Z. Heilk. **21**, H. 5, 174—187 (1900). (Schrifttum).

166. — Die geographische Verbreitung des Blasenwurmleidens, insbesondere des Alveolarechinococcus der Leber und dessen Kasuistik seit 1886. Stuttgart: Ferdinand Enke 1900. (Schrifttum).

167. — Dtsch. Ärzte- u. Naturforsch.verslg. Innsbruck, Sept. **1924**.

168. — Schweiz. med. Wschr. **1925**, Nr 26. Schrifttumsnachweise (1900—1925).

169. — Neue dtsch. Chir. **40**. IV, (1928). (Einzelschrift).

170. — Aphoristische Bemerkungen über das Blasenwurmleiden, insbesondere den Alveolarechinococcus unter kritischer Bezugnahme zum jüngsten deutschen Schrifttum. Schweiz. med. Wschr. **1930**, 9, 1153.

171. — Die pathologische Anatomie der vielkammerigen Blasenwurmgeschwulst (Echinococcus alveolaris) der Leber. Frankf. Z. Path. **41** (1931) (mit 20 Abb.).

172. — Bericht über die gesamten Eigenbeobachtungen (im Druck).

173. — Kasuistik des Schrifttums seit 1900 (im Druck).

174. Predtetschensky: Med. Obozr. Nižn. Povolzja (russ.) **1895**, Nr 10.

175. Prevost: Bull. Soc. méd. Suisse rom. **1875**, 5.

176. Priesack: Inaug.-Diss. München 1902.

177. Protopopoff: Echinokokkenmaterial der Moskauer Klinik. Zbl. Chir. **1913**, Nr 31, 1219.

178. Prougeansky: Inaug.-Diss. Zürich 1873.

179. Quervain, de: Schweiz. med. Wschr. **1921**, Nr 15, 255.

179a. — bei Dardel.

180. Rachmaninow: Bericht des Marienhospital Moskau, 1897 (Nr 644).

181. Rapp: Eine Leberlungenfistel. Inaug.-Diss. Würzburg 1867. (Krankengeschichte Fall Buhl s. o.).

182. Rasoumowski: Russ. Chir.-Kongr. Moskau, Jan. **1901**.

183. Reiniger: Inaug.-Diss. Tübingen 1890 (Baumgarten).

184. Romanow: Path. Inst. Winogradow, Tomsk 1892. Fall 32 bei Melnikow, S. 77.

185. — Nachr. Univ. Tomsk **1902**, Nr 19. Ergänzung durch Elenevsky (51).

186. Rostoski, O.: Über Echinococcus multilocularis hepatitis. Inaug.-Diss. Würzburg (1896) 1899.

187. Roth: S. Bider (11).

188. Roux (Lausanne): Sekt. Stilling, bei Melnikow Fall 84.

189. Sabolotnow: Zur Frage der multiplen Lokalisation des multilokulären Echinococcus. (Path. Inst. Ljubimow). Kasan. Ärzteges., 28. Nov. **1897** (russ.).

190. — Weiterer Echinococcus multilocularis. Dnevnik Obsh. wratsch Kasan Univ. (russ.) **1899**, 33.

191. Sawkow: Nov. chir. Arch. (russ.) **1924**, Nr 17, 96.

192. Schauenstein: Mitt. Ver. Ärzte Steiermark (U. C. Fall 154 [S. 109]).

193. SCHEUTHAUER: Med. Jb. **14**; Z. Ges. Ärzte Wien **23**, 18 (1867).
193a.— Allg. Wien. med. Ztg. **1877**, Nr 21.
194. SCHIESS: Virchows Arch. **14**, 371 (1858).
195. SCHMAUSS: Private Mitteilung.
196. SCHMIDT, M. B.: Korresp.bl. Schweiz. Ärzte **1910**, 909.
197. SCHMIDT, WALTHER: Inaug.-Diss. München 1899.
198. SCHONIN: Nov. chir. Arch. (russ.) **5**, H. 2, Nr 18, 314 (1924).
199. SCHRÖTTER u. SCHEUTHAUER: Med. Jb. **14**; Z. Ges. Ärzte Wien **23**, 23 (1867).
200. SCHWARZ: Dtsch. Arch. klin. Med. **51**, 617 (1893).
201. SCHWYZER, MARIE: Inaug.-Diss. Zürich 1912.
202. SEREBRYAKOFF: Diagnose des Alveolarechinococcus der Leber. Wratsch (**russ.**) Petersburg **13**, 812 (1914).
203. SHABOTINSKY, P.: Zur Kasuistik der multilokulären Leberechinokokken mit Metastasen im Gehirn und in der Lunge. Klin. Med. (russ.) **5**, Nr 4, 144 (1924).
204. SICENCEKI: Chirurgie (russ.) **23**, Nr 135 (1908).
205. SITTMANN, Ber. I. med. Kl. Ann. städt. allg. Krkh. München (1885—89) 1892, S. **79**.
206. STEMMLER: Inaug.-Diss. Marburg 1912, S. 13.
207. STRATHAUSEN: Inaug.-Diss. München 1889.
208. TEREGULOFF: Kasan med. Ž. (russ.) **14**, Beil. 24 (1914).
209. TERESCHKOFF: Wratsch Gaz. (russ.) **21**, Nr 23, 929 (1914).
210. TEUTSCHLÄNDER: Korresp.bl. Schweiz. Ärzte **1907**, Nr 13.
211. THALER, M.: Inaug.-Diss. München 1892.
212. THEOBALD: Inaug.-Diss. München 1906.
213. TSCHERINOW: S. PREDTETSCHENSKY, Med. Obožr. Nižn. Povolzja (russ.) **43**, 961, (Sekt. KEDROWSKY.)
214. TSCHMARKE: Inaug.-Diss. Freiburg 1891.
215. VIERORDT, H.: Abhandlung über den multilokulären Echinococcus. Freiburg i. B. 1896.
216. — Der multilokuläre Echinococcus der Leber. Berl. Klin., Okt. **1890**, H. 28.
217. VIRCHOW: Die multilokuläre exulcer. Echinokokkengeschwulst der Leber. Verh. physik.-med. Ges. Würzburg, Sitzg 10. März u. 12. Mai 1855; Virchows Arch. **10**, 86 (1856).
218. — Berl. klin. Wschr. **1884**, Nr 6.
219. VULPIUS: Kazan med. Ž. (russ.) **9**, 349 (1909).
220. WAKULENKO: Irkusk. med. Ž. **1925**, Nr 10, 1049.
221. WALDSTEIN: Virchows Arch. **83**, 41 (1881).
222. WARTMINSKIJ, P.: Nov. chir. Arch. (russ.) **1928**, 128.
223. WEBER: Rev. méd. Suisse rom., Mai **1901**, No 5.
224. WILLE: Gen.ber. Sanit.verwalt. Bayern 1892 u. 1893; s. POSSELT: Fälle 133 u. **134** (S. 49—54).
225. WINOGRADOW: Tagebl. Ärzteges. Kasan **1894**, 182.
226. WLASSOW bei MELNIKOW: 7. Kongr. russ. Ärzte (PIROGOFF). Kasan **1899**.
227. WOLOWNIK, B. A.: Über den multilokulären Echinococcus mit spezieller Berücksichtigung seines Vorkommens in der Schweiz. Diss. Zürich 1903.
228. WOLYNZEW, G. J.: Chir. Moskau **7**, Nr 40 (1900).
229. WYSS, O.: S. PROUGEANSKY. Diss. Zürich 1873.
230. WYSSOKOWITSCH: Arb. Ärzteges. Kiew **1900**.
231. ZÄSLEIN, TH.: Über die geographische Verbreitung und Häufigkeit der menschlichen Entozoen in der Schweiz. Korresp.bl. Schweiz. Ärzte **11**, 682 (1881).
232. ZELLER, E.: Alveolarkolloid der Leber. Inaug.-Diss. Tübingen 1854.
233. ZEMANN bei POSSELT: c. l. 1900. Fall 135, S. 54 P. A. 1900, S. 192, 2 Abb. (Tafel **VI**, Fig. 6a, Taf. IX, Fig. 4); Neue dtsch. Chir. **40**, 321 (1928).
234. ZINN: Inaug.-Diss. Heidelberg 1899.
235. ZSCHENTZSCH, ANNA: 5 Fälle von Echinococcus multilocularis der Leber. Inaug.-Diss. Zürich 1910.

Einleitung.

Die Bedeutung des Alveolarechinococcus wird auch jetzt noch immer so gewürdigt, daß jede einzelne Beobachtung der Veröffentlichung wert gehalten wird; wir sehen deshalb im Schrifttum zumeist Inaug.-

Dissertationen, Vorweisungen in den verschiedenen medizinischen Gesellschaften, Krankenhausberichte.

Im Jahre 1886 erschien VIERORDTs [1] Einzelschrift. In der unserigen [2] wurde das Schrifttum bis 1900 fortgesetzt. Der pathologischen Anatomie und allgemeinen Pathologie des Alv. ech. widmete ich eine Abhandlung [3]. MELNIKOW-RASWEDENKOWS [4] Einzelschrift fußt zwar auch auf diesen Gegenstand, sie ist jedoch viel zu einseitig auf seine „Embryonen-Theorie" eingestellt. Die wertvollen kleineren Schriften DÉVÉS [5] beziehen sich mehr auf die zoologisch-parasitologische Seite. Verschiedene Fragen der allgemeinen Pathologie und pathologischen Anatomie fanden auch Aufnahme in einer Reihe weiterer Veröffentlichungen [6]. Das reiche Schweizer Material wurde von DARDEL [7] niedergelegt. Auf Grund unserer reichen Eigenbeobachtungen (über 60 Fälle) aus dem von uns aufgedeckten nordtiroler Herd, der im geographischen Vorkommen am meisten verseucht ist, wurde die makroskopisch pathologische Anatomie in unserer jüngsten Arbeit (171) behandelt.

Vorliegende Blätter übernahmen die einschlägigen Schrifttumserläuterungen.

Die Hauptaufgabe unserer jetzigen Abhandlung ist die Erörterung der gesamten Pathologie des Alv. ech. der Leber in bezug auf die allgemeine und vergleichende Leberpathologie, der in der parasitären Ansiedlung und im Wirtsorgan auftretenden Veränderungen, der Vergleiche mit den beim cyst. Ech. und bei anderen Geschwulstbildungen sich findenden und zahlreichen Einzelfragen auf Grund des gesamten allstaatlichen, außerordentlich zerstreuten und schwer zugänglichen (z. B. russ.) Schrifttums, welches zum großen Teil bisher im Deutschen noch unbekannt blieb, ferner der Einbeziehung zahlreicher noch nicht veröffentlichter Beobachtungen aus den übrigen Gebieten des Vorkommens (Süddeutschland, Schweiz und den österreichischen Alpenländern).

Stets fanden die Fragen und Bedürfnisse der praktischen klinischen Medizin Berücksichtigung.

Es soll gar nicht verhehlt werden, welch große Schwierigkeiten eine allen Dingen gerecht werdende Einteilung, die immer wieder abgeändert werden mußte, bot. Schließlich wurde sie zur raschen Übersicht in vorliegender Fassung gewählt.

---

[1] VIERORDT, H.: Abhandl. über d. multilok. Ech. Freiburg i. B.: Mohr (P. Siebeck) 1886.

[2] POSSELT: Die geograph. Verbr. des Blasenwurmleidens, insbes. des Alv. ech. der Leber und dessen Kasuistik seit 1886. Stuttgart: F. Enke 1900.

[3] POSSELT: Zur patholog. Anatomie des Alv. ech. Z. Heilk. 21, H. 5 (1900); Wien-Leipzig: W. Braumüller 1900.

[4] MELNIKOW-RASWEDENKOW: Studien über den Ech. alv. sive multiloc. Jena: G. Fischer 1901.

[5] DÉVÉ: Echinoc. hydat. et echinoc. alveol. Soc. Biol., 14. Nov. 1903. — Sur quelques caract. zool. de l'éch. alv. bavaro-tyrolienne. Soc. Biol., 21. Jan. 1905. — Echinoc. alveol. et Echinoc. hydat. 1. Congr. internat. Path. comp. Paris, Okt. 1912.

[6] POSSELT: Der Ech. multiloc. in Tirol. Dtsch. Arch. klin. Med. 59 (1897). — Zur Pathol. des Ech. alv. 63 (1899). — Die Stellung des Ech. alv. 77. Verslg dtsch. Naturforsch. Meran, Sept. 1905; Münch. med. Wschr. 1906, Nr. 12. — Über den Alv. ech. Dtsch. Ärzte- u. Naturforsch.-Verslg Innsbruck, Sept. 1924. — Über Klin. und Pathol. des Alv. ech. der Leber. Schweiz. med. Wschr. 1925, Nr. 26 — Der Alv. ech. und seine Chirurgie. Neue dtsch. Chir. 40. Die Ech.krankheit. Stuttgart: F. Enke 1928.

[7] DARDEL, G.: Das Blasenwurmleiden in der Schweiz, spez. seine Verbreitung bei Mensch und Vieh und das Verhältn. von Ech. alv. zu hydat. mit Vorwort von POSSELT. Bern: A. Francke 1927.

[8] POSSELT: Frankf. Z. Path. 41 (1931).

Die Alveolarechinokokkengeschwulst [1] zeigt nach Art einer bösartigen Neubildung ein vollkommen unregelmäßiges Wachstum in Form einer das Parenchym des befallenen Organes regellos infiltrierenden und durchwachsenden Geschwulst.

Auf dem Durchschnitt bietet die parasitäre Bildung in ihrer vollen Entwicklung ein ungemein charakteristisches Aussehen dar, sie offenbart sich als eine weiße, weißgraue, gelblich bis weißgrünliche, zumeist sehr auffallende harte Neubildung, deren Stroma aus einem weißlichen, grauweißen, manchmal gallig nicht selten stellenweise gelblich bis grün in verschiedenen Abstufungen gefärbten derben, schwieligen, streckenweise auch verkalkten, schwer zu schneidenden und knirschenden Bindegewebe besteht, in welchem sich eine Alveolenbildung bemerkbar macht.

Die Schnittfläche erhält ein eigentümliches löcheriges siebähnliches, poröses Aussehen. In dem makroskopischen Beschreibungen wollen die zahlreichen und mannigfachen Vergleiche, so z. B. mit „feinschwammigem" oder „grobporigem" Brot, Schwarzbrot, mit „Bienenwaben", „ordinärem löcherigem Käse", „Badeschwämmen", „wurmstichigem Holz" u. dgl. nichts anderes sagen, als daß es sich um einen alveolären Aufbau der Geschwulst handelt. Die Bläschen liegen niemals in einer gemeinsamen Mutterblase, es gibt auch keine Tochterblasen.

In der Regel zeichnet sich diese Lebergeschwulst durch eine ganz besonders auffallende Härte, Derbheit aus.

Auch die russischen Forscher legen der überaus großen Härte der Geschwulst die allergrößte Bedeutung bei.

Als wichtigstes Zeichen betont KONOKOTIN (96) die holzartige feste Konsistens der Leber. WAKULENKO (220) bezeichnet sie als hart wie Stein und stellt bei der Diagnose die „Eisenhärte" der palpablen Geschwulst an erster Stelle.

---

[1] Wie immer wieder hervorgehoben werden muß, sollte sich für diese Form allgemein die Bezeichnung „Alveolarechinococcus" einbürgern, weil multilokulär, wie aus der Durchsicht der Echinokokkenliteratur erhellt, so ungemein häufig mit „multipel" (das ist vielfache Entwicklung gewöhnlicher cystischer Echinokokken), namentlich im romanischen Schrifttum verwechselt wurde, dann aber auch, weil dadurch dem charakteristischen „alveolären" Aufbau der Geschwulst viel mehr Rechnung getragen wird.

So vollständig und genau sonst die Schrifttumsangaben im Index Catalogue sind, so wurde auch hier die immer wiederkehrende Verwechslung „multipel" mit „multilokulär" gemacht.

Unter der Rubrik Hydatids (Multilocular and Alveolar) Third Series Vol. VI. Washington 1926, S. 863 werden 10 Arbeiten, bei denen schon aus dem Titel die multiple Natur hervorgeht, geführt.

Zudem kommen noch einige, bei denen die Lektüre die unrichtige Bezeichnung als alveoläre bzw. multilokulär ergibt.

Und vollends beim Artikel LIVER (Hydatids of, Multilocular Vol. 7, p. 730 1928) finden sich unter 33 Schrifttumsangaben nur 5, die wirkliche Alveolarechinokokken betreffen.

HOPPE-SEYLER (Die Krankheiten der Leber, 2. Aufl. 1912, S. 644) führt an, daß in einer englischen Übersetzung der 1. Auflage dieses Werkes von dem amerikanischen Herausgeber leider Zusätze beim Alveolarechinococcus gemacht werden, welche cystische Echinokokken betreffen.

Unter Einbeziehung der Verhältnisse in der Tiermedizin vergrößert sich der Wirrwarr noch mehr, wie eine Reihe von Aufsätzen dartut u. a. der von Ross. J. CLUNIES [Echinoc. multiloc.: What is meant by this term? Med. J. Austral. 1, Nr. 14, 372 (1923)], bei dem sich übrigens eine Reihe von Unrichtigkeiten über den menschlichen Alveolarechinococcus finden.

I. Bau der vielkammerigen Blasenwurmgeschwulst der Leber.

1. Allgemeine Übersicht.

Kaum je eine Geschwulstbildung zeigt so mannigfaches buntes Aussehen wie der Alveolarechinococcus. Alle Einteilungen nach verschiedenem Aufbau bieten gewisse Schwierigkeiten, da der makroskopische Anblick bei demselben parasitären Tumor in verschiedenen Gegenden dieses äußerst verschieden sein kann.

Nach den pathologisch-anatomischen, bzw. histologischen Befund unterscheidet MELNIKOW (127) (S. 184) 3 Haupttypen:
1. Alveolärer Typus 47%.
2. Caseöser 21%.
3. Gemischter 27%.

Diese auch von DAUJAT (35) übernommene Einteilung ist allzu schematisch, denn es kommt hiebei vor allem auf die Chronologie der Entwicklung und die inneren Verhältnisse der Geschwulstblutversorgung usw. an, so daß hier in keiner Hinsicht grundsätzliche Verschiedenheiten mitspielen (s. Metastasen und extrahepat. Sitz). Wenn MELNIKOW noch einen 4. narbig-alveolären Typ und 5. eine Echinococcuscirrhose verzeichnet (mit insgesamt 4 Fällen) so heißt dies der Sache noch mehr Zwang antun.

Die Einteilung DAUJATs nach den klinischen führenden Zeichen in: ikterische, ascitische und kachektische Form entbehrt der wissenschaftlichen Basis und kann höchstens als ganz allgemeine Orientierung zur raschen Bezeichnung des Hauptsyndroms angesehen werden.

2. Größe und Form der bläschenartigen Hohlräume (Alveolen) und sonstige Eigenheiten.

Das Charakteristische für den vielkammerigen, vielfächerigen Blasenwurm, den Alveolarechinococcus sind die auf dem Durchschnitt deutlich ausgeprägten kleinen Hohlräumchen in dem Gewebe, die zur Bezeichnung „Alveolar"-Echinococcus Anlaß gaben. Dieses eigenartige, siebähnliche, löcherige, poröse Aussehen führte eben zu den eingangs erwähnten zahlreichen Vergleichen der Beobachter. Mit den Verhältnissen der „Alveolen" müssen wir uns etwas näher beschäftigen. Wir verstehen unter diesen die kleinen im Gewebe eingebetteten Hohlräumchen, in denen kolloide ausschabbare Pfröpfe die parasitären Bildungen darstellen, die mikroskopisch die Chitinbläschen als Auskleidungen der Alveolen in mannigfacher Art erkennen lassen. Im Schrifttum begegnet man immer wieder unrichtigen Benennungen: sowohl die Alveolen als auch die Parasitenbläschen werden als Cysten bezeichnet (s. u.).

Ganz irrtümliche Auffassungen bestehen auch beim cystischen Echinococcus hinsichtlich der Namengebung bei den Beschreibern, wie u. a. ganz besonders HOSEMANN (N. d. Ch. 540. Bd., S. 17) hervorhebt. Es bezieht sich dies vor allem auf die fälschliche Anwendung der Ausdrücke Membran und Cyste. Es ist wenig zutreffend, sagt er, wenn man den Finnenbalg in der Leber als „Membran" (Wirtsmembran, menschliche Membran) bezeichnet, was zu Verwechslungen führt. Noch schlechter ist die ziemlich verbreitete Bezeichnung (Franzosen) „Cyste" für die fibröse Kapsel. Sie hat schon häufig zu Verwechslungen mit der „Echinococcuscyste" geführt. Zum Schlusse heißt es: „lassen wir die Wörter „Membran und Cyste" möglichst ganz fort.

Wir haben eine fibröse Kapsel (Wirtsbalg) und haben eine Hydatide (Echinococcusblase) mit geschichteter Cuticula (Chitinhülle) und Keimschicht. Dann kann kein Irrtum unterlaufen."

In klassischer Weise nimmt DÉVÉ [1] in einer jüngsten Veröffentlichung Stellung gegen den Wirrwarr mit der Bezeichnung „Cyste" beim Echinococcus, bei der alles mögliche zusammengeworfen wird, und zwar in den verschiedensten Sprachen.

Wir müssen HOSEMANN und DÉVÉ voll und ganz beistimmen. Um so mehr müssen wir uns gegen den ganz unrichtigen und irreführenden Ausdruck „Cyste" beim Alveolarechinococcus wenden, da dieser die Verwirrung noch größer macht.

Wie wir weiter unten nochmals betonen, wird sogar seitens der verschiedensten Beschreiber, Kliniker und Pathologen für die „Zerfallshöhle" im Inneren der parasitären Geschwulst immer wieder der grundfalsche Ausdruck „Cyste" gebraucht. Beim Alveolarechinococcus hat die Bezeichnung Cyste überhaupt wegzubleiben.

Gegen die irrige Auffassung MELNIKOWS (127) (S. 191) muß Stellung genommen werden. Nach ihm stellen die Alveolen Hohlräume dar, welche durch das Zusammenfließen mehrerer „Gefäßdurchschnitte" infolge von Durchbohrung der Scheidewände durch den Parasiten entstanden sind. Eine solche Verallgemeinerung trifft weder für die Gefäße noch für andere Kanalsysteme zu. Nähere Erörterungen bleiben der mikroskopischen Besprechung vorbehalten. — Wenn sich auch die vielkammerige Blasenwurmgeschwulst durch die Kleinheit der Alveolen auszeichnet, so wechseln diese doch in ihrer Größe zwischen mikroskopisch kleinen Poren, kaum stecknadelstich- bis erbsengroßen Hohlräumen. Als grobes Mittel können wir Stecknadelkopf- bis Pfefferkorngröße annehmen. Nach MELNIKOW messen die Alveolen durchschnittlich 1—5 mm, in Ausnahmefällen erreichen sie die Größe von 1 cm.

Was nun die spezifischen parasitären Elementen in den Alveolen anlangt (deren nähere Erörterung einer späteren Mitteilung vorbehalten bleibt), so begegnen wir hier gleich Schwierigkeiten in der Benennung.

Vor allem muß aus den mehrfach erwähnten Gründen der Ausdruck Cysten und Cystchen ganz vermieden werden. (Wir begegnen dieser störenden Bezeichnung sowohl für die Alveolen wie für die speziellen Bläschenelemente), vor allem wegen der Irreführung mit dem cystischen Echinococcus [2].

Wenn man den Inhalt der Alveolen unterschiedslos als „Alveolarechinococcusbläschen [3]" bezeichnen würde, so stört hier auch eine gewisse Unsicherheit, da viele Verfasser die Bezeichnung Bläschen für die Alveolen verwenden, andererseits aber auch die parasitären Gebilde an sehr vielen Stellen der Geschwulst auch gar nicht die Gestaltung wirklicher Bläschen haben, sondern auch die allermannigfachsten Hohlräumchen (Alveolen) zur Gänze oder teilweise auskleiden.

In den von Haus aus rundlichen Räumen trifft man auch die schönst entwickelten Bläschen. Die aus den Hohlräumchen aushebbare, gallertartige, kolloide, honigartige gelbbraune Substanz schmiegt sich zumeist ganz den Alveolarwandungen an und ahmt so deren mannigfache, rundliche, ovale, in die Länge gezogene oder ganz unregelmäßige Gestalt nach.

---

[1] DÉVÉ, F.: L'échinococcose vertebrale etc. Ann. d'Anat. path. 5, No 8, 841 (842—846), (1928, Nov).

[2] Vgl. unten „Lebercysten" und „Größe der Echinococcuscysten".

[3] WOLYNZEW (228) schlägt vor, um die so häufigen Verwechslungen zwischen multilokularem und dem multiplen gewöhnlichen Echinococcus zu vermeiden, den ersteren den alveolären als parvivesicularis zu bezeichnen, was jedoch nach unserer Ansicht keine zutreffende Bezeichnung ist, indem das Kriterium für den Alveolarechinococcus gewiß nicht allein in der Kleinheit der Bläschen besteht, sondern im charakteristischen Gesamtaufbau, wobei zudem der gewöhnliche Echinococcus in bestimmten Formen (experim. secund. Peritonealechinococcus und solcher der Spongiosa des Knochens) kleincystisch sein kann.

Je mannigfacher und unregelmäßiger sie gestaltet, vor allem je größer sie sind, desto wahrscheinlicher ist ihre Entstehung aus mehreren zusammengeflossenen, wie man sich am besten durch Ausspülung ihres Inhaltes überzeugen kann.

Sind die Hohlräumchen klein, so gilt dies natürlich auch von dem Inhalt, den Bläschen und bläschenförmigen Bildungen, Chitinblasen und -Membranen.

Im übrigen darf man nie vergessen, daß das Form- und Gestaltbedingende der vorliegende Parasit selbst ist.

Die alten Forscher vergleichen vielfach den Inhalt der Alveolen mit Frosch- oder Fischlaich. Wenn W. Fischer[1] schreibt: „Sind in den kleinsten Cysten (recte Alveolen, der Verf.) Skolezes in sehr großer Menge vorhanden, so ähnelt das Bild dem von feinsten Fischlaich", so wurde gegen diesen Lapsus wegen der äußerst seltenen „Fertilität" und Unmöglichkeit aus mikroskopischen Gründen schon anderenorts[2] Stellung genommen.

a) Auffallende Größe der Alveolen.

Hinsichtlich der Größe nach der oberen Grenze hin führt Vierordt in seiner Zusammenstellung 7 Fälle an, bei denen erbsengroße Hohlräume angetroffen wurden.

In einem an Niemeyer (146) (Tübingen) überschickten, fälschlich als Carcinom gedeuteten Präparat zeigten sich an der Peripherie bis zu Kirschengröße. Der einzige Ausnahmefall in der kasuistischen Zusammenstellung von Melnikow mit 1 cm Größe betraf ein altes Präparat des Moskauer pathologischen Institutes.

Fall 34, Präparat des Münchner pathologischen Institutes (wahrscheinlich 3., richtig jedoch 4. Fall von Nahm (143): derbes Alveolarechinococcus-Knötchen unmittelbar unter der Leberkapsel (1,4 : 2 : 3 cm). Auf dem Durchschnitt sieht man zwei, Chitinpfröpfe enthaltende, große Alveolen. Die Durchmesser der einen betragen 0,2 und 0,5 cm, der der anderen beträgt 0,5 cm.

Beim 1. Falle Elenevsky (51) (1907) zeigte die Diaphragmageschwulst bis zu $^1/_2$ cm messende größere Alveolen, welche faltige Echinococcusbläschen beherbergen.

Größte Beachtung verdient die einzige Beobachtung primären und ausschließlichen Befallenseins des Lobus quadratus (s. d. S. 495) in einem Tübinger Präparat (397, 25. III. 1895, Melnikow Fall 53), bei dem an dieser birnförmigen Geschwulst in der Nähe der großen Gallengänge bedeutende, erbsengroße Alveolen mit kolloidem Inhalt gefunden wurde. [Nitsche (147) bezeichnet sie jedoch nur bis erbsengroß, s. u.]

In den letzten $2^1/_2$—3 Dezennien finden sich im Schrifttum keine weiteren Beobachtungen mehr mit großen Alveolen der parasitären Lebergeschwulst.

Unter allen unseren Eigenbeobachtungen konnten wir nur bei 2 Leberfällen auffallend große Alveolen in beschränkter räumlicher Anordnung finden.

XIII. 35jähr. Bäuerin Sekt. 26. Sept. 1895. 3807/190. Auffallend große Bläschen (in max. 7 : 9 mm) entsprechen den runden buckeligen Vorwölbungen an der Oberfläche des Knotens. (S. P. A. 1900. Tafel IX. Fig. 3).

---

[1] Fischer, Walter: Tierische Parasiten der Leber. Henke-Lubarsch: Handbuch der speziellen pathologischen Anatomie, Bd. V, S. 738 (1930. S. 743).

[2] Siehe Posselt (170).

Entstehung aus vielfachen zusammengeschmolzenen kleineren noch erkenntlich **an** den zwei allergrößten Alveolen. Diese Beobachtung ist um so bemerkenswerter als diese Ansiedelung ausnahmsweise den Rand betrifft.

Nach verschiedenen Richtungen ist der zufällige Obduktionsbefund eines kleinen Alveolarechinococcus bei unserem Falle XVIII. (P. **1900**, Nr 151, S. 100) zu beachten. 56jähr. M., Sekt. 25. Juni 1897. Pr. Nr. 4379/190. Ansiedelung von der Größe einer großen Dattel; System communicierender oder isolierter Hohlräume von Linsen- bis über Erbsen- selbst fast Bohnengröße.

MELNIKOW (S. 147) bemerkt dazu: Im Durchschnitt zählt man etwa 5—6 große Alveolen, von denen eine jede einer Gruppe interlobulärer Gefäße (Art. hep., V. portae et Vasa bilif. entspricht.

Die Gefäßwände sind durch den Parasiten vernichtet worden. Mehrere Gefäßdurchschnitte haben sich zu einer Höhle vereinigt.

Anläßlich der Besprechung der mikroskopischen Verhältnisse werden diese Befunde und die Frage der Vortäuschung von Gefäßen bei den Alveolarwandungen zu erörtern sein.

Auseinanderweichen von Alveolarwandungen mit Zusammenschmelzen verschiedener kleinerer in Gruppen zeigt ein altes Innsbrucker Museumspräparat Vd. 75. Gelblichbräunlicher hyaliner Inhalt mit massenhaft braungelblichem bis dunkelbraunem Gallenpigment. Um die Alveolen und Alveolengruppen mächtige dichte Bindegewebszüge.

Im allgemeinen ist die Größe der Alveolen meist unabhängig von der Größe der parasitären Geschwulst.

Recht mannigfaltig gestaltet sich die Verteilung der Alveolen ihrer Menge, Größe und Gestalt nach in den parasitären Geschwulstbildungen. Meist sind sie an der Peripherie reichlicher vorhanden, obwohl hier auch ganz verschiedenes Verhalten Platz hat.

Gewöhnlich zeigen sich, falls solche Größenunterschiede bestehen, die größeren Alveolen in Mitten, die kleineren am Rand der Geschwulst. Selten zeigt sich umgekehrtes Verhalten.

A. BAUER (6) (1872). 31. F. VIERORDT. Kleine rundliche, mit festem Gallertpfropf gefüllte Hohlräume von Sand- oder Mohnkorn- bis Hirsekorngröße, verhältnismäßig nur wenige erbsengroß, dies namentlich an der Peripherie der Geschwulst.

KRÄNZLE (98) (1880 1 F. 49 Beob. bei VIERORDT). Zahlreiche, punktförmige, stecknadelkopf — fast erbsengroße, rundliche Lücken, welche im Zentrum minder dicht als an der Peripherie stehen; die größten Lücken stehen am Rande des Knotens und sind erfüllt teils mit transparenten, weichen Häuten und Schalen, teils scheinbar formlosen, weichen gallertartigen Klümpchen.

Bei einigen Alveolar echinococcus-Ansiedlungen im Gehirn konnten auffallend große Alveolen festgestellt werden, bei denen durchwegs sehr deutlich die Entstehung durch Zusammenfließen mehrerer kleinen nachweisbar ist.

Außer bei dem primären Fall von ROTH-BIDER (11) (1895) bei einer Reihe sekundärer Gehirnknoten ELENEVSKY (51) (1907), ZSCHENTZSCH (235) (1910), v. HIBLER (74 u. 74a) (1910) (vgl. unsere Abh. N. D. Chir. 1928. 40, Fig. 8, 9, 28), EICHHORST (50) (1910).

Die unzutreffenden Schlüsse JENCKELS (85) (1903) (S. 15) in dieser Frage, den Knochenechinococcus betreffend, werden bei der mikroskopischen Besprechung der Alveolarechinococcus-Geschwulst der Knochen eingehend zu erörtern sein, ebenso bei den Fragen über Dualitätsbeweise.

b) Äußerste Kleinheit der Alveolen.

Nach der untersten Grenze hin gibt es die verschiedensten Abstufungen. Mitunter sind die Alveolen so klein, daß sie mit freiem Auge kaum wahrgenommen, und dies gerade sind die Fälle, die am ehesten mit bösartigen Neubildungen, Gummata usw. verwechselt werden können, zumal, wenn größere Abschnitte der Geschwulst solches Verhalten zeigen. Sehr schwierig kann sich die Diagnose gestalten, wenn die Alveolen entweder äußerst klein und ganz uncharakteristisch in ihrem Verhalten sind, oder wenn solche nur äußerst spärlich vorkommen.

Als Beispiel für ersteres weise ich auf die Beobachtung gleichzeitigen Vorkommens beider Arten, des cystischen und alveolären in derselben Leber hin, Fall 135 unserer Sammelforschung (ZEMANN), bei dem der Lobulus Spigeli ganz gleichmäßig mit allerfeinsten nadelstichgroßen, dicht beieinander stehenden Alveolen durchsetzt war (s. P. A. 1900, Tafel IX, Fig. 4) und die von FR. MEYER (129) nur mikroskopisch sichtbaren Alveolen (s. S. 473).

Bei einem unserer früheren Eigenfälle mit Sitz im rechten Lappen wurde klinisch die Diagnose auf Alveoloarechinococcus gestellt, bei der Nekropsie bot sich jedoch makroskopisch völlig das Bild eines Leber-Carcinoms. Die mikroskopische Untersuchung klärte sofort den Fall als Alveolarechinococcus auf. Es war hier zufällig beim Durchschneiden des Tumors eine Fläche getroffen, die durchwegs nur solche allerkleinste Alveolchen darbot und zugleich in spärlicher Menge.

Für diese zweite Möglichkeit äußerst spärliches Vorkommen von Alveolen möchte ich auf einige Beispiele in Kürze hinweisen.

Bei der fast den ganzen rechten Lappen erfüllenden Geschwulst A. BAUERs (6) ohne Zerfallshöhlen treten die Alveolen ganz in den Hintergrund.

Das Gerüstwerk macht die größere Hälfte der Geschwulst aus. Ungewöhnlich starke Schwielenbildung bei höchst spärlichen Alveolen, die zumeist sehr klein waren, zeigte ein altes Grazer Museumspräparat (Nr. 862. 19. II. 1865).

Durch große Seltenheit, Variabilität der Verteilung kennzeichnete sich ein Fall von BIRCH-HIRSCHFELD und BATTMANN (12) (1878). Die Geschwulst von fester Konsistenz mit streifigen Ausläufern, ohne scharfe Begrenzung. In der weißen bis grauweißen Grundsubstanz in wechselnder Reichlichkeit kleine Cysten (rechte Lücken) von kaum sichtbarer bis Stecknadelgröße.

Die Verteilung der Hohlräume war eine derartige, daß oft größere, bis über 12 ccm große, Partien der Geschwulst vollkommen homogen, keine Hohlräume enthalten vom Verhalten einer scirrhösen Neubildung waren; an anderen Stellen fanden sich dann meist sehr kleinen Cysten (s. o.) in weiten Abständen, wieder an anderen waren die Hohlräume reichlicher, flossen zu Gruppen zusammen und gaben der Geschwulst ein fein kavernöses Aussehen. Es können also auch aus diesem Verhalten sehr bunte Bilder hervorgerufen werden.

Einen weiteren wie oben erwähnten Bau zeigte die Neubildung in einem Falle PAWLINOWs (Inn. Kl. Moskau 1893 bei MELNIKOW F. 3).

Die Lebergeschwulst ist in weiter Erstreckung käsig entartet, doch läßt sich in ihr fast gar kein alveolärer Bau konstatieren. Nur selten stößt man auf 1—1,5 mm große Kolloidpröpfe enthaltende Alveolen.

Bei MELNIKOWs Fall 6 (TSCHERINOW 1894) (bzw. PREDTETSCHENSKY, unsere C., Fall 126) war der alveoläre Bau so schwach ausgeprägt, daß es schwer fällt, ohne mikroskopische Untersuchung den wahren Bestand der Neubildung zu bestimmen. Es wies diese käsige Entartung und feinnetzigen Bau auf, während Alveolen nicht zu finden waren. Nur mikroskopisch konnten im Schwielengewebe Alveolen gefunden werden. In einem Falle RACHMANINOWs (180) (1897) (MELNIKOW Fall 22), bei dem der ganze rechte Leberlappen von einem gelblichen, derben stellenweisen verkalkten Knoten mit zentraler Zerfallshöhle eingenommen ist, war in dem größten Teil der Geschwulstmasse alles verschwommen, von der Leberzeichnung nichts mehr wahrzunehmen. Das Bild erinnert an dasjenige eines Gummas oder eines Solitärtuberkels. Die für Alveolarechinococcus typischen Alveolen fehlen fast ganz. Nur bei genauer Betrachtung vieler Durchschnitte kann man mit Not einzelne kleine Hohlräume mit kolloidem Inhalt gewahren. Stellenweise tritt der feinnetzige Bau der käsig entarteten Neubildung mehr oder weniger deutlich hervor.

In dem makroskopisch für Carcinom gehaltenen Alveolarechinococcus des linken Leberlappens, über den LEWALD (111) berichtet, zeigte sich zwar eine kleine Zerfallshöhle, in der gesamten Peripherie jedoch war nur äußerst dichtes fibrilläres Bindegewebe. Erst die wiederholte eingehende mikroskopische Untersuchung ließ ganz spärliche, allerkleinste mikroskopische Bläschen erkennen (vgl. S. 475).

Bei einem Probeexcisionsstückchen, das PHILOSOPHOW (157) erhielt, zeigten sich am Durchschnitt nur allerkleinste, mit bloßem Auge eben noch erkennbare Hohlräumchen,

z. T. mit geschichteten Wandungen.   — Durch mächtigste Bindegewebsentwicklung mit völligem Zurückweichen spärlichster, allerkleinster Alveolen zeichnete sich die Beobachtung von DESOIL (38) aus, bei der sich makroskopisch das Organ wie bei Cirrhose oder Tumor (Gummen) verhielt.

Als ein klassisches Beispiel dieser Art muß der Befund MÖNCKEBERGs (137) gelten; bei dem Kranken, welcher mit der Diagnose Carcinom oder Sarkom zur Obduktion kam, fand sich eine mächtige Bildung, die als Gumma der Leber (auch mikroskopisch) demonstriert wurde. Erst bei nachträglicher nochmaliger mikroskopischer Untersuchung konnte die Diagnose als Echinococcus multilocularis gestellt werden. Die einzelnen Blasen waren hier nur sehr klein und völlig kollabiert, enthielten außer den dünnen Membranen keine gallertartigen Massen, wodurch das sonst charakteristisch poröse Aussehen der Schnittfläche fehlt (das früher zu Verwechslungen mit Gallertkrebs führte).

Enorme Entwicklung von verkäsendem Granulationsgewebe. —

Eigenbeobachtung V mit starkem Bindegewebsstroma erinnert an eine syphilitische Geschwulst und zeigt nur äußerst spärlich Alveolen. (Ähnlich wie Beobachtung von ROUX, bei MELNIKOW, Fall 84.)

Fall 15. Kindskopfgroßer Tumor z. B. läßt nur ganz kleine und äußerst spärliche Alveolen erkennen.   Eine ganz besondere Kleinheit zeigen die dünn gesäten solchen bei Fall 38 und 55.

c) Sonstige Eigenheiten zum Unterschied vom cystischen Echinococcus.

Eine spezifische Eigenheit der alveolären Echinococcusgeschwulst ist das Fehlen von Flüssigkeit in den Blasenbildungen gegenüber der typischen, charakteristischen Hydatidenflüssigkeit des gewöhnlichen Blasenwurms. Die Echinococcusbläschen beim alveolaren nehmen nach ELENEVSKY (51) zwar allmählich an Größe zu, infolge einer mangelhaften Differenzierung der Embryonalschicht produzieren sie jedoch keine genügende Menge spezifische Flüssigkeit und letztere füllt sie infolgedessen nicht prall an, weshalb sie kollabieren.

Bei der JAHNschen (82) Annahme von der Wachstumsart beim Alveolarechinococcus ist Stellung zu nehmen gegen die Ansicht, daß die Füllung und der Flüssigkeitsdruck das Gewebe verdrängen und dadurch das Fortwuchern begünstigen. Wir sehen uns auch ganz vergebens in der Alveolarechinokokkenkasuistik um prallgefüllte Blasen um.

Nur die fast pflaumengroße Blase im linken Scheitellappen bei der bemerkenswerten Beobachtung v. HIBLERS (74a) zeigte das ungewöhnliche Verhalten, daß sie mit klarer, wäßriger Flüssigkeit erfüllt war.

An anderer Stelle wird gezeigt, daß es sich hierbei in keiner Weise um eine Kombination beider Arten oder Übergangsform gehandelt hat. Wie es beim Alveolarechinococcus niemals mit Flüssigkeit erfüllte Mutterblasen gibt, so auch niemals frei in der Flüssigkeit schwimmende Tochter- oder Enkelblasen wie beim cystischen, hydatitosen Echinococcus. Wo derartiges oder ähnliches gemeldet wird, handelt es sich immer um die stets wiederkehrende Verwechslung von multilokulären und multiplen cystischen.

Die Natur der so äußerst seltenen freischwimmenden Bläschen beim Alveolarechinococcus ist ja beim ersten Anblick durchaus verschieden von den in der Muttercystenflüssigkeit schwimmenden Hydatiden des cystischen. Während letztere parasitären Bildung von Haus aus eigen sind und ihr den Charakter verleihen, bereiten beim alveolären erst die mächtigen nekrotischen Vorgänge im Innern sekundär eine Zerfallshöhle mit Jauche-Flüssigkeitsansammlung, in welcher durch nekrotische Prozesse aus den Alveolen höchst selten frei werdende Bläschen suspendiert erscheinen können. Derartigen ganz vereinzelten Befund verzeichnet z. B. v. BUHL (26) (1876—77). 1. Fall.

Alveolarechinococcus mit Verkäsung fast des ganzen r. L. In demselben einzelne kleine Kavernen mit im Inhalt freischwimmenden grießkorngroßen Echinococcusbläschen.

Als weiterer Fall wäre einer in der DARDELschen Statistik ganz kurz erwähnter, jedoch erst jüngst von KLAGES (89) näher beschriebener aus Genf anzureihen.

Zerfallshöhle mit 3 Liter Inhalt. In der beim Stehen überstehenden Flüssigkeit eine winzige kleine Anzahl kleiner Bläschen an der Oberfläche zu bemerken, die keine Luftblasen sind, sondern den Eindruck feiner Cystchen machen.

Bei mikroskopischer Untersuchung (anscheinend des Bodensatzes) im Frischpräparat sehr vereinzelte kleine Bläschen, die unter dem Mikroskop als Parasitenmembranen sichergestellt werden.

Es besteht also auch die Möglichkeit, daß es sich bei solchen Bläschen gelegentlich um sekundäre Bildungen durch Zusammenrollung von Chitinmembranen handeln kann.

An ein und demselben Präparat können sich die mannigfachsten Befunde darbieten: Stellenweise nur sehr straffes Bindegewebe, auf weite Strecken ohne Spur von Alveolen (wodurch die Diagnose sehr erschwert wird) an anderen Gegenden ganz spärliche kleinste, wiederum andererorts zahlreiche solche und verschieden große, schließlich Entwicklung auffallend großer Alveolen. Wenn wir nun Verfettung, Verkäsung, Verkalkung, Erweichungen und Höhlenbildungen, verschiedene sekundäre Prozesse berücksichtigen, kann es zu außerordentlich wechselnden und bunten Bildern kommen, wobei noch die verschiedenen Beziehungen der Kanal- und Gefäßsysteme in Rechnung zu ziehen sind. Für alle diese Möglichkeiten bieten unsere Eigenbeobachtungen reichliche Beispiele.

Bezüglich des Verhaltens der Alveolen verweise ich u. a. auch auf die Beobachtung von BIRCH-HIRSCHFELD und BATTMANN (12) (1878), welche durch verschiedene mechanische Momente ein Zusammenfließen und Bildung eines förmlichen Kanalsystems mit kavernomartigen Charakter zeigte.

3. Äußere Ähnlichkeit der parasitären Bildung mit gewissen anderen Geschwulstbildungen und Beziehungen zu ihnen.

Die hier in Betracht kommenden Geschwulstbildungen sind Tuberkulom, Krebs und Syphilom.

Für die gesamte Medizin erlangen diese in der Klinik, und zwar in ihrer Differentialdiagnose gegen unsere parasitäre Geschwulstbildung die größte Bedeutung. Bei vorliegender Abhandlung kommt jedoch zuerst die pathologisch-anatomische Seite in Frage. In der makroskopischen Diagnostik nimmt einen großen Raum ein das Kapitel der Ähnlichkeit und die Beziehungen zu der Trias: Tuberkulose, Carcinom und Gumma, wobei besonders gewisse sekundäre Prozesse Nekrose, Verkäsung, Verhalten der interstitiellen Substanz, der Geschwulstumgebung eine Rolle spielen.

Hat doch schon COHNHEIM die weitgehende Übereinstimmung der durch Parasiten hervorgerufenen Granulationsgeschwulst in Struktur und histologischem Befund betont; hiebei besteht wohl kein grundsätzlicher Unterschied, ob der gewebreizende Parasit aus dem Bereiche der Bakterien, Pilze oder Würmer stammt.

Auch das Studium der Beziehungen der parasitären Geschwulst zu dieser Trias führt zu mancherlei Fragestellungen.

a) Tuberkulose.

α) Ähnlichkeit im makroskopischen Befund gewisser Formen des Alveolarechinococcus mit Tuberkulose.

Je ausgedehntere Verkäsungsprozesse sich auf Kosten der anderen bemerkbar machen, desto ähnlicher wird das Bild dem der Tuberkulose.

Verwechslung mit konglomerierten Tuberkeln hat für die Klinik (Operation) und pathologische Anatomie Bedeutung.

Übrigens ist die knotige Konglomerattuberkulose der Leber, welche zumeist in der Infektion von der Pfortader aus ihre Ursache hat, eine recht seltene Krankheitsform, welche nach FELBERBAUM (New York Med. J. **1912**, 481) angeblich noch nie (?) klinisch diagnostiziert wurde. Im Gegensatz zur Lunge tritt bei dieser Form in der Leber nur höchst ausnahmsweise Ulceration ein.

Bezüglich des Schrifttums der geschwulstähnlichen, riesigen, multiplen oder solitären und konglomerierten Tuberkel der Leber verweise ich auf die ausführlichen Darlegungen GEORG B. GRUBERS [1] speziell über die hier in Betracht kommenden lokalisierten mächtigen Geschwulstentwicklungen.

Die mikroskopische Ähnlichkeit mit Alveolarechinococcus zeigt hier auf Abb. **56** (S. 576), riesenhafter Konglomerattuberkel an der Leberpforte (Beobachtung und Bild von PAUL ERNST, Heidelberg). Auch die Konglomerattuberkulose kann gelegentlich, um die Ähnlichkeit noch inniger zu gestalten, zu einem subphrenischen Absceß führen [2].

Aus dem Schrifttum des Alveolarechinococcus sollen nur einige besonders bemerkenswerte Beobachtungen hervorgehoben werden von größter Ähnlichkeit mit diesem Prozeß.

BUHL (25) (Beobachtung aus dem Jahre 1857) sagt von seinem Falle, daß die Geschwulst einem großen gelben Tuberkelknoten ähnlich gesehen habe.

BOLLINGER (17) vergleicht das eigentümliche Aussehen der parasitären Geschwulst bei einer 45jähr. Frau hauptsächlich wegen Fehlen des spongiösen Baues mit einem erweichten konglomerierten Tuberkel, wie solche in der Rinderleber öfters angetroffen werden, nachdem er bereits im Jahre 1875 [3] auf diese Ähnlichkeit hingewiesen hatte. — Dieses Verhalten betont auch VIERORDT (1886). Außer diesen makroskopischen Bildern, die eine solche Verwechslung mit Tuberkelgeschwülsten begreiflich machen, sei noch hier ganz kurz auf die Ähnlichkeit hingewiesen, die histologisch zwischen den durch die parasitäre Bildung hervorgerufenen Veränderungen im Organ und der bei Tuberkulose auftretenden, besteht. Tuberkelähnliche Bildungen, in denen fast regelmäßig auch Riesenzellen gefunden wurden, stellten zahlreiche Autoren in der Umgebung der parasitären Bildung fest: MORIN, GUILLEBEAU, REINIGER, ROSTOSKI, BERNET, ZINN, MEYER, ABÉE, HAUSER, BRANDT, ROMANOW, WINOGRADOW, MELNIKOW, JENCKEL, CAESAR, CLERC, ZSCHENTZSCH, ELENEVSKY, DAUJAT.

GUILLEBEAU (64) (1890) zählt die durch den multilokulären Echinococcus bedingte Gewebserkrankung direkt zu den infektiösen Granulationsgeschwülsten. Wegen der Ähnlichkeit und den vielen Analogien spricht MANGOLD (120) (1892) auf Basis seiner histologischen Befunde den Verdacht aus, daß es sich um eine Mischinfektion mit Tuberkulose handeln könne.

Wie gleich hier bemerkt werden kann, weist namentlich auch die Umgebung der Geschwulst diese Ähnlichkeit auf. Auch ROSTOSKI (186) sah solche Bilder: „Von der Geschwulst schieben sich überall Anhäufungen von Granulationsgewebe, die nach Form und Größe beinahe das Ansehen von miliaren Tuberkeln haben, in die Umgebung hinein."

Auf die weitgehende Übereinstimmung im mikroskopischen Bilde zwischen den echten, tuberkulösen Granulomen und der bei Alveolarechinococcus auftretenden Gewebsneubildungen weist auch MELNIKOW hin. Alle Beobachter der histologischen Bilder sind sich auch einig, daß gewisse Formen des Alveolarechinococcus auch an makroskopischen Präparate recht große Ähnlichkeit mit konglomerierten Tuberkelgeschwülsten haben können. Unter 5 alten Museumspräparaten des pathol. Institutes der militärmediz.

---

[1] GRUBER GEORG B.: Spezielle Infektionsfolgen der Leber. HENKE-LUBARSCH Handbuch, Bd. V/1 S. 506 u. S. 576 1930.

[2] BERGER: Ein Fall von Konglomerattuberkulose der Leber mit sekundärem subphrenischen Absceß. Beitr. Klin. Tbk. **53**, 349 (1922).

[3] Dtsch. Z. Tiermed. **2**.

Akademie in Petersburg (MELNIKOW 24—28) zeigten einige starke Verkäsung. Das Präparat (Fall 25) so ausgiebige käsige Entartung, daß es früher als Solitärtuberkel angesehen wurde.

MELNIKOW (S. 194) faßt diese Befunde zusammen, indem er sagt: „Die großen käsigen Herde und die Zerfallshöhlen verleihen der Alveolarechinococcus-Geschwulst große Ähnlichkeit mit tuberkulosem Gewebe.“

Aus dem Schrifttum und unseren Eigenbeobachtungen wären noch eine Reihe einschlägiger Befunde mitzuteilen, wir wollen nur hervorheben, daß sich durch ganz besonders starke Verkäsung um die parasitäre Ansiedlung der Fall MANGOLDS (120) und unsere Eigenbeobachtung 3 auszeichneten.

HAUSER (68), welcher die Reaktionsvorgänge um die parasitäre Bildung ebenfalls mit den bei Tuberkulose sich zeigenden in Parallele zieht, fand nicht allein in größeren zentral zerfallenen Knoten, sondern auch in kleineren Granulationsknötchen vielfach nur noch abgestorbene und im Zerfall begriffene Echinococcusbläschen. Es kann dazu kommen, daß auf weitere Strecken die spezifischen Elemente beider Veränderungen gar nicht mehr oder nur äußerst spärlich und schwer auffindbar sind.

Diese Möglichkeit ist gerade bei Untersuchung von durch Probeeinschnitt oder bei anderen chirurgischen Eingriffen gewonnenen Präparaten von Bedeutung, indem hier je nach der sonstigen Beschaffenheit auch im histologischen Bild die Verwechslung nicht bloß mit Tuberkulose, sondern gegebenenfalls auch mit Carcinom und selbst Gummen begangen werden kann, was ja in der Tat mehrfach vorkam.

Auch bei den Zerfallshöhlen wird das Bild kavernöser Tuberkulose immer ähnlicher je mehr die Verkäsung hervor und die Alveolenbildung zurücktritt, wofür zahlreiche Bilder des Schrifttums und Eigenfälle sprechen und worauf jüngst wieder PAUL (153) bei einen Fall mit 2 über faustgroßen Zerfallshöhlen hinweist („nach Art einer isolierten kavernösen Phthise der Leber"). Die Verkäsungsherde in den regionalen Lymphdrüsen werden als echte Metastasen aufgefaßt.

Nebenbei bemerkt man auch beim cystischen Leberechinococcus unter gewissen Umständen eine Verwechslung mit konglomerierten Tuberkeln auftreten, wie z. B. über eine solche A. CONSTANT [1] bei einer Relaparatomie berichtet.

Nachdem sich Metastasen des Alveolarechinococcus am häufigsten in der Lunge finden, können solche hier um so eher zu Verwechslungen mit Tuberkulose führen, wenn die parasitäre Bildung nur höchst spärliche und allerkleinste Alveolen bei reichlicher Nekrose und Verkäsung zeigt. Allerdings ist eine Eigentümlichkeit der Lungenansiedlungen, daß sie keine oder nur äußerst selten Kavernenbildung erkennen läßt.

Insbesondere haben wir an obige Möglichkeit zu denken, wenn, was so häufig im Schrifttum, speziell dem älteren, angegeben ist, derartige Prozesse korrespondierend an den der parasitären Geschwulst benachbarten Zwerchfelloberfläche und untersten Lungenunterlappen-Partien sich finden, zumal bei Freibleiben der Spitze.

Im 2. Fall TEUTSCHLÄNDERs (210) (1907) enthielten einige Lungenknoten ausnahmsweise kleine Kavernen und zeigten nicht selten eine deutliche konzentrierte Schichtung, ähnlich wie Solitärtuberkel im Gehirn; in dem harten, gräulichen, schichtweise mehr bräunlichen oder gegen das Zentrum hin gelblichen Gewebe lassen sich nur mit Mühe kleinste Poren erkennen. — Auch die frühere Literatur enthält ähnliche Beobachtungen u. a. 1. Fall von MORIN (138) (1875). In beiden Unterlappen nahe der Wirbelsäule ein hühnereigroßer Tumor mit kleinsten Alveolen, deren größte kaum $1/_2$ mm im Durchmesser

---

[1] CONSTANT ALFONSO: Pseudotuberkuloma del higado por tenie equinococcus. Bol. Soc. Cir. Chile **1924**, Nr 12. Ref. Zbl. Chir. **1925**, Nr 36, 2040.

haben. Rechts nußgroße, links kleinere Höhlen. Hühnereigroße mediastinale Drüse mit Alveolarechinococcus-Bau; beim 2. Fall miliare Knötchen in der Lunge, gruppenförmig, bei Druck perlähnliche transparente Bläschen austreten lassend.

Buhl (26) (1881). Hühnereigroßer Knoten zwischen Leber und Zwerchfell. Basis des rechten Lungenunterlappens verwachsen, hier das Gewebe des Lungenunterlappens mit zahlreichen miliaren Knötchen durchspickt.

Bosch (18) (1868). Oberer stumpfer Rand des rechten Leberlappens mit dem Diaphragma verwachsen. An einer talergroßen Stelle, durch welche die Alveolarechinococcus-Masse auf die Pleura diaphragmatica und pulmonalis an der Basis der rechten Lunge in Gestalt platter Knötchen übergegriffen hat. (Vgl. auch Romanow unsere C. 180.)

Auch bei verschiedenen anderen Metastasen, vor allem im Gehirn, die sich mit Vorliebe zu solchen in der Lunge gesellen, kann die Ähnlichkeit so groß sein, daß erst eine lange und genaue mikroskopische Untersuchung Aufschluß gibt. Übrigens sind hier Verwechslungen möglich und zu verschiedenen Malen vorgekommen.

Je ein Beispiel aus dem Schrifttum.

Hauser (68) berichtet, daß die Geschwulstbildung im Gehirn den Eindruck eines cerebralen Solitärtuberkels machte und daß erst die mikroskopische Untersuchung das Vorhandensein eines multilokulären Echinococcus im Gehirn nachwies.

Andererseits besagt der Befund von Pichler (158) (1898):

Außer Alveolarechinococcus in der Leber, solcher in den portalen Lymphdrüsen, Oberlappen der linken Lunge und peribronchialen Lymphdrüsen. Der Tumor im Gyrus centralis anterior erwies sich hingegen bei der mikroskopischen Untersuchung als ein riesenzellenhaltiger Konglomerattuberkel mit deutlicher, stellenweiser Verkäsung.

Aber auch bei den verschiedensten anderen Organen ist diese Möglichkeit gegeben.

Tschmarke (214) (Freiburg 1891) berichtet über einen Leber-Alveolarechinococcus, der sich durch verschiedene Besonderheiten auszeichnete.

Die rechte Nebenniere ist fast in ihrer ganzen Ausdehnung verbreitert und verkäst, nur der untere Teil ist frei von Verkäsung. — Wir werden hier nicht fehlgehen, wenn wir die Verkäsung nicht auf Tuberkulose, für welche sich nicht die geringsten Anhaltspunkte finden, sondern auf den Parasiten zurückführen. Hierfür spricht, daß sich auch an der Grenze zwischen Ober- und Unterlappen der Lunge ein kleiner verkalkter Herd findet, der auf dem Durchschnitt z. T. käsigen, z. T. verkalkten Inhalt zeigt, mit mikroskopisch zahlreichen Skolezes und daß die Nebennierenverkäsung die rechte und hierbei wieder nur den oberen Anteil trifft (Fortsetzung von der Leber aus). Das gleiche gilt für die Lymphdrüsen, und zwar nicht bloß vor allem für die regionären, sondern auch für die weiter ab gelegenen (s. nächsten Abschnitt).

Dem häufigen Befallenwerden der Lymphdrüsen legt Dévé eine besondere Bedeutung bei.

β) Gleichzeitiges Vorkommen von Alveolarechinococcus mit Tuberkulose.

Diese Verhältnisse leiten von selbst über auf den zweiten Punkt: das gleichzeitige Vorkommen von Alveolarechinococcus mit Tuberkulose; dieses erstreckt sich sowohl auf das befallene Organ, die Leber, als auch auf das extrahepatale Vorkommen.

1. Im gleichen Organ (Leber[1]).

Knigge (92) beobachtete das gleichzeitige Vorkommen von Alveolarechinococcus mit Tuberkulose der Leber unter dem Bilde einer Konglomerattuberkulose der Leber.

---

[1] Auch beim cystischen Echinococcus gehört dieses Zusammentreffen zu den allergrößten Seltenheiten.

De Crespigney and Cleland. A case of primary multiple tuberculomata of the liver with a degenerated hydatid cyst. Med. J. Austral. 151. Sydney 1923.

Das mikroskopische Verhalten ist bemerkenswert. Fürs erste fanden sich am Außenrand des Granulationswalles oder angrenzenden Lebergewebes verstreut liegende Echinokokkenbläschen, umgeben von mehr oder minder gut erhaltenen Phagocyten, sodann folgen nekrotische Partien und ringsherum Granulationsgewebe. Die Ähnlichkeit mit Tuberkeln wird erhöht durch die phagocytischen Riesenzellen an den Blasen. Weiter stößt man im Lebergewebe auf Knötchen von typischem Tuberkelbau, mit zentraler Nekrose und LANGHANSschen Riesenzellen. Weder „Embryonen" noch kleine Echinokokkenbläschen sind in den Tuberkeln aufzufinden. Der Befund von ganz vereinzelten Tuberkelbacillen ergab, daß es sich hier um echte Miliartuberkel handelte. Alle übrigen Präparate (Niere, Nierenbecken, Blasenhals, Prostata, Hoden, Nebenhoden) weisen typische Tuberkulose auf, sowohl als tuberkulöses Granulationsgewebe als auch in Gestalt größerer oder kleinerer Tuberkel. Auch hier fehlt jede Spur von Echinokokken, dagegen sieht man Tuberkelbacillen in großer Menge.

2. In verschiedenen Organen.

Eine besondere Hervorhebung verdienen die Lymphknoten[1]. Bei Durchsicht des älteren Schrifttums muß man nach der ganzen Sachlage zurückblickend in einem großen Hundertsatz an der wirklich tuberkulösen Natur Zweifel haben.

Ein wichtiger Punkt ist auch hier das so häufige Fehlen parenchymatöser Veränderungen, vor allem in der Lunge, Freibleiben der Spitzen und Vorliebe für die Drüsen der Nachbarschaft (Porta und weitere Umgebung), zudem Vergesellschaftetsein mit eigenartigen Knötchen am Bauchfell. Nicht nur für die vorbakteriologische Zeit, sondern auch für spätere Beobachter hat dieses Gültigkeit, und in der Tat wurden schon mehrfach hierauf bezugnehmende Stimmen laut.

Auch gegenteilige Äußerungen sollen erwähnt werden. CAESAR (28) fand bei einer 40jähr. Frau mit Alveolarechinococcus der Leber, großer Zerfallshöhle und sekundären Abscessen in der Umgebung, starke Schwellung verschiedener Lymphdrüsen (Retroperitoneal-Mediastinal-Portal und Iliakal) mit teilweiser Verkäsung bei völlig intakter Lunge; weder in der parasitären Geschwulst, noch Umgebung, Abscessen und Leber Tuberkelbacillen; reichlich solche jedoch in den Lymphdrüsen, besonders bei vorgeschrittener Verkäsung, wo sie dann ganze Lager bildeten. Trotz des negativen obigen Befundes möchte er doch an das häufigere Vorkommen wirklicher Mischinfektionen denken und an die Möglichkeit, daß Lymphdrüsenschwellungen nicht durch den Parasiten, sondern auch durch Tuberkulose hervorgerufen werden können. CAESAR schreibt nun: „Es ist sehr wahrscheinlich, daß wie in diesem Fall eine strikte tuberkulöse Erkrankung der Lymphdrüsen nachzuweisen ist, eine solche auch bei einem Teil, der in der Literatur beschriebenen Fälle von Echinococcus multilocularis bestanden hat, bei denen eine Schwellung der Lymphdrüsen beschrieben ist, die aber immer rein auf den Einfluß, bzw. auf eine Metastasenbildung von seiten des Parasiten zurückgeführt wurde, ohne daß ein Autor an die Möglichkeit einer Mischinfektion mit Tuberkulose gedacht und eine dementsprechende mikroskopische Untersuchung angestellt hätte." — Diese Annahme läßt sich aber mit viel größerer Berechtigung umkehren. Die tuberkulöse Verkäsung und das Fahnden auf Tuberkelbacillen war und ist den Untersuchern viel geläufiger wie die Aufklärung solcher Prozesse durch parasitäre Wirkung, wobei auch der Nachweis solcher ganz vereinzelter Elemente, die sicher auch öfters selbst regressiven Metamorphosen in diesen Abschnitten unterworfen sind, äußerst erschwert wird.

Wenn dennoch in einem großen Hundertsatz trotz eifrigster systematischer Untersuchungen niemals Stäbchen nachweisbar waren, so muß das zu denken geben.

Wir können bei dieser Frage aber auch gewichtige positive Befunde ins Feld führen, und zwar an den weit entfernten und für Tuberkulose stark prädestinierten Mediastinallymphknoten, an denen vielfach

---

[1] Vgl. auch MELNIKOW (S. 198—200).

bei Alveolarechinococcus sekundäre versprengte Parasitenkeime nachgewiesen wurden.

BUHL (25) (1857, 2. Fall). Im Zellgewebe zwischen Brustbein und Herzbeutel, nahe
dem Zwerchfell, eine 2 cm große und 2 Linien dicke weißliche, derbe Geschwulst mit gallert-
erfüllten Alveolarräumen. — MORIN (138) (1876, 1. Fall) sah eine „Mediastinaldrüse"
befallen, dieselbe war hühnereigroß, von alveolärem Bau mit gelatinösem Inhalt der
Alveolen und enthielt „eine große Zahl von Skolizes".

TÜBINGER Fall (Präp. XV. E. 1892) bei POSSELT Fall 155 (S. 109) (private Mitteilung
VIERORDTs, noch nicht publiziert) kleine metastatische Knötchen im Mediastinum anticum
links.

MELNIKOW, Fall 1. Am Mediastinum posticum, am Diaphragma bilden die Lymphdrüsen eine 3,5 cm messende Geschwulst mit infiltriertem Alveolarechinococcus (Mediastinitis echinococcica).

Falls in diesen Fällen die Alveolen noch kleiner oder schlechter ausgebildet gewesen
wären, hätte sicher die Diagnose auf Tuberkulose dieser Drüsen stattgehabt (vgl. übrigens
3. Fall von ZSCHENTZSCH (235) (s. u.).

Vereinzelt trifft man auch Angaben über „Verkäsungsherde"
in anderen Organen, bei denen unbedingt nach der jeweiligen Sachlage
an parasitären Ursprung zu denken ist, ganz besonders dann, wenn
im gesamten Organismus jede Spur von tuberkulösen Prozessen fehlt.

Um ein derartiges markantes Beispiel herauszuheben, sei auf die Beobachtung von
BUHL (bei VIERORDT Fall 62) verwiesen, bei dem vollkommenes Fehlen jeglicher tuberkulöser Veränderungen bestand. „In der Milz 4 käsige, kleinere Herde, nirgends kavernöse Ulcerationen."

γ) Verhältnismäßig seltenes Auftreten von Tuberkulose beim
Alveolarechinococcus.

Für die Klinik und Pathologie ist das von uns wiederholt betonte
verhältnismäßig seltene Auftreten von Tuberkulose bei
Alveolarechinococcus beachtenswert.

Bei der enormen Verbreitung dieser Volksseuche ist die von uns
seiner Zeit aufgestellte Verhältniszahl von rund 5% wohl verschwindend
klein.

Selbstverständlich kommt es nicht auf die Feststellung kleinster
Anzeichen (kleine Narben oder Pigmentierungen in der Lungenspitze
oder der eine oder andere seröse Prozeß, Schwellung vereinzelter Drüsen)
an, sondern auf wirkliche ausgesprochene tuberkulöse Veränderungen.

Bei diesem Verhältnis ist noch in Rechnung zu ziehen, daß gerade in
Tirol die Tuberkulose eine sehr häufige Erkrankung ist und andererseits
bei dem sehr viele Jahre dauernden schweren Leiden ein derartiges
Hinzutreten ganz begreiflich wäre.

Gegen obige Feststellung wendet sich besonders MELNIKOW (S. 246)
der nachträglich verschiedene russische Fälle untersuchte und verschiedene Male Tuberkulose feststellte.

DAUJAT [1], der auch Zweifel äußerte, stützt sich hauptsächlich auf die Ausführungen
MELNIKOWS.

Für unsere Behauptung können nun auch die Verhältnisse in einem
anderen Alpenlande herangezogen werden, es ist dies die Schweiz.

---

[1] DAUJAT: Echinococcus alveolaris. Thèse de Lyon 1911—12, No 89, 46. Coéxistence
de la tuberculose et de l'échinoc. alvéol.

WOLOWNIK (227) (1903) führt unter den Schweizer Fällen deutliche Tuberkulose nur 4 mal an (11 %). In der jüngsten Sammelforschung von 105 in der Schweiz beobachteten Alveolarechinococcus-Fällen DARDELs (34) finden sich nur 5 Fälle mit Tuberkulose vergesellschaftet (4,7 %).

20. TEUTSCHLÄNDER 1892. Bauchfelltuberkulose.
22. Spital Münsterlingen 1908, Tuberkulose des Peritoneums.
39. Spital Zürich 1908. Miliare Tuberkulose des Peritoneums.
76. Spital Genf 1911. Miliare Tuberkulose der Lungen.
81. Kantonsspital Lausanne. Lungen- und Darmtuberkulose.

Bemerkenswerter Weise handelt es sich hier vorzüglich um Bauchfelltuberkulose. — Wenn auch vielleicht zuzugeben ist, daß möglicherweise manche Protokolle nicht vollständig waren, so muß doch auch in diesem Alpenland die gleiche Seltenheit des Zusammentreffens beider Prozesse betont werden. — Auch die Durchsicht der Kasuistik seit 1900 und unsere Eigenbeobachtungen sprechen im obigen Sinn des seltenen Zusammentreffens, wobei wir als runde Ziffer — 7 % annehmen dürfen.

Wenn wir nach Erklärungsgründen für das verschiedene Verhalten im alpenländischen Verbreitungsgebiet und in den russischen Territorien suchen, so wäre in erster Linie anzuführen, daß bei ersteren allgemein hygienische und besondere Verhältnisse mitspielen, indem die am meisten betroffenen Bauern, insbesondere solche, die Alpenwirtschaft pflegen, durch den ständigen Aufenthalt in freier Luft und kräftige, ausgiebige Kost hier widerstandsfähiger sind, wie die in schlechten hygienischen Verhältnissen und in großer Unreinlichkeit lebenden russischen Angehörigen der bäuerlichen Bevölkerung, wozu noch die Schwächung durch Alkoholmißbrauch kommt.

Aber auch einschließlich der russischen Beobachtungen ist der Prozentsatz ein solcher, daß man unbedingt von einem seltenen Vorkommen sprechen muß.

Es handelt sich ja nicht um ein unbedingtes Ausschließungsverhältnis sondern ein relatives Moment, indem es doch höchst auffällig ist, daß trotz der außerordentlichen Krankheitsdauer, dem langen Bestehen hochgradigen Ikterus, Tuberkulose verhältnismäßig selten zur parasitären Affektion hinzutritt.

Für die Praxis nicht ohne Bedeutung ist der Umstand, daß gerade das Auftreten von Tuberkulose in großknotiger Form des öfteren aus Rußland gemeldet wird, und zwar auch aus solchen Gegenden, in denen die vielkammerige Blasenwurmgeschwulst heimisch ist [1].

Die Möglichkeit einer Verwechslung ist also hier um so mehr gegeben. Andererseits liegen aus den klassischen Verbreitungsgebieten des cystischen Echinococcus verschiedene Meldungen über gleichzeitiges Auftreten von Lebertuberkulose vor [2]. Hier wäre sonach die fälschliche Annahme des Zusammentreffens beider Arten sehr naheliegend.

Was das Verhalten des cystischen Echinococcus zur Tuberkulose anlangt, so ist mir in Erinnerung, daß schon Prof. NEUSSER in seinen Vorlesungen die Ansicht des seltenen Zusammentreffens vertrat. Die Frage müßte an Hand sehr großer Statistiken näher studiert werden.

Daß der Echinococcus an sich Veranlassung zur Tuberkulose geben würde, hält GERBANDY [3] nicht für wahrscheinlich. Eine Kombination beider Krankheiten wurde in Friesland bei der Beobachtung von mehr als 100 Fällen in 9 Jahren (1920 bis 1928) nicht gesehen.

Die Frage der Veranlagung zur Tuberkulose durch die Echinokokkenerkrankung ist nach ihm noch nicht spruchreif, auch nicht einmal für die Lungenechinokokken selbst.

---

[1] Vgl. u. a. KEISER, A.: Knotenartige Lebertuberkulose. Chirurgische Universitäts-Klinik Tomsk. Festschrift für Prof. MYSCH, S. 224. Tomsk 1925.

[2] DE CRESPIGNEY and CLELAND: A case of primary multiple tuberculomata of the liver with a degenerated hydatid cyst. Med. J. Austral. 1, 151. Sydney 1923.

[3] GERBANDY, H R (Leeuwarder Holland). Lungenechinococcus und seine Beziehungen zur Lungentuberkulose. Z. Tbk. 55, 451 (1930).

b) Die Frage der Bauchfellknötchen beim Alveolarechinococcus.

Bevor die für den Alveolarechinococcus geltenden Verhältnisse auseinandergesetzt werden, müssen wir der einschlägigen Möglichkeiten beim gewöhnlichen, cystischen Echinococcus gedenken.

Vergleich mit den Verhältnissen beim cystischen Echinococcus[1]. Es kann sich bei den hier auftretenden Peritonealknötchen um eine Aussaat von kleinsten Echinococcuskeimchen handeln, oder um die Kombination mit echter Tuberkulose (Miliare Knötchen des Peritoneums), höchst selten um Aussaat anderer Geschwülste in ihren Entwicklungsanfängen.

Diese Ähnlichkeiten bedingen aber auch wiederum ebensolche Verwechslungen.

Ohne uns auf die Historik und das Schrifttum dieser Frage einlassen zu können, wollen wir nur hervorheben, daß die kleinstknötchenförmige Aussaat als Echinococcus am Peritoneum („Pseudotuberkulosis peritonei") besonders durch Dévé und seine Schüler eingehende Bearbeitung gefunden hat.

Hinsichtlich der letzteren Ähnlichkeit der Nachahmung von Neoplasmen, möchte ich auf zwei alte, ganz in Vergessenheit geratene Berichte von Gairdner und Lee[2] hinweisen, die höchstwahrscheinlich völlig unregelmäßig gewucherte Bauchfellechinokokken mit verschiedenen sekundären pathologischen Prozessen betrafen.

α) Ähnlichkeit der cystischen Echinokokkenknötchen am Bauchfell mit vielkammerigen Knötchen.

Dieses Kapitel wird bei der Besprechung der mikroskopischen Befunde eingehend erörtert. Schon Alexinski, Dévé und Hosemann warnen wegen der mikroskopischen Ähnlichkeit sekundärer Peritonealechinokokken und peritonealer Impfechinokokken mit dem alveolaren vor Verwechslungen, namentlich Dévé[3] begründet dies sehr eingehend.

Diesen schon wiederholt gemachten Fehler begeht auch Genshiro Mita[4]. Auf Grund der Peritonealimpfungen aus Peritonealechinokokken glaubt er die Blasenwurmfrage endgültig im unitarischen Sinne gelöst zu haben. Auf diesem rein morphologischen Wege erblickt er in dem Alveolarechinococcus nur eine Entwicklungsvarietät des Unilokulärechinococcus.

Hierzu möchte ich in aller Kürze bemerken, daß wir schon lange vorher durch eine Reihe von Forschern vor allem die exakten vielfältigen Untersuchungen Obengenannter, vor allem Dévés, mit dem von Mita weitläufig Vorgebrachten bekannt wurden, allerdings fiel es diesen Forschern nicht ein, rein äußerliche Ähnlichkeiten in morphologischer Hinsicht zur Identifizierung beider Arten heranzuziehen; im Gegenteil, alle diese warnen ausdrücklich vor dieser Verwechslung. — Wir unter-

---

[1] Einen bemerkenswerten Befund von Entwicklung beider Prozesse hintereinander bringt Mar. Massa (Echinococcus perit. perisplenica primitiva. Esito par tuberculos miliare. Riforma med. 1929 II, 1135). Eine der Peritonealtuberkulose sehr ähnliche Aussaat von Echinokokken, ausgehend von einer Muttercyste im Milzhilus (perisplenische Lokalisation). Exitus infolge akutester Miliartuberkulose.

[2] Gairdner and Lee: Cases and observations illustrating the history and pathol. relat., of two kinds of hydatids, hitherto undescribed. (Microsc. obs. Goodsir). Edinburgh med. J., Okt. 1844, 269. — S. Arch. physiol. u. path. Chem. u. Mikrosk. 1844, H. 3, 231 u. Arch. Naturgesch. XI 2, 244 (1845).

[3] Außer auf die wichtigen Untersuchungen Dévés und seiner Schüler sei verwiesen auf Le Noune (Echinoc. of peritoneum, study on hydatid pseüdotuberculosis of peritoneum. Internat. Clin. 2, 97 (1928).

[4] Genshiro Mita: Beitrag zur Kenntnis des Echinococcus mit besonderer Berücksichtigung des Alveolarechinococcus. Mitt. med. Fak. Kyushu Fukuoka (jap.) 4, H. 2 (1918).

scheiden am Peritoneum zweierlei Bildungen: Die kleinen Knötchen, die makroskopisch völlig Tuberkelknötchen gleichen und große knollige neubildungsartige Echinokokkenbildungen. Es handelt sich hier in erster Linie um die Frage der zeitlichen Ausbildung, was namentlich Hosemann für die experimentelle Seite betont.

β) Bauchfellknötchen beim Alveolarechinococcus.

Eine besondere Bedeutung kommt bei der vielkammerigen Blasenwurmgeschwulst den Peritonealknötchen zu, die vielfach von früheren Beobachtern, als an Peritonitis sarcomatosa erinnernd bezeichnet wurden. In einer sehr ausführlichen Darstellung [1] machte ich darauf aufmerksam, daß diese Bildungen bei Alveolarechinococcus recht häufig gar nichts mit Tuberkulose zu tun haben, obwohl eine Reihe von Sektionsbefunden von Tuberkelknötchen spricht, sondern daß sie durch die spezifische Wirkung kleinster Parasitenkeime erzeugt wurden, ganz im Einklang mit den beim cystischen Echinococcus klinisch und experimentell bekannt gewordenen Tatsachen.

Vor allem müssen dann berechtigte Zweifel an der tuberkulösen Natur der kleinen Knötchen der Serosen aufsteigen, wenn die parenchymatösen Organe, in erster Linie die Lunge, frei von jeglichen hierauf verdächtigen Veränderungen ist, keine für Miliartuberkulose sprechenden klinischen Anzeichen zum Schlusse bestanden, wenn die Knötchen gewisse Bevorzugungsstellen zeigen, größere solche allerkleinste Alveolen aufweisen und wenn der Stäbchennachweis wiederholt mißglückt.

Derartige Beobachtungen, bei denen übrigens sehr verschiedene Beschreiber in ihrem Urteil zurückhaltend waren, lassen sich aus der älteren und neueren Literatur vielfach beibringen.

Diese Verhältnisse haben auch für die Frage des gleichzeitigen Vorkommens der Tuberkulose Wichtigkeit, da ja bei Verkennung dieser Bildungen nicht allein im Peritoneum, sondern auch an anderen serösen Häuten die Verhältniszahl beträchtlich zugunsten des Mitergriffenseins an Tuberkulose hinaufgeht. — Unter Berufung auf unsere seinerzeitige eingehende Darstellung hier nur einige kurze Hinweise und Ergänzungen.

Auf Kränzles (98) Darstellungen linsengroßer flächenhafter bis knötchenförmiger, weißlicher Peritonealverdickungen bezieht sich vor allem der Hinweis auf an „Peritonitis sarcomatosa" erinnernde Bildungen.

Alles Erwähnts traf zu bei dem Patienten von Franz Meyer (129) (1881). Lokalisation: Pleura, Mediastinum, Lymphdrüsen, beide Seiten speziell peritoneal, rechts des Diaphragmas. Milzoberfläche vereinzelt, Leberkapsel und Ligamentum teres. Kleine Knötchen an der Oberfläche des Alveolarechinokokken-Tumors.

Mikroskopisch wird angegeben, daß im bindegewebigen Stroma der Geschwulst vielfach nur mikroskopisch sichtbare Alveolen sich fanden. Von einem Bacillennachweis ist nichts angegeben.

Weiter werden von Scheuthauer (193a) (1877) ohne jegliche Lungen- oder sonstige Parenchymprozesse: Tuberkulose der pleurit. Pseudomembranen, des Bauchfells, der Nierenrinde vermerkt, mit Freibleiben aller Lymphknoten und keinerlei sonstigen, irgendwie verdächtigen Erscheinungen.

Einen wichtigen Platz nehmen die beiden von uns schon gebrachten Fälle von Romanow (184 und 185) (1892) ein.

Beim 1. Fall [R. Winogradow (225)] hegt der Autor selbst Zweifel über die tuberkulöse Natur der zahlreichen, grauen, miliaren Knötchen an der Darmoberfläche.

Beim 2. Fall finden sich in diesen kleinen Diaphragma-Excrescenzen zwar keine Skolezes noch Häkchen, wohl aber dichte, geschichtete Membranen und erweisen sich als versprengte multilokuläre Echinokokken-Keime.

Diesem reiht sich die Beobachtung von Zinn (234) an und zwei beschriebene Eigenbeobachtungen, die wir um weitere 3 vermehren konnten. Auch Melnikow [2]

---

[1] Posselt (165): P. A. 1900.

[2] Melnikow: (S. 204 und 205): Pleuritis und Peritonitis echinococcica „diffusa" und „circumscripta".

würdigte diese Frage unter Beibringung von Beispielen aus seiner Sammelforschung. — Zwei Fälle der Kombination mit angeblicher Tuberkulose aus dem pathologischen Institut Zürich, die ZSCHENTZSCH (235) beschreibt, verdienen hervorgehoben zu werden.

1. (Fall 2) 25jähr. Mann mit Echinococcus multilocularis hepat. In Lungen und Milz keine Tuberkulose. Interstitielle chronische Nephritis tuberkulöser Natur. Tuberkulose des Peritoneums, der Mesent.-Drüsen der Darmwand.

2. (Fall 3) 62jähr. Weib. Alveolarechinococcus der Leber. Tuberkulose einer mediastinalen Lymphdrüse [1]. Miliare Tuberkulose des Peritoneums. Ausdrücklich wird aber hervorgehoben, daß bei dieser angeblichen Peritonitis tuberculosa der „Nachweis von Tuberkelbacillen niemals gelang".

Im Hinblick auf die mehrseits behauptete angeblich häufige Kombination von Alveolarechinococcus mit Tuberkulose (MELNIKOW, DAUJAT, ZSCHENTZSCH) erklärt JAHN (82), daß man den Angaben der Autoren, daß es sich bei ihren Fällen von Alveolarechinococcus um eine echte durch den KOCHSCHEN Tuberkelbacillus hervorgerufene Kombination mit Phthise handle, mit einer gewissen Skepsis, um nicht zu sagen Mißtrauen gegenübertreten muß.

Auf Grund ihrer Eigenbeobachtung wird die Behauptung aufgestellt, daß es sich in vielen Fällen um eine Verwechslung, der histologisch sehr ähnlichen Bilder handeln dürfte, welcher ich auf Grund meiner Erfahrungen völlig zustimmen möchte.

Wir werden nicht fehlgehen, wenn wir einen ziemlich großen Hundertsatz der Beobachtungen vorzüglich des älteren Schrifttums mit Knötchenbildung des beschriebenen Charakters und dieser Örtlichkeit nicht zur Tuberkulose rechnen, sondern als spezifische Alveolarechinokokkenprozesse auffassen. Man darf sich auch hier niemals mit der bloß äußeren Besichtigung begnügen. Zur Vermeidung von Irrtümern muß stets das Mikroskop zu Rate gezogen werden.

Während beim cystischen Echinococcus, die klinisch, pathologisch und experimentell so vielfach eingehend erforschte „Keimaussaat" am Bauchfell hauptsächlich durch Zerreißungen der Hydatidenblasen (Trauma, Operation, Spontan-Durchbruch) entsteht, kommt sie beim Alveolarechinococcus vor allem auf dem Blut- und Lymphwege oder Aussendung von der primären parasitären Bildung in der Leber aus zustande.

c) Beziehungen zwischen Alveolarechinococcus und Krebs der Leber.

α) Makroskopische Ähnlichkeit beider Leberveränderungen [2].

Bekanntlich wurde ja zuerst ersterer als Gallertkrebs, Alveolarkolloid, Rückbildungsform des Carcinoms usw. angesehen und die älteren Veröffentlichungen befassen sich zumeist ausführlicher mit diesem Gegenstand.

Die Verwechslung wurde und wird wohl immer gelegentlich bei Operationen und selbst Obduktionen gemacht und spielt hier eben gerade das Verhalten der Alveolen (Kleinheit und Seltenheit) eine große Rolle.

---

[1] Vgl. Befund bei Lymphknoten im Mittelfellraum (s. o. S. 469 u. 470).

[2] Unter solchen Befunden mit besonders großer Ähnlichkeit hebe ich aus letzter Zeit folgendes hervor:

BASCHO, P.: Ein Fall von starkcystischen Papillen bildenden primären Adenocarcinom der Leber usw. Frankf. Z. Path. 3, 242 (1909).

CARRIAN, M.: Un cas de cancer primitif du foie à forme alvèolaire. Montpellier mèd. 38, 426 (1914).

SCAGLIONE, S.: Adenocarcinoma trabecolare del fegato. Tumori Roma 9, 221 (1922—23).

CHALIER, AND. et L. F. MARTIN: Tumeur solitaire du foie (adenome trabèculo-vèsiculaire). Exstirpation. Guérison. Bull. Soc. Anat. Paris 55, 1387 (1929).

Höchst selten können sogar beim cystischen Echinococcus solide kompakte Bildungen auftreten, die an Geschwülste erinnern.

So beobachtete z. B. Cignozzi [1] konglomerierte, massive cystische Echinokokken nach Art einer Geschwulst, die für Sarkom gehalten wurde. Andererseits ähneln sie der alveolären Art (siehe multivesiculärer Echinococcus und Multisacculation Déves).

Bezüglich des Übersehens bei Operationen sind mir verschiedene ältere Innsbrucker Beobachtungen in Erinnerung, bei denen rückschauend an den Parasiten gedacht werden mußte [2]. Man sollte es sich zur Richtschnur nehmen, womöglich in allen solchen Fällen kleine Geschwulststückchen zur mikroskopischen Untersuchung zu excidieren. Von Obduktionen mit makroskopischem Übersehen der wahren Natur enthält das Schrifttum die vielfältigsten Beispiele.

Nur einige Bemerkungen an dieser Stelle.

Birch-Hirschfelds und Battmanns (12) (1878) Fall bot vollkommen das Aussehen einer scirrhösen Neubildung, ebenso die von Kränzle (98) (1889) bei seinem 2. Casus confluierender, höckeriger fester Knoten. — Beim 1. Fall Liebermeisters (112) (1902) wurde bei der Sektion zuerst die Diagnose auf Primärcarcinom der Leber gestellt, erst die mikroskopische Untersuchung klärte den Sachverhalt auf. Ein als Primärcarcinom der Leber vorgestellter Fall zeigte auch bei der von Lewald (111) vorgenommenen Sektion das Aussehen des Krebses. Erst wiederholte mikroskopische Untersuchungen lehrten, daß es sich um einen multilokulären (alveolären) Echinococcus handelte, bei dem die spärlichen Bläschen mikroskopisch klein waren. An der Peripherie dichtes fibröses Gewebe.

In einem Falle Clercs (32) lautete die Sektionsdiagnose auf Ca des Ductus choledochus (?) Erst bei mikroskopischer Untersuchung wurde die Diagnose auf Echinococcus multilocularis korrigiert.

Dardels Fall 31 (Spital Winterthur) zeigte an der Oberfläche des rechten Lappens haselnußgroße und größere markige Knoten, wie Krebsknoten.

Verschiedene sonstige Eigenbeobachtungen und solche des Schrifttums zeigten frappante Ähnlichkeit einerseits mit markigen Carcinomknoten, andererseits mit scirrhösen Bildern, (wie u. A. F. 55) schließlich mit gemischten Formen.

Im anatomischen physikalischen Verhalten prägt sich zumeist schon der Unterschied aus: brettartige, knorpelharte Resistenz und Knirschen beim Durchschneiden der Alveolarechinokokkengeschwulst (sowie Zuckergußbildung der Kapsel), welche an ihrer Oberfläche Dellen- und Nabelbildungen, die so häufig den Krebs auszeichnen, vermissen läßt.

Nur der Fall von König (93) wies auch wegen dieses Verhaltens größere Ähnlichkeit mit Ca. auf.

An der mächtig vergrößerten bis zum Beckenkamm reichenden Leber verzeichnet König zahlreiche, pflaumengroße eingedellte (Alveolarechinococcus)-Knoten wie beim Carcinom. Erst die mikroskopische Untersuchung verriet die wahre Natur der Bildung.

β) Gleichzeitiges Vorkommen von Alveolarechinococcus und Krebs.

Hierbei sind verschiedene Möglichkeiten gegeben: 1. Beide Erkrankungen betreffen das gleiche Organ, die Leber oder 2. sie finden sich in verschiedenen Organen.

Hier ist wieder an zwei Zusammentreffen zu denken: Alveolarechinococcus der Leber und Krebs in einem anderen Organ oder Körperregion und umgekehrt.

---

[1] Cignozzi: Istogenesi, evoluzione ed esiti dell'ech. epatico. Sperimentale **79**, No 5 (1925).

[2] Vgl. auch Bobrow: Chir. russ. 1897, H. 6, s. Posselt. Neue dtsch. Chir. **40**, 374.

Bei Leberkrebs würde sicherlich jeder außerdem bestehende primäre extrahepatale Alveolarechinococcus als Metastase aufgefaßt; andererseits bei sonstigem Sitz des Carcinoms außerhalb der Leber, ein eventuell in der Leber sich vorfindliche Alveolarechinococcusknoten ebenso in diesem Sinne einer Krebsmetastase gedeutet werden. In die letzte Kategorie gehören die Beobachtungen unter β (s. u.).

Weitere Verhältnisse: Der Krebs ist das primäre oder er überwiegt und der Alveolarechinococcus ist nur ein Nebenbefund. Oder bei einem Alveolarechinococcus wird als zufälliger Befund noch ein Krebs festgestellt.

Die zeitliche Aufeinanderfolge kann große Schwierigkeiten bereiten. Im großen und ganzen wird man in der Regel nicht fehl gehen, wenn man wegen des viel langsameren Wachstums und der ungleich längeren Dauer den vielfächerigen Blasenwurm ceteris paribus als die ursprüngliche Affektion ansieht. Schließlich können auch beide beigeordnet sein.

Im Hinblick, daß der Alveolarechinococcus erst das reifere und etwas höhere Alter befällt, ist das äußerst seltene Zusammentreffen der parasitären Bildung mit Krebs [1] auffällig, namentlich in Anbetracht der oft ungewöhnlich langen Dauer der Krankheit. Von einem Ausschließungsverhältnis ist natürlich gar nicht zu reden. Es soll nur mit der Feststellung sein Bewenden haben, unter Hinweis auf diese entschieden seltene Kombination nach VIERORDTS und unserer Sammelforschung, nach dem weiteren Schrifttum und unseren Eigenbeobachtungen. Irgendwelche Theorien hierüber aufzustellen fällt uns nicht bei, immerhin ist dieser Antagonismus weiterer Erforschung wert (s. u.).

An dieser Stelle möchte ich bemerken, daß in Nordtirol im Oberinntal mit ganz besonders starker Krebshäufigkeit noch kein einziger Alveolarechinococcusfall vorkam, während im typischen Verbreitungsbezirk des Parasiten „Unterinntal und Nordosttirol", die Krebskrankheit entschieden selten vorkommt.

Ich begnüge mich mit der Anführung dieser Tatsache der gegenseitigen örtlichen förmlichen Ausschließung und der weiteren wichtigen Tatsache, daß im Tiroler Verbreitungsgebiet des Parasiten noch niemals gleichzeitiges Befallensein der Leber durch den Parasiten und Krebs beobachtet wurde.

1. Im gleichen Organ (Leber).

Äußerst seltenes Zusammenvorkommen beider Prozesse, Alveolarechinococcus und Carcinom in der Leber [2].

---

[1] Für den cystischen Echinococcus ist aus den spärlichen Beobachtungen von ELLY ZIEGLER [Über das Zusammentreffen von Echinokokken und Carcinom und ihre Beziehung zueinander. Z. Krebsforschg 24, 425 (1927)] kein bindender Schluß zu ziehen, ebensowenig aus denen von CHRISTELLER (Berl. med. Ges., Sitzg 11. Juli 1928), (s. u.).

[2] Hinsichtlich des Vorkommens beim Echinococcus cystic. stellt CHRISTELLER (l. c.) an der Hand von 3 Echinococcusfällen mit primärem Carcinom in demselben Organ die Vermutung auf, daß auch der Echinococcus als chronische Reizung der Nachbarschaft zu ödematösen und später carcinomatösen Wucherungen Veranlassung geben kann. Für die auslösende Bedeutung des Echinococcus spräche sein zentraler Sitz im Tumor und der Umstand, daß auch in den Kontrollfällen sich Wucherungen an Gallengängen und Adenombildungen um den Echinococcus fanden. — Unseres Erachtens muß man aber wegen des geringen Hundertsatzes dieses Befundes eher an ein zufälliges Zusammentreffen denken.

Eine besondere Anführung verdient die italienische Beobachtung von B. MODENA [Carcinoma del fegato sviluppatosi in un giovane attorno a vecchia ciste da echinococco.

Ein Fall von GRAUX[1] aus dem alten französischem Schrifttum wird auch von DÉVÉ[2] mit Recht als echter Alveolarechinococcus abgelehnt.

Bezüglich des Auftretens beider sozusagen Neubildungs-arten in der Leber verweise ich auf folgende einwandfreie Beobach-tungen:

An dem Marburger pathologischen Institut (Leiter Prof. ASCHOFF) wurde einer gütigen Privatmitteilung des Herrn Prof. BENEKE zufolge im Jahre 1904 (Sect. 205) ein 46jähr. Mann obduziert, der an Carcinom des Ductus hepaticus zugrunde ging.

Als Nebenbefund ein birnengroßer Alveolarechinococcus unter der zuckergußartig verdickten Kapsel im rechten Lappen.

Im Schrifttum ist nur die einzige folgende Beobachtung aufzufinden:

DARDEL: Fall 89. Spital Zürich 1911. 44jähr. Mann. Sekt.: Alveolarechinococcus der Leber und Carcinom der Gallenausführungsgänge.

Unter Berücksichtigung des prädestinierten vorgeschritteneren Alters, der langen Krankheitsdauer und der Neigung zu geschwürigem Zerfall verweisen wir hier neuerdings auf dieses förmliche Ausschließungsver-hältnis. Hierin gibt mir auch DÉVÉ in seiner jüngsten Arbeit recht (l. c. S. 445): „C'est avec raison que POSSELT a souligné l'extrême rareté de cette „combinaison" des deux processus".

2. In verschiedenen Organen.

Entwicklung kleiner und kleinster Alveolarechinokokken der Leber bei Krebskranken verschiedener Organe.

1. Museumspräparat des pathologischen Institutes Basel (No. 91). Sekt. 259, 1892 (MELNIKOW Fall 75, S. 111). Alveolarechinococcus-Knoten von 2 Hasel-nußgröße unter der Kapsel der Leber als zufälliger Sektionsbefund bei einem Ösophagus-krebs, veranschaulicht das Anfangsstadium der Entwicklung der parasitären Geschwulst.

2. ABÉE (1) (1899) 2. Fall. Großes Magencarcinom mit Infiltration der periportalen Lymphdrüsen. Der Echinococcus multilocularis, etwa apfelgroße Geschwulst an der Hinter-fläche des rechten Leberlappens, war ein zufälliger Befund.

Pathologica (Genova) 1913—14, Nr. 833] bei der sich aus einer alten Echinococcuscyste bei einem jungen Menschen Krebs entwickelte. — Auf Grund von 31 Fällen des Schrifttums über gemeinsames Vorkommen von Echinococcuscysten und Krebs der Leber kommt DÉVÉ (Kyste hydatique et cancer, Ann. de Parasit. 8, Nr 3—4, (Juli 1930) in seiner jüngsten Arbeit, in der er jeden einzelnen Fall kritisch beleuchtet, zu folgenden Schlüssen: Bei den allermeisten handelt es sich um ein einfaches, unabhängiges Zusammentreffen beider Prozesse. Wenn bei einer gegenüber der sonstigen Frequenz verschwindend kleinen Anzahl (vielleicht 5 Fälle) ein Zusammenhang konstruiert werden könnte, so berechtigt dieses durchaus noch nicht in dem modernen Kapitel des „cancer vermineux" von einem „cancer d'origine échinococcique" zu sprechen. Höchstens könnte man mit vielen Ein-schränkungen ganz allgemein einen präcancerösen irritativen Faktor gelten lassen. — Eine besondere Möglichkeit von Verwechslungen ergibt sich, wenn es sich um gleich-zeitige Ansiedlung von Echinococcus cysticus und Alveolärkrebs in der Leber handelt. (DIBBELT, BAMBERG, NECKER, LOEHLEIN) insbesondere, wenn es zugleich zur Gallertentwicklung in das Lumen kommt, wie dies besonders bei DIBBELTs Beobachtung der Fall war. Es kann dann fälschlicherweise gleichzeitiges Vorkommen beider Arten des Parasiten (s. u. S. 539) angenommen werden.

[1] GRAUX: Kyste hydatique alvéolaire. Soc. Anat. Febr. 1874, 188.

[2] Bei DÉVÉ, welcher schon in verschiedenen Mitteilungen, namentlich bei Besprechung des Vorkommens von Alveolarechinococcus in Frankreich, diesen Fall ablehnte, heißt es (l. c. S. 738): II. GRAUX (1874): Kyste hydat. „alvéolaire" (?) coexistant avec un cancer secondaire de foie issu d'un cancer primitif de l'estomac.

3. Der 3. Fall CLERCS (32) (1912), eine 57jähr. Frau, wurde wegen Carcinom der Flexura sigmoidea operiert. Bei der Sektion wurde ein höckeriger Knoten an der Unterfläche des rechten Leberlappens als Krebsmetastase gedeutet, erst beim Durchschneiden wurde er als Alveolarechinococcus erkannt (s. Kleinheit des Alveolarechinococcus S. 486).

4. Bei einem 42jähr. Bauern mit Magencarcinom traf NITSCHE (146) (Sekt. 14. Jan. 1908) in der gewöhnlich großen Leber einen etwa walnußgroßen Herd im r. L., der sich auf dem Durchschnitt als typischer Alveolarechinococcus erweist.

5. DARDEL (1927) 19. Fall. 66jähr. Frau, St. Gallen, gestorben an verjauchtem Mammatumor. Zufälliger Sekt.-Befund: alter Alveolarechinococcus der Leber.

DAUJAT (l. c. 1912), welcher einen Antagonismus mit Krebs bestreitet, weiß aber auch nur die Fälle von ABÉE (Magenkrebs mit solchem der Lymphdrüsen) und dem 75. Fall von MELNIKOW (Ösophaguscarcinom) namhaft zu machen.

Sozusagen beigeordnetes gleichzeitiges Bestehen eines Alveolarechinococcus der Leber und zweier primärer Carcinome, zentraler ulcerierter Zungenkrebs und tiefsitzendes inoperables Mastdarmcarcinom mit vielen Metastasen meldet JEBE (84).

71jähr. Mann. Leichendiagnose: Ulc. Mastdarmkrebs mit krebsiger Infiltration des ganzen Beckenbindegewebes und der retroperitonealen Lymphdrüsen. Knotige Metastasen in der rechten Nebenniere und den Lungen. Krebsige Lymphangitis der linken Pleura. (Perisplenitis und Kapselverdickung.)
Echinococcus multilocularis des linken Leberlappens.

In derartigen Fällen kann die makroskopische Entscheidung, welche Metastasen vorliegen, ob sie der einen oder anderen Tumorbildung angehören, große Schwierigkeiten bereiten.

Klinisch steht die Sache so, daß bei allen für Carcinom so typischen Sitzen, hier z. B. ganz besonders das Rectum, bei allen übrigen Geschwulstbildungen, die sonst noch nachgewiesen werden können, natürlich wohl kaum an etwas anderes als Carcinom gedacht wird, inklusiv sogar der Leber.

Nur unter ganz besonders günstigen Umständen wird man auch diese Unterscheidung treffen können.

Andererseits gehören Metastasen des Alveolarechinococcus in der Rectalgegend und im kleinen Becken im Gegensatz zum cystischen zu den allergrößten Seltenheiten.

Fast ein Unikum stellt unsere Eigenbeobachtung Fall 24 dar. Bei dem 32jähr. Mann, bei welchem ich die Diagnose auf Alveolarechinokokken des linken Leberlappens (auf den rechten leicht übergreifend) stellte (Innsbrucker wissenschaftliche Ärztegesellschaft 28. Nov. 1903), wurde diese Diagnose durch die Nekropsie bestätigt. Im linken Lappen kindskopfgroßer Alveolarechinococcus. Leber 3980 g. Es fand sich zudem eine flächenförmige Metastase am Zwerchfell und ein Alveolarechinococcus-Knoten in der Subserosa des Beckens.

Im Douglas ein kastaniengroßer, derber, links vom Mastdarm gelagerter, in einer schwanzartigen Fortsetzung über die vordere Fläche des Rectums hinübergreifender, in größter Ausdehnung 3 cm breiter, 2½ cm dicker Knoten, dessen schwieliges, von Bläschen durchsetztes Gewebe das Peritoneum in ebenso großer Ausdehnung vertritt. Über die Geschwulstfläche, die tiefbuchtig zurücktritt, wölbt sich das Peritoneum weit vor.

Das Rectum vom geschilderten Alveolarechinokokkenknoten leicht ablösbar.

Unter derartigen Umständen wäre eine Verwechslung mit Carcinom äußerst naheliegend, zumal bei einer solchen Sachlage kaum an Vornahme eines Probeausschnittes mit mikroskopischer Untersuchung gedacht werden dürfte.

In DARDELS (34) (1927) Sammelforschung aus der Schweiz finden sich zwei einschlägige Befunde von Metastasen in der genannten Gegend.

Fall 81. Kantonspital Lausanne 1918. 43jähr. Frau Metastasen des Alveolarechino-coccus im kleinen Becken.

Fall 90. FRITSCHE, 1914. 53jähr. Mann. Metastatischer Knoten im Douglas.

Selbst gleichzeitiges Befallensein von Alveolarechinococ-cus, Krebs und Tuberkulose kann vorkommen [1].

Über eine derartig einzig dastehende, höchst lehrreiche Beobachtung aus Bayern kann berichtet werden.

Dem Prosektor der Heilanstalt Eglfing bei München, Herrn Koll. Dr. NEUBÜRGER verdanke ich die Mitteilung dieses noch nicht veröffentlichten Falles, eines Alveol-echinococcus des rechten Leberlappens (29 j. weibliche Kranke) mit alter und neuer Tuberkulose der Lungen und einer kleinen Geschwulst im linken Eierstock (mikroskopisch junges Carcinoma solidum).

Nachdem beim Krebs, und zwar mit Vorliebe solcher bestimmter Lokalisation verhältnismäßig häufig die Entwicklung auf den Boden ulcerativer Prozesse zurückgeführt wird (Gallensteine und Geschwürs-bildung in der entzündeten Gallenblase, Darmgeschwüre, geschwürig zerfallende Mastdarmpolypen usw.) muß ganz besonders betont werden, daß bisher noch niemals auf der Grundlage eines ulcerösen Alveolarechinococcus die Entwicklung eines Carcinoms oder auch nur ähnliche Bilder gesehen wurden.

Daß bisher weder in der geschwürig zerfallenen Geschwulst selbst, noch in deren nächster Umgebung bzw. Drucksphäre Carcinom beobachtet wurde ist um so bemerkenswerter, als gerade das bevorzugte Alter für beide Geschwulstbildungen zusammenfällt und der Krebs eben auch wenigstens anfangs eine lokale Erkrankung ist.

Wenn wir den Krebs so auffassen, daß einzelne Zellen des menschlichen Körpers sich in ihren Funktionen unabhängig vom Gesamtorganismus machen, auf eigene Faust weiter entwickeln, die Nachbarzellen zerstören, mit dem Blutstrom weiter geschleppt an neuen Örtlichkeiten ihre deletäre Wirkung entfalten und schließlich den Gesamtorga-nismus gefährden, so sind die Carcinomzellen ihrer Tätigkeit nach auch sozusagen Para-siten, die sich von anderen Zellen des menschlichen Körpers nähren. Dagegen fehlt ihnen aber eine andere wichtige und charakteristische Eigenschaft, sie sind durchaus keine Fremd-körper im menschlichen Organismus, da sie ja aus Gewebezellen des Körpers hervorgehen. — Im Ein- und Vordringen, Ersatz des Gewebes, Setzung von Ablegern gleicht der Alveolar-echinococcus vollkommen den bösartigen Neubildungen, zeigt jedoch wegen der zumeist sehr langsamen Entwicklung und weitaus längeren Verlauf eine verhältnismäßig günstigere Prognose, zudem bleiben die Lieblingssitze des Krebses an Epithel-Übergängen primär und sekundär frei vom Parasiten, so daß auch hier, wenn es gestattet ist, von einer relativen besseren Aussicht bzw. weniger einschneidenden Folgen gesprochen werden kann. Hier wäre auch an die Compensationserscheinungen des Organs zu erinnern.

Weiterhin verschont die parasitäre Bildung den Gesamtorganismus mit den schweren sekundären Folgezuständen, wie sie die chronischen Carcinomtoxine bedingen.

Hochgradige Schwäche, Hinfälligkeit mit fortschreitender Anämie und Kachexie. Beim Alveolarechinococcus sehen wir im Gegenteil selbst bei sehr ausgedehntem Sitz, langer Dauer des Icterus melas einen recht guten Kräfte- und Ernährungszustand.

Es besteht nicht nur eine sehr gute Appetenz, sondern häufig auch ausgesprochene „Heißhunger-Anfälle" die, sowie die reiche Harnflut, Schweißausbrüche, gewisse Sensationen und dgl. als eine charakteristische, um nicht zu sagen eine wirklich spezifische Toxinwirkung aufzufassen sind. In der vergleichenden Pathologie beider Prozesse müssen wir eine Art „Antagonismus in der Toxinwirkung" feststellen.

---

[1] Beim cystischen Echinococcus verzeichnet dieses Zusammentreffen, jedoch in verschiedenen Gegenden des Körpers, DUPRÉ und DEVAUX (Kyst. hydat. multiples du péritoine. Cancer nodulaire primitif du foie chez un tuberculaise cavitaire. Soc. Anat., Juni **1900**, 611).

Beim Krebs ist die zumeist schon sehr frühe, häufig als einzige Erscheinung auftretende Kachexie als direkte Toxinwirkung aufzufassen und nicht etwa als Folge sekundärer Resorptionsprodukte durch Zerfall, Eiterung, Verjauchung. Wie oben bemerkt sehen wir doch so überaus häufig die Kachexie als Haupterscheinung. Bei okkulten Krebsen kleinsten Umfanges können trotz höchstgradiger Kachexie, Anämie, Körperschwäche solche sekundäre Vorgänge nicht festgestellt werden und anderenfalls trifft man wiederum Leute mit fortgeschrittenen umfangreichen Krebsbildungen und hochgradigen Zerfall und Eiterungen, die geradezu blühend aussehen; dies sind aber Ausnahmen.

Wir müssen deshalb an eine auswählende Toxinwirkung denken. Für die primäre Natur der Toxinwirkung spricht auch das Verhalten beim Alveolarechinococcus, bei welchem es zumeist die Regel ist, daß trotz höchstgradiger Zerfalls- und Jauchehöhlenbildung die Kachexie ausbleibt.

In dieser Ansicht müssen wir um so mehr bestärkt werden, als auch die Giftwirkungen der beiden Blasenwurmarten unterschiedlich sind. Obige sind dem Alveolarechinococcus zu eigen (fehlen jedoch dem gewöhnlichen cystischen[1], welcher sich dagegen durch lokale und starke Bluteosinophilie und Neigung zu Urticaria usw. auszeichnet, Eigenschaften, die dem alveolaren fehlen oder bei ihm nur in schwachem Grade und verhältnismäßig selten vorkommen).

Wegen der manchmal ganz besonders hervortretenden großen Ähnlichkeit beider Prozesse darf man sich deshalb zur Vermeidung von Irrtümern bei Probelaparotomien, Operationen, Obduktionen niemals mit einer bloß äußeren Besichtigung begnügen, sondern es sind immer mikroskopische Untersuchungen vorzunehmen.

Es können auch andere Neubildungen zu Verwechslung mit Alveolarechinococcus der Leber führen, so z. B. Sarkome.

Bei den übrigens seltenen Sarkomen der Leber ist öfters der Typus der teleangiektatischen kavernösen, perivasculären vertreten (ARNOLD, PEYSER).

Die überaus große Härte der parasitären Bildung hat zweifellos eine nicht zu unterschätzende differentialdiagnostische Bedeutung gegenüber anderen Geschwülsten der Leber.

Auf Grund der Zusammendrückbarkeit der Geschwulst stellte ISRAEL[2] zum ersten Male die richtige Diagnose auf Leberkavernom vor der Operation.

Eine Riesengeschwulst der Leber, welche 8 kg Gewicht zeigte, beobachtete GÖDEL[3], und zwar ein Hämangioendotheliom mit ausgesprochen schwammigem, kavernösem Bild. —

Im Schrifttum ist das Zusammentreffen von Alveolarechinokokken mit Sarkom vollständig unbekannt[4].

---

[1] Nach LEMAIRE, THIODET und DERRIEN (C. r. Soc. Biol. Paris **95**, 1485 (1926) sind die Gifte der Hydatiden Polypeptide, welche durch die Echinokokkenmembran hindurch treten.

[2] ISRAEL: Ein Fall von Exstirpation eines Leberkavernoms. Berl. klin. Wschr. **1911**, Nr. 15. Vgl. auch CLAR, FR. Kavernom der Leber. Med. Klin. **2**, 1746 (1928). EIGLER: Über Angiomatosis hepatis. Münch. med. Wschr. **1930**, Nr 13, 562.

[3] GÖDEL: Ver.igg path. Anat. Wien, Sitzg 28. Nov. 1929. Zbl. path. Anat. **48**, Nr. 7, 237 (1930).

[4] Beim cystischen Echinococcus gehört die Kombination mit Sarkom zu den allergrößten Seltenheiten. Bei der Sektion eines klinisch unklaren Falles fand H. KOHN (Berl. Ver. inn. Med., Sitzg 6. Dez. 1897) Echinokokken und Sarkomknoten in der Leber.

Strahlenpilzgeschwulst[1].

MADELUNG [2] sprach einmal eine große Lebergeschwulst nach Freilegung und mehrfachen Incisionen für multilokulären Echinococcus an und dasselbe glaubte anfangs der Obduzent. Erst mikroskopische Untersuchung zeigte Aktinomykose der Leber.

Nach GHON [3] bildet die Aktinomykose in der Leber entweder große gut begrenzte tumorartige lipoidreiche Granulome von wabenartigem Aussehen, ähnlich dem Echinococcus alveolaris, oder kleinere Herde pylephlebitischen Abscessen gleichend (s. Abb. 622, S. 881 Aktinomykose, ähnlich dem Alveolarechinococcus).

Über gleichzeitiges Befallensein der Leber durch Echinococcus hydatidosus und Aktinomykose liegt ein Bericht von LEHMANN und KAHLSTORF [4] aus Rostock vor.

d) Das Verhältnis des Alveolarechinococcus zum Syphilom [5]).

Die gleichen zwei Punkte der vorhergegangenen Kapitel gelten auch für das an und für sich sehr seltene Syphilom der Leber, vor allem bei Fehlen der Zerfallshöhle, mächtigen Bindegewebsentwicklungen und Zurücktreten der Alveolen. Wie die zur Verkäsung neigenden äußerlich mehr den Tuberkulomen ähneln, so die mit vorwiegend interstitiellen Prozessen mehr gewissen Formen der Gummata.

α) Ähnlichkeit.

Die Ähnlichkeit bestimmter Formen des Alveolarechinococcus mit Lebergummata wird mehrfach betont.

Einige walnußgroße Knoten erinnern, wie WINOGRADOW (225) (1894, 1. Fall) beschreibt, wegen des sonstigen Aussehens und Verhaltens (grau, hart, feste Konsistenz) an käsige Knoten oder Gummata der Leber. Hier fanden sich ebenfalls nur sehr spärlich und zumeist sehr kleine Alveolen. — Einen derartigen Bau zeigte die Neubildung in einem Falle PAWLINOWS (154) (Inn. Klin. Moskau 1893, bei MELNIKOW Fall 3). — Ebenso bei MELNIKOWS Fall 6 (TSCHERINOW (213) (1894) [bzw. PREDTETSCHENSKY (174), unsere C., Fall 126]. — Bei einem Falle RACHMANINOWS (180) (1897) (MELNIKOWS Fall 22) war in dem größten Teil der Geschwulstmasse alles verschwommen, von der Leberzeichnung nichts mehr wahrzunehmen. Das Bild erinnert an dasjenige eines Gummas oder eines Solitärtuberkels.

Der von ROUX (188) (Lausanne) mehrmals operierte Fall (84. bei MELNIKOW) mit mächtiger Schwielenbildung und Verunstaltung des Organs erinnerte im makroskopischen Aussehen sehr an Gummata; ebenso der 4 bzw. 7mal operierte Fall 5 unserer Eigenbeobachtungen wegen seines eigenartigen Verhaltens der interstitiellen Substanz (s. Abb. POSSELT, P. A. 1900, Tafel V, Fig. 3).

Auch MELNIKOW spricht sich in dem Sinne aus (S. 138): „Das Bindegewebsstroma der Neubildung besitzt radiären Bau, welcher an eine syphilitische Geschwulst denken läßt. In dem Stroma sind Alveolen des Parasiten zerstreut. Eine scharfe Grenze fehlt. In seinem makroskopischen Aussehen erinnert das Präparat an jenes von Fall 84."

---

[1] Die Strahlenpilzkrankheit zeigt auch in Tirol einige Herde, die aber mit dem typischen Verbreitungsgebiet des Alveolarechinococcus nicht zusammenfallen.

[2] MADELUNG (Chirugische Behandlung der Verletzungen und Erkrankungen der Leber GULEKE, PENZOLDT und STINTZING. Handbuch der ges. Therapie, 6. Aufl. 2. Bd. 1926, S. 907).

[3] GHON: Leber, Gallenblase usw. ASCHOFF, Path. Anat., 7. Aufl. 2, 880 (1927).

[4] LEHMANN, J. C. und KAHLSTORF: Über gleichzeitiges Vorkommen von Echinococcus und Aktinomykose der Leber. Dtsch. Z. Chir. 211, 384 (1928).

[5] Bei der Spätsyphilis der Leber unterscheiden wir 3 Arten des Vorkommens: die gummöse Form, die unter dem der atrophischen Cirrhose ähnlichem Bild auftretende und die tumorartige. PSCHENITSCHNIKOW [Ein Fall von eigenartiger geschwulstförmiger gummöser Hepatitis (Path. Inst. Kasan.) Frankf. Z. Path. 37, 33 1929] konnte nur 6 Fälle dieser Art aus dem Schrifttum sammeln, über die er referiert. Zwei weitere und eine Eigenbeobachtung fügt SCHIFMANOWITSCH [Arch. Verdgskrkh. 48, 1/2 (1930)] bei, der ebenfalls die große Seltenheit betont.

Hier wäre auch auf das Präparat Vd. 75 hinzuweisen, das mit seiner ganz besonders hochgradigen Bindegewebsentwicklung, welches dicke Stränge und Züge darstellt, an vielen Stellen große Ähnlichkeit mit Syphilomen zeigt.

Eines der bekanntesten Beispiele von Verwechslung mit Gummen bildet die Beobachtung von MÖNCKEBERG [1], welche hier genauere Ausführung verdient.

Demonstration des Präparates eines 27jähr. Mannes („Russe"), der mit der Diagnose Lebercarcinom oder Sarkom zur Sektion kam. Es fand sich in der enorm vergrößerten Leber ein über kindskopfgroßer, außerordentlich derber Tumor, der sich mikroskopisch als fast nekrotisches Gumma der Leber erwies. (Die Diagnose stützte sich auf die mikroskopische Untersuchung der Randpartien des Tumors. Trotz negativer Wassermannreaktion wurde Syphilom diagnostiziert.) Die weitere mikroskopische Untersuchung [2] hat nun ergeben, daß es sich zweifellos um einen gewaltigen Echinococcus multilocularis der Leber handelt. Da die einzelnen Blasen in diesem Fall nur sehr klein und völlig kollabiert sind, auch außer den dünnen Membranen keine gallertigen Massen enthalten, fehlt das sonst charakteristische poröse Aussehen der Schnittfläche, das früher zu Verwechslungen mit dem Gallertkrebs geführt hat. Mikroskopisch ist der Untergang des Leberparenchyms zwischen den Blasen und die Entwicklung eines verkäsenden Granulationsgewebes so ausgedehnt, so daß die von GUILLEBEAU, CAESAR u. a. betonte Ähnlichkeit mit infektiösen Granulomen stark hervortritt.

Die mächtige derbe Bindegewebsentwicklung bei Zurücktreten der äußerst spärlichen, zerstreuten, kleinsten komprimierten Alveolen bedingte auch bei der Beobachtung von DESOIL (38) das gummaartige Aussehen.

Natürlich wird die Annahme eines Syphiloms umso plausibler, wenn zweifellose luetische Infektion vorausging und manifeste Erscheinungen vorliegen, Wa.R. sehr stark positiv ist usw., wie vereinzelte Fälle der Literatur dartun.

In einem Münchener Fall (Sekt. 19. Jan. 1905, Krkh. r. d. Isar) bei einem 24jähr. Mann wurde auf Grund einer vor 4 Jahren überstandenen luetischen Infektion (Bubo-Operation und Schmierkur) die Lebergeschwulst als Gumma diagnostiziert. (Vorübergehende Verkleinerung der Leber intra vitam, Kantenstellung.)

Selbst an den Lungenknoten bieten sich ähnliche Bilder wie bei Gummata dar, namentlich dann, wenn obige an der Leber erörterte Bedingungen erfüllt sind.

Auch MELNIKOW (l. c. S. 211) weist darauf hin.

In seinem 1. Fall bietet die Durchschnittsoberfläche der Lungenansiedlung in den kompakten und derben Knoten ein gummaartiges Aussehen, der alveoläre Bau ist schwach ausgeprägt; öfter ist der Bau ein feinnetziger, filzartiger. —

In den Lungen finden sich beim Alveolarechinococcus besonders Veränderungen am Gefäß- und vor allem am Lymphgefäß-System, was auch für Gummen zutrifft.

Wie noch bei dem Verhalten der Metastasen zu erörtern sein wird, zeigen solche auch in verschiedenen anderen Organen manchmal auffallende Ähnlichkeit mit Syphilomen.

Z. B. MELNIKOW Fall 2. Gehirnmetastasen des Alveolarechinococcus erinnern in ihrem Bau sehr an Gummata. (Fig. 55, Tafel VI).

Wie eingangs dieses Abschnittes betont wurde, nimmt in der praktischen Heilkunde, in der Klinik dieser parasitären Bildung, die Differentialdiagnose der vielfächerigen Blasenwurmgeschwulst gegen diese Geschwulstdreiheit den größten Spielraum ein.

Wie wir schon in unserer chirurgischen Abhandlung erwähnten, gehören gestielte Alveolarechinokokken der Leber zu den allergrößten Ausnahmen, das gleiche gilt für

---

[1] MÖNCKEBERG: Gumma der Leber, Carcinom oder Sarkom vortäuschend. Unterelsäss. Ärztever. Straßburg, 24. Febr. 1917. Dtsch. med. Wschr. 1917, Nr. 26, 831.

[2] Gewaltiger Echinococcus der Leber. Unterelsäss Ärztever. Straßburg, 28. Juli 1917. Dtsch. med. Wschr. 1917, Nr 42, 1324.

Syphilome. Eine solche ganz seltene Beobachtung machte PSCHENITSCHNIKOFF[1]: eine gestielte Geschwulst des rechten Leberlappens mit pathologisch-anatomischer Diagnose Hepatitis gummosa acquisita (Wa.R. + + + +. Heilung).

Was nun die dritte Form anlangt, so wurden mehrfach selbst einfache Echinokokken mit Syphilomen verwechselt[2], wie auch die chirurgische Literatur verschiedene einschlägige Berichte aufweist, ebenso über die umgekehrte Möglichkeit[3].

Daß indirekt Lymphknotenschwellungen an der Leberpforte bei allen 3 Prozessen, Leberschwellungen mit ähnlichen Bildern hervorrufen können, ist lange bekannt.

In letzterer Zeit beschreibt GARIN[4] 3 einschlägige Beobachtungen jeder Art.

β) Gleichzeitiges Vorkommen.

Auch das gleichzeitige Vorkommen von Syphilom und Alveolarechinococcus gehört zu den allergrößten Seltenheiten.

Bei einem Präparat des pathologisch-anatomischen Museums in Graz (85. Fall unserer Sammelforschung), von einem 60jähr. Mann mit konstitutioneller Lues stammend, findet sich das Zusammentreffen von vielfächeriger Echinococcusgeschwulst und Schrumpfung des Organs infolge luetischer Veränderung. Die parenchymatös luetischen Veränderungen traten hier auf Kosten der interstitiellen Prozesse zurück.

Zum Schlusse dieses Abschnittes müssen doch auch die allgemeinen Gründe für das entschieden seltene Zusammentreffen der Alveolarechinococcus-Geschwulst mit dieser Trias bösartiger Prozesse zu erörtern getrachtet werden.

Letzten Endes muß doch an die Eigenartigkeit der Toxine dieser Art des Blasenwurms gedacht werden, welche auch nach verschiedenen anderen Richtungen Besonderheiten zeigen (Anlaß zu eigenartigen Heißhungeranfällen, Polyurien, Schweißausbrüchen u. a. geben), andererseits keine urticariaähnlichen Zustände erregen, weniger Beziehung zu Eosinophilie aufweisen usw.

An einer sehr wichtigen Tatsache dürfen wir nicht ohne Beachtung vorübergehen, es ist dies die, daß bisher sich tatsächlich noch niemals auf dem Boden eines Alveolarechinococcus ein Carcinom entwickelt hat, wo wir doch wissen, daß die verschiedensten anderen ulcerativen Prozesse, Ulcus ventriculi, Duodeni, Gallensteine, Rectalgeschwüre und Polypen, verhältnismäßig häufig eine Grundlage für spätere Krebsentwicklung abgeben.

Hier bietet sich auch noch ein weites Feld für viele andere allgemein pathologische Fragen.

---

[1] PSCHENITSCHNIKOFF: Eigenartige geschwulstähnliche gummöse Hepatitis. Vestn. Chir. (russ.) **1928**, Nr 42 (u. l. c. s. o.).

[2] LENHOFF, R.: Über Echinokokken und syphilitische Geschwülste. Dtsch. med. Wschr. 1898, Nr 26, 407.

Ein cystischer Leberechinococcus, den PFITZNER (Berl. Ges. Chir., Sitzg. 9. Dez. 1929; Zbl. Chir. **1930**, Nr 12, 725) operierte, wurde früher von 2 verschiedenen Kliniken für Leberlues gehalten.

[3] CASTEY: Syphilis hépatique à forme de tumeur simulant un kyste hydat. Mond. méd. Paris **35**, 688 (1925).

[4] GIOV. GARIN: Su tre casi di occlusione del coledoco da tumefazione delle linfoghiandole dell'ilo epatico per sifilide, per tubercolosi e per metastasi cancerique. Riv. Clin. med. **29**, 1059 (1928).

II. Größenverhältnisse der Alveolarechinococcus-Ansiedlung in der Leber.

Die Größe der Alveolarechinococcus-Geschwulst ist außerordentlich schwankend, von der einer Haselnuß- bis zu $2^{1}/_{2}$ selbst 3 Mannskopfgröße. Das Wachstum ist ein verhältnismäßig langsames, bis zu 15 Jahren und darüber. Manchmal erreicht die Geschwulst schon bei 2—3jähr. Wachstum Mannskopfgröße, ein anderes Mal bleibt bei einem solchen von doppelter und längerer Zeit die Ausdehnung unter Faustgröße. Übrigens ergeben sich hier infolge der überaus häufigen völligen Unverläßlichkeit der Anamnese sehr große Unsicherheiten.

Die Größenverhältnisse des Alveolarechinococcus insbesondere im Vergleich zur Leber brachte ich schon seinerzeit in einer tabellarischen Darstellung [1], weiterhin in der pathologisch-anatomischen Mitteilung [2]. Aus diesen und den Angaben über Größe und Gewicht der Leber, Dimensionen der Lappen, der Geschwulst und der Zerfallshöhlen dortselbst, in allen Eigenbeobachtungen und dem weiteren Schrifttum können auch Schlüsse auf die näheren Verhältnisse der Geschwulst gezogen werden.

Allerdings sind Vergleiche häufig erschwert, da sich die Angaben des Schrifttums auf die verschiedensten Verhältnisse bezieht: Befund während des Lebens (Krankengeschichten und Operationen), bei Sektionen gemachte und Messungen alter Museumspräparate, wobei in manchen Berichten gar keine näheren Angaben hierüber vorliegen. Weiterhin kommen die oft recht unregelmäßigen Formen der Geschwulst und der Zerfallshöhlen in Betracht, bei letzteren wiederum dabei nur bloße Schätzungen der entleerten Inhaltsmenge. Dies ist auch der Grund weshalb gerade bei den allermächtigsten Geschwülsten mit ungeheuren Zerfallshöhlen die Schätzungen erschwert werden.

1. Mächtige Entwicklung der Geschwulst.   Größen- und Gewichtsverhältnisse [3].

Intra vitam können als monströseste Geschwülste einschließlich letzterer geschätzt werden, wie folgt:

1. Eigenbeobachtung VIII. (1897).   Geschw. $3^{1}/_{2}$ Mannskopfgröße mit über $2^{1}/_{2}$ mannskopfgr. Zerfallshöhle. Inhalt 14 l. Ges.-Gew. etwa 18 kg.

2. LOEWENSTEIN (116) (1889) (2. Fall) Geschwulst im l. Lappen, schätzungsweise 10—11 kg (inkl. 8 l Höhleninhalt).

---

[1] POSSELT: Die physikalischen Verhältnisse der Leber und Milz, bei Erkrankung ersterer. Dtsch. Arch. klin. Med. **62**, 494—498 (1899).

[2] POSSELT: Z. Heilk. **21**, H. 5 (1900).

[3] Wir brachten schon a. O. (P. A. 1900 l. c.) zahlreiche Beobachtungen aus dem älteren Schrifttum von ganz besonders großen Echinokokken der cystischen Art. Die größte von SSUDAKOFF [Wratsch (russ.) **1897**, Nr 44] beobachtete „Cyste" (richtig Hydatidenblase) eines gewöhnlichen Leberechinococcus enthielt 48 Liter Inhalt.

Einen Riesenechinococcus der Bauchhöhle mit 50 Liter Inhalt beschreibt BARNETT [Colossal Hydatid Cysts. Med. J. Austral. **2**, Nr 26, 878 (1927)]. Jüngst berichtet PFITZNER (Berl. Ges. Chir., 9. Dez. 1929; Zbl. Chir. **1930**, Nr 12, 725) über die Operation eines mächtigen Echinococcus. Es wird nur allgemein vermerkt, daß die Cyste an Ausdehnung zu den größten gehört, wie sie in der Literatur beschrieben werden. — Aus dem Schrifttum möchte ich noch auf folgende Beobachtungen hinweisen:

COURMONT, P. u. GEREST: Volumineux kyste hyd. du foie ayant duré 30 ans, avec coexist. de cirrhose et de tuberc. pulm. Bull. Soc. méd. Hôp. Lyon 8, 238 (1909).

PARVU et CAILLÉ: Enorme kyste hydat. supp. du foie à évolution anormale. etc. Trib. méd. **1910**, 38.

LE DANTEC: Kyste hydatique volumineux du lobe gauche du foie. Ann. Hyg. méd. colon. Paris **14**, 837 (1911).

3. GRIESINGER (63) (1860) r. L. 2 mannskopfgr. Sack mit 16 Schoppen Fl., l. L. so groß wie eine ganze Leber. A. e. inkl. Jauchehöhlenfl. etwa $9^1/_2$ kg.

4. REINIGER (183) (1890) 2. Fall. Geschw. etwa $1^1/_2$ — gegen 2 mannskopfgr., Höhle mannskopfgr. mit kindskopfgr. Ausbuchtung. G.-Gew. inkl. Fl. etwa $6^1/_2$—$7^1/_2$ kg.

4a. Jüngster Eigenfall LV. Gew. 7750. A. e. über mannskopfgroß.

5. SCHEUTHAUER (193) (1867): Leber inkl. Kaverne mit Inhalt 19 Pfd. ($9^1/_2$ kg), Geschw. und Kav.-Fl. etwa 6—$6^1/_2$ kg.

6. REINIGER (1890): 1. Fall. r. L. Geschw.-Gew. (+ $3^1/_2$ l Fl.) etwa gegen $5^1/_2$ kg.

7. Eigenbeobachtung XXXII (1914): Lebergew. 6,5 kg, Geschw.-Gew. schätzungsweise $4^1/_2$ kg.

Aus den Leberdimensionen-Gewichtsangaben, Größenangaben der Höhlen kann in der weiteren Kasuistik ein Rückschluß auf die Größe und Ausdehnung der Geschwulst aus der Tabelle gezogen werden. Zu den großen Geschwülsten müssen wir noch folgende mit ungenaueren oder allgemein gehaltenen Angaben rechnen:

Grazer Museumspräparat (POSSELT 1900, S. 8) r. L. mannskopfgr. Tumor.

MARKWALD (122) (1894. Diss. FR. JAKOB 1896) Leber 30 cm br. (19 davon auf den r. L., hierbei 13 auf Tumor, l. L. 11; Sagitt. 18. Tumor $^2/_3$ des r. L. kindskopfgr.

KERNIG (87a) (1898) Geschw. ganze l. u. z. T. r. L. mehr als kindskopfgr.

SCHAUENSTEIN (192) (Graz) (1899) r. L. Tumor kindskopfgr.

CHACHIN (31) Beträchtliche Lebervergrößerung. Alveolarechinococcus im r. L. (14:11).

HUBER (76) (1881): 1. Fall. Im l. L. Tumor 16 : 16 : 10. (13 Mon.).

JEBE (84) (Erlangen 1907): L. L. Geschw. 25 : 15 : 12.

2. Verhältnis der Krankheitsdauer zur Größenentwicklung.

Über Lebensalter, Beruf, Geschlecht, Krankheitsdauer, Verbreitungsgebiete und andere einschlägige Verhältnisse und deren nosologische und pathogenetische Bedeutung sei auf unsere verschiedenen Mitteilungen über die Klinik des Alveolarechinococcus verwiesen [1].

Hier sei nur nochmals betont, daß Alveolarechinococcus das frühe Kindesalter vollkommen verschont.

Auch in und nach den Pubertätsjahren wird das Leiden nur äußerst selten angetroffen.

Das bevorzugte Alter bewegt sich zwischen 35 und 55 Jahren.

VILLAR, R.: Enorme kyste hyd. du foie. Gaz. Sci. méd. Bordeaux **41**, 119 (1920).

MAJOCCHI, A.: Voluminosa cisti di echinoc. del fegato. Atti Soc. lombarda. Sci. med. e biol. Milano **10**, 31 (1921).

PIGEON: Volumineux kyst. hyd. du foie rompu dans la cav. périton. Bull. Soc. Méd. mil. franç. Paris **16**, 268 (1922).

OULIÉ, G.: Enorme kyst. hyd. suppuré du foie contenant 36 Litres de pus et d'hydatides. Bull. Soc. Anat. Paris **94**, 385 (1924).

Es kann aber auch beim cystischen Echinococcus durch Entwicklung zahlreichster Echinokokkencysten zu verhängnisvollen Leberstörungen kommen durch Zerstörung weiter Parenchymstrecken.

CARAZZANI, A.: Distruzione quasi totale del fegato da cisti multiple di echinococco. Pathologica (Genova) **6**, 645 (1913—14).

[1] POSSELT: Zur Pathologie des Echinococcus alveolaris (multilocularis) der Leber. (Symptomatologie und klin. Diagnose). Dtsch. Arch. klin. Med. **13** (1899). — Moderne Leberdiagnostik in funktioneller und ätiol. Beziehung. Med. Klin. **1909**, Nr 30. — Über allerlei Nutzanwendungen der Fortschritte in der internen Medizin für die ärztliche Praxis. Wien: M. Perles 1912. — Zur Pathologie und Klinik des Alveolarechinococcus der Leber. Dtsch. Naturforsch. u. Ärzteverslg Innsbruck, Sept. **1924**; Schweiz. med. Wschr. **1925**, Nr 26. — Demonstrationen und Vorträge in der Innsbrucker wissensch. Ärztegesellsch. Wien. klin. Wschr. spez. **1926** u. **1928**. — Der Alveolarechinococcus und seine Chirurgie. Die Echinokokkenkrankheit von HOSEMANN, SCHWARZ, LEHMANN, POSSELT. Neue Dtsch. Chir. **40** IV. Stuttgart: Ferdinand Enke 1928.

Die nur sehr langsame Entwicklung und ebensolches Wachstum der Geschwulst bedingt in der Regel eine s e h r l a n g e Krankheitsdauer, ganz bedeutend länger als bei bösartigen Neubildungen.

Der zu allermeist schmerzfreie Verlauf bringt es mit sich, daß so häufig bei der Anamnese die Krankheitsdauer als viel zu gering angegeben wird.

Einige Angaben in bezug auf das Verhältnis zwischen Krankheitsdauer und Geschwulst- und Leberbefund.

MORIN 3 J., 5,4 kg. — STRATHAUSEN 3 J., 5,02 kg. — SCHWARZ, über 3 J., 3,9 kg. — MANGOLD über 3 J., 4,1 kg. — MELNIKOW Fall 30, über 3 J., 6,1 kg. — Eigenbeobachtung XLV über 3$^1/_2$ J., 3.4 kg. — Eigenbeobachtung VII monströser Fall s. Tabelle, 3—5 J.? — REINIGER 2. Fall 3$^1/_2$ J., 11 kg. — Eigenbeobachtung V 4—5 J., sehr stark vergr. L. 4mal operiert. — LOEPER und GARCIN 4—5 J., 5,175 kg. — LÖWENSTEIN 2. Fall, 6 J., enorm große Leber aus der Höhle des l. L. 8—9 l Fl.

REINIGER: 1. Fall, 6 J. 7 kg.

OTT 6—7 J., 10$^1/_2$ Pfd.

WINOGRADOW: 4. Fall, 7 J., 3,35 kg.

Eigenbeobachtung XLI: 40jähr. Frau, 10 J. L. über 2$^1/_2$mal vergrößert.

KONOKOTIN 2. Fall, 10 J. beträchtliche Dimensionen des Alveolarechinococcus und der Leber.

KOZIN 11 J. (?), 4,5 kg. — GRIESINGER 11 J., monströser Fall 11—12 kg — Eigenbeobachtung LVII über 13jähr. Dauer, monströse Leber (s. Abb.) (nur Krankenbeobachtung). — v. MOSETIG, 1. Fall, 15 J. Leber sehr bedeutend vergrößert mit einem überkindskopfgr. Tumor l. L.

DARDEL Fall 85 (Kocherspital Bern 1923) 52jähr. Mann, seit 18 J.! Bestehen eines Tumors unter dem Rippenbogen rechts, der ohne Beschwerden stets größer wurde. Punktion 3 Liter bräunliche Flüssigkeit.

Außer diesen Beispielen finden sich noch weitere Angaben in den neuen tabellarischen Zusammenstellungen.

Bei dem so ungewöhnlich raschen Wachstum des Tumors im Falle GENNINGs (59) handelte es sich um einen zweifelhaften Fall, bei dem die Nekropsie aussteht, von nur vermeintlichem Alveolarechinococcus der Leber mit Lungenansiedlung.

3. Kleinste Ansiedlungen in der Leber.

Beim anderen Extrem, den kleinsten Ansiedlungen des Parasiten, müssen wir zwischen primären und sekundären Herden unterscheiden, wobei einfache und vielfache möglich sind. Zu den allerkleinsten bis jetzt beschriebenen „primären" Alveolarblasenwurmgeschwülsten der menschlichen Leber in der Einzahl, gehört unstreitbar Fall IX unserer Eigenbeobachtungen (27. April 1892, 3015/93) halbpflaumengroß, das in ihr erhaltene Höhlensystem bloß über haselnußgroß.

An Kleinheit wetteifert mit diesem der 3. Fall von CLERC (32).

54jähr. Frau mit Sigmacarcinom. An der Unterfläche des r. L. ein flacher, weißer, leicht höckeriger Knoten von 1$^1/_2$: 1 cm auf der Schnittfläche, nur wenig in das Lebergewebe hineinragend. Der Knoten wurde zuerst als Metastase des operierten Darmcarcinoms[1]) aufgefaßt und erst beim Durchschneiden als Alv.-Echinococcus erkannt. Der kleine Tumor liegt direkt unter der Leberkapsel, dringt etwa 1$^1/_2$ cm tief in das Parenchym ein und hat deutlich alveolären Bau.

Bemerkenswerterweise finden sich in der alten russischen Kasuistik von BRANDT (20) eine Reihe einschlägiger Befunde ganz besonderer Kleinheit der parasitären Bildung.

---

[1] Siehe Kapitel Carcinom (S. 478).

Sein 2. Fall (s. o.) (u. C. 100) 50jähr. Bauer. Echinococcus multilocularis in Gestalt eines scharf umschriebenen Knotens $10 \times 10 \times 15$ mm an der vorderen Oberfläche unter der Kapsel.

Fall 5 (u. C. 104) 70jähr. Bauer. Taubeneigroße Geschwulst d. r. Leberlappens.

Hieran reihen sich zwei Münchener Beobachtungen.

In den aus dem Münchener pathologisch-anatomischen Institut von NAHM (143) (1887) zusammengestellten Fällen wird ein walnußgroßer Herd von alveolärem Echinococcus am stumpfen Rand des linken Leberlappens angeführt. 4. Fall. Größe 1 : 2 : 3 cm (unsere C. 94, S. 11, MELNIKOWs Fall 34, S. 79.) — Der kleinste in München sezierte Fall wurde einer privaten Mitteilung nach von Prof. SCHMAUSS (195) in den Sektionsübungen (Sept.1901, Nr.237) demonstriert. Ein anderer Münchener Fall als Echinococcus multilocularis bezeichnet, ist wohl sehr fraglich.

W. SCHMIDT (197) (1899) (Fall 64, Sekt. 3. Juni 1891): Verkalkter Knoten im rechten Leberlappen, Echinococcus multilocularis, verkalkter Herd, der sich derb schneidet, kirschgroß. Derselbe ist $1^1/_2$ cm tief in das Parenchym eingesenkt, durch eine Membran scharf abgegrenzt, Zerfall mörtelartig.

Aus der Beschreibung ist die alveoläre Natur nicht ersichtlich. Nachdem der Autor beide Arten des Blasenwurms nach den Sektionsprotokollen des pathologischen Institutes München ganz vermischt chronologisch gibt, ist hier eine Verwechslung denkbar, bzw. es dürfte sich wohl um einen verkalkten, obsoleten cystischen Echinococcus gehandelt haben.

Sodann folgt ein Tübinger Fall.

Bei einem an Magencarcinom Gestorbenen traf NITSCHE (147) (Sekt. pathol. Institut Tübingen, 14. Jan. 1908, 5. Fall Ges. K. 22) als Nebenbefund an der gewöhnlich großen Leber im rechten Lappen einen etwa walnußgroßen Herd, der sich auf dem Durchschnitt als typischer Echinococcus alveolaris erweist.

Ebenfalls ein walnußgroßer Herd bestand bei einem Basler Fall (1892) (zit. bei BIDER 1895, s. POSSELT Kas. Nr. 124, S. 41.

An diese allerkleinsten, in absteigender Ordnung gebrachten Fälle, reihen sich weitere auch noch kleine, ebenso angeordnet.

LEUCKART (110) berichtete 1863 über einen enteneigroßen Tumor mit nußgroßer Kaverne (VIERORDT, Fall 17).

Unter den Präparaten des Grazer pathologisch-anatomischen Institutes befindet sich, wie in der Beschreibung dieser Präparate angeführt wurde, (POSSELT 1900, Fall 85, S. 8) ein hühnereigroßer Tumor.

Im Einlaufjournal des Münchener pathologischen Institutes (20. Nov. 1899) ist ein hühnereigroßer Alveolarechinococcus vermerkt [FRANKE (57) 1900].

Das Basler Museum (Sekt. 259, 1882) weist ein einschlägiges Präparat auf (MELNIKOW, Fall 75, S. 111). Unter der Leberkapsel ein derber Knoten, am Durchschnitt 8-förmig, 2 haselnußgroße. — Das Präparat (zufälliger Obduktionsbefund), veranschaulicht das Anfangsstadium der Entwicklung des Parasiten. — Durch geringe Größe der parasitären Ansiedlung zeichnet sich insbesondere auch der Fall KRUSENSTERN (102) (1892) aus.

Auch ein zufälliger Sektionsbefund bei einer ermordeten Frau, war die Geschwulst der Größe und Form nach ähnlich einer mittelgroßen Dattel ($3^1/_2$: 1 cm) und zeigte eine pflaumengroße Höhle. KRUSENSTERN hebt insbesondere die Kleinheit der Geschwulst hervor.

Fall XVIII. Unsere Eigenbeobachtung (Sekt. Nr. 4379): Größe einer großen Dattel (Fall 90 bei MELNIKOW).

HESCHL (70) (1856) berichtet über ein im Jahre 1854 in Wien gefundenes Präparat von Gänseeigröße, mit großer zentraler Höhle.

Einen ganseigroßen Knoten zeigt ein Grazer Präparat im r. L. (zufälliger Sektionsbefund 18. Jan. 1878). (U. C. 88 S. 9.) Fall 89 ganz ähnliches Verhalten.

Um einen verödeten kleinen Alveolarechinococcus dürfte es sich bei einem von NAZARI (144) kurz notierten Fall handeln. Bei einem 76jähr. Mann Echinococcus von Kleinapfelgröße im konvexen Teil des rechten Leberlappens, reicht nicht zur Oberfläche; weder in der Leber noch in anderen Organen Metastasen. Alveolen von 1—5 mm. Anscheinend spontane Heilung. Anatomisch histologischer Bau wie er für den Echinococcus multilocularis beschrieben wird. (Aus zwei italienischen Berichten mit Privatnotizen zusammengestellt; jedoch die tatsächliche alveoläre Natur nicht einwandfrei nachgewiesen (s. u.).

Die Größe eines mittleren Apfels erreichte der Tumor bei der Beobachtung von FÉRÉOL und CARRIÈRE (29) (1867 und 68).

Vielfache kleine Herde.

Vielfache kleine Herde zeigten sich bei der 1. Beobachtung von KRÄNZLE (98) (1880).

An der normal großen Leber äußerlich nichts Krankhaftes. Enthält aber 6 verschiedene durchschnittlich kaum kirschgroße Knoten, an verschiedenen Stellen in Abständen von 5—10 cm zerstreut ohne Beziehung zu den Gefäßen und Gallengängen. — Neben einem gewöhnlich verkreideten und obsoleten Echinococcussack wies derselbe Autor (4. Fall) zwischen Leber und Zwerchfell (also extrahepatal) 2 walnußgroße verkalkte Alveolar-echinococcus-Herde in der gleichen Leber nach (s. juxtahepataler Sitz und Vorkommen beider Arten der Blasenwurmgeschwülste in derselben Leber). — Ansiedelung des Parasiten in Form vieler kleiner Knoten hatte bei dem durch zahlreiche Absceßbildungen ausgezeichneten Fall TSCHMARKE (214) (u. C. 113) statt, bei dem sich außerdem ein kleinhaselnußgroßer verkalkter Herd in der Lunge und am vorderen Rande des rechten Leberlappens und ein 4 mm messender unverkalkter Herd (MELNIKOW) fand.   (In beiden mikroskopisch Alveolarechinococcus-Metastasen.)

In einer atrophischen Leber einer 19jähr. Bäuerin fand WINOGRADOW (225) (1894, 1. Fall) in der Nähe des vorderen Randes des r. L. einige walnußgroße Knoten. Graugelbe Farbe, feste Konsistenz, erinnern an käsige Knoten oder Gummata der Leber. Gallertige Pfröpfe, die Höhlungen nadelstich-erbsengroß.

Zwei ganz kleine Herde vermerkt NITSCHE (147) (9. Fall, Ges. Kas. 33): 56jähr. Mann. Sekt. 6. Nov. 1922.

Subcapsulär im l. L., 2 halbkugelige, prominente kirschkerngroße Knoten, denen auf dem Schnitt mehrere kugelige, mit grauglasiger derber Bindegewebskapsel umgebene, zentral gelblich erweichte, knotige Einlagerungen entsprechen. Die mikroskopische Untersuchung ergibt einen multilokulären Echinococcus.

2 kleine Herde bot weiterhin unsere Eigenbeobachtung LIII. Zufälliger Sekt.-Befund 18. Nov. 1924. In Verkreidung und Verkäsung befindlicher Alveolarechinococcus der Leber (mit typischen Tiermembranen ohne Skoleces) in verdichtetem Gewebe.

4. Einiges über Form der parasitären Bildung.

Größtenteils handelt es sich um Bildung ausgesprochener umschriebener Geschwülste verschiedener Form, viel seltener um mehr diffuse infiltrierende Prozesse, an denen aber stets der Geschwulstcharakter mehr oder weniger zu erkennen ist.

Die Gestalt der Bildung ist sehr verschiedenartig: rundlich, oval, unregelmäßig mit mannigfachen Ausläufern.

Es kommt zur Ausbildung eines immer mehr wachsenden Tumors oder es sind von Haus aus mehrere solche vorhanden. — Recht häufig erscheint neben der Hauptgeschwulst im Lebergewebe eine weitere solche an der Pforte (Portaltumor) (s. d.).

Außerdem kann es mehrfache bis zahlreiche kleinere Knoten geben mit oder ohne Zusammenhang. Man begegnet öfter in der Hauptgeschwulst oder an ihren Grenzen gesonderte Knotenbildungen.

Zahlreichste zerstreute solche bot das Präparat von ERISMANN (52).

Das Fehlen von Dellenbildung und vielfacher kleiner Lappung an der Oberfläche ist zum Unterschied von Krebs bzw. Syphilom beachtenswert.

Verhältnismäßig äußerst selten begegnet man abgeschlossenen, scharf begrenzten „keilförmigen" Ansiedlungen an der Peripherie, ganz besonders selten primär solchen am Rand.

In BUHLs 2. Fall handelte es sich um eine keilförmige Geschwulst.

Beim 4. Fall Nahms (1887) (u. C. 94. S. 11) fand sich am stumpfen Rand des linken Leberlappens ein walnußgroßer keilförmiger Alveolarechinococcus. — In klassischer Weise bot unsere Eigenbeobachtung Fall VII, Febr. 1894, 3416/50 die „Keilform" der Geschwulst dar. Unser Eigenfall XIII, zeigte einen derartigen keilförmigen Tumor. (Sept. 1895, Sekt. 3807).

Wenn solche keilförmige Siedlungen gegen die verdünnten, speziell Randparasiten des Organes in weiterer Ausbreitung in die Tiefe zu wuchern, ist die Gefahr der Nekrose des peripheren Anteiles gegeben (s. auch Sequesterbildung).

Baumartige Verzweigungen bieten solche Geschwülste, welche besonders stark sich an die Gefäßverteilungen halten.

An der Organoberfläche begegnet man mitunter Geschwulstvorwölbungen, die kleinbeerigen Trauben gleichen oder erbsensteinartigen Charakter zeigen. (3 Eigenfälle).

Nur ganz vereinzelt ragen Geschwulstbildungen über das befallene Organ vor. Leider gehören bewegliche Alveolarechinococcus-Geschwülste, wie ich schon in der chirurgischen Arbeit hervorhob, zu den allergrößten Seltenheiten. Von den wenigen russischen Fällen sind nicht alle sicher gestellt. So der mit beweglicher gestielter Geschwulst[1] von Alfutoff (4), bei dem aus dem ungenauen Befund, insbesondere dem mangelhaften histologischen, die echte Alveolarnatur nicht hervorgeht.

Als Ergänzung möchte ich hinzufügen, daß Wartminskij (222) eine solche bewegliche Geschwulst, ausgehend von der Lebergegend rechts von der Gallenblase, durch Resektion im Gesunden entfernte. — Bei beweglichen Geschwülsten ist Verwechslung mit anderen Ausgangspunkten naheliegend.

III. Sitz der vielkammerigen Blasenwurmgeschwulst in der Leber.

An dieser Stelle haben wir bezüglich der Lokalisation des Alveolarechinococcus jene Momente im Auge, die einen Unterschied gegenüber dem Verhalten beim cystischen bilden.

Bei beiden ist der Lieblingssitz die Leber, jedoch in der Weise daß der Hundertsatz dieser Ansiedlung überhaupt beim alveolären noch ungleich höher ist[2].

Die Größe der parasitären Geschwulst wechselt von den allerkleinsten Ansiedlungen von Dattel- oder Nußgröße bis über $2^1/_2$—3 mannskopfgroße Tumoren und ebenso der zentralen Zerfallshöhlen. Für den Chirurgen hat die Größe und der Sitz die allergrößte Bedeutung.

Eine Eigentümlichkeit ist das Verschontbleiben oder nur äußerst seltene Befallensein des Leberrandes durch die primäre Geschwulst und meist auch metastatischen Knoten. (Bei enormer Ausdehnung wird wohl schließlich und endlich auch das Randgebiet mit einbezogen.)

---

[1] Auch beim cystischen Echinococcus werden höchst selten ausgesprochene Stielungen angetroffen (s. u.).

[2] Als primären Sitz weist Dévé den einzelnen Organen beim cystischen Echinococcus folgende Hundertsätze an: Leber 74, Lunge 8, Muskeln 5, Milz u. Niere 2.

Durch die diagnostischen Fortschritte mit der Röntgenuntersuchung werden wohl die Lungenechinokokken als günstiges Objekt in ihrer Frequenz ganz bedeutend vorrücken. Allerdings dürfte Lozano [Über die Echinokokken-Krankheit der Lunge. Dtsch. Z. Chir. 225, 63 (1930)] mit seiner Befürchtung, daß die Zahl der Lungenechinokokken die der Leber bald erreichen werden, von keiner Seite Zustimmung finden.

Der Sitz im rechten Lappen überwiegt weitaus. Mehrfaches Auftreten in der Leber selbst ist entschieden seltener als beim cystischen.

Der Echinococcus alveolaris setzt im großen und ganzen anscheinend weniger Metastasen. Vor allem aber unterscheiden sich beide Arten hinsichtlich des Sitzes. Extrahepatale primäre (vielleicht auch gewisse sekundäre) Geschwülste gehören bei der alveolären Art zu den größten Seltenheiten, am ehesten noch findet Lungenaussaat statt; Befallenwerden anderer Organe: Niere, Nebenniere, Pankreas, Gehirn, Milz, Herz usw. zeigt sich nur ganz vereinzelt [1].

1. Eigentümlichkeiten des Sitzes in der Leber in bezug auf die großen Lappen.

Immer wieder muß mit Entschiedenheit verlangt werden, daß die so häufig falsch verstandene und zu vielen Irrtümern Veranlassung gebende Bezeichnung Echinococcus „multilocularis" vollständig ausgemerzt werde, denn die Verwechslung mit „multipel" (vielfach), wird immer wieder begangen, vor allem in den romanischen Ländern.

Es handelt sich sonach als Haupteinteilung des Blasenwurms die Unterscheidung in Echinococcus cysticus und in Echinococcus alveolaris. Es kann sich nun bei beiden Arten um vielfaches Vorkommen parasitärer Ansiedlungen handeln, und zwar im selben Organ oder in verschiedenen Körperregionen.

Für den cystischen Echinococcus schlägt KÖNITZER [2] vor, die Bezeichnung „Echinococcus multiplex" ausschließlich dann anzuwenden, wenn mehrere Blasen in einem Organ gefunden werden, wo sie jedoch in verschiedenen Organen zerstreut vorkommen als „Echinococcus disseminatus". Das gleiche wäre auch für den Alveolarechinococcus zur raschen Kennzeichnung vorzuschlagen.

In VIERORDTs Statistik (1886) ist in 57 Fällen über den Sitz in der Leber genaueres angegeben. Darnach ist mit Vernachlässigung der beiden kleinen Läppchen, 35mal bloß der rechte, 6mal nur der linke, 16mal sind beide Lappen befallen, 2mal so, daß die Neubildung in der Mitte der Leber sitzt. Etwas über 61% aller Fälle gehören dem rechten Lappen allein an. Auch dann, wenn die Neubildung beiden Lappen angehört, liegt doch die größere Masse der Geschwulst zumeist im rechten Lappen.

Unter 78 in dieser Hinsicht verwertbaren Beobachtungen unserer Sammelforschung (1900) als Fortsetzung und Ergänzung der VIERORDTschen war die Neubildung 52mal im r. Lappen lokalisiert, 8mal im linken, 16mal in beiden.

In 135 Fällen der Gesamtstatistik erscheint somit 87mal der r. L. als Sitz (70,7%) gegenüber nur 14maligen Befallensein des l. L. (10,3%). Bei Ergriffensein beider Lappen war ebenfalls der r. häufig stärker befallen.

Die anatomische Lage der parasitären Geschwulst nach der 100 Fälle umfassenden Sammelforschung von MELNIKOW (1901) war wie folgt: Der r. L. in 54 Fällen, der l. in 11, beide Lappen in 6 Fällen, der Lob. Spig. in 4, der Lob quadr. in 6 Fällen. Alle 4 Lappen nahm die Geschwulst in 2 Fälle ein. In 1 Fall waren l. L., Lob. Spig. und Lob. quadr. befallen. Die von verschiedenen französischen Autoren als MELNIKOWsche Statistik in % angegebenen Zahlen:

R. L. 76, l. 15,5, beide Lappen 8,5.

Lob. Spigelii 5,6, lob. quadr. 8,5—stimmen also mit obigen nicht überein.

---

[1] Die vom Verfasser gebrachte Übersicht über den extrahepatalen Sitz (169. S. 339—360), der vor allem für chirurgische Verhältnisse berechnet war, wird in der Fortsetzung dieser Abhandlung erweitert und ergänzt.

[2] KÖNITZER: Über multiplen Echinococcus der Leber. Dtsch. Z. Chir. **56**, 549 (1900).

Auf Grund unserer neuesten Sammelforschung von über 600 Fällen, wobei allerdings manche unvollständige Angaben oder mangelhafte Beschreibungen vorliegen, lassen sich als Durchschnittszahlen aufstellen.

Rechter Lappen 70%, linker Lappen 12%, beide Lappen (mit Bevorzugung des rechten Lappens) 18%.

Außerdem kommt in etwa 6% die Kombination mit den beiden kleinen Lappen in Frage.

Die Bevorzugung des rechten Lappens möchte ich mit LJUBIMOW (113), damit erklären, daß der rechte Pfortaderast fast die direkte Fortsetzung des Stammes bildet und daher die Keime die günstigsten Verhältnisse zur Einwanderung haben, während sie im linken Ast eine gebrochene Linie beschreiben müssen.

Auch meine weiteren Eigenbeobachtungen und das Schrifttumstudium erhärten das von mir verschiedenenorts betonte Verhalten des förmlichen Verschontbleibens des (vorderen) unteren scharfen Randes des Organs oder zum mindesten die ganz besondere Seltenheit des Befallenwerdens dieses Randes von primärer Geschwulstentwicklung.

Bei überaus großer Ausdehnung der parasitären Ansiedlung kann diese wohl auch in späten Stadien den Rand einbeziehen, immerhin ist diese Möglichkeit auch nur ausnahmsweise eintretend.

So konnte unter anderem bei unserem Eigenfall LVII, einer 45jähr. Bäuerin, bei über 14jähr. Dauer der Erkrankung trotz monströser Ausdehnung der Geschwulst ein vollkommenes Freibleiben des Leberrandes festgestellt werden, ebenso bei Fall LV.

Dieses Verhalten ist einerseits klinisch-diagnostisch, andererseits für chirurgische Eingriffe wichtig. Bei dem genannten Erkrankungsfalle LVII blieb aber auch im Verlauf dieses großen Zeitraumes die Pforte frei, was sich im Ausbleiben von Ascites und Ikterus kundtat.

Hier hatte also das Wachstum in den mittleren Anteilen des Organs nach oben und unten zu mit Verschonung des Randes und der Pforte stattgefunden. — Als weitere Lebergegend, die zumeist verschont bleibt, ist auch beim Alveolarechinococcus der für den cystischen aufgestellte „tote Winkel Dévés" namhaft zu machen.

Die Geschwulst entwickelt sich am häufigsten als einzelner, immer mehr anwachsender Herd von verschiedenster Gestalt, weiter treten mehrere große voneinander unabhängige oder miteinander zusammenhängende Knoten auf, oder sehr häufig ein großer und verschiedene kleinere im Parenchym.

Die parasitäre Bildung ist entweder kugelartig oder mehr oder weniger ganz unregelmäßig, fast immer nur wenig scharf abgegrenzt oder nach den verschiedensten Richtungen infiltrierend. Bei großer Ausdehnung und Tiefenwucherung begegnet man der Neigung zum Fortschreiten gegen die Porta hepatis. Aber auch an und für sich zeigen auch kleinere Tumoren öfter Fortsätze in der Richtung gegen die Pforte.

Verhalten des Alveolarechinococcus zur Leberpforte.

Bei der Entwicklung der Geschwulst in der Gegend der Leberpforte begegnet man sonach 3 Möglichkeiten: 1. Die primäre Ansiedlung betrifft direkt diese; 2. der primäre Tumor vergrößert sich nach unten und wuchert gegen die Pforte vor; 3. es entwickeln sich zwei gesonderte Tumoren der parasitären Bildung, die ursprüngliche Ansiedlung mit Vorliebe in der Tiefe des rechten Lappens und der 2. separate „Portaltumor".

Neben der Hauptgeschwulst berichten schon über derartige gesonderte portale Geschwülste VIRCHOW (217) (1856), SCHEUTHAUER (193a) (1877) und HUBER (76) (1881).

Andererseits trifft man auch bei einer großen Bildung allein die Anordnung zweier Zentren, die ursprüngliche parasitären Ansiedlung, die in die Tiefe wuchert und ein zweites Zentrum der Ausbildung in der Portalgegend.

Bei beiden letzteren Möglichkeiten sprechen verschiedene zumeist ältere Autoren von „Portaltumor".

Bei Befallensein der Pforte werden mit Vorliebe die großen Gallengänge komprimiert, viel seltener der Stamm der Pfortader, weshalb im klinischen Bild die mit Ikterus einhergehenden Leberintumescenzen nach Art der hypertrophischen HANOTschen Lebercirrhose (Induratio pericholangitica chron.) überwiegen gegen die viel selteneren, nach Art der LAËNNECschen Cirrhose mit frühzeitigem Ascites verlaufenden.

Nachdem beim Alveolarechinococcus immerhin mehr die rein mechanische, vordringende und ausschaltende Wirkung wie die toxische zur Geltung kommt, muß das verschiedene Vorkommen in den Lebergebieten und deren Kombination beim Echinococcus alveolaris hepatis multiplex an ein langsames Experiment der Natur erinnern und sollen eben diese Beobachtungen nach mannigfachen Regionen des Organs miteinander verglichen werden.

2. Beteiligung der kleinen Leberlappen.

Im älteren Schrifttum findet man vereinzelt die Annahme, daß die kleinen Leberlappen von der parasitären Ansiedlung nicht befallen werden.

Unter anderem schreibt hierzu schon LOEWENSTEIN (116) (1889):

„Lobus quadratus und Spigelii sind nicht verschont, dagegen gehört der portale Tumor nicht zu den Seltenheiten. Das Verschontbleiben der kleinen Lappen besteht nicht zu Recht. Allerdings ist nicht selten auffällig, daß gerade an ihnen die Geschwulstentwicklung halt macht."

So war z. B. in BRINSTEINERs (21) (1884) Falle, bei enormer Ausdehnung und noch an der Porta kartoffelgroßer Knollen, der Lob. Spigelii und quadratus durch den Tumor nur auseinandergedrängt, ohne daß er in ihr Gewebe selbst eingedrungen wäre.

Das Befallenwerden der kleinen Lappen für sich, gegeneinander und in bezug auf das übrige Organ, dann hinsichtlich der Gefäße, der Gallenwege, des speziellen Verhaltens der parasitären Ansiedlung und in bezug auf kompensatorische Hypertrophie bietet nun so verschiedene Anregungen, daß sich eine nähere Besprechung hierüber rechtfertigen läßt, zumal dieser Seite bisher noch keine oder nur allzuwenig Beachtung geschenkt wurde.

a) Befallensein beider kleinen Lappen.

Nachstehend ein Überblick über die bemerkenswertesten Fälle:

OTT (152) (1867) 1. Fall: Kindskopfgroße Geschwulst im l. Lappen, Lob. Spigelii und quadrangularis, sowie anstoßenden Teil des rechten L.

SCHEUTHAUER (193) (1867): Lob. Spigelii fast auf das vierfache, Lob. quadratus fast aufs Doppelte vergrößert; ersterer zeigt gallertgefüllte Blasen, letzterer dieselbe Struktur wie der linke Lappen. Mikroskopisch beide Lappen Alveolarechinococcus-Bau in typischer Art.

HAFFTER (67) (1875) (Mus. präp. Nr 96. Diss. 23. 1875) 1. Fall: Ganze l. Lappen von der Geschwulst eingenommen, r. nur ein Teil auf dem die Gallenblase liegt. Lob. Spigelii beteiligt durch zahlreiche höckerige Bläschen. Oberfläche des Lob. quadrat. mit bis kirschkerngr. Echinococcusblasen besetzt.

KRÄNZLE-(BURCKHARDT) (99) (1880): Alveolarechinococcus mit großer Zerfallshöhle nur zum kleinsten Teil im rechten, der Hauptsache nach im linken Lappen mit Untergang des Lob. quadrat. u. Spigelii.

WILLE (1892) (Pr. mitt. 1. Fall u. C. F. 133, S. 52): Auch im Lob. Spigelii und quadratus, sowie im linken Lappen konnten bei einer Anzahl von Durchschnitten die beschriebenen Tumoren gefunden werden. — In MELNIKOWS Zusammenstellung gehört hierher ein Museumspräparat des Pathologischen Institutes Tübingen 60 (S. 101), dieses entspricht dem von uns gebrachten Fall 155 (S. 109 und 165) nach einer privaten Mitteilung VIERORDTs über einen noch nicht veröffentlichten Tübinger Fall.

Museumspräparat XV. E. V. 9. Nov. 1892 an dem die Lebergeschwulst beide Lappen sowie den Lob. Spigelii und quadratus einnimmt.

Nach MELNIKOWS Zusammenstellung (S. 214) nahm außer diesem noch im Falle 64 die Geschwulst alle 4 Lappen ein. Fall 64 (S. 103) betrifft bei ihm das Präparat aus dem pathologischen Museum Tübingen mit der Aufschrift: Mai 1867, Dr. Bosch XV. E. 4. 30 Jahre alter Mann Göppingen. Die Neubildung nimmt fast die ganze Leber ein. In dieser Beschreibung wird von den kleinen Lappen nichts erwähnt. In der hier in Frage kommenden Dissertation PRAES. NIEMEYER, Fall BOSCH 1868 (VIERORDTs 25. Fall) heißt es jedoch, daß „l. Lappen, Lob. quad. und Spigelii nicht betroffen sind."

Ein weiterer Casus wurde an der Moskauer medizinischen Klinik [Prof. OSTROUMOW (151) (1894)] beobachtet (MELNIKOW Fall 4, S. 47) (3a): Leber 5300. Im rechten Lappen kindskopfgr. Alveolarechinococcus. Echinococcus alveolaris multiplex lobi dextri, lobi quadrati et Spigelii hepatis. Hauptanteil der Geschwulst im unteren Teil des rechten Lappens. Im Lobus quadratus, Lobus Spigelii und oberen Teil des rechten Lappens zahlreiche etwa cedernnußgroße Geschwulstknoter von gleichem Bau (entspr. u. C. Fall 189, S. 136).

MOLLARD, FAVRE (135) und DAUJAT (35) (1912). Lokalisation: Ganze r. Lappen, Lob. Spigelii und quadrat., kleiner Teil des l. L.

b) Einbeziehung nur des SPIGELschen Lappens.

Von den beiden kleinen Lappen scheint der Lobus caudatus (Spigelii) öfters mitgegriffen zu werden. — Hier die ausgeprägtesten Beispiele:

FÉRÉOL u. CARRIÈRE (54) (1867 u. 1868): R. L. Tumor von der Größe eines mittleren Apfels. An der konvexen Fläche 2 bohnengroße Knoten vor und hinter dem Lob. Spigelii. Lobus quadrat. intakt. Der Lobus Spigelii gänzlich verändert. Die Grenze zwischen gesundem und krankem Gewebe nicht gradlinig, das eine greift in das andere über.

KAPPELER (87) (1869) 1. Fall: Obere und hintere Partie des r. Lappens und größter Teil des Lobus Spigelii.

PROUGEANSKY (178) (1873): Linker Lappen mit großer Höhle, wenig auf rechten übergreifend. Lob. Spigelii in die Degeneration hineinbezogen, enthält eine kleine Höhle.

MILLER (132) (1874): R. Lappen befallen. L. und viereckiger normal. Lobus Spigelii degeneriert. Die den größten Teil des rechten Lappens einnehmende fluktierende Cyste (richtiger Zerfallshöhle) erstreckt sich nach dem Sektionsbefund PREVOSTs (175) (1875) auch auf den Lobus Spigelii.

KLEMM (91) (1883): 2. Fall. Lobus Spigelii besteht aus einem taubeneigroßen Knoten.

LOEWENSTEIN (116) (1889) 1. Fall. Im Lobus Spigelii liegen noch einzelne größere Knoten disseminiert, wahrscheinlich die jüngsten Partien des Parasiten.

MANGOLD (120) (1892): Im Lobus Spigelii ein kleinapfelgroßer, resistenter, gelbweißer Knoten, in dem beim Durchschnitt nahe beieinander liegende, mit weichen Massen erfüllte Kanäle mit dicken Wandungen, eingebettet in relativ unverändertes Lebergewebe, sich zeigen.

WINOGRADOW (225) (1894): 4. Fall. Leber vergr. 3350 g, hauptsächlich l. Lappen nur wenig rechter. Lobus Spigelii ist umgewandelt in einen eigroßen Knoten; Hypertrophie des Lobus quadratus.

Der Befund SABOLOTNOWs (189) (1897): 1. Fall wird bei dem Abschnitt über kompensatorische Hypertrophie am SPIGELschen Lappen abgehandelt. Im 2. Fall dringt die Geschwulst vom rechten Lappen aus bis zum SPIGELschen Lappen und umwächst die Cava ascendens und Venae hepaticae.

Es reihen sich unsere Eigenbeobachtungen Fall VIII, XXIII und LIV an.

c) Ergriffensein des Lob. quadratus.

Das viereckige Läppchen ist seltener Sitz der parasitären Wucherung. Es liegen nur ganz vereinzelte Mitteilungen hierüber vor.

KRÄNZLE (1880) 2. Fall: $^2/_3$ des r. Lappens und Gallenblase. Auch der Lobus quadrat., sowie der anstoßende Teil des r. Lappens in die Geschwulst hereingezogen, während der Lobus Spigelii vergrößert, aber frei von Geschwulstmassen ist. — Indirekt kann aus den Angaben KAPPELERs (1869) 2. Fall auf diesen Befund geschlossen werden. Die große Geschwulst reicht bis zur Fossa transversa. Nur der Lobus Spigelii zeigt ein normales Aussehen.

Museumspräparat des pathologischen Institutes Tübingen 1879 XV. Fall 2. Echinococcus multilocularis des r. L. (13 : 17 : 20). In dem Lobus quadrat. erreicht die Geschwulst auch die untere Leberoberfläche.

KLEMM (1883): 1. Fall kirschgr. Knoten am hinteren Rand des Lobus quadrat. VIERORDT (1886): 1. Fall. Sekt. 17. Dez. 1880. L. Leberlappen mannskopfgr. Cyste (recte Zerfallshöhle) mit alveolärer Gewebswandung. Weiter gegen den rechten Lappen zu, namentlich im Lobus quadratus, kompaktes, alveolärähnliches Gewebe. Der Lobus quadratus stellte den harten Tumor nach links oben vom Nabel dar. — Ein Fall von MOSETIGs (139) (1895) im l. L. zeigte auch dieses Läppchen befallen. Bei beträchtlicher Ausdehnung der Geschwulst im Falle PICHLERs (158) (1898) war auch der Lobus quadratus befallen, wobei der Sektionsbefund besonders die starken, schwieligen Verdickungen des peritonealen Überzugs an den befallenen Partien hervorhebt.

d) Primärer und ausschließlicher Sitz des Alveolarechinococcus in den kleinen Lappen.

Zu den allergrößten Seltenheiten gehört die Ansiedlung ausschließlich in den kleinen Lappen.

VIERORDT konnte noch 1886 schreiben: „Eigentlich nie scheinen die kleinen Lappen ausschließlich von der Geschwulst betroffen zu sein, ohne Mitleidenschaft der großen." Auch in unserer Sammelforschung aus dem Schrifttum, noch nicht veröffentlichter Fälle und unseren Eigenbeobachtungen konnten wir bis 1900 derartige Befunde nicht namhaft machen. Ein primäres und ein einziges Befallensein des SPIGELIschen Lappen durch die vielfächerige Blasenwurmgeschwulst wurde auch bis heute noch nicht beobachtet [1].

---

[1] Wenn auch beim cystischen Echinococcus der Sitz in den kleinen Lappen gegenüber den großen und hier wiederum dem rechten völlig in den Hintergrund tritt, so wurde doch schon öfters ein primäres Befallensein des SPIGELschen Lappens gemeldet. Bei Durchsicht des Schrifttums, besonders in den klassischen Ländern ließe sich sicher eine entsprechende Ausbeute finden. Ich begnüge mich auf 4 Mitteilungen, von denen 3 aus dem Jahre 1925 herstammen, hinzuweisen:

MAUCAIRE, P.: Kyst. hyd. du lobe de Spigel avec ictère par compr. du bile du foie. Bull. Soc. Chir. Paris, N. s. **41**, 445 (1915).

FERRANNINI, A.: La localizazione dell'echinococco nel lobulo epatico dello Spigelio. Riforma med. **41**, No 3, 58 (1925).

CIGNOZZI, ORESTE: L'echinococco del lobulo dello Spigelio occludente le grosse vie biliari. Lyon chir. **32**, No 1, 11 (1925).

GALLO: Cólico hepático e ictericia intermittente por quiste hidát. del lobulo de Spigel. Semana méd. argent. Buenos Aires **32**, 1025 (1925).

Die einzige Beobachtung von primärem und ausschließlichem Befallensein des Lobus quadratus durch Alveolarechinococcus wurde in Tübingen gemacht.

Unter den Präparaten des Museums des Pathologischen Institutes führt MELNIKOW als Fall 53 (S. 94) folgendes an: „Multilokulärer Echinococcus T. K. 397, 25. März 1895. Fall Laubengaier ch. Kl." Die Echinokokkengeschwulst ist auf dem Durchschnitt birnförmig, 7 cm lang und 4 cm breit. Sie liegt an der unteren Leberoberfläche und erreicht die obere nicht, sie befindet sich links von der Gallenblase in der Einkerbung der unteren Leberoberfläche, welche dem Lig. susp. entspricht, nimmt also den Lobus quadratus ein.

Oberfläche höckerig, Konsistenz derb, Knoten scharf begrenzt, mit stellenweiser 3—4 mm dicker Kapsel. In dem der Gallenblasenbasis entsprechenden Teil käsige Entartung und feinnetziger Bau, marmoriertes Aussehen der Durchschnittsoberfläche. Am entgegengesetzten Ende in Nachbarschaft der großen Gallengänge bedeutende, erbsengroße Alveolen mit kolloidem Inhalt.

Mikroskopische Geschwulststückchen (in der Nähe des Gallenblasenhalses) zeigten hauptsächlich das Zellgewebe, in welchem die Gefäße und Nerven des Lig. hepat. duoden. verlaufen, verändert. Ein Pfortaderlumen enthält komprimierte Chitinknäuel und zahlreiche Skolezes in verschiedener Entwicklung. Auch die Gallengänge enthalten Chitingebilde (Angiochol. echinococcica) (Neuritis und Perineuritis echinococcica) Periportale Sklerose.

NITSCHE (147) beschreibt diesen Fall als zweiten (bzw. fortlauf. 10.) angeblich noch nicht veröffentlichten Tübinger-Fall. Kaspar Laubengaier, 44jähr., Sekt. 25. März 1895. Gestorben an Mediastinitis. Sepsis. Als Nebenbefund: Echinococcus alveolaris lobuli quadrati hepatitis.

Der Lobus quadratus der vergrößerten Leber zeigt an seiner Oberfläche eine panzerähnliche Auflagerung von knorpelharten, gelbweißen Gewebsmassen in Form von Platten und Knoten.

Beim Einschneiden zeigt sich das ganze Gewebe substituiert durch ein wabenähnliches festes Gebilde von gelb- und weißmarmorierter Farbe. Man erkennt darin eine ganze Anzahl bis erbsengroßer Cysten, (s. Größe d. Alv.). Gestalt und Größe des Gebildes entspricht einer mittelgroßen Birne. Die mikroskopische Untersuchung erhärtet den Befund.

Auch für die kleinen Leberlappen ergibt sich die Wichtigkeit des Verhaltens der Neubildung nach ihrem Sirz und den Beziehungen zu den Gallenwegen und Gefäßsystemen.

Im Zusammenhang mit den Ansiedlungsmöglichkeiten in den großen Leberlappen eine große Veränderlichkeit und dadurch die verschiedensten Kombinationen. Auch diesbezüglich sei auf die sich aus den drei erwähnten großen Zusammenstellungen ergebenden Befunde hingewiesen.

Die Nachbarschaft der unteren großen Hohlvene macht es begreiflich, daß bei Befallensein und Vergrößerung der kleinen Lappen diese in Mitleidenschaft gezogen wird. Die mächtige Vergrößerung beider durch die parasitäre Bildung im Falle SCHEUTHAUERS (193a) (1867) hatte durch das Stromhindernis eine Erweiterung der Cava zur Folge. In dem durch besonders starke Ausbreitung ausgezeichneten 1. Falle OTTS (152) (1867) mit Befallensein beider kleinen Lappen war die Vena cava inferior in die Geschwulstmasse eingebettet und platt gedrückt aber durchgängig. Bei dem von MILLER (132) (1874), bei dem der Lobus Spigelii ergriffen, war ebenfalls dieses Gefäß etwas eingeengt und platter. Eine Cavaperforation bot unsere Eigenbeobachtung VIII, wobei der von der Geschwulst befallene derbe, hier herandrängende hintere Teil des SPIGELschen Lappens die Lichtung des Gefäßes an dieser Stelle so einengt, daß es nur für den kleinen Finger durchgängig ist. Es soll nicht gesagt sein, daß jede Intumescenz ja nicht einmal die Mehrzahl einen an den kleinen Lappen zu Folgezuständen an der Cava führt, diese können durch direktes Ergriffensein dieser herbeigeführt werden.

KLEMM (93) (1883) berichtet über Freibleiben von Gallengang, Lobus quadratus und Spigelii, sowie der Lymphdrüsen; in der Vena cava und portae bilden die Echinokokken-Blasen feste höckerige Tumoren, die das Lumen bedeutend beeinträchtigen.

(Vgl. Beziehungen zur Vena cava inferior S. 532).

Bemerkenswerter Weise finden sich zahlreiche Eigenbeobachtungen und solche des Schrifttums, bei denen trotz größter Ausdehnung der parasitären Wucherungen beide Läppchen oder eines allein freibleibt, vielfach ist dies auch ausdrücklich vermerkt, wobei auch sonstige Verhältnisse zu beachten sind, wie folgende 2 Beispiele dartun.

Bosch (18) (1868): Lumen der Pfortader erweitert, ebenso die Äste zum l. Lappen und Lobus quadratus und Spigelii.

Die Gallengänge, die zum l. Lappen und Lobus quadratus und Spigelii führen, welche nicht betroffen sind, sind erweitert. Untere Hohlvene normal. — Eine sehr große Ausdehnung der Geschwulst zeigte sich beim 2. Fall Kappelers (87). Sie reichte bis zur Fossa transversa. Nur der Lobus Spigelii bietet ein normales Aussehen dar.

3. Beteiligung der Gallenblase[1].

Hinsichtlich dieser verweise ich auf unsere Einzelschrift (169) aus dem Jahre 1928.

Als einzige Beobachtung primärer und ausschließlicher Ansiedlung in der Gallenblase bleibt immer noch allein die von I. Ch. Huber (79) (1889 bzw. 1891).

In den schmierigen, graugelblichen, kreidigen Massen an der Innenseite der Zerfallshöhle des Alveolarechinococcus der Gallenblase zeigten sich eine Anzahl Gallensteine eingebettet, welcher Befund, dem Aussehen und Sitz der Steine nach, eben für die Deutung der Gallenblase als Sitz der parasitären Bildung verwendet wurde. Außerdem Sequesterbildung (s. o. u. S. 505).

Einige Ergänzungen der sekundären Ansiedlung in der Gallenblase aus dem älteren Schrifttum.

Kappeler (87) (1869) 2. Fall: Kopf der Gallenblase in einen rötlich weißen, von vielen Löcherchen mit gelatinösem Inhalt durchsetzten Knoten verwandelt.

Kränzle (98) (1880) 2. Fall: Die Geschwulst ist vom r. L. auf die eine Hälfte der Gallenblase übergegangen und hatte deren Wand vollständig durchsetzt.

Meyer, Fr. (129) (1881) Gallenblase zeigt 1 cm Durchmesser haltende Erhabenheit, aus kleinen gallertigen Cysten, steinartige Härte.

Die Gallenblase war bei dem Kranken Friedr. Jakobs (83) (1896) in den Tumor mit hineinbezogen und kaum noch als solche erkennbar, sie stellt eine walnußgroße Höhle dar [s. Marckwald (122)]; weiteres Schrumpfung bei Theobald (212).

Bei der Beteiligung der Gallenblase handelt es sich zumeist um ein Weiterwuchern und Übergreifen der ursprünglichen Geschwulst auf dieselbe oder aber auch um Setzung deutlicher Metastasen, was Fall XIII in klassischer Weise darbietet. Bei Fall XV tritt eine Vorstufe der Sequesterbildung (s. Fall J. Ch. Huber) in Erscheinung.

Auch hier muß darauf hingewiesen werden, daß stärkere Verkalkungsvorgänge bei Echinokokken die Bereitschaft zur Gallensteinbildung erhöhen, was einen weiteren Erklärungsgrund für das weitaus häufigere Vorkommen der Cholelithiasis beim cystischen abgibt[2].

4. Sitz in unmittelbarster Umgebung der Leber mit Einsenkung, Hineinwuchern (oder beiden) in das Organ.

Schließlich müssen wir der seltenen Möglichkeit gedenken, daß anscheinend völlig primäre vielkammerige Blasenwurmgeschwülste der

---

[1] Bezüglich der Streitfrage des Vorkommens primären Befallenwerdens der Gallenblase beim cystischen Echinococcus vgl. Posselt (170).

[2] Beim cystischen Blasenwurm spielt die Kombination mit Gallensteinen vor allem in dem latino-amerikanischen und spanischen Schrifttum eine große Rolle (vgl. Lozano).

Gutierrez (Quiste hidatídico calcificado de higado. Colelitiasis. Rev. Cir. 1927, No 4) stellte bei einer verkalkten Echinococcuscyste (im hinteren unteren Teil des r. Leberlappens) in der Gallenblase 3980 kleine Steine fest.

Der Ausspruch von Dévé [Colique biliaire hydatique et colique hepatique calculeuse. C. r. Soc. Biol. Paris 91, No 21, 64 (1924)], daß Leberkoliken bei einem Manne unter 30 Jahren immer an Echinokokken denken lassen sollen, gilt wohl nur für die an cystischem Echinococcus sehr reichen Länder.

Leber ihren ursprünglichen Sitz nicht im Organ selbst, sondern „juxtahepatal", in allernächster Nähe haben können und von dort aus sekundär in das Lebergewebe sich einsenken, hineinwuchern oder beides zusammen. Für eine solche unmittelbare Nachbarschaft kommt die Leberpforte in Betracht.

Im 1. Falle CLERCS (32) entwickelt sich die ursprüngliche Geschwulst an der Porta hepatis und senkte sich erst nachträglich in die Leber ein, mit der sie scheinbar verwachsen wurde. Es bestand von Haus aus ein scharf abgegrenztes Gebilde, welches das Lebergewebe nur durch Kompression beeinflußt hatte.

An der Porta hepatis hatte sich der Parasit außerhalb des Lebergewebes entwickelt, dieses nur verdrängt bei Erhaltung der Leberkapsel (Elastische Fasern der Leberserosa noch gut erhalten und nirgends von Echinokokkenbläschen durchbrochen; ferner zwischen Tumor und Leberserosa noch Fettzellen, z. T. in Streifenform, z. T. in Gruppen).

Außerdem fand sich Durchbruch erweichter Leberherde des Parasiten an der Oberfläche des r. L. mit Bildung eines subphrenischen Abscesses (s. u.).

Die innige Anschmiegung führt hier zu dem Eindruck, daß die Geschwulst ihren Sitz in der Leber selbst hat.

Bei Entwicklung in allernächster Nachbarschaft läßt die, wenn auch noch so geringe räumliche Trennung das Verhalten besser überblicken.

Ebenfalls einen primären juxtahepatalen Tumor zeigte der 7. Krankheitsfall von NITSCHE (147) (1924), jedoch mit größerem Zwischenraum.

Zwischen Leber und Magen, an der Stelle des kleinen Netzes, liegt ein hühnereigroßer multilokulärer von derben Bindegewebsmassen eingeschlossener und wabenartig durchwachsener Absceß. Die Leber ist nicht pathologisch verändert. Anatomische Diagnose: Echinococcus alveolaris des kleinen Netzes.

Hier haben wir nur die primäre Ansiedlung im Auge; die sekundäre wurde schon an anderen Orten abgehandelt.

Die zweite Stelle einer solchen Entwicklung ist die Gegend der Leberkuppe unterhalb des Zwerchfells.

Hier ist die bemerkenswerte 5. Beobachtung von BUHL (26) einzureihen (Fall 62 bei VIERORDT) 38jähr. Mann [Krankengeschichte ohne Sekt.-Bef. von A. RAPP (181)] Hühnereigroßer Knoten zwischen Leber und Zwerchfell, nur unbedeutend in das Lebergewebe ragend. An der Basis des festgewachsenen rechten Lungenunterlappens mit zahlreichen miliaren Knötchen durchspickt. Ein Verbindungskanal zwischen Bronchien und Gallengängen konnte nicht aufgefunden werden. Der Ductus choledochus bis zur Einmündung des cystischen normal, dort aber mit Alveolarechinococcus die Wand durchsetzt. Im GLISSONschen Bindegewebe der Pforte fand sich ein Hohlgang von Rabenfederkieldicke mit fibröser Wand und dieser Gang war gefüllt mit Echinococcus-Köpfchen, Chitinhäuten, Fettkörnern, Kalkkörpern und Häkchen.

Zwei Beobachtungen zeigen bemerkenswerter Weise diese beiden Lokalisationen vereint, jedoch bei der CLERCS (32) mit Hauptsitz an der Pforte und Nebensitz an der Konvexität und bei der obigen Beobachtung von BUHL mit umgekehrter Reihenfolge der Bewertung.

Diese Frage spielt bei der Beurteilung des subphrenischen Sitzes der Alveolarechinokokkengeschwulst und der Ausbildung gewisser Absceßformen mit subphrenischem Charakter eine Rolle.

Ganz besondere Beachtung verdient der 4. Fall KRÄNZLES (1880) als juxtahepatale, subphrenisch bzw. suprahepatale Lokalisation eines gewöhnlichen cystischen und Organansiedlung eines alveolären Echinococcus.

Neben einem gewöhnlichen verkreideten und obsoleten Echinococcus-Sack zwischen Leber und Zwerchfell zwei über walnußgroße, verkalkte Alveolarechinococcus-Herde im

Organ selbst, und zwar unter der schwieligverdickten und in groben Höckern vorgebuchteten Serosa, in der Lebersubstanz mit einer Kapselbildung um die Knoten (s. gleichzeitiges Vorkommen beider Arten (S. 539) und Kleinheit des Alveolarechinococcus) (S. 486).

V. Zentrale Nekrose, Ulceration, Verjauchung.

Zum charakteristischen Verhalten dieser parasitären Lebergeschwulst gehört die Nekrose der zentralen Teile mit Bildung von Zerfallshöhlen in ihrem Innern, die bis zu einem gewissen Grad an einen längeren Bestand und Größe der parasitären Geschwulst geknüpft sind, obwohl hier auch die verschiedensten Kombinationen möglich sind.

Mit der ursächlichen Erklärung MELNIKOWs können wir uns nicht einverstanden erklären. Er schreibt (S. 207): „Die Galle ist für den Alveolarechinococcus ein ungünstiges Medium. Sobald Galle in die Gewebe gelangt, erfolgt Nekrose und Zerfall dieses letzteren. Eine Folge hiervon ist die Bildung der Erweichungshöhlen in der Geschwulst."

Demgegenüber ist hervorzuheben, daß man bei Nekropsien sehr große Areale der Geschwulst mit ganz alter Gallenimbibition findet ohne Spur einer Zerfallshöhlenbildung. In der Regel ist ja der Gallenerguß eine sekundäre Erscheinung in die Ulcerationshöhle hinein. Es liegt also die Sache so, daß nicht der Gallenerguß die Ursache der Zerfallshöhle ist, sondern umgekehrt in der Regel diese zu biliärer Imbibition der Ulcerationskavernenwand führt. Zudem entwickeln sich beide Arten des Parasiten unbeschadet der Galle in den Gallenwegen.

Vor einer Auffassung hat man sich zu hüten, es ist die, als ob die Zerfallshöhlenbildung irgend etwas auch nur indirekt einerseits mit Absterben der ganzen Bildung oder anderseits mit einer Heilungstendenz zu tun hätte, im Gegenteil ist es ja für diesen bösartigen vielkämmerigen Blasenwurm so typisch und charakteristisch, daß trotz den schweren regressiven Metamorphosen, Verkäsung, Eiterung, Zerfall, Verjauchung und Höhlenbildung, Verkalkungen im Inneren, unbeschränktes üppiges Wachstum nach außen zu statt hat. Ich möchte bei diesem Verhalten den Vergleich machen mit mächtigen Bäumen, die in ihrem Stamm verfault und riesig ausgehöhlt, doch frische Äste, Zweige, Blüten und Blätter tragen und weiter wachsen.

Der Ausdruck „Cyste" für die Zerfallshöhle beim Alveolarechinococcus sollte unbedingt vermieden werden, weil dadurch leicht Verwechslungen entstehen, was besonders auch für Referate ausländischer Arbeiten gilt.

MANGOLD (120) z. B. gebraucht ihn sowohl für den cystischen Echinococcus als für das ulcerative Cavum beim alveolären, ebenso spricht HUBRICH (80) (München 1892) bei der faustgroßen Ulcerationshöhle immer von einer „Cyste", weiterhin JENCKEL (86) (1907) bei einer kindskopfgroßen.

LAEWEN (105) z. B. spricht auch bei seinem operierten Fall von Alveolarechinococcus von der großen Cyste (s. u.), ebenso LOEPER und CARCIN (115) bei dem jüngsten französischen Fall. Andererseits wird auch vom Fehlen einer Cyste (s. u.) in diesem Sinne in Originalarbeiten und Referaten berichtet, so u. a. in einem des französischen Falles DESOIL (38).

Recht mißlich sind in dieser Hinsicht verschiedene Referate über russische operierte Fälle, z. B. MYSCH (142), ALFUTOFF (4). Bei ersterem faustgroße sehr bewegliche Geschwulst im rechten Hypochondrium, anscheinend mit der Leber im Zusammenhang. Die „Cyste" steht durch einen derben Stiel mit dieser in Verbindung und greift auf sie über. Bei letzterem wird ebenfalls von einer „gestielten Cyste" im linken Lappen und einer zweiten „Cyste" bzw. Blase rechts, die nach BOBROFF operiert wurde. Nach diesen Angaben des Referates ist die alveoläre Natur beider Fälle zu bezweifeln.

Ganz besonders kraß tritt dieser Irrtum bei THALERS (211) Besprechung seines 2. zeitig operierten Falles zutage, wenn er schreibt „solche Cysten erwarten wir bei der unilokulären Form, wo sie regelmäßig vorkommen; bei der alveolären zählen sie jedenfalls zu Seltenheiten." Es wurden aus einer solchen Ulcerationshöhle 2—3 Liter entleert). Sehr unliebsam macht sich auch in der neuesten Auflage von SEIFERT (BRAUN-SEIFERT, Tierische Parasiten) diese Verwechslung vielen Ortes bemerkbar. Beim Leberechinococcus erwähnt er gelegentlich der Größe die außergewöhnlich große Echinococcus-Cyste bei dem 70jähr. Kranken MARCHAND [1], die den rechten Lappen vollständig einnahm. Dann heißt es: LAEWEN [2] eine den ganzen linken Leberlappen ausfüllende Cyste (25jähr. Mädchen).

Später werden eine Reihe von Fällen angeführt, bei denen Druck auf die Gallenwege und Choledochusverschluß herbeigeführt wurde, darunter LAEWEN [3].

Im Falle MARCHAND handelt es sich jedoch um eine echte einfache Echinokokkencyte der gewöhnlichen Art von ungewöhnlicher Größe, die den ganzen rechten Lappen einnimmt.

Dagegen bei den von LAEWEN um eine Ulcerationshöhle infolge zentralen Zerfalls eines Alveolarechinococcus, auf die doch unmöglich der Ausdruck „Cyste" paßt (s. o.).

1. Größenverhältnisse und sonstiges Verhalten der Zerfallshöhlen.

a) Sehr große, einfache Höhlen.

Die Größenverhältnisse der Zerfallshöhlen beim Alveolarechinococcus zeigen die denkbar größten Unterschiede. Sie können ganz unglaubliche Größen erreichen, wobei allerdings die Schätzung nach der Menge der herausströmenden Flüssigkeit recht schwierig ist, was sowohl für Operationen als Obduktionen gilt.

Übersicht über die größten Zerfallshöhlen.

Die allergrößten Zerfallshöhlen wurden gesehen vom Verfasser (165, 166, 169), dann von LÖWENSTEIN (116) und GRIESINGER (63).

Ganz gewaltig, ja verblüffend war der mächtige Jauchestrom, der sich bei der Operation unseres Eigenfalles VIII (1897) entleerte. Nach der mächtigen Abdominalausdehnung und resultierenden Höhle ist die Flüssigkeitsmenge sicher auf über 15 Liter zu schätzen. Hier gilt auch das oben Gesagte. Die bei der Obduktion und am anatomischen Präparat erhaltenen Maße bleiben natürlich gegen die während des Lebens bestehenden Verhältnisse bei der prallen Füllung weit zurück. Zusammenfallender Zerfallshöhlensack mißt noch über 30 : 35.

Der Mächtigkeit der Jauchehöhle nach reiht sich an ein Fall von LOEWENSTEIN (116) (1889) (2. Fall). Die ungeheuere Volumszunahme des Organs betraf ganz allein den l. L., während der rechte kaum vergrößerte Lappen stark nach rechts unten verdrängt war. Aus der Fluktuationsstelle im l. L. entleerte sich beim Einschnitt 8—9 Liter eine schokoladenfarbene Flüssigkeit. Der Rauminhalt der Höhle nähert sich einer Uterushöhle kurz vor der Geburt.

Einen 2 mannskopfgroßen Sack mit viel Luft und 16 Schoppen Flüssigkeit beherbergte der Fall GRIESINGERs (63) (1860) den ganzen rechten Lappen einnehmend; im Längs- und Querdurchmesser zeigte die Höhle 30 cm.

Gewaltige Ausmaße bot der durch das ganz vereinzelte Ereignis eines Durchbruches in die freie Bauchhöhle ausgezeichnete Fall ZINN (234) (Heidelberg 1899). Enorm große Leber mit mächtiger Zerfallshöhle im r. Lappen, welche auch auf den l. übergreift. Allgemeine enorme Vergrößerung des Organs. Höhle 23:28:12.

Transvers. 34, l. L. transvers 17, r. L. in der Höhe 30, l. L. in der Höhe 22, Höhle von oben nach unten 23, l. n. r. 28, hinten nach vorn 12. Flüssiger Inhalt über 2½ Liter.

---

[1] MARCHAND: Münch. med. Wschr. **1919**, 1335.

[2] LAEWEN: Münch. med. Wschr. **1922**, 1168.

[3] LAEWEN: Beitr. klin. Chir. **131**, 2 (1921) (ident. Fall).

Der Caverneninhalt betrug bei SITTMANN (205) (1892) 5500 ccm. Unser Fall XXII (POSSELT, v. HACKER) hatte über $4^1/_2$ Liter Zerfallshöhleninhalt, erbsenpureeartigen Eiter; der von HORST-OERTEL (149) (1899) 4 Liter.

REINIGER (183) (1890), 2. Fall, 11 K., r. L. Dicke 25 cm. Mannskopfgr. Zerfallshöhle mit kindskopfgr. stark gespannter Blase an der Unterfl., ident. mit 2. Fall MANGOLDs.

CAESAR (28) (Tübingen 1901) ident. mit 5. Fall LIEBERMEISTER (1902). Über mannskopfgroße Cyste (recte Höhle) im r. Lappen, 2 l Fl. Höhle im gehärt. Präparat $15 \times 25 \times 30$ (fast 4 l).

LUSCHKA (117) (1856) mannskopfgr. Sack im l. Lappen.

VIERORDT (1886) l. Fall ebenso.

DEAN (36) (1877) kopfgroße Höhle im r. Lappen.

BUHL (1881) 4. Fall ebenso.

EICHHORST (1912) mannskopfgr. Cyste (recte Zerfallshöhle) im r. L. (17 cm Durchm.) ident. mit 4. Fall von ZSCHENTSCH (235) (1906). (Durchbr. in Vena cav.).

FLATAU (56) (1898) ebenso.

Ein Fall des Grazer pathologischen Institutes ebenso.

REINIGER, 1. F. Leber 7 K. Br. 39, r. L. 27, l. L. 26., r. L. Kaverne mit $3^1/_2$ l Inhalt; ident. mit MANGOLDs 1. Fall.

KRÄNZLE (BURCKHART) (1880) 3 l Inhalt.

HUBER (MARENBACH) (123) (1888 bzw. 1889), Leber 3250, kollosale kindskopfgr. Höhle im r. L.; größter Durchmesser in der Höhe 15, Breite 17.

LÖWENSTEIN (1889) 1. Fall doppelt kindskopfgroße Höhle im r. L. (25 : 18 : 16) 2,7 l Flüssigkeit bei Punktion, 2 l bei Sektion.

Eigenbeobachtungen III (1892) r. L. über kindskopfgr. Höhle.

DÜRIG (1892) ebenso. Inhalt $5/_4$ Flüssigkeit. (R. L. 21 : 16,5, l. L. 27 : 17).

JENCKEL (1967) kindskopfgr.

MILLER (1874) größte Höhe des r. L. 29, größte Breite der ganzen L. 33, davon 20 auf den sehr breiten l. L. Im r. L. mindestens kindskopfgr. Höhle.

THALER (1892) 2—3 l Inhalt.

SCHEUTHAUER (1867) 4 Pfund Inhalt.

KERNIG (1898), v. MOSETIG (1895) je kindskopfgroß.

MELNIKOW (1900) Fall 1, kindskopfgr. Geschwulst mit großer Erweichungshöhle im Zentrum des rechten L.

LOEPER und GARCIN (1927) Zerfallshöhle von der Größe eines Fetuskopfes bei einem Lebergew. von über 5 K., 4—5 J.

Präparat pathologisches Institut München 1888, Einl. J. 561.

(MELNIKOW 37. Fall) r. L.-Lappen in einen riesigen dünnwandigen Sack umgewandelt.

DUCHEK-ROKITANSKY (u. C. 90), halbmannskopfgroß. — 2 alte Museumspräparate des Tübinger pathologischen Institutes 1. (Fall 66 bei M.) der ganze r. L. ist in einen riesigen Sack umgewandelt, in welchem 3 Mannsfäuste Platz finden können; 2. (Fall 67) der r. L. ist in einen riesigen Sack umgewandelt.

Es ist ja ganz selbstverständlich, daß sich die allergrößten Zerfallshöhlen nur in mächtigen Geschwülsten entwickeln können, ansonsten besteht jedoch keine ständige Beziehung zwischen den Größen beider.

In kinds- ja selbst gegen mannskopfgroßen kann die Kaverne fehlen und umgekehrt finden sich mitunter schon in apfel- sogar walnußgroßen Knoten Zerfallshöhlen.

Es entspricht also das tatsächliche Verhältnis nicht dem Ausspruch W. FISCHERS [1]: „Je größer der Herd, desto ausgedehnter pflegt sein Zerfall besonders in den zentralen Abschnitten zu sein".

In sehr großen parasitären Lebergeschwülsten kann durch mächtige Jauchehöhlenbildung das eigentliche Geschwulstgewebe am Rande so verdünnt werden, daß eine große sackförmige Bildung resultiert.

---

[1] FISCHER, WALTHER: Tierische Parasiten der Leber usw. HENKE-LUBARSCH, Bd. V, 1, S. 738. 1930.

b) Kleinste Zerfallshöhlen.

Wie außerordentlich verschieden sich die parasitäre Ansiedlung auch hinsichtlich der Zerfallshöhlenbildung verhält, zeigt sich darin, daß in sehr großen Geschwülsten sie sehr klein bleiben, einfach oder multipel auftreten, verschiedenste Größe zeigen können, andererseits in verhältnismäßig kleinen Tumoren große Zerfallshöhlen den größten Teil derselben einnehmen, daß sie in verschieden großen, selbst sehr mächtigen, ganz ausnahmsweise fehlen, ganz abnorm gelagert anzutreffen sind. Daß solche schon in sehr kleinen walnuß-apfelgroßen Knoten, ja selbst in den befallenen kleinen Lappen, Lobus quadratus und Lobus Spigelii, sich bilden können.

Was die kleinsten Kavernen anlangt, können diese einfach oder multipel, in kleinen oder großen Ansiedlungen im Zentrum oder in der Peripherie auftreten.

Es wurden schon anläßlich der Besprechung der kleinsten primären Ansiedlungen des Parasiten in der Leber verschiedene derartige Befunde angeführt. Hier wollen wir in aller Kürze die solitären kleinsten Zerfallshöhlenbildungen nach der Kleinheit registrieren.

Eigenbeobachtung IX. Halbpflaumengr. Alveolarechinococcus mit haselnußgr. Höhle. (System mehrerer allerkleinster zusammenfließender).

KRUSENSTERN (102) (1892) Geschwulst von der Größe einer mittelgroßen Dattel. ($3^1/_2$: 1 cm) mit pflaumengroßer Höhle. In einem ganseigroßen Knoten fand HESCHEL (70) (1856) eine zentrale Höhle.

Die Abbildung eines einschlägigen Falles brachten wir schon früher.

P. A. 1900, Taf. V, Fig. I Alveolarechinococcus. Museumspräparat Vd 73 des Innsbrucker pathologischen Institutes. Beispiel einer Ulcerationshöhle mehr gegen den Rand einer kleinen parasitären Bildung. Orangengroßer Knoten mit einer nußgroßen, unregelmäßigen, mehr gegen die Innenseite des Tumors gelegenen Zerfallshöhle mit zerfressenen Wandungen.

Um einen etwas größeren Tumor mit sehr kleiner Kaverne handelt es sich bei BRINSTEINER (21) (1884): Kleinhandtellergroße Ansiedlung, haselnußgroßer Kaverne; ebenso bei FRANCKE (57) (1900) kleinkindsfaustgr. Knoten, trägt gegen Zwerchfell je eine unregelmäßige Aushöhlung so groß wie drei nebeneinander liegende Kirschen.

LEUCKART (1863) enteneigroßer Tumor mit walnußgroßer Kaverne. Der mittelapfelgroße Tumor FÉRÉOLs und CARRIÈREs (54) (1867 u. 68) an der Hinterseite des rechten Lappens zeigte auf seiner hinteren äußeren Seite eine walnußgroße Höhle mit verschiedenen Ausbuchtungen in Form sinuöser Kanäle.

Beträchtlich klein sind natürlich die Ulcerationshöhlen von Haus aus, wenn sie Ansiedlungen in den kleinen Leberlappen betreffen.

PROUGEANSKY (178) (1873) 2. Fall. Lob. Spigelii teilweise in die Degeneration hineingezogen enthält eine kleine Höhle.

Eine Andeutung einer solchen zeigt sich auch bei einem Fall WINOGRADOWs (225) (1894) dieses kleinen Läppchens.

Selten finden sich in beträchtlichen Geschwülsten kleine Ulcerationshöhlen.

So beobachtete HUBER (75) (1865) in einem kindskopfgroßen Tumor der Konvexität des r. L. einige ulcerative Höhlen von kaum Bohnengröße.

c) Sitz der Höhlen.   Mehrfaches Vorkommen und verschiedenes Verhalten.

In der Regel sitzt die Zerfallshöhle inmitten der parasitären Bildung, sie kann aber bezüglich der Größe und des Sitzes sehr variieren. Manchmal kommt es aber auch zur Bildung zweier und mehrerer

Kavernen, ohne Verbindung untereinander oder mit teilweiser oder völliger Kommunikation.

OTT (152) (1867). 2. Fall. Zwei durch Scheidewände getrennte Höhlen von 8—10 cm Durchmesser, im rechten Lappen, die eine auf den l. übergreifend. Leber auf 37 cm verbreitert. KAPPELER (1869) 2. Fall. Unter der konvexen Oberfläche eine 6 : 3 cm messende Höhle, 2 cm nach unten eine neuerliche 3 cm im Durchmesser betragende, nicht kommunizierende Höhle. 2 große Zerfallshöhlen zeigte ein Fall von PROUGEANSKY (178) (1871). KRÄNZLE (1880) 2. Fall bietet 2 Höhlen mit verschiedenem Inhalt, die eine mannsfaustgroße, dünne, gallig gefärbte Flüssigkeit, an den Wänden reichliche Hämatoidinmassen; in der kleineren, kindsfaustgroßen ist galliger Brei.

WEBERs (223) (1901) Fall zeigte mehrere unregelmäßig zusammenfließende Ulcerationshöhlen im Zentrum. Ein Grazer Museumspräparat (POSSELT 1900, S. 8, ident. mit 2. Fall HESCHL) bot im r. L. 2 kindskopfgr. Höhlen.

Eine zentrale Kaverne im Tumor des linken Lappens, eine größere in dem des rechten Lappens enthielt der Fall HUBERs (1881), wobei sich noch eine lange spaltförmige in der Nähe der letzteren zeigt, die mit der Gallenblase kommuniziert.

Zwei Höhlen mit gegenseitiger Verbindung traf HAFFTER (67) (1875). Die eine im l. L. (16 : 7) mit dickem, gelben Brei, Gallenpigment, Cholesterinhaufen, mit ihr im Zusammenhang eine kleinere im Grenzgebiet beider Lappen mit gleichem Inhalt.

Die Kavernen können einer großen Geschwulstbildung entsprechen, es können sich aber auch multiple Kavernen in einer Reihe von größeren oder kleineren Knoten bilden, höchst selten auch spaltförmige oder sonst ganz abnorm gestaltete in der Peripherie.

Ganz atypische, nur eng spaltförmige Zerfallsräume beherbergt höchst selten die Geschwulst, im Zentrum ganz ausnahmsweise und nur vereinzelt neben anderen, ebenso in der Peripherie in den allerseltensten Fällen, vereinzelt, wobei sie wegen der Schmalheit in diesen Grenzgebieten leicht übersehen werden können.

Einen derartigen Fall stellt unsere Eigenbeobachtung XV. dar, für ersteren Befund Fall LV, 2. I. 31.

Als Beispiel einer solitären peripheren kleinen Kaverne sei nachstehende Beobachtung angereiht.

Museumspräparat des pathologischen Institutes Tübingen. (Dr. MYX, Ulm, 15. Sept. 1921, MELNIKOW Fall 52). In der nicht vergrößerten Leber ein Alveolarechinococcus (9 : 10 : 12) im r. Lappen. Das Zentrum der Geschwulst nimmt ein runder, typischer, käsiger Herd (Durchmesser 3 cm) ein. Die periphere Schicht desselben ist weißlich verfärbt, sein Zentrum gelb. Hier beginnt das Gewebe zu erweichen. An der Peripherie sieht man eine Kaverne, welche etwa die Größe einer halben Walnuß erreicht.

Als beachtenswerten Befund möchte ich auf die vollkommen peripher gelagerte Zerfallshöhle im Falle von LOEPER und GARCIN (115) (1927) verweisen, welche unmittelbar unter der Leberkapsel gelagert war. Lebergewicht 5175 g, Höhle von der Größe eines Fetuskopfes. Die eigentliche Geschwulst ist dagegen fast gesondert, so daß der Abbildung nach 2 Teile sich darbieten.

Die Zerfallshöhle kann sich auch bis in die kleinen Lappen hinein erstrecken, wie z. B. im Falle PREVOST (175) in den SPIGELschen und in dem von KRÄNZLE [BURCKHARDT (1880)] in beide, welche gänzlich in der Cystenbildung (recte Zerfallshöhle) untergegangen sind.

In den Lungenansiedlungen trifft man verhältnismäßig recht selten ausgesprochene Kavernenbildung. Ohne Beispiele zu erbringen sagt MELNIKOW (S. 186) „Kavernen kommen auch in den metastatischen Lungen und in Gehirnknoten vor."

Irrtümlicherweise bezeichnen manche Autoren die Alveolen als Höhlen, welcher Ausdruck zu Verwechslungen mit Zerfallshöhlen führen kann. Wie sich die Mehrzahl der Beobachtungen BRANDTs (20) (Kasan 1889) durch besondere Kleinheit der parasitären Ansiedlung und des Organs selbst auszeichnen, so fänden sich sogar in diesen minutiösen Bildungen schon Höhlen.

2. Fall. In der Tiefe des rechten Lappens (18 : 7) 6 cm vom vorderen und seitlichen Rand entfernt, ein harter, gelblich gefärbter, walnußgr. Knoten, welcher sich vom Leberparenchym stark absetzt; im Zentrum desselben einige sehr kleine, nebst zwei hirsekorn- bis erbsengroßen Höhlen.

Es ist hier wohl sehr zweifelhaft, ob es sich um wirkliche Ulcerationshöhlen handelt, da derselbe Autor im dritten Fall an der Peripherie des sklerotischen Gewebes von vielen kleinen Höhlen spricht, die kaum für eine Nadelspitze durchgänglg sind, was ja zweifellos auf kleinste Alveolen Bezug hat.

Ebenso schildert er in anderen Fällen ausdrücklich hirsekorn- bis erbsengroße Lücken, die mit einer kolloidähnlichen, hellbraunen Masse erfüllt sind.

2. Höhlen-Inhalt, insbesondere Hämatoidin [1].

Schon von den ältesten Beschreibern wird immer wieder als Befund im Zerfallshöhleninhalt „Hämatoidin" angegeben, so daß schon MANGOLD (120) schreibt:

„Das Vorkommen von Hämatoidinkrystallen in derselben dürfte ein nahezu pathognomonisches Zeichen sein."

Bereits unter den älteren Beobachtungen reichlichsten Vorkommens von Hämatoidin in den Zerfallskavernen finden sich Angaben über die unterschiedliche Färbung.

SCHEUTHAUER (1867) (23. Beobachtung bei VIERORDT) traf in reichlichster Menge gelbrötliches Pulver sedimentiert in den monströsen Sack im r. L. — WALDSTEINs Fall (221) (1881) (55. Beobachtung bei VIERORDT) zeigte in der Höhlenflüssigkeit dunkel orangefarbenes Gallenfarbstoffreaktion gebendes Pigment. HUBER (77), MARENBACH (123) (1884 bzw. 1889) stellten viel zinnoberrotes Hämatoidin in der kindskopfgroßen Höhle fest.

Beträchtliche Hämatoidinmengen beherbergten 2 Fälle von KRÄNZLE und von PROUGEANSKY (1 u. 3).

REINIGER (183) (1890), 1. Fall [ident. mit MANGOLD (120) (1892) 1. Fall]: die zinnober-roten Partikel in der Cyste (recte Zerfallshöhle) aus Bilirubin und Hämatoidin bestehend. Ganz besonders große Mengen hellziegelrotes Pigment traf BERNET (9) (1892). Bedeutende Einlagerungen von ziegelroten solchen Abscheidungen wies die Wand der Zerfallshöhle im Falle CÄSAR (28) (1901) auf. [LIEBERMEISTER (112) (1902) ident. Fall].

Ein Grazer Fall (6. Juni 1904, Museumspräparat 5085) zeigte mehrere kleinere und größere Zerfallshöhlen mit ockergelben Detritusmassen erfüllt.

Bei einem Kranken der Innsbrucker med. Klinik (Fall XXXI) mit Durchbruch eines Alveolarechinococcus der Leber in die Lunge konnte MALIWA [2] im Auswurf (s. u.) ein Gemisch von Choleprasin und Bilifuscin nachweisen. — Verschiedene andere Beimengungen, Detritus, Verkalkungen, Gallenfarbstoffe usw. modifizieren die Färbung.

Braune und schwärzliche Massen werden wiederholt angeführt. Bei ERISMANN (52) (1864) fanden sich schwärzliche Massen und Gallenkonkremente. In der doppelt kindskopfgroßen Höhle im 1. Falle LÖWENSTEINs (116) (1889) mit 2 Liter dunkelgrauer Flüssigkeit zeigt die Innenfläche der Wand einen schmierigen, dunkelgrünen Brei, bestehend aus Gewebstrümmern, Kalkkonkrementen, Hämatoidinkrystallen, Gallenpigment.

Selbstverständlich nehmen auch die sonstigen sekundären Prozesse mächtigen Einfluß auf die Färbung der Niederschläge und der Flüssigkeit.

In einigen Eigenbeobachtungen bestand Schokoladefärbung infolge starker Eiterung; auch die 8—9 Liter fassende Jauchehöhle im l. L.-Lappen, die LÖWENTSEIN (1889) in seinem 2. Fall beschreibt, enthielt schokoladenfarbene Flüssigkeit.

Das Hämatoidinvorkommen beim Alveolarechinococcus ist ein so häufiges, daß verschiedene Berichte das Fehlen eigens betonen. So schreibte z. B. schon DEMATAEIS (37): „Die Hämatoidinmassen, die von den Autoren so oft erwähnt werden, zeigten sich bei vorliegendem Falle nicht.

Die beste Fundgrube für Hämatoidin liefert in der Pathologie der Alveolarechinococcus und in der Tat hat auch HANS FISCHER seine grundlegenden Arbeiten über diesen Farbstoff an dem

---

[1] Beim cystischen Echinococcus findet sich Hämatoidin nur sehr selten und sehr spärlich. Diffundierender Blutfarbstoff kann die Blasenwand und weiterhin auch die Flüssigkeit des Echinococcus braunrötlich färben. Der abgestorbene Parasit zeigt als Inhalt eine braune Schmiere. Zu ähnlichen Bildern können hämorrhagische Entzündungen führen.

[2] MALIWA: Münch. med. Wschr. 1914, Nr 50.

reichen Material des Innsbrucker pathologisch-anatomischen Museums vorgenommen.

Bei Durchbrüchen von Alveolarechinococcus in die Lunge ist das massenhafte Vorkommen des Hämatoidin in den großen Auswurfsmengen direkt pathognomonisch. Bei dieser hervorragenden Bedeutung des Hämatoidins berührt es ganz eigenartig, wenn W. FISCHER [1] beim Inhalt der Zerfallshöhle dieses an letzter Stelle nur ganz nebenher erwähnt.

Wir können zusammenfassend sagen, daß das Vorkommen von Hämatoidin beim Alveolarechinococcus die Regel, beim cystischen im Gegensatz hierzu jedoch die Ausnahme bildet [2].

Außer den parasitären Elementen, Chitinmembranen, evtl. Brutkapseln, Skolezes und deren Fragmente, konzentrische Kalkkörperchen usw. finden sich Detritus aller Art, Gewebsfetzen, Kalkkonkremente, Gallenpigmentniederschläge, Eitermassen.

Im Gegensatz zum cystischen Echinococcus, bei dem die allerverschiedensten pathogenen Mikroorganismen vorgefunden wurden (worüber ein reiches Schrifttum besteht) wird bisher über solche beim alveolären nichts berichtet.

(Näheres im Abschnitt „Mikroskopische Untersuchungen").

3. Beziehungen zu Gallensteinbildung.

Auch die Art und Beschaffenheit (Dichte) der Hämatoidinniederschläge schwankt innerhalb weiter Grenzen: schmierig, wachsartig, feingrieselig, fein- und grobkörnig, selbst zur Bildung größerer dichter Konkremente kann es kommen, wobei allerdings die Möglichkeit besteht, daß schon früher Gallenkonkremente vorhanden waren oder sich auch solche Niederschläge ansammelten.

ZINN (234) (1899) beschreibt im Grunde der mächtigen Zerfallshöhle faserige, wollige, ockergelbe, weiche Massen, etwa ein Trinkglas voll. — An einer Stelle der Höhle traf PREVOST (175) (1875) eine größere kugelige $1/2$ cm im Durchmesser betragende Anhäufung einer roten korallenähnlichen Substanz von der Konsistenz von Bienenwachs.

Um eine echte derartige Konkretion handelt es sich in dem Falle von VON MOSETIG (139) (1895) (1. Fall) (u. C. 125).

In Grübchen und Buchten der zottigen Innenfläche überall zinnoberrotes, teils feinkörniges, teils schmierigweiches Pigment.

In einer tiefen Nische lagert ein aus dem gleichen roten Pigment zusammengesetzter Körper von der Größe und Form eines kleines Vogeleis. Dieses Vorfinden eines Gallensteins aus reinem Bilirubin in dieser Größe bezeichnet er als merkwürdigen Befund. — Kleinere solche Hämotoidinbildungen allein oder mit verschiedenen Gallensteinen fanden sich verschiedentlich bei unseren Eigenfällen. Anderenfalls können Gallenpigmentsteine vorherrschend sein.

LIEBERMEISTER (112) (1902) 1. Fall. An der vielbuchtigen Zerfallshöhle massenhaft Gallenpigmentsteine, teils als Gries, teils als zierliche Korallengebilde.

Der Befund echter Gallensteine kann verschiedener Art und Ursprungs sein.

Es kann sich um eine von Haus aus gallensteinhaltige Leber handeln. Der Befund alter Gallensteine in der Gallenblase und ganz unabhängig von der Geschwulstbildung klärt hier darüber auf.

Das Wichtigste ist aber die Möglichkeit der Entstehung von Gallenkonkrementen durch die parasitäre Bildung [3].

---

[1] FISCHER, WALTER. Tierische Parasiten der Leber und Gallenblase. Alveolarechinococcus. Handbuch der speziellen pathologischen Anatomie von HENKE-LUBARSCH Bd. V, 1, S. 738. 1930.

[2] Siehe auch differenter Chemismus bei beiden Arten des Blasenwurms. POSSELT: Neue dtsch. Chir. 40, 331—332 (1928).

[3] DÉVÉ konnte beim cystischen Echinococcus im Zentrum von Gallensteinen Echinococcus-Membranteile nachweisen, also als unmittelbare, direkte Ursache für die

Die Bedeutung der Vergesellschaftung mit Gallensteinen verschiedener Art in klinisch-diagnostischer und chirurgisch-operativer Beziehung würdigten wir anderen Orts [Posselt (169)].

In jedem einzelnen Fall sind die näheren Umstände zu zergliedern, unter denen Gallenkonkremente in den Gallenwegen inmitten der Geschwulst oder in den Zerfallshöhlen gefunden werden. Die nähere Beziehung zu den Gallenwegen, zu der Geschwulstbildung, das vermutliche Alter beider Prozesse, die Ergebnisse der mikroskopischen und chemischen Untersuchungen werden hier die tatsächlichen Verhältnisse feststellen lassen. Daß der cystische Echinococcus weitaus häufiger mit Gallensteinen vergesellschaftet ist, ergibt sich aus der öfteren sekundären Infektion (Darminfektionskeime).

4. Sequesterbildungen in- und außerhalb der Zerfallshöhlen.

In den Wandungen der nekrotischen Zerfallshöhlen kann es zur Bildung kleinster Absprengungen (Sequester), bestehend aus abgestorbenen Geschwulst- und Lebergewebe kommen, wie auch wir einige Male in der Jauchehöhlenflüssigkeit beobachteten.

Größere Sequesterbildungen sind äußerst selten, wie z. B. ein solcher Bericht von KRÄNZLE (BURCKHARDT) (98) (1880) vorliegt.

In der Leberhöhle liegt frei beweglich ein 17 g schwerer galliggefärbter Lebersequester, der auf dem Durchschnitt außer derben Faserzügen fettig und käsig degeneriertes, mit kleinsten Wurmblasen durchsetztes Lebergewebe zeigt.

Ein ungleich viel größeres und daher noch selteneres Exemplar fand CAESAR (28) in einer übermannskopfgroßen Cyste (recte Zerfallshöhle) mit 2 l dünnflüssigem, gelbbräunlichen Inhalt.

„Außerdem enthält die Cyste noch einen, etwa einer menschlichen Placenta oder einem zusammengedrückten Badeschwamm an Form und Größe entsprechenden völlig isolierten Gewebskörper, der als ein sequestrierter, von zerfallenen Echinococcus-Höhlen durchsetzter Teil des Lebergewebes sich erweist."

Ein Unikum stellt eine Beobachtung von HUBER (79) (1891, Fall 112 u. C.) bei einem primären Gallenblasenalveolarechinococcus dar.

Die Geschwulst bildet eine Kapsel, deren Wand etwa $1^{1}/_{2}$ cm dick ist; im Innern findet sich Detritus und ein walnußgroßer Sequester. An Stelle der Gallenblase ein orangengroßer äußerst harter Tumor, beim Einschneiden knirschend. Dieses Hohlgebilde mit starrer Wandung vollkommen scharf von der Lebersubstanz abgekapselt. Nach innen zu unregelmäßige, teils rundliche, teils kollabierte Cystchen mit gallertigen Membranen. Die Innenfläche des Hohlraumes umgewandelt in eine schmierige, graugelbe, mit kreidigen Brocken untermischte Masse. Der Hohlraum enthält einen, ihn fast ausfüllenden unregelmäßig geformten, ihm angepaßten Klumpen von Walnußgröße, in Farbe und Konstistenz einem eben erstarrten Gipsbrei zu vergleichen. Er ist mit gleichen Massen wie die Innenfläche der Wandung überzogen und auf der Schnittfläche von kleinen Echinococcus-Membranen enthaltenden Hohlräumen durchsetzt, sonst gleichmäßig grau ohne alle Struktur.

Das Wachstum des Echinococcus alveolaris hat hier nach innen stattgefunden ohne die Gallenblasenwand zu durchbrechen mit Nekrose und

Konkrementbildung. Die sekundäre Mitwirkung von Gallenstauung und Infektion kommt als weiterer Umstand dazu.

Bei Verschluß des Ductus fand er sogar Steinbildung im Innern der Leber mit Erweiterung aller Gallenwege.

Am weitesten geht LOZANO, der beim cystischen Echinococcus eine eigene, einschlägige Form abtrennt. In jüngster Zeit widmet FINKELSTEIN [Durch Parasiten bedingte chirurgische Erkrankung der Gallenwege. Arch. klin. Chir. 159, H. 3, 641 (1930)] diesem Gegenstand seine Aufmerksamkeit. (Das dort niedergelegte Schrifttum wäre noch ganz gewaltig zu ergänzen.)

Abfall eines am weitesten vorragenden und am schlechtesten ernährten Geschwulstteiles und so ist es zur Bildung des aus nekrotischen Echinokokkenmassen bestehenden Sequesters gekommen.

Vorstufen zu möglicherweise späteren Entwicklung von Sequestern findet man zuweilen in Form weit in das Lumen der Zerfallshöhle hineinragender, scharf abgegrenzter Vorsprünge, wie solche vereinzelt im Schrifttum und 2 Eigenbeobachtungen in Erscheinung treten.

In die Höhlung (6,5:12:8 messend) inmitten des von ROSTOSKI (186) (Würzburg 1899) beschriebenen Lebertumors ragen von ihrer hinteren Wand 2 Prominenzen von Ei- bzw. Walnußgröße in sie hinein.

Es ist schon oben an die Möglichkeit erinnert worden, daß solche Sequester durch Inkrustation und Verkalkung zu Steinbildungen Veranlassung geben können. Eine genaue Erforschung des Durchschnittes und mikroskopische Untersuchung wird hier den Zusammenhang aufklären. — Aber nicht allein im Innern der Geschwulst, weniger in vorgebildeten Kanälen als in Jauchehöhlen, entwickeln sich solche Absprengungen, es kann auch an den Randgebieten des Organes durch Eigenart des Sitzes und Ausdehnung der parasitären Bildung gegenüber diesen Abschnitten gegebenenfalls zur Abschnürung und sekundärer Nekrose mit Loslösung des abgeschlossenen Anteiles kommen.

Eine Vorbereitung zu diesem Geschehen ist aus dem Sitz und dem Verhalten der Geschwulst bei Fall 7, Sekt. 26. Febr. 1894 ersichtlich.

Dieser keilförmige Tumor reicht von der Ober- zur Unterfläche gegen die Randgebiete des Organes. Bei noch längerem Bestehen hätte der periphere Abschnitt in seiner Ernährung so leiden müssen, daß es zu Nekrosen und Sequestrierung gekommen wäre.

5. Gasbildung.

Im Gegensatz zum cystischen Blasenwurm [1] findet sich bei der Alveolarechinococcusgeschwulst so gut wie nie Gasbildung.

Der einzige Fall des Schrifttums betrifft den oft angeführten monströsen von GRIESINGER (63).

Mehr als 2 mannskopfgr. im r. L. Dieser 30 cm im Längs- und Querdurchmesser messende Sack enthält ziemlich viel Luft und etwa 16 Schoppen einer dicklichen, hellgrünen eiterartigen Flüssigkeit.

Als zweite Beobachtung kann ich nur unsere Eigenbeobachtung Fall XXIII namhaft machen.

Sekt. 15. Nov. 1901, Nr. 5925. E. a. vorwiegend des l. L. und des periportalen Zellgewebes, über hühnereigroße Erweichungshöhle der Geschwulst, die z. T. mit Luft, z. T. mit graugrünem Schleim erfüllt ist und in die zahlreiche Gallengänge einmünden.

---

[1] Siehe DÉVÉ: Des kystes hydatiques gazeux du foie. Rev. de Chir. April, Mai u. Juni 1907. — DÉVÉ u. GUERBET: Suppuration gazeuxe, spontanée d'un kyste hydat. du foie. Présence exclusive de germes anaérobies. Soc. Biol., 12. Okt. 1907. — GARNIER, M: Sur un microbe particulies trouvé dans un kyste hydatique suppuré et gazeux. [Bacill. moniliformis. Arch. Méd. expér. et Anat. path. Paris 19, 785 (1907)]. — ADNET: La suppuration gazeux spontanée des kyst. hydat. du foie. Thèse de Paris, Nov. 1910. — DÉVÉ: Soc. Méd. Rouen, 13. Okt. 1913. — DÉVÉ u. GUERBET: Soc. Biol., 20. Dez. 1913. — FIESSINGER, NOEL: Les kyst. hydat. gazeux primitifs du foie. Paris méd. 19, No 20, 461 (1924). Lufthaltige cystische Leberechinokokken sind nach FIESSINGER sehr häufig, hierbei ist zumeist auch bakterielle Infektion im Spiel, vgl. Bakterienwirkung: HOSEMANN l. c. S. 41, POSSELT (169).

Die Beobachtung von FLECKSEDER und BARTEL [1], bei der klinisch und autoptisch Gasgehalt nachgewiesen wurde, trägt mit Unrecht die Bezeichnung „multilokulär", da aus den mehrfach gegebenen Schilderungen ganz deutlich hervorgeht, daß es sich um einen gewöhnlichen hydatidosen Echinococcus handelt, bei dem aus der Perforationsstelle sich zahlreiche cystische (Tochter)-Blasen entleerten. Es wurde demnach auch hier wiederum die häufige Verwechslung zwischen „multilokulär" und „multipel" begangen.

6. Vollständiges Ausbleiben der Zerfallshöhlenbildung.

Manchmal werden in ganz erheblich großen, je in ausgedehnten Alveolarechinokokkengeschwülsten alle Andeutungen zentraler Zerfallsbildungen vermißt.

Allerdings muß hier gesagt werden, daß vielleicht in dem einen oder anderen dieser Fälle, nicht sorgfältig untersucht wurde und daß doch noch bei Anlegen sehr vieler Schnitte solche Ulcerationshöhlen kleineren Maßstabes aufgetaucht wären. Die tatsächliche Abwesenheit solcher Bildungen ist jedoch einwandfrei, aber höchst selten, nachgewiesen worden.

Ganz augenfällig spricht sich das bei der Beobachtung von A. BAUER (6) (1872) aus. Die Leber hat das $2^1/_2$fache des Gewichtes und zeigt eine große fast den ganzen Lappen einnehmende Geschwulst. Das Gerüstwerk macht die größte Hälfte der Geschwulst aus, ist fest, graugelb mit fibrösen Zügen; im Bereich der Neubildung kein Lebergewebe.

Ulceration und Erweichung im Inneren nirgends eingetreten; gleiches gilt für den 2. Casus HAFFTERS (67) (1875).

Bei kleineren Geschwülsten vermißten sie u. a. BIRCH-HIRSCHFELD und BATTMANN (faustgroße in der Nähe der Leberpforte und mehrere kleinere Herde) und BUHL (2 Fälle).

Allerdings gehören die letzteren z. T. zu den verhältnismäßig wenig entwickelten und zu den latent verlaufenden.

Präparat Pathologisches Institut München. 1877—78. Nr. 389. Die Geschwulst nimmt $^3/_4$ des rechten Lappens ein und läßt Zerfallserscheinungen ganz und gar vermissen. Von käsiger Entartung ist fast gar nichts zu merken.

Ebenso bei einem Tübinger Präparat jüngeren Datums: MELNIKOW, Fall 51. — Nach MELNIKOWS Beschreibung würde Fall 64 (S. 103) seiner Zusammenstellung (Tübinger Präparat 1867) hierher gehören: „Die Neubildung nimmt fast die ganze Leber ein und besitzt deutlich ausgeprägten alveolären, honigwabenartigen Bau."

Bemerkenswert ist, daß jegliche Spur einer Zerfallshöhle fehlt. In der Originalarbeit von BOSCH (18), in welcher der Fall bearbeitet wurde, findet sich aber eine sogar sehr große (23: 12 cm) unregelmäßige buchtige Kaverne angegeben. Es muß demnach dieser Irrtum berichtigt werden.

(Bei dieser sehr bedeutenden Größe und Ausdehnung der Kaverne kann auch nicht an eine nachträgliche Verkleinerung des Präparates gedacht werden.)

Von einer Reihe von Eigenbeobachtungen soll nur folgende herausgehoben werden.

Fall XXXIV. [41jähr. Bauer (Diagnose: Alv. ech. des l. L.) Sekt. 15. Nov. 1915] ließ trotz ziemlich umfangreicher Geschwulstbildung im l. L. (Tumor 13 : 9 : 12) (Lebergew. 2770) nirgends eine Andeutung einer Höhlenbildung erkennen. Demonstration des Präparates durch v. WERDT [2].

Anmerkung bei der Korrektur: Fall LV, POSSELT (ibid. 2. I. 1931) übermannskopfgroßer A. e., r. L. keine Zerfallshöhle, nur drei sehr schmale Risse mit dunkelgrünem Gallenfarbstoff gefüllt.

---

[1] FLECKSEDER u. BARTEL: Multilokulärer Leberechinococcus mit klinisch und autoptisch nachgewiesenem Gasgehalt. Wien. med. Wschr. 1911, Nr 24, 1569. — FLECKSEDER u. BARTEL: Mitt. Ges. inn. Med. Wien 1913 X, 127 (Oper.) vgl. POSSELT. Neue dtsch. Chir. 40 (1928). Literaturverzeichnis der fälschlich als multilokulär (alveolär) bezeichneten operierten Fälle S. 399—401.

[2] v. WERDT: Innsbruck. wiss. Ärzteges. 1, 14 (1916); Wien. klin. Wschr. 1916, Nr 13, 405.

V. Beeinflussung der Leberform durch den Alveolarechinococcus.

1. Die Form im allgemeinen.

Die Ansiedlung des Parasiten in der Leber beeinflußt in verschiedener Weise die Gesamt- oder Teilgestalt des Organs. Solange einzelne oder mehrere Geschwülste kleinen oder nur mäßigen Umfang haben, solange auch etwas größere in mitten des Organs zur Entwicklung kommen, verändern sich die Umrisse und Gestalt nicht oder nur unerheblich; bei weiterem Wachstum wird es im ganzen vergrößert.

Je nach der Lage, Größe, Form, Richtung und Schnelligkeit des Wachstums der Geschwulst wird hierbei auch die äußere Form und Gestalt des Organs beeinflußt.

Schon VIERORDT (S. 75) hebt hervor, daß verhältnismäßig selten eine Verunstaltung des Organs angeführt wird.

Da weitaus die größte Anzahl der Erkrankungen mit schwerem Ikterus verläuft, so ähneln sie sehr der hypertrophischen Lebercirrhose (Induratio pericholangitica hyperplastica). Bei Tendenz gegen die Organoberfläche unter ausgesprochener Knoten (Tumor)-Entwicklung zu wuchern, erinnern die Bilder an Neoplasmen (Carcinome, Sarkome, Gummata). In erster Linie bezieht sich dieses auf das klinische Verhalten; klinische Diagnose und Differentialdiagnose wurde von uns wiederholt a. O. erörtert.

Gegenstand vorliegenden I. Teiles der Abhandlung ist die makroskopisch-pathologische Anatomie dieses parasitären Leberprozesses.

Trotzdem werden auch dem pathologischen Anatomen gewisse Verhältnisse der äußeren Besichtigung und physikalischen Krankenuntersuchung interessieren, worüber hier nur eine flüchtige Skizzierung beigegeben wird.

VIERORDT vermag nicht aus den Dämpfungsfiguren, wie sie verschiedene Leberaffektionen liefern und wie sie PROUGEANSKY im Bilde darstellt, irgend etwas für die Differentialdiagnose Verwertbares zu entnehmen.

Nur das eine zeichnet nach ihm (wohl nur zufällig) die Figur des multilokulären Echinococcus gegenüber dem primären und sekundären Leberkrebs, dem Melanosarkom der Leber und zwei unter sich aber wieder ziemlich abweichenden Fällen von unilokulären Echinococcus aus, daß die Dämpfung ziemlich unterhalb der rechten Brustwarze bleibt und nach unten die Nabelhöhle nach links die 1. Papillenlinie nicht überschreitet.

Diese Annahme VIERORDTs hat aber nur für einen Teil, allerdings die Mehrzahl der Alveolarechinokokken, eine gewisse Berechtigung, nicht aber für die auch von uns wiederholt beobachteten monströsen Formen.

Was die beschriebene obere Grenze anlangt, so wird diese in ganz erheblichem Maße überschritten bei nach aufwärts gegen Zwerchfell und Brustraum zu wuchernden, mit verhältnismäßigen Freibleiben der Pforte und deshalb Ausbleiben des Ikterus. Gerade dieses Verhalten muß den Verdacht auf dieses Vorkommen hinlenken und förderte in mehreren unserer Eigenbeobachtungen „ikterusfreier" Fälle die Diagnose auf Alveolarechinococcus der oberen Leberabschnitte, die dann durch den Durchbruch in die Lungen mit den charakteristischen braunrotem, Hämatoidin in Massen enthaltenden kopiösen Auswurfsergüssen ihre Bestätigung fand.

Auch die weite Überschreitung obengenannter Linie nach abwärts ist nicht selten, wobei solches das Gesamtorgan in mächtigster Vergrößerung oder ganz besonders große Lappenbildung bewirken kann. Dieses Herabrücken der Grenze sah ich verschiedene Male eben wieder bei den verhältnismäßig weit schwieriger zu diagnostizierenden ikterusfreien Fällen mit Verschontbleiben der Pforte.

Nachdem nur in einem geringen Prozentsatz und auch dann erst spät Ascites auftritt, sieht und greift man dann die weit vorgeschobenen unteren Umrisse des mächtig vergrößerten Organs. Enormes Auf- und Abwärtsgerücktsein der Organgrenzen sahen wir bei gleichzeitigem Diaphragma-Lungendurchbruch einerseits und Wucherung in die Nachbarorgane nach unten andererseits bei ikterusfreien Krankheitsfällen.

In diesem Verhalten, ganz besonders aber in der bisher nicht gewürdigten Bildung monströser (kompensatorischer, hypertrophischer) Lappen, die gesonderte Besprechung erfahren, ist ein nicht zu unterschätzender diagnostischer Mitbehelf für die Klinik und den Pathologen gegeben, wozu noch die auffallende derbe Konsistenz, brett- oder knorpelartige Härte der Alveolarechinococcus-Geschwulst zu rechnen ist.

Schwere Verunstaltungen des Organs im ganzen oder in großen Abschnitten (Lappen) infolge Invasion des Parasiten gehören zu den Seltenheiten.

Als Beispiel für eine solche eines Lappens dienen nachstehende 3 Beobachtungen.

Bei der von Luschka (117) (1852) noch als „Gallertkrebs der Leber" geführte Fall (retrospekt. Diagnose), zeigte die etwa 4 Pfd. schwere Leber eine unförmlich runde Form. (Der Fall zeichnet sich dadurch aus, daß am Darm und Netz bis faustgroße Geschwülste saßen.)

Die 3,35 kg schwere Leber im Falle von Bosch (18) (1868) zeigte eine Breite von 34 cm, der rechte Lappen in eine unregelmäßige kugelige Geschwulst verwandelt.

Albrecht (3) (1882). 1. Fall. Leber hauptsächlich im Dickendurchmesser bedeutend vergrößert. Sitz in beiden Lappen. Der linke Lappen difform vergrößert mit kleinen Höckern und Knötchen besetzt. Das äußerste Ende des linken Lappens ist dick aufgetrieben.

Unsere einschlägigen Eigenbeobachtungen lokaler und allgemeiner Art werden in anderen Abschnitten gebracht.

Mächtige Difformitäten des gesamten Organs zeigen folgende 2 Präparate.

Bei einem wiederholt operierten Fall von Roux (188) (Lausanne 1896) (Fall 84 bei Melnikow), der sich, wie an anderer Stelle erwähnt, durch besonders schwere Schwielengewebsbildung auszeichnete, war die Leber hochgradig difformiert. Gleich über dem Gallenblasenfundus beginnt die Leber mit dem Diaphragma und der Bauchhaut zu einer formlosen Masse zu verschmelzen. An dieser Stelle ist das Narbengewebe zwischen Leber und Haut bis zu 1,5 cm dick. Die Neubildung umgibt diese Narbe von rechts und links. Die Hauptmasse der Geschwulst bildet verkreidetes Schwielengewebe. Hier handelt es sich aber um keine reine Beobachtung, da die mehrmaligen Operationen mit Schwielen- und Narbenbildungen (s. d.) und Gestaltsveränderungen in Rechnung gezogen werden müssen. — In einem noch nicht veröffentlichten Fall des Pathologischen Institutes Erlangen (Sekt. 12. Nov. 1899, Nr. 261), welches mir Herr Prof. Hauser zeigte, war die Form der Leber äußerst unregelmäßig, im Breitendurchmesser zusammengeschoben. Kante des linken Lappens nach unten umgeschoben. Die ganze Leber bot eine unebene knollige Oberfläche mit knorpelgewebartigen dicken fibrösen Schwarten.

Geringgradige Verunstaltungen begegnet man nicht gar zu selten und werden wir solche im Kap. Perihepatitis hyperplastica, cirrhotische Prozesse und Lappenbildung in verschiedener Art und Kombination antreffen.

2. Lebervergrößerung beim Alveolarechinococcus im allgemeinen.

Die parasitäre Neubildung kann zu gewaltiger Vergrößerung der Leber führen.

Die Mächtigkeit der Organvergrößerung an sich berechtigt jedoch noch nicht zur Diagnosestellung auf Alveolarechinococcus.

In dieser Hinsicht schreibt schon Vierordt (S. 149): „Die absolute Größe des Organs kann (für den Unterschied zwischen Echinococcus multilocularis und Carcinom) kaum maßgebend sein, indem die multilokuläre Echinococcus zu nicht minder großen Tumoren heranwachsen kann, als der Leberkrebs, von dem Leichtenstern aus der Literatur 20—25 Pfund schwere Geschwülste anführt.

Die größte Rolle für die Aufklärung spielt in der Klinik der „Zeitraum" innerhalb dessen sich der Leberprozeß entwickelt (vgl. tabellarische Zusammenstellung).

Außer diesem wichtigsten physikalischen Moment kommt beim Alveolarechinococcus die ungeheuere Derbheit und der zentrale Zerfall, die mächtige Höhlenentwicklung in Betracht nebst einer Reihe anderer Verhältnisse.

Im vorhergehenden begnügten wir uns mit der Besprechung des Einflusses einer Ansiedlung dieser Blasenwurmart auf die Gesamtgestalt des Organs im allgemeinen u. a. im Hinblick auf klinische Verhältnisse.

Hier müssen nun weiterhin die verschiedenen Einzelheiten in dieser Frage zergliedert werden.

Überblick über die Lebervergrößerungen bei der vielkammerigen Blasenwurmgeschwulst, Gewichte und Maße beider nach ihrer Mächtigkeit.

1. Eigenbeobachtung VIII. Enorme Leber, 3—3¹/₂ mannskopfgr. mit monströser Geschwulst und etwa 2¹/₂ mannskopfgr. Kaverne. Intra vitam Jauchehöhleninhalt über 14 Liter. Angebliche Krankheitsdauer nur 3—5 Jahre (?). Lebergewicht bei Sektion nach Entleerung der Höhle 4200. Gesamtgewicht etwa 18 kg.

2. LOEWENSTEIN (1889). 2. Fall. Etwa 12—14 kg, einschl. Kaverne mit 8—9 l, im l. L.; l. L. so groß wie eine ganze Leber, 31 cm Durchmesser.

3. GRIESINGER (1860). Etwa 10—11 kg; r. L. 2 mannskopfgr. Sack mit 16 Schoppen Flüssigkeit. Dauer 11 Jahre.

4. REINIGER (1890). 2. Fall. Etwa 8—9 kg. 3¹/₂ Jahre; ident. mit 2. Fall MANGOLDS (1892).

5. SCHEUTHAUER (1867). Inkl. Kaverne 19 Pfund (9¹/₂ kg), Kaverne 4 Pfund Inhalt.

5a. Eigenbericht LV Jan. 1931. Leber 7750. A. e. übermannskopfgroß.

6. REINIGER (1890). 1. Fall. Etwa gegen 7 kg, über 6 Jahre; aus r. L. 3¹/₂ l Fl.; ident. mit 1. Fall MANGOLDS.

7. Eigenbeobachtung XXXII. (1914) 6,5 kg, 2¹/₂ Jahre. Leber 25 : 30 : 12 : 8. Alveolarechinococcus 15 : 15.

8. ZSCHENTZSCH (1906). 1. Fall. 6,3 kg, kleinkindskopfgr. r. L. Höhle, Durchbruch in Gallenblase (2 l Fl.).

9. KRÄNZLE (1880). 2. Fall. (6,16 kg) Lebergew. 10³/₄ Pfund, abzügl. 640 g Höhleninhalt. L. 38 cm br., davon 17 auf den l. L.; 16 Monate.

10. ROMANOW. 2. Fall. Tumor ganzer r. und Teil des l. L. (23 : 14). 6,1 kg. Über 3 Jahre; MELNIKOW: Fall 30, in Kasuistik Fall 180, S. 127). Leber 32 : 23 : 14.

11. ROMANOW. Fall 1. (MELNIKOW 29, in Kasuistik Fall 170, S. 126) ganze r. L. durchsetzt, auch l. übergr., Leberdurchmesser 32 cm. R. L. 23 : 16, l. L. 35 : 12. Gew. (nach Entfernung der Höhlenfl.) 5,6 kg. Über 2 Jahre.

12. ZINN (1899). Lebermaße: Transvers. 34, l. L. 17; Höhe r. L. 30, l. 22, Höhle (30 cm Durchmesser) über 2¹/₂ l Fl. 7 Jahre (manifest über 3 Jahre).

13. HAFFTER (1875). 1 Fall. 5,6 kg, l. L.; in ihm 2 Höhlen. Über 2 Jahre.

14. OTT (1867). 1. Fall. 10¹/₂ Pfund = 5,5 kg. Ausgedehnte Geschwulst im l. und z. T. r. L. kl. Lappen. Im l. L. kindskopfgr. Höhle. 6—7 Jahre.

15. LIEBERMEISTER (1902). 2. Fall. 5,5 kg, Qu.-d. r. L. 32, L. der Leber 28. Über 1¹/₂ Jahre.

16. CAESAR (1901). R. L. über mannskopfgr. Höhle mit 2 l Flüssigkeit (15 × 15 × 30), (ident. mit Fall 5 LIEBERMEISTER).

17. MORIN (1875). 2. Fall. 5,4 kg. Leber 36 : 22 : 24 : 11¹/₂ : 7. Tumor r. L. 9—11 cm Durchmesser. Etwa 3 Jahre.

18. EICHHORST (1912). Mannskopfgr. Cyste (recte Zerfallshöhle) im r. L. (17 cm Durchmesser) ident. mit Fall 4 von ZSCHENTZSCH (1906).

19. HAFFTER. 2. Fall. 5,3 kg. (U. C. 155).

20. CHACHIN (1928). 36 : 22 : 14; 21 : : 20; 13 : 6,5. Geschw. 14 : 11.

21. LIEBERMEISTER. 1. Fall. 5,3 kg. Leber 30 : 28 : 12 : 6; 3 Jahre.

22. MELNIKOW (1899). 1. Fall. 5,3 kg. Leber Durchmesser 38, r. L. 27, l. L. 28, Dicke 12. Im l. L. kindskopfgr. Neubildung.

23. LOEPER u. GARCIN (1927). 5,175 kg; 4—5 Jahre (Fetuskopfgr. Kaverne).

24. STRATHAUSEN (1889). 5,02 kg, multiple Knoten. 3 Jahre; L. Kp.-Gew. 1 : 11,5. Maße L. in Konvexität 44, H. r. L. 25, 1,26, am Ligamentum 29, Tiefe r. 16, 1, 11.

25. DEAN (1897). 10 Pfund = 5 kg.

26. LUKIN (1884). 8 Pfund, 6 Unz. 7 Drachmen.

27. Prougeansky (1873). 2. Fall, Leber kollosal vergrößert, 30 cm breit.

28. Münchner pathologisch-anatomisches Institut (Borst) nicht veröffentlicht 4,5 kg, 13 Jahre.

29. Kozin (1894—95) 4,5 kg, 11 Jahre (?).

30. Eigenbeobachtung XV. 4,31 kg, 2 Jahre (?).

31. Bernet (1893). 4,2 kg, Geschw. größt. Teil d. r. L., Höhle 11 : 9 : 7, l. L. fl.

32. Mangold. 3. Fall. 4,1 kg. Über 3 Jahre.

33. Bauer, A. (1872). Leber $2\frac{1}{2}$faches Gewicht (also rund 4 kg).

34. Eigenbeobachtung XXIV. 3,98 kg. Maße 27 : 13; r. L. 20 : 15, l. L. 13 : 12. Über 2 Jahre.

35. Schwarz (1893). (U. C. 121). 3,9 kg. L. 28 : 23 : 14. Tumor 13 : 9 r. L. u. 10 : 7 im l. L. Über 3 Jahre.

36. Sabolotnow (1897). 1. Fall. 3,65 kg. Leber: Länge 31, Br. r. L. 14,1 : 19, Dicke r. 11, l. 6 : 7. Geschw. größt. T. d. r. L. 13 : 9,5.

37. Nahm (1887). 3,807 kg. L. 32 : 25 : 14. Alveolarechinococcus über Kindskopfgröße im r. L.

38. Eigenbeobachtung XIII. 3,8 kg, $1\frac{1}{2}$ Jahre. R. L. 33 : 23 : 13, l. L. 16 : 7.

39. Eigenbeobachtung XLVII. 3,75 kg. Alveolarechinococcus größtenteils l. L. Maße des Tumors 12 : 12 : 14.

40. Ducellier (1868). 3,67 kg. Leber 24 : 11, r. Dicke 23,1 : 26.

41. Mollard, Favre u. Daujat (1911). 3,5 kg. Über 2 Jahre.

42. Eigenbeobachtung XLV. 3,4 kg. Leber 40 : 30 : 16; R. L. faustgr. Höhle im Alveolarechinococcus-Tumor. Über $3\frac{1}{2}$ Jahre.

43. Teutschländer (1907). Gew. der Leber samt Suprarenaltumor (ohne Kaverneninhalt) 3420 g, r. L. fast mannskopfgr. Tumor.

44. Bosch (1868). 3,35 kg, Geschw. r. L. (Kaverne 23 : 12 cm) Leber 26, Br. d. r. 24, l. 16, Dicke r. 12,5, l. 9,5; 19 Monate.

45. Winogradow (1894). 4. Fall. u. Kasuistik 184 (S. 129) 3,35. (26 : 24 : 16 : 12,5 : 9,5) Tumor l. L.; über 7 Jahre.

46. Lehmann (1889). 3,3 kg. (r. L. mit faustgr. Höhle) 2 Jahre.

47. Huber (1881). 3. Fall. 3,25 kg. R. L. Tumor mit Kaverne (15 : 17). Über 3 Jahre. Ict. mel.

3. Ersatzvergrößerung des Lebergewebes bei der vielkammerigen Blasenwurmgeschwulst[1].

Vom klinischen, allgemein pathologischen und pathologisch-anatomischen Standpunkt aus muß die Ersatzvergrößerung des Organs, die kompensatorische Hypertrophie der von der parasitären Bildung freien Abschnitte der Leber eine ganz besondere Würdigung finden.

Die Ersatzwucherung am Organ ist an eine gewisse Größe des Parasiten gebunden, wobei jedoch die Grenzen ungemein schwanken. Natürlich wird sie bei den allerkleinsten solchen vermißt.

Es kann aber auch in ganz ausnahmsweisen Fällen bei beträchtlicherer Geschwulstbildung die kompensatorische Hypertrophie ausbleiben oder recht wenig in Erscheinung treten, wie beispielsweise eine Beobachtung von Winogradow (1894, u. C. 182, S. 128) dartut mit folgendem Befund: Leber 2300. Maße: Länge 26; Br. r. L. 17, l. L. 16; Dicke 10,5 und 5,5. Der größte Anteil der Geschwulst im r., der geringere im l. L. Die Dimensionen derselben im r. L. 24 : 10 : 5,5.

---

[1] Die grundsätzliche Bedeutung dieses Verhaltens am Organ wurde von uns schon (l. c. 1900, S. 186) vor allem unter Berufung auf Ponficks grundlegenden Untersuchungen gewürdigt. Vgl. weiterhin Rochs, Virchows Arch. 210, H. 1, 125 (1912) u. de Leeuw, ibid S. 147. — Parodi: Pathologica (Genova) 11, 427 (1919). — Fishback, Fr.: Arch. of Path. 7, 955 (1929). — Herxheimer: Regeneration u. Hypertrophie (Hyperplasie) der Leber. Henke-Lubarsch, Handb. der spez. path. Anat., Bd. 5, Abt. I, 1930. — Bei Ech. cyst.: Posselt (165); Carminiti, Polichin. sec. chir. 9 (1901); Osterroth (Diss. Rostock 1908); Capello Riv. ven. sci. med. 54, 489 (1911).

a) Bei Sitz im rechten Leberlappen.

Nachdem die Alveolarechinococcus-Geschwulst in weitaus der größten Mehrzahl der Fälle den rechten Lappen allein oder vorzugsweise befällt, spielt sich die kompensatorische Hypertrophie am häufigsten am linken Lappen ab, wobei auf unsere verschiedenen Veröffentlichungen verwiesen sei, speziell auf die tabellarische Zusammenstellung.

Aus der älteren Literatur seien folgende Beobachtungen hervorgehoben:

Fall GRIESINGER (63) (1860). 11jähr. Dauer. Die enorm vergrößerte Leber reicht von der Höhe der 4. Rippe bis zum Promontorium. Der ganze rechte Lappen in einen über 2 mannskopfgroßen Sack verwandelt. Der von der Neubildung freie linke Lappen ist so groß wie eine „voluminöse ganze Leber"; mißt im vertikalen Durchmesser 31 cm.

HUBRICH (80) (1892) (Gew. 2800) Sitz r. L.; l. L. um das 3—4fache vergrößert.

WLASSOW (226) (1898). Leber im Durchmesser 38, r. L. 27, l. L. 28, Dicke 12. Gewicht 5300. Im r. L. kindskopfgroßer Alveol. ech. Vikariierende Hypertrophie des l. L. (uns. C. 188).

Präparat des Münchner pathologischen Institutes. Alveolarechinococcus der Leber mehrfach operierte Kranke 5, VII. Geschwulst im rechten Teil des r. L.

Der l. L. ist bedeutend hypertrophiert, daß er an Größe dem rechten gleichkommt. Lebergewebe cirrhotisch (MELNIKOW, Fall 39).

PRIESACK (176) (1902). R. L. kompensatorische Hypertrophie des l., Leber in allen Durchmessern vergrößert. Hauptmaße: Höhe des r. L. 21, Breite desselben 17; Höhe des l. L. 22, Breite desselben 22. Breite des l. L. 14, Dicke des r. 9,8.

LIEBERMEISTER (112) (1902) unter 5 Fällen 2, bzw. 3 einschlägige.

Die kompensatorische Hypertrophie des Organs bei unseren Eigenbeobachtungen wird durch nachstehende Angaben veranschaulicht.

Fall VIII. Der kollabierte geschrumpfte Jauchehöhlensack des Alveolarechinococcus im r. L. 30 : 35 cm. Maße des l. L. 35 : 20 : 10 cm. Von dem nach Entleerung der Jauchehöhle restierenden Gewicht der Leber mit 4200 g entfallen auf den Rest des r. L. 1710 g, auf den mächtig vikariierenden hyperplastischen l. L. 2490 g. Es verhält sich demnach das Gewicht des Restes des r. L. zum Gesamtgewicht wie 1 : 2,45, zu dem des l. L. wie 1 : 1,45. Das Gewicht des l. Leberlappens verhält sich zu dem des ganzen Organes wie 1 : 1,68.

Prozentuell ausgedrückt, verhält sich das Gewicht des r. L. ohne Höhleninhalt zu dem des linken wie 40,7 : 59,3 gegenüber dem normalen Verhältnis von 80 : 20.

Fall XIII. Geschwulst zum allergrößten Teil im r. L., jedoch auf den l. übergreifend. R. L. 33 : 23 : 13 cm; l. L. 16 cm lang, 7 cm dick. Das Gewicht der Leber beträgt 3800 g, mithin bei einem Körpergewicht 50 kg 7,6 desselben = $^1/_{13}$.

Fall XV. Im r. L. kindskopfgroßer Tumor. An der mächtig vergrößerten Leber beträgt die Länge des riesigen l. L., von oben nach unten gemessen, 26 cm, die Breite desselben 18 cm. R. L. 31 : 19 : 10 cm. Gewicht der Leber 4310 g (r. L. 2240, l. L. 2070; Verh. d. r. L. zum Ges.-Gew. 1 : 1,9, des l. L. zu dem Ges.-Gew. 1 : 2,1.

Im Fall VIII. (R. : l. L. Gew.-Verh. 40,7 : 59,3). Es erweist sich der l. L. mithin im Verhältnis zum r. als 5,8 also fast 6 mal so schwer. Es hat hier somit der mächtig hypertrophische Lappen die Funktion der ganzen Drüse auf sich genommen. Der andere Fall (XV) liefert das Verhältnis des Gewichtes des r. zu dem des l. L. von 52 : 48. Es ist hier sonach der l. Leberlappen im Vergleich zum r. 3,7, also fast 4mal so schwer. Bei Berücksichtigung des Gewichts des Höhlensackes würde sich natürlich das Verhältnis noch mehr zugunsten des l. L. gestalten.

Das gleiche gilt für den kindskopfgroßen Tumor des r. L. im anderen (XV). Bei Abrechnung des Tumorgewichtes würde beiläufig ein Verhältnis von 38 : 62 resultiren.

In diesen beiden Malen hypertrophierte der nicht befallene l. Lappen so mächtig und er trat vikariierend ein für den zum größten Teil zerstörten r., so daß sich das Verhältnis direkt umkehrte.

Unter der sonstigen Eigenkasuistik sollen zwei weitere Fälle sozusagen als Durchschnittsbeispiele Platz finden.

Fall XXXVII. 53jähr. Frau, Sekt. 22. Mai 1926. Im r. L. 2¹/₂ mannshauptgr. Alv. ech. Kompens. Hypertr. des l. L. Lebergew. 2140. Größter Breitendurchm. der gesamten Leber 25 cm. Größe von oben nach unten des kompens. hypertr. l. L. 23,5.

Fall LIV. Sitz im r. L. spez. Lobus caudatus. 3300 g, Breite 32, Höhe des r. L. 22, des l. 25, Tiefe des r. L. 12, des l. 9. Über die Konvexität 35.

Anmerkung bei der Korrektur. Sehr bemerkenswerte Befunde bot F. LV. Sekt. 2. I. 1931 (s. S. 528).

b) Bei Sitz im linken Leberlappen.

Die bei linksseitigem Sitz der parasitären Bildung im rechten Lappen auftretende Hypertrophie fällt hierbei meist weniger in Erscheinung. Hinsichtlich der Verhältnisse des älteren Schrifttums und unserer früheren Beobachtungen verweise ich auf unsere obigen Arbeiten und tabellarischen Zusammenstellungen.

Aus der älteren Literatur.

Morin (139) (1875). 1. Fall. Leber vergrößert, von unregelmäßiger Form. Kindskopfgroße Masse im l. L. und beträchtlichen Teil des rechten. R. L. 29 hoch, 14 breit, geht bis zum Darmbeinkamm; l. L. 15 hoch und 19 breit. Waldstein (221) (1881). L. L. hauptsächlich Sitz des Parasiten. R. L. 24 hoch, 18 br.; l. 13 hoch, 8 breit, 8 dick.

Einige Beispiele unserer Eigenbeobachtungen:

XXIV. Sitz: l. Lappen mit Verschluß der portalen Gallengänge. Leber 3980 g, r. L. 27 : 13 : 20, im l. der Quere nach 13, von oben nach unten 15, Dicke 12.

XXV. L. L. Lebergew. 2540 g. Größter Breitendurchmesser 25,5 (von r. nach l.) Längsdurchmesser 23. R. L. vergrößert; 20 cm in horiz. Breite.

Wie noch anläßlich der Besprechung atrophischer und schrumpfender Prozesse dargelegt wird, können sogar in den kompensatorisch hypertrophischen Partien in einem ganzen solchen Lappen sekundäre, lokal atrophische Schrumpfungsprozesse eintreten.

Beispiel unsere Eigenbeobachtung XXXIV. (Nov. 1915). Großer Alveolarechinococcus des l. Leberlappens. R. L. kompensatorisch hypertrophisch, mit Zeichen sekundärer lokal-atrophischer Schrumpfungen.

c) Kompensatorische Vorgänge am befallenen Lappen selbst.

Es kann sich aber auch der regenerative Prozeß unter bestimmten Verhältnissen am befallenen Lappen selbst abspielen, hier nur am rechten, unter besonderen Umständen aber auch am befallenen linken.

Beim 2. Fall Kappelers (87) (1869) war der befallene rechte Lappen kompensatorisch vergrößert, wogegen der linke nur als ein kleiner Appendix erscheint.

A. Bauers (6) (1872) Fall zeigte die Leber 2½fach vergrößert, die kompensatorische Vergrößerung spielte sich am befallenen r. L. ab, der l. ist eher verkleinert.

Einige Angaben aus dem Bericht von Löwenstein (116) (1889) 1. Fall. Leber doppelt vergrößert, mehr von oben nach unten. Länge des oberen Randes an der Vorderseite. 25, des unteren 29, Höhe des r. 27, l. 22,5. An der hinteren Fläche als entsprechende Zahlen 26, 28, 29 und 22. Größte Entfernung des rechten vom linken Rand in der Mitte 31, größte Dicke 9½ im erhaltenen Leberparenchym auf der Höhe der Cyste (recte Höhle) 18.

Die rechte Hälfte des r. L. besteht noch aus Leberparenchym (schlaff, weich). Dieser noch erhaltene Teil der Leber ist aber beträchtlich vergrößert, so daß wir eine kompensatorische Hypertrophie annehmen müssen.

Außer auf die schon in den größeren Tabellen angeführten möchte ich noch eine weitere nur klinische Beobachtung von Befallensein des l. L., an dem sich auch hauptsächlich die vikariierende Hypertrophie abspielte, bringen.

42jähr. Bauersfrau (Näheres in der Krankengeschichte).

Ganz ausnahmsweise kann sich bei kompensatorischer Hypertrophie des befallenen r. L. Atrophie im l. finden, z. B. bei Winogradow (225) (s. atrophische Zustände).

d) Bei Befallensein größerer Abschnitte beider Lappen.

Bei Durchwucherungen des ganzen Organs kann oft eine ungeheuere Größe desselben erfolgen, so daß es den ganzen Bauchraum ausfüllt.

Wir begnügen uns mit einigen Beispielen.

ROSTOSKI (186) (1899) (u. C. Fall 213). 49jähr. Mann. Der ganze l. und die Hälfte des r. L. von dem Alveolarechinococcus eingenommen. Beim Status intra vitam wird von einer beträchtlichen Lebervergrößerung, die bis zum Nabel reicht, gesprochen mit einem Schnürlappen[1], der bis zur Spina ant. sup. geht. — Eine allseits enorm vergrößerte Leber zeigte nach den Angaben ZINNS (234) (1899) folgende Maße: Transv. 34, l. L. transv. 17, r. L. in der Höhe 30, l. L. in der Höhe 22; Höhle von oben nach unten 23, von l. nach r. 28, hinten nach vorn 13. — Sehr bedeutende Dimensionen nahm die Leber bei der Beobachtung von WEBER (223) ein: „Über 3 cm unter Nabelniveau, dabei immer weiterwachsend, r. L. überschreitet nach rückwärts das Niveau des Darmbeinkammes. Allseitige Verwachsungen. Keine näheren Maß- und Gewichtsangaben.

Enorme Größe der Leber vermerkt KÖNIG (93) bei einem 18jähr. Bauernmädchen mit Alveolarechinococcus der Leber, wobei diese bis zum Beckenkamm herabreicht. — Ein derartiges Beispiel einer solchen Riesenleber (Sitz der Geschwulst hauptsächlich im r. L. auf den l. übergreifend) liefert unsere Eigenbeobachtung Fall XLI. 40jähr. Frau. Juni 1919. Fast 10jähr. Krankheitsdauer. Eine weitere Beobachtung, die durch das verhältnismäßige jugendliche Alter des Trägers und die rasche Entwicklung bemerkenswert ist, bildet Fall XXXVI. 24jähr. Bauernsohn. März 1927. Mächtiger Alveolarechinococcus des r. Leberlappens, auf den l. übergreifend, mit hochgradiger Vergrößerung des Organs. Median. 20., r. Mammill. l. 26 cm. Beiläufig fünfjährige Dauer.

e) Kompensatorische Hypertrophie der ganzen Leber bei Befallensein eines Lappens.

Diese Möglichkeit gehört gegenüber der kontralateralen Ausgleichung zu den großen Seltenheiten.

Fall XVII stellt ein solches Beispiel dar für die gleichmäßigere Verteilung kompensatorischer Hypertrophie auf das ganze Organ. Der r. L. mißt samt dem Tumor von vorn nach rückwärts 19 cm, von rechts nach links 20 cm. Der Tumor in beiden Richtungen 11 cm). Maße des l. L. 15 : 14 : 4,5 cm.

Lebergewicht 2300 g, davon kommen 480 g auf den l. und 1820 g auf den r. L. Die Relation zwischen r. L. und Gesamtorgan was Gewicht anbelangt, drückt sich durch das Verhältnis 1 : 1,26 aus, die entsprechende Relation für den linken durch 1 : 4,7.

Das Gewichtsverhältnis zwischen l. und r. L. ist 1 : 3,7 oder 21 : 79.

Das Lebergewicht stellt 3,65% ($^1/_{27}$) des Körpergewichtes (63 kg) dar.

Das Gewichtsverhältnis zwischem r. und l. L. von 79 : 21 dürfte sich nach Geschwulst-Gewichtsabzug auf 72 : 28 gestalten; der l. L. ist somit zwar etwas hypertrophisch, die kompensatorische Hypertrophie ist jedoch ziemlich über das gesamte Organ eher in gleichmäßiger Weise verteilt.

f) Ausgleichende Vergrößerung an den kleinen Leberlappen.

Selbst die kleinen Lappen können unter bestimmten Umständen bei Ansiedlung der Alveolarechinococcusgeschwulst kompensatorisch hypertrophieren, wobei verschiedene Kombinationen möglich sind.

Im allgemeinen scheint der SPIGELsche Lappen von der Geschwulstbildung bevorzugt zu werden, zeigt aber andererseits wieder häufiger ausgesprochene Vergrößerungen.

STRATHAUSEN (207) (1889). Alveolarechinococcus r. L.; starke Vergrößerung des Organs. Kompensatorische Hypertrophie des linken Lappens; Lobus Spigelii dreifach vergrößert.

W. SCHMIDT (197) (1899, Fall 55, Münchner pathologisches Institut, Sekt. 17. Febr. 1889) r. L. z. T. l. L. u. Lobus Spigelii um das dreifache vergrößert. An der Porta hepatis zahlreiche derbe Knoten.

Präparat Münchner pathologisches Institut (Fall 41 bei MELNIKOW). Die Geschwulst nimmt in der großen Leber den r. L. ein. Der l. L., sowie der Lobus Spigelii sind hypertrophisch.

---

[1] Über „Lappenbildungen" s. u. Abschn. g.

Eine enorme Hypertrophie entwickelte sich am Lobus quadratus bei MELNIKOWS Fall 3. (PAWLINOW). (Alveolarechinococcus beider Lappen). Lebermaße: Länge 26, Dicke des r. L. 15, des l. 12. Der Lobus quadratus stark hypertrophisch; er besitzt die Form eines Herzens, dessen Basis im Umfang 25 cm und dessen Höhe 8 cm mißt.

Vereinzelt trifft man Befallensein eines mit Hyperplasie des anderen der kleinen Lappen.

Z. B. KRÄNZLE (1880, 2. Fall) Lobus quadratus in die Geschwulst einbezogen, während der Lobus Spigelii vergrößert, aber frei von Geschwulstmasse ist. WINOGRADOWS (1894 u. C. Nr. 184, S. 129) 4. Fall zeigt das umgekehrte Verhalten. Der Lobus Spigelii ist umgewandelt in einen eigroßen Knoten bei Hypertrophie des Lobus quadratus.

Gegebenenfalls zeigt sich am befallenen kleinen Lappen selbst eine kompensatorische hyperplastische Gewebswucherung, wie dies u. a. drei unserer Eigenbeobachtungen am SPIGELschen Läppchen aufweisen.

Fall VIII und Fall XXIII. Vor allem tritt dies bei Fall LIV. (33jähr. Mann, Sekt. Prof. G. B. GRUBER, Mai 1926) hervor, bei dem der Sitz in einem Teil des r. L. mit stärksten Befallensein des Lobus caud. (Spigelii) war. Leber 32 : 22 : 25; 12 : 9. Maße des Lobus Spigelii 11 : 7 : 4,5.

Ein Widerspruch in den Befunden ergibt sich aus den Darstellungen von SABOLOTNOW (189) (1897, u. C. Nr. 186) 1. Fall. Der größte Teil des r. und des Lobus Spigelii ist von einer Geschwulst eingenommen (13 : 9½). In diesem ganzen Bezirk findet sich keine Spur von Gewebe des Organs.

Der geschwulstfreie Teil der Leber überragt um bedeutendes die Geschwulst. Der SPIGELsche Lappen vergrößert, bis zu 3 cm lang, wie abgeschnürt; der l. L. bedeutend über die Norm vergrößert. Diagnose: Multilokulärer Echinococcus des r. L. und teilweise im Lobus Spigelii, Hypertrophie des L. Spigelii und l. L.

Während im obigen bei Befallensein auch des Spigelischen L. kein Leberparenchym mehr vorhanden erklärt wird, spricht die Diagnose von einer Hypertrophie des l. und des SPIGELschen Lappens.

Kombinierte Verhältnisse herrschten bei dem bemerkenswerten Fall von SCHEUT-HAUER (1867). R. L. riesig vergrößert, von 4. Rippe bis 1 Zoll oberhalb der r. Darmbeinschaufel. Sack mit 4 Pfund Inhalt. Lobus Spigelii fast auf das Vierfache, Lobus quadratus fast auf das Doppelte vergrößert; ersterer zeigt gallertgefüllte Blasen, letzterer dieselbe Struktur wie der l. L.

g) Lappenförmige Ersatzwucherungen.

Ein eigenes Kapitel bilden die kompensatorischen Lappenbildungen. Zum Unterschiede von den vielfachen kleinen Randlappungen bei Gummen, die zur gelappten Leber führt, entwickeln sich hier ganz mächtige solitäre Lappen, die die gewöhnlichen Leberkonturen auf weite Strecken hinaus überragen.

Hierbei sind zweierlei Möglichkeiten gegeben:

1. Der Lappen beherbergt selbst das Groß oder einen Teil der parasitären Bildung, welches Verhalten für den Chirurgen größte Bedeutung erlangt, vor allem bei den seltenen gestielten [1], daher leichter resezierbaren Lappen [2]. Die kompensatorische Hypertrophie kommt bei diesem Sitz wenig zur Geltung; oder

---

[1] Gestielte cystische Echinokokken gehören auch zu den seltenen Befunden, vgl. u. a.: CORNER. Hydatid cyst attached to the left lobe of the liver by a long pedicle. Med. Press. and Circ. Lond., N. s. 96, 204 (1913). — FERRARI et VERGOZ: Kyste hydatique pédiculé du foie pris à l'examen clinique pour une rate ectopique. Bull. Soc. Anat. Paris, 93, 261 (1923). — DE VERNEJOUL: Kyst. hyd. pédiculè de la face infer. du foie; cholérragie intra kystique. Arch. franco-belg. Chir. Brux. 27, 459 (1924). — Gestielte Echinokokken beider Art erlangen auch für die Klinik Bedeutung, als sie bei stärkerer Beweglichkeit evtl. mit „Wanderorganen" verwechselt werden können.

[2] Vgl.: Der Alveolarechinococcus und seine Chirurgie. Neue dtsch. Chir. 40 (1928).

2. es handelt sich tatsächlich um reine aus Lebersubstanz allein bestehende, kompensatorische Bildungen. Derartige Vorkommnisse können wiederum den an und für sich schon kompensatorisch vergrößerten freigebliebenen linken Lappen betreffen als ein Superplus oder sie entwickeln sich am von der Geschwulst befallenen rechten selbst oder am kompensatorisch-hypertrophischen rechten, bei Lokalisation des Alveolarechinococcus im linken Lappen.

Als Beispiel für ersteres Auftreten sei auf den Befund bei der oben erwähnten Beobachtung (Fall XV) hingewiesen.

Der rechte Leberlappen wird von einem kindskopfgroßen Tumor überragt. Medialwärts von diesem bei 9 cm den lateralen Teil des Rippenbogenrandes überragenden Knoten erstreckt sich das Gebiet des rechten Lappens noch auf 8 cm hin und bleibt dabei die Grenze des r. L. beiläufig noch ebensoweit nach r. vom Proc. xiphoid. entfernt. (Also auch vikariierende Hypertrophie am befallenen Lappen selbst.)

Der l. L. riesig vergrößert, trägt einen lappenförmigen umgeschlagenen, aus der vollkommen gleichartigen Lebersubstanz selbst bestehenden Anhang, der nach rückwärts oben abgefurcht unter Bildung einer Bucht, in der der obere Pol der Milz eingelagert, nach hinten unten umgeschlagen und fixiert war, und zwar durch den Zug des Lig. transv.

Bei Ausstreckung dieses Lappens hat der linke Leberlappen im ganzen von oben nach unten gemessen eine Länge von 26 cm.

Es kam also hier zu einer eigenartigen Lappenbildung am kompensatorisch gewucherten, von der parasitären Invasion freigebliebenen l. L.

Allergrößte zungenförmige Lappenbildungen am befallenen rechten Lobus als ganz besonders hochgradige Ausgleichserscheinung zeigten 2 Kranke:

Fall XLVII. 35jähr. Frau (Juni 1923); Fall LVII. 45jähr. Frau (März 1928)[1]. Riesiger Alveolarechinococcus der Leber von über 13jähr. Dauer.

Zur näheren Kennzeichnung letzterer Art dient der schon beschriebene 4 mal operierte Fall V (1892) (Ges. Kasuistik 130, S. 60). Alveolarechinococcus im geschrumpften l. L., der als bloß rudimentäres Anhängsel erscheint. Die parasitäre Geschwulst reichte auch in der Tiefe auf den rechten Lappen teilweise hinüber, der eine mächtige kompensatorische Hypertrophie zeigte, und zwar ganz besonders in Form eines rechts vom Tumor sitzenden großen zungenförmigen Anteiles des r. L., der bei einer Breite von 10—11 cm auf 30 cm weit herabreicht.

Bei dem Sitz in beiden Lappen im Falle ROSTOSKIS (186) (s. o.) mit allgemeiner sehr starker Vergrößerung des Organs bis Nabelhöhle wird noch ein separater Schnürlappen, der bis zur Spina ant. sup. reicht, erwähnt.

Die beide Arten, mehrere kleinere alveoläre Echinokokken enthaltende Leber KRÄNZLEs (98) (1880 (2100 g) mit obsoleten verkalkten cystischen Echinokokkensack zwischen Zwerchfell und Leber, zeigte einen starken zungenförmigen rechten Lappen mit breiten Schnürstreifen, mit einer schon dem freien Auge erkennbaren Wucherung des interstitiellen Gewebes.

Diese beiden letzten Beobachtungen könnten dafür sprechen, daß bis zu einem gewissen Grad manchmal auch mechanische Momente äußerer Art (starkes Schnüren?) mit in Frage kommen; sicherlich treten solche gegenüber den inneren Bedingungen am Organ weit in den Hintergrund, ja! nach allem wurde hier der Ausdruck „Schnürlappen" in dem Sinne bloßer Ähnlichkeit mit solchen gebraucht.

Diese Lappenbildungen haben aber weder mit den Schnür- noch mit RIEDELschen Lappen etwas zu tun. Dies beweist bezüglich ersterer, abgesehen davon, daß sie bei beiden Geschlechtern vorkommen, das Fehlen wirklicher Einschnürung und des typischen sonstigen Verhaltens

---

[1] POSSELT: Wiss. Ärzteges. Innsbruck, 16. März 1928. Wien. klin. Wschr. 1928, Nr 30, 1108.

solcher; hinsichtlich letzterer unter anderem das Verhalten zur Gallenblase. Bekanntlich stehen die RIEDELschen Lappen in einem typischen, charakteristischen Verhältnis zur vergrößerten Blase.

Beim Alveolarechinococcus ist dagegen fürs erste das hier gegensätzliche Kleinbleiben der Gallenblase bekannt, weiterhin handelt es sich um ganz andere Lokalisation am rechten und Vorkommen auch am linken Lappen.

Diese mächtige kompensatorische Hypertrophie in Form besonders großer Lappen hat aber auch große klinisch-diagnostische Bedeutung, indem sie dem Alveolarechinococcus allein zu eigen ist; eine Erscheinung, die mit der ungemein langen Zeitdauer, in welcher die langsam wachsende und wuchernde parasitäre Bildung getragen wird, zusammenhängt.

Wenn auch Krebs, insbesondere die sekundäre Carcinose, zu ganz beträchtlichen Organvergrößerungen führen kann, so bleiben diese doch hinter den hier zu beobachtenden weit zurück, da das befallene Individuum früher der Krebskachexie erliegt, welche auch ausgedehnterer Regeneration abträglich ist.

Bei der relativen Schmerzlosigkeit beider Lebererkrankungen und der recht häufigen Indolenz der bäuerlichen Bevölkerung können bei Anamneseaufnahmen große Zeitirrtümer begangen werden, so daß hier möglicherweise ein Moment für differential-diagnostische Irrtümer bei Leberintumescenzen infolge des einen oder des anderen Prozesses gegeben ist.

Die exzessive vikariierende Lappenbildung braucht jedoch einen ungewöhnlich langen Zeitraum, sehr viele Jahre für ihre Entwicklung, wird daher durch solche Irrtümer in der Zeitangabe nicht tangiert und erweist sich in dieser Mächtigkeit als eine nur der vielfächerigen Blasenwurmgeschwulst zukommende Erscheinung, welche nicht nur hohe allgemein pathologische Bedeutung hat, sondern auch für den Kliniker und pathologischen Anatomen größte diagnostische Dignität erlangt.

4. Allgemeine pathologische Bedeutung dieser Vorgänge.

Bei dieser Gelegenheit taucht eine andere Frage auf, warum gerade die vielfächerige Blasenwurmgeschwulst zu derartigen mächtigen Kompensationserscheinungen Veranlassung gibt. — Dieser parasitäre Tumor wirkt wie ein Fremdkörper ohne die parenchymatösen Elemente, die Leberzellen des gesamten Organes in ihrer Tätigkeit zu stören; es bleibt bei einem lokalen Prozeß.

Der mechanische Ausfall des Organgewebes wird durch eine ganz besonders hochgradige Wucherung (komplementäre Hypertrophie) der freigebliebenen Abschnitte mit Bevorzugung und Auswahl bestimmter Gebiete wett gemacht.

Gerade die näheren Umstände und vor allem die Mächtigkeit der vikariierenden Wucherung lassen an die Möglichkeit denken, daß auch hier spezifisch wirkende Toxine des Parasiten mitspielen.

Eine Reihe von Umständen scheinen hierfür zu sprechen. Das oft schon frühzeitige Einsetzen dieser regenerativen Zeichen, der auswählende Charakter und die lokalen Verhältnisse. Das Ausbleiben der Wucherung in diesem hohen Grade bei allen anderen Neoplasmen. Es kämen sonach beim Alveolarechinococcus gewisse Reizmomente in Frage; vielleicht könnte man hierbei an „formbildende Hormonwirkung im Sinne BIERS"

denken. Andererseits führen gerade die Stoffwechsel- und Giftprodukte, bösartiger Neubildungen im Gegensatz hierzu zu deletären Wirkungen, Schädigungen und Atrophien
der Organzellen, allgemein kachektischen Zustände und verhältnismäßig raschem Zugrundegehen.

Aber auch bei sonstigen Parenchymerkrankungen verschiedener
Art und Ursache wird durch toxische und andere Schädigungen der
Zellen Änderungen des Stoffwechsels und durch mannigfache schwächende
Momente usw. die Funktion des Organs wesentlich beeinträchtigt.

Funktionelle Überkompensationen erklären auch beim Alveolarechinococcus im Zusammenhang mit allen oben dargelegten Verhältnissen
die Möglichkeit enorm langer Krankheitsdauer, das Fehlen oder erst
sehr späte Eintreten hepatotoxischer und cholämischer Erscheinungen
trotz Icterus melas.

Bei allen anderen Geschwulstbildungen der Leber bleibt
die Ersatzvergrößerung weit unter den für Alveolarechinococcus geltenden
Grenzen.

Beim Primärkrebs wird zwar auch die Leber vergrößert, die Gewichtszunahme
bewegt sich jedoch in der Regel in mäßigen Grenzen und nur in ganz vereinzelten Beobachtungen werden Zahlen von $5^1/_2$—7 kg angegeben, nur bei 2 alten Schrifttumsfällen
sei sie höher gewesen [s. HERXHEIMER (S. 829)] [1].

Die kompensatorische Hypertrophie bei den Gummen der Leber mit den charak-
terischen Einziehungen und Lappungen, spielt sich in den anliegenden erhaltenen kleineren
Leberanteilen ab und trägt sonach um so mehr zu dem eigenartigen knolligen und grob-
gelappten Aussehen bei, wie solches die typische Hepar lobatum aufweist.

Die große Seltenheit wirklicher kompensatorischer Hypertrophie, größerer Abschnitte
und höheren Grades bei Lebersyphilis zeigt schon REINECKE [2], dann SCHORR [3] an
Hand des Schrifttums. Letzterer selbst bringt eine äußerst seltene Beobachtung stärkerer
regenerativen Hyperplasie des l. L. bei syphilitischen Schrumpfung des r. Leberlappens.

Von G. B. GRUBER [4] wird nirgends derartig mächtiger ersetzender Parenchymver-
größerung in diesem Umfang bei Leberlues gedacht. Und wenn schon hyperplastische
Regenerationsvorgänge einsetzen, sind diese völlig unregelmäßig, so daß höchst ver-
unstaltete Organe resultieren, wie die Abb. 80 (S. 603) zeigt.

Schon die äußere Besichtigung dieser größten Drüse des menschlichen Organismus, sodann die Zergliederung des gesamten Fragen-
komplexes der Ansiedlungsverhältnisse, der Beziehungen zu den verschiedenen Gegenden des Organes, großen Lappen, kleinen Läppchen,
der zu den Kanal- und Gefäßsystemen und der eigenartigen Befunde
des kompensatorischen hypertrophischen Eintretens der verschiedenen
Organabschnitte muß den Gedanken nahe legen, daß der eigentümlichen topischen Gliederung des Organes verschiedene funktionelle Wertigkeit innewohnt, eine Frage, die die allgemeine
Pathologie mächtig berührt und die beim Fortschritte unserer Untersuchungsmethoden gerade bei diesem parasitären Leberprozeß im Auge
zu behalten sein wird.

Hier kommen in Betracht: Die Blutströmungs- und Verteilungs-
verhältnisse, regionäre Eigenarten, Beeinflussung durch das Nervensystem und verschiedener Chemismus.

---

[1] HERXHEIMER u. THÖLLDTE: Regeneration und Hypertrophie (Hyperplasie) der
Leber. Handbuch der speziellen pathologischen Anatomie. Bd. V, 1, 1930.
[2] REINECKE: Kompensatorische Leberhypertrophie bei Syphilis und Echinococcus
der Leber. Beitr. Path. **23**, 238 (1898).
[3] SCHORR, G.: Beitr. path. Anat. **42**, 179 (1907).
[4] GRUBER, GEORG B.: Spezielle Infektionsfolgen der Leber. Handbuch der speziellen
pathologischen Anatomie von HENKE-LUBARSCH, Bd. V, 1, 1930.

Verschiedene Wertigkeit des Leberlappens in bezug auf den Alveolarechinococcus.

Am Schlusse des Abschnittes muß noch der Möglichkeit verschiedenen funktionellen Wertes der Leberlappen gedacht werden. Für eine gewisse Unabhängigkeit der verschiedenen Leberabschnitte trat schon GLÉNARD [1] ein. Bei der Palpation unterscheidet GLÉNARD drei Leberlappen, den rechten, den Lobus quadratus oder cholecysticus und den Lobus epigastricus. Eine Einteilung, die um so mehr gerechtfertigt sei, als diese drei Lappen unabhängig voneinander erkranken können. Man kann mono-, bi- und trilobäre Hypertrophien unterscheiden. Diese und eine Reihe anderer Verhältnisse bei krankhaften Affektionen sind durch die Art der Verteilung der Portalzweige in der Leber bedingt, worauf auch die Prädilektion des einen oder andern Lappens bei gewissen Krankheitsursachen beruht.

Die von SÉRÉGÉ (1901) aufgestellte Theorie vom Doppelstrom in der Pfortader und der „Unabhängigkeit der Leberlappen" (indépendance anatomique et fonctionelle des lobes du foie) und ihre Historik und weiteres Schrifttum wurde von uns schon an anderer Stelle gebracht [2].

Er behauptet nicht nur die anatomische, sondern auch die physiologische Unabhängigkeit der Leberlappen.

Der r. L. gehöre dem Quellgebiet des Dünndarmes, der l. dem des Magens und der Milz an. Dieser Ansicht schließt sich DEAVER an, nach ihm bleibe das von l. herkommende Milzvenenblut im Pfortaderstamm l. und gelange so in den l. Leberlappen. Den Gesamtblutstrom sieht BENEKE aus einzelnen Strömen bestehend an, welche im Sammelrohr um so schärfer hervortreten, je näher die Einmündungsstelle des betreffenden Gefäßes liegt. Die Trennungen seien jedoch keine scharfen, die ungleiche physiologische Funktion beider Lappen nicht erwiesen.

Das Befallenwerden vorzüglich eines Lappens durch krankhafte Prozesse erklärt THÖLE durch die grob anatomischen Verhältnisse der Gefäße.

Auf Grund der insulären Veränderungen bei Lebercirrhose nimmt RIBBERT eine ungleiche Blutmischung an.

Lokale Entartungsprozesse „namentlich einseitige" [3] wurden mit der Blutstromteilung in Verbindung gebracht.

Es handelt sich hier um Fortsetzung und Ergänzungen dieser Lehre aus dem Schrifttum, die auch auf vorliegende Frage Anwendung finden können.

In letzterer Zeit werden immer mehr die gesetzmäßigen Strömungslinien des Pfortaderblutes studiert, so u. a. von MINNECI [4] und von DICK BRUCE [5].

Strömungslinien in der Pfortader und verschiedene Verteilung des Blutes dieser in der Leber wiesen COPHER, GLOVER u. BRUCE DICK [6] nach. Das Pfortaderwurzelgebiet liefert Blut getrennt nach verschiedenen Stellen der Leber. Das Blut aus den Venen der Milz, des Magens und dem größten Colonteil gelangt in den linken, aus dem Duodenum — oberen Jejunum — und Pankreaskopf-Venengebiet in den r. Leberlappen. In der Pfortader lassen sich getrennte Straßen für diese Blutbewegung feststellen. Rechts ist der Weg für das Blut aus Duodenum und Pankreaskopf, links aus Magen und Milz und in der Mitte aus dem unteren Colon.

Auf Grund reichlicher Tierversuche bestätigt NAEGELI [7] das Vorhandensein von Sonderströmungen im Pfortaderkreislauf. Bei bestimmter Lage fließt das Blut der Milz

---

[1] GLÉNARD, F.: Indépendance respective des lobes du foie et localisations lobaires hépatiques. Policlinique **1904**, No 1.

[2] POSSELT: Beziehungen zwischen Leber, Gallenwege und Infektionskrankheiten. Erg. Path. 17. II, 801 (1913 u. 1915).

[3] WASSINK, W. F.: Halbseitige Leberentartung infolge der Zweiteilung des Blutes in der Pfortader. Nederl. Tijdschr. Geneesk. 1, 2145 (1915).

[4] MINNECI, L.: Contr. sperim. allo studio sulla distribucione del sangue portale nel fegato. Ann. Clin. med. e Med. sper. 18, H. 1, 21 (1928).

[5] DICK BRUCE, M.: „Stream-lines" in the portal vein: Their influence on the selective distribut. of blood in the liver. Edinburgh med. J. 35, 533 (1928).

[6] COPHER, GLOVER, H and BRUCE, DICK: „Stream-Line" phenomena in the portal vein and the selective distribution of portal blood in the liver. Arch. Surg. 17, 408 (1928).

[7] NAEGELI, TH.: Strömungsverhältnisse im Pfortaderkreislauf. Zbl. Chir. **1929**, 2417.

hauptsächlich nach dem l. Pfortaderast ab. Die große Milzvene mündet eben kurz vor der Teilung der Pfortader in den Hauptstrom ein.

Weitere Untersuchungen führten den Verfasser [1] zu folgenden Ergebnissen: Das Blut der Milzvene gelangt nicht gleichmäßig verteilt in die ganze Leber. Es gibt auch im Pfortadersystem einzelne Strömungen, die von bestimmten Wurzelgebieten versorgt werden. In die Milzvene eingespritzte Fremdkörper gelangen in einen größeren Prozentsatz nur in den l. L., können aber auch in umschriebene Abschnitte anderer Leberteile gelangen. Dasselbe gilt von Injektionen in den Dünndarmvenen.

Inwieweit diese Strömungen von bestimmten Faktoren (Druckverhältnissen, Organfunktion, Lage des Tieres) abhängig sind, konnte nicht entschieden werden.

Die Regulation des Stoffwechsels in den verschiedenen Leberregionen durch das Nervensystem studierte ASTANIN [2].

Auch REYMANN (Frankfurt) nimmt eine verschiedene funktionelle Bedeutung der einzelnen Leberlappen an, speziell bei Stoffwechselstörungen und Infektionen, welcher Hypothese KISCH [3] entgegenzutreten versucht.

Bei dieser schwierigen Materie ist eben die Zusammenarbeit aller Disziplinen unumgänglich notwendig.

Verschiedene kombinierte Versuche der Prüfung der Leberpermeabilität gegen Kolloide und andere Substanzen und mikrochemische Reaktionen unter kombinierten Bedingungen wären hier wohl heranzuziehen, unter ständiger Berücksichtigung der Verhältnisse des funktionellen und ernährenden Gefäßsystems und der Gallenwege.

Wir werden immer mehr zu obiger Anschauung gedrängt, wenn wir gerade bei vorliegender parasitären Bildung sehen, daß man mit der Erklärung dieser Befunde und eigenartigen Vorkommnisse durch rein mechanisches Verhalten und Beziehung zu den Gefäßen nicht auskommt.

VI. Schrumpfungen der vielkammerigen Blasenwurm-Geschwulst der Leber bzw. des beherbergenden Organes [4].

Kleinerwerden, Schrumpfung der parasitären Lebergeschwulst müssen mit solchen des beherbergenden Organes abgehandelt werden, weil sie, an und für sich seltene Vorkommnisse, Beziehungen zueinander darbieten, gegenseitige oder Abhängigkeit von gemeinsamen Zuständen, so daß vom praktisch-medizinischen Gesichtspunkt aus diese Verhältnisse zusammen besprochen werden sollen.

A. Organparenchym-Schrumpfungen.

1. Atrophien und Schrumpfungsprozesse der Leber verschiedener Art.

Das befallene Organ, die Leber kann von Haus aus solche Verhältnisse zeigen: Atrophien, cirrhotische Prozesse; d. h. die vielkammerige Blasenwurmgeschwulst befällt ein schon vorher erkranktes Organ, oder beide Prozesse verlaufen nebeneinander, oder die Ansiedlung der Geschwulst führt zu sekundär cirrhotischen Veränderungen.

Die einfache Atrophie ist immer relativ aufzufassen. — Dann, wenn die Geschwulst geringen Umfang hat und ebenso die Leber entschieden unter den Durchschnittsdimensionen und -gewicht sich erweist, liegen die Verhältnisse so weit klar, bis auf den Nachweis der Natur des Kleinbleibens bzw. Verkleinerung und deren Ursachen.

---

[1] NAEGELI, TH.: Dtsch. Z. Chir. **222**, H. 1/2, 92 (1930).

[2] ASTANIN. Biochem. Z. **194**, 254 (1928).

[3] REYMANN u. KISCH. 2. Tagg dtsch. Ges. Kreislaufforschg, März 1929.

[4] Über die Verhältnisse beim cystischen Echinococcus. Vgl. SCHIERBECK, Echinococcus der Leber mit Bemerkungen über Leberatrophie infolge von Echinokokken. Hosp.tid. (dän.) **3**, 3. R., 15 (1885).

Ganz eigentümlicher- und zufälligerweise finden wir bei demselben russischen Autor BRANDT (20) (KASAN 1889) unter 6 Beobachtungen 5mal die Angabe über verkleinerte Lebern.

1. 50jähr. Bauer, Alveolarechinococcus im r. L., allerdings sehr klein (1,5 : 1 : 1 : 1) L.-Gew. 1210 g.

2. 47jähr. Mann, walnußgr. Knoten im r. L. 1490 g, dabei noch Amyloid Degen.

3. 60jähr. Bäuerin, Alveolarechinococcus im r. L. ($2^1/_2$: $3^1/_2$: $2^1/_2$). L.-Gew. 1080 g.

4. 19jähr. Bauer, Alveolarechinococcus im r. L. von ziemlicher Größe (12 : 5 : 7), L.-Gew. 1560 g.

5. 17jähr. Bäuerin, nur taubeneigr. Knoten im r. L. L.-Gew. 1050, dabei Amyloid.

Ebenfalls um schon ursprünglich hochgradig atrophische Lebern handelte es sich bei zwei weiteren, ebenso allerkleinsten Alveolarechinococcusansiedlungen, wobei beide zufällig genau das gleiche geringe Lebergewicht zeigten.

TEUTSCHLÄNDER (210) (1907). 1. Fall. 78jähr. Mann. Einige kleinste Herde im rechten Lappen. Leber 1140 g.

WINOGRADOW (225) (KASAN) (u. C. 181, S. 128): Leber: 1140 g; L. 25, br. 16, des l. L. $15^1/_2$, Dicke des r. L. 3,6. Stumpfer Rand, feste Konsistenz. In der Nähe des vorderen Randes walnußgr. Knoten, Hyperämie und braune Atrophie der Leber.

Eine sehr kleine Leber zeigte die 2. Beobachtung SABOLOTNOW (189) (197 u. C. S. 133):

38jähr. Bäuerin. Leber 1350 g. Länge $22^1/_2$, Breite des r. L. 16, des l. L. $18^1/_2$. Dicke des r. $7^1/_2$, des l. 4,2. Alveolarechinococcus-Geschwulst des r. L. 9 : $7^1/_2$. Hyperämia pass. et infiltratio adiposa hepatis. Die Atrophie der Leber erklärt sich zum größten Teil aus dem allgemein atrophischen Zustand, indem die Kranke nur 38 kg wog.

Auch bei sonstigen Fällen findet die Atrophie anderweitige Erklärungen.

Bei dem Münchner Fall THEOBALDs (212) (1906): Alveolarechinococcus des r. L. mit Fortsetzung auf das Zwerchfell und Lunge, bestand ein strahlignarbiger Herd der Leberkuppe und ein zweiter gleichgroßer in der Nähe des Hilus. Die Leber im ganzen verkleinert. Gallenblase völlig geschrumpft, in fester, fibröser Masse eingebettet. Daß es sich jedoch hier nicht um eine bloße Atrophie handelt, ergibt der weitere Befund, daß das Lebergewebe induriert, körnig ist; bei geringem Blutgehalt ist die Läppchenzeichnung nirgends erkennbar.

Um Kombination partiell atrophischer Zustände mit Fettinfiltration und bindegewebiger Verdichtung handelt es sich bei einer weiteren Eigenbeobachtung.

Fall XVIII. 56jähr. Mann mit Lungentuberkulose. Sekt. 25. Mai 1897, Nr. 4379. Leber nicht vergrößert, an den Rändern bes. l. leicht atrophisch zugeschärft. Parenchym sehr blaß, schlaff. Gew. 1680 g. Am r. L. eine ($4^1/_2$: $3^1/_2$) Einziehung in sagitt. Richtung, in ihrem Bereich kleine Buckeln, am Durchschnitt typischer Alveolarechinococcus von der Größe einer Dattel. In der Leber starke Fettinfiltration und Verdichtung bindegewebiger und zelliger Natur. Die Interlobularsepten ziemlich reichzellig infiltriert.

Aber auch hier hatte diese äußerst kleine zufällig gefundene Alveolarechinococcus-Bildung auf das Leberparenchym keinen Einfluß, sondern den größten Ausschlag für obige Zustände des Lebergewebes gab wohl die gleichzeitig bestehende Lungentuberkulose. Übrigens haben wir es auch hier nicht mehr mit einer einfachen Atrophie zu tun.

Bei Fall XXX. (Dez. 1913) zeigte die atrophische Leber Verfettung. Lebergewicht einschl. über faustgr. Höhle mit Inhalt 1783 g. Es bestand dabei Spitzen- und Bronchial-Mediastinaldrüsentuberkulose und miliare Tuberkulose der Leber und Milz. Mikrosk.: Leber braune Atrophie und hochgradige Fettinfiltration.

Beginnende Cirrhose in einer atrophischen Leber stellte sich in einem von v. HABERER operierten Grazer Fall ein (POSSELT l. c. 1928, S. 397, Op. Nr. 47).

Bei umfangreicherem Befallenwerden ist eine gleich große Leber, ja sogar eine nur wenig vergrößerte, relativ als klein zu bezeichnen, und müssen hier auch die näheren Verhältnisse und Ursachen für das

Ausbleiben kompensatorischer Vorgänge aufgedeckt werden. Aus den zumeist spärlichen und ungenauen Angaben kann kein sicherer Schluß gezogen werden.

In dem Falle von BRINSTEINER (21) (1884) (u. C. 84, S. 6) war die Leber (nach zweimonatlichem Liegen in Alkohol) eher verkleinert. Gew. 1500 g Maße: Höhe des r. 20, des l. 16; Dicke des r. 5,6, des l. 4,5. Breite der ganzen Leber 23, des r. L. 15. In der Mitte des r. L. kleinhandtellergroßer Alveolarechinococcus-Herd mit haselnußgr., im l. L. in der linken Ecke des oberen Randes gleichgr. Verdichtungsherd mit 2 kleinen Kavernen. Nur an der Grenze zwischen Tumor und Lebergewebe Bindegewebswucherung zwischen den einzelnen Acini, dann immer mehr Anhäufung von Rundzellen.

Bei dem 5. von HUBER (78 u. 79) (Memmingen) beobachteten Fall (1889 bzw. 1891 u. C. 112) war die Leber nicht palpabel, ihre Dämpfung durchaus nicht vergrößert und bei der Sektion trotz Bestehen eines orangengroßen Alveolarechinococcus der Gallenblase, von gewöhnlicher Größe. Dieses Verhalten ist wohl durch das nur ganz geringe Befallensein eines kleinen Streifens des Organs völlig erklärlich.

Andererseits können sich am Organparenchym allein verschiedene atrophische Zustände in mancher Weise kombinieren, was schon teilweise beim Kapitel „kompensatorische Hypertrophie" berührt wurde.

Beispiel einer Atrophie des befallenen Lappens mit vikariierender Hypertrophie des anderen:

Bei BERNET (9) (1893) zeigte sich kompensatorische Hypertrophie des linken Lappens bei relativer Kleinheit des befallenen rechten.

Es bestand neben hochgradiger Kompression des ductus hepaticus communis, Verschluß des Pfortaderastes des r. L. und r. Lebervenenastes. Gew. 4200 g. Die Leber zeigt sich nicht übermäßig vergrößert. Größte Länge 37, r. L. 21 : 19 : 12,5, l. L. 16 : 25 : 9.

Das umgekehrte Verhalten: Ersatzwucherung am befallenen rechten Lappen mit Atrophie des linken, ließ sich bei einer Beobachtung von WINOGRADOW (225) feststellen, als einziger derartiger Fall des gesamten Schrifttums.

WINOGRADOW (1894) 5. Fall. Kindskopfgr. Geschwulst des r. L.; im l. L. haselnußgr. Knoten.

Hypertrophie des r., Atrophie des l. L.; Gew. 1915 g. 20 cm l.; Breite des r. 17,5, des l. 6, Dicke des r. 10, des l. 1. Amyloiddegeneration und Pigmentinfiltration.

Wie schon im Abschnitt kompensatorische Hypertrophie kurz erwähnt wurde, kann es sogar in diesen vikariierenden Parenchymwucherungen des Organes, allerdings nur ganz vereinzelt, zu lokalen Konsumptionen, atrophischen, schrumpfenden Prozessen kommen, was folgender Fall illustriert:

Eigenbeobachtung XXXIV. 41jähr. Bauer (15. Nov. 1915, Sekt. Nr. 11573) großer Alveolarechinococcus des l. L. Länge der gesamten Leber 27 cm; der den ganzen l. L. ausfüllende Alveolarechinococcus 13 : 19 : 12; Gew. der Leber 2770 g; rechter L. (Dicke 11, Breite 22, Länge 14) kompensatorisch-hypertrophisch mit sekundären lokalatrophischen Schrumpfungen. Stroma dicht.

Eine höchst auffällige Leberschrumpfung auf luetischer Basis hatte bei einem Grazer Fall (Fall 85 unserer Sammelforschung, S. 8) stattgefunden.

60jähr. Mann, Sekt. 21. Mai 1873. Bei der Sektion konstitutionelle Lues, Pericarditis und Pleuritis. Im r. L. übereigroßer z. T. verkalkter Alveolarechinococcus. Die Leber klein, von derben Narbengeweben besetzt und durchzogen, besonders um das Ligamentum suspensorium herum.

2. Schrumpfungen mit Verdichtungen, Cirrhosen und cirrhoseartigen Veränderungen.

Recht schwierig sind bestimmte Äußerungen über eine Reihe parenchymatöser Leberprozesse und deren Beziehungen zur Entwicklung der parasitären Neubildung. Hier reicht die makroskopische Besichtigung allein nicht aus, weshalb in aller gedrängtester Kürze auch der mikroskopischen Befunde schon hier gedacht sei.

Vermehrung des Bindegewebes mit teilweiser Schrumpfung der Acini:

BOSCH (18): Leber 2,35 kg. — MORIN (138). 1. Fall am Rand des Tumors weniger fibrillär, Einschlüsse großer Zahl kleiner Rundzellen, an einzelnen Stellen granuliertes, grauliches Aussehen. 2. Fall. 5415 g. Im r. L. Tumor. Im l. L. Vermehrung des Bindegewebes. In der Nähe des Tumors das Lebergewebe cirrhotisch (s. periparasitäre Cirrhose). KLEMM (91) 2. Fall Bindegewebswucherung durch Vermehrung der interlobären und interlobulären Septen immer stärker gegen den Tumor.

Eine Kombination von Schrumpfung im Parasiten und des parenchymatösen Gewebes hatte im Falle BIRCH-HIRSCHFELD und BATTMANN (12) statt.

Große Anteile der Geschwulst mit Fehlen jeglicher Alveolenbildung trugen förmlich den Charakter einer „scirrhösen Neubildung". Es zeigte sich hier und im Organgewebe Druckschwund, Rundzellenwucherung und fibröses Narbengewebe.

Von MELNIKOW (S. 215) werden a) 9 Fälle von periportaler Cirrhose (mikroskopische Untersuchung) angeführt, von denen bereits 4 bei unseren makroskopischen Diagnosen aufscheinen. b) Zwei Fälle gemischter Cirrhose. Nr. 51, Fall BOSCH (18) (bei VIERORDT Nr. 25); mikroskopisch wurde an den geschwulstfreien Partien Vermehrung des interacinösen Bindegewebes angegeben.

Nach MELNIKOW jedoch (S. 89) bietet das Lebergewebe, welches an die Geschwulst grenzt, das Bild einer gemischten Cirrhose dar.

Nr. 52 Museumspräparat Pathologisches Institut Tübingen. Dr. MYX, Ulm. 15. Sept. 1921 (S. 91) eine nicht vergrößerte Leber, in deren r. L. eine (9 : 10 : 12) Echinococcus-Geschwulst (S. 93). Das angrenzende Lebergewebe bietet das Bild einer gemischten, teilweise periportalen, teilweise intraacinösen Cirrhose mit starker Degeneration und Infiltration. In den Gallengängen eitrige Angiocholitis und Eiteransammlungen. c) Cirrhose nebst kleinzelliger Infiltration. 3 Fälle: Nr. 21 RACHMANINOW am Grenzsaum Bild einer intralobulären Cirrhose. Fall 80 LADAME, bzw. ZÄSLEIN (231) (1865, Beobachtung veröffentlicht 1881) (P. GEOGR. Verbreitung S. 13, MELNIKOW S. 132.) Das Lebergewebe weist Anzeichen vorgeschrittener Cirrhose nebst ausgiebiger kleinzelliger Infiltration auf. In der GLISSONSchen Kapsel allerorts miliare Rundzellenherde zerstreut, überall Spuren entzündlicher Irritation. (Granulomartiger Bau). — Fall 84 ROUX (188) (Lausanne). Periportale als auch bedeutende intralobuläre Lebercirrhose.

Auch an einem alten Innsbrucker Museumspräparat stellte MELNIKOW (S. 158) periportale Cirrhose fest.

Eine Reihe mit Lebercirrhose vergesellschafteter Fälle enthält die schweizerische Sammelforschung von DARDEL (34).

Fall 35. Kr.-asyl. Neumünster. 29jähr. Mann. Leberrand reicht bis zur Spina ilei. Kindskopfgr. Alveolarechinococcus mit Cirrhosis hepatis.

Fall 48. Spit. Zürich, 1921. 51jähr. Mann. Alveolarechinococcus, cirrhosis hepatis, Ict. Ulc. duodeni duplex (s. 2. Fall CLERCS).

Ein ganz zufälliges Zusammentreffen zeigt der höchst interessante primäre Nierenfall. Primärer Alveolarechinococcus der l. Niere. Fall 95. Kanton-Spital Lausanne 1908. 76jähr. Frau. Sekt.: Gallensteine, Lebercirrhose, Alveolarechinococcus der l. Niere.

Unter Hinweis auf die Atrophie eines Lappens oder bestimmter Abschnitte muß auch der Möglichkeit solcher lokal-cirrhotischer Prozesse gedacht werden.

Cirrhose des einen (r.) Lappens bei Sitz an der Pforte zeigte eine Beobachtung von SCHIESS (194) (1858). Sitz: Mitte der Leber an der Porta. Geschw. kindskopfgr. Durchmesser der Leber von rechts nach links 20, von vorne nach hinten 21. Dicke 14. Der r. L. zeigt das Bild hochgradiger Cirrhose.

3. Periparasitäre Cirrhosen.

Schon in den obigen Schrifttumsangaben finden sich reichliche Befunde von Verdichtungen in der Umgebung der parasitären Geschwulst.

Recht häufig begegnet man Angaben, daß entgegengesetzt die entfernteren Gebieten stärker infiltriert und induriert sind.

So wurde von BOSCH (l. c. 1867) gerade an den geschwulstfreien PartienVermehrung des intraacinösen Bindegewebes festgestellt.

Beim 2. Fall KLEMMs (91) (1883) war in dem vom Tumor am weitesten entfernten, relativ gesunden Partien der Leber das interlobuläre Bindegewebe massig ausgebildet bei mächtiger periparasitärer Cirrhose (s. u.).

Abgesehen von der Möglichkeit, daß der Parasit von Haus aus cirrhotische Lebern befallen kann, findet sich ganz vereinzelt auch eine periparasitäre Cirrhose verschiedener Natur.

In der Nähe des Tumors zeigten sich beim 2. Fall MORINS (138) (1875) cirrhotische Veränderungen. FR. MEYER (129) (1885) beobachtete Hepatitis interstitialis im ganzen, den Tumor umgebenden Lebergewebe und um so ausgesprochener, je näher dem Tumor. (In den größeren Pfortaderästen Alveolarechinococcus-Bläschen.) KLEMM (1883) 2. Fall. Die Bindegewebswucherung in den interlobulären und interlobären Septen nimmt gegen den Tumor zu, so daß die einzelnen Leberacini von dem mächtigen Bindegewebe förmlich erdrückt werden und endlich in einer $1/2$—$3/4$ cm breiten Zone jedes Lebergewebe verschwunden und nur fibrilläres, makroskopisch als Kapsel der Geschwulst sich darstellendes Bindegewebe vorhanden ist.

MELNIKOW bezeichnet seinen Fall 56 (Museumspräparat Tübingen, Aug. 1873 XV E. 3) eine riesige Geschwulst, welche beide Leberlappen einnimmt mit alveolärem Bau und käsiger Entartung (r. L. 2 mannsfaustgr. Höhle) auf Grund einer höchst mangelhaften mikroskopischen Beschreibung als Cirrhosis hepatis echinococcica. Mikroskopische Untersuchungen an einem periph. Geschwulstabschnitt ein Stückchen von homogenem Bau. Bindegewebe, zwischen den Bindegewebsfasern zahlreiche, feinste Chitinbläschen mit farblosem Inhalt, welche aus Jugendformen des Parasiten hervorgegangen sind, zerstreut.

Die Veränderungen, welche die Ansiedlung von Jugendformen des Parasiten in der Leber zur Folge gehabt haben, können als Cirrhosis hepatis echinococcica bezeichnet werden.

Periparasitäre Verdichtung und Cirrhose bei Fall XXXV (Sekt. 17. Okt. 1917). Vereiterter Alveolarechinococcus des r. L., der periportalen und der Lymphdrüsen am Pankreaskopf.

Fall XLV. 69jähr. Frau (Juli 1920) im r. L. großer Alveolarechinococcus mit faustgr. Zerfallshöhle. In der Umgebung interstitielle Hepatitis, die stellenweise zu starker mit Lymphocyten infiltrierter Bindegewebsbildung unter Atrophie der Leberzellbalken geführt hat und stellenweise nekrotische, leucocytäre, infiltrierte Gebiete schafft.

4. Zusammentreffen mit alkoholischer, atrophischer LAENNECscher Cirrhose.

Hier sind 3 Möglichkeiten gegeben: Die parasitäre Geschwulst entwickelt sich in einer schon von Haus aus cirrhotische Leber oder beide Prozesse gehen nebeneinander und schließlich bewirkt der Alveolarechinococcus eine derartige Leberaffektion. — Beim cystischen Echinococcus werden cirrhotische Prozesse manchmal vermerkt, namentlich von argentinischen Autoren [1]. — Bezüglich des Alveolarechinococcus begnügen wir uns mit einigen kurzen Hinweisen.

Beim 2. Fall von ANSCHELES WOLOWNIK (227) (1903) bestand außer Alveolarechinococcus Cirrhosis hepatis ohne nähere Angaben.

In typischer Weise handelt es sich bei einer unserer Eigenbeobachtungen um die Kombination einer alkoholischen Lebercirrhose mit Alveolarechinococcus.

---

[1] Vgl. u. a. VIÑAS: Quiste hidát. del higado y cirrosis hepat. Soc. de Cirugia 2, 112 (1917). — BARLARO: Un caso de quiste hidát. del higado con cirrosis del organo y atrofia. Prensa méd. argent. 4, 306 (1919). — CABRED: Cirrosis viscerales hidátid. Vol. 2, p. 732 (1922—1923).

Fall III. 50jähr. Bauer. Alkoholabusus; (Typhus und Blattern überstanden) klinisch charakteristische Symptome einer alkoholischen Lebercirrhose.

Bei der Sekt. (13. Febr. 1892, Nr. 2965): 5 l Ascitesflüssigkeit. Unterfläche des r. L. walnußgroße bis hühnereigroße Vorwölbungen, am Durchschnitt kindskopfgr. Höhle. Vordringen des Alveolarechinococcus in die Pfortader, an der Teilung bedeutend verengt. Rechter Ast von dem Neugebilde durchwachsen und komprimiert, linker jedoch weit. Leberoberfläche leicht uneben, gelb gekörnt, typische Laënneesche Cirrhose. Leberbälkchen atrophisch, in den Leberacini Bindegewebswucherungen. Diffuse Cirrhose der Leberacini (MELNIKOW S. 153).

Auch bei einem weiteren Fall war für die komplizierende parenchymatöse Leberaffektion Beginn einer atypischen, gemischten Cirrhose Alkoholismus als ätiologisches Moment im Spiel.

Fall XVII. 58jähr. Mann, Alkoholismus. Alveolarechinococcus r. L.; Compress. ductus choledochi. Obliter. des rechten Pfortaderastes, linker sehr weit, Ascites. Derb anzufühlendes Lebergewebe. Die Oberfläche der Leber zeigt feine Vertiefungen und höckerige Vorwölbungen, am l. L. bindegewebige Verdickungen der Kapsel. Nahe dem rechten Rand der Geschwulstbildung erscheinen einzelne Leberläppchen blaßgelb wie nekrotisch. Mikroskopisch im Lebergewebe periportale Cirrhose und kleinzellige Infiltration.

5. Gleichzeitige Entwicklung hypertrophischer HANOTscher Cirrhose.

Bekanntlich verlaufen die meisten Fälle des Alveolarechinococcus, vor allem in seiner mehr diffus-infiltrierenden Form, klinisch mit einem an die biliäre HANOTsche Lebercirrhose (Induratio pericholangitica chronica) erinnernden Bild.

Nun kann aber auch eine solche hypertrophische Lebercirrhose entweder schon vorgebildet sein, sich unabhängig von der parasitären Ansiedlung entwickeln oder auch, allerdings höchst selten, auf eine solche direkt oder indirekt zurückzuführen sein [1].

Übrigens kann sich ja auch bei gewissen infiltrierenden Formen des Parasiten, die vor allem das Gewebe und die Gallengänge bevorzugen, stellenweise eine gewisse Ähnlichkeit mit der Induratio pericholangitica infiltrativa chronica ergeben, siehe Fall XXXVIII.

Wir begnügen uns unter der spärlichen Kasuistik obigen Zusammentreffens auf nachstehende Beobachtungen hinzuweisen:

1. An der Wiener med. Klinik von NOTHNAGEL beobachteter Fall, dessen Präparat Verfasser am pathologischen Institut zu sehen bekam. (Noch nicht veröffentlichter Fall 11. April 1899) 36jähr. Mann. Alveolarechinococcus der Leber und portale Lymphdrüsen, schwere biliäre Cirrhose (früher starker Potator).

2. CLERC (32) (1912) beobachtete 2 Fälle mit gleichzeitiger hochgradiger biliärer Cirrhose, bei dem einen zudem Ulcus duodeni. (Vgl. DARDEL, Fall 48, gewöhnliche Cirrhose und Ulcus duodeni).

a) Bern 1908 Landarbeiter. Cholelithiasis mit Steinabgang durch Darm. Oper.: In Gallenblase kein Stein. Sektion Cholecystitis und Cholangitis purul., biliäre Lebercirrhose. Multiple Nekrosen der Leber. Subphren. Absceß. Mikroskopische Untersuchung des Tumors am Leberhilus ergibt Alveolarechinococcus.

b) 38jähr. Mann. Wegen kolikart. Schmerzen und Ikterus operiert. Am Leberhilus steinharter Tumor (Ca. ductus cyst?). Später Sektion: Alveolarechinococcus der Leber an der Teilungsstelle des ductus choledochus; Hydrops cystid. fell., biliäre Lebercirrhose.

---

[1] Die Verhältnisse beim cystischen Echinococcus wurden in dieser Hinsicht schon vielfach erörtert. BALCER: Kyste hydatique du foie supp., rétent. de la bile; cirrhose hypertrophique. Bull. Soc. anat. 1877, II, 151. — FERRAUD: Soc. méd. Hôp., 9. Nov. 1894. YAGÜE: Cirrosis hipertrófica biliar (quistes hidát. parenquim). Rev. méd. cir. práct. 75, 187. Madrid 1907. — CHAUFFARD: Cirrhose biliaire et flot transthoracique dans le kyste hydatique. J. de Pract. 1909. — DÉVÉ. Cirrhose biliaire hydatique. Soc. Biol., 16. Okt. 1920. — MAY, E. u. A. BOCAGE: Latenter vereiterter Echinococcus mit hypertrophischer Cirrhose. Soc. méd. Hôp. 2. Dez. 1926, 1623.

3. DARDEL (34) Fall 68, Inselspital De Quervain, 1922, 56jähr. Mann Laparot. Die stark vergrößerte Leber zeigt die Veränderungen der biliären Cirrhose; im r. L. Stelle von höckeriger derber Konsistenz. Probeexcision Alveolarechinococcus.

Einer privaten Mitteilung Prof. DIETRICHs zufolge zeigte ein noch nicht veröffentlichter Tübinger Fall (1928, Pr. Nr. 267) einen kleinfaustgr. alveolären Echinococcus des r. L. mit biliärer Lebercirrhose.

Wir können die Sache, ohne ihr Zwang anzutun, so zusammenfassen, daß die diffusen parenchymatösen cirrhotischen Prozesse (einfache atrophische LAËNNECsche, HANOTsche hypertrophische, gemischte oder atypische Formen) in der Regel schon von Haus aus das Organ befallen, daß sie einen rein komplikativen Charakter tragen sowie verschiedene andere Prozesse extrahepataler Natur.

In einen wirklichen Zusammenhang sind die periparasitären reaktiven Prozesse zu bringen und hier auch nur wieder ein Teil derselben, wobei es sich jedoch meist um Zusammenwirken verschiedener Faktoren handelt (Toxinwirkung, schlechtere Ernährung, Druckatrophien).

Auch das mikroskopische Bild spricht nicht für reine einfache Cirrhosen, sondern die verschiedensten gemischten Formen.

Von einer Konstanz der Erscheinungen ist keine Rede, schon gar nicht jedoch von einer Verallgemeinerung, als wenn diese Vorgänge für den Alveolarechinococcus etwas Typisches hätten, wie MELNIKOW (S. 215) anzunehmen scheint.

„Streng genommen, sind das Pfortadersystem und die GLISSONsche Kapsel Sitz der Erkrankung. Unter Einwirkung der Toxine des Parasiten entwickelt sich eine periportale Cirrhose, welche dann in eine gemischte übergeht."

Die Aufstellung eines eigenen Types „Alveolarechinococcus-Cirrhose" durch MELNIKOW ist nach allem Erörterten nicht gerechtfertigt.

Anhang.

Als vollständig unabhängig von der Alveolarechinococcus-Geschwulst als solcher und ohne Zusammenhang mit dieser ist das Auftreten der von J. BAUER (7) einmal gesehenen akuten gelben Leberatrophie zu betrachten.

19jähr. Magd, seit 3 Jahren Geschwulst in der Magengegend ohne Gelbsucht. Blühendes Aussehen. 2 Tage vor exitus Gelbsucht, Erbrechen, Schmerzen im Epigastrium. Der früher normale rechte Leberlappen bedeutend vergrößert, beträchtlicher Eiweißgehalt des Harns, Unruhe, Delirium, sopor und exitus. Im l. L. faustgroßer Alveolarechinococcus; Leber sehr voluminös, der r. L. reicht bis unter Nabelhöhe, Parenchym sehr fett. — Nach dem ganzen Bild und dem makro- und mikroskopischen Befund muß hier eher von einer akuten Dystrophie mit akuter Fettentartung gesprochen werden. Diese akute Leberschwellung könnte immerhin als Vorstadium einer späteren tatsächlichen akuten gelben Leberatrophie zu der es eben nicht mehr kam, aufgefaßt werden.

B. Schrumpfungsprozesse an der parasitären Geschwulst selbst und ihre Beziehung zu denen am Organ.

1. Erscheinungen von Schrumpfung am Alveolarechinococcus.

Ganz vereinzelt können sich nabelförmige Einziehungen oder Einkerbungen an den Tumoren oder dem benachbarten Lebergewebe bilden, wobei jedoch die klinisch erhobenen Palpationsbefunde sehr vom wirklich anatomischen Verhalten bei der Nekropsie abweichen können.

Ohne nähere Angabe waren bei A. BAUER (6) (1872) Einkerbungen am Rande fühlbar. Bei der Beschreibung des anatomischen Präparates wird jedoch hiervon nichts erwähnt.

PROUGEANSKY (178) (1873). 3. Fall (O. WYSS). Anatomischer Befund zapfenförmiger Vorsprung (Intra vitam als Gallenblase gedeutet), parasitärer Tumor. Am scharfen Leberrand nabelförmige Einziehungen. Intra vitam fehlte jedoch einer derartigen Angabe.

WALDSTEIN (221) (1881). Narbenartige Einziehungen am Tumor.

LÖWENSTEIN (116) (1889). 1. Fall r. und l. L. Die Konturen der Leber sind sehr unregelmäßig, besonders im Bereich des l. L. Hier zeigt der Rand deutliche Einkerbungen und Vorwölbungen und bietet so ein gezacktes, zerklüftetes Aussehen.

Bei allen diesen Präparaten handelt es sich aber nach allem nur um leichte oberflächliche, kleinste Furchen- oder Kerbenbildung und nicht um wirkliche vielfache Lappungen, ebensowenig bei einem Fall eigener Beobachtung.

Fall XXXIX. 46jähr. Bauer. 2 Einkerbungen am Rand des die parasitären Bildung beherbergenden r. L.

Jedenfalls gehören ausgesprochene multiple kleine äußere Lappungen zu den allergrößten Seltenheiten. Ganz vereinzelt begegnet man in der Beschreibung eines Geschwulstdurchschnittes der Bezeichnung „lappiger Bau", was natürlich nicht in dem vorliegendem Sinne zu verstehen ist, sondern nur verschiedene Abschnitte bezeichnet.

Vollständig von der Hand zu weisen ist aber statt der richtigen Bezeichnung der parasitären Geschwulst mit vielfächeriger, vielkammeriger Blasenwurmgeschwulst die vollkommen falsche als „viellappiger Echinococcus", wie sie gebraucht wird von RUBNER, GRUBER und FISCHER (Handbuch der Hygiene Bd. 3, Abt. 3 Infektionskrankheiten und Parasiten 1913, VII, S. 29).

Wenn auch im großen und ganzen tatsächliche Bindegewebs-Schrumpfungen erheblicheren Grades an der parasitären Neubildung selbst zu den allerseltensten Ausnahmen gehören, so können doch geringe solche ab und zu der Geschwulst einen gewissen Charakter aufprägen, ohne daß jedoch dieses Verhalten zur Aufstellung eines gesonderten Typus berechtigt.

Eigenbeobachtung Fall XXXVIII. 48jähr. Bauer. Sekt. 24. Mai 1919, Nr. 14509. Schrumpfender Alveolarechinococcus des r. L. mit Vordringen bis in den ductus hepaticus. Museumspräparat Vd. 72 a. Leber 37 : 26 : 14 : 7. Gew. 2500 g.

Hier handelt es sich also um einen lokal schrumpfenden, an anderen Stellen vordringenden Alveolarechinococcus mit kompensatorischer Organvergrößerung. Weiter kann es ganz vereinzelt zu Schrumpfungen der Geschwulst und des befallenen Lappens kommen wofür ein sehr markantes Beispiel folgender Fall liefert, mit kompensatorischer Vergrößerung des freien Lappens.

W. SCHMIDT (197) (1889) (u. C. 178, S. 123). Alveolarechinococcus des r. L., faustgroß, strahlig, schwielig mit fast vollständiger Schrumpfung und Verödung des r. L.; kompensatorische Hypertrophie des l. L. Leberbreite 23, Breite des r. L. bis Lig. susp. 9,9, l. L. 14, größte Höhe des rechten 15, des l. 21. Hierher gehört auch die Beobachtung von BIRCH-HIRSCHFELD und BATTMANN (12) (1878) faustgroßer Alveolarechinococcus des r. L., daneben einige kleinere Herde. An vielen Stellen war das Lebergewebe mikroskopisch durch den Echinococcus zum Schwund gebracht, aber nicht durch einfachen Druckschwund, sondern echte interstitielle Entzündung mit dichter Rundzellenwucherung, welche die Leberzellen auseinanderdrängt und einschmilzt. An älteren Stellen geht die entzündliche Neubildung eine Umwandlung in ein festeres fibröses Narbengewebe ein, wodurch die scirrhösen Partien der Geschwulst zustande kommen.

Durch Zusammenwirken von Schrumpfungen der parasitären Geschwulst und des Organes kann auch klinisch ein Zurückgehen der Leberschwellung, ein Kleinerwerden des gesamten Tumors und damit eine periodische Besserung in Erscheinung treten, wie nachstehende Krankengeschichtsnotizen dartun.

Ein 21jähr. Bauernknecht aus der Umgeb. Innsbrucks (Fall LV uns. Eigenbeob.), steht zur Zeit ab und zu in Behandlung. Anamnese: 8jähr. Krankheitsdauer (in Wirklichkeit dürfte sie um einige Jahre mehr betragen) mit vorübergehender 2jähr. ziemlicher Besserung mit wesentlichem Zurückgehen der mächtigen Lebervergrößerung. (In jüngster Zeit wieder beträchtliche Zunahme, Fortwuchern der Geschwulst im r. L.; hochgr. Ersatzvergr. im l. L.)[1].

Bei der klinischen Beobachtung wird von ROSTOSKI (186) (1899) (u. C. Fall 213) ein vorübergehendes deutliches Kleinerwerden der Leberintumescenz innerhalb 3 Jahren vermerkt. Beim Eintritt in die Mittellinie bis auf einen Querfinger nach 3 Jahren 3 cm oberhalb des Nabels. Nach einem 2½jähr. ziemlichen Gleichbleiben macht sich eine deutliche Zunahme bemerkbar. Die Leber reicht bis zum Nabel mit einem Schnürlappen (s. d.), der bis zur Spina il. ant. sup. geht.

Obduktion: das Organ im Dickendurchmesser stark vergrößert, so daß es beinahe kugelig erscheint. Der ganze l. und die Hälfte des r. L. von der Geschwulst eingenommen, in deren Inneren eine Höhlung (6½ : 12 : 8) sich findet. (Die Erweichungshöhle war während des Lebens wegen der sie bedeckenden knorpelharten Platte nicht zu fühlen, bzw. ohne Fluktuationszeichen).

2. Vereiterungen [2].

Daß die zentralen Anteile das Hauptgebiet für Vereiterungen abgeben, wurde schon erwähnt.

Weitere sekundäre Absceßbildungen in der Alveolarechinococcus-Geschwulst, sei es im Geschwulstgewebe selbst, in unmittelbarer Umgebung desselben oder im Organ im weiteren Umfange kommen verhältnismäßig selten vor, was wohl mit der viel selteneren Einwirkung bakterieller Infektionen (wie beim cystischen Echinococcus) zusammenhängt, sodann dem dichteren Gefüge und der stärkeren Bindegewebsentwicklung.

Auch der nicht perforierte cystische Blasenwurm vereitert häufig; nach MAC. LAURIN in 14% der Fälle, was nach den Erfahrungen LEHMANNS in Mecklenburg viel zu nieder gegriffen ist. An der Rostocker Klinik kommen 40—45% der Leberechinokokken im vereiterten Stadium zur Operation.

Die vielkammerige Blasenwurmgeschwulst führt viel seltener zu wirklichen großen Leberabscessen und infolgedessen auch viel seltener zu Durchbrüchen dieser sekundären Art (s. u.).

Dagegen finden sich kleinere multiple Absceßchen nicht selten und zwar entweder von Parasiten selbst ausgehend oder in der Nachbarschaft; areolierte solche können zum Teil erstere vortäuschen, zumeist lassen sich beide Arten gut unterscheiden [s. TSCHMARKE (214), 1891 u. C. 113].

Außer der großen Zerfallshöhle im rechten Lappen traf CAESAR (28) (1901) zahlreiche haselnuß- bis pflaumengroße Abscesse mit schmierig gelben Eiter. Daselbst finden sich auch vereinzelte bis haselnußgroße Herde von versprengten Ansiedlungen des Echinococcus multilocularis. Zwischen diesen beiden Abscessen scheinen Übergänge stattzufinden.

---

[1] Anmerkung bei der Korrektur. Die Leicheneröffnung (2. 1. 31) bestätigte die Diagnose Alv. ech. des r. L. mit mächtiger Ersatzvergr. des l. POSSELT: Innsbruck. wiss. Ärzteges. Sitzg 9. Jan. 1931.

[2] Vgl. beim cystischen Echinococcus: RITTERSHAUS: Über die spontane Vereiterung von Leberechinococcus. Beitr. klin. Chir. 85, 641 (1913). — GOLUBEVA: Das Absterben, die Verkalkung und die Vereiterung des Echinococcus (russ.). Verh. 1. chir. Kongr. nordkaukas. Gebiet. Rostow a. D., Sept. 1925, 42.

Die Ähnlichkeit gewisser areolärer Leberabscesse mit der parasitären Bildung würde schon a. O. erwähnt.

3. Verkalkungen.

Zu örtlichen Verkalkungen kommt es nicht selten bei größeren Geschwülsten. Einerseits trifft man verkreidete, mörtelige, bröckelige Stellen, andererseits außerordentlich derbe steinartige Gebiete, die im Zusammenhang mit dem harten Bindegewebe die so typische Härte der Bildung liefern, so daß schärftes Knirschen beim Durchschneiden auftritt.

Trotz dieser häufigen, schweren und ausgedehnten Verkalkungsprozesse kommt es bei der Alveolarechinococcus-Geschwulst weitaus seltener zu wirklichen Konkrementbildungen, Gallensteinen, wie beim cystischen Echinococcus.

Weder regressive Prozesse: Verkäsung, Verkalkung, Nekrose, Erweichung, Höhlenbildung, noch andererseits Bindegewebsschrumpfungen, noch auch schließlich sekundäre örtlich schädigende (mechanische, schlechtere Ernährung usw.) Einflüsse auf die spezifischen, parasitären Elemente berechtigen dazu, diese Zustände als ausheilende Momente aufzufassen (auch nicht bei ganz kleinen Ansiedlungen), da daneben häufig genug allerlebhaftestes Wachstum nach anderen Richtungen besteht und bei kleinsten, trotz dieser Prozesse noch spezifische, parasitäre Elemente gefunden werden können; ist es ja geradezu charakteristisch für diese Blasenwurmgeschwulst neben diesen genannten Erscheinungen regressiver Metamorphose lebhafte Wucherungen an den verschiedensten anderen Stellen der Geschwulst zu zeigen.

Unter Vergleich der Reaktionsprozesse bei Alveolarechinococcus und Tuberkulose fand HAUSER bei ersterem nicht allein in größeren zentral zerfallenen Knoten, sondern auch in kleinen Granulationknötchen vielfach nur noch abgestorbene und in Zerfall begriffene Echinococcusbläschen. Er möchte nicht daran zweifeln, daß da und dort auf diese Weise eine völlige Vernarbung kleinerer Herde stattfinden kann. Freilich behält in diesem Kampfe, ähnlich wie bei der Tuberkulose in der Regel der Parasit die Oberhand, und wenn auch an einzelnen Stellen die Heilung sich vollzieht, so erfolgt doch in der Hauptsache eine unaufhaltsam fortschreitende Ausbreitung des Parasiten mit entsprechend ausgedehnter Zerstörung des Organgewebes. „Übrigens scheint auch beim Echinococcus multilocularis wie aus einem von KRÄNZLE und einem von POSSELT mitgeteilten Fall hervorgeht, eine definitive Heilung durch Veródung und Vernarbung möglich zu sein." (S. Kap. IX).

4. Beziehungen der Schwielenbildung am Alveolarechinococcus zu operativen Eingriffen.

Die Hauptfrage beim Auftreten schwieliger Prozesse beim Alveolarechinococcus ist die nach deren Ursache. Dieselbe kann nur gelöst werden durch Durchsicht und Analyse des vorliegenden Materials.

Durch hochgradige Schwielenbildung zeichnete sich der von MELNIKOW (S. 51) zum Typus „schwieligalveolär" gerechnete Fall 6 aus (Moskauer propäd. Kl. TSCHERINOW 1894) [PREDETSCHENSKY (174) u. C. Fall 126, S. 43]:

Leberabsceß oder Empyem? Pleurotomie. Leberabsceß in Lunge perforiert. Nach 3 Monaten exit. — R. L. geschrumpft, faustgroß; l. L. vergrößert. In hühnereigroße Höhle des ersteren führt die Operationswunde hinein. Dieser Anteil von dicken Schwarten umgeben. Der alveoläre Bau nicht ausgeprägt, erst mikroskopisch im Schwielengewebe solche nachzuweisen.

Hier hat wohl die außerordentlich lange Dauer, wahrscheinlich 12 Jahre, die mächtige periparasitäre Reaktion um die Abseßbildung und die postoperative Schwartenbildung gemeinsam Anteil an diesem „schwielig"-alveolären Bau.

Bei dem zweizeitig operierten (bloße Incision) Fall von KRÄNZLE (98) (1880) mit weiter Höhlenausdehnung in beiden, speziell l. L. und kleinen Lappen ist vom l. L. nur ein reichlich kindsfaustgroßer, narbig indurierter Rest mit knolliger Oberfläche übrig geblieben. An der Unterfläche geht von der Incisur eine handbreite, aus narbigen Höckern und Knoten bestehende Fläche bis zu den verkümmerten l. L. hin.

In die gleiche Kategorie gehört der weitere Fall MELNIKOWS, Fall 39 (Präparat München. pathologisches Institut mit Aufschrift Alveolarechinococcus der Leber).

Mehrfach operiert. Krank. 5. VII. Geschwulst nimmt die rechte Hälfte des r. L. ein. Im Zentrum der Zerfallshöhle mit zernagten Wandungen von alveolären Bau und mit käsig entarteten Abschnitten. Geschwulst scharf begrenzt. Der l. L. ist so bedeutend hypertrophiert, daß er an Größe dem rechten gleich kommt. Mikroskopisch Lebergewebe cirrhotisch.

In einem Falle (40) wurde von MELNIKOW Atrophie des l. L. angegeben (S. 214), ohne daß jedoch bei der Beschreibung des Präparates (S. 56) der Münchener Sammlung (eingesendet nach Operation) hiervon etwas erwähnt wird.

Von den chirurgisch behandelten Fällen ist einer der bekanntesten der von BRUNNER (22) [s. auch LEHMANN (108)], der nach einer privaten Mitteilung aus dem Institut BOLLINGR durch Dozent Dr. DÜRCK am 21. Nov. 1898 seziert wurde [1].

Zweimal Punktion und eine Operation. Alveolarechinococcus des r. L. mit fast vollständiger Schrumpfung und Verödung desselben. Kompensatorische Hypertrophie des l. L., Lebergewicht mehr als 2 kg; Lebervergrößerung betrifft ausschließlich diesen Lappen.

Der r. L. sehr klein, besonders die untere Hälfte stark geschrumpft und in eine schwielignarbige Bindegewebsmasse verwandelt. Ganze Leberbreite 23; Breite des r. L. 9,9, l. L. 14; Größte Höhe rechts 15, links 21. Bei Eröffnung der fast 2 cm dicken, mit der Kuppe des Lappens verbundenen, in das Zwerchfell eingelagerten, schwartigen Masse entleert sich aus verschiedenen miteinander kommunizierenden Hohlräumen sehr zäher, intensiv gefärbter schmieriger Eiter. Bei horizontalem Durchschnitt beider Lappen von der hinteren Seite zeigt sich der stark verkleinerte r. L. beinahe vollständig eingenommen von einer äußerst derben nahezu faustgroßen, strahlig in das umgebende Gewebe übergehenden schwieligen Masse, auf deren Schnittfläche sehr zahlreiche, äußerst feine, unregelmäßig gestaltete Hohlräume eingesprengt sind, welche durchscheinende, leicht aushebbare, farblose Membranen enthalten. Größere kanalartige Hohlräume konvergieren nach aufwärts gegen einen schräg nach oben führenden federkieldicken fistulösen Gang. Der l. L. sehr groß, große Gallengänge bis Bleistiftdicke dilatiert.

Der Fall beweist die außerordentliche Lebenskraft des Parasiten; trotz der 10jähr. durch Operation bedingten Schrumpfung, Bildung neuen parasitären Gewebes.

Zur Entwicklung ganz besonders mächtiger Schwielen kam es im Falle DEMATTEIS (37) (1890), bei dem sich im rechten Lappen zwei Zerfallshöhlen fanden.

Auch hier wurden zahlreiche Punktionen, selbst wiederholte Schnitte zur Entleerung des Eiters vorgenommen, was jedenfalls ein nicht zu unterschätzender Mitgrund für die besonders starke Schwielenentwicklung ist.

Ebenso und ganz besonders wurden bei den Kranken von ROUX (188) (Lausanne) [Fall 84 bei MELNIKOW (S. 37)] zahlreichste operative Eingriffe

---

[1] Siehe POSSELT: Geographische Verbreitung und Kasuistik, 1900. S. 17, Fall 107. — POSSELT: Path. Anat. 1900, 57. — POSSELT: Chirurgie des Alveolarechinoccocus, 1928, l. c. S. 390.

vorgenommen, die vollauf zur Erklärung dienen, außerdem zeigte sich sowohl periportale, als auch bedeutende intralobuläre Lebercirrhose.

Auch bei der Beobachtung von SITTMANN (205) (1892) steht der Prozeß mit dem operativen Eingriff in Zusammenhang.

Echinococcus multilocularis mit totalem Schwund des l. L. Operative Eröffnung des im l. L. gelegenen größten Sackes. Hypertrophie und leichte Cirrhose des r. L.

Als vierte Beobachtung einschlägiger Art führt MELNIKOW in seiner Sammelforschung als Fall 97 (S. 158) unsere Eigenbeobachtung V (S. 17) (1890—1892) an. Gerade für diese Kranke gilt obig Gesagtes in klassischer Weise, indem sie nicht weniger als 4mal operiert wurde. Schon intra vitam war eine beträchtliche Abnahme des Tumors zu verfolgen, was sich ganz besonders bei der 3. Operation an dem befallenen linken Lappen zeigte, ohne daß früher eine radikale Abtragung möglich war, welche erst bei der 3. Operation erfolgte.

Bei der Sektion stellte ein auf der linken Seite vom Ligamentum suspensorium aufsitzender, nur 5 cm langer, kaum 1 cm dicker Lappen aus Lebersubstanz den hypoplastischen l. L. dar. Kompensatorische Hypertrophie des r. L. in Form einer mächtigen langen Lappenbildung von zungenförmiger Gestalt (30 : 11).

Überblicken wir nun das einschlägige Material, so muß gesagt werden, daß weitaus der größte Prozentsatz und die höchsten Grade der Schrumpfung an der parasitären Geschwulst auf artefizieller Grundlage, operativen Eingriffen, beruht, gegenüber welchen spontane lokale Schrumpfung ganz in den Hintergrund tritt.

Selbst kleinere umschriebene Veródungen mit Verringerungen gehören zu den Seltenheiten; wie man sich überhaupt hüten muß, solche Prozesse im Sinne einer Spontanheilungstendenz aufzufassen.

Aus dem Erörterten ergibt sich, daß MELNIKOW nicht beigestimmt werden kann, wenn er diese mehr Zufälligkeiten zum Range eines Einteilungsprinzipes erhebt und als 4. einen narbigalveolären Typ und als 5. eine Alveolarechinococcus-Cirrhose aufstellt.

Schon die von ihm selbst für diese 5. Gruppe gebrachte Zahl von insgesamt nur 4 Fällen muß deren grundsätzliche Bedeutung wohl sehr ins Wanken bringen.

Ganz vereinzelt können demnach durch teilweise Schrumpfungen, infolge Bindegewebsbildungen mit sekundärer Einziehung, sodann durch Erweichungen, Zerfall und Entleerung der Ulcerationshöhlenflüssigkeit in die durchbrochenen Gallenwege und den Darm oder durch beides zusammen, vorübergehendes Nachlassen der Schwellung, wesentliche Organverkleinerungen und infolge der dadurch bedingten Druckermäßigung zeitweise Besserungen eintreten.

Von einem wirklichen Heilungsbestreben kann aber hier gerade sowenig wie bei einem geschwürig zerfallenen Krebs gesprochen werden.

Auch bei solchen kann durch Zerfall im Innern infolge Druckverringerung oder besserer Passage (z. B. bei Oesophagus und Pyloruscarcinom) eine temporäre Besserung (Erleichterung) erfolgen.

VII. Verhalten zu den Gefäßen und Kanalsystemen der Leber.

Beim Sitz der Geschwulst in der Leber kommen gleich nach der Lagerung im Organ die Beziehungen zu den Lebergefäßen (Arterie, Pfortader, untere Hohlvene) und den Gallengängen in Betracht.

34*

Wie schon auch oben dargelegt wurde, war es ein Hauptbestreben der älteren Autoren, den Alveolarechinococcus zu den verschiedenen Gefäß- und Kanalsystemen des Organes in Beziehung zu bringen und auf diesem Verhalten verschiedene Theorien für die Entwicklung und das Wachstum desselben aufzubauen.

Es würde uns viel zu weit führen, die gesamte Kasuistik nach diesem topischen Verhalten und nach allen möglichen Kombinationen in örtlicher und gradueller Beziehung kritisch zu zergliedern. Diese Blasenwurmart kann in alle präformierten Kanäle hineinwuchern und sich weiterentwickeln, wobei jedoch dieses Verhalten, was stets ausdrücklich betont werden muß, durchaus nicht das Maßgebende für diese eigenartige Bildung darstellt. Sie entwickelt sich ja auch im Parenchym dieses Organes selbst, ohne irgendwelche Rücksichtnahme auf die bestehenden Systeme, ebenso in den verschiedensten anderen von mannigfachster Struktur.

Bei den Dualitätsbeweisen werden diese Dinge eingehend erörtert werden.

Es handelt sich hier bei dieser soliden, derben parasitären Bildung um Druck- und Verdrängungserscheinungen, dann Hineinwuchern und Durchbrüche, deren verschiedenes Verhalten bei beiden Arten des Blasenwurm schon a. O. eingehend besprochen wurde.

In der chirurgischen Arbeit wurden an der Hand unserer Eigenbeobachtungen und des Schrifttums die Durchbrüche beim Alveolarechinococcus in die Gefäße, präformierten Kanalsysteme, solche katastrophaler Art bei Jauchehöhlenbildung abgehandelt.

1. Vena cava inferior.

Wie Durchbrüche überhaupt, so sind die in die Vena cava bei cystischen Echinokokken ein häufiges Vorkommnis[1], allerdings in der Frequenzskala auch hier ziemlich tiefstehend. Dagegen finden sich solche beim Alveolarechinococcus höchst selten.

In unserer Abhandlung über die pathologische Anatomie (1900, S. 25), wurden alle Beziehungen zur Vena cava infer.: Kompression, Verdrängungen, Verzerrungen, Vorwuchern in dieselbe und Durchbruch abgehandelt.

OTT (152) (1867): Vena cava inf. auf ihrer Wand mit zahlreichen größeren oder kleineren Echinococcusbläschen besetzt.

Von SCHWARZ (200) wird eine vollständige Einbeziehung der Vena cava in den Bereich der Geschwulst und Durchbruch nach dieser und der Vena hepatica beschrieben. (In der näheren Beschreibung handelt es sich aber nur um kleine Granulationen an der Innenfläche.)

Im Fall KOMAROWS (95) zeigte die Adventitia der Cava eitrige Infiltration, bei einem von SSABOLOTNOW (189) umwuchs die Geschwulst das Gefäß und die Vena hepatica.

Die interessanteste Beobachtung von Vorwuchern in die Hohlvene und durch das Zwerchfell ins rechte Herz machte LJUBIMOW (113) (s. HERZ).

---

[1] Siehe NEISSER, HUBER, LANGENBUCH, POSSELT (l. c. S. 23—25), BRAUN und SEIFERT, LEHMANN. — DÉVÉ (Sur les rapports des kystes hydatiques du foie avec la systèm veineux. Soc. Anat., März 1903 (Lit.). — DÉVÉ. Les kystes hydatiques du foie. 1905, p. 97. — DOLLINGER. Verhalten der Vena cava zum Leberechinococcus. Dtsch. med. Wschr. **1906**, Nr 15.

Bis zum Jahre 1900 konnte ich aus der gesamten internationalen medizinischen Literatur nur unseren Fall VIII mit vollständiger Perforation in die Cava feststellen.

Zweimal reichten die Geschwulstbildungen mit Ausläufern in die Nähe und waren Bläschen in der Gefäßwandung anzutreffen.

Ein Hineinwuchern der Geschwulst des rechten Lappens in die Vena cava fand bei einem 31jähr. Mann statt, über den JENCKEL (35) berichtet.

Bei einem Falle TEUTSCHLÄNDERS (210) (mannskopfgroßer Tumor im rechten Lappen und rechter Nebenniere, Metastasen im Gehirn) waren Chitinbläschen in die Vena cava durchgebrochen.

Einbruch in die V. cava im 4. Falle von ZSCHENTZSCH (235) mit Obliteration des Gefäßes.

Einen wirklichen Durchbruch fand ich seit meiner Beobachtung in der Literatur nur zweimal verzeichnet, wobei aber bloß der nachstehende eine ausgesprochene Perforation aufwies.

Bei einem Falle ROMANOWS (184) 4. Fall: 46jähr. Mann. Medizinische Klinik Tomsk. Annahme eines subphrenischen Abscesses. Tod in Chloroformnarkose. Gerichtliche Obduktion. Rechter Lappen mannskopfgroßer Sack mit hühnereigroßen Knoten, knorpelige Konsistenz und alveolärer Bau.

In der Wand der Vena cava inf. eine runde Öffnung, durch welche dieses Gefäß mit der parasitischen Neubildungshöhle kommunizierte.

Die zweite Mitteilung von EICHHORST (50) verlangt eine nähere Auseinandersetzung.

46jähr. Mann Echinococcus alveolaris hepaticus.

Einbruch des Echinococcus in die Vena cava inf. von der Leber bis zu ihrer Einmündungsstelle in den rechten Vorhof, mit Obliteration des Gefäßes. Echinococcus alveolaris cerebri multiplex, metast, pulm. sin. Bezüglich des in Rede stehenden Gefäßes heißt es:

Die Vena cava inf. erscheint im Bereich der Leber und dann weiter aufwärts zu einem dünnen Spalt verengt, welchen eine dünne Sonde gerade noch passieren kann.

In der weiteren epikritischen Besprechung sagt der Autor: „Offenbar handelt es sich um einen metastatischen multilokulären Gehirnechinococcus. Der primäre Sitz war in der Leber. Hier hatte ein Durchbruch des Parasiten in die untere Hohlvene stattgefunden, in deren Gebiet tumorähnliche Massen angetroffen wurden, die sich bis in den rechten Vorhof erstreckten."

In der gesamten pathologisch-anatomischen und histologischen Beschreibung EICHHORST ist aber nirgends der Nachweis eines wirklichen Durchbruches zu ersehen.

In einem von v. HABERER operierten Grazer Fall (1926) (s. Operation [1]) zeigten sich bei der Nekropsie zahlreiche Leberknoten, welche sich von der Leber aus in das Lumen der Cava inf. vorwölbten. Bei längerem Bestande hätte eine Perforation stattfinden müssen.

In jüngster Zeit demonstrierte F. PAUL (153) ein einschlägiges Präparat.

Echinococcus alveolaris der r. L. mit zwei überfaustgr. Zerfallshöhlen, Einbeziehung und Verschluß der Vena cava inferior und der Lebervenen.

Am häufigsten wird im Schrifttum unsere Eigenbeobachtung VIII (Ges. Kas. Fall 141, S. 64) zitiert mit monströser Jauchehöhlenbildung und Verblutung in die Vena cava infer. (Oper. v. NICOLADONI, s. oper. Fälle Fall 6).

Dieser und der Fall ROMANOWS (184, bei MELNIKOW Fall 32, S. 77) sind die zwei einzigen von wirklichem Durchbruch in die untere Hohlvene.

---

[1] POSSELT. Neue dtsch. Chir. 40, 397 (1928).

Beim Alveolarechinococcus ist somit Durchbruch in die Vena cava inf. äußerst selten; bei langem Bestehen und stark progredientem Verhalten muß man aber auch gegebenenfalls mit dieser Möglichkeit rechnen.

Beziehungen zwischen der unteren Hohlvene und Befallensein der kleinen Lappen s. dort. (S. 495.)

2. Pfortader.

Verhältnismäßig selten wird die Pfortader befallen und wenn, dann meist nur mit einem gelegentlichen Hineinwuchern. Ein direktes weites Vordringen in ihren Verzweigungen ist selten.

Beim Befallenwerden der Pfortader ist zu unterscheiden, ob es sich um eine bloße lokale Schädigung (Kompression, Zerrung, Infiltration) des Hauptstammes oder Äste handelt, oder ob durch Infiltrationen, mehr diffus das Portalsystem ergriffen und verändert wird.

VIERORDT gibt in seiner Statistik nur 5mal Befallensein, bzw. Verengerung größerer besonders Hauptäste der Pfortader an. (BÖTTCHER (15), GRIESINGER (63), FRIEDREICH (58), BOSCH (18), KRÄNZLE (98). Ältere Lit. bei MARENBACH (123).

Auf sonstige einschlägige Fälle sei in Kürze hingewiesen.

Münchner Fall (27. Jan. 1912, noch nicht veröffentlicht). Umwachsung der Leberpforte mit Einbruch in den Stamm der Pfortader und den Ductus choledochus. 2. Münchner Fall (29. Juni 1920, ebenso). Ebenfalls mit Einbruch in die Pfortader.

Von unseren Eigenbeobachtungen kommen folgende in Betracht. Fall III, V, VII, XV, XVII, XXV, s. POSSELT (171), s. auch Cirrhose.

3. Einiges über das Verhalten der Gallengänge[1].

Von allen Kanalsystemen der Leber werden die Gallengänge am häufigsten und stärksten in Mitleidenschaft gezogen durch Hineinwuchern, Infiltration der Wandungen, Kompression oder Verödung bzw. Kombination dieser und anderer Prozesse.

Rechnet man auch noch die vielfachen komplikativen Möglichkeiten der anderen Kanalsysteme (Pfortader und Leberarterie) dazu, so ergibt sich die Mannigfaltigkeit der Vorgänge.

Gegen die seitens einzelner alter Autoren und MELNIKOWS vertretene Ansicht der deletären Wirkung der Galle auf den Parasiten muß Stellung genommen werden. Es ist unrichtig, daß die Galle den Alveolarechinococcus abtötet, oder zum Schrumpfen bringt. Im Gegenteil sieht man nur zu häufig ein mächtiges Fortwuchern äußerst lebenskräftiger, parasitärer Geschwulstanteile in die Gallenwege hinein.

Es würde zu weit führen, alle obengenannten Möglichkeiten und Kombinationen mit Beispielen zu belegen.

In mannigfachen Beziehungen zu den Gallengängen standen 9 unserer Beobachtungen.

---

[1] Hinsichtlich der einschlägigen Verhältnisse beim cystischen Echinococcus sei vor allem verwiesen auf die diesen Gegenstand nach verschiedenen Richtungen hin gerecht werdenden Arbeiten DÉVÉS. (Vgl. Titres et Travaux Scientifiques du Dr. F. DÉVÉ, Juni 1912.)—DÉVÉ: J. Méd. franc. 13, No 9 (1924, Sept.).—DÉVÉ: J. de Chir. 26, No 6 (1925, Dez.). —Weiterhin: KEHR: Chirurgie der Gallenwege. Neue dtsch. Chir. 8 (1923). —FINKELSTEIN, B. K.: Nov. chir. Arch. (russ.) 5, 617 (1923). (Schrifttum bis 1923). — PRAT et PIGNEREZ: Quist. hidat. del higado abiert. en las vias biliar. Montevideo 1925.) (Schrifttum). — HEINATZ: Nov. chir. Arch. (russ) 1928. — FINKELSTEIN, B. K: Durch Parasiten bedingte chirurgische Erkrankungen der Gallenwege. Arch. klin. Chir. 159, H. 3, 641 (1930). — CHAJUTIN, D. M.: Über Echinococcosis der Gallenwege 688.

Bei Beherbergung der Leber durch beide Arten des Parasiten, über die GOLKIN [1] berichtet, war der Echinococcus hydatidosus durch die Gallengänge in den Darm durchgebrochen.

4. Geschwulstartige Wucherungen der Gallengänge [2] in der Umgebung von Alveolarechinokokken und Ähnlichkeit dieser mit der parasitären Geschwulst.

Die Gallengänge finden sich sehr häufig in der Umgebung der parasitären Geschwulst außerordentlich erweitert [3], so daß die größeren Gallengänge als weit klaffende, durchschnittene Lumina oder Röhren auffallen.

Eine besondere Bedeutung erlangen sodann die sich auf größere Strecken hinziehenden Ektasien kleinerer oder kleinster solcher, wo durch deren enge Aneinanderlagerung ein schwammartiges, siebähnliches Aussehen zustande kommt [4].

Solche geschwulstförmige, adenomähnliche Gallengangswucherungen entwickeln sich entweder mitten im Leberparenchym, in der weiteren Nachbarschaft oder zwischen Alveolarknoten oder direkt an die Geschwülste sich anlehnend. Sie zeigen dann eine gewisse Ähnlichkeit mit der parasitären Geschwulst selbst und muß diese Möglichkeit bei histologischen Untersuchungen excidierter Probestückchen immerhin im Auge behalten werden. In allererster Linie unterscheiden sich natürlich diese geschwulstartigen Bildungen durch Fehlen jeglicher kolloidartiger Chitinpfröpfe mit Membranen und gallertigem Inhalt, sodann durch die regelmäßigere Anordnung und Fehlen stärkeren Zwischengewebes.

Von diesen höchst seltenen Befunden sei auf folgende hingewiesen, welche sich zum größten Teil in Verbindung mit cirrhotischen Prozessen fanden.

Der kindskopfgr. Alveolarechinococcus der Patientin von SCHIESS (194) (1858) im rechten cirrhotischen Leberlappen war z. T. durch kavernöses, von den ektasierten Gallengängen durchzogenes Gewebe begrenzt.

Weiterhin wies MORIN (138) auf reichliches Auftreten von Gallengangsnetzen im interlobulären Bindegewebe des cirrhotisch verdichteten Leberparenchyms um Alveolarechinococcus-Geschwülste hin; zugleich fanden sich zahlreiche Echinokokkenbläschen in reichlich neugebildeten Gallengängen.

---

[1] GOLKIN, M. B.: Zur Kasuistik seltener Formen des Echinococcus. Nov. chir. Arch. (russ.) **1924**, Nr 18, 221.

[2] Vgl. u. a. COSTANTINI, H. et H. DUBOUCHES: Des adénomes biliaires kystiques (Adéno-kystomes ou cystadénoma biliaires) et spécial. des grands kyst. biliair. chirurg. du foie. J. de Chir. **21**, No 1, 1 (1923). — BUDDE, MAX: Über idiopath. Gallengangserweit. Dtsch. Z. Chir. **185**, 339 (1924). — SIEBER: Große Gallengangscyste. Zbl. Gynäk. **1929**, 2848 (aus mehreren konfluierenden Cysten). — AUERBACH: Hamartome der intrahepat. Gallengänge und ihre Beziehung zur Cystenleber. Frankf. Z. Path. **40**, H. 2, 273 (1930). — WILLIS, R.: Weiterer Beitr. z. Genese der sog. Gallengangswucherungen. Zbl. Path. **47**, Nr 11, 369 (1930).

[3] Die Gallengangserweiterungen, selbst geschwulstartige sind keineswegs nur dem alveolären Echinococcus eigen, sie kommen auch beim cystischen vor. So fand DÉVÉ bei Verstopfung des Choledochus durch zahlreiche Tochterblasen selbst noch nahe der Leberoberfläche die Gallengänge bis zu Kleinfingerdicke erweitert.

[4] Auch beim gewöhnlichen cystischen Echinococcus wurden ähnliche Bildungen beschrieben, so z. B. von WECHSELMANN (MADELUNG, Beitr. z. Lehre von der Echinokokkenkrankheit, Stuttgart 1885). — LEHNE: Über seltene Lokalisation des uniloculären Echinococcus beim Menschen. Arch. klin. Chir. **52**, 534 (1896). Er sah (ebenso wie sie beim Echinococcus multilocularis vorkommt) eine sehr erhebliche Wucherung von Gallengängen in der Umgebung einer cystischen Echinococcusblase, fast wie ein „Adenom".

Durch venöse Blutstauungen erhielt ein Abschnitt der Leber im Falle Pawlinows (154) (Moskau 1893) (3. Fall von Melnikow, Echinococcus alveolaris multiplex lobi utriusque hepatis et lob. inferior. pulmon. dextr.), welcher auch lokale periportale Cirrhose zeigt, infolge der Erweiterung der Blutgefäße einen Bau, der an ein „kavernöses Angiom" erinnert [1].

Bei Atrophie der Leberzellen bestehen die einzelnen Acini und Gruppen derselben aus einem Netz blutstrotzender Capillaren, während die Leberbalken ganz verschwunden sind, so daß das Gewebe den Bau eines Angioms zeigt.

Schmieden [2] sieht die Leberkavernome als Anlagefehler an, welche nicht in eine Reihe mit den Angiomen zu stellen sind, sondern eher eine Analogie zu den knotigen Hyperplasien der Leber darstellen.

Bei den Bildungen wie sie beim Alveolarechinococcus vorkommen, kann man einmal eher von kavernom- ein andersmal eher von angiomähnlich sprechen. Strenge Unterscheidungen sind unmöglich.

Wenn die Angiome [3] kleine, mehr unregelmäßige Hohlräumchen aufweisen und eine Vermehrung des Bindegewebes eintritt, kann sich die Ähnlichkeit noch größer gestalten, ebenso bei gewissen Sitzen. Außerdem ist die Entwicklungszeit ebenfalls sehr groß.

Verschiedene kleine solche Bildungen und mikroskopische Befunde finden sich noch im Schrifttum zerstreut.

Weiterhin aber solche in Verbindung mit Gefäßerweiterungen verschiedenster Art, auch geschwulstähnliche und schließlich letztere allein.

Von Loeper und Garcin (115) wird erwähnt, daß bei der Laparotomie in ihrem Falle der Operateur eine cystische Dilatation der Gallengänge bei Neoplasma annahm. Es fanden sich außerdem Teleangiektasien.

Derartige Prozesse sahen wir mehrmals in besonders hohem Grade ausgebildet. Fall III. (13. Febr. 1892, Nr. 2965), XXIII (Sekt. 15. Nov. 1901, Nr. 8925).

Mitunter zeigt die parasitäre Geschwulst an manchen Stellen durch Zusammenfließen zahlreicher Alveolen „kavernomartigen Charakter", wie dies von verschiedenen Autoren u. a. Birch-Hirschfeld und Battmann (12) und vom Verfasser beobachtet wurde.

Es kann also die vielkammerige Blasenwurmgeschwulst selbst eine solche Ähnlichkeit bieten, wodurch möglicherweise auch zu Verwechslungen Veranlassung gegeben wird.

Hinsichtlich der allgemeinen pathologischen und mechanischen Verhältnisse verweise ich bei den Gallengangserweiterungen auf die Ausführungen von Huber und Lutterotti [4].

---

[1] v. Eiselsberg entfernte ein seit 15 Jahren beobachtetes, ungewöhnlich großes Leberangiom am Leberrand; Rosenthal ein kindskopfgr. vom Spigelschen Lappen ausgehendes. Bei monströser Größe können sie sogar schwerste Fernwirkungen zeigen. Wakeley, Cecil P. G.: A large cavernous haemangioma of the left lobe of the liver causing obstruction tho the cardiac orifice of the stomach. Brit. J. Surg. 12, Nr 47, 590 (1925). Für unseren Gegenstand ist bemerkenswert, daß gerade das russische Schrifttum ganz besonders reich aus derartigen Beobachtungen ist. Wolfensohn, M. V.: Zur Frage über Leberkavernome. Nor. chir. Arch. (russ.) 8, 4, Nr 32, 527 (1925). — Markov, N.: Kavernöses Leberangiom. Z. sovrem. Chir. (russ.) 2 II, 447 (1927). — Gasparian: Über primäre Lebergeschwülste. Arch. klin. Chir. 153, 435 (1928) bringt ein ausführliches Referat mit reicher Schrifttumzusammenstellung über primäre Lebergeschwülste besonders Cystadenome und kavernöse Hämangiome der Leber. — S. auch Toussaint, Frankf. Z. Path. 40, 538 (1930).

[2] Schmieden: Virchows Arch. 161, 372 (1900).

[3] Siebner, M.: Hämangiom der Leber. Dtsch. Z. Chir. 224, H. 5, 339 (1930).

[4] Huber, Paul und Otto Lutterotti: Zur Kenntnis der mechanischen Gallenwegserweiterungen. Virchows Arch. 270, 243 (1928).

Anhang.

Vortäuschung von Alveolarechinococcus durch vielfache Cystenbildungen in Geschwulstform (Cystome)[1].

Auf die Ähnlichkeit der Bilder angeborener polycystischer Entartung[2] (Degeneration) mit Bildung lokaler Geschwülste wiesen wir schon seinerzeit hin, ebenso auf die, entzündliche Basis besitzenden, areolären Leberabscesse.

An der Hand von 5 beobachteten Fällen areolärer Abscesse der Leber macht CHAUFFARD[3] ausdrücklich auf die allergrößte Ähnlichkeit mit Alveolarechinokokken aufmerksam. Das Aussehen erinnerte an die Gestalt eines mit Eiter durchtränkten Badeschwammes oder an die Form einer Honigwabe. CHAUFFARD hält diese „Verwechslung mit multilokulären Echinokokken für sehr naheliegend und in manchen Fällen ohne mikroskopische Untersuchung die Entscheidung zwischen beiden Zuständen für unmöglich." (Die Entzündung nahm von den interlobulären Gallengängen ihren Ausgang.)

Mitunter können auch Mischformen vorkommen, die besondere Ähnlichkeit mit vereitertem oder nekrotischem Alveolarechinococcus bieten.

Wie solitäre oder multiple große Lebercysten cystische Echinokokken vortäuschen können, so auch kleincystische Cystome verschiedenen Ursprungs alveoläre Echinokokken.

In dieser Hinsicht verweise ich auf eine Eigenbeobachtung von Alveolarechinococcus mit eigenartigem, an kavernöses Angiom erinnernden, fein blasigen Cystom des hypertrophischen linken Lappens.

Fall VIII (S. 25) (Sekt. 22. Juli 1894, Nr. 3511). Alveolarechinococcus des r. L., mit Zerfallskaverne; Sack 30 : 20 cm, 3—12 cm dicke Wand nur aus Lebergewebe. Die Leber wiegt nach vollständiger Entleerung des Sackes 4200 g. Der hypertrophische l. L. zeigt eine eigentümliche Bildung kleinster Cystchen nach Art eines kavernösen Angioms. Bei näherer Untersuchung handelt es sich nicht um kongenitale polycystische Entartung, als vielmehr um eine feincystische Cystombildung, höchstwahrscheinlich von Lymphgefäßen und Lymphspalten ausgehend, an dessen Peripherie sich ein feinnetziges Angiom, am ehesten noch von erweiterten Gallencapillaren abstammend, anschließt.

Nach allem dürfte es sich demnach auch um Kombination beider Prozesse mit weitaus Überwiegen des ersteren handeln.

Das Bemerkenswerteste hierbei ist der Umstand, daß sich das Ganze am freigebliebenen, kompensatorisch-hypertrophischen linken Lappen abspielte.

---

[1] Vgl. P. A. 1900. S. 122—126.

[2] Angeborene Lebercystome sind gewöhnlich mit cystischer Entartung der Nieren verbunden, wogegen eher letztere für sich allein bestehen können. Cysten-Nieren oder korrespondierender Prozeß in der Leber bestanden im oft genannten monströsen Alveolarechinococcus-Fall von GRIESINGER, in viel schwächerem Grade bei einem Eigenfall. — Nach KINDBORG (Theorie und Praxis der inneren Medizin Bd. 2, S. 611, 1912) erwies sich ein in der Breslauer Klinik jahrelang als Alveolarechinococcus demonstrierter Fall schließlich in autopsia als eine kongenitale cystische Degeneration der Leber. s. MORRIN, F. J. Polycystic Disease, of the liver. Jr. J. med. Sci., Okt. 1929.

[3] CHAUFFARD, A. Étude sur les abcès aréolaires du foie. Arch. Physiol. norm. et Path. Febr. 1889 263.

Zu ähnlichen Ergebnissen kam MELNIKOW (Fall 93, S. 154) bei Besichtigung und Untersuchung dieses unseren Falles.

„Was an diesem Fall besonders auffällt, ist der eigentümliche Bau des hypertrophischen l. L. Die ganze Durchschnittsfläche dieses (26 und 7 cm) ist gleichmäßig mit 1—3 mm messenden, runden glattwandigen Cysten durchsetzt, welche ihr ein siebartiges Aussehen verleihen. In der Umgebung dieser kleinen Löcher besitzt das Leberparenchym fein-netzigen Bau. Von entzündlicher Reaktion in Form von Bindegewebswucherung, caseöser Degeneration usw. ist nirgends eine Spur zu sehen. Obgleich dieser eigenartige, alveoläre und netzige Bau des l. L. auf den ersten Blick an eine Alveolarechinococcus-Geschwulst erinnert, kann jedoch selbst bei der aufmerksamsten Untersuchung kein kolloider Inhalt in den Alveolen entdeckt werden, weshalb man annehmen muß, daß die beschriebenen Cysten des l. L. ihre Entstehung einem anderen Faktor verdanken.“ „Bei der mikro-skopischen Untersuchung fallen im l. L. die zahlreichen 0,075—1,5 mm messenden runden Cysten auf. Stellenweise bilden kleine Cysten mit farblosem Inhalt ein Netz, dessen Scheidewände verjüngte Leberbälkchen darstellen. In ihrem Bau erinnern diese cystös entarteten Leberacini an ein kavernöses Angiom, nur daß sie gar kein Blut enthalten.“

S. 215 führt MELNIKOW diesen Fall bei Besprechung der Veränderungen im benach-barten Lebergewebe an als Lymphstauung, nebst Bildung von Lymphcysten.

Aus dem älteren Schrifttum sei hinsichtlich dieses seltenen Vorkomm-nisses auf den oft erwähnten Fall von GRIESINGER (1860) hingewiesen.

Solitäre Lebercysten [1] können, wie erwähnt, einen cysti-schen Echinococcus vortäuschen.

In dieser Hinsicht ist eine Eigenbeobachtung bemerkenswert, bei der sich neben dem typischen Alveolarechinococcus eine einzelne solche angeborene Lebercyste vorfand, die einen gleichzeitigen cystischen Echinococcus, also eine Mischinfektion mit beiden Arten hätte vortäuschen können.

Fall XXX. 46jähr. Schlachthausangestellter. Während seines Krankenhausauf-enthaltes stellte ich den Kranken in der Vorlesung mit der Diagnose Alveolarechinococcus des l. L. vor. Nach seinem Austritt baldiger Exitus. Ich veranlaßte die private Sektion (23. Dez. 1913) durch den verstorbenen Herrn Koll. Doz. Dr. v. WERDT. Verjauchter Alveolarechinococcus des l. L. In der Nähe der Jauchehöhle fand sich im Parenchym des linken Lappens eine zartwandige, graue über taubeneigroße Blase mit bernsteingelbem etwas zähem Inhalt. Mikroskopisch auffallend scharfe rundliche Begrenzung durch eitrig infiltriertes Bindegewebe, Epithelauskleidung nekrotisch, aber keine Echinococcus-Membranen. Es handelt sich wohl um eine einfache Lebercystenbildung (vgl. gleichzeitiges Vorkommen beider Arten des Blasenwurms in der Leber desselben Individuums).

Unter gewissen Umständen ergeben sich aber auch Ähnlichkeiten mit dem Alveolarechinococcus; es ist dies der Fall, wenn einerseits diese solitären Cysten sehr starke Entzündungsprozesse mit Verdichtungsherden in der Umgebung und im Innern zeigen [2] und andererseits Alveolar-

---

[1] Nach GIARDINA [Voluminosa cisti non parasitaria del fegato. Ann. ital. Chir. 2 1035 (1923)] sind etwa 50 Fälle von nichtparasitären Lebercysten im Schrifttum bekannt, denen er eine Eigenbeobachtung beifügt mit 10 l. Inhalt, entstanden aus Wucherungen der Gallengangsepithelien und Hyperplasie des benachbarten Bindegewebes, wobei durch Schwund der Zwischenwände der einzelnen kleineren Cysten die unilokuläre Cyste ent-stand. — Aus dem Schrifttum stellten später ORR und THURSTON [Ann. Surg. 86, Nr 6, 901 (1927)] 74 Fälle nicht parasitärer Lebercysten zusammen. Vgl. auch MELNIKOW: Die nichtparasitären Lebercysten. Vestn. Chir. (russ.) 9, 100 (1927). — MOLL: Solitäre Lebercysten. Frankf. Z. Path. 36, 225 (1928). — AUERBACH: Frankf. Z. Path. 40, 272 (1930). — v. MEYENBURG: Die Cystenleber. Beitr. path. Anat. 64. — VILA, E u. M. ETCHE-VERRY: Das Cystadenom der Leber. Semana méd. (Buenos Aires) 1, 979 (1930). — MUTO, M. u. S. HENZAWO: Zur Kenntnis der sog. solitären, wahren Lebercyste, Mitt. Path. (Sendai) 6, 1, 153 (1930) (japan.).

[2] BERGER (Monströse solitäre Lebercyste. Wiss. Ärzteges. Innsbruck, 6. Dez. 1929. Diskussion POSSELT, Wien. klin. Wschr. 1930, Nr 7, 222) demonstrierte die Bilder eines solchen Falles mit ungeheueren Ausmaßen in unglaublich kurzer Zeit der Entwicklung.

echinococcus bei größter Zerfallshöhlenbildung nur ganz schmales verdichtetes parasitäres Gewebe besitzt, so daß sich das ganze Gebilde wie ein großer Sack erweist.

Anläßlich dieses Kapitels muß daran erinnert werden, daß die multivesikuläre Form des hydatidischen Echinococcus von Dévé[1] vielfach gewisse Ähnlichkeiten mit Alveolarechinococcus zeigen kann, was auch für die von ihm aufgestellte exogene Multisakkulation[2], von welcher Mißbildung auch verschiedene Fälle fälschlich als multilokulärer Echinococcus operiert wurden[3].

VIII. Gleichzeitiges Vorkommen beider Arten des Blasenwurms (Echinococcus cysticus und Ech. alveolaris) in der Leber.

In allergedrängtester Kürze ein Auszug über dies Vorkommen[4].

1. HESCHL (71) (1861). Im vergrößerten r. L. kindskopfgr. Echinococcus scolecipariens.; über der Gallenblase schwielige Stelle, welche hanfkorn- bis halberbsengroße Gallertkörnchen in einem löcherigen Netzwerk einschloß, das aus zusammengefalteten, zarten Membranen bestand. Von VIERORDT bezweifelt.

2. SCHROETTER-SCHEUTHAUER (193) (1867). 29jähr. Mann von Gaudenzdorf bei Wien. Sektion: Im rechten Leberlappen walnußgroße, im linken kindsfaustgroße, encystierte Echinococcusblase mit endogenen Tochterblasen. Am vorderen Rand des l. L. haselnußgroßes Bindegewebs-Fachwerk, dessen hirsekorn- bis erbsengroße Räume kalkige Masse enthalten. An der r. Lunge walnußgroße Stelle mit dünnbalkigen Bindegewebsfachwerk, in dessen Lücken linsen- bis erbsengroße zartwandige Echinokokkenblasen liegen. HUBER bezweifelt die Echtheit, ebenso drückt VIERORDT die Unsicherheit aus.

3. KRÄNZLE (98) (52. Fall in VIERORDTs kasuistischer Zusammenstellung). 42jähr. Frau aus Sickingen (Hohenzollern). In der Leber gewöhnlicher, verkreideter und obsoleter Echinococcussack. Zwei andere walnußgroße Herde durch $1/2$ cm dicke Bindegewebskapsel abgeschlossen, schwer zu durchschneiden, größtenteils verkalkt. Bindegewebiges Stroma mit hirsekorn- bis erbsengroßen, mit gallertigen Massen gefüllten Alveolen (Echinococcusblasen im multilokulären Herd steril).

4. Einen weiteren Fall entdeckte ich in der Sammlung der Prosektur des WIEDENER Spitales in Wien, den mit Herr Kollege ZEMANN (233) seinerzeit zur Bearbeitung überließ.

Das Präparat stammt von einer alten marantischen Frau (1890). Als zufälliger Obduktionsbefund in der Leber sehr große Hydatidencyste, aus der sich bei der Sektion massenhaft Flüssigkeit mit zahlreichen, z. T. sehr großen Tochterblasen ergoß; außerdem vielfache zerstreute Ansiedelungen von Alveolarechinokokken-Geschwülsten mit charakteristischen makro- und mikroskopischen Verhalten. —

In unserer Abhandlung über die Chirurgie des Alveolarechinococcus kamen wir auf vorliegendes Thema zu sprechen. Bei Operation von Alveolarechinococcus kann außerdem noch cystischer angetroffen werden, wie aus einem Bericht 5. ALFUTOFFS (4) hervorgeht. Im Anschluß an einen Aufsatz von MYSCH (142) teilt ALFUTOFF (4) eine Beobachtung mit: Eine 30jähr. Frau wurde wegen eines verschieblichen Abdominaltumors operiert, welcher seit 2 Jahren bestand. Bei der Operation wurde ein Alveolarechinococcus im äußersten Teil des l. L. festgestellt. Resektion dieses Leberabschnittes und exakte Naht. Im rechten Leberlappen findet sich außerdem noch eine faustgroße Echinokokkenblase. Entleerung derselben. Anfüllung mit physiologischer Kochsalzlösung. Nach Einschlagen der Leberoberfläche in den Blasengrund exakte Naht. Glatte Heilung.

Der Fall ist um so bemerkenswerter als er aus dem speziellen Verbreitungsgebiet des Alveolarechinococcus herkommt, salzburgisch-nordosttirolische Grenze.

[1] Dévé: Le kyste hydat. multivésiculaire du foie. Buenos Aires Impr. Flaiban y Camilloni 1917. Vgl. POSSELT (l. c. 1928), s. u.

[2] Dévé: La multisacculation corticale exogène hydatique. Ann. d. Anat. path. 7, No, 1 (1930, Jan).

[3] POSSELT: Neue dtsch. Chir. 40, 399—401. — Dévé (l. c.) S. 26—29.

[4] POSSELT: Pathologische Anatomie Z. Heilk. 21, H. 5, 69 (1900); Neue dtsch. Chir. 40, 320—321 (1928).

Als ein lehrreiches Beispiel bei chirurgischem Eingriff dient die 6. Beobachtung von GOLKIN (62) für die andere Möglichkeit: Operation des cystischen und Nebenbefund des alveolaren.

1. Fall. 20jähr. Mann mit Leberechinococcus, Ikterus, Anfällen von starken, kolikähnlichen Schmerzen, Temperatursteigerungen, Abgang von Echinococcuscysten durch den Darm. Operation: Vereiterte hydatidose Echinococcuscysten im rechten Leberlappen. Tod nach 4 Wochen. Obduktion: außer Operationsbefund starke Erweiterung des Ductus hepaticus und choledochus, weite Einmündungsstelle des letzteren ins Duodenum. In der Leberkuppe ein kindskopfgroßer Echinococcus alveolaris, der zu beiden Leberlappen gehörte und einen Eiterungsherd im Zentrum aufwies; in dem l. Leberlappen noch ein etwa walnußgroßer Echinococcus alveolaris.

Auch GOLKIN will dieses Zusammenvorkommen des Echinococcus hydatidosus und alveolaris für die Verschiedenheit der Parasiten verwerten. Seine Annahme, daß diese Beobachtung die zweite in der Gesamtliteratur wäre, trifft nicht zu

Es fand sich also hier bei einem zur Operation gekommenen Echinococcus hydatidosus der Leber mit Koliken infolge Abgang von Tochterblasen bei der Sektion außerdem noch ein größerer zentral erweichter und ein kleinerer Alveolarechinococcus im gleichen Organ.

An anderer Stelle sprachen wir die Vermutung aus, daß es sich bei einer weiteren (7) Beobachtung von MANGOLD (120 u. Cas. Nr. 115. S. 28) um diesen Befund gehandelt haben könnte Im ganzen schrumpfen die völlig sicheren Beobachtungen auf 2 (bzw. 3) zusammen.

Bei diesem Vorkommen können Irrtümer unterlaufen:

1. Kann es sich um Verwechslung der Zerfallshöhlen des Alveolarechinococcus mit „Cystenbildung" handeln (s. o.), wobei entweder der Autor selbst diese beging, oder noch häufiger Übersetzer den Fehler machten, was höchstwahrscheinlich bei einigen russischen Arbeiten, vielleicht auch bei der von ALFUTOFF, der Fall war.

2. Können anderweitige Cystenbildungen als Echinokokkenblasen angesehen werden, was u. a. bei unserer oben erwähnten Eigenbeobachtung hätte eintreten können.

Andererseits führen beim cystischen Echinococcus auftretende Bildungen anderer Art irrtümlicher Weise zur Annahme eines mitbestehenden Alveolarechinococcus, z. B. Angiome, Kavernome, besonders aber alveoläre Carcinome. Über letzteres Zusammentreffen sollen hier aus dem Schrifttum einige Beispiele Platz finden:

BAMBERG [1] (Fall IV). Neben 2 kindskopfgroßen Echinococcussäcken adenomartige Hyperplasien des erhaltenen Lebergewebes und in ihren Elementen an die Leberzellen erinnernde alveolär angeordnete Krebsknoten.

In den Parenchymzellen stellenweises schwarze, melanotisches Pigment auch in den Zellen des nicht veränderten Gewebes.

DIBBELT [2]: Leberechinococcus (7,5 und 4,5 cm), in dessen Umgebung sich ein „typischer Zylinderzellkrebs mit ausgesprochen alveolärem Charakter" entwickelt hatte. Die Lumina werden oft nur von einer Lage schlanker Zylinderepithelien eingefaßt; in das Lumen kommt es fast durchgehends zur Ausscheidung von Gallerte Diese Beobachtung verdient um so mehr Beachtung, als es sich um einen aus Greifswald stammenden Fall handelt und man hier bei nur makroskopischer Beobachtung sehr leicht ein gleichzeitiges Vorkommen beider Arten des Echinococcus bei einem Fall des typischen klassischen Verbreitungsgebietes des cystischen, hätte annehmen können.

NECKER [3]. Im r. L. der cirrhotischen Leber (vorgeschrittene Bindegewebswucherung, Vermehrung der kleinen Gallengänge, herdweise kleinzellige Infiltrationen, kompensatorische

---

[1] BAMBERG, J.: Beitrag zur Lehre vom primären Lebercarcinom. Inaug.-Diss. Leipzig 1901.

[2] DIBBELT: Über Hyperplasie, Adenom und Primärkrebs der Leber. Inaug.-Diss. Greifswald 1903.

[3] NECKER, FR.: Multiple, maligne Tumoren neben Echinococcus in einer cirrhotischen Leber. Z. Heilk. 1905, 351.

Hypertrophie des Parenchyms) neben zwei Echinococcussäcken von Walnuß- bzw. Orangengröße, zahlreiche Geschwulstknoten durchaus verschiedenen Baues, einerseits metastatisches Spindelzellensarkom (Primärtumor rechte Niere?) anderers zahlreiche Gewebsknoten (epitheliale, z. T. in Schlauchform wachsende Neubildung, Adenocarcinom der Leber). In diesen Knoten Gallensekretion.

LOEHLEIN[1] Fall III. 40jähr. Mann. Primäres Carcinom neben zwei großen Echinococcussäcken der Leber. Leber kolossal vergrößert (32 : 33 : 24 : 20). Im l. L. etwa mannskopfgroßer Echinokokkensack, am äußeren Umfang des r. L. von gleicher Beschaffenheit etwa kindskopfgroß. Von den Leberzellen ausgehend kompensatorische Wucherungen des Gewebes, welche gutartige Hyperplasie später zur malignen Geschwulst führte.

IX. Unterschied zwischen beiden Blasenwurmarten in bezug auf Absterben (Selbstheilung).

Beim Alveolarechinococcus machte ich seit langem auf den großen Unterschied zwischen der seltenen Fertilität und der trotz diesem Verhalten ganz gewaltigen Wachstumsenergie aufmerksam.

Hiermit hängt, wenigstens zum Teil oder indirekt, auch die besondere Seltenheit des Verödens oder sozusagen Spontanheilung dieser parasitären Geschwulst zusammen.

Da dieses Moment sicherlich auch die Frage der Behandlung berührt, wurden ihm schon anderen Orts einige Worte gewidmet.

Als Voraussetzung ist die leider viel zu wenig gewürdigte Möglichkeit der Erkrankung menschlicher Parasiten selbst ins Auge zu fassen.

Das Studium der Modalitäten, unter denen es zu pathologischen Prozessen und Absterben solcher kommt, würde auch Wege zu rationeller Therapie weisen.

Schon die alten Parasitologen (KÜCHENMEISTER, LEUCKART, HELLER) legten ein großes Gewicht auf das Moment des spontanen Absterbens der Parasiten, speziell auch des cystischen Echinococcus, dessen nähere Einzelheiten von NEISSER, DIEULAFOY, MOHR, DÉVÉ, HOSEMANN (l. c., S. 37, Degeneration des Echinococcus) u. a. untersucht wurden.

Hierbei spielt natürlich der Kampf um die Gegenwehr des Wirtsorganismus eine große Rolle. Es würde uns zu weit führen, alle Verhältnisse (Druck von innen und außen, Degeneration und entzündliche Prozesse usw.) zu erörtern.

Über Absterben des hydatidosen Echinococcus liegen aus Rußland verschiedene Berichte vor.[2]

[1] LÖHLEIN, W.: 3 Fälle von primärem Lebercarcinom. Beitr. Path. 42, 531 (1907).

[2] Einer der letzten mit vielen Schrifttumsangaben von GOLUBEVA: Das Absterben, die Verkalkung und die Vereiterung des Echinococcus. Verh. 1. chir. Kongr. des nordkaukas. Gebietes. Rostow a. D., Sept. 1925, 42; s. weiteres: GALLIARD: Dtsch. med. Z. 1895, Nr 100. — GARINO: Boll. Assoc. sanit. 1900, 97. — GRIGLIO: Clin. vet. Ann. 29, — VIÑAS: Bacteriol. de los quistos hidat. Rev. Soc. Med. argent., Juli 1900. — WINTERNITZ: Infektionen und Vereiterung der Leberechinococcuscysten. Orv. Hetil. (ung.) 12, Nr 1 (1901). STEVENS, L. W. and MITCHELL: Brit. med. J. 11. Mai 1901. — HÜHN und JOANNOVIC: Liječn. Vijesn. (serbokroat.) 14, H. 2, (1902). — DÉVÉ: Kyste hydat. (l. c.) 1905, 33—35. ENUBISKE: Thèse de Paris 1905. — CESTAN et NANTO: Kyst. hyd. suppurée du foie à bac. d'Eberth. Toulouse méd. 1. Okt. 1912; Gaz. Hôp. 77, 1260 (1913). — MENETRIER et AVEZOU: Soc. Anat. 1914, No 4, 177. — RATHERY, F.: Arch. méd. belges 1918, No 4. Colibacillose. — CHARVIN, GIRRA et ESMENARD: Marseill méd. 59, 75 (1922). — Eine Reihe einschlägiger Befunde brachten DÉVÉ u. seine Schüler bei „gashaltigen Echinokokken". — HESSE u. MAJANZ: Über Vereiterung von Echinokokken nach Fleckfieber.

Die späteren Forscher studierten hierbei den Einfluß der Bakterien und ihrer Toxine.

Melhose [1] kam u. a. zu folgenden Ergebnissen: Der flüssige Inhalt der Echinokokkenblasen ist in der Regel bakterienhaltig. Die regressiven Veränderungen und das Absterben des Echinococcus werden durch die sich in ihnen vermehrenden Bakterien hervorgerufen. Dieselben verursachen durch ihre Toxine exsudative (eitrige und fibrinöse) und produktive Entzündungsprozesse in der die Parasiten umgebenden Organhaut, wodurch diese in Mitleidenschaft gezogen wird und schließlich durch mangelnde Ernährung abstirbt und dem Gewebszerfall anheimfällt.

Leider gibt es nur höchst spärliche Ansätze, welche vergleichsweise für beide Arten des Echinococcus an anderer Stelle erörtert werden sollen. Wohl zu unterscheiden sind, entgegen der Bewertung Melhoses, die zum Wesen der Alveolarechinococcus-Geschwulst gehörigen, spontanen, zentralen Nekrosen, die zum Zerfall und Jauchehöhlenbildung führen. Hierbei können wir gar keine Gesetzmäßigkeit nach Alter und Größe nachweisen. Wenn auch zumeist sehr alte große Tumoren auch die größten Höhlenbildungen zeigen, so treffen wir andererseits manchmal bei ganz kleinen Geschwülsten schon solche, oft auch mehrfach, und andererseits bleiben diese nicht selten auch bei größeren völlig aus.

Trotz größter Jauchehöhlenentwicklung, weiterhin ausgedehnten Verkreidungen und Verkalkungen, sproßt in der Peripherie die parasitäre Afterbildung unaufhörlich, regellos weiter, einem mächtigen alten Baume vergleichbar, der trotz größter Höhlenbildung, Vermorschung im Stamm, üppig weiter Zweige und Blätter und Blüten treibt.

Bei Durchsicht des gesamten internationalen Schrifttums trifft man nur ganz vereinzelte Beobachtungen von verödeten oder von selbst geheilten Alveolarechinokokken [2]. Diese mögen hier Platz finden, wobei der eine oder andere immerhin noch fraglich erscheint.

Ganz besondere Beachtung verdient eine Beobachtung von Kränzle (98) (1880) (Vierordts Kas. Fall 52, S. 47), bei der sich neben einem gewöhnlichen verkreideten und obsoleten Echinococcussack 2 kleinste nur walnußgroße Herde von multilokulärem Echino-

---

Bruns' Beitr. 130, 446 (1923). — In einem von uns bei verschiedener Gelegenheit zitierten Fall von Schottmüller von vereitertem Leberechinococcus fanden sich im Lebereiter Diplococcus lanceolatus, B. coli u. B. typhi. Nach Oper. exit.; Sekt.: Cholangitis intrahepatica purulenta. Bacteriol. im Blut Streptococcus viridans. In der Galle Bac. capsul mucosus. — Hosemann (l. c.) 1928, S. 41. — Lehmann ibid. S. 129. — Posselt ibid. — Blumenthal, G.: Echinokokkenkrankheit. Handbuch der pathogenen Mikroorganismen von Kolle, Kraus, Uhlenhuth. Bd. 6, Lief. 28, S. 1239 1929. — Ein ziemlich angewachsenes Schrifttum besteht über das Vorkommen der Bakterien der Typhoidgruppe und das Verhältnis der Agglutination hierbei. — Madelung (Die Chir. d. Abd. typh. Neue dtsch. Chir. 30 I, II, Stuttgart 1923) sammelte 11 Fälle vereiterter Leber- und 4 anderweitig lokalisierter Echinokokken nach Typhus. Siehe auch Hesse und Majanz (l. c.) S. 446. Tabelle über 16 Fälle. Dazu kommen noch eine Reihe weiterer: Jochmann (1924). — Dufour und Gerner. Soc. med. Hôp., 21. Juli 1927. Disk. Troisier u. a. — Flemming, G. W.: Echinoc. cyst. infected with B. typhosus. J. ment. Sci. 75, 300 (April 1929).

[1] Melhose: Über das Vorkommen von Bakterien in den Echinokokken und Cysticerken und ihre Bedeutung für das Absterben dieser Zooparasiten. Zbl. Bakter. Orig. 52, 43 (1909).

[2] Siehe auch die Frage der Kleinheit der primären Ansiedlung. Posselt: Zur pathologischen Anatomie des Alveolarechinococcus. Z. Heilk. 21, H. 5, Abt. int. Med., 10 (1900); Frankf. Z. Path. 41, 1930. — Vgl. S. 486.

coccus zum größten Teil verkalkt (und auch obsolet) fanden. Am Peritoneum, zumal am Zwerchfell an Peritonitis sarcomatosa [1] Knötchen. Leider wurden diese nicht näher untersucht. Nach allem wohl noch lebensfähige kleinste „Metastasen" bzw. „Keimaussaat".

Vielleicht gehört auch einer von den Fällen BRANDTs (20) (1889) (POSSELT, 1900, S. 16) hierher. Über einen verkalkten, dattelgroßen berichtet KRUSENSTERN (102) (1892 u. C. 110, S. 32).

Bei nachträglicher Untersuchung des von TSCHMARKE (214) (1891) beschriebenen Falles fand MELNIKOW (127) (Fall 33, S. 79) in der Lunge und Leber zwei kleinste metastastische Herde. (Erster haselnußgroßer; Zweiter 4 mm) verkalkt und obsolet. Fraglich ist der 4. Fall NAHMs (143) (Path. Inst. München 1887): walnußgroß.

Andere Beobachtungen finden sich bei WALTER SCHMIDT (197) (1899), und zwar kirschgroßer, verkalkter Herd im lateralen Rand des r. L. bei Fall 5, und ein weiterer bei Fall 7 walnußgroß. Dieser letzterer der Beschreibung nach jedoch fraglich.

An einem Baseler Museumspräparat zwei haselnußgroße (aus dem Jahre 1892), welches MELNIKOW (127) unter Fall 75 beschreibt, zeigt sich schon in diesem Anfangsstadium überwiegend käsige Entartung und Schrumpfung.

Trotz der sehr mangelhaften Beschreibung dürfte es sich bei der von HÄBERLIN (66) (1904) operierten nußgroßen Bildung zwischen medialer Gallenblasenwand und Leber um einen wahrscheinlich obsoleten Alveolarechinococcus handeln.

NAZARI (144) traf bei einem 76jähr. Manne einen kleinapfelgroßen angeblichen multilokulären Echinococcus der Leber ohne Metastasen in ihr oder anderswo. Die Alveolen zeigten einen Durchmesser von 1—5 mm.

In der Umgebung gemischte Cirrhose mit kleinzelliger Infiltration.

Nach ihm handelt es sich um einen Fall von „spontaner Heilung". Der Fall bleibt fraglich, da keine eingehendere histologische Untersuchung stattfand.

In diesem Kapitel muß jedoch darauf hingewiesen werden, daß durchaus nicht alle ganz kleinen Alveolarechinokokken obsolet zu sein brauchen, wie einige Fälle obiger Kasuistik, ein Fall von Eigenbeobachtung und der 3. Fall von CLERC (32) ($1^1/_2$: 1 cm) beweisen mit gut färbbaren Chitinmembranen, Skolezes und Haken.

Die Verhältnisse bei unseren Eigenbeobachtungen: Fall IX, (Ges. Kas. 142, S. 69) halbpflaumengroße Geschwulst mit haselnußgroßem, verkalktem Höhlensystem und angelagerten kirschkerngroßen Knoten; Fall XVIII (Ges. Kas. 151, S. 100) von der Größe einer großen Dattel, (genaue mikroskopische Untersuchung bei M. R. Fall 90, S. 147) wurden von uns schon genauer gewürdigt.

Neben kräftigem Fortwuchern kann es an derselben parasitären Bildung zu ausgesprochenen Schrumpfungen kommen, wie solche u. a. unser Fall XXXVIII (48jähr. Bauernarbeiter, Sommer 1919) bot.

Als zufälliger Obduktionsbefund fand sich bei einem 18jähr. tuberkulosen Bauernknecht, Fall LIII, ein in Verkreidung und Verkäsung begriffener Alveolarechinococcus der Leber (18. Nov. 1924).

Im Bereich des l. L. erbsengroßer Herd an der oberen, nußgroßer an der Unterseite; ein ähnlicher Knoten auch im r. L. Näheres a. O. Trotz der Verkalkung und des Eindrucks obsoleter kleinster Exemplare dieser parasitären Ansiedlung fanden sich doch bei neuen Durchschnitten und eingehender Durchmusterung und histologischer Prüfung immer wieder vereinzelte kleinste Alveolen mit frischen Chitinmembranen, Parenchymschichte und lebensfähigen Elementen.

Beim bloß makroskopischen Anblick läßt sich nie mit voller Sicherheit ein Urteil abgeben, ob eine solche Ansiedlung wirklich abgestorben ist. Es ist weder die Kleinheit noch die Verkalkung oder beides zusammen maßgebend.

Es kann von Haus aus eine sehr geringe Wachstumstendenz bestanden haben und Verkalkungen können rein lokalen Charakter besitzen. In

---

[1] S. o. 473.

der Tat wurden des öfteren bei genauem Nachsehen, doch noch lebenskräftige Skolezes gefunden. Je genauer und ausgedehnter hier Untersuchungen gepflogen werden, desto mehr ist das an und für sich höchst seltene Vorkommen abgestorbener Exemplare immer noch mehr einzuengen.

Donskoff (45) (1923) schreibt: „Wenn der in den menschlichen Körper eingedrungene Echinococcus alveolaris ungünstige Lebensbedingungen antrifft, so kann er absterben und der Verkalkung anheimfallen, ohne daß um ihn eine geschwierige Höhle entsteht."

Es scheint auch tatsächlich hier ein gewisser Gegensatz zu bestehen. Wie schon oben erwähnt, hat die zentrale Nekrose und Zerfallshöhlenbildung mit Absterben oder Heilungstendenz nicht das Geringste zu tun, andererseits auch nicht periparasitäre Eiterungsprozesse, höchstens ganz vereinzelt unter besonderen Umständen und nur lokal.

Zweifellos besteht zwischen dem cystischen und alveolaren Echinococcus ein ganz gewaltiger Unterschied hinsichtlich der Möglichkeit der Spontanheilung, die bei ersterem ungemein häufig [1], bei letzterem nur höchst ausnahmsweise, ganz vereinzelt, vorkommt.

X. Verschiedene Befunde an der Leberkapsel und dem Bauchfell.

1. Perihepatitis fibrosa hyperplastica.

So wie durch die Ansiedlung des Parasiten schwere Gewebsveränderungen herbeigeführt werden, kommt es auch recht häufig zu einer hochgradigen reaktiven, hyperplastischen Entzündung der Leberkapsel mit mächtigen Verdickungen und Bildern der Zuckergußleber.

Wir begnügen uns aus dem Schrifttum die hervorstechendsten Beobachtungen auszuwählen.

Scheuthauer (93) (1867). Der r. L. in einen Sack verwandelt, dessen Wände $1^1/_2$—2 Zoll dick sind, außerdem eine 2 Linien dicke fast knorpelharte Peritonealkapsel.

Huber (76) (1881) 2 Fälle. Im 2. die Leberkapsel im Bereich des Tumors im r. L. sehr stark schwielig verdickt, nach vorne zu bis auf 1 cm, am linken (frei vom Echinococcus) Kapsel nicht verdickt.

Löwenstein (116) (1889) 2 Fälle. Beim 2. die perihepatitische Schwarte fast 1 cm dick.

Bei einem mit vielfacher Tuberkulose komplizierten Fall Rachmaninows (180) (1897) (Melnikow Fall 22) bestand ganz besonders starke Perihepatitis, die fibröse Leberkapsel war $1^1/_2$ cm dick.

In der Regel beschränkt sich die Perihepatitis auf das Gebiet der parasitären Geschwulst und deren nächste Umgebung.

---

[1] Es ist wohl zu hoch gegriffen, wenn Kaufmann (Lehrbuch 7. u. 8 Aufl.. Bd. 1, S. 765. 1922) annimmt, daß 50% des gewöhnlichen hydatidösen Echinococcus zur Spontanheilung kommen. — Ganz übertriebene Zahlen über Spontanheilungen beim cystischen Blasenwurm bringt Pokrovski [Über spontane Heilung von Lungenechinokokken. Vestn. rentgenol. (russ.) 5, Nr 1, 45 (1927)] anläßlich eines Berichtes über einen durch Durchbruch geheilten Fall von Lungenechinococcus. Ihm zufolge hätten neuere ausgedehnte Untersuchungen und vergleichende Statistiken das überraschende Resultat ergeben, daß die spontane Ausheilung des Echinococcus in nicht weniger als 90—91% der Fälle erfolgt. Es ist nicht recht ersichtlich, ob dieser Autor hiebei nur die cystischen Lungenechinokokken meint, von denen er erklärt, sie brauchten nicht mehr immer chirurgisch angegangen zu werden. Übrigens wäre auch für dieses Vorkommen allein der Prozentsatz weitaus zu hoch gegriffen.

Am Leberpräparat PICHLERs (158) (1898) war an der beträchtlich vergrößerten Leber der Peritonealüberzug im Bereiche des l. L., des Lobus quadrat. und der vorderen Fläche des unteren l. Viertels des r. L. schwielig verdickt. Sonst der Peritonealüberzug zart. Entsprechend den genannten Verdickungen des Leberperitoneums in der Leber eine Tumormasse.

Eine ganz beträchtliche Perihepatitis fibrosa zeigte der Fall von ZINN (234) (1899) mit enormer Jauchehöhlenbildung und deren Durchbruch in die Bauchhöhle, wobei jedoch an der Perforationsstelle die Serosa lokal äußerst verdünnt war, so daß der bei diesem Parasiten so seltene Durchbruch ins Cavum peritonei erfolgen konnte (s. u.).

SCHWYZER (201). 1. Fall. 44jähr. Mann. Ein gut kindskopfgroßer Teil des r. L. lateral und kranial in der sehr großen Leber ist ungeheuer derb, an der Oberfläche höckerig, wie mit dicken Lagen von Zuckerguß überdeckt, während der übrige Teil der Leber grasgrün aussieht.

2. Fall, 41jähr. Mann, Abscessus hepatis ex echinococcus alveolaris, perihepatitis chron. fibrosa.

STEMMLER (206) weist auf die glatte weißlich glänzende Oberfläche hin, mit einem Stich ins elfenbeinfarbige. Die Oberfläche des Tumors wird von einer bis 3 mm dicken derben Kapsel gebildet, die sich leicht abheben läßt. Der stark vergrößerte, sich hart anfühlende Leberlappen erhält durch die derbe weißlich erscheinende Kapsel ein Ansehen, das man mit dem der Zuckergußleber vergleichen kann.

In der Tuberkulose und Alveolarechinococcus unter dem Bilde der Konglomerattuberkulose beherbergenden Leber fand KNIGGE (92) (1913) außer einer großen Erweichungshöhle im r. L., mehrere kleine Höhlen (erbsen- bis kleinkirschgroß) dicht unter der fibrös verdickten, stellenweise 1 cm messenden GLISSONschen Kapsel.

Daß selbst sehr kleine Exemplare schon zu mächtiger Perihepatitis hyperplastica Veranlassung geben können, beweisen außer dieser noch verschiedene andere Beobachtungen u. a. sehr schön ausgeprägt ein noch nicht veröffentlichter Fall ASCHOFFs (in Marburg beobachtet) (Sekt. 205, 1904), über den mir kurz Herr Prof. BENNEKE berichtete.

Der etwa birnengroße Alveolarechinococcus sitzt unter der zuckergußartig verdickten Kapsel im r. L.

Wir begnügen uns aus den Eigenfällen 3 besonders stark entwickelte solche herauszuheben, bei denen es zu mächtiger Zuckerguß-Schwartenentwicklung kam (Fall XXXVIII, XLVII und LV).

Nach 2 Richtungen erlangt die hyperplastische Perihepatitis eine besondere Bedeutung:

1. Als Wegweiser für die darunterbefindliche lokale Parasitenansiedlung, und 2. als förmliche mechanische Schutzvorrichtung gegen Schädigungen der darunterliegenden vulnerablen Geschwulstanteile und andererseits gegen weiteres Vordringen dieser und Perforationen der Zerfallshöhlen nach außen.

Dieser mächtige Schutzwall erklärt auch die enorme Seltenheit von Durchbrüchen (s. d.); allerdings kann sich ein solcher trotz der Perihepatitis, an anderen noch dünnen Stellen einstellen, wie in dem ganz vereinzelten Fall von ZINN (234) (s. o.).

Bei Besprechung der „Perihepatitis" (Zuckergußleber usw.) ließ RÖSSLE [1] das häufige Vorkommen gerade beim Alveolarechinococcus ganz außeracht, bei dem so oft die schwersten Grade vorkommen und sich besondere Eigenheiten zeigen.

2. Verschiedene andere Abdominalbefunde beim Alveolar-Echinococcus.

Auch an anderen Bauchorganen können sich mächtige Kapselverdickungen bei Invasion der Geschwulst zeigen.

---

[1] RÖSSLE, R.: Entzündungen der Leber, Anhang Perihepatitis. Handbuch der speziellen pathologischen Anatomie von HENKE-LUBARSCH Bd. V, 1, S. 485 (1930).

Bei dem primären Milzfall von MOISEJEW-ELENEVSKY (51) zeigte sich eine mächtige Perisplenitis fibrosa.

Gleiches gilt für den Fall THORELs (1907) (Privatmitteilung) eines fast mannskopfgroßen Alveolarechinococcus in der Milz.

Mehrfach fand ich bei Beobachtungen des Schrifttums und der Eigenkasuistik Perisplenitis hyperplastica auch als Teilerscheinung einer allgemeinen Polyserositis.

MERKEL-JEBE (128, 84) (1907—1908) berichtet bei einem Alveolarechinococcus des linken Lappens mit Kombination von Zungen-Mastdarmcarcinom über Polyserositis, wobei die Milz eine knochenharte Kapselverdickung zeigte.

Eine äußerst starke perisplenitische Verdickung wies auch ein noch nicht veröffentlichter Erlanger Fall (Nov. 1899, Nr. 261) auf (hochgradige Zuckergußmilz).

Ganz ausnahmsweise können Verwachsungsmembranen an der Leberkapsel Sitz der Weiterwucherung des Parasiten bilden, wie solches KRÄNZLE (BURCKHARDT) (98) (1880) beobachtete.

Die fibröse Cystenwand (soll besser heißen Zerfallshöhlenwand) enthält keine sichtbaren Blasen wohl aber befinden sich in den perihepatitischen Pseudomembranen eine ganze Reihe erbsen- bis kirschgroßer mit gallertig verquollenen Blasen infiltrierter Herde und Knoten.

In einem Tübinger Fall VIERORDTs (im Jahre 1892) (nicht publiziert, private Mitteilung, s. POSSELT, Sammelforschung Fall 155, S. 109 bei MELNIKOW 760, S. 101) zeigt die mikroskopische Untersuchung von Bindegewebsmembranen (Synechien), welche die Leberoberfläche bedecken, daß in dem sklerotischen Bindegewebe Chitinbläschen- und Knäuel beherbergende Alveolen enthalten sind.

Über eine perisplenäre Wucherung, die sich auf die Leberkapsel fortsetzte, berichtet HAFFTER (67) (1875):

1. Fall. Die stark vergrößerte Milz (Längsdurchm. 18 cm) zum Teil mit dem l. L. verwachsen durch eine 2 cm dicke Geschwulstmasse (durchlöchertes, honigwabenartiges Aussehen), welche nur auf die Kapsel geht.

In ganz vereinzelten Eigenfällen und solche des Schrifttums war dies auch bei Verwachsungen mit dem Diaphragma, dann der Nebenniere und Niere der Fall.

Als eine weitere eigenartige Formation des Alveolarechinococcus sind traubenförmige Bildungen am Peritoneum hervorzuheben, die zum Teil nur mäßig vorragen, überwiegend aber wie an Stielen hängend auftreten.

SCHEUTHAUER (193) (1867). Ein an einem bindegewebigen Strang hängender laubförmiger Anhang der Peritonealkapsel zeigt, wie ähnliche Auswüchse an der vorderen Bauch- und der hinteren Uteruswand, auf Oberfläche und Querschnitt die erwähnten gallertgefüllten Bindegewebshöhlen. Mikroskopisch charakteristischer Alveolarechinococcus - Bau. — Alveolarechinococcus - Präparat des Münchner pathologisch- anatomischen Institutes Nr 389, 1877—78 (Fall 35 bei MELNIKOW). An der Peritonealoberfläche der Neubildung hängen traubenförmige Bläschenkonglomerate des Parasiten.

MELNIKOW Fall 67 (S. 103) Museumspräparat des Pathologischen Institutes Tübingen. An dem die Neubildung bedeckenden Peritonealüberzug treten erbsengroße traubenförmig angeordnete Bläschen des Parasiten hervor.

MELNIKOW, Fall 85. (S. 140). Züricher Präparat (Zufälliger Sektionsbefund). Das den Knoten überziehende Peritoneum ist 2 mm dick, seine Oberfläche uneben, höckerig; man sieht hier traubenförmige Bläschen des Parasiten und wallartig vorspringende, netzartig verflochtene Stränge, welche den vom Parasiten befallenen Lymphgefäßen entsprechen. In den Maschen dieses Netzes springen die Knötchen der Neubildung hervor. Die traubenartig hängenden Bläschen erinnern nach ihm (S. 195) an ein Myxoma Chorii.

Nach allem scheinen diese Bildungen nur zum geringsten Teil den Appendices epiploicae [1] anzugehören.

Auch gestielte polypöse Bildungen kommen vor.

Bei einem Kranken ROMANOWs (184) (1892 u. C. Nr. 180) fanden sich der Alveolar-echinococcus-Geschwulst der Leber entsprechend, am Diaphragma hanfkorngroße Knötchen von rundlicher Form, weißlichem Aussehen und großer Festigkeit; nur eins von diesen 8 Knötchen hat polypöse Form mit kurzem Stiel.

Diese Excrescenzen enthalten weder Skolezes noch Häkchen, jedoch 0,025 mm dicke geschichtete Membranen und erweisen sich als versprengte multilokuläre Echinokokkenkeime.

Starkes Befallensein des Ligam. suspens. hepatis trifft man mehrfach besonders bei MORIN (138) und WALDSTEIN (221).

Über Fortwuchern und Übergreifen auf das Ligam. hepatoduodenale [2], große und kleine Netz und Zwerchfell siehe POSSELT [3].

In letzter Zeit obduzierte Prof. LANG am Innsbrucker pathologischen Institut zwei hierhergehörige Fälle:

1. 56jähr. M. 8. Febr. 1928. 278/28. Großer zerfallender Echinococcus alveolaris des r. L. mit Infiltration und Vordringen in die Gallengänge, des Ligamentum hepatoduodenale und die Pankreaskapsel.

2. 30jähr. W. (8. Juli 1930, Pr. Nr. 19221) Alveolarechinococcus des r. Leberlappens mit Ulcus duodeni, Einengung des Ductus choledochus, Vordringen in und Durchwachsung des Ligamentum hepatoduodenale.

Anhangsweise sollen die Verhältnisse bei einem unsicheren Fall Platz finden. Bei dem in seiner echten alveolären Natur mehrfach angezweifelten Fall von HESCHL (71) (1861) von Vorkommen beider Arten in der Leber, zeigten sich an verschiedenen Stellen der Baucheingeweide, subserösem Zellgewebe der Därme, des Netzes eingeschlossen oder auch polypenartig an dünnen Stielen befestigt, zahlreiche mohnkorn- bis nußgroße Körper mit sehr zartwandiger, durchsichtiger Bindegewebskapsel und zusammengefalteten, gelblichen oder ganz farblosen gallertigen Membranen. Die letzteren ließen sich stellenweise nur schwer von der glatten Innenfläche der Kapsel ablösen, indem sie z. T. zwischen feine Spalten sprossenartige Fortsätze schickten und z. T. auch fädige Ausläufer derselben brückenartige Filamente bildeten. Eine Höhle oder ein eingeschlossener Flüssigkeitstropfen war nirgends nachzuweisen. Die Membranen bestanden aus 6—10 dichtgedrängten Schichten, deren jede ein äußerst feines engmaschiges Fasernetz mit heller Zwischensubstanz zeigte.

Diese Bildungen dürften sich hier auf die nicht strittige 2. Art, den cystischen Echinococcus beziehen und entsprechen z. T. den bei der experimentellen Abdominal- und den bei der sekundären Peritonealechinococcose (Keimaussaat) auftretenden Formen.

Beim alveolaren wurden im Gegensatz zum cystischen noch niemals freie Bauchechinokokken gesehen.

Bekanntlich begegnet man diesen recht häufig beim cystischen Impfechinococcus im Tierversuch, wobei sie zuerst gestielt werden und sich der Stiel immer mehr dehnt und schließlich durch Abdrehung zerreißt.

Aber auch beim Menschen wurden langgestielte cystische Echinokokken beobachtet.

CHARCOT u. DAVAINE sahen Stielungen von 8—10 cm Länge und vermuteten schon, daß sich solche Echinokokken losreißen und in die Bauchhöhle fallen können. — HOSEMANN beobachtete an einer haselnußgroßen Hydatide die Stieldrehung direkt (mindestens 3 mal 360°) mit hämorrhagischer Infarzierung der distalen Hälfte des schon sehr dünn gewordenen Stieles und der Echinococcus-Hüllen, so daß die Abstoßung wohl nahe bevorsteht.

---

[1] Solche wurden einige Male beim cystischen Echinococcus als befallen beobachtet. Vgl. YVES BOURDE: L'échinococcose péritonéale. Sa forme epiploique. Bull. Chir. Marseille, 21. Okt. **1929**, S. 38.

[2] Kavernöse Umwandlungen (auf Thrombose-Grundlage) in den Venen dieses Ligamentes können zu ähnlichen Bildungen führen. — Siehe u. a. MARTIN, E. und FRIEDRICH KLAGES: L'obliteration de la veine porte avec transformation caverneuse du ligament. hepato-duodenal et les pyléphlebites chroniques. Schweiz. med. Wschr. **1930**, Nr. 19, 438.

[3] POSSELT: Neue dtsch. Chir. **40**, S. 350—352.

XI. Die Frage des Durchbruchs der vielkammerigen Blasenwurmgeschwulst der Leber in die freie Bauchhöhle.

Wir hatten verschiedenenorts wiederholt die Seltenheit von Durchbrüchen verschiedener Art, und zwar sowohl primär durch die Geschwulst und sekundär durch Absceßbildung bei Alveolarechinokokken zu betonen Gelegenheit, wodurch er sich in einen entschiedenen Gegensatz zum cystischen setzt.

Nach den Berechnungen von MAC LAURIN brechen etwa 10% aller cystischen Leberechinokokken in die Nachbarorgane durch.

DÉVÉ, der beste Kenner des cystischen Blasenwurmes, weist gerade auf die sehr häufigen Durchbrüche in die freie Bauchhöhle hin, die nach ihm für den cystischen Leberechinococcus 14% betragen. Bei ungefähr 5—10% aller Leberechinokokken kommen nach ihm Durchbruch in die Gallenwege vor, der an Häufigkeit sich gleich hinter den Durchbruch in die freie Bauchhöhle einreiht.

Natürlich besteht ein großer Unterschied, ob es sich um einen sterilen oder vereiterten Echinocccus handelt. Auf dem Umweg der Abscedierung kann es noch Spätdurchbrüche geben.

Zu DÉVÉs Verhältniszahl bemerkt LEHMANN [1] unter Annahme der Häufigkeit der Leberechinokokken von rund 80%. ,,Die Häufigkeit der Leberechinococcus-Ruptur auf alle Echinococcus-Krankheitsfälle berechnet, würde demnach 11,2% betragen. Sollten von diesen nach FRANGENHEIM 90% sterben, so würden wir im ganzen nur 12% erfolgreiche Aussaat in die Bauchhöhle erleben. De fakto beträgt aber die Häufigkeit des Peritonealechinococcus 8%. Nehmen wir von diesen höchstens den 10. Teil als primär, so bleiben 7,2% als sekundär. Das sind solche, die die Ruptur überleben. Es sterben demnach an der Ruptur in die Bauchhöhle 11,2 minus 7,2 = 4% aller Echinococcus-Träger, oder 35,7% derjenigen, die überhaupt eine Ruptur in die freie Bauchhöhle erleiden.

Die so überaus zahlreichen Durchbrüche bei cystischen Echinokokken werden durch die geringe Tendenz zu reaktiven Kapselverdickungen wenigstens zum Teil erklärt. Auch QUINCKE und HOPPE-SEYLER [2] vertreten diese Anschauung, wenn sie schreiben: ,,Da der Echinococcus cysticus nicht so häufig wie Abscesse zu Perihepatitis mit Bildung von Verwachsungen führen, so kommt es leicht zu Entleerung in die unveränderte freie Bauchhöhle''.

Trotz der oft sehr mächtigen, vereiterten und verjauchten Zerfallshöhlen, sonstigen •Eiterungen und Absceßbildungen kommt es infolge reaktiver starker Bindegewebsbildungen und Perihepatitis hyperplastica beim alveolaren dagegen, bei dieser so bösartig fortwuchernden parasitären Geschwulst, so gut wie fast nie zu Durchbrüchen in die freie Bauchhöhle und eitriger Peritonitis überhaupt.

Ohne auf die ganz außerordentliche Seltenheit dieses Befundes hinzuweisen, bringt ZINN (234) (1899) einen Fall mit Perforation der Zerfallshöhle in die freie Bauchhöhle.

Intravitam wurden durch Punktion in der Medianlinie 11 L. einer erbsenbrühfarbigen, rahmigen, chylösen Flüssigkeit entleert.

Sektion: Die Perforationsöffnung der mächtigen Ulcerationshöhle liegt annähernd in der Mammillarlinie, verläuft senkrecht, ist etwa 6—8 cm lang, mag allerdings beim Ausschöpfen der Flüssigkeit durch den Becher etwas dilatiert und zerrissen sein.

Die Höhle liegt wesentlich im r. L., die Öffnung liegt an der vorderen Leberwand. Perihepatitis fibrosa, namentlich an der Vorderfläche der Leber um die Perforationsstelle und am übrigen Rand.

---

[1] LEHMANN: Neue dtsch. Chir. 40, 162 (1928).
[2] QUINCKE u. HOPPE-SEYLER: Die Krankheiten der Leber, 2. Aufl. 1912, S. 621.

Trotz hochgradiger fibröser Perihepatitis hyperplastica erfolgte hier ein Durchbruch, und zwar eben an einer von diesem Schutzprozeß etwas freier gebliebenen Stelle, die weich und nachgiebig war; übrigens die „artefizielle" Natur nicht ganz von der Hand zu weisen. (Punktion und Ausschöpfung.)

In der großen Sammelforschung von MELNIKOW-RASWEDENKOW (Jena, 1901) konnte ich nur einen einzigen Fall dieses Vorkommnisses finden, dessen Bedeutung auch dieser Autor nicht würdigt.

Fall 20. Altstädt. Kathar. Krankenhaus Moskau, Dr. KOLLY, Angaben nach Dr. WOLKE 1899.

27jähr. Mann, Aufnahme 24. April 1899. Klinische Diagnose: Hepatitis, Peritonitis. Es wurden die Symptome einer akuten Peritonitis verzeichnet.

Autopsie (28. April 1899, Prot. 192) Diagnosis anatomica: Echinococcus alveolaris hepatis in cavum peritonei perforatus, inde peritonitis purulenta diffusa.

Indirekt kann es zu einer Perforationsperitonitis auf dem Wege der Gallenblase kommen.

So fanden sich z. B. bei dem mehrfach zitierten Fall KRÄNZLE (BURCKHARDT) (1880) bei schwerer Peritonitis, in der Bauchhöhle eine Anzahl im Innern weiß gefärbter, harter Kalksteine.

Aus der Beschreibung jedoch die Quelle des Herstammens (ab Gallenblase oder -gänge) nicht ersichtlich.

Als Fingerzeig könnte der Befund gewertet werden, daß mehrere Lebergallengänge in der Nähe der Höhle erweitert und mit dunkelgefärbten Cholesterinsteinen angefüllt waren.

Bei unserem Fall LIV kommen zwei Momente in Betracht:
Verblutung aus einer bei Probelaparotomie gesetzten Leber-Tumor-Excisionswunde und Gallenblasendurchbruch.

Im Bereich dieser eine frische Verklebung mit Dickdarm, nach ihrer Lösung kommt man in einen Hohlraum, aus dem viel gallige Flüssigkeit abläuft.

Im Abdomen galligblutige Flüssigkeit.

In VIERORDTS (215) (1886) 1. Fall, bei dem der linke Lappen in eine etwa mannskopfgroße Cyste (recte Zerfallshöhle) verwandelt war, aus der mit sehr dünnem Strahl eine der ascitischen ähnliche Flüssigkeit (trüb-schleimig, braungelb) ausfloß, ist der Verdacht auf künstliche Setzung der Perforation bei der Herausnahme, den auch übrigens der Autor selbst teilt, vollkommen gerechtfertigt.

„Die Lage dieser (beim Herausnehmen entstandenen?) Öffnung entsprach dem hinteren Rand der Cyste, welche die ganze Kuppe des Diaphragmas einnahm und mit dicken Faser- und Zellstoffmembranen überzogen war.

Vielleicht eine Vorstufe für einen in Ausbildung begriffenen Durchbruch der Lebergeschwulst an der Oberfläche findet sich nach einer Angabe DUCELLIERS (47) (1868).

„Auf der Oberfläche des l. L. eine rundliche Hervorwölbung, in welcher eine kreisrundliche, scharf begrenzte, zweifrankenstückgroße Öffnung sich befindet, die von einer dünnen halbdurchscheinenden Membran gedeckt ist. Der Rand der Öffnung ist hart; der Rest des l. L. weich, läßt deutliche Fluktuation durchfühlen.

Beim Eröffnen des l. L. entleert sich aus einer Höhle eine große Menge gelblicher, eiterähnlicher Flüssigkeit". — Für einen tatsächlichen Durchbruch findet sich kein Anhalt. In der Folge heißt es: „In der Bauchhöhle eine große Menge gelblicher Flüssigkeit."

Ganz vereinzelt kann die Geschwulst beim peripheren Vordringen die Lebersubstanz so verdrängen und die Zerfallshöhle sich so ausdehnen, daß diese schließlich an den äußersten Stellen nur mehr von der Serosa überkleidet ist.

Wenn sich dies auch naturgemäß eher bei sehr ausgedehnten Kavernen ereignet, so können aber, je nach dem Sitz, auch kleinere solches zeigen.

Für beide Möglichkeiten in Kürze Beispiele für die erste:

Mangold (120) (1892) 1. Fall. Große Erweichungshöhle, nimmt fast den ganzen rechten Lappen ein. Ihre Wandung vielfach nur noch durch die verdünnte Serosa gebildet, zumeist jedoch derbe, polypöse (2—3 cm) Gewebspartien.

Sodann der Bericht von Thierfelder (Becker)[1] und einige Eigenfälle für die zweite:

Eigenbeobachtung XXV, 50jähr. Bauer (Sekt. 4. Sept. 1903)[2].

Linker Lappen. Ganze l. Hälfte des faustgroßen Knotens nekrotisch zerfallen und bildet eine apfelgroße Höhle, deren Wendungen stellenweise nur aus verdickter Glissonscher Kapsel besteht.

Durch das Andrängen der Jauchehöhlenflüssigkeit, Drucksteigerung, Zirkulationsstörungen usw. werden natürlich eine Reihe von Vorbedingungen zur Verdünnung und Schwund des Gewebes, sowohl des Parasiten wie des Leberparenchyms gegeben. Es kann, wie erwähnt, zu Vortäuschung von subphrenischen Abscessen und extrahepatalem Sitz kommen. Aber auch hier verhindert die reaktive Verdickung der Glissonschen Kapsel Durchbrüche.

Übrigens können sich hier mitunter diagnostische Schwierigkeiten ergeben, ob es sich um derartige Kuppelkavernen oder auf Basis einer Fortwucherung oder Durchbruchs entstandenen subphrenischen Absceß handelt, ganz besonders, wenn sich kleine parasitäre Ansiedlungen an der Leberkapsel und am Zwerchfell finden.

Hier möchte ich auf einem alten Grazer Fall verweisen.

Grazer Museumspräparat (1873 u. C. Sammelforschung, Nr. 86, S. 9).

Zwischen Leberoberfläche, Zwerchfell und dem daselbst fixierten Netze eine große, fibröse, gegen 1½ Pfund gallenfarbstoffhaltiger, trüber, seröser Flüssigkeit einschließende Kapsel. Die Wand dieser Kapsel von einer gallertigen, mit Eiter und Faserstoffexsudat bedeckten Membran ausgekleidet. Im l. L. faustgroße, buchtige, ähnlich ausgekleidete, gegen die Oberfläche vordringende Höhle. In der galligen, trüben Flüssigkeit mehrere schwärzliche, aus Gallenfarbstoffen bestehende Konkremente, sowie eine große Menge gallertähnlicher, zusammengefalteter Membranen. Mit diesen gallertigen Massen erscheinen auch die mit der großen Höhle kommunizierenden kleineren Sinus, sowie einige in die Höhle mündende Gallenwege erfüllt.

Frage des Durchbruchs bei Alveolarechinococcus nach außen durch die Bauchdecken.

Beim Alveolarechinococcus wurde noch niemals ein Durchbruch durch die Bauchdecke nach außen beobachtet.

Eine in unserer Sammelforschung geführte Mitteilung aus Bayern muß korrigiert werden, da es sich durch eine authentische nachträgliche Mitteilung herausstellte, daß es sich tatsächlich um einen cystischen Echinococcus gehandelt hat.

Der von uns gebrachte Fall von Bezirksarzt Dr. N. in Mindelheim in Bayern (u. C. Nr. 132, S. 49), mit einem Spontandurchbruch nach außen, ist, wie ich einer brieflichen Mitteilung des verstorbenen Medizinalrates Dr. I. Ch. Huber in Memmingen entnehme, kein Alveolarechinococcus sondern ein gewöhnlich cystischer.

Bei dem 6mal operierten Fall von Listengarten[3] handelte es sich um einem Alveolarechinococcus der vorderen Bauchwand (pathologisch-histologische Untersuchung), höchstwahrscheinlich von der Leber ausgehend, bei dem es trotz des über 14jährigen Bestandes zu keinem Durchbruch kam (mächtige Schwielenbildungen).

---

[1] Becker: Beitr. klin. Chir. 56, 1 (1908).

[2] Posselt: Wiss. Ärzteges. Innsbruck, Sitzg 28. Nov. 1903. Wien. klin. Wschr. 1904, Nr 3.

[3] Listengarten, A.: Über einen Echinococcus multilocularis der Bauchwand. Diss. Zürich 1919.

XII. Entferntere mechanische Wirkungen.

Durch das Wachstum der parasitären Geschwulst können auch in der weiteren Umgebung infolge Druck, Verdrängung oder Zerrung mechanische Wirkungen ausgelöst werden, an welche Möglichkeiten in den Gebieten ihres Vorkommens zu denken wäre.

Magen-Darmkanal.

Druck von außen kann zu Einengung des Magenlumens (nach Art des Sanduhrmagens) oder zu Pylorusstenosen führen.

Für diese kann auch Hineinwuchern mitwirken, den Hauptanteil tragen und schließlich alleinige Ursache sein.

Die Fortwucherung der parasitären Geschwulst führte im Falle LVIII, 56jähr. Bauer (chirurg. Klinik) zu den Erscheinungen einer Pylorusstenose [1] mit Bluterbrechen.

Bei der Operation zeigte sich eine harte Stelle an der Hinterwand des Magens mit starker Pylorusveränderung. Es konnte nicht entschieden werden, ob es sich um eine rein muskuläre Pylorushypertrophie oder eventuell um einen infiltrativen Prozeß (Ca.) am Pylorus handle. Resektion B. II. G. E. In a. a. mit Enterostomie nach BRAUN. Nach 10 Monaten wegen Choledochusverschluß mit Icterus gravis 2. Operation. Cholecysto-Duodenostomie.

Bei der Sektion: Großer zerfallender Alveolarechinococcus des r. L. mit Infiltration aller Kanalsysteme.

Bei Erörterung der Beziehungen zu Ulcus ventriculi, duodeni und Darmgeschwüren wird noch auf den Gegenstand zurückzukommen sein.

Durch mechanische Wirkungen (Druck- und Zirkulationsbehinderung) entstehen Nekrosen und Geschwürsbildungen am Verdauungsschlauch.

So sahen wir 2mal die Entstehung von Ulcus ventriculi.

Um einen in Entwicklung begriffenen Magendurchbruch infolge Druck (bzw. Übergreifen?) auf den Magen mit Ulcusbildung, handelte es sich bei unserer Eigenbeobachtung XXVI.

43jähr. Frau, Sekt. 22. Dez. 1907. Pr. Nr. 8027/418.

Doppeltfaustgroßer Alveolarechinococcus des l. Leberlappens.

An der hinteren Magenwand (dicht an Kardia und kleiner Kurvatur) ein hellerstück-großes und darüber ein etwas kleineres, mit grünem Eiter belegtes Ulcus (wie von einer Sondierung herrührend).

Der Gesamtverdauungsschlauch blieb bisher von wirklichen Durchbrüchen verschont. Solche könnten eintreten durch direktes Übergreifen der Geschwulst, von Metastasen, auch infolge von Druck-usuren.

Als ein Unikum muß deshalb eine von Prof. LANG gemachte Beobachtung gelten von Durchbruch eines Leberalveolarechinococcus in den Magen.

Fall XLVII. 36jähr. Mann, Bauer aus der Umgebung Innsbrucks. Icterus melas. Seit 3 Jahren Magenschmerzen, dabei Heißhunger. Sekt. 3. Nov. 1923. Pr. Nr. 15746/39. Alveolarechinococcus des l. L., zentral erweicht, mit Metastasen in den portalen Lymph-drüsen, linker Niere (einziger Fall des Schrifttums mit sekundärem Befallensein der

---

[1] Auch beim cystischen Echinococcus gehört dieser Befund zu den größten Seltenheiten. Vgl. DE GAETANO: Sindrome di stenosi pilorice determinate da cisti da echino-cocco del fegato. Riforma med. 1927, No 48. — DE GAETANO: Pylorusstenosensymptome infolge Leberechinococcus mit dicker und harter Wand, einen Magenkrebs vortäuschend. Rinasc. med. 5, 580, 1. Juni 1928. Zu den ganz außergewöhnlichen Vorkommnissen gehört Verengung oder Durchbruch des Oesophagus. BIOT, R. et G. SEGURA: Quist. hidat. de higado abierto en el esofago. Semana méd. Buenos Aires 30, 2, 956 (1923).

linken Niere), r. L. und Durchbruch in den Magen, nahe der Kardia (Vorwucherung und Druckatrophie).

Auch auf indirektem Wege wären solche Prozesse möglich und natürlich noch mehr bei Alveolarechinococcus der näheren Nachbarschaft [1].

Gelegentlich kann Vordrängen der Hauptgeschwulst oder gesonderter Knoten an das Duodenum mit Verzerrung, Verdrängung oder Einengungen mit oder ohne Erscheinungen von Duodenitis festgestellt werden.

Ein Mitbefallensein des Duodenums in Form kleiner kreisförmiger oder ovaler Gruben meldet schon BÖTTCHER (15) (1858).

Sie wurden durch einen Substanzverlust gebildet, welcher bald nur die Schleimhaut, bald auch die tiefen Schichten betraf. Wo zwei solcher Gruben nahe beieinander standen, erschien die Schleimhaut noch als Brücke zwischen ihnen, während sie unter derselben, da sie unterminiert war, in eine einzige Höhle zusammenstießen.

Die Beobachtung von Prof. LANG eines Ulcus duodeni (8. Juli 1930, Pr. 19221 des pathologischen Instituts Innsbruck) fand schon kurz Erwähnung.

Eine weitere Frage ist hier einschlägig, die nach den Beziehungen der vielkammerigen Blasenwurmgeschwulst der Leber zur Hydronephrose.

In erster Linie kommt dabei die Möglichkeit gegenseitiger Verwechslung bei der klinischen Diagnose in Betracht.

Nach dem physikalischen Verhalten trifft dies vor allem für den cystischen Echinococcus zu, worüber über differential-diagnostische Verwechslungen in beidem Sinne ein reiches Schrifttum besteht.

Beim Alveolarechinococcus dürfte dies namentlich für jene Geschwülste gelten, welche ganz besonders starkes Wachstum nach unten zeigen mit mächtiger Lappenbildung (s. d.).

Fürs zweite kann es durch die besonderen Wachstumsverhältnisse der Alveolarechinococcus-Geschwulst der Leber infolge Druck auf den Ureter zu periodischer oder bleibender Hydronephrosebildung kommen.

Hierzu kann eine Eigenbeobachtung namhaft gemacht werden.

Fall LVII. 48jähr. Bäuerin [2]. Die hier nach abwärts und hinten zu wuchernde monströse parasitäre Geschwulst mit mächtiger Lappenbildung gab durch Druck auf den rechten Ureter 3mal Veranlassung zum Auftreten der Erscheinungen von Hydronephrose mit Druckusuren und blutigem Harn. Durch zentrale Erweichung und Zerfall immer wieder Zurückgehen dieser Druckfolgen.

Auch beim gewöhnlichen cystischen Echinococcus muß außer an obige auch an diese zweite Möglichkeit gedacht werden, worüber ebenfalls schon verschiedene Angaben im Schrifttum vorliegen [3].

Hier handelt es sich immer darum, daß die ursprüngliche Lebergeschwulst die Ursache für solche Prozesse abgibt.

· In ein eigenes Kapitel gehören diese Wirkungen durch vielfache cystische Echinokokken [4] oder Bauchmetastasen.

---

[1] THEODOROWITSCH (Sitzg. russ. path. Ges. Leningrad 1929) machte bei 2 Fällen von cystischen Echinococcus der Milz die Beobachtung von Durchbruch in den Magen infolge gangränöser Herde derselben.

[2] POSSELT: Wiss. Ärzteges. Innsbruck, 16. März 1928.

[3] Sogar über beiderseitige Hydronephrose infolge von cystischem Leberechinococcus wird berichtet (TICKELL: Hydatid of liver, obstruction of ureters, cardiac hypertrophie, uraemie. Brit. med. J. April 1898, 16).

[4] Solche können an verschiedenen Punkten mechanische Wirksamkeit entfalten. GÖTZ, KARL: Multipler Echinococcus des Unterleibs bei einem 12jähr. Kinde mit gleichzeitiger Obliteration der Vena cava inferior und Pyelonephritis, beides herbeigeführt auf dem Wege der Kompression. Jb. Kinderkrkh. 17, H. 2/3 (1881).

Auch Verwechslungen von Hydronephrose mit gewöhnlichen Echinococcus wurden öfters beschrieben u. a. in vier Fällen von MAIRE.

Bei einer Beobachtung von BÉRARD und DUNET [1] beruhte der Verdacht sogar auf Hydatitenschwirren!

MATHES (Differentialdiagnose 1922) erörtert nur in aller Kürze die Differentialdiagnose beider Krankheitszustände.

An der chirurgischen Klinik (Prof. v. HABERER) wurde im August 1907 eine 38jähr. Kranke aus Südtirol mit einer großen Echinococcuscyste des r. L. operiert, bei der die Diagnose nach den klinischen Erscheinungen zwischen Hydronephrose und Leberechinococcus schwankte.

Bei beiden Arten des Blasenwurms wäre außerdem an die Möglichkeit zu denken, daß primäre oder sekundäre Geschwulstbildungen bzw. Hydatiden in der Niere selbst zu dieser Verwechslung Anlaß geben könnten und umgekehrt, daß die Hydronephrose für solche gehalten würde.

Verschiedenes noch hierher Gehöriges ist den Kapiteln über extrahepatalem Sitz der primären Ansiedlung und der Metastasen vorbehalten.

Fortwuchern auf das Zwerchfell, Übergreifen und Durchbruch in die Lungen.

Die Beziehungen des Alveolarechinococcus der Leber zur Lunge gestalten sich zweifach:

1. Übergreifen auf das Zwerchfell und Fortwuchern in die Lunge ohne und mit Durchbruch in diese bzw. Bronchien.

2. Setzung von Lungenmetastasen als häufigste solche, was jedoch erst bei der extrahepatalen Lokalisation zu erörtern ist.

Weiterhin gehört hierher die Bildung subphrenischer Abscesse; hierbei handelt es sich entweder um Ausbildung dieser Komplikation als Eiterungsherd zwischen Leber und Zwerchfell oder um Nachahmung eines solchen (wenigstens klinisch) durch Nekrosehöhlenbildung an der Leberkuppe, welche sogar bei der Sektion zu Täuschungen Veranlassung geben kann.

Bei der ursprünglichen Leberansiedlung kommen in Betracht solche, die von Haus aus sich in der Nähe der Leberkonvexität entwickeln; dann bei mächtigen Tumoren Vordringen der Gesamtgeschwulst bis dorthin oder gesonderte Entwicklung von Kuppenknoten. Bei subdiaphragmaler Absceßbildung kämen auch die seltenen supra (juxta-) Alveolarechinokokkenknoten in Frage (s. juxtahepat. Sitz).

Bezüglich der Durchbrüche in die Lunge (Bronchien) ist auf unsere Eigenbeobachtungen XXVII, XXXI und XXXIII hinzuweisen, die sich durch ungeheure Hämatoidinmassen in dem sehr reichen Auswurf auszeichneten (s. POSSELT, 169, S. 378—381). —

Diese hier niedergelegten erschöpfenden Schrifttumsangaben dürften wohl auch Gelegenheit zur Erörterung verschiedener anderer in Zusammenhang stehender Fragen geben.

Als Fortsetzungen werden besprochen die Verhältnisse in den Organen und Regionen bei Sitz außerhalb der Leber, Metastasenbildungen, sodann die histologischen und parasitologischen Befunde.

---

[1] BÉRARD, E. et C. DUNET: Critique du frémissement hydat. à propos d'une hydronéphrose simulant un kyste hydat. du foie. J. Urol. méd. et chir. Paris 11, 1 (1921).

5. Pathologie neurotroper Viruskrankheiten der Haustiere
(mit Berücksichtigung der vergleichenden Pathologie).

Von

OSKAR SEIFRIED, Gießen,
z. Zt. Princeton, N. J. (U. S. A.)

Mit 48 Abbildungen.

Schrifttum.

Verwandtschaftsgruppe I.

I. Infektiöse Gehirn-Rückenmarks-Entzündung (BORNAsche Krankheit).

a) Beim Pferde.

1. ARNDT, H. J.: Z. Inf.krkh. Haustiere 29, 184 (1926).
2. BARTOS, ST.: Allategészségügy 1924, 67.
3. BECK, A.: Z. Inf.krkh. Haustiere 28, 99 (1925).
4. BECK, A. u. H. FROHBÖSE: Arch. Tierheilk. 54, 84 (1926).
5. BEMMANN, H.: Inaug.-Diss. Gießen 1926.
6. BERGER, H.: Inaug.-Diss. Leipzig 1926.
7. BOHN, H.: Arch. Tierheilk. 54, 121 (1926).
8. BRATIANU u. LOMBART: C. r. Soc. Biol. Paris 101, 792 (1929).
9. BÜRKI, F.: Schweiz. Arch. Tierheilk. 69, 83 u. 85 (1927).
10. DEXLER, H.: Handbuch der normalen und pathologischen Physiologie, Bd. 10. Berlin: Julius Springer 1927.
11. DOBBERSTEIN, I.: Z. Inf.krkh. Haustiere 33, 290 (1928).
12. EDELMANN: Dtsch. tierärztl. Wschr. 1927, 167.
13. ELLINGER, E.: Tierärztl. Rdsch. 1927, Nr 12 u. 14.
14. ERNST, W.: Münch. tierärztl. Wschr. 1925, 477.
15. ERNST, W. u. H. HAHN: Münch. tierärztl. Wschr. 1926, 46 u. 477 u. 1927, 85.
16. FERNEY: Rev. vét. 78, 296 (1926).
17. FISCEHR, K. E.: Münch. tierärztl. Wschr. 1927, 345.
18. FRÖHNER, E.: Berl. tierärztl. Wschr. 1924, 215.
19. GALLOWAY, J. A. u. S. NICOLAU: C. r. Soc. Biol. Paris 100, 537 (1929).
20. GEISSERT, E.: Berl. tierärztl. Wschr. 1925, 586.
21. GLAMSER, F.: Z. Inf.krkh. Haustiere 31, 1 (1927).
22. GMELIN, W.: Arch. Tierheilk. 51, 24 (1924).
23. HABERSANG: Berl. tierärztl. Wschr. 1927, 530.
24. HAHN, H.: Münch. tierärztl. Wschr. 1925, 830.
25. HIRSCH-TABOR, O. u. H. VOLLMAR: Münch. med. Wschr. 1927, 709.
26. IMMIG, F.: Z. Immun.forschg. 55, 403 (1928).
27. ISPOLOTOV, V.: Vet. Delo (russ.) 5, Nr 5 (1927).
28. JOEST, E.: Erg. Path. 18 I, 357 (1915).
29. — Spezielle Patholog. Anat. der Haustiere, Bd. 2. Berlin: R. Schoetz 1921.
30. — Z. Inf.krkh. Haustiere 21, 97 (1921).
31. — Klin. Wschr. 5, 209 (1926).
32. KIKUCHI, R.: Arch. Tierheilk. 58, 541 (1928).

33. Kovács, A.: Allategészségügy 7, 2 (1927).
34. Kraus, R.: Rev. Inst. bacter. Buenos Aires 1919.
35. — Z. Immun.forschg. 30, 121 (1920).
36. — Wien. tierärztl. Mschr. 1924, 216.
37. — Berl. tierärztl. Wschr. 1925, 258.
38. Lásló, A.: Deutschösterr. tierärztl. Wschr. 1925, 149.
39. Lipschütz, B.: Seuchenbekämpfg 1926, 79.
40. Luksch, F.: Z. Krebsforschg 19 (1922).
41. Marchand, L. et R. Moussu: C. r. Acad. Sci. Paris 178, 149 (1924).
42. Merilat, L. A.: N. amer. Veterinarian 8, 50 (1927).
43. Moussu, R.: Rec. Méd. vét. 102, 722 (1926).
44. — Affections enzootiques du système nerveux central des animaux domistiques, Paris: Vigot Frères 1926.
45. Moussu, R. et L. Marchand: Rec. Méd. vét. 1924.
46. — L'encéphalite enzootique du cheval (Maladie de Borna). Paris: Vigot Frères 1924.
47. Nicolau, S.: C. r. Acad. Sci. Paris 186, 655 (1928).
48. Nicolau, S. Dimanesco-Nicolau, O., et I. A. Galloway: C. r. Soc. Biol. Paris 98, 112 u. 1119 u. 99, 464, 549, 674, 1099, 1102 u. 1471 (1928).
49. Nicolau, S., u. J. A. Galloway: Brit. J. exper. Path. 8, 336 (1927).
50. — Borna Disease and Enzootic Encephalo-Myelitis of Sheep and Cattle, London, publ. by His Maj. Stat. off. 1928.
51. — C. r. Soc. Biol. Paris 98, 112; 99, 1457 (1928) u. 100, 534 (1929).
52. — Ann. Inst. Pasteur 44, 673 (1930).
53. Nicolau, S., J. A. Galloway u. N. Stroian: C. r. Soc. Biol. Paris 100, 607 (1929).
54. Nicolau, S., u. N. Stroian: C. r. Soc. Biol. Paris 100, 86 (1929).
55. Nordberg, B.: Diss. Leipzig 1927.
56. Oberndorfer, S.: Z. Inf.krkh. Haustiere 23, 147 (1922). (Zit. nach A. Spiegl).
57. Ostertag, R. v.: Berl. tierärztl. Wschr. 1924, 705.
58. Ott, R.: Inaug.-Diss. München 1922.
59. Patzewitsch, B. u. W. Klutscharew: Zbl. Bakter. Orig. 92, 97 (1924).
60. Pilotti, G.: Riv. sper. Freniatr. 40 H. 3 (1914).
61. Plaut, H.: Handbuch der normalen und pathologischen Physiologie, Bd. 10. Berlin: Julius Springer 1927.
62. Rautmann, H.: Landw. Wschr. Prov. Sachsen 1927, 234; Tierärztl. Rdsch. 1926, 841.
63. Schmehle, A.: Inaug.-Diss. München 1923.
64. Seifried, O. u. H. Spatz: Z. Neur. 124, 317 (1930).
65. Sokolow, S.: Ref. Berl. tierärztl. Wschr. 1926, 691.
66. Stroian, N.: C. r. Soc. Biol. Paris 100, 93 (1929).
67. Vesper, E. J.: Inaug.-Diss. Leipzig 1924.
68. Zettler: Mitt. Ver. bad. Tierärzte 1926, 65, 74 u. 82.
69. Zwick, W.: Berl. tierärztl. Wschr. 1925, 435.
70. — Zbl. Bakter. Orig. 97, Beih. 155 (1926).
71. — Seuchenbekämpfg 3, 57 (1926).
72. — Festschrift für Eugen Fröhner. Stuttgart: Ferdinand Enke 1928.
73. Zwick, W. u. O. Seifried: Berl. tierärztl. Wschr. 1924, 465.
74. — Berl. tierärztl. Wschr. 1925, 129.
75. — Handbuch der pathogenen Mikroorganismen. Herausgegeb. von Kolle, Kraus, Uhlenhuth Bd. 9, 117 1927.
76. Zwick, W., Seifried, O. u. J. Witte: Z. Inf.krkh. Haustiere 30, 42 (1926) u. 32, 150 (1927).
77. — Arch. Tierheilk. 59, 511 (1929).

b) Enzootische Encephalomyelitis (Bornasche Krankheit) des Schafes.

78. Beck, A.: Z. Inf.krkh. Haustiere 28, 99 (1925); Kongreßber. 19.—26. Sept. Düsseldorf: Zbl. Bakter. Ref. 84, 498 (1927).
79. Beck, A. u. H. Frohboese: Arch. Tierheilk. 54, 84 (1926).
80. Berger, H.: Inaug.-Diss. Leipzig 1926.
81. Ernst, W.: Münch. tierärztl. Wschr. 76, 477 (1925).
82. Ernst, W. u. H. Hahn: Münch. tierärztl. Wschr. 78, 85 (1927); 77, 46 (1926).
83. Marchand, L. u. R. Moussu: C. r. Acad. Sci. Paris 178, 149 (1924); Rec. Méd. vét. 100, 5165 (1924).

84. MARCHAND, L.: Rec. Méd. vét. **103**, 24 (1927).
85. MIESSNER, H.: Dtsch. tierärztl. Wschr. **1926**, 637.
86. MOUSSU, R.: Recherches sur certaines affections enzoot. du système nerveux central des animaux domestiques. Paris: Vigot Frères 1926.
87. NICOLAU, S. u. J. A. GALLOWAY: Brit. J. exper. Path. 8, 336 (1927); C. r. Soc. Biol. Paris 98, 31, 112, 1403, 1119 (1928); **99**, 1455, 1457 (1928); Borna Disease and Enzootic Encephalomyelitis of Sheep and Cattle, London 1928.
88. NICOLAU, S.: C. r. Acad. Sci. Paris **186**, 655 (1928).
89. NICOLAU, S., DIMANCESCO-NICOLAU u. J. A. GALLOWAY: C. r. Soc. Biol. Paris 98, 1119 (1928); **99**, 464, 549 (1928); Ann. Inst. Pasteur 43, 1 (1929).
90. OBERNDORFER, S.: Zit. nach SPIEGEL, Z. Inf.krkh. Haustiere 23, 147 (1922).
91. PRIEMER, B.: Inaug.-Diss. Leipzig 1925; Tierärztl. Rdsch. **1925**, 392.
92. RAEBIGER, H.: Jahrber. d. Bakt. Inst. d. Ldw. K. Halle a. d. S. 1926/27.
93. SPIEGL, A.: Z. Inf.krkh. Haustiere **23**, 147 (1922).
94. ZWICK, W., SEIFRIED, O. u. J. WITTE: Z. Inf.krkh. Haustiere 30, 42 (1926); **32**, 150 (1927); Arch. Tierheilk. **59**, 511 (1929).
95. ZWICK, W. u. O. SEIFRIED: Handbuch der pathogenen Mikroorganismen von KOLLE, KRAUS, UHLENHUTH Bd. 9, 117 (1927).
96. ZWICK, W.: Festschrift für E. FROEHNER **1928**, 407.

Anhang: Gehirnveränderungen beim bösartigen Katarrhalfieber des Rindes.

97. ACKERMANN, J.: Schweiz. Arch. Tierheilk. **64**, 1 (1922).
98. BAUER, H.: Inaug.-Diss. Hannover 1925.
99. — Dtsch. tierärztl. Wschr. **1925**, 121.
100. DOBBERSTEIN, J.: Dtsch. tierärztl. Wschr. **1925**, 867.
101. DOBBERSTEIN, J. u. A. HEMMERT-HALSWICK: Z. Inf.krkh. Haustiere **33**, 296 (1928).
102. DONATIEN, A. u. R. BOSSELUT: C. r. Acad. Sci. Paris **174**, 250 (1922).
103. ERNST, W. u. H. HAHN: Münch. tierärztl. Wschr. **1927**, 85.
104. GLAMSER, F.: Dtsch. tierärztl. Wschr. **1926**, 312.
105. GOETZE u. LIESS: Dtsch. tierärztl. Wschr. **1930**, Nr 13.
106. MEYER, P.: Inaug.-Diss. Leipzig 1927.
107. SCHMEHLE, A.: Inaug.-Diss. München 1923.
108. ZWICK, W., SEIFRIED, O. u. J. WITTE: Arch. Tierheilk. **59**, 511 (1929).

II. Enzootische Enzephalitis des Rindes.

109. CAUSEL, M.: Rec. Méd. vét. **100**, 526 (1924).
110. ERNST, W. u. H. HAHN: Münch. tierärztl. Wschr. **1927**, 85.
111. KRAGERUD, A. u. T. GUNDERSON: Norges offisielle statistik **7**, 15 (1921).
112. MARCHAND, L., R. MOUSSU, u. BONNETAT: J. comp. Path. a. Ther. **40**, 241 (1927).
113. MEYER, P.: Inaug.-Diss. Leipzig 1927.
114. MOUSSU, R.: Recherches sur certaines affections du syst. nerveux central des animaux domestiques. Paris: Vigot Frères 1926.
115. NICOLAU, S.: C. r. Acad. Sci. Paris **186**, 655 (1928).
116. NICOLAU, S. u. I. A. GALLOWAY: Brit. J. exper. Path. 8, 336 (1927).
116a.— Borna Disease and Enzootic Encephalomyelitis of sheep and cattle. London 1928.

III. Tollwut.

117. ACHUCARRO, N.: Histol. Arb. Großhirnrinde **3**, 143 (1909).
118. AMATO, A.: Zbl. Bakter. Orig. **76**, 403 (1915).
119. AUGSBURGER, F.: Inaug.-Diss. Lausanne 1913.
120. BABES, V.: C. r. Soc. Biol. Paris 78, 457 (1915).
121. BENEDEK, H. u. O. PORSCHE: Über die Entstehung der NEGRIschen Körperchen. Abh. Neur. usw. Berlin: S. Karger 1921.
122. BIERBAUM, K.: Z. Vet.kde **1919**, 2.
123. BLONCHU, R. WILBERT et M. DELORME: Bull. Soc. Path. exot. **20**, 404 (1927).
124. BOBES: C. r. Soc. Biol. Paris 99, 1106 (1928).
125. BORMAN, EARLE, K.: Amer. J. publ. Health. 16, 467 (1926).
126. CHACHINA, S.: Virchows Arch. **261**, 787 (1926).
127. COLLADO: Bol. Soc. españ. Biol. **9** (1921).

128. CREMONA, P.: Critica zoot. et sanit. **3**, 281 (1926).

129. DEXLER, H.: Med. Klin. **1926**, Nr 2.

130. EPSTEIN, H.: Zbl. Bakter. **69**, 92 (1924).

131. FEDOROFF, H.: Z. Neur. **248**, 100 (1926).

132. GALLEGO, A.: Z. Inf.krkh. Haustiere **28**, 95—98 (1925); Clin. vet. **39** (1925).

133. GERLACH, F.: Wien. tierärztl. Mschr. **1917**, 303; **1920**, 1.

134. GERLACH, F. u. F. SCHWEINSBURG: Zbl. Bakter. **91**, 552 (1924); Virchows Arch. **270**, 439 (1928).

135. GRAVES, F. C.: Vét. Rec. **6**, 369 (1926).

136. HAHN, M.: Münch. tierärztl. Wschr. **1926**, Nr 4.

137. HARDENBERGH, J. B. and B. M. UNDERHILL,: J. amer. vet. med. Assoc. **49**, 663 (1916).

138. HENK, A.: Inaug.-Diss. Budapest, Koezl. **19**, 40—46 (1925).

139. HILDEBRAND, PH. S.: Dtsch. tierärztl. Wschr. **35**, Nr 23, Sonderbeil. (1927); Vet. hist. Mitt. **7**, 20 (1927).

140. HERRMANN, O.: Z. Immun.forschg. **58**, 384 (1928) und **58**, 371 (1928).

141. JACKSON, L.: J. inf. Dis. **29**, 291 (1921).

142. KOCH, J.: Dtsch. med. Wschr. **1913**, Nr 42.

143. — Dtsch. med. Wschr., **1913**, 2025.

144. KOCH, J. u. P. RISSLING: Z. Hyg. **65**, 85 (1910).

145. KORITSCHONER, R.: Wien. tierärztl. Mschr. **1921**, 157.

146. KRAUS, R., GERLACH, F. u. F. SCHWEINSBURG: Lyssa b. Mensch u. Tier. Wien: Urban und Schwarzenberg 1926.

147. KRINITZKY, SCH. J.: Virchows Arch. **261**, 862 (1926).

148. KROLL, N.: Z. Neur. **114**, 63 (1928).

149. SLINATI: Clin. vet. **1922**, 477.

150. LEHR, E.: Arch. Tierheilk. **56**, 372 (1927).

151. LINDEMAN, S. J. L.: J. Army med. Corps. **48**, 303 (1927).

152. LINENTHAL, H.: Boston med. J. **1915**.

153. LOEWENBERG, K.: Arch. of Neur. **19**, 638 (1928).

154. LOEWENTHAL, W: Zbl. Bakter. I Orig. **101**, 393 (1927).

155. LUEHRS, E.: Z. Inf.krkh. Haustiere **300**, 28 (1925).

156. LEVADITI, C.: C. r. Soc. Biol. Paris **96**, 967 (1927).

157. LEVADITI, C., NICOLAU, S. u. R. SCHOEN: **90**, 994 (1924) u. **91**, 56, 28, 300; **40**, 973 (1926).

158. MANOUÉLIAN, J.: Ann. Inst. Pasteur **27**, 233 (1914); C. r. Acad. Sci. Paris **186**, 327 (1928).

159. MANOUÉLIAN et J. VIALA: C. r. Acad. Sci. Paris **186**, 327 (1928); **187**, 151 (1928); Ann. Inst. Pasteur **28**, 233 (1914).

160. MANOUÉLIAN, J. et J. VIALA: Ann. Inst. Pasteur **36**, 830 (1922); C. r. Acad. Sci. Paris **175**, 731 (1922); **178**, 344 (1924); Progrès méd. **55**, 107 (1927); C. r. Acad. Sci. Paris **185**, 1623 (1927).

161. NEGRI, L.: Ann. Inst. Pasteur **27**, 907, 1039 (1913).

162. NICOLAU, S., DIMANCESCO-NICOLAU, O. u. J. A. GALLOWAY: Ann. Inst. Pasteur **43**, 1 (1929).

163. NICOLAU, S. et E. MATÉSESKO: C. r. Acad. Sci. Paris **186**, 1072 (1928).

164. NICOLAU, S. et SERBANESZO: C. r. Soc. Biol. Paris **99**, 294 (1928).

165. NICOLAU, S.: C. r. Soc. Biol. Paris **99**, 677 (1928) u. **98**, 31.

166. NICOLAU u. GALLOWAY.

167. OEHIRA, T.: Zbl. Bakter. I Orig. **84**, 528 (1920).

168. OHASHI, M.: J. Jap. Soc. Vet. Sci. **2**, 203 (1923).

169. PAUL u. SCHWEINBURG: Wien. tierärztl. Mschr. **13**, 292 (1926).

170. — Virchows Arch. **262**, 1) 1926).

171. PERLIVA DA SILVA, E.: C. r. Soc. Biol. Paris **96**, 1342 (1927).

172. PINZANI, G.: Policlinico sez. prat. **32**, 1748 (1925); Ref. Zbl. Hyg. **12**, 882 (1926).

173. SANFELICE, F.: Z. Hyg. **79**, 452 (1915).

174. SCHAFFER, K.: LEWANDOWSKYS Handbuch der Neurologie, Bd. 3, S. 980, 1912 (Lit.).

175. SCHLEGEL, M.: Berl. tierärztl. Wschr. **42**, 329 (1926).

176. SLOTWER, B. S.: Virchows Arch. **261**, 787 (1926).

177. SPATZ, H.: Dissk.bem. z. Vortrag N. Kroll. Zbl. Neur. **51**, 862 (1929).

178. SPERANSKY, A.: Ann. Inst. Pasteur **41**, 166 (1927).

179. STIRLING, R. F. and PILLAY, R. V.: Vet. J. **80**, 318 (1924).

180. TEDEROFF, H.: Z. Neur. **100**, 249 (1926).

181. VOJTECH, J.: Dtsch.-österr. tierärztl. Wschr. **4**, 17 (1922).

182. VOLPINO, G.: Pathologica (Genova) **1914**, Nr 126.

IV. Meerschweinchenlähme.

183. Römer: Zbl. Bakter. **50**, Beih., 30 (1911).
184. — Dtsch. med. Wschr. **37**, 1209 (1911).
185. Raebiger u. Lerche: Erg. Path. II **21**, 700 (1927).

V. Vergleichende Pathologie der Krankheiten der ersten Verwandtschaftsgruppe.

186. Achard, P.: L'encéphalite léthargique. Paris 1921.
187. Bemann, H.: Inaug.-Diss. Gießen 1926.
188. Benedek, L. u. O. Porsche: Abh. Neur. usw. **1921**, H. 14.
189. Bonhoff, H.: Dtsch. med. Wschr. **1910**, 584.
190. Cadwalader, W.: Amer. J. med. Sci. **162**, 872 (1921).
191. Cerletti, U.: Z. Neur. **9**, 520 (1912).
192. Creutzfeld, G. H.: Z. Hyg. **105**, 402 (1925).
193. Da Fano, C. u. J. R. Perdrau: J. of Path. **30**, 67 (1927).
194. Dechaume, J.: C. r. Soc. Biol. Paris **98**, 605 (1928).
195. Dechaume, J. and F. Lebeuf: C. r. Soc. Biol. Paris **96**, 43 (1927).
196. Dobberstein, J.: Z. Inf.krkh. Haustiere **33**, 290 (1928).
197. Economo, C. von: Die Encephalitis lethergica. Wien: Franz Deuticke 1918; Die Encephalitis lethargica. Wien: Urban & Schwarzenberg 1929.
198. Goldstein, K.: Sitzgsber. Zbl. Neur. **40**, 587 (1925).
199. Harbitz, F. u. O. Scheel: Pathologisch-anatomische Untersuchungen über akute Poliomyelitis und verwandte Krankheiten. Christiania 1907.
200. Hassin, G. B.: Arch. Neur. **11**, 28 (1924).
201. Häuptli, O.: Dtsch. Z. Nervenheilk. **170**, 1 (1921).
202. Hiller, F.: Dtsch. Arch. klin. Med. **139**, 143 (1922).
203. Hurst, E. W.: J. of Path. **32**, Nr. 3 (1930).
204. Joest, E.: Erg. Path. 18, 357 (1915).
205. — Spezielle Pathol. Anat. der Haustiere, Bd. 2. Berlin: R. Schoetz 1921.
206. — Z. Inf.krkh. Haustiere **21**, 97 (1921).
207. — Klin. Wschr. **1926**, 209.
208. Kino, F.: Z. Neur. **113**, 332 (1928).
209. Krinitzky, Sch. J.: Virchows Arch. **261**, 802 (1926).
210. Kroll, N.: Z. Neur. **114**, 63 (1928).
211. Kuttner, H. G.: Z. Neur. **105**, 182 (1926).
212. Levaditi: Ectodermoses neurotropes. Paris 1926.
213. Loewenberg, K.: Arch. f. Neur. **19**, 638 (1928).
214. Luksch, F.: Seuchenbekämpfg **2**, H. 3/4 (1926).
215. Luksch, F. u. H. Spatz: Münch. med. Wschr. **1923**, Nr 40.
216. McAlpine, G.: Proc. roy. Soc. Med. **19**, 35 (1926).
217. McKinley, E. B.: Philippine J. Sci. **39**, 1929.
218. McKinley E. B. and J. Gowan: Arch. of Neur. **15**, 1 (1926),
219. McKinley, E. B., and M. Holden: J. inf. Dis. **39**, 441 (1926).
220. Marinesco, G., Manicatide, M. u. S. Draganesco: Bull. Sect. sci. Acad. roum. **11**, 97 (1928); Ann. Inst. Pasteur **43**, 223 (1929).
221. Meleney, H. E.: Arch. of Neur. **10**, 411 (1929).
222. Müller, E.: Handbuch der inneren Medizin. Herausgeg. von Bergmann u. Staehelin, Bd. 1. Berlin: Julius Springer 1925.
223. Müller, H. H.: Mschr. Psychiatr. **51**, 211 (1922).
224. Neustadter, M., Hala, M. u. J. Banzhaf: J. of Med. **24** (1924).
225. Neustadter, M., Larkin, I. H. u. J. Banzhaf: Amer. J. med. Sci. **162**, 715 (1921).
226. Nicolau, S., Dimancesco-Nicolau, O. et I. A. Galloway: Presse méd. **1928**, 536.
227. Nicolau, S., et I. A. Galloway: C. r. Soc. Biol. Paris **98**, 1403 (1928).
228. Omorokow, L.: Z. Neur. **104**, 421 (1926).
229. Paul, F.: Med. Klin. **1928**, 732 u. 773.
230. — Wien. klin. Wschr. **1928**, 843.
231. Paul, F. u. F. Schweinburg: Virchows Arch. **262**, 164 (1926).
232. Petrén, K. u. E. Sjövall: Acta med. scand. (Stockh.) **64**, 277 (1926).
233. Pilotti, G.: Riv. sper. Freniatr. **40** (1914).
234. Reichelt, E.: Z. Neur. **78**, 153 (1922).
235. Remlinger, P. u. J. Bailly: C. r. Soc. Biol. Paris **101**, 773 (1929).

236. SCHOLZ, W.: Z. Neur. **86**, 533 (1923).
237. SCHÜKRI, J. u. H. SPATZ: Z. Neur. **97**, 627 (1925).
238. SEIFRIED, O. u. H. SPATZ: Z. Neur. **124**, 318 (1930).
239. SLOTWER, B. S.: Virchows Arch. **261**, 787 (1926).
240. SPATZ, H.: Dtsch. Z. Nervenkeilk. **77**, 275 (1923).
241. — Zbl. Neur. **40**, 1925 (1925).
242. — Handbuch der normalen und pathologischen Physiologie; herausgeg. von BETHE, BERGMANN u. a. Bd. 10. Berlin: Julius Springer 1927.
243. — Diskussionsbemerkungen zum Vortrag N. KROLL, Zbl. Neur. **51**, 862 (1929).
244. SPIELMEYER, W.: Die Trypanosomen-Krankheiten und ihre Beziehungen zu den syphilogenen Nervenkrankheiten. Jena 1908.
245. — Z. Neur. **47**, 1 (1919).
246. — Histopathologie des Nervensystems, 1922.
247. — Mschr. Kinderheilk. 1929.
248. — Z. Neur. **123**, 161 (1929).
249. STERN, F.: Die epidemische Enzephalitis. Monographien. Neur., 2. Aufl. Berlin: Julius Springer 1928.
250. TOBLER, TH.: Schweiz. med. Wschr. **1920**, 446.
251. WALLGREEN, T.: Arb. path. Inst. Helsingfors (Jena), N. F. **1**, 81 (1913).
252. WALTHER, R.: Z. Neur. **45**, 79 (1912).
253. WICKMANN, J.: Dtsch. Z. Nervenheilk. **38**, 396 (1910).
254. WICKMANN, S.: LEWANDOWSKYs Handbuch, Bd. 2, S. 807. 1911.
255. WOHLWILL, F.: Spezielle Pathotologie und Therapie von KRAUS-BRUGSCH 10, Teil II S. 455.
256. WÖHRMAN, W.: Virchows Arch. **259**, 466 (1926).

VI. Ätiologie der Krankheiten der ersten Verwandtschaftsgruppe.

257. BECK, A. u. H. FROHBOESE: Arch. Tierheilk. **54**, 84 (1926).
258. CREUTZFELD u. PICARD: Z. Hyg. **105** (1925).
259. DEMME: Z. Immun.forschg **55**, 191 (1928).
260. — Z. Nervenheilk. **105**, 177 (1928).
261. ERNST, W. u. H. HAHN: Münch. tierärztl. Wschr. **1925**, 477; **1926**, 46; **1927**, 85.
262. JOEST, E.: Erg. Path. **18**, 357 (1915).
263. KARMANN, P., s. ZWICK, W., SEIFRIED, O. und J. WITTE: Z. Inf.krkh. Haustiere **30**, 42 (1926).
264. KINO, F.: Z. Neur. **113**, 332 (1928).
265. KRAUS, R.: Rev. Inst. bakter. Buenos Aires **1919**; Z. Immun.forschg **30**, 121 (1920); Wien tierärztl. Mschr. **2**, 16 (1924); Berl. tierärztl. Wschr. **2**, 58 (1925).
266. NEUSTAEDTER, M., LARKIN, J. H. u. J. BANZHAF: Amer. J. med. Sci. **162**, 715 (1921).
267. NEUSTAEDTER, M., HALA u. J. BANZHAF: J. of Med. **24** (1924).
268. NICOLAU, S. u. J. A. GALLOWAY: Brit. J. exper. Path. **8**, 336 (1927); Borna Disease and Enzootic Encephalomyelitis of Sheep and Cattle. London 1928.
269. NICOLAU, S., DIMANCESCO-NICOLAU, O. u. J. A. GALLOWAY: Ann. Inst. Pasteur **43**, 1 (1929).
270. PATZEWITSCH, B. u. W. KLUTSCHAREW: Zbl. Bakter. Orig. **92**, 97 (1924).
271. PETTE, H.: Verh. Ges. dtsch. Nervenärzte **1926**, 207; Münch. med. Wschr. **1929**, 225; Dtsch. Z. Nervenheilk. **110**, 221 (1929).
272. ZWICK, W., SEIFRIED, O. u. J. WITTE: Arch. Tierheilk. **59**, 511 (1929).

VII. Entstehungsweise der Krankheiten der ersten Verwandtschaftsgruppe.

273. AMOSS, H. L.: J. of exper. Med. **25**, 545 (1917).
274. BECK, A. u. H. FROHBOESE: Arch. Tierheilk. **54**, 84 (1926).
275. BEMANN, H.: Inaug.-Diss. Gießen 1926.
276. BERGER, H.: Inaug.-Diss. Leipzig 1926.
277. CLARK, P. F., FRASER, F. R. u. H. L. AMOSS: J. of exper. Med. **19**, 223 (1914).
278. CREUTZFELD u. PICARD: Z. Hyg. **105**, (1925).
279. ERNST, W. u. H. HAHN: Münch. tierärztl. Wschr. **1927**, 85.
280. FLEXNER, S. u. P. A. LEWIS: J. amer. med. Assoc. **53**, 1639 (1909); **54**, 525, 1140 (1910).
281. FLEXNER, S., CLARK, P. F. u. H. L. AMOSS: J. of exper. Med. **19**, 195, 205, 411 (1914) und **25**, 525 u. 539 (1917).

282. FLEXNER, S.: J. amer. med. Assoc. **81**, 1688 u. 1785 (1923).
283. HARBITZ, F. u. O. SCHEEL: Pathol.-anat. Untersuchungen über akute Poliomyelitis und verwandte Krankheiten. Christiania 1907.
284. JOEST, E.: Erg. Path. **18**, 357 (1915).
285. KLING: Acta Soc. Medic. Suecanae **52**, (1926); Extr. du bull. d. l'office int. d'hyg. 1928.
286. MARINESCO, G., MANICATIDE, M. u. St. DRAGANESCO: Bull. Sect. sci. Acad. roum. **11**, 97 (1928); Ann. Inst. Pasteur **43**, 223 (1929).
287. MÜLLER, E.: Handbuch der Inneren Medizin, herausgegeben von BERGMANN u. STAEHELIN Bd. 1. Berlin: Julius Springer 1925.
288. NETTER: Bull. Acad. Méd. **1920**.
289. NICOLAU, S. u. J. A. GALLOWAY: Borna Disease and Enzootic Enzephalomyelitis of Sheepand Cattle. London 1928.
290. PETTE, H.: Verh. Ges. dtsch. Nervenärzte **1926**, 207.
291. — Z. Nervenheilk. **89**, 102 (1926); **96**, 301 (1927); **105** (1928); **102**, 92 (1928); **110**, 221 (1929) (dort Lit.).
292. — Münch. med. Wschr. **1927**, 1409; 1929, 225.
293. — Zbl. Bakter. **113**, 432 (1929); **114**, 188 (1929).
294. PETTE, H. u. HINRICHS: Arch. f. Psychatr. **83**, H. 2.
295. STERN, F.: Die epid. Enzephalitis. Berlin: Julius Springer 1928.
296. STIEFLER: Z. Neur. **74**, 396.
297. SPATZ, H.: Z. Neur. **80**, 285 (1923).
298. — BUMKES Handbuch der Geisteskrankheiten, Bd. 11. Berlin: Julius Springer 1930.
299. — Vortragsb. Zbl. Neur. **40**, 120 (1925).
300. — Z. Neur. **101**, 644 (1926); **35**, 273; **40**, H. 1/2.
301. SEIFRIED, O. u. H. SPATZ: Z. Neur. **124**, 317 (1930).
302. WICKMANN, S.: LEWANDOWSKYS Handbuch, Bd. 2, S. 807 (1911).
303. WERNSTEDT: Klin. Wschr. **1924**, 487.
304. ZWICK, W., SEIFRIED, O. u. J. WITTE: Z. Inf.krkh. Haustiere **30**, 42 (1926); **32**, 150 (1927); Arch. Tierheilk. **59**, 511 (1929).

Verwandtschaftsgruppe II.

I. Enzootische Encephalomyelitis des Pferdes (MOUSSU und MARCHAND).

(Encéphalite enzootique) = E. e.

305. ARNDT, H. J.: Z. Inf.krkh. Haustiere **29**, 184 (1926).
306. DOBBERSTEIN, J.: Berl. tierärztl. Wschr. **1925**, 177.
307. FROEHNER, E.: Berl. tierärztl. Wschr. **1924**, 215.
308. JOEST, E.: KOLLE-WASSERMANN Bd. 6, S. 251 (1912), 2. Aufl. Bd. 6.
309. — Spezielle Pathologie der Haustiere. Bd. 2, S. 552, 1921.
310. LESAGE u. FRISSON: Rev. gén. Méd. vét. **1912**.
311. MANONÉILAN, Y. u. J. VIALA: C. r. Acad. Sci. Paris **182**, 1297 (1926).
312. MOUSSU, R.: Rec. Méd. vét. **98**, 261 (1922) u. **102**, 772 (1926).
313. — Rech. sur cert. affections enzootiques du système nerveux central d. animaux dom. Paris 1926.
314. MOUSSU, R. u. L. MARCHAND: Rec. Méd. vét. **100**, 5, 65 (1924).
315. — L'Encephalite enzootique du Cheval (Maladie de Borna). Paris: Vigot Frères. 1924.
316. NICOLAU, S. u. J. A. GALLOWAY: Brit. J. exper. Path. **8**, 336 (1927).
317. — Borna Disease and Enzootic Encephalomyelitis of Sheep and Cattle. London 1928.
318. ZWICK, W.: Berl. tierärztl. Wschr. **453** (1925).
319. — Zbl. Bakter. Orig. **97**, Beih. 155 (1905).
320. — Seuchenbekämpfg **1926**, 57.
321. — Festschrift für E. FROEHNER. Stuttgart: Ferdinand Enke 1928.
322. ZWICK, W. u. O. SEIFRIED: Berl. tierärztl. Wschr. **1925**, 129.
323. — Z. Inf.krkh. Haustiere **30**, 42 (1926) u. **32**, 150 (1927).
324. — Arch. Tierheilk. **59**, 511 (1929).

2. FROEHNER-DOBBERSTEINsche Gehirn-Rückenmarksentzündung des Pferdes.

325. ARNDT, H. J.: Z. Inf.krkh. Haustiere **29**, 184 (1926).
326. DOBBERSTEIN, J.: Berl. tierärztl. Wschr. **1925**, 177.
327. FROEHNER, E.: Berl. tierärztl. Wschr. **1924**, 215.
328. ZWICK, W.: Festschrift für E. FROEHNER. Stuttgart: Ferdinand Enke 1928.

III. Hundestaupe-Encephalitis.

329. ANDREWES, C. H.: Brit. J. exper. Path. **10**, (1929).
330. BATEMANN, J. K.: Vet. Rec. **6**, 242 (1926).
331. BENJAMIN: Inaug.-Diss. Gießen 1922.
332. BOHNDORF, K. E.: Inaug.-Diss. Berlin **1924**, Nr 1037.
333. CARRÉ, H.: Rev. gén. Méd. vét. **35**, 545 (1926).
334. CERLETTI, U.: Z. Neur. **9**, 520 (1912).
335. DEXLER, H.: Mschr. Psychiatr. **13**, 97 (1903).
336. DUNKIN, G. W. u. P. P. LAIDLAW: J. comp. Path. a. Ther. **39**, 201, 213 u. 222 (1926).
337. EYRE, J. W. H.: Vet. J. **84**, 183.
338. FERRY, N. C.: J. of Path. **18**, 445 (1914).
339. GALLEGO, A.: Z. Inf.krkh. Haustiere **34**, 38 (1928).
340. GERLACH, F.: Wien. tierärztl. Mschr. **4**, 303 (1917); **7**, 1 (1920).
341. GOODPASTURE, E. W.: Arch. of Path. **7**, 114.
342. — South. med. J. **21**, 535.
343. GOODPASTURE, E. W. u. WOODRUFF: Amer. J. Path. **5**, 1 (1929).
344. GREEN u. DEWAY: Proc. Soc. exper. Biol. a. Med. **27** (1929).
345. HARDENBERG, J. G.: J. amer. vet. med. Assoc. **69**, 478 (1926).
346. HINZ, W.: Tierärztl. Rdsch. **1929**, 48, 73 u. 89.
347. JAHNL, F.: Zbl. Bakter. Orig. **97**, 151 (1926).
348. JAKOB, H.: Inn. Krankh. d. Hundes. Stuttgart: Ferdinand Enke 1924.
349. JOEST, E.: Klin. Wschr. **5** (1926).
350. KANTOROWICZ, R. u. F. H. LEWY: Arch. Tierheilk. **49**, 137 (1923).
351. KIRK, H.: Canine Distemper. London 1922.
352. KORITSCHONER, R.: Virchows Arch. **255**, 172 (1925).
353. KONDO, S.: J. Japan. Soc. Vet. Sci. **2**, 229 (1923).
354. KRAUS, R.: Wien. klin. Wschr. **1914**, 925.
355. KUTTNER, H. P.: Z. Neur. **105**, 182 (1926).
356. — Klin. Wschr. **5**, 887 (1926).
357. LUEHRS: Z. Vet.kde. **38**, 129 (1926).
358. — Tierärztl. Rdsch. **32**, 338 (1926).
359. LOCKHARDT, A.: J. amer. vet. med. Assoc. **70**, 505 (1926).
360. LEVADITI: Ectodermoses neurotropes. Monogr. Inst. Pasteur. Paris 1922.
361. LEWY, F. H.: Z. klin. Med. **108**, 169 (1928).
362. — Klin. Wschr. **1925**, 1254; **1926**, 272; **1926**, 886.
363. LEWY, F. H., FRÄNKEL, E. u. H. KUTTNER: Klin. Wschr. **1926, 272**.
364. LEWY, F. H. u. R. KANTOROWICZ: Klin. Wschr. **1926**, Nr. 26.
365. LEWY, F. H. u. F. M. LEWY: Z. Neur. **102**, 803 (1926).
366. MANOUÉLIAN J. u. J. VIALA: Annal. Inst. Pasteur **38**, 258 (1924).
367. — C. r. Acad. Sci. Paris **184**, 630 (1927); **185**, 1623 (1927).
368. — Rev. vet. et J. Med. vet. et Zoot. **79**, 681 (1927).
369. MARCHAND, L., PETIT, G. u. COQUOT: Rec. Méd. vét. **82**, 419 (1905).
370. PERDRAU, J. R.: J. of Path. **31**, 17 (1928).
371. PERDRAU, J. R. u. L. PUGH: J. of Path. **33**, 79 (1930).
372. PUGH, L. P.: Lancet **2**, 950 (1926); Vet. Rec. **7**, 119 (1927).
373. — Report of the Distemper Field Fund, Med. Res. Lab. Mill Hill., Vol. 39. 1926.
374. — Bericht der engl. Staupekommission. The Field **152**, 854 (1928).
375. ROBIN, V. u. A. VECHIN: C. r. Soc. Biol. Paris **94**, 1351 (1926).
376. SANFELICE, F.: Zbl. Bakter. Orig. **76**, 495 (1915).
377. SCHIEBEL, K.: Inaug.-Diss. Gießen 1926.
378. STANDFUSS, R.: Arch. Tierheilk. **34**, 109 (1908).

IV. Hogcholera-Encephalitis.

379. BRUNSCHWILER, K.: Z. Inf.krkh. Haustiere **28**, 276 (1925).
380. HUGUENIN, F.: Schweiz. Arch. Tierheilk. **65**, 41 (1923).
381. — Zbl. Bakter. Orig. **110**, 189 (1929).
382. SEIFRIED, O.: Vortrag beim Meeting der Amer. vet. med. Assoc. Los Angeles (California), Aug. **1930**.
383. — J. of exper. Med. **1930** (im Druck).

V. Geflügelpest-Encephalitis.

384. Baumann, R.: Arch. Tierheilk. **57** (1927).
385. Dörr, R. u. R. Pick: Zbl. Bakter. Orig. **76**, 476 (1915).
386. Dörr, R. u. Zdansky: Z. Hyg. **101**, 125 (1924).
387. Erdmann, Rhoda: Proc. Soc. exper. Biol. a. Med. **13**, 189 (1916); **14**, 156 (1917); Arch. f. Prot. **41**, 190 (1920).
388. Frei, W.: Schweiz. Arch. Tierheilk. **1921**, 391.
389. Gerlach, F.: Handbuch der pathogenen Mikroorganismen von Kolle, Kraus u. Uhlenhuth, Bd. 9, S. 165 (1927).
390. Gerlach, F. u. J. Michalka: Dtsch. tierärztl. Wschr. **1926**, 897.
391. Joest, E.: Spezielle pathologische Anatomie der Haustiere Bd. 2, S. 561, Berlin 1921.
392. Mattel: Inaug.-Diss. Wien 1926.
393. Miessner, H. u. Berge: Dtsch. tierärztl. Wschr. **1926**, 385.
394. Miayaji, S.: Zbl. Bakter. **74**, 540 (1914).
395. Mohler, J. R.: J. amer. med. Assoc. **68**, 549 (1926).
396. Nakamura, N. u. J. Kawamura: J. Jap. Soc. Vet. Sci. **1926**, 281.
397. Ottolenghi, D.: Zbl. Bakter. Orig. **67**, 510 (1913).
398. Pfenninger, W. u. Z. Finik: Zbl. Bakter. Orig. **99**, 145 (1926).
399. Pfenninger, W. u. Metzger: Schweiz. Arch. Tierheilk. **67** (1926).
400. Stubbs, E. L.: J. amer. vet. med. Assoc. **68**, 560 (1926).

Anhang: Infektiöse Paralyse bei Hühnern.

401. Dobberstein, J. u. H. Haupt: Z. Inf.krkh. Haustiere **31**, 58 (1927).
402. Doyle, L. P.: J. amer. vet. med. Assoc. **68**, 622 (1926).
403. Erdmann, Rhoda: S. unter Geflügelpest.
404. Marek, J.: Dtsch. tierärztl. Wschr. **15**, 417 (1907).
405. Pappenheimer, A. M., Dunn, L. C. and V. Cone: J. of exper. Med. **49**, 63 (1929) u. 87 Storrs Agr. Exp. Sta. Bull. Vol. **143**, 1926.
406. Seifried, O.: Arch. Tierheilk. **61**, 209 (1930).
407. Thomas, A. D.: J. S. afric. vet. med. Assoc. **1**, 67 (1928).
408. Van der Walle und E. Winkler-Junius: Tijdsch. Verpfl. Geneesk. **10**, 34 (1924).

Einleitung.

Seit dem letzten, im Jahre 1915 in diesen „Ergebnissen" gegebenen Berichte von E. Joest über die enzootische Encephalomyelitis (Bornasche Krankheit) des Pferdes, in dem bereits die Beziehungen dieser Krankheit zu anderen ähnlichen Gehirn-Rückenmarksentzündungen der Haustiere und des Menschen berührt wurden, haben unsere Kenntnisse auf dem Gebiete der sog. neurotropen Viruskrankheiten eine wesentliche Förderung erfahren. Die Fülle neuer Tatsachen schließt die Berechtigung in sich, die Pathologie bestimmter Gruppen dieser Krankheiten unter einheitlichen Gesichtspunkten und auf breiterer Grundlage zu betrachten als dies bisher geschehen ist. Wenn dabei die vergleichende Pathologie einen verhältnismäßig breiten Raum einnimmt, so geschieht dies nicht nur als natürliche Folge eines in der Zwischenzeit erfolgten erfreulichen Fortschrittes auf diesem Gebiete, sondern vor allem in der Erkenntnis, daß aus einer vergleichenden Betrachtung für die weitere Erforschung tierischer und menschlicher Viruskrankheiten des Zentralnervensystems in gleicher Weise Nutzen gezogen werden kann. Welch aktuelle Bedeutung „Infektion und Nervensystem" zur Zeit gerade auch in der Humanmedizin besitzt, zeigt der Umstand, daß dieses Thema als Hauptverhandlungsgegenstand auf der letztjährigen Tagung der Gesellschaft deutscher Nervenärzte gewählt wurde.

Die zu besprechenden Krankheiten sind seit dem letzten Berichte um verschiedene neue, bisher unbekannte oder ungeklärte vermehrt worden. Sie werden hier in zwei Verwandtschaftsgruppen eingeteilt, nämlich in:

1. Encephalomyelitiden mit elektiv neurotropen Eigenschaften der Vira und

2. Encephalomyelitiden mit organotropen Eigenschaften der Vira.

Zur ersten Verwandtschaftsgruppe zähle ich: die BORNAsche Krankheit der Pferde und Schafe, vorläufig die enzootische Rinderencephalitis, die Tollwut, die Meerschweinchenlähme sowie die Encephalitis epidemica und cerebrale Formen der HEINE-MEDINschen Krankheit des Menschen. Die im Zusammenhange mit dem bösartigen Katarrhalfieber des Rindes auftretende Encephalitis, deren Gleichheit mit der BORNAschen Krankheit bis jetzt nicht erwiesen ist, wird ebenfalls in diesem Abschnitt besprochen.

Der zweiten Verwandtschaftsgruppe werden eingereiht: Die enzootische Encephalomyelitis des Pferdes (Encéphalite enzootique MOUSSU und MARCHAND), die von FROEHNER-DOBBERSTEIN beschriebene Encephalomyelitis des Pferdes, die Hundestaupe-Encephalitis, die Hogcholera-Encephalitis und die Geflügelpest-Encephalitis. Die infektiöse Hühnerparalyse ist als Anhang aufgenommen, solange über die Eigenschaften ihres Virus näheres nicht bekannt ist.

Ich bin mir wohl bewußt, daß diese Klassifizierung eine rein schematische und auch nur vorläufige ist, bis auf Grund neuer Forschungsergebnisse eine bessere Einteilung vorgenommen werden kann. Indessen scheint sie mir sowohl von histologischen als auch von biologischen Gesichtspunkten aus natürlich und hinreichend begründet. Die beiden Verwandtschaftsgruppen zeigen einerseits grundsätzliche Unterschiede und andererseits lassen die einzelnen ihnen eingegliederten Krankheiten jeweils eine weitgehende Gruppenverwandtschaft erkennen.

Bei der Bearbeitung des Stoffes habe ich mir größte Freiheit herausgenommen. Es ist mir weniger darauf angekommen, eine möglichst lückenlose Aufzählung der Literatur zu geben, als vielmehr das Tatsachenmaterial in dem vorgezeichneten Rahmen kritisch zu verwerten und zu sichten. Um den Bericht nicht zu umfangreich zu gestalten, mußte ich mir von vornherein einige Beschränkungen auferlegen. So hielt ich es für angebracht, der Histologie und der vergleichenden Pathologie den breitesten Raum zu gewähren, die experimentelle Pathologie hingegen nur insoweit heranzuziehen, als sie zur Klärung bestimmter Fragestellungen beitragen konnte. Pathogenese und besonders Epidemiologie und Ätiologie sind lediglich von allgemeinen und vergleichenden Gesichtspunkten aus berücksichtigt worden. Dementsprechend ist auch die Aufführung der Literatur erfolgt, die im allgemeinen vom Jahre 1915 ab angeführt wurde.

Zum Schlusse fordert die ungleichmäßige Behandlung des Stoffes eine gewisse Rechtfertigung. Wenn die BORNAsche Krankheit verhältnismäßig breit dargestellt ist, so hat dies seinen Grund darin, daß bei ihr in der Zwischenzeit weitaus die meisten Fortschritte verwirklicht wurden und daß sie geradezu als Schulbeispiel für die histologische und experimentelle Erforschung der übrigen hier zu betrachtenden Krankheiten gelten kann. Auch hat sie von jeher in der vergleichenden Pathologie die größte Rolle gespielt. Die Lyssa, Hundestaupeencephalitis und Geflügelpestencephalitis sind deshalb kürzer behandelt worden, weil sie in den letzten Jahren wiederholt Gegenstand ausführlicher Darstellungen gewesen sind, auf die bezüglich ätiologischer und epidemiologischer Einzelheiten verwiesen werden kann.

Verwandtschaftsgruppe I.
Encephalomyelitiden mit elektiv neurotropen Eigenschaften der Vira.

I. Infektiöse Gehirn-Rückenmarksentzündung (Bornasche Krankheit).

a) Beim Pferde.

Pathologische Histologie.

Die Joestschen Befunde über die Histopathologie der Bornaschen Krankheit sind in der Berichtszeit von Heydt, Zwick und Seifried (73—75), Dobberstein (11), Nicolau und Galloway (49—52), Seifried und Spatz (64) u. a. bestätigt und wesentlich ergänzt worden.

Nach dem heutigen Stande unserer Kenntnisse müssen die pathologisch-histologischen Veränderungen bei dieser Krankheit in solche entzündlicher und in solche degenerativer Natur eingeteilt werden. Im Gegensatz zu den früheren Arbeiten ist in neuerer Zeit dem Studium der Gliaveränderungen sowie der Veränderungen an den Ganglienzellen mehr Aufmerksamkeit geschenkt worden.

1. Entzündliche Veränderungen.

α) Mesodermales Gewebe: Der Gesamtbefund bei der Untersuchung des Liquor cerebrospinalis weist bereits darauf hin, daß die Meningen bei der Bornaschen Krankheit nur geringgradig und unwesentlich verändert sind (s. Joest, diese Beiträge 18, (1915 S. 357). Dies wird auch durch die histologische Untersuchung der Gehirnhäute bestätigt, an denen in der Regel nur eine geringgradige zellige Infiltration, im wesentlichen durch Lymphocyten und wenige Polyblasten nachweisbar ist. In der Hauptsache handelt es sich wahrscheinlich um eine sog. meningitische Reizung (Joest). Da die meningealen Veränderungen im Verhältnis zu denjenigen, die im Zentralnervensystem selbst angetroffen werden, weit schwächer ausgebildet sind, so ist die Annahme berechtigt, daß die Gehirnhäute erst sekundär in Mitleidenschaft gezogen werden, und daß der entzündliche Prozeß selbständig und primär in der Gehirn- und Rückenmarkssubstanz sich abspielt. Dort finden sich die hauptsächlichsten und am meisten charakteristischen Veränderungen bei der Bornaschen Krankheit. Diese von Joest vertretene Auffassung hat in der Zwischenzeit volle Bestätigung erfahren.

Das Gehirn ist im Vergleich mit dem Rückenmark viel stärker betroffen. Hier wie dort treten die entzündlichen Veränderungen hauptsächlich an den Gefäßen hervor, und zwar besonders an den präcapillaren, vorwiegend an den venösen, seltener an den arteriellen. Die Capillaren werden meistens nicht und nur in geringem Grade in den entzündlichen Prozeß einbezogen. An jenen Gefäßen findet man in den adventitiellen, seltener in den perivasculären Lymphräumen mehr oder weniger

ausgedehnte zellige Infiltrate (vasculäre Infiltrate), die einen kontinuier-
lichen Mantel um die betroffenen Gefäße und deren Zweige bilden und
die da und dort in das nervöse Gewebe hineinstrahlen, um sich dort
allmählich zu verlieren. Auf diese Weise entstehen Gewebsinfiltrate,
die selten aus größeren Ansammlungen bestehen, sondern in kleinen
Häufchen und Gruppen von Zellen beieinander liegen. Sie stehen vielfach
mit vasculären Herden im Zusammenhange. An der Wand der Capillaren
wie auch der Venen und Arterien sind Veränderungen nicht nachweisbar.

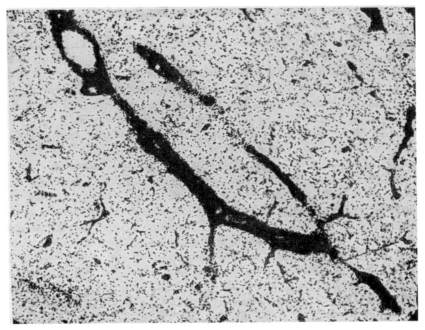

Abb. 1. BORNAsche Krankheit beim Pferde. Gefäß-Infiltrate in der Substantia nigra. NISSLsche
Methode (an Formolmaterial). 80fache Vergrößerung. [Nach SEIFRIED u. SPATZ:
Z. Neur. 124, 317 (1930).]

Thrombosen und Embolien sowie Hämorrhagien scheinen nach JOEST
(29—31) sowie SEIFRIED und SPATZ im histologischen Bilde der BORNAschen
Krankheit keine Rolle zu spielen. NICOLAU und GALLOWAY wollen im
Ammonshorn bisweilen neugebildete Capillaren gesehen haben.

Die intraadventitiellen und perivasculären Infiltratzellen sind, wie aus
fast allen Arbeiten hervorgeht, in der Hauptsache typische Lymphocyten und Plasmazellen. Daneben sind weit weniger zahlreich die bereits
genannten Polyblasten (etwas größere mononucleäre Zellen mit weniger
chromatinreichem Kern) sowie Übergänge zwischen diesen und den
typischen Lymphocyten vertreten. Plasmazellen und eosinophile Leukocyten können selten, polynucleäre Leukocyten überhaupt nicht nachgewiesen werden.

Über die Abstammung der Infiltratzellen bestehen verschiedene Ansichten. JOEST hatte sich bekanntlich der Auffassung MAXIMOWs
angeschlossen, der unter Polyblasten sämtliche bei entzündlichen
Prozessen aus den Gefäßen ausgewanderten Lymphoidzellen und deren

Entwicklungsformen verstanden wissen will. Eine solche Auffassung ist aber heute kaum mehr haltbar, nachdem fast allgemein angenommen wird, daß diese Zellen sich aus den Bindegewebselementen der Gefäß- wände selbst entwickeln können und keineswegs hämorrhagischer oder lymphogener Natur zu sein brauchen. Sie sind vielmehr — wie bei ähnlich verlaufenden Entzündungen des Zentralnervensystems beim Menschen und den Haustieren — auch bei der BORNASchen Krank- heit als histogene Wanderzellen zu betrachten (Histiocyten ASCHOFFS, Makrophagen MARCHANDS), die aus den Endothelzellen des intraad- ventitiellen Lymphraumes entstanden sind. Für diese Auffassung sprechen die unter den Infiltratzellen von JOEST und DEGEN, DOBBERSTEIN und dem Verfasser nachgewiesenen Kernteilungsfiguren. Die Entzündung, von der die graue Substanz mehr als die weiße betroffen ist, muß ihrem pathologisch-histologischen Bilde nach als eine akute angesehen werden.

Auf Grund dieser Veränderungen bezeichnet JOEST die BORNASche Krankheit als akute, disseminierte, infiltrative, nicht eiterige Encephalitis und Myelitis von lymphocytärem Typus und vorwiegend vasculärem (mesodermalem) Charakter, die meist von einer unbedeutenden Menin- gitis begleitet ist.

β) Veränderungen der Neuroglia. Bereits JOEST und seinen Mitarbeitern sowie allen Autoren, die sich mit der Histologie der BORNASchen Krankheit beschäftigten, ist es aufgefallen, daß in den Bezirken, in denen die entzündlichen Veränderungen (perivasculäre Infiltrate) am stärksten ausgeprägt waren, auch das ektodermale Gewebe mit kleinen runden oder länglichen Zellen entweder herd- förmig oder diffus überschwemmt war, so daß von einer Infiltration des Gewebes gesprochen wurde. Man war allgemein der Auffassung, daß diese Gewebsinfiltrate mit den Gefäßinfiltraten im Zusammenhange stehen und in der Hauptsache aus Lymphocyten, Polyblasten und Histio- cyten zusammengesetzt sind, die aus den Gefäßen in das Gewebe ein- gewandert sind. Da ja die vasculären Infiltratzellen bekanntlich nicht immer auf den intraadventitiellen und periadventitiellen Raum innerhalb der Membrana limitans gliae beschränkt bleiben, sondern auch darüber hinaus im ektodermalen Gewebe angetroffen werden, so besteht diese Auffassung wenigstens in einem Teil der Fälle zweifellos zu Recht. Die neueren Untersuchungen von ZWICK und SEIFRIED, DOBBERSTEIN, NICOLAU und GALLOWAY, SEIFRIED und SPATZ haben aber einwandfrei gezeigt, daß es bei der BORNASchen Krankheit, ebenso wie bei anderen nichteiterigen, lymphocytären Gehirn- und Rückenmarksentzündungen des Menschen und der Tiere auch zu einer ausgesprochenen Reaktion der Neuroglia kommt, die in Form von herdförmigen oder diffusen Ansammlungen von gewucherten Gliazellen in die Erscheinung tritt. SEIFRIED und SPATZ sind sogar der Meinung, daß die Reaktion der Glia derjenigen des mesodermalen Gewebes mindestens gleichwertig an die Seite gestellt werden muß. Daß die histologische Abgrenzung dieser Gliaherde von den perivasculären (Gewebs-) Infiltraten nicht immer leicht ist, braucht wohl kaum betont zu werden, zumal ja auch, wie wir noch sehen werden, die Gliazellherde mit lymphocytären Zellen durchsetzt sein können. Im Abschnitt: „Degenerative Veränderungen an den Ganglien- zellen", s. S. 571 wird des Umstandes Erwähnung getan, daß nicht selten

Gliazellen in mehr oder minder großer Zahl in der Umgebung oder an
der Peripherie zugrundegehender Ganglienzellen sich ansammeln. Bereits
derartige Ansammlungen von Gliaelementen führen nach Untergang und
Zerstörung der betreffenden Ganglienzellen — wie von DOBBERSTEIN,
SPATZ sowie von ZWICK und SEIFRIED, SEIFRIED und SPATZ nachgewiesen
werden konnte — zur Entstehung von kleinen Gliaherden oder Gliarasen,
die oft nur aus einigen wenigen Zellen bestehen. Aber auch außerhalb
dieser Gliaherde, an der Stelle von zugrunde gegangenen Ganglienzellen
werden häufig an anderen Stellen des ektodermalen Gewebes herdförmige
Zellansammlungen beobachtet (ZWICK und SEIFRIED, DOBBERSTEIN). Auch

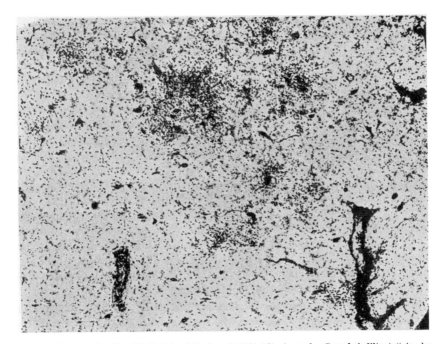

Abb. 2. BORNAsche Krankheit beim Pferde. Gefäßinfiltrate und „Gewebsinfiltrate" in der
Substantia nigra. 80fache Vergrößerung. NISSL-Färbung.
[Nach SEIFRIED u. SPATZ: Z. Neur. **124**, 317 (1930).]

diese sind in der Regel aus 6—12—15 Zellen zusammengesetzt, die auf
Grund ihres bläschenförmigen, chromatinarmen, rundlichen Kernes und
ihres unregelmäßig gestalteten, schwach gefärbten und kaum erkennbaren
Plasmaleibes als Gliazellen angesprochen werden müssen. An Zellen
solcher Herde ebenso auch an Gliazellen in der Umgebung von Ganglienzellen, sowie an völlig frei liegenden Gliazellen können nach DOBBERSTEIN
besonders häufig im Corpus striatum, im Thalamus, in der Großhirnrinde und im Bulbus olfactorius Kernteilungsfiguren nachgewiesen werden,
die am häufigsten das Bild des Monasters erkennen lassen. Ob neben
den mitotischen Zellteilungen in der Glia auch noch eine amitotische
Zellvermehrung bei der BORNAschen Krankheit vorkommt, ist noch
nicht sicher entschieden (DOBBERSTEIN). Das Vorkommen von hantel-
förmig eingeschnürten, sanduhrförmigen, chromatinreichen Kernen (JOEST,
DOBBERSTEIN, SEIFRIED und SPATZ), deren Mittelstücke vielfach zu

einem dünnen Faden ausgezogen sind und die große Ähnlichkeit mit amitotischen Kernteilungsfiguren besitzen, legt die Möglichkeit einer solchen amitotischen Gliazellvermehrung immerhin nahe.

Häufig werden diese herdförmigen Gliazellansammlungen in der Nachbarschaft kleiner perivasculärer Infiltrate oder auch in nächster Nähe von Capillaren beobachtet, an welch letzteren außer mehr oder weniger deutlicher Schwellung der Endothelzellkerne besondere Veränderungen nicht hervortreten. An den größeren, mehr diffusen Gliawucherungen (im Nissl-Präparat) beobachtet man häufig besonders in den Gebieten, in denen zahlreiche Ganglienzellen zugrunde gegangen sind, daß die Protoplasma-

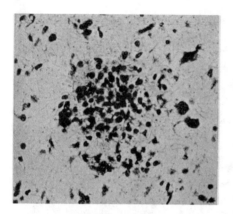

Abb. 3. Bornasche Krankheit beim Pferde.
Reines Gliaknötchen. 330fache Vergrößerung.
Nissl-Färbung. [Nach Seifried u. Spatz:
Z. Neur. 124, 317 (1930).]

leiber der Zellen mit ihren oft zahlreichen langen und verästelten Fortsätzen zusammenhängen und so ein verschwommenes, syncytiales Maschenwerk bilden. An solchen Herden ist eine Vermehrung der Gliafasern bisweilen unverkennbar. Nach den Untersuchungen von Dobberstein tritt eine solche Gliafaservermehrung besonders in der Tangentialfaserschicht des Tractus olfactorius hervor, während sonst die Gliafaserneubildung im histologischen Bilde der Bornaschen Krankheit keine nennenswerte Rolle spielen soll. Zweifellos ist solchen Befunden gegenüber eine gewisse Zurückhaltung am Platze, solange nicht genauere Feststellungen über den normalen Gliafasergehalt der einzelnen Gehirnteile des Pferdes vorliegen (Dobberstein).

So sehen wir denn, daß diese „Gewebsinfiltrate" weniger aus Lymphzellen und Histiocyten bestehen, wie man früher angenommen hat, sondern daß sie vielfach durch Proliferation der an Ort und Stelle befindlichen Gliazellen hervorgehen. Es muß aber ganz besonders hervorgehoben werden, daß hauptsächlich den umfangreichen Gliazellherden sich später auch noch Zellen mesodermalen Ursprungs (Lymphocyten, Plasmazellen und Histiocyten) hinzugesellen, die allerdings den gliösen Elementen gegenüber in der Minderzahl sich befinden (Dobberstein, Nicolau und Galloway, Seifried u. Spatz). Auch in der Umgebung von infiltrierten Gefäßen, wo es häufig zu einer diffusen Durchsetzung des Gewebes mit Lymphocyten, Plasmazellen und Histiocyten kommt, findet man stets eine mehr oder minder große Zahl von gewucherten Gliazellen. Die Unterscheidung der einzelnen Zellarten stößt wegen der großen Zahl und dichten Lagerung der an solchen Stellen vorhandenen Zellelemente oft auf erhebliche Schwierigkeiten, um so mehr als auch die gewucherten Gliateile an sich wenig beständig und leicht regressiven Veränderungen unterworfen sind (Dobberstein, eigene Untersuchungen). Die Gliazellen lassen überhaupt — wie die Untersuchungen von Dobberstein gezeigt haben — von vornherein mannigfache Abweichungen von der Norm erkennen.

Bereits Joest und Degen (1909) sind die eigentümlich großen, hellen, bläschenförmigen, vergrößerten, chromatinarmen Gliazellkerne aufgefallen, die in ihrem Innern meistens dicke Chromatinbrocken erkennen lassen. An solchen Zellen ist häufig auch der sonst kaum sichtbare Protoplasmaleib vergrößert; er zeigt nicht selten zahlreiche, verästelte, schwach färbbare Ausläufer, die mit solchen anderer Zellen in Verbindung stehen. Diesen progressiven Veränderungen der Gliazellen folgen offenbar alsbald solche regressiver oder degenerativer Art, denn man findet beide unmittelbar nebeneinander. Sie betreffen meistens und am ausgesprochensten den Kern und geben sich in der Regel durch Zunahme der Chromatinpartikel an Größe und Zahl sowie durch ihre eigenartige Anordnung entlang der Kernmembran (Kernwandhyperchromatosis) zu erkennen. Außerdem tritt eine ausgesprochene Pyknose, Gestaltveränderung und Zerfall des Kernes in mehrere, ungleich große Chromatinbrocken hervor. Auch Kernwandsprossung wird bisweilen beobachtet. Daneben finden sich auch Veränderungen im stark vergrößert erscheinenden Protoplasmaleib der Gliazellen in Gestalt von feinen, verwaschenen Körnchen, die bereits bei der Nissl-Färbung, noch deutlicher aber bei der Gliafärbung nach Alzheimer mit Malloryschem Hämotoxylin sichtbar werden.

Neben diesen mehr rundkernigen Gliazellformen werden nun häufig auch noch solche mit langgestrecktem, chromatinreichem Kern und langem, schmalem, astförmig verzweigtem Protoplasmaleib, sog. „Stäbchenzellen" beobachtet, wie sie auch bei anderen Erkrankungen des Gehirns unserer Haustiere vorkommen (z. B. spontane Kaninchenencephalitis, Lyssa, Staupe u. a.). Sie finden sich nach den Untersuchungen von Dobberstein besonders im Bulbus olfactorius und im Ammonshorn, in geringerer Zahl im Corpus striatum, in der Großhirnrinde und in den Vierhügeln. Seifried und Spatz fanden sie überall im Bereiche der entzündlichen Reaktion. Derartige „Stäbchenzellen" bei der Bornaschen Krankheit waren bereits von Joest und Degen (1911) gesehen, aber für in das Gewebe eingewanderte Lymphzellen gehalten worden. Über ihre Abstammung besteht heute noch keine volle Klarheit; soviel scheint aber festzustehen, daß es sowohl solche ektodermaler (gliöser) als auch solche mesodermaler (Gefäßbindegewebe) Abstammung gibt. Da sie sich bei der Bornaschen Krankheit vielfach mitten zwischen den Gliazellen vorfinden, von Gefäßen oder entzündlichen Infiltraten weit entfernt, so vertritt Dobberstein die Meinung, daß es sich hier in der Hauptsache um „Stäbchenzellen" ektodermaler Natur handelt. Endlich sind von Dobberstein auch noch außergewöhnlich große Gliazellen mit bläschenförmigem, chromatinarmem oder fast chromatinfreiem Kern und kleinem oder fehlendem Protoplasmaleib nachgewiesen worden, die von ihm in ähnlicher Form auch beim Leberkoller des Pferdes beschrieben wurden. In seltenen Fällen können besonders in der Nachbarschaft von Gefäßen oder zwischen den perivasculären Zellansammlungen auch sog. Körnchenkugeln oder Gitterzellen festgestellt werden (Dobberstein, Seifried und Spatz). Auffallend selten finden sich Fettablagerungen in den Gliazellen. Dobberstein konnte solche nur in wenigen Fällen in sonst unveränderten Gliazellen der Großhirnrinde und des Corpus striatum mit der Scharlachrotfärbung in Form feinster Tröpfchen nachweisen. In der Beurteilung dieses Befundes ist allerdings Vorsicht geboten, da solche Veränderungen in gleicher Form auch als Alters-erscheinung bei sonst gesunden Pferden angetroffen werden [Kikuchi (32)].

Betrachtet man die Veränderungen der Glia bei der Bornaschen Krankheit im ganzen, so besteht hier, worauf von Spatz, Dobberstein und Seifried und Spatz hingewiesen wurde, eine auffallende Analogie mit anderen lymphocytären Encephalitiden des Menschen und der Tiere, besonders mit der Encephalitis epidemica, der Lyssa und der Hunde-staupe, bei denen neben den entzündlichen und proliferativen Veränderungen im Bereiche der Gefäße eine deutliche Vermehrung und herdförmige Ansammlung von Gliazellen beobachtet werden kann. Es hat durchaus den Anschein, als ob diese proliferativen Veränderungen an der Neuroglia auf eine primäre, direkte Einwirkung des Virus zurückzuführen und

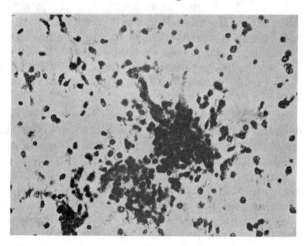

Abb. 4. Bornasche Krankheit beim Pferde. Neuronophagie. Der Fortsatz der Nervenzelle, ganz leicht gefärbt, ragt oben aus dem Gliazellhaufen heraus. 330fache Vergrößerung. Nissl-Färbung. [Nach Seifried u. Spatz: Z. Neur. 124, 317 (1930).]

nicht lediglich als reparatorische oder Abbauvorgänge aufzufassen seien. Sie wären in diesem Falle der entzündlichen Infiltration gleichwertig an die Seite zu stellen (Seifried und Spatz).

Hinsichtlich der Lokalisation der entzündlichen Veränderungen, die nicht selten parallel gehen, ist zu sagen, daß sie hauptsächlich das Gehirn betreffen. Das Rückenmark ist sowohl hinsichtlich der Stärke als auch der Ausdehnung der Veränderungen weniger und anscheinend nicht immer betroffen. Dem Grade des entzündlichen Prozesses nach sind die einzelnen Gehirnabschnitte nach Joest in folgender Reihen-folge ergriffen: Riechkolben und Riechwindung, Nucleus caudatus, Hippocampus, Frontallappen, Parietallappen und Temporallappen, Medulla oblongata, Rückenmark und Occipitallappen, Kleinhirn. Es ist demnach eine vorwiegende Erkrankung der Riechkolben und der Riechwindung, also des nasalen Pols des Großhirns festzustellen, während die Ent-zündung peripheriewärts und caudalwärts langsam und allmählich ab-klingt. Corpus striatum, Thalamus und Vierhügelgebiet sind nicht selten in gleichem Maße von dem entzündlichen Prozeß ergriffen, wie Ammons-horn und die erwähnten Gebiete des Riechhirns. In der Großhirnrinde lassen sich dagegen — abgesehen vom Riechhirn — besonders bevorzugte Abschnitte nicht feststellen. Diese eigentümliche Lokalisation des entzündlichen Prozesses im Gehirn hat durch die Untersuchungen von Zwick und Seifried, Bemmann (5) sowie Dobberstein eine Bestätigung erfahren.

Neuere Untersuchungen von Seifried und Spatz zeigen, daß die Medulla oblongata, und zwar ganz besonders ihre dorsalen Abschnitte, die „Haube" der Brücke, im Mittelhirn, die Substantia nigra, die Umgebung des Aquaeductus und der basalen Teile des 3. Ventrikels sowie Zonen entlang der äußeren und inneren Oberfläche besondere Prädilektionssitze des entzündlichen Reaktionskomplexes darstellen. Näheres darüber s. S. 614f.

Die von Zwick und Seifried sowie von Bemann angestellten Untersuchungen haben weiterhin ergeben, daß bei der Bornaschen Krankheit in Fällen von während des Lebens bestandenen Lähmungen im Bereiche des Kopfes entzündliche Veränderungen in geringem Grade an den regionären Nerven beobachtet werden. Auch Nicolau und Galloway konnten ebenso wie Zwick und Seifried interstitielle und perivasculäre Infiltrationen an den Nervenwurzeln und an den peripherischen Nerven bei experimenteller Bornascher Krankheit des Kaninchens fast regelmäßig nachweisen.

2. Degenerative Veränderungen an den Ganglienzellen.

Wenn Joest und wir selbst früher die Ansicht vertraten, daß an den Ganglienzellen keine Veränderungen oder nur solche geringfügiger Art auftreten (abgesehen von den Kerneinschlüssen, auf die später noch näher einzugehen sein wird), so kann diese Anschauung im Hinblick auf die neueren Arbeiten von Nicolau und Galloway, Zwick u. Seifried (75), Spatz, Dobberstein nicht mehr aufrecht erhalten werden. So haben Nicolau und Galloway bei mit deutschem Borna-Virus experimentell infizierten Kaninchen außer den bereits beschriebenen entzündlichen und infiltrativen Veränderungen im Zentralnervensystem auch solche degenerativer Art feststellen können und zwar sowohl an den Ganglienzellen des Gehirns als auch an den Spinalganglien. Als fast regelmäßig wiederkehrenden Befund bezeichnen sie den sog. „Satellismus", eine Umklammerung der Ganglienzellen durch gliöse und mononucleäre Elemente (Pseudoneuronophagie). Mitunter haben sie auch Bilder beobachtet, die zu echter Neuronophagie überleiten. Derartige Befunde sind auch von Seifried und Spatz erhoben worden. Diese Veränderungen finden sich hauptsächlich in der Medulla oblongata, im Mittelhirn und den spinalen und paravertebralen Ganglien, sie können aber auch im übrigen Nervensystem vorkommen. Auch im Rückenmark werden neben den vorherrschenden infiltrativen Veränderungen nach Nicolau und Galloway und eigenen Erfahrungen auch degenerative an den Nervenzellen angetroffen. Seit einiger Zeit wurde auch im Zwickschen Institut den histopathologischen Veränderungen bei der Bornaschen Krankheit erhöhte Aufmerksamkeit geschenkt. Bei diesen Untersuchungen wurde ebenfalls eine Reihe von neuen Befunden erhoben, die von Zwick kurz veröffentlicht worden sind (Festschrift für Eugen Froehner, herausgegeben von R. v. Ostertag, Verlag von Ferd. Enke, Stuttgart 1918). Das Studium einer großen Anzahl von histologischen Präparaten von bornakranken Pferden und Kaninchen läßt bei Anwendung verschiedener Spezialfärbemethoden (NISSL-Färbung, Giemsafärbung) schwere degenerative Veränderungen an den Ganglienzellen erkennen. Es muß allerdings besonders bemerkt werden, daß das Vorkommen dieser Veränderungen, ebenso wie der entzündlichen, hauptsächlich an bestimmte Prädilektionsstellen gebunden ist (s. später, Medulla oblongata, Mittelhirn, Substantia nigra, Umgebung des Äquaeductus Sylvii).

Neben zum Teil gut erhaltenen Zellen kommen häufig solche zu Gesicht, die die charakteristische Anordnung der NISSLschen Granula in mehr oder weniger ausgesprochenem Maße vermissen lassen. Das Protoplasma besteht in solchen Fällen aus einer leicht granulierten, staubförmigen oder ziemlich homogen aussehenden Masse, in der Tigroid nicht mehr nachweisbar ist und die basophilen Bestandteile völlig geschwunden sind. Der Zerfall kann so weitgehend sein, daß vom Protoplasma der Ganglienzellen nur noch Schatten sichtbar sind. In vereinzelten Ganglienzellen können außerdem im Protoplasma größere oder kleinere, helle, runde, ungefärbte Lücken oder Flecke von cysten- oder vakuolenähnlichem Aussehen auftreten, die bisweilen so dicht liegen, daß das Protoplasma eine wabige oder schaumige Struktur erhält. Daneben können auch Zellen angetroffen werden, deren Rand nicht mehr scharf begrenzt ist, sondern wie gezackt oder angenagt aussieht. Das ist aber verhältnismäßig selten und wird am ehesten noch an Zellen beobachtet, die bereits von Gliazellen umklammert sind.

Auch am Kern der Ganglienzellen begegnet man ausgesprochenen Veränderungen, die weniger durch eine Änderung seiner Lage als durch mehr oder weniger stark ausgeprägte Abweichungen seiner Struktur gekennzeichnet sind. Vielfach ist die Grenze zwischen Protoplasma und Kern unscharf, so daß fließende Übergänge von einem zum andern zu bestehen scheinen. In anderen Fällen ist der Kern übersät von kleinen, aber deutlich sichtbaren Chromatinkörnchen. Nicht selten kann auch eine abnorme Blaßheit des Kerns beobachtet werden; bisweilen ist er fast ungefärbt und nahezu unsichtbar. Auch die Nucleolen können eine solch abnorm blasse Farbe besitzen. Man sieht dann in ihnen mehrere runde, intensiv gefärbte Körperchen, die nicht selten der Peripherie des Kerns angelagert sind (Anlagerungskörper) und ihm ein maulbeerförmiges Aussehen verleihen.

Auch vakuolenartige Gebilde im Kernkörperchen werden angetroffen.

Derartig veränderte Ganglienzellen und zum Teil auch noch gut erhaltene sind häufig umgeben bzw. völlig umklammert von gliösen und mononucleären Elementen, die zum Teil in dichtem Kranz die Zellen belagern, in sie eindringen und so zu Bildern von echter Neuronophagie überleiten. Außer diesen Veränderungen haben unsere Untersuchungen ebenso wie diejenigen von SEIFRIED und SPATZ gezeigt, daß bei der BORNASCHEN Krankheit ähnlich wie bei der Tollwut auch Gliaherde in größerem oder kleinerem Umfange, wohl ebenfalls als Ausdruck von „Neuronophagie" auftreten können (s. darüber auch im nächsten Abschnitt).

Alle diese Befunde besitzen weitgehende Übereinstimmung mit denjenigen von NICOLAU und GALLOWAY und finden auch durch die Untersuchungen von SPATZ sowie von DOBBERSTEIN eine volle Bestätigung.

Was das Vorkommen der degenerativen Ganglienzellen-
veränderungen in den verschiedenen Gehirnabschnitten anbetrifft, so besteht zweifellos ein gewisses Abhängigkeitsverhältnis
von den übrigen entzündlichen Erscheinungen. Indessen scheinen hier
nicht selten Ausnahmen vorzukommen. Man beobachtet auch vielfach,
daß der Grad und die Stärke der Veränderungen innerhalb sehr eng
umschriebener Gehirnabschnitte starken Schwankungen unterworfen sein
kann. So weist DOBBERSTEIN darauf hin, daß dies besonders dort der Fall
ist, wo mehrere Arten von Ganglienzellen vorhanden sind. Vielfach hat
es den Anschein, als ob bestimmte Zellarten dem schädigenden Einfluß des Virus leichter zugänglich seien als andere. Nach den Untersuchungen von DOBBERSTEIN sollen beispielsweise in der Großhirnrinde
die Veränderungen an den multipolaren Zellen der tieferen Schichten
fast immer stärker ausgeprägt sein als an den großen Pyramidenzellen.
Ähnlich liegen die Verhältnisse in anderen Gehirnabschnitten, so daß
man nicht selten neben hochgradig geschädigten Zellen auch solche antreffen kann, die kaum oder nur in geringem Grade von dem degenerativen Prozeß ergriffen sind. Im Vergleich zu anderen Gehirnabschnitten
sind die Ganglienzellen im Bereiche der Medulla oblongata, des Kleinhirns und der Brücke noch verhältnismäßig gut erhalten, wenn sich auch
in einzelnen Gebieten bereits degenerative Veränderungen bemerkbar
machen. Im Zwischenhirn, Mittelhirn (besonders im Vierhügelgebiet)
und im Thalamus opticus können aber bereits erhebliche Alterationen
beobachtet werden. Noch deutlicher treten sie im Corpus striatum und
in den von dem entzündlichen Prozeß besonders betroffenen Partien
der Großhirnrinde hervor. Im ganzen gewinnt man den Eindruck, als
ob die degenerativen Veränderungen an den Nervenzellen viel diffuser
verteilt seien, als die entzündlichen (SEIFRIED und SPATZ).

Die Beurteilung der degenerativen Veränderungen an den Ganglienzellen erfordert große Zurückhaltung, da nachgewiesenermaßen auch
andere terminale Erkrankungen zu Veränderungen der Nervenzellen
führen, die vielfach von den beschriebenen nicht unterschieden werden
können. Diese Vorsicht ist um so mehr am Platze als ja viele bornakranke
Pferde an Sepsis und Aspirationspneumonie mit hohen Temperaturen
zugrunde gehen. Trotzdem ist keineswegs zu bezweifeln, daß Ganglien-
zellveränderungen bei der BORNASchen Krankheit als direkte Folge
des encephalitischen Prozesses von Anfang an auftreten; sie sind jedoch
keineswegs spezifischer Natur, worauf bereits von ZWICK (74, 75) hingewiesen wurde. Bei der Encephalitis epidemica, der Poliomyelitis infectiosa acuta des Menschen sowie bei der Tollwut und der Staupe des
Hundes werden durchaus ähnliche Alterationen angetroffen.

Kerneinschlüsse in den Ganglienzellen.

Außer den Gefäßinfiltraten und den degenerativen Veränderungen
an den Ganglienzellen konnte JOEST bei BORNA-Pferden in den großen
polymorphen Ganglienzellen, besonders des Ammonshorns, mit Hilfe
der LENTZschen Färbung, wie sie zum Nachweis der NEGRISchen Körperchen bei der Tollwut verwendet wird, eigenartige Kerneinschlüsse feststellen, die sich durch ihre leuchtend rote Farbe von dem hellen Untergrund des chromatinarmen Kernes und auch sehr deutlich von der violetten

Farbe des Nucleolus abheben. Auch mit zahlreichen anderen Färbungen lassen sich die Kerneinschlüsse gut zur Darstellung bringen. Der von JOEST gegebenen Beschreibung über die morphologischen und färberischen Eigenschaften der Körperchen kann wesentlich Neues nicht hinzugefügt werden. Indessen konnten, was die Lage der Körperchen innerhalb der Ganglienzellen anbetrifft, von ZWICK und SEIFRIED, allerdings nur in 2 Fällen, neben intranucleär gelegenen Einschlußkörperchen vereinzelt auch solche nachgewiesen werden, die im Cytoplasma der Ganglienzellen ihre Lage hatten. Dieser Befund ist später von DOBBERSTEIN bestätigt worden.

Hinsichtlich der Struktur der Einschlußkörperchen ist noch zu bemerken, daß sie nicht — wie bisher angenommen wurde — immer homogene, strukturlose Gebilde darstellen, sondern daß sich in ihnen nach den neueren Untersuchungen von NICOLAU und GALLOWAY sowie von SEIFRIED[1] bisweilen eine Art Innenstruktur, ähnlich wie bei den NEGRISchen Körperchen nachweisen läßt.

Wie bereits von JOEST erwähnt wird, sind die Körperchen nicht besonders widerstandsfähig, sondern zerfallen verhältnismäßig rasch mit den Ganglienzellen. Nach den Untersuchungen von JOEST, ZWICK und SEIFRIED sowie BEMANN verlieren sie in faulem Material schon nach kurzer Zeit ihre Färbbarkeit und bei fortgeschrittener Fäulnis gelingt ihr Nachweis überhaupt nicht mehr.

Was endlich die Natur dieser Körperchen anbetrifft, so besteht über diese Frage ebenfalls noch keine volle Klarheit. Um Bakterien kann es sich nicht handeln. Die typische Lagerung im Kern, ihre in weiten Grenzen variierende Größe und ihr färberisches Verhalten sprechen gegen eine solche Deutung (die Körperchen färben sich nicht mit Anilinfarbstoffen). JOEST ist vielmehr geneigt, in ihnen die Reaktionsprodukte von Chlamydozoen zu sehen, von filtrierbaren Mikroorganismen im Sinne von v. PROWAZEK, die in Zellen, vornehmlich in solche des Ektoderms eindringen und in den meist gut erhaltenen Wirtszellen Reaktionsprodukte in Gestalt solcher Einschlußkörperchen auslösen. Sie wären also den GUARNIERISchen Körperchen bei Variolavaccine, den NEGRISchen Körperchen bei der Wut an die Seite zu stellen.

Im Gegensatz dazu betrachtet PILOTTI (60), der im Laboratorium von SPIELMEYER histologische Untersuchungen über die BORNASche Krankheit ausführte, die Einschlußkörperchen (mit großer Wahrscheinlichkeit) als Produkte der degenerativen Fragmentation des Nucleolus, die er nicht als spezifisch für die BORNASche Krankheit ansieht. Diese Auffassung wird von SPIELMEYER geteilt. Nach Ansicht von NICOLAU und GALLOWAY stellen die Einschlußkörperchen Kondensationsprodukte des Chromatins dar, die acidophil geworden sind und sich vielleicht um den Erreger herumgelegt haben. Nach bisher unveröffentlichten Untersuchungen von SEIFRIED geben die Körperchen bei Anwendung der FEULGENschen Nuclealreaktion eine positive Färbung, so daß es sich mit ziemlicher Sicherheit um Kernprodukte handeln dürfte. Nach den Untersuchungen von ZWICK und SEIFRIED werden die Körperchen auch bei experimentell mit BORNA-Virus infizierten Versuchstieren beobachtet.

---

[1] Bisher nicht veröffentlicht.

Zur Frage der Verbreitung der Kerneinschlüsse über die verschiedenen Abschnitte des Zentralnervensystems sind von Joest, Zwick und Seifried, von Bemmann sowie von Nicolau und Galloway Untersuchungen angestellt worden, die zeigen, daß Ammonshorn und Riechwindung die zahlreichsten Kerneinschlußkörperchen beherbergen. Sie werden auch in anderen Abschnitten, so im Stirnlappen, Schläfenlappen, Hinterhauptslappen u. a., ja sogar im Rückenmark und den Spinalganglien angetroffen, in diesen Teilen jedoch in sehr geringer Zahl.

Von besonderem Interesse ist noch die Frage, ob das Auftreten der Kerneinschlüsse bei der Bornaschen Krankheit Beziehungen zur Stärke und zur Lokalisation der entzündlichen Infiltrate erkennen läßt. Dies ist nach den Untersuchungen von Joest, Zwick und Seifried und denjenigen von Bemmann nicht der Fall. Auch die Zahl und Größe der Kerneinschlußkörperchen scheint von der Stärke der entzündlichen Infiltrate unabhängig zu sein. Dasselbe Unabhängigkeitsverhältnis trifft für das Vorkommen von Einschlußkörperchen in Ganglienzellen zu, die in unmittelbarer Nachbarschaft von entzündlichen Infiltraten gelegen sind. Nicht selten werden in solchen Ganglienzellen Einschlußkörperchen überhaupt vermißt.

Die Kerneinschlüsse stellen — mit geringen Ausnahmen — einen regelmäßigen Befund bei der Bornaschen Krankheit dar. Sie fehlen nur in einem kleinen Prozentsatz der Fälle und kommen nach Joest in Gehirnen von Pferden, die an anderen Krankheiten des Zentralnervensystems gelitten haben oder die nicht mit derartigen Krankheiten behaftet waren, nicht vor. Die Spezifität dieser Gebilde erfährt durch ihr Vorkommen bei der experimentell erzeugten Krankheit verschiedener Tierspezies sowie durch die Untersuchungen von Ott (58), Schmehle (63) und Scholl eine wesentliche Stütze. Der Nachweis der Gefäßinfiltrate, der degenerativen Veränderungen an den Ganglienzellen und der Kerneinschlußkörperchen sichert die Diagnose der Bornaschen Krankheit. Durch diese Grundlagen sind wir nicht nur imstande, die Bornasche Krankheit histologisch von anderen, ähnlichen seuchenhaften Gehirn- und Rückenmarksentzündungen zu unterscheiden, sondern es ist dadurch auch ein Kriterium für die experimentelle Erforschung der Krankheit an die Hand gegeben (s. darüber im Abschnitt: Experimentelle Pathologie).

Experimentelle Pathologie.

Über Übertragungsversuche bei der Bornaschen Krankheit unter Verwendung verschiedener Versuchstiere, verschiedenen Impfmaterials und verschiedener Impfmethoden liegt in der älteren Literatur bereits eine Reihe von Arbeiten vor, auf die hier nicht mehr näher eingegangen werden soll, weil sämtliche ein negatives Ergebnis hatten.

Neuerdings ist es nun Zwick und Seifried (1925) durch intracerebrale Verimpfung von Gehirnemulsion von an Bornascher Krankheit verendeten Pferden gelungen, die Krankheit auf Kaninchen und andere Versuchstiere in einwandfreier Weise zu übertragen und bei den Versuchstieren einen typischen, mit dem bei natürlich erkrankten Pferden durchaus übereinstimmenden Befund zu erheben. Diese Übertragungsversuche sind später von Ernst und Hahn (15), Beck und Frohböse (4) sowie von Nicolau und Galloway u. a. in vollem Umfange bestätigt worden. Bei Verwendung frischen Gehirnmaterials (in der Verdünnung 1:20 bis 1 : 100 000) kann in einem hohen Prozentsatz mit dem Haften der intracerebralen Infektion gerechnet werden. Mit Gehirnemulsionsverdünnungen 1 : 500 000 und 1 : 1 000 000 ist die Übertragung nicht mehr gelungen. (Zwick und Seifried ist unter 25 Fällen die Übertragung der Bornaschen Krankheit auf das Kaninchen 20mal gelungen. In 2 Fällen sind die Impftiere infolge Mischinfektion vorzeitig verendet, in 3 Fällen hat die Impfung aus unbekannten Gründen versagt).

Nach den von Zwick, Seifried und Witte (76) an einer großen Zahl von Kaninchen angestellten Übertragungsversuchen beträgt die Inkubationszeit durchschnittlich 3—4 Wochen. Auch Beck und Frohböse, sowie Berger geben eine durchschnittliche Inkubationsfrist von 26—28 Tagen an, wobei allerdings zu berücksichtigen ist, daß die Inkubation in zwei Fällen 41—45 Tage betrug. Über ähnliche Inkubationsfristen berichten Nicolau und Galloway, die ihre Versuche mit dem in Deutschland von Zwick und seinen Mitarbeitern isolierten Virus tätigten. Die von ihnen beobachteten Zeiten zwischen Infektion und Ausbruch der ersten Krankheitserscheinungen schwankten zwischen 15 und 50 Tagen. Aus den Einzelangaben ist in Übereinstimmung mit den Erfahrungen von Zwick, Seifried und Witte zu entnehmen, daß Inkubationsfristen von über 30 Tagen verhältnismäßig selten vorkommen. Der eine von Hahn (24) mitgeteilte Fall einer gelungenen Übertragung auf das Kaninchen, bei dem die Inkubationszeit 56 Tage betrug, stellt zweifellos eine Seltenheit dar. Abgesehen von geringen Virulenzschwankungen des Virus, die gar nicht so selten beobachtet werden, ist die Dauer der Inkubation (bei intracerebraler Einverleibung) wesentlich abhängig von dem Alter und Gewicht der verwendeten Tiere, eine Tatsache, auf die Zwick und seine Mitarbeiter hingewiesen haben und die von Beck und Frohböse sowie von Nicolau und Galloway bestätigt werden konnte. Im allgemeinen sind Kaninchen mit einem Gewicht unter 1500 g für die Infektion empfänglicher als ältere und schwerere Tiere. Die Dauer der Inkubation wird auch noch wesentlich von der Art der Einverleibung des Virus und von der verwendeten Tierart beeinflußt.

Was die Dauer der Erkrankung anbetrifft, so beträgt sie nach den an einem großen Material gesammelten Erfahrungen von Zwick, Seifried und Witte, von Beck und Frohböse, sowie von Nicolau und Galloway durchschnittlich 8—14 Tage. Als kürzeste Krankheitsdauer wurden 3, als längste 19—26 Tage beobachtet. Nach den Ermittlungen von Nicolau und Galloway starben von 50 Kaninchen, die intracerebral geimpft worden waren, 23 zwischen 21 und 33, 6 in weniger als 21 Tagen und 21 in mehr als 33 Tagen nach der Impfung. Wie Zwick, Seifried und Witte an einem großen Material feststellen konnten, tritt der Tod nach intracerebraler Infektion nur in ganz seltenen Fällen in weniger als 3 Wochen nach der Impfung ein. Indessen besteht auch hier ein gewisses Abhängigkeitsverhältnis von dem Gewicht und den individuellen Eigenschaften der verwendeten Tiere. So haben beispielsweise Nicolau und Galloway die Erfahrung gemacht, daß bei Kaninchen mit weniger als 1500 g Gewicht der Tod durchschnittlich bereits 20 Tage nach der Impfung eintrat, während Kaninchen mit mehr als 1500 g Gewicht durchschnittlich erst 36 Tage nach der intracerebralen Impfung verendeten.

Auf die klinischen Erscheinungen bei den mit Bornavirus intracerebral geimpften Kaninchen kann hier nicht näher eingegangen werden. Sie stimmen weitgehend mit denjenigen bei der Spontankrankheit des Pferdes überein.

Die Krankheitsdauer beläuft sich durchschnittlich auf 8—14 Tage.

Was die Körpertemperatur anbetrifft, so ist sie meistens während der ganzen Krankheitszeit nicht oder nur zu Beginn unwesentlich erhöht, um bald wieder abzusinken und sich in normalen Grenzen zu halten. Kurz vor dem Tode werden subnormale Temperaturen beobachtet (35⁰—34⁰ C) (Nicolau und Galloway).

Untersuchungen des Blutes von mit Bornavirus infizierten Kaninchen sind zunächst von Karmann (263) (auf Veranlassung von Zwick) ausgeführt worden. Sie haben eine starke Linksverschiebung des Blutbildes (70% Pseudoeosinophile und etwa 20% Lymphocyten) ergeben. Die Zahlen der weißen und roten Blutzellen sowie der Hämoglobingehalt bewegen sich dagegen in normalen Grenzen. Die von Nicolau und Galloway angestellten Blutuntersuchungen ergaben keine konstanten Werte. Während in einigen Fällen leichte Hyperleukocytose und Zunahme der Polymorphkernigen beobachtet werden konnte, war in anderen Fällen die Leukocytose (16 000—18 000) mit Lymphocytose vergesellschaftet. Im Endstadium war eine ausgesprochene Zunahme der Polymorphkernigen die Regel. Die Zahl der Erythrocyten war unverändert; auch waren morphologische Veränderungen an ihnen nicht nachweisbar.

Die besondere Bedeutung der gelungenen Übertragung der Bornaschen Krankheit auf Kaninchen durch intracerebrale Verimpfung von Gehirnemulsion vom Pferde liegt darin, daß die Krankheit von Kaninchen zu Kaninchen ebenfalls auf dem Wege der intracerebralen Verimpfung von Gehirnemulsion in beliebigen Passagen übertragen werden kann. So wird im Gießener Tierseuchen-Institut ein Virusstamm seit über 6 Jahren von Kaninchen zu Kaninchen weitergezüchtet, ohne daß die Reihen bis jetzt abgerissen wären. Mit aus anderen Pferden isolierten Virusstämmen werden Passagen in gleicher Weise seit über 4 Jahren durchgeführt. Wie Zwick, Seifried und Witte feststellen konnten, sind die Inkubationszeiten bei diesen Passagekaninchen gegenüber denjenigen, die mit Virus vom Pferde geimpft worden waren, nur unwesentlich verkürzt. Sie betragen durchschnittlich etwa 3 Wochen und zeigen eine solche Regelmäßigkeit und Konstanz, daß die Erkrankung oft bis auf den Tag vorausgesagt werden kann und daß nicht selten gleichzeitig geimpfte Kaninchen zu gleicher Zeit erkranken und verenden.

Es ist ganz besonders auffallend und bemerkenswert, was von den verschiedenen Nachuntersuchern wiederholt bestätigt wurde, daß die Übertragung der Bornaschen Krankheit vom Pferd auf das Kaninchen und weiter von Kaninchen zu Kaninchen mit einer großen Regelmäßigkeit gelingt und daß ein Versagen des Übertragungsversuches eigentlich zu den Ausnahmen gehört. Demnach liegen bei der Bornaschen Krankheit ähnliche Verhältnisse vor wie bei den Tollwutimpfungen am Kaninchen. Ein bemerkenswerter Unterschied besteht indessen insofern, als eine wesentliche Abkürzung der Inkubationsfrist nicht eintritt, so viel Kaninchenpassagen das Virus auch immer durchlaufen haben mag. Von einem Virus fixe in Analogie mit der Tollwut kann deshalb hier, wie dies auch von Nicolau und Galloway betont wird, nicht gesprochen werden.

Pathologisch-anatomischer und histologischer Befund beim Impfkaninchen.

Aus den Arbeiten von Zwick, Seifried und Witte, Ernst und Hahn, Beck und Frohböse, Nicolau und Galloway u. a. geht übereinstimmend hervor, daß konstante und spezifische makroskopische Veränderungen am Zentralnervensystem bei den intracerebral mit Bornavirus geimpften Kaninchen nicht beobachtet werden. In der Mehrzahl der Fälle besteht eine mehr oder weniger ausgesprochene Hyperämie der Meningen, mitunter aber auch ein geringgradiges Ödem, die beide durchaus nicht als charakteristisch angesehen werden können. Eine Vermehrung des Liquor cerebri im Subduralraum und im 3. Ventrikel, wie sie häufig bei der Spontankrankheit des Pferdes in die Erscheinung tritt, wird beim Kaninchen nicht beobachtet (Beck und Frohböse). Was die übrigen Organe anbetrifft, so ist von Ernst und Hahn die Aufmerksamkeit auf den Magen hingelenkt worden. Dort finden sich in der Schleimhaut in der Mehrzahl der Fälle kleine Hämorrhagien, die auch von Zwick, Seifried und Witte, sowie von Nicolau und Galloway festgestellt wurden. Es handelt sich hier aber mit großer Wahrscheinlichkeit um agonale Veränderungen, denen eine spezifische Bedeutung für die Bornasche Krankheit abgesprochen werden muß. Sie finden sich nach den Erfahrungen von Nicolau und Galloway in gleicher Weise bei der experimentellen Herpesencephalitis des Kaninchens, sowie bei anderen Spontankrankheiten dieses Versuchstieres. Außer einer geringgradigen Hyperämie der Nieren können makroskopische Veränderungen an den übrigen Organen nicht ermittelt werden.

1. Zentralnervensystem.

Dagegen finden sich typische histologische Veränderungen im Zentralnervensystem und zwar infiltrativer (entzündlicher) als auch degenerativer Art. Sie bestehen in gleicher Weise wie bei der spontanen Krankheit des Pferdes in einer Meningitis und Encephalitis lymphocytaria sowie in ausgesprochenen degenerativen Veränderungen an den Ganglienzellen und am Gliagewebe. Der gesamte histologische Befund im Zentralnervensystem der experimentell mit Borna-Virus infizierten Kaninchen gleicht so völlig dem bereits beschriebenen beim Pferde, daß es sich erübrigt, ihn hier nochmals zu wiederholen. Ich möchte in dieser Richtung vielmehr auf S. 564 verweisen und mich hier darauf beschränken, einige Besonderheiten zu erwähnen, die von allgemeinem Interesse sind.

Was die Art der Infiltratzellen anbetrifft, so handelt es sich sowohl bei denen in den Meningen als auch bei den perivasculären Infiltraten im gesamten Zentralnervensystem um typische Lymphocyten, Polyblasten und wenige Plasmazellen. Polymorphkernige Leukocyten kommen nur selten und ausnahmsweise vor. Die Veränderungen in den einzelnen Teilen des Zentralnervensystems sind nach eingehenden Untersuchungen von Nicolau und Galloway, sowie denjenigen des Verfassers verschieden. So sind die entzündlichen Infiltrate in den Meningen des Großhirns, besonders an der Hirnbasis, sowie in den Cortexgefäßen besonders stark ausgeprägt. Im übrigen finden sich die meisten Infiltrate in der Rinde, im Ammonshorn und besonders in den an den Seitenventrikel angrenzenden Hirnpartien. In allen diesen Infiltraten, die ihrer Intensität nach in den einzelnen Fällen großen Schwankungen unterworfen sind, können neben gut erhaltenen Zellelementen auch degenerierte Lymphocyten oder Plasmazellen angetroffen werden. (Nicolau und Galloway, eigene Erfahrungen). Als Zeichen der Degeneration zeigt sich der Kern dieser Zellen vielfach oxyphil; auch können nicht selten zwischen den Infiltratzellen Kernfragmente nachgewiesen werden, die mit großer Wahrscheinlichkeit degenerierten lymphocytären Elementen zugehören.

Die ausgesprochensten Veränderungen an den Ganglienzellen werden
nach den Untersuchungen des Verfassers, sowie denjenigen von Nicolau
und Galloway, Ernst und Hahn, Beck und Frohböse im Ammonshorn angetroffen.

Als Beweis für die einwandfrei gelungene Übertragung der Bornaschen
Krankheit auf Kaninchen verdient besonders hervorgehoben zu werden,
daß, wie Zwick und Seifried zuerst feststellen konnten, in den Ganglienzellen des Ammonshornes bei Anwendung der Mannschen Färbung
und auch anderer Färbemethoden der Nachweis der für die Bornasche
Krankheit charakteristischen Einschlußkörperchen in typischer Weise
gelingt. Sie finden sich nicht nur im Hippocampus, sondern allerdings in geringer Zahl, auch in allen anderen Teilen des Gehirns;
sogar in den Pyramidenzellen der Hirnrinde und selbst in Gliazellen
wird ihr Auftreten beobachtet. Diese Feststellungen fanden durch die
Untersuchungen von Ernst und Hahn, Beck und Frohböse sowie von
Nicolau und Galloway, Berger (6) u. a. eine volle Bestätigung.
Was die Größe, Färbbarkeit, Struktur, Lage und Zahl der in einer Zelle
vorkommenden Einschlußkörperchen anbetrifft, so besteht in allen nach
den gleichlautenden Angaben aller Autoren völlige Übereinstimmung
mit denjenigen, die beim Pferde beschrieben wurden (s. S. 573). Nach
der Ansicht von Nicolau und Galloway handelt es sich bei diesen
Einschlußkörperchen wahrscheinlich um Degenerationsprodukte des
Kerns, der in diesem Stadium oxyphile Eigenschaften angenommen hat.
Sie glauben, daß der Kern bei Einwirkung anderer Ursachen in derselben
Weise reagieren kann. Im besonderen konnten von diesen Autoren,
mit Ausnahme des umgebenden hellen Hofes, ähnliche Einschlüsse
auch bei der experimentellen Herpes-Encephalitis beim Kaninchen
nachgewiesen werden, weshalb an ihrer Spezifität nach der Meinung
von Nicolau und Galloway Zweifel bestehen. Sie sind vielmehr geneigt,
in ihnen das Produkt eines karyotropen Virus zu betrachten, derart,
daß das Karyoplasma rund um das krankmachende Agens herum sich
ansammelt. Weitere Beweise für den nicht spezifischen Charakter dieser
Einschlußkörperchen sind bis jetzt nicht erbracht worden, so daß noch
weitere Untersuchungen abgewartet werden müssen, ehe in dieser Richtung ein endgültiges Urteil gefällt werden kann. Jedenfalls bleibt es
nach wie vor eine eigenartige Tatsache, daß diese Ganglienzelleinschlüsse
in den meisten Fällen in den Gehirnen der an experimenteller Bornascher
Krankheit verendeten Kaninchen einen ziemlich regelmäßigen Befund
darstellen. Ihre Zahl im Einzelfalle ist allerdings außerordentlichen
Schwankungen unterworfen, so daß es mitunter schwer und erst nach
Durchmusterung mehrerer Präparate gelingt, sie in geringer Zahl aufzufinden. In einem geringen Prozentsatz gelingt ihr Nachweis, ähnlich
wie bei der Tollwut, trotz eingehenden Suchens überhaupt nicht (Zwick
und Seifried, Beck und Frohböse). Es ist aber ganz besonders auffallend, daß bei Weiterimpfung von Gehirnmaterial, in dem Körperchen
vermißt werden, sie in den Gehirnen der geimpften Kaninchen meistens
wieder nachgewiesen werden können (Zwick, Seifried und Witte,
Beck und Frohböse).

Während die hier beschriebenen Einschlußkörperchen beim Kaninchen
ihren Sitz ausschließlich im Nucleus haben, können nach den Erfahrungen

von NICOLAU und GALLOWAY sowie denjenigen des Verfassers im
Protoplasma der Ganglienzellen bisweilen (nach NICOLAU und GALLOWAY
in 5% ihrer Fälle) eigenartige cystenartige Gebilde von 5—9 μ Durchmesser nachgewiesen werden, die in ihrem Innern 6 basophile Granulationen in symmetrischer Anordnung, meistens an ihrer Peripherie beherbergen. Ein ähnliches Aussehen besitzen unter Umständen auch degenerierte Plasmazellen. NICOLAU und GALLOWAY konnten derartige Cysten
weder im Gehirn normaler Kaninchen, noch solcher, die mit Herpes-,
Tollwut- oder Vaccine-Virus geimpft waren, beobachten. Um Mikro-
sporidiencysten, wie sie bei der Granulomencephalitis des Kaninchens
aufzutreten pflegen, kann es sich nach Ansicht von NICOLAU und GAL-
LOWAY nicht handeln. Über ihre Natur und Bedeutung besteht bis jetzt
noch völlige Unklarheit.

Im übrigen finden sich an den Ganglienzellen des Ammonshornes,
sowie an denjenigen anderer Gebiete des Zentralnervensystems (s. später)
dieselben degenerativen Veränderungen, wie sie auch bei der spontanen
Krankheit des Pferdes vorkommen und auf S. 571 beschrieben sind.
Als davon in gewissem Sinne abweichend ist an derartig degenerierten
Ganglienzellen beim Kaninchen eine vielfach hervortretende intensive
Oxyphilie des Kerns und Protoplasmas hervorzuheben. Besonders das
Karyoplasma ist bisweilen in eine homogene Masse umgewandelt, die
sich mit der MANNschen Färbung rot färbt und kleinere Dimensionen
besitzt wie ein unveränderter Kern.

Weiterhin ist beim Kaninchen in gleicher Weise wie beim Pferde eine
Mobilisation der Neuroglia (sowie lymphocytärer Elemente) in der
Peripherie der Ganglienzellen festzustellen (Pseudoneuronophagie oder
,,satellitism" von NICOLAU und GALLOWAY). Die Stärke dieser Neuronophagie steht nach den Untersuchungen von NICOLAU und GALLOWAY
in umgekehrtem Verhältnis zu den meningealen und perivasculären Infiltraten; sie soll hauptsächlich bei Kaninchen vorkommen, die innerhalb
der ersten 10 Tage nach der Impfung verenden. Die genannten Autoren
sind der Meinung, daß die Neuronophagie zu Beginn der Krankheit auftritt, im Verlaufe der Krankheit entweder verschwindet oder in echte
Neuronophagie übergeht. Sie glauben, daß wenn der Kampf zwischen
Ganglienzellen und Virus ohne Neuronophagie abläuft, die betreffenden
Tiere erst in einem späteren Stadium zwischen 25 und 50 Tagen (nach
der Impfung) verenden, nämlich dann, wenn sich die Encephalitis und
Meningitis in vollem Umfange ausgebildet hat. Das Ergebnis der histologischen Untersuchung der Gehirne von experimentell infizierten Kaninchen,
die 5, 10, 15, 20, 27 und 31 Tage nach der Impfung getötet worden waren,
scheint dieser Annahme von NICOLAU und GALLOWAY recht zu geben,
denn es hat sich dabei die eigenartige Tatsache herausgestellt, daß die
ersten Veränderungen im Zentralnervensystem in einer Mobilisation
und Proliferation der Neuroglia um die Ganglienzellen herum bestehen,
besonders ausgeprägt ist sie in der Brücke und in der Medulla oblongata,
während dagegen die Infiltration in den Meningen und im Ammonshorn
erst später, und zwar etwa am 15. oder 20. Tage nach der Impfung in
Erscheinung tritt. Indessen ist es sehr fraglich, ob dieser zeitliche
Ablauf der Veränderungen im Zentralnervensystem für alle Fälle regelmäßig zutrifft, denn im Gehirn von Kaninchen, die am 5., 10., 15., 20.

und 25 Tage nach der Impfung getötet worden waren, konnten vom Verfasser auch bereits nach 5, 10 und 15 Tagen infiltrative Veränderungen
an den Gefäßen neben Pseudoneuronophagien nachgewiesen werden. Aus
diesen Befunden, besonders aus der Tatsache, daß die infiltrativen Veränderungen erst verhältnismäßig spät hervortreten, dürfen keinesfalls
Schlüsse bezüglich des Auftretens der ersten klinischen Erscheinungen
gezogen werden. Die Untersuchungen von Zwick, Seifried und Witte
sowie diejenigen von Berger haben vielmehr gezeigt, daß histologische
Veränderungen im Gehirn bereits vor dem Auftreten klinisch feststell-
barer Symptome vorhanden sein können. Im allgemeinen ist mit der
Infiltratbildung im Gehirn und seinen Häuten bereits 8—10 Tage vor
dem Auftreten der ersten sichtbaren Krankheitserscheinungen zu rechnen.
Diese Feststellungen besitzen in therapeutischer Hinsicht insofern eine
gewisse Bedeutung, als mit Sicherheit angenommen werden kann, daß
bei Ausbruch der ersten Krankheitserscheinungen neben den degenerativen Veränderungen an den Ganglienzellen und der Neuroglia auch bereits
umfangreiche Infiltrate zugegen sind.

Bei der oben erwähnten Pseudoneuronophagie bzw. Neuronophagie
sind nicht nur gliöse Elemente, sondern auch einkernige Zellen beteiligt.
Die gliösen Elemente scheinen aber vielfach die Oberhand zu besitzen,
wie überhaupt die Reaktion der Neuroglia auch sonst in anderen Hirnpartien, besonders in der Rinde und in der Umgebung des 3. Ventrikels
deutlich hervortritt. Gliaherde und Gliarasen sind keine Seltenheiten;
sie sind vielfach durchmischt mit Lymphocyten und Histiocyten, an
denen Kernteilungsfiguren beobachtet werden können (eigene Untersuchungen, Nicolau und Galloway). Nach neueren, bisher unveröffentlichten Untersuchungen des Verfassers ist sowohl die Mikroglia als auch
die Makroglia an der Proliferation beteiligt (Methoden von Hortega
und von Cajal)[1]. Endlich kommen auch beim Kaninchen degenerative
Veränderungen an den Gliazellen vor, wie sie bei der Spontankrankheit
des Pferdes beschrieben sind (s. S. 571).

Im Mittelhirn und in der Medulla oblongata findet man nach
den übereinstimmenden Untersuchungsergebnissen der verschiedenen
Autoren nicht nur dieselben infiltrativen Veränderungen am Gefäßsystem, sondern auch die degenerativen an den Ganglienzellen und an den
Gliazellen. Auch die bisweilen herdförmige Proliferation der Neuroglia
wird in gleichem Maße beobachtet wie im Gehirn. Auch Einschlußkörperchen in den Ganglienzellen kommen vor, und zwar namentlich in
solchen, an denen auffallende Veränderungen nicht feststellbar sind. In
Zellen, die sich in einem weit fortgeschrittenen Degenerationsstadium befinden, werden sie dagegen nicht angetroffen. In dieser Richtung besteht
also eine auffallende Analogie mit der Tollwut. Auch in den Gliazellen
dieser Hirngebiete konnten von Nicolau und Galloway gelegentlich kleine
oxyphile Körperchen im Nucleus nachgewiesen werden, die große Ähnlichkeit
mit denjenigen besitzen, die bei der experimentellen Herpesencephalitis des
Kaninchens von Levaditi (156), Nicolau und Harvier beschrieben wurden.

---

[1] In der Zwischenzeit sind mir die Arbeiten von Bratianu und Lombard (C. r. Soc. Biol.
Paris 101, 792 (1929) und Ann. d'Anat. path. 6, 849 (1929), deren Ergebnisse auch von
Nicolau u. Galloway (Ann. Inst. Pasteur 45, 489 (1930) erwähnt werden, bekannt geworden.
Hinsichtlich der Beteiligung der Mikroglia konnten diese Autoren dieselben Befunde erheben.

Weniger ausgeprägt als in bisher erwähnten Gehirnabschnitten sind sowohl die infiltrativen als auch die degenerativen Veränderungen im Kleinhirn. Infiltrate treten besonders in der weißen Substanz hervor. Die Meningitis, wenn sie überhaupt vorhanden ist, ist meistens geringgradig. Dagegen finden sich in den Purkinjeschen Zellen des Kleinhirns bisweilen nicht nur typische Einschlußkörperchen, sondern auch alle Stadien und Formen der Degeneration von der Pseudoneuronophagie bis zur Zellschattenbildung. Bilder von echter Neuronophagie hingegen werden vermißt.

Auch im Rückenmark der intracerebral geimpften Kaninchen lassen sich mit ziemlicher Regelmäßigkeit infiltrative und degenerative Veränderungen nachweisen. (Zwick und Mitarbeiter, Nicolau und Galloway u. a.). Sie sind jedoch je nach dem Grade der klinischen Symptome mehr oder weniger stark ausgeprägt. Im Gegensatz zum Gehirn ist die Meningitis spinalis bei dem von Zwick und Mitarbeitern untersuchten Material in Übereinstimmung mit den Erfahrungen von Nicolau und Galloway eine verhältnismäßig seltene Erscheinung. Dagegen finden sich ebenso wie im Gehirn häufig sowohl in der weißen als auch in der grauen Substanz Gefäßinfiltrate und Gewebsinfiltrate mit mononucleären Zellen (besonders in der „Lissauer Zone"); solche werden besonders in den Hinterhörnern angetroffen, während in den Vorderhörnern die degenerativen Veränderungen mehr in den Vordergrund treten. Die Art der Degeneration in den Nervenzellen des Rückenmarks stimmt völlig mit derjenigen überein, wie sie bereits an anderer Stelle beschrieben wurde. Pseudoneuronophagie scheint im Rückenmark häufiger vorzukommen als im Gehirn; echte Neuronophagie wird dagegen vermißt. Die Ganglienzellen, besonders diejenigen der Vorderhörner, enthalten vielfach die für die Bornasche Krankheit typischen Einschlußkörperchen mit oder ohne Hof.

Nach Ansicht von Nicolau und Galloway besitzen die Veränderungen im Rückenmark große Ähnlichkeit mit denjenigen bei Poliomyelitis acuta anterior.

2. Peripherisches Nervensystem.

Alle die bisher beschriebenen entzündlichen und degenerativen Veränderungen bleiben nun keineswegs auf das Gehirn und das Rückenmark beschränkt, sondern setzen sich in gleicher Weise auf die Nervenwurzeln, Spinalganglien und peripherischen Nerven fort. Die an einem umfangreichen Material ausgeführten Untersuchungen von Nicolau und Galloway, ebenso wie diejenigen von Zwick, Seifried und Witte haben gezeigt, daß die peripherischen Nerven bei mit Borna-Virus experimentell infizierten Kaninchen fast stets Sitz von entzündlichen Veränderungen sind, die unmittelbar auf die Einwirkung des peripheriewärts fortschreitenden Virus zurückzuführen sind. So beherbergen besonders die hinteren Nervenwurzeln, die aus den Zellen in der Lissauerschen Zone ihren Ursprung nehmen, mehr oder weniger ausgeprägte Infiltrate. Die Infiltratzellen bestehen aus Lymphocyten, die interstitiell (zwischen den Nervenfasern) liegen und dort reihenförmig angeordnet sind. Auch perivasculäre Zellansammlungen kommen vor. In den vorderen Nervenwurzeln sind solche entzündliche Veränderungen nur wenig ausgeprägt oder fehlen ganz. Bei der Spontankrankheit des Pferdes sind derartige entzündliche Veränderungen der Nervenwurzeln bis jetzt nicht beschrieben.

Weit stärkere Veränderungen als in den Nervenwurzeln von experimentell infizierten Kaninchen werden regelmäßig in den Spinalganglien angetroffen. Die hier vorhandenen entzündlichen und degenerativen Veränderungen sind ihrem Wesen nach überall dieselben, sei es, daß es sich um Spinalganglien der Cervical-, Thoracal- oder Lumbalgegend handelt, sei es, daß Fälle mit wenig oder stark ausgeprägten Veränderungen im Rückenmark vorliegen. Die Veränderungen bestehen in diffusen oder mehr knötchenförmigen Infiltraten (letztere besitzen Ähnlichkeit mit solchen bei Tollwut) sowie perivasculären Ansammlungen mononucleärer Zellen. Auch ausgesprochene degenerative Veränderungen an den Ganglienzellen treten hervor, genau in derselben Weise, wie sie auf S. 571 beschrieben sind. Ein Unterschied besteht nur insofern, als diese Veränderungen in den Spinalganglien noch weit ausgeprägter sind als in irgendeinem anderen Abschnitt des Nervensystems. Weiterhin können in den Ganglienzellen der Spinalganglien Einschlußkörperchen in großer Zahl nachgewiesen werden. Die am meisten ausgeprägten Veränderungen werden aber durch ausgeprochene Neuronophagie dargestellt, die nach Zerstörung der Ganglien zur Entstehung von knötchenförmigen Zellherden führen, ähnlich wie dieser Vorgang bereits an anderer Stelle ausführlich

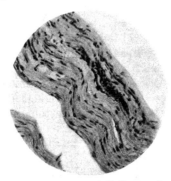

Abb. 5. Experimentelle BORNAsche Krankheit beim Kaninchen. Entzündliches Infiltrat im Nerv. ischiadicus. [Nach ZWICK, SEIFRIED u. WITTE: Arch. Tierheilk. 59, 514 (1929).]

Erwähnung fand. Die stärksten entzündlichen und degenerativen Veränderungen finden sich an der Peripherie der Spinalganglien, während die Kapsel keinerlei Veränderungen erkennen läßt.

Auch in den peripherischen Nerven, so besonders im N. brachialis und N. ischiadicus, in den Intercostalnerven, im N. facialis und trigeminus, auch in kleineren intramuskulären Nervenstämmen lassen sich fast regelmäßig entzündliche Veränderungen nachweisen, die hauptsächlich in perivasculären und interstitiellen Infiltraten mit mononucleären Zellen bestehen. Sowohl die perivasculären als auch die interstitiellen Zellinfiltrate sind in der Regel in der Tiefe lokalisiert und können bisweilen größeren Umfang besitzen, so daß die Nervenfasern durch sie stark auseinander gedrängt werden. Es erscheinen indessen, zwar seltener, auch die Nervenscheiden selbst von dem entzündlichen Prozeß ergriffen zu werden. Ganz besonders charakteristisch ist es, daß der entzündliche Prozeß im Ursprungsgebiet der peripherischen Nerven am stärksten ausgeprägt ist und peripheriewärts allmählich abklingt, so daß nicht selten in den peripherischen Partien des N. brachialis oder ischiadicus entzündliche Veränderungen vermißt werden.

Der entzündliche Prozeß im peripherischen Nervensystem zeigt mit großer Deutlichkeit, daß das BORNA-Virus nach intracerebraler Einverleibung sich im Zentralnervensystem ausbreitet, zentrifugalwärts fortschreitet und in den peripherischen Nerven fast regelmäßig eine Neuritis hervorruft. Der Beweis dafür, daß das Virus tatsächlich in voll-virulenter Form in den histologisch so veränderten Nerven enthalten ist, konnte von Nicolau und Galloway sowie von Zwick, Seifried und Witte auf experimentellem Wege einwandfrei dadurch erbracht werden, daß Stücke solcher Nerven steril entnommen, mit physiologischer Koch-salzlösung zu einer Emulsion verrieben und intracerebral an Kaninchen verimpft wurden. Alle diese Kaninchen erkrankten typisch im Rahmen der üblichen Inkubationsfristen und verendeten an typischer Bornascher Krankheit. Bei der histologischen Untersuchung der Gehirne fanden sich die typischen Veränderungen im Zentralnervensystem, ein untrüg-liches Zeichen für die volle Virulenz des in den verimpften Nerven ent-haltenen Borna-Virus.

3. Viscerales Nervensystem.

Nach den systematisch angestellten Untersuchungen von S. Nicolau, O. Nicolau und I. A. Galloway (48) breitet sich das Virus der Bornaschen Krankheit bei experimentell infizierten Kaninchen nicht nur im peri-pherischen, sondern in gleicher Weise auch im visceralen Nervensystem aus. Für die Richtigkeit dieser Auffassung sprechen sowohl die jetzt zu beschreibenden histologischen Veränderungen an verschiedenen Stellen des visceralen Nervensystems, als auch der dort gelungene Nachweis des Virus, der durch intracerebrale Impfung von Kaninchen erbracht werden konnte.

So konnten Nicolau und Galloway bei experimenteller Bornascher Krankheit des Kaninchens im N. pneumogastricus zentralwärts und peri-pheriewärts vom Ganglion plexiforme die Zeichen einer interstitiellen Neuritis feststellen. Das Ganglion selbst soll dieselben Veränderungen wie die Spinalganglien zeigen und auch typisch Joest-Degensche Einschluß-körperchen enthalten. Die genannten Autoren haben sich bei experimentell mit Borna-Virus infizierten und an Bornascher Krankheit verendeten Kaninchen auch mit der Histopathologie des autonomen und funktionellen Nervensystems des Herzens befaßt. Bei ihren an einer größeren Zahl von Kaninchenherzen ausgeführten histologischen Untersuchungen gelang es ihnen, ganglionäre Formationen in der muskulösen Wand der rechten Vorkammer (seltener in der linken und im interventrikulären Septum) sowie in Horizontalschnitten an der Basis des Herzens solche nachzu-weisen, die zum Plexus aorticus gehören. An allen diesen Nervenzellen fanden sich die typischen Veränderungen, die auch sonst im Nerven-system hervortreten (intranucleäre Einschlußkörperchen, Neuronophagien). Verschiedene intra- und extramuskuläre Nerven am Herzen ließen perivasculäre und interstitielle Infiltrate in verschiedener Stärke erkennen. Die Gegenwart dieser Veränderungen in den autonomen Zentren des Herzens gibt nach Ansicht von Nicolau und Galloway wahrscheinlich die Ursache für plötzlich und vorzeitig eintretende Todesfälle bei experi-mentell mit Borna-Virus infizierten Kaninchen ab.

Gelegentlich dieser Untersuchungen stießen Nicolau und Galloway in der Bronchialwand unmittelbar hinter der Bifurkation auf nervöse, ganglionäre Elemente, die dort entweder einzeln oder in Gruppen von 2—4 Ganglienzellen vorhanden sind. Im Innern einer solchen Ganglienzelle gelang sogar der Nachweis der Joest-Degenschen Einschlußkörperchen.

Denselben Einschlußkörperchen begegneten die genannten Autoren in Ganglienzellen, die ihren Sitz im Innern kleiner, pulmonaler Lymphknötchen haben.

Außerdem sind es nach den Untersuchungen von NICOLAU und GALLOWAY besonders die innersekretorischen Drüsen (Parotis, Nebennieren, Pankreas), in deren nervösen Elementen histologische Veränderungen durch das Virus der BORNAschen Krankheit hervorgerufen werden. Nachdem bereits durch ZWICK, SEIFRIED und WITTE der Virusgehalt der Speicheldrüse und des Speichels von bornainfizierten Kaninchen auf experimentellem Wege nachgewiesen wurde, konnten sie, ebenso wie NICOLAU und GALLOWAY in dieser Drüse auch histologisch entzündliche Veränderungen (Infiltrationen) und die Anwesenheit von BORNA-Körperchen in kleinen Ganglienzellgruppen dieses Organs ermitteln.

Ähnliche Veränderungen fanden sie auch in den Nebennieren und zwar lediglich im inneren und äußeren Nervensystem dieses Organs. Entwicklungsgeschichtlich betrachtet ist diese eigenartige Tatsache verständlich, da ja ein Teil der Nebennieren ektodermalen Ursprungs ist und sogar Nervenzellen in ihrem Parenchym einschließt. Als anatomisches Substrat für die Anwesenheit des BORNA-Virus fanden NICOLAU und GALLOWAY bei einer größeren Zahl von Kaninchen, daß die in der Nachbarschaft der Nebennieren oder in deren Kapsel gelegenen ganglionären Formationen und Nerven entzündliche Veränderungen zeigten (interstitielle Neuritis, Gefäßinfiltrate). Neuronophagien oder Degenerationen der Nervenzellen wurden nicht festgestellt, wohl aber die Anwesenheit von typischen BORNAkörperchen an der Grenze zwischen Rinden- und Parenchymschicht. Nach Ansicht von NICOLAU und GALLOWAY ist es nicht ausgeschlossen, daß einige Symptome der experimentellen Krankheit beim Kaninchen auf einen Funktionsmangel der Nebennieren bezogen werden müssen, der seinerseits wieder durch Veränderungen des Nervensystems der Drüse hervorgerufen sei.

Bei Kaninchen, die mit BORNA-Virus subdural infiziert und an der experimentellen BORNAschen Krankheit verendet waren, wurden von NICOLAU und GALLOWAY regelmäßig auch im Pankreas Ganglienzellenformationen gefunden, ähnlich denjenigen in der Parotis. Diese Ganglienzellengruppen, die aus 4 bis 8 Ganglienzellen bestehen und sich nicht nur im interacinösen Gewebe, sondern auch im Innern der Acini selbst vorfinden, tragen histologisch die deutlichen Zeichen der Einwirkung des Virus (intranucleäre Einschlußkörperchen). Auch die in Verbindung mit dem Pankreas stehenden Nerven können dieselben Veränderungen zeigen wie die peripherischen Nerven (N. ischiadicus und brachialis, Nerven in der Tiefe der Rückenmuskulatur). Außerdem konnten NICOLAU und GALLOWAY in unmittelbarer Nähe des Pankreas zum Plexus mesentericus gehörige Ganglien ermitteln, in denen nicht nur intranucleäre Einschlußkörperchen, sondern auch interstitielle Infiltrationen sowie Neuronophagien sich vorfanden. Auch das BORNA-Virus konnte durch intracerebrale Verimpfung von Pankreasemulsion auf Kaninchen einwandfrei ermittelt werden.

Aus diesen Befunden schließen NICOLAU und GALLOWAY, daß auf dem Nervenwege eine Generalisation des Virus zustande kommt („Septineuritis") und daß alle nervösen Elemente im Organismus von

dem Virus in Mitleidenschaft gezogen werden. Überall, wo sich Ganglienzellen befinden, im Plexus mesentericus, aorticus, in den peribronchialen,
intrapulmonalen und intracardialen Ganglien, in denjenigen der Parotis,
der Nebennieren und des Pankreas, finden sich auch die charakteristischen
Veränderungen und die intranucleären Einschlußkörperchen. Ähnliche Veränderungen werden auch in den intra- und extraokulären Ganglien sowie
in den in der Darmwand sich befindlichen nervösen Elementen angetroffen.

Die von Zwick, Seifried und Witte angestellten Untersuchungen
haben indessen gezeigt, daß an den genannten Stellen des visceralen
Nervensystems die beschriebenen Veränderungen sowie die Anwesenheit
des Virus nicht in allen Fällen — also jedenfalls nicht regelmäßig —
nachgewiesen werden können. In demselben Sinne sprechen auch die
Untersuchungen von Nicolau und Galloway, die selbst zugeben, daß
das Virus im Organismus sich nicht gleichmäßig ausbreitet, sondern vielmehr in dieser Richtung große Unregelmäßigkeiten aufweist. Während
die beschriebenen Veränderungen bei einzelnen Kaninchen stark ausgeprägt sind, werden sie bei anderen ganz oder nahezu ganz vermißt.
Bei der Wut liegen, was die Verbreitung des Virus im visceralen Nervensystem anbetrifft, nach den Untersuchungen von Manouélian (158)
durchaus dieselben Verhältnisse vor (s. dort).

Beweis für die Gleichheit der beim Kaninchen erzeugten Impfkrankheit mit der spontanen Krankheit des Pferdes.

Bereits auf Grund der typischen klinischen Erscheinungen und besonders des pathologisch-histologischen Befundes bei den auf intracere-
bralem Wege mit Borna-Virus infizierten und im Anschluß daran verendeten Kaninchen kann es einem Zweifel nicht unterliegen, daß zwischen
der Impfkrankheit des Kaninchens und der spontanen Bornaschen
Krankheit des Pferdes völlige Analogie besteht. Der einwandfreie Beweis
für die gelungene Übertragung der Bornaschen Krankheit vom Pferd
auf das Kaninchen und weiterhin von Kaninchen auf Kaninchen konnte
aber nach allen Richtungen als gesichert angesehen werden, als es Zwick,
Seifried und Witte in wiederholten Fällen gelungen war, auch die Rück-
übertragung der Krankheit von Kaninchen (in denen das Virus schon eine
Reihe von Passagen durchlaufen hatte) auf das Pferd zu bewerkstelligen,
und zwar unter Entstehung derselben Symptome und derselben pathologisch-histologischen Veränderungen wie bei der Spontankrankheit. Bei
den zahlreichen von Zwick und Mitarbeitern, sowie von Beck und
Frohböse ausgeführten Übertragungsversuchen hat es sich außerdem
immer wieder gezeigt, daß die typischen klinischen Symptome und
pathologisch-histologischen Veränderungen bei den Impfkaninchen nur
dann hervortreten, wenn das Impfmaterial wirklich von einwandfreien
Borna-Pferden stammte (histologische Diagnose). Die intracerebrale
Verimpfung von Normalkaninchen-, Pferde- und Schafgehirnen oder
von Gehirnen solcher Tiere, die an anderen Krankheiten verendet waren,
vermochten bei Kaninchen in keinem Falle Symptome und Veränderungen
wie die oben beschriebenen hervorzurufen.

Die klinischen Erscheinungen und die pathologisch-anatomischen Veränderungen bei der experimentellen Bornaschen Krankheit des Kaninchens

zeigen (nach intracerebraler Infektion) eine derartige Konstanz und sind so charakteristisch, daß differentialdiagnostische Schwierigkeiten kaum entstehen können. Das Krankheitsbild ist vor allem gekennzeichnet durch einen nahezu fieberlosen Verlauf und das Auftreten von fast ausschließlichen Gehirnsymptomen nach einer längeren, durchschnittlich 3 wöchigen Inkubationszeit, während der keinerlei Symptome beobachtet werden. Pathologisch-histologisch besteht in allen Teilen eine völlige Übereinstimmung mit der Spontankrankheit des Pferdes.

Differentialdiagnostisch sind nach den Erfahrungen von Zwick, Seifried und Witte, Beck und Frohböse die infolge Verunreinigung der als Ausgangsmaterial benützten Gehirne mit Kokken erzeugten Krankheitszustände bei den Impfkaninchen zu erwähnen. Diese Mischinfektionen sind bereits durch ihren kurzen, in wenigen Tagen zum Tode führenden Verlauf hinreichend gekennzeichnet. Auch die klinischen Symptome, die sich in erhöhter Temperatur, Unterdrückung oder Sistieren der Futteraufnahme schon kurz nach der Impfung sowie im Auftreten unphysiologischer, schiefer Kopfhaltungen, Gleichgewichtsstörungen, Schreckhaftigkeit, tonisch-klonischer Krämpfe äußern, unterscheiden sich wesentlich von denjenigen bei der experimentellen Bornaschen Krankheit des Kaninchens. Pathologisch-anatomisch besteht in solchen Fällen eine eiterige Meningitis, Vermehrung und Trübung des Liquor, in dem sich zellige Beimengungen und Hämoglobin feststellen lassen. Schon in Abklatschpräparaten ergeben sich wesentliche Unterschiede derart, daß bei der eiterigen Gehirnhautentzündung zahlreiche Leukocyten vorhanden sind, während sich bei der experimentellen Bornaschen Krankheit in der Hauptsache Lymphocyten und Übergangsformen feststellen lassen. Dieselben Unterschiede ergibt die histologische Untersuchung des Gehirns selbst.

Von den selbständigen Erkrankungen des Kaninchens ist besonders die sog. Granulomencephalitis differentialdiagnostisch zu berücksichtigen. Sie stellt eine durch Mikrosporidien hervorgerufene Krankheit mit latentem Verlauf oder sehr wenig ausgeprägten Symptomen dar und führt nach kurzer Krankheitsdauer unter Koma, Krämpfen und Paresen bisweilen zum Tode. Auch histologisch bestehen wesentliche Abweichungen von der spontanen und experimentellen Bornaschen Krankheit.

Sonstige Einverleibungsarten und Pathogenität für andere Versuchstiere.

Nach den Erfahrungen von Zwick, Seifried und Witte sowie denjenigen von Beck und Frohböse, Nicolau und Galloway führt die intracerebrale bzw. subdurale Einverleibung des Borna-Virus in nahezu 100% der Fälle zur typischen Erkrankung und zum Tode der Impfkaninchen. Daneben können aber auch noch zahlreiche andere Infektionswege mit Erfolg begangen werden, allerdings mit geringerer Regelmäßigkeit. Bis jetzt sind folgende Impfarten ausgeführt worden: die intralumbale bzw. intraspinale Infektion, die Infektion auf dem Wege peripherischer Nerven, die Impfung in die vordere Augenkammer, die corneale Impfung (ziemlich unregelmäßig), die Infektion von der Nasenschleimhaut aus (durch Einreiben des Virus), die cutane Einverleibung besonders nach steriler, unspezifischer Reizung des Zentralnervensystems (Flexner (287) und Amoss, Levaditi und Nicolau, Zwick und Mitarbeiter), die intraperitoneale, intravenöse, subcutane und intratesticuläre Verabreichung und endlich die Fütterungsinfektion. Zwick und Mitarbeiter berichten außerdem auch über positiv ausgefallene Kontaktversuche bei Kaninchen und Ratten.

Was die Pathogenität des BORNA-Virus für andere Tierarten anbetrifft, so haben die Versuche der genannten Autoren übereinstimmend ergeben, daß es auf den verschiedenen Wegen auch auf Meerschweinchen, Ratten, Mäuse, Hühner, Schafe und Affen übertragen werden kann. Die Empfänglichkeit aller dieser Tiere ist jedoch weit geringer wie diejenige des Kaninchens.

b) Enzootische Encephalomyelitis (BORNAsche Krankheit) des Schafes.

Gleichzeitig und im Zusammenhange mit den Fortschritten in der experimentellen Erforschung der BORNASchen Krankheit des Pferdes sind auch unsere Kenntnisse über eine seit längerer Zeit bekannte, enzootisch auftretende Schafencephalitis wesentlich gefördert und erweitert worden.

Bereits aus früherer Zeit liegen außer den Mitteilungen von PRIETSCH und von WALTHER noch zahlreiche andere vor, die von enzootisch auftretenden, mit der BORNASchen Krankheit große Ähnlichkeit besitzenden Encephalomyelitiden bei Schafen berichten. Wenn auch durch das Auftreten dieser Erkrankungsfälle in BORNA-Distrikten sowie durch andere epidemiologische Beobachtungen ein Zusammenhang mit der BORNASchen Krankheit sehr wahrscheinlich ist, so läßt sich doch darüber mangels histologischer Angaben ein endgültiges Urteil nicht fällen.

Die erste Mitteilung eines auch histologisch näher untersuchten Falles stammt von OBERNDORFER (90); ihm schließen sich 3 Fälle von SPIEGL (93) an. Weitere Beobachtungen, denen einwandfreie histologische Untersuchungen zugrunde liegen, wurden von MOUSSU und MARCHAND (83), PRIEMER (91), BECK, BECK und FROHBÖSE, MIESSNER (85) mitgeteilt. Um die experimentelle Erforschung der Krankheit haben sich besonders BECK und FROHBÖSE, ZWICK, SEIFRIED und WITTE, NICOLAU und GALLOWAY sowie MOUSSU und MARCHAND verdient gemacht.

Betrachten wir zunächst

die histologischen Veränderungen

etwas näher, so handelt es sich zweifellos bei allen diesen Mitteilungen um ein und dieselbe Krankheit. Bereits OBERNDORFER spricht von einer ausgedehnten nichteiterigen Encephalitis, die sehr viel Ähnlichkeit mit der beim Menschen beobachteten epidemischen Encephalitis aufwies. Auch SPIEGL konnte in seinen Fällen in verschiedenen Regionen des Großhirns, im Thalamus opticus, den Vierhügeln und im verlängerten Mark perivasculäre Rundzellenanhäufungen feststellen, die aus Plasmazellen, Lymphocyten und anscheinend auch aus Gliazellen bestanden. Neben diesen Zellanhäufungen in der Gehirnsubstanz selbst fanden sich ebensolche auch im Bereiche der Meningealgefäße, besonders in der Tiefe der Sulci, sowie zuweilen Wucherungen der Glia. Während PRIEMER zwar ebenfalls in den verschiedensten Gehirngebieten vasculäre und perivasculäre Infiltrate ermitteln konnte, gelang ihm in seinen Fällen der Nachweis von Kerneinschlüssen in den Ganglienzellen des Ammonshorns nicht. Die von BECK mitgeteilten Fälle stimmen histologisch durchaus mit den bisher angeführten überein. Auch hier fanden sich stark ausgeprägte perivasculäre Infiltrate in der Großhirnrinde, im Riechhirn, Nucleus caudatus, Ammonshorn und den Vierhügeln. Diese, die kleineren und größeren Gefäße mantelartig umlagernden Infiltrate bestanden aus Lymphocyten, Polyblasten und vereinzelten Plasmazellen. Den BECKschen Befunden kommt insofern eine ganz besondere

Bedeutung zu, als sie erstmals zeigen, daß in den Kernen der Ganglienzellen des Ammonshornes dieselben acidophilen Kerneinschlüsse vorkommen, die auch bei der BORNASCHEN Krankheit des Pferdes beobachtet werden. Wenn schon durch diese Feststellung die histologische
Ähnlichkeit der enzootischen Schafencephalitis mit der BORNASCHEN
Krankheit wesentlich erhöht wurde, so haben die im Anschluß daran
ausgeführten experimentellen Untersuchungen von BECK und FROH-
BÖSE, ZWICK und Mitarbeitern, MIESSNER, NICOLAU und GALLOWAY,
einwandfrei gezeigt, daß das Virus der enzootischen Schafencephalitis
in seinen pathogenen Eigenschaften völlig mit demjenigen der BORNASCHEN
Krankheit übereinstimmt. Diese Ähnlichkeit ergibt sich histologisch
außer den bis jetzt erwähnten Befunden auch noch in der Beteiligung
der Glia an der entzündlichen Reaktion, sowie im Auftreten entzündlicher Veränderungen im peripherischen und visceralen Nervensystem
und endlich in degenerativen der Ganglienzellen zu erkennen. Die Befunde
im einzelnen decken sich in allen Teilen mit jenen bei der BORNASCHEN
Krankheit, so daß eine Wiederholung vermieden und auf diesen Abschnitt
verwiesen werden kann.

An dieser Stelle muß erwähnt werden, daß von MOUSSU und MAR-
CHAND 1924 eine enzootische Schafencephalitis in Frankreich beobachtet
und näher studiert wurde, die sie als „névraxite enzootique du mouton"
bezeichnen. Ob sie tatsächlich mit der in Rede stehenden, in Deutschland
auftretenden Schafencephalitis identisch ist — wie von MOUSSU und
MARCHAND sowie von NICOLAU und GALLOWAY angenommen wird —
läßt sich schwer entscheiden, ist aber zum mindesten sehr fraglich,
weil nicht nur der Nachweis der typischen Einschlußkörperchen vermißt
wird, sondern auch noch einige andere Abweichungen im histologischen
Bilde hervortreten. Die wichtigste Tatsache, die aus den Untersuchungen
von MOUSSU und MARCHAND hervorgeht, ist die Einheitlichkeit der Veränderungen und die Art ihrer Verteilung im Zentralnervensystem.
Von dem entzündlichen Prozeß werden verschiedene Gebiete des Zentralnervensystems verschieden stark betroffen. So ist beispielsweise die
Meningitis im Bereiche der Hirnrinde weniger ausgeprägt als im Mittelhirn und in der Medulla oblongata. Die infiltrierenden Zellen in den
Meningen treten in den Furchen besonders gehäuft auf und sollen in
der Hauptsache aus Plasmazellen bestehen. Außer diesen meningealen
Veränderungen wurden in der Gehirnsubstanz selbst ausgesprochene
Gefäßveränderungen und eine Art „infektiöser Knötchen" nachgewiesen.
Sie werden im ganzen Zentralnervensystem angetroffen, bevorzugen
aber — ähnlich wie die meningitischen Veränderungen — ebenfalls
das Gebiet des Mittelhirns und des Kleinhirns. Die Gefäßveränderungen
sind gekennzeichnet durch eine vasculäre und perivasculäre Infiltration
mit einer Art Plasmazellen, die embryonales Aussehen besitzen sollen. In
einigen Fällen ist eine Proliferation der Gefäßendothelien beobachtet worden,
die zur Obliteration des Lumens führte. Die „sogenannten infektiösen
Knötchen," wenn es sich wirklich um solche gehandelt hat, sollen ihrer
Zusammensetzung nach hauptsächlich aus basophilen Plasmazellen und
vereinzelten Lymphocyten bestehen. Viele lassen in ihrem Zentrum
ein kleines Gefäß erkennen, während andere ohne Zusammenhang mit
solchen mitten im Hirngewebe, manchmal im Bereiche von Ganglien-

zellen sich entwickeln. Sie zeigen zwar keine bestimmte Lokalisation, lassen aber immerhin eine gewisse Bevorzugung der grauen Zentren erkennen. In diesen werden oft dichte Zellhaufen angetroffen („tissu gommeux"), deren Zellelemente degenerieren können. Selbst ein nekrotisches Zentrum kann entstehen. Veränderungen der Ganglienzellen sind bei dieser Encephalitis außerhalb der entzündlichen Herde selten nachgewiesen worden; in der Hirnrinde und bisweilen auch in anderen Gebieten wird häufig eine Zunahme der Trabantzellen beobachtet (Pyramidenzellen). Im Bereiche der entzündlichen Veränderungen soll Atrophie von Ganglienzellen vorkommen; Neuronophagien werden indessen vermißt. Besonders auffallend ist die geringe Beteiligung der Neuroglia sowie das Auftreten von Hämorrhagien (es wird sogar von einer hämorrhagischen Form der Krankheit gesprochen) in zahlreichen Gehirnpartien. Mit diesen beiden letzteren Befunden, die — wie Moussu und Marchand selbst angeben — wohl mit der Schnelligkeit der Entwicklung des ganzen Prozesses zusammenhängen, setzt sich die enzootische Schafencephalitis, wie sie in Frankreich auftritt, bereits in einen gewissen Gegensatz zu den pathologisch-histologischen Befunden bei der deutschen Schafencephalitis und der Bornaschen Krankheit. Auch die beschriebenen knötchenartigen Gebilde sind, wenn es sich nicht um solche gliöser Natur gehandelt hat, im histologischen Bilde der Bornaschen Krankheit unbekannt. Die Frage, ob hier identische Krankheiten vorligen, läßt sich zur Zeit auf der vorliegenden histologischen Basis nicht entscheiden. Eine solche Entscheidung ist nur auf dem Wege kreuzweise angestellter Immunisierungsversuche mit beiden Virusarten möglich. Zwick sowie Nicolau und Galloway beabsichtigen diesen Weg einzuschlagen, konnten indessen das Virus von Moussu nicht erhalten.

Experimentelle Pathologie.

Wenn schon die histologischen Untersuchungen bei der in Deutschland auftretenden enzootischen Schafencephalitis für eine Gleichheit mit der Bornaschen Krankheit der Pferde sprechen, so haben die folgenden, zur Lösung dieser Frage angestellten experimentellen Untersuchungen den einwandfreien Beweis dafür zu erbringen vermocht. Als erstem ist es Beck und Frohböse gelungen, mit Gehirnmaterial von Schafen, die an spontaner, enzootischer Encephalomyelitis erkrankt waren, Kaninchen und Meerschweinchen durch subdurale, intracerebrale und intranasale Impfung zu infizieren. Die so infizierten Tiere zeigten dieselben klinischen Symptome und dieselben histologischen Veränderungen wie Versuchstiere, die mit Gehirn-Emulsion von Borna-Pferden infiziert worden waren. Diese Versuche sind von Berger (80), Miessner, Ernst und Hahn sowie von Nicolau und Galloway (Virus von Miessner) in vollem Umfange bestätigt worden. Gleichzeitig und unabhängig konnten Beck und Frohböse sowie Zwick und Mitarbeiter mit Borna-Virus direkt und nach Kaninchenpassage Schafe erfolgreich infizieren. Sowohl die klinischen als auch die pathologisch-histologischen Veränderungen stimmten mit denjenigen bei natürlich erkrankten Pferden und Schafen so vollkommen überein, daß die Annahme der Identität beider Krankheiten weiter an Boden gewann. Die von Zwick und Mitarbeitern mit einem Borna-Stamm (nach wiederholter Kaninchenpassage) angestellten Versuche zeigen, daß die Übertragung selbst bei intracerebraler Einverleibung nicht regelmäßig gelingt und daß junge Tiere empfänglicher sind als alte. Ein von Beck und Frohböse durch subdurale Impfung angestellter Übertragungsversuch vom Schaf auf das Pferd ist indessen negativ ausgefallen, was nicht viel besagen will, weil es sich um einen einzelnen Fall gehandelt hat. Durch kreuzweise angestellte Immunisierungsversuche an Kaninchen konnte aber von Zwick und Mitarbeitern der sichere und einwandfreie Beweis erbracht werden, daß es sich bei der Schafencephalitis und der Bornaschen Krankheit um identische, von ein und demselben Virus hervorgerufene Zustände handelt. Nicolau und Galloway sind in gleichartigen Versuchen mit denselben Virusarten zu demselben Ergebnis gelangt. Entsprechend diesen Befunden würde es sich der Einfachheit halber in Zukunft empfehlen, von einer enzootischen Encephalomyelitis (Bornasche Krankheit) des Pferdes und des Schafes zu sprechen.

Zum Schlusse muß noch besonders erwähnt werden, daß auch Moussu und Marchand die in Frankreich beobachtete Schafencephalitis sowohl auf Schafe und Kaninchen experimentell (vordere Augenkammer) übertragen und bei diesen Tieren Passagen herstellen konnten. Inkubationszeiten zwischen 10 und 20 Tagen, klinische Befunde und histologische Veränderungen gleichen völlig denjenigen bei der natürlichen Krankheit. In pathogenetischer Hinsicht ist beachtenswert, daß ein Versuch, durch Einreiben des Virus in die Nasenschleimhaut die Krankheit zu erzeugen, negativ ausfiel. Die Tatsache, daß eine Herde, die in eine verseuchte Weide eingestellt wurde, nach 27 Tagen erkrankte, spricht nach Ansicht von Moussu und Marchand mehr für den Fütterungsweg. Kontaktübertragungen sind nicht beobachtet worden. Es soll sich vermutlich um ein saprophytisches Virus handeln, das möglicherweise durch unbekannte Einflüsse aktiviert wird.

Anhang.
Gehirnveränderungen beim bösartigen Katarrhalfieber des Rindes.

Sie sind für unsere Betrachtungen von Interesse, weil sie nicht nur wiederholt mit den Gehirnveränderungen bei der Bornaschen Krankheit verglichen werden, sondern weil sogar die Neigung besteht, beide Krankheiten einander gleichzusetzen. Ein anatomischer bzw. histologischer Vergleich der Gehirnveränderungen beim bösartigen Katarrhalfieber mit denjenigen bei der Bornaschen Krankheit wurde geradezu herausgefordert, als von Dobberstein (100) (1925) und Glamser (104) (1926) als anatomische Grundlage für die häufig bei dieser Krankheit auftretenden Hirnsymptome eine Encephalitis non purulenta simplex (lymphocytaria) festgestellt wurde.

Pathologische Histologie.

Während makroskopisch auffallende Veränderungen am Gehirn in der Regel vermißt werden — abgesehen von feinsten Blutungen, die Dobbernstein besonders gehäuft im Striatum und im Thalamus antraf —, lassen sich fast regelmäßig ausgesprochene histologische Veränderungen ermitteln. An den Meningen sind sie verhältnismäßig wenig ausgeprägt und treten ihrer Stärke und Ausdehnung nach weit hinter diejenigen des Gehirns zurück. Sie äußern sich in einem geringgradigen Ödem der Leptomeningen und teilweise einer geringgradigen Leptomeningitis mit bald diffuser, bald perivasculärer Ansammlung von Lymphocyten, vereinzelten Leukocyten und gewucherten adventitiellen Elementen. Im Gehirn selbst sind die Veränderungen wesentlich deutlicher entwickelt. Sie zeigen zwar, wie aus den Untersuchungen von Dobberstein hervorgeht, je nach ihrem Alter und dem Grade der Veränderungen Übergänge zwischen perivasculärem Ödem mit starker Auflockerung der Gefäßadventitia und vereinzelten Lymphocyteneinlagerungen bis zu hochgradigen perivasculären Zellinfiltraten in Form von dichten Zellmänteln, die hauptsächlich aus Lymphocyten und Histiocyten zusammengesetzt sind. Derartige Zellansammlungen finden sich insbesondere an kleinen Venen, weniger an Arterien. Im allgemeinen sind sie vom umgebenden ektodermalen Gewebe scharf abgesetzt; bisweilen durchbrechen sie aber die perivasculäre Grenzmembran und durchsetzen in unmittelbarer Umgebung das Gewebe in mehr diffuser Ausbreitung. Auch Blutaustritte an derartigen Gefäßen werden beobachtet, ohne daß allerdings Veränderungen an den Gefäßwänden festzustellen wären.

Über die Verbreitung dieser entzündlichen Veränderungen im Zentralnervensystem sind von Dobberstein Untersuchungen angestellt worden. Sie verteilen sich in der Großhirnrinde hauptsächlich in der weißen und am Übergang von der grauen zu der weißen Substanz, während die graue Substanz viel weniger betroffen ist. In den basalen Ganglien treten sie in derselben Stärke auf; dagegen fehlen sie im Kleinhirn fast ganz und auch in der Medulla oblongata sind sie viel weniger ausgeprägt. Auch im Rückenmark werden sie vermißt, wenn die bisher geringe Zahl der Untersuchungen dieses Abschnittes des Zentralnervensystems einen bindenden Schluß überhaupt zuläßt.

Neben diesen rein entzündlichen Veränderungen finden sich nach Dobberstein an den Ganglienzellen der Großhirnrinde als auch der basalen Ganglien auch degenerative Veränderungen, die unter dem Begriff der „akuten Schwellung" zusammengefaßt werden können. Auch die an den Ganglienzellen angelagerten gliösen Trabantzellen scheinen vermehrt zu sein. Im Bereiche der Wand kleiner Venen können außerdem progressiv veränderte Gliazellen festgestellt werden.

Im Hinblick auf gewisse Ähnlichkeiten dieser Veränderungen mit denjenigen bei der Bornaschen Krankheit hat sich das Augenmerk der Untersucher auch auf das Vorkommen von Einschlußkörperchen gerichtet. Während solche von Dobberstein sowie von Glamser nicht nachgewiesen werden konnten, berichten Ernst und Hahn im Gehirn von katarrhalfieberkranken Rindern über das Vorkommen von intranucleären Einschlüssen, die vollkommen mit denjenigen bei der Bornaschen Krankheit übereinstimmen sollen.

Experimentelle Pathologie.

Diese histologischen Befunde im Zentralnervensystem katarrhalfieberkranker Rinder ermunterten dazu, auch auf experimentellem Wege etwaigen ätiologischen Beziehungen dieser Krankheit zu der Bornaschen Krankheit nachzugehen. So berichteten Ernst und Hahn, daß es ihnen gelungen sei, die einwandfreie Übertragung des bösartigen Katarrhalfiebers auf Kaninchen zu bewerkstelligen. Ein mit Gehirnmaterial von einem katarrhalfieberkranken Rinde intracerebral geimpftes Kaninchen erkrankte nach 48 Tagen unter den typischen Symptomen der Bornaschen Krankheit und verendete. Da histologisch im Gehirn dieses Tieres Gefäßinfiltrate und Einschlußkörperchen in den Ganglienzellen (vom Aussehen der Borna-Körperchen) nachgewiesen werden konnten, zogen ERNST und HAHN den Schluß, das Virus des bösartigen Katarrhalfiebers und dasjenige der BORNAschen Krankheit seien nahe verwandt, unter Umständen sogar miteinander identisch. Diese Versuche konnten indessen von DOBBERSTEIN und HEMMERT-HALSWICK (101) nicht bestätigt werden, denn es gelang ihnen in keinem Falle, Kaninchen und Meerschweinchen durch subdurale, intraperitoneale und intramuskuläre Verimpfung mit Gehirn und Rückenmark von an bösartigem Katarrhalfieber verendeten Rindern zu infizieren. Auch die mit Preßsaft aus den supramammären Lymphknoten und mit Kammerwasser von katarrhalfieberkranken Rindern angestellten Übertragungsversuche auf Meerschweinchen hatten ein völlig negatives Ergebnis. Ferner war ein Versuch der subduralen Übertragung von bornavirushaltiger Gehirn-Emulsion auf ein Jungrind nicht von Erfolg begleitet; auch konnte das bösartige Katarrhalfieber durch intraokuläre oder subdurale Verimpfung von Gehirnemulsion auf Rinder nicht übertragen werden. Analoge Versuche von ZWICK, SEIFRIED und WITTE mit dem Zwecke, zwei Rinder durch zum Teil wiederholte intracerebrale Impfung mit bornavirushaltiger Gehirnemulsion von Kaninchen zu infizieren und bei ihnen das Bild des bösartigen Katarrhalfiebers hervorzurufen, schlugen ebenfalls völlig fehl, während die gleichzeitig zur Kontrolle intracerebral geimpften Kaninchen nach der üblichen Inkubations- und Krankheitszeit an typischer BORNAscher Krankheit verendeten. Nach diesen Befunden sind für eine ätiologische Verwandtschaft oder gar Zusammengehörigkeit des Virus der BORNAschen Krankheit und des bösartigen Katarrhalfiebers des Rindes sichere Unterlagen nicht gegeben.

II. Enzootische Encephalitis des Rindes.

Die in neuerer Zeit häufiger besprochene, enzootisch auftretende Encephalomyelitis des Rindes scheint keineswegs eine neue Krankheit zu sein, denn es liegen schon aus älterer Zeit zahlreiche Berichte darüber vor.

Im Hinblick auf die Epidemiologie und auf die Symptomatologie ist es sehr wahrscheinlich, daß die von MEYER (113) (s. HUTYRA-MAREK), SCHMIDT, UTZ, ROEDER und MANFREDI d'ERCOLE berichteten Fälle hierhergezählt werden müssen. PROEGER teilt sogar Fälle mit, die zu gleicher Zeit mit der BORNAschen Krankheit aufgetreten waren. Aus diesen und anderen Mitteilungen lassen sich zwar Vermutungen über etwaige Zusammenhänge mit der BORNAschen Krankheit anstellen; bindende Schlüsse in dieser oder jener Richtung können indessen daraus nicht gezogen werden, weil sie der zu fordernden histologischen Grundlage entbehren.

Aus neuerer Zeit (1906) liegen Berichte von G. MOUSSU vor, der einen enzootischen Ausbruch in einer Farm in Frankreich beobachtete. Der Krankheit fielen dort in wenigen Wochen 10 Tiere zum Opfer. Die Möglichkeit einer Vergiftung konnte in diesen Fällen ausgeschlossen werden, vielmehr besaßen die Symptome große Ähnlichkeit mit der BORNAschen Krankheit. In den Jahren 1924 und 1925 ist nun von R. MOUSSU in Frankreich eine durchaus ähnliche, fast immer tödlich verlaufende Rinderencephalitis beschrieben worden, die eine gewisse Ähnlichkeit mit der Tollwut besitzt. Sie kann je nach ihrer Dauer in 3 verschiedenen Formen auftreten.

Die erste führt in etwa 48 Stunden zum Tode, die zweite dauert 5 bis 15 Tage und bei der dritten tritt der Tod durchschnittlich nach 3 bis 5 Wochen ein. Die Symptome sind bei allen 3 Formen sehr ähnlich, sie variieren nur in der Intensität und der Schnelligkeit des Krankheitsverlaufes.

R. Moussu (114) glaubt, daß auch die von Kragerud und Gunderson (111) (1921) aus Schweden sowie die von Causel (109) (1924) mitgeteilten, klinisch durchaus ähnlichen Fälle hierher gehören, d. h. als eine Krankheit anzusehen sind, die — wie die von ihm beobachtete — mit der enzootischen Encephalomyelitis des Pferdes und des Schafes identisch ist. Da aber, wie wir noch sehen werden, die in Frankreich auftretende enzootische Pferde-Encephalitis nach dem heutigen Stande unserer Kenntnisse keineswegs der Bornaschen Krankheit in Deutschland gleichgesetzt werden kann, so will es mir scheinen, als ob die Vergleiche zu voreilig angestellt worden seien. Wie Ernst und Hahn (1927) vermuten, handelt es sich vielleicht bei den in Ungarn beobachteten, als Cerebrospinalmeningitis mitgeteilten Fällen um eine Encephalo-Myelitis. Wenig Berechtigung scheint vorzuliegen, die Fälle von bösartigem Katarrhalfieber des Rindes hierher zu zählen, wie das von Nicolau und Galloway versucht wird. Wenn wir diese Fälle ausschalten und die Histologie sowie experimentelle Pathologie der Rinder-Encephalitis betrachten, so müssen wir feststellen, daß wir noch weit davon entfernt sind, diese Krankheit mit der Bornaschen Krankheit identifizieren zu können. Immerhin ist der von Ernst und Hahn beschriebene Fall einer Rinderencephalitis — wenn es sich bis jetzt auch nur um eine vereinzelte Beobachtung handelt — beachtenswert, weil die experimentellen Untersuchungen (s. später) doch auf die Möglichkeit hinweisen, daß Bornasche Krankheit beim Rinde tatsächlich vorkommen kann. Zwei weitere Fälle von Rinderencephalitis sind endlich von P. Meyer (1927) mitgeteilt worden, ohne jedoch, mangels experimenteller Untersuchungen, unsere Kenntnisse auf diesem Gebiete erweitert zu haben.

Pathologische Histologie.

Nähere histologische Untersuchungen liegen nur von R. Moussu, Ernst und Hahn sowie P. Meyer vor. Bei der von R. Moussu in Frankreich beobachteten, enzootisch auftretenden Rinderencephalitis werden makroskopische Veränderungen sowohl im Zentralnervensystem als auch in anderen Organen völlig vermißt. Dagegen sind histologisch ausgeprägte entzündliche und degenerative Veränderungen im Zentralnervensystem vorhanden, die in der Rinde fast regelmäßig stärker entwickelt sind als in anderen Hirnpartien. Mit großer Vorliebe werden die tieferen Gebiete der grauen Substanz befallen. In sonst weniger stark betroffenen Abschnitten finden sich Veränderungen an den Nervenzellen, die von zahlreichen embryonalen Rundzellen umgeben sind. In ihrem Protoplasma sind die chromophilen Granulationen geschwunden und fein, staubförmig um den Kern herum verteilt. Dieser ist vielfach exzentrisch gelegen; auch zeigt das Kernkörperchen eine auffallend schlechte Färbbarkeit. In der subcorticalen weißen Substanz treten perivasculäre Infiltrate besonders um die Capillaren herum auf. Während die bisher geschilderten Veränderungen etwa die „foudroyant" verlaufende Form der Krankheit kennzeichnen, läßt sich bei den langsamer verlaufenden Fällen (6—13 Tage) eine vollkommene Zerstörung der Architektonik der Hirnrinde feststellen. Hier treten außer auffallender

Wucherung im Bereiche der Capillaren zahlreiche Rundzellen-
ansammlungen in der grauen Substanz auf, die an manchen Stellen
sich zu weniger umfangreichen Herden ansammeln (Gliawucherungen?).
In diesen Gebieten sind auch die Ganglienzellen entweder atrophisch
oder histolytisch zugrunde gegangen, ohne daß aber Neuronophagien
beobachtet werden. Selbst in jenen Zonen, in denen die Veränderungen
gewissermaßen einen Höhepunkt erreichen, ist die subcorticale weiße
Substanz verhältnismäßig wenig verändert. Auch die grauen zentralen
Kerne, Hirnschenkel und Bulbus sind im Verhältnis zur Hirnrinde
nur geringgradig in Mitleidenschaft gezogen. Sie ähneln ihrer Art nach
jenen, die bereits oben in den weniger betroffenen Gebieten erwähnt wurden.
In einigen Fällen ist auch eine diffuse Poliomyelitis beobachtet worden,
die regelmäßig die Hinterhörner betrifft; die motorischen Zellen der
Vorderhörner bleiben dagegen fast regelmäßig frei. In allen Partien
des Zentralnervensystems, besonders auch im Rückenmark und Bulbus,
begegnet man kleinen capillaren Blutungen, die mehr oder weniger zahlreich sein können. Mikroorganismen im Gehirn konnten nicht nachgewiesen werden. An den Körperorganen fehlen jegliche Veränderungen.
Da der Prozeß in der grauen Substanz immer mehr ausgeprägt ist als
in der weißen, so handelt es sich hier um eine Polioencephalomyelitis,
von der mit Vorliebe die tieferen Partien der Hirnrinde heimgesucht
werden. Auch in den zentralen grauen Kernen, im Hirnschenkelfuß,
im Bulbus und selbst im Rückenmark kommen die genannten Veränderungen einschließlich der Blutungen vor, aber regelmäßig weniger
ausgeprägt wie in der Hirnrinde.

Vom Nachweis von Kerneinschlüssen ist in dieser Arbeit nicht die
Rede.

Betrachten wir nun noch die Veränderungen, die von Ernst und Hahn in einem
Falle ermittelt wurden, so waren sie im Verhältnis zu den eben beschriebenen wenig ausgeprägt, denn es ließen sich lediglich im Nucleus caudatus und im Ammonshorn kleine
Gewebsinfiltrate und diapedetische Blutungen nachweisen, während typische Gefäßinfiltrate sowie Kerneinschlüsse vermißt wurden. Endlich sind auch die von P. Meyer
histologisch untersuchten zwei Fälle weniger charakteristisch. Im ersten Falle bestand
lediglich eine starke Hyperämie der Gefäße, die von P. Meyer als Zeichen „einer einsetzenden Entzündung" angesehen werden. Im zweiten Falle dagegen konnten, abgesehen
von auffallender Blutfülle der Gefäße auch ausgeprägte vasculäre und perivasculäre
Zellinfiltrate nachgewiesen werden. Sie waren besonders in der Hirnrinde anzutreffen,
während sie dagegen in den zentralen Gebieten, so besonders im Ammonshorn „an Zahl
und Umfang" nur gering waren. Daneben wurden auch noch diffuse, verschieden große
Herde beobachtet, die aus Lymphocyten zusammengesetzt waren. (Wahrscheinlich
hat es sich hier um eine Ansammlung gliöser Elemente gehandelt). Einschlußkörperchen
wurden nicht nachgewiesen, auch waren degenerative Veränderungen an den Ganglienzellen, wie sie beim bösartigen Katarrhalfieber des Rindes und bei der Bornaschen Krankheit vorkommen, nicht festzustellen.

Wenn wir nun die Gesamtheit der histologischen Veränderungen
näher betrachten, so müssen wir feststellen, daß die Befunde der verschiedenen Untersucher weder einheitlich noch charakteristisch für die
Bornasche Krankheit sind (s. dort). Es wird nicht nur der typische
entzündliche Reaktionskomplex, wie wir ihn bei jener Krankheit zu
sehen gewohnt sind, vermißt, sondern wir bemerken, soweit Angaben
darüber vorliegen, vor allem eine wesentliche Abweichung von der Ausbreitung der entzündlichen Reaktion im Zentralnervensystem. Sowohl
in den von R. Moussu als auch von P. Meyer beschriebenen Fällen scheint

die Hirnrinde wesentlich stärker ergriffen zu sein als die zentralen Teile, eine Tatsache, die die Rinderencephatilis grundsätzlich von der Bornaschen Krankheit unterscheidet. Zudem fehlt bis jetzt der Nachweis typischer Einschlußkörperchen, so daß also vom rein histologischen Standpunkte aus keine Berechtigung vorliegt, die enzootische Rinderencephalitis der Bornaschen Krankheit zuzuzählen. Auch die Blutungen im Zentralnervensystem gehören jedenfalls nicht zum typischen Bilde der Bornaschen Krankheit.

Experimentelle Pathologie.

Auch die Ergebnisse der von R. Moussu und Ernst und Hahn angestellten Übertragungsversuche vermögen in der Frage der Gleichheit der enzootischen Rinderencephalitis mit der Bornaschen Krankheit ein entscheidendes Wort nicht zu sprechen, weil sie an Zahl viel zu gering sind. Die von R. Moussu angestellten Versuche waren völlig negativ, während in dem einen Falle von Ernst und Hahn eine Übertragung auf Kaninchen sowie Passagen bei diesem Tier unter Nachweis der für die Bornasche Krankheit typischen Veränderungen und Einschlußkörperchen gelangen. Es besteht somit zwar zweifellos die Möglichkeit, daß die Bornasche Krankheit (unter den Erscheinungen des Dummkollers) beim Rinde vorkommt; indessen fehlt der Beweisführung bis jetzt eine breitere, in allen Teilen exakte Grundlage.

III. Tollwut.

Die Tollwut ist in den letzten Jahren so vielfach Gegenstand ausgezeichneter monographischer Darstellungen gewesen [s. Lubinski und Prausnitz; Kraus, Gerlach, Schweinburg (146)], daß ich mich hier auf die Darstellung der wichtigsten Tatsachen aus der neueren Literatur beschränken kann.

Pathologische Histologie.

Aus den Untersuchungen zahlreicher Forscher [Meynert, Forel, Gowers, Babes, Dexler (129), Kraus und Clairmont, Schaffer, (174), Achucarro (117) u. a.] wissen wir, daß der Tollwut eine nichteiterige Encephalomyelitis zugrunde liegt, die alle Teile der Zentralorgane betreffen kann, in der Regel aber in dem Abschnitt des Rückenmarkes, dessen Nerven die an der Körperperipherie gelegene Infektionsstelle versorgen sowie in der Medulla am meisten ausgeprägt ist (Joest). In der Zwischenzeit sind diese Befunde vielfach bestätigt und ist insbesondere die feinere Histologie einschließlich der Lokalisation der Veränderungen wesentlich ergänzt worden. Die hauptsächlichsten Forschungen in dieser Richtung knüpfen sich an die Namen: Babes (120), Schaffer, Nagy, Golgi, Ramon y Cajal, van Gehuchten und Nélis, J. Koch, Achucarro, Paul und Schweinburg (169, 170), Gerlach und Schweinburg (134), Manouélian und Viala (159, 160), Schükri und Spatz (177), Collado (127), Gallego (132), Krinitzki (147), Kroll (148), Slotwer (176) u. a.

Auf die im charakteristischen Bilde der Tollwut nie fehlenden vasculären und perivasculären Infiltrate soll hier nicht mehr näher eingegangen werden, da sie sich in keiner Weise von denjenigen der übrigen Krankheiten der ersten Verwandtschaftsgruppe unterscheiden und die neueren Untersuchungen dem auch nichts wesentlich Neues hinzufügen konnten. Hinsichtlich der Zusammensetzung der Infiltratzellen soll lediglich auf die Untersuchungen von Schükri und Spatz hingewiesen

werden, die in einem Falle von menschlicher Lyssa zahlreiche polymorphkernige Leukocyten unter ihnen fanden. Derartige Fälle sind indessen
sehr selten und wohl — wie SCHÜKRI und SPATZ annehmen — auf die
Akuität des betreffenden Falles zurückzuführen. Daß häufig die Infiltratzellen die perivasculäre Grenzmembran überschreiten und oft Gewebsinfiltrate von verschiedenem Umfange bilden (KRAUS und CLAIRMONT,
SCHAFFER u. a.) ist ebenso bekannt wie das gelegentliche Vorkommen
von mehr oder weniger umfangreichen perivasculären und Gewebs-
blutungen (BENEDIKT). Dieselben Veränderungen kommen auch im
Rückenmark vor und sind hier wie im Gehirn in einem hohen Prozentsatz

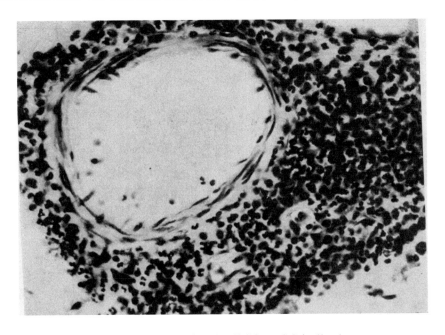

Abb. 6. Tollwut. Infiltriertes Gefäß aus Substantia nigra.
[Nach SCHUKRI u. SPATZ: Z. Neur. 97, 637 (1925).]

der Fälle mit mehr oder weniger ausgesprochenen Meningitiden vergesellschaftet.

Was die Veränderungen der Glia anbetrifft, so hat bekanntlich
BABES als erster auf die sog. „Wuttuberkel“ hingewiesen, die er als Gewebsinfiltrate auffaßte und als pathognomonisch für Lyssa hielt. Diese sog.
„Wutknötchen“, wie sie auch genannt werden, sind, ausgenommen
in sehr frühen Stadien, von allen folgenden Untersuchern festgestellt
worden. Bereits ACHUCARRO hat jedoch erkannt, daß sie Wucherungen
der Gliazellen (Trabantzellen der Ganglienzellen) darstellen. Dieser Auffassung treten alle neueren Untersucher ausnahmslos bei; sie stimmen
auch darin überein, daß sie jedenfalls nicht charakteristisch oder spezifisch
für Lyssa sind. Nach Art und Zusammensetzung sind sie nicht von jenen
bei der BORNAschen Krankheit und den übrigen Krankheiten der ersten
Verwandtschaftsgruppe zu unterscheiden. Sie bestehen hier wie dort
neben einigen mesodermalen Infiltratzellen in der Hauptsache aus Gliazellen, unter denen wiederum das HORTEGAsche Element (Mikroglia)

an erster Stelle steht (ACHUCARRO, COLLADO). Auch ist so gut wie sicher, daß zum mindesten ein Teil dieser knötchenförmigen Gliaproliferationen als Ausdruck eines echt neuronophagischen Prozesses anzusehen ist. Umfangreichere, mehr diffuse Gliawucherungen bei der Tollwut kommen ebenfalls vor, scheinen indessen nicht die Rolle zu spielen wie beispielsweise bei der BORNAschen Krankheit.

Besondere Aufmerksamkeit wurde in den neueren Arbeiten dem Studium der degenerativen Veränderungen der Ganglienzellen gewidmet. Bereits SCHAFFER und auch spätere Untersucher beobachteten

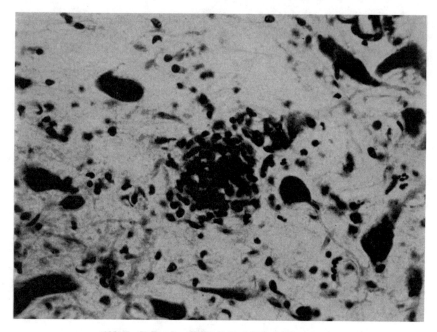

Abb. 7. Tollwut. Gliaknötchen (Substantia nigra).
[Nach SCHÜKRI u. SPATZ: Z. Neur. 97, 637 (1925).]

bei der Untersuchung von Fällen menschlicher Lyssa an den Vorderhornzellen des Rückenmarks Strukturveränderungen an den Ganglienzellen in Form von feinkörnigem Zerfall der NISSLschen Körperchen, Vakuolisation, Chromatolysis, Sklerose, Pigmentatrophie, Verfettung des Protoplasmas und Kernzerstörung verschiedener Art (Randstellung, Pyknose usw.). Neben diesen verhältnismäßig uncharakteristischen Veränderungen wird von mehreren Autoren hervorgehoben, daß der Zellleib sich bei Anwendung verschiedener Farbstoffe als schlecht und mehr oder weniger diffus färbbar erweist (MARINESCO, ACHUCARRO), während im Kern intensiv färbbare, für Chromatinkörner gehaltene Körperchen hervortreten (SCHAFFER, CAJAL). Später sind auch noch am Nucleus eigenartige Veränderungen gefunden worden, die möglicherweise mit der Entstehung der NEGRIschen Körperchen im Zusammenhange stehen. NAGY fand mit der NISSL-Methode ähnliche Veränderungen und zwar im Inkubationsstadium in unregelmäßigen Herden, die sich später auf

das ganze Zentralnervensystem ausdehnen. In den Teilen des Rückenmarks, die der Bißstelle entsprechen, sollen die Veränderungen am
stärksten auftreten (SCHAFFER, NAGY), was als Stütze für die Nerven-
leitungstheorie des Wutvirus angesehen werden darf. Wenn auch diese
Veränderungen im Prinzip bestätigt werden konnten, so haben BABES und
J. KOCH (142, 143) die von SCHAFFER angenommene Gesetzmäßigkeit ihres
Vorkommens vermißt. Auch KRAUS, GERLACH und SCHWEINBURG
erwähnen, daß die genannten Zellveränderungen nur mitunter und dann
nicht durchgehend entwickelt sind und auch nur einen geringen Grad

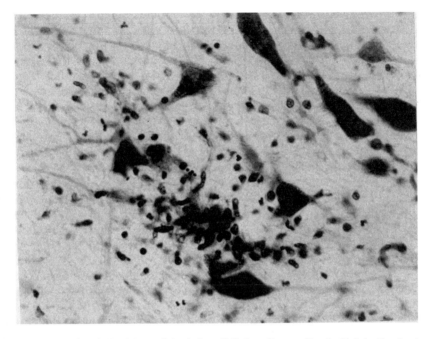

Abb. 8. Tollwut. Gliaknötchen mit typischen Stäbchenzellen am Rande (Substantia nigra).
[Nach SCHÜKRI u. SPATZ: Z. Neur. 97, 637 (1925).]

erreichen. SCHAFFER hat aber bereits darauf hingewiesen, daß die degenerativen Veränderungen an den Ganglienzellen keineswegs den entzündlichen Veränderungen proportional sind. Es liegt Grund zu der Annahme
vor, daß bei der Lyssa „unabhängige degenerative Veränderungen"
eine Rolle spielen können, wie die Untersuchungen von KLARFELD
zeigen. Ähnliche Beobachtungen liegen von GOLDBERG vor, der annimmt,
daß auch „der Lyssa, ähnlich wie der Encephalitis epidemica die Eigenschaft zukommt, zwei nebeneinander bestehende Reihen von histopathologischen Veränderungen im Zentralnervensystem zu bewirken:
„einerseits auf gewisse Abschnitte beschränkte entzündliche Erscheinungen,
andererseits mehr oder weniger diffus verteilte Veränderungen rein
degenerativen Charakters".

Bei Anwendung der Silberimprägnationsmethode fand GOLGI bei
mit Virusfixe infizierten Kaninchen herdförmig angeordnete Veränderungen der Ganglienzellen, und zwar in Form von Vakuolisierung,

Anschwellung oder Schrumpfung der Zellen und ihrer Fortsätze, körnig-
fettige Entartung (auch der Ganglienzellen) sowie Karyolyse. Ähnliche
Bilder kommen konstant auch in den Intervertebralganglien vor. Diese
Befunde sind von Nagy nachgeprüft und bestätigt worden. Auch van Gehuchten und Nélis, Vojtech (181) u. a. sahen ausgeprägte Veränderungen
dieser Ganglien, besonders des Ganglion nodosum vagi. Sie betonen
besonders eine Wucherung der Kapselzellen, der sie diagnostischen Wert
für die menschliche Lyssa beimessen. Schükri und Spatz pflichten
dieser Auffassung nicht bei, da ähnliche Proliferationserscheinungen
der Satelliten der Spinalganglienzellen auch bei anderen Erkrankungen,
z. B. bei Tabes (Schaffer u. a.), bei alten Hunden (Manouélian),
bei bestimmten Fällen von Futtervergiftungen bei Pferden (Ravenel und
Carthy) und auch bei staupekranken Hunden (Stazzi) vorkommen.
J. Koch fand bei intramuskulär mit Straßenwutvirus geimpften Hunden
schon zwei Tage nach der Impfung hyperämische Herde in den Vorder-
und Hinterhörnern des Rückenmarks mit Erweichungsherden und Degeneration der Ganglienzellen. Auch Schükri und Spatz sahen bei zwei
menschlichen Fällen degenerative Veränderungen an den Ganglienzellen
im ganzen Gehirn. Sie bestanden vor allem in mangelnder Färbbarkeit
des Nucleus mit dem Auftreten von feinen oder gröberen, intensiv gefärbten Körnchen im ganzen Kern, die sie für Lipoidkörnchen halten.

Erwähnung verdienen noch die von Cajal gefundenen Veränderungen
an den Nervenzellen. Bei Anwendung der Neurofibrillenmethoden
konnte er besonders bei fortgeschrittenen Fällen eine Vereinfachung
des fibroretikulären Gerüstes sowie Verdickung einzelner endocellulärer
Fibrillen („neurofibrilläre Hypertrophie") beobachten. Eine solche ist
auch von Schaffer und Marinesco an verschiedenen Stellen gefunden
worden, ohne indessen einen konstanten Befund darzustellen. Auch
Achucarro konnte dies vorwiegend an den Spinalganglienzellen bestätigen.
Schükri und Spatz (234) dagegen konnten im Bielschowsky-Bild eine
Verdickung der endocellulären Fibrillen nicht nachweisen; wohl aber eine
schlechtere Färbbarkeit. Die extracellulären Neurofibrillen traten dagegen
besonders schön hervor und schienen besonders dick zu sein. Eine Reihe
weiterer, neuerer Arbeiten befaßt sich vor allem mit der Ausbreitung
der entzündlichen Veränderungen, über die in einem besonderen Abschnitt die Rede sein wird.

Einschlußkörperchen: Neben den entzündlichen und degenerativen Veränderungen im Zentralnervensystem war das Hauptaugenmerk
der Untersucher von jeher auf die Einschlußkörperchen gerichtet. Demnach lassen sich auch bei der Lyssa wie bei den übrigen Krankheiten
der 1. Verwandtschaftsgruppe 3 Reihen von histopathologischen Veränderungen auseinanderhalten (Lewandowsky). Im Hinblick auf die
neueren Arbeiten besonders von Benedek und Porsche (185), die die Negrischen Körperchen lediglich als eigenartige Produkte des Degenerations-
prozesses der Ganglienzellen betrachten, glauben auch Schükri und
Spatz neuerdings, sie den Degenerationsprodukten der Nervenzellen
zurechnen zu müssen. Ehe auf eine Kritik der verschiedenen, einander
gegenüber stehenden Auffassungen etwas näher eingegangen wird, ist
zu erwähnen, daß nach den zahlreichen Arbeiten, die sich seit Negri
mit den Tollwutkörperchen beschäftigt haben, und den jahrzehntelangen

praktischen Erfahrungen vieler Wutuntersuchungs-Institute die Spezifität und diagnostische Bedeutung dieser Gebilde ein für allemal feststeht. Es hat sich weiterhin bestätigt, daß die Negrischen Körperchen bei allen spontan und experimentell erkrankten Tieren vorkommen und daß sie außerhalb des Ammonshorns nicht in nennenswerter Zahl gefunden werden. Wenn sie auch wohl in den Purkinje-Zellen des Kleinhirns, in der Großhirnrinde (besonders in den Pyramidenzellen), in den Ganglienzellen der Brückenkerne und im verlängerten Mark, beim Kaninchen auch im Gasserschen Ganglion und den Spinalganglien vorkommen, so bleibt für die praktische Auffindung das Ammonshorn nach wie vor der Ort der Wahl. Bei Schwierigkeiten in der Erkennung der Körperchen im Ammonshorn infolge Fäulnis wird von Vojtech die Untersuchung der Cerebrospinalganglien (Ganglion nodosum vagi oder Ganglion supremum sympathici) empfohlen, die der Fäulnis länger widerstehen sollen. Ihre Unterscheidung von denjenigen bei der nervösen Form der Hundestaupe ist durch die Arbeiten von Standfuss, Gerlach (133), Lindemann (151), Hardenberg (137) u. a. gesichert. — Die feineren Einzelheiten hinsichtlich der Morphologie, der färberischen Eigenschaften und des sonstigen Verhaltens der Negrischen Körperchen und der sog. „staubförmigen, kokkenartigen Gebilde" müssen in diesem Berichte als bekannt vorausgesetzt werden, so daß auf die zahlreichen Arbeiten auf diesem Gebiete nicht eingegangen, sondern auf die oben genannten Lyssamonographien verwiesen werden kann. Es scheint mir aber wünschenswert, hier eine Kritik des gegenwärtigen Standes der Erforschung und Bedeutung der Negrischen Körperchen und der „kokkenähnlichen Gebilde" folgen zu lassen, wie sie insbesondere von Lubinski und Prausnitz gegeben wurde. Wir wollen dieser hier im allgemeinen folgen. Danach bestehen hinsichtlich des Wesens und der Bedeutung der Negrischen Körperchen folgende Möglichkeiten: 1. Sie sind Protozoen und stellen gemäß der ursprünglichen Auffassung Negris den eigentlichen Erreger der Tollwut dar; 2. sie sind Reaktionsprodukte der erkrankten Zellen auf den eingedrungenen Erreger, der wahrscheinlich unsichtbar, vielleicht aber auch mit den Innenkörperchen der Negrischen Körperchen übereinstimmt [Volpino (182), v. Prowazek, Guarnieri]; 3. sie sind lediglich Degenerationsprodukte der erkrankten Zellen bzw. Zellkerne [D'Amato (118) und Fagella, Bohne, Schiffmann, Lentz, Goodpasture, Acton, Hugh und Harvey, Sanfelice (173), Benedek und Porsche, Schükri und Spatz]. Wenn auch die Auffassung der letzteren Autoren (Benedek und Porsche, Schükri und Spatz) viel für sich hat, so kann der Beweis nicht als erbracht gelten, daß die Negrischen Körperchen Abkömmlinge der Nucleolen sind, also Kernprodukte darstellen. Unter Anführung gewichtiger Gründe, unter denen auch besonders der negative Ausfall der Feulgenschen Nuclealreaktion hervorgehoben zu werden verdient (also keine Kernprodukte vom Typus der Nucleinsäure), kommen sowohl Lubinski und Prausnitz, als auch Kraus, Gerlach und Schweinburg in vorsichtigster Abwägung der Tatsachen zu dem Schlusse, daß die „Negrischen Körperchen von keinem Zell- oder Gewebsbestandteil abgeleitet werden können, sondern eher als zellfremde Gebilde aufzufassen sind". Bei der Betrachtung der beiden anderen Theorien, neigt sich die Wagschale unter dem Einfluß der Arbeiten

von Babes, J. Koch, Paul und Schweinburg wieder mehr nach der
Seite der ursprünglichen Auffassung Negris. Die Beobachtungen von
Williams und Lowden und besonders diejenigen von J. Koch über die
„kokkenähnlichen Gebilde" sprechen schon für deren belebte Natur.
Jetzt sprechen Paul und Schweinburg sowie Gerlach und Schweinburg mit Bestimmtheit aus, daß Babes-Kochsche Granulationen und
Negrische Körperchen parasitärer Natur und kein Ergebnis irgendwelcher
Zelldegeneration sind. Bei Wutfällen, bei denen Negrische Körperchen
vermißt werden, konnten sie die staubförmigen Granulationen regelmäßig nachweisen. Sie glauben, daß der Lyssaerreger im erkrankten Individuum einen Entwicklungszyklus durchläuft, der vom kleinsten „Granu-
lom" oder dessen unsichtbarer (filtrierbarer) Vorstufe über die kleinsten,
mikroskopisch gut sichtbaren Negrischen Körperchen (mit 1—2 Innenkörperchen) zum großen Negrikörperchen mit zahlreichen, deutlich
differenzierten Innenkörperchen führt. Diese einzelnen Stufen der Entwicklung lassen sich mikroskopisch deutlich verfolgen. Der ganze Kreis
der Entwicklung würde unter dieser Annahme, wie Lubinski und Prausnitz zum Ausdruck bringen, mit dem Zerfall der großen Negrischen
Körperchen geschlossen sein, d. h. mit dem Freiwerden der Innenkörperchen (Sporen), die neue Ganglienzellen befallen [Negri (161), Watson].
Die Entwicklung des Lyssaerregers bis zum Negrischen Körperchen
ist nach den Untersuchungen von Gerlach und Schweinburg an die
Unversehrtheit der Ganglienzellen gebunden. In veränderten oder durch
Immunisation widerstandsfähig gemachten Ganglienzellen kommt es
nicht zur Entwicklung der Negrischen Körperchen.

Wenn auch der hier dargelegte Entwicklungskreis viel
Wahrscheinlichkeit besitzt, so muß auch ihm freilich der
Beweis und die Anerkennung solange versagt bleiben, als
die Kultur des Lyssaerregers nicht gelungen ist. So sind
wir also auch hier über eine Wahrscheinlichkeits-Hypothese
bis jetzt nicht hinausgekommen.

In diesem Zusammenhange sind noch kurz die Parasitenbefunde
von Manouélian und Viala zu erwähnen. Sie berichten im Anschlusse
an die „Encephalitozoon cuniculi"-Befunde von Levaditi, Doerr und
Mitarbeitern u. a. über ähnliche parasitäre Gebilde aus der Gruppe
der Mikrosporidien bei natürlicher und experimenteller sowie bei durch
Virus fixe verursachter Wut in Gehirn, Rückenmark, Cerebrospinal-
und sympathischen Ganglien sowie in den Speicheldrüsen und ihren Ausführungsgängen und betrachten sie als Lyssaerreger, für den sie den
Namen „Encephalitozoon lyssae" vorschlagen. Levaditi, Nicolau und
Schoen (157) bestätigten diese Feststellungen. Danach wären die Negrischen Körperchen nichts anderes als Pansporoblasten und Cysten dieses
Protozoons und die Negrischen Körper wären nur eine sichtbare Phase
der „Glugea lyssa". Eine Nachprüfung von Paul und Schweinburg
an einem großen Material hat zu völlig negativen Ergebnissen geführt.
Wahrscheinlich handelt es sich dabei um Gebilde, die nichts mit der Lyssa
zu tun haben. Jedenfalls können Manouélian und Viala nicht den An-
spruch erheben, einen besonderen Wuterreger entdeckt zu haben.

Lokalisation der entzündlichen Veränderungen: Es ist bekannt, daß bei der Lyssa die entzündlichen Veränderungen an Stellen

des Zentralnervensystems am meisten ausgeprägt sind, die von peripheren Nerven versorgt werden, an denen der Biß, d. h. die Infektion erfolgt ist. Abgesehen davon wird von JOEST die Medulla oblongata als besonders betroffen angegeben. Bis vor kurzem fehlten aber exakte Untersuchungen über den Ausbreitungsmodus der entzündlichen Reaktion bei der Lyssa des Menschen und der Tiere vollkommen. Die Mitteilung von KLARFELD, der in seinen Fällen ebenfalls hauptsächlich Medulla oblongata und Brücke betroffen fand, ohne dabei zwischen Haube und Fuß zu unterscheiden, ist deshalb wertvoll, weil er zum erstenmale die Lyssa und die Encephalitis epidemica vom pathologisch-anatomischen Standpunkte aus in Zusammenhang bringt. Bei der anatomischen Untersuchung der Gehirne zweier lyssakranker Menschen konnten SCHÜKRI und SPATZ einen Befund erheben, der sowohl nach Art als nach Ausbreitung des entzündlichen Prozesses nicht von demjenigen bei der akuten Encephalitis epidemica unterscheidbar war [besonderes Betroffensein des Mittelhirns (Substantia nigra)]. Diese Beobachtung ist neuerdings von LÖWENBERG (213) in 4 Fällen menschlicher Lyssa sowie unwissentlich von KRINITZKY und SLOTWER bestätigt worden, die ebenfalls bei der Lyssa des Menschen entzündliche Veränderungen in der Substantia nigra und in den vegetativen Zentren des Hypothalamus wie bei der Encephalitis epidemica beobachtet haben, ohne selbst an einen Vergleich mit dieser Krankheit zu denken. Auch MARINESCO ist in zwei Fällen von menschlicher Lyssa das starke Befallensein der Substantia nigra aufgefallen. Endlich läßt ein neuer, von PENTSCHEW beschriebener Fall deutlich die Übereinstimmung mit dem Ausbreitungstypus der Encephalitis epidemica erkennen. Bereits in diesem Zusammenhange weisen SCHÜKRI und SPATZ auf die Ähnlichkeit mit dem Befunde bei der BORNASCHEN Krankheit hin und in neueren eingehenden Untersuchungen kommen SEIFRIED und SPATZ (238) zu dem Schlusse, daß im Ausbreitungsmodus der entzündlichen Reaktion zwischen Lyssa, BORNAscher Krankheit, Encephalitis epidemica und cerebralen Formen von Poliomyelitis infectiosa des Menschen im Prinzip völlige Übereinstimmung besteht (s. S. 616). Bei tierischer Lyssa liegen derartig eingehende Untersuchungen über den Ausbreitungsmodus bis jetzt nicht vor, doch wird man im Hinblick auf denselben Infektionsweg die hier erwähnten Befunde ohne Bedenken verallgemeinern dürfen.

Periphere Nerven: Die Lyssa ist mit einer peripherischen Neuritis vergesellschaftet.

Experimentelle Pathologie.

Sie hat uns gezeigt, daß das Lyssavirus auf den verschiedensten Wegen auf zahlreiche Versuchstiere unter Einhaltung bestimmter Inkubationsfristen übertragen werden kann und sie ist seit PASTEURS grundlegenden Arbeiten auf diesem Gebiete geradezu vorbildlich für die Erforschung anderer, filtrierbarer Viruskrankheiten geworden. Aus der großen Fülle der auf diesem Wege gewonnenen Erkenntnisse über das Wesen der Lyssa sei hier lediglich die Wanderung des Virus auf dem Nervenwege hervorgehoben. Sie scheint nach den zahlreichen Arbeiten und geistreich erdachten Versuchen von DI VESTEA und ZAGARI, KRAUS, KELLER und CLAIRMONT, HOEGYES, KRAUS und FUKUHARA, BABES, BERTARELLI,

Roux, Bardach, Centanni, Helmann, Marx u. z. a. sowohl für das
Straßenvirus als auch für das Virus fixe, bei diesem allerdings unregelmäßiger, festzustehen. Von Nicolau, Dimancesco-Nicolau und Galloway
(226) sind diese Verhältnisse neuerdings nochmals in allen Teilen bestätigt
worden. Danach darf sowohl die zentripetale als auch die zentrifugale,
ausschließliche Verbreitung des Lyssa-Virus auf dem Nervenwege als
erwiesen gelten. Wie alle Virusarten der Krankheiten der ersten Verwandtschaftsgruppe gehört auch das Lyssa-Virus zu denjenigen, die
schon kurze Zeit nach der Einverleibung (nach intracerebraler Einverleibung schon am 5. Tage) zur „septischen Neuritis" führen. Das Virus
läßt sich nicht nur experimentell im peripherischen Nervensystem nachweisen; seine Anwesenheit und Wanderung in diesem drückt sich außerdem in pathologisch-histologischen Veränderungen aus (peripherische
Neuritis), wie durch die Arbeiten von Schaffer, Gmelin, Babes, Nicolau
und Mitarbeiter u. a. einwandfrei erwiesen ist. Lediglich darüber besteht
noch keine volle Klarheit, ob die Leitung in den perineuralen Lymphbahnen, oder im Achsenzylinder selbst erfolgt.

Die Tatsache des Vorhandenseins des Virus im peripherischen und
visceralen Nervensystem, im Zusammenhange mit dem Nachweis Negri-
scher Körperchen in den interglandulären Ganglien der Speicheldrüsen
(Manouélian u. a.), im Markanteil der Nebennieren (da Costa, Babes,
Bombicci, Bertarelli und Volpino), in der Retina (de Vasseur)
eröffnen das Verständnis für den Virusgehalt auch anderer Organe
(Tränendrüse, Pankreas, Niere, Milchdrüse, Kammerwasser, Glaskörper
u. a.). Ähnlich wie bei der Bornaschen Krankheit scheint er zweifellos
an den Virusgehalt der in ihnen enthaltenen Nerven gebunden zu sein.
Selten ist der Lyssanachweis im strömenden Blute und ausnahmsweise in der Lumbalflüssigkeit gelungen. Die sonstigen, in den verschiedenen Organen nachgewiesenen Organveränderungen sind weder einheitlich und charakteristisch, noch kommen sie regelmäßig vor. Einzelheiten darüber sind in unserem Zusammenhange weniger von Interesse.

IV. Meerschweinchenlähme[1].

Unter der Bezeichnung Meerschweinchenlähme wurde im Jahre 1911
von Roemer (183, 184) eine sporadisch auftretende, mit Lähmungen

---

[1] Über eine durch Tuberkelbacillen verursachte Paralyse bei Meerschweinchen, die mit der von Roemer beschriebenen Meerschweinchenlähme klinisch weitgehende
Ähnlichkeit besitzt, berichten in neuerer Zeit Shope und Lewis (Rockefeller Institute for
Medical Research, Departement of Animal Pathology, Princeton). Es handelte sich dabei
um einen aus der Lunge eines Negers isolierten Tuberkelbacillenstamm, der bei einer
auffallend großen Zahl von subcutan infizierten Meerschweinchen Hirnsymptome und
ausgesprochene Paresen und Paralysen hervorrief. Anatomisch lag eine echte tuberkulöse
Meningitis vor, die in Passagen durch intracerebrale Verimpfung von Gehirn auf Meerschweinchen weitergeführt werden konnte. Die Tiere erkrankten durchschnittlich nach
14 Tagen und verendeten 5 Tage nach Hervortreten der ersten Symptome. Das Vorliegen
filtrierbarer Virusarten (Roemers Virus oder Herpes virus) konnte durch einwandfreie
Filtrationsversuche ausgeschlossen werden.

Färberisch zeigte dieser Tuberkelbacillenstamm besonders in Abstrichen aus dem
Gehirn und jungen Kulturen insofern ein eigenartiges Verhalten nach Fixierung in Methyl-
alkohol oder Hitze, als er weniger säurefest und überhaupt nicht alkoholfest war. Dagegen
war er nach der von Much modifizierten Gramfärbung färberisch darstellbar.

einhergehende Krankheit beschrieben, die eine auffallende Ähnlichkeit mit der HEINE-MEDINschen Krankheit besitzt.

Die von der Krankheit befallenen Tiere zeigen zunächst leichte Temperatursteigerungen, denen schon nach wenigen Tagen nervöse Erscheinungen folgen. Neben einer eigenartigen Hypotonie der Muskulatur ist besonders eine Schwäche der hinteren Extremitäten erwähnenswert, die in der Regel im Verlaufe der Krankheit zu schweren, meistens schlaffen Paresen führt. Nicht selten gesellen sich diesen Erscheinungen auch noch Blasenlähmungen hinzu.

Die Dauer der Krankheit beläuft sich entweder nur auf wenige oder auf 8 bis 14 Tage. Es kommen indessen auch Fälle vor, in denen der Tod erst nach 4 Wochen eintritt. Gegen Ende der Krankheit und besonders mit dem Einsetzen der Lähmungen sinkt das Gewicht der Tiere ebenso wie die Temperatur außerordentlich stark.

Pathologische Histologie.

Im Gegensatz zu der sog. Meerschweinchenpest, die von manchen Autoren fälschlicherweise mit der Meerschweinchenlähme gleichgestellt wird, muß betont werden, daß die Meerschweinchenlähme makroskopisch im Zentralnervensystem entweder keine oder nur ganz geringgradige Veränderungen in Form von Rötung und starker Füllung der Piagefäße des Gehirns und Rückenmarks erkennen läßt, daß aber dafür die histologischen Veränderungen um so deutlicher in Erscheinung treten. Die hauptsächlichsten histologischen Veränderungen bei der Meerschweinchenlähme betreffen die Meningen und besonders diejenigen im Bereiche des Lumbalmarks. Die dort vorhandene Meningitis beschränkt sich nicht nur auf umschriebene Partien, sondern erstreckt sich diffus über größere Gehirnabschnitte. Von der Pia aus greift der entzündliche Prozeß regelmäßig auch auf die Rückenmarkssubstanz über. Besonders ausgedehnte Infiltrate finden sich in der grauen Substanz in der Umgebung des Zentralkanals. Diese Gefäßinfiltrate sind im Lumbalmark stets weit stärker ausgeprägt als im Brust- und Halsmark. Auch die Medulla oblongata ist an dem entzündlichen Prozeß beteiligt, jedoch nicht in dem Umfange wie das Rückenmark. Dagegen finden sich im Gehirn wiederum stärkere Veränderungen und zwar sowohl an der Hirnoberfläche als auch an der Hirnbasis. Auch im Gehirn scheint die Meningitis im Vordergrund zu stehen, während die entzündlichen Infiltrate in der Gehirnsubstanz selbst weniger stark ausgeprägt sind. Immerhin läßt sich feststellen, daß sowohl im Gehirn als auch im Rückenmark, was den Sitz der entzündlichen Veränderungen anbetrifft, die graue Substanz bevorzugt wird. Die an den entzündlichen Veränderungen in den Meningen und an den Gefäßinfiltraten beteiligten Zellen bestehen in der Hauptsache aus Lymphocyten und Histiocyten; es finden sich jedoch mitunter nach ROEMER auch polymorphkernige Leukocyten in größerer Zahl. Histologisch liegt hier also eine Meningo-Myelo-Encephalitis vor, die zweifellos eine gewisse Ähnlichkeit mit der Poliomyelitis des Menschen sowie mit anderen neurotropen Viruskrankheiten besitzt. Neben den entzündlichen Veränderungen finden sich nach ROEMER auch noch degenerative an den Ganglienzellen. Diese zeigen bisweilen auch Veränderungen, wie sie unter den Begriff der „Neuronophagie" zusammengefaßt werden.

Experimentelle Pathologie.

Die Krankheit kann durch intracerebrale Verimpfung von Gehirn- und Rückenmarksemulsion auf Meerschweinchen in beliebigen Passagen

mit großer Regelmäßigkeit übertragen werden [1]. Andere Einverleibungsarten des Virus scheinen weit unregelmäßiger zum Erfolg zu führen.
Die künstlich infizierten Meerschweinchen erkranken nach einem ziemlich konstanten Inkubationsstadium, dessen Dauer zwischen 9 und 22
Tagen schwankt. Die Krankheitssymptome decken sich in allen Einzelheiten mit denjenigen, wie sie auch bei der Spontankrankheit beobachtet
werden. In Analogie mit der künstlichen Übertragung der Bornaschen
Krankheit auf kleine Versuchstiere ist auch bei der experimentellen
Meerschweinchenlähme die ziemlich gleichmäßige Dauer des Inkubations-
stadiums hervorzuheben. Hier wie dort kommt es durch fortgesetzte
Passagen im Meerschweinchenkörper weder zu einer wesentlichen Verkürzung noch zu einer wesentlichen Verlängerung der Inkubationszeit.
Auch ist beachtenswert, daß starke Verdünnungen der von Roemer
benützten, in der Regel 5%igen virushaltigen Gehirnemulsion sich genau
so wirksam erweisen wie das unverdünnte Material. Bei einer 10 000-
fachen Verdünnung ist die Infektion nicht mehr gelungen.

Über die Empfänglichkeit anderer Versuchstiere für das
Virus der Meerschweinchenlähme liegen Erfahrungen bis jetzt nicht vor.

Was den Nachweis des Virus anbetrifft, so darf als gesichert gelten,
daß es sich konstant im Gehirn und Rückenmark erkrankter oder ver-
endeter Tiere ermitteln läßt; außerdem wurde es in den prävertebralen,
inguinalen und mesenterialen Lymphknoten festgestellt. In den Nieren,
den Lungen, in der Galle und im Harn, sowie auch im Blute ist der Nachweis des Virus bis jetzt nicht gelungen.

V. Vergleichende Pathologie der Krankheiten der ersten Verwandtschaftsgruppe.

Wenn wir heute die vorgenannten Krankheiten in einer Verwandtschaftsgruppe zusammenfassen, so liegt dafür vom rein histologischen
Standpunkte aus eine weit größere Berechtigung vor als vor 15 Jahren.
Im besonderen sind wir in der Lage, die histologische Übereinstimmung
dieser Krankheiten auch auf die Gliaproliferationen zu beziehen, die im
Reaktionskomplex aller wesentlichen Anteil nehmen. Auch die Ausbreitung der entzündlichen Reaktion, mit deren Studium in neuerer
Zeit von Spatz und Seifried in systematischer Weise begonnen wurde,
zeigt mit großer Deutlichkeit, daß alle diese Krankheiten auch in dieser
Hinsicht weitgehende Ähnlichkeit besitzen. Wenn auch zur Zeit über
die Hundestaupe und über die Geflügelpest, die von Joest ebenfalls
zu dieser Gruppe gerechnet wurden, derartige Untersuchungen noch
nicht vorliegen, so scheint es doch hinreichend begründet, sie in einer
besonderen Gruppe zu vereinigen, weil ihr Virus eben nicht elektiv das
Zentralnervensystem, sondern auch noch andere Organsysteme befällt.
Im übrigen hat bereits Kuttner (211) auf Unterschiede in der Ausbreitung der encephalitischen Reaktion bei der Staupe der Hunde gegen-

---

[1] Papadopoulo beobachtete bei einem Kaninchen eigenartige neurotrophische
Störungen an den Hinterpfoten. Durch Filtration von Gehirn- und Rückenmarksemulsion
konnte ein „Agens" ermittelt werden, das bei gesunden Tieren ebenfalls die genannten
neurotrophischen Störungen hervorrief und in mehreren Passagen weiter übertragen
werden konnte. Der Ansteckungsstoff konnte ausschließlich im Zentralnervensystem der
Versuchstiere nachgewiesen werden.

über der Encephalitis epidemica hingewiesen, die ihrerseits wiederum in dieser Hinsicht weitgehend mit der BORNAschen Krankheit übereinstimmt (s. später).

Es ist das große Verdienst von JOEST, als erster auf die Beziehungen zwischen der BORNAschen Krankheit und damit auch zwischen unserer ersten Krankheitsgruppe und der Poliomyelitis (HEINE-MEDINschen Krankheit des Menschen) aufmerksam gemacht zu haben. Auf Grund unserer heutigen Kenntnisse sind wir berechtigt, diese Beziehungen auch auf die Encephalitis epidemica des Menschen auszudehnen. Bereits 1918 hat von ECONOMO (197) in seiner berühmt gewordenen 1. Monographie unter anderen auch die BORNAsche Krankheit genannt. Auch TOBLER

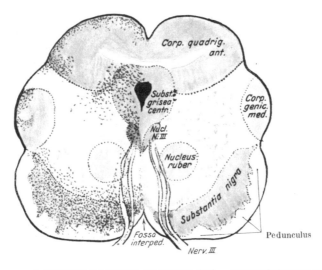

Abb. 9. Schema vom Mittelhirnquerschnitt des Pferdes. Rot = entzündliche Reaktion bei
BORNAscher Krankheit.
[Nach SEIFRIED u. SPATZ: Z. Neur. 124, 317 (1930).]

stellte 1920 eine große Sammelgruppe auf, zu welcher er außer der BORNAschen Krankheit, der Lyssa, der Hundestaupe und der Hühnerpest auch die Encephalitis epidemica und die HEINE-MEDINsche Krankheit rechnete, und außerdem auch die Trypanosomenkrankheiten. SEIFRIED und SPATZ haben bereits darauf aufmerksam gemacht, daß die Einbeziehung der letzteren (wie auch der Paralyse) in diese Gruppe sowohl vom anatomischen als auch vom ätiologischen Standpunkte aus völlig ungerechtfertigt ist. Auch JOEST (204—207) und CERLETTI (191) bringen die BORNAsche Krankheit mit Trypanosomenkrankheiten in Zusammenhang unter irrtümlicher Berufung auf SPIELMEYER. 1926 hat auch JOEST selbst auf die Ähnlichkeit zwischen BORNAscher Krankheit und Encephalitis epidemica aufmerksam gemacht.

Ehe wir nun die Krankheiten unserer ersten Gruppe vergleichend mit der Encephalitis epidemica und der Poliomyelitis (HEINE-MEDINschen Krankheit) betrachten, muß noch kurz auf die in neuerer Zeit aufgefundenen Ähnlichkeiten zwischen den beiden letzten Krankheiten vom histologischen Standpunkte aus eingegangen werden. Hierüber liegt aus neuerer Zeit eine Reihe von Arbeiten vor. So spricht HÄUPTLI (201) von einer „frappanten Übereinstimmung" beider Krankheiten hinsichtlich der Art der entzündlichen Veränderungen. Er weist ausdrücklich darauf hin, daß die Differentialdiagnose „rein histologisch überhaupt nicht mit Sicherheit zu stellen sei". Zu demselben Ergebnis kommen E. Meyer und R. Holsten. Auch Hassin (200) spricht sich dahin aus, daß ein Unterschied zwischen beiden Krankheiten nur insofern bestehe, als die entzündlichen und degenerativen Veränderungen bei der Encephalitis epidemica spinalwärts, bei der Heine-Medinschen Krankheit cerebralwärts abzunehmen pflegen. Stärke und Ausbreitung der Veränderungen können bei beiden Krankheiten so ähnlich sein, daß eine

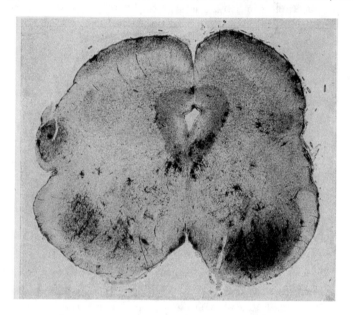

Abb. 10. Mittelhirnquerschnitt. Bornasche Krankheit beim Pferd, Bezeichnungen s. Abb. 9. Besonders schwere entzündliche Veränderungen im Oculomotoriuskern und in der Substantia nigra; man beachte im Vergleich zur letzteren die relative Intaktheit des Hirnschenkelfußes. Der rote Kern ist rechts ausnahmsweise etwas stärker mitbefallen. Im Vierhügelgebiet entzündliche Reaktion in einer Randzone; einige zerstreute Infiltrate an anderen Stellen. 3,3fache Vergrößerung. Nissl-Färbung. [Nach Seifried u. Spatz: Z. Neur. 124, 317 (1930).]

Differentialdiagnose nur auf Grund des graduellen Befallenseins des Rückenmarks gestellt werden könne. Besonders eingehend sind die Ähnlichkeiten zwischen Encephalitis epidemica und Heine-Medinscher Krankheit von Marinesco (220) und seinen Mitarbeitern dargelegt worden. Beachtenswert ist, daß diese Autoren vom klinischen Standpunkte aus eine mesencephale Form der Heine-Medinschen Krankheit beschreiben, bei der die Verwandtschaft mit der Encephalitis epidemica deutlich hervortritt. Auch pathologisch-anatomisch weisen sie unter Zugrundelegung eines großen Materials auf die Analogie der Verteilung der entzündlichen Veränderungen im Gehirn bei beiden Prozessen hin. Ebenso wie Harbitz und Scheel (199) sowie K. Goldstein (198) ist auch ihnen bei der Heine-Medinschen Krankheit nicht nur das Befallensein der Substantia nigra aufgefallen, sondern auch bestimmte Prädilektionsorte der Encephalitis epidemica im Zwischenhirn und im Rautenhirn.

Bei der Untersuchung der Gehirne zweier lyssakranker Menschen konnten nun 1925 SCHÜKRI und SPATZ Veränderungen nachweisen, die sie nach Art und Ausbreitung ebenfalls nicht von denjenigen bei der Encephalitis epidemica unterscheiden konnten. Diese Beobachtung ist später von LOEWENBERG in 4 Fällen von menschlicher Lyssa und ebenso von KRINITZKY und SLOTWER bestätigt worden, ohne daß die beiden letzten Autoren selbst an einen derartigen Vergleich gedacht haben. Ebenso ist auch MARINESCO in 2 Fällen von menschlicher Lyssa das starke Befallensein der Substantia nigra aufgefallen. Von SCHÜKRI und SPATZ wird bereits in diesem Zusammenhange auch auf die Ähnlichkeit

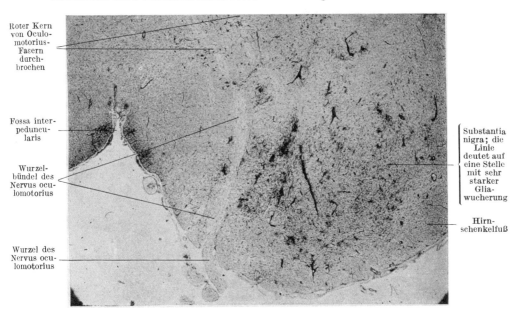

Abb. 11. Ausschnitt aus Abb. 10 bei stärkerer Vergrößerung, die Substantia nigra mit Umgebung darstellend. Leichte meningeale Entzündung in der Fossa interpeduncularis und circumscripte encephalitische Veränderungen in einer entsprechenden Randzone. 11fache Vergrößerung. NISSL-Färbung. [Nach SEIFRIED u. SPATZ: Z. Neur. **124**, 317 (1930).]

mit dem Befunde bei der BORNASCHEN Krankheit hingewiesen. In allerneuester Zeit haben SEIFRIED und SPATZ in einer eingehenden Studie unter Verwendung eines umfangreichen Materials die BORNASCHE Krankheit, die Encephalitis epidemica, die HEINE-MEDINSCHE Krankheit und die Lyssa des Menschen einander gegenübergestellt und zwar nicht nur unter Berücksichtigung der Art der Veränderungen, sondern auch ihrer Ausbreitung im Zentralnervensystem.

a) Vergleich der Art der Veränderungen.

Es mag vorweggenommen werden, daß bei dem von SEIFRIED und SPATZ angestellten Vergleich in den meisten Punkten völlige Übereinstimmung und nur in wenigen Abweichungen bestehen. Den in Rede stehenden Krankheiten sind folgende Merkmale gemeinsam:

1. Meningitische Erscheinungen fehlen entweder oder spielen zum mindesten eine unwesentliche Rolle. Es handelt sich also bei den einzelnen

Krankheiten dieser Gruppe stets um eine eigentliche Encephalitis und nicht, wie früher fälschlicherweise angenommen wurde, um eine Meningoencephalitis.

2. Alle Krankheiten fallen unter den Begriff der Polioencephalitis, denn der entzündliche Prozeß zeigt bei allen eine ausgesprochene Bevorzugung der grauen Substanz gegenüber der weißen.

3. Die Krankheiten gehören zu den sog. „nicht eiterigen" Gehirnentzündungen, denn die Infiltratzellen sind aus Lymphocyten, Plasmazellen und großen, mononucleären Zellen zusammengesetzt.

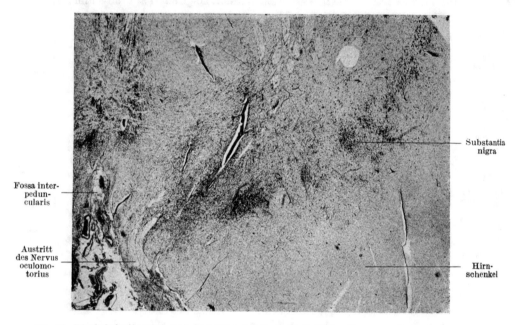

Abb. 12. Die Substantia nigra und das Grau der Raphe bei akuter Economoscher Krankheit. Man vergleiche mit Abb. 11. 11fache Vergrößerung. [Nach Seifried u. Spatz: Z. Neur. 124, 317 (1930).]

4. Der entzündliche Reaktionskomplex schließt bei allen Krankheiten dieser Gruppe auch die Neuroglia in sich ein, die sich im Zustande lebhaftester Proliferation befindet und bald mehr herdförmige, vielfach auf neuronophagischer Grundlage beruhende, bald mehr diffuse Wucherungen erzeugt. Derartige Gliaknötchen wurden zuerst bei der Lyssa von Babes[1] beschrieben (Babessche Knötchen), sind aber nicht spezifisch für diese, sondern kommen in gleicher Weise auch bei den anderen Krankheiten dieser Gruppe vor. Weiterhin hat es den Anschein, als ob bei diesen Gliaproliferationen einheitlich die Mikroglia eine besondere Bedeutung besäße. Jedenfalls kommt den Hortegaschen Zellen, die fast allgemein als proliferativ veränderte Mikrogliazellen angesehen werden, eine Hauptrolle dabei zu. Bisher unveröffentlichte Untersuchungen des Verfassers über die Beteiligung der gliösen Elemente an der entzündlichen Reaktion mit den Methoden von Hortega und Cajal zeigen aber, daß neben der

---

[1] Siehe unter Lyssa.

Mikroglia auch die Makroglia beteiligt ist. Die Schwesterkrankheiten zeigen wahrscheinlich ähnliche Verhältnisse.

5. Eine Schädigung der Ganglienzellen wird bei allen Krankheiten unserer Gruppe in verschiedenem Grade beobachtet. In unmittelbarem Zusammenhange damit steht das Auftreten echter „Neuronophagie", die ihrerseits wohl von dem Grad der Schädigung der Nervenzellen in Abhängigkeit steht.

6. Blutungen sowie Erweichungsherde fehlen im typischen Bilde der hier in Rede stehenden Gruppe. Herdförmige Wucherungen mit nekrotischem Zentrum, wie sie bei metastatischen Encephalitiden, beim Fleckfieber

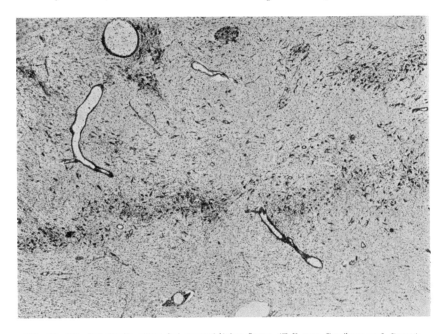

Abb. 13. Die Substantia nigra bei menschlicher Lyssa (Fall von SCHÜKRI und SPATZ).
12fache Vergrößerung.
[Nach SEIFRIED u. SPATZ: Z. Neur. **124**, 317 (1930).]

und in etwas anderer Form bei der Malaria vorkommen ebenso wie die Granulome bei der „sog. Granulomencephalitis" der Kaninchen werden bei den Krankheiten dieser Gruppe vermißt.

7. Die Krankheiten dieser Gruppe sind mit Ausnahme der Meerschweinchenlähme, bei der entsprechende Untersuchungen fehlen, mit einer peripherischen Neuritis vergesellschaftet, was mit der Wanderung der zugrunde liegenden Vira auf dem Nervenwege zusammenhängt.

8. Mit Ausnahme der enzootischen Rinderencephalitis und der Meerschweinchenlähme ist den Krankheiten dieser Gruppe das Auftreten von mehr oder weniger spezifischen Einschlußkörperchen in den Ganglienzellen eigentümlich.

Diesen übereinstimmenden Merkmalen stehen nun einige Verschiedenheiten gegenüber, die im wesentlichen nur auf Gradunterschieden beruhen. Bei der Lyssa, bei der im allgemeinen Leukocyten unter den Infiltratzellen fehlen, konnten neuerdings von SCHÜKRI und SPATZ sowie von

Loewenberg sogar reichliche Mengen von polymorphkernigen Leukocyten nachgewiesen werden. Auch bei der Heine-Medinschen Krankheit und der Meerschweinchenlähme werden unter den Infiltratzellen neben Lymphocyten, Plasmazellen und mononucleären Elementen öfters auch Leukocyten beobachtet. Häuptli und Wöhrmann fanden bei der Heine-Medinschen Krankheit positive Oxydase-Reaktion. Selbst bei der Encephalitis epidemica können Leukocyten vorkommen [Economo, Häuptli, da Fano (193), Stern (249) u. a.]. Bei der Bornaschen Krankheit dagegen sind Leukocyten bisher vermißt worden, doch ist die Oxydase-Reaktion bei dieser Krankheit an einem größeren Material bisher nicht vorgenommen worden. Diese verschiedene Beteiligung der Leukocyten im

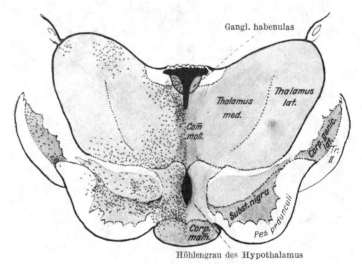

Abb. 14. Schema vom Zwischenhirnquerschnitt des Pferdes auf Höhe des Ganglion habenulae. Rot = entzündliche Reaktion bei Bornascher Krankheit. [Nach Seifried u. Spatz: Z. Neur. 124, 317 (1930).]

Bereiche der Infiltrate scheint indessen einen grundsätzlichen Unterschied nicht darzustellen. Da im ersten Stadium entzündlicher Reaktionen diese Zellen häufig vorhanden sind, um nach längerer Zeit den nicht eiterigen Elementen Platz zu machen, so wird man unsere Krankheiten nach wie vor der nicht eiterigen Encephalitis bzw. Myelitis zurechnen dürfen.

Weiterhin ist die lokale meningitische Reizung bei der Heine-Medinschen Krankheit und wohl auch bei der Meerschweinchenlähme durchschnittlich stärker ausgeprägt als bei den Schwesterkrankheiten; indessen tritt auch hier der Entzündungsprozeß an den Meningen in seiner Stärke hinter denjenigen in der Gehirnsubstanz selbst wesentlich zurück.

Was die gliöse Reaktion anbetrifft, so können höchstens gradweise Unterschiede festgestellt werden; sie ist bei der Bornaschen Krankheit durchschnittlich wohl etwas stärker ausgeprägt wie bei den übrigen Krankheiten. Aber auch bei der Lyssa kann sie einen erheblichen Umfang annehmen. Eine Vermischung der sog. Gewebsinfiltrate (Überschreitung der Membrana glia limitans durch die Infiltratzellen) mit gewucherten gliösen Elementen scheint bei allen Krankheiten mehr oder weniger ausgeprägt vorzukommen.

Ob die von Cajal, Schaffer u. a. bei der Lyssa[1], von Gallego bei der Hundestaupe[2] beschriebene „neurofibrilläre Hypertrophie" auch bei den Schwesterkrankheiten vorkommt, oder ob hier Unterschiede bestehen, läßt sich mangels von Untersuchungen nicht entscheiden.

Handelt es sich bisher im wesentlichen um graduelle Verschiedenheiten, so stellen den wesentlichsten Unterschied im histologischen Bilde der einzelnen Krankheiten die Einschlußkörperchen dar, die bei jeder Krankheit jeweils eine besondere Eigenart besitzen. Bei der Bornaschen Krankheit und der mit ihr identischen Schafencephalitis spielen die Joest-Degenschen Körperchen, die regelmäßig intranucleär gelegen

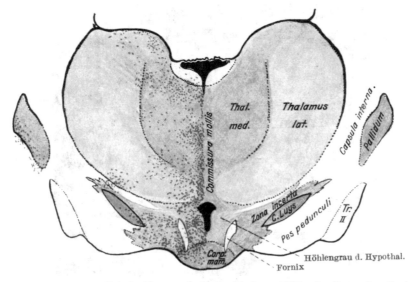

Abb. 15. Schema vom Zwischenhirnquerschnitt des Pferdes auf Höhe des Corpus Luysii, etwas weiter oral als bei Abb. 14.
[Nach Seifried u. Spatz: Z. Neur. 124, 317 (1930).]

sind, eine wichtige, und nach dem Stande unserer heutigen Kenntnisse spezifische Rolle. Sie werden in gleicher Weise auch bei der experimentell erzeugten Krankheit der verschiedenen empfänglichen Tierarten angetroffen. Die ebenfalls als spezifisch angesehenen Negrischen Körperchen bei der Lyssa sind sowohl nach Struktur und Lage innerhalb der Zellen wesentlich von jenen bei der Bornaschen Krankheit verschieden. Bei der Encephalitis epidemica sind ebenfalls Einschlußkörperchen beschrieben worden [da Fano, Levaditi, Lucksch (214), Herzog], die aber mit den Joestschen und Negrischen Körperchen kaum auf eine Stufe gestellt werden können. Auch den bei der Heine-Medinschen Krankheit von Bonhoff, R. Walter (252), Kraus und Gerlach, Paul (229, 230) u. a. beobachteten Einschlußkörperchen wird man kaum eine spezifische Bedeutung beimessen dürfen. Ohne auf die Natur der Einschlußkörperchen näher einzugehen, kann zusammenfassend gesagt werden, daß ihre Struktur und Lage innerhalb der Nervenzellen im Einzelfalle besonders charak-

---

[1] Siehe unter Lyssa.
[2] Siehe unter Hundestaupe.

terisiert ist und als wesentlicher morphologischer Unterschied zwischen den einzelnen Krankheiten unserer ersten Gruppe hervorgehoben werden muß.

b) Vergleich der Ausbreitung der entzündlichen Reaktion im Zentralnervensystem.

Spatz und Seifried weisen mit Recht darauf hin, daß dem Ausbreitungsmodus für die Klassifikation der einzelnen neurotropen Viruskrankheiten ein besonderer Wert zukommt.

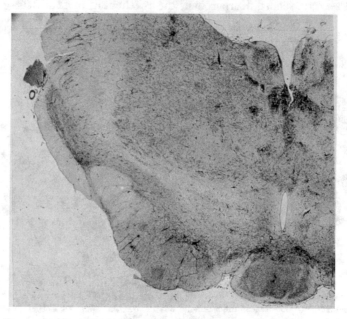

Abb. 16. Bornasche Krankheit beim Pferde. Zwischenhirnquerschnitt auf Höhe des Ganglion habenulae. Bezeichnungen vergleiche mit Abb. 14. 3,3fache Vergrößerung. Nissl-Färbung.
[Nach Seifried u. Spatz: Z. Neur. 124, 317 (1930).]

Bei der Bornaschen Krankheit ist bereits Joest der Ausbreitung der entzündlichen Veränderungen nachgegangen. Als mit besonderer Regelmäßigkeit befallen nennt er: 1. Riechkolben und Riechwindung; 2. Nucleus caudatus und Hippocampus; 3. Parietal- und Temporallappen; 4. Medulla oblongata; 5. Rückenmark und Occipitallappen sowie endlich Kleinhirn. In einer Dissertation aus dem Zwickschen Institut kam Bemann (1926) zu einer Bestätigung dieser Angaben. Neuerdings hat auch Dobberstein einige Mitteilungen über die Ausbreitung der entzündlichen Reaktion bei der Bornaschen Krankheit gegeben. Auch er fand die schwersten Veränderungen im Bulbus olfactorius, im Lobus olfactorius und im Ammonshorn. Als regelmäßig wird ferner neben dem Corpus striatum noch der Thalamus und das Vierhügelgebiet erwähnt, wo der Grad der Entzündung vielfach den in den erwähnten Teilen des Riechhirns erreichte. In der Brücke und in der Medulla oblongata waren die Veränderungen weniger ausgeprägt und im Kleinhirn konnten lediglich im Nucleus dentatus vereinzelte herdförmige perivasculäre Zellansammlungen nachgewiesen werden.

Bei allen diesen Untersuchungen sind bestimmte Gehirnabschnitte, so z. B. das Mittelhirn und das Zwischenhirn nicht systematisch berücksichtigt worden, so daß diese Angaben auf den ersten Blick nicht ohne weiteres für eine große Ähnlichkeit der BORNASchen Krankheit mit der Lyssa und mit der Encephalitis epidemica zu sprechen scheinen. Neuerdings sind nun sowohl bei der BORNASchen Krankheit als auch der Encephalitis epidemica der HEINE-MEDINSchen Krankheit und der

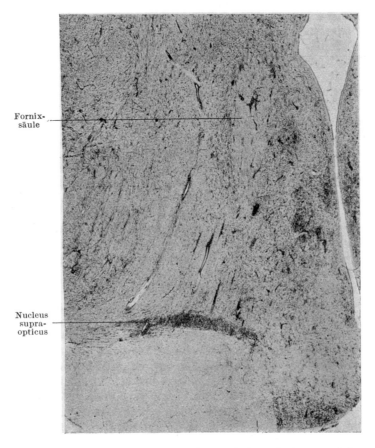

Abb. 17. BORNASche Krankheit beim Pferde: Ventrikelnahe Teile des Hypothalamus auf Höhe des Nucleus paraventricularis. 11fache Vergrößerung. NISSL-Färbung.
[Nach SEIFRIED u. SPATZ: Z. Neur. 124, 317 (1930).]

Lyssa des Menschen vergleichende Untersuchungen von SEIFRIED und SPATZ angestellt worden.

Wenn wir mit der BORNASchen Krankheit beginnen, so finden sich im Mittelhirn stets schwerste Veränderungen und zwar mit ausgesprochen lokaler Auswahl. Hauptprädilektionsorte sind das Höhlengrau des Aquäduktes mit den Augenmuskelnervenkernen und die Substania nigra. Das Vierhügelgebiet ist etwas geringer betroffen; der Nucleus ruber bleibt auffallend verschont.

Im Zwischenhirn erreichen die entzündlichen Veränderungen gleichfalls einen Höhepunkt und zwar im Gebiete der Nervenkerne am Boden des 3. Ventrikels (Infundibulum, Tuber cinereum), die an die Basalzisterne angrenzen sowie in den ventrikelnahen Abschnitten des Hypothalamus. Ventrikelnahe Teile des Thalamus sind durchschnittlich weniger stark betroffen. Mit der Entfernung von der inneren und äußeren Oberfläche nimmt die entzündliche Reaktion regelmäßig an Stärke ab; der zentral gelegene laterale Thalamuskern wird höchstens noch in den Randpartien erreicht.

Was das Endhirn anbetrifft, so finden sich in Bestätigung der Angaben früherer Untersucher ausgesprochene entzündliche Veränderungen in den ventrikelnahen und basalen Teilen (Nucleus caudatus, Ammonshorn, Riechrinde). Indessen erreichen sie an dieser Stelle selten denselben Grad wie im Mittel- und Zwischenhirn. Das zentral gelegene Putamen bleibt auffällig verschont. Eine besondere Bevorzugung der Riechabschnitte, wie dies von JOEST für die BORNAsche Krankheit angenommen wurde, liegt nicht vor. In gleicher Stärke findet sich der Prozeß in benachbarten basalen Rindenteilen (Insula, Operculum); auch in der interhemisphärischen Furche ist er regelmäßig noch deutlich ausgeprägt, während ein lateraler Sektor an der Konvexität nur gering befallen ist. Das starke Ergriffensein des Stirnpols gegenüber der schwachen Beteiligung des Occipitalpols wird auch in dieser Arbeit bestätigt.

Im Rautenhirn ist das Höhlengrau und die benachbarten Nervenkerne des 5., 6., 8., 9. und 10. Hirnnerven am Boden des 4. Ventrikels am meisten betroffen. Ein regelmäßiger Unterschied in dem Befallensein zwischen sensiblen und motorischen Kernen ist nicht festgestellt worden. [Eine derartige elektive Auswahl will KINO (208) bei der Poliomyelitis gefunden haben.] In zahlreichen Fällen sind entzündliche Veränderungen auch in den lateral und dorsal vom 4. Ventrikel gelegenen grauen Massen, nämlich im DEITERschen Kern und oft auch in den Kleinhirnkernen (Nucleus dentatus, N. fastigii) festgestellt worden. Während die Substantia reticularis und die im Haubenbereich gelegenen Hirnnervenkerne noch recht häufig erhebliche Veränderungen aufweisen, sind in der Brücke ventrale Teile der Fußganglien, in der Medulla oblongata die untere Olive meist geringer betroffen. Hier besteht ein deutlicher Unterschied zwischen „Haube" und „Fuß" in dem Sinne, daß der letztere schwächer beteiligt ist. Allerdings spielen diese Unterschiede schon in der Medulla keine deutliche Rolle mehr und im Rückenmark sind sie sogar vollständig verwischt.

Der von SEIFRIED und SPATZ angestellte Vergleich dieses Ausbreitungstypus der entzündlichen Reaktion bei der BORNAschen Krankheit mit dem bei der Encephalitis epidemica, der HEINE-MEDINschen Krankheit und der Lyssa des Menschen hat auffallende Analogien, besonders im Bereich des Mittel- und Zwischenhirns und auch noch im Rautenhirn ergeben. Im Mittelhirn ist die besondere Bevorzugung der Substantia nigra und des Höhlengraus bei allen diesen Gehirnentzündungen als am meisten auffallend hervorzuheben. Im Endhirn besteht insofern ein nennenswerter Unterschied, als bei der BORNAschen Krankheit der Entzündungsprozeß auch hier noch durchschnittlich stark ausgeprägt ist, während dies für die anderen Encephalitiden in der Regel jedenfalls nicht zutrifft. Trotzdem bestehen auch hier beachtenswerte Ähnlichkeiten.

Das gemeinsame Prinzip der Ausbreitungsweise der Krankheiten der ersten Verwandtschaftsgruppe ist darin zu sehen, daß Zonen entlang der inneren Oberfläche (Ventrikelräume) und Zonen entlang der äußeren Oberfläche (basale Abschnitte) bevorzugt werden, während zentral gelegene, von der inneren und äußeren Oberfläche am weitesten entfernte Gebiete meist verschont bleiben.

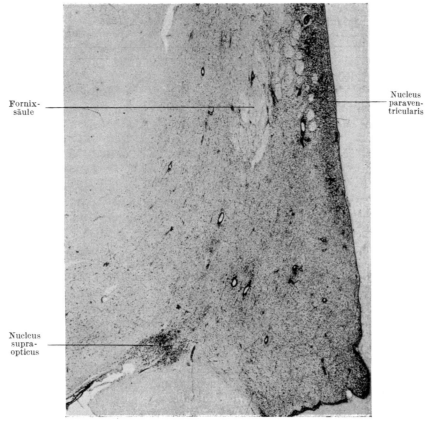

Abb. 18. Encephalitis epidemica acuta: Ventrikelnahe Teile des Hypothalamus auf Höhe des Nucleus paraventricularis. 11fache Vergrößerung. NISSL-Färbung. Vgl. mit Abb. 17.
[Nach SEIFRIED u. SPATZ: Z. Neur. 124, 317 (1930).]

Betrachten wir die Hundestaupe- und die Geflügelpest-Encephalitis unter dem Gesichtspunkt der Ausbreitungsart der entzündlichen Reaktion, so können wir diese beiden Krankheiten unmöglich der ersten Verwandtschaftsgruppe zuzählen, da beide, besonders aber die Hundestaupe wesentliche Abweichungen von jenem Typus zeigen (s. unter Hundestaupe).

Auch die Herpesencephalitis weist besondere Eigentümlichkeiten auf, die eine Einreihung in unsere erste Gruppe sicher nicht erlauben. Die nahe Verwandtschaft mit diesen Krankheiten wird dadurch freilich nicht berührt. Auch die spontane Kaninchenencephalitis gehört nicht hierher („Granulomencephalitis“).

Wie bereits erwähnt, sind auch die Trypanosomenkrankheiten sowie die Spirochätenkrankheiten (Hirnlues, Paralyse) einer anderen Gruppe von Encephalitiden zuzurechnen.

VI. Ursache der Krankheiten der ersten Verwandtschaftsgruppe.

Die bei den einzelnen Krankheiten unserer ersten Verwandtschaftsgruppe schon bei einer rein histologischen Betrachtungsweise auffallende Gruppenverwandtschaft wird noch wesentlich unterstrichen durch die in der Berichtszeit gewonnenen ätiologischen Erkenntnisse bei der Bornaschen Krankheit des Pferdes und des Schafes. Joest hat bereits im letzten, in diesen Ergebnissen niedergelegten Berichte die ätiologische Bedeutung der früheren bakteriologischen Befunde (Kokken) bei der Bornaschen Krankheit einer eingehenden Kritik unterworfen, auf die hier im einzelnen verwiesen werden kann. Dieser Kritik haben sich Zwick und Mitarbeiter angeschlossen und ergänzend nachgewiesen, daß auch die neueren Kokkenbefunde von Kraus (265), Karmann (263) sowie Patzewitsch und Klutscharew (270) eine primäre ätiologische Bedeutung bei der Bornaschen Krankheit nicht besitzen und daß sie — wenn überhaupt — lediglich eine sekundäre Rolle im Zusammenhange mit dieser Krankheit spielen können.

Joest (262) hatte schon 1915 darauf hingewiesen, daß es notwendig sei, zu erforschen, ob das Virus der Bornaschen Krankheit, ähnlich wie dasjenige anderer „Ganglienzelleinschlußkrankheiten" zu den ultravisiblen, filtrierbaren und glycerinfesten Virusarten gehöre. In der Zwischenzeit ist durch die Arbeiten von Zwick, Seifried und Witte (1924—1930) (272) dieser Nachweis in einwandfreier Weise erbracht worden. Die bei diesen Versuchen verwendeten Filter (Berkefeld „N" und Membranfilter nach Zsigmondy-Bachmann) waren einwandfrei bakteriendicht, wie die Kontrolluntersuchungen mit Testkeimen, insbesondere mit Spirillum parvum ergaben. Durch reihenweise Weiterimpfung von den nach Filtratimpfung verendeten Kaninchen konnte der Erreger der Krankheit als ein im Tierkörper aktiv sich vermehrendes Virus ermittelt werden, für das allerdings, entsprechend den zahlreichen mißlungenen Filtrationsversuchen Bakterienfilter nur schwer durchlässig sind. Zwick und Mitarbeiter glauben deshalb, daß der Erreger entweder so groß ist, daß er häufig von den Filtern zurückgehalten wird und vielleicht ein Entwicklungsstadium mit kleinen Formen besitzt, oder aber so fest an die cellulären Elemente des Zentralnervensystems gebunden ist, daß er mit diesen in den Filterporen haften bleibt. Versuche, durch verschiedene Arten der Maceration das virushaltige Gehirnmaterial aufzuschließen, haben nicht zu einer leichteren Filtrierbarkeit des Virus geführt. Die Filtration des Borna-Virus ist von Ernst und Hahn (261), Beck und Frohböse (257) sowie von Nicolau und Galloway (268) vollauf bestätigt worden, so daß also die bisher in ätiologischer Hinsicht beschuldigten Kokken ein für allemal ihre Bedeutung verloren haben. Mit dieser Feststellung gewinnt der Versuch, die hier genannten Viruskrankheiten in einer Sammelgruppe zusammenzufassen, noch mehr an Berechtigung, denn wir wissen nun, daß ihre Erreger den filtrierbaren sogenannten ultravisiblen Virusarten zuzurechnen sind. Da, wie Pette (271) erwähnt, die Unmöglichkeit bisher diese Erreger für das Auge sichtbar zu machen, lediglich auf der augenblicklichen Unzulänglichkeit unserer optischen Methoden und Instrumente beruht, so ist es nicht ohne weiteres richtig, von „ultravisiblen Erregern" zu sprechen.

Für die enzootische Encephalitis des Rindes sowie für die Encephalitis epidemica des Menschen ist die Übertragung des Virus auf kleine Versuchstiere und damit auch die Filtrierbarkeit noch nicht nachgewiesen worden, aber es spricht doch viel dafür, daß auch bei diesen Krankheiten ein derartiges Virus vorliegt (vgl. F. STERN: Die epidemische

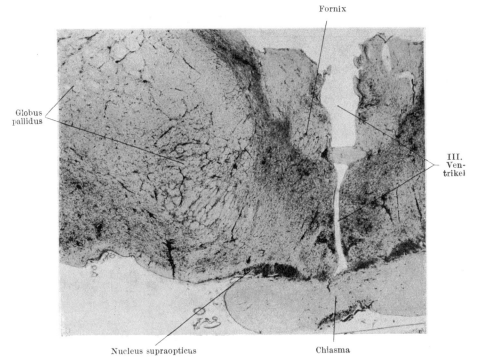

Abb. 19. BORNAsche Krankheit beim Pferde: Ventrikelnahe Teile des Thalamus auf Höhe des Chiasma opticum. 4,5fache Vergrößerung. NISSL-Färbung.
[Nach SEIFRIED u. SPATZ: Z. Neur. 124, 317 (1930).]

Encephalitis, 2. Aufl. 1928, S. 347). Über die Natur dieser filtrierbaren Viruskrankheiten ist bis jetzt so gut wie nichts bekannt, da auch ihre künstliche Züchtung auf den gebräuchlichen Bakteriennährböden nicht gelungen ist. Wir kennen lediglich ihre biologischen Eigenschaften, die uns durch die experimentelle Forschung an geeigneten Versuchstieren bekannt geworden sind.

Diese Virusarten bei unserer ersten Verwandtschaftsgruppe besitzen eine Reihe von gemeinsamen Eigenschaften, unter denen wohl ihre Resistenz gegen niedere Temperaturen, gegen Eintrocknung und gegen die üblichen Desinfektionsmittel, besonders aber ihre hohe Glycerinresistenz (monate- und jahrelang) an erster Stelle steht. Hauptsächlich diese letztere, für das Lyssa-, Meerschweinchenlähme-, Encephalitis epidemica- und Poliomyelitis-Virus längst bekannte Eigenschaft ist von ZWICK und Mitarbeitern in gleicher Weise auch für das BORNA-Virus nachgewiesen und von verschiedenen Nachprüfern bestätigt worden. Für das Virus der Poliomyelitis hat neuerdings Rhoads festgestellt, daß es in Glycerin über einen Zeitraum von 8 Jahren infektionstüchtig bleibt.

Gemeinsam ist diesen Virusarten weiterhin die Abhängigkeit ihrer Pathogenität von der Menge des Virus. So konnte beispielsweise für die Bornasche Krankheit von Zwick und Mitarbeitern festgestellt werden, daß bei Verwendung frischen infektiösen Gehirnmaterials in der Verdünnung 1:20—1:100000 in einem hohen Prozentsatz mit dem Haften der intracerebralen Infektion gerechnet werden kann, während dagegen

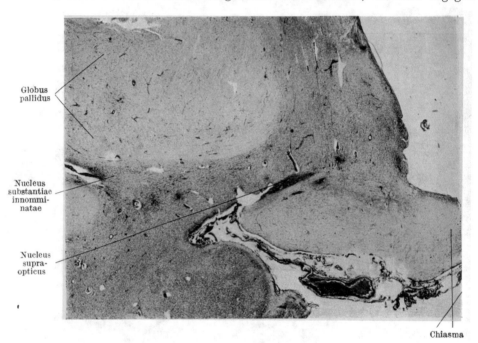

Abb. 20. Encephalitis epidemica acuta: Ventrikelnahe Teile des Thalamus auf Höhe des Chiasma opticum. 4,5fache Vergrößerung. Nissl-Färbung. Vgl. mit Abb. 19.
[Nach Seifried u. Spatz: Z. Neur. 124, 317 (1930).]

mit Verdünnungen 1:500000 und 1:1000000 die Übertragung nicht mehr gelungen ist. Ähnliche Verhältnisse liegen auch beim Tollwut- und Meerschweinchenlähme-Virus vor.

Besondere Beachtung unter den gemeinsamen Eigenschaften der genannten Virusarten verdient ihre ausgesprochene Neurotropie, d. h. ihre ausschließliche Affinität zum zentralen und peripherischen Nervensystem sowie ihre ausschließliche Ausbreitung und Vermehrung in diesem. Der sicherste Weg der Infektion ist der Nervenweg, ohne Rücksicht darauf, an welcher Stelle des zentralen oder peripherischen Nervensystems das Virus einverleibt wird. Der Erfolg jeder anderen Impfung hängt davon ab, in welchem Grade dem Virus Gelegenheit gegeben wird, mit neuralem Gewebe in Kontakt zu kommen (Pette). Gerade diese Eigenschaft bedingt einen wesentlichen Unterschied gegenüber der 2. Gruppe von Viruskrankheiten, deren Vira außer dem zentralen und peripherischen Nervensystem eben auch noch andere Organe und Organsysteme befallen. Die Hogcholera, Hundestaupe und Geflügelpest sind dafür sprechende Beispiele. Daß diese exquisite Neurotropie lediglich in den Eigenschaften der Erreger begründet ist, scheint im Hinblick auf ihre sonstigen Verschiedenheiten von vornherein wenig wahrscheinlich. PETTE glaubt vielmehr, in Erwägung allgemeiner biologischer Grundgesetze, daß „die spezifische Infektion das Endresultat einer Wechselwirkung zwischen Erreger einerseits und Organismus andererseits ist". Daß dabei aber auch der natürliche Infektionsweg eine Rolle spielt, wird man ohne weiteres annehmen dürfen. Wie dem auch sei, so haben jedenfalls die neueren Ergebnisse der experimentellen Pathologie bei der BORNASCHEN Krankheit, der enzootischen Schafencephalitis, der Lyssa und der Poliomyelitis mit großer Deutlichkeit und Einheitlichkeit gezeigt, daß diese Virusarten im Nervensystem generalisieren und zur sog. „Septineuritis" (NICOLAU) führen, gleichgültig ob das Virus ins Gehirn selbst oder in einen peripherischen Nerven verbracht wird. Dabei hat sich einheitlich ergeben, daß der Ort der Veränderungen im Nervensystem keinen Anhaltspunkt für die Eintrittspforte des Virus in den Organismus abgibt, weil die Verteilung des Prozesses bei den einzelnen Krankheiten unabhängig von dem Ort der Einverleibung immer in einer bestimmten, für die einzelne Krankheit charakteristischen Art erfolgt, wenn man nur die dafür notwendige Zeit abwartet. Diese Ausbreitung weist mit großer Deutlichkeit auf eine besondere Affinität des Virus zu einzelnen Teilen des Zentralnervensystems hin, das heißt auf eine „Neurotropie im engeren Sinne" (PETTE) oder eine Pathoklise (im Sinne VOGTS). Die von ZWICK und Mitarbeitern angestellten experimentellen Übertragungen der BORNASCHEN Krankheit auf Pferde und Kaninchen stellen einen deutlichen Beweis für diese Eigenschaften dar. Auch die von PETTE und DEMME (256, 257) mit Poliomyelitis-Virus an Affen in dieser Richtung angestellten Versuche veranschaulichen die Gebundenheit der entzündlichen Reaktion an bestimmte Gebiete des Zentralnervensystems besonders wirksam. Nach intracerebraler Impfung zweier Affen entstand einmal eine Myelitis, vornehmlich des Sakral- und Lendenmarks, das andere Mal eine diffuse Myelitis des ganzen Rückenmarks und im Gehirn nur vereinzelte Herdbildungen. Auch diese ließen irgendwelche Beziehungen zum Ort der Impfung nicht erkennen. Diese Ergebnisse konnten durch ZWICK und Mitarbeiter bestätigt werden. Bei Impfung in peripherische Nerven (N. facialis, medianus, ischiadicus) zeigten sich zwar Veränderungen, die auf eine primäre Affektion der dem geimpften Nerven zugehörigen Zentren hindeuteten, während aber nach kürzerer Zeit ein Symptomenbild entstand, das von dem klassischen Bilde einer schweren Poliomyelitis nicht unterscheidbar war. Wenn wir die cerebralen Formen der Poliomyelitis außer acht lassen (deren Ähnlichkeit hinsichtlich der Ausbreitung der entzündlichen Reaktion mit den anderen Krankheiten unserer ersten Gruppe erörtert wurde), so sehen w.r, daß hier auch im Experiment die besondere Form der Neurotropie zum Ausdruck kommt. Selbst innerhalb bestimmter Kerngebiete kommt bei den Krankheiten unseres Formenkreises ein bestimmtes, elektives Befallensein bestimmter Gebiete oder gar Ganglienzellen vor, während andere, unmittelbar daneben gelegene verschont bleiben. In diese komplizierten Verhältnisse ist uns

bis jetzt noch jeglicher Einblick verwehrt, obwohl sie für die klinische
Beurteilung dieser Krankheiten von besonderer Bedeutung sind. Lediglich
bei der Poliomyelitis hat KINO versucht, in diese verwickelten Verhältnisse einiges Licht zu tragen.

Wenn man nach dem bisher mitgeteilten den Eindruck gewinnen
könnte, die Virusarten unserer ersten Verwandtschaftsgruppe seien
einander weitgehend gleich, so zeigen doch die folgenden zu beschreibenden Eigenschaften, daß jede von ihnen bestimmte morphologisch-bio-
logische Eigenarten und weitgehende Selbständigkeit besitzt. Schon das

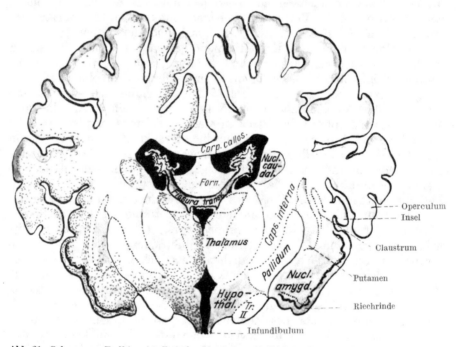

Abb. 21. Schema von Endhirn- (+ Zwischenhirn-) Querschnitt beim Pferd. Rot = encephalitische
Reaktion. (Es ist ein kleinerer Maßstab gewählt als bei den schematischen Abb. 9, 14 und 15.)
Striatum = Nucleus caudatus + Putamen.
[Nach SEIFRIED u. SPATZ: Z. Neur. 124, 317 (1930).]

Auftreten von morphologisch verschiedenen Einschlußkörperchen in den
Ganglienzellen bei einigen unserer Krankheiten muß im Sinne einer besonderen Eigenart des betreffenden Virus aufgefaßt werden. Wenn auch
noch nichts über die Natur und Bedeutung dieser Einschlußkörperchen
bekannt ist, so wissen wir doch soviel mit ziemlicher Sicherheit, daß es
sich hierbei um die Erreger selbst nicht handelt. Es hat viel für sich,
sie als Reaktion oder Abwehrerscheinung der Zellen gegen das eindringende
Virus zu betrachten. Neuere, bisher unveröffentlichte, mikrochemische
Untersuchungen des Verfassers, die zeigen, daß die Einschlußkörperchen
bei der BORNAschen Krankheit nichts anderes als Kernsubstanzen darstellen, sprechen für obige Annahme, sind aber keineswegs beweisend,
da ja diese Kernsubstanzen einem besonderen Organismus zugehören
können. Wenn es sich aber um Reaktionsprodukte der Zellen handelt,
so würde ihre morphologische Verschiedenheit doch kaum anders zu

erklären sein, als eben durch verschiedene und besondere Eigenschaften der sie auslösenden Virusarten. Eine gewisse Verschiedenheit gibt sich auch schon in der verschiedenen Pathogenität für kleinere Versuchstiere zu erkennen. So besitzt beispielsweise das Virus der BORNASCHEN Krankheit und der enzootischen Encephalomyelitis des Schafes ebenso wie das Lyssa-Virus für auffallend zahlreiche Tierspezies pathogene Eigenschaften, während für das Poliomyelitis-Virus der Affe hauptsächlich empfänglich ist, Kaninchen dagegen so gut wie refraktär und Meerschweinchen wenig

Gering veränderter Rindenabschnitt

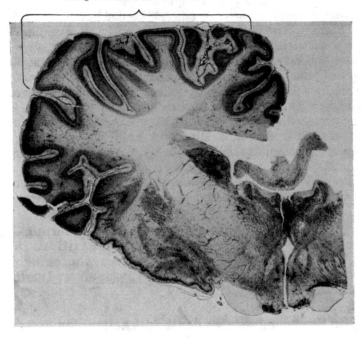

Abb. 22. BORNAsche Krankheit beim Pferde. Endhirn- (+ Zwischenhirn-) Querschnitt auf Höhe des Infundibulum. Bezeichnungen vergleiche Abb. 21. (Das Gehirn ist bei der Fixierung etwas deformiert worden.) Linsenkern, lateraler Thalamuskern und dorsolaterale Rindenabschnitte sind gering verändert. 1,6fache Vergrößerung. NISSL-Färbung.
[Nach SEIFRIED u. SPATZ: Z. Neur. 124, 317 (1930).]

empfänglich sind [CREUTZFELD und PICARD (255)]. Auch das Meerschweinchenlähme-Virus scheint hauptsächlich lediglich für diese Tierspezies pathogen zu sein. Mit dem Virus der enzootischen Rinderencephalitits liegen bis jetzt positive Übertragungsversuche nicht vor.

Diese Virusarten besitzen auch darin ihre spezielle Eigenart, daß selbst nach zahlreichen Passagen, mit Änderungen des Wirtsorganismus, die Konstanz der einzelnen Arten jeweils erhalten bleibt. Virulenzsteigerungen kommen zwar vor (BORNAsche Krankheit, Lyssa); sie spielen aber, soweit aus den experimentellen Forschungen Schlüsse gezogen werden können, keine besonders wesentliche Rolle. Diese verhältnismäßige Konstanz der Virulenz im Experiment ist schlecht in Übereinstimmung mit dem plötzlichen Auftreten und Verschwinden dieser Krankheiten in Zusammenhang zu bringen. Wie von PETTE erwähnt wird, ,,gehören auch Variationen ihrer Lebensäußerungen bei Wahrung

der einzelnen Art zu den Fundamentaleigenschaften, die letzten Endes
für das Kommen und Gehen von Epidemien verantwortlich sind".

Abgesehen von diesen bereits weitgehenden Verschiedenheiten gehen
unsere Virusarten in immunbiologischer Hinsicht noch weiter auseinander.
Die neueren, in dieser Richtung angestellten Versuche zeigen, daß trotz
aller histologischer Ähnlichkeiten der Krankheiten unserer ersten Gruppe,
ihre auslösenden Virusarten selbständig und vollkommen voneinander
verschieden sind. So wissen wir aus den Untersuchungen von Zwick
und Mitarbeitern, Levaditi, Nicolau und Galloway, daß zwischen
Bornascher Krankheit, Lyssa und Poliomyelitis keinerlei immunbiologische Beziehungen bestehen. Mit dem Virus der Encephalitis epidemica
und den übrigen Virusarten können gekreuzte Immunisierungsversuche
nicht angestellt werden, weil es bisher nicht gelungen ist, den Erreger
einwandfrei auf Versuchstiere zu übertragen. Die Immunität, die sich
künstlich bis jetzt bei der Bornaschen Krankheit, der Schafencephalitis
sowie der Lyssa am besten mit virulentem Material erzeugen läßt,
scheint bei den einzelnen Krankheiten streng spezifisch zu sein und
allerdings verschieden lange Zeit anzuhalten. In neuerer Zeit berichten
Neustaedter (263, 264) und Mitabeiter über positive Komplement-
reaktion zwischen Liquor von Kranken mit Encephalitis epidemica und
Virus von Heine-Medinscher Krankheit als Antigen. Ob es möglich
ist, auf diesem Wege etwaige Beziehungen zwischen den einzelnen Krankheiten unserer Gruppe aufzufinden, müssen weitere Untersuchungen
ergeben.

Wenn wir die mitgeteilten Tatsachen überblicken, so
besitzen unsere Virusarten trotz ihrer Spezifität in ihrer
Gesamtheit zahlreiche Eigenschaften morphologischer und
histologischerArt, die auf eine engere Gruppenverwandtschaft
schließen lassen.

VII. Entstehungsweise der Krankheiten der ersten Verwandtschaftsgruppe.

Die Frage der Entstehung hängt eng mit epidemiologischen Beobachtungen einerseits, der Viruswanderung auf dem Nervenwege und der
Ausbreitung der entzündlichen Reaktion im Zentralnervensystem andererseits zusammen.

Unsere Krankheiten stehen in ihrem örtlich gehäuften Auftreten, was
vom vergleichenden Standpunkte hervorgehoben zu werden verdient,
in einer auffallenden Abhängigkeit von der Jahreszeit. Vergleicht man
beispielsweise die Bornasche Krankheit in dieser Hinsicht mit der Heine-
Medinschen Krankheit, so ergibt sich in der Häufung der einzelnen
Krankheitsfälle in den verschiedenen Monaten des Jahres eine gradezu
auffallende Übereinstimmung. Dazu gesellt sich noch die Eigentümlichkeit, daß beide Krankheiten hauptsächlich auf dem Lande vorkommen,
während sie in Städten weniger beobachtet werden. Gemeinsam ist
ihnen weiterhin, daß sie selten den Charakter von schweren Seuchengängen annehmen. Damit in Übereinstimmung steht ihre schwere Übertragbarkeit auf dem Wege des mittelbaren und unmittelbaren Kontakts
sowohl unter natürlichen als auch unter künstlichen Bedingungen. So

wissen wir aus den Versuchen von ZWICK (304) und Mitarbeitern, BECK und FROHBÖSE (274), NICOLAU und GALLOWAY (289) u. a., daß es experimentell nur schwer gelingt, die BORNAsche Krankheit durch Kohabitation von kranken auf gesunde Tiere zu übertragen, obwohl die Versuche den verschiedenen in Betracht kommenden Ansteckungsmöglichkeiten Rechnung trugen, lange Zeit ausgedehnt wurden und natürlichen

Gering veränderte Rindenabschnitte

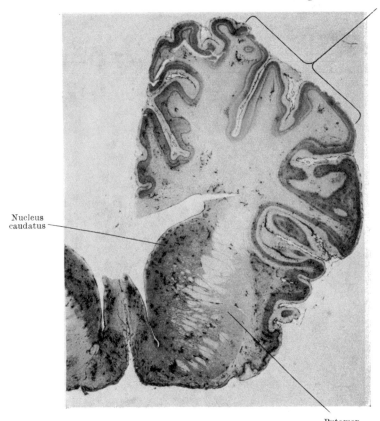

Nucleus caudatus

Putamen

Abb. 23. BORNAsche Krankheit beim Pferde. Endhirnquerschnitt auf Höhe des Kopfes des Nucleus caudatus, oral von Abb. 22. Putamen und dorsolaterale Rindenabschnitte gering verändert. 1,6fache Vergrößerung. NISSL-Färbung.
[Nach SEIFRIED u. SPATZ: Z. Neur. 124, 317 (1930).]

Verhältnissen weitgehend entsprachen. Dieselbe Erfahrung liegt auch bei der Poliomyelitis vor. So konnten PETTE (294) und Mitarbeiter trotz jahrelang fortgesetzter Berührungsversuche niemals eine Infektion beobachten, obgleich der verwendete Virusstamm hochinfektiös war. LEVADITI gelang es selbst dann nicht eine Ansteckung zu bewerkstelligen, wenn er infektiöses Material innerhalb der Käfige verstreute. Wenn man in Betracht zieht, daß bei diesen Krankheiten mit der Infektiosität des Nasenschleims und des Speichels gerechnet werden muß (s. später), so ist diese schwer zu bewerkstelligende Kontaktübertragung kaum zu verstehen. Daß aber der Berührung für die natürliche Übertragung trotzdem eine ausschlaggebende Bedeutung zukommen muß, zeigen für die BORNAsche

Krankheit die, — wenn auch nur in einem kleinen Prozentsatz positiv ausgefallenen — Kontaktversuche bei Ratten und Kaninchen (Zwick und Mitarbeiter). Für die Poliomyelitis sind dieselben Verhältnisse durch die Untersuchungen von Wickmann (302), E. Müller (287), Wernstedt (303) sowie diejenigen von Picard und Kreutzfeld nachgewiesen worden, die selbst eine Kontaktinfektion von Affen auf Meerschweinchen erlebten. Für die Encephalitis epidemica liegen nach den Untersuchungen von Stern (295), Netter (288), Stiefler (296) u. a. allerdings nur vereinzelte, eine

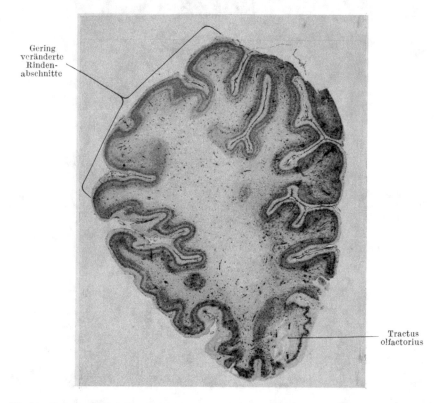

Gering
veränderte
Rinden-
abschnitte

Tractus
olfactorius

Abb. 24.   Bornasche Krankheit beim Pferde.   Endhirnquerschnitt auf Höhe des Tractus olfactorius (linkes Stirnhirn).   Rechts = medial, links = lateral.   1,8fache Vergrößerung.   Nissl-Färbung.
[Nach Seifried u. Spatz: Z. Neur. u. Psych. 124, 317 (1930).]

Kontaktinfektion beweisende Fälle vor. Bei dieser Sachlage ist es naheliegend, anzunehmen, daß für die Auslösung einer Infektion außer der Virulenz des Erregers veranlagende Einflüsse und Umstände bisher unbekannter Natur gegeben sein müssen. Das vorwiegende Vorkommen der Bornaschen Krankheit in hygienisch unzureichenden ländlichen Stallungen, in denen für den Abfluß der Jauche nicht genügend Sorge getragen und in denen die Stalluft mit Ammoniak geschwängert ist, hat den Gedanken nahegelegt, ob nicht Schädigungen und Reizzustände der Respirations-Schleimhäute (Nasenschleimhaut) es sind, die eine besondere Infektionsbereitschaft bedingen. In neueren Versuchen von Zwick und Mitarbeitern wurde auch solche Möglichkeit dadurch berücksichtigt, daß die betreffenden Versuchstiere, ehe sie mit kranken zusammengebracht wurden, gezwungen waren, täglich stark ammoniakhaltige Luft einzuatmen oder daß die Nasenschleimhäute durch mit Ammoniak, Terpentin- und Crotonöl getränkte Tupfer vorher gereizt wurden. Nachdem man weiterhin in Erfahrung gebracht hatte, daß die sterile Reizung der Häute des Zentralnervensystems [FLEXNER und Mitarbeiter (280), ZWICK und Mitarbeiter (304)] eine cutane Infektion begünstigt, sind von ZWICK und Mitarbeitern auch derartige sterile Reizungen bei Kaninchen durchgeführt worden, ehe sie mit kranken Tieren auf engen Räumen der natürlichen Ansteckung ausgesetzt wurden. Der Ausfall dieser Versuche spricht nun aber keineswegs eindeutig in dem Sinne, daß den genannten Faktoren eine ausschlaggebende Bedeutung für die Infektion zukommt, denn von 6 Kontaktinfektionen betrafen lediglich 2 solche Tiere, die nasal (mit Ammoniak bzw. Terpentinöl) gereizt worden waren, während die vier anderen unvorbehandelt waren. Auch die Vermutung, die BORNAsche Krankheit könne unter Umständen — ähnlich wie die Lyssa — durch den Biß kranker Tiere übertragen werden, konnte im Experiment nicht bewiesen werden (ZWICK und Mitarbeiter: Kaninchen und Ratten). Wenn wir für das Zustandekommen einer Infektion begünstigende Faktoren [Konstellation des eigenen Organismus, Alter, Geschlecht, exogene Einwirkungen, lokal-territoriale Faktoren, Klima usw. (s. PETTE)] heranziehen, so können wir gewisse epidemiologische Tatsachen besser erklären. So machen es beispielsweise die Variationen dieser Faktoren sowie die Schaffung der notwendigen Bereitschaft, die wahrscheinlich ziemlich komplexer Natur ist, verständlich, daß selbst zur Zeit schwerer Epidemien nur ein kleiner Prozentsatz von Tieren und Menschen von den Krankheiten unserer ersten Gruppe heimgesucht wird. Welche Bedeutung dabei allerdings unter Umständen auch immunbiologischen Vorgängen zukommt, zeigen die Beobachtungen von WERNSTEDT sowie von KLING (285), die beim Auftreten der HEINE-MEDINschen Krankheit große Teile der Bevölkerung (wahrscheinlich durch latente Erkrankung) einen Immunschutz erhalten sahen. Vielleicht trifft dies — was weitere Beobachtungen ergeben müssen — auch für die BORNAsche Krankheit und die Schafencephalitis zu.

Geben uns epidemiologische Beobachtungen und auch die auf die Spontanübertragung gerichteten Tierversuche keinerlei eindeutige Unterlagen für den natürlichen Infektionsweg, so müssen wir uns die Frage vorlegen, ob nicht die experimentell-biologischen Arbeiten über die Wanderung der Vira der Krankheiten der ersten Verwandtschaftsgruppe neue Gesichtspunkte hinsichtlich des Weges der natürlichen Ansteckung ergeben haben. In dieser Hinsicht muß nun aber gleich vorweggenommen werden, daß zwar durch diese Arbeiten die Kenntnisse der neurotropen Eigenschaften, hauptsächlich des BORNA-, Lyssa- und Poliomyelitisvirus wesentlich erweitert wurden, daß sie aber das Problem des Infektionsweges nur sehr unvollständig zu lösen vermocht haben. So einfach wie bei der Lyssa, die durch den Biß lyssakranker Tiere übertragen wird und von der wir wissen, daß im Zentralnervensystem stets die der Bißstelle zugehörigen Zentren zuerst von dem Prozeß ergriffen werden, liegen die Verhältnisse bei der BORNAschen Krankheit sowie bei der Poliomyelitis und der Encephalitis epidemica jedenfalls nicht.

Vom anatomischen Standpunkte aus hat bereits Joest für die Bornasche Krankheit auf Grund der eigenartigen Verteilung der entzündlichen Reaktion im Zentralnervensystem eine rhinogene bzw. neurorhinogene Infektion angenommen und die Infektion auf dem Blutwege (etwa vom Darme aus) in Abrede gestellt (s. diese Ergebnisse 1915). Diese Annahme hat durch Bemanns Arbeit aus dem Zwickschen Institut eine Bestätigung erfahren. In neuerer Zeit haben nun Seifried und Spatz die Ausbreitung der encephalitischen Reaktion bei der Bornaschen Krankheit

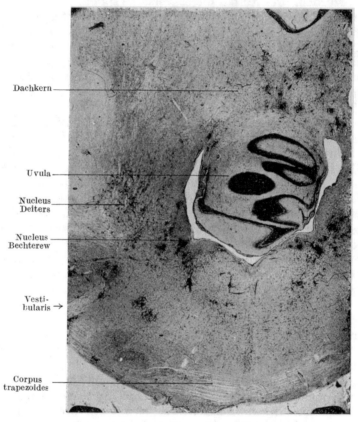

Abb. 25. Bornasche Krankheit beim Pferde. Umgebung des vierten Ventrikels. Deitersscher Kern und Vestibularisgebiet sind sehr stark betroffen; ventrale Teile mit dem Corpus trapezoides sind frei. 4,5fache Vergrößerung. Nissl-Färbung.
[Nach Seifried u. Spatz: Z. Neur. **124**, 317 (1930).]

in allen ihren Einzelheiten und auf weit breiterer Grundlage als die früheren Untersucher studiert und festgestellt, daß sie mit derjenigen bei der Encephalitis epidemica, der Heine-Medinschen Krankheit und der Lyssa des Menschen im Prinzip übereinstimmt. Dabei hat sich im Mittel-, Zwischen- und Endhirn eine Bevorzugung der basalen Abschnitte der äußeren Oberfläche ergeben, so daß hier der Prozeß wahrscheinlich von der Oberfläche seinen Ausgang genommen hat. Derselbe Schluß wird von Harbitz und Scheel bezüglich der Heine-Medinschen Krankheit gezogen. Weiterhin fanden sich regelmäßig schwere Veränderungen in der Umgebung der Hohlräume. Dies trifft in sehr ausgeprägtem Maße

bei der Bornaschen Krankheit zu, was im Gegensatz zu Joest besonders
betont werden muß. Harbitz und Scheel und später Marinesco
stellten bei der Heine-Medinschen Krankheit ebenfalls ein besonders
intensives Befallensein der Umgebung des Hohlraumsystems fest. Beim
Versuche einer gemeinsamen Erklärung für diese eigenartige Ausbreitung
kommen Erfahrungen zu Hilfe, die von Spatz bei Injektion kolloider
Farbstoffe in den Liquor im Anschlusse an die bekannten Experimente
von Goldmann gewonnen wurden. Dabei zeigte sich, daß im Gebiete
der Liquorräume des Rückenmarks und des Hirnstammes sowie der Hirnbasis (Basalzisterne) der in den Liquor gebrachte Farbstoff sich rasch
ausbreitet, während die Liquorräume an der Großhirnkonvexität sowie
die über den Kleinhirnhemisphären nur langsam und unregelmäßig erreicht werden. Durch das Foramen Magendii gelangt der Farbstoff leicht
in die Ventrikelräume. Von den erreichten Liquorräumen an der äußeren
Oberfläche sowie von den inneren Liquorräumen, d. h. von der inneren
Oberfläche aus, dringt der Farbstoff nun in die Substanz ein, wobei
immer nur Zonen von einer gewissen Tiefe erreicht, zentrale Partien
aber frei bleiben. Überall da, wo der Farbstoff hingelangt, finden sich
die Erscheinungen der entzündlichen Reaktion, nämlich an der äußeren
Oberfläche eine Farbstoff-Meningo-Encephalitis von vorwiegend basalem
Typus und an der inneren Oberfläche eine Farbstoff-Subependymitis.
Diese Versuche sind von O. Seifried bestätigt worden (bisher nicht
veröffentlicht). Die Ähnlichkeit, die dieser Ausbreitungsmodus im ganzen
mit demjenigen der entzündlichen Reaktion bei den Krankheiten unserer
ersten Gruppe besitzt, ist so groß, daß Spatz und Seifried (301) bei
diesen Krankheiten an eine Ausbreitung der Schädlichkeit vom „Liquor"
aus denken. Wenn auch einer derartigen Vorstellung eine Reihe von
Einwänden entgegengestellt werden kann, die von Seifried und Spatz
eingehend erörtert werden, so hat sie doch viel für sich. Es scheint allerdings so gut wie erwiesen, daß bei dem genannten Ausbreitungsmodus
nicht allein das mechanische Moment Bedeutung besitzt. Vielmehr bleibt
letzten Endes für die Ausbreitung des Prozesses „vom Liquor aus,"
noch eine bestimmte Affinität zu gewissen Zentren, also eine sog. Pathoklise (Vogt) oder „Neurotropie im engeren Sinne" (Pette) ausschlaggebend. Das ergibt sich besonders auch in dem eigenartigen Verhalten
der entzündlichen Veränderungen unserer Krankheiten im Rautenhirn,
für deren Ausbreitung an Hand der erwähnten Farbstoffversuche eine
befriedigende Erklärung nicht gefunden werden kann. Auch die Infektionsversuche an Pferden und Kaninchen mit dem Virus der Bornaschen
Krankheit sprechen in diesem Sinne. Wenn aber tatsächlich die Ausbreitung vom Liquor aus Geltung besitzt, so fragt es sich, auf welchem
Wege eine Infektion der äußeren basalen Liquorräume zustande kommen
kann. Von den zwei Möglichkeiten: 1. Weg über die meningealen Gefäße
und 2. Weg über die Saftbahnen der Nerven, die mit subarachnoidalen
Räumen in Verbindung stehen (Key und Retzius) scheint die letztere
am naheliegendsten zu sein. Vor allem wird man nach Seifried und
Spatz im Hinblick auf das auffällige Hervortreten der entzündlichen Veränderungen in der Umgebung der Basalzisterne hauptsächlich an solche
Nerven denken müssen, die beim Eintritt in die Schädelhöhle diese
Zisterne oder wenigstens ihre Nachbarschaft passieren. Das sind vor

allem die ersten 4 Hirnnerven. Die Annahme Joests, der in erster Linie an den Nervus olfactorius bzw. seine Filae dachte, ist auch von diesem Gesichtspunkte aus betrachtet, sehr einleuchtend und erfährt durch die neueren Ausbreitungsexperimente eine wesentliche Stütze.

Kommen wir auf diesem Umwege wiederum zur Wanderung unserer filtrierbaren Virusarten auf dem Nervenwege zurück, so soll unerörtert bleiben, ob sie in der Lymphbahn oder im Achsenzylinder erfolgt. Vielmehr soll an Hand der auf eine Klärung der natürlichen Infektion gerichteten experimentell-biologischen Arbeiten die Frage zu lösen versucht werden, ob tatsächlich eine Infektion von der Nasenhöhle (oder von den erwähnten anderen Hirnnerven) aus experimentell begründet werden kann und welch andere Wege noch in Betracht zu ziehen sind.

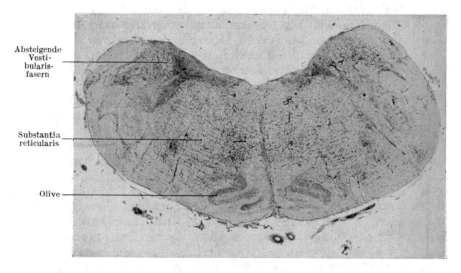

Abb. 26. Bornasche Krankheit beim Pferde. Querschnitt durch die Medulla oblongata. Die Veränderungen sind in den ventrikelnahen Kernlagern und in der Substantia reticularis erkennbar, während ventral davon die Olive frei geblieben ist. 3,3fache Vergrößerung. Nissl-Färbung. [Nach Seifried u. Spatz: Z. Neur. 124, 317 (1930).]

Die von Beck und Frohböse, Zwick und Mitarbeitern, Nicolau und Galloway u. a. mit Bornavirus an Kaninchen angestellten und gelungenen Infektionsversuche von der Nasenhöhle aus bilden zweifellos eine wesentliche Stütze für die rhinogene Infektion. Indessen zeigen die Versuche von Zwick und Mitarbeitern, daß das Virus nicht nur durch die Nasenschleimhaut eindringen, sondern auch auf diesem Wege ausgeschieden werden kann. Außerdem beweisen die diesen Autoren gelungenen Fütterungsinfektionen bei Kaninchen, daß auch eine intestinale Infektion in Betracht zu ziehen ist. Nachdem corneale und intraokuläre Impfungen verhältnismäßig leicht gelingen, kann auch der Nervus opticus als Leitungsbahn nach dem Zentralnervensystem eine Rolle spielen. Er läßt jedenfalls sowohl bei zentripetaler (vom Auge her) als auch bei zentrifugaler Ausbreitung des Virus entzündliche Veränderungen erkennen. Diese auf Grund experimenteller Forschung gegebenen Möglichkeiten hinsichtlich des natürlichen Infektionsweges bei der Bornaschen Krankheit des Pferdes und des Schafes besitzen in gleicher Weise auch Geltung

für die übrigen Krankheiten der ersten Verwandtschaftsgruppe. Bei der
Lyssa spielen sie praktisch gegenüber der Bißinfektion, d. h. der Infektion
peripherischer Nerven, eine untergeordnete Rolle. Dagegen zeigen die
Versuche von FLEXNER, LEVADITI und SCHOEN, PETTE u. a., daß bei
der Poliomyelitis eine Infektion sowohl vom Nasen- als auch vom Rachen-
raum und dem Magen- und Darmtractus möglich ist. Auch ist bei dieser
Krankheit in gleicher Weise der Nachweis des Virus im Nasenschleim
sowohl kranker als auch gesunder Menschen gelungen (KLING). Bei
der BORNAschen Krankheit steht zwar der Nachweis des Virus bei gesunden, unvorbehandelten Pferden bis jetzt noch aus. Indessen darf
aus den Versuchen von ZWICK und Mitarbeitern mit ziemlicher Sicherheit der Schluß gezogen werden, daß latent kranke Tiere das Virus auf
diesem Wege ausscheiden können. Die Bedeutung akuter Schädigungen
der Schleimhäute für das Zustandekommen einer Infektion ist zwar wahrscheinlich und für die Poliomyelitis wohl auch erwiesen. Bei der BORNAschen
Krankheit hingegen sprechen die bereits erwähnten, positiv ausgefallenen
Kontaktversuche nicht eindeutig für die ausschlaggebende Rolle derartiger Schleimhautschädigungen. Weiterhin muß als gemeinsamer Faktor
unserer ersten Verwandtschaftsgruppe erwähnt werden, daß zwischen
der nasalen und gastrointestinalen Infektion und der cerebralen oder
neuralen Impfung weder klinisch, noch histologisch irgendwelche Unterschiede hervortreten. Besonders auffallend in diesem Zusammenhange
ist die für die einzelnen Krankheiten in bestimmten Grenzen schwankende
Inkubationszeit, die regelmäßig eingehalten wird, ohne Rücksicht auf
Ort und Art der Infektion. Sie ist beispielsweise bei der BORNAschen
Krankheit nicht wesentlich verschieden, ob das Virus unmittelbar ins
Gehirn oder aber in einen peripherischen Nerven verbracht wird. Daß
dagegen bei Ansteckungsversuchen die Inkubationszeiten in wesentlich
weiteren Grenzen schwanken, bei BORNAscher Krankheit zwischen 33 Tagen
und 4 Monaten (ZWICK und Mitarbeiter), ist leicht erklärlich, weil sich
der Zeitpunkt des Haftens einer Infektion unserer Kenntnis entzieht.

In engem Zusammenhange mit der natürlichen Ansteckung steht
auch die Verbreitung der Virusarten der 1. Verwandtschaftsgruppe im Organismus und ihre Ausscheidung aus diesem. Auch in
dieser Hinsicht ergeben sich insofern Analogien, als im Blut und in den
Organen infizierter Tiere in frühen oder späteren Stadien der Krankheit
das Virus in der Regel nicht enthalten ist. Die Versuchsergebnisse von
CLARK, FRASER und AMOSS (277) sowie von ERNST und HAHN (279),
denen bei der Poliomyelitis und der BORNAschen Krankheit der Nachweis
des Virus im Blute gelungen ist, stehen bis jetzt vereinzelt da. Auch bei
der Lyssa liegen etwas andere Verhältnisse vor. Wir müssen ausdrücklich
feststellen, daß wir hierin einen grundsätzlichen Unterschied gegenüber
unserer zweiten Verwandtschaftsgruppe erblicken müssen. Neben der
bereits erwähnten Ausscheidung des Virus durch die Nasenschleimhaut
spielt diejenige durch die Speicheldrüse und den Speichel eine weitere
gemeinsame Rolle bei den Krankheiten dieser Gruppe. Weniger einheitlich dagegen scheint das Vorkommen der Virusarten im Augenwasser,
Glaskörper und im Uterus zu sein (Lyssa, BORNAsche Krankheit).
Allerdings fehlt diesen letzteren Angaben bis jetzt eine allgemeine Bestätigung.

Wenn auch nach den vorstehenden Untersuchungen die Annahme einer rhinogenen Infektion bei den Krankheiten der ersten Verwandtschaftsgruppe wohl begründet erscheint, so muß freilich auch mit dem Eindringen der Virusarten von anderen Schleimhäuten aus gerechnet werden, wobei dem Kontakt mit den Nervenendigungen eine ausschlaggebende Rolle zukommt. Ganz unabhängig aber vom Infektionswege und vom Ort des Eindringens des Virus verstreicht bei allen unseren Krankheiten nach Erreichung des Zentralnervensystems eine gewisse, für die einzelne Virusart charakteristische Zeit, ehe die Schädigung der Ganglienzellen und die weitere Ausbreitung des entzündlichen Prozesses erfolgen kann. Entzündliche Veränderungen, Neuronophagien und besonders Gliaproliferationen, die sehr früh auf den Plan treten, sind bereits nachweisbar, ehe irgendwelche klinische Symptome hervortreten (Berger, Nicolau und Galloway, Pette, eigene Erfahrungen).

Bei allen Versuchen, die den Zweck verfolgen, den Weg der Infektion aufzudecken, muß man sich davor hüten, experimentelle Ergebnisse ohne weiteres auf natürliche Verhältnisse zu übertragen. Wir sind heute noch weit davon entfernt, natürliche Bedingungen im Experiment auch nur mit annähernder Ähnlichkeit nachzuahmen.

Verwandtschaftsgruppe II.

Encephalomyelitiden mit organotropen Eigenschaften der Vira.

I. Enzootische Encephalomyelitis des Pferdes
(Moussu und Marchand).
(Encéphalite enzootique = E. e).

Fast gleichzeitig mit den ersten Mitteilungen über die Möglichkeit der experimentellen Erforschung der Bornaschen Krankheit in Deutschland (Übertragung auf kleine Versuchstiere) durch Zwick und Seifried werden von Moussu und Marchand ausführliche histologische Untersuchungen über eine in Frankreich 1922 beobachtete, ebenfalls enzootisch auftretende Pferdeencephalitis berichtet. Allem nach handelt es sich um eine Krankheit, die in Frankreich nicht besonders häufig vorkommt, denn in der französischen Literatur findet sich nur eine Angabe von Lesage und Frisson (310), die vielleicht hierher gehört. Die von Moussu und Marchand (314, 315) erfolgte Gleichsetzung dieser Krankheit mit der Bornaschen Krankheit, wie wir sie in Deutschland kennen, hat deutscherseits in den letzten Jahren lebhaften Widerspruch herausgefordert, der in einer Reihe von Arbeiten zum Ausdruck kommt.

Im Gegensatz zur Bornaschen Krankheit, die hauptsächlich sporadisch auftritt, ist bei der E. e. in epidemiologischer Hinsicht die starke Häufung der Krankheitsfälle in einem einzelnen Pferdebestande hervorzuheben.

In klinischer Hinsicht ist bei der E. e. weiterhin das Auftreten in drei verschiedenen Krankheitsformen, nämlich einer cerebralen, spinalen und gemischten Form zu erwähnen. Eine solche Dreiteilung läßt sich nach den Ausführungen Zwicks bei der Bornaschen Krankheit nicht durchführen. Bei dieser stehen cerebrale Erscheinungen (vorwiegend Depressionszustände), daneben Exzitationserscheinungen, außerdem sensorielle Störungen im Vordergrunde des Krankheitsbildes. Bewegungsstörungen als bulbäre und spinale Symptome gesellen sich hinzu, jedoch beherrschen sie nicht allein und nicht von vornherein das Krankheitsbild. Abgesehen von dem Fehlen gastrointestinaler Störungen bei der E. e.

ist noch der stürmische Verlauf dieser Krankheit bemerkenswert, der bei der cerebralen Form innerhalb von 20—37 Stunden, bei der gemischten Form innerhalb von 6 Tagen zum Tode führt. Durch diesen raschen Verlauf, der bei der BORNAschen Krankheit gewöhnlich nicht beobachtet wird, fernerhin durch die geringe Mortalität unterscheidet sich die E. e. bereits wesentlich von der BORNAschen Krankheit. Um weitere Unterlagen für eine vergleichende Betrachtung beider Krankheiten zu gewinnen, ist es notwendig, in eine mehr detaillierte Besprechung der Histologie sowie der experimentellen Pathologie einzutreten.

Pathologische Anatomie und Histologie.

Im pathologisch-anatomischen Bilde der E. e. sind — im Gegensatz zu der BORNAschen Krankheit — besonders bemerkenswert: eine erhebliche Milzschwellung, schwarzes, teerartiges, schlecht geronnenes Blut sowie sonstige Veränderungen septikämischer Art. Es ist besonders erwähnenswert, daß die Verfasser selbst die Unterscheidung vom Milzbrand für schwierig halten („sur le cadavre le diagnostic differential avec le charbon bactéridien peut être impossible dans certains cas, quand la rate est volumineuse et ramollie . . .“). Makroskopische Veränderungen am Zentralnervensystem sind weniger ausgeprägt; immerhin werden Stauungsblutfülle des Gehirns und der weichen Häute sowie fleckweise hämorrhagische Punktierung angegeben.

Histologisch liegt eine Encephalitis vor, die im einzelnen die Capillaren und Ganglienzellen betrifft, während die Meningen weniger in Mitleidenschaft gezogen werden. Die meningitischen Veränderungen finden sich hauptsächlich am Grunde der Furchen und werden am häufigsten im Frontallappen angetroffen. Im ganzen sind sie, verglichen mit denen im Gehirn, geringfügiger Art. Was die Gehirnveränderungen selbst anbetrifft, so ist auffallend, daß die im Bereiche der Nervenzellen an erster Stelle stehen, während die Gefäßveränderungen, die doch bei der BORNAschen Krankheit am meisten hervortreten, erst an zweiter Stelle genannt werden. Die ersteren bestehen in einer Umklammerung der Ganglienzellen, besonders der Pyramidenzellen in den tieferen Rindenlagen, durch gliöse Elemente, Veränderungen, die wohl zum Teil gewöhnliche Pseudoneuronophagien, zum Teil aber wohl auch Stadien echter „sog. Neuronophagie“ oder „Umklammerung“ darstellen. Die so veränderten Zellen lassen auch deutliche degenerative Merkmale erkennen, und zwar in Form eines Schwundes der chromophilen Substanz (Tigrolyse), der bei degenerativen Vorgängen bekannten exzentrischen Verlagerung des Kerns und endlich dessen starker Färbbarkeit (Hyperchromatosis). Die gleichzeitig mit diesen Veränderungen auftretenden perivasculären Infiltrate sind weit weniger ausgeprägt. Es wird ausdrücklich darauf hingewiesen, daß lediglich die Capillaren vasculäre bzw. perivasculäre Rundzelleneinlagerungen (vom Lymphzellentypus) darbieten. Endarteritische Veränderungen werden vermißt. Zu diesen Veränderungen gesellen sich noch fast regelmäßig Dilatation, Hyperämie sowie miliare Hämorrhagien besonders in der Umgebung kleinerer Venenästchen. Die bisher genannten Veränderungen sind im Kleinhirn weniger ausgesprochen als im Gehirn selbst. An den Gefäßen finden sich zwar ebenfalls die Erscheinungen der Stauung, dagegen werden Blutaustritte vermißt. Lediglich die PURKINJE-Zellen des Kleinhirns zeigen eine geringgradige Auflösung der NISSL-Elemente.

Die Suche nach intracellulären Einschlußkörperchen (sowie nach Bakterien) hat zu völlig negativen Ergebnissen geführt, obgleich die MANNsche Färbung zur Anwendung kam. Auch Veränderungen an der Glia und den Gliafasern scheinen bei dieser Krankheit nicht vorzukommen.

Was den Sitz der beschriebenen Veränderungen anbetrifft, so ist erwähnenswert, daß die miliaren Blutungen besonders in der Medulla oblongata vorkommen (Erklärung der beobachteten plötzlichen Todesfälle). Eine Bevorzugung bestimmter Hirnpartien, so besonders des Riechhirns, wird indessen nicht angegeben. Immerhin ist es für unsere späteren vergleichenden Betrachtungen wertvoll, zu erfahren, daß die histologischen Veränderungen eine wesentlich andere Ausbreitung besitzen wie diejenigen bei der Encephalitis epidemica des Menschen, mit der MOUSSU und MARCHAND ihre E. e. in Vergleich stellen (s. später). Bei der menschlichen Encephalitis finden sich die entzündlichen Veränderungen hauptsächlich im Hirnschenkelfuß, im Corpus mammillare und in den grauen Zentren und dehnen sich von da aus nach der Rinde und dem Kleinhirn zu aus, während bei der E. e. der Pferde nahezu umgekehrte Verhältnisse vorliegen. Auch in der Art der Veränderungen bestehen Verschiedenheiten der E. e. gegenüber (vorwiegendes Betroffensein der Capillaren, während Venen und Arterien nicht betroffen sind; stärkere Veränderungen der Ganglienzellen).

Experimentelle Pathologie.

Die experimentellen Untersuchungen von MOUSSU und MARCHAND zeigen, daß das Virus der E. e. durch Verimpfung von virushaltiger Gehirn-Emulsion in die vordere Augenkammer auf Kaninchen übertragbar ist. Außerdem lassen sich bei diesem Tier mit dem Virus beliebige Passagen herstellen und auf diese Weise eine Art Virus fixe gewinnen, das Kaninchen zwischen 4 und 8 Tagen tötet. Aufallend ist, daß die mit Gehirnmaterial von Pferden angestellten Übertragungen auf das Kaninchen nur in einem kleinen Prozentsatz erfolgreich waren (2 von 8 Fällen), während dagegen bei Verwendung von infektiösem Hirnmaterial von Kaninchen regelmäßig eine künstliche Infektion beim Kaninchen bewerkstelligt werden konnte. Auch diese Verhältnisse müssen als gegensätzlich zur BORNAschen Krankheit hervorgehoben werden, bei der Übertragungen vom Pferd auf Kaninchen nahezu in allen Fällen gelingen. Weiterhin ist auch erwähnenswert, daß das Virus der E. e. — ebenfalls im Gegensatz zu demjenigen der BORNAschen Krankheit — durch Kaninchenpassage eine Abschwächung erfahren soll.

Die Inkubationsfrist bei der künstlichen Übertragung ist ziemlichen Schwankungen unterworfen. Sie kann bei unmittelbarer Übertragung vom Pferde auf das Kaninchen wenige Tage bis zu einigen Wochen betragen, während sie bei Verwendung von Virus fixe zwischen $3^{1}/_{2}$ und $6^{1}/_{2}$ Tagen schwankt. Bei unmittelbarer Übertragung vom Pferde auf Kaninchen kann der Tod nach wenigen Tagen oder auch erst nach einigen Wochen eintreten.

Der Krankheitsverlauf bei den Impfkaninchen ist ein durchaus stürmischer; im Symptomenbilde stehen Exzitations- und motorische Reizerscheinungen im Vordergrunde, im Gegensatz zu der experimentellen BORNAschen Krankheit beim Kaninchen, bei der Depressionserscheinungen und Lähmungen das Krankheitsbild beherrschen.

Was die Veränderungen des Zentralnervensystems bei den künstlich infizierten Kaninchen anbetrifft, so findet sich bei denjenigen, die bald nach der Impfung verenden, eine Meningo-Encephalitis mit vornehmlichem Betroffensein der Meningen. Unter den Infiltratzellen der Hirnhäute und des Gehirns werden solche erwähnt, die eosinophile Granulationen enthalten. Auch im Plexus sowie am Ventrikel-Epithel finden sich Veränderungen; ebenso werden unter dem Ependym Infiltrationen angetroffen. Auch die Pyramidenzellen sind stark verändert. Dieselben Veränderungen finden sich in gleicher Weise auch im Cerebellum. Bei denjenigen Tieren, die nach längerer Zeit verenden, zeigen die histologischen Veränderungen einige Abweichungen von dem eben beschriebenen Bilde in der Art, daß sie in den vorderen Abschnitten des Gehirns vorherrschen. Meningitis (in Form von perivasculärer Infiltration) wird nur in den Furchen des Gehirns beobachtet. Auch hier ist von eosinophilen Granulationen in den Infiltratzellen die Rede. Außer einer Ependymitis bzw. Subependymitis werden auch in den Riechlappen entzündliche Herde beobachtet. Dagegen sind die Veränderungen an den Zellen weniger ausgeprägt wie bei der oben geschilderten Form. In der weißen Substanz des Kleinhirns kommen lediglich einige periarterielle Herde vor.

Einschlußkörperchen in den Ganglienzellen, ebenso wie Bakterien konnten auch bei der experimentell erzeugten Krankheit nicht ermittelt werden.

In ganz besonders auffallendem Gegensatze zur BORNAschen Krankheit steht die Tatsache, daß außer dem Kaninchen andere kleine Versuchstiere nicht für das Virus der E. e. empfänglich und daß auch die Möglichkeiten der künstlichen Einverleibung beschränkt sind (lediglich Impfung in die vordere Augenkammer) im Hinblick auf die für so viele Tierarten pathogene Wirkung des BORNA-Virus und die mannigfachen Wege seiner möglichen Einverleibung.

Der Beweis für die tatsächlich gelungene Übertragung der E. e. auf das Kaninchen konnte durch Rückimpfung auf das Pferd (in die vordere Augenkammer mit Virus fixe) einwandfrei erbracht werden. Bereits 3 Tage nach der Inokulation entwickelte sich eine zum Tode führende Encephalitis, die in klinischer und pathologisch-histologischer Hinsicht durchaus mit der natürlichen Krankheit übereinstimmte. Auch von diesem künstlich infizierten Pferde aus ist die Weiterübertragung auf Kaninchen positiv ausgefallen, so daß sich also Passagen zwischen Pferd-Kaninchen-Pferd-Kaninchen usw. herstellen lassen.

Vergleichende Betrachtung der E. e. mit der BORNAschen Krankheit.

Wenn wir die Histologie und die Ergebnisse der experimentellen Pathologie dieser E. e. aufmerksam und unvoreingenommen betrachten und sie mit der BORNAschen Krankheit der Pferde, wie sie in Deutschland auftritt, vergleichen, so ergeben sich zwar einige Übereinstimmungen, so z. B. die geringe Beteiligung der weichen Häute, das vorwiegende Betroffensein des Gehirns und die vasculären, aus lymphocytären Zellen bestehenden Infiltrate. Wie wir später sehen werden, sind das aber keinerlei Besonderheiten, weil sie bekanntlich im Rahmen des gewöhnlichen

Reaktionsmechanismus einer bestimmten Gruppe von Encephalomyelitiden liegen.

Demgegenüber bestehen aber eine Reihe von Abweichungen zum Teil sehr wesentlicher Art und es ist deshalb nicht verwunderlich, wenn gegen die Gleichsetzung der E. e. mit der Bornaschen Krankheit von verschiedenen Seiten entschiedener Einspruch erhoben wurde. So haben Zwick und Seifried zuerst und wiederholt Zweifel darüber geäußert, ob es sich wirklich um die Bornasche Krankheit gehandelt hat, indem sie auf die septikämischen Veränderungen bei der E. e. sowie auf die Unterschiede im histologischen Bilde und in der Übertragbarkeit auf kleine Versuchstiere hinwiesen. Im besonderen vermissen sie bei der E. e. das vollkommene Fehlen der Joest-Degenschen Ganglienzelleinschlüsse sowohl bei der spontanen als auch bei der experimentell erzeugten Krankheit. Sie sind der Ansicht, daß die von Moussu und Marchand beschriebene Encephalitis auf Grund ihrer Untersuchungen nicht als Bornasche Krankheit angesprochen werden darf. Dieselbe Ansicht vertritt auch Dobberstein (306) in seiner Veröffentlichung über eine infektiöse Gehirn-Rückenmarksentzündung des Pferdes (s. S. 638). Er glaubt, daß die von ihm in Deutschland beobachtete Pferdeencephalitis mit der E. e. in Frankreich übereinstimmt und lehnt ausdrücklich eine Gleichstellung mit der Bornaschen Krankheit ab. Vom pathologisch-histologischen Standpunkte aus hat H. J. Arndt (305) seinerzeit auf Veranlassung von E. Joest beide Krankheiten einander gegenübergestellt und kommt auf Grund seiner vergleichenden Betrachtung ebenfalls zu dem Schlusse, daß bis jetzt keinerlei Anhaltspunkte vorliegen, sie zu identifizieren. Er hebt besonders folgende wesentliche Abweichungen der E. e. von der Bornaschen Krankheit hervor: 1. Fehlen der für die Bornasche Krankheit charakteristischen Kerneinschlußkörperchen, 2. Vorhandensein von zahlreichen Hämorrhagien im Gehirn und 3. Vorhandensein degenerativer Veränderungen an den Ganglienzellen. Ganz mit Recht weist er darauf hin, daß für die Bornasche Krankheit der rhinogene bzw. rhinoneurogene Infektionsweg von E. Joest so gut wie sicher gestellt ist, während dies für die E. e. nicht zutreffe, was mit der Verschiedenheit der Ausbreitung der entzündlichen Veränderungen im Zentralnervensystem bei beiden Krankheiten zusammenhänge. Wir glauben, gerade auf diesen Punkt für die histologische Beurteilung der beiden in Rede stehenden Krankheiten besonderen Wert legen zu sollen. Auch die starke Beteiligung des Rückenmarks bei der E. e. weicht wesentlich von der Bornaschen Krankheit ab (s. S. 570). Endlich erwähnt auch Arndt die Abweichungen im klinischen Verlauf der spontanen und im Bilde der experimentell bei Kaninchen erzeugten E. e. von der experimentellen Bornaschen Krankheit, weiterhin die Verschiedenheiten der Inkubationszeiten, des histologischen Befundes bei den Impfkaninchen sowie in der erfolgreichen Benützung der verschiedenen Wege der künstlichen Einverleibung des Virus. Er ist der Meinung, daß die E. e. der Gruppe der Encephalitis und Myelitis haemorrhagica zugerechnet werden muß, während die Bornasche Krankheit zur Gruppe der Encephalitis und Myelitis acuta non purulenta gehört, wenn überhaupt eine Berechtigung für eine derartige schematische Einteilung, wie sie von Joest vorgenommen wurde, vorläge.

Obwohl man in der Zwischenzeit erkannt hat, daß auch die Bornasche Krankheit mit ausgesprochenen degenerativen Veränderungen der Nervenzellen einhergeht und dieser Punkt demnach als unterscheidendes Merkmal gegenüber der E. e. jetzt in Wegfall kommt, so bestehen doch noch Verschiedenheiten genug, um eine Trennung beider Krankheiten nach wie vor aufrecht zu erhalten. Trotzdem wendet sich Moussu in einer neueren Arbeit gegen diese deutscherseits vertretene Ansicht. Er vertritt im besonderen die Meinung, daß die Einschlußkörperchen — welches ihre Bedeutung auch immer sei — nicht den anatomischen Charakter bestimmen und eine Grenze aufrichten sollten zwischen zwei sonst annähernd gleichen pathologisch-anatomischen Zuständen. Er möchte vielmehr seine E. e. als eine bestimmte Form der Bornaschen Krankheit betrachtet wissen, die klinisch durch eine abgekürzte Inkubation und einen schnelleren Verlauf, anatomisch durch das Fehlen der Einschlußkörperchen und die Neigung zu Blutungen ausgezeichnet ist. Zur Begründung dieser Auffassung erwähnt er die Versuche Y. Manouélians und J. Vialas, die zeigen konnten, daß die Steigerung der Virulenz des Wutvirus eine Verkürzung der Inkubationsfrist bei den Versuchstieren, einen rascheren Verlauf der Krankheit und eine fortschreitende Abnahme der Zelleinschlüsse (der Negrischen Körperchen) zur Folge habe. Eine solche künstlich erzeugte, akute Form gehöre nicht mehr zu den „Ganglienzelleinschlußkrankheiten" von Joest und doch sei sie in der Tat noch immer die „Wut". Diese Verhältnisse nun überträgt Moussu ohne weiteres auch auf die Bornasche Krankheit, ohne allerdings irgendwelche Beweise für die Richtigkeit seiner Vermutung erbringen zu können. Weiterhin scheint Moussu das Vorkommen der von Froehner und Dobberstein beschriebenen, im wesentlichen mit der E. e. übereinstimmenden Gehirn-Rückenmarksentzündung der Pferde in Deutschland als eine weitere Stütze seiner Anschauung zu betrachten. Schließlich zieht er zugunsten der Identität beider Krankheiten ihre Übertragbarkeit auf Kaninchen und die Filtrierbarkeit des ihnen zugrundeliegenden Virus als ausschlaggebend heran. Neuerdings treten auch Nicolau und Galloway (316, 317) der hier niedergelegten Ansicht von Moussu und Marchand bei, ohne daß auch sie bis jetzt neue, auf einwandfreie Versuche sich stützende Beweise dafür erbracht hätten. Sie haben keinerlei Versuche mit dem französischen Virus von Moussu und Marchand angestellt, sondern lediglich solche mit dem deutschen Borna-Virus und dessen vergleichsweiser Prüfung mit dem deutschen Schaf-Encephalitis-Virus. Da weder sie noch die Zwicksche Schule kreuzweise allein die Entscheidung herbeiführende Imunisierungsversuche mit dem französischen und dem deutschen Pferdeencephalitis-Virus anstellen konnten, weil der französische Virusstamm nicht mehr verfügbar war, ist Zwick neuerdings auf Grund der vorliegenden Literatur und unter besonderer Berücksichtigung der bereits angeführten Veröffentlichungen von Moussu und Marchand sowie von Nicolau und Galloway in eine nochmalige, vergleichende kritische Beurteilung der Frage eingetreten. In histologischer Hinsicht weist Zwick nochmals besonders darauf hin, daß die Lokalisation der Veränderungen und hauptsächlich die verhältnismäßig starke Beteiligung des Rückenmarks, das Fehlen der Kerneinschlußkörperchen, das Auftreten von Blutungen im Zentralnervensystem sowie die eosinophilen

Zellen im Bereiche der Infiltrate bei der experimentell erzeugten Krankheit beim Kaninchen bei der E. e. wesentlich von den Befunden bei der Bornaschen Krankheit abweiche. Außerdem werden nochmals die Unterschiede im Tierexperiment hervorgehoben und auf das wesentlich kürzere Inkubationsstadium, den rascheren Krankheitsverlauf und die verschiedenen Krankheitserscheinungen der experimentellen E. e. gegenüber der experimentellen Bornaschen Krankheit hingewiesen.

Die kritische und durchaus objektive Beurteilung der ganzen Frage durch Zwick führt wiederum, weil von den verschiedensten, irgend denkbaren Seiten beleuchtet, zu dem überzeugenden und beweisenden Schlusse, daß nach dem derzeitigen Stande unserer Kenntnisse die beiden Krankheiten einander nicht gleichgesetzt werden können. Wir müssen im Hinblick auf die Einreihung der E. e. in die 2. Verwandtschaftsgruppe folgenden hier wörtlich wiedergegebenen Satz aus Zwicks (318—321) kritischer Beurteilung besonders unterstreichen: ,,Das Gesamtbild der E. e. ist das einer schweren Infektionskrankheit septikämischer Art unter wesentlicher Mitbeteiligung des Zentralnervensystems. Die Bornasche Krankheit dagegen ist eine auf das Gehirn und Rückenmark lokalisierte Infektionskrankheit ohne wesentliche Mitbeteiligung des Gesamtorganismus.''

II. Froehner-Dobbersteinsche Gehirn-Rückenmarksentzündung des Pferdes.

Neben der Encéphalite enzootique (Moussu und Marchand) ist es eine von Froehner (327) und Dobberstein (326) beschriebene Gehirn-Rückenmarksentzündung beim Pferde, die in den letzten Jahren im Zusammenhange mit den Arbeiten über die Bornasche Krankheit das besondere Augenmerk auf sich gelenkt hat. Die weitgehende klinische und pathologisch-histologische Ähnlichkeit dieser beiden Krankheiten beanprucht (im Zusammenhange mit der Betrachtung der Bornaschen Krankheit) ganz besonderes Interesse.

Unter den pathologisch-anatomischen Veränderungen

dieser Krankheit fallen hauptsächlich — abweichend von der Bornaschen Krankheit — das Vorhandensein eines Milztumors sowie multiple Blutungen in den großen Körperparenchymen auf. Der im Gehirn festzustellenden Hyperämie sowie den dort vorkommenden Ödemen ist keine weitere Bedeutung zuzumessen. Der Liquor ist abgesehen von geringer Vermehrung des Eiweißgehaltes nicht verändert. Vor allem enthält er keine zelligen Bestandteile.

Als auffallende histologische Veränderungen für diese Krankheit konnten hauptsächlich in der grauen Substanz neben starker Hyperämie das Auftreten zahlreicher, mikroskopisch kleiner Blutungen und im Zusammenhange damit miliare Erweichungsherde (letztere nur in Medulla oblongata, Pons und Cerebellum) nachgewiesen werden. Erst an zweiter Stelle wurden mehr oder weniger stark ausgebildete perivasculäre Lymphocytenansammlungen, Vermehrung der Lymphocyten in den Capillaren und Schwellung des Capillarendothels beobachtet. Im Gegensatz zur Bornaschen Krankheit und in Übereinstimmung mit der Encéphalite enzootique (Moussu und Marchand) steht also hier im histologischen Bilde die Encephalitis nicht im Vordergrunde. Ihrem Wesen nach scheint es sich hier mehr um eine Encephalitis non purulenta haemorrhagica zu handeln.

Was den Sitz der Veränderungen anbetrifft, so ist sowohl das Gehirn als auch das Rückenmark betroffen. Während im Rücken-

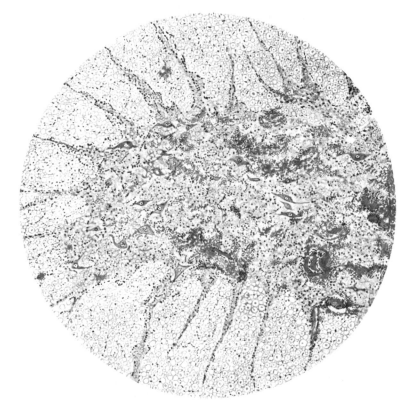

Abb. 27. Fröhner-Dobbersteinsche Gehirn-Rückenmarksentzündung. Pferd. Multiple Blutungen im Ventralhorn. Rückenmark. Lumbalgegend. Vergrößerung 41fach. Hämatox. Eosin. (Nach Dobberstein: Berl. tierärztl. Wschr. 1925, 177.)

mark hauptsächlich das Lumbalmark Veränderungen aufweist, ist es im Gehirn Medulla oblongata, Brückengebiet und Kleinhirn, die stärker befallen sind als das Gehirn selbst. Die Veränderungen haben ihren Sitz in der Hauptsache in der grauen Substanz. Hinter diesen bleiben diejenigen in den Meningen ihrer Stärke nach weit zurück, so daß man eigentlich nicht von einer Meningo-Encephalitis sprechen kann.

Ganglienzelleinschlüsse im Gehirn konnten bei dieser Krankheit nicht nachgewiesen werden.

Experimentelle Untersuchungen liegen bis jetzt nicht vor.

Über die Ätiologie der Krankheit besteht noch völlige Unklarheit. Bis jetzt sind exakte Untersuchungen auf ätiologischem Gebiete überhaupt nicht angestellt worden.

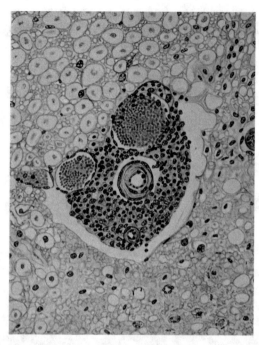

Abb. 28. Fröhner-Dobbersteinsche Gehirn-Rückenmarksentzündung.   Pferd.   Herdförmige
Ansammlung von Rundzellen und Histiocyten in der Umgebung zweier Arterien und Venen.
Rückenmark. Lumbalgegend. Vergrößerung 273fach. Kresylviolett.
(Nach Dobberstein: Berl. tierärztl. Wschr. 1925, 177.)

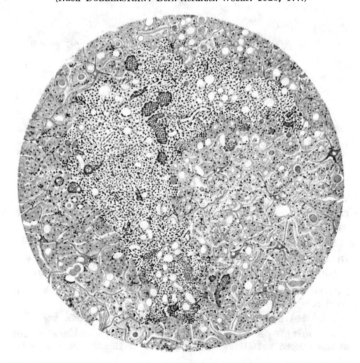

Abb. 29. Fröhner-Dobbersteinsche Gehirn-Rückenmarksentzündung. Pferd. Erweichungsherd.
Medulla oblongata. Vergrößerung 41fach. (Hämatox. Eosin.)
(Nach Dobberstein: Berl. tierärztl. Wschr. 1925, 177.)

III. Hundestaupe-Encephalitis.

Pathologische Histologie.

Zu den „Ganglienzelleinschlußkrankheiten", die eine gewisse Ähnlichkeit mit der BORNAschen Krankheit besitzen, hat JOEST auch die nervöse Form der Hundestaupe gerechnet. Seinem Vergleiche waren wohl die damals maßgebenden Arbeiten von DEXLER und CERLETTI zugrundegelegt. In der Zwischenzeit hat die Kenntnis der reinen Histologie (und auch der experimentellen Pathologie) dieser Krankheit besonders durch die Arbeiten von DEL RIO-HORTEGA, KANTOROWICZ und LEWY (350), PUGH, CALLEGO, DUNKIN und LAIDLAW, PERDRAU, der englischen Staupekommission, BENJAMIN, SCHIEBEL, BOHNDORF, KUTTNER und Mitarbeiter und zahlreicher anderer in verschiedener Richtung einen wesentlichen Ausbau erfahren. Diese Arbeiten haben auf der einen Seite durch Anwendung der modernen neurohistologischen Methoden eine Fülle von interessanten Befunden zutage gefördert, auf der anderen Seite aber auch gezeigt, daß es zur Zeit schwer ist, ein für die nervöse Form der Hundestaupe charakteristisches Bild aufzustellen.

Nachdem DEXLER (335) bei der Hundestaupe zum ersten Male eine Encephalitis mit ausgesprochen vasculärer Infiltration (Lymph- und Plasmazellen) nachgewiesen hatte, ist dieser Befund in einer Reihe von Fällen von CERLETTI, MARCHAND (334), PETIT und COQUOT (369), PICARD, RIO-HORTEGA, KANTOROWICZ und LEWY, DUNKIN und LAIDLAW (336), GALLEGO (339), PERDRAU und PUGH (371) bestätigt worden. In einer neueren Arbeit berichtet indessen GALLEGO, lediglich bei zweien unter 20 Fällen derartige Infiltrate nachgewiesen, solche aber in allen übrigen Fällen vermißt zu haben. Ähnliche Befunde sind von LEWY und vom Verfasser erhoben worden. Es scheinen sog. nervöse Spätstaupefälle vorzukommen, bei denen der entzündliche Charakter fehlt oder jedenfalls nicht im Vordergrunde des histologischen Bildes steht. Es wäre sehr wichtig, derartige Fälle näher zu studieren. Trotzdem dürfen aber für die typischen Formen der nervösen Hundestaupe die perivasculären Infiltrate nach wie vor als charakteristisch angesehen werden. Die sie zusammensetzenden Zellen sind im allgemeinen — worauf auch GALLEGO hinweist — auf den Raum innerhalb der perivasculären, biologischen Grenzscheide beschränkt. Bisweilen wird sie jedoch überschritten, so daß eine Art interstitielle Infiltration entsteht, deren Zellen aber regelmäßig mit Gliaelementen durchsetzt sind (s. später). Außer diesen vasculären bzw. perivasculären Rundzellendurchsetzungen sind von CERLETTI noch sog. „produktive vasculäre Herde" ähnlich wie bei Alkohol- und Bleivergiftungen sowie bei der Drehkrankheit der Schafe beschrieben worden. Sie entstehen durch Hyperplasie und Hypertrophie der Endothel- und Adventitialzellen und sollen nach CERLETTI bei der Staupe nicht fehlen. Er fand sie hauptsächlich in der grauen Substanz des Gehirns und Rückenmarks sowie in den tieferen Schichten der Hirnrinde, was er mit einer besonderen Gefäßanordnung in Zusammenhang bringt. Von den neueren Untersuchern werden diese Herde entweder nicht erwähnt oder konnten nicht bestätigt werden (GALLEGO), so daß demnach ihr Vorkommen keineswegs zum charakteristischen Bilde der Staupeencephalitis zu gehören scheint.

Daß die Hundestaupe mit ziemlicher Regelmäßigkeit auch mit einer mehr oder weniger ausgeprägten Meningitis einhergeht, wird von zahlreichen Autoren erwähnt. So findet Cerletti sowohl bei rein „katarrhalischen" als auch bei den „sogenannten nervösen Formen" der Staupe fleckweise Infiltrationsherde in der Pia mater auf den Kuppen der Hirnwindungen, noch mehr aber am Grunde der Furchen. Diese fleckweise Anordnung ist in der Pia des Rückenmarks besonders deutlich. Häufig entsprechen in solchen Bezirken den herdförmigen Meningealinfiltraten solche an den von dort in die Gehirnsubstanz einstrahlenden Gefäßen. Indessen handelt es sich bei der Staupeencephalitis keineswegs um eine Meningo-Encephalitis, denn Cerletti erwähnt ausdrücklich, daß das Gefäßsystem in den tieferen Schichten häufig in Mitleidenschaft gezogen ist, während die Meningen völlig frei sind. Ähnliche Veränderungen in den Meningen werden auch von Pugh (372—374), Rio-Hortega sowie von Perdrau und Pugh erwähnt. Bemerkenswert ist noch, daß die beiden letzteren Untersucher die meningeale Infiltration an der unteren Fläche der Brücke und der Medulla oblongata besonders schwer und mit einer erheblichen Proliferation der Glia in den benachbarten Hirnabschnitten vergesellschaftet sahen.

Was die Zusammensetzung der Infiltratzellen anbetrifft, so stimmen alle Untersucher darin überein, daß sie hauptsächlich aus Lymphocyten und zu einem kleineren Teil aus Plasmazellen zusammengesetzt sind. Von Hortega sowie von Perdrau und Pugh wird auch auf das gelegentliche Vorkommen von polymorphnucleären Leukocyten hingewiesen. Sie scheinen jedoch nur selten und dann in geringer Zahl zugegen zu sein. Eiterige Meningitiden und Encephalitiden kommen jedenfalls bei der Staupe nicht vor, worauf bereits schon Dexler und später Cerletti aufmerksam gemacht haben. Unter den Infiltratzellen befinden sich stark regressive Formen mit schweren karyorrhektischen Erscheinungen (Cerletti u. a.), Veränderungen, wie sie auch bei anderen Encephalitiden häufig beobachtet werden. Verhältnismäßig selten ist das Auftreten von perivasculären Blutungen. Sie werden von Gallego erwähnt, der solche in drei Fällen und zwar in der Großhirnrinde sowie im Rücken- und Lendenmark gesehen hat. Auch von Pugh wird auf das Vorkommen von Blutungen hingewiesen.

Neben den Veränderungen am Gefäßapparat ist auch im Bilde der Staupeencephalitis die Beteiligung der Glia an dem entzündlichen Prozeß seit langem bekannt. Sie ist schon eingehend von Cerletti beschrieben und später von Gallego u. a. hinsichtlich feinerer Einzelheiten ergänzt worden. Cerletti teilt die Veränderungen bei den sog. nervösen Staupeformen in infiltrative und produktive Vorgänge an den Gefäßen sowie in stark hyperplastische Vorgänge der Gliazellen mit Bildung von Gliarasen ein. Sie können nach seinen Untersuchungen im Einzelfalle miteinander vergesellschaftet sein, oder es kann bald der eine, bald der andere Typus vorherrschen. Nach Cerletti findet sich schon in der Umgebung infiltrierter oder produktiv veränderter Gefäße eine Vermehrung von Gliaelementen, die mitunter myxomycetoide, gliale Riesenelemente bilden. Diese hypertrophischen Gliazellen „heben sich stark von den anderen Strukturen ab, so daß das Gliagerüst in markanter Weise als ein grobes, verwickeltes Netz hervortritt". Derartige Gliazellen

wandeln sich häufig in Körnchenzellen um; auch aus den Adventitialzellen können derartige Körnchenzellen gebildet werden. Einen besonderen Typus stellen nach CERLETTI die sog. „Gliarasenherde" dar,
die durch gewaltige Wucherungen der Gliazellen entstehen und progressive Veränderungen in verschiedener Form sowie zahlreiche und mannigfaltige Kernteilungsfiguren aufweisen. Diese Gliarasenherde, treten
unabhängig von denjenigen der entzündlichen Reaktion auf (CERLETTI)
und kommen sowohl in der grauen als auch in der weißen Substanz
des Gehirns und Rückenmarks und besonders in unmittelbarer Nachbarschaft der Ventrikelhöhlen vor. Im Zusammenhange mit den dichten
Gliazellschichten des Ependyms werden hier riesige Ansammlungen von
hypertrophischen Gliazellen mit myxomatösen Formen angetroffen.

Ansammlungen von Gliazellen
werden auch kranzförmig um
Ganglienzellen herum beob-
achtet(„Umklammerung,Neu-
ronophagie"). Ähnliche Veränderungen der Neuroglia beschreiben KANTOROWICZ und
LEWY u. a., sowie RIO-HOR-
TEGA, letzterer besonders in
der Umgebung infiltrierter Gefäße. Er konnte im Bereiche
dieser Herde auch eine Gliafaservermehrung feststellen.
In neuerer Zeit hat sich nun
GALLEGO in eingehenden Untersuchungen unter Anwen-
dung moderner neurohisto-
logischer Methoden mit dem
Verhalten der Mikroglia beschäftigt und kommt zu dem

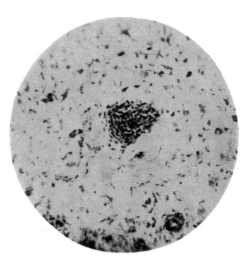

Abb. 30. Hundestaupe-Encephalitis. Sog. Gliaknötchen
(Pons). NISSL-Färbung.

Schlusse, daß die Neurogliazellanhäufungen der früheren Untersucher
in der Hauptsache der Mikroglia angehören. Er ist der Meinung, daß
die Modifikationen der Mikroglia, die selten fehlen, sich auf eine Mobilisierung und Anhäufung von sog. HORTEGASCHEN Zellen (Mikroglia)
beziehen, die Interstitialherde bilden, ohne irgendwelche Beziehungen
zu vasculären und perivasculären Infiltraten. In diesen mikroglialen
Anhäufungen sind Abräumzellen und pseudopodische Stäbchenzellen
häufig zugegen. Was die Veränderungen der Gliazellen anbetrifft, so
hat GALLEGO, im Gegensatz zu fast allen früheren Untersuchern, nur
regressive, aber niemals progressive Veränderungen feststellen können.
Nach seiner Ansicht erleiden die Gliazellen eine amöboide Umwandlung
nach vorheriger Klasmotodendrose. Er teilt die präamöboiden und amöboiden Zellen in zwei Klassen, nämlich in: 1. amöboide Zellen mit körnigem Protoplasma und exzentrischem, chromatinarmem Kern (körnige
Amöboide) und 2. Amöboide mit homogenem Protoplasma und exzentrischem, chromatinarmem Kern (homogene Amöboide). Die ersteren
sollen sich reichlich in den Veränderungen der weißen Substanz und in
den Kleinhirnlamellen finden, während die letzteren mehr in der Hirnrinde

41*

und der grauen Substanz des Rückenmarks anzutreffen sein sollen. Im Zusammenhange mit den meningealen Veränderungen ist bereits auch auf die von Perdrau und Pugh beobachtete mikrogliale und neurogliale Reaktion hingewiesen worden, die nach der Ansicht dieser Autoren, obwohl in nahezu allen Fällen anwesend, am meisten ausgeprägt in chronischen Fällen vorkommt. Neben diesen Veränderungen der Mikro- und Neuroglia, deren Kenntnis bei der Staupeencephalitis durch die vorgenannten Autoren eine wesentliche Klärung erfahren hat, haben Perdrau und Pugh neuerdings eine im Bilde der Staupe bisher gänzlich unbekannte Veränderung gefunden (in 4 von 17 Fällen), nämlich: eine Demyelinisation von der bei der diffusen Sklerose und der akuten disseminierten Encephalomyelitis des Menschen beobachteten Form.

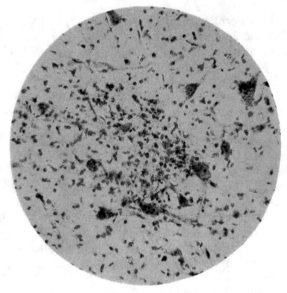

Abb. 31. Hundestaupe-Encephalitis. Herdförmige Gliawucherung (Ammonshorn). Nissl-Färbung.

Der Sitz dieser Veränderungen sind besonders Hirnstamm, Hirnschenkelfuß und benachbarte Teile, sowie Kleinhirn und besonders die Umgebung infiltrierter Gefäße in der Gehirnsubstanz und unter den Meningen.

Wenden wir uns den Veränderungen der Ganglienzellen zu, so sind an ihnen degenerative Erscheinungen schon von den früheren Untersuchern festgestellt worden, während die feineren Läsionen erst in neuerer Zeit hauptsächlich von Cerletti und von Gallego studiert wurden. So haben Rio-Hortega (besonders im Kleinhirn), Gallego u. a. die zuerst von Standfuss beobachtete Vakuolisation und Chromatolysis des Kerns mit Karyorrhexis und Karyolyse bestätigen können. Sie wird indessen von Gallego keineswegs als konstant und nicht von diagnostischem Wert betrachtet wie von Standfuss. Dieser Auffassung muß man nach unseren heutigen Kenntnissen zweifellos zustimmen. Nach Rio-Hortega treten diese degenerativen Veränderungen der Nervenzellen (Atrophie und Vakuolisation) deutlicher in den Oberflächenschichten der Rinde hervor als in tiefer gelegenen Partien. Die von Cerletti beobachteten Inkrustationen von basophilen, metachromatischen

Massen an den nervösen Zellen sind von den späteren Untersuchern nicht bestätigt worden. Rio-Hortega sah auch Veränderungen am Golginetz in Form von varikösen Knoten verschiedenen Grades sowie von Fragmentationen. Die Neurofibrillen sind zahlenmäßig — besonders in den Purkinjezellen — vermindert. Die Retraktion der Zylinderachse dieser Zellen ist eine der hervorstechendsten Veränderungen. Sie tritt vielfach in Form von Keulen in die Erscheinung, die größer sein können als die Zellen selbst. Ähnliche Veränderungen kommen auch in dem Axon der Sternzellen des Kleinhirns vor, vor allem in den Fibrillen der sog. Endkörbe, wie dies schon früher von Cajal bei der Staupe und bei der

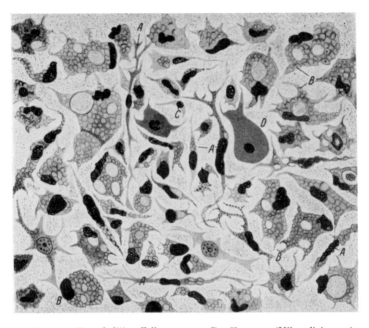

Abb. 32. Hundestaupe-Encephalitis. Zellen von del Rio-Hortega (Mikroglia) aus einem mikro-glialen Herd der grauen Substanz des Rückenmarks (Lendengegend), in dem man alle Phasen von der leichten Hypertrophie bis zu den granuloadipösen Körpern sehen kann. A Stäbchenzellen. B Abräumzellen. C Minimale Mikroglia. D Amöboide Gliazelle. Technik: Silbercarbonat von del Rio-Hortega. [Nach Gallego: Z. Inf.krkh. Haustiere 34, 38 (1928).]

Tollwut festgestellt wurde. In der weißen Substanz der Kleinhirnlamellen zeigen auch die Fasern Vakuolisation und zerfallen in Brocken, die von amöboiden Gliazellen aufgenommen werden. Etwas geringere Ver-änderungen dieser Art sollen nach Rio-Hortega in der Medulla oblongata vorkommen. Er sah hier in gewissen Fällen ein Dünnerwerden der Mark-fasern. Diese Befunde sind neuerdings von Gallego bestätigt worden, der hauptsächlich eine neurofibrilläre Hyperplasie (wie sie bereits auch von Cerletti erwähnt wird) beobachtete. Besonders häufig ist nach seinen Ergebnissen die Bildung von Retraktionskeulen und -kugeln in den Neu-riten der Sternzellen sowie im Axon der Purkinjezellen. Sie betrifft vor allem die die Endkörbe bildenden Fibrillen.

Einschlußkörperchen: Im Zusammenhange mit den Veränderungen der Ganglienzellen wäre noch kurz die Frage der Einschlußkörperchen zu berühren. In der Form, wie sie zuerst von Standfuss (378), Lentz,

SINIGAGLIA, BABES, SANFELICE (376) beschrieben wurden, konnten sie
auch von KANTOROWICZ und LEWY, BENJAMIN (331), SCHIEBEL (377),
BOHNDORF (332) u. a. bestätigt werden. Diese Befunde zeigen die geringe
Einheitlichkeit in der Form dieser Gebilde; man kann nicht von „Staupekörperchen" schlechtweg sprechen, sondern muß verschiedene Formen
unterscheiden. Hinsichtlich der Spezifität und Bedeutung dieser Körperchen haben auch die neueren Untersuchungen eine Klärung nicht zu

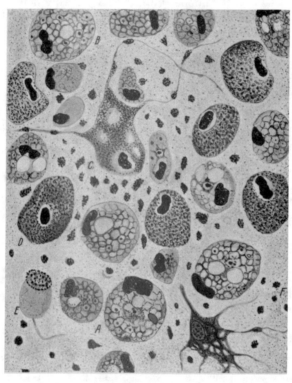

Abb. 33. Hundestaupe-Encephalitis. Verschiedene Zelltypen, die sich fanden in der weißen Substanz
einer Markleiste des Kleinhirns. A Abräumzellen mit sichtbarem Zentralkörperchen. B Abräumzellen ohne sichtbares Zentralkörperchen. C Gliazelle in präamöboider Phase, deren protoplasmatische
Ausläufer moniliforme Verdickungen besitzen. D Amöboide Gliazelle mit körnigem Protoplasma
und pyknotischem Kern (körniges Amöboid). E Gliazelle mit homogenem Protoplasma und
chromatinarmem Kern (homogene Amöboide). F Füllkörperchen.   Technik: Silbercarbonat.
[Nach GALLEGO: Z. Inf.krkh. Haustiere 34, 38 (1928).]

bringen vermocht. Indessen weisen sie darauf hin, daß die Einschlußkörperchen möglicherweise Degenerationsprodukte der Zellen darstellen.
So konnten im Zusammenhang mit dem Zerfall von Kernen sowohl von
LEWY als auch von RIO-HORTEGA basophile und acidophile Körner
beobachtet werden, die sich vom Kern abtrennen.
    Eine weitere, seltsame Veränderung des Kerns beschreibt HORTEGA
in Form von sehr kleinen Körperchen, die sich mit Eisenhämatoxylin
schwarz färben und von einem hellen Hof umgeben sind. Sie finden sich
innerhalb des Kerns und auch im Cytoplasma zerstreut und stehen als
Erzeugnis cellulärer Reaktion mit den von STANDFUSS und SINIGAGLIA
beschriebenen Körperchen im Zusammenhange. Auch GALLEGO hat,
allerdings nur in wenigen Fällen, argentophile, hyaline Einschlüsse in

den Zellen des Stratum oriens (Ammonshorn) und in den Pyramidalzellen der Hirnrinde nachgewiesen, die seiner Ansicht nach in die Gruppe der sog. „Staupekörperchen" einzuordnen wären.

Encephalitozoen-Befunde: Von KANTOROWICZ und LEWY wurden, 1921, in 5 von 22 Staupefällen im Gehirn merkwürdige cystenartige Gebilde aus der Gruppe der „Encephalitozoa" gefunden. Sitz und Auftreten dieser Cysten hauptsächlich in den am meisten betroffenen Gehirnabschnitten

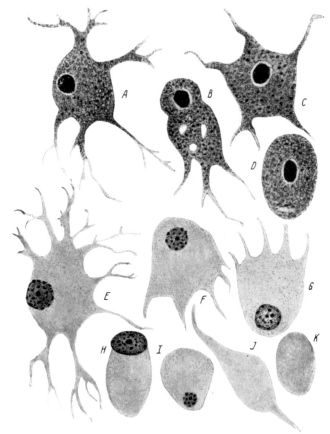

Abb. 34. Hundestaupe-Encephalitis. Körnige, amöboide Gliazellen in verschiedenem Involutionsstadium (A B C D). Homogene amöboide Gliazellen in verschiedenen Perioden der Karyolyse (E F G H I J K). Technik: Silbercarbonat von DEL RIO-HORTEGA.
[Nach GALLEGO: Z. Inf.krkh. Haustiere 34, 38 (1928).]

ließen zunächst an die Möglichkeit denken, den Erreger der Staupe entdeckt zu haben. Diese Meinung wurde durch immunbiologische und Übertragungsversuche bestärkt. Bald stellte sich aber heraus, daß Übertragungen auch bewerkstelligt werden konnten, wenn die verhältnismäßig großen Encephalitozoen sicher abfiltriert worden waren (KANTOROWICZ und LEWY). Ist es schon nach diesem so gut wie sicher, daß dieses „Encephalitozoon canis", wie es von KANTOROWICZ und LEWY genannt wurde, mit dem Erreger der Staupe nichts zu tun hat, so zeigen dies auch die neueren histologischen Arbeiten, in denen dieser Parasit entweder nicht oder nur zufällig nachgewiesen wurde. Die von MANOUÉLIAN und VIALA sowie neuerdings von PERDRAU und PUGH vertretene Anschauung, daß es sich bei den genannten Protozoen um Zufallsbefunde handelt, die mit der Staupe in keinerlei Zusammenhang stehen, darf heute wohl allgemein angenommen werden.

Wie auch LAIDLAW und DUNKIN im Zusammenhange mit Übertragungsversuchen der Hundestaupe auf Frettchen (ferret) nachweisen konnten,

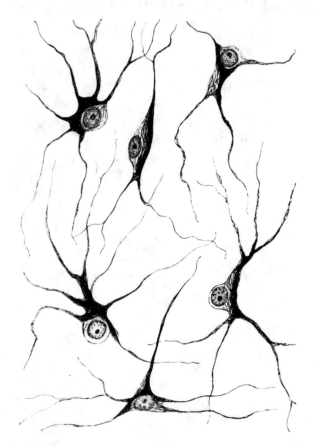

Abb. 35. Hundestaupe-Encephalitis. Sternzellen der Molekularzone des Kleinhirns mit neurofibrillärer Hypertrophie. Technik: Methode von CAJAL.
[Nach GALLEGO: Z. Inf.krkh. Haustiere **34**, 38 (1928).]

gehören die ganzen Befunde in eine Linie mit dem Problem der spontanen Kaninchenencephalitis, die in der menschlichen Encephalitisforschung eine Zeit lang eine ähnlich verhängnisvolle Rolle gespielt hat, wie die „Parasitenbefunde" bei der Hundestaupe.

Lokalisation der histologischen Veränderungen im Zentralnervensystem.

Es muß von vornherein betont werden, daß es sich bei der nervösen Hundestaupe um eine diffuse Encephalomyelitis handelt, von der graue und weiße Substanz etwa in gleicher Stärke betroffen sind. Bereits die älteren Arbeiten von DEXLER und von CERLETTI weisen darauf hin,

daß die herdförmigen Läsionen im zentralen Nervensystem keine Prädilektion für irgendeinen Abschnitt der Nervenzentren oder für ein
motorisches oder sensorisches System zeigen. Selbst das Rückenmark ist —
entgegen der klinischen Beobachtung — nicht stärker betroffen als das
Großhirn. Lediglich im Kleinhirn scheinen die Herde spärlicher zu sein.
Nach DEXLER sollen weder die Hirnrinde, noch die Basalganglien, nach
JOEST auch nicht die Medulla oblongata besonders bevorzugt sein. Wenn

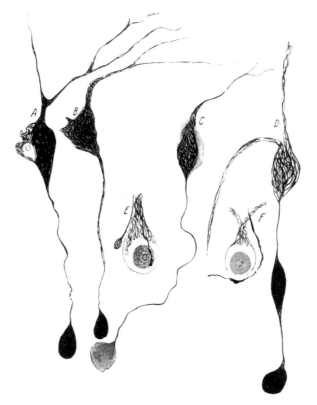

Abb. 36. Hundestaupe-Encephalitis.   Verschiedene Typen von Purkinjezellen, deren Neurit
Verdickungen und Retraktionskeulen aufweist (A B C D). Endkörbe, welche die Purkinjezellen
umschließen mit analogen Veränderungen (E F). Technik: Methode von CAJAL.
[Nach GALLEGO: Z. Inf.krkh. Haustiere 34, 38 (1928).]

in der Folgezeit die Staupeencephalitis in zahlreichen Arbeiten der Encephalitis lethargica des Menschen, der Herpes-Encephalitis sowie der
Poliomyelitis gegenüber gestellt wurde (s. besonders LEWY und Mitarbeiter u. a.), so fehlt diesen Vergleichen fast ausnahmslos eine exakte
histologische Grundlage hinsichtlich des Ausbreitungsmodus. So hat
beispielsweise PUGH auf Grund des Hervortretens vorwiegend lethar-
gischer Symptome bei einer Hundestaupeepidemie die große Ähnlichkeit,
wenn nicht Identität mit der epidemischen Encephalitis des Menschen
betont, ohne dafür irgendwelche Unterlagen histologischer Art zu besitzen.
Er erwähnt gleichzeitig selbst, daß die nervöse Hundestaupe nur eine Form
unter den übrigen Organveränderungen bei dieser Krankheit darstelle
und daß in dieser Hinsicht keinerlei Ähnlichkeit zwischen den beiden

genannten Krankheiten bestehe. In einer späteren Arbeit gemeinsam mit Perdrau stellt Pugh weiter fest, daß die Verteilung der entzündlichen Veränderungen keine Einheitlichkeit besitzt; nur die Meningen im Bereiche der Riechlappen seien in allen Fällen verändert. Ausdrücklich wird auf das gleichmäßige Befallensein der grauen und weißen Substanz in dieser Arbeit hingewiesen. Von den am stärksten betroffenen Gebieten werden erwähnt: Pons, Medulla oblongata, Hirnschenkelfuß, Cerebellum, laterale Teile der Hemisphären und hinteres Ende der Temporosphenoidallappen.

Die bisherigen Angaben über die Lokalisation sprechen gewiß nicht für eine Ähnlichkeit mit den Krankheiten der ersten Verwandtschaftsgruppe. Für diese Auffassung ist meines Erachtens von Kuttner (355, 356) in mehreren Arbeiten der einwandfreie Beweis erbracht worden. Bei seinen Vergleichen zwischen der Encephalitis epidemica des Menschen, der Herpesencephalitis und der Hundestaupeencephalitis nimmt er in erster Linie das Verhalten der Substantia nigra zur Grundlage. Er weist dabei treffend nach, daß zwischen Encephalitis epidemica und Herpesencephalitis geradezu ein Antagonismus besteht und daß bei der Hundestaupeencephalitis die Substantia nigra regelmäßig frei von Veränderungen bleibt, auch wenn die unmittelbare Nachbarschaft des Hirnstammes von schweren Veränderungen ergriffen ist. Diese so durchgreifenden Unterschiede in der Verteilung der histologischen Veränderungen können nach seiner Ansicht nicht durch eine Verschiedenheit der topischen Verhältnisse bei Mensch und Tier erklärt werden. Namentlich könne auch eine Abweichung in der Blutversorgung keine ausschlaggebende Rolle spielen. Die angeführten Befunde in Verbindung mit der Tatsache, daß die Staupeencephalitis nur einen Teil einer polytropen Allgemeinerkrankung darstellt, sprechen mit großer Deutlichkeit gegen die Wesensgleichheit der Staupeencephalitis mit den Encephalitiden der ersten Verwandtschaftsgruppe.

Was das Auftreten der beschriebenen histologischen Veränderungen im Zentralnervensystem in den verschiedenen Stadien, bzw. den verschiedenen klinisch unterschiedenen Formen der Hundestaupe anbetrifft, so liegen in dieser Richtung von Cerletti einige Angaben vor. Er konnte bereits in der ersten fieberhaften Periode der Staupeinfektion in allen Fällen im ganzen zentralen Nervensystem diffuse akute Veränderungen und schon wenige Tage nach Beginn der Krankheit (selbst beim Fehlen besonderer Störungen der nervösen oder psychischen Funktionen) herdförmige Veränderungen feststellen. Da diese wohl in ihrer Stärke, nicht aber im Prinzip von denjenigen bei den sog. nervösen Formen verschieden sind, glaubt Cerletti, die klinische Trennung zwischen den katarrhalischen (bzw. exanthematischen) und nervösen Formen vom pathologisch-anatomischen Standpunkte aus nicht aufrecht erhalten zu können. Wenn sich auch andere Untersucher (Gallego, Pugh) dieser Auffassung offenbar nicht anschließen können, so verdient sie hier doch besonders erwähnt zu werden, weil die Hundestaupe in dieser Hinsicht weitgehende Ähnlichkeiten mit der Hogcholera aufweist. Auch bei dieser treten Hirnveränderungen bereits zu einer Zeit hervor, in der cerebrale Symptome noch völlig fehlen und die Krankheit im ersten Fieberstadium sich befindet (Seifried).

Peripherisches Nervensystem.

Gleichzeitig mit den nervösen Zentralorganen können auch die peripherischen Nerven entzündlich verändert sein (Panneuritis).

Experimentelle Pathologie.

Die in der Berichtszeit gesammelte Erfahrung, daß die Hundestaupe künstlich auf verschiedenen Wegen nicht nur auf den Hund, sondern auch auf das Frettchen übertragen werden kann (engl. Staupekommission), bedeutet zwar einen wesentlichen Fortschritt für die experimentelle Erforschung dieser Krankheit; in der Erkenntnis rein histologischer Tatsachen hat sie uns jedoch nicht wesentlich weiter gebracht. Indessen verdienen hier folgende Ergebnisse erwähnt zu werden. Die Frage, die sich bei Betrachtung der in der 2. Verwandtschaftsgruppe zusammengefaßten Krankheiten erhebt, ist die, ob ihren Virusarten ebenfalls die Eigenschaft der Wanderung auf dem Nervenwege zukommt. F. H. Lewy (361, 362) glaubt, diese Frage für die Staupe im bejahenden Sinne beantworten zu können. Bei cornealer Infektion mit Staupevirus konnte er nämlich als eines der frühesten Zeichen einer angegangenen Infektion eine Neuritis optica beobachten. Nicht selten sah er auch, daß bei der cornealen Infektion des einen Auges die Papillitis zunächst am anderen Auge auftrat, gelegentlich sogar von einer parenchymatösen Frühkeratitis gefolgt war. Aus diesen Befunden schließt Lewy, daß das Virus dem N. opticus entlang zum anderen Auge gewandert sein muß.

Bemerkenswert sind weiterhin die Beobachtungen von Dunkin und Laidlaw, die feststellten, daß bei experimentell erzeugter Frettchenstaupe lediglich ein rein parenchymatös-degenerativer Prozeß ohne infiltrativentzündliche Veränderungen und ohne Vorhandensein von Einschlußkörperchen besteht. Lewy, der gerade die entzündlichen Veränderungen als das Charakteristicum der Straßenstaupe betrachtet, ist der Meinung, daß Dunkin und Laidlaw mit einem stark abgeschwächten Virusstamm gearbeitet haben. Dieser Schluß scheint nicht ohne weiteres gerechtfertigt zu sein, da die entzündlich-infiltrativen Veränderungen im Gehirn von verschiedenen Autoren tatsächlich vermißt wurden. Die experimentelle Forschung hat auch in der Tat zeigen können, daß Gehirne von Passagestaupehunden ohne irgendwelche histopathologische Veränderungen bei der Weiterimpfung vollvirulent sind. Lewy stellt diese Tatsache in Vergleich mit den Erfahrungen von Levaditi und Landsteiner bei der Poliomyelitisinfektion, die am 2.—7. Tage das Nervensystem zwar ansteckend, aber histologisch noch unverändert fanden. Wie bereits Hinz (346) in seinem kritischen Bericht über die englischen Staupeforschungen in Mill Hill mit Recht hervorgehoben hat, ist es bedauerlich, daß das diesen Untersuchungen zugrunde liegende Material hinsichtlich der nervösen Komplikationen histologisch und experimentell nicht ausgewertet wurde. Es sind zahlreiche Fragen gerade auf diesem Gebiete, die noch ihrer Lösung harren.

Erwähnt sei schließlich noch eine eigenartige Ansicht von Perdrau und Pugh, die die Encephalomyelitis (bei der nervösen Form der Hundestaupe) nicht auf die unmittelbare Wirkung des Staupevirus auf das Zentralnervensystem beziehen. Sie nehmen vielmehr an, daß das Staupevirus dabei eine ähnliche Rolle spielt, wie akute Infektionen verschiedener

Ätiologie für die Entstehung gewisser mit Demyelinisation einhergehender Krankheiten des Menschen (akute dissem. Encephalomyelitis und möglicherweise dissem. Sklerose). Als eine Stütze für ihre Auffassung betrachten sie die Untersuchungsergebnisse von Dunkin und Laidlaw, die in ihren experimentell erzeugten tödlichen Fällen keinerlei Veränderungen der von ihnen beschriebenen Art nachweisen konnten. Mit Rücksicht auf die Infektiosität des Zentralnervensystems wird man dieser Auffassung mit der nötigen Zurückhaltung begegnen müssen.

IV. Hogcholera-Encephalitis.

Es ist bekannt, daß im klinischen Symptomenbilde der Hogcholera (Virusschweinepest) sowohl bei akuten als auch bei chronischen Formen Erscheinungen von seiten des Zentralnervensystems (Depression, Somnolenz, träger, schwerfälliger, unsicherer, vielfach schwankender Gang, Muskelzuckungen, Krampfanfälle, Zwangsbewegungen, Paresen und Paralysen) verhältnismäßig häufig hervortreten.

Diesen wohl ausgeprägten nervösen Symptomen muß ein bestimmtes anatomisches Substrat zugrunde liegen.

Wenn man daraufhin die einschlägige Literatur durchsieht, so liegen auffallend wenig Angaben darüber vor. So findet sich beispielsweise bei Hutyra und Marek lediglich der Hinweis, „daß die Krämpfe und Zwangsbewegungen mit hochgradiger Abstumpfung auf Blutungen zwischen die Hirnhäute oder in die Hirnsubstanz hindeuten", und außerdem die Bemerkung, daß „ausnahmsweise scheinbar genesende Tiere unter den Erscheinungen einer Gehirnblutung verenden."

Diesen wenig genauen anatomischen Angaben gegenüber ist es das Verdienst von Huguenin (380) als erster auf bestimmte histologische Veränderungen des Zentralnervensystems hingewiesen zu haben. Er bezeichnet sie als reine Zirkulationsstörungen (Blutungen, Ödeme, Hyperämie) und um Entzündungen mit wechselndem Gehalt des Exsudats, welches bald serös, bald ausgesprochen eiterig, gelegentlich sogar fibrinös ist. Nach den Erfahrungen von Huguenin (380) sollen derartige Veränderungen in 20% der Fälle vorkommen. Später hat H. die Hirnveränderungen bei verschiedenen Schweinekrankheiten durch Brunschwiler bearbeiten lassen. In dieser Arbeit werden 7 Fälle von Hogcholera angeführt, bei denen Hyperämie, Ödem, Durablutungen, Meningitiden und (in einem Falle) entzündliche Veränderungen in der Hirnsubstanz nachgewiesen wurden. Aus einer von Brunschwiler (379) angeführten Statistik, die sich offenbar auch auf das von Huguenin gesammelte Material bezieht, geht hervor, daß von 61 Fällen von Schweinepest 24, d. h. $39,3\%$ Gehirnveränderungen zeigten.

Wenn nun auch der Wert dieser Feststellungen keineswegs in Frage gestellt werden soll, so muß doch gesagt werden, daß die bis jetzt vorliegenden Untersuchungen unvollständig sind und auch unvollständig bleiben mußten, weil sie nicht mit den modernen Methoden der Neurohistologie durchgeführt wurden. So werden nicht nur Angaben über die Veränderungen der Glia und der nervösen Elemente, sondern außerdem über die Art der Ausbreitung des entzündlichen Prozesses im Zentralnervensystem völlig vermißt, so daß es nicht möglich ist, die Gehirnveränderungen bei Hogcholera zu klassifizieren oder mit anderen, ähnlichen

Hirnprozessen zu vergleichen. Ganz abgesehen davon müssen bei den derzeitigen Schwierigkeiten der anatomischen Hogcholeradiagnose auch Zweifel in die Eignung des zu diesen Untersuchungen verwendeten Materials gesetzt werden, das durchweg aus spontanen Hogcholerafällen bestand. Sie waren außerdem weder in so frischem Zustande, daß sie

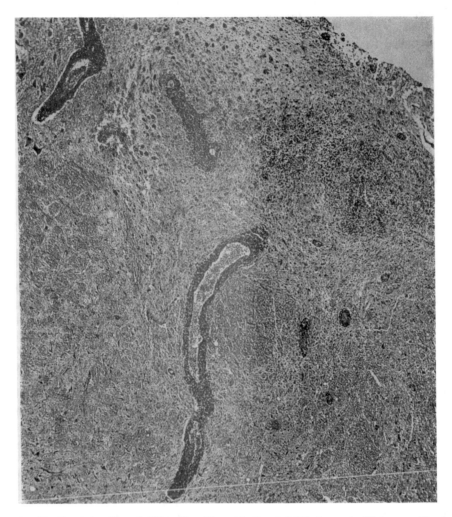

Abb. 37. Hogcholera-Encephalitis.   Vasculäre und Gewebsinfiltrate sowie Blutungen (Pons). Hämatox.-Eosin.

ein Studium der feineren Veränderungen erlaubt hätten, noch lagen Angaben über die jeweilige Dauer der Infektion vor.

In neuester Zeit sind nun von O. SEIFRIED (382, 383) eingehende histologische Untersuchungen an einem großen experimentellen Hogcholeramaterial angestellt worden. Insgesamt wurde das Zentralnervensystem von 40 Schweinen untersucht, die in der Regel intramuskulär (einige auch durch Kontakt mit kranken Tieren) infiziert und zu verschiedenen Zeiten nach der Infektion getötet worden waren (zwischen 6 und 49 Tagen).

Die Infektionen wurden mit 4 verschiedenen Virusstämmen angestellt, von denen 2 Labarotoriumsstämme waren, während die beiden anderen frischen Ausbrüchen der Krankheit im Mittelwesten der Vereinigten Staaten (Iowa) entstammten. Alle infizierten Tiere waren an mehr oder weniger typischer Hogcholera erkrankt und ein großer Teil davon hatte die eingangs erwähnten Symptome von seiten des Zentralnervensystems in wechselndem Grade und wechselnder Ausdehnung gezeigt. Zu Kontroll- untersuchungen dienten 7 normale, gesunde Schweine, die denselben Aufzuchten entstammten wie die 40 geimpften.

Ehe auf die bei diesen Untersuchungen erhobenen histologischen Be- funde des näheren eingegangen wird, sei zuvor erwähnt, daß makro- skopisch besondere Veränderungen nicht festzustellen sind, abgesehen von mehr oder weniger ausgeprägter Staung der venösen Blutgefäße. In einigen Fällen fanden sich zum Teil umfangreiche Blutungen in der Dura und Pia mater des Gehirns und Rückenmarks, sowie zum Teil stark ausgeprägte Ödeme dieser Häute mit Ansammlung gallertiger, sulziger Massen. Seltener konnten auch kleine stecknadelkopfgroße Blutungen in der Gehirnsubstanz selbst beobachtet werden.

Pathologische Histologie.

1. Veränderungen des mesodermalen Gewebes.

Die am häufigsten auftretende Form herdförmiger Veränderungen im Zentralnervensystem ist durch eine mehr oder weniger ausgeprägte zellige Infiltration der adventitiellen Gefäßräume sowohl im Gehirn als auch in der Pia mater gekennzeichnet. Wenn auch, wie wir später sehen werden, Veränderungen in den Meningen oft eine beträchtliche Rolle spielen, so trifft es doch keineswegs zu, daß die Mehrzahl der Infiltra- tionsherde in der Gehirnsubstanz ausschließlich mit der Oberfläche im Zusammenhange steht. Die Infiltration betrifft in der Hauptsache venöse, aber auch arterielle Gefäße, letztere allerdings seltener. Von den Venen und Arterien werden nicht so sehr diejenigen von präcapillarer und capil- larer Weite, sondern vielfach solche von mittlerer Lichtung befallen. Hinsichtlich des Grades der Infiltration bestehen große Verschiedenheiten: in vielen Fällen — besonders in sehr frühen Stadien — sind sie wenig ausgeprägt, während in anderen regelrechte perivasculäre Gefäßmäntel hervortreten. Auch im einzelnen Falle kommen, je nach dem Sitz der Infiltrate, gradweise Unterschiede vor. Im allgemeinen sind sie aber selten so umfangreich wie beispielsweise bei der BORNAschen Krankheit. Sie können eher mit denjenigen bei der epidemischen Encephalitis des Menschen verglichen werden, bei der sie ebenfalls nur einen mäßigen Grad er- reichen. Die Infiltratzellen befinden sich, was besonders schön bei Anwen- dung der KLARFELDschen Tannin-Silbermethode gezeigt werden kann, zwischen den Maschen der adventitiellen Lymphräume. Sie bestehen in der Hauptsache aus großen mononucleären Zellen mit chromatinarmem Kern und deutlich wabig gebautem Zelleib. Es handelt sich dabei um Polyblasten, die den sog. Makrophagen der Neurohistologen nahestehen und den histiogenen Wanderzellen zuzurechnen sind. Daneben kommen weniger zahlreich typische Lymphocyten und Übergangsformen zwischen beiden sowie vereinzelte Plasmazellen vor. Ganz vereinzelt sind auch typische Gitterzellen ermittelt worden. Auffallenderweise werden in zahlreichen Gefäßinfiltraten auch vereinzelte typische eosinophile Leukocyten beobachtet, während polymorphnucleäre in der Regel, selbst bei Anwendung der Oxydase-Reaktion, vermißt werden. Kernteilungsfiguren sowie Degenerationsvorgänge an den infiltrierenden Zellen sind häufige Vorkommnisse. Erwähnenswert ist noch, daß in den Makrophagen Lipoid-

pigment häufig in wechselnder Menge eingeschlossen ist. Fettkörnchenzellen von der bekannten Maulbeerform kommen häufig vor. Das Auftreten von Eisenpigment in den Makrophagen ist dagegen sehr selten.

Entsprechend dem verhältnismäßig geringen Umfange der Infiltrate bleiben die infiltrierenden Zellen im allgemeinen auf den Raum innerhalb der Membrana gliae limitans beschränkt. Vielfach finden sich aber auch in unmittelbarer Nachbarschaft von infiltrierten Gefäßen Ansammlungen von Zellen, deren gliöse oder mesodermale Herkunft oft schwer oder gar nicht zu bestimmen ist (s. später). Von sonstigen Gefäßveränderungen sind zu erwähnen: Hyperämie, Schwellung der Endothelzellen, perivasculäres Ödem mit Auseinanderdrängung der adventitiellen Bindegewebsfasern, Erweiterung der submarginalen Gliakammern im Zu-

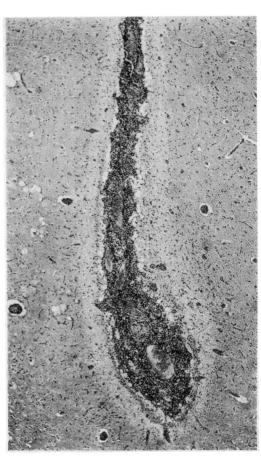

Abb. 38. Hogcholera - Encephalitis. Meningitis. Sulcus. Hirnrinde. GIEMSA-Färbung.

sammenhange mit Lymphstauungen. Gefäßneubildungen im Bereiche der entzündlichen Herde werden nicht beobachtet.

Dagegen muß besonders hervorgehoben werden, daß in zahlreichen Fällen kleinere und größere, sonst nicht auffällig veränderte Gefäße von einem Wall von roten Blutkörperchen umgeben sind und daß sich bisweilen mikroskopisch kleinste Blutungen auch frei im Gewebe vorfinden. Indessen spielen diese Blutungen eine geringere Rolle, als man auf Grund des Vorkommens der zahlreichen Blutungen in den übrigen Organen erwarten könnte. In einigen wenigen Fällen standen sie mehr im Vordergrunde des histologischen Bildes. Sie waren besonders im Kleinhirn stark ausgeprägt und so groß, daß sie bereits mit bloßem Auge deutlich sichtbar waren.

Thromben, Embolien und Erweichungsherde gehören nicht zum typischen Bilde der Hogcholeraencephalitis. Nekroseherde in Verbindung mit sekundären bakteriellen Infektionen sind in einem Falle gesehen worden.

Die encephalitischen Veränderungen sind in einem hohen Prozentsatz der von Seifried untersuchten Fälle mit einer Meningitis sowie mit Blutungen in den weichen Hirnhäuten vergesellschaftet. Auch die Meningitis ist meist herdförmig, selten diffus. Sie findet sich im Bereiche der Großhirnhemisphären, im Mittelhirn (Fossa interpeduncularis), Kleinhirn und Rückenmark. An den Gefäßen der Meningen sind dieselben Veränderungen zu beobachten wie an denjenigen der Gehirnsubstanz; als besonders auffallender Befund sind noch die ödematöse Auflockerung der Pia im Bereiche der Sulci, sowie die oft umfangreichen Blutungen zu erwähnen.

Auch im Plexus chorioideus finden sich in einer Reihe von Fällen ausgesprochene perivasculäre Zellmäntel um die Gefäße herum. Zusammensetzung und Anteil der einzelnen Zellelemente an dieser Infiltration sind dieselben wie oben beschrieben. Dagegen sind perivasculäre Blutungen im Plexus seltener.

Was endlich das Verhalten des Liquors anbetrifft, so ist sein Zellgehalt an lymphocytären Elementen in den mit Meningitiden vergesellschafteten Fällen wesentlich erhöht. Außerdem finden sich in ihm in zahlreichen Fällen reichlich rote Blutkörperchen (Meningealblutungen).

Fassen wir das Gesamtbild der Veränderungen am mesodermalen Gewebe kurz zusammen, so handelt es sich — da die beschriebenen Veränderungen in gleicher Weise auch im Rückenmark vorkommen — um eine Encephalomyelitis und Meningitis lymphocytaria non purulenta haemorrhagica.

2. Veränderungen des gliösen Gewebes.

Wie bei fast allen anderen Encephalitiden, so begegnen wir auch im histologischen Bilde der Hogcholeraencephalitis einer Mitbeteiligung der Glia an dem entzündlichen Prozeß. Sie gibt sich in sehr verschiedenen, charakteristischen Bildern zu erkennen, die nahezu in allen Fällen in derselben Form — lediglich in gradueller Abstufung — wiederkehren. Im einzelnen trifft man knötchenförmige, gegenüber der Umgebung oft ziemlich scharf abgesetzte Gliaproliferationen und mehr diffuse Herde, wobei zwischen diesen beiden Arten prinzipielle Unterschiede nicht bestehen. Beide Formen können entweder als reine Gliaherde auftreten oder aber mit Zellen mesodermaler Herkunft durchsetzt sein. Das letztere trifft besonders in unmittelbarer Nachbarschaft von infiltrierten Gefäßen sowie im Bereiche und in der Nachbarschaft des Ventrikelependyms zu.

Nicht selten begegnet man in unmittelbarer Nachbarschaft von infiltrierten Gefäßen reinen herdförmigen Gliawucherungen mit oft eigenartiger zirkulärer Anordnung der Zellelemente (zahlreiche Hortegazellen), ein Befund, der bei anderen Encephalitiden in dieser Form seltener erhoben werden kann.

Reine Gliawucherungen ohne jeden Zusammenhang mit den Gefäßen finden sich außerdem in der Umgebung von in Degeneration befindlichen

Ganglienzellen („Neuronophagie, Umklammerung"). Außerdem sind sog. Gliasterne oder Gliarosetten besonders in der weißen Substanz häufige Befunde. Auch das Bild des SPIELMEYERschen Gliastrauchwerks in der Molekularzone des Kleinhirns ist einige Male — allerdings in wenig typischer Form — beobachtet worden.

Im Bereiche all der genannten Gliaherde sind Kernteilungsfiguren in allen Formen häufig nachzuweisen.

Was die Zellformen anbetrifft, die an der Reaktion der Glia beteiligt sind, so läßt sich bei Anwendung der Spezialmethoden der

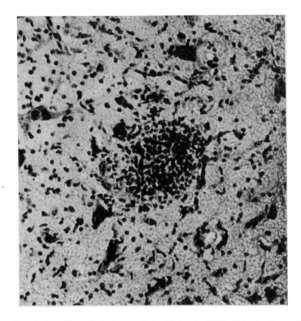

Abb. 39. Hogcholera-Encephalitis. „Gliaknötchen" (Mittelhirn). NISSL-Färbung.

spanischen Schule (CAJALsche Goldsublimat- und HORTEGAsche Silberkarbonatmethode) feststellen, daß dabei beide Haupttypen der Neuroglia d. h. sowohl die Astrocyten (Makrogliazellen) als auch die Zellen vom HORTEGAtypus (Mikrogliazellen) eine Rolle spielen. Es ist schwer zu entscheiden, welcher Typus im allgemeinen vorherrscht. In einzelnen Gebieten, so besonders in der unmittelbaren Umgebung des 4. Ventrikels, trifft man oft reine Astrocytenherde. In anderen Gebieten, so im Bereiche der knötchenförmigen Gliawucherungen, in der Nachbarschaft von Gefäßen und auch am Rande von größeren Rasen herrschen mehr der Mikroglia angehörige Zellformen vor. Häufig kommen die sog. Stäbchenzellen vor, die fast allgemein als eine besondere Form proliferativ veränderter Mikrogliazellen gehalten werden (RIO DEL HORTEGA, METZ und SPATZ u. a.) In der Hauptsache handelt es sich um eine protoplasmatische Wucherung, während die Bildung von Gliafasern eine untergeordnete Rolle spielt. Lediglich um veränderte Gefäße herum ist eine geringgradige Faservermehrung festzustellen, wie sie nach SPIELMEYER bei einer Reihe von Prozessen vorkommt.

Die an der entzündlichen Reaktion bei der Hogcholeraencephalitis beteiligten gliösen Elemente zeigen sowohl progressive als auch regressive Veränderungen. Die ersteren sind besonders auffallend und treten hauptsächlich in Form der „sog. Aktivierung" der Zellkerne in Erscheinung. Selbst Formen wie sie bei der WESTPHAL-STRUEMPELSchen Pseudosklerose des Menschen vorkommen und auch beim Leberkoller des Pferdes gesehen wurden (DOBBERSTEIN), werden beobachtet. Zum bekannten Bilde

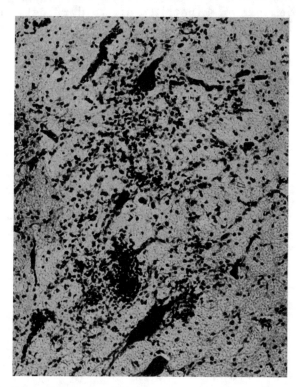

Abb. 40. Hogcholera-Encephalitis. Herdförmige Gliawucherung. NISSL-Färbung.

progressiv veränderter Gliazellen gehören auch Hypertrophie des Protoplasmas sowie das Auftreten von kleinen Gliarasen im NISSLschen Sinne. Beide Veränderungen in verschiedenem Grade sind hier häufige Vorkommnisse. Ihnen gegenüber treten die regressiven an Häufigkeit weit zurück. Am häufigsten werden sie noch an Zellen gesehen, die zuvor progressive Veränderungen gezeigt hatten. Sie bestehen aus den verschiedenen Formen des Kernzerfalls (Kernschrumpfungen, Kernwand- und Totalhyperchromatosis, Pyknose, Kernwandsprossung). Seltener sind Karyorrhexisformen und Kernfragmentierungen.

3. Veränderungen der Ganglienzellen.

Sie finden sich sowohl in den Gehirnbezirken, in denen auch sonst die entzündlichen Veränderungen ausgeprägt als auch in solchen, die verhältnismäßig weniger betroffen sind. Ein bestimmtes Abhängigkeitsverhältnis im Grade der Schädigung der Ganglienzellen von der

entzündlichen Reaktion scheint nicht vorzuliegen. Indessen werden in
bestimmten Bezirken neben Ganglienzellen mit verhältnismäßig schweren
Veränderungen auch noch völlig unversehrte angetroffen. So sind beispielsweise die großen, protoplasmareichen Pyramidenzellen viel weniger
stark betroffen als die multipolaren Zellen der Rinde und der grauen
Zentren. Aber auch diese Regel wird vielfach durchbrochen.

In der Art der Veränderungen findet sich nichts Charakteristisches.
Im wesentlichen handelt es sich um die Zellveränderungen, die von NISSL

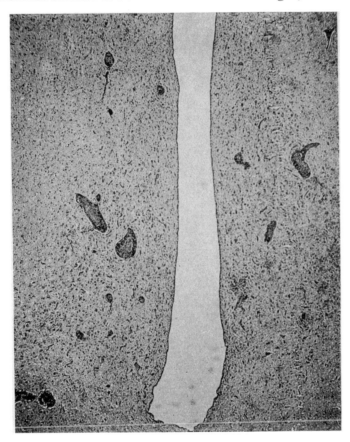

Abb. 41. Hogcholera-Encephalitis. Entzündliche Veränderungen in der Umgebung des 3. Ventrikels.
Hämatox.-Eosin.

als „akute Zellerkrankung" und „schwere Zellveränderung" beschrieben
worden sind. Im Zusammenhange mit diesen Zellerkrankungsbildern
in ihren verschiedenen Stadien steht das Vorkommen von Neuronophagien.
Auch in den Nervenzellen des Kleinhirns treten diese Veränderungen auf.
Allerdings beobachtet man dort seltener die „sog. homogenesierende
Zellerkrankung", die gerade den PURKINJEzellen eigentümlich ist. Indessen ist es sehr wahrscheinlich, daß das Auftreten der erwähnten gliösen
Proliferationsherdchen in der Molekularschicht des Kleinhirns wenigstens
zum Teil mit dem Zugrundegehen von PURKINJEzellen im Zusammenhange
steht.

Die Neurofibrillen (Bielschowsky, Cajal) lassen ausgesprochene Veränderungen nicht erkennen. Im besonderen wird eine endocelluläre neurofibrilläre Hypertrophie, wie sie bei der Staupe der Hunde und bei der Tollwut vorkommt, hier vermißt. Dagegen ist dem Verfasser in mehreren Fällen eine Atrophie und Fragmentation und seltener eine perinucleäre Verklumpung der endocellulären Fibrillen aufgefallen.

Einschlußkörperchen: Abgesehen von den von Uhlenhuth und Mitarbeitern u. a. nachgewiesenen einschlußkörperchenähnlichen Gebilden in der Cornea ist der Frage des Vorkommens von Zelleinschlüssen

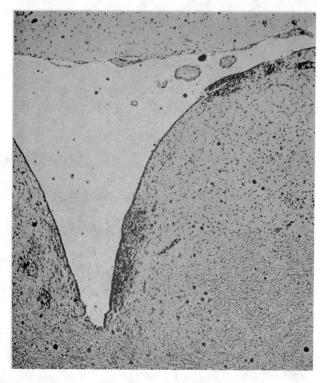

Abb. 42. Hogcholera-Encephalitis. Entzündliche Veränderungen in der Umgebung des 4. Ventrikels. Giemsa-Färbung.

bei Hogcholera (nicht speziell im Zentralnervensystem, sondern auch in anderen Organen) in einer Preisaufgabe nachgegangen worden, die unter dem Titel: „Die Zelleinschlüsse bei den durch filtrierbare Vira hervorgerufenen Infektionskrankheiten der Haustiere" von der vet.-med. Fakultät der Universität Bern gestellt worden war. Diese Untersuchungen sind jedoch ohne jeden Erfolg verlaufen, obwohl zahlreiche Organe untersucht und eine Reihe von verschiedenen Färbungen zur Anwendung kam. Auch die eigenen Untersuchungen des Verfassers haben in dieser Richtung nicht zu eindeutigen und regelmäßig zu erhebenden Feststellungen geführt. Es können zwar in einer Reihe von Fällen einschlußkörperchenähnliche Gebilde im Kern von Ganglienzellen besonders im Zwischenhirn, in der Brücke und im verlängerten Mark nachgewiesen werden. Zum Teil sind sie auch acidophil, homogen und zeigen große Ähnlichkeit mit den

Einschlußkörperchen bei der BORNAschen Krankheit, zum größten Teil sind sie ausgesprochen basophil, aber dennoch außergewöhnlich scharf begrenzt. Mit der BIELSCHOWSKY-Färbung lassen sich in ihnen eine Art argentophiler Innenkörperchen nachweisen. Da diese Gebilde aber nur in einem kleinen Prozentsatz der Fälle vorkommen und meistens nicht die charakteristischen Merkmale der Einschlußkörperchen besitzen, so ist der Verfasser geneigt, in ihnen eher Kerndegenerationsprodukte als spezifische Kerneinschlüsse zu erblicken.

Lokalisation der Veränderungen: Darüber liegen bis jetzt Untersuchungen nicht vor. Diejenigen des Verfassers sind noch nicht abgeschlossen. So viel läßt sich aber schon jetzt mit Sicherheit sagen, daß bei der Hogcholeraencephalitis, ähnlich wie bei der Staupeencephalitis, graue und weiße Substanz ziemlich gleichmäßig befallen ist. Im großen und ganzen sind wohl die Veränderungen in der Nachbarschaft der Ventrikel (s. Abb. 41 u. 42) sowie an der Basis stärker ausgeprägt, ohne daß aber eine Bevorzugung bestimmter Zentren wie bei den Krankheiten der ersten Verwandtschaftsgruppe vorliegt. Das Kleinhirn kann ziemlich erheblich betroffen sein. Auf Grund von vorläufigen Vergleichen mit der Staupeencephalitis glaubt der Verfasser im Ausbreitungsmodus der entzündlichen Reaktion im Zentralnervensystem beider Krankheiten eine weitgehende Ähnlichkeit feststellen zu können.

Untersuchungen der peripherischen Nerven bei Hogcholera liegen bis jetzt nicht vor.

V. Geflügelpest-Encephalitis.
Pathologische Histologie.

ROSENTHAL, SCHIFFMANN und v. PROWAZEK haben zuerst im Gehirn von an Geflügelpest verendeten Gänsen und Hühnern entzündliche Veränderungen um die Gefäße herum festgestellt, die später von JOEST, RHODA ERDMANN (387) sowie von PFENNINGER und FINIK (398) u. a. näher studiert wurden. Nach diesen Untersuchungen handelt es sich bei den mit der Geflügelpest vergesellschafteten Veränderungen des Zentralnervensystems um eine disseminierte, nicht eiterige Encephalitis, die nach PFENNINGER und FINIK bereits sehr früh hervortreten kann (bereits 38½ Stunden nach der Infektion). Im allgemeinen sind aber die Veränderungen um so ausgeprägter, je protrahierter der Verlauf der Krankheit ist. In der Hauptsache finden sich im Zentralnervensystem vasculäre, seltener perivasculäre Infiltrate vor, die aus Lymphocyten, Plasmazellen und bisweilen auch vereinzelten Eosinophilen bestehen. Neben diesen vasculären und perivasculären Rundzellinfiltraten sind von JOEST (391) sowie von PFENNINGER und FINIK auch noch Hyperplasie und Hypertrophie der Endothel- und Adventitialzellen in ähnlicher Form nachgewiesen worden, wie sie auch bei der Bleiencephalitis und der nervösen Hundestaupe (CERLETTI) gefunden wurden (produktive, vasculäre Herde CERLETTIS). Bei allen den genannten infiltrativen Vorgängen im Bereiche der Gefäßwände fehlen nach den übereinstimmenden Angaben der Autoren Leukocyten vollkommen und auch Blutungen werden im typischen Bilde der Geflügelpest-Encephalitis vermißt. Dagegen ist sie häufig mit einer Meningitis vergesellschaftet.

Einigkeit unter den einzelnen Untersuchern besteht darüber, daß neben diesen vasculären Infiltraten auch noch andere herdförmige Veränderungen im Gehirn vorkommen; lediglich über deren Zusammensetzung und Bedeutung sind die Auffassungen noch geteilt. Diese herdförmigen Veränderungen sind bereits von SCHIFFMANN als Nekrosen beschrieben worden. JOEST spricht von Gewebsinfiltraten, die aus denselben Elementen zusammengesetzt sind wie die Gefäßinfiltrate. Es nehmen daran aber auch Zellen mit großen, bläschenförmigen Kernen teil, die ähnlich

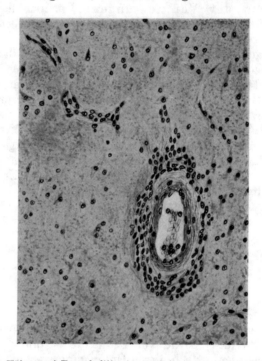

Abb. 43. Hühnerpest-Encephalitis. Ausgeprägte perivasculäre Infiltration
(Hämatoxylin-Eosin-Färbung).
[Nach PFENNINGER u. FINIK: Zbl. Bakter. 99, 148 (1926).]

wie hyperplastische Gefäßwandzellen aussehen. Sie bilden entweder diffuse oder mehr begrenzte, kleine Herdchen. Genau dieselben Veränderungen sind auch von RHODA ERDMANN, PFENNINGER und FINIK sowie vom Verfasser (in orientierenden Untersuchungen) beobachtet worden. Was ihre Zusammensetzung anbetrifft, so schließen sich PFENNINGER und FINIK im allgemeinen der JOESTschen Auffassung an. Sie sprechen die Vermutung aus, daß es sich bei den Zellen mit den großen, bläschenförmigen Kernen wahrscheinlich um hypertrophische Gliazellen handelt (s. auch RHODA ERDMANN), die stellenweise wuchern und eine Art Gliarasen bilden. Für diese Auffassung sprechen auch die eigenen Erfahrungen des Verfassers, der diese Herde wenigstens zum Teil für reine Mikrogliaherde hält, wie man nach der Form der Zellen wohl schließen kann. Entgegen der Ansicht PFENNINGERs ist nach den neueren Erfahrungen, z. B. bei der BORNASchen Krankheit, das Zustandekommen solcher Gliaproliferationen auch in kurzer Zeit durchaus möglich. Neben reinen Gliaherden kommen nun auch solche vor, die mit lymphocytären Elementen und wohl auch einigen Plasmazellen durchsetzt sind. Häufig sind an ihnen, besonders im Zentrum nekrotische Erscheinungen (SCHIFF-MANN, JOEST, PFENNINGER und FINIK), so daß JOEST an aus Infiltraten hervorgegangene Erweichungsherde denkt, zumal sie häufig in der Nähe veränderter Gefäße vorkommen. Diese Deutung schließt freilich das Vorkommen von Gliazellen nicht aus, da ja erfahrungsgemäß besonders am

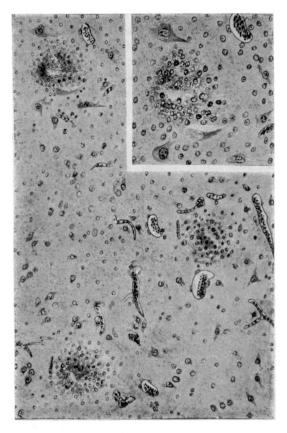

Abb. 44. Hühnerpest-Encephalitis. Verschiedene Stadien herdförmiger Infiltration mit zentraler Nekrose und teilweiser Ganglienzelldegeneration in der Nähe der Herdchen, ein Herdchen vergrößert dargestellt; experimenteller Fall (Pyronin-Methylgrünfärbung nach SCHIFFMANN). [Nach PFENNINGER u. FINIK: Zbl. Bakter. 99, 149 (1926).]

Rande von Erweichungen bei verschiedenen Krankheiten Gliaproliferationen besonders häufig sind. Derartige Herde kommen im Großhirn, Mittelhirn und Kleinhirn sowohl in der grauen als auch in der weißen Substanz vor.

Sowohl von JOEST als auch von RHODA ERDMANN und PFENNINGER und FINIK wird ausdrücklich erwähnt, daß im Bereiche der beschriebenen Veränderungen auch Degenerationserscheinungen an den Ganglienzellen auftreten und zwar wohl — nach den Schilderungen zu schließen — in Form der akuten Zellerkrankung NISSLs (Chromolyse, mangelhafte Färbbarkeit, Pyknose des Kerns).

Was die Lokalisation der Veränderungen im Zentralnervensystem anbetrifft, so liegen in dieser Hinsicht genaue Feststellungen nicht vor. Es steht indessen fest, daß es sich um eine disseminierte Encephalomyelitis handelt, bei der weiße und graue Substanz betroffen sind. Joest ist der Meinung, daß die graue Substanz stärker in Mitleidenschaft gezogen ist.

Einschlußkörperchen: Bekanntlich sind von Kleine und Schiffmann (bereits 120 bzw. 144 Stunden nach der Infektion) bei mit Hühnerpestvirus experimentell infizierten Gänsen erstmals Einschlußkörperchen in den Ganglienzellen des Gehirns nachgewiesen worden, die seither allgemein als „Hühnerpestkörperchen" bezeichnet werden. Sie sind nach Schiffmann oval oder rund, von fast konstanter Größe und bestehen aus einer homogenen Grundsubstanz und aus Innengebilden in Form von Ringen, Punkten und Rosetten. In der Regel liegen sie im Cytoplasma kernloser Ganglienzellen, kommen aber auch frei im Gewebe vor. Von den Negrischen Körperchen unterscheiden sie sich dadurch, daß sie schwerer darstellbar und stets nur in der Einzahl in einer Ganglienzelle zugegen sind. Dieselben Befunde sind auch von Kraus und Schiffmann sowie von Mattel (392) bei Gänsen erhoben worden. Ottolenghi glaubt nun in einer eingehenden Studie bewiesen zu haben, daß diese Körperchen Zelldegenerationsprodukte darstellen; er hat bei Hühnern außerdem ähnliche Gebilde wie die Lentzschen Passagewutkörperchen gesehen, deren Entstehung er ebenfalls mit degenerativen und nekrobiotischen Vorgängen in Zusammenhang bringt. Er hat die Kleineschen Körperchen auch bei Tauben experimentell erzeugen können. In Zupfpräparaten aus Vorderhirn, Wurm- und Nachhirn konnten von Prowazek mit der Giemsafärbung andersartige rosagelbe Körperchen von 1—1,5 μ Durchmesser darstellen und außerdem noch kleine, dunkelrot färbbare Körnchen. Auch von Miyaji (394) sind im Rückstand von Ultrafiltraten aus Hühnerpestmaterial feinste Körperchen und ähnliche Granula in Gehirnschnitten beschrieben worden. Hier müssen auch noch die Befunde von Maggiora und Garofani angeführt werden, die in Gehirnquetschpräparaten von pestinfizierten Gänsen runde oder ovoide Kapseln fanden, die eine Art Sporozoiten mit Kern enthielten. Als auffallend und wesentlich muß besonders betont werden, daß Schiffmann, Kraus und Schiffmann, Miyaji, Prowazek, Rhoda Erdmann, Joest und neuerdings Pfenninger und Finik sowie Gerlach und Michalka (390) die Kleineschen Körperchen bei Hühnern übereinstimmend nicht nachweisen konnten. Die beiden letzteren Autoren halten die Kleineschen Körperchen in Übereinstimmung mit Ottolenghi für Kerndegenerationsprodukte unter besonderem Hinweis auf ihr hauptsächliches Auftreten in Zellen mit degenerativen Veränderungen. Auf Grund der neueren Untersuchungen wird man also den Kleine-Schiffmannschen Körperchen eine spezifische Bedeutung für die Hühnerpest nicht beimessen können.

Zum Schluß ist noch die interessante Beobachtung Pfenningers und Finiks erwähnenswert, die zeigen konnten, daß zwischen dem Auftreten der Gehirnveränderungen und denjenigen der übrigen Organe eine Parallele nicht besteht. Auch die Art der Infektion, die Dauer der Inkubation und der Erkrankung besitzen in dieser Richtung keinerlei Einfluß.

Anhangsweise sei noch angefügt, daß KLEINE und ROSENTHAL bei pestkranken Hühnern und Gänsen auch Retinaveränderungen feststellen konnten (Atrophie, Blutungen, Chorioretinitis). Von CENTANNI wurden bei mit Pestvirus geimpften Tauben exsudative Entzündungen der membranösen semizirkulären Bogengänge des Gehörorgans (Semicirculitis exsudativa) ermittelt.

Experimentelle Pathologie.

Außer den bereits erwähnten Befunden hat die experimentelle Pathologie in rein histologischer Hinsicht neue Kenntnisse nicht vermittelt. Im besonderen werden Angaben über die Veränderungen peripherischer Nerven vermißt. Auf der anderen Seite ist aber durch das Experiment eine Reihe von Tatsachen erschlossen worden, die für unsere vergleichenden Betrachtungen von Wichtigkeit sind und auch die Berechtigung in sich schließen, die Geflügelpest nicht der ersten Verwandtschaftsgruppe zuzuzählen. Wesentlich scheint es mir, in dieser Richtung einige Punkte hervorzuheben:

1. Für die künstliche Infektion sind hauptsächlich Vogelarten empfänglich (Hühner, Truthühner, Fasanen, Sperlinge, Amseln, Sperber, Eulen, Papageien; Wassergeflügel ist widerstandsfähiger). Die Infektion gelingt auf jede Weise: intracerebral, subdural, subcutan, intramuskulär, intravenös, intraperitonal, conjunctival und per os, allerdings nur etwa in $15^0/_0$ der Fälle.

2. Nach Einverleibung des Virus auf den verschiedensten Wegen kommt es sowohl bei Hühnern als auch bei Gänsen zu einer — wenn auch nur vorrübergehenden — Septikämie. Das Virus findet sich im Blut, in der Galle, im Nasen- und Rachensekret, im Kot, im Exsudat der Körperhöhlen, im Zentralnervensystem sowie in allen übrigen Organen (auch in den Eiern) kranker Tiere. Es liegt demnach eine echte Septikämie vor und nicht eine „Septineuritis" wie bei den Krankheiten der ersten Verwandtschaftsgruppe. Man kann den Transport des Geflügelpestvirus von der Infektionsstelle aus demnach nicht mit der Lyssa vergleichen, wie dies von KLEINE und ROSENTHAL geschehen ist.

3. Die Untersuchungen von MAGGIORA und VALENTI, RUSS, KITT u. a. zeigen, daß selbst kleinste Mengen des Virus (1 : 125 000 000; 1 : 1 000 000 000) zum Zustandekommen einer Infektion genügen. Fortgesetzte Hühnerpassagen steigern die Virulenz des Virus wesentlich.

4. Was den Weg der natürlichen Ansteckung anbetrifft, so wird gewöhnlich angenommen, daß das Virus durch die Schleimhäute des Verdauungsapparates, durch andere Schleimhäute (Auge) sowie die Haut (Verletzungen) in den Organismus gelangt. Neuere Versuche von MARCHOUX, DOERR und PICK (385), DOERR und ZDANSKI (386), MAZZUOLI, ERDMANN u. a. stimmen indessen darin überein, daß Kontaktversuche (unter Abwesenheit von Ektoparasiten) nicht gelingen. Nach den Versuchen DOERRs und seiner Mitarbeiter wird das Virus im oberen Verdauungstractus sehr bald zerstört. Man hat deshalb blutsaugende Parasiten als Überträger der Krankheit verdächtigt, ohne bisher Beweise dafür erbringen zu können.

VI. Anhang: Infektiöse Paralyse bei Hühnern.

Pathologische Anatomie und Histologie.

In den letzten Jahren ist die Aufmerksamkeit mehr und mehr auf die so häufig und manchmal epidemisch auftretenden Lähmungen der Extremitäten bei Hühnern hingelenkt worden. Neben solchen, die im Zusammenhange mit Wurm- und Kokzidienbefall vorkommen oder ursächlich auf Eiweißnährschäden oder Mangel an Vitaminen zurückzuführen sind, beanspruchen diejenigen, die scheinbar durch ein bis jetzt unbekanntes, vielleicht filtrierbares Virus verursacht sind, unser besonderes Interesse.

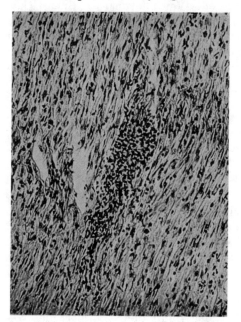

Abb. 45. Infektiöse Hühnerparalyse. Perivasculares Infiltrat im Nervus ischiadicus. Vermehrung der Scheidenzellen. Hämatox.-Eosin.

Über derartige Lähmungen infektiöser Natur, die nicht selten gleichzeitig mit mehr oder weniger ausgeprägten Erscheinungen von seiten des Gehirns einhergehen, liegen bereits mehrere Mitteilungen aus verschiedenen Ländern vor. Nach diesen handelt es sich mit ziemlicher Sicherheit um eine und dieselbe einheitliche Krankheit, wenn auch verschiedene Bezeichnungen, wie Mareksche Geflügellähme, Polyneuritis interstit. chron., Neuromyelitis gallinarum, Neuritis des Huhnes, Neurolymphomatosis, leg-weakness in poultry u. a. dafür gewählt worden sind.

Wenn man von älteren Mitteilungen absieht, die mangels histologischer Befunde eine Beurteilung nicht zulassen, so gehören zunächst und vor allem die von Marek (404), 1917, beschriebenen Fälle von Polyneuritis (in Österreich beobachtet) zu der hier gemeinten Gruppe. Sie zeigten klinisch ausgesprochene Lähmungserscheinungen, Sensibilitätsstörungen und Atrophie der Extremitätenmuskulatur. Pathologisch-anatomisch fanden sich Verdickung der Sakralgeflechte und der Hüftnerven mit dem histologischen Bilde einer ausgesprochenen, entzündlichen Zellinfiltration und dem vollständigen Ausfall der Nervenfasern, besonders im Bereiche der Abgangsstellen vom Rückenmark. Auch im Bereiche der Rückenmarkshäute sowie des Rückenmarks selbst konnten entzündliche Zellinfiltrate nachgewiesen werden. Marek bezeichnet diese Krankheit als eine „Neuritis interstitialis".

Eine klinisch ähnliche Krankheit ist, 1924, von v. d. Walle und Winkler-Junius (408) in Holland beobachtet und unter der Bezeichnung „Neuromyelitis gallinarum" mitgeteilt worden. Auch bei dieser Krankheit fiel bereits makroskopisch eine Verdickung der Nerven des Sakral- und

Lumbal-Plexus sowie der entsprechenden Ganglien auf. Diese zeigten histologisch entzündliche Veränderungen, die sich einerseits ein Stück weit in die peripherischen Nerven, andererseits aber auch in das Rückenmark fortsetzten und dort zur Bildung von Infiltraten führten. Als sekundäre Veränderungen wurden Degeneration von Nervenfasern und Ganglienzellen in den Wurzeln und im Rückenmark nachgewiesen. Als besonders interessanter Befund ist zu erwähnen, daß die Krankheit durch Verfütterung von Fleisch eines erkrankten Tieres auf ein gesundes Huhn übertragen werden konnte. Die Inkubationszeit betrug 5 Monate. Auch durch Verimpfung von Blut und Blutfiltrat kranker Tiere gelang es, die Krankheit bei weiteren 3 Hühnern zu erzeugen (Inkubation zwei Monate und länger). Die Verfasser glauben, daß die von ihnen beschriebene Krankheit durch ein filtrierbares Virus verursacht wurde.

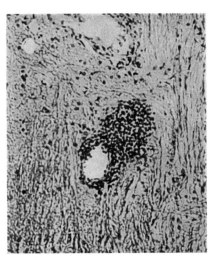

Abb. 46. Infektiöse Hühnerparalyse. Perivasculares Infiltrat im Gehirn. Hämatox.-Eosin.

Weiterhin berichtet DOYLE, 1926, über eine in Nordamerika auftretende seuchenhafte Neuritis bei Hühnern, die er mit der von v. D. WALLE und WINKLER beschriebenen für identisch hält. Jene Krankheit trat hauptsächlich bei über 8 Monate alten Tieren, und zwar besonders im Sommer und Herbst auf; in betroffenen Beständen fiel der Krankheit oft die Hälfte der Tiere zum Opfer. In der Art der Lähmungen bestanden große Verschiedenheiten je nach Art und Grad des Ergriffenseins dieser oder jener Nerven. Futteraufnahme und Psyche waren dagegen fast immer ungestört. Bereits bei makroskopischer Betrachtung ließ sich eine z. T. hochgradige Schwellung und Graufärbung zahlreicher großer Nervenstämme und Nerven (teils nur streckenweise, teils im ganzen Verlaufe) feststellen. Histologisch bestanden die Veränderungen in einer starken, diffus und perivasculär auftretenden Zellinfiltration. Auch im Zentralnervensystem, sowie in den Gehirn- und Rückenmarkshäuten fanden sich perivasculäre Infiltrate aus mononucleären Zellen. Die im Zusammenhange mit der Krankheit beobachteten Augenleiden waren durch entzündliche Veränderungen in Iris, Ciliarkörper und Cornea gekennzeichnet. Übertragungsversuche fielen negativ aus.

Eine besonders ausführliche klinische, pathologisch-histologische und experimentelle Studie verdanken wir PAPPENHEIMER, DUNN und CONE (405) (1925 und 1929), die die Krankheit ebenfalls in Nordamerika gesehen haben (Neurolymphomatosis gallinarum). Die Ergebnisse ihrer Untersuchungen stimmen im wesentlichen mit denjenigen der bisher erwähnten Autoren überein. Als Besonderheit mag lediglich erwähnt werden, daß nach ihren Angaben die Krankheit in einigen Gegenden endemisch ist und jahrelang dort herrscht. Asymmetrische partielle und progressive Paralyse der Flügel und der beiden Gliedmaßen und vereinzelt der

Nackenmuskeln sowie mitunter graue Verfärbung der Iris und Blind-
heit bei normaler Freßlust waren die hervorstechendsten Symptome.
Die Krankheit verlief gewöhnlich tödlich; Spontanheilungen kamen
selten vor. Auch bei dieser Krankheit bestand der hervorstechendste
anatomische Befund in einer mehr oder weniger starken, oft tumor-
artigen Verdickung und Graufärbung der Nerven. Histologisch wurden
ebenfalls erhebliche Infiltrationen mit Lymphoid- und Plasmazellen und
großen mononucleären Leukocyten sowie myeline Degeneration der Marksubstanz der Nerven nachgewiesen. Im Gehirn, im Rückenmark (und

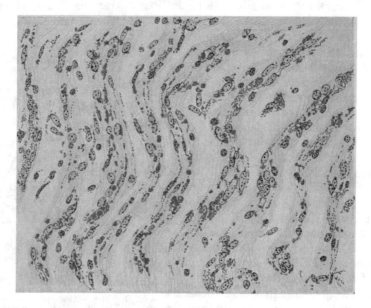

Abb. 47. MAREKsche Geflügellähme. Vollkommene Umwandlung des Myelins der Markscheiden
in Neutralfette. Vermehrung und Fettphagocytose der SCHWANNschen Scheidenzellen. Die Anordnung der Fetttröpfchen läßt den ursprünglichen Verlauf der Markscheiden noch deutlich
erkennen. — Färbung mit Scharlachrot. 433fache Vergrößerung.
[Nach DOBBERSTEIN u. HAUPT: Z. Inf.krkh. Haustiere 31, 58 (1927).]

in der Iris) fanden sich ähnliche Infiltrationen, in den beiden erstge-
nannten Organen vorwiegend perivasculär. Sie betrachten den ganzen
Prozeß als lymphoide Hyperplasie des Nervengewebes mit sekundären
degenerativen Veränderungen. Auch nach den Angaben dieser Autoren
ist die Krankheit durch subdurale und intramuskuläre Injektion von
Suspensionen des Nervengewebes paralysierter Tiere besonders auf
junge Küchlein übertragbar, allerdings lediglich in etwa 25 % der Fälle.
Eingehende, bisher nicht veröffentlichte Untersuchungen nach der
klinischen und pathologisch-anatomischen Seite sind in Nordamerika
seit 1921 auch von TH. SMITH (im ROCKEFELLER-Institut), der die Krankheit in den Vereinigten Staaten wohl zuerst gesehen hat, an einem großen
Material angestellt worden (Vortrag im Staff-meeting des Instituts
und persönliche Mitteilung). Endlich ist ein Fall dieser Krankheit, 1927,
auch in Deutschland von DOBBERSTEIN und HAUPT (401) mitgeteilt worden
(Polyneuritis chronica interstitialis). Er stimmt in allen Teilen durchaus
mit den bisher angeführten überein. Makroskopisch war auch in diesem

Falle eine sehr erhebliche Verdickung und Graufärbung der betroffenen Nerven auffallend. Histologisch bestanden neben „weitgehendem Markscheidenzerfall und Markscheidenschwund sowie Degeneration der Achsenzylinder eine starke Wucherung der Scheidenzellen, entzündliche Zellinfiltrationen und eine Vermehrung des endoneuralen Bindegewebes". Im Rückenmark fanden sich außer diffusem Markscheidenausfall, Gliawucherungen und entzündlichen Zellinfiltrationen noch eine primäre Degeneration von Ganglienzellen. Solange noch keine sicheren Beweise für die Infektiosität dieses Leidens erbracht sind, schlagen diese beiden

Abb. 48. MAREKsche Geflügellähme. Querschnitt durch das Rückenmark. Gliafärbung nach ALZHEIMER. Umfangreiche Gliafaservermehrung im Bereich des einen Hinterhorns. 38fache Vergr. [Nach DOBBERSTEIN u. HAUPT: Z. Inf. krkh. Haustiere 31, 58 (1927).]

Verfasser vor, die neutrale Bezeichnung „MAREKsche Geflügellähme" zu wählen, bzw. weiterzuführen.

Auch in Afrika kommt diese Krankheit vor, wo sie neuerdings (1928) von THOMAS (407) beobachtet und als „leg-weakness in poultry" beschrieben worden ist. Die Ergebnisse dieser Untersuchungen stimmen in allen Teilen mit den bisher angeführten überein, so daß die Erwähnung von Einzelheiten überflüssig ist. Es mag nur erwähnt werden, daß entzündliche Veränderungen auch in der Leber, im Herzmuskel, Skeletmuskulatur (s. auch DOBBERSTEIN), in der Iris, in den Ovarien, in den Nebennieren, im Thymus sowie im Nerv. opt.) nachgewiesen wurden. Der Verfasser steht auf dem Standpunkt, daß die Krankheit auf der einen Seite zur Leukämie bzw. Pseudoleukämie und auf der anderen Seite zu den Tumoren verwandtschaftliche Beziehungen unterhält. Zahlreiche Übertragungsversuche unter Verwendung verschiedensten Materials, bei Anwendung verschiedener Einverleibungsarten fielen negativ aus. Nur bei einem

Tier, das subcutan mit Blut eines kranken geimpft worden war, entwickelten sich nach $5^1/_2$monatiger Inkubation Lähmungserscheinungen.
Irgendwelche Schlüsse können aber daraus nicht gezogen werden, weil
auch unbehandelte Kontrollen Symptome und Veränderungen zeigten.

Aus dem angeführten Schrifttum geht hervor, daß es sich bei diesen,
in verschiedenen Ländern beobachteten Extremitäten-Lähmungen um
eine einheitliche, wohl charakterisierte, durchaus subakut oder chronisch
verlaufende Krankheit handelt. Sie ist gekennzeichnet durch eine makroskopisch auffallende, oft tumorartige Verdickung und Graufärbung
der Nerven und histologisch durch entzündliche infiltrative Veränderungen
(auch im Gehirn- und Rückenmark sowie in anderen Organen), Degeneration der Achsenzylinder, Markscheidenschwund, Wucherung der SCHWANN-
schen Scheidenzellen und Bindegewebsvermehrung.

In verschiedenen Hühnerbeständen ist endlich in den letzten Jahren von
O. SEIFRIED (406) eine scheinbar infektiöse Paralyse beobachtet worden,
die klinisch durch das häufige gleichzeitige Hervortreten cerebraler
Erscheinungen, anatomisch durch das völlige Fehlen makroskopischer
Befunde an den peripherischen Nerven und histologisch durch die verhältnismäßig geringgradigen entzündlichen und degenerativen Veränderungen in diesen in bemerkenswerter Weise von der MAREKschen Geflügellähme abweicht. Von den histologischen Veränderungen, die sonst im
großen und ganzen geringgradig ausgeprägten Fällen der MAREKschen
Geflügellähme ähneln, ist besonders das Hervortreten knötchenförmiger
Gliawucherungen im Gehirn hervorzuheben. Sie besitzen große Ähnlichkeit mit denen, die auch bei der Geflügelpestencephalitis vorkommen.

Einschlußkörperchen konnten sowohl bei dieser Krankheit als auch bei der
MAREKschen Geflügellähme nicht nachgewiesen werden.

Was die Verteilung des entzündlichen Prozesses im Zentralnervensystem anbetrifft, so ist wohl erwiesen, daß bei der MAREK-
schen Geflügellähme hauptsächlich die peripherischen Nerven sowie das
Rückenmark betroffen sind, während im Gehirn nicht regelmäßig und
dann meistens wenig ausgeprägte Veränderungen nachzuweisen sind.
Bei der von SEIFRIED beobachteten Krankheit ist diese Art der Verteilung weniger ausgesprochen. Es können bei ihr Gehirn und Rückenmark
in gleicher Stärke ergriffen sein wie die peripherischen Nerven und
andererseits kommen auch Fälle vor, bei denen außer den Nervenver-
änderungen solche im übrigen Nervensystem so gut wie fehlen.

Experimentelle Pathologie.

Aus den übereinstimmenden Angaben der Untersucher geht hervor,
daß die MAREKsche Geflügellähme nicht oder nur sehr schwer durch
künstliche Einverleibung des Virus auf andere Hühner übertragen werden
kann. Nach den in einem sehr kleinen Prozentsatz positiv ausgefallenen
Übertragungsversuchen von v. d. WALLE und WINKLER-JUNIUS sowie
von PAPPENHEIMER (405) und Mitarbeitern ist es wahrscheinlich, daß die
Krankheit infektiöser Natur ist. In dieser Hinsicht unterscheidet sich nun
die von SEIFRIED beobachtete Krankheit wesentlich von der MAREKschen
Geflügellähme. Jene konnte nämlich, wenn auch ziemlich unregelmäßig, so doch in einem wesentlich höheren Prozentsatz durch intracerebrale, subcutane, intramuskuläre und intraneurale Einverleibung

sowie durch Verfütterung von virushaltiger Gehirn-, Rückenmarks- und Nervensubstanz kranker Tiere auf Hühner übertragen werden. Mit einem Stamm ist es sogar gelungen, den Prozeß in 4 Passagen weiterzuführen. Ähnlich wie bei der MAREKschen Geflügellähme sind auch hier die Inkubationszeiten sehr lang: sie schwanken zwischen 4 Wochen und 3 Monaten. Auch die Krankheitsdauer ist sehr lange und schwankt etwa zwischen 15 Tagen und 6 Monaten.

Es ist sehr wahrscheinlich, daß die von SEIFRIED beobachtete Krankheit eine modifizierte Form der MAREKschen Geflügellähme darstellt. Möglicherweise handelt es sich vielleicht auch um ein hochgradig abgeschwächtes Hühnerpestvirus. Beide Krankheiten sind jedenfalls mit großer Wahrscheinlichkeit durch filtrierbare Virusarten verursacht. Darauf weist die bei der MAREKschen Geflügellähme bis jetzt allerdings nur einmal gelungene Filtration sowie die von SEIFRIED beobachtete hohe Glycerinfestigkeit (6 Monate) des Virus hin.

VII. Vergleichende Pathologie der Krankheiten der zweiten Verwandtschaftsgruppe.
(Schrifttum siehe bei den einzelnen Krankheiten der zweiten Verwandtschaftsgruppe.)

Für eine vergleichende Betrachtung der in die zweite Verwandtschaftsgruppe eingereihten Krankheiten stehen nur wenige Angaben in der Literatur zur Verfügung. Immerhin ist, hinsichtlich der enzootischen Encephalomyelitis des Pferdes (MOUSSU und MARCHAND) bereits von DOBBERSTEIN auf eine enge Verwandtschaft in klinischer und anatomischer Hinsicht mit der von FROEHNER und ihm beschriebenen Pferdeencephalomyelitis hingewiesen worden. Auch MOUSSU und MARCHAND selbst betonen die große Ähnlichkeit beider Krankheiten. Weiterhin sind die Hundestaupeencephalitis sowie die Geflügelpest-Encephalitis wenigstens in histologischer Hinsicht schon öfter miteinander verglichen worden (E. JOEST), wobei die Ähnlichkeit allerdings auch auf die BORNAsche Krankheit bezogen wurde. Wenn wir der früheren Einteilung hier nicht folgen, sondern die beiden letzteren Krankheiten mit den erst neuerdings bekannt gewordenen Pferde-Encephalomyelitiden von MOUSSU und MARCHAND und von FROEHNER und DOBBERSTEIN sowie der Hogcholera-Encephalitis in eine besondere Gruppe einreihen, so sind dafür verschiedene Gründe maßgebend. Alle 5 Krankheiten stimmen nämlich darin überein, daß bei ihnen nicht ausschließlich Veränderungen im Zentralnervensystem hervortreten, sondern daß gleichzeitig auch andere Organsysteme in ausgeprägtem Maße in Mitleidenschaft gezogen werden. Die Veränderungen an den letzteren stehen häufig sogar im Vordergrund (Hundestaupe, Hogcholera, Geflügelpest). Anatomisch handelt es sich bei allen diesen Infektionskrankheiten um echte Septikämien und nicht um sog. „Septineuritiden" im Sinne von NICOLAU. Dadurch ist ein grundsätzlicher, nicht ohne weiteres überbrückbarer Unterschied gegenüber den Krankheiten der 1. Verwandtschaftsgruppe gegeben. Dazu kommen noch einige Abweichungen was die Art der Encephalitiden anbetrifft. Sie beziehen sich weniger auf den Charakter der entzündlichen Veränderungen, die allein kaum eine so scharfe Trennung zwischen den beiden Verwandtschaftsgruppen rechtfertigen könnten, als vielmehr auf den Modus ihrer Ausbreitung im Zentralnervensystem.

a) Vergleich der Art der Veränderungen.

Den in Rede stehenden Krankheiten sind folgende Merkmale gemeinsam:

1. Wie bei den Krankheiten der 1. Verwandtschaftsgruppe handelt es sich auch hier um eigentliche Encephalitiden und nicht um Meningo-Encephalitiden (s. S. 609).

2. Im Gegensatz zu den Krankheiten der 1. Verwandtschaftsgruppe fallen diese hier nicht unter den Begriff der Polioencephalitis, denn der entzündliche Prozeß betrifft graue und weiße Substanz etwa in gleicher Weise.

3. Die Krankheiten gehören ebenfalls zu den sog. „nicht eiterigen Gehirn-Entzündungen", da die Infiltratzellen in der Hauptsache aus Lymphocyten, großen mononucleären Zellen und Plasmazellen zusammengesetzt sind.

4. Blutungen kommen zwar nicht regelmäßig vor; sie scheinen aber mehr zum typischen Bilde dieser Gruppe zu gehören.

5. Der entzündliche Reaktionskomplex schließt auch bei den Krankheiten dieser Gruppe die Neuroglia und wahrscheinlich auch die Mikroglia in sich ein, wenn auch nicht in dem Umfange wie bei den Krankheiten der 1. Verwandtschaftsgruppe (s. S. 610).

6. Auch eine Schädigung der Ganglienzellen wird bei allen in verschiedenem Grade beobachtet.

7. Die Krankheiten dieser Gruppe sind nicht regelmäßig mit einer peripherischen Neuritis vergesellschaftet.

8. Einschlußkörperchen im Zentralnervensystem kommen lediglich bei der Hundestaupe und bei der Geflügelpest vor.

Diesen zahlreichen übereinstimmenden Merkmalen histologischer Art können nun allerdings auch einige Verschiedenheiten gegenübergestellt werden:

So steht nach den Angaben von MOUSSU und MARCHAND die entzündliche Reaktion bei der französischen Encéphalite enzootique gegenüber den degenerativen Veränderungen im Hintergrund, im Gegensatz zu allen übrigen Krankheiten. Auch bei der Hundestaupe-Encephalitis kommen nach den Beobachtungen von LEWY, GALLEGO und des Verfassers derartige Fälle vor.

Das Vorkommen von vasculär-produktiven Herden wird lediglich bei der Hundestaupe- und Geflügelpest-Encephalitis beobachtet. Diese Veränderungen stellen indessen auch bei diesen beiden Krankheiten keinen regelmäßigen Befund dar.

Was die Zusammensetzung der Infiltratzellen bei den einzelnen Krankheiten anbetrifft, so werden bei der Hundestaupe-Encephalitis, abweichend von den übrigen Krankheiten, in wenigen Fällen typische Leukocyten nachgewiesen. Wie auf S. 642 bereits ausgeführt wurde, kann indessen hierin ein grundsätzlicher Unterschied gegenüber den anderen Krankheiten nicht erblickt werden. Bei der Hogcholera-Encephalitis kommen außerdem vereinzelte eosinophile Leukocyten vor. Erweichungsherde sind eine Besonderheit der von FROEHNER-DOBBERSTEIN beschriebenen Encephalo-Myelitis; Nekroseherde sind lediglich bei der Geflügelpest-Encephalitis und ganz selten bei der Hogcholera-Encephalitis festgestellt.

Die gliöse Reaktion ist wohl bei allen Krankheiten zugegen. Doch bestehen dem Grade nach wesentliche Unterschiede zwischen den einzelnen Krankheiten. Bei der Encéphalite enzootique scheint sie keine Rolle zu spielen und auch bei der FROEHNER-DOBBERSTEINschen Krankheit tritt sie im Verhältnis zu den übrigen Krankheiten stark zurück. Diese geringere Beteiligung der Glia ist zweifellos auf den akuten Verlauf dieser Krankheiten zurückzuführen. Ob die von GALLEGO bei der Hundestaupe beschriebene „endocelluläre neurofibrilläre Hypertrophie" auch anderen Krankheiten dieser Gruppe eigentümlich ist, läßt sich zur Zeit nicht entscheiden. Nach den Untersuchungen von SEIFRIED wird sie bei der Hogcholera-Encephalitis nicht beobachtet, wohl aber eine Atrophie und Fragmentation der endocellulären Fibrillen. Bei den übrigen Krankheiten liegen Untersuchungen in dieser Richtung bis jetzt nicht vor.

Grundsätzliche Unterschiede zwischen den einzelnen Krankheiten bestehen endlich hinsichtlich des Vorkommens von Einschlußkörperchen. Bei den beiden ersten Krankheiten werden sie vollkommen vermißt; diejenigen bei der Hundestaupe und der Geflügelpest sind von einander verschieden und die bei der Hogcholera in den Ganglienzellen von SEIFRIED ermittelten „einschlußkörperchenähnlichen Gebilde" können echten Zelleinschlüssen nicht an die Seite gestellt werden.

b) Vergleich der Ausbreitung der entzündlichen Reaktion im Zentralnervensystem.

Systematische Untersuchungen von der Art wie bei den Krankheiten der 1. Verwandtschaftsgruppe fehlen mit Ausnahme der Hogcholera- und Hundestaupe-Encephalitis (SEIFRIED) vollkommen. Nach den bis jetzt vorliegenden Angaben läßt sich aber so viel mit Sicherheit sagen, daß der Ausbreitungsmodus der entzündlichen Reaktion grundsätzlich von demjenigen bei den Krankheiten der 1. Verwandtschaftsgruppe abweicht. So betonen MOUSSU und MARCHAND für die Encéphalite enzootique selbst, daß eine Bevorzugung bestimmter Hirnteile, besonders des Riechhirns, nicht gegeben ist und daß im Vergleich mit der Encephalitis epidemica des Menschen hier geradezu umgekehrte Verhältnisse vorherrschen. Bei der FROEHNER-DOBBERSTEINschen Krankheit ist das Rückenmark (Lendengegend), verlängertes Mark, Brückengebiet und Kleinhirn Hauptsitz der Veränderungen. Bei der Hundestaupe-Encephalitis gehen die Angaben auseinander. Indessen scheinen Pons, Medulla oblongata, Hirnschenkelfuß ventrikelnahe Gebiete, Cerebellum, laterale Teile der Hemisphären und hinteres Ende des Temporosphenoidallappens hauptsächlich betroffen zu sein. Eine Bevorzugung bestimmter Zentren (besonders der Subst. nigra) wird vermißt (KUTTNER.) — Auch bei der Hogcholera-Encephalitis ist graue und weiße Substanz ziemlich gleichmäßig heimgesucht. Im großen und ganzen sind wohl die Veränderungen in der Nachbarschaft der Kammer sowie am Hirngrunde am stärksten ausgeprägt. Brücke, Medulla und Kleinhirn können erhebliche Veränderungen aufweisen. Auf Grund von vorläufigen Vergleichen (O. SEIFRIED) mit der Hundestaupe-Encephalitis wird man berechtigt sein, in der Ausbreitungsweise der entzündlichen Reaktion im Zentralnervensystem beider Krankheiten weitgehende Ähnlichkeiten zu erblicken. Was endlich die Geflügelpest-

Encephalitis anbetrifft, so liegen, was den Ausbreitungsmodus anbetrifft, verwertbare Mitteilungen bis jetzt nicht vor.

Wenn somit zwischen den einzelnen Krankheiten zweifellos gewisse Ähnlichkeiten in der Ausbreitung der entzündlichen Veränderungen im Zentralnervensystem bestehen, so muß doch, ehe weitere Schlußfolgerungen gezogen werden, der Ausfall systematischer, vergleichender Untersuchungen auf diesem Gebiete abgewartet werden.

Überblicken wir das Gesamtbild der histologischen Veränderungen der einzelnen Krankheiten dieser Gruppe, so bestehen trotz einiger Verschiedenheiten übereinstimmende Merkmale genug, um sie in einer Verwandtschaftsgruppe zusammenzufassen und andererseits auch Abweichungen genug, um ihre Abtrennung von den Krankheiten der 1. Verwandtschaftsgruppe zu rechtfertigen.

VIII. Ursache der Krankheiten der zweiten Verwandtschaftsgruppe.

(Schrifttum siehe bei den einzelnen Krankheiten dieser Gruppe.)

Auch die Krankheiten der 2. Verwandtschaftsgruppe stimmen darin überein, daß ihre Erreger den filtrierbaren Virusarten zugehören. Bei der von Froehner und Dobberstein beobachteten Pferdeencephalomyelitis ist die Filtrierbarkeit des Virus bis jetzt allerdings noch nicht geprüft worden. Auch für das Virus der infektiösen Hühnerparalyse, die von der vergleichenden Betrachtung ausgenommen wird, steht sie noch nicht fest; indessen sprechen die Befunde von v. d. Walle und Winkler-Junius sowie von Seifried dafür, daß auch diese Krankheit durch ein filtrierbares Virus verursacht wird. Wenn auch den Virusarten der 2. Gruppe im einzelnen dieselben Grundeigenschaften zukommen wie den Virusarten der 1. Gruppe (s. S. 619), so unterscheiden sie sich von jenen jedoch grundsätzlich darin, daß sie nicht ausschließlich neurotrope, sondern ausgesprochen organotrope Eigenschaften besitzen. Außer dem zentralen und peripherischen Nervensystem befallen sie bekanntlich auch noch andere Organe und Organsysteme und führen dort zu charakteristischen, pathologisch-anatomischen Veränderungen. Ihre Verbreitung im Organismus geschieht nicht auf dem Nervenwege, sondern mit großer Wahrscheinlichkeit auf dem Wege des Blutkreislaufes unter Umständen mit Beteiligung des Liquors (Septikämie). Die Tatsache, daß sie sich später im Zentralnervensystem (oder in anderen Organen) festsetzen können (wofür die Geflügelpest ein Beispiel liefert), spricht nicht gegen diese Annahme. Der Virusgehalt der verschiedenen Organe ist demnach primär nicht die Folge des Virusgehalts der in ihnen verlaufenden Nerven (s. Gruppe 1), sondern des in ihnen enthaltenen Blutes (wenigstens in gewissen Stadien dieser Krankheiten). Die Entstehung der bei diesen Krankheiten bisweilen vorkommenden peripherischen Neuritiden muß wahrscheinlich ebenfalls auf diese Weise erklärt werden. Eine „Septineuritis" (Nicolau) liegt hier nicht vor. Wenn auch bei den Krankheiten der 1. Verwandtschaftsgruppe das Blut bisweilen virushaltig ist, so liegen dort trotzdem andere Verhältnisse vor. Man muß bei jenen vielmehr an einen Übertritt des Virus vom Liquor in das Blut denken. In den organotropen Eigenschaften dieser Virusarten ist es weiterhin begründet, daß sie, soweit sich dies bis jetzt übersehen läßt — im Gegensatz zur 1. Verwandtschaftsgruppe — einer Neurotropie im engeren Sinne (PETTE) oder einer Pathoklise (im Sinne VOGTS) entbehren. Sie bevorzugen jedenfalls nicht die graue Substanz, sondern etwa im gleichen Maße auch die weiße. Vielleicht hängt auch diese Eigentümlichkeit mit dem Ausbreitungswege dieser Vira im Organismus zusammen.

Daß trotz dieser Übereinstimmungen die einzelnen Virusarten dieser Gruppe in ihrem biologischen und tierpathogenen Verhalten (weit größere Spezifität für die einzelnen Tierspezies wie diejenigen der 1. Verwandtschaftsgruppe) sich weitgehend voneinander unterscheiden, wird deutlich ersichtlich, wenn man sie nicht als selbständige Encephalomyelitiden, sondern als Gesamtkrankheiten mit verschiedenen Erscheinungsformen betrachtet. Auf Einzelheiten in dieser Richtung einzugehen, würde über den Rahmen dieses Berichtes weit hinausreichen. In immunbiologischer Beziehung lassen sich die Krankheiten dieser Gruppe vollends nicht in Zusammenhang bringen, wenn man die Encéphalite enzootique (MOUSSU u. MARCHAND) und die FROEHNER-DOBBERSTEINsche Krankheit von der Betrachtung ausschließt. Obwohl exakte Untersuchungen bis jetzt fehlen, so spricht doch viel dafür, daß die beiden letztgenannten eng miteinander verwandt, wenn nicht gar gleich sind. — Es wird die Aufgabe zukünftiger Forschung sein müssen, das Verhalten dieser Virusarten im zentralen und peripherischen Nervensystem näher zu studieren.

IX. Entstehungsweise der Krankheiten der zweiten Verwandtschaftsgruppe.

(Schrifttum siehe bei den einzelnen Krankheiten dieser Gruppe.)

Was die Epidemiologie der Krankheiten dieser Gruppe anbetrifft, so steht ihr Vorkommen weder in Abhängigkeit von der Jahreszeit, noch von bestimmten Örtlichkeiten, wie dies bei den Krankheiten der 1. Verwandtschaftsgruppe zutrifft. Sie treten außerdem viel gehäufter und in viel schwereren Seuchengängen auf wie jene. Dies hängt zweifellos damit zusammen, daß sie auf dem Wege des mittelbaren und unmittelbaren Kontakts sowohl unter natürlichen wie auch unter künstlichen Bedingungen überaus leicht übertragbar sind. Auch in dieser Hinsicht stehen sie in einem auffallenden Gegensatz zu den Krankheiten der 1. Gruppe. Die Hauptrolle bei der natürlichen Infektion scheint — soweit beweisende Untersuchungen vorliegen — dem Verdauungsschlauch und in zweiter Linie dem Inhalationswege sowie dem Eindringen von den Schleimhäuten des Auges aus zuzukommen. Dies ist wenigstens die allgemeine Auffassung. Ihr stehen allerdings die gegenteiligen Ansichten von DÖRR und Mitarbeitern u. a. sowie von LEWY gegenüber. Diese (und zahlreiche andere) konnten nachweisen, daß das Geflügelpestvirus bereits im oberen Verdauungsschlauch sehr bald zerstört wird und daß Kontaktversuche unter Abwesenheit von Ektoparasiten nicht gelingen (s. S. 665). Bei der Hundestaupe scheint LEWY den neurolymphogenen Infektionsweg (von der Nasen- bzw. Rachenschleimhaut aus) für den wichtigsten zu halten (in Analogie mit der Poliomyelitis infectiosa). Wenn ein derartiger Infektionsmodus wohl nicht ganz in Abrede gestellt werden kann, so spielt er sicher nur eine untergeordnete Rolle. Die Annahme einer derartigen Infektion könnte jedenfalls nicht mit dem Ausbreitungsmodus der entzündlichen Reaktion im Zentralnervensystem ohne weiteres in Übereinstimmung gebracht werden. Für die Krankheiten der 1. Verwandtschaftsgruppe ist — wie wir gesehen haben — die anatomische Grundlage für jenen Infektionsweg gegeben, während hier bis jetzt keinerlei Anhaltspunkte in dieser Richtung vorhanden sind (geringe Beteiligung der Riechkolben und der Riechrinde an dem entzündlichen Prozeß bei allen Krankheiten der 2. Gruppe). Inwieweit hier die Histologie (Ausbreitungsweg) zur Lösung der schwebenden Fragen beitragen kann, müssen erst künftige systematische Untersuchungen zeigen. Die bis jetzt vorliegenden lassen bindende Schlüsse jedenfalls noch nicht zu. Daß für die Entstehung der Krankheiten der 2. Verwandtschaftsgruppe veranlagende Umstände eine Bedeutung besitzen, ist so gut wie sicher. Gemeinsam ist ihnen auch die kurze, auf wenige Tage sich belaufende Inkubationsfrist sowohl nach spontaner als auch nach künstlicher Ansteckung und weiterhin die Infektiosität der verschiedenen inneren Organe und des Blutes sowie des Nasen- und Rachensekrets. Sicher ist, daß diese Krankheiten, was den Infektionsweg anbetrifft, viel Gemeinsames aufweisen, was sie zu den Krankheiten der 1. Verwandtschaftsgruppe in Gegensatz bringt. Auf welche Weise und auf welchem Wege die Veränderungen des Zentralnervensystems zustandekommen, ob sie durch das Virus oder durch Toxine verursacht sind und eine Reihe anderer Fragen, bedarf noch weiterer Klärung. Bis jetzt gehen die Auffassungen darüber noch weit auseinander.

6. Ergebnisse der Relationspathologie.

G. Ricker zum 60. Geburtstag.

Von

L. LOEFFLER, Berlin.

Mit 7 Abbildungen.

Schrifttum[1].

Von zusammenfassenden Arbeiten RICKERs und seiner Schüler sind zu nennen[2]:

RICKER, GUSTAV (1): Pathologie als Naturwissenschaft. Relationspathologie. Berlin: Julius Springer 1924.
— (2): Sklerose und Hypertonie der innervierten Arterien. Berlin: Julius Springer 1927.
— (3): Die pathologische Anatomie der frischen mechanischen Kriegsschädigungen des Hirns und des Rückenmarks und ihrer Hüllen. Handbuch der ärztlichen Erfahrungen im Weltkriege 1914/18, Bd. 8. Pathologische Anatomie. Leipzig: Johann Ambrosius Barth 1921.
— (4): Antikritisches zu JOSEF TANNENBERGs 3 Aufsätzen. Frankf. Z. Path. **33**, 45 (1926).
— (5): Zweite antikritische Bemerkungen. Frankf. Z. Path. **33**, 428 (1926).
— (6): Angriffsort und Wirkungsweise der Reize an der Strombahn. Krkh.forschg **1** (1925).
— (7): Der Stand der Lehre von der Epityphlitis. Dtsch. Z. Chir. **202**, 125 (1927).
— (8): Die Entstehung der pathologisch-anatomischen Befunde nach Hirnerschütterung in Abhängigkeit vom Gefäßnervensystem des Hirns. Virchows Arch. **226**, 180 (1919).
— u. P. REGENDANZ: Beiträge zur Kenntnis der örtlichen Kreislaufsstörungen. Virchows Arch. **231** (1921).
LANGE, FRITZ: Studien zur Pathologie der Arterien, insbesondere zur Lehre von der Arteriosklerose. Virchows Arch. **248** (1924).
ADLER, A.: Münch. med. Wschr. **1927**, Nr 51, 2167; **1929**, Nr 11, 454.
ASCHOFF, LUDWIG (1): Die Wurmfortsatzentzündung. Jena 1908.
— (2): Vorträge über Pathologie. Jena: Gustav Fischer 1925.
— (3): Erg. inn. Med. **25**, 1 (1924).
ASHER, L.: Erg. Physiol. **1**, 2, 376 (1902).
ASKANAZY, M.: Kriegspathologentagg Berlin 1916. Zbl. Path. **27** (1916).
ATZLER, EDGAR: Handbuch der normalen und pathologischen Physiologie, Bd. 7, 2, S. 935. Berlin: Julius Springer 1927.
BANSI, H. W.: Dtsch. med. Wschr. **55**, Nr 9, 347 (1929).
BEITZKE, H.: Virchows Arch. **270**, 561 (1928).
BENDA, C.: Verh. dtsch. path. Ges. **6**, 188 (1903); Erg. Path. 8 (1904).
BERBLINGER, W. Beitr. path. Anat. **64**, 226 (1918).
BERGH, HIJMANS VAN DEN u. SNAPPER: Dtsch. Arch. klin. Med. **110**, 540 (1913). Berl. klin. Wschr. **1914**, Nr 23/24; **1915**, Nr 42.
BERGSTRAND, HILDING: Über die akute und chronische gelbe Leberatrophie. Leipzig: Georg Thieme 1930.
BETHE zit. nach SPIELMEYER (l. c.).
BIONDI, GIOSUÈ: Beitr. path. Anat. **18**, 174 (1895).

---

[1] Zahlen hinter Namen im Text sind nur angeführt, wenn Arbeiten artverschiedenen Inhalts des gleichen Verfassers vorliegen und im Text verwandt sind.

[2] Einiges ist mit Erlaubnis unveröffentlichten Vorträgen entnommen, die RICKER in dem von ihm geleiteten Institut für ärztliche Fortbildung in Magdeburg gehalten hat.

BORK, KURT: Virchows Arch. **267**, 624 (1928).

BRAEUCKER, W.: Dtsch. Z. Nervenheilk. **106**, 181 (1928).

BRAUN, LUDWIG: Sitzgsber. Akad. Wiss. Wien, Math.-naturwiss. Kl. III **116** (1907).

BRESLAUER, FRANZ: Dtsch. Z. Chir. **150**, 50 (1918).

BRUGSCH, TH. u. RETZLAFF: Verh. dtsch. Kongr. inn. Med. **28**, 496 (1911).

BRÜNING, F. u. O. STAHL: Die periarterielle Sympathektomie. Berlin: Julius Springer 1924.

BRÜNN, WILHELM: Mitt. Grenzgeb. Med. u. Chir. **21**, 1 (1909).

BÜRKER, K.: Handbuch der normalen und pathologischen Physiologie, Bd. 6, 1, S. 64. Berlin: Julius Springer 1927.

CARRIER, E. B.: Amer. J. Physiol. **61**, 528 (1922). Zit. nach LEWIS (l. c.) S. 25.

CHRISTELLER, ERWIN u. EDMUND MAYER: Wurmfortsatzentzündung. Handbuch der speziellen pathologischen Anatomie und Histologie, Bd. 4, 3, S. 469. Berlin: Julius Springer 1929.

DEMEL, RUDOLF: Arch. klin. Chir. **166**, 179 (1930).

DENNIG, H.: Klin. Wschr. **1924**, Nr 17, 727.

DIETRICH, A.: Virchows Arch. **251**, 555 (1924).

DIETRICH, KURT (1): Virchows Arch. **274**, 452 (1929).

— (2): Verh. dtsch. path. Ges. **24**, 308 (1929).

— (3): Verh. dtsch. path. Ges. **25**, 264 (1930).

DONDERS: Physiologie des Menschen, 1859. Zit. nach TIGERSTEDT (l. c.) Bd. 3, S. 266.

DUYFF u. BOUMAN: Z. Zellforschg **5**, 596 (1927).

EBBECKE, U.: Erg. Physiol. **22**, 423 (1923); Pflügers Arch. **169**, 1 (1917).

EDELMANN: Mschr. Kinderheilk. **46**, 536 (1930).

ELBE: Virchows Arch. **182**, 445 (1905).

ELLINGER, PH. u. A. HIRT: Arch. f. exper. Path. **106**, 135 (1925).

ENDERLEN, E., S. J. TANNHAUSER u. M. JENKE: Arch. f. exper. Path. **120**, 16 (1927).

ENGELMANN, TH.: Plügers Arch. **11**, 477 (1875).

EPPINGER, HANS: Klin. Wschr. 8, Nr 15, 679 (1929).

ERNST, THEODOR: Beitr. path. Anat. **75**, 229 (1926).

FABER, ARNE: Die Arteriosklerose. Jena: Gustav Fischer 1912.

FAHR, TH. (1): Kriegspathologentagg Berlin **1916**. Zbl. Path. **27** (1916).

— (2): Virchows Arch. **239**, 41 (1922).

FAHRENKAMP, K.: Die psychophysischen Wechselwirkungen bei den Hypertoniekrankheiten. Hippokrates-Verlag 1926.

FELDBERG, W. u. E. SCHILF: Histamin, seine Pharmakologie und Bedeutung für die Humoralphysiologie. Berlin: Julius Springer 1930.

FISCHER, HANS: Erg. Physiol. **15**, 185 (1916); Handbuch der normalen und pathologischen Physiologie, Bd. 6, 1, S. 164. 1928.

FISCHER, M. H.: Das Ödem. Dresden 1910.

FISCHER, WALTHER: Virchows Arch. **208**, 1 (1912).

FISCHER, H. u. REINDEL: Münch. med. Wschr. **41**, 1451 (1922).

FISCHER-WASELS, BERNHARD: Verh. dtsch. path. Ges. **25**, 270 (1930).

FISCHER-WASELS u. R. JAFFÉ: Handbuch der normalen und pathologischen Physiologie, Bd. 7, 2, 1103. Berlin: Julius Springer 1927.

FOERSTER, O.: Siehe bei BRAEUCKER.

FORSGREN, ERIK: Skand. Arch. Physiol. (Berl. u. Lpz.) **53**, 137 (1928); **55**, 144 (1929); Z. Zellforschg **6**, 647 (1928).

FROBÖSE, CURT: Zbl. Path. **31**, 225 (1921).

GASKELL u. SMITH: Zit. nach PIOTROWSKI (l. c.).

GERHARDT, D.: Verh. dtsch. Kongr. inn. Med. **27**, 109 (1910).

GERLACH, WERNER: Virchows Arch. **270**, 1 (1928); Verh. dtsch. path. Ges. **23**, 358 (1928).

GOLDBECK: Inaug.-Diss. Gießen 1850. Zit. nach SPRENGEL (l. c.).

GOLDZIEHER, M.: Frankf. Z. Path. **21**, 88 (1918).

GOLTZ, FR. u. I. R. EWALD: Pflügers Arch. **63**, 388 (1896).

GOTTRON, H.: Arch. f. Dermat. **159**, 448 (1929).

GROLL, HERMANN: Beitr. path. Anat. **70**, 20 u. 529 (1922).

GROSSMANN, FR.: Frankf. Z. Path. **36**, 361 (1928).

GUNNING: Arch. holl. Beitr. Natur- u. Heilk. **1**, 310 (1858). Zit. nach TIGERSTEDT (l. c.), Bd. 3, S. 266.

HAMILTON: J. Physiol. 5, 66 (1884).

HARTOCH, WERNER: Virchows Arch. 270, 561 (1928).

HEINZ, R.: Beitr. path. Anat. 29, 299 (1901).

HELD, HANS: Die Lehre von den Neuronen und vom Neurencytium und ihr heutiger Stand. Berlin u. Wien: Urban & Schwarzenberg 1929.

HENLE, JAKOB: Wschr. ges. Heilk. 1840, Nr 21, 329.

HERXHEIMER, G. (1): Krankheitslehre der Gegenwart. Dresden u. Leipzig: Theodor Steinkopff 1927.

— (2): Beitr. path. Anat. 72, 56 u. 349 (1924).

HEUBNER, W.: Erg. inn. Med. 1, 296 (1908).

HIRSCH, L.: Arch. klin. Chir. 137, 281 (1925).

HIRSCHBERG, S. B. u. M. E. SUCHARIEW (russ.). Zit. Mschr. Kinderheilk. 46, 536 (1930).

HOFMEISTER: Zit. nach D. GERHARDT (l. c.).

HOLMER, A. I. M.: Frankf. Z. Path. 37, 51 (1928).

HOMUTH, O.: Z. exper. Med. 55, 445 (1927); 62, 492 (1928); 64, 714 (1929); 73, 251 (1930).

JAFFÉ, R.: Z. ärztl. Fortbildg 24, Nr 15, 477 (1927).

JORES, LEONHARD: Handbuch der speziellen pathologischen Anatomie und Histologie, Bd. 2. Berlin: Julius Springer 1924.

KAHLER, H.: Erg. inn. Med. 25, 265 (1924).

KANNER, OSKAR: Klin. Wschr. 1922, Nr 42, 2094; 1924, Nr 3, 108.

KAREWSKI, F., KRAUS-BRUGSCH: Spezielle Pathologie und Therapie innerer Krankheiten, Bd. 6, 2. Hälfte, S. 635. Berlin u. Wien: Urban & Schwarzenberg 1923.

KATSURA, H.: Zbl. Bakter. I 28, 359 (1900).

KAZNELSON, PAUL: Wien. Arch. inn. Med. 1, 563 (1920).

KLEMENSIEWICZ (1): Sitzgsber. Akad. Wiss. Wien, Math.-naturwiss. Kl. 1887.

— (2): Naturforsch.-verslg Münster 1892. Zit. nach A. DIETRICH.

KLINK, HEINRICH: Z. exper. Med. 67, 219 (1929).

KOCH, EBERHARD u. MARTIN NORDMANN: Z. Kreislaufforschg 20, 343 (1928).

KODAMA, MAKOTO: Beitr. path. Anat. 73, 187 (1925).

KONDRATJEW, N.: Z. Anat. 90, 178 (1929).

KREHL, LUDOLF: Path. Physiol. 13. Aufl., S. 635/636. Leipzig: F. C. W. Vogel 1930.

KROGH, AUGUST: Anat. und Physiologie der Capillaren, I. Aufl. Berlin: Julius Springer 1924; II. Aufl., deutsch von WILHELM FELDBERG. Berlin: Julius Springer 1929.

KUCZYNSKI, MAX H.: Virchows Arch. 239, 216f. (1922).

KÜTTNER, HERMANN u. MAX BARUCH: Beitr. klin. Chir. 120, 1 (1920).

KYLIN, ESKIL: Die Hypertoniekrankheiten, S. 112f. Berlin: Julius Springer 1926; Erg. inn. Med. 36, 202f. (1929).

LANGE, FRITZ: Arch. klin. Med. 158, 227 (1928).

LANGEMAK, OSKAR: Arch. klin. Chir. 70, 946 (1903).

LAPINSKI, MICHAEL: Arch. f. Physiol. 1899, Suppl., 502; Arch. mikrosk. Anat. 65, 623 (1905); Virchows Arch. 183, 1 (1906).

LAUENSTEIN, C. u. H. REVENSTORF: Dtsch. Z. Chir. 77, 40 (1905).

LAZAREW, N. W. u. ANNA LAZAREWA: Strahlenther. 23, 41 (1926).

LEHMANN, WALTER: Erg. Chir. 17, 608 (1924).

LEPEHNE, G. (1): Erg. inn. Med. 20, 221 (1921).

— (2): Klin. Wschr. 5, Nr 23, 1042 (1926).

LERICHE: Zit. nach BRÜNING-STAHL.

LESSER, E. J.: Die innere Sekretion des Pankreas. Jena 1924.

LEWASCHEW: Pflügers Arch. 26 (1881); Virchows Arch. 42 (1883).

LEWIS, THOMAS: Die Blutgefäße der menschlichen Haut und ihr Verhalten gegen Reize, Autoris. Übersetzung von ERICH SCHILF. Berlin: S. Karger 1928.

LOEFFLER, L.: Virchows Arch. 265, 41 (1927); 266, 55 (1927); 269, 771 (1928); Z. Anat. 84; 511 (1927); Verh. dtsch. path. Ges. 1928, 336.

— u. M. NORDMANN: Virchows Arch. 257, 119 (1925).

LUBARSCH, O. (1): Handbuch der ärztlichen Erfahrungen im Weltkriege 1914/18, Bd. 8, S. 70. Leipzig: Johann Ambrosius Barth 1921.

— (2): Berl. klin. Wschr. 58, 757 (1921).

— (3): Verh. dtsch. path. Ges. 18, 3 (1923).

— (4): Verh. dtsch. path. Ges. 23, 357 (1928).

— (5): Jahreskurse ärztl. Fortbildg 16, 20 (1925).

LUCAS-CHAMPONNIÈRE: J. Méd. prat. **22** (1903). Zit. nach CHRISTELLER und MAYER (l. c.) S. 573.

LUDWIG, C., Schüler: A. KUNKEL: Ber. Verh. sächs. Ges. Wiss., Math.-physik. Kl. **27**, 236 (1875); Arch. ges. Physiol. **14**, 367 (1877); A. KUFFERATH: Arch. f. Physiol. **92** (1880).

MAKINO, I.: Beitr. path. Anat. **72**, 808 (1924).

MALKOFF, G. M.: Beitr. path. Anat. **25**, 431 (1899).

MANN, FRANK C. u. THOMAS B. MAGATH: Erg. Physiol. **23**, 212 (1924).

MARCHAND, FELIX (1): Verh. dtsch. Kongr. inn. Med. **21**, 23 (1904).

— (2): KREHL-MARCHAND: Handbuch der allgemeinen Pathologie, Bd. 4, 1, S. 317 f. Leipzig: S. Hirzel 1913.

MARCUS, MAX: Beitr. klin. Chir. **149**, 138 (1930); Dtsch. Z. Chir. **224**, 158 (1930).

MELCHIOR, E., F. ROSENTHAL u. H. LICHT: Klin. Wschr. **5**, 537 (1926).

MIESCHER, G.: Strahlenther. **16**, 333 (1924).

MÖLLENDORF, WILHELM VON: Erg. Physiol. **18**, 141 (1920).

MÜLLER, L. R.: Die Lebensnerven, II. Aufl., S. 203. Berlin: Julius Springer 1924.

— u. W. GLASER: Z. Nervenheilk. **46**, 324 (1903).

NATUS, MAXIMILIAN: Virchows Arch. **199**, 1 (1910).

NEE, MC. I. W.: Med. Klin. **1913**, Nr 28, 1125.

NORDMANN, MARTIN (1): Z. exper. Med. **48**, 84 (1925).

— (2): Z. Kreislaufforschg **20**, 343 (1928).

— (3): Münch. med. Wschr. **1930**, Nr. 15, 652.

NOTHNAGEL: Internat. klin. Rdsch. **7** (1843). Zit. nach CHRISTELLER und MAYER, S. 543.

OBERNDORFER: Arch. klin. Med. **102**, 518 (1911).

ODERMATT, W.: Beitr. klin. Chir. **127**, 1 (1922).

OGATA, TOMOSABURO: Beitr. path. Anat. **55**, 248 (1913).

PATON, NOEL, D. u. ALEXANDER GODALL: J. Physiol. **29**, 411 (1903).

PFEIFER, RICHARD, ARWED: Die Angioarchitektonik der Großhirnrinde. Berlin: Julius Springer 1928.

PFUHL, WILHELM: Z. mikrosk.-anat. Forschg **10**, 207 (1927).

PICK, LUDWIG: Über den Morbus GAUCHER usw. Med. Klin. **1924/25**. Sonderdr.

PIOTROWSKI: Arch. Ges. Phys. **55**, 291 (1894).

PONFICK, E.: Berl. klin. Wschr. **20**, Nr 26, 389 (1883).

PUSCHELT: Das System der Medizin. Heidelberg 1829; Perityphlitis. Neues Handbuch der deutschen Medizin und Chirurgie. Heidelberg 1839. Zit. nach SPRENGEL (l. c.).

QUINCKE, H.: Dtsch. Arch. klin. Med. **27**, 193 (1880).

RADT, P.: Z. exper. Med. **66**, 264 (1929); **69**, 721 (1930).

RANKE: Zit. nach TIGERSTEDT, Bd. 4, 2, S. 299.

REIN, H.: Vortr. Berl. physiol. Ges. **1930**; Klin. Wschr. **1930**, Nr 32, 1488.

REISCHAUER, FRITZ: Beitr. klin. Chir. **148**, 283 (1929).

RENN, PIUS: Frankf. Z. Path. **19**, 340 (1916).

RICKER, G. u. I. ELLENBECK: Virchows Arch. **158** (1899).

— u. W. KNAPE: Med. Klin. **1912**, Nr 31.

RIEDER, WILHELM: Arch. klin. Chir. **158**, 355 (1930).

RITTER, C.: Dtsch. Z. Chir. **200**, 364; Zbl. Chir. **1927**, 530.

ROMBERG: Verh. dtsch. Kongr. inn. Med. **21** (1904).

ROSENBACH, OTTOMAR: Krankheiten des Herzens. Wien u. Leipzig 1894/97. Zit. nach FRITZ LANGE, S. 587 (Arteriosklerose).

ROSENBLATH: Virchows Arch. **259**, 261 (1926); Z. Nervenheilk. **61** (1918).

RÖSSLE, R. (1): Verh. dtsch. path. Ges. **17**, 281 (1914).

— (2): Kapitel: Lebercirrhose in HENKE-LUBARSCH, Bd. 5. Berlin: Julius Springer 1930.

RÜHL, A.: Gangarten der Arteriosklerose. Jena: Gustav Fischer 1929.

RUF, SEPP: Beitr. path. Anat. **75**, 135 (1926).

SACHS, HANS: Probleme der pathologischen Physiologie im Lichte neuerer immunbiologischer Betrachtung. Sonderdruck aus Wien. klin. Wschr. **41**, H. 13 (1928). Wien: Julius Springer 1928.

SAUERBRUCH: Anmerkung zu G. RICKER: Der Stand der Lehre von der Epityphlitis (s. o.).

SCHADE, H.: Die physikalische Chemie in der inneren Medizin, 2. Aufl. Dresden und Leipzig: Theodor Steinkopff 1923; Erg. inn. Med. **32**, 425 (1927).

SCHIFF u. VALENTIN: Zit. nach VULPIAN (l. c.) Bd. 1, S. 199.

SCHILF, E.: Das autonome Nervensystem. Leipzig: Georg Thieme 1926.

Schklarewsky: Pflügers Arch. **1**, 603 (1868).

Schlesinger, Erich: Dtsch. med. Wschr. **1912**, Nr 34, 1592.

Schradieck, Konstantin: Untersuchungen an Muskel und Sehne nach der Tenotomie. Med. Inaug.-Diss. Rostock 1900.

Schwartz, Ph.: Die Arten des Schlaganfalls des Gehirns und ihre Entstehung. Monographien Neur., H. 58. Berlin: Julius Springer 1930.

Schwarz, L.: Virchows Arch. **269**, 683 (1928); Virchows Arch. **279**, 334 (1930).

Shimura, Kunisaku: Virchows Arch. **251**, 160 (1924).

Spatz: Histol. Arb. Großhirnrinde **1920**. Zit. nach Spielmeyer (l. c.), S. 298/99.

Spiegel, E. A. (1): Die Zentren des autonomen Nervensystems. Berlin: S. Karger 1928.

— (2): Experimentelle Neurologie. Berlin: S. Karger 1928.

— (3): Beitr. path. Anat. **70**, 205 (1922).

Spielmeyer, W.: Handbuch der normalen und pathologischen Physiologie, Bd. 9, S. 298/99. Berlin: Julius Springer 1929.

Sprengel, Otto: Appendicitis. Deutsche Chirurgie. Stuttgart: Ferdinand Enke 1906.

Standenath, Friedrich: Erg. Path. **22** (1928).

Stoel, G.: Z. Zellforschg **3**, 91 (1925).

Stokes, William: Die Krankheiten des Herzens und der Aorta. Würzburg 1855. Zit. nach Fritz Lange, S. 587 (Arteriosklerose).

Strauss, H. (1): Berl. klin. Wschr. **1906**, Nr 50.

— (2): Med. Klin. **1930**. Nr 47.

Tannenberg, Josef: Frankf. Z. Path. **31**, 173—411 (1925).

Tannenberg, J. u. B. Fischer-Wasels: Handbuch der normalen und pathologischen Physiologie, Bd. 7, 2, S. 1496 f. 1927.

Tannhauser, S. J.: Lehrbuch des Stoffwechsels und der Stoffwechselkrankheiten, S. 350 f. München: J. F. Bergmann 1929.

Tavel u. Lanz: Rev. de Chir. **1903**. Zit. nach Christeller und Mayer, S. 550.

Thoma, Richard: Lehrbuch der allgemeinen pathologischen Anatomie. Stuttgart 1894; Virchows Arch. **236**, 243 (1922).

Tigerstedt, Robert: Die Physiologie des Kreislaufes, 2. Aufl. Berlin u. Leipzig: Walter de Gruyter & Co 1921/23.

Treves, Frédéric: Brit. med. J. **1902**. Zit. nach Sprengel, S. 365.

Uhlenhut, P. u. Walter Seiffret: Klin. Wschr. **7**, Nr 32, 1497 (1928).

Volhard, Fr.: Verh. dtsch. Kongr. inn. Med. **35**, 144 (1923).

Vulpian, A.: Lecons sur l'appareil vasomoteur, Tome 1, p. 325 et 194. Paris 1875.

Wegener, Georg: Arch. klin. Chir. **20**, 50 (1877).

Wertheimer, Ernst: Pflügers Arch. **213**, 262 (1926); **215**, 779 (1927); **215**, 796 (1927).

Westphal, Karl u. Richard Bär: Dtsch. Arch. klin. Med. **151**, 1 (1926).

Wiedhopf, Oskar: Beitr. klin. Chir. **130**, 405 (1924).

Willstätter: Zit. nach Hans Fischer (l. c.).

Winternitz: Orv. Hetil. (ungar.) **1900**. Zit. nach Christeller und Mayer, S. 551.

Zondek, H.: Dtsch. med. Wschr. **55**, Nr 9, 345 (1929).

Das Referat will die Lehren und Ergebnisse der Relationspathologie einem größeren Leserkreis zugänglich machen. Es wendet sich über den engen Kreis der Fachgenossen hinaus an die Kliniker und verzichtet darum, eine ins einzelne gehende Darstellung und Begründung der Relationspathologie zu geben. Sie sind in den Arbeiten Rickers und seiner Schüler gegeben. Da gerade denjenigen Kreisen der medizinischen Wissenschaft, die heute der allgemeinen pathologischen Anatomie und Pathologie fernerstehen, die jedoch unbestritten Richtung, Ziel und Arbeitsweise in der wissenschaftlichen Medizin bestimmen, meist Vertreter der inneren Medizin, die Relationspathologie Rickers so gut wie unbekannt ist, will der Referent ihnen mit an die Hand gehen.

Dem Verfasser hat sich durch den stets und eifrig gepflegten Verkehr mit der Klinik die Erkenntnis aufgedrängt, daß die wenigen, die zur

Zeit etwas oder etwas mehr als den Namen Rickers und seiner Relationspathologie gehört haben, nicht an dem Inhalt seiner Pathologie, sondern
an dem Mißverstehen des Inhalts gestrauchelt sind und mit dem ersten
Versuch jeden zweiten aufgegeben haben. Das kann geändert werden;
Mißverständnisse lassen sich aufklären.

Die Relationspathologie vermag, indem sie durch Gesetze den
einzelnen Befund und seine Entstehung in das Ganze einordnet, die allgemeine Pathologie und pathologische Anatomie denjenigen wieder näher
zu bringen, die sich aus diesen oder jenen Gründen von ihr abgewandt
haben oder sie nur insoweit benutzen, als sie zur Sicherung einer Diagnose
herhält. Die Relationspathologie versucht, der heutigen Medizin und
medizinisch-wissenschaftlichen Arbeit die Grundlage zurückzugeben,
auf der allein sie ihrer Meinung nach aufgebaut ist und bestehen kann,
die Physiologie. Der Weg, den die Relationspathologie und -physiologie
vorschlägt, führt nicht fort von Chemie und Physik, den verhätschelten
und bewunderten Lieblingen der heutigen Medizin, fort von Forschungs-
arbeit auf diesen Gebieten, sondern ordnet sie nur ein in die Physiologie.
Ihre alten Probleme in neuem Gewande mit neuzeitlichen Methoden
zu bearbeiten, dürfte zu erreichen sein. — Alle diese Dinge sind bereits
oft gesagt und geschrieben. Trotzdem glaubte der Verfasser, mit einem
neuen Versuch nicht zurückhalten zu sollen. — Es ist unnötig zu betonen,
daß alles, was die Übersicht enthält, dem Geist Rickers entsprungen ist.
Der Verfasser ist nur mit schweren Bedenken an die Aufgabe heran-
gegangen. Die Hoffnung, der Sache ein wenig zu nützen, hat die
Bedenken überwunden, ohne sie zu zerstreuen. Er erfüllt nur eine Ver-
pflichtung, die er Ricker und dem von ihm Geschaffenen als sein Schüler
schuldig zu sein glaubt.

I. Allgemeiner Teil.

Blut und Gewebe.

Atmet ein Mensch eine genügende Menge Chloroform ein, so kann
er nach 3 Tagen tot sein. Die Sektion ergibt als wesentlichen anatomischen Befund eine Verfettung von Herz, Nieren, Nekrose der Leber.
Die Aufgabe des Pathologen ist nicht damit beendet, daß er aus dem
Nacheinander der Vorgänge — Einatmung von Chloroform, Verfettung
der genannten Organe — eine kausale Reihe macht, indem er ableitet:
das Chloroform ist die Ursache der Verfettung und des Todes. Stets
hat er seine weitere Aufgabe darin gesehen, zu erklären, wie die Verfettung
der Niere, die Nekrose der Leber im einzelnen zustande kommt. Ebenso
die Relationspathologie.

Von den Beziehungen, die zwischen den einzelnen Teilen eines Organes
unter sich und zwischen diesem und der Außenwelt bestehen, seien zwei
herausgegriffen — nicht ihrer Wichtigkeit halber, alle sind gleich wichtig —
sondern weil sie am einfachsten nachweisbar sind und ein Verständnis
des Ganzen eröffnen: die Beziehung zwischen Blut und Gewebe und die
Beziehung zwischen äußerem Mittel (Chloroform) und Organ.

Blut ist die Ernährungsflüssigkeit der Zellen und Gewebe. Vom Blut
erhält die Zelle alle Stoffe, die sie braucht, wie man sagt, und zwar

mittelbar, nachdem das Plasma die Capillaren verlassen und als Gewebsflüssigkeit die Zellen umspült. Dem Blute müssen die Stoffe entstammen, aus dem das Fett im Nierenepithel, in der Herzmuskelfaser
(nach Chloroformvergiftung) entstanden ist. (Wir übergehen die noch
nicht ganz überwundene Ansicht, daß das Fett aus der Zelle durch
Eiweißzerfall an Ort und Stelle entstanden ist.) Was für das Fett gilt,
gilt für andere Stoffe, die sich im Gewebe finden, Glykogen, Kalk, Eiweiß,
gilt auch für diejenigen Stoffe, die das Protoplasma der Zellen zusammensetzen und die es beim Wachstum der Zellen aufbauen. Damit wird
aber die Funktion des Blutes erweitert über den Begriff der reinen
Ernährungsflüssigkeit hinaus, denn Kalk hat keine ernährende Funktion,
ebensowenig das Fett im Nierenepithel. Das Blut wird zu einer Quelle,
die sowohl im normalen als auch im pathologischen Zustand fließt.
Dadurch, daß überall im Körper nicht das Blut selbst, sondern die
Gewebsflüssigkeit aus dem Blute die Quelle der abgelagerten, syntheti-
sierten Stoffe darstellt, gelangen auch die capillarlosen, jedoch von
Gewebsflüssigkeit durchströmten Organe, Hornhaut, Knorpel, in Beziehung
zum Blut, mit dem Unterschied, daß die Entfernung des Gewebes vom
Blute größer ist als bei capillarhaltigen Organen. Ist der Stoffwechsel
lebhaft, normal, so gelangen die Stoffe in im allgemeinen geringer Menge
aus dem Blut ins Gewebe, werden dort nach kurzer Zeit ausgeschieden,
verbrannt, verbraucht. Assimilation und Dissimilation gehen unter
Sauerstoffverbrauch, Kohlensäureabgabe und anderen verwickelten
chemischen Vorgängen vor sich. In der Leber, im Muskel findet dauernd
eine Aufnahme von Zucker aus dem Blut und eine Synthese zu Glykogen
statt, auch Fett wird in geringster Menge aufgenommen, synthetisiert
und wieder abgegeben. Ist, in dem Beispiel von Chloroformvergiftung,
die Menge des Fettes in der Leber, Niere oder sonstwo vermehrt und
bleibt es tagelang, ja wochenlang ohne Veränderung bestehen, so müssen
Gründe vorhanden sein, die die Vermehrung des Fettbestandes und
seinen verlängerten Aufenthalt in den Zellen bewirken. Der Versuch,
in der Hand Rickers und seiner Schüler, hat diese Bedingungen „in
erster Annäherung" aufgedeckt; es ergab, daß im allgemeinen die
Strömungsgeschwindigkeit des Blutes in der Niere leicht verlangsamt
und die Capillaren in solchem Zustande leicht erweitert waren, mit
anderen Worten: es besteht in einem solchen Organ mit abgeändertem
Stoffwechsel (Verfettung) auch eine Abänderung seiner Durchströmung
mit Blut, demnach auch mit Gewebsflüssigkeit in gleichem Sinne; so
wie im Gewebe Fett vermehrt und verlangsamt abgebaut wird, so ist
der Blutgehalt der Niere vermehrt, die Geschwindigkeit, mit der es
fließt, herabgesetzt. Die Gleichsinnigkeit des Charakters der Abänderung
an Blutstrombahn und Gewebe berechtigt und erfordert die Beantwortung der Frage, ob hier mehr als ein Parallelvorgang vorliegt, ob
vielleicht das eine die Ursache des anderen ist. Die zweite, durch das
Experiment gewonnene Erfahrung, daß die Veränderung in der Durchströmung der Veränderung am Gewebe vorausgeht, und zwar genügend
lange, zwingt zu dem Schluß, daß das eine die Ursache des anderen
ist und selbstverständlich das zeitlich erste (also die Blutüberfüllung) die
Ursache des zeitlich zweiten (der Verfettung). In diesen wenigen, so
selbstverständlichen und einleuchtenden Sätzen ist mehr enthalten als

auf den ersten Blick dem Unvoreingenommenen enthalten zu sein scheint. Da der Leser sicherlich uns bis hierher ohne Bedenken, ja ohne Überraschung gefolgt sein wird, dürfen wir weitergehen, wiederum an Hand von Beispielen:

In zahlreichen Arbeiten hat sich H. ZONDEK mit seinen Mitarbeitern bemüht, in das Wesen des M. Basedowii einzudringen. Es ist ihm dabei die Feststellung gelungen, daß beim Basedow ein erhöhter Sauerstoffverbrauch in der Peripherie des Körpers, z. B. in der Muskulatur stattfindet. Der erhöhte Sauerstoffverbrauch hat nach ZONDEK Beschleunigung der Durchströmung zur Folge, d. h. eine erhöhte Strömungsgeschwindigkeit, gewissermaßen als Ausgleich. Unterstellt man, daß die Tatsachen — vermehrte Strömungsgeschwindigkeit, erhöhter Sauerstoffverbrauch — stimmen, so muß, was dem Fett recht ist, dem Glykogen billig sein. Wie, wenn die bei Basedow erhöhte Blutumlaufsgeschwindigkeit die Ursache (und nicht die Folge) des erhöhten Sauerstoffverbrauchs wäre? Ist es nicht leichter, sich vorzustellen, daß, wenn mehr Blut in der Zeiteinheit durch die Capillaren fließt, auch mehr Sauerstoff austritt und Glykogen verbraucht wird?

Hat ZONDEK bewiesen, daß erst der erhöhte Sauerstoffbedarf und -verbrauch, dann die erhöhte Strömungsgeschwindigkeit zustande gekommen ist? Keineswegs. Bewiesen dagegen ist (s. o.), daß erst die Strömungsgeschwindigkeit, die Menge des Blutes in einem Organ, sich ändert, ehe die Veränderung im Gewebe erfolgt.

Der begabte Mannheimer Physiologe E. J. LESSER hat die Wirkung des Insulins (Erniedrigung des Blutzuckers und Schwund des Glykogengehalts), auf eine erhöhte Oxydationsgeschwindigkeit zurückgeführt. Sollte die Erhöhung nicht auf ähnliche Weise erfolgt sein? Durch Änderung in der Durchströmung der Leber, des Muskels?

Ein letztes Beispiel, das wir wählen, weil es am offensichtlichsten den Gegensatz zwischen heutiger und relationspathologischer Auffassung zeigt: Nach der Durchschneidung des Nervus ischiadicus tritt eine völlige Lähmung der Muskulatur des Unterschenkels und Fußes mit nachfolgender Atrophie ein. Der peripherische Nervenstumpf degeneriert. Als die Ursache der Muskelatrophie wird die Untätigkeit, als die Ursache der Nervendegeneration die Trennung von trophischen Zentren (Ganglien, Vorderganglienzellen) bezeichnet, verbunden mit Inaktivität.

Über die Tatsache der Untätigkeit kann kein Zweifel sein, sowohl was den Muskel als den motorischen Nerven anlangt. Aber ist die Inaktivität des Muskels und die Trennung des Nerven vom Zentrum allein genügend, alles zu erklären? Sind die im gelähmten Bein bekannten vasomotorischen Störungen des Kreislaufs nur etwas, was neben der Untätigkeit des Muskels, der Degeneration des Nerven einhergeht, etwa nur für die Kälte des gelähmten Gliedes verantwortlich zu machen? Schwindet die kontraktile Substanz im Muskel, so wächst gleichzeitig das Bindegewebe, oder bei langsamem Schwund, das Fettgewebe. Ohne solch ein gleichzeitiges Wachstum vom Binde-Fettgewebe gibt es keinen Muskelschwund. Die Inaktivität muß also folgerichtig auch die Ursache des Wachstums von Fettgewebe sein. Gewebswachstum durch Untätigkeit allein ist unmöglich, ursächlich möglich dagegen durch Einschaltung eines Zwischenglieds, id est der vermehrten oder verminderten oder sonst irgendwie abgeänderten Durchströmung des Muskels mit Blut. Die Inaktivität ändert die Durchströmung des Muskels und die veränderte Durchströmung erst ist die reale Ursache der Änderung im Bestande des Muskels, des Wachstums von Binde- und Fettgewebe.

Nach der Durchtrennung eines motorischen Nerven treten im Nervenstumpf Degenerationserscheinungen auf, anfänglich eine vermehrte Flüssigkeitsansammlung, dann Schwund der Lipoide und Auftreten von Neutralfett. Es wuchern dabei die SCHWANNschen Zellen der Scheide.

Bei Schwund der Vorderhornganglienzellen degeneriert der ganze absteigende motorische Nerv. Der Nerv ist also, meint SPIEGEL (2), zu seinem normalen Bestande nicht nur auf normale Blutumlaufverhältnisse, sondern auf den normalen Zusammenhang mit seinem trophischen Zentrum, mit der Ursprungszelle angewiesen. Wird dieser Zusammenhang getrennt, so sollen Änderungen der Oberflächenspannung die Degeneration verursachen. Gut. Aber wie kommen solche Änderungen zustande? Wir müßten das gleiche wiederholen, was für den Muskel gesagt ist. Nicht die Untätigkeit an sich, sondern die durch sie hervorgerufene Abänderung der Durchströmung des Nerven — jeder Nerv hat seine eigene Blutbahn — bewirkt die Veränderungen im Nerven, Schwund der Markscheiden, Auftreten von Fett (s. o. Leber, Niere) und die Vermehrung des Stützgewebes; Inaktivität an sich kann keine Fettansammlung, keine Gliawucherung entstehen lassen. — Die Veränderungen reichen so weit, wie die Untätigkeit mit ihrer abnormen Durchströmung der Muskulatur und der übrigen Gewebe reicht, wozu die Folgen des Traumas kommen.

Ferner: Die Degeneration verläuft bei Fröschen um so schneller, je höher die Temperatur (Beschleunigung des Stoffwechsels) und bleibt im Winter oft viele Wochen aus. Sie ist nach SCHIFF und VALLENTIN auffallend langsam im Winterschlaf von Warmblütlern und wird beim Erwachen mit dem Lebhafterwerden des Stoffwechsels (und der Durchströmung) beschleunigt.

Im Widerspruch zum WALLERschen Gesetz verfällt nicht nur der peripherische Stumpf des motorischen Nerven, sondern auch ein erheblicher Teil des zentralen der Degeneration, die nicht nur bis zum nächsten RANVIERschen Schnürring reicht, sondern unregelmäßig, weit höher. Es werden ferner nicht die ganzen Nerven, sondern zunächst nur einzelne Fasern verändert, oder diese stärker als die anderen. Es kann die Vorderhornganglienzelle selbst allmählich atrophieren. Die Degeneration kann rasch, unter schweren Veränderungen, sie kann allmählich, unter leichteren Veränderungen vor sich gehen (SPIELMEYER, BETHE, BERBLINGER, SPATZ u. a.). Diese Tatsachen können nicht damit ihre Erklärung finden, daß eine (Vorderhornganglien) Zelle das trophische Zentrum darstellt. „Dunkel", meint ENGELMANN, wäre das und sucht die Erklärung in der Behinderung des Lymphabflusses nach der Durchschneidung. Er kommt damit der Erklärung nahe, die die Relationspathologie gibt: Nicht die Ganglienzelle als trophisches Zentrum, sondern das Blut — eigentlich selbstverständlich — ist's, das in gesunden Tagen den Nerven ernährt, in kranken ihn verändert. —

Wir haben absichtlich Beispiele genannt aus einem Gebiet, das jedem vertraut ist, dessen Schrifttum jeder kennt und damit die Unzahl von Lösungen, die versucht sind. Daß die Probleme, die an den Glykogenstoffwechsel geknüpft sind, noch nicht entfernt ihrer Lösung nahe sind, liest man am Schluß jedes Beitrages, und erwartet demnach keine Lösung, höchstens einen weiteren Weg, der neben oder mit anderen zusammen zu einer Lösung führen könnte. — Indem wir vom Fett zum Glykogen übergegangen sind, haben wir verallgemeinert, wobei uns der Fehler unterlaufen sein könnte, die Bedeutung des Blutes überschätzt und einseitig alles auf ein Schema gebracht zu haben. Eine Lebernekrose oder Verfettung durch Chloroform ist etwas so Verschiedenes vom Glykogenschwund durch Insulin, Markscheidenschwund im Nerven, daß es nicht ratsam erscheint, beides so nahe beieinander in einem Atemzuge zu nennen. Die gänzliche Verschiedenheit des klinischen und anatomischen Bildes, dazu die ständige Erinnerung an die Vielheit der Reaktionsweise des menschlichen Körpers sind ein starkes Hemmnis für den Versuch, alles auf gleiche Art erklären zu wollen. Die Hemmungen sind entstanden durch die Gewohnheit, das Blut rein als „Ernährungsflüssigkeit" zu bewerten, die für den Normalzustand selbstverständlich, für pathologische Vorgänge zwar unerläßlich ist — denn ohne Blut verfällt das Gewebe der Nekrose — die aber an Bedeutung zurücktritt, wenn es um die Erklärung pathologischer Vorgänge geht. Man hat sich gewöhnt, Blut als in stets gleicher Weise und an allen Orten in gleicher Art fließend zu denken, so sehr daran gewöhnt, daß es kaum mehr erwähnenswert erscheint; selbstverständlich ist, daß es da ist, fließt und ernährt. Aber es erklärt nicht alles, insbesondere dort nicht, wo es sich um morphologische Verschiedenheiten des Befundes handelt. Ernährung der Zelle ist eine Sache, neben der etwas anderes vor sich gehen muß, soll es zur pathologischen Veränderung kommen. So Herxheimer: Es ist wahrscheinlich, daß die Nekrose oder Verfettung im Zentrum von Leberläppchen durch Kreislaufsstörungen, durch Stauung vom Herzen aus verursacht ist, darauf deutet die Lokalisation, aber es ist nicht die einzige Ursache. Ebenso kommt Aschoff nicht darüber hinweg, daß die Mannigfaltigkeit der Veränderung in der sklerotischen Arterie, Verfettung, Verkalkung, Vermehrung oder Verminderung von Elastin, Bindegewebe, alles das nur eine und die gleiche Ursache haben soll, wobei er das Blut als Ernährungsflüssigkeit sehr wohl kennt und anerkennt. Kurz, es geht nicht an, meint man, so leichten Herzens zu verallgemeinern, vom Fett auf Glykogen, von diesem auf den Kalkstoffwechsel zu schließen, für die Nieren das gleiche zu fordern, was für die Leber bewilligt ist, ja noch weiterzugehen, Wachstum und Schwund, Nekrose und Carcinom gewissermaßen gleichzusetzen.

Während die Gewebsflüssigkeit sich frei zwischen Capillaren und Parenchym bewegt, getrieben durch die Kraft des Blutes, fließt das Blut im ganzen Körper, ebenso wie die Lymphe, in einer in sich geschlossenen Strombahn, getrieben durch die Kraft des sich zusammenziehenden Herzmuskels. Die Geschwindigkeit der Strömung ist abhängig von der Stärke der Herzmuskelkraft und von der Weite der Strombahn. Während Druck und Geschwindigkeit des Blutes bis zu den kleinen Arterien herab sich nur unwesentlich ändern, sinkt die Geschwindigkeit des Blutstromes ganz beträchtlich peripherisch von den kleinen Arterien, infolge des erhöhten Widerstandes durch die engen kleinen Arterien, so stark, daß das Blut durch die Capillaren nur hindurchsickert; Form, Zahl und Größe der Capillaren einschließlich der Arteriolen und Venulae (terminales Stromgebiet) sind für jedes Organ spezifisch und verschieden. Es ist ebenso leicht, wie am Schnittpräparat mit Hilfe der Zellform und -größe, sich über die Art des Organs am Injektionspräparat zu unterrichten. Dementsprechend ist der Stoffwechsel, gemessen an der Geschwindigkeit der Strömung, für jedes Organ spezifisch: die für 100 g Gewicht in der Minute hindurchströmende Blutmenge beträgt für die Nieren 151, für die Unterkieferdrüse 68, Bauchspeicheldrüse 80, Skeletmuskel (ruhend) 13 ccm (TIGERSTEDT). Der Stoffwechsel ist dort, wo der Strom des Blutes in weiten Capillaren am langsamsten fließt, jedoch am stärksten aus ihnen hinaus ins Gewebe führt, am kräftigsten, in der Leber, wo viel Sauerstoff ans Gewebe abgegeben, Kohlensäure ins Blut aufgenommen wird, stärker als in der Lunge, wo das Blut rasch hindurchfließt. Die Temperatur der Leber ist dementsprechend die höchste (42^0), absteigend folgen die übrigen Organe. Auf Grund dessen ist auch die Zusammensetzung des Blutes in jedem Organ spezifisch, nach Menge und Art von der des Blutes anderer Organe unterschieden. Der Zuckergehalt des Lebervenenblutes ist höher als der anderer Organe (etwa $10 \, \text{mg}^0/_0$), der Sauerstoffgehalt des Lungenblutes höher als der der Leber.

Spezifisch für jedes Organ in normalem Zustande ist ferner die rhythmische Dauer seiner Tätigkeit im Verhältnis zur Ruhe. Die Bewegung und Durchströmung des Darmes ist verstärkt nach der Mahlzeit, abgeschwächt vor der Mahlzeit, wechselt also mit der Zahl und Größe der Nahrungsaufnahme. Das Herz arbeitet ununterbrochen mit nur geringen Unterschieden zwischen Tag und Nacht, die Schleimhaut des Uterus unterliegt einem Zyklus von etwa 4 Wochen usw. In ständiger Relation mit seiner organspezifischen Tätigkeit steht die Durchströmung des Organes. Sie wird verstärkt während der Tätigkeit, abgeschwächt während der Ruhe: nach RANKE-TIGERSTEDT, um einen Anhalt zu gewinnen, beträgt der Blutgehalt der inneren Organe $18—20^0/_0$ ihres Gewichts, der des Bewegungsapparates $2—3^0/_0$. Der Blutgehalt der Muskulatur kann während der Tätigkeit um das 5fache gesteigert sein. —

Innerhalb eines Organes bestehen örtliche Verschiedenheiten. Die hinteren Abschnitte der Lungen sind stets blutreicher als die vorderen, das muskelhaltige Parenchym der Alveolen hinten im ganzen gewebsreicher als vorn. Die Kerngebiete des Gehirns sind blutreicher als das Mark, die Rinde capillarreicher als die weiße Substanz. Das Capillarnetz in den gewundenen Harnkanälchen dichter als in den geraden und verstärkt durch umschriebene Ausbuchtungen, die Glomeruli. — Die Capillaren sind verschieden in jedem Organ an Weite, Länge und Zahl und in sich wiederum gegliedert; der arterielle Schenkel der Hautcapillaren ist enger als der venöse. Die Maschen des Capillarnetzes im Zentrum und Peripherie des Leberläppchens sind dort rund, hier oval usw.

Innerhalb eines Organs ist die Strombahn aber nicht nur anatomisch, sondern funktionell gegliedert durch Abstufungen im Grade der Durchströmung. Es ist nicht so, daß immer die ganze Leber während ihrer erhöhten Durchströmung Galle absondert, wobei das Glykogen schwindet. Es gibt immer Teile, deren Gallesekretion stärker ist als die anderer, in denen in umgekehrtem Verhältnis der Glykogengehalt schwächer ist als in den ruhenden Teilen. Forsgren, der die Verhältnisse eingehend untersucht und beschrieben hat, bringt schöne Abbildungen, aus denen die Verschiedenheiten einzelner Teile gegenüber anderen deutlich zu ersehen sind — weite, gefüllte Gallecapillaren, kein Glykogen —; enge Gallecapillaren, reichlich Glykogen. Wir dürfen ergänzend bemerken, daß jene Teile (mit vermehrter Gallesekretion) blutüberfüllt, diese blutarm sind. So betont auch Hueck, daß die verschiedene Färbbarkeit der Gallecapillaren auf dem örtlich verschiedenen Gehalt an Galle beruhe. — Im Pankreas wechseln sowohl während der Ruhe als auch während der Tätigkeit Läppchen ab, die stärker oder schwächer durchströmt sind und dementsprechend absondern. Das Epithel enthält in denjenigen Läppchen, die in Ruhe sind, Zymogenkörnchen; dort, wo Sekretion besteht, keine, ist hier hell, groß, dort klein, dunkel.

Die herangezogenen Beispiele lehren, daß die Beziehungen des Blutes zum Parenchym, ausgedrückt durch die Geschwindigkeit des Blutstromes, weit vielseitiger und inniger, spezifischer sind, als man sich bewußt ist, daß es keine Spezifität von Zellen und Fasern gibt ohne eine Spezifität ihrer Durchströmung, mithin auch keine Änderung in der Leistung und im Bau ohne eine entsprechende Änderung des Blutes. — Eine Übersicht über die chemische Zusammensetzung des Parenchyms lehrt ferner, daß das, was für ein Organ normal (Fett im Fettgewebe, Kalk im Knochen), für das andere pathologisch ist (Fett oder Kalk im Herzmuskel), daß im allgemeinen diejenigen Stoffe, die pathologisch abgelagert werden können, normalerweise — an anderen Orten — zu finden sind. So ist die Bedeutung des Blutes mit dem Wort „Ernährungsflüssigkeit" nicht im entferntesten genügend gekennzeichnet. Versucht man, sie genauer zu bestimmen, so stellt sich heraus, daß schließlich alles „Ernährung", d. h. Stoffwechsel ist, der dann ohne weiteres nur Gradverschiedenheiten im physiologischen und pathologischen Zustand und in den einzelnen Organen aufweist. — Was physiologischerweise möglich ist, muß in pathologischem Zustande gelingen, es muß gelingen, die Veränderung im Parenchym mit Veränderungen in der Durchströmung — auf Grund ihrer anatomischen und funktionellen Verschiedenheit — in ursächliche Beziehung miteinander zu bringen. Die durch Chloroform in unserem Beispiel bewirkte Verfettung von Herz, Leber und Nieren würde hiernach nichts anderes darstellen, als einen Stoffwechsel, der dem gleichkommt, wie er physiologisch im Fettgewebe herrscht. Wie hier das Blut als „Ernährungsflüssigkeit" dient, das Fett zu erhalten, so muß in der Leber, Niere, im Herzen — auf Grund der Vergiftung — das gleiche entstanden sein, die Durchströmung mit Blut so abgeändert worden sein, daß Fett entstehen und bestehen bleiben konnte. Es muß die Änderung in der Durchströmung, die natürlich nicht eine anatomische Ursache haben kann, allein genügen, die Verfettung zu erklären, und das, ohne daß sich zwischen Blut und Zelle etwas eingeschoben hat, was nicht dahin gehört. Dadurch entsteht die Frage, wo greift denn das Chloroform an, und wie bewirkt es die Veränderung der Durchströmung?

Reiz, Reizung, Reizbarkeit.

Das terminale Stromgebiet des tätigen Pankreas (Arteriolen, Capillaren und Venchen) ist — mikroskopisch im lebenden Tier (Natus) betrachtet — in allen Teilen von beträchtlicher Weite, insbesondere sind die Arteriolen, der Ort des größten Widerstandes, weit; infolgedessen fließt das Blut in den Capillaren mit beträchtlicher Geschwindigkeit, so daß die einzelnen roten Blutkörperchen nicht zu unterscheiden sind; die Farbe des Blutes ist hellrot. 1. Träufelt man Adrenalin, 1:10 000, auf eine solche Strombahn, so verengt sie sich gleichmäßig in allen Teilen, auf etwa 20 Minuten, um dann zum Ausgangszustand zurückzukehren. Das gleiche bewirkt eine 2%ige Kochsalzlösung, Erwärmung auf 47° u. a. m. 2. Während der Ruhe ist das terminale Stromgebiet des Pankreas in allen Teilen gleichmäßig eng, das Blut fließt langsam wegen des Hindernisses, das die Blutkörperchen dem Strom entgegenstellen. Träufelt man Adrenalin auf eine solche Strombahn (1:5 000 000), so erweitert sich die Strombahn gleichmäßig in allen Teilen unter Beschleunigung des Blutstroms. Das gleiche bewirkt (wie Ricker und Regendanz in zahlreichen sorgfältigen Versuchen gefunden haben) die örtliche Anwendung geringer Wärme bei kurzer Dauer (40°), die Steigerung des Kochsalzgehaltes der Berieselungsflüssigkeit von 0,9% auf 1,5% u. a. 3. Steigert man die Konzentration des Adrenalins (durch Anwendung in krystallisierter Form) oder wiederholt man die Beträufelung kurz nacheinander, oder steigert und senkt man den Kochsalzgehalt in stärkerem Grade als eben angegeben, so tritt zunächst eine allgemeine Erweiterung, dann nach Sekunden eine Verengerung der Arteriolen ein, wobei die Capillaren und Venchen erweitert bleiben. Dabei wird das Blut dunkelrot, seine Geschwindigkeit verlangsamt. — Adrenalin 1:1000 auf eine solche Strombahn aufgeträufelt, hat nunmehr keine verengende Wirkung (oder lediglich herabgesetzte), sie kann dagegen die verengten Arteriolen zum Verschluß bringen bei höchstmöglicher Erweiterung der Capillaren und Venchen. — Die gleiche Wirkung zeigten andere Mittel, gleich welcher Art, wenn sie in verschiedener Konzentration angewendet wurden.

Es ergibt sich, daß eine Reizung der Strombahn durch die chemisch und qualitativ verschiedensten Mittel, jedoch bei geeigneter Dosierung, Länge der Anwendung, örtlich stets die gleiche Wirkung zeitigt. Die Wirkung läßt sich nach der Stärke der Gabe einteilen in eine solche schwacher, mittlerer und starker Art; als Gradmesser dient die Geschwindigkeit des Blutstroms. Sie ist in der ersten Stufe beschleunigt, ist langsam in der zweiten und stark verlangsamt in der dritten. Die Ursache des Unterschiedes in der Geschwindigkeit des Blutstroms ist die Änderung in der Weite der Strombahn. Ist die Lichtung gleichmäßig weit, so ist die Geschwindigkeit rasch, ist sie eng, so ist die Geschwindigkeit langsam, sind die Arteriolen verschlossen, so steht (bei 3.) das Blut still. Von 1 zu 3 führt eine fortlaufende Stufenleiter, die abhängig ist von der Stärke des Mittels. — Die Wirkung auf die Strombahn ist sofort nach der Anwendung sichtbar, sie ist das erste, was sich im Geschehen nachweisen läßt. Da niemand bisher imstande gewesen ist (und wohl auch nie imstande sein wird) mit Augen zu sehen, wo die Mittel angreifen, so ist die Relationspathologie, wie jede andere Patho- und Physiologie

vor ihr, auf Schlüsse angewiesen. Der Schluß, den die Relationspathologie aus diesen Versuchen und aus anderen Mitteln gezogen hat, lautet,
daß alle Reize (bis auf direkt zerstörende, verätzende, verbrennende)
am Nervensystem angreifen, in dem herangezogenen Beispiel am örtlichen Nervensystem der Strombahn. Man beachte, daß der Schluß,
wie allein möglich, so erfolgt, daß man zuerst die Wirkung erforscht —
Erweiterung und Verengerung — daraus erst auf Dilatatoren- und Constrictorenreizung schließt, ferner, daß die Wirkung auf das Blut und
seine Strömungsgeschwindigkeit — es ist notwendig, das zu betonen —
nur auf dem Wege über die Wand und die Änderung ihrer Weite erfolgt.
Auf Einzelheiten gehen wir später ein. — Die Ergebnisse ihrer Versuche
haben RICKER und REGENDANZ dazu geführt, die Wirkung örtlicher
Reize — in Abhängigkeit von ihrer Stärke, gleichgültig welcher Art sie
sind, ob chemisch, bakteriell, physikalisch — in die Formel zu bringen:

1. Schwache Reizung bewirkt durch Dilatatorenerregung, Erweiterung und Beschleunigung. Die Constrictoren bleiben erregbar. Fluxion.

2. Mittlere Reizung ruft durch Constrictorenerregung Verengerung
der Arterien und Capillaren mit Verlangsamung des Capillar- und Venen-
stroms hervor; stärkere Reizung dieser Art verschließt die kleinen
Arterien und Capillaren und läßt den Venenstrom stillstehen. Ischämie, Anämie.

3. Starke Reizung hebt im terminalen Stromgebiet die Erregbarkeit der Constrictoren auf und erregt die länger erregbar bleibenden,
zuletzt ebenfalls der Lähmung verfallenden Dilatatoren. Hierdurch
entsteht zunächst Erweiterung mit Beschleunigung, doch bewirkt ein
früh hinzutretender Einfluß Verlangsamung und Stase, nämlich zunehmende Arterienverengung auf Grund der herzwärts fortschreitenden
segmentären Erregung der schwerer erregbaren Constrictoren der größeren
Arterien. Prästatischer Zustand und rote Stase.

Auf Grund des Stufengesetzes vertritt die Relationspathologie die
Anschauung, daß alle Stoffwechselvorgänge im menschlichen Körper
(physiologischer und pathologischer Art) in der Weise verlaufen, daß
auf Grund einer nervalen Reizung der Strombahnwand Änderungen
in der Durchströmung der Organe erfolgen, die dann erst zu Veränderungen in der Zelle, im Parenchym führen. Das erste ist die nervale
Reizung, das zweite die Änderung der Weite und damit der Durchströmung, das dritte die Veränderung der Zelle. Sie vertritt die Anschauung, daß jeder dieser drei Vorgänge die Ursache des folgenden ist, und
zwar stets in der genannten Reihenfolge. Eine Umstellung ist nicht
möglich.

Man hat recht bald erkannt, daß mit der Anerkennung des Satzes
vom Angreifen aller Reize am Nervensystem oder mit seiner Wider-
legung die Relationspathologie steht und fällt. Alle Arbeiten von
gegnerischer Seite der Fachgenossen (MARCHAND, LUBARSCH, ASCHOFF,
FISCHER-WASELS, HERXHEIMER) drehen sich um diesen Angelpunkt.
Steht der Satz doch im schärfsten Gegensatz zur Cellularpathologie,
die die Zelle als direkt reizbar hinstellt. Während die Cellularpathologie
an den Anfangs- und Mittelpunkt des Stoffwechsels die Tätigkeit der
Zelle und ihre direkte Erregbarkeit setzt, die Vorgänge an Blut,

Schema des Stufengesetzes.

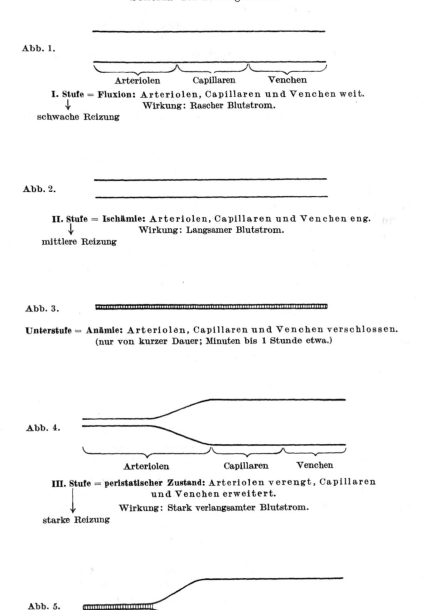

Abb. 1.

Arteriolen   Capillaren   Venchen

I. Stufe = Fluxion: Arteriolen, Capillaren und Venchen weit.
↓
schwache Reizung
Wirkung: Rascher Blutstrom.

Abb. 2.

II. Stufe = Ischämie: Arteriolen, Capillaren und Venchen eng.
↓
mittlere Reizung
Wirkung: Langsamer Blutstrom.

Abb. 3.

Unterstufe = Anämie: Arteriolen, Capillaren und Venchen verschlossen.
(nur von kurzer Dauer; Minuten bis 1 Stunde etwa.)

Abb. 4.

Arteriolen   Capillaren   Venchen

III. Stufe = peristatischer Zustand: Arteriolen verengt, Capillaren
und Venchen erweitert.
↓
starke Reizung
Wirkung: Stark verlangsamter Blutstrom.

Abb. 5.

Unterstufe = Stase: Arteriolen verschlossen, Capillaren und Venchen erweitert.
Wirkung: Stillstand des Blutstromes.

I und II: physiologischer Zustand. III: pathologischer Zustand.

Nerven usw. daneben oder darnach in Erscheinung treten läßt, dreht die
Relationspathologie im wahren Sinne des Wortes die Verhältnisse
um und setzt die Zelle an das Ende einer Kette von Relationen, an
deren Anfang die Reizung des Nervensystems durch einen Stoff, Mittel,
Gift, steht. Der gegnerischen Auffassung kommen verschiedene Umstände zugute. Die große Mannigfaltigkeit der Mittel, die Unzahl von
Erscheinungen am gesunden und kranken Menschen, die genügende
Spezifität der Erscheinungen am Organ je nach der Art der einwirkenden Ursache machen es an sich unwahrscheinlich, daß solche
Mannigfaltigkeit immer auf die gleiche, so einfache Weise zustande
kommen soll.

Daß es im menschlichen Körper Nerven gibt, ist zwar anatomisch
nachweisbar. Auch daß das Nervensystem eine vorzügliche Bedeutung
hat, bestreitet niemand. Daß man durch Nervenbeeinflussung Wirkungen am menschlichen Körper erzeugen kann, z. B. Muskelbewegung,
Gefäßerweiterung, wäre absurd abzuleugnen. Aber daß Nerven bei
allem und jedem beteiligt sind, und in ganz bestimmter Weise gesetzmäßig die Vorgänge beeinflussen, das ginge zu weit. Es paßt für vieles,
aber es paßt nicht für alles (Lubarsch). „Nerven" sind dem heutigen
Mediziner unheimlich, „Nerveneinfluß" ist ein Begriff, dem etwas Mysti-
sches anhaftet, dem man nicht mit Chemie oder Physik beikommen
kann, deren Wirken an sich unsichtbar ist. „Nerven" sind Dinge, mit
denen man nichts Rechtes anzufangen weiß, so wie etwa mit dem Begriff
„funktionell". Natürlich, wenn ein Gewächs im Gehirn ist oder eine Narbe
im durchschnittenen Nerven, dann ist etwas Anatomisch-Morphologisches
da, was man sehen, sezieren und exstirpieren kann, dann ist das morphologische und ursächliche Bedürfnis befriedigt. Doch ohne diesen Befund?
Bei allem und jedem Nerven die Ursache? Organe und Organteile kann
man entnerven, ohne daß in der Reaktion etwas Wesentliches sich ändere,
das haben unzählige Versuche ergeben, wo überall Nerven exstirpiert
worden sind. Nerven können funktionell ausgeschaltet werden durch
örtliche Betäubung, Cocain usw. Mit unzweifelhafter Sicherheit endlich
habe die Gewebszüchtung den Beweis erbracht, daß Zellen und Gewebe
wachsen, Fett aufnehmen können, ohne daß Nerven im Spiele sind.
Will die Relationspathologie bestreiten, daß chemisch-hormonale Relationen im Körper bestehen, die selbständig verlaufen neben oder wenigstens mit nur geringer selbständiger Anteilnahme des Nervensystems?
Lohnt es sich, in eine Aussprache einzutreten angesichts der Tatsachen,
die die Lehre von der inneren Sekretion und den Hormonen ans Licht
gebracht, die ein bis dahin unbekanntes Gebiet eröffnet und zukunfts-
reich gestaltet haben? Was hat die Wassermannsche Reaktion, eine
Antigen-Antikörperreaktion, mit Nerven zu tun? Oder die spezifische
Agglutination der Typhusbacillen durch das Serum Typhuskranker,
Reaktionen, die täglich im Krankenhause dem Arzt vor Augen führen,
welch ungeheure Bedeutung die Säfte im menschlichen Körper haben
und die ihm die wertvollsten Reaktionen geben, ohne Nervensystem,
ja vielleicht ohne Zellen; und das reticuloendotheliale System? Die
Abtötung der Spirochäten durch Salvarsan? Das Leben und die Tätigkeit einzelliger Lebewesen und auch höherer ohne Nervensystem? Es
überstürzen sich die Einwände, im ganzen eine völlige Absage. Am

besten tut man sie mit Schweigen ab. Mit Recht, scheints, hat KROGH
in der 2. Auflage seiner Monographie sorgfältig alles gestrichen, was
an relationspathologischen Arbeiten und Ergebnissen in der 1. Auflage
enthalten war. — Wenden wir uns, bevor wir fortfahren, um unbelastet
zu sein von Einwendungen, einigen dieser Einwürfe zu.

Entnervte Organe.

An die Spitze der folgenden Ausführungen gehört: Alle Versuche,
Organe dadurch zu entnerven, daß man ihre Nervenstämme (am Hilus
der Niere, der Leber oder höhere Zentren, Plexus solaris, am Unterschenkel den Nervus ischiadicus mit und ohne periarterielle Sympathektomie) durchschneidet, begehen drei gemeinsame grundsätzliche
Fehler:

1. Es wird völlig übersehen, daß diejenigen Nerven, insbesondere
Nervenendigungen, die peripherisch von der Durchschneidungsstelle
gelegen sind, erhalten bleiben.

2. Man überschätzt den Einfluß des zentralen auf das peripherische
Nervensystem im Stoffwechsel der Organe.

3. Die Durchtrennung der Nerven ist niemals vollständig.

Zu 1. und 2.: Wir haben oben gezeigt, daß der Nerv, wie jedes andere
Organ, in Beziehung steht zum Blut, von dem sein Bestand wie seine
Veränderungen abhängen. Die Beziehung zum Blut bleibt nach der
Durchschneidung erhalten. Die Lebernerven, die Nierennerven, die
Nerven des Beins nach der Ischiadicusdurchschneidung werden weiter
ernährt. Die Durchschneidung hat nichts als eine Änderung der Durchströmung des Organs zur Folge, die, im ganzen gering, zu den bekannten
oben besprochenen Veränderungen im Nerven führt, mit denen Änderungen in der Erregbarkeit verbunden sind, damit Änderungen in der
Funktion der Organe; nach gewisser, verschiedener Zeit können die
Organe (Niere, Leber) wieder wie normal funktionieren. Allgemein
ausgedrückt darf man aus der geringen Abänderung von Reaktionen
auf Eingriffe (örtlicher oder allgemeiner vom Blut aus wirkender) nach
der Durchschneidung nicht schließen, daß der Einfluß des Nervensystems
gering, nicht einmal ein regelnder ist (SHIMURA), sondern nur, daß der
Einfluß des zentralen Nervensystems auf das Organ ein geringer ist;
örtliche Eingriffe verlaufen nach der Ischiadicusdurchschneidung nicht
an entnervten Organen, sondern an Organen mit örtlich abgeänderter
nervaler Erregbarkeit. Das berühmteste Beispiel dieser Art stammt
von GOLTZ und EWALD. Sie fanden 6 Monate nach Durchschneidung
des Ischiadicus bei einem rückenmarkverkürzten Tier (ohne Lendenmark), daß die erneute Durchschneidung des Ischiadicus Erweiterung
der Gefäße mit Temperaturerhöhung um über 7⁰, fühlbare Pulsation
der Arterie bewirkte, auf mehrere Tage. Damit war bewiesen, daß das
peripherische Nervensystem bis zu einem gewissen Grad unabhängig
vom zentralen und selbständig bestehen kann und das zentrale Nervensystem nicht diejenige überragende Stellung einnimmt, die ihm bis
dahin und heute zugewiesen wird. Mit Nachdruck weisen GOLTZ
und EWALD auf Grund dieser und zahlreicher anderer Versuche am
rückenmarkverkürzten Tier darauf hin, daß ein solcher Hund durchaus
nicht so in seinen Funktionen gelähmt ist, wie es in den Lehrbüchern

steht. Daß er jahrelang leben, essen, trinken, gebären, Urin und Kot entleeren kann, falls er über die erste Zeit nach dem Eingriff durch sorgsamste Pflege und Warmhaltung hinwegkommt. Daß also der anfänglich herabgesetzte Tonus der Gefäße und Nerven sich wieder hergestellt hat (Goltz dachte an Ganglienzellen).

Bei Menschen mit völliger motorischer Lähmung nach Ischiadicus-schußverletzung bewirkt die nach Jahren ausgeführte periarterielle Sympathektomie zunächst eine kurze (3 Stunden) während Ischämie, dann Hyperämie des Beines mit Temperaturerhöhung. Dabei können bestehende Geschwüre bisweilen rasch heilen. Es ist hier gleichgültig, ob die klinisch-praktischen Erfolge, die man, nach anfänglicher Überschätzung, jetzt meist ablehnt (Rieder, R. Demel), die Operation rechtfertigen oder nicht. Es kommt hier nur darauf an, zu zeigen, daß ein Eingriff am Nervensystem (bei sicher degeneriertem Ischiadicus) Wirkungen auf die Strombahn ausübt, mithin die Erregbarkeit des Nerven an sich erhalten, nicht ausgeschaltet ist. — Krogh stach mit einer feinen Nadel über eine Schwimmhautarterie beim Frosch bei erhaltenen Nerven und fand eine so rasch sich ausbreitende Verengerung der Arterie, daß er sich gezwungen sieht, die Reaktion auf Nervenreizung (mechanische) zurückzuführen. Nach der Ischiadicusdurchschneidung und Entfernung der sympathischen Ganglien VIII—X war die Reaktion die gleiche, sie wurde erst nach dem 50.—130. Tag schwächer. — Breslauer (Schück) erhielt bei Patienten mit Ischiadicusschußverletzung auf Adrenalin die gleiche Blässe wie vorher. — Die Durchschneidung der zur Niere ziehenden Nerven aus Vagus, Splanchnicus major und minor und direkter Fasern aus dem Grenzstrang (Ph. Ellinger und A. Hirt) hat Änderungen in Menge und Zusammensetzung des Harns zur Folge (ohne anatomische Änderungen der Niere), die nach gewisser Zeit wieder verschwinden können. — Auf örtliche elektrische Reizung, die am Nerven angreift, reagiert gelähmte Muskulatur langsamer als normale (Entartungsreaktion).

Es mutet seltsam an, daß für die einen Untersucher (Shimura, Groll) die Gleichartigkeit der örtlichen Eingriffe (nach der Nervendurchschneidung) für die anderen (Rein) die Ungleichartigkeit der Reaktionen Grund ist, Nervenbeteiligung auszuschließen. Sieht man genauer zu, so ergibt sich, daß von einer völligen Gleichartigkeit der Reaktion nicht die Rede sein kann. So bleibt bei gelähmtem Bein die Senfölhyperämie (Breslauer) aus, bei einem hungernden Tier mit durchschnittenem Nervus ischiadicus fällt die Glykogensynthese in diesem Bein fort, wenn das Tier wieder auf Mast gesetzt wird (Wertheimer). Die periarterielle Sympathektomie, die beim normalen Tier von kaum erkennbarer Wirkung sein kann, löst eine deutliche Reaktion bei gelähmtem Unterschenkel aus, der dauernde mechanische Reiz des Drucks ruft beim gelähmten Bein Geschwüre hervor, die sonst ausbleiben (vgl. Arthropathie bei Tabes, Dekubitalgeschwüre bei Paralyse).

Versucht man, Sinn und Ordnung in diese Ergebnisse zu bringen, so kann man zusammenfassend feststellen:

1. daß schwache örtliche Reizung schwächer als normal (Ausbleiben der Senfölhyperämie (Schück u. a.) wirkt, wenn man einem Organ seine Nervenstämme durchschnitten hat;

2. daß die Reizung, die die Durchschneidung ausübt, allmählich abklingt, ohne jemals ganz normal zu werden (Einzelheiten, insbesondere die verschiedene Erregbarkeit von Erweiterer und Verengerer gehören nicht mehr zu unserer ganz allgemeinen Darstellung);

3. daß vom Nervenstamm oder vom Zentrum aus wirkende Reizung im allgemeinen eine schwache Wirkung hat, wenn sie vom allgemein-pathologichen Standpunkt (nicht vom klinisch-praktischen in bezug auf ihre Wirkung auf Gesundheit und normale Funktion des Menschen) betrachtet wird. Die Allgemeinwirkung der Reizung ist im Anfang am stärksten, um allmählich abzuklingen. Zu ihr kann früher oder später eine örtlich umschriebene Wirkung hinzukommen (Geschwüre bei Ischiadicus-Trigeminusdurchschneidung, nach Röntgenbestrahlung) die stärker ist als jene. Niemals, oder nur ausnahmsweise, tritt allgemeine Nekrose ein, kein Absceß entsteht allein durch zentrale Reizung, beides dagegen sehr leicht auf örtliche Reizung, beides Vorgänge, die mit raschem Schwund von Gewebe und mit schwerstmöglichen Kreislaufsstörungen verlaufen und örtlich begrenzt sind. Jene Vorgänge sind schwach und allgemein, von größtmöglicher Ausdehnung (ganzes Bein, ganzes Auge), diese stark und örtlich umschrieben.

Die Überschätzung des zentralen und demgemäße Vernachlässigung des peripherischen (Endigungen!) Nervensystems, ist die Ursache der verbreiteten irrtümlichen Anschauung, daß örtliche Vorgänge, gleich welcher Art, im menschlichen Körper auch ohne Beteiligung von Nerven verlaufen. Es mag erlaubt sein, sich im groben das an Hand der täglichen Sektionserfahrung klar zu machen. Sie lehrt, daß die meisten Menschen mit irgendwelchen anatomisch nachweisbaren Veränderungen der inneren Organe zugrunde gehen. Diese kommen im Sinne der Relations-pathologie mit Beteiligung der örtlichen Nerven zustande, dabei ist Gehirn und Rückenmark unverändert; dagegen zeigen Fälle von zentralen Veränderungen so gut wie nie schwere anatomische Veränderungen der Peripherie des Körpers. Natürlich ist das sinngemäß aufzufassen, doch es ist drastisch und wirkungsvoll, wenn man es sich mit Verständnis zu eigen macht.

Zu 3.: Die Durchschneidung von Nervenstämmen eines Organs ist niemals vollständig. Wohl ist nach der Ischiadicusdurchschneidung die quergestreifte Muskulatur dem Einfluß des Gehirns entzogen, daher praktisch gelähmt (reagiert, wie bekannt, auf örtliche, elektrische Reizung) aber die übrigen Nerven sind vorhanden und örtlich erregbar. Bei völliger Gefühllosigkeit der Fußsohle sah LEHMANN nach der peri-arteriellen Sympathektomie das Gefühl, wenn auch nicht vollkommen, zurückkehren. FÖRSTER beobachtete nach Plexuslähmung Schmerz-empfindung in den Fingerarterien bei der Unterbindung, LERICHE bei vollständiger Rückenmarks-Querschnittsläsion mit allen Zeichen, auf kaltes Wasser zwar keine Kälteempfindung, aber unangenehmes Gefühl auftreten. Die sensiblen Fasern, in der Adventitia und Media mit VATER-PACINIschen Körperchen und KRAUSEschen Endkolben (die Intima der Arterie ist nach ODERMATT nervenlos und asensibel) sind also (abgeändert) erregbar geblieben. Damit ist die Möglichkeit der reflektorischen Beeinflussung des Körpers gegeben. — Die Ausschaltung der sensiblen Fasern bei Trigeminusdurchschneidung oder örtlich durch

Anaesthetica — dies nur auf kurze Zeit — läßt starke vasomotorische Reaktionen unbeeinflußt, sie hat — praktisch wichtig — eine Verstärkung schwacher Reizung am Ort des Eingriffs (Hornhautgeschwüre mit Vereiterung) zur Folge, die sonst ausbleiben, andererseits hebt sie die reflektorisch entstandene Seite des Eingriffs, den Hof um den Herd, auf: das starke diffuse Ödem der Augenbindehaut bei Verätzung der Hornhaut bleibt aus oder tritt verspätet ein oder erreicht nicht den Grad, der bei Bestehen der reflektorischen Erregbarkeit erzielt wird (REGENDANZ). Die direkte örtliche Erregbarkeit bleibt bestehen: EBBECKE beobachtete Blässe der Haut auf mechanische Reizung mit Verengerung der kleinsten Gefäße und Capillaren an Stellen, deren Nerven schon seit langem „degeneriert" waren, CUVIER dasselbe bei örtlicher Gefühllosigkeit der Haut, TH. LEWIS erhielt die gleiche Weißreaktion bei vorhandener und nicht vorhandener Empfindung der Haut. Auf Kälte erhielten GOLTZ und EWALD, auf Wärme BIER Hyperämie in einem Bein, das nur mit den Gefäßen (mithin auch Gefäßnerven) mit dem Körper in Verbindung stand.

In der Bauchspeicheldrüse nach der Gangunterbindung färben sich die vegetativen Fasern vom 4.—9. Tag ab nicht mehr, bleiben aber sichtbar; die Färbbarkeit kehrt nach 3—6 Wochen wieder zurück; die hier wie nach der Durchschneidung auftretende Hyperämie und Stromverlangsamung hat Änderungen im Sauerstoff- und CO_2-Gehalt der Nerven zur Folge, die die Ursache sein dürften, daß Methylenblau in die Leukobase übergeführt, Silbersalze nicht reduziert werden. Nicht-Färbbarkeit von Nerven — die kleinsten sind an sich schwerer färbbar als größere (HIRSCH) ebenso wie die feinsten Ausläufer der Nervenzellen im Gehirn (HELD) — beweist nicht ihren Schwund und ihre Funktionslosigkeit, ebensowenig wie ein mangelnder oder vorhandener anatomisch-histologischer Befund (Degeneration) etwas über Lähmung, Reizung und Erregbarkeit von Nerven besagt. Das vermag nur der Versuch.

Wir kommen damit zu dem Ergebnis, daß weder die Gleichheit noch Ungleichheit von Reaktionen nach der Nervendurchschneidung, noch die Unfärbbarkeit ein Beweis für ohne Nerven verlaufende Vorgänge ist; die Durchschneidung wirkt wie eine Reizung anderer Art allgemein und schwach auf das innervierte Organ. Hinzutretende Reizung greift direkt am örtlichen, erhalten gebliebenen Nervensystem an. Eine nach der Durchschneidung auftretende Abänderung der Reaktion (Hyperämie statt Ischämie) ist kein Grund, einen anderen Angriffsort (direkt am Muskel) anzunehmen (ASHER). Die Abänderung wird erklärt mit der durch die Durchschneidung abgeänderten allgemeinen Durchströmung und Erregbarkeit, Erhaltenbleiben und histologische Veränderung von Nerven werden erklärt durch das Erhaltenbleiben ihrer Beziehung zum strömenden Blut. — Es gibt keine entnervten Organe im menschlichen oder ihm vergleichbaren tierischen Körper.

Ein großer Teil der Versuche, die zu dem Ergebnis führten, daß Vorgänge, örtliche und allgemeine, ohne Beteiligung von Nerven verlaufen, sind mit Hilfe der Plethysmographie gewonnen. Das zwingt uns, diese Arbeiten kurz zu streifen. Die Plethysmographie vermag nur 2 Arten von Kreislaufsänderungen festzustellen, Hyperämie bei Volumenvermehrung, Anämie bei Volumenverminderung. Ihr entgeht die 3., für pathologische Zustände wichtigste, diejenige, bei der die Arteriolen verengt, Capillaren und Venchen erweitert sind; die Verengerung der Arteriolen, z. B. bei Entzündung in einer Hundepfote, kann bis hinauf zum Leistenband reichen [KLEMENSIEWICZ (1)]. Auf diese Weise braucht das Gesamtvolumen sich nicht zu ändern, oder aber, falls es vergrößert ist, ist die Wirkung die gleiche, wie bei demjenigen Zustand, bei dem Arteriolen und Capillaren und Venchen gleichmäßig erweitert sind, Fluxion auf schwache Reizung. Auf andere Unstimmigkeiten hat PIOTROWSKI, ein guter Kenner der Methode, hingewiesen: Er erhielt Temperaturerhöhung (Hyperämie) in der Hundepfote bei Volumenverminderung, ebenso wie vor ihm GASKELL, SMITH u. a., und vermutet, wohl mit Recht, daß die Gefäße der Muskulatur anders reagieren als die der Haut, so daß eine durch Verengerung der Muskelgefäße hervorgerufene Volumenverminderung größer sein könnte als die durch Erweiterung bedingte Volumenvermehrung der Haut, somit das Ergebnis zu Trugschlüssen veranlaßt, weil die Eigenart der verschiedenen in der Pfote enthaltenen Gewebe nicht berücksichtigt wird.

WIEDHOPF sah in sorgfältigen plethysmographischen Untersuchungen bei Reizung des Ischiadicus keinen Unterschied mit und ohne Sympathektomie; SCHILF bei einem Kranken mit angiospastischen Zuständen bei Reizung des periadventitiellen Gewebes keine Änderung in der Kurve. Es ist für unsere Zwecke hier gleichgültig, ob die adventitiellen Nerven allein (BRÜNING, LERICHE, L. R. MÜLLER) oder nur zusammen mit den Spinalnerven (WIEDHOPF, DENNIG, HIRSCH) verlaufen, ob die Wirkung auf diese oder jene Weise, Fortfall sensibler Reizung (LEHMANN), bessere Durchblutung (LERICHE), zu erklären ist. Aber man könnte den Versuchen entnehmen, daß die Reizung wirkungslos ist. Sie mag bei Tieren mit gesundem Bein sehr gering oder bei Menschen mit durchschnittenem Ischiadicus öfters nur kurz sein — Verengerung — (3 Stunden) dann Erweiterung mit Temperaturerhöhung von einigen Tagen, aber sie ist vorhanden, sie beweist die Erregbarkeit der Nerven peripherisch von der Durchschneidungsstelle, braucht nur nicht stark genug zu sein, um mit Hilfe der Plethysmographie erkannt zu werden. Am Ohr hat die Durchschneidung der sympathischen Nerven die Wirkung der Durchschneidung des Nervus auricularis verstärkt: stärkere Verengerung bei Reizung des peripherischen Stumpfes des durchschnittenen Nervus auricularis (PIOTROWSKI). Endlich fällt uns auf, daß manche Kurven bei der Plethysmographie so langsam steigen innerhalb $1/2$ Stunde und mehr, daß man vermuten muß, daß nicht nur eine Blutüberfüllung, sondern ein leichtes Ödem daran schuld ist. Denn wenn auch die Leitung im sympathischen Nerven langsamer vor sich geht als im markhaltigen und die glatte Muskulatur sich langsamer zusammenzieht als quergestreifte, so ist dieser Unterschied doch viel zu gering (Sekunden und Bruchteile von ihnen). Wenn dem so ist, verlieren die Kurven an Erkenntniswert; ohne die Ergebnisse in Bausch und Bogen abtun zu wollen, darf man verlangen, darin sind wir mit SCHILF einig, daß man sie nur zusammen mit anderen Versuchen, insbesondere mit den Ergebnissen mikroskopischer Beobachtung benutzt. Sie wird und hat häufig genug zu anderem Ergebnis geführt.

Es ist zur Zeit gang und gäbe, dem „Einfluß" der „Rolle" der
„Bedeutung", die das Nervensystem im Körper spielt (das gleiche gilt von
den neuerdings oft genannten Kreislaufsstörungen (Schwartz), andere
Faktoren gleichwertig zur Seite zu stellen, humorale, hormonale, kolloid-
chemische, toxische und infektiöse, die Art und Ausgang von Reaktionen
bestimmen. Es ist üblich und fast in jeder Arbeit zu lesen, daß verschiedene solcher Einflüsse bei dieser oder jener Krankheit im Spiel
sind, ohne daß im einzelnen zu entscheiden ist, welcher der hauptsäch-
liche und welcher von minderer Bedeutung ist. Mit solchen Sätzen tut
man zwar niemandem weh, aber man macht eine Reihe von Fehlern.
Toxische und infektiöse Faktoren gehören in das Gebiet dessen, was man
Ursache nennt, von der Relationspathologie als Reize bezeichnet. Sie
können Vorgänge auslösen, aber sie stehen nicht gleichwertig neben
solchen, die sich dann abspielen, wenn der Prozeß, z. B. Entzündung,
in Gang gekommen ist. Das, was sich im Organ und Gewebe dann
abspielt, ist Folge dessen, was Toxine und Bakterien bewirken. Es ist
mir bis auf den heutigen Tag unfaßlich geblieben, wie man z. B. bei der
Appendicitisdarstellung (von Christeller und E. Mayer im Lubarsch-
Henke Handbuch) gegenüberstellen kann, nach Aschoff (1) beginnt sie
(die Appendicitis) mit einer Infektion, nach Ricker mit einer Kreis-
laufstörung. Solche Mißverständnisse bei Forschern, deren Arbeiten
erkennen lassen, daß sie sich eingehend mit der Relationspathologie
beschäftigt haben, können vermieden werden. Infektion ist etwas
Ätiologisches, Kreislaufsstörung ihre Folge, deren Ursache Ricker offen
läßt oder eben andeutet. Nicht anders Marcus, der eine durch ein
Trauma hervorgerufene Insuffizienz der Leber oder der Niere durch Einwirkung auf das Gefäßnervensystem entstehen läßt, bald daneben aber
toxische oder infektiöse Faktoren — sollen heißen ohne Nerven — stellt.
Unterstellt man die Richtigkeit des hypothetischen Vorhandenseins von
Hormonen durch innere Sekretion bestimmter Organe, so ist für Forscher
von heute entweder alles übrige damit abgetan, und niemandem fällt
es ein (das ist nicht übertrieben), ernsthaft zu prüfen, wo das Insulin
angreift, oder man verlegt seinen Angriffspunkt von vornherein in die
Zelle. Bemerkungen wie die, daß Insulin am Blutzucker selbst angreift,
können doch wohl nicht ernst gemeint sein. Wonach dann eine unendliche
Reihe chemischer Reaktionen beginnt, von der man sich begnügt, 1, 2
oder 3 anzudeuten, da ihr Nachweis im Körper nicht gelingt. Dieser
in der Pathologie Platz greifenden Arbeitsweise ist in den letzten Jahren
die Physiologie gefolgt, wofür das jüngst erschienene Buch von Feldberg
und Schilf ein bezeichnendes Beispiel liefert. Ohne zu fragen, wie
er zustande kommt, wird ein Stoff, Histamin, genommen, der, da
er sich als wirksam erweist, zwischen Gewebsvorgänge eingeschoben
und als nunmehr das Feld beherrschend dargestellt wird. Das sind dann
die humoralen Einflüsse, die neben nervalen wirken. Es entstände
dadurch ein gewisser Circulus vitiosus, wie häufig betont; dieser Circulus
vitiosus der Physio- und Pathologie erinnert bedenklich an das Per-
petuum mobile der Physik, dessen Schicksal ihn wohl auch ereilen
wird. Würde man versuchen, nachzuprüfen, wie Stoffwechselprodukte
entstehen, würde sich und hat sich feststellen lassen, daß Vorgänge an der
Strombahn, damit nervale Reizung, vorausgehen, daß es ohne solche

keine Bildung von Stoffwechselprodukten gibt und nicht geben kann, und daß sich diese Vorgänge als Ursache, nicht als Wirkung solcher Stoffe weit besser verstehen lassen.

„Durch Nerven bedingt" wie häufig zu lesen, erweckt den Eindruck, als ob Nerven etwas von sich allein aus bewirken, so wie die Neuropathologie es dargestellt hat. In Wirklichkeit tun Nerven niemals etwas anderes, als daß sie eine Reizung durch irgend etwas leiten, auch in normalem Zustande, nur daß man hier die Art des Reizes nicht kennt, infolgedessen gezwungen ist, von „Impulsen" zu sprechen, die z. B. vom Zentrum nach der Peripherie geleitet werden. — Ebenso gut und ebenso falsch hätte man im obigen Beispiel also gegenüberstellen können, nach Aschoff ist sie (die Appendicitis) eine Infektion, nach Ricker ist sie nerval bedingt (was anderenorts geschehen ist).

Schlägt man ein Lehrbuch der Pharmakologie auf, so liest man, daß die einzelnen Pharmaca, das eine diese, das andere jene Wirkung haben, jedes oder Gruppen von ihnen hat irgendwelche spezifischen Merkmale, die eine Unterscheidung gestatten von anderen. Dabei ist es üblich, immer in den (zu) engen Grenzen einer bestimmten Normaldosis zu bleiben; was geschieht, wenn die Gabe weit stärker oder weit schwächer ist, erfährt man nicht. Demgegenüber kennt das Stufengesetz keine spezifischen Wirkungen, es kennt nur Abstufungen im Grade der Wirkung, je nach der Dosis (Gabe). Das folgt daraus, daß alle Mittel am Nervensystem angreifen und Nerven durch jegliche Art von Reiz auf gleiche Weise erregt werden können. Werden Pharmaca per os oder unter die Haut verabreicht, können sie verschieden aufgesogen, verschieden erregen, bald mehr, bald weniger, bald das eine Organ stärker als das andere; zum Teil ist es unmöglich, die Gaben so zu wechseln, daß Pharmaca von verschiedener Wirkung (bei verschiedener Gabe) auf gleiche Wirkung gebracht werden. Hieran und an vorläufig noch unbekannten Einflüssen beim Zustandekommen der Berührung von Pharmakon mit Nerv mag die Verschiedenheit der einzelnen Mittel bei allgemeiner Einwirkung begründet sein. Bei örtlicher Einwirkung hat die Prüfung zahlloser Mittel (von Ricker und Regendanz) die Gleichheit der Reaktion dargetan. Man darf es getrost der zukünftigen Forschung überlassen, die Gründe dafür aufzudecken, warum Chloroform anders wirkt als Arsen oder andere Mittel, auch in stärkst gewechselter Gabe. Es ist das in der Tat ein Grund (uns der einzige verständliche), der dem Stufengesetz zur Zeit den Eingang in die Wissenschaft verschlossen hat. Ricker betont, daß die Relationspathologie in ihrem heutigen Inhalt nur den Rahmen darstellt, den es auszufüllen gilt. Nur dieser ist vollständig, jener nicht, nicht verwunderlich, da die Arbeit auf den Schultern eines einzigen Mannes ruht.

Allgemeines zum Stufengesetz.

Das Stufengesetz bezieht sich auf den örtlichen Kreislauf von Organen oder Organteilen in der Niere, der Leber, dem Gehirn oder in Teilen dieser sowohl im normalen als im pathologischen Zustande. Es handelt nicht vom Kreislauf im ganzen z. B. bei Mitralverengung, beim Basedow, beim Diabetes, der erst dann dargestellt werden kann, wenn die ihn zusammensetzenden Einzelheiten des Genaueren bekannt geworden sind. Es handelt schließlich nur vom Blutkreislauf, läßt den Strom der Gewebsflüssigkeit und die Lymphbahnen außer Betracht oder zieht ihn soweit heran, wie sich aus Bekanntem, Erwiesenem oder Erschließbarem aussagen läßt. — Das Stufengesetz teilt die Wirkung der Reizung ein in 3 Stufen, von denen die erste auf Reizungen schwachen, die zweite mittleren, die dritte starken Grades erfolgt. Es bricht — das ist wesentlich — mit den bis dahin allein bekannten (bis auf vereinzelte Beobachtungen z. B. beim Histamin [Krogh, Lewis]) Einteilungen in 2 Arten von Kreislaufsstörungen, Hyperämie und Anämie (Ischämie), denen es eine dritte Art hinzufügt, bei der Arteriolen verengt, Capillaren und Venchen erweitert sind, und es staffelt diese 3 Arten (nicht wie bislang nebeneinander, sondern) nacheinander, abhängig von der Stärke des Reizes und der Reizung. Die beiden ersten Stufen (Fluxion = schwächste und Ischämie = mittlere Reizung) sind zugeordnet dem Normalzustande, die dritte (starke Reizung) dem pathologischen Zustand. Jede der 3 Stufen, insbesondere die dritte Stufe, läßt verschiedene Grade innerhalb der Stufe zu. Im leichtesten Grad der ersten Stufe ist die Strombahn in allen Teilen weit, infolgedessen, wegen des Fortfallens des Widerstandes der engen Arteriolen, die Strömung rasch, im schwersten Grad der dritten Stufe besteht ein Verschluß der Arteriolen (durch Constrictorenreizung) bei erweiterten Capillaren und Venchen, infolgedessen steht das Blut hier still. Das Blut fließt in seinem Strombett nach mechanischen Gesetzen, die Weite der Wand, nach der sich die Geschwindigkeit richtet, wird bestimmt nach physiologischen Gesetzen, insbesondere denen der Nervenphysiologie, soweit von einer solchen gesprochen werden darf.

Das Stufengesetz spricht von Reizung, nicht von Reiz, womit gemeint ist, daß es sich nur auf solche Vorgänge bezieht, die mit einer Reizung des Nervensystems (zentralen oder peripherischen) beginnen. Das ist notwendig deshalb, weil es Vorgänge gibt, die mit einer Zerstörung aller Teile eines Organs einhergehen, bei denen die Vorgänge im Organ nicht mit einer nervalen Reizung beginnen, sondern alle Teile gleichmäßig betreffen (Gerinnung der Hornhaut durch Höllenstein, Verkohlung durch höchste Wärmegrade, Brüche, Zerreißungen, Schnittwunden, u. dgl.), zweitens weil es Vorgänge gibt, die mit einer Veränderung des Inhalts von Hohlorganen beginnen, z. B. durch Einspritzung von koagulierenden Mitteln in die Gallenblase usw. und die erst dann weitere Vorgänge an der Wand auslösen, drittens darum, weil es Vorgänge gibt, die nur zu einer Erregbarkeitssteigerung oder Herabsetzung der Erregbarkeit des zentralen und peripherischen Nervensystems führen, ohne zu einer Änderung der Weite der Wand und damit der Strömungsgeschwindigkeit zuzureichen (unterschwellige Reize, wie man sie nennen kann, im Gegensatz zu jenen der ersten Art, die überschwellig sind). Über- und unterschwellige Reize (Vorgänge, Ursachen) fallen außerhalb des Bereichs des Stufengesetzes. Auf Grund des Stufengesetzes — in dem eingeschränkten Anwendungsbereich — behauptet die Relationspathologie, daß alle Stoffwechselvorgänge im Organ der nervalen Reizung gesetzmäßig nachfolgen, so die Änderung der Weite der Strombahn, die Veränderung der Strömungsgeschwindigkeit, auf Grund deren die Veränderung in der Beziehung zwischen Blut und Parenchym (der Zelle), und daß in dieser Reihenfolge jeder vorhergehende Vorgang im Organ die Ursache des zeitlich ihm folgenden ist. Jeder Vorgang beginnt mit einer Reizung von Nerven und endet auf dem Wege über Blutbahn und Blut mit einer Veränderung der Zelle. Die Relationspathologie erhebt, indem sie die ursächliche Beziehung zwischen Reiz, Reizung des Nervensystems, Strombahnwand und Inhalt in — ursächliche — Beziehung bringt untereinander und zum Gewebe, das Stufengesetz über den Charakter eines harmlosen physiologischen Kreislaufgesetzes hinaus zur Grundlage einer allgemeinen und speziellen Physiologie und Pathologie des Menschen.

Nimmt ein gesunder Mann Nahrung zu sich, so gerät der bis dahin ruhende Magen und Darm in eine lebhafte Peristaltik in Form von rhythmischen Verengerungen und Erweiterungen der Muskulatur. Gleichzeitig wird die Darmwand in allen Schichten ein wenig rot. Die Milz wird ein wenig größer und blutreicher, ebenso die Bauchspeicheldrüse rötlich und feucht, während sie nüchtern blaß, trocken und hart war. Die Leber wird rot, größer. Die mikroskopische Untersuchung der Bauchspeicheldrüse am lebenden Tier lehrt, daß hierbei die Arteriolen, Capillaren und Venchen (terminales Stromgebiet) leicht erweitert sind, das Blut, von hellroter Farbe, rasch seine Strombahn durcheilt. Der Reiz der Nahrung hat einerseits den Darm in leichte — normale — Bewegung versetzt; durch Dilatatorenreizung eine allgemeine Erweiterung der Strombahn mit Erhöhung der Strömungsgeschwindigkeit hervorgerufen. Die Dauer der Reizung ist verschieden innerhalb enger Grenzen, ebenso ist der Stufengrad verschieden, eine feste Nahrung wirkt stärker als flüssige, ein Kind reagiert lebhafter als ein Erwachsener. Aus den gegen vorher, dem Ruhezustande, leicht erweiterten Capillaren tritt ein wenig vermehrtes Blut — ohne Zellen — aus, die Gewebsflüssigkeit wird vermehrt, strömt vermehrt durch das Parenchym der Bauchspeicheldrüse und löst die dort abgelagerten Stoffe, es beginnt die Absonderung des Bauchspeicheldrüsensaftes. Hat die Wirkung eine Zeitlang bestanden, so läßt sie nach, die Strombahn wird in allen ihren Teilen enger, das Blut fließt in enger Strombahn verlangsamt, die Bauchspeicheldrüse wird trockener, derber, die Zellen dunkler und lagern Körnchen ab. Die Bewegung des Darmes hat so gut wie ganz aufgehört, die Milz, Leber wird kleiner. Im allgemeinen dauert der Ruhezustand länger als die Tätigkeit. Die Reizung des Nervensystems der Strombahn durch die Nahrung — die der innervierten Darmmuskulatur übergehen wir — hat aus dem ruhenden Organ mit enger Strombahn — durch Dilatatorenreizung eine Erweiterung erzeugt mit Beschleunigung des Blutstroms. Das nennen wir Fluxion, hervorgegangen aus Ischämie durch schwache Reizung. Die Fluxion ist die Ursache der vermehrten (bis dahin ruhenden) Absonderung von Bauchspeicheldrüsensaft (nicht die Ursache der Sekretion als Gesamtvorganges am innervierten Parenchym und an der Strombahn!) die Ursache der Zerlegung des Glykogens des Muskels in Zucker durch den Reiz der Arbeit, der gleichzeitig die Strombahn trifft (auch der quergestreifte Muskel ist sympathisch innerviert) mit Hilfe der vermehrt aus dem Blute austretenden Flüssigkeit und der in ihr enthaltenen chemischen Stoffe. Fluxion ist wahrscheinlich

bei der Einatmung verwirklicht. Fluxion stärkeren Grades kommt
nicht nur im.physiologischen Leben, auch im pathologischen Zustande
vor. Die Haut bei leichtem Fieber mit ihrer lebhaften Röte und vermehrten Schweißsekretion ist im Zustande der Fluxion ebenso wie die
Haut über einem Absceß. Im Versuch am Warmblüter ist Fluxion
im allgemeinen der mikroskopischen Beobachtung schwer zugänglich,
weil die eine Operation begleitenden Umstände, Narkose u. a. Störungen,
wenn auch leichter Art, bewirken, die die Erregbarkeit des Nervensystems
abändern. Sie ist leicht an der Schwimmhaut des Frosches zu erzeugen.
Veronalnatrium (5%) nach Groll wirkt ebenso wie Urethan 10—20%
(Krogh) auf die Schwimmhaut des Frosches, wovon wir uns überzeugt
haben, leicht erweiternd auf Arteriolen und Capillaren, wodurch die
Strömung beschleunigt wird, für etwa 10—20 Minuten, dann hört
die Wirkung auf, keine Nervenparalyse, sondern eine Reizung der
Dilatatoren erzeugend und nicht nur auf die Capillaren wirkend. —
Leider sind Kreislaufsstudien am Frosch mit seiner wechselnden und
schwankenden Erregbarkeit des Nervensystems ein Kapitel für sich,
als Einzelbeobachtung wertvoll, in bezug auf Grad und Stärke pharmakologischer Wirkung nicht auf den Warmblüter übertragbar. — Nach
Krogh öffnen sich bei der Muskeltätigkeit zahllose Capillaren, die
vorher verschlossen sind, und schließen sich wieder in der Ruhe.
Ihre Zahl beträgt während der Tätigkeit über 1000—3000—4000 im
Quadratmillimeter und sinkt während der Ruhe bis auf den 1000. Teil
derselben ab. Beides ist unrichtig. Sowohl während der Tätigkeit als
auch während der Ruhe sind stets alle Capillaren offen (im Augenblick
der Verengerung auf Sekunden verengt bis verschlossen); ihre Zahl
beträgt nicht 1300—3000, sondern 13—30 im Quadratmillimeter, dabei
sind noch die kleinsten Venchen mitgezählt. Kroghs Zahlen beziehen
sich auf Quadratzentimeter (Duyff und Boumann), nicht wie er und
nach ihm Stoel ganz unerklärlicherweise für den Quadratmillimeter
errechnet haben. Der Muskel ist demnach weit schwächer mit Blut
versorgt (wie alle faserreichen Organe) als die Leber. Nur seine Masse
($1/_3$ des Körpergewichts) bewirkt die großen Unterschiede im Zuckergehalt des Blutes, Gewichtsverlust usw. Selbst wenn — angenommen —
einzelne Capillaren sich während der Ruhe verschließen, so ist das nur
ein stärkerer Grad von Ischämie (bis zur Anämie) und durchaus nicht
wesenhaft von dem verschieden, was im Stufengesetz lange vor Krogh
unbeachtet enthalten ist.

Wie die Fluxion, so kennt die zweite Stufe, Ischämie, verschiedene
Grade; sie kann bis zum völligen Verschluß von Arteriolen, Capillaren
und Venchen gesteigert sein auf kurze Zeit, bis $1/_2$ Stunde, während ein
längerer Bestand von Anämie nicht oder nur ausnahmsweise vorkommt.
Dabei hört der Austritt von Flüssigkeit bis zu einem gewissen Grade
auf, es erfolgt eine Herabsetzung des Stoffwechsels und eine Ablagerung
von Stoffen in die Zelle (Glykogen im Muskel, Fett in der Leber, Sekretkörnchen in der Bauchspeicheldrüse). Es sind während der Ischämie
die Verengerer erregt, die Erweiterer — da jederzeit eine Fluxion zustande kommt — erregbar, umgekehrt bei Fluxion diese gereizt und
jene erregbar, da jederzeit eine Fluxion in Ischämie übergehen kann.
Wäre ein Mensch Zeit seines Lebens gesund, so würde sein Leben zwischen

diesen beiden Stufen sich abspielen, bald mehr, bald weniger starken Grades, jedoch ohne wesentliche Abänderung. An dem Wechsel nehmen die einzelnen Organe und Organgegenden verschiedenen Anteil. Während der Nahrungsaufnahme ist die Muskulatur in Ruhe, Haut und Fettgewebe hyperämisch und umgekehrt. Bei der Muskelarbeit kann die Peripherie im ganzen blutüberfüllt, die inneren Organe ischämisch sein, der Magen und Dünndarm in Tätigkeit, Dickdarm in Ruhe sein und umgekehrt.

Den rhythmischen Wechsel zwischen Fluxion und Ischämie mit ihren Folgen am Parenchym, Steigerung und Verminderung der Sekretion u. a. unterbricht zu Zeiten eine Krankheit, z. B. ein örtlicher Eingriff an einer Drüse, der Verschluß ihres Ausführungsganges. Hierdurch entsteht eine Stauung des Sekrets. Dieses, angehäuft und vermehrt, wirkt als (starker) Reiz und bewirkt zunächst, wie die Beobachtung ergeben hat, Kreislaufsstörungen mit gewissen Eigentümlichkeiten. Während bei Fluxion und Ischämie Arteriolen, Capillaren und Venchen gleichmäßig reagieren, entweder gleichmäßig verengt oder gleichmäßig erweitert werden, sind nun die Arteriolen verengt, dagegen Capillaren und Venchen erweitert. Zu den Capillaren gehört noch ein kleines Stückchen der Strombahn vor ihnen, die Präcapillaren, die wir nicht besonders erwähnen; zu den verengten Arteriolen können Abschnitte kleiner Arterien hinzukommen. Es können auch die Arteriolen ebenso wie die Capillaren und Venchen erweitert sein. Dann ersetzen die kleinen Arterien die Arteriolen in bezug auf die Wirkung der Verengerung. Die zweite Eigentümlichkeit dieser Kreislaufsart ist, daß die erweiterten Teile herabgesetzt oder gar nicht mehr verengbar sind, auf Adrenalin verkürzt oder gar nicht sich zusammenziehen. Wir sprechen demnach von einer Constrictorenerregung der Arteriolen, einer Dilatatorenreizung der Capillaren und Venchen bei herabgesetzter oder aufgehobener Constrictorenerregbarkeit. Die dritte Eigentümlichkeit ist, daß eine solche veränderte Strombahn im allgemeinen auf erneute Reizung damit reagiert, daß die Arteriolen sich noch stärker verengen, unter Umständen verschließen, während die Erweiterung von Capillaren und Venchen zunimmt. Tritt das ein, entweder von vornherein oder im Laufe der Zeit, so steht der Blutstrom still, gesperrt durch die verschlossenen Arteriolen. Diesen Zustand nennt RICKER Stase (wie vorher gebräuchlich). — Stase ist nicht gleich Stauung, Stauung ist Verlangsamung von Strömung, kein Stillstand.

Sind die Arteriolen stark verengt, die Capillaren und Venchen stark erweitert, so wird die Strömungsgeschwindigkeit verlangsamt, mechanisch durch die verengten Arteriolen. Das nennen wir einen peristatischen Zustand (um Stase herum). Dieser Zustand hat gewisse Beziehungen zu dem ersten Zustand, indem er ihm teils gleicht, teils zu unterscheiden ist. Aus den erweiterten Capillaren kann vermehrt Flüssigkeit austreten, nur ist ihre Geschwindigkeit bei der Fluxion beschleunigt, hier verlangsamt. Das Blut in den Capillaren enthält bei der Fluxion vermehrt, hier vermindert Sauerstoff, ist dort hell, hier infolgedessen dunkel. Die Beziehung des Blutes zum Gewebe ist bei der Fluxion ein wenig enger als bei der Ischämie, der Stoffwechsel wird beschleunigt, bleibt aber in normalen Grenzen und das Gewebe im ganzen unverändert, zumal die

Fluxion in Kürze von der Ischämie abgelöst wird, bei der sich Stoffe ablagern. Im peristatischen Zustande tritt weit mehr Flüssigkeit aus, die weniger Sauerstoff enthält, und das Gewebe wird in seinem Bestand abgeändert, zumal der Zustand, von weit längerer Dauer als die Fluxion, bis Monate und Jahre währen kann. Auf Grund der Verlangsamung entstanden, ist der mangelnde Gehalt an Sauerstoff selbstverständlich nicht die einzige chemische Veränderung, die im Blut vor sich geht. Die Relationspathologie denkt auch nicht daran, zu behaupten, daß Stromverlangsamung an sich Glykogen spalten kann. Sie hat nicht das geringste dagegen, daß man dort, wo angebracht, die chemisch-physikalischen Faktoren bestimmt, die im einzelnen die Umsetzungen vollführen. Aber sie alle, wie immer sie auch beschaffen sind, gehen nicht vor sich, ohne daß vorher die Bedingungen eingetreten sind (nervale Reizung und Änderung der Stromgeschwindigkeit), auf Grund deren sie möglich und verständlich sind. Die Geschwindigkeitsänderung ist nur ein Maßstab für das, was im einzelnen geschieht. Unter diesem Gesichtspunkt, selbstverständlich wie er ist, wollen alle folgenden Seiten betrachtet sein. Der peristatische Zustand ist endlich dadurch ausgezeichnet, daß weit mehr Grade von Abstufung in ihm möglich sind als bei den beiden ersten Stufen, und zwar dadurch, daß die Verengerung der Arteriolen mehr oder weniger stark ist, dementsprechend die Erweiterung von Capillaren und Venchen mehr oder weniger bedeutend. Während bei Fluxion die Strömungsgeschwindigkeit des Blutes beschleunigt ist, ist sie hier verlangsamt bis zum Stillstand. Während dort eine schwache und schwächste Reizung vorliegt, ist hier die Reizung starken und stärksten Grades. Weiter als bis zum Stillstand kann die Strömungsgeschwindigkeit nicht verringert werden. Wie häufig in der Physiologie ist die entgegengesetzte Wirkung — Beschleunigung einerseits, Stillstand andererseits — nur durch verschiedene Stärke des gleichen Reizes entstanden.

Die Tatsachen, aus Versuchen gewonnen, lehren, daß es unmöglich ist, einfach immer nur von Herauf- oder Herabsetzung des Tonus, von Gefäßerweiterung und -verengerung zu sprechen, sondern verlangen, daß man die einzelnen Teile der Strombahn für sich berücksichtigt; Arterien und Venen reagieren bei starker Reizung kaum jemals gleichsinnig. Mit Dilatatoren- oder Constrictorenreizung ist der Erfolg auch insofern ungenügend gekennzeichnet, als Erweiterung möglich ist bei Dilatatorenreizung mit erhaltener und verlorengegangener Constrictorenerregbarkeit, die sich mit Adrenalin prüfen läßt (jenes die erste, dieses die dritte Stufe des Stufengesetzes). Fanden wir nach der Unterbindung des Bauchspeicheldrüsenausführungsganges als erste Wirkung einen peristatischen Zustand der Strombahn, so dürfen wir als Ursache auf eine starke Reizung ihres Nervensystems schließen, deren Stärke eben durch die lange Dauer und Anhäufung des Sekretes verständlich wird. Die Versuche von Ricker und Regendanz haben weitere Ergebnisse gehabt. Durch Anwendung stark wirkender Mittel erhält man Stase durch Verschluß der Arteriolen. Wartet man eine entsprechende Zeit ab, so beginnen die bis zum Verschluß verengten Arteriolen sich eben merklich zu erweitern und es treten aus den erweiterten Capillaren — bei stärkst verlangsamter Strömungsgeschwindigkeit — rote Blut-

körperchen aus, d. h. (wenig) Flüssigkeit mit roten Blutkörperchen aufs
Dichteste durchsetzt. Die weißen sind vermindert. Wartet man länger,
dann treten an Stelle der roten nur weiße (aus den Venchen) aus; durch
Stomata, die sich öffnen, im Strahl und auch ununterbrochen (das bedarf
der weiteren Untersuchung), zusammen mit — viel — Flüssigkeit, wobei
die Verengerung der Arteriolen so weit nachgelassen hat, daß weiße
hindurch können. Allmählich läßt der Austritt von Blutkörperchen
überhaupt nach und es tritt nur Flüssigkeit aus (Liquordiapedese),
danach tritt eine normale oder annähernd normale Strömung ein, die
Wirkung ist vorüber. So verläuft, in den Grundzügen, eine Pneumonie.
Das Überraschende und grundsätzlich Wichtige der Ergebnisse liegt
darin, daß der Austritt von Blutkörperchen und von Flüssigkeit nicht
bei beschleunigter, sondern bei verlangsamter Strömungsgeschwindigkeit
zustande kommt, daß es sich bei einer Diapedesisblutung und bei einer
Eiterung nicht um Fluxion, sondern um einen Zustand des Kreislaufs
handelt, der der Stase nahesteht, daß insgesamt diejenigen Vorgänge,
die Blutung und Entzündung ausmachen, nichts mit Fluxion zu tun
haben. Fluxion ist höchstens dort, weit ab vom Entzündungsherd,
in der Haut z. B. vorhanden, im entzündlichen Gebiet selbst besteht —
durch Arterienverengerung — Verlangsamung. Nicht minder bedeutungs-
voll ist die Tatsache, daß solch eine durch starke Reizung bedingte
Kreislaufsstörung mit dem stärksten Grad beginnt (oder zumindestens
beginnen kann) und sich allmählich — in deutlich abteilbaren Stufen —
abschwächt. Man ist gewohnt zu sehen, daß ein Panaritium, eine
Phlegmone, sich allmählich verschlimmert, daß eine Pneumonie allmählich das Krankheitsbild verstärkt; und das Experiment hat ergeben,
daß die Kreislaufsstörung, die diesen Krankheiten zugrunde liegt, mit
dem stärksten Grade beginnt und sich danach abschwächt. (Wir kommen
auf Ausnahmen noch zu sprechen.) Der Widerspruch mit der Klinik
löst sich bald, wenn man sich vor Augen hält, daß eine Verschlimmerung
im Befinden eines Menschen durch allmählich sich steigernde Herz-
und Allgemeinwirkung (z. B. Fieber, Blutdrucksenkung) zustande
kommt, daß dabei der örtliche Vorgang völlig selbständig verlaufen
und ausheilen kann, daß man sehr häufig am Ende der Krankheit, einer
Lungenentzündung, einer Endokarditis, stirbt, daß mithin der örtliche
Vorgang mit dem allgemeinen nicht parallel zu gehen braucht. Natürlich
kann er das, eine Tuberkulose kann sich fortschreitend ausbreiten, ein
Carcinom ebenso, es gilt nur nicht für alle Fälle, ja sogar nur für die
wenigsten, insbesondere nicht für den einzelnen örtlichen Vorgang an sich.
Die Stase, durch Verschluß der Arteriolen, kann rasch, in Sekunden, eintreten oder langsam sich entwickeln, oder sich auf eine schon bestehende
Kreislaufsstörung aufpfropfen, das erste dann, wenn die Reizung sehr stark
ist, das zweite, wenn sie schwächer ist, das dritte, wenn zu einer bestehenden
Reizung eine neue hinzukommt. Blutung tritt — bei langsamer Entwicklung — vor oder hinter ihr auf, nicht während der Stase, aus still-
stehendem Blut kann nichts heraus; fehlt die Blutung, so ist die Stase an
sich von geringer Auffälligkeit und im Schnittpräparat der Blutüberfüllung
gleich, trotz schwerster Kreislaufsstörung an den Capillaren und Arterien
keine histologische Veränderung. Die Dauer der Stase kann kurz oder
lang sein. War sie kurz, so können die beschriebenen, ihr folgenden Grade,

insbesondere die Eiterung fehlen, die im allgemeinen um so stärker sind,
je stärker die Anfangswirkung ausgefallen ist. Ist die Stase von genügender
Dauer, 2—24 Stunden, und von genügender Ausdehnung, so verfällt
das Gewebe (mit den Capillaren) der Nekrose, oder bei kurzer Dauer,
z. B. in der Leber, in den rundlichen Nekrosebezirken, nur das Parenchym,
wenn die Stase sich rasch wieder löst. Stase-Nekrosebezirke sind zunächst
rot, sie werden blaßgelblich schon nach 24 Stunden durch Auflösung
und Entfärbung des Blutfarbstoffs („anämischer Infarkt"). Nekrose
beruht, man kann ruhig sagen überall dort, wo sie eintritt, auf Stase,
da diese die Beziehung aufhebt, welche zwischen Blut und Gewebe, d. h.
Stoffwechsel, besteht. Stase ist, wenn ein Bein sich livide verfärbt,
kurz vor der Gangrän und während derselben, auf Stase beruht die
rote und weiße Erweichung im Gehirn (mit und ohne Blutung), Stase
bewirkt jede schwere Verbrennung (ohne Verkohlung), Stase (mit Blutung)
ist im Zahnfleisch und anderen Schleimhäuten bei leukämischen Zuständen
verwirklicht. Stase herrscht im Zentrum eines Carcinoms und führt
zur Verflüssigung oder zur Geschwürsbildung, Stase mit Blutung (wie stets
kurz vor oder kurz nach der Lösung) ist, wenn ein kräftiger Schlag die
Haut trifft, mit Zerfall des ausgetretenen Blutes, die sich wieder löst
und darum keine Folgen am Gewebe hinterläßt, Stasebezirke sind die
Petechien in der Magenschleimhaut, sind die Anfänge eines Magen-
geschwürs, wobei das Gewebe (nach Stase) zerfallen ist (wie die Geschwüre
im gelähmten Bein). Stase ist die nekrotisierende Form der Appendicitis;
nicht die Nekrose (RITTER), sondern die Stase ist das Primäre, ihr folgt
die Nekrose. Das sind Beispiele für Stase ohne einen anatomisch nachweisbaren, also funktionellen (Arteriolen) Verschluß, wie er durch einen
Embolus zustande kommen kann. (Die Embolie verläuft nicht ganz so
einfach, daß der Embolus einfach verschließt, doch führt uns das hier
zu weit.) Die Folge ist die gleiche, wie nach Stase: Nekrose des Gewebes
ebenso wie auch bei Arterienverschluß bei stärkster Sklerose durch Intimaverdickung. Wie hier, so ist dort die Beziehung des Blutes zum Gewebe
aufgehoben und Nekrose, also Zellveränderungen stärksten Grades,
die Folge. So verschieden die Ursachen sein mögen, die die genannten
Vorgänge unserer Beispiele einleiten, ihre Wirkung ist stets die gleiche
und in gleicher Weise erkennbar. Nur das rein Morphologische, Ort,
Form, Ausdehnung am Organ bedingt die Verschiedenheit des Aussehens im Leichenpräparat, sie kann und ist ein Grund, verschiedene
Ursachen anzunehmen, wo es sich um verschiedene Organe handelt,
sie ist aber kein Grund, die Vorgänge im Gewebe beliebig verschieden
— chemisch — wie es meist heute versucht wird, zu erklären, da das ihnen
gemeinsame bedeutungsvoller ist als das sie unterscheidende Merkmal.

Wir kehren zu unserem Beispiel, der Unterbindung eines Ausführungsganges einer Drüse (beliebig welcher), zurück, um einen anderen
wichtigen Typus von Kreislaufsänderung mit ihrer Folge am Gewebe
kennenzulernen. Die Stauung des Sekrets bewirkt als erstes eine Hyperämie mit Stromverlangsamung, wie wir nun wissen durch Verengerung
der Arteriolen mit erweiterten Capillaren und Venchen. Hierbei tritt
anfangs ein leichtes Ödem und eine Steigerung der Sekretion auf,
die dann nachläßt; an Stelle dessen erfolgt zunehmend ein leichtes
Wachstum von Bindegewebe, wobei die Drüsenläppchen allmählich

und gleichzeitig kleiner werden bis zum fast völligen Schwund unter Verminderung der Absonderung. Daraus ist zu ersehen, daß eine Kreislaufsstörung beileibe nicht immer mit Stase beginnen muß, sondern abhängig von der Stärke des Reizes mit jedem Grade der dritten Stufe beginnen und, sich von ihm aus abschwächend, nachlassen und aufhören kann. An Häufigkeit und Bedeutung für die allgemeine und spezielle Pathologie steht dieser Typ von Hyperämie mit Bindegewebswachstum und langsamem Parenchymschwund mit an erster Stelle. Er ist verwirklicht bei jeder Art von Cirrhose, die durch Sekretstauung infolge eines Abflußhindernisses entsteht, sei es Leber, Niere, Unterkieferdrüsen, Bauchspeicheldrüse, wobei das angehäufte und konzentrierte Sekret den Reiz darstellt, der die Blutüberfüllung verursacht. Der Zustand ist verwirklicht bei jeder Art von Schrumpfung einer Niere, primärer oder sekundärer Schrumpfniere, im Gehirn nach schweren entzündlichen Vorgängen, wo an Stelle des Bindegewebes die Glia tritt, in jedem muskulären Hohlorgan, wo an Stelle der Muskulatur (des Parenchyms) das Bindegewebe wächst, auch in den Arterien bei Sklerose, Hydro-Pyonephrose, Bronchiektasie, Lungeninduration, Anthrakose der Lymphknoten und unzähliges anderes. Hier wie bei der Nekrose sind die ursächlichen Faktoren der Art nach verschieden, ihre Wirkung am Organ ist die gleiche. Hier wie dort ist nur das Morphologische verschieden und in die Augen fallend, das ihnen Gemeinsame bei weitem bedeutungsvoller, nur weniger leicht ersichtlich. Eine Lebercirrhose (nach Verschluß des Ductus choledochus) ist zwar auf den ersten Blick als solche erkennbar, eine alkoholische Cirrhose sieht ganz anders aus und doch handelt es sich im wesentlichen bei beiden Zuständen um einen Schwund des Parenchyms und eine Bindegewebsvermehrung. Beide beginnen mit einer Hyperämie, die in beiden Fällen (nicht nacheinander, sondern) gleichzeitig das Parenchym zum Schwund und das Bindegewebe zum Wachstum bringt. Erst mit zunehmender Bindegewebsfaservermehrung wird die Hyperämie geringer und geringer, es können allmählich die Capillaren schwinden, die anfänglich gesteigerte Absonderung (mit Gelbsucht in der Leber) geht über in eine verringerte Absonderung. — Wir sehen keinen Unterschied, ob die Cirrhose durch Unterbindung oder durch Alkohol oder durch Lues erzeugt worden ist, der ins Gewicht fällt für den Inhalt der Lehre einer allgemeinen Pathologie, demnach auch keinen Grund, für das eine diesen, für das andere jenen Angriffspunkt oder Entstehungsweise anzunehmen.

Unterschiede im Grade der Hyperämie (der dritten Stufe des Stufengesetzes) bedingen einen verschieden starken Grad von Bindegewebswachstum und Parenchymschwund. Im Hungerzustand, der langsam anfängt und sich nicht steigert, ist die Hyperämie und das Bindegewebswachstum kaum merklich, ebenso wie die Verkleinerung der einzelnen Zellen. Ihre Masse erst macht die Leber, die Niere, die Milz, im ganzen kleiner. Bei stärkeren Graden dieses Zustandes vermehren sich nur Kollagenfasern, bei leichteren Kollagen- und Elastinfasern zusammen. — Geringere und geringste Grade dieser Blutüberfüllung sind im allgemeinen die Ursache für diejenigen pathologischen Zustände, bei denen es zu einer langdauernden Ablagerung von Stoffen im Gewebe, Fett, Kalk, Pigment, Glykogen usw. kommt. Die Herabsetzung des Stoffwechsels (auch zu erreichen durch Ischämie) beginnt mit einer Kreislaufsänderung im Sinne der Stromverlangsamung. Aus der verlangsamt sich bewegenden Gewebsflüssigkeit — vom Blut her — fallen die Stoffe aus, die in der Zelle gefunden werden, nachdem sie in ihr aus den einzelnen Bestandteilen synthetisiert worden sind. So entsteht der Kalk im nekrotischen Gewebe aus der Flüssigkeit, die das nekrotische Gewebe, das durchaus nicht „tot" ist, durchfließt, langsam, wenig, aber immerhin doch fließt, das Fett aus Glycerin und Fettsäureresten durch Synthese in der Leberzelle.

Die Relationspathologie bestreitet nicht, daß die Zelle dabei etwas „tut" und „tätig" ist. Sie bestreitet nur, daß sie es von allein macht und primär aus sich heraus, so wie man sich die viel erwähnten Stoffwechselprodukte entstanden denkt, aus nichts heraus, nur durch das Zusammentreffen von chemischem Reiz und Zelle. Solchen Veränderungen in der Zelle gehen Vorgänge im Kreislauf, in der Durchströmung voraus, mögen beide noch so gering sein. Oberflächenspannungsänderungen im Nerven (die Spiegel [s. o.] für die Degeneration im Nerven verantwortlich macht) müssen irgendwo herkommen; Histamin, Cholin, Adrenalin, falls sie Verengerung oder Erweiterung an den Gefäßen im Organ bewirken sollen, können nicht aus dem Nichts entstanden sein, also nur mit Hilfe von Blut, die Beziehung zwischen Blut — Zelle muß erst geändert sein, ehe sie entstehen.

Natürlich können alle im Gewebe abgelagerten Stoffe auch bei stärkeren Graden der Kreislaufsänderung entstehen und verschwinden, Fett entsteht auch dann, wenn das Gewebe rasch der Hypoplasie verfällt, dann, wenn der Stoffwechsel herabgesetzt ist. Darum können wir leider Lubarsch (5) nicht folgen, wenn er neuerdings in solchen Aufsaugungs- und Speicherungsvorgängen eine erhöhte Tätigkeit der Zelle (im Sinne der Relationspathologie übersetzt: einen erhöhten Stoffwechsel zwischen Blut und Zelle) erblickt. Ich möchte glauben, daß jede Verfettung der Leber, wenn auch mit einer geringen, so doch vorhandenen Hypoplasie auch der Kerne der Leber einhergeht, stets etwas Pathologisches darstellt im Sinne der Herabsetzung der Funktion.

Viele Krankheiten verlaufen mit erheblichen Störungen, ohne daß sich — infolge des leichten Grades der Kreislaufsänderung — anatomische Befunde haben feststellen lassen: Diabetes, Basedow. Erst neuerdings ist man dazu gelangt, mit verfeinerten Methoden solche nachzuweisen (Koch, Bansi u. a.), erhöhte oder verminderte Umlaufsgeschwindigkeit des Blutes usw. Solche Krankheiten, ohne befriedigenden anatomischen Befund, hat besonders die Klinik mit Liebe und Eifer zu durchforschen versucht, ohne daß man behaupten kann, daß sie zu einer wesentlichen Einsicht in das Geschehen geführt hat. Sie mußte ausbleiben, da die Klinik unberücksichtigt läßt, daß Glykogenschwund und Glykogenvermehrung mit ihren Folgen am Blutzucker, nur mit Hilfe der Durchströmung der Organe, nicht allein durch Zucker und Zelle befriedigend erklärt werden können. Bemerkenswert sind hier die Untersuchungen von Wertheimer (z. T. mit Abderhalden): Ein Hund hungert 4 Tage und verliert dabei mehrere 100 g an Gewicht. Dann wird ihm der Nervus ischiadicus des einen Beins durchschnitten und der Hund auf Mast gesetzt. Er nimmt an Gewicht bis zu 43% zu.

Bei der Tötung beträgt der Glykogengehalt der Muskulatur des „entnervten" Beins 0,38%, der des normalen Beins 1,9%. In mehreren anderen Versuchen stets das annähernd gleiche Ergebnis. Mit Genugtuung lesen wir bei WERTHEIMER die mit kaum verhüllter Überraschung vorgebrachte Feststellung, daß der Glykogenansatz im Muskel (wie der Glykogenabbau) nur auf einen „nervösen Reiz" hin erfolgt, somit ein „allgemein" physiologisch wichtiges Problem damit festgelegt ist, daß im Organismus Synthesen durch nervöse Einflüsse beherrscht werden können. Mit Befremden aber vermißt man jedes Wort darüber, wie denn dieser nervöse Einfluß am Glykogen zur Wirkung kommen soll, und man wird immer wieder dazu verleitet, anzunehmen, daß sich die Untersucher die Wirkung als eine direkte auf den chemischen Körper vorstellen; daß nach der Ischiadicusdurchschneidung Kreislaufsänderungen in der Muskulatur auftreten, dürfte WERTHEIMER-ABDERHALDEN zweifellos bekannt sein. Warum also schweigen sie darüber? Wenn WERTHEIMER in der gleichen Arbeit die Beteiligung von Nerven für die Leber am Glykogenumsatz bestreitet, so sei er auf den vorhergehenden Abschnitt verwiesen, mit dem Ergebnis, daß die Entnervung der Leber eine Unmöglichkeit ist, insbesondere nicht durch die Durchschneidung einiger weniger erreichbarer Zweige am Hilus. — Die klinische Physiologie läßt unberücksichtigt, daß jedes Organ einzeln mit Hilfe des Versuchs untersucht werden muß, da eine so allgemeine Feststellung, wie erhöhte Umlaufsgeschwindigkeit, keinen Schluß auf den Stoffwechsel, der sich an den Capillaren abspielt, zuläßt. Genau das gleiche gilt für das Körpergewicht. Gewiß wird ein Kind, wie ein Erwachsener, der langsam und allmählich bei gutem Befinden zunimmt, gesund sein, ebenso wie er bei raschem Gewichtssturz krank ist. Aber das einzelne Organ kann dabei an Gewicht zunehmen, andere abnehmen, das Fett aus dem Fettgewebe schwinden, in der Leber entstehen usw., nur bei sehr langsamem Schwund ist der Gewichtsverlust überall annähernd gleich. Es entsteht die Forderung, daß, bevor man mit so allgemeinen Feststellungen arbeitet, die örtlichen Vorgänge erst bekannt sein müssen, da nicht die allgemeine Feststellung (Fieber, Gewicht, Umlaufsgeschwindigkeit, Sauerstoffverbrauch, Säurebasengleichgewicht, Hyperglykämie) auf jedes Organ übertragbar ist.

War die örtliche Kreislaufsstörung mit ihren Folgen am Gewebe stark bei Stase, so ist die Wirkung von längerer Dauer — über Monate und Jahre. Sie ist kürzer, wenn die Anfangswirkung nur schwach war, abhängig von der Stärke der Reizung des örtlichen Nervensystems, ja es sieht so aus, als ob eine Strombahn, die irgend einmal von einer starken Einwirkung betroffen wurde, niemals mehr ihre normale Beschaffenheit und Reaktion annimmt. So wird eine Mensurnarbe noch nach Jahren rot und schmerzhaft, wenn das übrige Gesicht unbeeinflußt oder blaß bleibt, eine Lunge, die einmal eine Pneumonie durchgemacht hat, erkrankt um so leichter, wie man häufig genug daran sehen kann, daß die Hepatisation Teile betrifft, die verwachsen sind auf Grund früherer Pneumonien, oder bei doppelseitiger Hepatisation in größerem Umfange als die nicht verwachsene Lunge. Es kann in der Zwischenzeit, von der ersten Reizung bis zur zweiten, ein normales Verhalten des Kreislaufs bestehen, nur die Erregbarkeit der Nerven ist gesteigert. Wird ein Gebiet der Haut mit Röntgenstrahlen behandelt, so kann noch nach Jahr und Tag an dieser Stelle ein Geschwür entstehen, dem Stase vorausgeht. Das gleiche entsteht bei nervenverletzten Gliedmaßen, die — in der ersten Zeit nach der Verletzung — zu allgemeinen Störungen im ganzen Bein, dann zu umschriebenen Veränderungen neigen, die schwerer sind als die allgemeinen. In diesem Falle läßt sich die Ursache erkennen, z. B. im dauernden Druck des Schuhwerks, zumal die Geschwüre meist an leicht hervorragenden Stellen entstehen. Es wirkt der neue schwache Reiz, der sonst nichts tut, auf ein solches Bein stärker. Wir haben davon schon gesprochen. Nach einem Trauma kann später, aus voller Gesundheit, eine Hirnblutung eintreten, für die man jede leichte Reizung sonst harmloser Natur, Mahlzeit, Aufregung, verantwortlich machen kann. Die Schwierigkeiten im Falle von Spätgeschwüren nach Röntgenbestrahlung sind durch die Untersuchungen von Lazarew und Lazarewa, besonders von Miescher zum Teil behoben, die ergeben haben, daß zwischen Bestrahlung und Geschwür wellenförmig verlaufende Zustände von vermehrter und verminderter Durchströmung der Haut bestehen, die den Boden ebnen für die spätere stärkere Wirkung. Sie müssen mit der langen Dauer örtlicher Einwirkung auf das vegetative Nervensystem erklärt werden. Andere Beispiele hat jüngst Homuth veröffentlicht. Er fand, daß die Einspritzung von Serum (Pferdeserum wie Menschenserum) die Erregbarkeit der glatten Muskulatur, Arterien, Bronchien, auf verengend wirkende Reize erhöht und verlängert. Wird die Einspritzung nach geraumer Zeit wiederholt, so entsteht dadurch — bei Meerschweinchen — ein Verschluß der Bronchien mit Erstickung als Folge. Der anaphylaktische Shock ist keine Antigen-Antikörperreaktion — wir bestreiten, daß es eine solche überhaupt gibt — sondern eine auf erhöhte Empfindlichkeit nervaler Natur gegründete Erscheinung. Man darf auf weitere Untersuchungen gespannt sein, die versprechen, eine Bresche zu schlagen in die von der Serologie unentwegt festgehaltene Meinung, daß Antigene mit Antikörpern sich vereinigen. Als Folge einer solchen lang dauernden allerleichtesten Nachwirkung nach vorhergehender gutartiger, chronischer blander Sepsis, darf die Wassermannreaktion im Blut betrachtet werden. Da sie bei normalen Kaninchen sehr häufig (unter 25 bisweilen 19 mal) ferner bei bis 10 % von Schwangeren und nach Scharlach zu finden ist, ist sie an sich unspezifisch und allein schon deswegen unmöglich eine Antigen-Antikörperreaktion. Wenn, wie es scheint, die Lipoide am Zustandekommen der Reaktion schuld sind, so müssen die Lipoide doch irgendwo herkommen, sagen wir aus der Leber. Es würde das heißen, daß der Fettstoffwechsel der Leber leicht gestört ist. Damit wäre die Beziehung zum Organ und zu seiner Strombahn, einschließlich der Nerven, hergestellt, und damit wären wir so weit, wie die Relationspathologie es verlangt. Wenn Sachs (Heidelberg) Immunitätsreaktionen als Teilprobleme der pathologischen Physiologie in seinem Vortrag behandelt, so begrüßen wir das, nur vermißt man leider in dem Vortrag, was die Überschrift ankündigt. Das sei erwähnt, weil wir die Lehren der Serologie (deren praktischer Wert davon unberührt bleibt) oben als Einwand gegen die Relationspathologie haben hinnehmen müssen.

Die Wirkung einer antisyphilitischen Behandlung auf örtliche Erscheinungen, früher, auf EHRLICH zurückgehend, als eine direkte auf die Spirochäten wirkende angesehen, wird neuerdings (UHLENHUT) immer mehr als eine Wirkung auf das Gewebe, damit sekundäre auf die Spirochäten, aufgefaßt. Man nähert sich damit der Auffassung, die von RICKER und KNAPE bereits 1912 vertreten worden ist. Da Änderungen der Blutzusammensetzung eine Änderung des Organstoffwechsels voraussetzt, dürfte sich die Wirkung auf die Wassermannsche Reaktion der relationspathologischen Auffassung leicht einfügen, zumal die schwerere Wirkung auf innere Organe (Gelbsucht, akute gelbe Leberatrophie) außer Zweifel steht.

Waren dies Beispiele für eine irgendwodurch bewirkte allgemeine oder örtliche Überempfindlichkeit des Nervensystems (auch des der peripherischen Organe) also ohne Kreislaufsänderung (infolge geringstmöglicher Reizung), so gibt es Beispiele für das entgegengesetzte Verhalten, Unterempfindlichkeit, nerval bedingt, ohne Kreislaufsstörung. Das allgemeinste dieser Art ist der Unterschied, den das Alter mit sich bringt mit seiner allgemeinen und örtlichen Herabsetzung der Empfindlichkeit, z. B. der Arterien, Capillaren, des psychischen Verhaltens gegenüber der Jugend und insbesondere dem Kindesalter. Hierüber hat FRITZ LANGE wertvolle Untersuchungen angestellt (s. später) bei Arteriosklerose und Hypertonie. Die Kinderheilkunde, die berufen ist, solche Eigentümlichkeiten (gradmäßiger Art) zu erforschen, sträubt sich, im Kinde etwas gegenüber dem Erwachsenen nur dem Grade nach Verschiedenes zu sehen. Es muß „anders" sein (Allergie); daß es das nicht ist, lehren allein schon die Sektionserfahrungen. Nur sind Kinder — ganz allgemein — so empfindlich, daß sie bereits sterben, bevor gröbere anatomische Veränderungen, die Zeit zur Entwicklung brauchen, vorhanden sind. Die Empfindlichkeit läßt mit zunehmendem Alter nach, so daß — wieder ganz allgemein — die Menschen erst dann sterben, wenn sie schwerste Veränderungen aufweisen. Wirkungen dieser Art, im Sinne der Herabsetzung der Empfindlichkeit, haben Narkotika und viele andere, Ergotinpräparate, Atropin, Pilocarpin, Strychnin, in den üblichen Gaben. Viele von ihnen greifen erwiesenermaßen am Nervensystem an. Herabgesetzte nervale Reizbarkeit kennt die Physiologie (nach starker Reizung) unter der Bezeichnung refraktäre Phase. Sie kann peripherischer, örtlicher Art sein, ist dann vorhanden, wenn nach einer starken Höhensonnenbestrahlung des Gesichts die Haut bei einer wiederholten in längerem Abstand erfolgten Bestrahlung trotz erhöhter Gabe nicht mehr so stark reagiert, oder wenn auf eine Zeit stark erhöhter Temperatur des Menschen eine kurze mit Untertemperatur folgt. Die Einspritzung von schwacher Trypanblaulösung (1%) in das Blut vermag örtlich durch unmittelbare Erregbarkeitsherabsetzung der Strombahnnerven eine Senföl-Bindehautentzündung abzuschwächen, allgemein gesprochen, eine Herabsetzung der Erregbarkeit der Constrictoren auf Adrenalin zu bewirken, ohne daß vorher etwas merkliches an der Strombahn des lebenden Tieres festzustellen ist. Nach GROSSMANN bleibt nach Trypanblau oder Tuscheeinspritzung Lebernekrose aus, die sonst auf Phenylhydrazin und Chloroform eintritt. Das sind Gegenstücke zu der bei Hämatoporphyrinämie oder -urie vorhandenen Überempfindlichkeit, die besonders durch Lichteinwirkung auf vasomotorische (und sensible?) Nervenendigungen erfolgt und zu schwersten Verstümmelungen führen kann (Tannhauser). Hierher gehört die Neigung zu Blutungen bei Gelbsucht. Im allgemeinen darf man sagen, daß nach örtlichen Eingriffen die örtliche Erhöhung der Reizbarkeit weit häufiger ist als die Herabsetzung.

Die lange Dauer örtlicher Reizung am Nervensystem ist etwas Neues. Denn die experimentelle Physiologie hat im allgemeinen nur solche Eingriffe gemacht, die, entweder reflektorisch oder vom Nervenstamm aus, nur Wirkungen von Minuten und Sekunden zeigten. Nur die wenigsten Arbeiten (Lapinski, am Frosch mit durchschnittenem Ischiadicus, Lewaschew) beschäftigen sich mit den Wirkungen langer Reizungsdauer. So hat man sich gewöhnt, nervale Einflüsse als nur von kurzer Dauer anzusehen, und erblickt in der Entdeckung der Stoffwechselprodukte eine Erlösung; hier kann Wandel geschaffen werden, dadurch, daß man örtliche Eingriffe vornimmt, die in das Gebiet der pathologischen Wirkungsweise fallen; dazu ist notwendig, die Mittel in genügender Stärke der Konzentration anzuwenden, die beim Tier ungleich höher sein muß als beim Menschen. Körpergewicht ist kein Maßstab für Empfindlichkeit. Solche Versuche haben gezeigt und werden weiter lehren, daß alle Reize am Nervensystem — dem zentralen und örtlichen — angreifen.

II. Spezieller Teil.

1. Absceß, Eiterung und verwandte Vorgänge.

Es ist leicht verständlich, daß (rote) Stase auf die Dauer, da sie das Gewebe seiner „Ernährung" beraubt, Nekrose verursacht. Schwieriger und verwickelter sind die Vorgänge, die zum Absceß führen. Ist die nach Terpentineinspritzung eingetretene anfänglich bestehende Stase nur von kurzer Dauer, dadurch, daß sich die Arteriolen wieder ein wenig erweitern, so tritt durch den Druck des nachströmenden Blutes Strömung auf, die — da die Verengerung (nicht mehr Verschluß) weiterbesteht — stark verlangsamt ist. Dadurch und danach geraten die spezifisch leichteren weißen Blutkörperchen aus dem Achsenstrom, der vermehrte Leukocyten enthält, in den Randstrom der erweiterten kleinsten Venchen und treten — zusammen mit Flüssigkeit je nach dem Grade der Verlangsamung — aus der Wand heraus ins Gewebe. Der Austritt erfolgt nur aus den kleinsten Venchen, denen, die dicht hinter den Capillaren gelegen, oft nicht von den Capillaren zu unterscheiden sind; im Gegensatz zu den roten, die nur aus Capillaren austreten. Capillaren sind im allgemeinen zu eng, um Leukocyten wandständig werden zu lassen. Nur bei von Natur aus sehr weiten Capillaren (Milz, Knochenmark) mag es anders sein. — Dem Austritt der Leukocyten geht die Verlangsamung der Strömungsgeschwindigkeit voraus, sie ist damit, da gesetzmäßig stets vorhanden, als die Ursache des Austritts sowohl von Flüssigkeit aus den bei Erweiterung bestimmten Grades durchlässiger gewordenen Capillaren als auch die Ursache des Austritts von Leukocyten zu bezeichnen. Leukocyten, dem Untergange geweihte Blutkörperchen (zerfallene Kerne!) und mit unbekannter Funktion [1], werden nicht chemotaktisch angelockt, die Chemotaxis müßte ja durch die Wand der Venchen hindurch wirken, müßte durch den Wandstrom auf den Achsenstrom einwirken und dort die Leukocytenvermehrung verursachen; Bedenken, die auch R. Rössle und Fröhlich, wie vor ihnen Heinz und Thoma äußern. Leukocyten können Pseudopodien bilden, dann, wenn sie sich in einer still-stehenden Flüssigkeit befinden; solange sie in Bewegung sind, sind sie rund. Die Beziehung zur ruhenden Flüssigkeit, unter unbekannten Bedingungen, die zu erforschen sind, ist die Ursache der Beweglichkeit durch Pseudopodienbildung der Leukocyten; die Beziehung zur primär verlangsamten Strömung: physikalische Gründe (geringeres spezifisches Gewicht, geringere Strömungsgeschwindigkeit am Rande u. a.) erklären nach den Versuchen von Donders, Gunning, Hamilton und besonders Schklarewsky, daß die roten Blutkörperchen in die Achse, die weißen in die Peripherie des Stromes gelangen. — Pseudopodienbildung findet statt, mit und ohne daß Fremdkörper (Bakterien) in der Nähe sind. Kommen Leukocyten durch den Flüssigkeitsstrom auf Fremdkörper, so werden durch die Bewegungen Fremdkörper in sie eingeschlossen, Bakterien reizen also nicht die Leukocyten zu Bewegungen, sondern die — dauernden — Bewegungen der Leukocyten sind die Ursache ihrer zufälligen Einschließung, mit anderen Worten, Ricker bestreitet die direkte Reizbarkeit der Leukocyten, ebenso wie wir es im allgemeinen Teil von anderen Zellen des Körpers gelernt haben. — Die taktile direkte Reizbarkeit der Leukocyten, die geringere Beachtung erfahren hat, darf übergangen werden. — Leukocyten wandern nicht aus, um Abwehr zu üben, sondern werden bei einem bestimmten Grade der Kreislaufsstörung aus dem Blutstrom mit der ausgetretenen Flüssigkeit fortgetragen. Das beweist die Angabe von Thoma, daß die Richtung der ausgetretenen Leuko-cyten stets senkrecht zur Vene, in der Richtung der Flüssigkeit verläuft.— Ohne Flüssigkeitsaustritt gibt es keinen Leukocytenaustritt. (Man darf den Satz nicht umkehren: Flüssigkeitsaustritt ohne Zellaustritt gibt es auf schwächere Reizung: Ödem durch Stauung.) Es hängt von der Länge und Stärke des Zustandes ab, ob viel oder wenig austreten, ob viel oder wenig Eiter entsteht. Der Austritt von weißem Blut = Eiter durch Diapedese ist dem Wesen nach nichts anderes als der Austritt von rotem Blut. Die Bedingungen, die die roten Blutkörperchen unter Form-veränderungen gleich denen der Leukocyten zum Austritt zwingen, sind nicht andere, als die bei weißen, nur die Stärke der Reizung, und zwar ihr anfänglicher Grad entscheidet, ob das eine oder das andere eintritt. Die entstandene Arteriolenverengerung kann wieder in Verschluß über-gehen, so daß dann wiederum Stase entsteht, die nunmehr, da der Inhalt der Capillaren und Venchen nur aus weißen Blutkörperchen besteht, als weiße Stase bezeichnet werden muß, im Gegensatz zu jener roten. Ihre Wirkung am Gewebe ist die gleiche: Nekrose; das Nekrotische wird

---

[1] K. Bürker erklärt wörtlich: Die neutrophilen Leukocyten sind besonders bei der Eiweißresorption, der Abwehr von Bakterien und ihrer giftigen Stoffwechselprodukte beteiligt; sie wenden sich ferner gegen Blutgifte und vielleicht auch schon gegen die normalen Dissimilationsprodukte. Vermöge ihrer proteolytischen Fermente sind sie in der Lage, überflüssige Gewebe abzubauen, sie befördern auch unlösliche Stoffe, wie Erd-kali- und Eisensalze nach den unteren Abschnitten des Darms. (? Der Ref.)

verflüssigt, wobei Fermente der Leukocyten mitbeteiligt sein werden; die weiße Stase vollendet an Nekrosevorgängen, was die rote begonnen hatte.

Jeder Absceß hat außer einem Zentrum ein Grenzgebiet gegen die unveränderte Umgebung. Das Grenzgebiet besteht aus einer inneren und äußeren Zone, die an der unveränderten Umgebung gelegen ist. Innere und äußere Zone haben verschiedenes Schicksal. Die innere, als die kräftiger gereizte, macht im ganzen das Schicksal des Zentrums mit, indem sie unter Verfettung und Zerfall der Leukocyten allmählich verflüssigt wird. Die äußere zeigt von Anbeginn leichtere Kreislaufsstörungen; in ihr entsteht schließlich eine Hyperämie, die zur Capillar- und danach zur Bindegewebsneubildung führt, durch Wachstum der Zellen des örtlichen vorhandenen Bindegewebes und der Fasern. Sie ist es, die die Wand des Abscesses entstehen läßt; wie bei allen Vorgängen in der dritten Stufe handelt es sich um eine Blutüberfüllung, die — durch Arteriolenverengerung — mit Verlangsamung einhergeht. Ihr ein wenig stärkerer Grad liefert den Eiter, der sich in den Hohlraum ergießt. — Die Wirkung der Reizung an den Nerven der Strombahn läßt, wie alle einmalige Reizung, allmählich nach, dort, wo Arteriolen verschlossen waren, werden sie offen und weiter, die stark erweiterten Capillaren und Venchen enger.

Das Nachlassen des Arteriolenverschlusses bedeutet ein Nachlassen der Constrictorenerregung der Arteriolen, das Nachlassen der Erweiterung von Capillaren und Venchen, ein Nachlassen der Dilatatorenreizung oder Lähmung, die wie in jedem Grade dieser dritten Stufe, mit Lähmung der Verengerer verbunden ist. — Wie chemische Mittel, wirken — praktisch am häufigsten — Bakterien, Tuberkelbacillen etwas langsamer und leichter als andere, Strepto- und Staphylokokken, Pneumokokken. Ihr gemeinsamer Angriffspunkt ist das Nervensystem, das durch Änderung der Weite der Wand und ihres Tonus, die Änderung des Kreislaufs — im Sinne der Verlangsamung verschiedenen Grades — bewirkt, wie der Versuch es erweist. Da es technisch nicht möglich ist, einen Absceß mikroskopisch im lebenden Tier in allen Einzelheiten zu verfolgen, müssen Erklärungen für einen Teil der Vorgänge aus anderen Gebieten genommen werden, so aus dem Rand eines eitrigen Infarktes, da sie dieselben sind wie jene, insbesondere muß der nach Lösung des Verschlusses der Arteriolen erneute Verschluß bei weißer Stase abgeleitet werden. Der Verschluß der Arteriolen bei roter Stase ist an sich nicht leicht zu sehen, da das stark rote Gebiet den Einblick erschwert, auch deswegen, weil verschlossene Arteriolen einfach nicht sichtbar sind. Dem Anfänger empfiehlt es sich, den Wiedereintritt von Strömung zu beobachten durch Sichöffnen der Arteriolen, auch und besonders leicht an der Schwimmhaut des Frosches. Jeder wird den Eindruck des Wiederauftauchens der Strömung nach Öffnung der Arteriolen, den das auf den Beschauer macht, festhalten; allein schon diese Beobachtung zwingt zu dem Schluß, daß das Aufhören der Strömung durch Verschluß der Arteriolen zustande gekommen ist.

An die akuten und schweren Vorgänge (am Nervensystem — Strombahn — und Gewebe) bei Eiterung und Phlegmone (die fortschreitet und sich ausbreitet, weil die Ursache, Eiterung erregende Bakterien,

sich ausbreiten) und Absceß können sich leichtere, chronisch verlaufende Vorgänge anschließen; es sind diejenigen Vorgänge, die man
unter dem Namen „chronische Entzündung" zusammenfaßt. Sie können
auch von vornherein bestehen. Die bekanntesten und jedem geläufigen
Kennzeichen im Schnittpräparat sind die Bindegewebsvermehrung mit
und ohne Lymphocyten und der Schwund des Parenchyms. Hierbei
besteht, solange sie sich entwickeln, eine Hyperämie, wie alle im Bereich
der dritten Stufe, mit Stromverlangsamung einhergehend, infolge der
geringen Verengerung der Arteriolen. Es hatte die Reizung — entweder
von vornherein gering oder allmählich nachlassend — nur eine geringe
Erregung der Verengerer der Arteriolen und eine geringe Reizung der
Erweiterer zur Folge; im ganzen ist der Zustand noch weit entfernt
vom normalen, deswegen, weil er dauerhaft ist und des Wechsels von
Hyperämie und Ischämie, wie im Normalzustande, entbehrt. Das
Parenchym, zumal epitheliales, ist jedoch an diesen Wechsel notwendig
gebunden; verschafft es ihm doch die Ruhe — mit Ischämie — die das,
was an Stoffen während der Tätigkeit verlorengegangen ist, ersetzt.
Fällt diese Phase fort, so muß das Parenchym bei Hyperämie allmählich
kleiner werden, da es gewissermaßen ständig in Tätigkeit und noch
dazu in verstärkter Tätigkeit sich befindet, verstärkt deshalb, weil die
Beziehung zum Blut durch die erweiterten Capillaren erhöht ist. Anders
das Bindegewebe, das von weniger verwickeltem Stoffwechsel, bei und
durch Hyperämie an Menge zunimmt. Die Vermehrung kann anfänglich
und bei etwas stärkerer Hyperämie, eine rein zellige, dann eine reine
Faservermehrung sein. Vermehrung von Fasern (Kollagen und Elastinfasern, Gitterfasern) kann nach RICKER (in Versuchen mit seinen Mitarbeitern ELLENBECK, SCHRADIEK, LANGEMAK u. a.) selbständig und
von vornherein verwirklicht sein, d. h. es bedarf nicht der Mitarbeit
von Bindegewebszellen. Bindegewebsfasern entstehen selbständig, durch
Ausfallen gelösten Eiweiß aus der vermehrt und verlangsamt fließenden
Gewebsflüssigkeit. RÖSSLES (2) Erstaunen über diese anticellularpatholo-
gische Tatsache ist verständlich. — Mit zunehmender und schließlich still-
stehender Bindegewebsvermehrung und Schrumpfung nimmt die Hyperämie ab. Die Capillaren, anfangs erweitert und verlängert (gewachsen!),
werden kleiner und schwinden.

Das Bindegewebe kann von Lymphzellen durchsetzt sein, die einzeln
oder in Haufen gelegen sind. Die Bedingungen ihres Austritts, nicht in
allen Punkten geklärt, sind in den gleichen zu suchen wie für den Austritt der roten und vielkernigen weißen; der Grad der Verlangsamung
ist jeweils verschieden, hier am schwächsten, dort stärker und am
stärksten, nahe der Stase. Zwischen schwere akute und leichte chronische
ordnet sich das bereits berührte Stadium ein, wo das Bindegewebe mit
seiner Strombahn stärker wächst bis zum Granulationsgewebe. Die
vorher einzeln gelegenen Bindegewebszellen wachsen — durch Hyperämie — und bilden ein Symplasma, sie schrumpfen, wenn die Fasern-
vermehrung einsetzt, die dem Strom der Gewebsflüssigkeit ein Hindernis
in den Weg stellt. — Leichteste hinzukommende Reizung (Bakterien)
kann aus dem trockenen, roten Granulationsgewebe durch Verstärkung
der Stromverlangsamung Eiterung erzeugen, der Stase mehr oder weniger
großen Umfangs vorausgeht.

Zusammen mit dem im allgemeinen Teil behandelten ergibt sich: Örtliche Kreislaufsstörungen entstehen durch direkte örtliche Reizung der Strombahnnerven; bei Ausschaltung der reflektorischen Erregbarkeit (durch örtlich angewandte Mittel: Cocain) oder bei Abtrennung vom Zentralnervensystem (Durchschneidung des Trigeminus) in gleicher Stärke wie bei deren Vorhandensein. Örtliche Kreislaufsstörungen entstehen auch rein reflektorisch (nach Verätzung der Hornhaut an ihrem Rand), sie fallen dann etwas leichter aus, stärker bei wiederholter Anwendung, wenn das betreffende Gebiet erhöht erregbar geworden ist. Der um einen Herd entstandene Hof zeigt Kreislaufsstörungen schwächeren Grades, sie sind dagegen von größerer Ausdehnung als im Herd, da reflektorisch entstandenen Wirkungen die Eigenschaft der Ausstrahlung (Irridiation) zukommt. Die im Herd aufgetretene Kreislaufsstörung ist stärker, da sie auf direkte und reflektorische Reizung, die im Hof nur reflektorisch entstanden ist. Reflektorische Reizung verläuft über das Zentralnervensystem, ein Axonreflex ist nicht gesichert. Nach Ausschaltung des Zentralnervensystems entstehen örtliche Kreislaufsstörungen durch direkte Einwirkung auf die (abgeändert) erregbar gebliebenen Strombahnnerven. Zeitlich überdauert die Reizungsfolge ihre Ursache um so länger, je stärker die Reizung gewesen ist. Der zentimeterbreite rote Hof um einen stecknadelkopfgroßen Absceß sind ein Beispiel. Jener verschwindet rasch und ohne Folgen, dieser hinterläßt eine Höhle mit Narbe. Im Herd hat Stase und Eiterung bestanden, im Hof Rötung mit Ödem. Die bei diesen schweren Kreislaufsstörungen vorhandene Verengerung der Arteriolen (ihre Folge ist die Verlangsamung des Blutstroms) kommt reflektorisch zustande dort, wo eine direkte Einwirkung nicht vorliegt. Sie tritt später auf als die durch Dilatatorenreizung entstandene Erweiterung der Capillaren und Venchen. Sie ist als schwächere Reizungsfolge (Ischämie = zweite Stufe des Stufengesetzes) nicht allein durch die reflektorische Entstehungsweise begründet, da die schwächere Reaktion größerer Arterienabschnitte gegenüber kleineren auch nach dem Tode, bei Ausschaltung reflektorischer Einflüsse, festzustellen ist, sondern ist als eine besondere Eigentümlichkeit größerer Arterien gegenüber kleineren und kleinsten anzusehen.

Zu allen diesen Vorgängen, für die Beispiele noch genannt werden, ist wiederum zu bemerken, daß sie nicht der Zuhilfenahme von primär gedachten (!) Stoffwechselprodukten bedürfen, sondern auf Grund einer einmaligen schweren Reizung des Nervensystems (der Strombahn und dort, wo vorhanden, des Parenchyms) zu verstehen sind. Die lange Dauer — nach stärkster Reizung muß als Tatsache hingenommen werden, als ein physiologisches Gesetz. Sie ist eine Eigenart des vegetativen Nervensystems. Die lange Dauer genügt nicht zur Annahme solcher Produkte, deren Vorhandensein und Wirken nicht nachgewiesen, jedenfalls nur Folge, nicht Ursache der Vorgänge sein kann. Der Mediziner ist gewohnt einen Absceß, eine Narbe als etwas gänzlich von einer Brandblase Verschiedenes aufzufassen, deswegen, weil der nicht zu unterdrückende Gedanke an die verschiedene Ätiologie aus nur gradmäßig verschiedenen Vorgängen etwas der Art nach Verschiedenes gemacht hat. Es muß ihm daher schwer fallen, statt wie bisher die Ursache ins Auge zu fassen und nach ihren Gesichtspunkten Vorgänge einzuteilen, nunmehr

die aus verschiedenen Ursachen entstandenen, scheinbar ungleichartigen
Vorgänge als wesensgleich zu betrachten. Es muß ihm schwer fallen,
für jeden Vorgang einen verschiedenen Grad der Geschwindigkeit als
Ursache anzusehen, für die Eiterung einen stärkeren als für die Aus-
schwitzung reiner Flüssigkeit. Er ist gewohnt, ein Ödem bei Stauung
zu finden, wo eine Verlangsamung der Strömung durch erhöhten Druck
gegeben ist, und wird sich nicht leicht mit dem Gedanken vertraut
machen, daß es daneben andere Grade von Verlangsamung gibt, stärkere
und schwächere, die eine bestimmte Wirkung haben und auf andere
Ursachen hin (Arteriolenverengerung) zustande kommen; sie werden
ihm vielfach zu einfach erscheinen, zumal er von der quergestreiften
Muskulatur her gewöhnt ist, entweder eine völlige Lähmung der Leistung
oder ein normales Verhalten zu beobachten. Zwischenstufen, die es bei
glatter Muskulatur besonders der kleinen und kleinsten Arterien gibt,
sind ihm so gut wie unbekannt. Solchen Gedanken hat G. B. GRUBER
Ausdruck gegeben, indem er die Verlangsamung bei der Entstehung von
Thrombose als zwar mitwirkend, aber nicht bestimmend erklärt. Wir
gehen, um nicht Verwirrung zu schaffen, auf die anderen Grade der
hierher gehörenden Kreislaufsstörungen und ihre Folgen am Gewebe
nicht ein; der Leser findet das Nähere besonders in den Auseinander-
setzungen mit TANNENBERG und FISCHER, teils werden wir noch Gelegenheit haben, sie zu erwähnen, und wenden uns solchen Vorgängen
zu, die nicht mehr örtlichen, sondern allgemeinen Charakter haben.

2. Arteriosklerose.

Die tägliche Sektionserfahrung lehrt, daß die Arterien jedes Menschen
mit zunehmendem Alter weiter werden. Die Erweiterung geht nicht
allmählich fortschreitend vor sich, sondern in Schüben, ist besonders
vom 50. Lebensjahre ab, mit großen individuellen Schwankungen,
bei allen Menschen zu finden und stärker als vorher. Die einzelnen
Arterien verhalten sich dabei verschieden; einzelne Gebiete des Körpers
sind früher und stärker beteiligt als andere (Beinarterien gegenüber
Baucharterien). Außer der allgemeinen Erweiterung sind umschriebene
Veränderungen vorhanden (Intimabeete). Die Veränderungen in der Aorta
und den großen Arterien sind stärker und früher vorhanden als die
Altersveränderungen der Organe, Leber, Niere, diese können fehlen. —
Daraus, daß die Erweiterung bei allen Menschen zu finden ist und regelmäßig in höherem Alter eintritt, darf geschlossen werden, daß ihr eine
allgemein wirkende Ursache zugrunde liegt; daraus, daß die Veränderungen an einzelnen Teilen stärker sind als an anderen, darf geschlossen
werden, daß zu der allgemein wirkenden Ursache eine örtlich wirkende
hinzugekommen ist.

Unverkennbar ist, daß der Einfluß des Alters, der im Sinne der
allgemeinen Tonusherabsetzung wirkt, wie alle Allgemeinwirkungen,
an den Einfluß des Zentralnervensystems gebunden ist. Der Tonus
der Arterien, wie LUDWIG gelehrt, kann durch Beeinflussung des
Zentralnervensystems herabgesetzt werden, er sinkt nach Durchschneidung des Rückenmarks unterhalb der Medulla. Er sinkt auch mit zunehmendem Alter. Die Grundlage der allgemeinen Erweiterung ist demnach

durch den Einfluß des Zentralnervensystems ermittelt, der sich mit
zunehmendem Alter bemerkbar macht. Die Veränderungen der Arterien
sind jedoch viel zu schwer, als daß sie allein durch eine langsam eintretende Herabsetzung ihres Tonus erklärt werden könnten. Es kommt
etwas hinzu, nach Ricker der dauernde Druck des Blutes, der
dann wirksam wird, wenn die Herabsetzung des Tonus den Boden
geebnet hat. Die Ursache der Erweiterung ist also der Druck des Blutes
auf Grund einer allgemeinen Herabsetzung des Arterientonus.

Die allgemeine Erweiterung wird in der üblichen Lehrmeinung in
ihrer Bedeutung unterschätzt, Jores geht über sie in seiner Darstellung der Arteriosklerose mit wenigen Zeilen hinweg, Aschoff (2) trennt
sie — ohne annehmbare Gründe — als senile Ektasie von der Arteriosklerose ab als eines Intimaprozesses, so wie bislang, bis auf Virchow
zurück, üblich war. Die Relationspathologie hat Veranlassung, sich
mit der Erweiterung genauer zu beschäftigen, wobei sie an die bekannte
Tatsache anknüpfen kann, daß eine Erweiterung von Hohlorganen,
eines Ductus choledochus, des Darms, des Harnleiters sehr häufig
durch eine mechanische Ursache, erhöhten Druck, erfolgt. Es bedarf
der Untersuchung, auf welche Weise Erweiterung (und Verengerung)
der Arterien zustande kommt, ob Druck oder erhöhter Druck dazu
geeignet ist, die Erweiterung und über sie hinaus die Arteriosklerose
zu erklären.

Arterien bestehen aus 3 Häuten, einer Intima, die mit einem Endothel
ausgekleidet ist, einer Media aus glatter Muskulatur mit faserigem Bindegewebe (Kollagen- und Elastinfasern) und der Adventitia. Die Adventitia enthält eine eigene adventitielle Strombahn mit Capillaren bis in
die Media hinein, Venchen und Arteriolen. Die Ernährung der Arterien
erfolgt aus 2 Quellen: 1. vom Blut der Lichtung aus, bei den kleinsten
Arterien ohne adventitielle Strombahn ausschließlich von hier, bei den
größeren zusammen mit 1. aus der adventitiellen Strombahn. Wird
die eine Quelle unwegsam, kann die andere an ihre Stelle treten, ohne
sie völlig zu ersetzen: Wird eine Arterie allseitig mit Paraffin umscheidet,
so daß die Zufuhr von Blut aus der Adventitia ausgeschaltet ist, so
erfolgt die Ernährung ausschließlich durch das Blut vom Lumen aus,
die Media und Intima bleiben dabei unversehrt, diese kann sich sogar
verdicken, nur die Adventitia geht zugrunde. Die Ernährungsflüssigkeit
dringt wie Tuschekörnchen bis zur Grenze von Media und Adventitia
vor. Umgekehrt: wird zwischen 2 Unterbindungen ein Stück der Arterie
der Zufuhr von der Lichtung aus beraubt, so bleibt das Arterienstück
unversehrt, wiederum kann die Intima nahe der Unterbindungsstelle
wachsen (Lange). Die die Arterienwand durchsetzende Flüssigkeit tritt
aus der Wand heraus und wird dort mit Gewebsflüssigkeit in die Lymphbahnen des die Arterien umgebenden Gewebes weiterbefördert. Treten
Änderungen in der Durchströmung der Arterienwand ein, und sind sie
von genügender Stärke, so ziehen sie, wie an allen anderen Organen,
Änderungen in der geweblichen Zusammensetzung der Arterienwand
nach sich. Solchen anatomischen Zustandsänderungen, wie sie makro-
und mikroskopisch feststellbar sind, gehen Weite-Änderungen voraus.
Weite-Änderungen lassen sich einteilen in 4 Arten, die durch die Stärke
der Reizung der innervierten Muskulatur bedingt sind.

I. Schwächste Reizung: Leichte Erweiterung der Arterien bei erhaltener Verengerungsfähigkeit. Sie tritt ein: a) bei Tätigkeit eines Organs, auf wenige Stunden oder Minuten; b) wenn man einem Tier ganz geringe Mengen von Adrenalin u. a. in die Blutbahn spritzt. Danach tritt wieder Enge ein = Dilatatorenreizung bei erhaltener Constrictorenerregbarkeit. Wegen der kurzen Dauer treten anatomische Änderungen nicht ein.

II. Mittlere Reizung: Verengerung der Arterien. Sie tritt auf örtliche Anwendung von Adrenalin ein, bei kleineren Arterien stärker als bei größeren. Allgemeine, zentral bedingte Enge der kleinen Arterien ist die Grundlage der Hypertonie = Constrictorenreizung = Spasmus. Durch vermehrte und beschleunigte Durchströmung wächst die Muskulatur der Arterienwand.

III. Stärkere Reizung: Erweiterung der Arterien bei aufgehobener oder verminderter Verengerungsfähigkeit. Wiederholt man die Beträufelung mit Adrenalin mehrere Male, so entsteht nach Verengerung eine starke Erweiterung mit Verlängerung der Arterien. Die Erweiterung und Verlängerung bleibt bestehen, wenn das erweiterte Stück aus dem Körper entfernt wird (KURT DIETRICH) = Dilatatorenreizung bei aufgehobener oder verminderter Constrictorenerregbarkeit = Parese. Durch Vermehrung und Verlangsamung der Durchströmung schwindet die paretische Muskulatur und es wächst das Bindegewebe. Es entsteht Arteriosklerose (durch Arteriohypotonie).

IV. Stärkste Reizung: Stärkste Erweiterung mit Ausbuchtung der Arterienwand. Sie kann örtlich durch große Gaben von Adrenalin, Ätzung, elektrischen Strom u. a. erzeugt werden = Lähmung von Dilatatoren und Constrictoren = Paralyse der Muskulatur = Atonie. Durch Aufhebung der Durchströmung wird die atonische Muskulatur nekrotisch. Es entsteht ein Aneurysma.

Aus den Versuchen geht hervor, daß Enge und Weite, Verengerung und Erweiterung (von nun an stets im Sinne von II.—IV. gebraucht) durch die Muskulatur der Arterien bewirkt werden. Als Beweis gilt unter anderem die Wirkung des Adrenalins in verschiedener Gabe, das als Reiz am Nervensystem der Muskulatur angreifend genügend bekannt ist. Eine Einwirkung auf die übrigen Bestandteile könnte eine geringe Verschiebung der Elastizität hervorrufen, kann aber als Ursache solcher Gesetzmäßigkeiten ausgeschlossen werden. Insbesondere erscheint der genannte Versuch von KURT DIETRICH (3) in dieser Richtung beweisend. Wären Elastinfasern die Ursache, so müßte sich die erweiterte Arterie, nachdem sie aus dem Körper entfernt ist, zusammenziehen und verkürzen. Da sie es nicht tut, weder der Länge noch der Breite nach, muß die Muskulatur als der maßgebliche Bestandteil für Verengerung und Erweiterung und Kürze und Länge betrachtet werden, so lange, als sie vorhanden ist. Erst nach Lähmung derselben (nach dem Tode) oder bei völligem Schwund (bei Aneurysma) bei stärkst sklerotischen Arterien tritt an ihre Stelle das leimgebende Bindegewebe selbst (einschließlich der Elastinfasern). Die Verkürzung nach dem Tode durch die Elastizität der losgelösten Arterien erreicht einen solchen Grad ($30^0/_0$), wie er niemals während des Lebens erreicht wird. Sie kann und darf nicht als Grundlage der Physiologie und Pathologie der Arterien dienen, da Verengerung und Verkürzung allein durch Elastizität niemals verwirklicht ist. In dieser Richtung beweisend ist ferner, daß bei verengter Arterie die Elastinfasern geschlängelt, d. h. entspannt sind. Die Verengerung — gegen den Druck des Blutes — wird getragen durch die Muskulatur. Erst bei völlig sklerotischen und verkalkten Arterien ohne funktionierende Muskulatur, kann, wie in dem Beispiel von B. FISCHER, die Elastizität der Arterien, gleich wie oben berichtet, hervortreten, indem sie beim Aufschneiden der Arterie die Schnittränder nach außen zum Umklappen bringt.

Enge und Weite der Arterien können hiernach durch Eingriffe am Nervensystem beeinflußt werden, d. h. auf dem Wege Nerv-Muskulatur.

Lange vor dem anatomischen Nachweis der Muskulatur in den Arterien (durch HENLE 1840) haben die Ärzte, wie VULPIAN bemerkt, die rhythmische Erweiterung und Verengerung derselben als neuromuskulär bedingt angesehen. Sie kann durch Durchschneidung der Nerven aufhören, um (vgl. den 1. Abschnitt) örtlich nerval bedingt, nach einigen Wochen wiederzukehren. — Auch die Aorta, als Arterie von elastischem Typ, aber mit Muskulatur versehen, kann in Form der paroxysmalen Lähmung (SCHLESINGER, ROSENBACH, STOKES) auf Stunden erweitert werden, und, wie eine Beobachtung von FINKELSTEIN bei einem Säugling uns erneut gelehrt hat, gleichzeitig mit Krämpfen verstärkt pulsieren, so daß Pulsation fühlbar wird; das geht ferner hervor aus der Verengerung bei der periarteriellen Sympathektomie, endlich, trotz des Widerspruchs von KÜTTNER und BARUCH, aus dem von ihnen so benannten traumatischen segmentären Gefäßkrampf. Diesen Beobachtungen gesellen sich zahllose Versuche der Physiologen bei, bei denen Reizung und Durchschneidung von Nerven die Lichtung der Arterien vom muskulösen Typ verengt oder erweitert haben. Mithin ist unter Beweis gestellt, daß in den Grenzen des physiologisch-pathologischen Lebens die Reizung des neuromuskulären Apparats, je nach der Stärke verschieden ausfallend, als die Grundlage betrachtet werden darf, auf der Verengerung und Erweiterung kleiner sowohl wie großer Arterien entstehen und bestehen bleiben. Sind die Schwankungen zwischen Enge und Weite, wie im physiologischen Zustand, von kurzer Dauer und von geringem Ausmaß, so tritt nichts ein, was die normale Zusammensetzung der Arterie ändern könnte. Wir haben auch erwähnt, daß eine geringe Herabsetzung des Tonus, wie sie vom Alter verursacht wird — auf dem Wege über zentrales und peripherisches Nervensystem — nicht imstande ist, Erhebliches zu ändern. Anders dann, wenn die Änderung stärkeren Grades und von längerer Dauer ist. Mit solchen schweren Graden sind Veränderungen in der „Ernährung" der Arterien verbunden, da die Reizung sowohl die Muskulatur als auch die Strombahn der Arterien trifft; die Reizung kann auch den einen Teil der Strombahn stärker betreffen als den anderen oder zeitlich auseinanderfallen, etwa wie im Darm oder in der verdickten Harnblasenmuskulatur bei Prostatahyperplasie, zu der eine Cystitis tritt. Im allgemeinen haben wir es bei demjenigen Zustand, mit dem wir es hier zu tun haben, Arteriosklerose, mit einer solchen Reizung (durch Druck) zu tun, die gleichmäßig die Strombahn und die Muskulatur betrifft und bei der die Reizung der Muskulatur der der Strombahn nur um ein Geringes vorausgeht.

Ist (IV.) auf wiederholte Adrenalinbeträufelung oder elektrische Reizung eine völlige Lähmung der Mediamuskulatur erfolgt (mit stärkster Erweiterung als Folge) so wird durch den Druck des Blutes die gelähmte Stelle ausgebuchtet und die Muskulatur zusammengepreßt. Damit wird sie ihrer ernährenden Flüssigkeit beraubt und verfällt der Nekrose. Hier, wie überall, beruht Nekrose von Gewebe darauf, daß die Beziehung zwischen Blut (Gewebsflüssigkeit) und Gewebe auf die Dauer aufgehoben ist. Die Intima bleibt unversehrt wegen der erhaltenen Beziehung zum Plasma des Blutes in der Lichtung der Arterien; wenn die Nekrose der Muskulatur geringen Umfangs ist, kann die Intima wachsen, dadurch, daß aus der Umgebung des nekrotischen Bezirks Flüssigkeit vermehrt und verlangsamt eintritt und so die Quelle des Wachstums bildet. Gleichzeitig mit der Lähmung der Muskulatur hat nämlich das Adrenalin auf die adventitielle Strombahn eingewirkt, in dem Sinne, daß die Arteriolen verengt, Capillaren und Venchen erweitert wurden (peristatischer Zustand geringen Grades); den erweiterten Capillaren entstammt die Flüssigkeit, die, verlangsamt sich bewegend, in der Intima, am vom Ursprung entferntesten Ort, sich am stärksten anhäuft. Die längere Dauer des Zustandes bringt das Wachstum der Intima über der kleinen nekrotischen Mediastrecke mit sich. Medianekrose liegt Zuständen wie Aneurysmen, der Periarteriitis nodosa, luischen Hirnarterien, zugrunde. Die Folgen am Gewebe entstehen durch Änderung in der Durchströmung der Arterien, ebenfalls auf nervale Reizung hin, im Sinne des peristatischen Zustandes, mittleren, stärkeren und stärksten Grades, mit Austritt von Flüssigkeit, mit und ohne Zellen, oder mit Blutung. Ein Aneurysma entsteht also auf Grund völliger Lähmung der Arterienmuskulatur mit Nekrose, wodurch die Wand ausgebuchtet und vorgedrängt wird. Der Blutdruck wird dann gehalten durch die verdickte Schicht von Bindegewebe mit gestreckten überdehnten Elastinfasern. Das Bindegewebe kann an umschriebenen Stellen, vielfach an den Stellen des höchsten Drucks auf der Höhe der Vorwölbung erweichen; dann erfolgt der Durchbruch des Blutes nach außen. — (Anders siehe die Darstellung bei BENDA: Zerreißung der Elastinfasern als Ursache des Aneurysma.)

Ist (III., S. 719) auf Adrenalineinspritzung in kleinerer oder mittlerer Menge (etwa 0,001 mg, BRAUN) die Reizung schwächer ausgefallen und hat nicht zur Medianekrose geführt, so findet sich über einer leicht erweiterten Media (Parese) eine starke Verdickung der Intima. Dasselbe läßt sich örtlich durch Quetschung oder Dehnung der Arterie (ZIEGLER und MALKOFF) oder durch Ätzung der Arterie mit Höllenstein (LANGE) erzeugen. Ist durch den dauernden normalen Druck des Blutes bei zunehmendem Alter mit seinen Folgen (Herabsetzung der Constrictorenerregbarkeit) die an sich geringe Muskulatur der Aorta allmählich paretisch geworden, so schwinden unter allmählicher Verkleinerung die Muskelfasern, das Parenchym der Arterie; an ihrer Stelle wächst das Bindegewebe, das der Intima stärker als der übrigen Schichten. Dort, wo die Muskulatur an Stellen größeren Drucks und vermehrter Herabsetzung des Tonus stärker geschwunden ist, wächst entsprechend das Bindegewebe stärker und erleidet nach beendetem Wachstum Zerfallsveränderungen, denen Verfettung und Verkalkung vorausgehen.

Diffuse Erweiterung mit Muskelschwund und Bindegewebsvermehrung mit und ohne knotige Verstärkung an bevorzugten Stellen nennen wir Arteriosklerose. Arteriosklerose ist nicht eine Intimaerkrankung, auch nicht eine Mediaerkrankung, sondern — da auch die Adventitia beteiligt ist, — eine Veränderung aller 3 Häute, sie beginnt mit Parese der Muskulatur, die zur Erweiterung führt. Die „senile Ektasie" ist nicht von der Arteriosklerose zu trennen, vielmehr die Grundlage, auf der sie beruht. Die Intimaveränderungen sind nicht das Wesentliche, ebensowenig wie der Beginn, ebensowenig wie die Verfettung und die Atherombildung, sondern Folgezustände. In übertragenem Sinne, in Hinblick auf Alter und Ursache, mag man Arteriosklerose als Abnutzungskrankheit mit Lubarsch bezeichnen; eine Erklärung für die Gewebsveränderungen, die bei ihr angetroffen werden, ist auf verwickelterem Wege zu geben. Das Wachstum des Bindegewebes, des immer noch als nebenbei betrachteten und darum unerklärten Bestandteils des menschlichen Körpers trotz seiner hervorragenden Bedeutung (Standenath) hat nichts mit „Abnutzung" zu tun.

Parenchym- (Muskel-) Schwund und Bindegewebsvermehrung auf Grund einer Reizung, die schwächer ist als sie Nekrose erzeugt (Adrenalinversuch) und als gleichzeitige Wirkung einer leichten Hyperämie haben wir früher kennengelernt. Bei der Arteriosklerose haften dem (gleichen) Vorgang eine Reihe von Eigentümlichkeiten an: die Bindegewebsvermehrung ist — nicht regelmäßig — in der Intima weit stärker als in den übrigen Wandschichten. Das kommt daher, daß die Flüssigkeit, die aus den leicht erweiterten Capillaren der Adventitia stammt und diejenige Flüssigkeit, die aus dem Lumen der Arterien stammt, sich zuerst und am stärksten in der Intima anhäuft, ehe sie nach außen abgeführt wird. Stärkere Anhäufung verursacht ein verstärktes Wachstum, anfänglich von Zellen, dann von Fasern unter Verkleinerung der Zellen. Die Intimaverdickung bleibt dort aus oder ist geringer, wo die Flüssigkeitsvermehrung und -ansammlung ausbleibt, in den Beinarterien, deshalb, weil der stärker erhöhte Druck in ihnen eine Auflockerung der Intima nicht zuläßt. — Ein Organ mit Parenchymschwund und Bindegewebsvermehrung (Niere, Drüsen mit Ausführungsgängen) wird im allgemeinen kleiner, die Aorta aber und andere Arterien werden größer, breiter und dicker (mit Schwankungen), sind niemals geschrumpft. Das erklärt sich daraus, daß das Wachstum des Bindegewebes, infolge des fortbestehenden Reizes durch den normalen Blutdruck, länger dauert und auf der einmal erreichten Stufe länger bestehen bleibt. So wird ja auch nicht jede Lebercirrhose kleiner, sondern kann, nicht nur durch Hyperplasie des Parenchyms sondern auch des Bindegewebes, größer sein als normal.

Die umschriebenen Veränderungen (Beete, Plaques) bestehen anfangs aus aufgelockerter, deutlich ödematöser, hyperplastischer Intima. Sie enthalten reichlich Fett in und zwischen den Zellen, am meisten an der Grenze gegen die Elastica interna, wo eine gewisse Stauung eintritt, später Kalk, gebunden an Kollagenfasern. Sie können an Dicke und Größe zunehmen und durch die ganze Media hindurchreichen. An Verfettung und Verkalkung schließt sich — nicht immer — der Zerfall an, im Zentrum beginnend. Daraus entsteht ein Geschwür, das Atherom. Im Bereich der Beete ist die adventitielle Strombahn nicht nur hyper-

ämisch, sondern mit neugebildeten Capillaren versehen, dazu Lymphocyteninfiltrate. Der stärkere Grad der Hyperämie hat stärkere
umschriebene Veränderungen erzeugt als der schwächere, wie er in den
übrigen Teilen herrscht. Beete, Atherome sind umschriebene örtliche
Verstärkungen des Allgemeinzustandes. — Die Lipoidflecken der Intima
der Aorta im jugendlichen Alter, schon beim Säugling, rechnen wir mit
FAHR (1), ASKANAZY, FROBOESE u. a. nicht zur Arteriosklerose. Sie haben
zwar eine ähnliche, aber nicht die gleiche Lokalisation an der Hinterwand der Aorta, sie liegen zwischen, nicht wie die Beete bei Arteriosklerose, an den Abgangsstellen der intercostalen Arterien; sie können
in langdauernden Hungerzuständen verschwinden, brauchen zum mindesten nicht die Vorstufe der Beete zu sein. Nichtsdestoweniger wird
ihre Ursache wohl die gleiche sein.

Es gibt Unterschiede im Verhalten von Arterien kleinsten, mittleren
und größten Kalibers (die kleinsten zeigen keine Beete) und Zwischenstufen, wobei ein Segment, zwischen 2 Ästen, anders reagieren kann
als das nächst höhere oder tiefere. Die Sklerose und Verkalkung der
Beinarterien erfolgt in großen Segmenten, ist dort geringer, wo durch
erhöhte Bewegung die Flüssigkeit beschleunigten Abfluß findet, in der
Kniekehle (OBERNDORFER). Es können einzelne zirkuläre Muskelbündel [DIETRICH (1)] anders, meist stärker, reagieren als die Nachbarn.
Sehr oft kann man hinter einem verkalkten und verschlossenen Segment
einer Herzkranzarterie beinahe unveränderte kleine Segmente antreffen.
Dies Verhalten hat sein Gegenstück in dem, wo nicht nur einzelne
Arterien, sondern ganze Gebiete stärker beteiligt sind als andere; Beinarterien gegenüber Baucharterien, wobei einerseits die Verstärkung des
Reizes, der Druck, andererseits die Reaktion der Arterie eine nicht immer
trennbare und erkennbare Rolle spielen.

Als die Ursache der Arteriosklerose bezeichnet RICKER den normalen dauernd wirkenden Druck des Blutes, der je nach der Reaktionslage der Person, die im Zentralnervensystem begründet ist, bald
schwächer, bald stärker, bald früher, bald später zur Wirksamkeit
gelangt. Die Ursache in diesem Sinne ist sozusagen persönliche Angelegenheit RICKERS, die Relationspathologie selbst würde sich leicht damit
abfinden, wenn jemand einen anderen, etwa einen chemischen Reiz
glaubhaft machen könnte, der das gleiche bewirkt. Die Relationspathologie an sich würde erst dann getroffen sein, wenn es ASCHOFF (2) gelingen würde, diejenigen primären, molekulären Vorgänge zu fassen,
mit denen der Prozeß der Quellung und Niederschlagsbildung aus
lipoiden Substanzen — nach ASCHOFF — beginnt, und die wir „vorläufig nicht fassen können". RICKER mit LANGE ist es gelungen, den
Druck als wirksame Ursache glaubhaft zu machen. An sich ist es
nichts Ungewöhnliches, daß Druck Hohlorgane zur Erweiterung bringt.
Die des Gallenausführungsganges bei Verschluß durch einen Krebs
und zahlreiche andere Beispiele sind jedem vertraut. Das Besondere
liegt darin, daß es diesmal nicht erhöhter, wie er auch früher stets unter
den möglichen Ursachen genannt wurde, sondern der normale Druck ist,
der die Sklerose verursacht. So ist denn die Sklerose dort, wo der Druck
normal bereits höher ist, in den Beinarterien, stärker, mit stärkerer
Verkalkung einhergehend, als dort, wo er geringer ist, in den Arm-

arterien. Die Sklerose ist an den Stellen, die in fester Umgebung liegen und nicht ausweichen können, im Sulcus caroticus, an der Lendenaorta stärker als an anderen Teilen; an den Abgangsstellen der Intercostalarterien stärker als zwischen ihnen. Rombergs viel zitierter Satz, daß jeder seine Arteriosklerose vorzugsweise in den Gefäßen bekommt, die er am meisten angestrengt hat, gilt nicht: körperlich schwer arbeitende haben oft mehr Sklerose der Hirnarterien als Geistesarbeiter. Er kann die oben gegebene besondere Lokalisation nicht erklären. Die durch Fütterung von Cholesterin, Adrenalin, Nahrungsumstellung bei Tieren erzielte Nekrose und Verkalkung der Media hat mit Arteriosklerose nichts gemein, der ja nicht völlige Lähmung und Nekrose, sondern nur Parese mit langsamem Schwund der Muskulatur zugrunde liegt. Umschriebene Arterionekrose, nur um solche handelt es sich, beim Tier findet sich nach einer Zusammenstellung von Heubner nach Einspritzungen von Adrenalin, Nicotin, Salzsäure, Phosphorsäure, Milchsäure, Kaliumphosphat, Kaliumbichromat, Sublimat, Phloridzin, Trypsin, Pepsin, Thyreoidin, Digitalis, Alkohol, nach Verfütterung faulender Substanzen und zahlreicher anderer neuer Mittel, Vigantol. Die Mittel selbst kommen als Ursache der Arteriosklerose nicht in Betracht. Daß sie sekundäre Stoffwechseländerungen bewirken, ist selbstverständlich richtig. Ob die entstandenen Stoffwechseländerungen von genügender Dauer und Stärke sind, ist so gut wie auszuschließen. — Diejenigen, die den Beginn in die Elastinfasern verlegen, beachten zu wenig, daß Elastinfaserveränderungen stets von Veränderungen des übrigen Bindegewebes begleitet sind, die ihnen parallel verlaufen können, z. B. Vermehrung beider Teile, oder erst des einen (Kollagen), dann des anderen (Elastin). Sie vergessen, daß den anatomisch nachweisbaren Veränderungen an den Elastinfasern (Zerfall, Verfettung, Verkalkung), funktionelle der Muskulatur, Erweiterung, lange vorausgeht. Von dieser Kritik wird außer Faber leider auch R. Thoma getroffen, dem die Lehre von der Arteriosklerose und die Relationspathologie so viel verdankt. Erweiterung der Muskulatur ist nicht histologisch festzustellen, ebensowenig wie die Reizung oder Lähmung ihrer Nerven. Die anatomischen Veränderungen der Arterie beruhen auf funktionellen (Änderungen im Tonus, Änderung in der Durchströmung) und gehen dem voraus, was sich im Schnittpräparat dem pathologischen Anatomen darstellt. Die Berücksichtigung der Muskulatur, aus neueren Äußerungen zu schließen (Bork unter Lubarsch, Beitzke), verspricht größere Erfolge als ihre Vernachlässigung.

3. Hypertonie.

Allgemeine Vorgänge unterscheiden sich von örtlichen dadurch, daß jene leicht, diese schwer sind. Jeder örtlich umschriebene Absceß verläuft mit Nekrose und Schwund des Gewebes. Die die Sepsis kennzeichnenden Befunde beschränken sich auf eine leichte Vergrößerung von Leber und Milz und einen leichten Fettschwund usw., nichts von Nekrose; Allgemeinbefunde können so gering sein, daß ohne Kenntnis der Vorgeschichte niemand etwas mit Sicherheit aussagen kann (Diabetes). Als allgemeine Grundlage der Arteriosklerose haben wir die durch das Alter bedingte leichte Herabsetzung des Constrictorentonus der Arterien

kennengelernt; auf dieser Grundlage ist der örtliche Druck des Blutes
imstande, die schweren Veränderungen hervorzurufen, die zu Sklerose
führen, an den Stellen stärkeren Drucks stärkere als an denen schwächeren
Drucks. Das Gegenstück zur allgemeinen Herabsetzung ist die Herauf-
setzung des Constrictorentonus, der zur allgemeinen Enge der kleinen
Arterien führt (Verengerung statt Enge wäre zu viel gesagt). Die Ursache (Reiz) der Hypertonie ist unbekannt. Wie jene ist diese zentral
(im Verein mit dem peripherischen Nervensystem der Arterien) bedingt. Enge der kleinen Arterien im ganzen Körper führt zur Blutdruckerhöhung, diese durch vermehrte Arbeit des Herzens mit vermehrter Durchströmung der Muskulatur zur Herzvergrößerung. Entspricht die Herabsetzung der Constrictorenerregbarkeit der dritten Stufe des
Stufengesetzes, so entspricht die dauernde Enge der Arterien der zweiten.
Sie beruht also auf schwächerer Reizung als jene (II., S. 719). Das
läßt sich örtlich zeigen, indem Adrenalin in bestimmter Gabe die
Arterien verengt, erst bei längerer Einwirkung und Menge zur Erweiterung
mit Herabsetzung des Tonus führt. Die Folgen dauernder Enge der
kleinen Arterien bestehen in einer Verdickung der Mediamuskulatur
mit einem der Norm entsprechenden Wachstum des Bindegewebes. Sie
kommt zustande durch die Vermehrung der Gewebsflüssigkeit, die
beschleunigt die Wand durchsetzt, beschleunigt, weil die geschlängelten
entspannten Elastin- und Kollagenfasern ihr kein Hindernis entgegenstellen. Der Beschleunigung der Flüssigkeit in der Wand entspricht die
Beschleunigung der Strömungsgeschwindigkeit des Blutes in der Lichtung
der engen Arterien, mikroskopisch am lebenden Tier beobachtet von
NORDMANN (2).

Das Verhalten der Arterien bei Hypertonie hat KURT DIETRICH
genau untersucht. Es stellte sich dabei als weit verwickelter heraus,
als hier in den Grundzügen dargelegt. Im Gegensatz zu anderen Untersuchern, die, wie RÜHL, vom fertig ausgebildeten Endzustand ausgehend, „Gangarten der Arteriosklerose" abzuleiten versuchen, legt
DIETRICH den größten Wert auf Frühveränderungen, wobei sich die
Trennung in 2 Reihen als notwendig erwies: die erste sind solche, die
von Anfang bis Ende ihres Lebens einen normalen Blutdruck haben,
(Nichthypertoniker) die zweite solche, die eine dauernde, konstitutionell
erworbene Hypertonie haben. Die ersten Veränderungen sind schon
im frühen Kindesalter festzustellen und bestehen in einer bündelweise
auftretenden Elastinfaservermehrung der Muscularis interna (die Media
läßt sich in eine Muscularis interna mit mehr Bindegewebe und externa
einteilen mit weniger Bindegewebe). Sie tritt an der entspannten Arterie
dem Beschauer als eine eigentümliche Querstreifung der Intima entgegen.
In der zweiten Hälfte des Wachstumsalters treten „Spindeln" auf, die
durch Muskelfaserverminderung und Vermehrung der Elastinfasern
gekennzeichnet sind. Die Spindeln erscheinen in der Intima der großen
muskulösen Arterien (Arm, Bein, Becken) als helle, querverlaufende Leist-
chen. Über ihnen ist die Elastica interna unterbrochen. Sie sind entstanden durch selbständig aufgetrennte Parese einzelner Muskelbündel,
entsprechend dem abschnittsweisen Reagieren der Arterien überhaupt.
Die Spindeln sind bei Hypertonikern regelmäßiger, dichter und zahlreicher. Der die Muscularis interna betreffende Schwund der Muskulatur

und die gleichzeitige Vergrößerung der Muscularis externa geben den muskulösen Arterien der konstitutionellen Hypertoniker eine gleichmäßig weite Lichtung, die bei erworbener Hypertonie (bei Schrumpfniere) sind enger. Jene haben eine Art von Plethora, diese nicht oder geringer. — Tritt bei Nichthypertonikern im Alter eine Hypertonie (Altershypertonie) auf, so findet man bei ihnen die durch Wachstum der Intima erzeugte wellenförmige Fältelung der Intimainnenfläche, besonders deutlich an der Nierenarterie; sie darf als Typus einer durch Altershypertonie erzeugten primären Mediaveränderung angesehen werden. In bezug auf weitere bemerkenswerte Einzelheiten, die für die täglichen Sektionen von Bedeutung sind, muß auf die Arbeit im Virchows Arch. 274, 1928, Verhandlungen der dtsch. path. Ges. Wien 1929 und Berlin 1930 verwiesen werden.

Während die Herabsetzung des Constrictorentonus die großen Arterien stärker betrifft als die kleinen, betrifft die Hypertonie als schwächere Reizung die empfindlicheren kleinen, deren Weite verhältnismäßig den größten Schwankungen unterliegt, stärker als die großen. Unter „kleine Arterien" sind jene Abschnitte zu verstehen, die herzwärts von den Arteriolen liegen. Arteriolen, Capillaren, Venchen, das terminale Stromgebiet, bleiben unberührt. Nur deren Funktion ist lebhafter geworden, kenntlich an der leichten Ansprechbarkeit auf Reize, z. B. in der Niere (vermehrte Konzentrationsfähigkeit für Salze und andere feste Bestandteile, starke Schwankungen der Harnmenge auf diuretisch wirkende Stoffe, normale oder beschleunigte Ausscheidung von Milchzucker, vermehrte Wasserausscheidung (LANGE). Der Beginn der Hypertonie verläuft unter starken Schwankungen des Blutdrucks, bis er sich allmählich auf eine bestimmte Höhe dauernd einstellt (FAHRENKAMP). Dabei können die Personen völlig beschwerdefrei sein. Erfolgt plötzlich durch Hirnblutung der Tod, so sind die Organe unverändert (etwas groß); hieraus folgt, daß zu der Enge der kleinen Arterien etwas hinzugetreten sein muß, wenn sich bei Hypertonikern Beschwerden und Veränderungen finden, Schrumpfniere, Herzschwielen, Hirnblutung. Organfunktion und organanatomischer Befund sind an normale Durchströmung der Capillaren, besser des terminalen Stromgebiets gebunden. Sind Organe verändert, so muß dieses Gebiet des Kreislaufs verändert sein. Das kann geschehen ohne und mit Beteiligung der kleinen Arterien, ist bis zum gewissen Grade unabhängig von ihnen (d. h. von der Hypertonie). Hypertonie und erhöhte Capillarempfindlichkeit sind der fruchtbare Boden, auf dem sehr leicht die Hirnblutung, die Nierenentzündung entsteht, sie sind nicht als ihre Ursache zu bezeichnen. Da derlei Vorgänge Funktion und Bau des Organs verändern, mithin an den Capillaren sich abspielen, handelt es sich um Kreislaufsstörungen pathologischer Art, die unschwer als der dritten Stufe des Stufengesetzes zugehörig zu erkennen sind. Blutung, Schrumpfung eines Organs mit Verlust des Parenchyms und Bindegewebsvermehrung sind uns bekannt als Kreislaufsstörungen (und deren Folgen) jener Art, die mit Hyperämie und Stromverlangsamung einhergehen, verursacht durch die Verengerung der Arteriolen. Zu der Enge der kleinen Arterien, die die Strömungsgeschwindigkeit nicht beeinflußt hat (weil zu gering und zu weit von den Capillaren entfernt) ist dann, wenn am Organ etwas

Pathologisches geschehen ist, die Verengerung der Arteriolen bei erweiterten Capillaren und Venchen hinzugetreten. Der Zeitpunkt, wann das geschieht, das Organ in dem es geschieht, Schwere und Entwicklung, plötzlich und akut oder allmählich und langsam, mit der es geschieht, hängen zumeist von unbekannten Faktoren ab; ein gut Teil wird in der Eigenart des betroffenen Organes zu suchen sein, einiges liegt in normalen Reizungen, Mahlzeiten bei Hirnblutung, Aufregung, die kaum stärker zu sein braucht als sonst ohne Blutung, und anderes mehr begründet. Damit sind wir an den Anfang des Abschnittes zurückgekehrt, wo wir feststellten, daß zu einer leichten Allgemeinveränderung (Hypertonie) eine schwere örtliche hinzutreten kann, wie auch umgekehrt. Bei Hypertonie und Arteriosklerose ist das erste der Fall, wie die klinische Beobachtung im Verein mit der pathologischen Anatomie lehrt, d. h. die Nierenentzündung, die Hirnblutung, sind sekundäre (nicht primäre) örtliche Vorgänge, auf dem Boden einer Allgemeinstörung, zentralnervalen Ursprungs, entstanden, beide mit nervalen Vorgängen beginnend, die allgemeinen leichteren den örtlichen schweren Reizungen vorausgehend.

Die Hirnblutung bei Hypertonie ist in den allermeisten Fällen eine Diapedesisblutung und damit eine Kreislaufsstörung, die der Stase nahesteht, ihr vorausgeht oder auf dem Fuße folgt. Denn Blut tritt nur aus erweiterten Capillaren bei stärkst verlangsamter Strömung vermehrt heraus ins Gewebe. Der durch die Blutung zertrümmerte und durch Stase der ernährenden Flüssigkeit beraubte Gehirnteil wird nekrotisch und erweicht. Der Umfang der Blutung ist verschieden. Die Eigentümlichkeiten ihrer Lokalisation hat SCHWARTZ zum Gegenstand einer gründlichen Untersuchung gemacht, mit dem wertvollen Ergebnis, daß genau wie bei anderen Hirnstörungen die Kerngebiete des Striatum in erster Linie, dann Claustrum und Thalamus besonders bevorzugt sind, während Rinde des Großhirns und Kleinhirns selten betroffen werden. Die Bevorzugung bestimmter Gebiete gilt (SCHWARTZ) auch für andere Formen von Apoplexie, bei Arteriosklerose und Embolie und müssen physiologischerweise vorgebildet sein. Die Disposition werden wir bei der anatomischen Einheitlichkeit des gesamten Capillargebietes von Gehirn und Rückenmark, an der auch kleinste Arterien (PFEIFFER) teilnehmen, in funktioneller — nerval bedingter — Empfindlichkeit zu suchen haben. Kerngebiete sind, wie die Abbildungen von PFEIFFER erneut in wundervoller Weise zeigen, capillarreicher als andere, funktionell mehr beansprucht als andere, somit auf Reize empfindlicher. Sie verhalten sich so, wie die Akra großer Gebiete, der Wurmfortsatz gegenüber dem Darm, die Fingerspitzen gegenüber den Armen. SCHWARTZ glaubt, daß erhöhter Druck, fortgepflanzt durch Wellen, besonders die Gefäße des Striatum trifft, so ähnlich wirkt wie ein Trauma, das bei Hypertonikern in der Haut des Arms leichte oder leichtere Blutungen auslöst; der Weg, auf dem die Wellen fortgepflanzt werden, liegt in einer geraden Richtung, gegeben durch Carotis communis, Carotis interna, Arteria fossae Sylvii und den aus dieser hervorgehenden Striatumarterien. Er wird am häufigsten auch bei Embolie beschritten. Die Fortpflanzung von Druckwellen erscheint bei der gleichmäßigen Strömung, bei den engen kleinen Arterien und

den bei der Blutung verengten Arteriolen — mit verminderter Pulsation,
wie alle verengten Arterien — eine nicht haltbare Hypothese. Blutungen
sind ja meist einseitig. Dagegen kommt der Druckerhöhung vor dem
Anfall sicherlich eine die Blutung auslösende Wirkung zu. SCHWARTZ
befindet sich in Übereinstimmung mit RICKER, wenn er das Platzen
von sklerotisch veränderten Arterien als Ursache der Hirnblutung,
SCHWARTZ so gut wie für alle, RICKER weniger weitgehend für die
meisten Fälle ablehnt, weil sich Sklerose und Hirnblutung meist nicht
decken; an Stelle der anatomischen muß die funktionelle Erklärung
herangezogen werden. Die von MARCHAND als Diäreseblutungen bezeichneten Vorgänge in der Arterienwand bedeuten nach RICKER eine
Beteiligung höherer Segmente an der Parese, wobei vorgeschaltete
verengte die Verlangsamung des Blutstromes und dadurch das Eindringen von Blut in die Wand bewirken. SCHWARTZ läßt sie aus
adventitiellen Capillarblutungen hervorgehen, auch die kleinsten Gefäße
sollen Vasa vasorum (KÖSTER) haben. Übereinstimmung besteht auch
erfreulicherweise in der Ablehnung der „sehr hypothetischen, sehr
anfechtbaren" Annahmen WESTPHALs und ähnlicher ROSENBLATHs
bezüglich fermentativer Vorgänge im Gehirn, die zur Erweichung führen,
ferner in der Ablehnung der Spasmen WESTPHALs und BÄRs, bei denen
er nur die Feststellung und Betonung der funktionellen Natur der Entstehung der Blutungen als bleibend wertvoll erklärt. — Die Heranziehung
von „Spasmen" zur Erklärung, auch anderer Vorgänge, ist modern geworden. Dabei ist uns aufgefallen, daß man anscheinend zurückschreckt
vor der Bezeichnung „Kontraktion". KAHLER erwähnt in einem großen
Referat über Hypertonie dieses Wort nur so selten, daß man nie recht
weiß, ob er auch wirklich die Blutdruckerhöhung durch Verengerung
von Arterien zustande kommen läßt und JAFFÉ beeilt sich, im Anschluß
an „Hypertonus" immer gleich von Stoffwechselstörung (Cholesterinämie)
zu sprechen. Sollte die Vermeidung des Wortes „Kontraktion" darauf
zurückzuführen sein, daß die Kontraktion eine Angelegenheit der bislang
vernachlässigten Arterienmuskulatur und damit eine Beziehung zum
Nervensystem hergestellt ist?

Die Betonung der zu der Enge der kleinen Arterien bei Hypertonie
hinzutretenden stärksten Verengerung der Arteriolen (bis zum Verschluß)
mit Stase und Blutung als Folge darf nicht dazu verführen, alle anderen
Arten von Entstehung einer Hirnblutung rundweg abzulehnen. In jedem
Falle ist zu untersuchen, ob nicht anatomisch nachweisbare Veränderungen vorliegen. Es kommen die besonders von L. PICK betonten
Blutungen aus geplatzten miliaren Aneurysmen oder größeren Umfangs
in Betracht, ferner das Zerreißen der Arterienwand am Rande eines
Beetes durch die sich das Blut hindurch wühlt, endlich dissezierende
Aneurysmen und Befunde, wie sie bei Periarteriitis nodosa geläufig
sind. Die Schwierigkeiten, im Einzelfalle die Entscheidung zu treffen,
sind bekannt.

Der weißen Erweichung des Gehirns und Rückenmarks geht ein
Stadium voraus, in dem der erweichte (nekrotische) Bezirk nicht weiß,
sondern rot aussieht. Das hat sich an frischen Rückenmarksschuß-
verletzungen im Felde feststellen lassen. Sie sehen später, in der Heimat,
rein weiß aus. Das kann man in frischen Fällen auch bei der Sektion

sehen, die nicht rein weiß, sondern rosafarben sind, unter Umständen mit Petechien (und sehr dicht stehenden). Es handelt sich demnach bei der weißen Erweichung nicht um Anämie, sondern um Stase, die zur Nekrose führt. Das Staseblut wird rasch entfärbt, hinterläßt, da es zusammen mit dem Erweichten aufgelöst wird, keine Pigmentierung. Das Überwiegen der weißen Gehirnsubstanz über die roten Capillaren hat den Eindruck entstehen lassen, daß es sich um Anämie handle. Weiße und rote Erweichung sind nichts Verschiedenes; in beiden Fällen handelt es sich um Kreislaufsänderungen in den terminalen Gebieten der Hirnstrombahn, die zur Hypertonie hinzutreten können, in beiden ist Nekrose die Folge von Stase, d. h. die Folge der Aufhebung der Beziehung von Blut und Gewebe. Anämie-Verschluß von Arterien und Capillaren, so wie es von WESTPHAL als der Hirnblutung vorausgehend dargestellt wurde, durch „Spasmen" ist einmal im Gehirn nicht nachgewiesen und an anderen Orten des Körpers immer nur von kurzer Dauer, Minuten bis 1 Stunde im Versuch, d. h. zu kurz, um Nekrose entstehen zu lassen. Löst sich solch ein im Versuch herbeigeführter Verschluß von bis 1 Stunde Dauer, so tritt danach Stase ein oder ein peristatischer Zustand mit erweiterten Capillaren bei verengten Arteriolen. Die starke Nachwirkung darf auf die durch die Anämie gereizten Nervenendigungen zurückgeführt werden. In solchen Zuständen jedoch, wie der roten und weißen Erweichung, die mit Nekrose einhergehen, darf man mit Anämie nicht rechnen. Auch bei RAYNAUDscher Krankheit führt erst die Stase zu Nekrose, die Anämie (blasse Hände) geht vorüber, ohne Spuren am Gewebe zu hinterlassen.

Die Blutung im Gehirn bei der essentiellen genuinen Hypertonie steht nicht allein da. Ihr gesellen sich zu die Blutungen in die Haut bei der Purpura Majocchii (GOTTRON), die, ebenfalls an Hypertonie gebunden, in gleicher Weise entstehend aufzufassen sind, wie es auch GOTTRON tut. An — vorübergehende — Hypertonie ist gebunden die Blutung bei der Menstruation, die Blutung in der Leber und im Gehirn bei der Eklampsie; schließlich und als Wichtigstes ist die Nephritis, die kurz oder nach einigen Wochen bei Scharlach-Hypertonie oder ohne solche auftritt in ihrem Beginn nichts anderes als eine diffuse, über beide Nieren verteilte Nierenblutung. Nichts war uns eindrucksvoller, als wie wir sahen, daß Kinder bis dahin mit klarem, hellgelbem Urin, über Nacht einen schwarzroten Urin lieferten, der kaum mehr Urin, sondern fast reines Blut darstellt. Wenn sie nicht immer so stark ist, sogar fehlt — bei Erwachsenen — und wenn sie wieder ausheilt, so zeigt das eben nur, daß es verschiedene Grade von Hyperämie der Nieren gibt, von denen die schwersten zum Verständnis der leichteren dienen müssen. — Nebenbei, nicht alle Blutungen sind mit Hypertonie verbunden, sie können auf verschiedenste Art entstehen, Blutungen bei Anämie, bei Vergiftungen usw.

Was an Organveränderungen in bezug auf Funktion und anatomisches Gefüge bei der Hypertonie vorhanden ist, ist nicht unmittelbar durch die Enge der kleinen Arterien bedingt. Arterien, auch kleinere, sind nur Zuleitungsröhren des Blutes, mit der Aufgabe, den stoßweise erfolgenden Strom des Blutes in einen gleichmäßig fließenden umzuwandeln (VULPIAN, ATZLER), durch die Wirkung ihrer ständig gespannten Muskulatur.

Erst das Hinzutreten von Kreislaufsänderungen im terminalen Gebiet,
insbesondere hinzutretende Verengerung der Arteriolen und Erweiterung
von Capillaren ist imstande, einen mehr oder weniger schweren Einfluß auf das Organ auszuüben. Dabei fällt die große Mannigfaltigkeit
der betroffenen Organe und der betreffenden Stärke auf. Von Organen
sind bevorzugt — beteiligt sind wohl alle — die Niere, das Gehirn
und die Netzhaut, die Haut und das Unterhautfettgewebe, der Darm,
der Herzbeutel. In bezug auf die Stärke der Veränderungen, vereint
mit Häufigkeit, steht die Niere mit an erster Stelle. Die Veränderungen, die sie erleidet, führen über Blutung, Verfettung, zum Schwund
des Parenchyms und Bindegewebsvermehrung (sekundäre Schrumpfniere). Wir übergehen die Einzelheiten dieses Vorganges. Sie sind im
wesentlichen nicht verschieden von dem, was wir an anderen Organen
gesehen und noch kennenlernen werden. Das den Einzelheiten
übergeordnete allgemein Wichtige bedarf einiger erläuternder Worte.
Zwischen den obigen Zeilen ist zu lesen, daß die Veränderungen
bestimmter Organe stärkerer oder schwächerer Natur in dieser Auffassung nicht von der Nierenentzündung abhängig sind, sondern denen
der Niere gleichgeordnet werden. Der an der Niere erhobene stärkste
anatomische Befund hat — leicht verständlich — zu der Annahme
geführt, daß alles andere von der Niere — durch Urämie — abhängig
ist. Langsam bricht sich die Überzeugung Bahn, daß dem nicht so ist.
Von pathologischen Anatomen hält nur FAHR noch entschieden an
ihr fest. Andere dürfen heute, ohne Widerspruch zu finden, die gegenteilige
Auffassung vertreten. Nichtsdestoweniger ist sie noch immer die übliche
Meinung der Ärzte. Die zahllosen Befunde von unveränderten Nieren
und unveränderter Funktion bei chronischer Hypertonie, die von KYLIN,
der weitere Namen nennt, und VOLHARD, EDELMANN und HIRSCHBERG
bei Kindern beschriebene, dem Auftreten der akuten Nierenentzündung
um Tage bis 2 Wochen vorausgehende Blutdrucksteigerung, bei Fehlen
jeglicher Albuminurie, lassen keine andere Deutung zu, als daß das erste
die Hypertonie, das zweite die Nierenentzündung ist, diese von jener
in gewissem Sinne abhängig zu machen ist. Urämie als Vergiftung des
Körpers durch nicht ausgeschiedene Schlacken ist eine Verwechslung
von Ursache und Wirkung, ein nicht selten gemachter Fehler. Es bleibt
zu erklären übrig, warum einzelne Organe bei der Hypertonie von schweren
hinzutretenden Veränderungen verschont, andere bevorzugt werden,
warum die Hyperämie und Blutung der Nieren zur Schrumpfung führt,
die an anderen Organen ausbleibt. Die Ursache, der Reiz, der die Organveränderungen auslöst, ist nicht bekannt. Selbst wenn sie bekannt
wäre, ist eine Erklärung nicht möglich, ohne daß man die Organe und
ihre Eigentümlichkeiten in den Vordergrund schiebt. Es ist weit weniger
wichtig als es erscheint, nach der Ursache zu suchen, die bei bestehender
Hypertonie auslösend hinzukommt, als sein Augenmerk auf den Menschen
und seine Zusammensetzung zu richten. Leider ist es mehr eine Forderung,
deren Erfüllung der Zukunft vorbehalten ist, als daß eine wunschgemäße
Erklärung schon jetzt gegeben werden kann. Man kann sie nur andeuten.
Zunächst ist es ja nicht so, daß alle und jeder mit Hypertonie eine
Schrumpfniere bekommt, im Gegenteil, nur die wenigsten. Bei Schar-
lachnephritis heilt die Niere, auch nach monatelanger Blutung aus, ohne

Folgen, sonst müßten Schrumpfnieren, nach dem was man sieht, weit häufiger gefunden werden. Somit kann weder die Ursache, der Reiz, noch sogar die Niere an sich das Entscheidende sein, es muß eine Besonderheit des Menschen, die im zentralen und peripherischen Nervensystem (der Niere) verankert ist, hinzukommen. In der Niere sind die Anordnung der Strombahn mit ihren 2 Capillarnetzen, ihren langen engen Interlobulararterien, ihren an sich langsamer durchströmten Glomeruli, ihre im ganzen lebhafte Durchströmung als ein Hinweis — mehr nicht — zu betrachten, wo die Gründe zu suchen sind; die Form der Granularatrophie hat in der physiologischen Abwechslung von blassen (engen) und roten (weiten) Teilen der Strombahn ihre physiologische Grundlage. Die stärker physiologisch gereizten engen Teile gegenüber den roten, in denen Fluxion besteht, werden die geschrumpften, die anderen die erhaltenen Teile werden. Die bei allgemeiner Lebhaftigkeit der Durchströmung langsam durchströmten, weiten Glomeruluscapillaren bei engen zuführenden Vasa afferentia dürften die Neigung zur Blutung erklären. — Ferner darf angeführt werden, daß die Nieren bei älteren Menschen, gleichgiltig wie sie entstanden, Schrumpfungen zeigen, ohne daß etwas gleiches an anderen Organen sich findet. Sie neigen dazu, vor anderen Organen, so wie die Leber bei Lebercirrhose vor den anderen Organen des Bauches. Der Vergleich mit der Lebercirrhose gilt auch in vielen anderen Beziehungen. Schließlich muß betont werden, daß alle Organveränderungen unspezifischer Art sind. Sie finden sich auch ohne Hypertonie, bei Hypertonie nur häufiger, stärker und vielseitiger. Die Hypertonie ist nicht ihre direkte Ursache, sondern schafft nur die Disposition. Neben ihr und in gleicher Art steht das Alter, in dem Sinne, daß je jünger der Mensch, um so schneller und stärker alles entsteht und sich entwickelt. Ist doch auffällig, daß Menschen mit in höherem Alter erworbener Hypertonie so gut wie nichts anderes als nur im Hirn (Schlaganfall) dazu bekommen, die übrigen Erscheinungen ausbleiben. Die häufigen Insufficienzerscheinungen von seiten des vergrößerten Herzens in etwa $60^0/_0$ der Fälle [Strauss (2)] gehören nicht dazu, die ja eine unmittelbare Folge der Blutdrucksteigerung, nicht der Hypertonie sind. Zwischen diesen beiden Ausdrücken ist ja streng zu unterscheiden, jene die Folgen dieser, der engen Einstellung der kleinen Arterien, sie erst führt zur Blutdrucksteigerung. — Obwohl es leicht erscheint, Einwände zu erheben: warum tritt das nicht immer ein, warum gibt es so viel andere Formen von Nierenveränderungen, bei denen die Glomeruli gerade frei sind, bei denen es zu keiner Blutung kommt, und ähnliches, darf man an den Grundzügen festhalten, da andere Formen ja auf anderen Wegen und Ursachen, durch Stauung des Harns, Bakterien usw. zustande kommen, unter anderen Bedingungen, ohne Hypertonie, eintreten und verlaufen. — Die Neigung der Haut und des Unterhautfettgewebes zu Ödem ist bekannt. Das Ödem bei „Urämie" ist wechselnd, fehlt in vielen Fällen gänzlich vom ersten Tag der Krankheit bis zum letzten (Volhard) (trotz höchster Erhöhung des Reststickstoffs). In vielen anderen Fällen ist nicht die Nierenentzündung, sondern Stauung durch Herzschwäche die Ursache. — Seröse Häute haben, infolge ihrer zahlreichen weiten Venchen (sie bestehen, könnte man sagen, fast nur aus solchen, weiche Hirnhaut) die Eigentümlichkeit, aus den erweiterten Venchen bei

verengten Arteriolen Leukocyten austreten zu lassen. Wie leicht entwickelt sich eine Bauchfell-, Brustfell-, Herzbeutelentzündung bei einer
Sepsis als einziger anatomischer Befund. Es gehört eben nicht viel
dazu, bei bestehender Enge der kleinen Arterien das terminale Gebiet in
Mitleidenschaft zu ziehen. So sterben Nierenkranke mit Ödem im zweiten
Stadium der Nierenblutung (Nephrose) an Peritonitis, im Endstadium bei
vergrößertem Herzen und vergrößertem (empfindlicherem) Herzbeutel
mit Herzbeutelentzündung. — Die Netzhaut ist ein Ausläufer des Gehirns;
sie teilt damit die Besonderheiten, die allen Spitzenteilen von Körperregionen oder -organen zukommen, ihre Neigung, früher und stärker
zu erkranken.

Nach allem will uns scheinen, als wenn der Versuch, die Schwierigkeiten der — letzten Endes zentral bedingten — Lokalisation der zur
Hypertonie hinzutretenden Veränderungen der Organe auf dem Stande
des heutigen Wissens zu erklären, nicht unüberwindlich sind. Die
Schwierigkeiten sind allerdings in relationspathologischer Auffassung
weit größer, als wenn man sich der bequemeren Annahme von innersekretorischen Stoffen, wie Adrenalin, zur Erklärung der Blutdrucksteigerung, Zellzerfallsprodukten oder Streptokokkentoxinen zur Erklärung
der Nierenentzündung bedient. Es darf genügen, deren Ablehnung
mit dem Hinweis zu begründen, daß solche Stoffe als im lebenden Körper
wirksam nicht nachgewiesen sind; daß sie, eingespritzt, Wirkungen ausüben, genügt nicht, da sie diese ihre Wirkung mit zahllosen anderen
Mitteln teilen.

4. Die Wurmfortsatzentzündung (Appendicitis)[1].

Nachdem wir im vorhergehenden örtliche und allgemeine Vorgänge
mit je einem Beispiel belegt und gezeigt haben, wie sie, mit Reizung
des Nervensystems beginnend, mit Gewebsveränderungen auf dem
Wege über das Blut enden, bleibt eine Gruppe von Vorgängen übrig,
die weder im strengen Sinne rein örtlich, noch rein allgemein sind. Während
örtliche und Allgemeinvorgänge (Krankheiten) jedem geläufig sind,
ist die dritte Art so gut wie unbekannt: die von RICKER so benannten
segmentären Vorgänge. Segmente sind Strecken von Arterien, die auf
örtliche oder reflektorische oder zentrale Reizung mit Verengerung oder
Erweiterung antworten, wobei die kleineren Arterien sich als empfindlicher herausstellen als die größeren; Segmente sind scharf begrenzte
zirkuläre Abschnitte, von muskulösen Hohlorganen, die von den normalen
Teilen ohne Übergangszone an beiden Seiten abgesetzt sind. Ihre Länge
ist verschieden, von kleinsten einzelnen Muskelfaserbündeln bis zur
Länge des Dickdarms oder $2/3$ der Aorta. Segmentäre Reaktionen,
segmentäre Krankheiten, sind die Diphtherie des Darms (Ruhr) und (wie
wir hinzufügen möchten) die Diphtherie des Rachens (wie jede Angina),
die Wurmfortsatzentzündung, die luische Aorta.

Es ist nichts leichter, als die segmentäre Anordnung von Gewebsveränderungen im Wurmfortsatz zu übersehen. Zumal wenn wie oft
der ganze Wurmfortsatz beteiligt oder die gesamte Serosa von Fibrin

---

[1] RICKER verwendet die Bezeichnung Epityphlitis (nach KÜSTER in Anlehnung an
ältere, Para und Perityphlitis nach PUSCHELT, GOLDBECK).

bedeckt ist. Am besten wähle man Wurmfortsätze, die äußerlich normale Teile, meist an der Basis (am Blinddarm) enthalten. Nach Härtung in Formalin oder frisch werden sie der Länge nach aufgeschnitten und auseinandergeklappt. Solch ein Wurmfortsatz zeigt z. B. im Spitzendrittel starke Hyperämie mit Nekrose oder Verlust der Schleimhaut, während die beiden anderen Drittel blaßgrau sind. Die Grenze verläuft, wie in nebenstehender Skizze, quer über den ganzen Wurmfortsatz; zwischen verändertem und unverändertem Teil besteht kein Übergang, etwa in Form von spitzigen Ausläufern oder von weniger geröteten Teilen.

Es leuchtet ein, daß solche gesetzmäßige Anordnung von Veränderungen nicht im Wurmfortsatz rein örtlich entstanden sein kann. Örtliche Vorgänge, durch eine örtliche Ursache ausgelöst, machen Veränderungen im Bereich der Reizung, z. B. durch einen Fremdkörper, und in seinem Umkreis. Sie sind unregelmäßig in beliebigen Teilen der Wand lokalisiert, vielfach nicht ringförmig, und unregelmäßig begrenzt,

Abb. 6. Fremdkörper-Geschwür im Wurmfortsatz (unregelmäßig, an beliebiger Stelle, nicht ringförmig, Herd mit Hof, örtlich entstanden).

Abb. 7. Segmentäre Wurmfortsatzentzündung (scharf abgesetzt. ringförmig, überall gleichmäßig, nicht örtlich entstanden).

mit Hof. Da es im Wurmfortsatz solche Veränderungen gibt, durch Oxyuren, Tuberkulose, andere Fremdkörper, Nadel, Haare usw. hervorgerufen, die auch Schmerzen, Eiterung und Bauchfellentzündung hervorrufen können, so muß zunächst in jedem Falle entschieden werden, ob es sich um eine segmentäre oder örtliche Form der Wurmfortsatzentzündung handelt; das ist im allgemeinen leicht, da es sich in der Mehrzahl der Fälle, die der Kliniker und pathologische Anatom zu Gesicht bekommt, um die segmentäre Form handelt. Nur von ihr ist die Rede, da die örtlich entstandene keine Besonderheiten bietet. — Der Wurmfortsatz besteht zu innerst aus Schleimhaut von der Art der Dickdarmschleimhaut mit reichlich lymphatischem Gewebe in Form von Follikeln und der Unterschleimhaut; aus einem beweglichen muskulären Teil, der Muscularis der Schleimhaut und der Muscularis propria, die überzogen ist von Serosa. Die Blutzufuhr erfolgt durch die Arteria ileocolica mit ihren beiden Ästen, vorderem und hinterem, und der Arteria appendicularis, die bis auf einen kleinen Abschnitt an der Basis die eigentliche Arterie darstellt. Sie stammt aus dem hinteren Ast der Ileocolica. Nerven und Lymphbahnen gleichen denen der übrigen Dickdarmwand. — Die Segmente sind nicht muskulären, sondern, wie BRÜNN nachgewiesen, vasculären Charakters[1].

---

[1] Dieser Befund ist jüngst von SENG bestätigt, in: LUDWIG ASCHOFF: Der appendicitische Anfall. Pathologie und Klinik in Einzeldarstellungen. Berlin: Julius Springer 1930. (Nach Abschluß des Referats erschienen.)

Die Wurmfortsatzentzündung verläuft in vielen Formen, von denen sich die schwerste Form, die gangränöse, und die leichte Form besonders abheben. Die Einteilung in Formen will sagen, daß die Wurmfortsatzentzündung nicht in Stadien verläuft, etwa so, daß aus der leichten Form allmählich die schwere und schwerste sich entwickelt, sondern so, daß der Beginn darüber entscheidet, welche Form eintritt, daß mithin die leichte Form von Anfang an leicht, die schwerste von Anfang an schwer ist und so bleibt. Um es gleich vorwegzunehmen, die Einteilung in Formen bezieht sich nur auf den Wurmfortsatz und seine Veränderungen, nicht auf klinische Erscheinungen; sehr wohl kann sich durch Hinzutreten von Bauchfellentzündung das klinische Bild verschlimmern, dadurch, daß eine klinisch anfangs leichte Form in eine klinisch schwere übergeht. Das hat aber nichts zu tun mit den Vorgängen im Wurmfortsatz selbst, sondern ist durch Verwicklungen bedingt, die zu jeder Form hinzutreten können, bei der schweren naturgemäß häufiger als bei der leichten. — Was den einzelnen anatomischen Befunden an Vorgängen zugrunde liegt, ist in den Hauptzügen recht einfach: die schwerste Form führt über Stase im gesamten Wurmfortsatz oder in Segmenten zur Nekrose und über Nekrose zu Gangrän, dadurch, daß das nekrotische Gewebe im ganzen durch Bakterien und Wärme verfault. Das kann innerhalb kürzester Zeit geschehen. Die Stase kann in einer Viertelstunde (wohl noch schneller) entstehen, nach 2—6 Stunden ihres Bestandes ist der Wurmfortsatz nekrotisch; Fäulnisvorgänge brauchen nur Stunden oder weniger zu mehr oder weniger vollkommener Vollendung. Die frühesten derartigen Befunde sind 6 Stunden nach Beginn des Anfalls erhoben worden. Der operierende Chirurg findet eine wenig verdickte, grünlich-schwärzlich verfärbte fast unkenntliche Appendix (neben Exsudat), der Obduzent häufig nur den erhaltenen Teil mit einem scharf begrenzten Rest der verfaulten, der übrige ist aufgelöst oder unauffindbar. Beiläufig bemerkt: weitaus der größte Teil derjenigen Fälle, die der Chirurg als gangränös bezeichnet, sind keine, sondern gehören in die schwächere Stufe, die eitrige. Schiefrige Verfärbung und Fibrinbeläge, mit und ohne umschriebene Perforationen, sind stets eitrig-nekrotische Formen. Die regelrechte, nur auf roter Stase, Nekrose und Gangrän beruhende ist weit seltener als gemeinhin dargestellt, betrifft, wenn ich recht schätze, bis dahin gesunde, kräftige Männer (30—40 Jahre), selten Kinder, ich habe erst einen Fall gesehen. Die meisten von ihnen führen zum Tode. Die an sich seltene Form ist anscheinend in einzelnen Gegenden Deutschlands noch seltener, was ja nichts Auffälliges ist. Zudem muß man, besonders bei Sektionsfällen, auf sie achtgeben.

Nekrose und Gangrän können nur die Schleimhaut betreffen, wobei in den tieferen Schichten Abszedierung sich entwickelt. Löst sich nämlich die Stase mit und ohne vorausgegangene oder nachfolgende Blutung im Wurmfortsatz dadurch, daß die bis dahin verschlossenen Arteriolen ein wenig sich öffnen, so treten mit Flüssigkeit Leukocyten aus den Venchen aus und durchsetzen das Gewebe. Es kommt darauf an, wo das geschieht. Die Schleimhaut ist als die empfindlichere stets die stärker beteiligte Schicht. Sie kann daher primär nekrotisch werden, bei Eiterung in der übrigen Wand, oder sie kann vereitern, während die übrige Wand nur vorübergehende Leukocytendurchsetzung aufweist.

Indem es in der Schleimhaut oder an umschriebenen Stellen der äußeren Schichten aus der stärkst verlangsamten Strömung durch Rückfall wieder zum Arteriolenverschluß kommt, nunmehr bei mit weißen Blutkörperchen gefüllter Strombahn, entsteht weiße Stase, die zur Vereiterung der Schleimhaut oder zum Wandabsceß führt. — Von der schwersten Form der gangränös-nekrotischen auf Grund roter Dauerstase, zur schweren, der eitrig-nekrotischen Form, wie man beide bezeichnen könnte, bis zur leichten, gibt es Zwischenstufen. Als solche kann diejenige bezeichnet werden, bei der es nur zur Vereiterung der Schleimhaut kommt, wobei die tieferen Schichten von Leukocyten durchsetzt werden, die nach Abklingen der Erscheinungen das Feld räumen, ohne Spuren zu hinterlassen. Ein Empyem bei verdünnter Muskulatur mit mehr oder weniger Bindegewebsvermehrung oder ein bindegewebiger Verschluß an Stelle der Schleimhaut und der Follikel bei fast unversehrter Wand sind ihre Folgen. Sie können allein oder zusammen im ganzen Wurmfortsatz oder in Segmenten verwirklicht sein. — Bei der leichten Form der segmentären Wurmfortsatzentzündung entsteht aus roter Stase nach Lösung Vereiterung kleinster umschriebener Schleimhautteilchen, an die sich auf dem Querschnitt keilförmige Leukocytendurchsetzung der übrigen Wandschichten anschließt. Die breite Basis des Keils liegt außen, an der Serosa, die Spitze in der Schleimhaut. Solche kleinsten vereiterten Bezirkchen der Schleimhaut, über denen ein Exsudat, aus roten und weißen Blutkörperchen vermischt, gelegen ist, sind meist mehrfach vorhanden, liegen in und an den Buchten der Schleimhaut, sind ebenso bei völlig glatter Begrenzung der Lichtung zu finden (GOLDZIEHER) und werden in der gleichen Zeit wie schwere und schwerste Veränderungen angetroffen. Es handelt sich bei ihnen um örtliche Verstärkungen eines im allgemeinen leichten Vorgangs, der die übrigen Wandteile, weil rasch vorübergehend, unversehrt gelassen hat. Die weit größeren Umfang einnehmende Leukocytendurchsetzung ist ähnlich entstanden zu denken, wie ein reflektorisch entstandener großer Hof um einen kleinen Herd. Eben daher die größere Ausdehnung.

Blutungen größeren Umfangs in der Schleimhaut und den übrigen Wandschichten können, wie stets bei langsamer Entwicklung, der Stase vorausgehen oder bei ihrer Lösung eintreten. Petechien findet man in vielen Wurmfortsätzen in der Schleimhaut, mit und ohne Erscheinungen, bei „gestohlenen" Wurmfortsätzen. In einer Minderzahl von Fällen liegen ihnen nach RICKER Zerreißungen bei der operativen Herausnahme zugrunde; REVENSTORF hat Zerreißungen bei genauester anatomischer Untersuchung niemals gefunden. Das dürfte allerdings bei Capillaren schwer festzustellen sein, gröbere fehlen sicherlich zu allermeist. Petechien entstehen somit durch Diapedese aus unversehrten Capillaren, und zwar 1. traumatisch, 2. als Zeichen einer Wurmfortsatzentzündung. Als traumatisch entstanden, bei der Herausnahme, sind sie gekennzeichnet dadurch, daß die roten Blutkörperchen dicht beieinander liegen, unvermischt mit weißen, und daß sie unversehrt sind. Andere, bei Wurmfortsatzentzündung entstandene, liegen zerstreut und vermischt mit weißen und sind teils entfärbt, teils verunstaltet, oder verkleinert, oder untereinander verschmolzen. Jene zeigen keine Veränderungen, weil die Zeit nicht ausreicht, sie zu bewirken; diese haben

Zerfallsveränderungen, weil sie niemals sofort beim Entstehen, sondern erst nach geraumer Zeit dem Operateur oder pathologischen Anatomen zu Gesicht kommen. Man hat, weil mißverstanden, RICKER die gegenteilige Behauptung zugeschoben, „der unversehrte Zustand paßte zu dem kurzen Zeitraum zwischen Anfall und Frühoperation", HENKE-LUBARSCH, Bd. 4, 3, S. 510; in Wirklichkeit ist bei RICKER das Umgekehrte zu lesen, das, was wir eben referiert haben[1]. Gegen die vorwiegende Bedeutung des Traumas als der Ursache von Diapedesisblutung spricht der Befund von C. LAUENSTEIN und REVENSTORF, die bei gewissenhafter Anzeige operiert und in 30 von 89 untersuchten Fällen keine Blutungen fanden, obwohl die Eingriffe bei der Operation die gleichen waren, bei 52 Fällen von „Appendicitis initialis 36mal Blutungen, so daß sie die Petechien als durch die Krankheit bedingt auffassen, ebenso RENN und GOLDZIEHER, die sie mit den septischen Blutungen, Magen-Schleimhautblutungen usw. vergleichen. Petechien allein können darauf hinweisen, daß eine Wurmfortsatzentzündung vorgelegen hat. Wir kommen darauf noch zu sprechen.

Die Ursache der Wurmfortsatzentzündung ist unbekannt. Wir sind nicht in der glücklichen Lage, einen bestimmten, wohl zu definierenden Reiz namhaft zu machen, der die Vorgänge auslöst. Das muß betont werden gegenüber denen, die RICKER eine nervale, nervöse oder „Gefäßnerventheorie" der Wurmfortsatzentzündung (RUF) zuschieben. (Eine „Gefäßnerventheorie", nebenbei bemerkt, wäre eine solche, die erklärt, wie eine Nervenreizung Gefäße zur Erweiterung oder Verengerung bringt; sie hätte, wenn sie bestände, mit Relationspathologie nichts zu tun, die von der Tatsache, daß Nervenreizung Erweiterung der Gefäße verursacht, ausgeht, ohne sie zu erklären.) Das Fehlen einer bestimmten Ursache für die Entstehung der Wurmfortsatzentzündung ist ein Grund, daß sich die Ärzte nicht mit der Ansicht RICKERs befreunden, sie entweder a priori ablehnen oder sie mißverstehen. Mit der Hervorhebung allgemeiner nervaler Reizung im Splanchnicusgebiet (s. u.), als dem Beginn der Vorgänge, die mit Wurmfortsatzentzündung enden, ist nämlich nichts erklärt, deswegen nicht, weil eine solche allgemeine Reizung zu vielen ähnlichen Krankheitsbildern paßt und ihnen vorausgeht, bei der Entstehung der Gallenkoliken, der Bauchspeicheldrüsennekrose, oder überhaupt nicht zu Wurmfortsatzentzündung führt, besonders aber deswegen nicht, weil im Sinne der Relationspathologie alle Vorgänge, nicht nur die im Bauche, mit einer nervalen Reizung beginnen, örtliche und allgemeine. Reizung von Nerven setzt einen Reiz voraus, dieser erst ist in landläufigem Sinne die Ursache. Der Reiz ist, wie gesagt, unbekannt und RICKER meint, es wäre müßig, ihn zu suchen, er vermutet ihn in einer Abänderung des normalen — unbekannten — physiologischen Reizes, der den Darm und seine Blutbahn in Bewegung hält. Der große Fortschritt, den die Theorie RICKERS von der Entstehung der Wurmfortsatzentzündung bedeutet, liegt auf anderem Gebiet.

Die Wurmfortsatzentzündung beginnt mit einem Vorspiel, das in verschiedener Stärke und Länge verläuft. Im Anfang Schmerzen im

---

[1] Z. Ch. **202**, 161 u. 162 (1927).

ganzen Bauch (nach Treves in etwa $70\,^0/_0$ der Fälle, Sprengel, Karewski) besonders in der Magengegend und Verstopfung, dann Brechreiz, Stuhldrang, d. h. die Zeichen eines gewöhnlichen, heftig einsetzenden Darmkatarrhs, dazu Zeichen von seiten der Niere oder des Nierenbeckens (Hämaturie) und der Harnblase; erst dann, wenn es lange dauert, nach 10 Stunden oder mehr, Schmerzen in der Blinddarmgegend mit den übrigen örtlichen Zeichen, denen sich allgemeine, Fieber, hinzugesellen. Wenn der Kranke in die Klinik kommt, ist die Wurmfortsatzentzündung vielfach meist klar; was der praktische Arzt vorher an Schwierigkeiten hatte, wird leicht, mit Unrecht, als Fehldiagnose bezeichnet. (Daß es das häufig ist, kann uns hier nicht beschäftigen.) Den klinischen Angaben ist zu entnehmen, daß es allgemeine Vorgänge im ganzen Bauch, genauer abnorm starke Verengerungen des Darms und der Arterienmuskulatur sein müssen, die mit Schmerzen verbunden sind, die der örtlichen Wurmfortsatzentzündung vorausgehen. Stärkste, krampfhafte, häufig unterbrochene Verengerungen im Darm, stärker als sie bei normaler Peristaltik vorhanden sind, verursachen die dem Anfall vorausgehende Verstopfung (besonders bei Kindern vorhanden) während das Erbrechen bei erweitertem Magen zustande kommt. Wie häufig nach Operationen (Reischauer) und Narkose, reagiert der Magen auf den gleichen Reiz mit Erweiterung (Parese), der Darm und der Pylorus mit Verengerung. Der Darm kann noch bei der Operation verengt angetroffen werden. Die verengten Teile können früher oder später sich erweitern (Parese). Die Erweiterung kann vorübergehen, in schweren Fällen bestehen bleiben. Die sich außerhalb des Krankenhauses abspielenden Vorgänge bleiben heute unberücksichtigt, weil man mit ihnen nichts Rechtes anzufangen weiß. Die Häufung der Fälle und die Erfahrungen älterer Ärzte sollten zu denken geben; nimmt man die Dinge so, wie sie liegen, nicht so, wie man sie sich vorstellt, so hat nicht der Arzt, sondern die Krankheit schuld, daß man keinen Herd findet. Es ist eben anfangs keiner da und die Frühdiagnose zweifellos weit leichter vom Krankenhausarzt gefordert als gestellt. Daß etwa diese Anschauung ein Unterschlupf für Fehldiagnosen sei, oder daß sie vielleicht zur Nachlässigkeit in der Beobachtung oder zu verspäteter Operation führe, was wir nicht glauben, das kann selbstverständlich kein Grund sein, Vorstellungen festzuhalten, die mit den Tatsachen nicht übereinstimmen. Wir vermuten in der berechtigten, jedenfalls verzeihlichen Angst vor dem Schaden, den Grund der Zurückhaltung der Kliniker (Sauerbruch). Den klinischen Angaben ist weiter zu entnehmen, daß die Schmerzen (Nabelkoliken) sich häufig anfangs in der Magengegend am stärksten äußern. Sie weisen darauf hin, daß es das Bauchhirn, das Ganglion coeliacum, ist, von dem sie ausgehen und ausstrahlen. Von ihm aus wird die Reizung in efferenten Sympathicusbahnen in den Darm geleitet, ist dort leicht und allgemein und geht vorüber und bleibt hängen in dem Organ, das wegen seiner besonderen Lage (eine Spitze, Akron des Darms) und seiner besonderen Zusammensetzung, die die Entwicklungsgeschichte verständlich macht, besonders empfindlich ist, im Wurmfortsatz. In ihm entstehen nach der allgemeinen und schwachen Reizung örtliche und stärkere, von denen die stärkste die Stase, durch nerval bedingten Verschluß der (empfindlichsten) Arteriolenmuskulatur mit Nekrose als

Folge ist. In ihr können ebenso leichtere und leichteste entstehen und vorübergehen mit nur geringen oder gar keinen Spuren im Gewebe. Das Schicksal des Wurmfortsatzes ist besiegelt durch den Beginn, mit anderen Worten, es entsteht keine Phlegmone, die sich vom Primäraffekt mit der Länge der Zeit fortschreitend ausbildet und sich über den ganzen Wurmfortsatz hinzieht, sondern diejenige Form, von Anfang an, und bleibt erhalten, die der Schwere der nervalen Reizung entspricht. Ebenso wie in allgemeiner Stase und Nekrose, kann der Befund in der gleichen Zeit (3 Tage) nur in Petechien, „Primäraffekten", bestehen, ja, er kann fehlen. Das Fehlen eines anatomischen Befundes (der beim pathologischen Anatom erst, der angewandten histologischen Methode gemäß, mit ausgetretenen Leukocyten beginnt) besagt nichts (nicht immer natürlich) er kann sehr wohl bei einer Wurmfortsatzentzündung fehlen. Petechien, „Primäraffekt", Eiterung und Nekrose sind — wir wiederholen — nicht Stadien, sondern Formen eines und des gleichen Vorgangs. Der „Primäraffekt", (der keiner ist), ist nicht Anfang vom Ende, sondern eher das Ende des Anfangs; und die Wurmfortsatzentzündung nicht zu vergleichen mit Tuberkulose oder Lues; das beweist allein schon die segmentäre Anordnung. Die Reizung verläuft, wie gesagt, ausschließlich in efferenten Sympathicusbahnen, ist nicht reflektorisch verursacht, da sich keine Stelle nennen läßt, von der sie aus erfolgen und die sie verständlich machen könnte. Dagegen entsteht der Keil um die nekrotische Schleimhautstrecke ebenso wie das klare bakterienfreie Exsudat in der Umgebung des Wurmfortsatzes reflektorisch, durch die in ihm gesetzte starke Kreislaufsstörung. Der Erguß kann nach Einwandern von Bakterien durch die geschädigte Wand eitrig werden, was durch eine örtliche chemische (= bakterielle) Reizung der Bauchfellstrombahn zustande kommt.

Die segmentäre Anordnung — im Gegensatz zu dem örtlichen, unregelmäßigen, umschriebenen, tuberkulösen oder luischen Primäraffekt — ist mit örtlicher Einwirkung von Bakterien nicht zu verstehen. Bakterien können das durch Stase nekrotisch gewordene Gewebe der beschleunigten Auflösung oder Gangrän zuführen, aus einer umschriebenen Bauchfellentzündung eine allgemeine machen, nachdem der Boden vorbereitet worden ist, an dem sie haften und weiter wirken können (Georg Wegner). Die Rolle der Bakterien bei der Entstehung der Wurmfortsatzentzündung ist stets eine sekundäre; Bakterien bewirken niemals dort, wo sie einwirken, etwas, was nach Form und Anordnung Methode hat. In „Primäraffekten" hat Aschoff niemals Bakterien in der Darmwand nachweisen können; nur in dem Leukocytenpfropf über dem Epitheldefekt. Ihre Erregereigenschaft wird mit einleuchtenden Gründen im Handbuch der pathologischen Anatomie von Henke-Lubarsch so gut wie abgelehnt: Tavel und Lanz fanden den gleichen Bakterienbefund in gesunden und erkrankten Wurmfortsätzen (Bact. coli, Streptokokken und grampositive Diplokokken) und zahlenmäßig keinen Unterschied zwischen den einzelnen Bakterienarten bei leichten Veränderungen; bei schwereren um so weniger Bakterienarten, je schwerer die Veränderungen waren, ebenso Winternitz. Wie im Darm (Katsura, Elbe) gedeihen auf dem veränderten Boden meist nur bestimmte Arten von Bakterien (zumeist Coli) die übrigen verschwinden, jene können als normale

Darmbewohner (Coli, Enterkokken (KURT MEYER) anaerobe grampositive Stäbchen) ursächlich ohne weiteres nicht herangezogen werden, „da sie, wie CHRISTELLER und E. MAYER treffend bemerken, ebensogut die einzigen sein können, die sich trotz der Entzündung gehalten haben. „Unter diesen Umständen muß gesagt werden, daß alle bisherigen bakteriologi-schen[1] Untersuchungen keinen Anhaltspunkt für eine Mitwirkung von Bakterien bei der Entstehung der Wurmfortsatzentzündung gebracht haben." Es bleibt nichts anderes übrig, als sich nach anderen Wegen umzusehen; ihn weist die klinische Beobachtung in der Richtung zu allgemeinen Vorgängen, die in einer nervalen Reizung bestehen.

Der nervale Weg läßt Raum für die trotz der Häufigkeit der Erkrankung nicht abzuleugnende familiäre Disposition (REISCHAUER), für die Bedeutung des Lebensalters; nach dem 3.—4. Jahrzehnt ist die Wurmfortsatzentzündung weit seltener als vorher; von 100 Wurmfort-satzentzündungsfällen kommen nach NOTHNAGEL 80 auf das Alter von 10—40 Jahren; für das Verschontbleiben der Landbevölkerung gegenüber der städtischen: unter 23 000 Bauern in Rumänien nur ein Fall von Wurmfortsatzentzündung, gegenüber 1:221 Bewohnern der Stadt (LUCAS-CHAMPONNIÈRE), ähnlich bei nomadisierenden Arabern gegenüber Städtebewohnern. Die Zahlen mögen nach beiden Richtungen übertrieben sein, immerhin geben sie Anhaltspunkte. Familie, Nahrung, Umgebung, Lebensalter u. a. erhöhen oder setzen die Erregbarkeit des Nervensystems herab, sei es allgemein, sei es in einzelnen Regionen des Körpers (Bauch) sei es örtlich im Wurmfortsatz. Denn auch letzteres kommt in Betracht, da der Wurmfortsatz mit zunehmendem Alter zunehmende Veränderungen erleidet, im Sinne der Hypoplasie seiner Muskulatur und seiner Strombahn, die, wie die allgemeine, die örtliche Erregbarkeit des Wurmfortsatz-Nervensystems herabsetzt. Hiermit sind die meisten der Fragen, so gut es vorläufig geht, beantwortet, die REISCHAUER in einer, weil selbst erarbeiteten, wertvollen Abhandlung im Sinne RICKERs aufgeworfen hat. Andere seiner Fragen, wie die, warum die Beschwerden bei chronischer Wurmfortsatzentzündung nach der Herausnahme schwinden, warum es bei einem scheinbar gesunden Menschen plötzlich zu der schweren nervösen Krise kommt, welcher der Zusammenhang mit Angina, Masern, Scharlach, Grippe ist, lassen sich schwer, aber doch hinreichend beantworten. Nach der Herausnahme des Wurmfortsatzes (wie der Gallenblase) schwinden die Beschwerden zumeist, aber nicht immer und vollständig; sie dann auf Verwachsungen zurück-zuführen, erscheint bei näherere Betrachtung unmöglich; es fallen die groben, schwereren fort, die örtlich bedingt sind; die leichteren sind zumeist harmlos und können durch das Bewußtsein vom Fehlen des Wurmfortsatzes oder der Gallenblase noch verringert werden. Ein Zusammenhang mit Masern und Scharlach besteht unserer Erfahrung nach nicht, wohl mit Angina. Hierüber uns auszulassen, und, falls nach anderen doch ein Zusammenhang mit Masern und Scharlach besteht, auch über diese Krankheiten, verbietet sich aber, da im Sinne der Relationspathologie noch nichts darüber veröffentlicht ist. Wir behalten uns die Beantwortung vor. Die Beantwortung der dritten Frage, warum

---

[1] Auch bakterioskopischen (der Referent).

es bei einem scheinbar gesunden Menschen plötzlich zu der schweren Krise kommt, würde verlangen, daß man sie für alle anderen Krankheiten, die gesunde Menschen befallen, beantwortet. Selbst mit der Kenntnis der Ursache, z. B. der Tuberkelbacillen, ist ja die Tuberkulose als Krankheit noch nicht erklärt, wieviel weniger ohne Kenntnis der Ursache. Reischauer bestätigt durch das Aufwerfen dieser Frage die Erfahrung, daß immer dann solche Fragen auftauchen, wenn eine neue Theorie gegeben wird. Dieselbe Frage hätte ja die Hypothese von der bakteriellen Infektion des Wurmfortsatzes auch zu beantworten, und es ist ungerecht, ihre Beantwortung nur von der einen, nicht auch von der anderen Theorie zu verlangen. Wir sind aber mit Reischauer darin einig, daß die Nichtbeantwortung einzelner Fragen, noch dazu solcher, die andere Theorien ebensowenig oder noch schwerer lösen, kein Grund ist, eine Theorie abzulehnen. — Der nervale Weg führt endlich fort vom Sedes morbi, den die pathologische Anatomie und die Bakteriologie von einer Krankheit sozusagen auf die meisten übertragen haben. Es scheint an der Zeit zu sein, diesen Weg zu betreten, wenn der andere versperrt ist. Oder glaubt man, daß etwas gänzlich Neues kommen wird, so daß es offen bleiben muß, wie die Wurmfortsatzentzündung zustande kommt? Die Benutzung und Verwertung der klinischen Befunde und Beobachtung, zurückgedrängt durch die genannten Methoden der Medizin (pathologische Anatomie und Bakteriologie) durch Ricker erneut gefordert, und dort, wo angängig und notwendig, angewandt zu haben, darin erblicken wir den großen Fortschritt, den die Theorie Rickers für die Ergebnisse der allgemeinen Pathologie gebracht hat.

5. Die luische Aorta.

So leicht es ist, die segmentäre Anordnung im Wurmfortsatz zu übersehen, so offenbar ist der Befund in der luischen Aorta. Er ist vielfach so ausgesprochen, daß man über ihn stolpert. Der betroffene Abschnitt reicht von der Aortenklappe oder von dicht oberhalb derselben aufwärts bis in den Bogen- oder Brustteil oder bis unterhalb des Zwerchfells hinab; seltener besteht ein 10—15 cm breites Band nur im Bogen- und Brustteil oder dazu ein zweites, von etwa gleicher Breite, getrennt durch unveränderte Strecken. Die Bänder sind scharf begrenzt und nehmen die ganze Wand kreisförmig ein. Der Lendenteil ist frei. Man faßt die dabei gefundenen anatomischen Veränderungen als durch direkte Einwirkung der Spirochäten verursacht auf, da man kleine Gummiknoten oder breite flache Beete von Granulationsgewebe mit Intimanarben darüber gefunden hat. Die Beteiligung der Aortenklappenzipfel (und die der Mitralis) mit Furchen zwischen den Zipfeln, der geringe oder mangelnde Gehalt an Kalk verleihen dem Befund ein spezifisches Gepräge. Aufpfropfung von gewöhnlichen Skleroseveränderungen dagegen auf eine solche Aorta verwische den spezifischen Charakter bis zur Unkenntlichkeit. — Es soll nicht bestritten werden, daß es in solchen Aortenstrecken spezifisch syphilitische Veränderungen gibt, auch nicht, daß Lymphocyteninfiltrate in der Adventitia häufiger gefunden werden als bei gewöhnlicher Sklerose, aber man kann ebensowenig bestreiten, daß die segmentäre Anordnung hiermit nicht erklärt wird, ebensowenig, daß sehr häufig spezifische Veränderungen fehlen, und die Befunde in nichts von denen bei seniler Sklerose zu unterscheiden sind. Da es sich zumeist um jüngere Menschen handelt, die übrigen Arterien entsprechend starke Skleroseveränderungen vermissen lassen, kann von einer Aufpfropfung von Arteriosklerose auf luische Veränderungen nur bedingt gesprochen werden. Vielmehr handelt es sich nicht um eine Aufpfropfung, sondern um eine regelrechte Arteriosklerose, die mit umschriebenen luischen Veränderungen verbunden sein kann; in seltenen Fällen bekommt man spezifische luische Veränderungen ohne Sklerose zu Gesicht; die Verstärkung, die der Befund gegenüber anderen Aortenstrecken bietet (stärkere Wandverdickung, stärkere Erweiterung) darf auf das verfrühte Alter, in der sie eingetreten ist, zurückgeführt werden. Es handelt sich, kurz ausgedrückt, um eine verfrühte, verstärkte und abnorm lokalisierte Arteriosklerose (mit und ohne umschriebene spezifische Veränderungen). Ihr liegt, wie jeder anderen Sklerose, Mediaparese zugrunde. Von der Parese war ein breiter Abschnitt ergriffen; in der paretischen Muskulatur haben sich durch den Druck des Blutes diejenigen Veränderungen ausgebildet, die durch Änderung der Durchströmung mit Muskelschwund und Bindegewebsvermehrung endeten. Dort wo in der Media spezifische, örtlich umschriebene Veränderungen Platz gegriffen haben, unter Zerstörung der Muskulatur, kann ein Aneurysma entstehen. Diese Auffassung von der Entstehung der luischen Aorta und ihres Endzustandes ist von praktischer Bedeutung. Teilt man sie, so wird man mehr luische Aorten finden, als bei der üblichen Beurteilung und Untersuchung. Meist trifft man, selbst bei wenig ängstlicher Beurteilung, das Richtige:

Davon konnten wir uns erst kürzlich überzeugen: 71jähriger Mann, wegen Lungenentzündung sterbend eingeliefert. Vorgeschichte zunächst nicht bekannt. Befund: faustgroßer Lungen-(Bronchial)krebs, links vorn, zerfallen. Herz klein, braun. Aorta: Im ganzen sehr wenig erweitert und verdickt, im engen Lendenteil einzelne kalkig-schiefrige flache Beete, ohne Geschwüre, Anfangsteil völlig glatt. Im Bogenteil und ein wenig darunter ein Band, das stärker verdickt ist, ohne stärker erweitert zu sein, in dem die Intima keine sicheren Narben zeigt, außer an der Stelle des Ductus Botalli, nur völlig unverdächtig aussehende kleine flache Beete, im Brustteil einzelne größere flache Beete. Die Veränderungen im Bogenteil gingen wenig über das hinaus, was man sonst dort zu finden gewohnt ist, hörten etwa 3—4 cm unterhalb des Bogens auf, an den sich der Brustteil mit wenigen einzeln stehenden Beeten anschloß. Der später hinzugekommene klinische Hilfsarzt bestätigte den Verdacht. Der Kranke hatte Lues selbst zugegeben. Geistige Erscheinungen der letzten Zeit wiesen auf Paralyse hin. Am Gehirn fand sich der kaum merkliche typische Befund.

Jeder kennt die Fälle, die anatomisch besonders in höherem Alter nicht eindeutig sind. Mit der Auffassung RICKERS nehmen sie an Zahl ab.

Was von luischen Veränderungen örtlich, umschrieben oder ungeordnet ist, darf zweifellos auf Einwirkung von Spirochäten zurückgeführt werden. Was aber geordnet, systematisch oder segmentär ist, Methode hat und gleichmäßig ein ganzes Organ betrifft, muß anders erklärt werden, natürlich auf dem Boden von Lues entstanden, aber nicht direkt, sondern indirekt. Dazu gehört die luische Lebercirrhose, die Tabes und

Paralyse und die luische Aorta. Trotz der Befunde von Spirochäten in
Gehirnen von Paralytikern, bei Lebercirrhose (selten) ist nicht recht
vorstellbar, wie Spirochäten derartige, offenbar nach einer Regel verlaufenden Zustände hervorrufen sollen. Sie dürfen nach wie vor als
metaluische Krankheiten bezeichnet werden. Über dem Wie ihres
Zustandekommens liegt Dunkel. Wir wissen es auch nicht, wie die
Lues sie zuwege bringt, wir wissen nur das, daß solche Veränderungen
nicht örtlich (durch Spirochäten) entstanden sein können. Man kann
daran denken, daß es die anfängliche chronische und leichte Sepsis ist,
die durch Herz-, Gefäß- und Hirnbeteiligung den Grund legt zu späteren
Veränderungen. Die der bestehenden Auffassung nächst liegende Erklärung durch Toxine heißt hier wie an anderen Orten sich (ver-
schleierte) Erklärungen leicht machen, ohne einen Fortschritt an
Erkenntnis zu bringen.

6. Nahrung und Ernährungsstörung.

Nahrung und Ernährungsstörung, von der geringsten bis zur stärksten,
wirkt über das Strombahnnervensystem und beeinflußt mittels des Blutes
und der Gewebsflüssigkeit die Organe. Je stärker die Änderung der
Ernährung, desto stärker ist die Wirkung (RICKER: Sklerose und Hypertonie der innervierten Arterien. Berlin: Julius Springer 1927; S. 53.
ein wenig abgeändert). — Aufnahme von Nahrung in gewohnter Zusammensetzung und Menge bewirkt im Bauch als erstes eine allgemeine
Hyperämie, die verschieden ausfällt in den einzelnen Organen. Sie bewirkt
in der Bauchspeicheldrüse eine Hyperämie mit Strömungsbeschleunigung
(Fluxion) dadurch, daß die bis dahin engen Arteriolen — durch Dilatatorenreizung — sich erweitern; im Darm und in der Leber eine Hyperämie, die mit geringer Stromverlangsamung (durch geringste Arteriolenverengerung) einhergeht. Sie ist in der Leber des lebenden Tieres mit dem
Mikroskop beobachtet, im Darm aus der vermehrten Durchsetzung
der Wand mit Leukocyten (KUCZYNSKI), an der Milz aus der Schwellung
zu erschließen. Besteht die Hyperämie eine gewisse Zeit, 1—2 Stunden
nach der Nahrungsaufnahme, dann hat die Leber ihr während der Ruhe
aufgestapeltes Glykogen verloren, um es während der Zeit der Resorption
im Darm nach Engerwerden der Strombahn wieder zu erlangen. Im
Darm erfolgt auf die Reizung seines doppelten Nervensystems gleichzeitig eine vermehrte Peristaltik und eine — durch Hyperämie erzeugte —
vermehrte Sekretion des Darmsaftes. Der Darmsaft (nebst vermehrter
Galle und Bauchspeicheldrüsensaft) spaltet die vorhandenen Nahrungsstoffe, die bei bestimmter Einstellung der resorbierenden, innervierten
Lymphbahn aufgenommen wurden, Kohlehydrate (und Eiweiß usw.)
direkt in das Blut, die Fette vorwiegend auf dem Wege der Lymphbahn.
Dann tritt Ruhe ein, indem die leichte Reizung des Nervensystems,
des der Strombahn und der Darmmuskulatur, abklingt und das erweiterte
terminale Stromgebiet in ein enges übergeht. Die ins Blut aufgenommenen, gespaltenen und gelösten Stoffe treffen auf eine je nach der
Stärke der anfänglichen Reizung eingestellte Strombahn, z. B. in der
Leber, und werden hier nach ihrem Durchgang durch die Capillarwand
ins Leberparenchym aufgenommen und synthetisiert. Ist die Strombahn

stärker verengt gewesen, so treten Fette auf, bei geringer Enge Kohlehydrate (Glykogen), bei noch geringerer Eiweiß; dem Auftreten jedes
Stoffes geht eine bestimmte Einstellung der Strombahn voraus, auf
Grund deren der Aufbau erfolgt; beim Abbau des Glykogens erfolgt erst
die nerval bedingte Abänderung der Durchströmung, danach die Abänderung der stofflichen Zusammensetzung. Die Wirkung der Nahrungsaufnahme auf die Leber ist ähnlich der des Zuckerstichs, der vom zentralen
über das peripherische Nervensystem durch die Nervi splanchnici auf
die Leberstrombahn wirkt, dort nach einer anfänglichen Ischämie von
etwa 10 Minuten zu einer Hyperämie gleichen Grades wie bei Magen-
verdauung, nur von längerer Dauer führt. Sie bewirkt durch vermehrtes
Einströmen von Gewebsflüssigkeit in das Läppchenparenchym einen
Schwund des Glykogens, der zur Erhöhung des Blutzuckers führt oder
beiträgt (KLINK). Eben dies ist auch der Gang der Handlung, der bei
Nahrungsaufnahme erfolgt; er geht über das Nervensystem der Bauchorgane (Darm), das als erstes von der Reizung betroffen wird. Mit
Schärfe wendet sich RICKER gegen Vorstellungen, wie sie gerade auf
diesem Gebiete üblich sind, aus der Chemie und Physik übernommen
und bedenkenlos auf den Menschen übertragen werden. — Was sich
außerhalb von Flüssigkeiten, sowie ihre Beziehungen zu einander, auf
die es allein ankommt, im menschlichen Körper abspielt, ist für Chemie
und Physik nicht zugängig.

Osmose und Diffusion, als wirksame Faktoren bei der Nahrungsaufnahme und Resorption, setzen voraus, daß die Capillarwand eine
kolloidale Membran ist. In Wirklichkeit besteht sie aus Zellplasma,
dessen Struktur, wie die alles Protoplasmas, auch heute noch unbekannt
ist, dessen Aggregatzustand (ob fest oder flüssig) problematisch ist. Die
Capillarwand besitzt einen Kern, „mit allen den Rätseln, die er auf-
gibt", sie kann wachsen, sich vermehren und sich zurückbilden, sich
auf nervale Reizung verengen und erweitern. Solche Weiteänderungen
ziehen Durchlässigkeitsänderungen nach sich. Erhöhung oder Erniedrigung des osmotischen Drucks, Vermehrung oder Verminderung von
H-Ionen sind Folgen solcher Kreislaufsänderungen. Quellungsvorgänge
sind, soweit die Ergebnisse der Chemie vorliegen, eine Art von mole-
kulärer Lösung. Ein gequollenes (ödematöses) Gewebe müßte halb gelöst sein, verflüssigt sein; ein ödematöser Muskel aber enthält, wie jeder
weiß, die Flüssigkeit zwischen den Muskelfasern, die Fasern selbst sind
unverändert; dauert das Ödem an, so kann die Muskelfaser, mit und
ohne Verfettung (ELBE) allmählich kleiner werden, dabei wächst das
Bindegewebe durch Anlagerung neuer Fasern an die alten. A. DIETRICH
hat Bindegewebsstückchen aus Sehne (festes), Herzbeutel (lockeres),
und Nabelschnur (mit reichlich Grundsubstanz neben Fasern) in Säuren
(Milch-, Essig-) und Alkalien (Natronlauge) und Salzen quellen lassen
und fand: 1. daß zwischen Säure- und Alkaliquellung nur ein mengen-
mäßiger Unterschied besteht; 2. bei mikroskopischer Untersuchung:
Verbreiterung und unscharfe Begrenzung der Fibrillen, schwächere
Färbbarkeit und Abblassung der Kerne, bis zur Aufhebung der Kern-
färbbarkeit, körnige Niederschläge. Das sind im ganzen Auflösungsvorgänge, wie sie im Lebenden beim einfachen Ödem nicht, wohl aber
nach Nekrose zustande kommen, die hier nicht in Frage kommt. DIETRICH

weist, wie vor ihm Lubarsch, Ziegler, Klemmensiewicz (2) die Gleichsetzung von Ödem und Quellung (Anschauungen, die auf M. H. Fischer
und Schade) zurückgehen, entschieden zurück.

Stärker reizend als gewöhnliche Nahrung wirkt Umstellung der Nahrungsweise, stärker wirkt auch Nahrungsentziehung. Im Hungerzustand
besteht in der Leber eine nunmehr dauernde leichte allgemeine Hyperämie, die mit Stromverlangsamung einhergeht. Sie ist unter dem Mikroskop an der körnigen Strömung der Capillaren und der dunklen Farbe
des Blutes kenntlich. Es handelt sich bei diesem Grade, wie aus der
Abnahme der Verengerung auf Adrenalin zu schließen, um eine Herabsetzung der Constrictorenerregbarkeit der Capillaren mit gleichzeitiger
Dilatatorenreizung, während die weniger empfindlichen vorgeschalteten
Strecken, Interlobularvenen, leicht verengt sind, mithin um eine peristaltische Hyperämie schwachen Grades. Sie zieht, wenn sie genügend
lange besteht, eine Verkleinerung des Leberparenchyms und Verdickung
ihres Gerüsts nach sich. Im Hungerzustand nimmt durch Allgemeinwirkung das Muskelparenchym an Masse ab, das Fett schwindet —
durch Hyperämie — im Fettgewebe, die Milz, die Bauchspeicheldrüse
wird kleiner, die Darmmuskulatur hypoplastisch und bewegungsärmer,
wobei in allen den genannten Organen das Bindegewebsgerüst ein wenig
wächst. Sind Dauer und Grad des Hungers von genügender Länge und
Stärke, verbunden mit Kälte und körperlicher Anstrengung wie in
Kriegsgefangenenlagern (Lubarsch [1]), kann Ödem eintreten, ein
etwas stärkerer Grad von Hyperämie mit Liquordiapedese. Es kann
infolge der bestehenden Erregbarkeitsänderung von Nervensystem und
Strombahn zu Blutungen (durch Diapedese) kommen, indem die verengten Arteriolen — durch erneute Reizung — fast sich verschließen,
so daß ein der Stase nahekommender Zustand entsteht. Die Reizung kann
wieder vorübergehen. Zwischen völligem Hunger (und Durst, der etwas
stärker und rascher wirkt) bis zur Umstellung der Nahrung, bis zur
leichten Abänderung derselben, gibt es die denkbar zahlreichsten Zwischenformen. Alle wirken gleichartig, nur der Grad der nervalen Wirkung
fällt verschieden aus. Jede Diät, nichts als eine Umstellung oder Anderseinstellung — selbst bei genügender Calorienzufuhr — wirkt wie ein
schwacher Hungerzustand. Das würden allein schon die Sektionserfahrungen im Weltkriege beweisen, die, wo immer sie gemacht sind und bei
welcher Form der (ja nie völlig fehlenden) Nahrung der Tod erfolgt ist,
niemals etwas für die Art der Nahrung Spezifisches an sich haben. Die
zahllosen Unterschiede im Geschmack der verschiedenen Speisen, geringe
mengenmäßige Unterschiede in der Zusammensetzung verlieren nach
der Aufnahme ihre spezifischen Eigenschaften zum ganz erheblichen
Teil, es bleibt eine im ganzen recht eintönige Wirkung auf die Organe
des Bauches übrig, die nur mengenmäßig zu erfassen ist.

Wie überall hängt die Wirkung der Ernährung noch vom Zustande
des betreffenden Menschen ab. Er ist bisweilen von größerer Bedeutung
als die Änderung an sich. Nur so ist die im allgemeinen gleiche Wirkung
der zahlreichen angegebenen Diätformen auf den Diabetiker zu verstehen,
nur so die stärkere Wirkung auf örtlich veränderte Gebiete, beim Lupus
nach Kochsalzentziehung. Ein fettleibiger Mensch reagiert auf Nahrungsentziehung mit Gewichtsverlust unverhältnismäßig stärker als ein Magerer,

im Anfang mehr als später, da die nervale Reizung abklingt oder schwächer ausfällt; auf Nahrungszufuhr nimmt er stärker zu als ein Magerer. Das Fettgewebe besitzt eine Strombahn mit Nerven, deren capilläre Maschen weiter sind als die eines parenchymatösen Organs. Die Strömungsgeschwindigkeit in ihm ist langsamer als hier und unterliegt nicht so sehr dem Wechsel von Ruhe und Tätigkeit wie die Leber, die Niere. Auf Grund dessen kann Fett in den Zellen des Bindegewebes sich anhäufen. Auf Nahrungsentziehung antwortet die hierdurch gereizte innervierte Strombahn stärker, indem die engen Arteriolen leicht noch enger werden. Es entsteht eine capilläre Hyperämie, die das Fett zum Schwinden bringt, unter Vermehrung des Kollagens. Gradweise verschieden ist die leichtere Reizung, die zelliges Bindegewebe zum Wachstum bringt, wonach sich Fett in den gewachsenen Zellen ablagert. Fettleibigkeit kann auf diesem Wege vom cerebrospinalen als auch vom vegetativen Nervensystem als auch örtlich ausgelöst werden, durch Druck einer Hypophysengeschwulst auf die basalen Teile des Zwischenhirns, nach Encephalitis, Meningitis. Die Dystrophia adiposo-genitalis ist so zu erklären (s. die aufschlußreiche Arbeit von HARTOCH) das Lipom örtlich bei Lastträgern, als Reizungsfolge auf örtliches Nervensystem. NORDMANN (1) unter RICKER hat darüber gearbeitet und die Bedingungen der Fettleibigkeit erörtert.

Im Beginn oder im Verlauf einer Andersein- oder Umstellung der Nahrungsweise, oder durch Gifte (Phosphor, Chloroform, Quecksilber a. u.) kann eine stärkere Reizung des Darms, sowohl seiner Schleimhaut als auch seiner Muskulatur, erfolgen. Es entsteht eine Parese der Muskulatur, die die dünneren Teile des Magens und Darms eher befällt als die dickeren (erweiterter Magen bei engem Pförtner, erweiterter Dünndarm bei engem Dickdarm); bei stärkerem Grade werden auch sie oder von vornherein paretisch. Damit ist eine stärkere Reizung der Darmschleimhaut mit Vermehrung ihrer Sekretion und Flüssigkeitsansammlung im Darm verbunden. Ihr stärkster Grad ist Stase, mit Nekrose und Geschwüren als Folge. Sie tritt segmentär auf (Ruhr), besonders im Dickdarm. Wir können uns deswegen nicht entschließen, Ruhr als örtlich entstanden aufzufassen, und haben mit anderen Grund anzunehmen, daß die dabei gefundenen, häufig vermißten, Bakterien von sekundärer Bedeutung sind. — Die Resorption in solchen Zuständen ist verringert oder aufgehoben (ENDERLEN und HOTZ); durch reflektorische Beeinflussung des umfangreichen Gebiets leidet der gesamte Kreislauf. Milz und Leber sind stets beteiligt, zuletzt Herz und Gehirn mit bekannten Folgen.

7. Die Gelbsucht.

Gelbsucht kann eintreten bei mechanisch bedingtem Verschluß der Gallengänge durch Geschwülste und Steine, bei Vergiftungen durch Chloroform, Phosphor, Arsen, Salvarsan, Sublimat, Toluylendiamin, Phenylhydrazin, bei Lorchel- und Arsenwasserstoffvergiftung, in der Schwangerschaft, bei Lues des zweiten Stadiums, als Icterus catarrhalis, nach Magen-Darmstörungen, bei Sepsis, bei akuter gelber Leberatrophie, bei Lebercirrhose, als Icterus neonatorum und bei angeborenem Gallengangsverschluß, bei Stauung durch Herzfehler, häufig bei Scharlach,

weniger häufig bei Diphtherie, Typhus, als hämolytischer Ikterus u. v. a.
HERXHEIMER (1) teilt die zahlreichen Zustände, bei denen Gelbsucht auftritt, ein in 1. Gelbsucht durch Störungen des Gallenabflusses, 2. Gelbsucht durch Funktionsstörungen der Leberzellen, 3. Gelbsucht durch
übermäßigen Zerfall roter Blutkörperchen. Gelbsucht ist hiernach ein
Symptom, das 1. auf verschiedener Ätiologie (Ursache), 2. auf verschiedener Pathogenese beruht. Sowohl die äußere Ursache, als auch der
Weg, auf dem es zur Gelbsucht kommt, seien verschieden. Von den
zwei Reihen ist die erste nicht zu bestreiten. Man mag über die eine oder
andere Ursache verschiedener Meinung sein: ob das Salvarsan oder die
Lues die Gelbsucht oder die akute gelbe Leberatrophie auslösen, feststeht, daß nicht eine, sondern verschiedene Ursachen in Betracht gezogen
werden müssen, wenn ein Kranker Gelbsucht hat. Die zweite Reihe (der
Weg, auf dem es zur Gelbsucht kommt, wenn eine wirksame Ursache
vorliegt) ist angreifbar. An sich klingt es wahrscheinlich, wenn der Weg
zur Gelbsucht im Körper ein verschiedener ist; Stauung der Galle durch
Abflußhindernis und Gelbsucht bei Chloroformvergiftung sind etwas
Verschiedenes und verschieden Wirksames, ihr Angriffspunkt demnach
als verschieden vorstellbar.

Unterbindet man beim Kaninchen oder der Ratte den Gallenaus-
führungsgang (Ductus choledochus), so zieht sich der Gang auf einige
Sekunden in ganzer sichtbarer Länge oder eine Strecke ober- und unterhalb
der Unterbindungsstelle zusammen. Gleich darauf ist er leicht erweitert
und bleibt erweitert, mit der Zeit zunehmend, um nach etwa 1—2 Wochen
auf dem erreichten Stand zu verharren. Die Leber wird in der ersten
halben Stunde bis in die nächsten Stunden hinein (1—3) deutlich rot;
unter dem Mikroskop im lebenden Tier sind die Capillaren leicht
erweitert, ebenso die Interlobularvenen; einzelne von ihnen oder höhere
Abschnitte sind verengt. Das Blut in den erweiterten Teilen ist dunkler
rot als normal, die Strömungsgeschwindigkeit leicht verlangsamt. An
einzelnen umschriebenen Stellen steht das Blut (mit tiefroter Farbe)
still. Spritzt man solchen Tieren Tuschelösung in die Ohrvene, so werden
die Leberläppchencapillaren schwarz, die umschriebenen Stasebezirke
bleiben frei. In den nächsten Tagen kann die Hyperämie der Leber
zunehmen und wird allmählich schwächer, etwa nach 3 Wochen, nachdem
die anfangs verengten Strecken der Pfortaderzweige weit geworden sind.
Während das Parenchym der Leber allmählich kleiner wird, unter Schwund
von Glykogen und Fett, nimmt das Bindegewebe gleichzeitig an Masse
zu. Im ganzen weniger als dem Parenchymschwund entspricht, da die
Leber kleiner wird als normal. Das Bindegewebe nimmt am stärksten zu
in den Zwischenräumen zwischen den Leberläppchen. Im Leberläppchen
selbst verdicken sich die Gitterfasern durch Umwandlung in kollagene
Substanz; es vergrößern sich die Capillarkerne. Im Zwischenraum
zwischen den Läppchen wächst Bindegewebe plus Gallengänge. Aus
den Stasebezirken sind Nekrosebezirke geworden. Die größeren sind
verflüssigt mit dünner, bindegewebiger Kapsel, die kleineren im ganzen
bindegewebig unter Schwund der Leberzellen. Nach etwa 3 Wochen
bietet die Leber makro- und mikroskopisch das Bild der biliären Cirrhose.

Gelbsucht tritt nur im Anfang, in den ersten Tagen auf, beim Kaninchen schwächer als bei der Ratte, in der Leber früher als im übrigen Körper.

Danach verschwindet sie. Die Tiere können in den ersten Tagen sterben, sie können — seltener — monatelang überleben, wobei sie an Gewicht verlieren, im Anfang mehr als später. Die Wirkung der Gangunterbindung ist am Anfang am stärksten, um — wie eine Nervenreizung — allmählich abzuklingen. Die Wirkung ist bei verschiedenen Tierarten gleich, nur mit geringen mengenmäßigen Unterschieden, die sich nach der Lebhaftigkeit ihrer Gallesekretion richten; darauf beruhende Unterschiede sind auch innerhalb der Leber maßgebend. Mit dieser Einschränkung ist ein Vergleich verschiedener Tierarten möglich. Umgekehrt verhalten sich die anatomischen Befunde, die Zeit zur Entstehung brauchen, um so stärker sind, je stärker die Kreislaufsänderung ausgefallen, je länger sie angedauert hat.

Um nicht zu wiederholen, überspringen wir zunächst, was sich aus den Befunden für die Relationspathologie ergibt; von ihnen ist der wichtigste, daß nach der Unterbindung des Gallenausführungsganges ein Schwund von Leberparenchym und Bindegewebsvermehrung entsteht (unter Vergrößerung der von KUPFFERschen Zellen), der auf die ihm vorausgehende Hyperämie mit Stromverlangsamung zurückzuführen ist. Wir überspringen, daß die Hyperämie nerval vermittelt ist und daß sie einem leichten Grad des peristatischen Zustandes entspricht (geprüft durch die herabgesetzte Wirkung auf verengend wirkende Reize, Adrenalin). Wie entsteht die Gelbsucht? Das erste nach der Unterbindung ist die Stauung der Galle, das zweite ist die Hyperämie, das dritte ist die Gelbsucht, stets, das muß betont werden, mit anderen Erscheinungen vergesellschaftet. Die Galle staut sich in den Gallengängen und im Leberläppchen, sie mischt sich mit der hier fließenden Gewebsflüssigkeit und bewirkt bei genügender Konzentration, durch Reizung der Dilatatoren, eine Erweiterung von Capillaren und Venchen bei verengten Interlobularvenen. Die vermehrte und gestaute Galle im Leberläppchen ist nicht nur der Blutüberfüllung zeitlich vorangehend, sie ist ihre Ursache: Galle, konzentriert, auf eine nerval erregbare Strombahn (Bauchspeicheldrüse) gebracht, macht Stase, verdünnt, 1:10, Stromverlangsamung durch Erweiterung von Capillaren und Venchen bei Verengerung der Arteriolen. Die gallehaltige Gewebsflüssigkeit fließt durch die Lymphbahnen im interlobulären Bindegewebe und durch die erweiterten Capillaren ins Blut ab. — Bei Gelbsucht ohne Gallenabflußhindernis ist die Absonderung von Galle anfangs nicht nur nicht vermindert, sondern vermehrt (tiefbrauner Stuhl, wie bekannt). Wir gehen nicht zu weit, wenn wir schließen, daß auch nach der Unterbindung anfänglich eine Vermehrung der Gallesekretion statt hat, die aus der Hyperämie verständlich wird. Damit ist die Kette der Beziehungen geschlossen: die gestaute vermehrte Galle im Leberläppchen verursacht die Hyperämie, die Hyperämie verursacht die Gelbsucht. Die Gelbsucht nimmt ab und schwindet, wenn die Blutüberfüllung (nach Wochen) nachläßt und schwindet, sie ist nicht an die Unterbindung und das Hindernis, sondern an die Hyperämie gebunden. Das Hindernis bewirkt nicht nur eine Sekretion von Gallenfarbstoff in das Blut, sondern zieht stets Veränderungen weiterer Art nach sich, Glykogenschwund, Fettschwund, Parenchymverkleinerung, Bindegewebshyperplasie, ohne die eine Gelbsucht nach Gangunterbindung niemals vorkommt. So einfach und klar die Verhältnisse beim Zustandekommen der Gelbsucht durch mechanisches Hindernis zu sein schienen, sie sind es nicht. Man beachtet nicht, daß mehr dabei geschieht, als nur eine Änderung in der Richtung des Sekretflusses und eines Abflusses von Gallenfarbstoff ins Blut.

Das Mehr besteht zunächst in Kreislaufsänderungen, die allen histologischen Veränderungen vorausgehen, wenn sie auch noch so früh gefunden worden sind. Wir halten das Wettrennen um die Schnelligkeit, ob erst Gewebsveränderung, ob erst Kreislaufsänderung, bei dem es jetzt schon (Ebbecke) um Sekunden geht, für überflüssig, es gibt, wie in dem herangezogenen Beispiel der Gangunterbindung, Vorgänge genug, bei denen die Veränderungen sich langsamer vollziehen und in Ruhe verfolgen lassen und aus denen unzweideutig die Hyperämie als Sieger hervorgeht. Die Beispiele lassen den Analogieschluß, der auch durch den Versuch gestützt wird, zu, daß es bei anderen Vorgängen, die sich schneller abspielen, ebenso zugeht. Würde es sich bei der Gangunterbindung nur um einen Übertritt von Gallenfarbstoff ins Blut handeln, so ließe sich darüber reden, ob das auch ohne Hyperämie geht. Da er stets mit Gewebsveränderungen und mit Übertritt auch anderer Gallenbestandteile ins Blut verbunden ist, da als bewiesen gelten darf, daß solche Veränderungen nicht bei normalem Kreislauf vor sich gehen, so dürfen wir aufrechterhalten: 1. daß die Galle die Ursache der Hyperämie; 2. daß die Hyperämie die Ursache der Gelbsucht und der übrigen Veränderungen ist. — Nun ändert sich das Bild, das wir eingangs von der Entstehung der Gelbsucht entworfen hatten. Die Gelbsucht nach Gangverschluß stellt sich nicht außerhalb, sondern tritt in die Reihe derjenigen zahllosen anderen Reize, die durch Leberbeeinflussung zur Gelbsucht führen. Die Stauung wirkt nicht direkt mechanisch auf die Leberzellen, sondern so, daß der erhöhte Druck die Galle staut, die Galle durch nervale Reizung Hyperämie verursacht, die zur Vermehrung des Sekrets führt. — So wirken aber auch alle anderen genannten Stoffe, bei denen kein mechanisches Hindernis vorliegt. Gemeinsames liegt auch darin, daß die Gelbsucht nach mehr oder weniger langer Zeit aufhört, falls nicht der Tod eintritt. Sie bleibt länger bestehen, wenn der Verschluß nicht vollständig, mithin die Reizung der Leberstrombahn durch die Galle weniger stark ausfällt, weniger starke Veränderungen setzt und Zeiten von Besserung und Verschlechterung bei fortdauernder Ursache abwechseln. Die Gelbsucht und die mit ihr verbundenen Vorgänge sind wiederum ein Beispiel dafür, daß örtliche Vorgänge zu allermeist mit dem schwersten Grade anfangen, um dann abzufallen. Es müßte umgekehrt sein, wenn der Reiz die Zelle direkt trifft.

Die Blutversorgung der Leber erfolgt durch 2 Bahnen, die der Pfortader und der Leberarterie. Die Pfortader teilt sich nach ihrem Eintritt in die Leber in 2 oder 3 Hauptäste, die sich weiter dichotomisch verzweigen in Abständen von etwa 2 cm. Zwischen den Haupt- und Nebenästen liegen kleinere und kleinste, die die Lücken ausfüllen und bewirken, daß die Leber am Hilus ebenso versorgt ist wie in der Peripherie. Das Blut fließt fast genau in entgegengesetzter Richtung, aus der es gekommen, durch die Lebervenen ab. Dabei sind die kleinsten Zweige der Pfortader zu den Lebervenen mehr gegeneinander geneigt, die größeren mehr parallel. Die größten Lebervenen biegen am Hilus ab nach dem hinteren

Rand der Leber zu. Die Leberläppchencapillaren sind sehr lang, 1 mm, und weit, netzförmig verzweigt und untereinander in der ganzen Leber zusammenhängend, die Interlobularvenen eng, geringer an Zahl, die Strömungsgeschwindigkeit in der Leber, zumal bei dem langen Weg, und aus einem Capillarnetz des Darms, der Milz, der Bauchspeicheldrüse kommend, dem niedrigen Druck in der Pfortader (9 mm Hg) gemäß sehr gering, ein wenig rascher nur als in der Milz und im Knochenmark, den drei von Natur aus am langsamsten durchflossenen Orten des menschlichen Körpers. — Die zweite Bahn wird dargestellt durch die Leberarterie; sie verzweigt sich zusammen mit den Gallengängen und der Gallenblase, die sie versorgt, im Bindegewebe zwischen den Läppchen. Ihre Capillaren bilden in ihm ein Netzwerk, das die Gallengänge umschlingt, ihre Venchen münden — nicht in das Leberläppchen, sondern — in die innerhalb der Leber gelegenen Pfortaderzweige. Erst darnach tritt das Blut in die Leber ein, mit dem übrigen Pfortaderstrom vermischt. Die eigentliche Leber erhält somit kein arterielles, nur venöses Blut, d. h. mehr kohlensäurehaltiges, sauerstoffärmeres als die übrigen Organe. — Die Unterschiede sind etwa 20—30%. Es ist nicht etwa venöses Blut sauerstofffrei, nur sauerstoffärmer als arterielles. — Die Einmündung der Leberarterie in die innerhalb der Leber gelegenen kleinen Pfortaderzweige macht die Lehre von der Ausschaltung der Leber durch die Ecksche Fistel zu einer schönen Illusion. Die durch sie bewirkte leichte Hypoplasie läßt die Leber vermindert — oder gar nicht — am Glykogen-, Fett- und sonstigen Stoffwechsel teilnehmen, sie setzt ihre Ansprechbarkeit auf leichte Reizung herab, verstärkt aber die Wirkung stärkerer Mittel (Chloroform). Die Leberarterie versorgt dazu die Nerven der Leber im Zwischenbindegewebe, die Wand der größeren Pfortaderzweige.

Die Nerven der Leber stammen aus Vagus und Sympathicus und bilden am Hilus ein unentwirrbares und niemals völlig durchtrennbares Netz oder Geflecht (Kondratjew). Sie versorgen die Blutgefäße und Lymphbahnen der Leber, Gallengänge, Läppchencapillaren und Venchen. Die Leberzellen sind nicht innerviert.

Im Zwischenbindegewebe verlaufen geschlossene Lymphbahnen; die Lymphcapillaren beginnen am Rande der Leberläppchen; im Leberläppchen selbst gibt es keine Lymphgefäße. Die Gewebsflüssigkeit aus dem Blut, die ständig in geringer Menge austritt, bewegt sich zwischen Capillaren und Leberzellbalken nach dem Rande der Läppchen hin. Die Leberläppchencapillaren haben eine Wand aus einem Symplasma ohne Zellgrenzen, in das Kerne eingelagert sind, die größeren von ihnen mehr an den Verzweigungsstellen (Pfuhl) gelegen. Es sind die von Kupfferschen Sternzellen, groß entsprechend der Größe der Capillaren und der Größe der Leberzellen. Sie sind isoliert und isoliert erkennbar nur dann, wenn sie gewachsen und in Ablösung begriffen sind, sonst nicht.

Die Versorgung der gesamten Leber mit Ausführungsgängen von zwei Seiten her und mit einer innervierten Blutstrombahn, ferner die innige Verknüpfung von Gallengängen und Leberläppchen durch ein stark wirksames Sekret, die Galle, bedingen, daß die Leber als Ganzes örtlich von drei Seiten aus beeinflußbar ist: a) von der Pfortader, b) von der

Leberarterie, c) von den Gallengängen. Von der Lymphbahn aus nur im Versuch (Unterbindung des Ductus thoracicus (C. LUDWIG und Schüler), praktisch kommt der Weg nicht in Betracht oder höchst selten [NORDMANN (3)].

Es ist nicht immer möglich, den Weg zu verfolgen, den Reizungen beschreiten; einen, vom Ausführungsgang aus, haben wir kennengelernt, den Weg, wie im Versuch, so im Leben des Menschen, der mit einem Hindernis in den Gallengängen beginnt. Welchen ins Blut eingeführte Stoffe betreten, ob durch Leberarterie oder durch Pfortader, bleibt weiter zu untersuchen; leider sehr schwierig. Die Schwierigkeiten werden erhöht dadurch, daß jede Reizung durch die Leberarterie solche der Pfortader und umgekehrt sofort nach sich zieht; deswegen, weil die Leberarterie die Nerven der Leber und der Pfortader versorgt, deren Reizung durch Hyperämie oder Anämie Stauungen im Pfortaderkreislauf bewirkt. — Hiervon abgesehen, haben Versuche eindeutig ergeben, daß all die eingangs genannten Mittel und zahlreiche andere dazu dem Stufengesetz unterliegen, d. h. daß sie in mittlerer Stärke angewandt, Ischämie, in größerer und größter Stärke Stase oder Stromverlangsamung bewirken (durch die Form der Weiteänderung, die uns nunmehr bekannt ist) und daß allen Veränderungen der Leberzellen Veränderungen an der Strombahn weit vorausgehen (Fluxion ist im Versuch nicht zu erreichen). Alle Mittel, die zur Gelbsucht führen, bewirken, lange bevor sie Zellveränderungen machen, Kreislaufsänderungen im Sinne der Stromverlangsamung vom stärksten (Stase) bis zum schwächsten Grade. Wir brauchen im einzelnen nicht auseinanderzusetzen, was dabei geschieht, nur betonen, daß Versuche und Erfahrungen am Menschen mit vielfältigen Ursachen der Gelbsucht keinen anderen Schluß zulassen, als den, daß alle diese Reize am Nervensystem angreifen. Anders ist nicht zu verstehen, wenn chemisch verschiedene Stoffe das gleiche bewirken. Die Bedeutung der primären Kreislaufsänderung im Sinne der Stromverlangsamung veranschaulicht am besten die Gelbsucht bei Stauungszuständen infolge Herzfehlers. Hier stellt der erhöhte venöse Druck die nervale Reizung dar, die bei genügender Stärke diejenige Weite der Strombahn veranlaßt, daß Blut und Sekret verlangsamt sich bewegen. Den Schwierigkeiten der Lehre vom Angreifen der Reize an der Zelle sucht man hier, wie an anderen Orten, auszuweichen, indem man (BERGSTRAND u. v. a.) nach einem den Mitteln gemeinsamen Etwas sucht, was die gleichartige Wirkung erklären könnte. Es ist das nichts als eine Flucht in Hypothesen, die unwahrscheinlich sind und denen mit dem Nachweis des Angreifens am Nervensystem der Boden entzogen wird. — Wenn Insulin den Zuckerstoffwechsel beeinflußt, andererseits am Orte der Einspritzung sehr häufig zum Fettschwund führt, ist nicht ein fettlösendes Ferment, das nicht nachgewiesen ist, daran schuld, sondern das Insulin, dadurch, daß es dort, am Oberschenkel im Fettgewebe, wie zahlreiche andere Mittel, eine Hyperämie verursacht, die zum Fettschwund führt. Die Besonderheit des Fettgewebes und seiner nervalen Empfindlichkeit erklärt die Verstärkung der Wirkung. Nicht anders bei der Gelbsucht. Was allen Mitteln gemeinsam ist, ist nicht ein unbekanntes Agens, sondern das Angreifen am Nervensystem der Leber. Stromverlangsamung bewirkt herabgesetzte Strömungsgeschwindigkeit der Gewebsflüssigkeit, das Mehr an Blut ein Mehr an Gallenfarbstoff, der durch die erweiterten Capillaren (und durch Lymphbahnen) in das Blut eintritt. Zu den genannten Mitteln gesellt sich die durch Stauung — bei mechanischem Hindernis — aufgehäufte Galle selbst als Reiz. Hiermit gewinnen wir den Anschluß an den Anfang des Abschnittes. Der Gegensatz, hie mechanisches Hindernis, hie Funktionsstörungen der Leberzellen, wird hinfällig. Diese wie jenes wirken gleich: auf dem Wege über Nervensystem — Strombahn — Zelle. Nur die Art der Ursachen ist verschieden, aber auf sie kommt es nicht an, ihre Stärke ist entscheidend. — Auf die dritte Form [nach der Einteilung von Herxheimer (1)], die Gelbsucht durch erhöhten Blutzerfall kommen wir noch zu sprechen. — Die Abhängigkeit und engste Verbundenheit der Gelbsucht mit dem Kreislauf in der Leber läßt sich am einfachsten und deutlichsten an Lebern zeigen, die außer der diffusen Durchtränkungsfärbung (v. Möllendorf) eine Ablagerung von Gallenfarbstoffkörnchen aufweisen. Sie finden sich ausschließlich im Zentrum der Leberläppchen, dort wo der Strom der Gewebsflüssigkeit am langsamsten sich bewegt. (Man lege die Leber sofort nach der Sektion in Formalin und wird sich am nächsten Tage, makroskopisch am deutlichsten, mit dem Mikroskop zu bestätigen, von der ausschließlichen stärkeren Grünfärbung der zentralen Abschnitte der Leberläppchen überzeugen.)

Gelbsucht kann in jedem Zustand der Leber eintreten, wenn der bis dahin normale Kreislauf auf einen bestimmten, verhältnismäßig starken Grad der Verlangsamung sinkt. Gelbsucht tritt stärker und um so leichter ein, wenn die Leber nicht mehr normal, sondern bereits verlangsamt durchströmt ist. Eine solche Leber ist bei lang dauerndem Fieber, bei Sepsis vorhanden, eine Fettleber ist häufig ikterisch, früher als der übrige Körper; besonders hyperplastische Leberläppchen und ganze Lebern neigen zu Gelbsucht. So wird am Schluß einer akuten gelben Leberatrophie das übriggebliebene hyperplastische Gewebe weit stärker ikterisch und führt zu dem bekannten schwersten grünlich gelben Aussehen des Kranken, das das Ende bedeutet, während eine Gelbsucht bei einem Gallenkolikenanfall — in einer normalen oder annähernd normalen Leber — ganz rasch entsteht, aber auch ebenso rasch wieder verschwinden kann. Nekrose im Lebergewebe ist zum Entstehen von Gelbsucht nicht notwendig, der anatomische Befund an den Leberzellen kann bei kurzer Dauer der Gelbsucht völlig negativ sein, da er nicht von der Gelbsucht abhängt. Die Erweiterung der Capillaren, die mit bis 2—3 Reihen nur roter Blutkörperchen gefüllt sein können (einzelne können austreten, um in der Wand liegen zu bleiben und aufgelöst zu werden) sind der einzige Befund. Er weist auf die Bedeutung der Säfte und ihrer Bewegung hin. Bei längerer Dauer der Gelbsucht tritt Hypoplasie des Parenchyms mit Bindegewebsvermehrung — durch Hyperämie — ein, wie noch zu besprechen sein wird. — Auf der Höhe einer mit Gelbsucht einhergehenden Krankheit ist die Gelbsucht in der Leber stärker als im übrigen Körper. Sie tritt hier früher ein und bleibt länger bestehen als im übrigen Körper. Wir haben erst kürzlich einen solchen Fall zu beobachten Gelegenheit gehabt. (Hautikterus nach katarrhalischen Ikterus, Tod am Ende des Ikterus an Diphtherie, 7jähriges Kind.) Vor dem Erscheinen des Hautikterus ist der Stuhl und Urin dunkler braun, gallenfarbstoffhaltig, bei katarrhalischem Ikterus etwa 10 Tage früher. Am frühesten läßt sich ein erhöhter Farbstoffgehalt im Blut nachweisen (normal 0,3—0,5—1,5 Bilirubineinheiten, latente bei 0,5—4, von da an sichtbare Gelbsucht, HIJMANS VAN DEN BERGH). Das weist darauf hin, daß die Leber unter normalen menschlichen Verhältnissen der Ort der Gallenfarbstoffbildung ist, weiter darauf, daß den Säften des Körpers in bezug auf Ablagerung und Verteilung, Kommen und Gehen von Farbstoffen die entscheidende Bedeutung zukommt.

HOMUTH hat Tieren nach dem Tode kleine Organstückchen mit Serosa entnommen, sie in Trypanblaulösung (1 : 100—1 : 100 000) gebracht, zu verschiedenen Zeiten untersucht. Zuerst färben sich die Bindegewebsfasern aller Organe, die stärkste Lösung färbt alle, die schwächere nur einen Teil der Fasern, die dickeren. Die Zellen des Bindegewebes und die Zellen der Organe nehmen dort, wo die Flüssigkeit eindringt, den Farbstoff an, indem sich Protoplasmaleib und Kerne gleichmäßig färben. Dort, wo die Flüssigkeit unter der Serosa nicht oder in zu geringer Konzentration eindringt, bleibt die Färbung aus. Spritzte HOMUTH Kaninchen 1%ₒ Trypanblaulösung in die Ohren, so färbt sich zunächst das Plasma blau, dann die Gewebsflüssigkeit, dann die Bindegewebsfasern, die Elastinfasern früher als die Kollagenfasern. Die Färbung der Bindegewebsfasern bewirkt das blaue Aussehen des Tieres. Ist die Konzentration des eingeführten Farbstoffs von genügender Stärke, so tritt neben der diffusen Blaufärbung des Tieres eine körnige auf, durch Ausfallen des Farbstoffs aus der die Zellen durchströmenden Flüssigkeit, und zwar in den Sternzellen der Leber, in freien Milzpulpa- und Knochenmarkszellen, in Leber- und Nierenepithelien, etwas später in den kleineren Reticulumzellen in Milzpulpa und Knochenmark. Unmittelbar nach der Einspritzung ist das Serum stark blau; die Farbe nimmt, ohne Schwankungen, fortgesetzt ab, sie hält sich, nach einer einmaligen Einspritzung, 18 Tage. In der Leber bewirkt die Einspritzung in den ersten Minuten durch nervale Reizung eine Hyperämie, die sich hält; dadurch wachsen bereits innerhalb der ersten Stunde die Sternzellen. Körnchen treten in ihnen später, nicht vor der 5. Stunde auf (KLINK). Ihr Auftreten hat keinen erkennbaren Einfluß. Was geschieht, hängt von dem gelösten, nicht vom niedergeschlagenen Farbstoff ab. Bei örtlicher Anwendung des Farbstoffs auf die Bindgewebskapsel der Niere breitet sich der Farbstoff mit der fließenden Gewebsflüssigkeit aus und färbt außer der Fibrosa anstoßendes Nierenepithel, das Protoplasma gleichmäßig blau, dazu treten Körnchen auf, während die Kerne frei bleiben. Tritt durch die Farbstoffanwendung eine erhöhte Exsudation von Flüssigkeit mit Wachstum des Bindegewebes ein, so erfolgt bei kleinen Gaben körnige plus diffuse Blaufärbung des Protoplasma der Bindegewebszellen, bei größerer färben sich die Kerne stärker als das Protoplasma, wenn es sich um ruhende Bindegewebszellen handelt: gewachsene und vergrößerte Bindegewebszellen sind außerdem körnig gefärbt. Die Färbung kann — ohne Änderung der Struktur — wieder verschwinden; in den Nierenepithelzellen färbt sich bei kleiner Gabe nur das Protoplasma diffus gleichmäßig, bei größerer entstehen Körnchen. Es ergab sich: starker Farbstoffgehalt der die Zellen durchströmenden Flüssigkeit färbt Kerne und Protoplasma gleichmäßig, etwas geringerer färbt nur Protoplasma, nicht die Kerne. Dabei tritt körnige Färbung des Protoplasmas auf; noch schwächere. färbt nur das Protoplasma, ohne körnige Färbung. Unter gleichen Bedingungen der Durchströmung von farbstoffhaltiger Flüssigkeit färben sich größere Zellen eher und stärker (mit Körnchen) als kleinere (auch Ganglienzellen). Körnige Färbung ist eine Verstärkung der diffusen Durchtränkung des Protoplasmas. — Ändert man die Durchströmung eines Organs, so ändert man die Ablagerung von Farbstoffen. Spritzt man Tuschelösung in die Ohrvene, so wird vorwiegend Leber, Milz und Knochenmark schwarz. Bewirkt man durch vorhergehende Adrenalineinspritzung eine Stauung in der Lunge, so wird die Lunge schwarz, die Leber und Milz bleiben frei (oder so gut wie frei). In den Spitzen von Darmzotten lagern sich Körnchen in den Capillaren ab, während der übrige Darm frei bleibt, dort ist die Strömung langsamer als hier (Radt). Dort, wo viel Blut langsam fließt und wo die aus dem Blute austretende Gewebsflüssigkeit reichlich das Gewebe durchströmt, wodurch der Farbstoff den Zellen und Fasern zugängig wird, dort tritt die Färbung eher und rascher und stärker auf als wo anders.

Das Auftreten von Gallenfarbstoff in den geschwollenen Sternzellen der Leber vor Vermehrung des Gallenfarbstoffes im Blut bei Vergiftung mit Toluylendiamin war für Mac Nee, Ogata, Kodama, Lepehne u. a. ein Grund anzunehmen, daß die Sternzellen, nicht die Leberzellen der Ort der Gallenfarbstoffbildung sei. Ihnen hat sich Aschoff angeschlossen, mit dem Vorbehalt, daß 1. bei verschiedenen Tierarten verschiedene Verhältnisse vorliegen sollen oder können; 2. daß es sich bei der Bildung des Farbstoffs in den Sternzellen der Leber um ein Zwischenprodukt handeln könnte, das erst nach dem Durchtritt durch die Leberzelle endgültig würde. „Nur die Tatsache sei festgestellt: bei möglichst genauer Untersuchung der frühesten Stadien hämolytischer Gallenfarbstoffbildung sind die Kupfferschen Sternzellen bereits in lebhafter Tätigkeit, während an den Leberzellen noch gar keine Veränderungen festzustellen sind. Erst recht fehlen gröbere Verstopfungen der Gallencapillaren“. (Vorträge.)

Tatsache ist nun, daß ehe an den Kupfferschen Sternzellen und Leberzellen histologisch etwas festzustellen ist, Kreislaufsstörungen in der Leber eintreten, im Sinne einer Blutüberfüllung mit Stromverlangsamung (ihr kann Ischämie vorausgehen), die mit dem Mikroskop am lebenden Tier festzustellen sind. Die Hyperämie kann, wie aus den Präparaten zu erschließen ist, so stark sein, daß rote Blutkörperchen in die Wand der Capillaren eindringen. Die Schwellung der Endothelien kann nur dadurch zustande gekommen sein, daß sie vermehrt mit Flüssigkeit durchströmt waren. Aus ihr hat sich in den vergrößerten Zellen, die in Ablösung begriffen sind, vermehrt Farbstoff abgelagert in Form von Körnchen. Anders ist der Befund nicht zu verstehen. Vergrößerung von Capillarzellen findet sehr rasch statt, nach einzelnen (Th. Ernst, Gerlach) schon nach 5 Minuten. Die Übertragung der obigen Befunde von Homuth und Klink im Verein mit den Ergebnissen der Gangunterbindung erscheint durchaus statthaft, nur mit dem Unterschied, daß hier der Eintritt von Farbstoff unmittelbar ins Blut, dort — bei der Gelbsucht — von der Leber aus erfolgt, aus der gallehaltigen Gewebs-

flüssigkeit durch Lymph- und Blutbahn hindurch ins Blut. Es stimmen
auch genau die zeitlichen Verhältnisse überein. Körnchen beiderlei Art
finden sich erst bedeutend später, nach mehreren Stunden (5—6), wenn
die großen oder vergrößerten Sternzellen genügend von gelöstem Farbstoff durchtränkt sind. Mit dem Auftreten von Körnchen geht das
— vereinzelte — Auftreten von Gallethromben einher; beides sind Folgen
der stärkeren Anhäufung des Farbstoffs. Die Ablagerung von Stoffen,
hier von Farbstoffen, in Zellen ist kein Beweis, daß daselbst eine Bildung
von Farbstoff eingetreten ist. Sie ist ein Befund, noch dazu ein Spät-
befund, der erklärt werden muß und kann, nicht ein Vorgang, der
Erklärungen für Befunde gibt. An sich wäre nichts dagegen einzuwenden,
wenn nachgewiesen würde, daß der Blutfarbstoff bereits nach dem
Durchtritt durch die Capillarwand in Gallenfarbstoff umgewandelt ist.
Capillaren sind ja keine kolloidale Membran, sondern lebendiges Protoplasma, sie können Fett bilden, sie könnten auch anderes bewirken.
Sie machen aus Blut Gewebsflüssigkeit. Es würde das die Relationspathologie nicht im geringsten anfechten. — Die Kenntnisse der Bedingungen der Gallenfarbstoffbildung aus dem Blutfarbstoff sind wenig
gesichert. Man weiß nicht, wo, außer der Milz, rote Blutkörperchen zugrunde gehen, man kennt nicht ihre Lebensdauer. Hofmeister schätzt
den Untergang auf täglich 2%, nach Quincke beträgt sie 3 Wochen,
nach Brugsch und Retzlaff 20 Tage, nach Latschenberger 12 Tage.
Man weiß nicht, ob der gelbe Farbstoff aus den roten Blutkörperchen
direkt in der Leber oder ob er gelöst aus dem Plasma nach Vorbereitung
in der Milz entsteht (Gabbi und Heintz, anders Ponfick, Paton und
Godall). Man kennt nur Hypothesen, wie der Blutfarbstoff entsteht:
nach H. Fischer durch direkte Synthese von Pyrrolkernen, nach
Abderhalden aus Prolin, Oxyprolin, Pyrolinkarbonsäure (aus Glutamin-
säure). H. Fischer und Mitarbeiter haben zwar die Gleichheit von
Hämatoidin und Bilirubin erwiesen, aber Tannhauser, erfahren genug,
hat sie anfangs bestritten. Über die elementare Zusammensetzung
herrschen Unklarheiten, nach Willstätter 33, nach H. Fischer
34 Kohlenstoffatome. Es ist möglich, daß doch nicht alles so genau
ist, wie es scheint. Angesichts solcher Mängel an grundlegenden Kenntnissen würden wir es unterlassen, auf die Frage nach dem Ort der
Gallenfarbstoffbildung einzugehen, wenn nicht die Lehre vom reticuloendothelialen Zellsystem eine Zeitlang viel Staub aufgewirbelt hätte und,
obwohl heute weniger und weniger, es noch tut.

Nur mit Vorbehalt sollen darum einige Gründe angegeben sein,
die uns aus den obigen Versuchen bewegen, den Ort der Gallenfarbstoffbildung nicht in die Capillarwand, sondern in die Leberzellen zu verlegen. Durch die Versuche von Homuth und Klink ist der Nachweis
erbracht, daß die Ablagerung von Körnchen eine Funktion der Durchströmung im Verein mit der Größe der Zellen ist. Da die Versuche
an der Leber ergeben haben, daß die Durchströmung der Leber auf
Grund der Vergiftung, auf dem immer gleichen Wege, nerval vermittelt,
vermehrt ist, wird der Gehalt an Gallenfarbstoff im Leberläppchen
erhöht. Aus der daselbst fließenden Gewebsflüssigkeit kann der Farbstoff, da er hier im Leberläppchen eher als im Blut vermehrt ist, in die
Capillarwand eindringen, daselbst ausfallen. Der bereits von Retzlaff,

ROSENTHAL, FISCHER und KANNER erhobene Einwand, daß er aus dem Blut stammt, würde dadurch abgeändert sein, aber bestehen bleiben: die aus dem Blut stammende, nach der Absonderung vermehrten Farbstoff enthaltende Gewebsflüssigkeit des Leberläppchens gelangt außer mit dem Zwischengewebe zunächst mit der Capillarwand in innige Berührung und erhöhte Zugängigkeit. Mit den Versuchen von HOMUTH und KLINK steht in Einklang, daß es die vergrößerten und geschwollenen Endothelien sind, die, vermehrt und verlangsamt durchströmt, körnige Ablagerung aufweisen; danach werden sie abgelöst und gehen in der Lunge zugrunde (MAC NEE), ein Begleitsymptom der Gelbsucht. Die histologischen Befunde am Capillarsymplasma der Leber und an den Leberzellen in bezug auf abgelagerte Stoffe, sind häufig, worauf LUBARSCH und PICK entschieden hingewiesen haben, entgegengesetzt. Es liegt uns eine Leber bei starker Gelbsucht bei akuter gelber Leberatrophie vor, die in den Leberzellen (der hyperplastischen Teile) so viel Gallenfarbstoff enthält, wie es uns niemals bei reichem Material begegnet ist. Die Capillarzellen sind völlig frei davon. Bei leichten Graden läßt sich das oft feststellen. L. SCHWARZ findet Eisen unter Umständen nur in der Capillarwand, unter Umständen nur in den Leberzellen, LUBARSCH (1) starke Hämosiderinablagerung in den Leberzellen, nur geringe in den Sternzellen. Bei reichlicher Kohlehydraternährung findet sich Glykogen nur in den Leberzellen, in den Sternzellen nur Fett, bei stärkster Verfettung der Leberzellen sind die Sternzellen fettfrei (W. FISCHER). — Es könnte nun häufig der Farbstoff dort in den Sternzellen geschwunden, hier in den Leberzellen aufgestapelt sein. Immerhin bleibt der Befund merkwürdig. Es liegt die Annahme näher, daß die stark vergrößerten Leberzellen, verlangsamt und vermehrt durchströmt, die Bedingungen des körnigen Niederschlags von Farbstoff erfüllten, während Bindegewebe und Endothel nur diffus durchtränkt geblieben sind. Bedenkt man dazu, daß die Gelbsucht bei Tieren wechselnd ist, im ganzen sehr gering, so kann man der Vermutung Raum geben, daß der Farbstoff unter weiter zu untersuchenden Umständen zwar zuerst in den Sternzellen abgelagert ist, daß es aber dabei sein Bewenden hat, da die Gelbsucht nachläßt, daß die Leberzellen aus obigen Gründen nur diffus durchtränkt werden und es bis auf geringste körnige Ablagerung auch bleiben. In anderen Fällen sind nur die Leberzellen die Stätte der Ablagerung. — Die Körnchen allein sind also nicht entscheidend. Sind die Leberzellen immer ungefärbt? Das alles, Art und Stärke der Färbung, ihr Woher und Wohin bliebe doch erst zu untersuchen und zu erklären, ehe man aus dem Körnchenbefund auf den Ort der Bildungsstätte schließt. — Gallethromben zwischen den Leberzellen nach Gangverschluß kommen später als die Gelbsucht der Leber und des Blutes; sie sind immer nur vereinzelt vorhanden, auch bei stärkeren Graden und bei längerer Dauer der Gelbsucht jeglicher Ursache, auch dann oft genug überraschend wenig. Sie kommen als Ursache der Gelbsucht nirgends in Frage, sondern sind seine Folgen, ein Zeichen vermehrter und verlangsamter, dadurch abgeänderter, eiweißreichen Gallesekretion. Ihre Lage zwischen, d. h. hinter den Leberzellen, deutet darauf hin, daß die Bildung von Farbstoff in den Leberzellen erfolgt, vor den Leberzellen, d. h. zwischen Capillarwand und Leberzellen sind sie nicht zu finden, oder nur ausnahmsweise (HOLMER).

Ablagerung von Stoffen, Farbstoffen und anderen, ist eine Folge herabgesetzten Stoffwechsels, durch Herabsetzung der Durchströmungsgeschwindigkeit. Man kann nicht vorsichtig genug sein, aus dem Vorhandensein abgelagerter Stoffe auf eine Sekretion zu schließen, die eine vermehrte Durchströmung voraussetzt. Was sezerniert wird, wird nicht abgelagert; was abgelagert wird, wird nicht sezerniert. Eine fettfreie Leber hat einen Fettstoffwechsel; ist sie verfettet, hört er auf oder ist herabgesetzt. Wenn Glykogen ins Blut abgegeben wird, schwindet es aus der Leber. Es ist nicht einzusehen, daß es bei der körnigen Ablagerung von Gallenfarbstoff anders sein soll.

In Fällen mit Verschluß der Gallengänge, in denen die Gelbsucht durch die Leber zustande kommt, entsteht eine Leber, die nichts anderes ist als eine verstärkte Hungerleber, d. h. nur der Anfang ist stärker; die starke Hyperämie kann die Leber im Anfang vergrößern, den Flüssigkeitsgehalt der Leberzellen vermehren. Dann (siehe oben nach Unterbindung des Gallenausführungsganges) unterscheidet sie sich nicht mehr von einer Hungerleber. Auch im Hunger tritt durch Hyperämie der Leber Bilirubinämie auf, ein Hinweis auf die Bedeutung der Leber und ihrer spezifischen Funktion.

Die Lehre von der Bildung des Gallenfarbstoffs im Capillarwandsymplasma kann sich auf sehr bestechende, doch nicht unwidersprochene Versuchsergebnisse stützen. Nach Herausnahme der Leber beim Hunde (MANN und MAGATH, MAKINO) soll Gallenfarbstoff im Blut auftreten, ebenso nach Hämoglobineinspritzung. Der danach auftretende äußerst geringe Bilirubingehalt des Serums bewegt sich zwischen 1—2 Bilirubineinheiten. Die Rötlich-Gelbfärbung des Serums, die stärker ist als dem Gehalt an Bilirubin entspricht, wird jedoch hervorgerufen durch einen anderen, in Chloroform löslichen Farbstoff, wie er bei perniziöser Anämie zu finden ist. Er ist stärker lichtempfindlich als Bilirubin (MELCHIOR, ROSENTHAL und LICHT, ENDERLEN, TANNHAUSER und JELKE). Immerhin ist Bilirubin vorhanden und bisweilen vermehrt; denn das Serum ist vor der Entnahme völlig farblos. Andererseits sinkt nach der Leberentnahme bei vorher mit Toluylendiamin vergifteten blutgelbsüchtigen Hunden der Bilirubingehalt des Serums steil ab; nach RETZLAFF steigt er auch im stehenden Reagensglas. Der Gesamtkreislauf der sterbenden Tiere nach der Leberentnahme dürfte annähernd dem in einer normalen Leber an Langsamkeit gleichkommen. Wäre die Bildung von Farbstoff außerhalb der Leber gesicherte Tatsache, so wie nach Blutungen ins Gewebe an umschriebener Stelle, so würde sie durch die höchstgradige Kreislaufsänderung erklärlich und zu erklären sein. KREHL äußert starke Bedenken gegenüber den Versuchen mit Leberentnahme, so weit sie für die allgemeine Gelbsucht in Frage kommen.

Der Lehre vom reticuloendothelialen Zellsystem kommt zugute, daß man eine Gelbsucht durch verstärkten Blutzerfall kennt. Bewiesen ist das nicht. Es besteht beim hämolytischen Ikterus ein vermehrter Gehalt des Dünndarmsaftes an Gallenfarbstoff, ebenso des Stuhls, Urobilinurie (ROSENTHAL, BIONDI, EPPINGER, ADLER, GERHARDT,

KAZNELSON). Es bestehen gallenkolikartige Schmerzen, Leberschwellung
(STRAUSS). Die Gelbsucht kann nach der Milzherausnahme verschwinden,
kommt aber wieder (ROSENTHAL, GERHARDT). Sie kann sogar zunehmen,
was EPPINGER auf eine Schädigung der Leber durch die Narkose deutet.
Wir pflichten ihm bei. Das deutet darauf hin, daß die Gelbsucht, wie
jede andere Gelbsucht, durch die Leber zustande kommt. Der allgemeine
Blutzerfall ist gesondert zu betrachten. Er kommt mit und ohne Gelbsucht vor, wie es umgekehrt Gelbsucht mit und ohne Blutzerfall gibt.
Menschen mit hämolytischer Gelbsucht können alt und grau werden,
auch ohne Milzherausnahme (STRAUSS, persönliche Mitteilung). Das
wäre seltsam, wenn es sich um dauernden verstärkten Blutzerfall
handelte. — Die Unterscheidung verschiedener Gelbsuchtsformen nach
dem Ausfall der Diazoreaktion (prompt oder verzögert) ist einfach
unmöglich. Man lese, was LEPEHNE darauf hin alles als Stauungsgelb-
sucht auffaßt, bei Sepsis, Scharlach, Salvarsan, wo von mechanisch entstandener Gelbsucht beim besten Willen nichts zu sehen ist. Er fand
hier prompte und verzögerte Reaktion so wie bei zahlreichen anderen
Zuständen durcheinander, anscheinend ist sie im großen und ganzen
bei stärkerer Gelbsucht prompt, bei schwächerer verzögert. (Ähnliches
liest man bei KREHL in der letzten Auflage seiner pathologischen
Physiologie). — Das Fehlen morphologischer Befunde in der Leber bei
einfacher Gelbsucht ist nicht überraschend. Zu ihrem Zustandekommen
bedarf es schwerer oder langdauernder Kreislaufsänderung, die hier nicht
vorliegt, da immer Zeiten von Besserung eintreten. Eine Vermehrung
des Sekrets und eine verlangsamte Absonderung ist eine leichte Änderung,
die anatomische Befunde gröberer Art nicht entstehen läßt. Wir haben
in einem Fall von chronischer hämolytischer Gelbsucht nur eine eben
merkliche Bindegewebsvermehrung gesehen. Anatomische Befunde,
Nekrose von Leberzellen oder Schwund und stärkere Bindegewebsvermehrung bei Fällen von katarrhalischer Gelbsucht, wie sie beschrieben
sind und die ähnlich verliefen wie eine akute gelbe Leberatrophie
(EPPINGER), erwecken den starken Verdacht, daß es sich nicht um eine
katarrhalische Gelbsucht, sondern eben um eine akute Atrophie gehandelt
hat. Die anatomischen Befunde an sich sind unabhängig von der Gelbsucht. Man bedenke ferner, daß die Bedingungen des Blutzerfalls, wie
erwähnt, unbekannt sind. Im rasch dahinfließenden Blut findet keine
Auflösung von roten Blutkörperchen statt, erst nach Eintritt von Stase
oder nach ihrem Austritt ins Gewebe, bei stärkst verlangsamter Strömung.
Solcher kommt die an sich langsame Strömung in der Leber nahe, eher
noch, wenn sie bei krankhaften Zuständen verlangsamt ist, so wie die
noch langsamere Strömung in der Milz und im Knochenmark mit ihren
langen, engen Arteriolen und weiten Capillaren und Venchen. Mithin
scheint es uns vorläufig wenig Berechtigung zu haben, eine Art von
Gelbsucht von allen anderen mit gemeinsamer Entstehungsart abzutrennen, vielmehr richtiger zu sein, daß jede Art von Gelbsucht
auf die gleiche Weise zustande kommt. Nur die Ursache, der Reiz,
der die Strombahn der Leber trifft, ist ein verschiedener. Im ganzen
will uns scheinen, als ob der Satz von NAUNYN-MINKOWSKI, ohne
Leber keine Gelbsucht, nicht erschüttert ist. Nur darf man ihn, ohne
den berühmten Namen Abbruch zu tun, ergänzen: ohne primäre

vermehrte und verlangsamte Durchströmung der Leber gibt es keine Gelbsucht. Weit wichtiger aber als die Entscheidung der Fragen, ob hepatocellulär oder anhepatocellulär, ob hepatogen oder anhepatogen, ist, daß solche Fragen nicht entschieden werden können, wenn man die Säfte des menschlichen Körpers, Blut und Gewebsflüssigkeit, ihre Strömungsgeschwindigkeit und ihre Strombahn so vernachlässigt, wie es gerade bei der Frage der Gelbsucht geschieht. Die Relationspathologie kann der Entscheidung dieser Fragen mit Ruhe entgegen sehen. Wird sie dahin ausfallen, daß Gallenfarbstoff in für Gelbsucht genügender Menge außerhalb der Leber entstehen kann, was auch wir trotz allem Vorgebrachten für möglich, nur nicht bewiesen erachten und auch wenig wahrscheinlich ist, so werden solche Entscheidungen sich nicht auf die Tätigkeit eines Zellsystems, sondern nur auf das Zusammenwirken aller Teile der Organe stützen müssen. Das Zusammenwirken geschieht dadurch, daß Nerven einen Reiz empfangen, ihn auf die Wand der Strombahn, wo sie endigen, übertragen, Weiteänderungen veranlassen, dadurch Änderungen in der Strömungsgeschwindigkeit von Blut und Gewebsflüssigkeit, dadurch Zellveränderungen. Auf die Reihenfolge dieser Veränderungen, auf den ursächlichen Zusammenhang des zeitlich vorausgehenden Vorgangs mit dem ihm nachfolgenden, nur darauf kommt es uns an. Das ist der Sinn der Relationspathologie.

Die Fortsetzung wird enthalten:

Organe mit doppeltem Nervensystem; die Tuberkulose; der Krebs; Teleologie und Kausalität.

7. Körperbau und Lungentuberkulose.

Von

W. H. Stefko, Moskau.

Mit 2 Abbildungen.

Schrifttum.

1. Alperin, M.: Über die Beziehungen zwischen Blutgruppen und Tuberkulose. Beitr. Klin. Tbk. **64**, H. 3/4 (1926).
2. Aschner: Pflügers Arch. **146** (1912).
3. Aschoff: Vorlesungen über Pathologie. Berlin 1920.
4. Bacmeister: Mitt. Grenzgeb. Med. u. Chir. **23** (1911); **26** (1913). Beitr. Klin. Tbk. **28** (1913).
5. Bartel, J.: Probleme der Tuberkulosefrage. Wien 1909.
6. — Status thymolymphaticus und Status hypoplasticus. Wien 1912.
7. Bauer, J.: Konstitutionelle Disposition zu inneren Krankheiten. Berlin 1924.
8. — Vorlesungen über die Konstitutions- und Vererbungslehre. Berlin 1921.
9. Berlin, P.: Vopr. Tbk. (russ.) **1928**, Nr 2—6.
10. Böhmer, R.: Blutgruppen und Verbrechen. Dtsch. Z. gerichtl. Med. **9**, 4 (1927).
11. Borodin, L.: Die Arbeiten des Transport-Laboratoriums (russ.), Bd. 2. 1929.
12. Braeuning u. Neumann: Das Schicksal der Kinder die mit einem offentuberkulosen Verwandten usw. Z. Tbk. **53**, 5 (1927).
13. Brustern: Vopr. Tbk. (russ.) **1923**.
14. Bunak: Russk. Anthr. Jour. **13**, H. 1/2 (1924).
15. Cramer: Heat regulating, Clomat and the thyroid-adrenal Apparaturs. London 1928.
16. Deutsch: Z. angew. Anat. **6** (1920).
17. Finsterwald: Das Blutbild der Tuberkulose im Hochgebirge. 2. Mitt. Der Capillarkreislauf im Hochgebirge. Beitr. Klin. Tbk. **54**, 239.
18. Freund, W.: Der Zusammenhang gewisser Lungenkrankheiten mit primären Rippenknorpelanomalien. Erlangen 1859.
19. Galay: Zur Anthropologie der Großrussen (russ.). Verh. russ. anthrop. Ges. **1901**.
20. Gerber: Konstitutionelle und phthisogenetische Bedeutung Engbrust. Z. Konstit.-lehre **14**, 4 (1929).
21. Gottstein: Verh. Ges. soz. Hyg. **1905**.
22. Hagen, W.: Periodische, konstitutionelle und pathologische Schwankungen im Verhalten der Blutcapillaren. Virchows Arch. **239**, 3 (1922).
23. Hart: Status thymico-lymphaticus. Berlin 1922.
24. Hayek: Immunbiologie-Dispositions- und Konstitutionsforschung. Berlin 1921.
25. Hirszfeld: Konstitutionsserologie. Berlin 1927.
26. Hoeffner: Strukturbilder menschlicher Nagelfalzcapillaren. Berlin 1928.
27. Hollo u. Lénard: Gibt es einen Unterschied in der Häufigkeit der einzelnen Blutgruppen bei Lungentuberkulose und bei gesunden Menschen? Beitr. Klin. Tbk. **64**, H. 3/4 (1926).
28. Ickert: Körpertyp und Tuberkulose. Beitr. Klin. Tbk. **72**, 6 (1928).
29. Iwasoki, K.: Experimentelle Untersuchungen über die mechanische Disposition der Lungenspitze für Tuberkulose. Dtsch. Z. Chir. **130**, 504 (1914).
30. Jaensch: Capillarmikroskopie. Berlin 1930.
31. Januschke: Tuberkulose des Rindes. Wien 1928.
32. Kallós: Tuberkulose und Konstitution. Z. Konstit.lehre **15**, 1 (1929).
33. Kronacher: Allgemeine Tierzucht, III. Abt. Berlin 1922.
34. Lederer: Kinderheilkunde. Berlin 1924.
35. Lubosch: Angef. nach Matiegka.
36. Marcialis: Gazz. Osp. **1926**. Zit. nach Kallós.

37. Martius: Disposition und Konstitution. Brauer-Schröders Handbuch der Tuberkulose, Bd. 1. Leipzig 1923.
38. Matiegka: Les formes du Sternum humain Anthropologie, 1923, Nr 2 (Praha).
39. Medowikoff: Konstitutionelle Regulatoren. Z. Konstit.lehre **1926**, H. 6.
40. Mentschinsky: Vopr. Tbk. (russ.) **1928**.
41. Metschnikoff, Burnet, Tarassewitsch: Le tuberkulose chez les Kolmyks. Ann.
Inst. Pasteur **1905**.
42. Miloslavicz: Beitr. path. Anat. **1918**, H. 2.
43. Moschkowsky (russ. Dissertation 1884): Angef. nach Bunak.
44. Mouchet: Tuberculose chez les indigènes du Congo bélge. Bull. Soc. Path. exot.
Paris **1913**, No 3.
45. Müller: Capillaren der menschlichen Oberfläche. Berlin 1921.
46. Neslin: Vopr. Tbk. (russ.) **1926**.
47. Neuer u. Feldweg: Über die Rolle der Konstitution bei Tuberkulose, Bd. 13, S. 1.
1927.
48. Neumann, W.: Tuberkulose und Konstitution. Wien. klin. Wschr. **1930**, Nr 2.
49. Pantschenkow u. Agte: Vrač. Delo (russ.) **1924**, Nr 2.
50. Pearls: Tuberkulosis heredity and environnement. Amer. Rev. Tbc. **1920**, Nr 9.
51. Pearson: Tuberkulosis heredity and environnement. London 1912.
52. Pusik, W.: Die somatischen Typen der Tuberkulösen (im Druck).
53. Redeker u. Simon: Lehrbuch der Kindertuberkulose. Leipzig 1926.
54. Reiche: Über Umfang und Bedeutung der elterlichen Belastung bei Lungenschwind-
sucht. Münch. med. Wschr. **1911**.
55. Ripley: The Races of Europa, 1900.
56. Roeckl: Allgemeine Tierzucht, III. Abt. **1922**.
57. Rosenstern: Klin. Wschr. 40, 1874 (1926).
58. Ruge: Morph. Jb. **1912**.
59. Saltykow: Zur näheren Kennzeichnung der einzelnen Konstitutionen. Virchows
Arch. **275** (1930).
60. — Beitrag zur Frage: Konstitution und Rasse. Beitr. path. Anat. 84, 2 (1930).
61. Schenk: Rasse und Tuberkulose. Beitr. Klin. Tbk. **71**, 1 (1928).
62. Schweininger: Ref. Arch. Rassenbiol. **1906**, 764.
63. Semenas: Ergebnisse der Defektologie (russ.), 2 (1928).
64. Snyder: Blood grouping and its practical applications. Arch. Path. a. Labor.
Med. **5**, 4 (1927).
65. Stefko, W.: Über die Bedeutung der Konstitution der basilaren tuberkulösen
Meningitis. Z. Konstit.lehre **10**, 5 (1928).
66. — Beitrag zur Frage nach Konstitution der Tuberkulösen. Z. Konstit.lehre **13**, 2
(1927).
67. — Studien über die Konstitution und ihre Anwendung bei der Berufsberatung.
Arbeitsphysiologie, Bd. 1, H. 5. 1929 u. Bd. 2, H. 2.
68. — Zur Frage über den dystroph. Infantilismus. Z. Konstit.lehre 4, 5 (1929).
69. — mit Tcherokowa: Die endokrinen Drüsen bei Tuberkulose. Beitr. Klin. Tbk.
73, 6 (1930).
70. — mit Glagolewa: Untersuchungen am Capillarnetz bei Tuberkulose. Beitr. Klin.
Tbk. **73**, 5 (1930).
71. Stiller: Die asthenische Konstitutionskrankheit. Stuttgart 1907.
72. Suk, V.: Of the occurence of Syphilis and Tuberculosis amongst Eskimo (Separat).
Publ. de la Fac. Sc. Univ. Masaryk **1927**, Lief. 84. (Separatabdruck.)
73. Wassermann, M.: Über den vererbten Locus minoris resistentiae. Wien. med. Presse
1904, Nr 43, 2035.
74. Wenkebach: Spitzentuberkulose und Thorax phthisicus. Wien. klin. Wschr. **1918**, 14.

I. Grundlagen der allgemeinen Lehre über die Konstitution bei Tuberkulose.

Allgemeine Aufgaben.

Die neuesten Untersuchungen im Gebiete der Lehre über die Tuberkulose führen uns zu dem ganz genauen Schluß, daß in der Entwicklung

der Tuberkulose zwei Faktoren die grundlegende Rolle spielen: die Eigenschaften des Erregers und die konstitutionellen Besonderheiten des Organismus, in dem die Infektion Boden faßt. Einige der zeitgenössischen Forscher [JANUSCHKE (31), MARTIUS (37)] nehmen an, daß die Tuberkulose nach der Eigentümlichkeit ihres pathologisch-anatomischen und klinischen Bildes in nosologischer Hinsicht eine Krankheit darstellt, die weder zu den einfach infektiösen, noch zu den rein konstitutionellen Erkrankungen gerechnet werden kann. Die biologischen Eigenschaften der KOCHSCHEN Bacillen sind hier derart mit den konstitutionell-biologischen Besonderheiten des Organismus durchflochten, daß die Erleuchtung des klinischen und pathologisch-anatomischen Bildes nur möglich ist, wenn beide Faktoren gleichmäßig berechnet werden.

Wir haben derzeit viele Beispiele, wo der eigentümliche Verlauf der Tuberkulose und die Eigentümlichkeiten der anatomischen Veränderungen (s. u.) nur aus den anatomisch-biologischen Besonderheiten des betreffenden Konstitutionstypus (z. B. im Falle von Infantilismus) erklärt werden konnten. In solchen Fällen, nur auf Grund der vom tuberkulösen Prozessen bedingten pathologisch-anatomischen Veränderungen, ist es uns nicht selten gelungen, den morphologischen Konstitutionstypus des Subjektes zu bestimmen.

Es verdient besondere Aufmerksamkeit zu erwähnen, daß wir der Anschauung, die Tuberkulose als eine infektiös-konstitutionelle Erkrankung aufzufassen, nicht nur im Gebiete der Pathologie des Menschen begegnen, sondern auch in der vergleichenden Pathologie. Bei den gegenwärtigen Tierpathologen [JANUSCHKE (31), KRONACHER (33), NEUMANN (48)] finden wir genaue Hinweise darauf, daß zwischen den einzelnen Rassen des Rindviehs nicht nur verschiedene Empfänglichkeit gegen die Tuberkulose gefunden wird, sondern nicht selten auch Unterschiede im pathologisch-anatomischen Bilde gesehen werden. GUTH, KRONACHER und ROECKL (56) ersehen die Ursache davon in den konstitutionellen Besonderheiten der einzelnen Rassen. Ich bringe hier als Beispiel die Tabelle über die Verteilung der Pirquetreaktion bei einzelnen Rinderrassen in der Tschechoslovakei:

Benennung der Rasse	Nicht infiziert mit Tuberkulose	In %	Tuber-kulöse	In %
Kuhländer	3811	86	618	14,0
Berner Hanoken	27	84	5	15,6
Simmentaler	117	75	38	24,6
Friesen	95	77,8	27	22,6

Aus der Tabelle tritt die Veranlagung zur Erkrankung an Tuberkulose und zu allergischen Zuständen der Kühe der Simmentaler und Frieser Rasse klar hervor. Wir können hier in die Einzelheiten zur Klarlegung der Frage über die Rolle der Konstitution in der vergleichenden Pathologie der Tuberkulose nicht eingehen, es ist trotzdem bemerkenswert zu erwähnen, daß nach JANUSCHKE im Rahmen derselben Rasse bestimmte Gruppen mit absteigenden Blutlinien unterscheidbar sind, die überaus hohe Empfänglichkeit, oder im Gegenteil eine große Widerstandsfähigkeit der Tuberkulose (gegenüber tuberculosus bovinus) aufweisen.

Das allgemeine Bild der Verteilung der Tuberkulose so zwischen den landwirtschaftlichen Tieren (besonders dem Rindvieh) wie zwischen den Menschen beweist, daß die Tuberkulose am meisten bei den zivilisierten europäischen Rassen verbreitet ist. Bei den wilden Rassen, die sich zwischen natürlichen Lebensbedingungen befinden, wird Tuberkulose nur bei Berührung mit ausländischen Einwanderern beobachtet. Diese Erscheinung, die zuerst von Metschnikoff (41), Tarassewitsch und Burnet bemerkt wurde, fand in den späteren Untersuchungen [Mouchet (44) u. a.] Bestätigung. V. Suk (72) bringt in der letzten Zeit folgende Angaben über die Pirquetreaktion bei Eskimokindern:

	Zahl der Fälle	Reaktion		Prozent der positiven Reaktion
		negativ	positiv	
Reinrassige Eskimo (mit Europäern nicht gemischt)	51	46	5	9,8
Kinder aus Kreuzungen zwischen Europäern und Eskimos und zwischen den Küsteneinwohnern	32	14	18	56,2

Eine außerordentlich große Zahl der Erkrankung an Tuberkulose der außereuropäischen Rassen und ihre bedeutend geringere Widerstandsfähigkeit ihr gegenüber ist aus folgenden neusten Angaben von Schenk (61) (1928) ersichtlich:

Aus 100 000 an Tuberkulose gestorben:

In den Vereinigten Staaten Nordamerikas 1921.

Chinesen	Japaner	Neger	Inder	Weiße
526,3	223,1	239,0	391,0	85,3

In Hawai (1919—20).

Chinesen	Japaner	Hawaier	Philippiner	Weiße
255,3	141,2	58,5	257,1	82,1

In Manila (Philippin. Inseln 1919—1921).

Chinesen	Philippiner	Amerikaner
442,1	526,5	127,6

Die größte Widerstandsfähigkeit der Tuberkulose gegenüber haben, sowohl nach den europäischen [Ripley (55), Fischberg u. a.] wie nach den russischen [Neslin (46), Mentschinsky (40)] Angaben beurteilt, die Juden. Diese Widerstandsfähigkeit soll man hier jedoch nicht im Sinne einer minderen Empfänglichkeit auffassen, sondern nur in bezug auf den Verlauf der tuberkulösen Erkrankung. Die Sache steht so, daß die Erkrankungshäufigkeit der Tuberkulose der jüdischen Bevölkerung gar nicht geringer, sondern eher größer ist [J. Bauer (7)] als bei der europäischen Stadtbevölkerung, der Verlauf der Tuberkulose weist aber bei ihnen bedeutend häufiger einen chronischen, hinziehenden Charakter auf, der bis zum genügend vorgerückten Alter dauert. In der Arbeit Mentschinskys (1928) haben wir folgende Angaben nach der Verteilung der Tuberkulosesterblichkeit im Jahre 1926, auf 10000 Einwohner desselben Geschlechts und Volkheit in fünf Städten der Krim:

	Männer	Frauen	Beide Geschlechter
Tataren . . .	36,0	31,1	33,6
Russen . . .	27,0	13,3	20,6
Juden	11,0	10,6	11,3
Übrige . . .	26,6	13,2	21,5

Die pathologische Anatomie der Lungentuberkulose bei Juden erlaubt uns die Absonderung einiger eigentümlicher Züge, die in der Verbreitung außerordentlich ausgedehnter, produktiver Veränderungen in den Lungen, mit Ausgang in mächtige bindegewebige Veränderungen (Cirrhosis pulmomum) bestehen. Die Wand der mitunter sehr großen Kavernen in solchen lange sich hinziehenden Fällen von Lungentuberkulose der Juden erwies sich aus altem Bindegewebe mit 3—5 mm Dicke und Härte wie aus hartem Karton bestehend.

Die neuzeitige pathologische Anatomie lehrt uns, daß wir aus pathologisch-anatomischen Gesichtspunkten in der Entwicklung der Tuberkulose zwei grundlegende Phasen verzeichnen müssen: Die Phase des Primärinfekts und die des Reinfekts. Einen Primärinfekt finden wir bei 90—100% der europäischen Bevölkerung, ohne jedwede Beziehung zu einem bestimmten Konstitutionstypus. Durchschnittlich 20—25% der Kinder ergibt einen fortschreitenden Verlauf des Primärinfekts (in verschiedenen Formen). Das konstitutionelle Moment spielt hier augenscheinlich keine besondere Rolle [REDEKER (53)] obzwar andere Forscher geneigt wären [MEDOWIKOFF (39), LEONTJEW, LEDERER (34)] ihm eine gewisse Bedeutung zuzuschreiben.

Die Rolle der konstitutionellen Einflüsse beginnt allmählich aufzutreten, beginnend beim jugendlichen Alter und besonders vom Alter der Nubilitas (20—22 Jahre), wenn die ganze Mannigfaltigkeit des Verlaufes des Reinfekts in erheblichem Maße von den konstitutionellen Besonderheiten des Organismus — im weiteren Sinne dieses Wortes — bestimmt wird.

Das pathologisch-anatomische Bild der Tuberkulose verläuft bei den primitiven Völkern, wie es die Untersuchungen ASCHOFFS (3) und MOUCHETS (44) (in den französischen Kolonien) zeigen, nach dem Typus des fortschreitenden Primärinfekts, ergibt disseminierte und exsudative Formen der Tuberkuloseerkrankungen mit ausgebreiteten perifokalen Entzündungen, was in Europa dem Kindesalter eigen ist. Für den Primärinfekt hat der konstitutionelle Faktor, wie wir erwähnt haben, keine Bedeutung. Aus der vieltausendjährigen Anpassung des Tuberkuloseerregers an den europäischen Organismus ergibt sich das histologische Bild der Gewebsreaktion beim europäischen Kinde. Diese Erscheinung kommt bei den primitiven Völkern nicht vor, unter denen die Tuberkulose, mit der Zivilisation zusammen, nur vor verhältnismäßig nicht langer Zeit sich zu verbreiten begann.

Die Bedeutung der Konstitution, als Summe anatomisch-biologischer Besonderheiten des Organismus tritt in dem Zeitabschnitt der Reinfektion stark hervor, wenn die Gesamtheit der immunbiologischen Reaktionen die Formen der Gewebsreaktion und den Verlaufstypus des tuberkulösen Prozesses beeinflußt. In dieser Zeit, wie es später ersichtlich wird, tritt die Bedeutung der erblichen tuberkulösen Belastung deutlich hervor, und die konstitutionellen morphologischen Typen mit verschiedenem Verlauf treten klar in Erscheinung. Unsere Aufgabe ist die Erforschung der morphologischen Konstitution bei den Tuberkulosekranken, mit deren Untersuchung (an klinischem und Leichenmaterial) wir uns im Laufe vieler Jahre beschäftigten.

Das Stadium des Primärinfekts müssen wir vorzüglich als Infektionsstadium der Tuberkulose, das Stadium des Reinfekts als hauptsächlich konstitutionelle Phase der Entwicklung der Tuberkulose betrachten.

Die Bedeutung der Vererbung in der Tuberkulose.

Man soll in der Konstitutionslehre der Tuberkulose eine große Bedeutung den auf die Vererbungsfaktoren hinzielenden Untersuchungen zuerkennen, der sie die Grundlage der konstitutionellen Veranlagung zur Tuberkulose bilden. Ich verweile hier nur bei einigen grundlegenden Arbeiten der letzten Zeit, die diese Frage beleuchten.

Reiche (54) (Deutschland) gelangt auf Grund besonderer sorgfältiger Bearbeitung eines umfangreichen Materials Tuberkulosekranker zu folgenden Angaben: Tuberkulose der Eltern bei tuberkulösen Männern ergibt 29%, bei tuberkulösen Frauen 44%; bei Nichttuberkulösen wurde Erkrankung an Tuberkulose in 12—17% der Fälle festgestellt.

Die umfangreiche spezifische Statistik des Preußischen Kriegsministeriums stellte in bezug auf die tuberkulösen Rekruten vererbte tuberkulöse Belastung in 29,5% der Fälle (an einem Material von ungefähr 10 000 Mann) fest. 2044 Rekruten ergaben folgendes Bild der erblichen tuberkulösen Belastung: in 743 Fällen litt der Vater an Tuberkulose, in 623 die Mutter, in 210 Fällen beide Eltern, in 380 Fällen die nächsten Verwandten, in 88 Fällen konnten keine genauen Angaben erhalten werden.

Sehr nahe Ziffern wurden auch auf Grund der Erforschung unseres Tuberkulosematerials (ungefähr 900 Individualkarten) erhalten. Es hat sich herausgestellt, daß 20% der Tuberkulosekranken direkte und 15% indirekte vererbte tuberkulöse Belastung aufweist. Der niedrigste Hundertsatz erblicher Belastung wird bei der digestiven (abdominalen) Konstitutionsgruppe gefunden, die bei Tuberkulosekranken mit der geringsten Anzahl vertreten ist.

Der Versuch, die Vererbung und den Konstitutionsfaktor mittels genauen Verfahrens der mathematischen Analyse (Variationsstatistik) aufzuklären, wurde in Arbeiten Pearsons und Pearls gemacht. Pearson (51) hat zum ersten Male die Methode der Variationsstatistik zur Erklärung der Bedeutung der Vererbung und der Umwelt in der Ätiologie der Tuberkulose angewandt. Zu diesem Zwecke benutzte er die Methode der Korrelation.

Der Korrelationskoeffizient zwischen den Eltern und der Nachkommenschaft.

	Merkmal	Korrelation	Autor
	Wuchs	0,51	Pearson
	Die Breite zwischen ausgestreckten Armen . .	0,46	Pearson
Physische	Unterarm	0,42	Pearson
Entwicklung	Augenfarbe	0,5	Pearson
	Taubstummheit	0,54	Schaster
	Moral insanity	0,47—0,53	Heron
	Phthisis	0,50	Pearson

Aus dieser Tabelle ist zu ersehen, daß „Tuberculosis diathesis" [Pearson (51)] in dem gleichen Grade wie die oben bezeichneten physischen Merkmale (Wuchs, Armlänge usw.) vererblich ist.

In bezug auf die Tuberkulose aber ist diese Frage viel verwickelter, da diese Befunde die Möglichkeit der Familienansteckung ohne jegliche Rolle des Vererbungs- und Konstitutionsfaktors nicht ausschließen. Mit anderen Worten: Die Tatsache, daß die Tuberkulose mehr unter den Kindern tuberkulöser Eltern verbreitet wird (was durch den ziemlich großen Korrelationskoeffizient zwischen tuberkulösen Eltern und tuberkulösen Kindern sich zeigt), kann nicht so sehr auf Vererbung der Krankheit als auf die Anwesenheit des Kindes in infizierten Familien hinweisen.

PEARLS (50) hat eine sehr sorgfältige Analyse des Materials von 57 Familien mit ihren nächsten und weiteren Verwandten ausgeführt. Im ganzen umfaßt sein Material etwa 5000 Individuen aus tuberkulösen und nichttuberkulösen Familien.

Sein Material kann in folgender Tabelle dargestellt werden:

	1. Tuberkulös	2. Nichttuberkulös	3. Allgemein	Prozent der Tuberkulose
Gegenwärtige Generation:				
Tuberkulöse	96	876	972	9,9
Nichttuberkulöse	5	979	984	0,5
Generation der Eltern:				
Tuberkulöse	42	430	472	8,9
Nichttuberkulöse	14	749	763	1,8
Generation der Großeltern:				
Tuberkulöse	7	236	243	2,9
Nichttuberkulöse	8	298	306	2,6
Generation der Urgroßeltern:				
Tuberkulöse	3	30	33	9,1
Nichttuberkulöse	1	86	87	1,1
Generation der Nachkommen:				
Tuberkulöse	43	972	101ɛ	4,2
Nichttuberkulöse	0	212	212	0,0
Zusammengezogen:				
Tuberkulöse	191	2544	2735	7,0
Nichttuberkulöse	28	2324	2352	1,2

Aus diesem in der Tabelle zusammengestellten Material kann man folgende Schlüsse ziehen.

1. Bei Abwesenheit von Hinweisen auf Tuberkulose bei den Vorfahren werden bei 7,4 % der Nachkommenschaft aktive Tuberkuloseformen (Clinically active tuberculosis) nachgewiesen. Dabei waren 22 % von ihnen in enger Berührung mit tuberkulösen Kranken. Von den 92,6 % der nichttuberkulösen Nachkommenschaft kamen in Berührung mit Tuberkulösen 11,2 %; aktive Tuberkulose entwickelte sich aber bei ihnen nicht.

2. In Fällen, in denen die Vorfahren an Tuberkulose krank waren, erwiesen sich in zweiter Generation tuberkulosekrank 17,3 %; von diesen waren 41,2 % in enger Berührung mit Tuberkulosenkranken. Von 82,1 % der gesunden (bezüglich Tuberkulose) kamen 19,18 % in enge Berührung mit Tuberkulosenkranken, erkrankten aber nicht an Tuberkulose.

3. Einer von den Eltern und einer von den Vorfahren waren krank an Tuberkulose. In solchem Falle wurde Tuberkulose (Lungentuberkulose, wie Clinically tuberculosis) bei 19,8 % beobachtet; 94,1 % von diesen Individuen waren in enger Berührung mit Tuberkulosekranken.

Von 82,2% der Nichttuberkulosekranken waren 73,9% in mehr weniger enger Berührung mit Tuberkulösen.

4. Die beiden Eltern und irgendwelcher von den Vorfahren waren tuberkulosekrank. Es erwies sich alsdann, daß 38,2% der zweiten Generation an Tuberkulose erkrankten. Von diesen kamen 95,2% in enge Berührung mit Tuberkulosekranken. Von 61,8% Gesundgebliebener dieser Generation kamen 76,5% in enge Berührung mit Tuberkulosekranken. Also $^3/_4$ der mit den Tuberkulösen in Berührung kommenden blieben gesund, während $^1/_4$ unvermeidlich erkrankten.

Die Betrachtung des ganzen Materials Pearls (50) führt uns zum Schlusse, daß man die Erkrankung an Tuberkulose nicht ausschließlich der Berührung mit den Tuberkulosekranken zuschreiben kann. Mit anderen Worten, es besteht zwischen der Erkrankung an Tuberkulose und der Berührung mit Tuberkulosekranken kein voller Zusammenhang: Durch bloße Berührung kann man keineswegs die größere Zahl der Erkrankungen an Tuberkulose bei der Nachkommenschaft von tuberkulösen Eltern erklären.

Die Ursache, warum die Nachkommenschaft von tuberkulosenkranken Eltern mehr der Tuberkulose ausgesetzt wird, soll man im Konstitutionsfaktor suchen.

Sehr umfangreiche Angaben über Lungentuberkulose und Erblichkeit in neuester Zeit hat H. Münter gegeben[1].

Die Klassifikation der morphologischen Konstitutionstypen und die keimzellen- und fruchtschädigende Bedeutung der tuberkulösen Intoxikation.

Die erbliche Anlage zur Tuberkulose (die schon Hippokrates erwähnt hat) und die aus den erwähnten Angaben klar hervorgeht, betrachten wir hauptsächlich als Folge von keimzellen- und fruchtschädigenden Einwirkungen auf die Geschlechtszellen und den Fetus im ganzen. Dem Charakter der blastophthoren Einflüsse (der Änderungen in den Geschlechtszellen) wird in einem der nachfolgenden Kapitel ausführlich Platz gewidmet.

Wir verleihen derzeit eine besonders große Bedeutung den erwähnten Einflüssen in der allgemeinen Lehre über die Konstitution; unter möglichster Berücksichtigung der Angaben der Einflüsse auf die anatomisch-biologischen Eigenschaften des Organismus baut sich — bis zu einem erheblichen Grade — das Schema der Bestimmung der morphologischen Konstitution auf. Betreffs näherer Angaben in dieser Richtung verweise ich auf eine ganze Reihe meiner speziellen Untersuchungen [W. Stefko (67)], und bringe hier nur unser Schema der morphologischen Konstitution.

Als Grundfolge unserer Einteilung in Typen oder richtiger gesagt, in einzelne synthetische Typengruppen mit verschiedenen charakteristischen anatomischen Besonderheiten haben jene Grundsätze aus dem Gebiete der Entwicklungsmechanik gedient, über die wir derzeit in Anwendung auf den Menschen verfügen. Die Kenntnis dieser Faktoren

---

[1] H. Münter: Lungentuberkulose und Erblichkeit. Beitr. Klin. Tbk. **1930**, H. 2/3, 76.

ist zwar noch bei weitem unzureichend, sogar die ganz allgemeine Vorstellung über sie ist nicht selten vorläufig nur hypothetisch, für uns ist sie jedoch zur Erklärung der Bildung der „minderwertigen" Konstitutionstypen äußerst notwendig.

Aus dem zeitgenössischen Gesichtspunkte müssen wir annehmen, daß im Aufbau der verschiedenen anatomisch-biologischen Besonderheiten folgende Umstände teilnehmen: die Vererbungsfaktoren, die uns in bestimmten Vererbungsgesetzen bekannt sind, infolge der großen Verwicklung und Veränderlichkeit des Vorganges der Befruchtung und Kreuzung beim Menschen. Zur zweiten Gruppe gehören jene, die als blastophthore festgestellt werden, d. h. Umstände, die Einfluß auf den Zustand der Geschlechtszellen und auf den generativen Teil der Geschlechtsdrüsen der Eltern im ganzen ausüben. Zur dritten Gruppe werden die sog. embryophthoren Faktoren gerechnet, die einen Einfluß auf die Entwicklung des Embryos im Laufe seines intrauterinen Daseins haben. Die vierte Gruppe der Faktoren ist außerordentlich umfangreich, sie hat aber geringere Bedeutung für die Konstitutionslehre, dies ist die Gruppe der peristatischen oder paravariativen Faktoren, d. h. jener, die einen Einfluß auf den Organismus im Laufe seines späteren Daseins besonders in der Wachstums- und Entwicklungszeit ausüben. Es wird derzeit dieser Gruppe der Faktoren besonders große Bedeutung im Zusammenhang mit dem Weltkriege, nachfolgendem Hunger usw. zuerkannt. Ungünstige Lebensbedingungen rufen in einigen Fällen zweifellos außerordentlich wesentliche Veränderungen in der Struktur des Organismus hervor.

Auf Grund des heutigen wissenschaftlichen Materials müssen wir zugeben, daß wir in den Grundbegriff der Konstitution einige neue Angaben einführen müssen.

Unter der Benennung Konstitution müssen wir derzeit eine gewisse Summe anatomischer und biologischer Besonderheiten des Organismus verstehen, die unter dem Einfluß erblicher Faktoren und weiterhin unter jener Summe der Faktoren sich ausgebildet haben, die vom ersten Augenblick der Entwicklung an auf den Organismus einwirken, der keimzellen- und fruchtschädigenden nämlich. Unter dem Einfluß der Summe dieser Faktoren entstehen bestimmte konstitutionelle Eigenschaften des Organismus, die in Form bestimmter morphologischer und biologischer Eigentümlichkeiten hervortreten.

Nur in dieser Richtung muß die Konstitutionslehre ausgearbeitet werden und nur eine solche Bestimmung, sollen wir in der klinischen und anatomischen Praxis annehmen. Die von TANDLER empfohlene Abgrenzung von Konstitution und Kondition erscheint in vielen Fällen künstlich, da, wenn wir die Konstitution des Typus bestimmen, wir die ganze Summe der ihn gestaltenden Einflüsse einschließen, die meistens nicht in konstitutionelle und konditionelle zerteilt werden kann. In der Bildung der konstitutionellen Besonderheiten haben auch die peristatischen Faktoren eine bestimmte Bedeutung. Sie bedingen einige, im biologischen Sinne „oberflächliche" Veränderungen und haben in den einzelnen Phasen der Entwicklung (in der allgemeinen physischen Entwicklung, in der Dynamik des Wachstums usw.) irgendeine Bedeutung.

Diese Faktoren üben jedoch auf die allgemeinen konstitutionellen Besonderheiten des Organismus keinen tiefen Einfluß aus.

In den oben angeführten anderen Arbeiten näher behandelten theoretischen Angaben unterscheiden wir drei Hauptgruppen von Typen.

Die erste Gruppe bilden die sog. „normalen" oder im biologischen Sinne vollwertigen Konstitutionstypen; hierher gehört der thorakale, muskuläre, digestive (und abdominelle, als Unterart des digestiven) und asthenoide Typus. Diese Typen werden in verschiedener Zerteilung bei allen menschlichen Rassen gefunden.

Die zweite Gruppe ist aus verschiedenen Abweichungen von der normalen Entwicklung zusammengesetzt, die sich unter dem Einfluß endo- wie exogener Ursachen — Vererbungsfaktoren und blasto- und embryophthorer Einflüsse ausbilden. In dieser Gruppe wird die Konstitution nicht bestimmt, es wird nur der entsprechende Typus angegeben, z. B. Miniatür [Rosenstern (57)] mit verzögerter Differenzierung usw.

In die dritte Gruppe gehören die pathologischen Konstitutionen.

Unsere Klassifikation kann schematisch folgendermaßen geschildert werden:

I. „Normale" (Körperbau-) Typen:

Thorakaler, muskulärer, digestiver (und abdominaler) asthenoider.

Kombinationstypen: thorakal-muskulärer, muskulär-thorakaler, abdominal-muskulärer, muskulär-abdominaler, unbestimmter.

II. Abweichungen in der Entwicklung (in Wachstum und Differenzierung):

A. Endogene Gruppen von hauptsächlich blasto- und embryophthorer Herkunft.

Miniatüre (Rosenstein) Differenzierungsstörung; Hypotrophie I Czerny, Stillers Asthenie.

B. Exogene (hauptsächlich peristatische und paravariative Gruppe).

Hypotrophie II. Dystrophischer Infantilismus.

Juveniler, Seniler; hypoplastische Entwicklung.

III. Pathologische Konstitutionen.

Die Einführung dieses Schemas erlaubt die sorgfältige Auswahl des Materials, läßt wenig Platz für die unbestimmten Typen zu, und trägt zur sorgfältigen Verteilung der rein somatischen Typen bei [1].

II. Anthropometrie des Tuberkulösen.

1. Anthropologische Angaben (Leichenmaterial).

In bezug auf die anthropometrischen Besonderheiten der Tuberkulosen haben wir nicht viele Arbeiten. Sie alle beziehen sich auf das ambulatorische Material der Versicherungskassen. Solche sind die Arbeiten von Schweininger (62), Gottstein (21), Bunak (14), Moschkowsky (43), Saltykow (59) u. a. Aus den Beobachtungen dieser Verfasser geht hervor, daß eins der kennzeichnendsten Merkmale der Tuberkulosekranken der hohe Wuchs und Dolichomorphismus ist.

---

[1] Die ausführliche Charakteristik der erwähnten Typen siehe in den oben erwähnten speziellen Arbeiten.

Nach Angaben von GOTTSTEIN (21) erweist es sich, daß die Tuberkulosekranken von den Nichttuberkulösen sich der Körpergröße nach bedeutend unterscheiden.

	Prozentuelle Verhältnisse	Tuberkulose- kranke
150—160	9%	6—8%
161—170	54,9%	47,2%
171—180	32,3%	44,1%

SALTYKOW (60) unterscheidet in den letzten Arbeiten 4 Gruppen der konstitutionellen Typen (nach morphologisch-biologischen Eigentümlichkeiten): asthenische, grazile, fibröse und pyknische. Für alle diese Gruppen hat er einen Versuch gemacht, die genauen Körperproportionen zu geben. Die asthenische und grazile Gruppen sind hauptsächlich bei tuberkulösen Kranken zu finden.

Mein Autopsienmaterial, welches vom Gesichtspunkte der Konstitution bearbeitet wurde, betrug 601 (481 + 120) Leichen mit pathologisch-anatomischer Diagnose der ausschließlich verschiedenen Formen der Lungenphthisie. Als vorwiegend erwiesen sich mangelhafte Modifikationen der produktiven Formen (acinöse, acinöse-nodöse, ulcerativ-fibröse usw.). In Hungerzeiten fanden wir die produktiven Formen viel seltener. Die vorwiegende Form der Phthisie war in diesem Zeitraum die exsudative Form (acinöse, lobuläre und lobare käsige Bropneumonie).

Die Verteilung des Materials nach den Konstitutionen kann folgenderweise vorgestellt werden:

Asthenischer Typus (meistens von Stillertypus)	216	44,6%.
Thorakaler Typus	165	34,3%.
Gemischter Typus (unbestimmter)	62	14,3%
T. abdominalis muscularis	15	3,5%
Hypoplastischer Typus	23	3,7%
	481	

Nach dem neuesten (1929) Material (120 Autopsien) war die Verteilung der Körperbautypen folgende:

1. Asthenischer (Typus Stiller) 47,2%
2. Thorakaler 32,1%
3. Asthenoider. 10,2%
4. Unbestimmte 5,0%
5. Muskulärer 3,2%
6. Juveniler 2,0%
7. Hypoplastischer 1,5%
8. Abdominaler 0,8%
9. Dystroph. Infant. 2 Fälle.

Frauen sind in diesem Material sehr wenige. 30 gehören dem thorakalen Typus und 18 dem unbestimmten an.

In bezug auf die Rasse ist das Material ziemlich gleichartig, wobei es ausschließlich auf die Großrussen der Nordprovinzen und Ukrainer sich bezieht. Das Ergebnis der Bearbeitung des anthropometrischen Materials werde in obenstehender Tabelle vorgestellt. Die Organgewichte der der Anthropometrie unterworfenen Leichen ist in Tabelle, S. 770 gegeben:

	Körpergröße		Länge des ganzen Gesichts		Länge des Obergesichts		Länge des Untergesichtes		Jochbein-diameter		Distanz von Fossa jug. bis Symph. pubis		Distanz von Proc. xyph. bis Symph. pubis		Distanz von Fossa jug. bis Proc. xyph.	
	M	σ[1]	M	σ	M	σ	M	σ	M	σ	M	σ	M	σ	M	σ
Astheniker . .	1702	35	180	10	80	5	135	6	125	5	555	25	398	25	156	15
	1545	15	175	5	68	10	117	10	117	10	525	20	380	20	125	28
Hypoplastiker .	1670	42	175	7	85	—	125	5	130	5	560	7	380	10	178	40
Thorakaler . .	1653	25	185	—	80	—	130	—	135	10	538	40	374	25	159	25
Unbestimmte Gruppe . . .	1637	65	170	—	82	—	130	—	125	—	528	10	370	10	160	10
	1515	—	165	—	70	—	120	—	125	—	475	—	—	—	—	—
Mittelwert für Tuberkulosen .	1670	45	178	8	82	10	130	7	128	—	—	—	—	—	—	—
Anthropometr. Mittelzahlen für Großrussen (gesunde) . .	1643	65	—	—	62	5	120	10	136	12	—	—	—	—	—	—

Das Gewicht verschiedener Organe.

Konstitut. Typus	Alter	Herz		Milz		Leber		Nieren		Nebennieren	Schilddrüse[2]		Gehirn	
		M	σ	M	σ	M	σ	M	σ	M	M	σ	M	σ
Typus thoracalis	20—30	237	—	257	—	1632	—	162	—		17	—	1300	—
	30—40	300	—	275	—	1650	—	170	—	5—6	27	—	1285	—
	40—60	400	—	225	—	1600	—	—	—		—	—	1300	—
Typus asthenicus	30—40	260	90	165	15	1600	100	160	50		20	8	1380	150
	40—60	205	35	150	50	1500	250	175	50	4,5—5	12	2	1380	100
	20—30	218	30	180	30	1650	400	152	45		15	7	1250	50
Typus hypo-plasticus. . . .	20—30	235	30	158	30	1770	200	140	10		—	—	1490	250
	30—40	235	40	110	80	1450	—	155	25	3—3,5	12,5	—	1450	150
	40—60	275	—	—	—	1450	—	145	—		—	—	1550	200
Unbestimmte Gruppe	20—30	275	50	255	80	1450	150	150	40		—	—	1450	—
	30—40	315	60	195	50	1550	200	165	35	7,5—8,5	22	—	1425	150
	40—60	285	85	155	45	—	—	175	45		—	—	1425	—
	30—40	325	25	115	30	1350	200	—	—		27	—	1350	—
Typus abdominalis und muscularis (Megalosplanchnicus)	20—30	350	—	300	—	1850	—	180	—	6,5—7,0	20	—	1450	—
	30—40	405	—	280	—	2200	—	195	—		—	—	1450	—

Die Zusammenstellung des tuberkulösen Sektionsmaterials mit dem normalen, welches auf die Rekruten der letzten Jahre und auch auf die Großrussen der Vorkriegszeit [aus Arbeiten Worobiews, Galays (19)] sich bezieht, weist auf die stark ausgesprochenen anthropologischen Züge der Tuberkulösen. Die anthropologische Charakteristik der Tuberkulosekranken kann sich ausdrücken: in höherem Wuchse, in kürzerem Rumpf, in sehr kleinem Brustumfange und kleinem Gewichte. Der

---

[1] σ = Standard Deviation.
[2] Das Gewicht ist sehr veränderlich (s. weiter).

Brustumfang		Kopfumfang		Querdiameter des Kopfes		Längs-diameter des Kopfes		Rumpflänge		Spannbreite		Armlänge		Beinlänge		Billical-diameter	
M	σ	M	σ	M	σ	M	σ	M	σ	M	σ	M	σ	M	σ	M	σ
775	36	532	—	145	5	190	10	550	10	1757	120	728	45	860	20	228	20
695	25	522	20	141	10	178	15	552	20	1585	130	588	35	785	40	225	35
760	30	541	20	146	10	186	15	601	40	1708	130	737	45	840	30	—	—
814	65	545	20	151	10	180	5	590	35	1690	105	741	51	830	35	240	15
800	60	545	—	150	—	183	—	585	—	1748	130	742	—	795	40	235	—
—	—	—	—	135	—	—	—	—	—	1548	130	—	—	—	—	280	—
787	48	540	20	148	10	185	12	597	35	1726	—.	735	50	843	40	—	—
886	67	553	30	149	12	179	15	583	40	1721	175	770	56	849	59	—	—

größere Wuchs muß auf die Rechnung der unteren Gliedmaße, der Halsabteilung der Wirbelsäule und der Schädelhöhle bezogen werden. Die kleinere Armlänge der Tuberkulösen kann vielleicht durch die Besonderheiten ihrer berufsmäßigen Arbeit (vorwiegend Stadtbevölkerung) erklärt werden. Wenn wir unser tuberkulöses Material nach einzelnen Konstitutionstypen in Profile von MARTIN verteilen, kann man den scharfen Unterschied des asthenischen Typus mit höchster Sterblichkeit an Tuberkulose sogar in Grenzen derselben tuberkulösen Gruppe bemerken. Der Astheniker unterscheidet sich durch äußerst hohen Wuchs bei kleinster Rumpflänge und höchster Länge der unteren Extremitäten.

In der Gruppe der Tuberkulösen unterscheiden sich die Hypoplastiker durch kleineren Wuchs als die Astheniker bei entsprechend größeren Rumpfe, kleinerer Länge der unteren Extremitäten, geringsten Brustumfang. Dem thorakalen und unbestimmten Typus in derselben Gruppe ist kleinerer Wuchs bei bedeutend kürzeren unteren Gliedmaßen und größerem Brustumfange eigen.

Sehr kennzeichnende Angaben sind bei den Schädelmessungen erhalten worden. Aus diesen geht hervor, daß alle Tuberkulöse durch kleinerem Kopfumfang, kleinerem Querdurchmesser und größerem Längediameter sich auszeichnen. Die Messungen des Gesichtsschädels weisen auch auf die sehr kennzeichnenden Unterschiede der Tuberkulösen hin: größere Längen des oberen und unteren Gesichtes bei kleinerem Jochbeindiameter. Bei Betrachtung der Gesichtsausmaße der an Tuberkulose Gestorbenen kann man feststellen, daß bei den Asthenikern die Maße des unteren Gesichtteiles bei kleinstem Jochbeindurchmesser überwiegen; beim thorakalen Typus entwickeln sich die Gesichtsmaße hauptsächlich auf Rechnung des Stirnteiles des Gesichtes; beim Hypoplastiker haben wir die größten Ausmaße des oberen Gesichtsteiles; die übrigen Typen nehmen eine Zwischenstellung ein.

Wenn wir die einzelnen Angaben, welche auf das Profil aufgetragen sind, vergleichen, kann man sehen, daß der an Tuberkulose umgekommene

49*

hypoplastische Typus von allen anderen Typen sich am meisten den durchschnittlichen anthropologischen Angaben für die russische Bevölkerung nähert. Am konstitutionellen anthropometrischen Profile kann man sehen, daß dieser Typus bezüglich der wichtigsten körperlichen Merkmale (den Brustumfang ausgeschlossen) einen vollständigen Gegensatz zu dem asthenischen Typus bildet. Das tritt auch in Gesichtsmaßen hervor.

Die größere biologische Stabilität des hypoplastischen Typus gegen die tuberkulöse Infektion findet ihren Ausdruck auch in allgemeinen körperlichen Merkmalen, indem derselbe andere Verhältnisse zeigt als die wir bei Asthenikern nachweisen.

In pathologisch-anatomischer Beziehung zeigt sich dies in der Verbreitung vorwiegend gutartigen Formen der Tuberkulose (bindegewebige ununterbrochene Veränderungen). Der hypoplastische Typus findet sich besonders oft bei Lupuskranken.

Der gemischte Typus von unserem Gesichtspunkte aus muß als Durchschnittstypus für die gegebene Bevölkerung — Normotypus nach der Klassifikation Violas — betrachtet werden. Daraus wird uns in gewissem Grade das Bild der Entstehung des asthenischen Typus allmählich klar. Diese Entwicklung des asthenischen Typus (vom Durchschnittstypus) drückt sich in allmählicher Verlängerung der unteren Extremitäten bei gleichzeitiger Wachstumsverzögerung des Querdurchmessers aus.

Die anthropometrischen Angaben beweisen uns, daß die asthenische Konstitution das Ergebnis der eigenartigen Entwicklung, welche hauptsächlich auf das Längenwachstum mit der Verminderung des Umfanges und der Querdurchmesser des Körpers gerichtet wird. Die Bildung des asthenoiden Typus beginnt nach unseren Angaben im zwölften Lebensalter; nach den Angaben Tandlers für Wien im zehnten. Es scheint demnach, daß dieses Bild der eigenartigen Entwicklung schon vom Zeitpunkt der Entstehung des Organismus angelegt wird und daß es zu der Zeit, wann die entsprechenden Definitionen anatomisch-physiologischer Verhältnisse sich aufstellen, in der endgültigen Form im späteren Alter sich offenbart.

Die Verteilung nach dem Kopf- und Gesichtsindex:

	Kopfindex	Gesichtsindex
Thorakaler	83,7—88,4	55—63
Asthenischer	74,3—79,5	64—66
Unbestimmter	78—81	63—68
Abdominaler und muskulärer (Megalosplanchnicus) . . .	81—85	53,5—55
Hypoplastischer	77—79	55,5—70

Aus diesen Angaben ist ersichtlich, daß der asthenische Typus dolichomesocephal ist, der thorakale brachycephal, der gemischte mesobrachycephal, abdominaler und muskulärer brachy- und hyperbrachycephal.

Das Studium der Verteilung der Organgewichte der Tuberkulösen je nach den einzelnen Konstitutionen zeigt, daß das höchste Organgewicht bei Abdominalen und Hypoplastikern beobachtet wird. Es fällt bei den letzteren das große Hirngewicht auf. Man muß jedoch bemerken, daß wir sehr oft bei Hypoplastikern die Erscheinung des Hirnödems beobachten, und daß das größere Hirngewicht daher durch pathologische Veränderungen erklärt werden kann (Ödem, venöse Stauung). Miloslavicz weist auch auf größeres Gehirn-gewicht bei den Lymphatikern und Hypoplastikern hin.

Zwischen dem männlichen und weiblichen asthenischen Typus erweist sich der Unterschied bezüglich der Beckendurchmesser als sehr unbedeutend.

Aus den angeführten Angaben ist zu ersehen, daß die Lungentuber-kulose hauptsächlich dem dolichomorphen Typus eigen ist. Die größte Zahl der Autopsiefälle fällt auf die äußersten dolichomorphen Typen. Das beweist aber nicht, daß die anderen Typen (Megalosplanchnicus) vollkommen unempfänglich gegen Tuberkulose wären.

Das auf die Kriegs- und Hungerjahre fallende Material [Deyke, Bauer (7, 8) u. a.] hat gezeigt, daß die Individuen mit Muskelkonstitution und gut entwickeltem System der vegetativen Organe (Abdominal-typus) an Tuberkulose schwer erkrankten, wobei sie einen sehr großen Hundertsatz der Sterblichkeit aufweisen (35 %). Dies beweist, daß in normalen Lebensbedingungen diese Individuen die primäre Infektion leicht überwinden aber nicht genug „Immunität" gegen die Reinfektions-tuberkulose ausbilden. Darum kann bei ihnen der Reinfekt eine sehr akute Wendung nehmen und sogar höhere Hundertzahlen der Sterb-fälle als beim konstitutionell zur Tuberkulose veranlagten dolichomorphen Typus geben. Auf Grund des Gesagten können wir feststellen, daß bei normalen Daseinsverhältnissen der dolichomorphische Körperbau der Ausdruck jenes Konstitutionstypus ist, bei welchem wir schweren Verlauf der tuberkulösen Infektion oder wenigstens das Bild einer ener-gischen latenter Organismusreaktion im Stadium des Reinfektes beob-achten.

Das Studium der Kurven der physischen Entwicklung in hier dar-gestelltem Profildiagramm zeigt, daß bei der Verteilung der Fälle des schweren Verlaufes tuberkulöser Infektion (bei Erwachsene) sowohl im ganzen wie an einzelnen Konstitutionstypen eine bestimmte Auswahl beobachtet wird. Alle diese Fälle weichen stark von der Durchschnitts-reihe (Mittelwert) nach der Seite jener Merkmale ab, welche für den dolichomorphen Körperbau spezifisch sind.

Bei dolichomorphem Körperbau können wir hauptsächlich chronischen Verlauf der tuberkulösen Reinfektion bei flauer latenter Reaktion des Lungengewebes und des ganzen Organismus beobachten. Die brachy-morphe Gruppe legt bedeutend geringere Neigung zur progredienten Entwicklung der Infektion an den Tag; schwerer Verlauf der Reinfektion wird in dieser Gruppe äußerst selten, nur zwischen besonders ungünstigen Lebensbedingungen beobachtet.

Die Verteilung der pathologisch-anatomischen Formen nach den erwähnten Konstitutionstypen wechselt außerordentlich. Beim astheni-schen Typus finden wir sowohl produktive, wie exsudative Formen, nur mit dem Unterschiede, daß die letztgenannten Formen im allgemeinen nur selten rein vorkommen. Die Hypoplastiker bilden in dieser Hinsicht Ausnahmen. Bei ihnen sieht man fast nie exsudative Formen der Lungen-tuberkulose, man findet dagegen stets produktive mit Ausgang in Cirrhose der Lungen. Dieses Bild der „fibroplastischen" Reaktion trat nicht nur in veralteten, sondern auch in vollkommen frischen Gebieten der tuber-kulösen Lungenerkrankungen bei Hypoplastikern hervor.

Die geringe Veranlagung der Hypoplastiker zur tuberkulösen Reinfektion ist auch in den ersten Arbeiten Bartels (5, 6) erwähnt; er schilderte ein bemerkenswertes Bild der Verteilung der Erkrankungshäufigkeit bei Status hypoplasticus.

Aus 41 Fällen von Glioma cerebri war bei 66$^0/_0$ Status hypoplasticus; bei diesen gelang es nur in 5 Fällen vollkommen verkalkte tuberkulöse Herde in den Lungen zu finden. Dem hypoplastischen Status bei Frauen begegnen wir — mit seinem ganzen anatomischen Bilde — (besonders in der Struktur der endokrinen Drüsen) am häufigsten bei Eklampsie und Schwangerschaftstoxikosen. Bei 146 Fällen des erwähnten Typus (Eklampsie und Toxikosen) konnte in keinem einzigen Falle Spuren einer tuberkulösen Reinfektion gefunden werden.

Für die muskuläre Gruppe (und besonders für die muskulär-abdominalen Typen) ist die geringe räumliche Ausbreitung der Lungenerkrankung, und die klar ausgedrückte Neigung zu reparativen Reaktionen und Verkalkungen (in den Lymphknoten) kennzeichnend.

In muskulärer Gruppe bei aktiven Prozessen findet man eine Neigung zu Blutungen.

Der Brustkorb der Phthisiker.

Die Besonderheiten des Brustkastens bei Tuberkulösen haben die Aufmerksamkeit der Forscher von der Zeit des Hippokrates an auf sich gelenkt. Hippokrates richtete sich hauptsächlich nach der Form und Beschaffenheit und hat seinen berühmten „Habitus phthisicus" geschaffen.

In der letzten Zeit erschienen zahlreiche, den Besonderheiten der Struktur und Klassifikation des Brustkastens bei Tuberkulösen gewidmete Aufsätze; es wurden schließlich experimentelle Untersuchungen ausgeführt, um die Rolle der Brustkorböffnung in der Phthiseogenese aufzuklären. Hart (37) nimmt an, daß folgende Anomalien in der Form des Brustkastens und der Wirbelsäule zur Erkrankung an Lungentuberkulose veranlagen:

1. Angeborener (primärer Thorax phthisicus;
   a) primäre Anomalie der Thoraxapertur;
   b) anormaler Wuchs der Wirbelsäule;
   c) angeborene Skoliose des Halsteiles der Wirbelsäule;
2. Erworbener (sekundärer Thorax phthisicus, spätere Skoliose der Wirbelsäule und Asymmetrie der Apertur.
3. Angeborener Thorax paralyticus (cachecticus);
4. Erworbener Thorax paralyticus (asthenicus).

Es gelingt nicht einmal, den Thorax phthisicus und Thorax paralyticus abzugrenzen, infolge von Übergangsbildern zwischen ihnen. Eines der Unterscheidungsmerkmale des Thorax phthisicus ist die Enge der oberen Brustkorböffnung. Seinerzeit hat man dieser Enge große Bedeutung für die Entstehung der Spitzenerkrankungen verliehen, denen man in der Entwicklung der Lungentuberkulose Erwachsener [Birsch-Hirschfeld, Freund (18) u. a.] eine ausschließliche Bedeutung zuschrieb.

Bacmeister (4) (1924) nahm an, daß die ungenügende Entwicklung der oberen Apertur eine ungenügende Durchlüftung der Spitzen bedingt, was den Grund ihrer Veranlagung zur Lungentuberkulose bilde. Er hat in dieser Hinsicht Versuche an Kaninchen angestellt, bei denen eine künstliche Verengerung der oberen Apertur gemacht wurde, sie wurden dann mit Tuberkulose infiziert, was zur Erkrankung der Spitzen führte.

HART (23) und FREUND (18) standen auf demselben Standpunkte. BACKMEISTERS Ergebnisse wurden jedoch von anderen Forschern später [IWASAKI (29), 1922] nicht bestätigt. WENKEBACH (74) hat ebenfalls darauf hingewiesen, daß zwischen der Ver- knöcherung der ersten Rippe und der Lokalisation der Tuberkulose in der Spitze keine scharf ausgesprochene Abhängigkeit bemerkbar ist.

R. GERBER (20) hat in der letzten Zeit (1929) besonders sorgfältige Untersuchungen am Brustkasten Lungentuberkulöser angestellt. GERBERS Angaben zeigen hinsicht- lich der deutschen Bevölkerung, daß bei Phthisikern die Verringerung des Durchmessers des Brustkastens zweimal so häufig gefunden wird als bei normalen Individuen. Diese Verringerung wird hauptsächlich am sterno-vertebralen Durchmesser beobachtet. Dem- entsprechend überwiegen bei Phthisikern die flachbrüstigen und nicht die engbrüstigen.

Die flache Brust wird fast immer ohne Engbrüstigkeit beobachtet und die Vergesellschaftung der flachen und engen Brust bildet im allgemeinen eine ziemlich große Seltenheit [1].

Der Brustkasten der Phthisiker zeichnet sich durch eine bedeutendere Länge als der der normalen Individuen aus. Den emphysematösen Brustkasten charakterisiert im Gegensatz zum asthenoiden das große Maß des sterno-vertebralen Durchmessers mit geringem Überwiegen des Längenmaßes.

Auf Grund der zeitgenössischen Angaben [REDEKER und SIMON (53)], die auf die verhältnismäßig geringe Bedeutung der Spitzenprozesse in der Entstehung der tertiären Tuberkuloseformen hinweisen und des Mißlingens der experimentellen Angaben, die zwar nur einen bedingten Wert für den Menschen haben, müssen wir zum Schluß kommen, daß wir die Versuche die Veranlagung zur Lungentuberkulose nur in grob- mechanischen Gegenwirkungen zu sehen, die durch die enge Apertur usw. auf die Vorgänge des Lymph- und Blutumlaufs in den Lungen aus- geübt würden, nicht für glücklich halten können. Die Sache ist hier zweifellos verwickelter, und wie es aus den oben angeführten konstitu- tionellen anthropometrischen Angaben ersichtlich ist, die strukturellen Anomalien des Brustkastens müssen nur als Ausdruck der allgemeinen Minderwertigkeit des Organismus betrachtet werden, infolge welcher er der Tuberkuloseerkrankung besonders unterworfen ist.

Die Besonderheiten der Struktur des Brustkastens sollen aus diesem Gesichtspunkte, bei der asthenisch-asthenoiden Gruppe der somatischen Typen Tuberkulöser augenscheinlich im Schein ihrer stammgeschicht- lichen Entwicklung betrachtet werden. P. GERBER (20) bestätigt in seiner Arbeit diese Schlußfolgerung, indem er annimmt, daß wir es hier mit einem phänotypischen Merkmal zu tun haben.

Alle Typen des menschlichen Brustkorbes (mit Ausnahme der rein pathologischen Formen) mußten als Folge der langen Entwicklung ent- stehen, darum wäre es wünschenswert, die Grenzen der normalen Ver- änderlichkeit der Brustform festzustellen (mit Ausschluß der patholo- gischen Fälle). Das Studium der vorderen pleuralen Grenzen soll viel dazu beitragen. Der Abstand zwischen den vorderen Pleuralgrenzen ist bei breitem Brustkasten groß, bei engem Brustkorb treten sie nahe aneinander. Der Sinus costo-diaphragmaticus stellt einen sphärischen (mit 3 Radien) Abschnitt des kegelförmigen Körpers dar. Bei breitem Brustkorb liegt die untere Sinusgrenze auf höherem Niveau, bei engem

---

[1] Der flachbrüstige Typus ist nach unseren Angaben den Asthenikern eigen, während der engbrüstige den Asthenoiden.

auf niederem. Mit dem Alter infolge des Untergangs der elastischen Teile wird die untere Sinusgrenze flach und geht nach unten. Unter der Wirkung guter Ernährung geht sie in die Höhe.

Bei Betrachtung des statistischen Materials bezüglich der vorderen pleuralen Grenzen von 22 Fällen stellt es sich heraus, daß man 2 Hauptgruppen aussondern kann:

I. Der Abstand zwischen den vorderen pleuralen Grenzen am Niveau der oberen Ränder.

Die 5. linke Rippe schwankt von 2,5—3,6 cm
„ 6. „ „ „ „ 3,0—6,3 cm
„ 7. „ „ „ „ 4,4—6,8 cm
Untergruppe: 0,9—(2,4) cm
2,2—(3,1) cm
3,8—(3,8—4,0) cm.

II. Der Abstand zwischen der vorderen pleuralen Grenze am Niveau der oberen Ränder.

Die 5. linke Rippe schwankt von 0,0—0,8 cm
„ 6. „ „ „ „ 0,3—0,6 cm
„ 7. „ „ „ „ 3,5—4,8 cm
Untergruppe: 0,6—0,8 cm
2,0—2,8 cm
4,5—5,0 cm.

Auf Grund dieser Angaben kann man 2 Grundtypen der Anordnung der vorderen pleuralen Grenzen unterscheiden: beim ersten haben wir zwei weit voneinander entfernte pleurale Grenzen (von 5. Rippe an); beim zweiten ist die Entfernung zwischen den Grenzen besonders an der Höhe der 5. und 6. Rippe sehr klein. Zu der Untergruppe der ersten Gruppe gehören die Fälle, wo bei etwas geringerer Entfernung der pleuralen Grenzen voneinander am Niveau der 5. und 6. Rippe wir doch ziemlich starkes Auseinandergehen am Niveau der 7. Rippe bemerken. Zu der Untergruppe der zweiten Gruppe gehören die Fälle, wo wir eine kleinere Entfernung zwischen den pleuralen Grenzen am Niveau der 5. Rippe und gleich darauf eine starke Erweiterung auf der Höhe der 6. und 7. Rippe finden.

In der ersten Gruppe begegnen wir meistens Individuen mächtigen Körperbaues (Muskel-Abdominaltypus), welche durch Schlaganfälle oder durch zufällige Ursachen ums Leben gekommen sind. In der zweiten gehören dagegen die Personen schwacher Körperbeschaffenheit, asthenoider Konstitution mit charakteristischer Form des Brustkastens.

Die Entstehung dieser 2 Hauptgruppen (mit beiden Untergruppen) bezüglich der Lage der pleuralen Grenzen wird aus den vergleichend-anatomischen Befunden von Ruge (58) und Tanja klar.

Das Studium der Einrichtung der pleuralen Grenzen bei verschiedenen Affengruppen weist auf sehr lehrreiche Beziehungen hin.

Bei niederen Affen (Cebus) liegen die pleuralen Grenzen links und laufen in ihrer ganzen Ausdehnung (bei Projektion auf das Brustbein) bis 8.—9. Rippe sehr nahe aneinander und weichen nachher unter einem Winkel von 90° oder 180° auseinander. Bei Hylobates ist die Lage der pleuralen Grenzen sehr wechselnd. Sie laufen meistens nach der Mittellinie des Sternums, indem sie bis 7.—9. Rippe reichen mit kleiner Abweichung nach oben. Bei Schimpanse läuft die Grenzlinie (laterale) an der Höhe der 5. Rippe. Diese Anordnung der Grenzen ist für die Gruppen der anthropomorphen Affen kennzeichnend.

Bei allen Objekten von Schimpansen überschreitet die beiderseitige Grenzlinie beckenwärts die 6. Rippe. Ein derartiges Verhalten, das hier die Regel ist, wurde beiderseits bei keiner anderen Form angetroffen; es gehört zu den Merkmalen der Anthropomorphen.

Beim Orang richten sich die Pleuralsäcke nach der Medianlinie des Brustbeins in ziemlich großer Entfernung voreinander ein. RUGE meint, daß wir bei jeder anthropomorphen Affengruppe mehr weniger eigenartige Verhältnisse, welche ihr besonders eigen sind, beobachten.

Abb. 1. Typus muscularis mit hypophysären Zügen.

Abb. 1a. Typus muscularis (Sternum orangoideum).

Auf Grund des vorhandenen Materials können wir keineswegs den Übergang der einen Form in die andere feststellen. Für den Menschen ist kennzeichnend die Verschiebung der pleuralen Grenzen nach links. In der Anordnung und in der gegenseitigen Beziehung der pleuralen Grenzen aber kann man, wie wir gesehen haben, 2 Haupttypen feststellen. Indem wir diese Formen mit den angeführten Angaben von RUGE (58) und TANJA zusammenstellen, kommen wir zum Schluß, daß der ersten Form

und der Anordnung der pleuralen Grenzen, welche dem breiten und
kurzen Brustkasten eigen ist, der Name orangoid gegeben werden kann.
Bei ihr kann man die Verschiebung der pleuralen Grenzen nach der
medianen Linie des Brustbeins beobachten.

Der Durchschnittsbautypus des Brustkastens, die Durchschnitts-
beziehungen in der Anordnung der pleuralen Grenzen beim Menschen

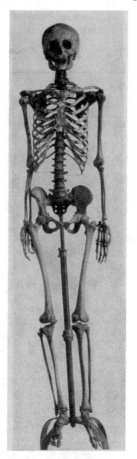 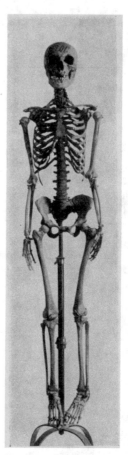

Abb. 2. Typus asthenicus   Abb. 2a. Typus hypoplasticus.
(Sternum primatoid.).

und bei den anthropomorphen Affen haben sich nicht festgestellt und
werden individuellen Schwankungen ausgesetzt, welche hauptsächlich
in den für den organoiden und primatoiden Typus festgestellten Grenzen
sich zeigen.

Die Untersuchungen von Lubosch (35) und Matiegka (38) über die
Sternummorphologie beim Menschen und bei den Affen können auch als
Bestätigungen für die Aufstellung der 2 unabhängigen Formen des
Brustkastens gelten. Beim Menschen unterscheidet Matiegka (38)
4 Formen des Brustkastens: le type primatoide (Lubosch), 2. le type
hominide (Lubosch), 3. le type hominide extreme, 4. le type orangoide.

Außer den angeführten Gruppen kann man noch eine Reihe Zwischentypen der Brustbeinstruktur verzeichnen. Die entstehungsgeschichtliche Beziehungen zwischen diesen Typen ist bei weitem nicht klar.

Für die tuberkulösen Kranken müssen wir die „primatoide" Form mit entsprechender Anordnung der pleuralen Grenzen als Kennzeichen gelten lassen, was das charakteristische Merkmal des asthenischen Typus ist. Welche Bedeutung die Ausbildung und die Lage der pleuralen Säcke bei der Entstehung der Lungentuberkulose haben, können wir zur Zeit nicht sagen. Die größere Empfänglichkeit des asthenischen Typus soll man nicht durch die bloße Form des Brustkastens, sondern durch die Gesamtheit der Bedingungen zu erklären suchen (siehe auch den Nachtrag S. 789).

2. Klinisches Material.

Konstitutionstypen in ihrer Beziehung zum Verlauf der tuberkulösen Erkrankung.

Die klinische Erforschung der einzelnen Konstitutionstypen in ihrer Beziehung zur Tuberkulose zählt bisher sehr wenige Arbeiten. J. BAUER (7, 8) gibt folgende Tabelle der Verteilung der Konstitutionstypen zwischen den Lungentuberkulosekranken (Klassifikation nach SIGAUD), an.

Verteilung der Lungentuberkulose nach den SIGAUDschen Typen (J. BAUER, 1020)

Typus	Tuberkulose in verschiedenen Stadien		Lungentuberkulose	
	Zahl der Fälle	In %	Zahl der Fälle	In %
Respiratorius rein	155	27,3	52	46,8
Respiratorius gemischt	322	56,7	74	66,7
Cerebralis rein	24	4,2	7	6,3
Cerebralis gemischt.	146	25,7	23	20,7
Muscularis rein	15	2,6	1	0,9
Muscularis gemischt	49	8,6	4	3,6
Digestivus rein	1	0,2	0	0,0
Digestivus gemischt	43	7,6	9	8,1

Erkrankungshäufigkeit nach den einzelnen Konstitutionstypen (vom 15. bis 20. Lebensjahr. [Nach dem Material von Dr. BORODIN (11), aus dem zentralen Laboratorium des Transports 1929.

Typus	Im ganzen	Erkrankungen an den Luftwegen	In %	Funktionsstörungen der Herztätigkeit u. Erkrankung des Herz-Gefäßsystems	In %	Erkrankungen des Magen- u. Darm-Tractus	In %	Erkrankungen des Harn-Geschlechts-Apparates	In %
Thorakaler . . .	852	196	23	124	14,5	94	11,0	17	2,0
Asthenoider . .	105	41	39	29	27,7	18	17,1	6	5,7
Muskulärer . .	625	109	17,4	94	15,0	54	8,6	10	1,6
Abdominaler . .	55	—	0,0	4	7,2	6,0	11,0	1	1,8
Infantiler . . .	236	52	22,0	30	12,7	44	18,6	8	3,3
Hypoplastischer .	85	13	15,2	15	17,6	6	7,0	5	5,8
Unbestimmter .	209	41	19,6	36	17,2	23	11,0	4	1,9
Asthenisch-STILLERS . .	42	12	28,5	13	30,9	2	4,7	1	2,3
	2209	464	21,0	345	15,66	247	11,22	52	2,8

P. Berlin (9) und Brustein (13) machen den erwähnten Zahlen sehr nahe stehende Angaben, die im Grunde genommen das Vorherrschen der Lungentuberkulose bei den Vertretern des respiratorischen Typus bestätigen. J. Neuer und Feldweg (47) haben in der letzten Zeit (zwar an verhältnismäßig kleinem Material von 230 Patienten) die Frage der Rolle der Konstitution im Verlaufe der Lungentuberkulose einer sehr sorgfältigen Bearbeitung unterzogen. Sie haben ihr ganzes Material zur größeren Vollkommenheit in zwei Hauptgruppen geteilt, in Astheniker und Stheniker. In die erste Gruppe wurden nach den vorhandenen körperlichen Klassifikationen der thorakale, asthenoide und asthenische Typus, in die zweite der muskuläre und abdominale eingereiht. Neuer und Feldweg (47) gelangen auf Grund ihrer Beobachtungen zu dem Schluß, daß die asthenischen Tuberkulosen eine bedeutend schlechtere Voraussage haben als die Stheniker. Zu dessen Bestätigung weisen die Verfasser darauf hin, daß im Laufe von drei Jahren aus den von ihnen beobachteten Kranken 51,2 % aus der Zahl der Astheniker und 17,7 % aus der Zahl der Stheniker gestorben sind.

Der Charakter des Prozesses bei Sthenikern und Asthenikern ist in folgender Tabelle von Neuer und Feldweg angegeben.

	Absolute Zahlen				In %			
	Arbeits-fähig	Arbeits-unfähig	Gestorben	Zusammen	Arbeits-fähig	Arbeits-unfähig	Gestorben	Zusammen
Astheniker: Chronische Lungentuberkulose								
mit begrenzter Ausbreitung	10	8	—	18	12,5	10,0	—	22,5
mit umfangreicher Ausbreitung . .	3	15	23	41	3,75	18,75	28,75	51,25
mit akuter toxischer Phthise . . .	—	—	14	14	—	—	17,5	17,5
mit klinischer Mischform	—	1	4	5	—	1,25	5,0	6,25
mit katarrhalischer Phthise. . . .	1	1	—	2	1,25	1,25	—	2,5
Zusammen:	14	25	41	80	17,5	31,25	51,25	—
Stheniker: Chronischer Tuberkulosekatarrh								
mit begrenzter Ausbreitung . . .	8	—	—	8	12,9	—	—	12,9
mit umfangreicher Ausbreitung .	22	13	9	44	35,5	21,0	14,5	71,0
mit akuten Phthiseschüben . . .	5	3	0	8	8,1	4,8	—	12,9
mit toxischen Phthisen	—	—	2	2	—	—	3,2	3,2
Zusammen:	35	16	11	62	56,5	25,8	17,7	—
Dolichomorphe Typen.	6	4	8	18	13,6	9,1	18,2	40,9
Brachymorphe Typen	18	5	3	26	40,9	11,4	6,8	59,1
Zusammen:	24	9	11	44	54,9	20,5	25,0	—

Aus dieser Tabelle ist die bestimmte sozusagen biologische Verlagerung der asthenischen Struktur zur schweren toxischen Phthise ersichtlich. Beim sthenischen Typus ist die entgegengesetzte Erscheinung zu beobachten: leichte katarrhalische Formen mit großer Neigung zur Besserung und Wiederherstellung.

Praktisch wertvoll sind die Ergebnisse der Kollapstherapie, die Neuer und Feldweg (47) (wenn auch an einem zahlenmäßig kleinen Material) bei verschiedenen Konstitutionstypen ausgearbeitet haben.

Ergebnisse der Kollapstherapie.

	Pneumothorax			Thorakoplastik			Phrenicusexairese			Zusammen		
	Geheilt	Gebessert	Gestorben	Geheilt	Gebessert	Gestorben	Geheilt	Gebessert	Gestorben	Geheilt	Gebessert	Gestorben
Asthenische:												
Akut	—	—	5	—	—	—	—	—	—	—	—	5
Chronisch	1	5	8	—	2	1	—	—	2	1	7	11
Zusammen:	1	5	13	—	2	1	—	—	2	1	7	16
Asthenische:												
Akut	3	1	—	—	1	—	—	—	—	3	2	—
Chronisch	3	3	—	1	—	1	—	—	—	4	3	1
Zusammen	6	4	—	1	1	1	—	—	—	7	5	1

BRAEUNING (12) hat die Kinder Offentuberkulöser daraufhin beobachtet, ob sie dem Kranken ähnlich sahen oder nicht; er stellte fest, daß von den 632 den Kranken ähnlich sehenden Kindern 0,9% an Tuberkulose starben. Von 479 den Kranken nicht ähnlich sehenden 0,2%. Gleichwohl kann sich BRAEUNING (12) nicht ohne weiteres von einem Einfluß der Konstitution auf die Tuberkulose überzeugen.

ICKERT (28) auf den Untersuchungen, welche die ländliche Bevölkerung des Regierungsbezirks Gumbinnen betreffen, kommt zu dem Schluß, daß kein Konstitutionstyp das Vorrecht hat, von der Tuberkulose verschont zu bleiben. Immerhin lassen sich aber doch einige bemerkenswerte Unterschiede zu dieser Beziehung feststellen: Die Muskulären erkranken weniger, als ihrem Bevölkerungsanteil entspricht. Die Pykniker weisen anscheinend eine geringere Reagibilität gegen Tuberkulin als die übrigen Körpertypen auf. Im Erwachsenenalter stellen sie ein geringeres Kontingent unter den Tuberkulosekranken, Offentuberkulöse wurden unter ihnen nur selten gefunden. Die Leptosomen, zu welchen diejenigen gerechnet wurden, welche landläufig als Astheniker bezeichnet werden, sind unter den Tuberkulösen am meisten vertreten; das gilt besonders für das Reifungsalter und für die Prä- und Postpubertät. Zusammen mit der Legierung muskulär und leptosom zählten sie $^4/_5$ der Erkrankungen und 81,7—86,7% der ansteckenden Tuberkulosen bei den Erwachsenen.

70% der Todesfälle an Lungentuberkulose betrafen Leptosome. Die pyknisch-muskulär und muskulär-pyknischen Typen hinsichtlich Tuberkulose am widerstandsfähigsten sind.

Über diese konstitutionelle Bedeutung des Hautpigments für Disposition der Tuberkulose schreibt NEUMANN (48) folgendes: Die Erfahrung lehrt nun, daß Leute mit Erythrismus zwar an Tuberkulose erkranken, aber meist kommt es hier zu guter fibröser Ausheilung, wie schon PIEREY betont. Alle Fälle dagegen von dissoziierter Rotfärbung erscheinen eher für bösartig verlaufende Tuberkuloseformen veranlagt. Daß hinter diesen verschiedenen Rothaarigkeiten wirklich ein Gesetz verborgen zu liegen scheint, ergibt sich wohl am besten daraus, daß AMREIN auch beim Rinde einen Reifungserythrismus fand und daß derartige Kühe bei der Schlachtung immer einen tuberkulösen Herd im Körper aufweisen.

Die Erforschung der Konstitutionstypen auf Grund der oben dargelegten ausführlichen Klassifikation wurde in der klinischen Abteilung des zentralen staatlichen Tuberkuloseinstituts (Sanatorium-„Sacharjino“) von meiner Assistentin V. Pusik (52) auf einem 737 männliche Patienten umfassenden Material ausgeführt. Die von Pusik gesammelten anthropometrischen Angaben zeigen, daß für alle Konstitutionsgruppen der Tuberkulosekranken der hohe Wuchs [nur beim abdominalen Typus ist D (Differenz) = 0,21 sonst ist D in allen anderen Typen eine positive Ziffer] der kleine Brustumfang (nur für den abdominalen und muskulären ist er höher als Mo) und das niedrige Gewicht (das sogar für den abdominalen Typus D = − 2,31 ergibt) charakteristisch ist.

Das nächste charakteristische Merkmal ist der Längsdurchmesser des Kopfes. Für alle Konstitutionstypen ist er bedeutend höher, als Mo und D ist überall eine positive Ziffer. Er schwankt von 188 · 4, beim thorakalen, bis 190 · 8 beim muskulär-thorakalen Typus. Seine einzelnen Varianten erreichen 210 mm. Der Querdurchmesser des Kopfes variiert nur wenig; von 153,2 bei Asthenikern bis 156,0 beim muskulär-thorakalen Typus. Der Jochbeindurchmesser hat das kleinste Mittelwert (M) beim thorakalen Typus (138,8) und das größte beim muskulären (141,1). Seine Vergleichung mit Mo gibt einen genauen Unterschied für den thorakal-muskulären, muskulär-thorakalen, muskulären und abdominalen Typus, zeigt dagegen keinen für den asthenischen, asthenoiden und thorakalen Typus. Das physiognomische Maß des Gesichtes ist beim asthenischen (M = 182,2) das kleinste und beim abdominalen (M = 187,6) das höchste. Wir können dasselbe vom Gesichtsmaß trichionsubnasale sagen. Es ist das kleinste (M = 120,8) beim abdominalen und das größte (M = 122,7) beim muskulären. M des Schädelfaktors schwankt von 81,1 bei Asthenikern bis 82,0 beim thorakal-muskulären Typus. M des Gesichtsfaktors von 85,3 beim abdominalen Typus bis 87,0 beim asthenischen. Die Fußlänge schwankt von 76,6 beim unbestimmten bis 81,8 des asthenischen Typus. Die Vergleichung mit Mo ergibt überall einen zweifellosen Unterschied.

Die Länge der Hand schwankt von 71,8 beim unbestimmten, bsi 77,3 beim asthenischen Typus. Die Vergleichung mit Mo ergibt einen mehr oder minder wesentlichen Unterschied; nur für den muskulären und abdominalen Typus gelang es nicht, eine Differenz festzustellen. Der Schulterdurchmesser wechselt von 36,4 beim unbestimmten bis 38,3 beim muskulär-thorakalen Typus. Der Unterschied beim Vergleich der durchschnittlichen Fehler ist mehr oder minder unbedeutend. Die Länge der Hand ist also in dem Maße höher als Mo. Der Beckendurchmesser schwankt von 27,4 beim unbestimmten, bis 28,4 beim muskulär-thorakalen Typus. Es gelingt nicht, einen Unterschied beim Vergleich der durchschnittlichen Fehler festzustellen.

Der Typus des Tuberkulosekranken wird also folgendermaßen bestimmt: hoher Wuchs, kleiner Brustumfang, geringes Gewicht, großer Längsdurchmesser des Kopfes und hieraus niedriger Faktor, d. h. mehr dolichocephaler Schädel. Alle diese Besonderheiten sind in allen Konstitutionstypen aufbewahrt, was auf die tiefe biologische Grundlage dieser körperlichen Kennzeichen des Tuberkulosekranken hinweist.

Während der vergleichenden Untersuchung des Materials mit der Klarlegung des vorherrschenden Verlaufs, Form usw. der tuberkulösen Erkrankungen nach den einzelnen Konstitutionstypen ist es V. Pusik gelungen, eine genaue Verteilung der einzelnen Formen nach körperlichen Typen festzustellen. Die Gegenüberstellung wurde nach drei Merkmalen angeführt: 1. nach der anatomischen und klinischen Klassifikation der Tuberkulose (Verbreitung der Grade der Lungenerkrankung und der Kompensationsgrad); 2. nach dem Charakter des Prozesses; 3. nach dem Erfolg der Behandlung in bezug auf den Allgemeinzustand und Wiederherstellung der Arbeitsfähigkeit.

Auf Grund der Gegenüberstellung ist es gelungen, zwei Hauptgruppen zu unterscheiden.

Die erste Gruppe ist durch schwere dekompensierte und subkompensierte Veränderungen gekennzeichnet; der fortschreitende und akute Verlauf überwiegt über den stationären und abklingenden; ein tödliches Ende ist das häufigste. Eine Besserung im allgemeinen Zustande wird zwar erreicht, eine große Wiederherstellung der Arbeitsfähigkeit aber nicht. Zu dieser Gruppe können folgende Typen gerechnet werden: der asthenische, asthenoide, thorakale und abdominale.

Die zweite klinische Gruppe hat eine entgegengesetzte Charakteristik: Überwiegen leichter ausgleichender Erkrankungen über die subkompensierten. Der sich beruhigende stationäre Verlauf herrscht über den fortschreitenden, akuten vor. Infolge der Behandlung wird die Besserung des Allgemeinzustandes mit Wiederherstellung der Arbeitsfähigkeit erreicht. In dieser Gruppe steht der Hundertsatz der bedeutenden klinischen Besserung besonders hoch. Hierher können der muskulär-thorakale und muskuläre Typus gerechnet werden. Außerordentlich lehrreich ist die Lage des abdominalen Typus. Die Vertreter dieses Typus erkranken an Tuberkulose sehr selten (der niedrigste Hundertsatz unter den Tuberkulosekranken), weisen aber sehr schwere, meistens disseminierte Formen auf. Diese Beobachtung wird auch durch die Arbeiten Benekes bestätigt, der die Neigung zu schweren Tuberkuloseformen (in den seltenen Fällen, wenn sie überhaupt erkranken) der beleibten Personen ebenfalls erwähnt hat. Wir haben aber bis zur heutigen Zeit keine befriedigende Erklärung dieser Erscheinung. Aschoff (3) und Deycke nehmen (auf Grund von Kriegsmaterial) an, daß die Ursache vielleicht darin liegt, daß dieser Typus den Primärinfekt leicht besiegt; er bereitet aber keine genügende Immunität zur nachfolgenden Reinfektion vor, und infolge der Schwächung dieser Personen unter der Einwirkung großer Anstrengungen oder ungewohnter Arbeit (Feldzüge u. a.) oder auch infolge Nervenerschütterungen kann hier die Reinfektion einen fortschreitenden akuten Verlauf nehmen.

Die detailliertere „tuberkulöse" Charakteristik der einzelnen Konstitutionstypen, die nach W. Schugajew auf Grund von Heilstättenmaterial ausgearbeitet wurde, ergibt folgendes.

Unbestimmte und hypoplastische Gruppe.

Der unbestimmt hypoplastische Typus ist durch einen verhältnismäßig kleinen Hundertsatz der Kranken mit offener Tuberkulose, hoher Temperatur, akuten Prozeß, aber leichter Reaktion auf die Behandlung charakterisiert. Lungenblutungen werden verhältnismäßig selten beobachtet. Es sind jedoch ausnahmsweise Fälle von offener Tuberkulose mit starker Verschärfung der Erkrankung und hohen Temperaturen möglich. Erbliche tuberkulöse Belastung kann man verhältnismäßig selten bemerken.

Abdominaler Typus.

Der abdominale Typus ist durch den höchsten Hundertsatz von Kranken mit offenem, akutem Prozeß charakterisiert. Lungenblutungen sind verhältnismäßig selten. Neigung zur Pleuritis ist verhältnismäßig nicht groß. Der abdominale Typus gibt die geringste Prozentzahl erblichen tuberkulösen Belastung ab.

Muskulärer Typus.

Der muskuläre Typus ergibt den geringsten Hundertsatz von Kranken mit offener Tuberkulose und akutem Verlauf. Lungenblutungen sind verhältnismäßig häufig. Neigung zur Pleuritis ist unbedeutend. Die Erkrankung reagiert im allgemeinen verhältnismäßig leicht auf die Behandlung.

Thorakaler und asthenischer Typus.

Der thorakale und asthenische Typus unterscheiden sich ziemlich scharf von den übrigen Typen durch einen hohen Hundertsatz von Patienten mit offener Tuberkulose, mit hoher Temperatur, häufigen, unbeständigem Puls und Lungenblutungen. Große Neigungen zu Pleuritiden. Der Prozeß ist meistens chronisch, hinziehend, mit langsam sich entwickelnden produktiven Formen. Die Erkrankung reagiert schwerer auf Behandlung, als die anderen Gruppen.

Verlauf der Tuberkulose und Konstitution.

Merkmal	Konstitutionstypen							
	Asthenisch	Asthenoid	Thorakal	Abdominal	Thorakal-muskulär	Muskul. thorakal	Muskulär	Un-bestimmt
Tuberkulose: Verhältnis zwischen offener und geschlossener	2,2:1	2:1	1,5:1	1,5:1	1,2:1	1:1	1:1,3	1,3:1
Prozeß: Verhältnis zwischen den subkompensierten und kompensierten	2:1	2,5:1	1,5:1	1:1	1:1	1:2	1:2	1,3:1
Ablauf: Verhältnis zwischen progrediven und stationär abklingenden	4:1	2:1	1,5:1	1:1	1:1	—	—	—
Arbeitsfähigkeit in % Hergestellt	28	28	43	37	51	—	—	—
Vermindert	56	49	32	42	42	—	—	—
Mortalität (in %)	10	6	8	—	—	—	—	—

Hier muß ich noch einige Angaben einzelner Verfasser über die Bedeutung der Konstitution zu dem Meningitisproblem hinzufügen.

WESTENHÖFER war der erste, welcher die lymphatische Konstitution als einen für die Cerebrospinal-Meningitis günstigen Faktor anerkannte. BRUNNER kommt zu demselben Schluß.

WASSERMANN (73) hebt hervor, daß die Tuberkulose des Zentralnervensystems und speziell die tuberkulöse Meningitis bei Erwachsenen ganz vorwiegend beobachtet wird, wenn eine familiäre Minderwertigkeit des Zentralnervensystems vorliegt, die sich aus schweren Gehirnerkrankungen verschiedener Art bei den Vorfahren erschließen läßt.

STEFKO (65) war auf Grund der genaueren Studie (anatomischen, wie auch mechanischen der Gefäßen) der Fällen von der tuberkulösen basilaren Meningitis, zu den folgenden Schlüssen gekommen:

1. Die hypoplastische Konstitution ist für die Entwicklung tuberkuloser Basilarmeningitis günstig.

2. Es lassen sich bei hypoplastischer Konstitution Veränderungen in den Gefäßen sowohl in anatomischen Verhältnissen als in physiologischen Zuständen nachweisen. Diese Veränderungen sind folgende: unvollständige Entwicklung des elastischen Gewebes, Verdünnung der Media infolge vom Drucke, starke Entwicklung des Bindegewebes in der Adventitia (von den Gehirnarterien). Die mechanischen Änderungen finden ihren Ausdruck von dem Verluste der Elastizität der Gefäßwände aus.

3. Der Lage (Position) der Art. basilaris und anderer Gefäße des Hirngrundes weisen sich infolge des Menschenschädelbaues (Clivus Blumenbachii) als Dispositionsfaktoren für Basilarmeningitis.

Zu den neuesten morphologischen Methoden an Konstitutionsforschung gehört die Capillarmikroskopie [O. MÜLLER (45), JAENCH (30), HOEPFNER (26) u. a.].

Wir haben bisher fast keine systematischen Untersuchungen an Capillaren bei Tuberkulosekranken.

FINSTERWALD (17) (die Untersuchungen wurden in großer Höhe über dem Meere in Davos ausgeführt) weist darauf hin, daß bei Tuberkulosekranken verlangsamter Blutstrom in den Capillaren beobachtet wird. Er nahm anfangs an, daß dies Folge der Wirkung des Tuberkulosetoxins sei. Weitere Untersuchungen haben aber gezeigt, daß ein Bad von 34⁰ genügt, um den Blutstrom schneller und bei der Mehrzahl der Kranken homogen zu machen. Eine ganze Reihe Kranker behalten trotzdem diesen Strom auch nach dem Bade; in einzelnen Fällen entwickelt sich Stase. Nach FINSTERWALD (17) soll dies als schlechtes prognostisches Merkmal gelten und wird bei klinisch schwer Erkrankten beobachtet. Die Herkunft dieser Erscheinung muß aller Wahrscheinlichkeit nach der Wirkung der Lebensprodukte der Tuberkulosebacillen auf die Capillarwand zugeschrieben werden.

HAGEN (22) erwähnt die Herabsetzung der Reaktionsfähigkeit der Capillaren im 2. Stadium.

SSEMENAS (63) beweist auf Grund des Materials einer Kindertuberkuloseheilstätte, daß unter tuberkulösen Kindern ein sehr hoher Prozentsatz (20—25 % an) mit Störungen in der Entwicklung der Capillaren statt 3,7 % bei Normalen zu finden ist. SSEMENAS rechnet als besonders typische Capillarformen bei Tuberkulosekranken die Entwicklung von Anastomosen zwischen ihnen.

Wir haben (70) während den eigenen Untersuchungen bei Kindern mit aktiver Lymphknotentuberkulose, Infiltration des Hilus usw. — die Kinder wurden im Institute zum Schutz der Gesundheit der Kinder untersucht — sehr hohe Hundertzahlen unterentwickelter Formen (27 %) und reichliche Entwicklung tiefer Anastomosen des subpapillaren Netzes gefunden.

Auf Grund meiner Untersuchungen am Capillarnetz Tuberkulöser komme ich zu folgenden Angaben:

1. Die wichtigsten allergischen Zustände bei Tuberkulose finden in morphologischen Besonderheiten des ektodermalen Capillarnetzes ihre Ausprägung.

2. Als Ursachen der morphologischen und physiologischen Unterschiede und Identität der Capillaren sind hauptsächlich zu nennen:

    a) die Eigentümlichkeit der Konstitutionstypen,

    b) die endokrine Störungen,

    c) Charakter der tuberkulösen Prozesse (stationäre, chronische, aktive).

III. Die endokrinen Drüsen bei Tuberkulose.

In neuester Zeit haben einige Forscher Untersuchungen der endokrinen Drüsen bei Tuberkulose vorgenommen.

Pende wie auch Marcialis (36) in ihrer Klassifikation der endokrinen Konstitutionstypen haben gezeigt, daß Tuberkulosedisposition bei dem hyposuprarenalen Typus hervortritt, während der Typus hyperthyreoideus purus gegen Tuberkulose widerstandsfähig erscheint.

Auf die hyperthyreotischen Erscheinungen an Fällen mit beginnender Tuberkulose weist auch Rena und in der letzten Zeit Kallos (32) hin, die bei 75% ihrer Phthisiker Hyperfunktion der Schilddrüse feststellt.

Ich habe in Gemeinschaft — mit Dr. Tcherikowa — das endokrine System Tuberkulöser in 2 Richtungen untersucht:

1. In bezug auf die pathologisch-anatomischen Veränderungen an den einzelnen innersekretorischen Drüsen bei Tuberkulose.

2. In bezug auf die allgemeine Struktur, auf die bestimmte endokrine Konstellation nach Tendeloo bei den einzelnen Konstitutionstypen der Tuberkulosekranken.

Die spezifischen Änderungen an den endokrinen Drüsen bei Tuberkulose sind im allgemeinen bei weiten nicht genügend erforscht und wir werden hier bei diesen nicht verweilen. Man muß im allgemeinen sagen, daß die endokrinen Drüsen (besonders die Hypophyse und Schilddrüse) augenscheinlich die widerstandsfähigsten Organe gegen Tuberkulose sind. Ihrer etwas häufigeren Erkrankung (besonders der Schilddrüse) begegnen wir im Jugendalter [Stefko (69)].

Die bestimmten und interessanten Angaben haben wir bezüglich der Schilddrüse bekommen, die auf verschiedene exogene Faktoren einen sehr großen Einfluß haben. Wir haben derzeit eine ganze Reihe Untersuchungen, die die Veränderlichkeit des Schilddrüsenbaus unter dem Einfluß minderwertigerer Ernährung, Temperaturbedingungen usw. [Cramer (15), Aschner (2), Stefko (68) u. a.] behandeln. Die tuberkulöse Toxämie muß zweifellos auf die Schilddrüse eine starke Wirkung ausüben, indem sie in mancher Hinsicht den Grundtypus ihres Baus verändert.

Der Charakter des tuberkulösen Prozesses drückt sich vor allem im Gewicht der Schilddrüse aus.

Bei Asthenikern mit langjähriger, chronischer Lungentuberkulose, wo wir bei Autopsie acinös-nodösen, produktiven Formen begegnen, hat die Schilddrüse folgendes Gewicht; $M^1 - 14{,}3$ g, bei $\sigma^1 = 4{,}0$ ($n^1 = 58$); bei demselbem Typus mit disseminierter und vorwiegend exsudativer Tuberkulose $M - 26{,}0$ g; bei $= \sigma + 6$ ($n = 24$). Genau dasselbe Bild erhalten wir beim thorakalem Typus. In chronischen produktiven Fällen ist M (das Gewicht der Schilddrüse) $- 14{,}1$ g bei $\sigma = \pm 2{,}0$ ($n = 47$); in akuten disseminierten und exsudativen Formen $M - 32{,}2$ g bei $\sigma = 7{,}1$ ($n = 31$).

---

[1] M = Mittelwert. σ (Sigma) = Mittelfehler „Standard-Deviation". n = Zahl der Fälle.

Aus diesen Angaben wird es vollkommen klar, daß das Gewicht der Schilddrüse bei Tuberkulösen in Abhängigkeit vom allgemeinen Typus des Prozesses schwankt.

In den akut verlaufenden Fällen von Lungentuberkulose ist das Gewicht der Schilddrüse mehr als doppelt so hoch, als in den Fällen chronischer tuberkulöser Toxämie.

Das Höchstgewicht sieht man beim ersten Typus des Verlaufes der tuberkulösen Toxämie beim thorakalen Typus, das geringste beim muskulären. Die chronisch-tuberkulöse Toxämie führt zur allmählichen atrophischen Veränderungen der Schilddrüse, was damit endet, daß das Gewicht, unabhängig von der allgemeinen körperlichen Beschaffenheit, fast bis auf 14,0 g fällt.

Den Gewichtsveränderungen entspricht der Charakter der Struktur der Schilddrüse. Ihre mikroskopische Untersuchung zeigt in disseminierten oder akut verlaufenden Tuberkulosefällen folgendes Bild:

Die Follikel sind 120—240 M groß mit acidophilem, größtenteils flüssigem Kolloid. Das Epithel der Follikel ist ein- oder zweischichtig, in einzelnen wenigen Fällen von normalem Aussehen, in anderen abgeflacht und ausgezogen. In vielen Bläschen sieht man sog. Kolloidzellen und nekrobiotische Zellen in verschiedenen Zerfallsstadien, in denen nach den jetzt herrschenden Anschauungen (WAIL, LASOWSKY u. a.) das Kolloid der Schilddrüse (Metaplasmakolloid und metanukleäres Kolloid) sich bildet. Das Zwischengewebe ist sehr schwach entwickelt.

In einzelnen Fällen fließen die sekretorischen Zellen mit einander zu einem dichten, nekrobiotischen Konglomerat im Lumen des Follikels zusammen, sie wandeln sich in einen kolloiden Klumpen um, der am Anfang basophile Eigenschaften besitzt. Diese Erscheinung wird fast ausschließlich in den kleinen Follikeln beobachtet.

Aus der Untersuchung der Präparate dieser Gruppe kommen wir also zu den Schluß, daß wir in den Fällen exsudativer und disseminierter, schnell fortschreitender Lungentuberkulose (wahrscheinlich ebenso wie in den Anfangsstadien) mit einer verstärkten Kolloidbildung in der Schilddrüse und mit Hyperplasie zu tun haben.

Ein vollkommen anderes Bild erhalten wir bei den Schilddrüsen mit geringem Gewicht, die wir bei langdauernder, chronisch verlaufender, produktiv-fibröser Lungentuberkulose fanden.

In diesen Fällen ist die Anzahl der kolloidhaltigen Follikel gewöhnlich, merklich kleiner. Die Follikel sind klein (60—110 μ), enthalten kein Kolloid, sie sind leer, oder mit Zellen des follikulären Epithels gefüllt. Man kann überall den Kolloidschwundprozeß beobachten, von der Erscheinung in den Vakuolen angefangen bis zur allmählichen Verschmelzung miteinander, was den Follikeln ein schaumiges Aussehen verleiht.

Das Kolloid verschwindet des weiteren gänzlich und die Wände solcher Follikel beginnen allmählich zusammenzufallen, was zur allmählichen Verminderung des follikulären Apparates führt. Infolge der Entwicklung des beschriebenen Prozesses haben die Follikel in solchen Schilddrüsen die unregelmäßigste Form. Das Epithel beginnt — infolge der fortschreitenden Verminderung der Follikel — die Follikel allmählich auszuführen. Das Zwischengewebe besteht hauptsächlich aus ziemlich mächtig wucherndem Bindegewebe.

In der Gruppe der Fälle ist also fortschreitend sekundäre Atrophie des follikulären Apparates der Schilddrüse mit entwickelnder Fibrose vorhanden.

Pankreas. Pankreas haben wir in 44 Fällen mikroskopisch untersucht; in 2 Fällen waren im Bau des insulären Apparates keine Abweichungen zu finden. Diese Fälle bezogen sich auf Individuen vom 20. bis 30. Lebensjahre. Der allgemeine Charakter der Veränderungen oder richtiger gesagt, des Aufbautypus des Pankreas war in den übrigen Fällen Tuberkulöser ziemlich gleichartig.

Als besondere Eigenschaft, die wir besonders bei chronischen Tuberkulosefällen begegnen, müssen wir die Verminderung der Anzahl der

Langerhansschen Inseln erwähnen; ihre Anzahl schwankt im Pankreasschwanz zwischen 60—110 in 50 mm.

Bei den Stillerschen Asthenikern finden wir regelmäßig Unterentwicklung der Marksubstanz (hie und da auch der ganzen Nebennieren) usw. ausdrückt.

Überblicken wir den allgemeinen Charakter der Struktur der wichtigsten endokrinen Drüsen Tuberkulöser, so müssen wir zu dem Schluß gelangen, daß die innersekretorischen Drüsen während der tuberkulösen Erkrankung sehr wesentliche Veränderungen erleiden. Es drückt sich außerdem in einigen von ihnen (Schilddrüse) der eigentliche Charakter des tuberkulösen Prozesses aus.

IV. Isoagglutinationsblutgruppen bei Kranken mit Lungentuberkulose.

Sowohl in Westeuropa als auch bei uns wurden in den letzteren Jahren viele Untersuchungen über die Verteilung der Blutgruppen bei Tuberkulosekranken angestellt.

Halber, Snyder (64) und Kohn bringen folgende Tabellen der Verteilung der Blutgruppen (nach Hirschfeld) zwischen Tuberkulosekranken.

	O	A	B	AB	Zusammen
Zwischen Tuberkulosekranken .	30,7	47,3	13,7	8,3	600 Snyder u. Kohn
Zwischen der gesunden Bevölkerung	32,9	34,9	22,9	9,2	12,000 Hirschfeld

Hollo und Lénárd (Budapest) geben auf Grund von 200 Lungentuberkulosefällen folgendes Bild der Verteilung:

	O	A	B	AB	Zusammen
Normale	34,0	38,0	22,5	5,5	200
Tuberkulöse	31,0	42,0	21,0	5,5	200

Alperin (1) hat den Versuch gemacht, die Tuberkulosekranken nach Blutgruppen in Zusammenhang mit dem tuberkulösen Prozeß einzuteilen, was in folgender Tabelle zurückgegeben ist:

	O	A	B	AB	Zusammen
Stadien nach Turban I . . .	33,3	35,0	20,4	11,3	231
„ „ „ II . . .	35,8	36,7	22,0	5,5	109
„ „ „ III . . .	29,2	44,8	18,2	1,8	127
Gutartiger Prozeß	36,3	34,0	20,7	9,0	176
Unbestimmter Prozeß	31,1	41,2	18,6	9,2	119
Bösartiger Prozeß	22,9	48,6	20,1	8,3	72

Auf Grund dieser Angaben gibt Alperin (1) seiner Ansicht Ausdruck, daß die Gruppe AB (IV) die größte, die Gruppe A (II) die geringste Widerstandsfähigkeit der Tuberkulose gegenüber aufweist.

Pantschenkow und Agte (49) haben einen entsprechenden Versuch gemacht, den Grad der Ausgleichungsvorgänge mit irgendeiner Blutgruppe in Zusammenhang zu bringen. Trotz bedeutungslosen Materials und unbedeutender Unterschiede in der Verteilung halten die Verfasser sich für berechtigt, das Bestehen starker Unterschiede im Verlaufe der Tuberkulose bei den Vertretern verschiedener Blutgruppen mit voller Sicherheit festzustellen.

P. BERLIN (9) und M. BISSKIN haben in der neuesten Zeit auf Grund von 619 Fällen folgendes Bild der Verteilung der Tuberkulosekranken nach Blutgruppen erhalten:

	Gruppen	I, O, aB	II.AB	III.Ba	IV.ABo	Zusammen
I 3	Summe	89	82	51	17	239
	%	37,2	34,3	21,4	7,1	
I 2	Summe	84	84	49	16	
	%	36,2	36,2	21,0	6,6	233
I 1	Summe	55	50	32	10	
	%	37,4	34,0	21,7	6,9	147
Summe	Summe	228	216	132	43	
	%	36,8	34,9	21,4	6,9	619

	Gruppe	I 3 [1]	I 2	I 1	
I Oab	Summe	89	84	55	
	%	39,0	36,9	24,1	228
II AB	Summe	82	84	50	
	%	38,0	38,9	23,1	216
III BA	Summe	51	49	32	
	%	38,6	27,1	24,3	132
IV ABo	Summe	17	16	10	
	%	39,6	37,2	23,2	43

Aus diesen Angaben wird es vollkommen klar, daß zwischen der Erkrankung und den verschiedenen immunbiologischen Eigenschaften in bezug auf die Tuberkulose und den einzelnen Blutgruppen kein Zusammenhang besteht. In jeder Blutgruppe finden wir ein mannigfaches Bild und Verlauf des Prozesses der Lungentuberkulose.

Es wird ebenfalls keine bestimmte Beziehung zwischen dem Körpertypus und der Zugehörigkeit zu irgendeiner Blutgruppe [BÖHMER (9), TSCHIRKIN] gefunden.

Nachtrag (zu Seite 779).

Beim Sezieren der tuberkulösen Leichen fielen mir die ziemlich oft auftretenden Anomalien in der Form und der Lage einiger inneren Organe auf.

Zum Studium dieser Anomalien habe ich 57 erwachsene Männerleichen (23–40 J.) eingehenderer anatomischer Untersuchung unterworfen. Bei den meisten von ihnen waren in der Vorgeschichte Hinweisungen auf die tuberkulöse Erblichkeit; von diesen waren 33 asthenischen Typus und 24 thorakalen. Die Verteilung der wichtigsten bemerkten Anomalien war die folgende:

	38 mit vererbter tuberkulöser Belastung	19 ohne vererbte Belastung
1. Leberanomalien	19	4
2. Aorta angusta	10	6
3. Lage- und Umfangsabweichungen des Darms	8	2
4. Milzanomalien	6	1
5. Verengung der Mitralis. Unvollständige Differenzierung des Herzens	3	1
6. Abweichende Form der Lungen (4–5 lappige Lungen)	3	0

Hier ist ein bloßes Verzeichnis einzelner Anomalien. Freilich traten sie in verschiedenen Kombinationen auf.

Am häufigsten begegnete man, wie es zu sehen ist, den Formabweichungen der Leber.

Diese Verschiedenheiten in der Lebergestalt betrafen hauptsächlich mehrfache Furchenbildungen, manchmal auch mehrfache Lappenbildung und schließlich Veränderungen der gesamten Lebergestalt.

Abweichungen von der Norm an den inneren Organen waren schon von einigen anderen Untersuchern (ZIELINSKI, KWIOTKOWSKY, SATKE [2] u. a.) beobachtet.

---

[1] Intoxikationsgrad.   [2] SATKE: Z. f. Konstit.lehre 15, H. 4 (1930).

Über die mikroskopisch sichtbaren Außerungen der Zelltätigkeit

von

GÜNTER WALLBACH, Berlin.

Nachtrag zum Schrifttum Seite 131.

1150. ANSCHÜTZ: Über den Diabetes mit Bronzefärbung der Haut. Dtsch. Arch. klin. Med. **2**.
1151. ARNETH: Qualitative Blutlehre, 1920/25.
1152. — Die speziellen Blutkrankheiten, 1928.
1153. BAADER: Die Monocytenangina. Dtsch. Arch. klin. Med. **140**.
1154. BARTA, J.: Die Genese der toxischen Granulation als Speicherung und ihre klinische Bedeutung. Fol. haemat. (Lpz.) **41**.
1155. — Nebenniere und Leukopoese. Z. klin. Med. **112**.
1156. BERGEL, S.: Die Lymphocytose, ihre experimentelle Begründung und biologisch-klinische Bedeutung. Erg. inn. Med. **20**.
1157. BERNHARDT, HERMANN: Zur Behandlung inoperabler maligner Tumoren mit Isaminblau. Z. Krebsforschg **27**.
1158. — Die kombinierte Isaminblau-Strahlenbehandlung der bösartigen Gewächse. Med. Klin. **1930**, 83 u. 1743.
1159. BERNHARDT u. C. B. STRAUCH: Zur Behandlung inoperabler Tumoren mit Isaminblau. Z. Krebsforschg **26**.
1160. BITTORF: Endothelien im strömenden Blut und ihre Beziehungen zur hämorrhagischen Diathese. Dtsch. Arch. klin. Med. **133**.
1161. BORCK: Zur Lehre von der allgemeinen Hämochromatose. Virchows Arch. **269**.
1162. BRUGSCH u. SCHILLING: Die Kernformen der lebenden neutrophilen Leukocyten beim Menschen. Fol. haemat. (Lpz.) **6**.
1163. BÜNGELER: Die Wirkung der parenteralen Eiweißzufuhr auf das qualitative Blutbild des Kaninchens. Frankf. Z. Path. **34**.
1164. BURROWS, M. T. and C. NEYMANN: Studies an the metabolism of cells in vitro. J. of exper. Med. **25**.
1165. CARREL: Leucocytics trephones. J. amer. med. Assoc. **82**.
1166. CESARIS-DEHMEL: Giorn. roy Accad. Med. Torino **1906/1907**.
1167. CRAMER, H.: Erfahrungen mit der kombinierten Isaminblau-Strahlentherapie. Strahlenther. **38**.
1168. — Strahlenbehandlung und kombinierte Krebstherapie. Med. Klin. **1930**, 79.
1169. — u. G. WALLBACH: Strahlenwirkung und Mesenchymfunktion. Arch. exper. Zellforschg, Kongreßber. **1931**.
1170. DABELOW, A.: Reaktionsweisen des Lymphknotens beim Fetttransport. (Unter besonderer Berücksichtigung des Mesenterialknotens.) Z. Zellforschg **12**.
1171. DIETRICH, A.: Die Störungen des cellulären Fettstoffwechsels. Erg. Path. **13**.
1172. DOMARUS, v.: Der gegenwärtige Stand der Leukämiefrage. Fol. haemat. (Lpz.) **6**.
1173. ERDMANN, RHODA, HILDE EISNER u. HANS LASER: Das Verhalten des fetalen, postfetalen und ausgewachsenen Rattennetzes, unter verschiedenen Bedingungen in vitro. Arch. exper. Zellforschg **2**.
1174. FISCHER-WASELS, B.: Neue Wege zur Bekämpfung der Krebskrankheit. Klin. Wschr. **1930**, 1201.
1175. FLEISCHMANN: Der zweite Fall von Monocytenleukämie. Fol. haemat. (Lpz.) **20**.
1176. FLEMMING: Studien über die Regeneration der Gewebe. 1. Zellvermehrung in den Lymphdrüsen und verwandten Organen und ihr Einfluß auf den Bau. Arch. mikrosk. Anat. **24**.

1177. GIERCKE, v.: Die oxydierenden Zellfermente. Münch. med. Wschr. **1911**, Nr 44.
1178. GROLL, H. u. F. KRAMPF: Involutionsvorgänge an den Milzfollikeln. Zbl. Path. **31**.
1179. HAMBURGER, H. J.: Physikalisch-chemische Untersuchungen über Phagocyten. Ihre Bedeutung von allgemein biologischem und pathologischem Gesichtspunkt. Wiesbaden 1912.
1180. HESS: Zur Herkunft der im strömenden Blut bei Endocarditis lenta vorkommenden Endothelien. Dtsch. Arch. klin Med. **138**.
1181. HOFMEISTER, FRANZ: Über Resorption und Assimilation der Nährstoffe. Arch. exper. Path. **22**.
1182. HOPPE-SEYLER: Lehrbuch der physiologischen Chemie, 1879.
1183. KAMIYA: Zur Frage der Spezifität der zelligen Bauchhöhlenexsudate. Zugleich ein Beitrag der kausalen Genese der Leukocytenemigration. Beitr. path. Anat. **72**.
1184. KAWASHIMA: Experimentelle Untersuchung über intestinale Siderosis. Virchows Arch. **247**.
1185. KEYSSER, FR.: Zur Chemotherapie subcutaner und in Organen infiltrierend wachsender Mäusetumoren. Z. Chemother. **2**, Orig.
1186. KUCZYNSKI, M. H. u. E. SCHWARZ: Experimentelle Untersuchungen über gewebliche Konstitution und Leistung. 1. Röntgenstrahlenwirkung auf die Milz. Krkh.forschg **2**.
1187. LEWY, B.: Über das Vorkommen der CHARCOT-LEYDENschen Krystalle in Nasentumoren. Berl. klin. Wschr. **1891**, 816.
1188. LOEB, L.: On stereotropism as cause of cells degeneration and death. Science (N. Y.) **55**.
1189. LUBARSCH, O.: Zur Lehre von der Metaplasie. Dtsch. Z. Chir. **227**.
1190. MAGAT, J.: Phosphatidhaushalt der Krebszelle und des Krebsgewebes. Z. Krebsforschg **31**.
1191. MITAMURA, T.: Neue Belege zur LUDWIG-CUSHNYschen Filtrationstheorie der Niere. Pflügers Arch. **204**.
1192. MÖLLENDORFF, W. u. M. v.: Das Fibrocytennetz im lockeren Bindegewebe; seine Wandlungsfähigkeit und Anteilnahme am Stoffwechsel. Z. Zellforschg **3**.
1193. MOMMSEN: Über die neutrophile Granulation der Leukocyten und ihre gesetzmäßigen Veränderungen bei Scharlach und lobärer Pneumonie. Jb. Kinderheilk. **116**.
1194. NATALI, C.: Morphologische Untersuchungen über die Bedeutung des reticuloendothelialen Systems bei der intravitalen Hämolyse. Z. exper. Med. **47**.
1195. NENCKI, M. u. N. SIEBER: Untersuchungen über den Blutfarbstoff. Arch. f. exper. Path. **18**.
1196. ORNSTEIN, OTTO: Über die Rolle der Tropine und Antitoxine bei der experimentellen Choleraimmunität. Z. Hyg. **96**.
1197. — Über Tuberkuloseserum. Z. Hyg. **108**.
1198. RESCHAD u. SCHILLING: Über eine neue Leukämie durch echte Übergangsformen (Splenocytenleukämie) und ihre Bedeutung für die Selbständigkeit dieser Zellen. Münch. med. Wschr. **1913**.
1199. ROHDE: Zur Physiologie der Aufnahme und Ausscheidung saurer und basischer Farbsalze durch die Nieren. Pflügers Arch. **182**.
1200. ROST, G. A.: Experimentelle Untersuchungen über die biologische Wirkung von Röntgenstrahlen auf die Haut. Strahlenther. **6**.
1201. SCHILLING, V.: Verteilungsleukocytose oder Verschiebungsleukocytose? Virchows Arch. **258**.
1202. — Arbeiten über den Erythrocyten I. Fol. haemat. (Lpz.) Arch. **12**.
1203. — Über die Notwendigkeit grundsätzlicher Beachtung der neutrophilen Kernverschiebung in Leukocytenbildern und über praktische Erfolge mit dieser Methode. Z. klin. Med. **89**.
1204. — Die Zelltheorie des Erythrocyten als Grundlage der klinischen Wertung. Virchows Arch. **234**.
1205. STRAUCH, C. S. u. H. BERNHARDT: Versuche zur Krebsfrage. Z. Krebsforschg **26**.
1206. SUZUKI, T.: Zur Morphologie der Nierensekretion. Jena 1912.
1207. TALLQUIST, T. W.: Über experimentelle Blutgiftanämien. Helsingfors 1899.
1208. TÜRK, WILHELM: Klinische Untersuchungen über das Verhalten des Blutes bei akuten Infektionskrankheiten. Wien-Leipzig 1898.
1209. TÜRK: Vorlesungen über klinische Hämatologie. Wien 1904/1912.

1210. VERECKE: Infiltration spéciale des élémentes parenchymateux du foie. Arch. Pharmakodynam 2.

1211. WALLBACH, GÜNTHER: Farbspeicherungsstudien an der Gewebskultur. Arch. exper. Zellforschg 1931.

1212. — Die Stellung der vitalen Diffusfärbung und der vitalen Kernfärbung unter den funktionellen Erscheinungen an der Zelle. Z. Zellforschg 1931.

1213. — Experimentelle Untersuchungen über die Beeinflussung der Wirkung leukocytenvermindernder Substanzen. Fol. haemat. (Lpz.) 43.

1214. WECHSBERG: Beitrag zur Lehre von der primären Einwirkung des Tuberkelbacillus. Beitr. path. Anat. 24.

1215. ZIMMERMANN, K. W.: Der feinere Bau der Blutcapillaren. Z. Anat. 68.

Namenverzeichnis.

Die schrägen Zahlen beziehen sich auf das Schrifttum.

Sachverzeichnis.

Normale und pathologische Physiologie des Blutes und der Lymphe.

Bearbeitet von E. Adler, A. Alder, G. Barkan, R. Brinkman, K. Bürker, H. Fischer, A. Fonio, W. Griesbach, R. Höber, B. Huber, F. Laquer, G. Liljestrand, W. Lipschitz, E. Meyer †, L. Michaelis, P. Morawitz, S. M. Neuschlosz, C. Oehme, H. Oehler, V. Schilling, R. Seyderhelm. (Handbuch der normalen und pathologischen Physiologie, Band VI.)

Erster Teil: Mit 74 Abbildungen. IX, 665 Seiten. 1928. RM 58.—; gebunden RM 64.—

Zweiter Teil: Mit 69 Abbildungen. VII, 470 Seiten. 1928. RM 46.—; gebunden RM 52.—

Jeder Band ist einzeln käuflich, jedoch verpflichtet die Abnahme eines Teiles eines Bandes zum Kauf des ganzen Bandes.

Pathologische Anatomie und Histologie des Blutes, des Knochenmarkes, der Lymphknoten und der Milz.

Bearbeitet von M. Askanazy, E. Fraenkel †, K. Helly, P. Huebschmann, O. Lubarsch, C. Seyfarth, C. Sternberg. („Handbuch der speziellen pathologischen Anatomie und Histologie", Band I.)

Erster Teil: **Blut. Lymphknoten.** Mit 133 Abbildungen. X, 372 Seiten. 1926. RM 63.—; gebunden RM 66.—

Zweiter Teil: **Milz. Knochenmark.** Mit 272 zum Teil farbigen Abbildungen. VII, 789 Seiten. 1927. RM 192.—; gebunden RM 195.—

Jeder Band ist einzeln käuflich, jedoch verpflichtet die Abnahme eines Teiles eines Bandes zum Kauf des ganzen Bandes.

Mikroskopische Anatomie des Blutgefäß- und Lymphgefäßapparates, Atmungsapparates und der innersekretorischen Drüsen.

(„Handbuch der mikroskopischen Anatomie des Menschen". Band VI.)

Erster Teil: **Blutgefäße und Herz. Lymphgefäße und lymphatische Organe. Milz.** Bearbeitet von A. Benninghoff-Kiel, A. Hartmann-München, T. Hellman-Lund. Mit 299 zum großen Teil farbigen Abbildungen. VIII, 584 Seiten. 1930. RM 148.—; gebunden RM 156.—

Zweiter Teil: **Atmungsapparat. Innersekretorische Drüsen mit Ausnahme der Keimdrüse.** Bearbeitet von R. Heiss-Königsberg und B. Romeis-München. In Vorbereitung.

Jeder Band ist einzeln käuflich, jedoch verpflichtet die Abnahme eines Teiles eines Bandes zum Kauf des ganzen Bandes.

Handbuch der Krankheiten des Blutes und der blutbildenden Organe.

Bearbeitet von L. Aschoff-Freiburg, M. Bürger-Kiel, E. Frank-Breslau, H. Günther-Leipzig, H. Hirschfeld-Berlin, O Naegeli-Zürich, F. Saltzman-Helsingfors, O. Schaumann-Helsingfors, F. Schellong-Kiel, A. Schittenhelm-Kiel, E. Wöhlisch-Würzburg, herausgegeben von **A. Schittenhelm.** In zwei Bänden. (Aus „Enzyklopädie der klinischen Medizin", Spezieller Teil.)

Erster Band: Mit 110 Abbildungen. X, 616 Seiten. 1925. RM 72.—; geb. RM 75.—

Zweiter Band: Mit 101 Abbildungen. VIII, 692 Seiten. 1925. RM 78.—; geb. RM 81.—

Beide Bände werden nur zusammen abgegeben.

Konstitutionsserologie und Blutgruppenforschung.

Von Dr. **Ludwig Hirszfeld,** Stellvertretendem Direktor des Staatlichen Hygiene-Instituts, Warschau. Mit 12 Abbildungen. IV, 233 Seiten. 1928. RM 18.—

Anatomie und Physiologie der Capillaren.

Von **August Krogh,** Professor der Zoophysiologie an der Universität Kopenhagen. Zweite Auflage. Ins Deutsche übertragen von Dr. Wilhelm Feldberg, Vol.-Assistent am Physiologischen Institut der Universität Berlin. (Bildet Band 5 der „Monographien aus dem Gesamtgebiet der Physiologie der Pflanzen und der Tiere".) Mit 97 Abbildungen. IX, 353 Seiten. 1929. RM 26.—; gebunden RM 27.40

Sklerose und Hypertonie der innervierten Arterien.

Von **Gustav Ricker,** Direktor der Pathologischen Anstalt der Stadt Magdeburg. IV, 193 Seiten. 1927. RM 10.50

Pathologie als Naturwissenschaft — Relationspathologie.

Für Pathologen, Physiologen, Mediziner und Biologen. Von **Gustav Ricker,** Direktor der Pathologischen Anstalt der Stadt Magdeburg. X, 391 Seiten. 1924. RM 18.—

VERLAG VON JULIUS SPRINGER / BERLIN UND WIEN

Pathologische Anatomie und Histologie der Verdauungsdrüsen.
Bearbeitet von W. Fischer, W. Gerlach, G. B. Gruber, R. Hanser, G. Herxheimer, E. J. Kraus, F. J. Lang, E. Roesner, R. Rössle, M. Thölldte, A. Weichselbaum†. („Handbuch der speziellen pathologischen Anatomie und Histologie", Band V.)
Erster Teil: **Leber.** Mit 374 zum großen Teil farbigen Abbildungen. VIII, 1086 Seiten. 1930. RM 234.—; gebunden RM 238.—
Zweiter Teil: **Kopfspeicheldrüsen. Bauchspeicheldrüse. Gallenblase und Gallenwege.** Mit 416 zum großen Teil farbigen Abbildungen. X, 950 Seiten. 1929. RM 195.—; gebunden RM 198.80
Jeder Band ist einzeln käuflich, jedoch verpflichtet die Abnahme eines Teiles eines Bandes zum Kauf des ganzen Bandes.

Physiologie und Pathologie der Leber nach ihrem heutigen Stande.
Von Professor Dr. **Franz Fischler**-München. Zweite Auflage. Mit 5 Kurven und 4 Abbildungen. IX, 310 Seiten. 1925. RM 15.—

Pathologische Anatomie der Tuberkulose.
Von **P. Huebschmann**, o. Professor, Direktor des Pathologischen Instituts der Medizinischen Akademie in Düsseldorf. Mit 108 zum großen Teil farbigen Abbildungen. IX, 516 Seiten. 1928. RM 86.—; gebunden RM 89.—

Die allgemeinen pathomorphologischen Grundlagen der Tuberkulose.
Von Dr. **W. Pagel.** VIII, 175 Seiten. 1927. RM 12.—
Bilden Band V und I der Sammlung „Die Tuberkulose und ihre Grenzgebiete in Einzeldarstellungen".
Die Abonnenten der „Beiträge zur Klinik der Tuberkulose" sowie des „Zentralblattes für die gesamte Tuberkuloseforschung" erhalten einen Nachlaß von 10 %.

Lebensnerven und Lebenstriebe.
In Gemeinschaft mit Fachgelehrten dargestellt von Dr. **L. R. Müller,** Professor der Inneren Medizin, Vorstand der Inneren Klinik in Erlangen. Dritte, wesentlich erweiterte Auflage des „Vegetativen Nervensystems". Mit 636 zum Teil farbigen Abbildungen und 2 farbigen Tafeln. XII, 991 Seiten. 1931. RM 96.—; gebunden RM 99.80

Methodik der wissenschaftlichen Biologie.
Bearbeitet von zahlreichen Fachgelehrten. Herausgegeben von Professor Dr. **Tibor Péterfi,** Kaiser Wilhelm-Institut für Biologie, Berlin-Dahlem. In zwei Bänden.
RM 188.—; gebunden RM 198.—
Erster Band: **Allgemeine Morphologie.** Mit 493 Abbildungen und einer farbigen Tafel. XIV, 1425 Seiten. 1928.
Zweiter Band: **Allgemeine Physiologie.** Mit 358 Abbildungen. X, 1219 Seiten. 1928.
Aus dem Inhalt: Lebenduntersuchungen im auffallenden Licht. Vitalfärbung. Von P. Vonwiller-Zürich. Elektrohistologische Färbungsreaktionen. Von R. Keller-Prag. Gewebezüchtung. Von G. Levi-Turin. Die Technik der Zelloperationen (Mikrurgie). Von T. Péterfi-Berlin. Die Herstellung mikroskopischer Dauerpräparate. Allgemeine Methodik der Fixierung, Einbettung und des Schneidens. Von G. C. Heringa-Amsterdam. Die Technik der deskriptiven Cytologie. Von K. Bělǎr-Berlin. Tierische Gewebe. Histochemische Methoden. Von B. Romeis-München. Mikroskopischer Nachweis der Zellpigmente und Lipoide in tierischen und menschlichen Geweben. Von M. Schmidtmann-Leipzig. Allgemeine und spezielle Methodik der Histochemie. Von G. Klein-Wien.

Anatomie und Pathologie der Spontanerkrankungen der kleinen Laboratoriumstiere, Kaninchen, Meerschweinchen, Ratte, Maus.
Bearbeitet von H. J. Arndt-Marburg, C. Benda-Berlin, J. Berberich-Frankfurt a. M., J. Fiebiger-Wien, E. Flaum-Wien, E. Haam-Wien, F. Heim-Düsseldorf, A. Hemmert-Halswick-Berlin, E. Hieronymi-Königsberg i. Pr., R. Jaffé-Berlin, W. Kolmer-Wien, A. Lauche-Bonn, E. Lauda-Wien, W. Lenkeit-Berlin, K. Löwenthal-Berlin, R. Nussbaum-Frankfurt a. M., B. Ostertag-Berlin, E. Petri-Berlin, E. Preissecker-Wien, L. Rabinowitsch-Kempner-Berlin, P. Radt-Berlin, Ph. Rezek-Wien, W. Rohrschneider-Berlin, H. Schlossberger-Berlin, Ph. Schwartz-Frankfurt a. M., O. Seifried-Gießen, R. Weber-Köln, W. Worms-Berlin. Herausgegeben von Professor Dr. **Rudolf Jaffé**-Berlin. Mit 270 zum Teil farbigen Abbildungen. XIX, 832 Seiten. 1931. RM 98.—; gebunden RM 102.—

Printed in the United States
By Bookmasters